DIN VDE 0100

- Die Bestimmungen der DIN VDE 0100 behandeln das „Errichten von Niederspannungsanlagen".
- Die Deutschen Normen der Reihe DIN VDE 0100 stehen im Zusammenhang mit den CENELEC Harmonisierungsdokumenten der Reihe HD 384 ... und den internationalen Normen der Reihe IEC 60364-... (Electrical installations of buildings)

Normenübersicht

Gruppe 100	**Anwendungsbereich**
VDE 0100-100	Allgemeine Grundsätze, Bestimmungen allgemeiner Merkmale, Begriffe

Gruppe 200	**Begriffe**
VDE 0100-200	Begriffe

Gruppe 400	**Schutzmaßnahmen**
VDE 0100-410	Schutz gegen elektrischen Schlag
VDE 0100-420	Schutz gegen thermische Auswirkungen
VDE 0100-430	Schutz bei Überstrom
VDE 0100-442	Schutz von Niederspannungsanlagen bei vorübergehenden Überspannungen infolge von Erdschlüssen im Hochspannungsnetz und bei Fehlern im Niederspannungsnetz
VDE 0100-443	Schutz bei transienten Überspannungen infolge atmosphärischer Einflüsse oder von Schaltvorgängen
VDE 0100-444	Schutz bei Störspannungen und elektromagnetischen Störgrößen
VDE 0100-450	Schutz gegen Unterspannung
VDE 0100-460	Trennen und Schalten

Gruppe 500	**Auswahl und Errichtung elektrischer Betriebsmittel**
VDE 0100-510	Allgemeine Bestimmungen
VDE 0100-520	Kabel- und Leitungsanlagen
VDE 0100-530	Schalt- und Steuergeräte
VDE 0100-534	Überspannungs-Schutzeinrichtungen (SPDs)
VDE 0100-540	Erdungsanlagen und Schutzleiter
VDE 0100-550	Steckvorrichtungen, Schalter und Installationsgeräte
VDE 0100-551	Niederspannungsstromerzeugungseinrichtungen
VDE 0100-557	Hilfsstromkreise
VDE 0100-559	Leuchten und Beleuchtungsanlagen
VDE 0100-560	Einrichtungen für Sicherheitszwecke
VDE 0100-570	Stationäre Sekundärbatterien

Gruppe 600	**Prüfungen**
VDE 0100-600	Prüfungen

Gruppe 700	**Anforderungen für Betriebsstätten, Räume und Anlagen besonderer Art**
VDE 0100-701	Räume mit Badewanne oder Dusche
VDE 0100-702	Becken von Schwimmbädern, begehbare Wasserbecken und Springbrunnen
VDE 0100-703	Räume und Kabinen mit Saunaheizungen
VDE 0100-704	Baustellen
VDE 0100-705	Elektrische Anlagen von landwirtschaftlichen und gartenbaulichen Betriebsstätten
VDE 0100-706	Leitfähige Bereiche mit begrenzter Bewegungsfreiheit
VDE 0100-708	Caravanplätze, Campingplätze und ähnliche Bereiche
VDE 0100-709	Marinas und ähnliche Bereiche
VDE 0100-710	Medizinisch genutzte Bereiche
VDE 0100-711	Ausstellungen, Shows und Stände
VDE 0100-712	Photovoltaik-(PV)-Stromversorgungssysteme
VDE 0100-713	Räume und Anlagen besonderer Art – Möbel und ähnliche Einrichtungsgegenstände
VDE 0100-714	Beleuchtungsanlagen im Freien
VDE 0100-715	Kleinspannungsbeleuchtungsanlagen
VDE 0100-717	Ortsveränderliche oder transportable Baueinheiten
VDE 0100-718	Öffentliche Einrichtungen und Arbeitsstätten
VDE 0100-721	Elektrische Anlagen von Caravans und Motorcaravans
VDE 0100-722	Stromversorgung von Elektrofahrzeugen
VDE 0100-723	Unterrichtsräume mit Experimentiereinrichtungen
VDE 0100-729	Bedienungsgänge und Wartungsgänge
VDE 0100-730	Elektrischer Landanschluss für Fahrzeuge der Binnenschifffahrt
VDE 0100-731	Abgeschlossene elektrische Betriebsstätten
VDE 0100-737	Feuchte und nasse Bereiche und Räume und Anlagen im Freien
VDE 0100-740	Vorübergehend errichtete elektrische Anlagen für Aufbauten, Vergnügungseinrichtungen und Buden auf Kirmesplätzen, Vergnügungsparks und für Zirkusse
VDE 0100-753	Heizleitungen und umschlossene Heizsysteme

Gruppe 800	**Energieeffizienz**
VDE 0100-801	Energieeffizienz

Stand der Auflistung: Januar 2019
Änderungen, Ergänzungen und Aktualität sind bei www.beuth.de einzusehen.
Nicht angegeben sind Normenentwürfe und gegebenenfalls Beiblätter.

Vorschriften- und Regelwerk
GUV Regulations and Rules

Auszug

Bisherige Nummer	Neue Nummer	Titel
Vorschriften		
BGV/GUV-V A1	DGUV Vorschrift 1	Grundsätze der Prävention
DGUV V2	DGUV Vorschrift 2	Betriebsärzte und Fachkräfte für Arbeitssicherheit
BGV A3	DGUV Vorschrift 3	Elektrische Anlagen und Betriebsmittel
BGV A4	DGUV Vorschrift 6	Arbeitsmedizinische Vorsorge
BGV A8	DGUV Vorschrift 9	Sicherheits- und Gesundheitsschutzkennzeichnung am Arbeitsplatz
BGV B1	DGUV Vorschrift 15	Elektromagnetische Felder
BGV B2	DGUV Vorschrift 11	Laserstrahlung
Regeln		
BGR A1	DGUV Regel 100-001	Grundsätze der Prävention
BGR A3	DGUV Regel 103-03	Arbeiten unter Spannung an elektrischen Anlagen und Betriebsmitteln
BGR B11	DGUV Regel 103-05	Elektromagnetische Felder
BGR 104	DGUV Regel 113-001	Explosionsschutz-Regeln (EX-RL)
BGR 121	DGUV Regel 109-002	Arbeitsplatzlüftung – Lufttechnische Maßnahmen
BGR 134	DGUV Regel 105-001	Einsatz von Feuerlöschanlagen mit sauerstoffverdrängenden Gasen
Informationen		
BGI/GUV-I 503	DGUV Information 204-006	Anleitung zur Ersten Hilfe
BGI 508	DGUV Information 211-001	Übertragung von Unternehmerpflichten
BGI/GUV-I 509	DGUV Information 204-022	Erste Hilfe im Betrieb
BGI 5090	DGUV Information 203-070	Wiederholungsprüfung ortsveränderlicher elektrischer Betriebsmittel
BGI/GUV-I 511-1	DGUV Information 204-020	Verbandbuch
BGI 515	DGUV Information 212-515	Persönliche Schutzausrüstungen
BGI 517	DGUV Information 211-004	Sicherheitsbeauftragte – Eine wichtige Aufgabe im Arbeits- und Gesundheitsschutz
BGI 519	DGUV Information 203-001	Sicherheit bei Arbeiten an elektrischen Anlagen
BGI/GUV-I 5163	DGUV Information 204-010	Automatisierte Defibrillation
BGI/GUV-I 5182	DGUV Information 205-023	Brandschutzhelfer
BGI/GUV-I 5190	DGUV Information 203-071	Wiederkehrende Prüfungen ortsveränderlicher elektrischer Betriebsmittel
BGI 527	DGUV Information 211-005	Unterweisung – Bestandteil des betrieblichen Arbeitsschutzes
BGI 548	DGUV Information 203-002	Elektrofachkräfte
BGI/GUV-I 560	DGUV Information 205-001	Arbeitssicherheit durch vorbeugenden Brandschutz
BGI 578	DGUV Information 211-010	Sicherheit durch Betriebsanweisungen
BGI 594	DGUV Information 203-004	Einsatz von elektrischen Betriebsmitteln bei erhöhter elektrischer Gefahr
BGI 766	DGUV Information 203-018	Instandsetzungsarbeiten an elektrischen Anlagen auf Brandstellen
BGI 891	DGUV Information 203-034	Errichten und Betreiben von elektrischen Prüfanlagen
BGI/GUV-I 600	DGUV Information 203-005	Auswahl und Betrieb ortsveränderlicher elektrischer Betriebsmittel nach Einsatzbedingungen
BGI/GUV-I 8524	DGUV Information 203-049	Prüfung ortsveränderlicher elektrischer Betriebsmittel
BGI/GUV-I 8577	DGUV Information 204-035	Ersthelfer
BGI/GUV-I 8658	DGUV Information 213-034	GHS-System
BGI/GUV-I 8666	DGUV Information 213-039	Tätigkeiten mit Gefahrstoffen in Schulen
Grundsätze		
BGG 904	DGUV Grundsatz 350-001	Arbeitsmedizinische Vorsorgeuntersuchungen
GG 944	DGUV Grundsatz 303-001	Tätigkeiten im Sinne der BGV A3

[1] **DGUV**: **D**eutsche **G**esetzliche **U**nfall**v**ersicherung/Internet: http://www.dguv.de/

westermann

Dr. Michael Dzieia, Heinrich Hübscher, Dieter Jagla, Jürgen Klaue,
Hans-Joachim Petersen, Harald Wickert

Elektronik Tabellen

Energie- und
Gebäudetechnik

4. Auflage

Diesem Buch wurden die bei Manuskriptabschluss vorliegenden neuesten Ausgaben der DIN-Normen, VDI-Richtlinien und sonstigen Bestimmungen zu Grunde gelegt. Verbindlich sind jedoch nur die neuesten Ausgaben der DIN-Normen und VDI-Richtlinien und sonstigen Bestimmungen selbst.

Die DIN-Normen wurden wiedergegeben mit Erlaubnis des DIN Deutsches Institut für Normung e.V. Maßgebend für das Anwenden der Norm ist deren Fassung mit dem neuesten Ausgabedatum, die bei der Beuth-Verlag GmbH, Burggrafenstraße 6, 10787 Berlin, erhältlich ist.

Die in diesem Werk aufgeführten Internetadressen sind auf dem Stand zum Zeitpunkt der Drucklegung. Die ständige Aktualität der Adressen kann vonseiten des Verlages nicht gewährleistet werden. Darüber hinaus übernimmt der Verlag keine Verantwortung für die Inhalte dieser Seiten.

service@westermann.de
www.westermann.de

Bildungshaus Schulbuchverlage Westermann Schroedel Diesterweg Schöningh Winklers GmbH, Postfach 33 20, 38023 Braunschweig

ISBN 978-3-14-**245047**-6

westermann GRUPPE

© Copyright 2019: Bildungshaus Schulbuchverlage Westermann Schroedel Diesterweg Schöningh Winklers GmbH, Braunschweig

Das Werk und seine Teile sind urheberrechtlich geschützt. Jede Nutzung in anderen als den gesetzlich zugelassenen Fällen bedarf der vorherigen schriftlichen Einwilligung des Verlages.

#		Seiten
1	Grundlagen	5 ... 56
2	Elektrische Installationen	57 ... 124
3	Steuerungstechnik	125 ... 150
4	Informationstechnik	151 ... 174
5	Elektrische Energieversorgung	175 ... 220
6	Messen und Prüfen	221 ... 248
7	Automatisierungstechnik	249 ... 270
8	Antriebssysteme	271 ... 300
9	Kommunikationstechnik	301 ... 332
10	Haustechnik	333 ... 380
11	Betrieb und Umfeld	381 ... 424
12	Technische Dokumentation und Formeln	425 ... 462

Sachwortverzeichnis 463 ... 479
Bildquellenverzeichnis 480

Vorwort
Preface

Das vorliegende Tabellenbuch ist eine umfassende Informationsquelle für die Ausbildung und den beruflichen Alltag. Es kann in besonderer Weise zur Auffrischung bzw. Aktualisierung des technologischen Wissens dienen. Dazu sind wesentliche theoretische und praktische Inhalte der Elektrotechnik systematisch aufbereitet und übersichtlich dargestellt worden.

Die Einteilung in 12 Kapitel orientiert sich an den Lernfeldern der Berufe der Elektronikerin und des Elektronikers für **Energie- und Gebäudetechnik**. Der Zugriff auf entsprechende Informationen zu den jeweiligen Lernfeldern ist somit gegeben.

Da im Buch der aktuelle Stand der Technik abgebildet wird, kann das Buch auch in der
- Weiterbildung,
- in der Ausbildung von Technikerinnen und Technikern sowie
- in der Meisterausbildung

sinnvoll eingesetzt werden.

Damit eine schnelle Orientierung möglich und ein rascher Zugriff auf bestimmte Inhalte gegeben ist, sind die einzelnen Kapitel fachsystematisch strukturiert und durch Zwischenüberschriften gegliedert worden.

Die Informationsdarstellungen werden durch aussagekräftige Grafiken, zahlreiche Tabellen und Diagramme unterstützt. Fotos vermitteln an vielen Stellen einen vertiefenden Bezug zur Praxis.

Eine einheitlich durchgängige Farbgebung dient der Verdeutlichung von Sachverhalten und Zusammenhängen.

Aufgrund technologischer Entwicklungen ist die vorliegende 4. Auflage um folgende Themen erweitert worden:

- Ausgangsfilter für Frequenzumrichter
- Bauproduktenverordnung
- CE-Richtlinien
- Datenübertragung im Breitbandnetz
- Elektrische Energieeffizienz
- EMV-gerechte Kommunikationsverkabelung
- Energieautarke Funksensoren
- Energieeinsparverordnung
- FTTH – Netzarchitekturen
- Funksysteme für die Gebäudeautomation
- Gebäudeautomation
- Gefährdungsbeurteilung
- Kennzeichnung von Leuchten
- Kritische Infrastrukturen – KRITIS
- Ladekennlinien von Akkumulatoren
- Lithium-Ionen Hausspeicher
- LWL-Erdverlegung
- M-Bus
- Prüfsiegel
- Signalübertragung mit Lichtwellenleitern
- Smart Meter Gateway
- USB-Typ-C
- Ventilatoren
- Verhalten bei Notfällen
- Videokonferenzsysteme
- Wireless M-Bus
- WLAN-Einsatz

Für Hinweise und Verbesserungsvorschläge sind die Autoren und der Verlag jederzeit aufgeschlossen und dankbar.

Autoren und Verlag
Braunschweig 2019

inkl. E-Book

Dieses Lehrwerk ist auch als BiBox erhältlich. In unserem Webshop unter www.westermann.de finden Sie hierzu unter der Bestellnummer des Ihnen vorliegenden Bandes weiterführende Informationen zum passenden digitalen Schulbuch.

Grundlagen

Mathematik

- 6 Mathematische Zeichen und Begriffe
- 7 Addition und Subtraktion
- 7 Multiplikation und Division
- 8 Potenzieren und Radizieren
- 9 Logarithmieren
- 9 Binäre und hexadeximale Potenzen
- 10 Zahlen und Zahlensysteme
- 11 Funktionen und Lehrsätze
- 12 Flächen- und Körperberechnungen

Physik, Chemie, Werkstoffe

- 13 Physikalische Größen und Einheiten
- 13 Griechisches Alphabet
- 14 Formelzeichen und Einheiten
- 15 Formelzeichen und Einheiten
- 16 Größen der Mechanik
- 17 Kräfte
- 17 Reibung
- 18 Wärme
- 19 Periodensystem
- 19 Stoffwerte von Werkstoffen
- 20 Stoffwerte von chemisch reinen Elementen
- 21 Grundlagen der Chemie
- 22 Stoffabscheidung durch Elektrolyse (Galvanisieren)
- 22 Korrosionsschutzmaßnahmen
- 23 Einteilung der Werkstoffe
- 23 Werkstoffnummern
- 24 Eigenschaften von Werkstoffen
- 25 Eigenschaften von Werkstoffen
- 26 Kunststoffe
- 27 Erkennen von Kunststoffen
- 28 Isolierstoffklassen
- 28 Isolierstoffe aus Keramik bzw. Glas

Elektrotechnische Grundlagen

- 29 Größen und Formeln der Elektrotechnik
- 30 Elektrischer Widerstand
- 30 Normspannungen
- 31 Schaltungen mit Widerständen
- 32 Schaltungen mit Widerständen
- 33 Schaltungen mit Spannungsquellen
- 34 Elektrisches Feld, Kondensator
- 35 Magnetisches Feld
- 36 Magnetisches Feld
- 37 Induktionsspannung
- 38 Schaltvorgänge bei Kondensatoren und Spulen
- 39 Wechselspannung und Wechselstrom
- 40 Stromsysteme
- 40 Drehstromübertragung
- 41 Verbraucherschaltungen im Drehstromnetz
- 42 Widerstände im Wechselstromkreis
- 43 Widerstände im Wechselstromkreis

Bauelemente

- 44 Farbkennzeichnung von Bauelementen
- 45 Kennzeichnung von Widerständen und Kondensatoren
- 46 Widerstände
- 47 Kondensatoren und Spulen
- 48 Anwendungsbereiche und Kenndaten von Kondensatoren
- 49 Bemessungsspannungen und Toleranzen von Kondensatoren
- 49 Kondensatoren zum Betrieb von Entladungslampen
- 50 Halbleiterbauelemente
- 51 Dioden
- 52 Halbleiterbauelemente mit Schaltverhalten
- 53 Transistoren
- 54 Transistor als Schalter
- 55 Optoelektronische Bauelemente
- 56 Operationsverstärker

Allgemeine mathematische Zeichen und Begriffe
General Mathematical Signs and Terms

Allgemeine mathematische Zeichen

DIN 1302: 1999-08

Zeichen	Verwendung	Sprechweise (Erläuterung)
Pragmatische Zeichen (nicht mathematisch im engeren Sinne; Bedeutung von Fall zu Fall präzisieren)		
$\approx$	$x \approx y$	x ist ungefähr gleich y
$\ll$	$x \ll y$	x ist wesentlich kleiner gegen y
$\gg$	$x \gg y$	x ist wesentlich größer gegen y
$\triangleq$	$x \triangleq y$	x entspricht y
...		und so weiter bis; und so weiter (unbegrenzt); Punkt, Punkt, Punkt
Allgemeine arithmetische Relationen und Verknüpfungen		
$=$	$x = y$	x gleich y
$\neq$	$x \neq y$	x ungleich y
$<$	$x < y$	x kleiner als y
$\leq$	$x \leq y$	x kleiner oder gleich y, x höchstens gleich y
$>$	$x > y$	x größer als y
$\geq$	$x \geq y$	x größer oder gleich y, x mindestens gleich y
$+$	$x + y$	x plus y, Summe von x und y
$-$	$x - y$	x minus y, Differenz von x und y
$\cdot$	$x \cdot y$ oder xy	x mal y, Produkt von x und y
— oder / oder :	$\frac{x}{y}$ oder x/y oder $x{:}y$	x geteilt durch y, Quotient von x und y
Σ	$\sum_{i=1}^{n} x_i$	Summe über x_i von i gleich 1 bis n
$\sim$	$f \sim g$	f ist proportional zu g

Zeichen und Begriffe der Mengenlehre

Zeichen	Verwendung	Sprechweise (Erläuterungen)	Zeichen	Verwendung	Sprechweise (Erläuterungen)
$\in$	$x \in M$	x ist Element von M	$\emptyset$ oder $\{\}$		leere Menge
$\notin$	$x \notin M$ $x_1, ... x_n \in A$	x ist nicht Element von M $x_1, ..., x_n$ sind Elemente von A	$\cap$	$A \cap B$	**Schnittmenge**, A geschnitten mit B, Durchschnitt von A und B
$\{ \| \}$	$\{x \| \varphi(x)\}$	die Klasse (Menge) aller x mit $\varphi(x)$	$\cup$	$A \cup B$	**Vereinigungsmenge**, A vereinigt mit B, Vereinigung von A und B
$\{,...,\}$	$\{x_1, ..., x_n\}$	die Menge mit den Elementen $x_1, ..., x_n$	$\setminus$	$A \setminus B$	Differenz, Komplement
$\subseteq$	$A \subseteq B$	A ist Teilmenge von B, A sub B			

Zeichen	Definition	Sprechweise	Beispiele
$\mathbb{N}$ oder **N**	Menge der **nichtnegativen ganzen Zahlen**. Menge der **natürlichen Zahlen**. $\mathbb{N}$ enthält die Zahl 0.	Doppelstrich-N	0 1 2 3 4
$\mathbb{Z}$ oder **Z**	Menge der **ganzen Zahlen**	Doppelstrich-Z	−4 −3 −2 −1 0 1 2 3 4
$\mathbb{Q}$ oder **Q**	Menge der **rationalen Zahlen**	Doppelstrich-Q	−4 −3 −2 $-\frac{3}{2}$ −1 0 $\frac{1}{2}$ 1 $\frac{7}{4}$ 3 $\frac{19}{5}$ 4
$\mathbb{R}$ oder **R**	Menge der **reellen Zahlen**	Doppelstrich-R	−4 −3 −2 $-\frac{3}{2}$ −1 $-\sqrt{\frac{1}{2}}$ 0 $\frac{1}{2}$ 1 $\sqrt{2}$ $\frac{7}{4}$ e 3 π $\frac{19}{5}$ 4
$\mathbb{C}$ oder **C**	Menge der **komplexen Zahlen**	Doppelstrich-C	

Römische Zahlen

I = 1	IV = 4	VII = 7	X = 10	XXX = 30	LX = 60	XC = 90	CC = 200	D = 500	DCCC = 800	
II = 2	V = 5	VIII = 8	XI = 11	XL = 40	LXX = 70	C = 100	CCC = 300	DC = 600	CM = 900	
III = 3	VI = 6	IX = 9	XX = 20	L = 50	LXXX = 80	CX = 110	CD = 400	DCC = 700	M = 1000	

Grundlagen

Addition und Subtraktion
Addition and Substraction

Addition

$$\underbrace{\text{Summand} + \text{Summand} + \ldots}_{\text{Term}} = \text{Summe}$$
$$\underbrace{a + b + \ldots}_{\text{Term}} = x \quad (a, b, x \in \mathbb{R})$$

Ein **Term** ist ein mathematischer Ausdruck, der aus Zahlen, Variablen und Rechenzeichen besteht.

Regeln

- Kommutativgesetz $\quad a + b = b + a$
- Assoziativgesetz $\quad (a + b) + c = a + (b + c)$

Rechenoperation in Klammer zuerst ausführen.

- Klammern auflösen

$a + (+b) = a + b \qquad a + (b + c) = a + b + c$
$a + (-b) = a - b \qquad a + (b - c) = a + b - c$
$a - (+b) = a - b \qquad a - (b + c) = a - b - c$
$a - (-b) = a + b \qquad a - (b - c) = a - b + c$

- Mehrere Klammern

$a - [(b - c) - (a + c)] = a - [b - c - a - c]$
$\qquad\qquad\qquad\qquad\qquad = 2a - b + 2c$

Zuerst innere Klammer auflösen.

- Irrationale Zahlen

z. B.: $\sqrt{2} + 3 \approx 1{,}414 + 3 \approx 4{,}414$

(Rundungsregeln anwenden)

Subtraktion

$$\underbrace{\text{Minuend} - \text{Subtrahend}}_{\text{Term}} = \text{Differenz}$$
$$\underbrace{a - b}_{\text{Term}} = c \quad (a, b, c \in \mathbb{R})$$

Wenn der Subtrahend größer als der Minuend ist, wird die Differenz negativ.

Brüche

- Gleichnamige Brüche (Zähler addieren bzw. subtrahieren, Nenner unverändert belassen)

$$\frac{a}{b} \pm \frac{c}{b} = \frac{a \pm c}{b}$$

- Ungleichnamige Brüche (Hauptnenner bilden, kleinste gemeinsame Vielfache)

$$\frac{a}{b} \pm \frac{c}{d} = \frac{a \cdot d \pm b \cdot c}{b \cdot d}$$

- Term als Zähler (Klammer um Zähler)

$$\frac{a + b}{c} + \frac{c - d}{c} = \frac{(a + b) + (c - d)}{c}$$

Beträge

Soll von einer Zahl nur der Wert ohne Berücksichtigung des Vorzeichens geschrieben werden, setzt man die Zahl zwischen zwei senkrechte Striche (Betrag).

$|-13| = 13 \qquad |1{,}5| = 1{,}5$

Multiplikation und Division
Multiplication and Division

Multiplikation

$$\text{Faktor} \cdot \text{Faktor} = \text{Produkt}$$
$$a \cdot b = c \quad (a, b, c \in \mathbb{R})$$

Kommutativgesetz $\qquad a \cdot b = b \cdot a$
Assoziativgesetz $\qquad a \cdot (b \cdot c) = (a \cdot b) \cdot c$

Regeln

- Division durch Null ist nicht erlaubt!
- Division durch 1 $\quad \frac{a}{1} = a$
- Vorzeichen $\quad \frac{+a}{+b} = \frac{a}{b} \quad \frac{-a}{+b} = -\frac{a}{b} \quad \frac{+a}{-b} = -\frac{a}{b} \quad \frac{-a}{-b} = \frac{a}{b}$
- Punktrechnung vor Strichrechnung (Rechnung höherer Ordnung geht vor)

$4 \cdot a = 4a \qquad a \cdot b = ab$

Rechenzeichen kann entfallen

$(+a) \cdot (+b) = ab \qquad (-a) \cdot (+b) = -ab \qquad a \cdot 0 = 0$
$(+a) \cdot (-b) = -ab \qquad (-a) \cdot (-b) = ab \qquad a \cdot 1 = a$

$3a \cdot 8b = 24ab \qquad 3 \cdot a + 8 \cdot b = 3a + 8b$
$ab \cdot cd = abcd \qquad a \cdot b + c \cdot d = ab + cd$

Brüche $(a, b, x \in \mathbb{R})$

- Multiplikation $\quad \frac{a}{b} \cdot c = \frac{ac}{b} \qquad \frac{a}{b} \cdot \frac{c}{d} = \frac{ac}{bd} \qquad \frac{a}{b} \cdot \frac{b}{a} = 1$

Division

$$\frac{\text{Dividend}}{\text{Divisor}} = \text{Quotient} \qquad \frac{a}{b} = c$$

$(a, b, c \in \mathbb{R}, b \neq 0)$

- Distributivgesetz $\quad a(b + c) = ab + ac$
- Ausklammern

$4a + 9a - 3a = (4 + 9 - 3) \cdot a = 10a$

$ba + ca - da = (b + c - d) \cdot a$

$2a + 3a - 4m + m = a \cdot (2 + 3) + m \cdot (-4 + 1)$
$\qquad\qquad\qquad\qquad = 5a - 3m$

$ba + ca + dm + fm = a \cdot (b + c) + m \cdot (d + f)$
$(a + b) \cdot (c + d) = a(c + d) + b(c + d)$
$\qquad\qquad\qquad\quad = ac + ad + bc + bd$

- Irrationale Zahlen werden multipliziert und dividiert, nachdem man gerundet hat.

- Division $\quad \frac{a}{b} : c = \frac{a}{bc} \qquad \frac{a}{b} : \frac{c}{d} = \frac{ad}{bc}$ (mit Kehrwert multiplizieren)

Grundlagen

Potenzieren und Radizieren
Raise to a Power and Extract the Root

Potenzieren

$a^n = c$ $n \in \mathbb{N}$ a Basis
$a^n = a \cdot a \cdot \ldots \cdot a = c$ $a, c \in \mathbb{R}$ n Exponent
$\underbrace{\qquad\qquad}_{n \text{ Faktoren}}$ c Potenz

Regeln

- **Positive Basis** $a \geq 0; b \geq 0; c \geq 0$

$$a^b = c$$

- **Negative Basis** $a > 0; c > 0; n \in \mathbb{N}$

  Exponent geradzahlig $(-a)^{2n} = c$

  Exponent ungeradzahlig $(-a)^{2n+1} = -c$

- **Addition und Subtraktion von Potenzen mit der gleichen Basis und dem gleichen Exponenten**

  Distributivgesetz $a \cdot b^n \pm c \cdot b^n = (a \pm c) \cdot b^n$

- **Multiplikation und Division von Potenzen mit der gleichen Basis**

  $a^m \cdot a^n = a^{m+n}$ $a^1 = a$
  $a^m : a^n = a^{m-n}$ $a^0 = 1$ $a^{-n} = \dfrac{1}{a^n}$

- **Multiplikation und Division von Potenzen mit dem gleichen Exponenten**

  $a^m \cdot b^m = (ab)^m$ $a^m : b^m = \dfrac{a^m}{b^m} = \left(\dfrac{a}{b}\right)^m$

- **Potenzieren von Potenzen** $(a^b)^c = a^{bc}$

  Binomische Formeln:
  $(a + b)^2 = a^2 + 2ab + b^2$
  $(a - b)^2 = a^2 - 2ab + b^2$
  $(a + b)(a - b) = a^2 - b^2$

Radizieren

$\sqrt[n]{a} = b$ $a, b \in \mathbb{R}$ n Wurzelexponent
$a^{\frac{1}{n}} = b$ $n \in \mathbb{Z}$ a Radikand
    $a \geq 0$ b Wurzel

Regeln

- **Addition und Subtraktion von Wurzeln mit gleichem Exponenten und gleichem Radikanden**

  $b \cdot \sqrt[n]{a} \pm c \cdot \sqrt[n]{a} = (b \pm c)\sqrt[n]{a}$ $a \geq 0$; $n \in \mathbb{N}; n \neq 0$

- **Multiplikation und Division von Wurzeln mit gleichem Exponenten**

  $n\sqrt[x]{a} \cdot m\sqrt[x]{b} = nm\sqrt[x]{ab}$

  $m\sqrt[y]{a} : n\sqrt[y]{b} = \dfrac{m}{n}\sqrt[y]{\dfrac{a}{b}}$

- **Potenzieren und Radizieren** $(m, n \in \mathbb{R})$

  $\left(\sqrt[n]{a}\right)^m = \sqrt[n]{a^m}$ $a^{\frac{m}{n}} : a^{\frac{p}{q}} = a^{\frac{m}{n} - \frac{p}{q}}$

  $\sqrt[n]{a^m} = a^{\frac{m}{n}}$

  $\dfrac{1}{\sqrt[n]{a^m}} = a^{-\frac{m}{n}}$ $\sqrt[m]{\sqrt[n]{a}} = \sqrt[m \cdot n]{a}$

  $a^{\frac{m}{n}} \cdot a^{\frac{p}{q}} = a^{\frac{m}{n} + \frac{p}{q}}$ $\left(a^{\frac{m}{n}}\right)^{\frac{p}{q}} = a^{\frac{mp}{nq}}$

Zehnerpotenzen

$10^n = c$ $n \in \mathbb{Z}$
$10^n = \underbrace{10 \cdot 10 \cdot 10 \cdot \ldots \cdot 10}_{n \text{ Faktoren}}$ Basis 10

$10^0 = 1$

$10^1 = 10$ $10^{-1} = \dfrac{1}{10} = 0{,}1$

$10^2 = 100$ $10^{-2} = \dfrac{1}{100} = 0{,}01$

$10^3 = 1000$ $10^{-3} = \dfrac{1}{1000} = 0{,}001$

$10^4 = 10\,000$ $10^{-4} = \dfrac{1}{10\,000} = 0{,}0001$

Beispiele

Addieren	$4 \cdot 10^2 + 2 \cdot 10^2$	$= (4+2) \cdot 10^2$	$= 6 \cdot 10^2$
Subtrahieren	$4 \cdot 10^2 - 2 \cdot 10^2$	$= (4-2) \cdot 10^2$	$= 2 \cdot 10^2$
Multiplizieren	$10^4 \cdot 10^3$	$= 10^{(4+3)}$	$= 10^7$
Dividieren	$\dfrac{10^4}{10^3}$	$= 10^{(4-3)}$	$= 10^1$
Potenzieren	$(10^2)^3$	$= 10^{2 \cdot 3}$	$= 10^6$
Radizieren	$\sqrt{10^6}$	$= 10^{\frac{6}{2}}$	$= 10^3$

Grundlagen

Logarithmieren
Take the Logarithm

Definition

$a^n = c$ $\log_a c = n$ a Basis
(sprich: Logarithmus   c Numerus
zur Basis a von c ist n)   n Logarithmus

Der Logarithmus n gibt an, mit welcher Zahl man die Basis a potenzieren muss, um den Numerus c als Potenz zu erhalten.

Gebräuchliche Basen

Basis	Logarithmus-Bezeichnung	Schreibweise	Taschenrechner
10	dekadischer (Zehnerlogarithmus)	lg c $\log_{10} c$	log
e = 2,71828…	natürlicher	ln c $\log_e c$	ln
2	binärer	lb c $\log_2 c$	

Sonderfälle und Umrechnungen

$\log_a 0 = -\infty$ $\log_a 1 = 0$ $\lg 10 = 1$
$\log_a \infty = \infty$ $\log_a a = 1$ $\ln e = 1$
                                $\text{lb } 2 = 1$

$\log_a b = \dfrac{\log_c b}{\log_c a}$ $\ln x = 2{,}30258 \cdot \lg x$
                $\text{lb } x = 3{,}32193 \cdot \lg x$
                $\ln x = 0{,}69314 \cdot \text{lb } x$

Regeln $a > 0;\ c > 0;\ d > 0$

- Multiplizieren   Multiplikation wird zur Addition
  $\log_a (c \cdot d) = \log_a c + \log_a d$
- Dividieren   Division wird zur Subtraktion
  $\log_a \dfrac{c}{d} = \log_a c - \log_a d$
- Potenzieren   Potenzieren wird zum Multiplizieren
  $\log_a c^n = n \cdot \log_a c$
- Radizieren   Radizieren wird zum Dividieren
  $\log_a \sqrt[m]{c} = \dfrac{1}{m} \log_a c$

Logarithmische Teilung (dekadischer Logarithmus)

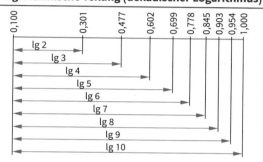

Binäre und hexadezimale Potenzen
Binary and Hexadecimal Powers

Binäre Potenzen

$2^n = c$ $2^n = 2 \cdot 2 \cdot \ldots \cdot 2$ $n \in \mathbb{Z}$ Basis 2
$2^{-n} = \dfrac{1}{2^n}$ $2^{-n} = \dfrac{1}{2} \cdot \dfrac{1}{2} \cdot \ldots \cdot \dfrac{1}{2}$

Beispiele

$2^0 =$	1		
$2^1 =$	2	$2^{-1} = \dfrac{1}{2}$	$= 0{,}5$
$2^2 =$	4	$2^{-2} = \dfrac{1}{4}$	$= 0{,}25$
$2^3 =$	8	$2^{-3} = \dfrac{1}{8}$	$= 0{,}125$
$2^4 =$	16	$2^{-4} = \dfrac{1}{16}$	$= 0{,}0625$
$2^5 =$	32	$2^{-5} = \dfrac{1}{32}$	$= 0{,}03125$
$2^6 =$	64	$2^{-6} = \dfrac{1}{64}$	$= 0{,}015625$
$2^7 =$	128	$2^{-7} = \dfrac{1}{128}$	$= 0{,}0078125$
$2^8 =$	256	$2^{-8} = \dfrac{1}{256}$	$= 0{,}00390625$

Abkürzungen durch Vorsatzzeichen

1 k (Kilo) $= 2^{10} = 1024$
1 M (Mega) $= 2^{20} = 2^{10} \cdot 2^{10}$ $= 1\,048\,576$
1 G (Giga) $= 2^{30} = 2^{10} \cdot 2^{10} \cdot 2^{10}$ $= 1\,073\,741\,824$

Hexadezimale Potenzen

$16^n = c$ $16^n = 16 \cdot 16 \cdot \ldots \cdot 16$ $n \in \mathbb{Z}$ Basis 16
$16^{-n} = \dfrac{1}{16^n}$ $16^{-n} = \dfrac{1}{16} \cdot \dfrac{1}{16} \cdot \ldots \cdot \dfrac{1}{16}$

Beispiele

$16^0 =$	1		
$16^1 =$	16	$16^{-1} = \dfrac{1}{16}$	$= 0{,}0625$
$16^2 =$	256	$16^{-2} = \dfrac{1}{256}$	$= 0{,}00390625$
$16^3 =$	4096	$16^{-3} = \dfrac{1}{4096}$	$= 0{,}244140 \cdot 10^{-3}$
$16^4 =$	65\,536	$16^{-4} = \dfrac{1}{65\,536}$	$= 0{,}015259 \cdot 10^{-3}$

Umrechnungsbeispiele

$2^4 = 16^1 =$ $16 =$ $10\,000_B =$ 10_H
$2^8 = 16^2 =$ $256 =$ $100\,000\,000_B =$ 100_H
$2^{16} = 16^4 =$ $65\,536 =$ $64\,k =$ $10\,000_H$
$2^{20} = 16^5 =$ $1\,048\,576 =$ $1\,M =$ $100\,000_H$

B: Binär; H: Hexadezimal

Grundlagen

Zahlen und Zahlensysteme
Numbers and Number Systems

Dezimalzahlen-System

- Zeichenvorrat: 0, 1, 2, 3, 4, 5, 6, 7, 8, 9
- Mögliche unterschiedliche Zeichen pro Stelle: 10
- Basis 10 (B = 10)
- Kennzeichnung: Index 10 oder D (dezimal)

Stelle	4.	3.	2.	1.	1.	2.
Wertigkeit	10^3	10^2	10^1	10^0	10^{-1}	10^{-2}
	1000	100	10	1	1/10	1/100
Beispiel:	5	0	3	2 ,	1	2

$5 \cdot 10^3 + 0 \cdot 10^2 + 3 \cdot 10^1 + 2 \cdot 10^0 + 1 \cdot 10^{-1} + 2 \cdot 10^{-2}$

Dualzahlen-System

- Zeichenvorrat: 0 und 1
- Mögliche unterschiedliche Zeichen pro Stelle: 2
- Basis 2 (B = 2)
- Kennzeichnung: Index 2 oder B (binär)

Stelle	4.	3.	2.	1.	1.	2.
Wertigkeit	2^3	2^2	2^1	2^0	2^{-1}	2^{-2}
	8	4	2	1	1/2	1/4
Beispiel:	1	0	0	1 ,	1	1

$1 \cdot 2^3 + 0 \cdot 2^2 + 0 \cdot 2^1 + 1 \cdot 2^0 + 1 \cdot 2^{-1} + 1 \cdot 2^{-2}$

Hexadezimal-Zahlensystem

- Zeichenvorrat: 0, 1, 2, 3, 4, 5, 6, 7, 8, 9, A, B, C, D, E, F
- Mögliche unterschiedliche Zeichen pro Stelle: 16
- Basis 16 (B = 16)
- Kennzeichnung: Index 16 oder H (hexadezimal)

Stelle	4.	3.	2.	1.	1.	2.
Wertigkeit	16^3	16^2	16^1	16^0	16^{-1}	16^{-2}
	4096	256	16	1	1/16	1/256
Beispiel:	1	3	F	C ,	5	A

$1 \cdot 16^3 + 3 \cdot 16^2 + F \cdot 16^1 + C \cdot 16^0 + 5 \cdot 16^{-1} + A \cdot 16^{-2}$

Vergleich zwischen Zahlensystemen

dual	dezimal	hexadezimal	dual	dezimal	hexadezimal
0	0	0	10000	16	10
1	1	1	10001	17	11
10	2	2	10010	18	12
11	3	3	10011	19	13
100	4	4	10100	20	14
101	5	5	10101	21	15
110	6	6	10110	22	16
111	7	7	10111	23	17
1000	8	8	11000	24	18
1001	9	9	11001	25	19
1010	10	A	11010	26	1A
1011	11	B	11011	27	1B
1100	12	C	11100	28	1C
1101	13	D	11101	29	1D
1110	14	E	11110	30	1E
1111	15	F	11111	31	1F

Komplementbildung

B-Komplement: Ergänzung der gegebenen Zahl zur ganzen Potenz der Basis des gewählten Zahlensystems.

(B-1)-Komplement: B-Komplement minus 1

Beispiele:

Basis	Zahl	B-Komplement	(B-1)-Komplement
		Zehnerkomplement	Neunerkomplement
B = 10	6	4	3
	73	27	26
		Zweierkomplement	Einerkomplement
B = 2	111	001	000
	101	011	010

Umwandlungen von Zahlen

Dezimalzahl in Dualzahl (Divisionsverfahren)

Beispiel: $13{,}3_D$

Ganzzahliger Anteil	Nachkommastelle
13 : 2 = 6 Rest 1	$0{,}3 \cdot 2 = 0{,}6 + 0$
6 : 2 = 3 Rest 0	$0{,}6 \cdot 2 = 0{,}2 + 1$
3 : 2 = 1 Rest 1	$0{,}2 \cdot 2 = 0{,}4 + 0$
1 : 2 = 0 Rest 1	$0{,}4 \cdot 2 = 0{,}8 + 0$
	$0{,}8 \cdot 2 = 0{,}6 + 1$
	$0{,}6 \cdot 2 = 0{,}2 + 1$
	. = .
	. = .
$13_D = 1101_B$	$0{,}3_D = 0{,}010011\ldots_B$

$13{,}3_D = 1101{,}0\overline{1001}\ldots_B$

Dezimalzahl in Hexadezimalzahl (Divisionsverfahren)

Beispiel: $5116{,}33_D$

5116 : 16 = 319 Rest C	$0{,}33 \cdot 16 = 0{,}28 + 5$
319 : 16 = 19 Rest F	$0{,}28 \cdot 16 = 0{,}48 + 4$
19 : 16 = 1 Rest 3	$0{,}48 \cdot 16 = 0{,}68 + 7$
1 : 16 = 0 Rest 1	$0{,}68 \cdot 16 = 0{,}88 + A$
	$0{,}88 \cdot 16 = 0{,}08 + E$
	. = .
	. = .
$5116_D = 13FC_H$	$0{,}33_D = 0{,}547AE\ldots_H$

$5116{,}33_D = 13FC{,}547AE\ldots_H$

Hexadezimalzahl in Dezimalzahl

1. Potenzwert-Verfahren

Beispiel:
$COA{,}E_H = 12 \cdot 16^2 + 0 \cdot 16^1 + 10 \cdot 16^0 + 14 \cdot 16^{-1}$
$= 3072 + 0 + 10 + 0{,}875$
$= 3082{,}875_D$

2. Horner-Schema
Beispiel: $13FC{,}E8_H$

```
            1  3    F    C        0, E8
16 ·      1+3    = 19              8          : 16 = 0,5
16 · 19      +15  = 319           (14  +0,5)  : 16 = 0,90625
16 · 319          +12 = 5116
        13FC_H      = 5116_D       0,E8_H      = 0,90625
```

$13FC{,}E8_H = 5116{,}90625_D$

Dualzahl in Dezimalzahl

1. Potenzwert-Verfahren

Beispiel:
$1001{,}11_B = 1 \cdot 2^3 + 0 \cdot 2^2 + 0 \cdot 2^1 + 1 \cdot 2^0 + 1 \cdot 2^{-1} + 1 \cdot 2^{-2}{}_D$
$= 8 + 0 + 0 + 1 + 0{,}5 + 0{,}25_D$
$= 9{,}75_D$

2. Horner-Schema
Beispiel: $1101{,}0101_B$

```
         1 1 0 1              0,0101
2·1   +1      = 3             1              : 2 = 0,5
2·3      +0   = 6            (0  +0,5)       : 2 = 0,25
2·6         +1 = 13          (1  +0,25)      : 2 = 0,625
                             (0  +0,625)     : 2 = 0,3125
1101_B       = 13_D           0,0101_B       = 0,3125_D
```

$1101{,}0101_B = 13{,}3125_D$

Funktionen und Lehrsätze
Functions and Theorems

Gleichungen

Term: Sammelname für einzelne Summen, Differenzen, Produkte usw.

Gleichung: Zwei Terme, die durch ein Gleichheitszeichen verknüpft sind.

Beide Terme kann man mit gleichen Zahlen, Größen und Einheiten addieren, subtrahieren, multiplizieren, dividieren ($\neq 0$), potenzieren, radizieren.

- **Lösen linearer Gleichungen mit einer unbekannten Größe**
  - Brüche beseitigen
  - Klammern auflösen
  - Glieder ordnen und zusammenfassen
  - Unbekannte Größen auf eine Seite bringen
  - Unbekannte Größen berechnen
  - Ergebnis durch Einsetzen der unbekannten Größe in die Ausgangsgleichung überprüfen (keine Reihenfolge)

Es gilt immer: Term 1 = Term 2

Lösen von linearen Gleichungen mit zwei unbekannten Größen

- **Einsetzungsverfahren**
  - Eine Gleichung nach einer der unbekannten Größen umstellen.
  - Umgestellte Gleichung in die zweite Gleichung einsetzen.
- **Gleichsetzungsverfahren**
  - Beide Gleichungen nach derselben unbekannten Größe umstellen.
  - Terme gleichsetzen.
  - Term nach verbleibenden Unbekannten auflösen.
- **Additionsverfahren**
  - Gleichung so umstellen, dass die eine unbekannte Größe in beiden Gleichungen den gleichen Faktor, aber ein umgekehrtes Vorzeichen besitzt.
  - Beide Gleichungen addieren.

Winkelfunktionen (rechtwinklige Dreiecke)

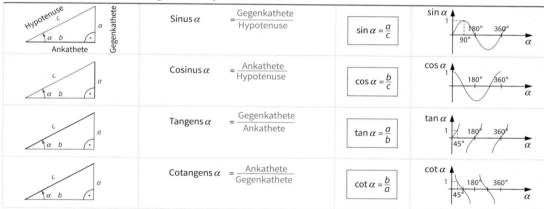

Vorzeichen der Winkelfunktionen in den vier Quadranten

Quadrant	Winkel	sin	cos	tan	cot
I	0° … 90°	+	+	+	+
II	90° … 180°	+	−	−	−
III	180° … 270°	−	−	+	+
IV	270° … 360°	−	+	−	−

Prozentrechnung

$$P = \frac{G \cdot p}{100\,\%}$$

G: Grundwert
P: Prozentwert
p: Prozentsatz

Prozent (%) bedeutet: $1\,\% = \frac{1}{100}$

Promille (‰) bedeutet: $1\,‰ = \frac{1}{1000}$

Zinsrechnung

$$Z = \frac{K \cdot p \cdot t}{100\,\%}$$

Z: Zinsen in €
K: Kapital in €
p: Zinssatz in % pro Jahr (a)
t: Zeit in Jahren (a)

Grundlagen

Flächen- und Körperberechnungen
Area- and Solid Model Calculations

Quadrat

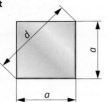

$A = a^2$

$U = 4 \cdot a$

$d = \sqrt{2} \cdot a$

Kreis

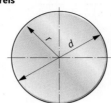

$A = \pi \cdot r^2$

$A = \dfrac{\pi \cdot d^2}{4}$

$U = \pi \cdot d$

$U = \pi \cdot 2r$

Rechteck

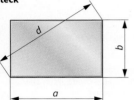

$A = a \cdot b$

$U = 2 \cdot (a + b)$

$d = \sqrt{a^2 + b^2}$

Kreisring

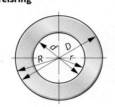

$A = \pi (R^2 - r^2)$

$A = \dfrac{\pi}{4}(D^2 - d^2)$

Raute (Rombus)

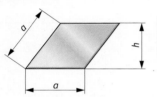

$A = a \cdot h$

$U = 4 \cdot a$

Trapez

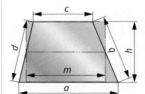

$A = m \cdot h$

$m = \dfrac{a + c}{2}$

$U = a + b + c + d$

Parallelogramm

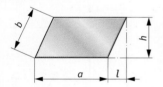

$A = a \cdot h$

$U = 2(a + \sqrt{l^2 + h^2})$

$U = 2(a + b)$

Dreieck

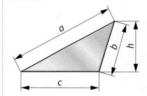

$A = \dfrac{c \cdot h}{2}$

$U = a + b + c$

Würfel

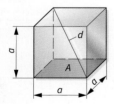

$V = a^3$

$d = a\sqrt{3}$

$A_0 = 6 \cdot a^2$

A_0: Oberfläche

Prisma

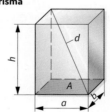

allgemein: $V = A \cdot h$

$V = a \cdot b \cdot h$

$d = \sqrt{a^2 + b^2 + h^2}$

$A_0 = 2(a \cdot b + a \cdot h + b \cdot h)$

A_0: Oberfläche

Zylinder

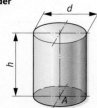

$V = \dfrac{\pi \cdot d^2}{4} \cdot h$

$A_M = \pi \cdot d \cdot h$

$A_0 = \pi \cdot d \cdot h + \dfrac{\pi \cdot d^2}{2}$

A_M: Mantelfläche

Pyramide

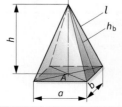

$V = \dfrac{a \cdot b \cdot h}{3}$

$h_b = \sqrt{h^2 + \dfrac{a^2}{4}}$

$l = \sqrt{h_b^2 + \dfrac{b^2}{4}}$

Physikalische Größen und Einheiten
Physical Quantities and Units of Measure

SI-Basiseinheiten[1)]

DIN 1301-1: 2010-10

Größe	Formelzeichen	Einheitenname	Einheitenzeichen
Länge	l	Meter	m
Masse	m	Kilogramm	kg
Zeit	t	Sekunde	s
Elektrische Stromstärke	I	Ampere	A
Thermodynamische Temperatur	T	Kelvin	K
Stoffmenge	n	Mol	mol
Lichtstärke	I_v	Candela	cd

[1)] **S**ystème **I**nternational d'Unités (Internationales Einheitensystem)

Vorsätze und Vorsatzzeichen für dezimale Teile und Vielfache von Einheiten

DIN 1301-1: 2010-10

Faktor	Vorsätze	Vorsatzzeichen	Faktor	Vorsätze	Vorsatzzeichen	Faktor	Vorsätze	Vorsatzzeichen
10^{-24}	Yocto	y	10^{-3}	Milli	m	10^6	Mega	M
10^{-21}	Zepto	z	10^{-2}	Zenti	c	10^9	Giga	G
10^{-18}	Atto	a	10^{-1}	Dezi	d	10^{12}	Tera	T
10^{-15}	Femto	f	10^1	Deka	da	10^{15}	Peta	P
10^{-12}	Piko	p	10^2	Hekto	h	10^{18}	Exa	E
10^{-9}	Nano	n	10^3	Kilo	k	10^{21}	Zetta	Z
10^{-6}	Mikro	ε				10^{24}	Yotta	Y

Schreibweise

DIN 1313: 1998-12

Beispiel:	Größenwert	=	Zahlenwert	·	Einheit	
	l	=	$\{l\}$	·	$[l]$	Länge = Zahlenwert der Länge · Einheit der Länge
	l	=	3	·	m	

Physikalische Gleichungen

DIN 1313: 1998-12

Größengleichungen	Einheitengleichungen	Zahlenwertgleichungen
z. B. $v = \dfrac{s}{t}$ $m = 8$ kg	z. B. 1 m = 100 cm 1 h = 3600 s 1 kWh = $3{,}6 \cdot 10^6$ Ws	z. B. $\{v\} = 3{,}6 \dfrac{\{s\}}{\{t\}}$
Zugeschnittene Größengleichung		v in m/s
z. B. $\dfrac{v}{\text{km/h}} = 3{,}6 \cdot \dfrac{s/\text{m}}{t/\text{s}}$		s in m t in s

Größen	Erklärungen		Beispiele
Skalar	Zur eindeutigen Festlegung genügt die Angabe des ▪ Zahlenwertes und der ▪ Einheit.		Masse m Zeit t Arbeit W
Vektor	Zur eindeutigen Festlegung sind erforderlich: ▪ Zahlenwert ▪ Einheit ▪ Richtung im Raum oder in der Ebene ▪ Richtungssinn (Drehsinn)	Betrag, Richtung, $\vec{a}$, α, Angriffspunkt, x, y	Kraft $\vec{F}$, Geschwindigkeit $\vec{v}$, Elektrische Feldstärke $\vec{E}$

Griechisches Alphabet
Greek Alphabet

A	α	Alpha	I	ι	Iota	P	ϱ	Rho
B	β	Beta	K	$\varkappa$	Kappa	Σ	σ	Sigma
Γ	γ	Gamma	Λ	λ	Lambda	T	τ	Tau
Δ	δ	Delta	M	μ	My	Y	υ	Ypsilon
E	ε	Epsilon	N	ν	Ny	Φ	φ	Phi
Z	ζ	Zeta	Ξ	ξ	Xi	X	χ	Chi
H	η	Eta	O	o	Omikron	Ψ	ψ	Psi
Θ	ϑ	Theta	Π	π	Pi	Ω	ω	Omega

Grundlagen

Formelzeichen und Einheiten
Formula Signs and Units

DIN 1301-1: 2010-10 und DIN 1304-1: 1994-03

Formelzeichen	Bedeutung	SI-Einheit	Einheitenname, Bemerkungen
Längen und ihre Potenzen, Winkel			
x, y, z	Kartesische Koordinaten	m	Meter
α, β, γ	ebener Winkel, Drehwinkel	rad	Radiant: 1 rad = 1 m/m
ϑ, φ	Winkel bei Drehbewegungen		1 Vollwinkel = 2π rad
			Grad: $1° = (\pi/180)$ rad
Ω, ω	Raumwinkel	sr	Steradiant: 1 sr = 1 m²/m²
l, b, h	Länge, Breite, Höhe, Tiefe	m	Meter, 1 int. Seemeile = 1852 m
δ, d	Dicke, Schichtdicke	m	
r	Radius, Halbmesser, Abstand	m	
f	Durchbiegung, Durchhang	m	
d, D	Durchmesser	m	
s	Weglänge, Kurvenlänge	m	
A, S	Flächeninhalt, Fläche, Oberfläche	m²	Quadratmeter 1 a = 10^2 m²
S, q	Querschnittsfläche, Querschnitt	m²	1 ha = 10^4 m²
V	Volumen, Rauminhalt	m³	Kubikmeter, 1 l (Liter) = 1 dm³
Zeit und Raum			
t	Zeit, Zeitspanne, Dauer	s	Sekunde, min, h (Stunde), d (Tag), a (Jahr)
T	Periodendauer, Schwingungsdauer	s	
τ, T	Zeitkonstante	s	
f, ν	Frequenz, Periodenfrequenz	Hz	Hertz, 1 Hz = 1 s⁻¹, $f = 1/T$
f_0	Kennfrequenz, Eigenfrequenz im ungedämpften Zustand	Hz	
ω	Kreisfrequenz, Pulsatanz (Winkelfrequenz)	s⁻¹	$\omega = 2\pi f$
n, f_r	Umdrehungsfrequenz (Drehzahl)	s⁻¹	1 min⁻¹ = (1/60) s⁻¹
ω, Ω	Winkelgeschwindigkeit, Drehgeschwindigkeit	rad/s	
α	Winkelbeschleunigung, Drehbeschleunigung	rad/s²	
λ	Wellenlänge	m	
v, u, w, c	Geschwindigkeit	m/s	1 km/h = (1/3,6) m/s
c	Ausbreitungsgeschwindigkeit einer Welle	m/s	
a	Beschleunigung	m/s²	
g	örtliche Fallbeschleunigung	m/s²	g_n = 9,80665 m/s² (Normfallbeschl.)
Mechanik			
m	Masse, Gewicht als Wägeergebnis	kg	Kilogramm, 1 t (Tonne) = 1 Mg
ϱ, ϱ_m	Dichte, volumenbezogene Masse	kg/m³	1 g/cm³ = 1 kg/dm³ = 1 Mg/m³
F	Kraft	N	Newton, 1 N = 1 kg · m/s² = 1 J/m
F_G, G	Gewichtskraft	N	
M	Drehmoment, Kraftmoment	N · m	
p	Druck	Pa	Pascal, 1 Pa = 1 N/m², 1 bar = 10^5 Pa
μ, f	Reibungszahl	1	$\mu = F_R/F_N$, F_R: Reibungskraft
W, A	Arbeit	J	Joule, 1 J = 1 N · m = 1 W · s
E, W	Energie	J	1 Wh = 3,6 kJ; eV (Elektronenvolt)
E_p, W_p	potenzielle Energie	J	
E_k, W_k	kinetische Energie	J	
P	Leistung	W	Watt, 1 W = 1 J/s
η	Wirkungsgrad	1	
Thermodynamik und Wärmeübertragung			
T, Θ	Temperatur, thermodynamische Temperatur	K	Kelvin
$\Delta T, \Delta t, \Delta \vartheta$	Temperaturdifferenz	K	
t, ϑ	Celsius-Temperatur	°C	Grad Celsius, $t = T - T_0$; T_0 = 273,15 K
α_l	(thermisch) Längenausdehnungskoeffizient	K⁻¹	
α_v, γ	(thermisch) Volumenausdehnungskoeffizient	K⁻¹	
Q	Wärme, Wärmemenge	J	Joule
R_{th}	thermischer Widerstand, Wärmewiderstand	K/W	$R_{th} = \Delta\vartheta/\Phi_{th}$
λ	Wärmeleitfähigkeit	W/(m · K)	
k	Wärmedurchgangskoeffizient	W/(m² · K)	
C_{th}	Wärmekapazität	J/K	
c	spezifische Wärmekapazität	J/(kg · K)	auch: massenbezogene Wärmekapazität

Formelzeichen und Einheiten
Formula Signs and Units

DIN 1301-1: 2010-10 und DIN 1304-1: 1994-03

Formelzeichen	Bedeutung	SI-Einheit	Einheitenname, Bemerkungen
Elektrizität und Magnetismus			
Q	elektrische Ladung	C	Coulomb, $1C = 1A \cdot s$; $1A \cdot h = 3,6$ kC
e	Elementarladung	C	Coulomb
D	elektrische Flussdichte	C/m^2	
P	elektrische Polarisation	C/m^2	
φ, φ_e	elektrisches Potenzial	V	Volt, $1\,V = 1\,J/C$
U	elektrische Spannung, Potenzialdifferenz	V	Volt
E	elektrische Feldstärke	V/m	$1\,V/mm = 1\,kV/m$
C	elektrische Kapazität	F	Farad, $1\,F = 1\,C/V$, $C = Q/U$
ε	Permittivität	F/m	früher: Dielektrizitätskonstante
ε_0	elektrische Feldkonstante	F/m	Permittivität des leeren Raumes
ε_r	relative Permittivität, Permittivitätszahl	1	früher: Dielektrizitätszahl
I	elektrische Stromstärke	A	Ampere
J	elektrische Stromdichte	A/m^2	$1\,A/mm^2 = 1\,MA/m^2$, $J = I/A$
Θ	Durchflutung (magnetische Spannung)	A	Ampere
H	magnetische Feldstärke	A/m	$1\,A/mm = 1\,kA/m$
Φ	magnetischer Fluss	Wb	Weber, $1\,Wb = 1\,V \cdot s$
B	magnetische Flussdichte	T	Tesla, $1\,T = 1\,Wb/m^2$, $B = \Phi/S$
L	Induktivität, Selbstinduktivität	H	Henry, $1\,H = 1\,Wb/A$
μ	Permeabilität	H/m	$\mu = B/H$
μ_0	magnetische Feldkonstante	H/m	Permeabilität des leeren Raumes
μ_r	relative Permeabilität, Permeabilitätszahl	1	$\mu_r = \mu/\mu_0$
R_m	magnetischer Widerstand, Reluktanz	H^{-1}	
Λ	magnetischer Leitwert, Permeanz	H	Henry
R	elektrischer Widerstand, Wirkwiderstand, Resistanz	Ω	Ohm, $1\,\Omega = 1\,V/A$
G	elektrischer Leitwert, Wirkleitwert, Konduktanz	S	Siemens, $1\,S = 1\,\Omega^{-1}$, $G = 1/R$
ϱ	spezifischer elektrischer Widerstand, Resistivität	$\Omega \cdot m$	$1\,\mu\Omega \cdot cm = 10^{-8}\,\Omega \cdot m$ $1\,\Omega \cdot mm^2/m = 10^{-6}\,\Omega \cdot m = 1\,\mu\Omega \cdot m$
$\gamma, \sigma, \varkappa$	elektrische Leitfähigkeit, Konduktivität	S/m	$\gamma = 1/\varrho$
X	Blindwiderstand, Reaktanz	Ω	Ohm
B	Blindleitwert, Suszeptanz	S	$B = 1/X$
$Z, \|Z\|$	Scheinwiderstand, Betrag der Impedanz	Ω	$\underline{Z}$: Impedanz (komplexe Impedanz)
$Y, \|Y\|$	Scheinleitwert, Betrag der Admittanz	S	$\underline{Y}$: Admittanz (komplexe Admittanz)
Z_w, Γ	Wellenwiderstand	Ω	Ohm
W	Energie, Arbeit	J	Joule
P, P_p	Wirkleistung	W	Watt
Q, P_q	Blindleistung	W	Energietechnik: var (Var), 1 var $= 1$ W
S, P_s	Scheinleistung	W	Energietechnik: VA (Voltampere)
φ	Phasenverschiebungswinkel	rad	auch Winkel der Impedanz
$\delta_\varepsilon, \delta_\mu$	Verlustwinkel (Permittivität, Permeabilität)	rad	Radiant
λ	Leistungsfaktor	1	$\lambda = P/S$, Elektrotechnik: $\lambda = \cos\varphi$
d	Verlustfaktor	1	
N	Windungszahl	1	
Akustik			
p	Schalldruck	Pa	Pascal
c, c_a	Schallgeschwindigkeit	m/s	
L_p, L	Schalldruckpegel		wird in dB angegeben
L_N	Lautstärkepegel		wird in phon angegeben
Licht, elektromagnetische Strahlung			
I_v	Lichtstärke	cd	Candela
Φ_v	Lichtstrom	lm	Lumen, $1\,lm = 1\,cd \cdot sr$
L_v	Leuchtdichte	cd/m^2	
E_v	Beleuchtungsstärke	lx	Lux, $1\,lx = 1\,lm/m^2 = 1\,cd \cdot sr/m^2$
η	Lichtausbeute	lm/W	
c_0	Lichtgeschwindigkeit im leeren Raum	m/s	$c_0 = 2,99792485 \cdot 10^8$ m/s
f	Brennweite	m	Meter

Grundlagen

Größen der Mechanik
Quantities of Mechanics

Masse m
Kilogramm kg

Eigenschaften:
- Trägheitswirkung gegenüber einer Änderung des Bewegungszustandes und
- Anziehung auf andere Körper (Gravitation)

$$F = m \cdot a$$

Die Masse ist ortsunabhängig.

Kraft F
Newton N $1\,N = 1\,kg \cdot m/s^2$

Produkt aus der
- Masse m eines Körpers und
- Beschleunigung a.

$$F = m \cdot a$$

Gewichtskraft F_G, G
Newton N $1\,N = 1\,kg \cdot m/s^2$

Produkt aus der
- Masse m eines Körpers und
- (örtlichen) Fallbeschleunigung g.

$$F_G = m \cdot g$$

Die Gewichtskraft ist ortsabhängig.

Arbeit W
Joule J, Newtonmeter N · m, Wattsekunde W · s   1 Nm = 1 Ws

Eine mechanische Arbeit wird verrichtet, wenn an einem Körper längs eines Weges s eine Kraft F wirkt.

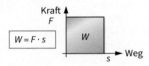

$$W = F \cdot s$$

Hub-, Reibungs-, Federspann-, Beschleunigungsarbeit

Leistung P
Watt W
$1\,W = 1\,N \cdot m/s$

Wenn in einer bestimmten Zeit Arbeit verrichtet wird, nennt man dies Leistung (Arbeit pro Zeit).

$$P = \frac{W}{t}$$

Mit $W = F \cdot s$ und $v = \frac{s}{t}$ ergibt sich

$$P = F \cdot v$$

Drehmoment M
Newtonmeter N · m

Ein Drehmoment entsteht, wenn eine Kraft außerhalb eines Drehpunktes angreift (z. B. Motorachse).

$$M = F \cdot r$$

r: Abstand vom Drehpunkt

Energie E
Newtonmeter N · m, Joule J
Wattsekunde W · s
$1\,N \cdot m = 1\,W \cdot s = 1\,J$

Umwandlung:
Wenn Arbeit verrichtet wird, entsteht Energie. Mit dieser Energie kann wieder Arbeit verrichtet werden.

Arbeit	→	Energie; $W = E$
Hubarbeit	→	Energie der Lage (potenzielle Energie)
Beschleunigungsarbeit	→	Bewegungsenergie (kinetische Energie)

$$E_k = \frac{m \cdot v^2}{2}$$

Energieerhaltung:
Die Summe der Energien ist konstant ($E_p + E_k$ = konstant).

Wirkungsgrad η
Der Wirkungsgrad ist gleich dem Quotienten aus der abgegebenen Arbeit W_{ab} (bzw. Leistung) und der zugeführten Arbeit W_{zu} (bzw. Leistung).

$$\eta = \frac{W_{ab}}{W_{zu}} \qquad \eta = \frac{P_{ab}}{P_{zu}}$$

$$W_v = W_{zu} - W_{ab}$$
$$P_v = P_{zu} - P_{ab}$$

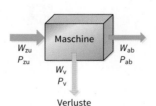

Geschwindigkeit v
Meter/Sekunde m/s; km/h; m/min

Beschleunigung a
Meter/Sekundenquadrat m/s²

Geradlinig gleichförmige Bewegung

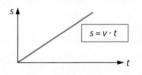

$$s = v \cdot t$$

Gleichmäßig beschleunigte Bewegung

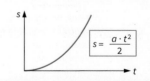

$$s = \frac{a \cdot t^2}{2}$$

Druck p
Newton/Quadratmeter N/m²
$1\,N/m^2 = 1\,Pa$ (Pascal)
$1\,N/m^2 = 10^{-5}\,bar$
$1\,bar = 10^5\,N/m^2$

Druck entsteht, wenn eine Kraft auf eine Fläche einwirkt.

$$p = \frac{F}{A}$$

Dichte ρ
Gramm/Kubikzentimeter g/cm³
kg/dm³
Mg/m³

Die Dichte eines Stoffes ist der Quotient aus der Masse m und dem Volumen V.

$$\varrho = \frac{m}{V}$$

Gleichförmige Kreisbewegung
Der Betrag der Geschwindigkeit ist stets gleich.
T: Zeit für eine Umdrehung
$2 \cdot \pi \cdot r$:   Wegstrecke bei einer Umdrehung
a_r: Radialbeschleunigung

$$v = \frac{s}{T}$$

$$v = \frac{2 \cdot \pi \cdot r}{T}$$

Kräfte
Forces

Zusammensetzung von Kräften

Winkel zwischen den Kräften	Wirkungslinie	Zeichnerische Darstellung	Resultierende Kraft F_R
$\alpha = 0°$	gleich		$F_R = F_1 + F_2$
$\alpha = 180°$	gleich		$F_R = F_2 - F_1$
$\alpha = 90°$	senkrecht zueinander		$F_R = \sqrt{F_1^2 + F_2^2}$; $\tan \beta = \dfrac{F_1}{F_2}$
α beliebig	beliebig		$F_R = \sqrt{F_1^2 + F_2^2 - 2 F_1 \cdot F_2 \cdot \cos(180° - \alpha)}$; $\tan \beta = \dfrac{F_1 \cdot \sin \alpha}{F_2 + F_1 \cos \alpha}$

Zerlegung von Kräften

$\vec{F}_{1x}$ und $\vec{F}_{1y}$ sind die Komponenten von $\vec{F}_1$ in Richtung des vorgegebenen Koordinatensystems.

$F_{1x} = F_1 \cdot \cos \alpha$
$F_{1y} = F_1 \cdot \sin \alpha$

Zusammenhang zwischen Masse und Kraft

Ort	Masse in kg	Fallbeschleunigung in $\dfrac{m}{s^2}$	Gewichtskraft in N
Äquator (Erde)	100	9,87	978
Pol (Erde)	100	9,84	984
Mond	100	1,62	162

Reibung
Friction

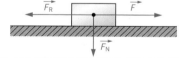

$F_R = \mu \cdot F_N$

F_R: Reibungskraft
μ: Reibungszahl
F_N: Normalkraft (senkrecht zur Bewegungsrichtung)
Die Reibungskraft hängt nicht von der Größe der Berührungsfläche ab.

Haftreibung	Gleitreibung	Rollreibung
Haftreibung tritt auf, bevor sich ein Körper bewegt.	Wenn Köper aufeinander gleiten, tritt Gleitreibung auf.	Wenn ein Körper auf einem anderen Körper rollt, tritt Rollreibung auf.

Beispiele für Reibungszahlen

Stoffe	Haftreibungszahl	Gleitreibungszahl		Rollreibungszahl
		trocken	flüssig	
Gleitlager	0,1	–	0,03	
Stahl auf Stahl	0,3	0,2	0,04	0,001
Stahl auf Holz	0,5	0,3	0,05	
Lederriemen auf Stahl	0,6	0,3	–	
Gummireifen auf Asphalt	0,8	0,7	0,3	0,02 ... 0,03
Mauerwerk auf Beton	1,0	0,8	–	

Grundlagen

Wärme
Heat

Temperatur (tiefste Temperatur $\vartheta_0 = -273{,}15\,°C = 0\,K$, absoluter Nullpunkt)

Temperatur	Kelvin-Temperatur	Celsius-Temperatur	Fahrenheit-Temperatur
Formelzeichen	T	t, ϑ	t, ϑ
Einheitenzeichen	K (Kelvin)	°C (Grad Celsius)	°F (Grad Fahrenheit)
Einheit der Temperaturdifferenz	1 K (Kelvin)	1 K (Kelvin)	–
Zusammenhang	0 K = −273 °C 273 K = 0 °C 373 K = 100 °C	$\vartheta_C = \vartheta_K - 273\,K$	$\vartheta_F = \dfrac{9}{5}\vartheta_C + 32°$ $\vartheta_C = (\vartheta_F - 32°)\dfrac{5}{9}$

Temperaturmessung

Flüssigkeitsthermometer mit Quecksilber	−30 °C … 280 °C	Segerkegel	220 °C … 2000 °C
Flüssigkeitsthermometer mit Quecksilber und Gasfüllung	−30 °C … 750 °C	Metallausdehnungsthermometer	−20 °C … 500 °C
Flüssigkeitsthermometer mit Alkohol	−110 °C … 50 °C	Elektrische Widerstandsthermometer	−250 °C … 1000 °C
Thermocolore	150 °C … 600 °C	Glühfarben	500 °C … 3000 °C
		Gasthermometer	−272 °C … 2800 °C

Ausdehnung durch Wärme

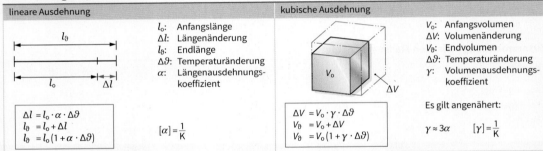

lineare Ausdehnung

- l_0: Anfangslänge
- Δl: Längenänderung
- l_ϑ: Endlänge
- $\Delta\vartheta$: Temperaturänderung
- α: Längenausdehnungskoeffizient

$$\Delta l = l_0 \cdot \alpha \cdot \Delta\vartheta$$
$$l_\vartheta = l_0 + \Delta l$$
$$l_\vartheta = l_0(1 + \alpha \cdot \Delta\vartheta)$$

$[\alpha] = \dfrac{1}{K}$

kubische Ausdehnung

- V_0: Anfangsvolumen
- ΔV: Volumenänderung
- V_ϑ: Endvolumen
- $\Delta\vartheta$: Temperaturänderung
- γ: Volumenausdehnungskoeffizient

$$\Delta V = V_0 \cdot \gamma \cdot \Delta\vartheta$$
$$V_\vartheta = V_0 + \Delta V$$
$$V_\vartheta = V_0(1 + \gamma \cdot \Delta\vartheta)$$

Es gilt angenähert:

$\gamma \approx 3\alpha \qquad [\gamma] = \dfrac{1}{K}$

Wärmemenge Q

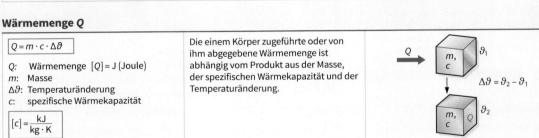

$Q = m \cdot c \cdot \Delta\vartheta$

- Q: Wärmemenge $[Q] = J$ (Joule)
- m: Masse
- $\Delta\vartheta$: Temperaturänderung
- c: spezifische Wärmekapazität

$[c] = \dfrac{kJ}{kg \cdot K}$

Die einem Körper zugeführte oder von ihm abgegebene Wärmemenge ist abhängig vom Produkt aus der Masse, der spezifischen Wärmekapazität und der Temperaturänderung.

$\Delta\vartheta = \vartheta_2 - \vartheta_1$

Mischungsvorgänge

abgegebene Wärmemenge = aufgenommener Wärmemenge

$$Q_{ab} = Q_{auf}$$

$$m_1 \cdot c_1 (\vartheta_1 - \vartheta_m) = m_2 \cdot c_2 (\vartheta_m - \vartheta_2)$$

$$\vartheta_m = \dfrac{m_1 \cdot c_1 \cdot \vartheta_1 + m_2 \cdot c_2 \cdot \vartheta_2}{m_1 \cdot c_1 + m_2 \cdot c_2}$$

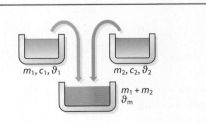

ϑ_m: Mischungstemperatur

Periodensystem
Periodic System

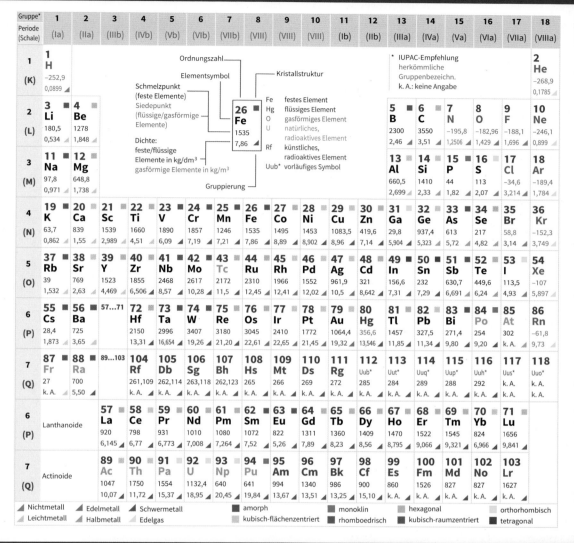

Stoffwerte
Physical Characteristics

Name	Kurzzeichen	Dichte ϱ ϱ in $\frac{kg}{dm^3}$	Schmelzpunkt ϑ_{Fl} in °C	Siedepunkt ϑ_G in °C	Spez. Schmelzwärme q in $\frac{kJ}{kg}$	Spez. Wärmekapazität c in $\frac{kJ}{kg \cdot K}$	Längen-/Volumen-Ausdehnungskoeffizient α in $\frac{10^{-6}}{K}$
Glas	–	2,4…2,7	≈ 700	–		0,850	5
Polyvinylchlorid	PVC	1,35	–	–	165	1,500	8,0
Quarz	SiO₂	2,1…2,6	1480	2230		0,745	8
Cu-Legierung	CuAl10Fe5Ni5	7,4…7,7	≈ 1040	≈ 2300		440	16
	CuSn 6	7,4…8,9	≈ 900	≈ 2300		380	17,5
	CuZn 28	8,4…8,7	≈ 950	≈ 2300	167	390	18,5
Stahl, unlegiert	C 22	7,85	1510	≈ 2500	205	490	11
Wasser (destilliert)	H₂O	1,00 (4 °C)	0	100		4,182	207
Luft	–	1,29 (mg/cm³)	–220	–191,4		0,716 (V = Konst.)	

Grundlagen

Stoffwerte von chemisch reinen Elementen (20 °C und 1,013 · 10⁵ Pa)
Physical Characteristics of Pure Chemical Elements

Name	Kurz-zeichen	Ordnungszahl	Elektrische Leitfähigkeit $\varkappa$ in $\frac{MS}{m}$	Temperaturkoeffizient α_{20} in $\frac{10^{-3}}{K}$	Spez. Wärmekapazität c in $\frac{kJ}{kg \cdot K}$	Dichte ϱ in $\frac{kg}{dm^3}$ Gas: $\frac{mg}{cm^3}$	Schmelzpunkt ϑ_{Fl} in °C	Siedepunkt ϑ_G in °C	Spez. Schmelzwärme q in $\frac{kJ}{kg}$	α in $\frac{10^{-6}}{K}$
Aluminium	Al	13	37,8[1]	4,7[1]	0,899	2,7	660	2270	398	23,8
Antimon	Sb	51	2,59	6,4	0,210	6,69	630,5	1640	163	10,9
Argon	Ar	18	–	–	–	1,78	–189	–186	–	–
Arsen	As	33	–	4,7	0,350	5,73	618	sublimiert	–	–
Barium	Ba	56	2,78	6,5	0,277	3,8	710	1696	–	–
Beryllium	Be	4	31,2	9,0	1,885	1,85	12,83	1870	–	12,3
Bismut	Vi	83	0,91	4,5	0,126	9,8	271	1560	54	13,5
Blei	Pb	82	4,77	4,2	0,130	11,34	327	1750	25	29,4
Bor (bei 0°C)	B	5	0,91	–	0,960	1,7…2,3	2300	2500	–	8
Brom (bei 18°C)	Br	35	–	–	–	3,19	–7,3	59	–	–
Cadmium	Cd	48	13,7	4,2	0,230	8,64	321	767	54	29,4
Calcium	Ca	20	–	–	0,630	1,55	850	1439	329	22,5
Chlor	Cl	17	–	–	–	3,214	–	–34,1	–	–
Chrom	Cr	24	6,76	5,9	0,460	7,1	1900	2300	314	7,5
Cobalt	Co	27	17,8	5,9	0,437	8,9	1490	3200	243	13
Eisen	Fe	26	10	4,6	0,466	7,87	1535	2880	268	12
Fluor	F	9	–	–	–	1,69	–218	–188	–	–
Gallium	Ga	31	2,5	4,0	–	5,91	29,75	2400	–	18
Germanium	Ge	32	0,0011	–48	0,310	5,32	938	2700	409	6
Gold	Au	79	47,6	4,0	0,130	19,3	1063	2700	63	14,3
Helium	He	2	–	–	5,230	0,18	–272	–268,9	–	–
Indium	In	49	–	–	–	7,3	155	2000	238	56
Iridium	Ir	77	20,4	4,1	–	22,65	2454	>4800	–	6,6
Jod	J	53	–	–	0,220	4,94	113,7	184,5	62	–
Kalium	K	19	15,9	5,7	0,750	0,86	63,5	776	58	84
Kohlenstoff	C	6	0,015	–	0,500	3,51	–	–	–	1,2
Krypton	Kr	36	–	–	–	3,74	–157,2	–152,9	–	–
Kupfer	Cu	29	58[2]	4,3[2]	0,390	8,93	1083	2390	205	16,8
Lithium	Li	3	11,7	4,9	–	0,53	180	1340	669,9	58
Magnesium	Mg	12	23,3	4,1	0,924	1,74	650	1097	373	26
Mangan	Mn	25	2,56	5,3	0,504	7,43	1244	2152	264	23
Molybdän	Mo	42	20	4,7	0,270	10,2	2620	5550	273	5
Natrium	Na	11	23,3	5,4	1,260	0,97	97,7	883	113	71
Neon	Ne	10	–	–	–	0,899	–248	–246	–	–
Nickel	Ni	28	14,5	6,7	0,441	8,9	1452	3075	301	12,8
Osmium	Os	76	10,5	4,2	–	22,7	2500	4400	–	6,6
Palladium	Pd	46	10,2	3,7	–	12	1554	3387	–	10,6
Phosphor (bei 0°C)	P	15	–	–	0,755	1,83	44,1	280	21	–
Platin	Pt	78	10,2	3,9	0,134	21,4	1769	3800	100	9
Quecksilber	Hg	80	1,063	0,99	0,138	13,96	–38,9	357	11,3	–
Radium	Ra	88	–	–	–	5	700	1140	–	–
Radon	Rn	86	–	–	–	–	–71	–61,9	–	–
Sauerstoff	O	8	–	–	0,920	1,43	–219	–183	13	–
Schwefel (bei 0°C)	S	16	–	–	0,710	2,07	112,8	444,6	38	64,1
Selen	Se	34	–	–	0,330	4,8	220	688	83	37
Silber	Ag	47	67,1	4,1	0,230	10,5	960,8	1980	105	19,7
Silicium	Si	14	0,001	–75	0,075	2,35	141,4	2630	142	7,6
Stickstoff	N	7	–	–	1,050	1,25	–210	–196	–	–
Strontium	Sr	38	3,25	3,8	0,075	2,54	757	1366	136	–
Tantal	Ta	73	7,14	3,5	0,138	16,6	2990	4100	172	6,5
Tellur	Te	52	0,0016	–	0,200	6,24	453	1390	140	17,2
Thallium	Tl	81	6,25	5,2	0,134	11,85	303	1457	–	29
Titan	Ti	22	2,38	5,4	0,630	4,5	1660	3535	88	9
Uran	U	92	4,76	2,8	0,120	18,7	1130	3500	365	–
Vanadium	V	23	–	3,9	0,504	6,1	1900	3000	343	–
Wasserstoff	H	1	–	–	14,240	0,09	–257	–252	–	–
Wolfram	W	74	18,2	4,8	0,143	19,3	3380	4727	193	4,3
Xenon	Xe	54	–	–	–	–	–112	–108	–	–
Zink	Zn	30	17,6	4,2	0,395	7,13	419,5	906	100	26,3
Zinn	Sn	50	8,7	4,6	0,228	7,29	232	2360	59	27

Leitungsmaterial: [1] Aluminium $\varkappa > \frac{36\,MS}{m}$ $\varrho < 0,02778\,\mu\Omega m$ $\alpha_{20} = 0,0036\,K^{-1}$ [2] Kupfer $\varkappa > 56\,\frac{MS}{m}$ $\varrho < 0,01786\,\mu\Omega m$ $\alpha_{20} = 0,0039\,K^{-1}$

Grundlagen der Chemie
Basics in Chemistry

Stoffeinteilung

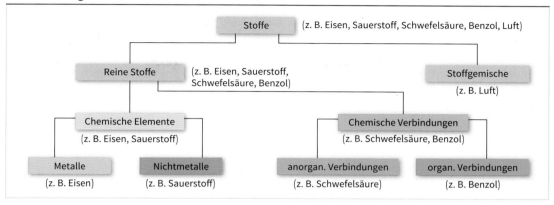

Atomaufbau

Atomkern		Atomhülle
Protonen	Neutronen	Elektronen
▪ Elektrisch positive Masseteilchen ▪ Die Protonen bestimmen den Charakter des Elements. ▪ Protonenzahl = Kernladungszahl = Ordnungszahl	▪ Elektrisch neutrale Masseteilchen ▪ Die Neutronenzahl kann für die Atomkerne des gleichen Elements unterschiedlich sein (Isotope).	▪ Elektrisch negative Masseteilchen ▪ Bei einem neutralen Atom ist die Protonenzahl gleich der Elektronenzahl.

Atomteilchen

Name	Ladung e in As	Masse m in g
Elektron	$-1{,}602 \cdot 10^{-19}$	$9{,}1089 \cdot 10^{-28}$
Neutron	0	$1{,}6748 \cdot 10^{-24}$
Proton	$+1{,}602 \cdot 10^{-19}$	$1{,}6725 \cdot 10^{-24}$

Schalen	Elektronen	Bezeichnung
K	2	1 s
L	2, 6	2 s, 2 p
M	2, 6, 10	3 s, 3 p, 3 d
N	2, 6, 10, 14	4 s, 4 p, 4 d, 4 f

Atommodell

Schalen, Umlaufbahnen der Elektronen — Q P O N M L K

Atomkern mit Protonen und Neutronen

Relative Atommasse A

$$A = \frac{\text{Masse des neutralen Atoms}}{\frac{1}{12}\, \text{der Masse des Kohlenstoffsatoms }^{12}\text{C}}$$

Eine relative Masseneinheit beträgt $1{,}6605 \cdot 10^{-27}$ kg.

Atomsymbole und ihre Schreibweise

	Chlormolekül	Chlorid-Ion	Wasserstoffmolekül	Natriumchloridmolekül
ohne Angabe der Ionenladung	Cl_2		H_2	$NaCl$
mit Angabe der Ionenladung		$2\,Cl^-$	$2\,H^-$	$(Na^+\,Cl^-)$

Beispiel:

$A = Z + N$
(N: Neutronenzahl)

Nukleonenzahl A — $^{12}_{6}C$ Ca   Ionenladung O_2^{2+}

Protonenzahl Z (Ordnungszahl)

Stöchiometrischer Index

Oxidationszahlen: $C^{IV}(Cl^{-I})_4;\ Na_2[\overset{6+2-}{SO_4}]$

Grundlagen

Stoffabscheidung durch Elektrolyse (Galvanisieren)
Material Separation by Electrolysis (Electroplating)

Stoffabscheidung durch Elektrolyse

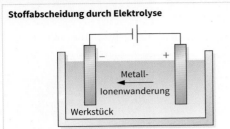

Wirkungsgrad (Stromausbeute)
Katodischer Wirkungsgrad

$$\eta = \frac{m^*}{c \cdot I \cdot t}$$

m^*: verfügbare Masse

Der Wirkungsgrad ist stark von der Anlage abhängig.

Die Verluste entstehen durch:
- Nebenreaktionen (z. B. Wasserstoffabscheidung)
- Zusammensetzung der Flüssigkeit
- Erwärmung der Flüssigkeit

Massenberechnung (Faradaysches Gesetz)

$m = c \cdot I \cdot t$

m: Masse
c: elektrochemisches Äquivalent
I: Stromstärke
t: Zeit

$[c] = \frac{mg}{As}, \frac{g}{Ah}$

$1 \frac{mg}{As} = \frac{3{,}6\,g}{Ah}$

Schichtdicke s

$$s = \frac{m}{A \cdot \varrho} \qquad s = \frac{c \cdot I \cdot t}{A \cdot \varrho} \qquad s = \frac{c \cdot J \cdot t}{\varrho}$$

ρ: Dichte

Stromdichte J

$$J = \frac{I}{q} \qquad q: \text{Fläche} \qquad [J] = \frac{A}{dm^2}$$

Metall	Wertigkeit	elektrochem. Äquivalent c in $\frac{g}{A \cdot h}$	Metall	Wertigkeit	elektrochem. Äquivalent c in $\frac{g}{A \cdot h}$	Metall	Wertigkeit	elektrochem. Äquivalent c in $\frac{g}{A \cdot h}$
Al Aluminium	III	0,3356	Au Gold	I	7,3490	Mn Mangan	II	1,0249
Pb Blei	II	3,8654	Au Gold	III	2,4497	Ni Nickel	II	1,0954
Cd Cadmium	II	2,0969	Co Kobalt	II	1,0994	Pt Platin	IV	1,8195
Cr Chrom	III	0,6467	Cu Kupfer	I	2,3707	Ag Silber	I	4,0247
Cr Chrom	VI	0,3233	Cu Kupfer	II	1,1854	Zn Zink	II	1,2197
Fe Eisen	II	1,0419	Mg Magnesium	II	0,4535	Sn Zinn	II	2,2142

Korrosionsschutzmaßnahmen
Corrosion Protection Measures

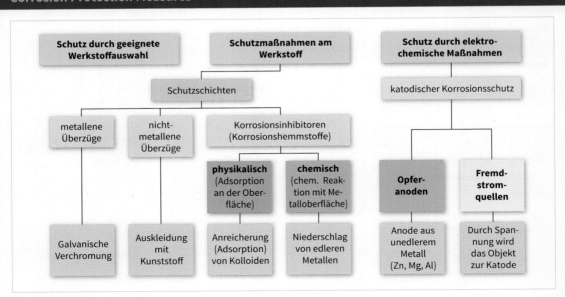

Einteilung der Werkstoffe
Classification of Materials

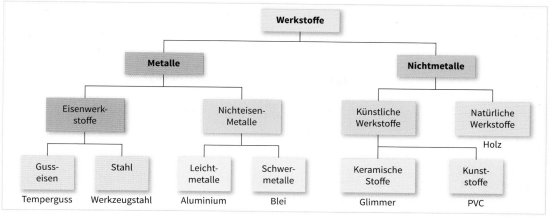

Werkstoffverwendung in der Elektrotechnik

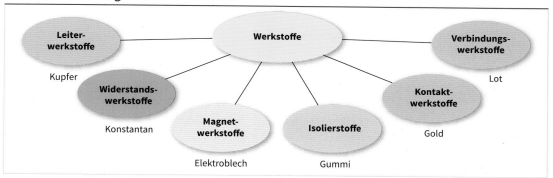

Werkstoffnummern
Material Numbers

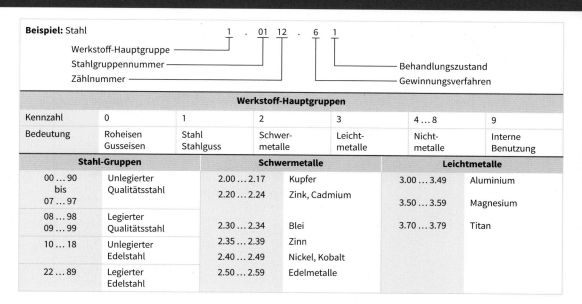

Werkstoff-Hauptgruppen						
Kennzahl	0	1	2	3	4...8	9
Bedeutung	Roheisen Gusseisen	Stahl Stahlguss	Schwer-metalle	Leicht-metalle	Nicht-metalle	Interne Benutzung

Stahl-Gruppen		Schwermetalle		Leichtmetalle	
00...90 bis 07...97	Unlegierter Qualitätsstahl	2.00...2.17	Kupfer	3.00...3.49	Aluminium
		2.20...2.24	Zink, Cadmium	3.50...3.59	Magnesium
08...98 09...99	Legierter Qualitätsstahl	2.30...2.34	Blei	3.70...3.79	Titan
10...18	Unlegierter Edelstahl	2.35...2.39	Zinn		
		2.40...2.49	Nickel, Kobalt		
22...89	Legierter Edelstahl	2.50...2.59	Edelmetalle		

Grundlagen

Eigenschaften von Werkstoffen
Characteristics of Materials

Bezeichnung	Formelzeichen	Einheit	Erklärung	Formel
Dichte	ϱ	$\dfrac{kg}{dm^3}$	Masse bezogen auf Volumen	$\varrho = \dfrac{m}{V}$
Härte	HB HV HRC	– – –	Widerstand gegen Eindringen in ein Material Prüfverfahren: ■ **Brinell** (Stahlkugel in Material gedrückt) ■ **Vickers** (Diamantpyramide in Material gedrückt) ■ **Rockwell** (Diamantkugel in zwei Stufen in Material gedrückt)	$H = \dfrac{F_B}{A} \cdot 0{,}102$ $HRC = 100 - \dfrac{t_b}{0{,}002}$ F_B: Belastungskraft A: Eindruckoberfläche t_b: bleibende Eindringtiefe
Festigkeit	R_m σ_{dB} σ_{bB} τ_B σ_{kB} τ_{tB}	$\dfrac{N}{mm^2}$ $\dfrac{N}{mm^2}$ $\dfrac{N}{mm^2}$ $\dfrac{N}{mm^2}$ $\dfrac{N}{mm^2}$ $\dfrac{N}{mm^2}$	Widerstand gegen Bruch **Zugfestigkeit** **Druckfestigkeit** **Biegefestigkeit** **Scherfestigkeit** (Schubfestigkeit) **Knickfestigkeit** **Verdrehfestigkeit**	$R_m = \dfrac{F_m}{S_o}$ F_m: Kraft bei Bruch S_o: ursprünglicher Querschnitt
Elastizität	–	–	Verformung durch Krafteinwirkung und Rückgang der Verformung nach Kraftzurücknahme.	–
Plastizität	–	–	Verformung durch Krafteinwirkung ohne Rückgang der Verformung nach Kraftzurücknahme.	–
Streckgrenze	R_e	$\dfrac{N}{mm^2}$	Zugfestigkeits-Grenze (auch: Fließgrenze), bei der die elastische Verformung in eine plastische Verformung übergeht. Spannungs-Dehnungs-Diagramm für weichen Stahl	
Dehnung Bruchdehnung	ε A	1 1	Längenveränderung bei Krafteinwirkung vor Krafteinwirkung — bei Bruch	$A = \dfrac{\Delta l_B}{l_o} \cdot 100\,\%$ A_5: Zugstablänge $l_o = 5 \cdot d_o$ A_{10}: Zugstablänge $l_o = 10 \cdot d_o$ Δl_B: Längenänderung bei Bruch l_o: ursprüngliche Länge

Eigenschaften von Werkstoffen
Characteristics of Materials

Bezeichnung	Formelzeichen	Einheit	Erklärung	Formel
Wärmeleitfähigkeit	λ	$\dfrac{W}{m \cdot K}$	**Wärmeleitung:** Durchdringen von Wärmemengen durch ein Werkstück. **Wärmeleitfähigkeit:** Wärmeleitung bezogen auf Werkstückmaße und Temperaturunterschied. Werte sind bei Gasen und Flüssigkeiten stark temperaturabhängig!	$\lambda = \dfrac{Q \cdot s}{\Delta\vartheta \cdot A \cdot t}$ s: Dicke A: Fläche Q: Wärmemenge $\Delta\vartheta$: Temperaturunterschied t: Zeit
Spezifische Wärmekapazität	c	$\dfrac{kJ}{kg \cdot K}$	Zum Erwärmen notwendige Wärmemenge bezogen auf Masse und Temperaturunterschied	$c = \dfrac{Q}{m \cdot \Delta\vartheta}$ m: Masse
Spezifische Schmelzwärme	q	$\dfrac{kJ}{kg}$	Wärmemenge zum Schmelzen von 1 kg eines Stoffes bei Schmelztemperatur	–
Spezifische Verdampfungswärme	r	$\dfrac{kJ}{kg}$	Wärmemenge zum Verdampfen von 1 kg eines Stoffes bei Siedetemperatur	–
Volumenausdehnungs-Koeffizient	γ	$\dfrac{1}{K}$ K^{-1}	**Wärmeausdehnung:** Volumenveränderung eines Körpers bei Temperaturänderung. **Volumenausdehnungs-Koeffizient:** Volumenänderung bezogen auf ursprüngliches Volumen und Temperaturänderung	$\gamma = \dfrac{\Delta V}{V_0 \cdot \Delta\vartheta}$ Gase: $\gamma = \dfrac{1}{273\,K}$
Längenausdehnungskoeffizient	α	$\dfrac{1}{K}$ K^{-1}	Längenänderung bezogen auf ursprüngliche Länge und Temperaturänderung Feste Körper: $\gamma \approx 3 \cdot \alpha$	$\alpha = \dfrac{\Delta l}{l_0 \cdot \Delta\vartheta}$
Spezifischer elektrischer Widerstand	ϱ	$\mu\Omega \cdot m$ $\dfrac{\Omega \cdot mm^2}{m}$	Elektrischer Widerstand eines Stoffes von 1 m Länge und 1 mm² Querschnitt	$\varrho = \dfrac{R \cdot q}{l}$
Elektrische Leitfähigkeit	$\varkappa$	$\dfrac{MS}{m}$ $\dfrac{m}{\Omega \cdot mm^2}$	Kehrwert des spezifischen elektrischen Widerstandes	$\varkappa = \dfrac{l}{R \cdot q}$
Temperaturkoeffizient	α β	$\dfrac{1}{K}$; K^{-1} $\dfrac{1}{K^2}$; K^{-2}	Änderung des elektrischen Widerstandes bei Temperaturänderung < 200 °C: α_{20} Temperaturkoeffizient bei 20 °C > 200 °C: e	$\alpha = \dfrac{\Delta R}{R_{20} \cdot \Delta\vartheta}$ $\beta = \dfrac{\alpha^2}{2}$ $\Delta R \approx R_{20} \cdot (\alpha \cdot \Delta\vartheta + \beta \cdot \Delta\vartheta^2)$

Kunststoffe
Plastics

Thermoplaste

Kunststoff	Kurzzeichen	Eigenschaften	Verwendungen	Handelsnamen (Beispiele)
Poly**v**inyl**c**hlorid	PVC hart	beständig gegen viele Chemikalien, alterungsbeständig	Apparatebau, Bauindustrie, Folien, Rohre, Flaschen	Hostalit Vinoflex Trividur
Poly**v**inyl**c**hlorid	PVC weich	geringere chemische Beständigkeit	Drahtisolation, Fußbodenbelag, Tapeten, Kunstleder	Mipolam Acella Vestolit
Po**l**y**s**tyrol	PS	hart, spröde, Oberflächenglanz, sehr gute elektrische Eigenschaften	Verpackung, Spulenkörper	Styroflex Trolitul Hostyren
Styrol-**B**utadien	SB	höhere Zähigkeit als PS, empfindlich gegen UV-Licht	Gehäuse, Installationsmaterial	Styron Hostyren
Styrol-**A**cryl**n**itril	SAN	beständig gegen Küchenflüssigkeiten, kratzfest	Haushaltsgeräte	Vestoran Tyril
Acrylnitril-**B**utadien-**S**tyrol	ABS	Oberflächenglanz, Schlagzähigkeit, kratzfest	Gehäuse, Geräteteile, Batteriekästen	Novodur Perluran
Po**l**y**e**thylen Weich-PE Hart-PE	PE LDPE HDPE	wenig witterungsbeständig. Steigende Dichte ergibt steigende Härte und Wärmeformbeständigkeit, aber sinkende Transparenz.	Kabelisolierung, Folien, Flaschen	Hostalen Lupolen Corothene
Po**l**y**p**ropylen	PP	chemische Beständigkeit, harte Oberfläche	Batteriekästen, Haushaltsgeräte	Novolen Trolen P
Po**l**y**a**mid 12	PA 12	geringe Wasseraufnahme, sehr gute chemische Beständigkeit	Lebensmittelfolien, Präzisionsteile der Elektrotechnik	Rilsan A Durethan Ultramid
Po**l**y**o**xy**m**ethylen (Acetalharz)	POM	zäh, wärmeformbeständig, maßhaltig, abriebfest, nicht säurefest	Zahnräder, Gleitlager, Armaturen, Schaltrelais, Beschläge	Hostaform Delrin Sustain
Po**l**y**m**ethyl**m**eth**a**crylat	PMMA	glasklar, spröde, chemisch beständig, alterungs- und witterungsbeständig	Lichtkuppeln, Leuchtenabdeckung, optische Linsen	Plexiglas Degalan Vedril
Cellulose**a**cetat **C**ellulose-**A**ceto**b**utyrat	CA CAB	zäh, transparent, nicht lebensmittelecht, kraftstoffbeständig	Brillengestelle, Filme, Gehäuse für elektrische Geräte	Cellidor Tenite Cellon
Po**l**y**e**thylen Po**l**y**b**utylen-**e**n**ter**ephthalat	PETP PBTP	hart, kristallin, abriebfest, geringe Wasseraufnahme, niedrige Ausdehnung	Zahnräder, Aderisolierung, Gehäuse, Rohre	Vestodur A, B Ultradur Crastin
Po**l**y**c**arbonat	PC	hart, steif, zäh, maßhaltig, alterungsbeständig	Gehäuse, Steckerleisten, Helme	Makrolon Lexan

Duroplaste

Kunststoff	Kurzzeichen	Eigenschaften	Verwendungen	Handelsnamen (Beispiele)
Polyester **u**ngesättigt	UP	maßhaltig, licht- und farbecht, sehr fest	Sturzhelme, Schalter, Karosserieteile	Hostaphan Vestopal
Epoxid	EP	chemisch beständig, sehr leicht fließend, geringe Steifigkeit bei Wärme	Präzisionsteile, Zwei-Komponenten-Kleber, Metalleinbettungen	Araldit Terokal Skotch-Weld
Phenol-**F**ormaldehyd	PF	bräunlich, dunkelt nach, spröde, nicht lebensmittelecht, chemisch beständig	Topfgriffe, Spulenträger, Sockelplatten, Gleitlager	Bakelite Resinol Trolitan

Erkennen von Kunststoffen
Recognize of Plastics

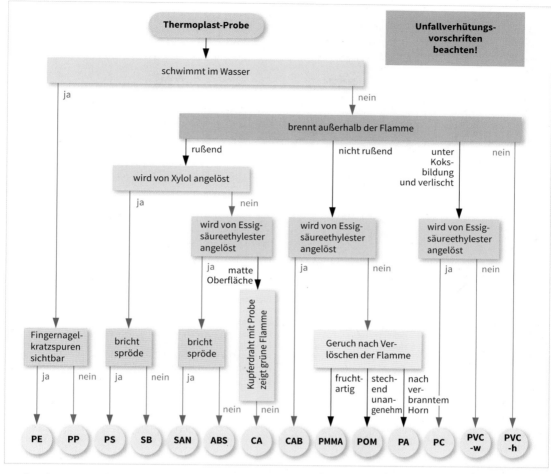

Merkmale

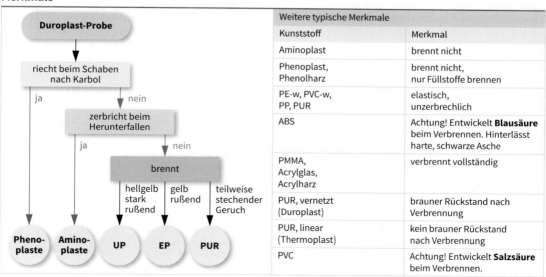

Weitere typische Merkmale	
Kunststoff	Merkmal
Aminoplast	brennt nicht
Phenoplast, Phenolharz	brennt nicht, nur Füllstoffe brennen
PE-w, PVC-w, PP, PUR	elastisch, unzerbrechlich
ABS	Achtung! Entwickelt **Blausäure** beim Verbrennen. Hinterlässt harte, schwarze Asche
PMMA, Acrylglas, Acrylharz	verbrennt vollständig
PUR, vernetzt (Duroplast)	brauner Rückstand nach Verbrennung
PUR, linear (Thermoplast)	kein brauner Rückstand nach Verbrennung
PVC	Achtung! Entwickelt **Salzsäure** beim Verbrennen.

Isolierstoffklassen
Insulation Classes

DIN VDE 0530-1: 2011-02

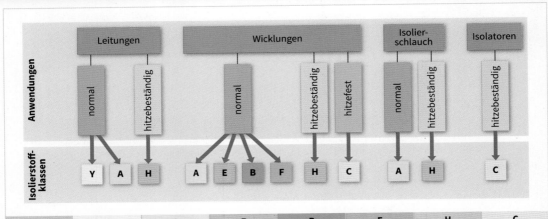

Klasse	Y	A	E	B	F	H	C
Grenz-temperatur	90 °C	105 °C	120 °C	130 °C	155 °C	180 °C	> 180 °C
Beispiele für Werkstoffe	Holz, Baumwolle, Seide, Papier PA, PE, PVC, PS, Anilin-, Formaldehyd-Kunstharz, Harnstoff	Holz, Baumwolle, Seide, PA Textilien, Papier geschichtetes Holz CA, vernetzte PE-Harze	PC-, PTA-Folie, vernetzte PE-Harze, Drahtlacke Verbundstoffe, Pressteile mit Cellulose-Füllkörper Ethylen-Vinylacetat-Copolymer	Glasfaser, Asbest Glimmer Drahtlacke, Gewebe und Folien auf PE-Glykolter-ephthalat-Basis mineralische Füllstoffe	Glasfaser, Asbest, Glimmer, cellulosefreie Verbundstoffe Drahtlacke, (Basis: IPE, EI, Polyte-rephthalat) Folien auf Polymono-chlortrifluor-ethylen-Basis	Glasfaser, Asbest Glasfasertextilien Glimmer Fasern (PA-Basis) Folien (PI-Basis), Drahtlacke (PI-Basis)	Glimmer, Porzellan, Glas, Quarz Glasfasertextilien, Polytetra-fluorethylen

Isolierstoffe aus Keramik bzw. Glas
Ceramic or Glass Insulating Materials

DIN VDE 0336-1: 2002-12

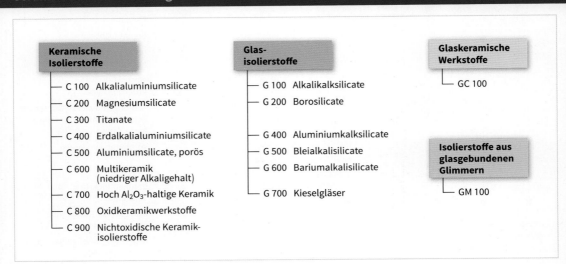

Größen und Formeln der Elektrotechnik
Basic Quantities and Formulas in Electrical Engineering

Größe	Darstellung	Größen und Formelzeichen	Einheit und Einheitenzeichen	Formel
Spannung		Spannung U	Volt V	$U = \dfrac{W}{Q}$
		Ladung Q	Coulomb C Amperesekunde As	
		Arbeit W	Wattsekunde Ws, VAs	
	Die **elektrische Spannung** zwischen zwei Punkten eines elektrischen Feldes ist gleich dem Quotienten aus der verrichteten Verschiebungsarbeit und der bewegten Ladung.			
Stromstärke	$F = 2 \cdot 10^{-7}$ N $I = 1$ A	Stromstärke I	Ampere A	$I = \dfrac{Q}{t}$
		Zeit t	Sekunde s $1\,C = 1\,As$	
	Ein Ampere ist die Stärke eines zeitlich unveränderlichen elektrischen Stromes durch zwei geradlinige, parallele, unendlich lange Leiter, die einen Abstand von 1 m haben und zwischen denen im leeren Raum je 1 m Doppelleitung eine Kraft von $2 \cdot 10^{-7}$ N wirkt.			
Stromdichte		Stromdichte J	Ampere durch Quadratmeter $\dfrac{A}{m^2}$	$J = \dfrac{I}{q}$
		Querschnittsfläche q	Quadratmeter m^2 $1\,m^2 = 10^4\,cm^2$ $= 10^6\,mm^2$	
Stromstärke, Spannung, Widerstand und Leitwert	Ohmsches Gesetz	Widerstand R	Ohm Ω $1\,\Omega = 1\,\dfrac{V}{A}$	$I = \dfrac{U}{R}$
		Leitwert G	Siemens S $1\,S = 1\,\dfrac{A}{V}$	$G = \dfrac{1}{R}$ $I = G \cdot U$
Elektrische Arbeit		Elektrische Arbeit W	Wattsekunde Ws, VAs $1\,kWh = 3{,}6 \cdot 10^6\,Ws$ $1\,Nm = 1\,Ws = 1\,J$	$W = U \cdot I \cdot t$ $W = P \cdot t$
Elektrische Leistung		Elektrische Leistung P	Watt W, VA	$P = \dfrac{W}{t}$ $P = U \cdot I$ $P = I^2 \cdot R$ $P = \dfrac{U^2}{R}$

Grundlagen

Elektrischer Widerstand
Electrical Resistor

Bezeichnung	Darstellung	Größen und Formelzeichen	Einheitenzeichen	Formel
Widerstand von Leitern	(Zylinder mit q und l)	R : Widerstand l : Leiterlänge q : Querschnittsfläche	Ω m m^2; mm^2	$R = \dfrac{\varrho \cdot l}{q}$
		ϱ : Spezifischer Widerstand	$\Omega \cdot m$; $\Omega \cdot \dfrac{mm^2}{m}$ $1\,\Omega \cdot \dfrac{mm^2}{m} =$ $1\,\mu\Omega \cdot m$	$\varkappa = \dfrac{1}{\varrho}$
		$\gamma, \varkappa$: Elektrische Leitfähigkeit	$\dfrac{S}{m}$; $\dfrac{S \cdot m}{mm^2}$ $1\,\dfrac{S \cdot m}{mm^2} = 1\,\dfrac{MS}{m}$	$R = \dfrac{l}{\varkappa \cdot q}$
Widerstand und Temperatur	ϑ_1 R_{20} ↓ Wärme ϑ_2 R_ϑ	ΔR : Widerstandsänderung	Ω	$\vartheta < 200\,°C$ $\Delta R = R_{20} \cdot \alpha \cdot \Delta\vartheta$
		R_{20} : Widerstand bei 20 °C	Ω	$R_\vartheta = R_{20} + \Delta R$ $R_\vartheta = R_{20}(1 + \alpha \cdot \Delta\vartheta)$
		$\alpha; \beta$: Temperaturkoeffizient	$\dfrac{1}{K}$, K^{-1}; $\dfrac{1}{K^2}$, K^{-2}	
		$\Delta\vartheta$: Temperaturänderung	K	$\vartheta > 200\,°C$
		R_ϑ : Widerstand nach Erwärmung	Ω	$R_\vartheta = R_{20}(1 + \alpha \cdot \Delta\vartheta + \beta \cdot \Delta\vartheta^2)$

Normspannungen
Standard Voltages

Betriebsmittel für Nennspannungen unter 120 V AC

bevorzugt		6	12		24		48			110
ergänzend	5			15		36		60	100	

Betriebsmittel für Nennspannungen unter 750 V DC

bevorzugt					6		12	24	36		48	60	72		96	110		220		440	
ergänzend	2,4	3	4	4,5	5	7,5	9	15		30				40			80	125		250		600

Drehstrom-Vierleiter- oder -Dreileiternetze

- Nennspannungen in V, AC, 50 Hz, zwischen 100 V und einschließlich 100 V
- Die niedrigen Werte sind Spannungen zum Neutralleiter.
- Die höheren Werte sind Spannungen zwischen Außenleitern.

230	230/400	400/690	1000

Bahnnetze

- Die Klammerwerte sind nicht bevorzugte Werte.
- **Gleichstrom**

	Spannung in V	
niedrigste	Nennspannung	höchste
(400)	(600)	(720)
500	750	900
1000	1500	1800
2000	3000	3600

- **Wechselstrom**

	Spannung in V		Frequenz in Hz
niedrigste	Nennspannung	höchste	
(4750)	(6250)	(6900)	50
12000	15000	17250	16 2/3
19000	25000	27500	50

Drehstromnetze über 1 kV

- Die Netze sind grundsätzlich Dreileiternetze.
- Spannungsangaben zwischen Außenleitern in 1 kV
- Die Klammerwerte sind nicht bevorzugte Werte.
- **bis einschließlich 35 kV**

Höchste Betriebsmittelspannung	Netz-Nennspannung	
12	11	10
(17,5)	–	(15)
24	22	20
36	33	30
40,5	–	35

- **bis einschließlich 230 kV**

Höchste Betriebsmittelspannung	Netz-Nennspannung	
72,5	66	69
100	90	–
123	110	115
145	132	138
(170)	(150)	(154)
245	220	230

- **über 245 kV**

Höchste Betriebsmittelspannung					
(300)	362	420	525	765	1100	1200
			550	800		

Schaltungen mit Widerständen
Circuits with Resistors

Vorzeichen und Richtungssinne von Strom und Spannung

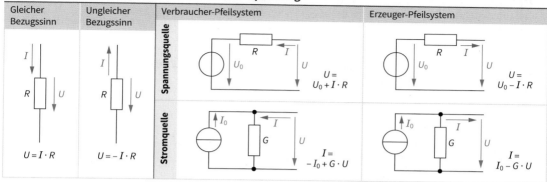

Erstes Kirchhoffsches Gesetz (Knotenregel)

In jedem Knotenpunkt ist die Summe aller Ströme Null.

$$\sum I = 0\,\text{A}$$
$$I_1 - I_2 - I_3 + I_4 + I_5 = 0\,\text{A}$$

Beispiel:

Zweites Kirchhoffsches Gesetz (Maschenregel)

Die Summe aller Teilspannungen entlang eines geschlossenen Weges (willkürlich gewählter Umlaufsinn) ist Null.

$$\sum U = 0\,\text{V}$$
$$-U_1 + U_{R1} + U_{R2} - U_2 + U_{R3} = 0\,\text{V}$$
$$-U_1 + I \cdot R_1 + I \cdot R_2 - U_2 + I \cdot R_3 = 0\,\text{V}$$

Beispiel:

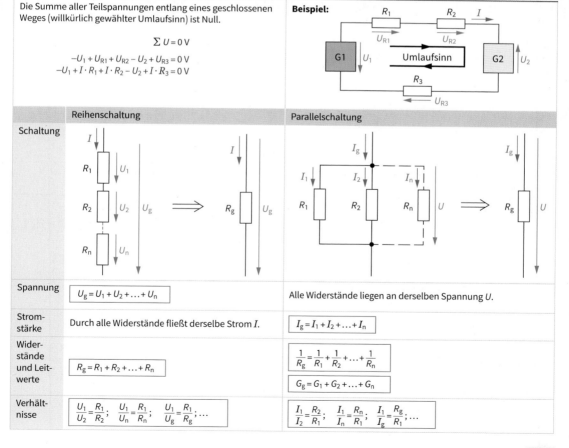

	Reihenschaltung	Parallelschaltung
Schaltung	(siehe Abbildung)	(siehe Abbildung)
Spannung	$U_g = U_1 + U_2 + \ldots + U_n$	Alle Widerstände liegen an derselben Spannung U.
Stromstärke	Durch alle Widerstände fließt derselbe Strom I.	$I_g = I_1 + I_2 + \ldots + I_n$
Widerstände und Leitwerte	$R_g = R_1 + R_2 + \ldots + R_n$	$\dfrac{1}{R_g} = \dfrac{1}{R_1} + \dfrac{1}{R_2} + \ldots + \dfrac{1}{R_n}$ $G_g = G_1 + G_2 + \ldots + G_n$
Verhältnisse	$\dfrac{U_1}{U_2} = \dfrac{R_1}{R_2}$; $\dfrac{U_1}{U_n} = \dfrac{R_1}{R_n}$; $\dfrac{U_1}{U_g} = \dfrac{R_1}{R_g}$; $\ldots$	$\dfrac{I_1}{I_2} = \dfrac{R_2}{R_1}$; $\dfrac{I_1}{I_n} = \dfrac{R_n}{R_1}$; $\dfrac{I_1}{I_g} = \dfrac{R_g}{R_1}$; $\ldots$

Grundlagen

Schaltungen mit Widerständen
Circuits with Resistors

Unbelasteter Spannungsteiler | Belasteter Spannungsteiler

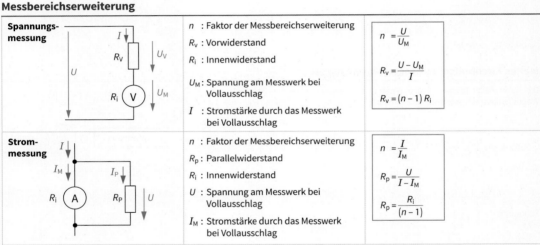

$$\frac{U_2}{U} = \frac{R_2}{R_1 + R_2}$$

$$\frac{U_2}{U} = \frac{R_2 \cdot R_L}{R_1 (R_2 + R_L) + R_2 \cdot R_L}$$

Messbereichserweiterung

Spannungsmessung

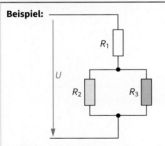

n : Faktor der Messbereichserweiterung
R_v : Vorwiderstand
R_i : Innenwiderstand
U_M : Spannung am Messwerk bei Vollausschlag
I : Stromstärke durch das Messwerk bei Vollausschlag

$$n = \frac{U}{U_M}$$

$$R_v = \frac{U - U_M}{I}$$

$$R_v = (n - 1)\, R_i$$

Strommessung

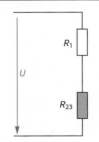

n : Faktor der Messbereichserweiterung
R_p : Parallelwiderstand
R_i : Innenwiderstand
U : Spannung am Messwerk bei Vollausschlag
I_M : Stromstärke durch das Messwerk bei Vollausschlag

$$n = \frac{I}{I_M}$$

$$R_p = \frac{U}{I - I_M}$$

$$R_p = \frac{R_i}{(n - 1)}$$

Gruppenschaltung

Beispiel:

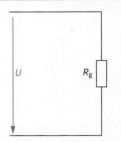

- Die Schaltung muss so verändert werden, dass eine Grundschaltung entsteht.
- Zum Widerstand R_1 liegt in Reihe die Parallelschaltung aus den zwei Widerständen R_2 und R_3.

- Die Parallelschaltung aus R_2 und R_3 kann zu einem Widerstand R_{23} zusammengefasst werden.

$R_{23} = R_2 \parallel R_3$
(∥ bedeutet: parallel)

$R_{23} = (R_2 \cdot R_3) : (R_2 + R_3)$

- Der Gesamtwiderstand lässt sich jetzt durch Addition ermitteln.

$R_g = R_1 + R_{23}$

Grundlagen

Schaltungen mit Spannungsquellen
Circuits with Voltage Sources

Spannungsquelle mit Innenwiderstand

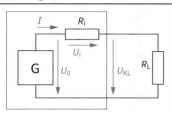

- U_0 : Leerlaufspannung (Quellenspannung)
- U_{KL} : Klemmenspannung
- ΔU : Spannungsänderung
- R_i : Innenwiderstand
- R_L : Belastungswiderstand
- I_k : Kurzschlussstromstärke
- ΔI : Stromänderung
- P_L : Ausgangsleistung
- P_i : Verlustleistung der Spannungsquelle

$$U_0 = U_i + U_{KL}$$
$$I = \frac{U_0}{R_i + R_L} \qquad I_k = \frac{U_0}{R_i}$$
$$R_i = \frac{U_i}{I} \qquad R_i = \frac{\Delta U_{KL}}{\Delta I}$$
$$U_{KL} = U_0 - I \cdot R_i$$

Anpassung

Stromanpassung, $R_L \ll R_i$

Maximale Stromstärke

$$I \approx \frac{U_0}{R_i}$$
$$U_{KL} \approx \frac{U_0 \cdot R_L}{R_i}$$
$$P_L \approx 0$$

Spannungsanpassung, $R_L \gg R_i$

Maximale Spannung

$$I \approx \frac{U_0}{R_L}$$
$$U_{KL} \approx U_0$$
$$P_L \approx 0$$

Leistungsanpassung, $R_L = R_i$

Maximale Leistung

$$I = \frac{U_0}{2R_i} \qquad I = \frac{U_0}{2R_L}$$
$$U_{KL} = \frac{U_0}{2}$$
$$P_L = \frac{U_0^2}{4R_i} \qquad P_i = \frac{U_0^2}{4R_L}$$

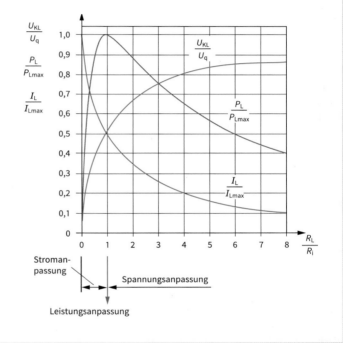

Reihenschaltung

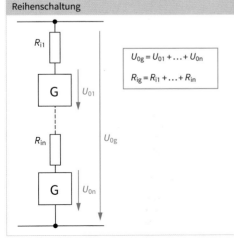

$$U_{0g} = U_{01} + \ldots + U_{0n}$$
$$R_{ig} = R_{i1} + \ldots + R_{in}$$

Parallelschaltung

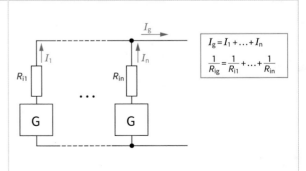

$$I_g = I_1 + \ldots + I_n$$
$$\frac{1}{R_{ig}} = \frac{1}{R_{i1}} + \ldots + \frac{1}{R_{in}}$$

Bei unterschiedlichen Leerlaufspannungen fließen zwischen den Spannungsquellen Ausgleichsströme.

Elektrisches Feld, Kondensator
Electric Field, Capacitor

Kraft zwischen Ladungen (Coulombsches Gesetz)

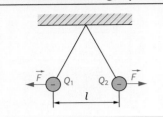

F : Kraft zwischen den Ladungen
Q_1, Q_2 : Ladungen
ε : Permittivität
ε_0 : Elektrische Feldkonstante
ε_r : Permittivitätszahl
l : Abstand der Ladungen

$$F = \frac{Q_1 \cdot Q_2}{4\pi\varepsilon \cdot l^2}$$

$\varepsilon = \varepsilon_0 \cdot \varepsilon_r$ $\quad [\varepsilon_r] = 1$

$\varepsilon_0 = 8{,}86 \cdot 10^{-12} \frac{As}{Vm}$

Elektrische Feldstärke

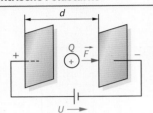

E : Elektrische Feldstärke
F : Kraft auf die Ladung im Feld
Q : Ladung im Feld
U : Spannung zwischen den Platten
d : Abstand der Platten

$E = \frac{F}{Q}$ $\quad [E] = \frac{N}{C}$

$1\,C = 1\,As$

$E = \frac{U}{d}$ $\quad [E] = \frac{V}{m}$

Kondensator und Kapazität

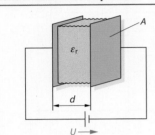

C : Kapazität des Kondensators
Q : Ladung des Kondensators
U : Spannung zwischen den Kondensatorplatten
ε : Permittivität
ε_0 : Elektrische Feldkonstante
ε_r : Permittivitätszahl
A : Plattenfläche
d : Plattenabstand
W : Gespeicherte Energie des Kondensators

$C = \frac{Q}{U}$ $\quad [C] = \frac{As}{V}$

$C = \frac{\varepsilon \cdot A}{d}$ $\quad 1\,\frac{As}{V} = 1\,F\,(Farad)$

$\varepsilon = \varepsilon_0 \cdot \varepsilon_r$ $\quad [\varepsilon_r] = 1$

$\varepsilon_0 = 8{,}86 \cdot 10^{-12} \frac{As}{Vm}$

$W = \frac{C \cdot U^2}{2}$ $\quad [W] = V\,As$

Parallelschaltung von Kondensatoren

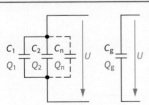

$Q_1 \ldots Q_n$: Ladungen der Einzelkondensatoren
$C_1 \ldots C_n$: Kapazitäten der Einzelkondensatoren
Q_g: Ladung der Gesamtkapazität
C_g: Gesamtkapazität

$Q = C \cdot U$

$Q_g = Q_1 + Q_2 + \ldots + Q_n$

$C_g = C_1 + C_2 + \ldots + C_n$

Reihenschaltung von Kondensatoren

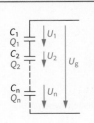

$Q_1 \ldots Q_n$: Ladungen der Einzelkondensatoren
$C_1 \ldots C_n$: Kapazitäten der Einzelkondensatoren
Q_g: Ladung der Gesamtkapazität
C_g: Gesamtkapazität
$U_1 \ldots U_n$: Einzelspannungen
U_g: Gesamtspannung

$Q = C \cdot U$

$Q_g = Q_1 = Q_2 = \ldots = Q_n$

$U_g = U_1 + U_2 + \ldots + U_n$

$\frac{1}{C_g} = \frac{1}{C_1} + \frac{1}{C_2} + \ldots + \frac{1}{C_n}$

Magnetisches Feld
Magnetic Field

Magnetische Feldstärke

H : Magnetische Feldstärke
I : Stromstärke
N : Windungszahl
l_m: Mittlere Feldlinienlänge
Θ : Elektrische Durchflutung

$$H = \frac{I \cdot N}{l_m}$$

$$\Theta = I \cdot N$$

$[H] = \frac{A}{m}$

$[\Theta] = A$

Magnetische Flussdichte (Induktion)

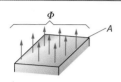

B : Magnetische Flussdichte
Φ : Magnetischer Fluss
A : Fläche

$$B = \frac{\Phi}{A}$$

$[\Phi] = Vs$
$1\,Vs = 1\,Wb$ (Weber)

$[B] = \frac{Vs}{m^2}$

$1\frac{Vs}{m^2} = 1\,T$ (Tesla)

Zusammenhang zwischen magnetischer Feldstärke und Flussdichte

Vakuum (Luft)

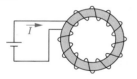

μ_0 : Magnetische Feldkonstante

Magnetisierungs-kennlinie von Luft

$B = \mu_0 \cdot H$

$\mu_0 = 1{,}257 \cdot 10^{-6} \frac{Vs}{Am}$

Eisenkern

μ_r : Permeabilitätszahl
μ : Permeabilität

Magnetisierungs-kennlinie von Eisen

$B = \mu \cdot H$

$\mu = \mu_0 \cdot \mu_r$ $[\mu_r] = 1$

Magnetischer Kreis mit Luftspalt

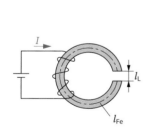

R_m : Magnetischer Widerstand
Λ : Magnetischer Leitwert
R_{mg} : Gesamter magnetischer Widerstand
R_{mFe} : Magnetischer Widerstand des Eisens
R_{mL} : Magnetischer Widerstand des Luftspalts
Θ_g : Gesamtdurchflutung
H_{Fe} : Magnetische Feldstärke im Eisen
H_L : Magnetische Feldstärke im Luftspalt
l_{Fe} : Feldlinienlänge im Eisen
l_L : Feldlinienlänge im Luftspalt

$R_m = \frac{\Theta}{\Phi}$ $[R_m] = \frac{A}{Vs}$

$1\frac{A}{Vs} = \frac{1}{H}$ (H: Henry)

$\Lambda = \frac{1}{R_m}$ $[\Lambda] = \frac{Vs}{A}$

$R_{mg} = R_{mFe} + R_{mL}$

$\Theta_g = H_{Fe} \cdot l_{Fe} + H_L \cdot l_L$

Tragkraft von Magneten

F : Kraft
B : Magnetische Flussdichte
A : Fläche
μ_0 : Magnetische Feldkonstante

$$F = \frac{B^2 \cdot A}{2\mu_0}$$

$\mu_0 = 1{,}257 \cdot 10^{-6} \frac{Vs}{Am}$

Magnetisches Feld
Magnetic Field

Stromdurchflossener Leiter im Magnetfeld

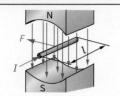

F : Kraft auf den Leiter
I : Stromstärke
l : Leiterlänge im Magnetfeld
z : Anzahl der Leiter

$$F = B \cdot I \cdot l \cdot z$$

$$[F] = N$$

Spule im Magnetfeld

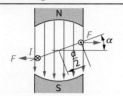

M : Drehmoment
a : Spulenlänge
N : Windungszahl

$$M = \frac{F \cdot a \cdot \sin\alpha}{2}$$

$$F = 2 \cdot N \cdot B \cdot l \cdot I$$

Kraft zwischen stromdurchflossenen Leitern

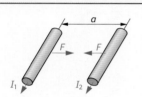

F : Kraft zwischen den Leitern
l : Leiterlänge
a : Abstand der Leiter
I_1, I_2 : Stromstärken
μ_o : Magnetische Feldkonstante

$$F = \frac{\mu_o I_1 \cdot I_2 \cdot l}{2\pi \cdot a}$$

$$\mu_o = 1{,}257 \cdot 10^{-6} \, \frac{Vs}{Am}$$

Induktivität der Spule

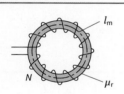

L : Induktivität
N : Windungszahl
A : Fläche (Querschnitt der Spule)
μ_o : Magnetische Feldkonstante
μ_r : Permeabilitätszahl
μ : Permeabilität
l_m : Feldlinienlänge (mittlere)
W : Energie der Spule

$$L = \frac{\mu \cdot N^2 \cdot A}{l_m}$$

$$\mu = \mu_o \cdot \mu_r$$

$$W = \frac{L \cdot I^2}{2}$$

$$[L] = \frac{Vs}{A}$$

$$1 \frac{Vs}{A} = 1 \, H \, (\text{Henry})$$

$$[\mu_r] = 1$$

Reihenschaltung von Spulen

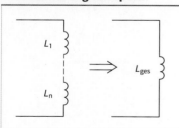

$L_1 \ldots L_n$: Einzelinduktivitäten
L_g : Gesamtinduktivität

$$L_g = L_1 + \ldots + L_n$$

Parallelschaltung von Spulen

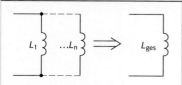

$L_1 \ldots L_n$: Einzelinduktivitäten
L_g : Gesamtinduktivität

$$\frac{1}{L_g} = \frac{1}{L_1} + \ldots + \frac{1}{L_n}$$

Induktionsspannung
Induced Voltage

Induktion der Bewegung

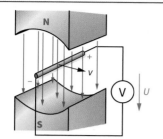

U : Induktionsspannung
B : Magnetische Flussdichte
l : Leiterlänge im Magnetfeld
v : Geschwindigkeit des Leiters
z : Anzahl der Leiter

$$U = B \cdot l \cdot v \cdot z$$

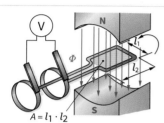

$A = l_1 \cdot l_2$

U : Induktionsspannung
N : Windungszahl
$\Delta\Phi$: Flussänderung
Δt : Zeitänderung

$$U = N \cdot \frac{\Delta\Phi}{\Delta t}$$

$$U = -N \cdot \frac{\Delta\Phi}{\Delta t}$$

Das Vorzeichen hängt vom gewählten Richtungssinn ab.

Induktion der Ruhe

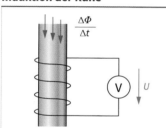

U : Induktionsspannung
N : Windungszahl
$\Delta\Phi$: Flussänderung
Δt : Zeitänderung

$$U = N \cdot \frac{\Delta\Phi}{\Delta t}$$

$$U = -N \cdot \frac{\Delta\Phi}{\Delta t}$$

Das Vorzeichen hängt vom gewählten Richtungssinn ab.

Einphasentransformator, Übertrager

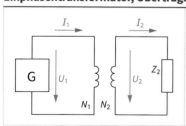

U_1 : Primärspannung
U_2 : Sekundärspannung
I_1 : Primärstromstärke
I_2 : Sekundärstromstärke
N_1 : Primärwindungszahl
N_2 : Sekundärwindungszahl
Z_1 : Primärer Scheinwiderstand
Z_2 : Sekundärer Scheinwiderstand
$ü$: Übersetzungsverhältnis

$$\frac{U_1}{U_2} \approx \frac{N_1}{N_2} \qquad ü = \frac{N_1}{N_2}$$

$$\frac{I_1}{I_2} \approx \frac{N_2}{N_1}$$

$$\frac{Z_1}{Z_2} \approx \left(\frac{N_1}{N_2}\right)^2$$

Schaltungen mit Spulen

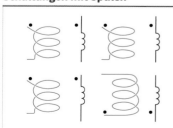

L : gesamte Selbstinduktivität
$L_1,\ L_2$: Einzelinduktivitäten
L_{12} : Gegeninduktivität
• : Wicklungsanfang

$$L = L_1 + L_2 + 2L_{12}$$

$$L = L_1 + L_2 - 2L_{12}$$

Grundlagen

Schaltvorgänge bei Kondensatoren und Spulen
Switching Actions of Capacitors and Coils

Kondensator (Kapazität)

Aufladung

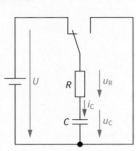

$$\tau = R \cdot C \qquad [\tau] = s$$

$$u_C = U \left(1 - e^{-\frac{t}{\tau}}\right) \qquad e = 2{,}718\ldots$$

$$i_C = \frac{U}{R} \cdot e^{-\frac{t}{\tau}}$$

bei $t \approx 5\,\tau$:
Kondensator geladen
(99,33 % von U)

τ : Zeitkonstante
u_C: Spannung am Kondensator
i_C : Stromstärke in der Reihenschaltung

Entladung

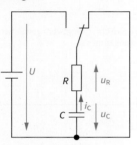

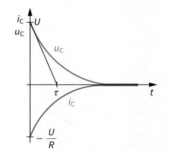

$$\tau = R \cdot C \qquad [\tau] = s$$

$$u_C = U \cdot e^{-\frac{t}{\tau}} \qquad e = 2{,}718\ldots$$

$$i_C = -\frac{U}{R} \cdot e^{-\frac{t}{\tau}}$$

bei $t \approx 5\,\tau$:
Kondensator entladen

τ : Zeitkonstante
u_C: Spannung am Kondensator
i_C : Stromstärke in der Reihenschaltung

Induktivität

Einschaltvorgang

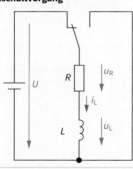

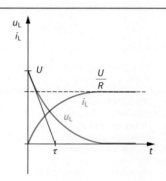

$$\tau = \frac{L}{R} \qquad [\tau] = s$$

$$u_L = U \cdot e^{-\frac{t}{\tau}} \qquad e = 2{,}718\ldots$$

$$i_L = \frac{U}{R}\left(1 - e^{-\frac{t}{\tau}}\right)$$

τ : Zeitkonstante
u_L: Spannung an der Induktivität
i_L : Stromstärke in der Reihenschaltung

Ausschaltvorgang

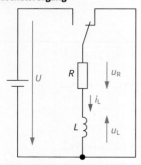

$$\tau = \frac{L}{R} \qquad [\tau] = s$$

$$u_L = -U \cdot e^{-\frac{t}{\tau}} \qquad e = 2{,}718\ldots$$

$$i_L = \frac{U}{R} \cdot e^{-\frac{t}{\tau}}$$

τ : Zeitkonstante
u_L: Spannung an der Induktivität
i_L : Stromstärke in der Reihenschaltung

Wechselspannung und Wechselstrom
Alternating Voltage and Alternating Current

Sinusförmige Wechselspannung

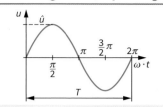

u, i : Momentanwerte (Augenblickswerte)
$\hat{u}, \hat{\imath}$: Maximalwerte, Spitzenwerte, Amplitude
f : Frequenz
T : Periodendauer
ω : Kreisfrequenz
p : Polpaarzahl
n : Drehzahl

$$u = \hat{u} \sin \omega \cdot t$$
$$\omega = 2\pi \cdot f$$
$$[\omega] = \tfrac{1}{s}$$

$$f = \tfrac{1}{T}$$
$$f = p \cdot n$$
$$[f] = \text{Hz}$$
$$[n] = \tfrac{1}{s}$$

Spitzen- und Effektivwerte

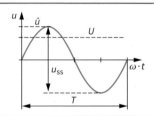

$\hat{u}, \hat{\imath}$: Maximalwerte, Spitzenwerte, Amplituden
U, I : Effektivwerte auch: U_{eff} und I_{eff}
u_{ss}, i_{ss} : Spitze-Spitze-Wert

$$U = \tfrac{\hat{u}}{\sqrt{2}}$$
$$I = \tfrac{\hat{\imath}}{\sqrt{2}}$$
$$u_{ss} = 2 \cdot \hat{u}$$
$$i_{ss} = 2 \cdot \hat{\imath}$$

Addition phasenverschobener Spannungen und Ströme

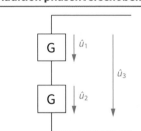

$\varphi_{12}, \varphi_{13}, \varphi_{32}$: Phasenverschiebungswinkel

$\hat{u}_1, \hat{u}_2$: Spitzenwerte der Einzelspannungen

$\hat{u}_3$: Spitzenwert der Gesamtspannung

$$\hat{u}_3^2 = \hat{u}_1^2 + \hat{u}_2^2 - 2 \cdot \hat{u}_1 \cdot \hat{u}_2 \cdot \cos(180° - \varphi_{12})$$

$$\tan \varphi_{13} = \frac{\hat{u}_2 \cdot \sin \varphi_{12}}{\hat{u}_1 + \hat{u}_2 \cdot \cos \varphi_{12}}$$

Leistungen im Wechselstromkreis

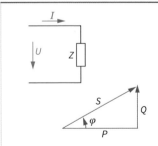

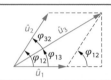

S : Scheinleistung
P : Wirkleistung
Q : Blindleistung
$\cos \varphi$: Leistungsfaktor
λ : Wirkleistungsfaktor

$\sin \varphi$: Blindleistungsfaktor

$$S = U \cdot I$$
$$S = \sqrt{P^2 + Q^2}$$
$$P = U \cdot I \cdot \cos \varphi$$
$$[S] = \text{V} \cdot \text{A}$$
$$[P] = \text{W}$$

$$\cos \varphi = \tfrac{P}{S}$$
$$\lambda = \tfrac{P}{S}$$

$$Q = U \cdot I \cdot \sin \varphi$$
$$[Q] = \text{var}$$

Rechtecksignale

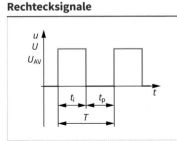

t_i : Impulsdauer
t_p : Pausendauer
T : Periodendauer
f : Frequenz
g : Tastgrad
U_{AV} : Mittelwert
V : Tastverhältnis

$$T = t_i + t_p$$
$$f = \tfrac{1}{T}$$
$$g = \tfrac{t_i}{T}$$
$$V = \tfrac{1}{g}$$
$$U_{AV} = \frac{U \cdot t_i}{T}$$

Grundlagen

Stromsysteme
Current Systems

Kennzeichnung von Systempunkten und Leitern

Stromsystem	Teil	Außenpunkte, Außenleiter	Mittelpunkt, Mittelleiter, Sternpunkt, Neutralleiter	Bezugserde	Schutzleiter geerdet	Neutralleiter, PEN-Leiter[3]
Gleichstrom	Netz	Polarität: positiv: L+; negativ: L−	M			
m-Phasensystem	Netz	vorzugsweise: L1, L2, L3 ... Lm				−
		zulässig auch: 1, 2, 3, ... m [1)2)]				
Drehstrom	Netz	vorzugsweise: L1, L2, L3	N	E	PE	PEN
		zulässig auch: 1, 2, 3, [1)2)]				
		zulässig auch: R, S, T [2)]				−
	Betriebsmittel	allgemein: U, V, W				

[1)] wenn keine Verwechslung möglich
[2)] Nummerierung oder Reihenfolge der Buchstaben im Sinne der Phasenfolge
[3)] auch noch Nullleiter üblich

Beispiele von Formelzeichen für Spannungen

Art der Spannungen	Stromsystem		Formelzeichen
Außenleiterspannungen	Gleichstromsystem		U, U_{L+}, U_{L-}
	m-Phasensystem		U_{12}, U_{23}, $U_{34} ... U_m$
	Drehstromsystem		U_{12}, U_{23}, U_{31}
	Drehstrom-Generatoren, -Motoren, -Transformatoren		U_{UV}, U_{VW}, U_{WU}
Außenleiter-Mittelspannung	Gleichstromsystem		U, U_{L+M}, U_{M-L}
Sternspannungen	Sternschaltung	m-Phasensystem	U_{1N}, U_{2N}, $U_{3N} ... U_{mN}$
		Drehstromsystem	U_{1N}, U_{2N}, U_{3N}
	Drehstrom: Generatoren, Motoren, Transformatoren		U_{UN}, U_{VN}, U_{WN}
Mittelpunktspannung	Gleichstromsystem		U_{ME}
Sternpunktspannung	Sternschaltung: m-Phasensystem, Drehstromsystem		U_{NE}

Drehstromübertragung
Three-phase Current Transmission

Verteilung

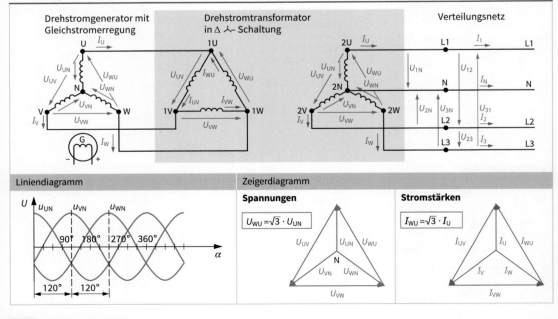

Verbraucherschaltungen im Drehstromnetz
Consumer Circuits in Three Phase Network

U_S: Strangspannung I_S: Strangstromstärke S: Gesamt-Scheinleistung Q: Gesamt-Blindleistung
U: Leiterspannung I: Leiterstromstärke P: Gesamt-Wirkleistung $\cos\varphi$: Leistungsfaktor

Symmetrische Belastung ($I_N = 0$ A)

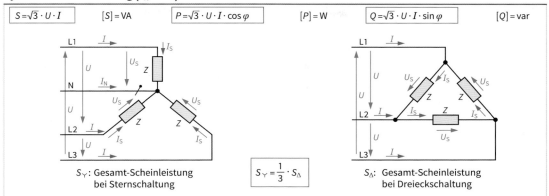

$$S = \sqrt{3} \cdot U \cdot I \quad [S] = VA \quad P = \sqrt{3} \cdot U \cdot I \cdot \cos\varphi \quad [P] = W \quad Q = \sqrt{3} \cdot U \cdot I \cdot \sin\varphi \quad [Q] = var$$

S_Y: Gesamt-Scheinleistung bei Sternschaltung

$$S_Y = \frac{1}{3} \cdot S_\Delta$$

S_Δ: Gesamt-Scheinleistung bei Dreieckschaltung

Unsymmetrische gleichartige Belastung

Sternschaltung
Dreieckschaltung

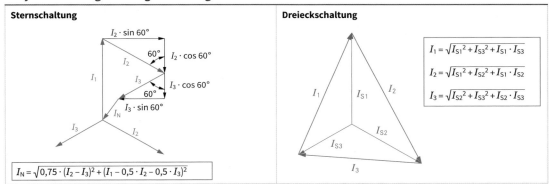

$$I_1 = \sqrt{I_{S1}^2 + I_{S3}^2 + I_{S1} \cdot I_{S3}}$$
$$I_2 = \sqrt{I_{S1}^2 + I_{S2}^2 + I_{S1} \cdot I_{S2}}$$
$$I_3 = \sqrt{I_{S2}^2 + I_{S3}^2 + I_{S2} \cdot I_{S3}}$$

$$I_N = \sqrt{0{,}75 \cdot (I_2 - I_3)^2 + (I_1 - 0{,}5 \cdot I_2 - 0{,}5 \cdot I_3)^2}$$

Gestörte Belastungen (Ausfall von Außenleitern und/oder Strängen)

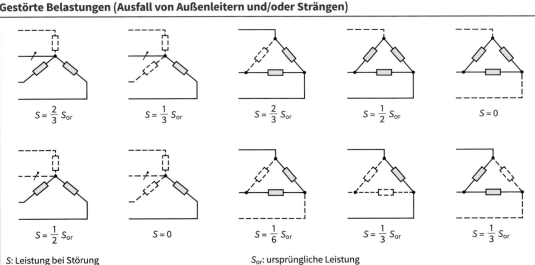

$S = \frac{2}{3} S_{or}$ | $S = \frac{1}{3} S_{or}$ | $S = \frac{2}{3} S_{or}$ | $S = \frac{1}{2} S_{or}$ | $S = 0$

$S = \frac{1}{2} S_{or}$ | $S = 0$ | $S = \frac{1}{6} S_{or}$ | $S = \frac{1}{3} S_{or}$ | $S = \frac{1}{3} S_{or}$

S: Leistung bei Störung S_{or}: ursprüngliche Leistung

Widerstände im Wechselstromkreis
Resistors in A.C. Circuit

Schaltung	Stromstärke und Spannung	Widerstand und Leitwert	Leistung
R (Widerstand)	$I = \dfrac{U}{R}$; $\varphi = 0°$	$R = \dfrac{U}{I}$	$P = U \cdot I$; $P = I^2 \cdot R$; $P = \dfrac{U^2}{R}$
X_L (Induktivität)	$I = \dfrac{U}{X_L}$; $\varphi = 90°$ induktiv	$X_L = 2\pi \cdot f \cdot L$; $X_L = \omega \cdot L$	$Q_L = U \cdot I$
X_C (Kapazität)	$I = \dfrac{U}{X_C}$; $\varphi = -90°$ kapazitiv	$X_C = \dfrac{1}{2\pi \cdot f \cdot C}$; $X_C = \dfrac{1}{\omega \cdot C}$	$Q_C = U \cdot I$
R und X_L in Reihe	$I = \dfrac{U_R}{R}$; $I = \dfrac{U_L}{X_L}$; $I = \dfrac{U}{Z}$ $U^2 = U_R^2 + U_L^2$ $\tan\varphi = \dfrac{U_L}{U_R}$ $\sin\varphi = \dfrac{U_L}{U}$; $\cos\varphi = \dfrac{U_R}{U}$	$Z^2 = R^2 + X_L^2$ $\tan\varphi = \dfrac{X_L}{R}$ $\sin\varphi = \dfrac{X_L}{Z}$; $\cos\varphi = \dfrac{R}{Z}$	$S^2 = P^2 + Q_L^2$ $\tan\varphi = \dfrac{Q_L}{P}$ $\sin\varphi = \dfrac{Q_L}{S}$; $\cos\varphi = \dfrac{P}{S}$ $P = U_R \cdot I$; $Q_L = U_L \cdot I$; $S = U \cdot I$
X_L und R parallel	$U = I_R \cdot R$; $U = I_L \cdot X_L$; $U = I \cdot Z$ $I^2 = I_R^2 + I_L^2$ $\tan\varphi = \dfrac{I_L}{I_R}$ $\sin\varphi = \dfrac{I_L}{I}$; $\cos\varphi = \dfrac{I_R}{I}$	$Y^2 = G^2 + B_L^2$ $\left(\dfrac{1}{Z}\right)^2 = \left(\dfrac{1}{R}\right)^2 + \left(\dfrac{1}{X_L}\right)^2$ $\tan\varphi = \dfrac{R}{X_L}$ $\sin\varphi = \dfrac{Z}{X_L}$; $\cos\varphi = \dfrac{Z}{R}$	$S^2 = P^2 + Q_L^2$ $\tan\varphi = \dfrac{Q_L}{P}$ $\sin\varphi = \dfrac{Q_L}{S}$; $\cos\varphi = \dfrac{P}{S}$ $P = U \cdot I_R$; $Q_L = U \cdot I_L$; $S = U \cdot I$
R und X_C in Reihe	$I = \dfrac{U_R}{R}$; $I = \dfrac{U_C}{X_C}$; $I = \dfrac{U}{Z}$ $U^2 = U_R^2 + U_C^2$ $\tan\varphi = \dfrac{U_C}{U_R}$ $\sin\varphi = \dfrac{U_C}{U}$; $\cos\varphi = \dfrac{U_R}{U}$	$Z^2 = R^2 + X_C^2$ $\tan\varphi = \dfrac{X_C}{R}$ $\sin\varphi = \dfrac{X_C}{Z}$; $\cos\varphi = \dfrac{R}{Z}$	$S^2 = P^2 + Q_C^2$ $\tan\varphi = \dfrac{Q_C}{P}$ $\sin\varphi = \dfrac{Q_C}{S}$; $\cos\varphi = \dfrac{P}{S}$ $P = U_R \cdot I$; $Q_C = U_C \cdot I$; $S = U \cdot I$

Grundlagen

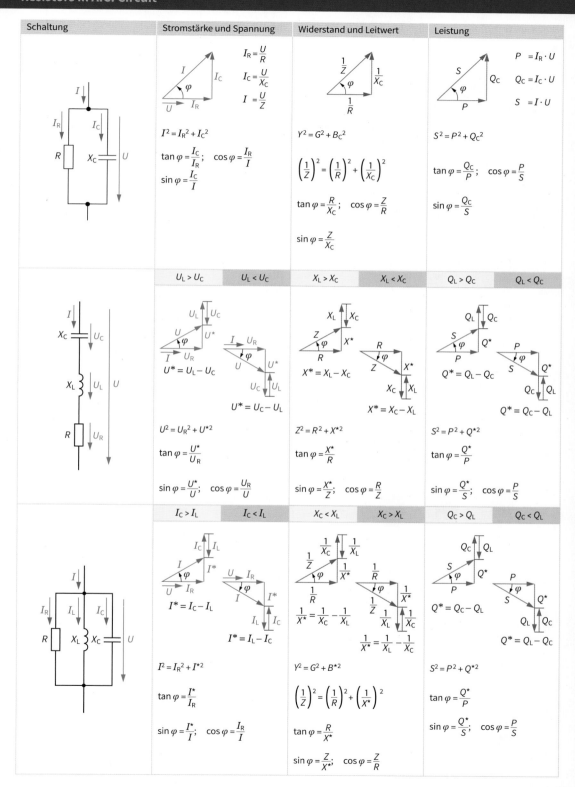

Farbkennzeichnung von Bauelementen
Colour Marking of Components

Kondensatoren

Beispiele: 27 nF, 10 % Toleranz, 400 V

- 1. Ring
- 2. Ring
- 3. Ring
- 4. Ring

Verschiedene Bauformen

Farbe	Ring					
	1. Ziffer 1.	2. Ziffer 2.	3. Multiplikator	4. Toleranz C < 10pF	4. Toleranz C > 10pF	5. Betriebsspannung in V
schwarz	0	0	x1pF		20 %	
braun	1	1	x10pF	0,1pF	1 %	100
rot	2	2	x100pF	0,25pF	2 %	200
orange	3	3	x1nF			300
gelb	4	4	x10nF			400
grün	5	5	x100nF	0,5 %	5 %	
blau	6	6				600
violett	7	7				700
grau	8	8	x0,01pF			800
weiß	9	9	x0,1pF	1pF	10 %	
gold						1000
silber						2000
keine					20 %	500

Tantalkondensatoren

Beispiele: 5,6 µF; 6,3 V

Farbe	Ring			
	1. Ziffer 1.	2. Ziffer 2.	3. Multiplikator	4. Betriebsspannung in V
schwarz	0	0	x 1	10
braun	1	1	x 10	1,5
rot	2	2	x 100	(rosa) 35
orange	3	3		(rosa) 35
gelb	4	4		6,3
grün	5	5		16
blau	6	6		20
violett	7	7	x 0,001	
grau	8	8	x 0,01	5
weiß	9	9	x 0,1	3

Induktivitäten

Farbe	Ring			
	1. Ziffer 1.	2. Ziffer 2.	3. Multiplikator	4. Toleranz
schwarz		0	1 µH	
braun	1	1	10 µH	
rot	2	2	100 µH	
orange	3	3		
gelb	4	4		
grün	5	5		
blau	6	6		
violett	7	7		
grau	8	8		
weiß	9	9		
gold			0,1 µH	5 %
silber			0,01 µH	10 %
keine				20 %

Dioden

Pro Electron

Farbe	Ring			
	1. breit Katode	2. Buchstabe	3.	4. Ziffer
	1. und 2.		3.	1.	2.
schwarz			X	0	0
braun	AA			1	1
rot	BA			2	2
orange			S	3	3
gelb			T	4	4
grün			V	5	5
blau			W	6	6
violett				7	7
grau			Y	8	8
weiß			Z	9	9

Beispiele (Pro Electron): BAX 35

- 1. Ring 2. Ring
- 3. Ring 4. Ring

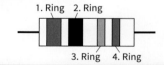

JEDEC (Joint Electronic Devices Engineering Council)

Farbe	Ring			
	1. breit Katode	2. Ziffer	3.	4.
	1.	2.	3.	4.
schwarz	0	0	0	0
braun	1	1	1	1
rot	2	2	2	2
orange	3	3	3	3
gelb	4	4	4	4
grün	5	5	5	5
blau	6	6	6	6
violett	7	7	7	7
grau	8	8	8	8
weiß	9	9	9	9

Grundlagen

Kennzeichnung von Widerständen und Kondensatoren
Designation of Resistors and Capacitors

Farbkennzeichnung von Widerständen

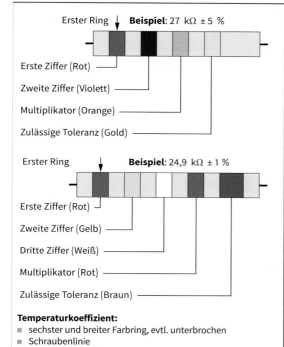

Temperaturkoeffizient:
- sechster und breiter Farbring, evtl. unterbrochen
- Schraubenlinie

Farbschlüssel

Kennfarbe		Widerstandswert in Ω		Zulässige relative Abweichung des Widerstandswertes	Temperatur-Koeffizient (10^{-6}/K)
		zählende Ziffern	Multiplikator		
silber		–	10^{-2}	±10 %	–
gold		–	10^{-1}	± 5 %	–
schwarz		0	10^{0}	–	± 250
braun		1	10^{1}	± 1 %	± 100
rot		2	10^{2}	± 2 %	± 50
orange		3	10^{3}	–	± 15
gelb		4	10^{4}	–	± 25
grün		5	10^{5}	± 0,5 %	± 20
blau		6	10^{6}	± 0,25 %	± 10
violett		7	10^{7}	± 0,1 %	± 5
grau		8	10^{8}	–	± 1
weiß		9	10^{9}	–	–
keine		–	–	± 20 %	–

Wertkennzeichnung durch Buchstaben
DIN EN 60062: 1994-10

Kennbuchstabe	Multiplikator		Beispiele	
p	Pico	10^{-12}	3µ3 =	3,3 µF
n	Nano	10^{-9}	m33 =	330 nF
µ	Mikro	10^{-6}	33m =	33 000 µF
m	Milli	10^{-3}	R33 =	0,33 Ω
R, F		10^{0}	3R3 =	3,3 Ω
K	Kilo	10^{3}	33K =	33 kΩ
M	Mega	10^{6}	330K =	330 kΩ
G	Giga	10^{9}	M33 =	0,33 MΩ
T	Tera	10^{12}	3M3 =	3,3 MΩ

Vorzugsreihen für Bemessungswerte bis ±5 % zulässige Abweichung DIN EN 60063: 2015-11

E3 (> ±20 %)	E6 (±20 %)	E12 (±10 %)	E24 (±5 %)
1,0	1,0	1,0	1,0
			1,1
		1,2	1,2
			1,3
		1,5	1,5
	1,5		1,6
		1,8	1,8
			2,0
2,2		2,2	2,2
	2,2		2,4
		2,7	2,7
			3,0
		3,3	3,3
	3,3		3,6
		3,9	3,9
			4,3
4,7	4,7	4,7	4,7
			5,1
		5,6	5,6
			6,2
		6,8	6,8
	6,8		7,5
		8,2	8,2
			9,1

Buchstabenkennzeichnung der zulässigen Abweichungen

Symmetrische Abweichung in %	
zulässige Abweichung	Kennzeichen
± 0,1	B
± 0,25	C
± 0,5	D
± 1	F
± 2	G
± 5	J
±10	K
±20	M
±30	N
Unsymmetrische Abweichung in %	
+30…−10	Q
+50…−10	T
+50…−20	S
+80…−20	Z
Symmetrische Abweichung in absoluten Werten (Kapazitätswerte unter 10 pF)	
± 0,1	B
± 0,25	C
± 0,5	D
± 1	F

Grundlagen

Widerstände
Resistors

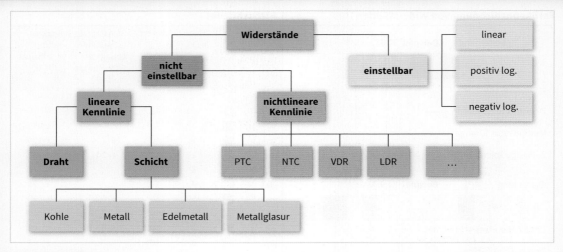

Drahtwiderstände

Anforderungen	
■ Hoher spezifischer Widerstand ■ Große spezifische Wärmekapazität ■ Schlechte Wärmeleitfähigkeit ■ Gute Korrosionsbeständigkeit ■ Gute Zunderbeständigkeit ■ Kleiner Ausdehnungskoeffizient	■ Kleiner Temperaturkoeffizient (gewünscht bei Messwiderständen) ■ Gute mechanische Eigenschaften (z. B. elastisch, stoßfest) ■ Gute technologische Eigenschaften (lötbar, warmfest, u. U. schweißbar)

Wertebereich	Toleranz	Werkstoffe	Temperaturbereich	Belastbarkeit bei 70 °C	Temperatur-koeffizient
0,1 Ω bis 300 kΩ	±0,01 % bis ±20 %	Chrom-Nickel Kupfer-Nickel Kupfer-Mangan	−50 °C bis +500 °C	0,25 W bis 100 W	±1 · 10^{-6} K^{-1} bis ±200 · 10^{-6} K^{-1}

Lineare Schichtwiderstände

Merkmale	**Kohle**, C	**Metall**, Cr/Ni	**Edelmetall**, Au/Pt
Herstellverfahren	Thermischer Zerfall von Kohlenwasserstoffen	Aufdampfen im Hochvakuum	Reduktion von Edelmetallsalzen durch Einbrennen
Spezifischer Widerstand	3000 · 10^{-6} Ω · cm	≈ 100 · 10^{-6} Ω · cm	≈ 40 · 10^{-6} Ω · cm
Schichtdicke	10…30000 · 10^{-9} m	10…100 · 10^{-9} m	10…1000 · 10^{-9} m
Widerstand	1…5000 Ω	20…1000 Ω	0,5…100 Ω
Temperaturkoeffizient	(−200…−800) · 10^{-6} · K^{-1}	±100 · 10^{-6} · K^{-1}	(+250…+350) · 10^{-6} · K^{-1}
maximale Schichttemperatur	125 °C	175 °C	155 °C
Drift nach 10^4 h Lagerung bzw. bei Belastung auf 125 °C in %	−0,5…+1,5	−0,6…+1	−0,5
Stromrauschen	klein	sehr klein	sehr klein
Nichtlinearität	klein	sehr klein	sehr klein
Anwendungen	Vermittlungstechnik, Datentechnik, Weitverkehrstechnik, Elektronik	Für extreme klimatische und elektrische Beanspruchungen, Luft- und Raumfahrt, Messgeräte	Kompensation in Transistorschaltungen, Hochlastwiderstände mit Sicherungswirkung

Kondensatoren und Spulen
Capacitors and Coils

Arten von Kondensatoren

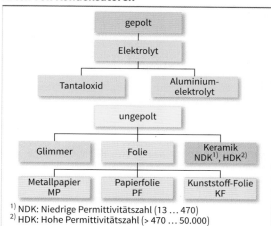

[1] NDK: Niedrige Permittivitätszahl (13 ... 470)
[2] HDK: Hohe Permittivitätszahl (> 470 ... 50.000)

Unterscheidung bei Spulen

- **Wicklung**
  - Windungs-/ Wicklungszahl
  - Wickelschema
  - Material
  - Isolierung
- **Montage**
  - SMD
  - Drahtanschluss
  - ...
- **Luftspalt**
  - ohne
  - mit (fest/variabel)

- **Ferromagnetische Kernmaterialien** werden vorzugsweise bei Spulen im niedrigen Frequenzbereich eingesetzt.
  - Hohe Permeabilitäten
  - Betrieb bis zur Sättigungsmagnetisierung
- **Oxidkeramische Ferrite** finden bei Spulen im höheren Frequenzbereich ihren Einsatz.
  - Ein hoher spezifischer Widerstand verringert Wirbelstromverluste.
  - Mn-Zn-Ferrite bis 1,5 MHz
  - Ni-Zn-Ferrite bis 600 MHz

Bauformen von Kondensatoren

- **Papierkondensatoren**
  Elektroden aus Aluminiumfolie, Dielektrikum aus imprägniertem Papier
- **Kunststofffolien-Kondensatoren** ①
  Aufgedampftes Aluminium auf Kunststofffolien
- **Keramik-Kondensatoren** ②
  Metallplatte oder Metallschichten durch ein keramisches Dielektrikum getrennt
- **Aluminium-Elektrolyt-Kondensatoren**
  Elektroden aus Aluminiumfolie, Dielektrikum ist elektrolytisch erzeugtes Aluminiumoxid
- **Tantal-Elektrolyt-Kondensatoren** ③
  Elektroden aus Tantal, Oxidschichten als Dielektrikum

Beispiele: 22n = 22 nF   1n2 = 1,2 nF   33ε = 33 εF

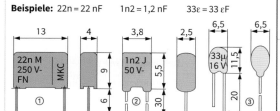

Maßangaben in mm

Kernformen von Spulen

P (**P**ot/Schalenkern)

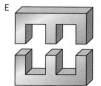

- magnetisch geschlossen und daher streufeldarm
- präzise Abstimmung möglich (durch Abgleichschraube)
- Schwingkreisspulen
- klirrarme, breitbandige Kleinsignalübertrager

E

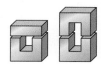

- mehrere E-Kerne zu einem größeren aneinanderreihbar
- für verbesserte Wicklung auch mit rundem Schenkel verfügbar (ER)
- je nach Werkstoff für Frequenzen von 10 kHz bis > 500 kHz

U/UI

- leicht kombinierbar
- große Sättigungsinduktivität
- geringe Verlustleistung
- Leistungsübertragung >1 kW

Blindwiderstand X_C

- Im Wechselstromkreis verhält sich der ideale Kondensator wie ein kapazitiver Blindwiderstand.
- Zwischen Spannung und Stromstärke besteht eine Phasenverschiebung von 90°.
- Der **Strom** eilt der Spannung **voraus**.

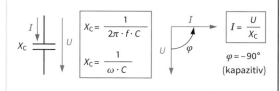

$$X_C = \frac{1}{2\pi \cdot f \cdot C}$$

$$X_C = \frac{1}{\omega \cdot C}$$

$$I = \frac{U}{X_C}$$

$\varphi = -90°$ (kapazitiv)

Blindwiderstand X_L

- Im Wechselstromkreis verhält sich die ideale Spule wie ein induktiver Blindwiderstand.
- Zwischen Spannung und Stromstärke besteht eine Phasenverschiebung von 90°.
- Die **Spannung** eilt dem Strom **voraus**.

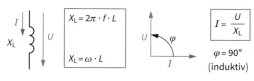

$$X_L = 2\pi \cdot f \cdot L$$

$$X_L = \omega \cdot L$$

$$I = \frac{U}{X_L}$$

$\varphi = 90°$ (induktiv)

Anwendungsbereiche und Kenndaten von Kondensatoren
Application Fields and Characteristic Data of Capacitors

Kondensatorart	Temperaturbereich in °C [1]	Verlustfaktor tan δ in 10^{-3}	Bevorzugte Anwendung
Papierkondensatoren			
Papierkondensator	−55…+125	50 Hz: 2…2,7	Glättungs- und Hochspannungskondensator, Stoß- und Stützkondensatoren, besonders für 50 Hz, bis 10 kHz möglich
Metallpapier-Gleichspannungskondensatoren			
MP	−55…+85	50 Hz: 7…8 1 kHz: 12	Nachrichtentechnik: Koppel-, Glättungs-, Hochspannungs-, Stoß- und Stützkondensatoren
Metallisierte Kunststoffkondensatoren			
MKU	−55…+70/+85	1 kHz: 12…15	Für Gleichspannung, aber auch für reduzierte Wechselspannung, Miniaturtechnik, Hochtemperatur, Glättung, Kopplung, Ablenkstufen von CRT-Fernsehgeräten, besonders verlustarmer Kondensator, viele Bauformen (auch in Schichtausführung mit Rastermaß)
MKT	−55/−40…+100	1 kHz: 5…7	
MKC	−55/−40…+85/+100	1 kHz: 1…3	
MKP	−40…+85	1 kHz: 0,25	
Verlustarme Kondensatoren			
KS	−55/−10…+70	1 MHz: 0,4…1	Schwingkreiskondensatoren in frequenzbestimmenden Kreisen, Filter, hochisolierte Kopplung und Entkopplung, Miniaturtechnik, Hochtemperatur (Glimmer- und Glaskondensatoren), Blockkondensatoren, Messkondensatoren, Glas: sehr hohe Konstanz und Strahlungsfestigkeit
MKS	−55…+70	1 kHz: 0,5…1	
KP	−55/−25…+85	1 MHz: 0,3…1	
MK	−55…+85	1 kHz: ca. 1	
Keramik-Kondensatoren			
NDK-Kondensator ($\varepsilon_r = 13…470$)	−55/−25…+85/+125	1 MHz: 0,4…1	In frequenzstabilisierten Schwingkreisen zur Temperaturkompensation, Filter-, Hochspannungs-, Impuls-Kondensatoren
HDK-Kondensator ($\varepsilon_r = 700…50000$)	−55/+10…+70/+125	1 kHz: 10…20	Kopplung, Siebung, Hochspannungs-, Impulskondensator
Elektrolyt-Kondensatoren			
Aluminium-Elektrolytkondensator	−55/−25…+70/+125	50 Hz: 80…300 (bis 1000 μF)	Sieb-, Koppel-, Glättungs-, Block-, Motorkondensator, Energiespeicher
Tantal-Elektrolytkondensator	−55…+85 (+125)	120 Hz: ≤ 40…350	Nachrichtentechnik, Mess- und Regelungstechnik, Chip-Kondensator für Hybridschaltung, Glättung und Kopplung

[1] je nach Anwendungsklasse ergeben sich unterschiedliche Temperaturbereiche

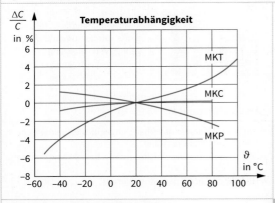

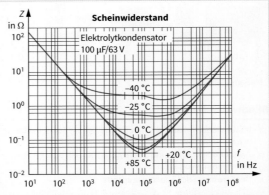

Relative Permittivität einzelner Stoffe
(auch Permittivitätszahl oder Dielektrizitätskonstante)

$$\varepsilon_r = \frac{\varepsilon}{\varepsilon_0}$$

Die Werte in der Tabelle beziehen sich auf 20 °C und 50 Hz.

Stoff	ε_r	Stoff	ε_r
Aluminiumoxid	9	Polyethylen	2,4
Glas	6…8	Porzellan	2…6
Glimmer	6…8	Tantalpentoxid	27
Kautschuk	2…3	Vakuum (Luft)	1
Papier	1…4	Wasser	80,1

Bemessungsspannungen und Toleranzen von Kondensatoren
Rated Voltages and Tolerances of Capacitors

Bemessungsgleichspannungen für Kondensatoren bis 1000 V

Kondensator	Papierkondensator	MP-Kondensator	Kunststoff-Folienkondensator	Glimmerkondensator	Keramik-Kondensator	Aluminium-Elektrolytkondensator	Tantal-Elektrolytkondensator
Bemessungsspannung in V	40, 63, 100, 160, 250, 400, 630, 1000	63, 100, 160, 250, 400, 630, 1000	63, 100, 160, 250, 400, 630, 1000	250, 1000	40, 63, 100, 160, 250, 630, 1000	10, 25, 100, 250, 1000	6,3; 10, 16, 25
Zulässige Abweichung in %	±5; ±10; ±20;	±10; ±20	±0,3; ±0,5; ±1; ±2; ±2,5; ±5; ±10; ±20;	ab 10 pF ±0,1; ±0,5; ±1; ±2; ±5; ±10; ±20	ab 10 pF ±1; ±2; ±5; ±10; ±20; +50…−20; +80…−20; +100…−20	+20…−0; +30…−10; +30…−20; +5…−0; +50…−10; +5…−20; +80…−10; +100…−10; +100…−20	±5; ±10; ±20; +50…−10; +50…−20

Werte der R 5-Reihe: 6,3; 10; 16; 25; 40; 63; 100; 160; 250; 400; 630; 1000

Zulässige Abweichungen in %								
B: ±0,1	**C:** ±0,3	**D:** ±0,5	**F:** ±1	**G:** ±2	**H:** ±2,5	**J:** ±5	**K:** ±10	
M: ±20	**W:** +20…−0	**Q:** +30…−10	**R:** +30…−20	**Y:** +50…−0	**T:** +50…−10	**S:** +50…−20	**U:** +80…−0	
Z: +80…−20	**V:** +100…−10	**ohne:** +100…−20						

Kurzform der Benennung von Kunststoff-Folienkondensatoren

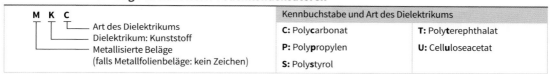

M K C
- Art des Dielektrikums
- Dielektrikum: Kunststoff
- Metallisierte Beläge (falls Metallfolienbeläge: kein Zeichen)

Kennbuchstabe und Art des Dielektrikums
- **C:** Poly**c**arbonat
- **P:** Poly**p**ropylen
- **S:** Poly**s**tyrol
- **T:** Poly**t**erephthalat
- **U:** Cell**u**loseacetat

Kondensatoren zum Betrieb von Entladungslampen
Capacitors for Operation of Discharge Lamps

Beispielhafter Aufbau

B: Papierkondensator, rund
C: MP-Kondensator, rund

Maße in mm
l_1: 102 mm … 210 mm
d_1: 30 … 50 mm
d_2: M8- oder M12-Gewinde
l_2: 8 mm

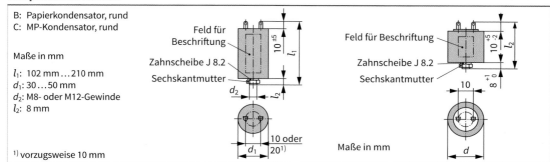

[1] vorzugsweise 10 mm

Blindleistungen von Kondensatoren zur Kompensation

Berechnung	$\cos\varphi_1$	$\cos\varphi_2 = 0{,}7$	$\cos\varphi_2 = 0{,}8$	$\cos\varphi_2 = 0{,}9$	$\cos\varphi_2 = 0{,}96$	$\cos\varphi_2 = 1{,}0$
$Q_C = P \cdot (\tan\varphi_1 - \tan\varphi_2)$	0,3	2,16	2,43	2,70	2,89	3,18
Q_C: Kapazitive Blindleistung in var	0,4	1,27	1,54	1,81	2,00	2,29
P: Wirkleistung in W	0,5	0,71	0,98	1,25	1,44	1,73
φ_1: Phasenverschiebungswinkel vor der Kompensation	0,6	0,31	0,58	0,85	1,04	1,33
φ_2: Phasenverschiebungswinkel nach der Kompensation	0,7		0,27	0,54	0,73	1,02
	0,8			0,27	0,46	0,75

Halbleiterbauelemente
Semiconductor Components

Kennzeichnungen

Beispiel: B C X 70
- Ausgangsmaterial ── B
- Hauptfunktion ── C
- Registriernummer (2 oder 3 Ziffern) ── 70
- Hinweis auf kommerziellen Einsatz (X, Y, Z) ── X

1. Kenn-buchstabe	Ausgangsmaterial	2. Kenn-buchstabe	Bedeutung	2. Kenn-buchstabe	Bedeutung
A	Germanium	A	Diode, allgemein	N	Optokoppler
B	Silizium	B	Kapazitätsdiode	P	z. B. Fotodiode, Fotoelement
C	z. B. Gallium-Arsenid (Energieabstand ≥ 1,3 eV)	C	NF-Transistor	Q	z. B. Leuchtdiode
		D	NF-Leistungstransistor	R	Thyristor
D	z. B. Indium-Antimonid (Energieabstand ≥ 0,6 eV)	E	Tunneldiode	S	Schalttransistor
		F	HF-Transistor	T	z. B. steuerbare Gleichrichter
R	Fotohalbleiter- und Hallgeneratoren-Ausgangsmaterial	G	z. B. Oszillatordiode	U	Leistungsschalttransistor
		H	Hall-Feldsonde	X	Vervielfacher-Diode
		K (M)	Hallgenerator	Y	Leistungsdiode
		L	HF-Leistungstransistor	Z	Z-Diode

[1] $1\,eV = 1{,}6 \cdot 10^{-19}\,J$

Dioden

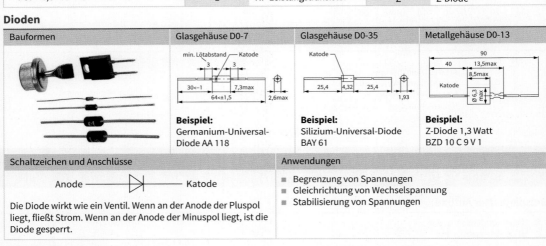

Bauformen · Glasgehäuse DO-7 · Glasgehäuse DO-35 · Metallgehäuse DO-13

Beispiel: Germanium-Universal-Diode AA 118

Beispiel: Silizium-Universal-Diode BAY 61

Beispiel: Z-Diode 1,3 Watt BZD 10 C 9 V 1

Schaltzeichen und Anschlüsse

Anode ──▷│── Katode

Die Diode wirkt wie ein Ventil. Wenn an der Anode der Pluspol liegt, fließt Strom. Wenn an der Anode der Minuspol liegt, ist die Diode gesperrt.

Anwendungen
- Begrenzung von Spannungen
- Gleichrichtung von Wechselspannung
- Stabilisierung von Spannungen

Transistoren

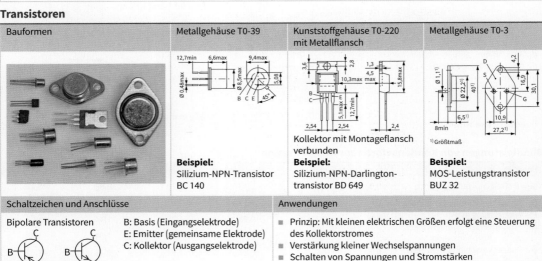

Bauformen · Metallgehäuse TO-39 · Kunststoffgehäuse TO-220 mit Metallflansch · Metallgehäuse TO-3

Kollektor mit Montageflansch verbunden

[1] Größtmaß

Beispiel: Silizium-NPN-Transistor BC 140

Beispiel: Silizium-NPN-Darlington-transistor BD 649

Beispiel: MOS-Leistungstransistor BUZ 32

Schaltzeichen und Anschlüsse

Bipolare Transistoren — PNP, NPN

- B: Basis (Eingangselektrode)
- E: Emitter (gemeinsame Elektrode)
- C: Kollektor (Ausgangselektrode)

Anwendungen
- Prinzip: Mit kleinen elektrischen Größen erfolgt eine Steuerung des Kollektorstromes
- Verstärkung kleiner Wechselspannungen
- Schalten von Spannungen und Stromstärken (elektronischer Schalter)

Dioden
Diodes

Aufbau

Begriffe	N-Dotierung	P-Dotierung
Dotierung: - Sehr reinen Halbleitermaterialien (z. B. Silizium, Germanium) werden Fremdatome zugeführt (Dotierung). N-Dotierung: - Fremdatom mit mehr freien Elektronen als der Halbleiter (z. B. Arsen, As) P-Dotierung: - Fremdatom mit weniger freien Elektronen als der Halbleiter (z. B. Aluminium, Al)	Freie Elektronen können wandern und machen den Kristall leitfähig.	Elektronen wandern zwischen freien Plätzen (Löchern) und machen den Kristall leitfähig.

PN-Übergang

- Ein P-Kristall und ein N-Kristall werden zusammengeführt.
- An der Berührungsfläche wandern freie Elektronen in Fehlstellen (Rekombination).
- In der Übergangsfläche gibt es keine freien Elektronen (Sperrzone); der Kristall wirkt isolierend (a).
- Angelegte Spannungen können die Sperrzone je nach Polarität vergrößern (b) oder verkleinern (c).
- Den Anschluss am N-Kristall nennt man Katode (K).
- Der Anschluss am P-Kristall heißt Anode (A).

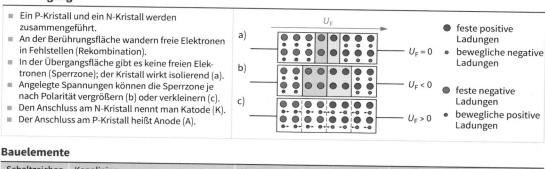

- ● feste positive Ladungen
- ● bewegliche negative Ladungen
- ● feste negative Ladungen
- ● bewegliche positive Ladungen

$U_F = 0$
$U_F < 0$
$U_F > 0$

Bauelemente

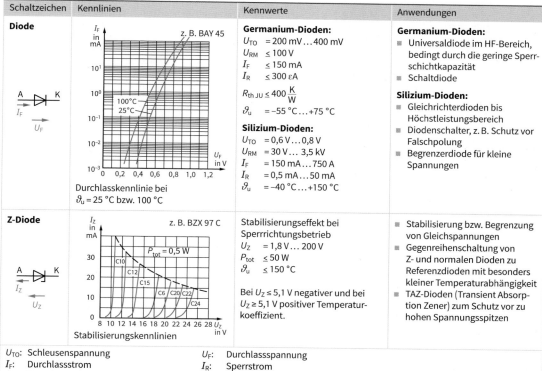

Schaltzeichen	Kennlinien	Kennwerte	Anwendungen
Diode	z. B. BAY 45 Durchlasskennlinie bei $\vartheta_u = 25\,°C$ bzw. $100\,°C$	**Germanium-Dioden:** $U_{TO} = 200\,mV \ldots 400\,mV$ $U_{RM} \leq 100\,V$ $I_F \leq 150\,mA$ $I_R \leq 300\,\varepsilon A$ $R_{th\,JU} \leq 400\,\frac{K}{W}$ $\vartheta_u = -55\,°C \ldots +75\,°C$ **Silizium-Dioden:** $U_{TO} = 0{,}6\,V \ldots 0{,}8\,V$ $U_{RM} = 30\,V \ldots 3{,}5\,kV$ $I_F = 150\,mA \ldots 750\,A$ $I_R = 0{,}5\,mA \ldots 50\,mA$ $\vartheta_u = -40\,°C \ldots +150\,°C$	**Germanium-Dioden:** - Universaldiode im HF-Bereich, bedingt durch die geringe Sperrschichtkapazität - Schaltdiode **Silizium-Dioden:** - Gleichrichterdioden bis Höchstleistungsbereich - Diodenschalter, z. B. Schutz vor Falschpolung - Begrenzerdiode für kleine Spannungen
Z-Diode	z. B. BZX 97 C Stabilisierungskennlinien	Stabilisierungseffekt bei Sperrrichtungsbetrieb $U_Z = 1{,}8\,V \ldots 200\,V$ $P_{tot} \leq 50\,W$ $\vartheta_u \leq 150\,°C$ Bei $U_Z \leq 5{,}1\,V$ negativer und bei $U_Z \geq 5{,}1\,V$ positiver Temperaturkoeffizient.	- Stabilisierung bzw. Begrenzung von Gleichspannungen - Gegenreihenschaltung von Z- und normalen Dioden zu Referenzdioden mit besonders kleiner Temperaturabhängigkeit - TAZ-Dioden (Transient Absorption Zener) zum Schutz vor zu hohen Spannungsspitzen

U_{TO}: Schleusenspannung
I_F: Durchlassstrom
ϑ_u: Umgebungstemperatur
U_Z: Z-Spannung
U_{RM}: maximale Sperrspannung
U_F: Durchlassspannung
I_R: Sperrstrom
U_{RM}: maximale Sperrspannung
$R_{th\,JU}$: thermischer Widerstand zwischen Sperrschicht und Umgebung

Grundlagen

Halbleiterbauelemente mit Schaltverhalten
Semiconductor Components with Switching Behaviour

Triggerdioden, UJT

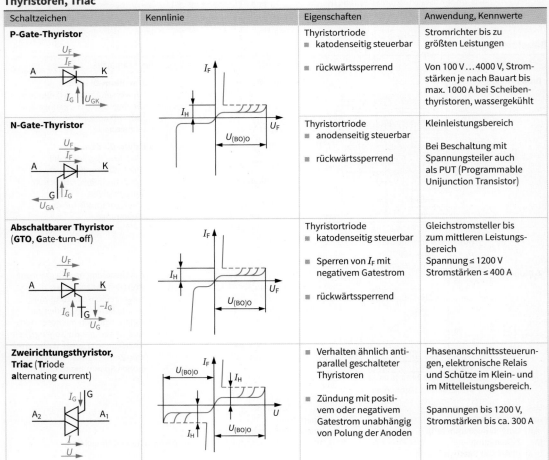

Schaltzeichen	Kennlinie	Eigenschaften	Anwendung, Kennwerte
Zweirichtungsdiode (**Di**ode **a**lternating **c**urrent)		Stetiger Übergang im Durchbruchbereich. Hohe Durchlassspannung	■ Triggern von Zündströmen für Triacs Kippspannung ca. 35 V
			■ Durchlassstromstärke stark von Impulslänge abhängig
			■ Maximale Verlustleistung ca. 300 mW
Unijunktion-Transistor UJT, (auch Doppelbasisdiode)		Mit steigender Spannung U_{EB1} kehrt sich der Sperrstrom um. Ab Höckerspannung U_p wird die Emitter-B1-Strecke leitend.	■ Ansteuern von Triacs und Thyristoren
			■ RC-Generatoren
			■ Spannung: max. 30 V
			■ Stromstärke: max. 50 mA

Thyristoren, Triac

Schaltzeichen	Kennlinie	Eigenschaften	Anwendung, Kennwerte
P-Gate-Thyristor		Thyristortriode ■ katodenseitig steuerbar ■ rückwärtssperrend	Stromrichter bis zu größten Leistungen. Von 100 V…4000 V, Stromstärken je nach Bauart bis max. 1000 A bei Scheibenthyristoren, wassergekühlt
N-Gate-Thyristor		Thyristortriode ■ anodenseitig steuerbar ■ rückwärtssperrend	Kleinleistungsbereich. Bei Beschaltung mit Spannungsteiler auch als PUT (Programmable Unijunction Transistor)
Abschaltbarer Thyristor (**GTO**, **G**ate-**t**urn-**o**ff)		Thyristortriode ■ katodenseitig steuerbar ■ Sperren von I_F mit negativem Gatestrom ■ rückwärtssperrend	Gleichstromsteller bis zum mittleren Leistungsbereich. Spannung ≤ 1200 V Stromstärken ≤ 400 A
Zweirichtungsthyristor, Triac (**Tri**ode **a**lternating **c**urrent)		■ Verhalten ähnlich antiparallel geschalteter Thyristoren ■ Zündung mit positivem oder negativem Gatestrom unabhängig von Polung der Anoden	Phasenanschnittssteuerungen, elektronische Relais und Schütze im Klein- und im Mittelleistungsbereich. Spannungen bis 1200 V, Stromstärken bis ca. 300 A

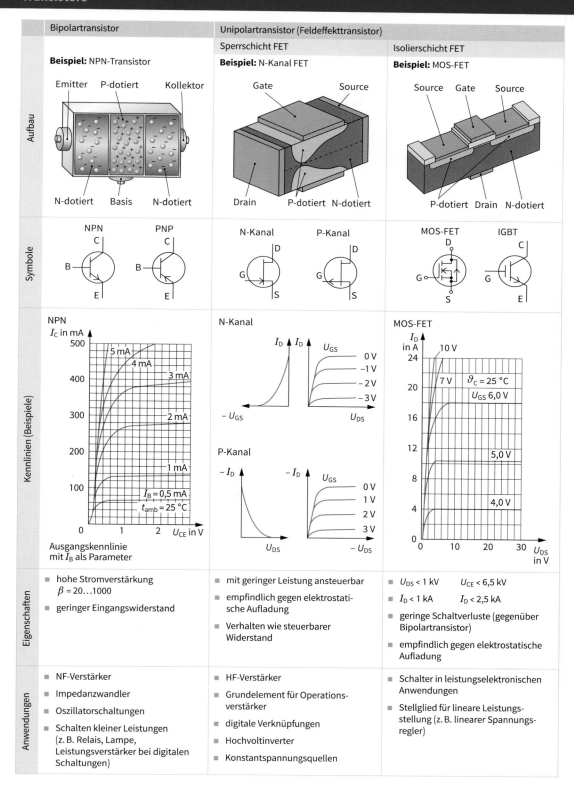

Transistor als Schalter
Transistor as Switch

Funktion

Prinzip
- Betrieb in Emitterschaltung:
  - Gemeinsames Potenzial von Eingang, Ausgang und Transistor (Emitteranschluss)
- Transistor wird nur in zwei Arbeitspunkten betrieben:
  - AUS: A1 ($I_B = 0\,A$; $I_C = I_{Cmin}$)
  - EIN: A2 ($I_B = I_{Bmax}$; $I_C = I_{Cmax}$)
- I_C ist zugleich der Laststrom und wird durch die
  - Last- und
  - Betriebsspannung
  bestimmt.

Emitterschaltung

Kennlinie/Arbeitsgerade
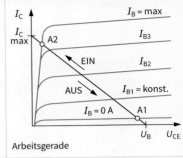

Schaltvorgänge

Ohmsche Last
- Schnelles Schalten erforderlich.
- P_{tot} wird nur kurz überschritten.

- Schnell schaltende Diode (Shottky) begrenzt Sättigung des Transistors.
- Abschalten wird beschleunigt.

Kapazitive Last
- Beim Einschalten sind große Ladeströme möglich, die den Transistor zerstören können.
- P_{tot} wird nur beim Einschalten überschritten.

- Ein Widerstand in Reihe zum Kondensator begrenzt Einschaltstrom.

Induktive Last
- Beim Ausschalten entstehen hohe Spannungen, die den Transistor zerstören können.
- P_{tot} wird nur beim Ausschalten überschritten

- Diode schließt Spule im Abschaltvorgang kurz.
- Spulenspannung wird auf die Durchlassspannung der Diode begrenzt.

- P_{tot}: Maximale Verlustleistung des Transistors
- P_{tot} darf nur kurzzeitig überschritten werden.

Anwendung (Beispiel)

Elektronisches Relais
- Schalten von DC-Lasten kleiner bis mittlerer Leistung (Leuchten, DC-Motor, ...)
- Bei höheren Leistungen werden Feldeffekttransistoren oder IGBTs angewendet.
- Verschleißfreies Schalten, da keine beweglichen Teile vorhanden sind.

NOR-Verknüpfung
- Integrierte Schaltungen mit Open Collector Ausgang führen den Kollektor direkt als Anschluss heraus.
- Mehrere Kollektorausgänge können parallel eine Last schalten.

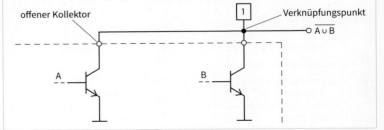

Grundlagen

Optoelektronische Bauelemente
Optoelectronic Components

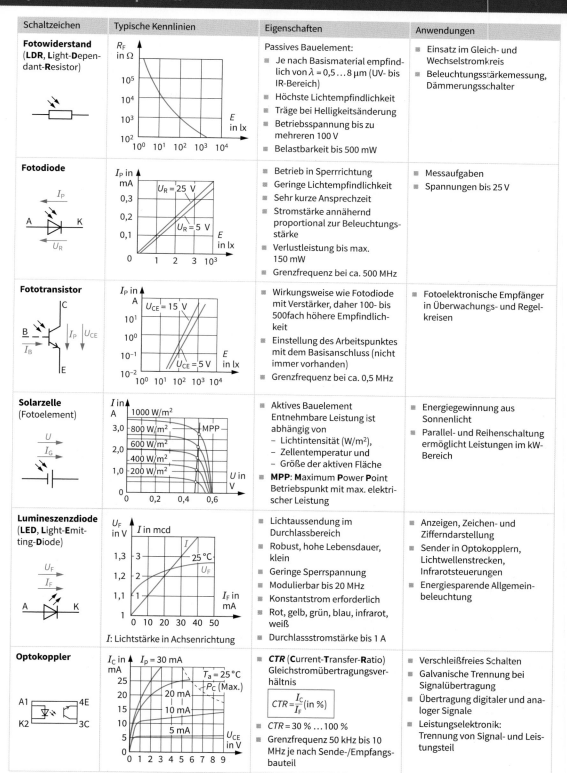

Operationsverstärker
Operational Amplifier

Aufbau

Operationsverstärker enthalten einen Differenzverstärker und einen nachgeschalteten, meist mehrstufigen Verstärker.

Blockschaltbild

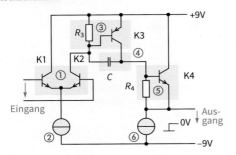

①: Differenz-Verstärker
②, ⑥: Konstantstromquellen
③: Verstärkerstufe
④: Kompensations-Kapazität
⑤: Ausgangsstufe

Frequenzverhalten

Infolge interner Phasendrehung bei hohen Frequenzen besteht Schwingneigung.
Daher ist eine Reduzierung der Verstärkung um 20 dB/Dekade mittels C_K und R notwendig (häufig bereits intern vorhanden).

Frequenzkompensation

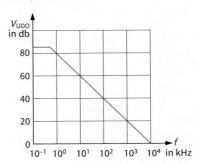

Schaltzeichen

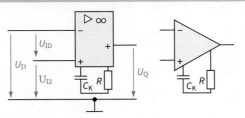

$U_{ID} = U_{I1} - U_{I2}$
Darstellung: einpolig, ohne Speisespannungsanschlüsse
−: Invertierender Eingang
+: Nichtinvertierender Eingang
C_K, R: Frequenzkompensation
U_{ID}: Differenz-Eingangsspannung

Übertragungskennlinie

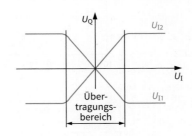

Anwendungsbereiche

Industrielle Elektronik, Regelungstechnik, NF-Technik

Begriff, Formelzeichen	Definition	Beziehung	Typ. Werte
Eingangs-Null-Spannung (input-offset-voltage) U_{I0}	Spannungsdifferenz, die an den Eingängen angelegt werden muss, damit die Ausgangsspannung Null ist.	$U_{I0} = U_{I1} - U_{I2}$ bei $U_Q = 0$ V und Generatorwiderstand $R_G = 50\,\Omega$	maximal ± 6 mV
Gleichtakt-Eingangsspannung (common mode input voltage) U_{IC}	Arithmetischer Mittelwert der Eingangsspannungen, wenn die Ausgangsspannung Null ist.	$U_{IC} = \dfrac{U_{I1} + U_{I2}}{2}$	
Eingangs-Null-Strom (input-offset-current) I_{I0S}	Differenz der Eingangsströme im Arbeitsbereich, wenn die Ausgangsspannung Null ist.	$I_{I0S} = I_{I1} - I_{I2}$	80 nA
Eingangs-Ruhestrom (input-bias-current) I_I	Mittlerer statischer Eingangsstrom, der für die Funktion des OP notwendig ist.	$I_I = \dfrac{I_{I1} + I_{I2}}{2}$	80 nA
Differenz-Leerlaufspannungs-Verstärkung (open-loop-voltage-gain) v_{UD0}	Verstärkung einer Differenz-Eingangsspannung ohne Gegenkopplung	$v_{UD0} = \dfrac{U_Q}{U_{ID}}$ $= 20 \log \dfrac{U_Q}{U_{ID}}$ in dB	80 dB
Gleichtakt-Leerlaufspannungs-Verstärkung (common-mode-voltage gain) v_{UC0}	Verhältnis der Ausgangsspannung zur Gleichtakt-Eingangsspannung	$v_{UC0} = \dfrac{U_Q}{U_{IC}}$	

Elektrische Installationen

Leitungen

- 58 Leitungsauswahl
- 59 Kennfarben von Leitern
- 59 Leitungskennzeichnung
- 60 Leitungen
- 61 Leitungen
- 62 Bauproduktenverordnung
- 63 Kabel
- 64 Kabelschuhe
- 65 Kabelarten
- 65 Freileitungsseil
- 66 Erdkabelverlegung
- 67 Kabelgarnituren

Installationen

- 68 Gebäudeeinführung
- 69 Hausanschluss
- 70 Installieren von Leitungen
- 71 Installieren von Leitungen
- 72 Leitungsbearbeitung
- 73 Leitungsbearbeitung
- 74 Leitungsanschlüsse
- 75 Wandschlitze und -aussparungen
- 76 Installation in Hohlwänden
- 77 Energieeinsparendes Installationsmaterial
- 78 Installationsrohre
- 79 Installationskanäle
- 80 Installation in Beton
- 81 Doseninstallation
- 82 Installationszonen
- 83 Zählerplätze
- 84 Verteiler
- 85 Baustromverteiler
- 86 Tragbare Ersatzstromerzeuger
- 87 Elektrische Begleitheizung

Schutz

- 88 Oberflächenerder
- 89 Tiefenerder
- 90 Schutzpotenzialausgleich
- 91 Leitungsschutz-Schalter
- 92 RCD – Residual-Current Protective Device
- 93 RCD – Residual-Current Protective Device
- 94 Fehlerstrom-Schutzschalter – Fehlerstromformen
- 95 Fehlerlichtbogen-Schutzeinrichtung
- 96 Verlegearten
- 97 Zuordnung von Überstrom-Schutzorganen bei 25 °C
- 98 Zuordnung von Überstrom-Schutzorganen bei 30 °C
- 99 Spannungsfall auf Leitungen
- 100 Zuordnung von Überstrom-Schutzorganen
- 101 Belastbarkeit von Leitungen
- 102 Schmelzsicherungen
- 103 Schmelzsicherungen
- 104 Ausstattung in Wohngebäuden
- 105 Installationsbereiche
- 106 Installationsbereiche
- 107 Installationsbereiche
- 108 Isolationsüberwachung
- 109 Rauchwarnmelder
- 110 Wärmemelder
- 111 Brandschutz
- 112 Funktionserhalt
- 113 Schutzarten durch Gehäuse
- 114 Kabeleinführungen
- 115 EMV – Elektromagnetische Verträglichkeit
- 116 EMV und Netzsysteme

Montage

- 117 Bohren
- 118 Schrauben und Muttern
- 119 Befestigungstechnik
- 120 Dübel
- 121 Dübelarten
- 122 Verbindungstechniken
- 123 Schweißen
- 124 Löten

Leitungsauswahl
Cable Selection

Einflussgrößen zur Auswahl einer Leitung

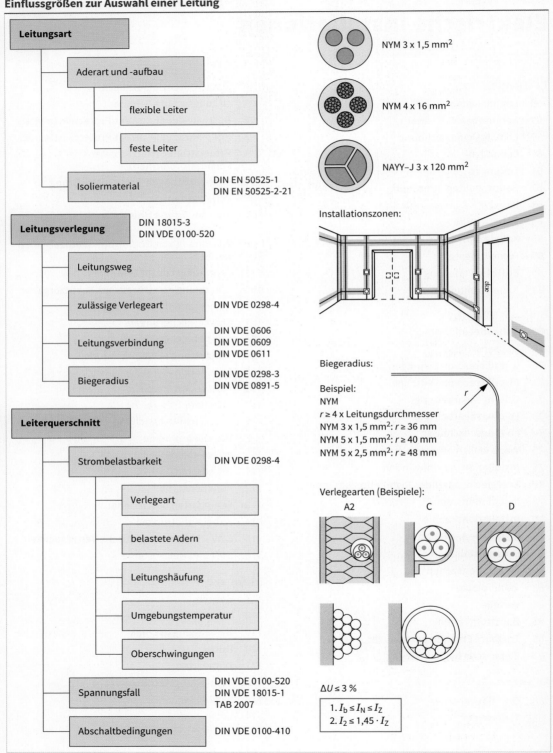

Kennfarben von Leitern
Core Colour Codes

DIN VDE 0293-308: 2003-01

Isolierte und blanke Leiter

Leiterbezeichnung		Zeichen	Farbe	Leiterbezeichnung	Zeichen	Bildzeichen	Farbe
Wechselstrom	Außenleiter	L1, L2, L3	1)	Schutzleiter	PE	⊕	gnge
	Neutralleiter	N	bl	PEN-Leiter (Neutrall. mit Schutzfunktion)	PEN	⊕	gnge
Gleichstrom	positiv	L+	1)	Erde	E	⏚	1)
	negativ	L–	1)	1) Farbe nicht festgelegt			
	Mittelleiter	M	bl				

Adern bei isolierten Leitungen und Kabeln

	für feste Verlegung							für ortsveränderliche Verbraucher							
Aderzahl	Leitungen mit Schutzleiter			Leitungen ohne Schutzleiter				Leitungen mit Schutzleiter				Leitungen ohne Schutzleiter			
2	–	–		bl	br			–	–			bl	br		
3	gnge	bl	br	–	br	sw		gnge	bl	br		–	br	sw	
4	gnge	–	br	sw	gr	bl	br	sw	gr	gnge	–	br	sw	gr	–	br	sw	gr
5	gnge	bl	br	sw	gr	bl	br	sw	gr	sw	gnge	bl	br	sw	gr	bl	br	sw	gr	sw

Farbkurzzeichen:
schwarz (sw) black (BK), braun (br) brown (BN), blau (bl) blue (BU), grau (gr) grey (GR), gelb (ge) yellow (YE), grün (gn) green (GN)

Anwendungen
Aderkennzeichnung bei Leitungen und Kabeln für feste Verlegung und flexible Leitungen in

- Installationen elektrischer Anlagen,
- Verteilungssystemen,
- Energieversorgung von fest installierten und ortsveränderlichen Betriebsmitteln und
- Anschlussleitungen bei transportierbaren Betriebsmitteln.

Keine Gültigkeit der DIN VDE 0293-308 für

- Leitungen, Kabel und isolierte Leiter zur inneren Verdrahtung elektrischer Betriebsmittel und fabrikfertiger Schaltkombinationen,
- Leitungen und Kabel in Gleichstromanlagen,
- Leitungen und Kabel, die mehr Adern besitzen als in der Tabelle aufgeführt und
- umhüllte Freileitungen und isolierte Freileitungsseile.

Leitungskennzeichnung
Cable Designation Code

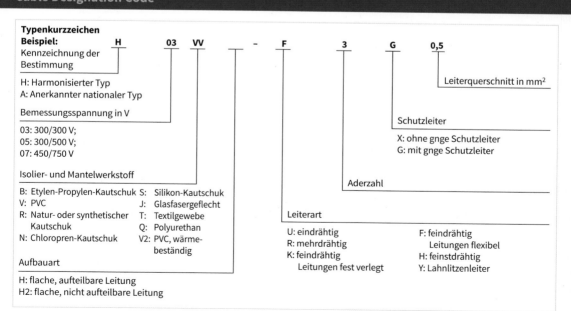

Elektrische Installationen

Leitungen
Insulated Wires

Isolierte Leitungen für feste Verlegung

Bezeichnung	Abbildungen	Kurzzeichen	Aderzahl	Verwendung
PVC-Einzeladern flexibel		H07V-K	1 1	▪ Leitung für innere Verdrahtung von Geräten ▪ Geschützte Verlegung in Rohren auf und unter Putz sowie in geschlossenen Installationskanälen
Wärmebeständige PVC-Einzeladern		H05V2-K	1	▪ Verbindungsleitung für Energieanlagen, Schaltschränke ▪ Bei höheren Leiter- oder Umgebungstemperaturen bis +105 °C
Schadstofffreie Mantelleitung	(N)HMH-J	NHMH-J	3...7	▪ Feste Verlegung in Wohnbauten, öffentlichen Gebäuden und Industrieanlagen ▪ Schutz vor direkter Sonneneinstrahlung erforderlich
PVC-Mantelleitung		NYM-J	1...7	▪ Industrie- und Hausinstallationen im Innen- und Außenbereich ▪ Schutz vor direkter Sonneneinstrahlung erforderlich
Halogenfreie Mantelleitung		NHXMH-J	1...7	▪ Industrie; Hotels; Flughäfen, U-Bahnen u. a. ▪ Bei erhöhtem Schutz für Menschen und Sachwerte
PVC-Mantelleitung (Luftkabel) mit Zugbeanspruchung, Außenmantel Ozon- und UV-beständig		YTBKW-J	3...5	▪ Verlegung an Lichtmasten und Spanndrähten ▪ Hohe mechanische Belastbarkeit ▪ Freitragende Abspannung mit Abspannklemmen zwischen Leuchtenträgern (bis 50 m)
Flexible PVC-Steuerleitung halogenfrei und geschirmt	HELUKABEL JZ-600 HMH-C 4G4 QMM / 12886	JZ-600 HMH-C	3...4	▪ Flammwidrige Steuerleitung für feste oder flexible Verlegung ▪ im Werkzeug- und Anlagenbau, in der Klimatechnik

Isolierte, flexible Leitungen

Bezeichnung	Abbildungen	Kurzzeichen	Aderzahl	Verwendung
Spiralleitung		H05BQ-F	2...3	▪ Elektrowerkzeuge ▪ Handlinggeräte ▪ Unterhaltungselektronik
PVC-Schlauchleitung		H03VV-F	2...7	▪ Anschlussleitung bei geringer mechanischer Beanspruchung für Tisch- und Stehleuchten u. a.
Gummi-Schlauchleitung (schwere Ausführung)	USE HARD H07RN-F	H07RN-F	1...7	▪ Anschlussleitung bei mittlerer mechanischer Beanspruchung für Elektrogeräte wie Heizplatten, Bohrmaschinen, Kreissägen u. a.
Gummi-Schlauchleitung (schwere Ausführung)		NSSHöU	1...7	▪ Anschlussleitung bei großer mechanischer Beanspruchung im Bergbau und in Steinbrüchen ▪ Auf Baustellen für schwere Geräte und Werkzeuge

Leitungen
Insulated Wires

Isolierte, flexible Leitungen

Bezeichnung	Abbildungen	Kurzzeichen	Aderzahl	Verwendung
PVC-Schleppkettenleitung		JZ-HF-CY	2…50	- Verlegung in trockenen und feuchten Räumen; nicht im Freien - Bei freier Bewegung ohne Zugbeanspruchung im Schleppketteneinsatz, an Handhabungsautomaten, Robotern und dauernd bewegten Maschinenteilen - Störungsfreie Signalübertragung
Flexible Photovoltaikleitung		Solarflex-XPV1-F	1	- Verlegung im Freien, da UV-, ozon-, witterungs- und hydrolysebeständig - Verkabelung von Solarmodulen

Leitungen und Kabel für Klingel-, Signal- und Telekommunikationsanlagen

Bezeichnung	Abbildungen	Kurzzeichen	Verwendung
Schaltdraht		YV	- Anlagen zur Signalübertragung und in Kommunikationsanlagen - Informationsverarbeitungsgeräte
PVC-Schaltlitze (verzinnt)		LiY	- Verdrahtung von Kleinspannungsanlagen, Fernmeldegeräten, elektronischen Baugruppen in Geräten
PVC-Datenleitung		LiY-CY	- Steuer- und Signalleitung für Rechneranlagen, Steuer- und Regelgeräte bei erhöhter elektrischer Beeinflussung
PVC-Steuerleitung		Y-CY-JB	- Flexible Anwendung bei freier Bewegung ohne Zugbeanspruchung; nicht im Freien - Steuerleitung im Werkzeug- und Maschinenbau, Förderanlagen und Fertigungsanlagen
Brandmelde-Innenkabel		J-Y(St)Y	- Anwendung in trockenen und feuchten Räumen, auch im Freien bei fester Verlegung für Signal- und Messdatenübertragung - Schutz gegen äußere Störfelder durch statischen Schirm
Sicherheitskabel		NHXCH-FE 180/E90	- Anwendung in Wasserdruckerhöhungsanlagen - Funktionserhalt bei direkter Flammeinwirkung (90 min.); Löschwasserversorgung; Lüftungsanlagen
Telekommunikations-Innenkabel		J-YY	- Installationskabel als Kommunikationskabel im Sprechstellen- und Nebenstellenbau
Telekommunikations-Außenkabel		A-2Y(L)2Y	- Ortsteilnehmerkabel - Anschlusskabel zur Verbindung von Sprechstellen mit Vermittlungsstellen

Elektrische Installationen

Bauproduktenverordnung
Construction Products Regulation

DIN EN 50575: 2017-02; DIN EN 13501-6: 2014-07

- Kabel und Leitungen (Strom-, Steuer- und Kommunikationskabel), die **dauerhaft** in Bauwerken verbaut werden, fallen ab 01.07.2017 unter die **Bauproduktenverordnung** EU-BauPVO (EU 305/2011).
- Ausgenommen sind
  – Liftkabel, Kabel innerhalb von Maschinen,
  – Kabel zur Verwendung in industriellen Anlagen.
- Die BauPVO
  – definiert die Bedingungen für die CE-Kennzeichnung
  – verlangt eine Leistungserklärung (**DoP**) des Herstellers über die wesentlichen Produktmerkmale
  – legt ein System fest, wie die Konformität zur EU-Richtlinie sichergestellt wird.
- Kabel und Leitungen werden nach BauPVO in **Brandklassen** (**Euroklassen** A_{ca} bis F_{ca} (ca: cable)) eingeteilt.
- Diese definieren die Eigenschaften hinsichtlich der **Brandsicherheit** (Flammausbreitung, Wärmeentwicklung).
- Kennzeichnung:
  – Klasse A_{ca}: Nichtbrennnbarkeit
  – Klasse $B1_{ca}$ bis F_{ca}: weisen zunehmende Brennbarkeit aus (siehe Tabelle).
- Zusätzlich können folgende Merkmale angegeben werden (niedrigere Zahl: bessere Eigenschaft):
  – Rauchentwicklung und Rauchdichte:
    s1 bis **s**3 (**s**moke)
  – Brennende Tropfen: **d**0 bis **d**2 (**d**roplets)
  – Säurebildung und Korrosivität:
    a1 bis **a**3 (**a**zidität: Säuregehalt)

CE-Kennzeichnung

- Das **CE-Kennzeichen** muss gut sichtbar, leserlich und dauerhaft auf dem Produktetikett angebracht sein.
  Das Produktetikett muss auf Ringen, Spulen oder Trommeln befestigt sein.

  Beispiel:
  Herkunft, **Beschreibung** und **Brandverhaltensklasse** müssen auf dem Kabel oder der Verpackung oder dem Etikett aufgebracht sein.

- Die **Leistungserklärung** (**DoP**: **D**eclaration **o**f **P**erformance) muss Angaben enthalten:
  – Leistungen der wichtigsten Produkteigenschaften
  – Verwendung des Produkts,
  – Hersteller des Produkts,
  – Angaben einer externen Prüfstelle, die in der Fertigung eingebunden ist.

Beispiele für Kabel und Leitungen

Kabel-/Leitungsart	Euroklasse
Erdkabel NYCY	E_{ca}
Industriekabel N2XSY	E_{ca}
Halogenfreies Kabel N2XH	$B2_{ca}/C_{ca}$
Halogenfreie Mantelleitung NHXMH	$B2_{ca}/C_{ca}/D_{ca}$
Mantelleitung NYM	E_{ca}
Flexible Steuerleitung JZ-500 HMH	D_{ca}

Euroklassen für Kabel und Leitungen

Klasse	Klassifizierungskriterien
A_{ca}	PCS ≤ 2,0 MJ/kg
$B1_{ca}$	FS ≤ 1,75 m; brennendes Abtropfen/Abfallen; Peak HRR ≤ 20 kW; H ≤ 425 mm
$B2_{ca}$	FS ≤ 1,5 m; brennendes Abtropfen/Abfallen; Peak HRR ≤ 30 kW; H ≤ 425 mm
C_{ca}	FS ≤ 2,0 m; brennendes Abtropfen/Abfallen; Peak HRR ≤ 60 kW; H ≤ 425 mm
D_{ca}	$THR_{1200\,s}$ ≤ 70 MJ; brennendes Abtropfen/Abfallen; FIGRA ≤ 1300 Ws^{-1}; H ≤ 425 mm
E_{ca}	H ≤ 425 mm
F_{ca}	H ≤ 425 mm
FIGRA:	**Fi**re **G**rowth **Ra**te (Index der Wärmefreisetzungsrate in W/s)
FS:	**F**lame **S**pread (vertikale Flammausbreitung in m)
H:	Flame Spread (vertikale Flammausbreitung in mm)
HRR:	**H**eat **R**elease **R**ate (maximale Wärmefreisetzungsrate in kW)
PCS:	**P**ouvoir **C**alorique **S**upérieur (Brutto-Verbrennungswärme in MJ/kg)
THR:	**T**otal **H**eat **R**elease (Gesamt-Wärmefreisetzung in MJ)

Zuordnung Gebäudeklassen – Euroklassen[1]

Klasse	Gebäudeart	Euroklassen	
		Gebäude	Fluchtwege im Gebäude
1	Freistehende Gebäude, Höhe ≤ 7 m Fläche ≤ 400 m²	E_{ca}	–
4	Sonstige Gebäude, Höhe ≤ 13 m Fläche ≤ 400 m²	E_{ca}	$B2_{ca}$ s1 d1 a1
S[2])1	Hochhäuser Höhe > 22 m	C_{ca} s1 d2 a1	C_{ca} s1 d2 a1
S4	Verkaufsstätten Fläche > 800 m²	C_{ca} s1 d2 a1	$B2_{ca}$ s1 d2 a1
S5	Büroräume Fläche > 400 m²	C_{ca} s1 d2 a1	$B2_{ca}$ s1 d2 a1
S10	Krankenhäuser	$B2_{ca}$ s1 d1 a1	$B2_{ca}$ s1 d1 a1
3)	Industriegebäude	C_{ca} s1 d2 a1	$B2_{ca}$ s1 d2 a1

[1] Vorschlag der deutschen Kabelindustrie
[2] Buchstabe **S**: **S**onderbauten
[3] Zuordnung durch Kabelindustrie

Kabel
Cables

DIN VDE 0271: 2007-01; DIN VDE 0293-1: 2006-10; DIN VDE 0276-603: 2010-03

Kenngrößen

- **Auswahl**
  - Netzspannung
  - Schutzvorkehrungen
  - Verlegeart
  - Häufung

- **Äußere Einflüsse**
  - Umgebungstemperatur
  - Luftfeuchtigkeit
  - Ansammlung von Wasser
  - Mechanische Beanspruchung
  - Strahlung (z. B. Sonnenlicht)

- **Bemessungsspannung**
  - $U_0 = U_{eff}$ zwischen Außenleiter und Erde
  - $U = U_{eff}$ zwischen zwei Außenleitern

- **Biegeradien**
  - Kleinstzulässige Radien für Energieleitungen nach DIN VDE 0298-3 bei 0,6 V/1 kV
  - Feste Verlegung: 4 x Außendurchmesser (D)
  - Flexible Leitungen: 3 x Außendurchmesser bis $D = 8$ mm

- **Zugbeanspruchung**
  - Montage für feste Verlegung z. B. 50 N/mm^2
  - Statische Zugbeanspruchung bei flexiblen Leitungen z. B. 15 N/mm^2
  - Zugentlastungselemente verwenden

- **Druckbeanspruchung**
  - bei Leitungen vermeiden

- **Torsionsbeanspruchung**
  - bei Leitungen vermeiden (s. Herstellerangaben)

- **Strombelastbarkeit**
  - Wahl des Bemessungsquerschnitts nach maximaler Dauerstromstärke unter normalen Bedingungen

- **Thermische Belastung**
  - Wahl der Verlegung ohne die Stromwärmeabgabe zu behindern

- **Aderfarben**
  - für mehradrige Kabel und Leitungen ($U \leq 1$ kV) nach DIN VDE 0298-308

Hinweis der Hersteller:
Kabel und Leitungen mit schwarzer Umhüllung gewährleisten einen hohen Schutz vor äußeren Umwelteinflüssen.

Kabelfarbe der Außenhülle

- **Anwendungen:**
  - Mantelleitungen: hellgrau
  - bis 1 kV: schwarz
  - über 1 kV: rot
  - Sicherheitskabel: orange
  - Brandmeldekabel: rot
  - Leuchtröhrenleitung: gelb
  - in Bergwerken unter Tage: gelb

Kabelarten

- Papierisolierte Kabel für Niederspannung mit Aderisolierung aus Papier mit Massetränkung (Massekabel)
- Kunststoffisolierte Kabel für Nieder- und Mittelspannung mit Aderisolierung aus
  - PVC, PE oder VPE oder
  - Gummi mit Gummimantel

Bezeichnungen

Kurzzeichen	Erklärung
N	Genormte Ausführung
A	**Leiterart:** Aluminium, für Kupferleiter kein Kennzeichen
Y 2X	**Isolierwerkstoff:** PVC vernetztes PE (VPE)
C CW S (F)	**Konzentrischer Leiter, Schirm:** Kupfer Kupfer, wellenförmig Kupferschirm längswasserdichter Schirm

Kurzzeichen	Erklärung
B F G R	**Bewehrung:** Stahlband Flachdraht verzinkt Gegenwendel aus verzinktem Stahlband Runddraht verzinkt
A K KL Y 2Y	**Mantel:** Faserstoffe Bleimantel Aluminiummantel PVC-Isolierung PE-Isolierung
–J –O	**Schutzleiter:** mit Schutzleiter ohne Schutzleiter

Beispiel:
Mehradriges Kabel NA2XY-J

Ader: N: Genormte Ausführung
A: Leiter aus Al
2X: Isolierhülle aus vernetztem Polyethylen (VPE)

Mantel: Y: Mantel aus PVC
J: Schutzleiter

Kabelschuhe
Cable Lugs

DIN 46234: 1980-03; DIN 46235: 1983-07; DIN 48083: 1985-04

Merkmale

- Kabelschuhe werden eingesetzt zur Verbindung von Leitern an Schraubanschlüssen.
- Sie unterscheiden sich in
  - den mechanischen Abmessungen,
  - der Bauform und
  - den zulässigen Einsatzbereichen (Verbindungen von Kupferleitern, Aluminiumleitern, Kombination Kupfer- und Aluminiumleiter oder Edelstahlausführungen).

Einteilung

- Presskabelschuhe (DIN 46235) ①
- Rohrkabelschuhe (handelsübliche Normalausführungen) ②
- Quetschkabelschuhe (DIN 46234) ③.

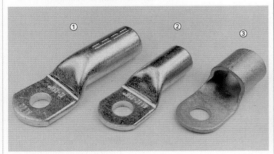

- **Presskabelschuhe**
  - Anwendung:
    Pressverbindung von ein-, mehr-, fein- und feinstdrätigen Kupferleitern.

  Markierungen:

  - Werkzeugkennziffer
  - Herstellerkennung
  - Vorgesehener Nennquerschnitt des Leiters in mm² (150 mm²)
  - Schraubenabmessung für den Anschlussbolzen (M 12)
  - Anzahl der Pressmarkierungen (schmal und breit)

  - Einsatz:
    Überwiegend bei Installationen im Bereich der Versorgungsnetzbetreiber

- **Rohrkabelschuhe**
  - Auch als handelsübliche Normalausführung bezeichnet.
  - Sind kürzer als Presskabelschuhe und haben andere Rohrabmessungen.
  - Die Haltbarkeit der elektrischen und mechanischen Verbindung ist gleich wie bei Presskabelschuhen.

- **Quetschkabelschuhe**
  - Bestehen aus geformten Blechen mit einer Lötnaht.
  - Anwendung für mehr-, fein- und feinstdrähtige Leiter.
  - **Nicht** für eindrähtige Massivleiter geeignet.

Pressformen

- Bei DIN-Kabelschuhen sind **Presswerkzeuge** mit **Kennziffereinsätzen** zu verwenden (DIN 48083).
- Für die Verarbeitung von **Rohrkabelschuhen** sind die **Verarbeitungsangaben** der **Hersteller** einzuhalten.
- **Sechskantpressung**
  - Verpressung für Kupfer- und Aluminiumleiter.
  - **Keine** gasdichte Verpressung.

1. Pressung

④ Schmalpressung
⑤ Breitpressung

- **Ovalpressung**

  - Die Verbindung ist **gasdicht**.
  - Keine Oxidation zwischen den Einzeldrähten unter normalen atmosphärischen Bedingungen.
  - Dauerhaft hoher Leitwert.

- **Kerbung**

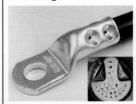

  - Anwendung für fein- und feinstdrähtige Leiter (häufig im Schaltschrankbau).
  - Nur für Kupferleiter.
  - Keine genormte Pressform.

- **Dornpressung**

  - Für Verbindungen mit Quetschkabelschuhen.
  - Geeignet für isolierte Kabelschuhe.
  - Keine genormte Pressform.

Verbindung von Aluminium- und Kupferleitern

- Spezielle Pressverbinder (Al/Cu-Kabelschuhe bzw. Kabelverbinder) erforderlich.
- Die materialspezifischen Verarbeitungsvorgaben (Werkzeuge und Pressvorgaben je Materialseite) sind unbedingt einzuhalten.

Beispiel: Al/Cu-Reduzierverbinder

Aluminium  Kupfer

Kabelarten
Cable Types

DIN VDE 0271: 2007-01; DIN VDE 0293-1: 2006-10; DIN VDE 0276-603: 2010-03

Arten

Niederspannungskabel bis $\frac{U_0}{U} = \frac{0{,}6\,kV}{1\,kV}$

Bezeichnung	Abbildung	Erklärung/Verwendung
NYCY Rundleiter		Erdkabel mit PVC-Isolierung/Ortsnetze, Hausanschlüsse, Straßenbeleuchtung
NYY Rund- oder Sektorleiter		Erdkabel mit PVC-Isolierung/Kraftwerke, Industrie und Schaltanlagen, Kabelkanäle
NA2XY Sektorleiter, eindrähtig		Erd-/Kunststoffkabel mit VPE-Isolierung/Ortsnetze, bei Kabelhäufungen
NYCWY Sektorleiter		Erdkabel mit PVC-Isolierung/Ortsnetze, Industrie, konzentrischer Leiter auch als N- und PE-Leiter
NAY2Y Sektorleiter, eindrähtig		Erdkabel für Ortsnetze/ in Beton, in Wasser, in Innenräumen und Kabelkanälen, bei erhöhter mechanischer Beanspruchung

Mittelspannungskabel $\frac{U_0}{U} = \frac{0{,}6\,kV}{1\,kV}$ $\frac{U_0}{U} = \frac{12\,kV}{20\,kV}$ $\frac{U_0}{U} = \frac{18\,kV}{30\,kV}$

Bezeichnung	Abbildung	Erklärung/Verwendung
NA2XS2Y mehrdrähtig		Kabel mit VPE-Aderisolierung und PE-Mantel/ Industrie, Schaltanlagen, bei starker mechanischer Beanspruchung
N2XSY mehrdrähtig		Kabel mit VPE-Isolierung/ Industrie- und Schaltanlagen, Kraftwerke, bei schwieriger Trassenführung

Leiterform und Kabelaufbau

Abbildung	Kurzzeichen	Erklärung
	SM	sektorförmiger Leiter, mehrdrähtig
	SE	sektorförmiger Leiter, eindrähtig
	RM	runder Leiter, mehrdrähtig
	RE	runder Leiter, eindrähtig bei 0,5 mm² bis 10 mm²

Zuordnung[1] des Schutz- oder PEN-Leiters (S) zum Außenleiter (A)

Querschnitt in mm²			
A	S	A	S
1,5	1,5	35	16
2,5	2,5	50	25
4	4	70	35
6	6	95	50
10	10	120	70
16	16	150	70
25	16	185	95

[1] Zuordnung gilt für isolierte Energieleitungen und 0,6 kV/1 kV-Kabel mit 4 Leitern.

Freileitungsseil
Overhead Distribution Cable

DIN VDE 0276-626: 1997-01; DIN VDE 0276-626/A1: 1998-07

NFA2X mehrdrähtig

$\frac{U_0}{U} = \frac{0{,}6\,kV}{1\,kV}$

Isoliertes Freileitungsseil für Drehstromsysteme im Viererbündel; Kennzeichnung der Außenleiter durch Noppen auf Isolierung

Kenngrößen

Bemessungsquerschnitt q in mm²	Strombelastbarkeit I in A	Drahtanzahl je Leiter	Zugfestigkeit in kN
25	107	7	4,17
35	132	7	5,78
50	165	19	8,45
70	205	19	11,32

Werte gelten für
– Umgebungstemp.: 35 °C   – Windgeschwindigkeit: 0,6 m/s
– Zulässige Leitertemp.: 80 °C   – Betriebsfrequenz: ≤ 60 Hz

- **Verlegung**
  - Einphasen-Wechselstrom: einadrig (L- und N-Leiter)
  - Drehstromsystem: Vierbündel (L1-, L2-, L3-, N-Leiter)
  - Aufhängung und Abspannung an Holzmasten und Betonmasten
- Aufhängung u. Abspannung am Dachständer (DIN VDE 0211) und Hausanschlüssen (DIN VDE 0100-732)
- ohne Zugbeanspruchung, z. B. an Wänden, Schellenabstand waagerecht 0,6 m, senkrecht 1 m
- unter Zugbeanspruchung, z. B. zwischen zwei Masten, Befestigungsklammern verwenden

Elektrische Installationen

Erdkabelverlegung
Underground Cable Laying

Anforderungen

- **Verlegung**
  - Unmittelbar in der Erde
  - In unterirdischen Kabelschutzrohren
- **Grabensohle**
  Fest, glatt und steinlos; vorzugsweise Sandbettung (feinkörnig)
- **Mindestüberdeckung bei Niederspannungskabeln**
  - Freies Gelände ≥ 0,6 m
  - Fahrwege (Straßen) ≥ 0,8 m
- **Bei Unterschreitung der Überdeckung**:
  - Kabelschutzrohre (z. B. Typ 4322, vor innerer Verschmutzung schützen)
  - Besondere Schutzmaßnahmen (z. B. Betonabdeckung)
- **Kabelauslegung**
  - Mindestverlegetemperatur beachten (z. B. −5 °C)
  - Zulässige Zugbeanspruchung beachten
  - Rohreinzug mit entsprechenden Zugeinrichtungen

Hinweis:
Energieleitungen und Telekommunikationsleitungen in separaten Schutzrohren verlegen

- Mindestabstände bei **Kreuzungen** und **Näherungen** mit anderen Leitungen (z. B Wasser-, Gas-, Fernwärmeleitungen) einhalten.
- Nach Kabelauslegung (Kabelschutzrohr) den Kabelgraben
  - oberhalb und seitlich vom Kabel mit einer Sandschicht und
  - lagenweise (ca. 30 cm je Lage) mit steinlosem Bodenaushub (manuell verdichtet) bis zur Erdgleiche auffüllen.
- **Kennzeichnung**: Trassenwarnband in einer Tiefe von 0,3 m unter Erdgleiche.

ACHTUNG KABEL

Hinweis:
- Die Verlegung von **NYM-Leitungen** im Erdreich (z. B Anschluss einer Garage) ist **zulässig**
  - im **Kabelschutzrohr**, in das keine Feuchtigkeit eindringen kann,
  - die **Belüftung** der Leitung gegeben ist,
  - die Leitung stets **auswechselbar** bleibt und
  - die **Verlegelänge** 5 m nicht überschreitet (DIN VDE 0100-520).

Hausanschluss

- Versorgungsunternehmen geben Art und Abmessungen des Kabelgrabens und der Montagegrube vor
- Ausschachtungsarbeiten:
  Vor Beginn Leitungserhebung über **Fremdleitungen** (z. B. Gas, Wasser) durchführen
- **Kabelgraben**:
  Rechtwinklig vom Gebäude zur Grundstücksgrenze
- Gleichzeitige Verlegung unterschiedlicher Gewerke (Gas, Wasser, Telekommunikation):
  Spezifische Anforderungen der Gewerke berücksichtigen und koordinieren
- Gemeinsame Einführung unterschiedlicher Gewerke:
  z. B. **MSH**-Einführung (**M**ehr**s**parten**h**auseinführung) verwenden
- Hauseinführungen dürfen nicht überbaut werden.

Beispiele

Kabelgraben für Energiekabel
Maße in m

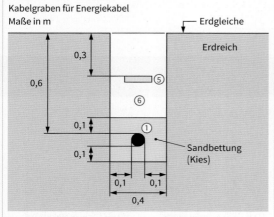

① Energiekabel
② Telekommunikationsleitung
③ Gasleitung
④ Wasserleitung
⑤ Trassenwarnband
⑥ Aufgefüllt mit Bodenaushub

Kabelgraben für mehrere Gewerke
Maße in m

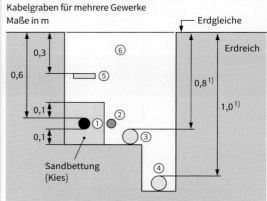

Lichte, waagerechte Leitungsabstände
zwischen Energiekabel und anderen Leitungen[2]

Gasleitung	0,20 m
Fernwärmeleitung – Vorlauf	0,30 m
– Rücklauf	0,30 m
Wasserleitung	0,30 m

[1] Mindestwerte
[2] Werte vom lokalen Energieversorger abhängig

Kabelgarnituren
Cable Joints

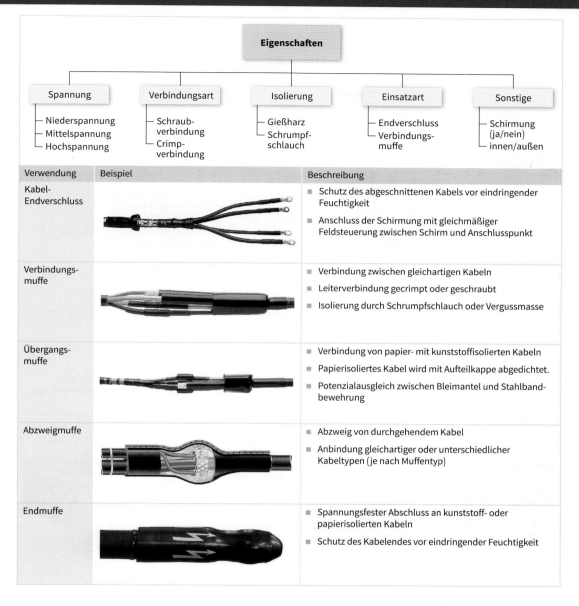

Verwendung	Beispiel	Beschreibung
Kabel-Endverschluss		▪ Schutz des abgeschnittenen Kabels vor eindringender Feuchtigkeit ▪ Anschluss der Schirmung mit gleichmäßiger Feldsteuerung zwischen Schirm und Anschlusspunkt
Verbindungs-muffe		▪ Verbindung zwischen gleichartigen Kabeln ▪ Leiterverbindung gecrimpt oder geschraubt ▪ Isolierung durch Schrumpfschlauch oder Vergussmasse
Übergangs-muffe		▪ Verbindung von papier- mit kunststoffisolierten Kabeln ▪ Papierisoliertes Kabel wird mit Aufteilkappe abgedichtet. ▪ Potenzialausgleich zwischen Bleimantel und Stahlbandbewehrung
Abzweigmuffe		▪ Abzweig von durchgehendem Kabel ▪ Anbindung gleichartiger oder unterschiedlicher Kabeltypen (je nach Muffentyp)
Endmuffe		▪ Spannungsfester Abschluss an kunststoff- oder papierisolierten Kabeln ▪ Schutz des Kabelendes vor eindringender Feuchtigkeit

Schrumpfmuffenmontage

 →  → 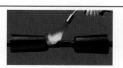 →

1. Kabelenden absetzen.
2. Innenmuffe über Adern und Außenmuffe über Kabel ziehen.
3. Crimpverbindung herstellen.
4. Innenmuffe über Verbindungsstelle schieben.
5. Durch Wärmeeinwirkung Muffe aufschrumpfen.
6. Außenmuffe positionieren.
7. Durch Wärmeeinwirkung Muffe aufschrumpfen.
8. Überprüfung der Spannungsfestigkeit.
9. Muffe ist einsatzbereit.

Gebäudeeinführung
Building Service Entry

DIN VDE 0211: 1985-12

Dacheinführung

Eigenschaften

- Freileitung
  - isoliert
  - blank
- Schutz vor
  - Regenwasser
  - Kondenswasser
- Luftdichtigkeit
- Dachform:
  - Satteldach
  - Flachdach
- Mast als
  - Durchgangsmast
  - Abspannmast
    (einseitige Zugbeanspruchung)

Beispiele

Flachdacheinführung

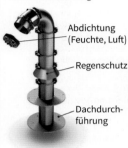

Abdichtung (Feuchte, Luft)
Regenschutz
Dachdurchführung

Satteldacheinführung

Abdichtung mit Schrumpfdichtung
Dichteinsätze für Einzelkabel oder Mehrfachdichtung

Masteinführung

Dachständerkopf (Regenschutz)
Abspannung
NYDY-J
Abdichtung im Mast (Feuchte, Luft)

Erdeinführung

Anforderungen

- Montageort:
  - Wandeinführung
  - Bodeneinführung (ohne Keller)
- Wasserdichtigkeit:
  - drückendes Wasser
  - nichtdrückendes Wasser
- Montagezeitpunkt:
  - Betonierung
  - Kernbohrung in vorhandene Wand
- Montageart:
  - werkzeuglos
  - Werkzeug erforderlich
- Kabel und Leitungen:
  - Anzahl
  - Durchmesser
- Einzeleinführung/Mehrsparteneinführung (Strom, Gas, Wasser, Telekommunikation)

Beispiele

Einführung durch Kellerwand/Modulbauform

- Durchführungsmodule können nachträglich mit unterschiedlichen Dichtsätzen bestückt werden
- Wandeinbauteil in Beton eingießen
- Systemdeckel mit Kabeldurchführung einsetzen
- Kabel einziehen
- Einführungen kalt- oder warmschrumpfen
- Gegebenenfalls Blindstopfen einsetzen
- Kabelgraben verfüllen

Einführung über Bodenplatte

- Rohbauteil mit Erdspieß senkrecht in Bodenfundament einbringen
- Installationsteil für Ein- (Mehrsparteninstallation einsetzen und abdichten
- Versorgungsleitungen einziehen und abdichten

Ringraumdichtung

- Abdichtung von Leitungen zum nachträglichen Einbau in vorhandene Wände
- Kernbohrung erstellen
- Leitungen einziehen
- Passende Dichtung auswählen bzw. modulare Dichtung anpassen
- Verschraubung anziehen → Abdichten der Leitungen und Bohrung
- druckwasserdicht

Mehrsparteneinführung

- Kombination mehrerer Sparten (Strom, Gas, Telekommunikation) in einer Durchführung
- Kernbohrung erstellen
- Einführung von innen einschieben
- Einführung ausrichten
- Schrauben der Innenabdichtung anziehen
- Außenabdichtung und Schutzrohre aufsetzen, ggf. Gleitmittel verwenden, anschließend Schrauben anziehen
- Drehmomente beachten
- Leitungen einziehen

Hausanschluss
House Service Connection

DIN 18012: 2018-04

Anwendung

- Gebäude/Grundstücke mit eigener Hausnummer benötigen eigene Hausanschlüsse.
- Gemeinsame Versorgung mehrerer Häuser, nur wenn ein gemeinsamer Hausanschlussraum besteht.
- Hausanschluss verbindet die Hausinstallation mit dem Verteilungs-/Versorgungsnetz.
- Anschluss- und Betriebseinrichtungen müssen regelkonform installiert, gewartet und betrieben werden.

Anforderungen

- Maße:
  - Tiefe für Betriebseinrichtungen: 30 cm
  - Arbeits-/Bedieneinrichtungen
    Tiefe: 120 cm, seitlicher Abstand: 30 cm, Durchgangshöhe: 180 cm
- Fundamenterder-Anschlussfahne am Hausanschluss herausführen
- Wände mit ausreichender Tragfähigkeit Mindestdicke: 60 mm
- Für elektrischen Netzanschluss gelten auch
  - Niederspannungsanschlussverordnung (NAV) und
  - Technische Anschlussbedingungen der Netzbetreiber (TAB).
- Für Gas-, Wasser-, Fernwärmeversorgung gelten weitere Verordnungen und Anschlussbedingungen.

	Hausanschlussraum	Hausanschlusswand	Hausanschlussnische
Anwendung	Bei mehr als fünf Nutzungseinheiten erforderlich	Gebäude mit bis zu fünf Nutzungseinheiten	Nicht unterkellerte Einfamilienhäuser
Anordnung	Allgemein zugänglicher Raum Kein Durchgangsraum An Außenwand angrenzend Fest installierte Beleuchtung Schutzkontaktsteckdose	In allgemein zugänglichem Raum An Außenwand angrenzend Fest installierte Beleuchtung Schutzkontaktsteckdose	Einführung durch Schutzrohre (inkl. Nachrüstreserve) Einführung senkrecht Kabel gegen mechanische Beschädigung schützen Tür mit Lüftungsöffnung (bei Gasversorgung oben/unten je min. 5 cm^2)
Mindestmaße	Länge: 2 m Breite: 1,5 m bzw. 1,8 m (bei zwei belegten Wänden) Höhe: 2 m	Durchgangsgröße: 1,8 m	Breite: nur Strom: 87,5 cm Strom und Fernwärme: 105 cm Höhe: 2 m Tiefe: 25 cm

Beispiele

Hausanschlussraum

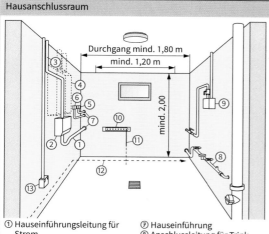

Hausanschlusskasten

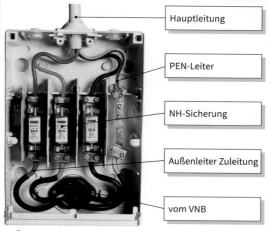

① Hauseinführungsleitung für Strom
② Strom-Hausanschlusskasten mit Hausanschlusssicherungen
③ Strom-Hauptleitung
④ gegebenenfalls Zählerplätze
⑤ APL – Abschlusspunkt für Telekommunikationsanlagen
⑥ HÜP – Hausübergabepunkt für Breitbandkommunikationsanlagen
⑦ Hauseinführung
⑧ Anschlussleitung für Trinkwasser mit Wasserzähler
⑨ Vor- und Rücklaufleitung Heizung
⑩ Haupterdungsschiene (Potenzialausgleichsschiene)
⑪ Erdungsleiter
⑫ Fundamenterder
⑬ Schutzkontaktsteckdose

- Übergabestelle zwischen VNB und Hausinstallation
- Anforderungen nach DIN VDE 0530-600
- Plombierbar
- IP54
- NH00 bis NH1 mit frei geführten Sicherungen oder Sicherungslasttrennschalter

Elektrische Installationen

Installieren von Leitungen
Installation of Cables

DIN 18015-1: 2013-09; DIN VDE 0606-1: 2000-10

Hinweise
- Planung des Leitungsweges unter Berücksichtigung anderer Installationen (z. B. Wasser, Heizung).
- Waagerechte und senkrechte Leitungsführung bei verdeckter Verlegung z. B. im oder unter Putz (Installationszonen beachten).
- Damit verdeckt liegende Leitungen nicht beschädigt werden, muss vor Nachinstallationen die Montagefläche mit einem Leitungssuchgerät geprüft werden.
- Schutz vor mechanischen Beschädigungen bei Leitungsverlegung unter Putz durch Installationsrohre.

Verlegung

Flexible Isolierrohre

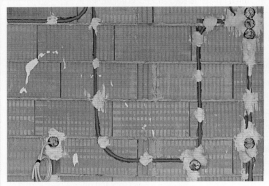

- Ausführungen als leichtes Wellrohr oder Panzer-Wellrohr
- Verlegung des Installationsrohres bei unterschiedlichen Biegeradien
- Leitungsverlegung und Kabelführung auf örtliche Bedingungen anpassbar
- Wellrohre für Verlegung im und unter Putz, in Hohlwänden, in Zwischendecken, im Estrich und in Schüttbeton geeignet
- Kabelschutz hinsichtlich Stabilität, Kälte und Hitze
- Beständig gegen Wasser, Salze, Laugen und Säuren
- Rohre sind flammwidrig und selbstverlöschend.

Starre Isolierrohre

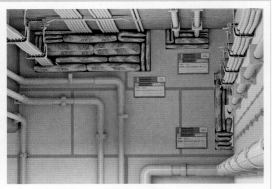

- Geschützte Leitungsverlegung in starren Installationsrohren, an freien Wänden, in Hohlwänden und in Zwischendecken
- Rohrteile sind gemufft und dadurch steckbar.
- Befestigung der Isolierrohre in größeren Abständen mit Klemmschellen möglich
- Material ist flammwidrig, selbstverlöschend und korrosionsbeständig.
- Separate Muffen und 90°-Bögen ermöglichen die gewünschte Leitungsführung.

Montage der Nagelschelle

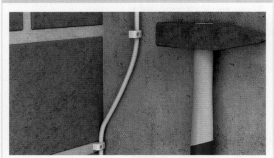

- Befestigung von Installationsleitungen auf verschiedenen Untergründen, z. B. Holz, Beton, Stein
- Nagelschellen für unterschiedliche Spannbereiche je nach Leitungsdurchmesser
- Nagellängen je nach Art des Untergrundes auswählen
- Fixierung von Installationsleitungen in Mauerschlitzen oder auf Mauerwerk, die dann verputzt werden
- Kennzeichnung des Leitungsweges mit Hilfe von Wasserwaage und Schnur (Schnurschlag)

Auf Putz im Rohr

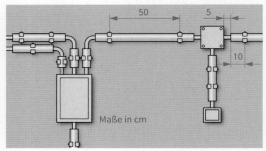

Maße in cm

- Montage in feuchten und nassen Räumen, z. B. in Kellerräumen und Garagen
- Empfohlene Verlegung in waagerechter und senkrechter Montage
- Kennzeichnung des Leitungsweges mit Hilfe von Wasserwaage und Schnur (Schnurschlag)
- Einhalten des Mindestbiegeradius (4facher Leitungsdurchmesser)

Installieren von Leitungen
Installation of Cables

DIN EN 61386-22: 2011-12

Verlegung

Im Kabelkanal

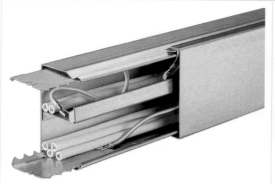

- Verlegung in Installationskanälen aus Kunststoff oder Metall, z. B. NYM.
- Kanäle aus verzinktem Stahlblech:
  - Leitende Verbindung der metallenen Kanäle mit Schutzleiteranschluss,
  - Verbindungsstellen und Steckvorrichtungen im Metallkanal in Schutzmaßnahmen einbeziehen (Anschluss an PE-Leiter),
  - Trennung der Daten- und Energieleitungen durch Abstand oder Trennsteg.

In Kabelrinne

- Begehbare Kabelrinne z. B. in Industrieanlagen
- Kabelrinne ungelocht, rutsch- und trittfest
- Systemzubehör wie Stützprofile, Trennstege in Z-Form, Endabschlussbklech, Staubschutz u. a.

In Gitterrinne

- Zur Installation von leichten Leitungen und Kabel
- Verwendung z. B. zur
  - IT-Verkabelung
  - Telefonverkabelung
- Installation in
  - Zwischendecken
  - Hohlraumböden

Auf Leuchtenträgerschiene

- Trägerschiene zur
  - Führung von Leitungen
  - Montage von Leuchten
- Zulässige Belastung in kN/m laut Herstellerangaben
- Weitere Herstellerangaben:
  - Stützweite in m
  - Holmdurchbiegung in mm
  - Belastungskurve zur Kabelrinnenbreite und Kabelleiterbreite in mm

Elektrische Installationen

Leitungsbearbeitung
Cable Handling

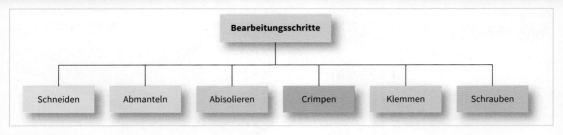

Schneiden

Anwendung	Einadrige Leitungen mit Cu- oder Al-Leiter	Ein- und mehradrige Leitungen bzw. Kabel mit Cu- oder Al-Leiter		
Werkzeuge	Seitenschneider	Kabelscheren	Kabelschneider	Schneider
Eigenschaften	■ Hohe Schneidenhärte ■ Ergonomisch gebaute Griffe ①, großes Übersetzungsverhältnis ⇓ geringer Kraftaufwand	■ Klemmschutz, ■ Doppelschneide ② ⇓ Vor- und Nachschnitt ⇓ kein Verformen der Leiter ■ Große Schneidkraft durch Hebelübersetzung, z. B. Drahtseile, Rundstahl	■ Spezielle Bauweise ③ ⇓ Einhandbetätigung ■ Ratschenprinzip ⇓ kein Verformen der Leiter	■ Gratfreies Schneiden, z. B. Kunststoffrohre für Elektroinstallation ④ ■ Anschlagwinkel zum rechtwinkligen Schneiden, z. B. Flachbandkabel
Beispiele	①	②	③	④
Hinweise	■ Bearbeitung verschiedener Leitermaterialien möglich		■ Maximale Durchmesser- und Querschnittsangaben nach Herstellerangaben	

Abmanteln

Anwendung	Rund- und Feuchtraumleitungen bis d = 13 mm	Leitungen mit Isolierungen aus PVC, Gummi oder Silikon
Werkzeuge	Universal-Abmantelungswerkzeuge	Abmantelungswerkzeuge
Eigenschaften	■ Hakenklinge, Schutzkappe und Sicherheitsgriff ⑤ ■ Zweischaliges, aufklappbares Werkzeug mit Öffnungsfeder und Sperrklinke ⑥ ■ Einsatz in Abzweig- und Verteilerdosen	■ Selbstspannender Festhaltebügel ■ Selbstdrehendes Messer (Jokarimesser) für Umfangs- und Längsschnitt, variable Schnitttiefeneinstellung ⑦ ■ Spiralschnitt für längere Abmantelungen ■ Rundkabel ■ Einstellbare Schnitttiefe von 0 bis 5 mm ■ Werkzeug für Längs- und Kreisschnitt ⑧
Beispiele	⑤ ⑥	Stellrad ⑦ ⑧

Elektrische Installationen

Leitungsbearbeitung
Cable Handling

Abisolieren

Anwendung	Ein-, mehr- und feindrähtige Leitungen			
Werkzeuge	Abisolier-Seitenschneider	Abisolierzangen		
		mit Stellschraube	automatisch	selbsteinstellend
Eigenschaften	▪ Abisolierlöcher für ein- und mehrdrähtige Leiter (1,5 mm² und 2,5 mm²)	▪ Einstellen des Leiterdurchmessers mit Rändelschraube (Hinweis: Ader nicht einschneiden!)	▪ Festhalten des Drahtes durch Klemmbacken ▪ Gleiche Abisolierlängen durch Längenanschlag ▪ Automatische Rückstellung in Ausgangsposition	▪ Selbsttätiges Anpassen an verschiedene Isolationsdicken
Beispiele		Stellrad 		Verletzungsgefahr
Hinweise	▪ Maximale Durchmesser- und Querschnittsangaben des Herstellers beachten. ▪ Mantelstärke der Leitung einstellen.			

Crimpen

- **Arbeitsvorgang**
  - Handzangen mit Crimpprofilen je nach Leiterquerschnitt
  - Mechanisches Zusammendrücken einer Hülse um einen Leiter
  - Herstellen einer elektrischen und mechanischen Verbindung zwischen Verbinder und Leiter

  Beispiel: Handcrimpzange

Crimpprofil Crimpquerschnitt: 0,5 mm² bis 10 mm²

- **Gasdichtheit der Verbindung**
  - **Nicht ausreichende** Verpressung führt zur Oxidation und somit zur Erhöhung des Übergangswiderstandes.
  - **Korrekte Verpressung** wird erreicht durch ausreichenden Druck beim Crimp-Vorgang.

- **Anforderungen an Crimpverbindungen**
  - Gleiche Abmessungen von Leiter und Verbinder
  - Abstimmung von Abisolierlänge und Positionierung des Leiters im Verbinder
  - Crimpzangen sind auf definierten Crimpdruck eingestellt, um Crimpdruck gleichmäßig auszuüben.
  - Prüfen des Crimpkontaktes (DIN 60352-5)

- **Crimpverbindung**

  Korrekte Verbindung — Abisolierter Leiter ragt in die Kontaktzone — Isolierung nicht korrekt erfasst

- **Crimphöhe**
  - Elektrischer Leitwert (G) und Auszugskraft (F) sind durch die Crimphöhe definiert.
  - Optimaler Bereich zwischen G_{max} und F_{max}
  - Kontrollmessung z. B. mit Crimphöhen-Messschieber

  ① optimaler Bereich

- **Farbcode von Crimpverbindungen nach DIN 46228**
  Beispiel: Isolierte Aderendhülsen

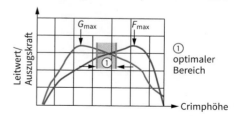

Querschnitt in mm²						
0,5	0,75	1,00	1,5	2,5	4,00	6,00

Leitungsanschlüsse
Cable Connections

Leitungsverbindungen

- **Vorgaben** (DIN VDE 0100-520)
  - Anschlussklemmen:
    Anschluss nur eines Leiters
  - Verbindungsklemmen:
    Anschluss mehrerer Leiter
  - Anschlussstellen mit mechanischen Erschütterungen:
    Keine Löt- oder Schweißverbindungen
  - Verbindungen bei Ein- und Mehraderleitungen in Installationsrohren:
    Kästen, Dosen, Muffen
  - Mehr- und feindrähtige Leitungen:
    Schutz vor Abspleißen und Abquetschen durch Aderendhülsen oder Kabelschuhe
  - Anschluss- und Verbindungsstellen:
    Auswahl nach Anzahl und Querschnitt der Leiter

- **Installationsdosen** (DIN VDE 0606-1)
  - Gerätedosen:
    Einbau von Steckdosen und Schaltern
  - Geräteanschlussdosen:
    Fester Anschluss eines Gerätes über eine flexible Leitung
  - Deckenleuchten-Verbindungsdosen:
    Anschluss von Leuchten und Einbau von Verbindungsklemmen
  - Deckenleuchten-Anschlussdosen:
    Anschluss von Leuchten
  - Verbindungsdosen:
    Verbindung und Abzweigung von Leitern
  - Verbindungsmuffen:
    Verbindung von zwei Leitungen

Beispiele

- **Leuchtenklemme**

- Anschluss für ein-, mehr- und feindrähtige Leiter
- Querschnitt: 0,5 mm² ... 2,5 mm²
- Abisolierlänge: 9 mm ... 11 mm
- Anschluss: Eckige Öffnung zusammendrücken und Leiter einstecken.
- Lösen: Öffnung zusammendrücken und Leiter herausziehen.

- **Verbindungsklemme**

- Anschluss für bis zu fünf abisolierte feindrähtige Leiter bzw. ein- oder mehrdrähtige Leiter
- Querschnitt: 0,08 mm² ... 2,5 mm² bzw. bis 4 mm²
- Abisolierlänge: 9 mm ... 10 mm
- Anschluss: Betätigungshebel öffnen, Leiter einstecken und Hebel in Ausgangslage zurückführen.
- Lösen: Mit Schraubendreher Feder runterdrücken.

- **Dosenklemme**

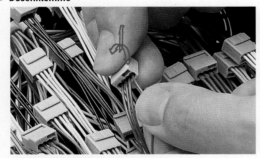

- Anschluss für eindrähtige Leiter
- Querschnitt: 1,5 mm² ... 2,5 mm²
- Abisolierlänge: 5 mm ... 6 mm
- Anschluss: Leiter bis zum Anschlag einstecken.
- Lösen: Leiter festhalten und Klemme durch Drehen vom Leiter lösen.

- **Reihenklemme**

- Anschluss für eindrähtige Leiter, Käfigzugfederanschluss
- Querschnitt: Massiv- und Litzenleiter bis 1,5 mm², je nach Hersteller auch bis 16 mm²
- Anschluss: Mit Schraubendreher Feder eindrücken und abisolierten Leiter (4 mm ... 7 mm) in Kontaktelement einstecken ①, Schraubendreher herausziehen.
- Lösen: Schraubendreher einstecken u. Leiter herausziehen.

Wandschlitze und -aussparungen
Wall Grooves and Recesses

DIN EN 1996-1-1/NA/A1: 2014-03

Anforderungen

- Die **Standfestigkeit** von Wänden darf nicht beeinträchtigt werden.
- Bei **Einhaltung** von vorgegebenen Werten für
  - Schlitztiefen,
  - Schlitzbreiten und
  - Schlitzlängen

  ist kein zusätzlicher statischer Nachweis der Standfestigkeit erforderlich.
- Zu berücksichtigende Werte sind abhängig von der **Wandart**.
- Zusätzlich beachten:
  Brandschutz (DIN 4102), Wärmeschutz (DIN 4108), Schallschutz (DIN 4109)

Wandarten und Vorgaben

Tragende Wand	Nichttragende Wand	Sonderbauteile
Werte siehe ① und ②	Schlitze – Horizontal und schräg ab Wanddicke ≥ 175 mm – Vertikal ab Wanddicke ≥ 115 mm Werte siehe ① und ②	Z. B. Schornstein – Keine Schwächung zulässig – Nachinstallation nur innerhalb der Putzauflage – Betriebstemperatur berücksichtigen

Tragende Wand

Horizontale und schräge Schlitze   Vertikale Schlitze (Einzelschlitz)

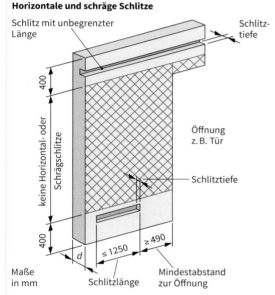

Schlitztiefen (horizontal und schräg) ①   Einzelschlitzbreiten (vertikal) ②

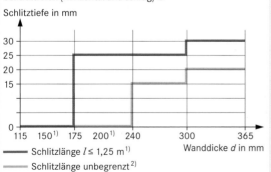
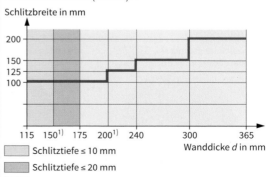

— Schlitzlänge $l ≤ 1{,}25$ m [1)]
— Schlitzlänge unbegrenzt [2)]

▢ Schlitztiefe ≤ 10 mm
▢ Schlitztiefe ≤ 20 mm
▢ Schlitztiefe ≤ 30 mm

[1)] Mindestabstand in Längsrichtung von Öffnungen ≥ 490 mm, vom nächsten Horizontalschlitz zweifache Schlitzlänge
[2)] Die Tiefe darf um 10 mm erhöht werden, wenn die Tiefe genau eingehalten werden kann. Dann auch in Wänden ≥ 240 mm bei gegenüberliegenden Schlitzen mit jeweils 10 mm Tiefe.

③ Schlitze bei Wanddicken ≥ 240 mm:
Bis maximal 1 m über der Fußbodenoberkante 80 mm Tiefe und 120 mm Breite

Elektrische Installationen

Installation in Hohlwänden
Installation in Cavity Walls

DIN VDE 0100-420: 2016-02

Vorgaben

- **Hohlwanddosen** (Geräte- und Verbindungsdosen) müssen nach DIN EN 60670 zugelassen und gekennzeichnet sein (Symbol siehe unten).
- Für Betriebsmittel, die diese Norm nicht erfüllen, sind spezielle Maßnahmen erforderlich (z. B. Umhüllung mit nicht brennbaren Materialien).
- **Leitungen**:
  - Keine Stegleitungen
  - Übliche PVC-Kabel oder PVC-Leitungen (NYM, NYY), offen, lose oder festverlegt
  - Anschlussstellen erfordern Leitungsrückhaltung
  - Kabelbündelungen vermeiden
  - **Empfohlene Brandlast**: ≤ 7 kWh/m², entspricht 16 Einzelleitungen NYM 3 x 1,5 mm² (0,44 kWh/m pro Leitung)
  - Horizontale Leitungsführung durch die Ausstanzungen in den Ständerprofilen
- Leitungsbündel in Metallständerwänden, die **Rettungswege** begrenzen:
  - Maximal 5 Einzelleitungen NYM 3 x 1,5 mm²
  - Größere Anzahl im Installationskanal mit Feuerwiderstandsklasse I 30, I 60 oder I 90
- **Installationsrohre**:
  - Keine flammausbreitende Eigenschaften
  - Mindestdruckfestigkeit Klasse 2 (z. B. Typ 2221)
- **Befestigung** der Installationsgeräte:
  - Mit Schrauben
  - Nicht mit Krallen (Zerstörung der Dose)
- Anforderungen im **Holzbau** (Brennbare Hohlwände):
  - Gegenüberliegende Hohlwanddosen versetzt anordnen
  - Abstand von Hohlwanddose zu Holzständern ≥ 150 mm
  - Hohlwanddosen innerhalb des Hohlwandraumes vollständig mit Mineralwolle umgeben

Hohlwandarten

Nicht brennbare Hohlwände (DIN 4102-4)
- Trockenbauwände mit Metallrahmen und Gipskartonplatten
- Dämmstoff: Mineralfaser (Schmelzpunkt ≥ 1000 °C)

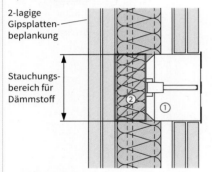

2-lagige Gipsplattenbeplankung

Stauchungsbereich für Dämmstoff

① Installationsdose
② Mineralfaser: Stauchung auf ≥ 30 mm zulässig

Brennbare Hohlwände
- Trockenbauwände in Holzständerbauweise
- Hohlwände mit brennbaren Dämmstoffen (Glaswolle, Kunststoff) oder ohne Dämmstoff

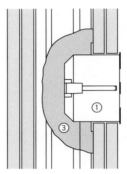

③ Gipsmörtel in Beplankungsdicke

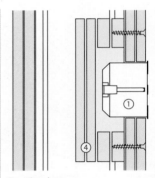

④ – Gipsplatten
   – Fibersilikat (12 mm)
   – Steinwolle (allseits 100 mm)

Hohlwanddosen

Kennzeichnungssymbol Standarddose (luftdicht)

⑤ Befestigungskrallen
⑥ Schraubbefestigung für Installationsgeräte
Fräslochdurchmesser: 68 mm

Abgeschirmte Geräteverbindungsdose (medizinisch genutzte Räume)

⑦ Leitfähige Beschichtung
⑧ Potenzialableitung (Anschluss nur am Kabelschirm, nicht am PE)
Fräslochdurchmesser: 68 mm

Hohlwanddose mit Dämmschichtbildner (Feuerwiderstandsklasse bis F90)

⑨ Dämmschichtbildner schäumt bei Brandeinwirkung selbsttätig auf; **keine** Umhüllung erforderlich
Fräslochdurchmesser: 74 mm

Kombinationsabstand für alle Dosenarten: 71 mm

Energieeinsparendes Installationsmaterial
Energy Saving Installation Material

Anforderungen

Luftdichtheit	Wärmebrückenfreiheit
Vermeiden von ungewollten Luftströmungen im Gebäude z. B. von – Luftzug durch Installationsrohr und Deckeneinbauten und – Luftaustausch durch Dampfsperrfolie.	Vermeiden von Wärmebrücken in der Außenfassade durch Einsatz geeigneter Geräteträger für – Steckdosen bzw. Schaltereinbau und – Einbau von Türsprechanlagen.
▪ Die Luftdichtheit bedeutet nicht **Winddichtheit**. ▪ Winddichtheit ist die Durchströmung der Außendämmung durch den Wind.	▪ **Wärmebrücken** an einem Gebäude leiten mehr Wärme nach außen ab als benachbarte Flächen oder Bauteile.

Maßnahmen

Installationsbereich	Gebäudehülle (Innen- und Außenseite)	Installationsrohrsysteme	Folienartige luftdichte Schichten (z. B. Dampfsperre)	Gedämmte Außenfassaden
Maßnahme	Luftdichte Geräte- und Verteilerdosen	Rohr mit Verschlussstopfen luftdicht schließen	Durchdringungsöffnung mit Luftdichtungsmanschette abdichten	Isolierende Gerätedosen und Geräteträger installieren

Beispiele

Luftdichte Unterputz- bzw. Hohlwanddose
– Mit Dichtungsmembran
– Für werkzeuglose Leitungs- bzw. Rohreinführung
– Luftdichter Abschluss für Rohr bzw. Leitung

① Hohlwanddose ② Dichtungsmembran

Rohreinführung mit Verschlussstopfen

③ Rohreinführung ④ Verschlussstopfen

Dichtungseinsatz
– Ermöglicht Nachrüstung konventioneller Dosen

⑤ Dichtungseinsatz

Luftdichtungsmanschette
– Für Leitungs- oder Rohrdurchführung durch Dampfsperrfolie

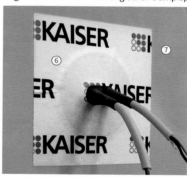

⑥ Luftdichtungsmanschette ⑦ Dampfsperrfolie

Geräteträger
– Zum Geräteeinbau (z. B. Türsprechanlage, Steckdosen) in gedämmter Außenfassade (wärmebrückenfrei)

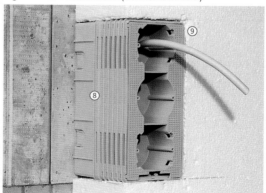

⑧ Geräteträger ⑨ Gedämmte Außenfassade

Installationsrohre
Conduit Systems for Cable Management

DIN EN 61386-1: 2009-03; VDE 0605-1: 2009-03

Klassifizierungscode

- Klassifizierungscode mit 13 Stellen
- Gültig für nichtmetallene und metallene Rohrsysteme mit oder ohne Gewinde.
- Jedes Rohr mit dem Namen des Herstellers und einer Produktkennung gekennzeichnet.
- Mindestens die ersten **vier Ziffern** des Codes angegeben
- Diesen Code bei der Auswahl von Elektroinstallationsrohren (z. B. nach DIN VDE 0100-520) beachten

Kenn-ziffer	Druckfestigkeit		Schlagfestigkeit		Minimale Gebrauchstemperatur in °C	Maximale Gebrauchstemperatur in °C
1	sehr leicht	(125 N / 50 mm)	sehr leicht	(0,5 kg / 100 mm)	+ 5	+ 60
2	leicht	(320 N / 50 mm)	leicht	(1,0 kg / 100 mm)	– 5	+ 90
3	mittel	(750 N / 50 mm)	mittel	(2,0 kg / 100 mm)	– 15	+ 105
4	schwer	(1250 N / 50 mm)	schwer	(2,0 kg / 300 mm)	– 25	+ 120
5	sehr schwer	(4000 N / 50 mm)	sehr schwer	(6,8 kg / 300 mm)	– 45	+ 150
6	nicht festgelegt		nicht festgelegt		nicht festgelegt	+ 250
7	nicht festgelegt		nicht festgelegt		nicht festgelegt	+ 400

① Widerstand gegen Biegung
② Elektrische Eigenschaften
③ Widerstand gegen Eindringen von Festkörpern
④ Widerstand gegen Eindringen von Wasser
⑤ Widerstand gegen Korrosion
⑥ Zugfestigkeit
⑦ Widerstand gegen Flammenausbreitung
⑧ Hängelast Aufnahmefähigkeit
⑨ Brandfolgeerscheinungen

Auswahl

- **Farben** für flammwidrige Installationsrohre
  - Standard: Alle Farben außer Gelb, Orange und Rot
  - Ausnahme: Die Farben Gelb, Orange und Rot dann, wenn eindeutig Flammwidrigkeit angegeben ist.
- **Halogenfreie** Elektroinstallationsrohre für Aufputzinstallation, z. B. in öffentlichen Gebäuden und Industrieanlagen

Anwendungsbereiche

Installationsform	Klassifizierungscode		
	2221 ⑩	3341 ⑪	5557 ⑫
Aufputz	ja	ja	ja
Im-/Unterputz	ja	ja	ja
Auf Holz	ja	ja	ja
Im Erdreich	nein	ja	ja
Im Beton	nein	ja	ja
Bei Maschinen und Anlagen	ja	ja	ja
Unterflur (Heißasphalt, Bitumen)	nein	nein	ja
Unter Estrich	ja	ja	ja
Fertigbauweise	ja	ja	ja
Im Freien	nein	nein	ja

Beispiele

2221 ⑩

- Material PVC-U
- Leichte Druckfestigkeit
- Leichte Schlagfestigkeit
- Temperaturbeständigkeit von – 5 °C bis + 60 °C
- Starr
- Nicht flammenausbreitend
- Korrosionsfest

3341 ⑪

- Material PVC-U/PVC-P
- Mittlere Druckfestigkeit
- Mittlere Schlagfestigkeit
- Temperaturbeständigkeit von – 25 °C bis + 60 °C
- Biegsam
- Nicht flammenausbreitend
- Korrosionsfest

5557 ⑫

- Material rostfreier Stahl (V4A)
- Sehr schwere Druckfestigkeit
- Sehr schwere Schlagfestigkeit
- Temperaturbeständigkeit von – 45 °C bis + 400 °C
- Nicht flammenausbreitend
- Korrosionsfest

Installationskanäle
Cable Trunking Systems

DIN EN 50085-1: 2014-05; DIN VDE 0604-1: 2014-05

Einteilung

Anwendung
- Wand/Decke
- Sockelleiste
- Freistehend (Säule)
- Unterboden, Aufboden, bodenbündig

Werkstoff
- Kunststoff (PVC)
- Aluminium
- Aluminium mit Edelstahlaufdoppelung
- Stahl

Klassifizierung

- Merkmale des jeweiligen Kanaltyps:
  - Angabe durch Hersteller (z. B. Schlagfestigkeit, Temperaturbereich, Widerstand gegen Flammenausbreitung, Schutzarten)
  - Erkennbar durch Markierung (z. B. Produktnummer)

Spezifische Anforderungen

- Festgelegt für:
  - Anbau an Wand und Decke (DIN EN 50085-2-1)
  - Unterboden, Aufboden, bodenbündig (DIN EN 50085-2-2)
  - Freistehende Installationseinheiten (DIN EN 50085-2-4)

Brandschutz

- Brandschutzkanäle:
  - Halten bei Kabelbrand Flucht- und Rettungswege frei von Rauch (Feuerwiderstandsklasse I 30, I 60, I 90)
  - Schützen die Leitungsanalge gegen Brandeinwirkung von außen (Funktionserhalt; Feuerwiderstandsklasse E 30, E 60, E 90)
  - Bestehen aus speziellen Gipsplatten oder zementgebundenen Silikatplatten

Längenausdehnung

Werkstoff	Ausdehnungskoeffizient	Längenänderung pro 2 m Kanallänge pro 20 K
Kunststoff	$\alpha = 71 \cdot 10^{-6}\ K^{-1}$	2,84 mm
Aluminium	$\alpha = 24 \cdot 10^{-6}\ K^{-1}$	0,96 mm
Stahlblech	$\alpha = 14 \cdot 10^{-6}\ K^{-1}$	0,56 mm

Metallene Kanäle

- Elektrische Schutzmaßnahmen:
  - Alle metallenen Komponenten einbeziehen
  - Unterbrechung an Wanddurchführung: Leitende Verbindung zum weiterführenden Kanal herstellen
  - Prüfen der Wirksamkeit nach Fertigstellung durch Errichter (DIN VDE 0100-600)
- Überprüfen durch Errichter:
  - Anzugsmomente der Kontaktschrauben an den Erdungsklemmen
  - Ordnungsgemäße Montage der Kupplungen

Bearbeitung

- Zuschneiden:
  - Feingezahnte Handsäge (Sägeblätter für Metall, Kunststoff, NE-Metalle)
  - Kreissäge (Sägeblattart und Schnittgeschwindigkeiten beachten, z. B. Aluminium, Hartmetallsägeblatt, 40 m/s)
- Bohren:
  - HSS Bohrer für alle Materialien; Bohrung bei Kunststoff **nicht** ankörnen; Ränder entgraten

Leitungsverlegung

- Leitungsarten:
  - NYM, Koaxialkabel, Telekommunikationsleitung
  - Einaderleitungen (z. B. H07V/U/R/K) nur, wenn das Kanaloberteil ausschließlich mit Werkzeug zu öffnen ist und nur die Adern eines Hauptstromkreises einschließlich der Adern des zugehörigen Hilfsstromkreises verlegt sind
  Ausnahme: Elektrisch abgeschlossene Betriebsstätte
- Gemeinsame Verlegung
  Energie- und Telekommunikationsleitungen:
  - Mindestabstand: 10 mm oder mit Trennsteg
  - Kombinierte Klemmeinrichtungen getrennt abgedeckt
  - Bei gemeinsamer Abdeckung: Berührungsschutz für Energieteil

  Verschiedene Telekommunikationsstromkreise:
  - Spannungsfestigkeit der Stromkreise gegeneinander erforderlich
  - Maßnahmen zur Vermeidung gegenseitiger elektrischer Beeinflussungen

  Energie- und Datenleitungen:
  - Verlegevorgaben nach DIN EN 50172-2 beachten

Kanalquerschnitt

- Abhängig von
  - Anzahl zu verlegender Leitungen
  - Geräteeinbauten im Kanal
- Kabelhäufung: Temperaturerhöhung berücksichtigen

Beispiel:
Getrennte Kammern für Datenleitungen ①, Energieleitungen ② und Einbaugeräte ③

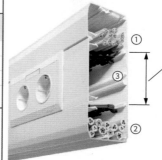

Trennabstand > 50 mm zwischen Daten- und Energieleitungen ohne zusätzliche elektromagnetische Barriere (DIN EN 50174-2)

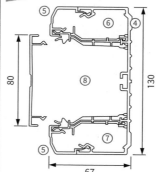

Leitungsanzahl
Füllgrad 50 %

NYM-J 3x1,5 mm²
⑥ 10 Leitungen
⑦ 8 Leitungen

Netzwerkleitung
⑥ 15 Leitungen
⑦ 12 Leitungen

Maße in mm

④ Grundträger ⑤ Abnehmbare Eckteile ⑧ Einbaugeräte

Installation in Beton
Concrete Construction Installation

Unterscheidung

Ortbeton	Werksfertigung
Schalung auf der Baustelle errichtet und mit Beton verfüllt	Wand- und Deckenelemente hergestellt als Großtafelelemente im Werk und montiert auf der Baustelle

Anforderungen

- Dosen und Installationsrohre mit
  - mechanischer Festigkeit (Rütteln, Betongewicht),
  - Dichtheit (Volllaufen mit Betonmilch) und
  - erhöhter Umgebungstemperatur (Abbindetemperatur des Betons bzw. beheizte Schalung).
- Dosenarten und Kästen müssen für die Installation in Beton zugelassen sein (DIN VDE 0606-1).
- Kennzeichen

Installationsrohre und Leitungen

- **Installationsrohre**
  - Standardmäßig Druckfestigkeitsklasse 3 (empfohlen Klasse 4)
  - Druckfestigkeitsklasse 2, wenn das Rohr in einer Aussparung verlegt und mit Beton bedeckt wird
  - Temperaturstabilität berücksichtigen
  - **Hinweis:** Auf mechanische Unversehrtheit der Rohrinstallation vor der Einbringung des Betons achten
- **Aderleitungen**
  - Typ H07V... zulässig in Installationsrohr (Druckfestigkeitsklasse 3, wenn keine extremen Stampf- und Rüttelprozesse zu erwarten sind; empfohlen wird Druckfestigkeitsklasse 4)
- **Mantelleitungen**
  - Typ NYM nur direkt in Beton, wenn keine Schüttel-, Rüttel- und Stampfprozesse zu erwarten sind; anderenfalls Verlegung in Installationsrohr (Druckfestigkeitsklasse min. 3, besser 4)
  - Typ NYY (NAYY, NI2XY) ohne zusätzliche Bewehrung

Beispiele

Wandgerätedose beidseitig

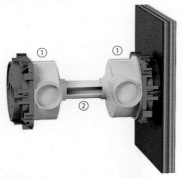

- Die Befestigung der Dosen ① erfolgt auf der Arbeitsschalung (annageln, dübeln, kleben).
- Einbauten für die gegenüberliegende Seite werden ebenfalls auf der Arbeitsschalung mit Hilfe von Stützelementen (Abstandshalter) ② befestigt.

Geräteverbindungsdose

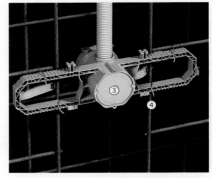

- Die Befestigung der Dosen ③ erfolgt an der Bewehrung ④ (einklemmen und mit Draht gegen Verschieben sichern).

Gehäuse für Einbauleuchte (Halogen)

Wand-/Deckenübergang

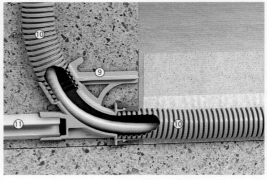

⑤ Einbaugehäuse ⑦ Ortbeton
⑥ Plattendecke ⑧ Leerrohr

⑨ Formstück für Bogenübergang ⑩ Leerrohre
⑪ Stützelement

Doseninstallation
Round Wall Box Installation

Mauerwerk

Vorbohren

- Mit einer **Bohrmaschine** ein Loch vorbohren.
- Für Mehrfachdosen in senkrechter oder waagerechter Position **Bohrschablone** verwenden.
- Kombinationsabstand vorher zentriert bohren.

Bohren

- **Bohrkrone** mit einer **Vorrichtung zur Staubabsaugung** auf Bohrmaschinen-Spindel aufschrauben.
- Löcher mit Durchmesser von z. B. 68 mm oder 82 mm bohren.

Meißeln

- Mit einem **Meißel** beide Bohrkerne aus der Mauer ausmeißeln.
- Öffnungen zur Kabeleinführung für die Kombinationsdosen sorgfältig ausarbeiten.

Eingipsen

- Wand anfeuchten.
- Öffnungen in der Mauer im hinteren Teil mit Gips oder anderem **schnell aushärtendem Material** vorbereiten.

Positionieren

- Genaue Positionierung von z. B. Gerätedosen in der Mauer mittels **Libellendeckel**
- Kombination in die Öffnungen einsetzen und ausrichten.

Ausrichten

- Die **Wasserwaage** im Libellendeckel ermöglicht eine genaue waagerechte bzw. senkrechte Ausrichtung der Gerätedosen in der Mauer.
- Nach Aushärten die Leitungen einführen und die Adern verklemmen.

Hohlwand

Bohren

- Fräsloch mit **Bohrmaschine** vorbohren und mit montierter **Fräskrone** ausarbeiten.
- Bei Nachinstallation auf verlegte Leitungen achten (Frästiefe).
- Auf exakten Durchmesser der Fräskrone achten.

Fräsen

- Bohrmaschine mit montiertem Aufsatz als **Abstandsfräser**
- Erste Öffnung fräsen, **Zentrierteller** dort einsetzen und zweite Öffnung fräsen.
- Umstellung auf verschiedene Öffnungsgrößen ist möglich.

Fräsen mit Staubabsaugung

- Umstellung von z. B. 71 mm auf 91 mm Durchmesser ist möglich.
- **Vorrichtung zur Staubabsaugung** unterhalb anschließen.

Locherstellung

- Bohrmittelpunkt markieren.
- **Schneidzentrierer** am Ausschnitt ansetzen.
- Vorgeschriebene Drehzahl an der Bohrmaschine einstellen.
- Metallbleche vor dem Fräsen vorbohren (z. B. 6 mm).

Loch schneiden

- **Lochschneider** für Kreisausschnitte in Hohlwänden, z. B. zum Leuchteneinbau, verwenden.
- Lochdurchmesser und Schnitttiefe bis 45 mm einstellen.
- Nach Anbohren Schutzgehäuse ansetzen u. Öffnung schneiden.

Bohren

- **Zentrierbohrer** am Schneidzentrierer ansetzen und die Öffnung anbohren.
- Bohrmaschine sofort ausschalten, wenn das Material durchtrennt ist.
- Erst bei Stillstand den Lochschneider entfernen.

Hinweis zur Arbeitssicherheit: Schutzbrille tragen und für Staubabsaugung sorgen.

Installationszonen
Installation Zones

DIN 18015-3: 2016-09

Leitungsführung in Wohnräumen

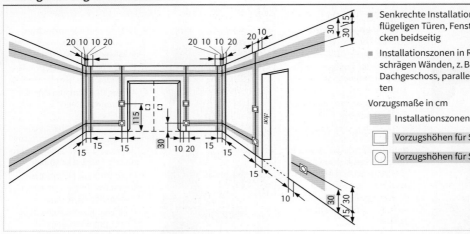

- Senkrechte Installationszonen bei zweiflügeligen Türen, Fenstern und Wandecken beidseitig
- Installationszonen in Räumen mit schrägen Wänden, z. B. ausgebautes Dachgeschoss, parallel zu Bezugskanten

Vorzugsmaße in cm

    ▇ Installationszonen
    ☐ Vorzugshöhen für Schalter
    ◯ Vorzugshöhen für Steckdosen

Leitungsführung in Räumen mit Arbeitsplatten

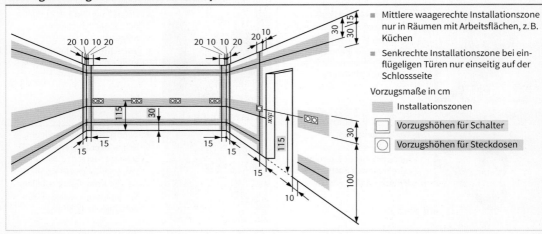

- Mittlere waagerechte Installationszone nur in Räumen mit Arbeitsflächen, z. B. Küchen
- Senkrechte Installationszone bei einflügeligen Türen nur einseitig auf der Schlossseite

Vorzugsmaße in cm

    ▇ Installationszonen
    ☐ Vorzugshöhen für Schalter
    ◯ Vorzugshöhen für Steckdosen

Leitungsführung auf der Rohdecke im Fußboden

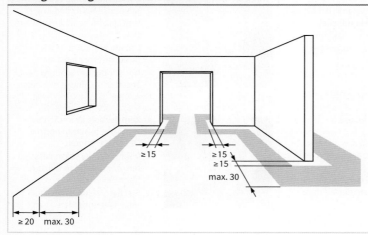

- Leitungen direkt auf der Rohdecke, darüber z. B. Schallschutz, Estrich und Bodenbelag
- Leitungsverlegung bei Fußbodenheizung nach DIN 18560-2
- Mindestabstand von Installationszonen verschiedener Gewerke zur Wand 20 cm
- Breite der Installationszonen für Elektroleitungen, Heizungs- und Wasserrohre 30 cm (Koordination anderer Gewerke bei Planung erforderlich vgl. DIN 18015-3)

Vorzugsmaße in cm

    ▇ Installationszonen

Elektrische Installationen

Zählerplätze
Meter Mounting Boards

DIN 18015-1: 2013-09

Hausanschluss bis zu den Zählerplätzen

Leiterbemessung zwischen Messeinrichtung und Stromkreisverteilern bei folgenden Abständen bis
- 42 m: 10 mm²
- 68 m: 16 mm²
- 104 m: 16 mm²

Leitung z. B. NYM

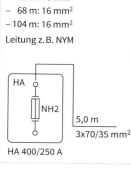

HA 400/250 A
5,0 m
3x70/35 mm²

Abgänge 1 bis 6 von Messeinrichtungen zu den Stromkreisverteilern z. B. NYM 5 x 16 mm²

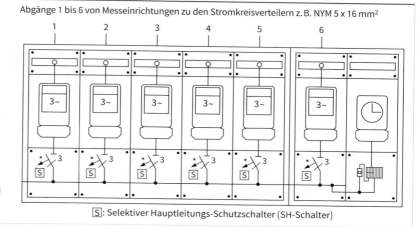

$\boxed{S}$: Selektiver Hauptleitungs-Schutzschalter (SH-Schalter)

Rastersystem

Zählerplatzflächen nach DIN 43870
Angaben zur jeweiligen Höhe in mm

Gesamt-höhe	Oberer Anschluss-raum 1) ①	Zähler-feld ②	TSG-feld 2)	Unterer Anschluss-raum 4) ③
900	450	–	300	150
900	150	450	–	300
1050	300	450	–	300
1200	150	750 3)	–	300
1350	300	750 3)	–	300

1) Installation von Betriebsmitteln, z. B. Überstrom-Schutzorgane (≤ 63 A), für die Zuleitung zum Stromkreisverteiler, nicht zulässig für Installation als Stromkreisverteiler laut DIN 18015-1 und -2
2) **T**arif**schalt**g**eräte**-Feld bei dreireihigem Verteiler
3) Zählerfeld für zwei Zähler
4) Installation von Trennvorrichtungen, z. B. SH-Schalter

Beispiel:
bauseitige minimale Einbauöffnung, maximale Zählerplatzumhüllung

① oberer Anschlussraum
② Zählerfeld
③ unterer Anschlussraum

freizuhaltende Geräte-Einbaufläche
Zählerplatzfläche

5) Gesamtmaß für beide Seiten
Frontansicht
Maße in mm
Seitenansicht

Sammelschieneneinspeisung

Installation:
- Universalschrank geeignet für Montage
  - auf Putz und Einbau in die Wand bis zur Bündigkeit mit dem Putz und
  - mit stufenlosem Tiefenausgleich, Einbau z. B. bei Unebenheiten an der Wand
- Möglichkeit der Leitungseinführung z. B. im unteren Anschlussraum von unten oder von der Seite
- Leitungseinführung über Zugentlastungsschelle
- Flexible Verbindungsleitungen (z. B. Sonder-Gummiaderleitung NSGAFÖU 50, 70 oder 95 mm²) zwischen Anschlussklemmen ⑤ und Sammelschienen ⑥
- Anschluss an 4-polige Sammelschiene oder 5-polige Sammelschiene (z. B. 12 x 5 mm Cu) mit Sammelschienenverbindern ⑥

Beispiel:
Seitliche Durchführung der Anschlussleitung ④

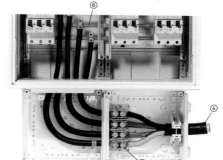

Elektrische Installationen

Verteiler
Distribution Boards

DIN 18015-1: 2013-09; -2: 2010-11

Installation von Kleinverteilern

- **Ort**
  - Einfamilienhäuser:
    Stromkreisverteiler zum Einbau in der Wand
  - Mehrfamilienhäuser:
    Stromkreisverteiler in jeder Wohnung (in oder auf der Wand)
- **Ablauf**
  - Mauerkasten für den Verteiler montieren.
  - Verteiler auf Traggerüst setzen, Geräte montieren und in den Mauerkasten einbauen.
  - Abdeckung aufsetzen und mit Schnellverschluss befestigen.
  - Stromlaufplan und Visitenkarte in der Tür ablegen.
- **Leitungsanschluss**
  - Anschlussklemmen für Fehlerstrom-Schutzeinrichtungen (RCDs)
  - Schalterverdrahtung für 1-, 2-, 3- und 4-reihige Verteiler
  - Seitlicher Verdrahtungskanal
  - Schnellmontage durch einrastbare Leitungsschutz-Schalter
  - Platz für 12 Teilungseinheiten je Reihe
  - Zubehör wie Anbaustutzen, Abdeckstreifen, Beschriftungsleisten und Kabelblenden
  - Leitungsöffnungen wegen der Schutzart (IP30) verschließen

Beispiel:
Unterputz-Kleinverteiler, 3-reihig

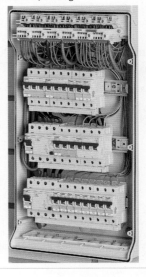

Kombinierte Verteiler

- **Energietechnik**
  - 3-reihig in Einraumwohnungen
  - 4-reihig in Mehrraumwohnungen

Einbaustellplätze für:

- **Gebäudesystemtechnik**
  - Installationsrohr (Durchmesser M25) zur Aufnahme von Steuerleitungen für Verbrauchsmittel zum Steuern und Regeln
- **Kommunikationstechnik**
  - Wohnungsübergabepunkt für die Verteilung der Informationstechnik (z. B. PC) und Telekommunikation (z. B. Radio, Fernsehen)
- **Überspannungsschutz**
  - Überspannungsschutzgeräte, Typ 2

Hinweis:
Die Verkabelung des Verteilers für Energie- und Datenverteilung erfolgt nach DIN EN 50173-4.

Beispiel:
Verteiler für Energie und Daten

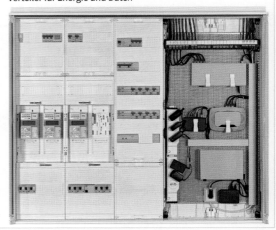

Baustromverteiler
Distribution Boards for Construction Sites

DIN VDE 0100-704: 2018-10

Merkmale

- Sie dienen zur Verteilung und Absicherung der elektrischen Energie für die eingesetzten elektrischen Betriebsmittel auf Bau- und Montagestellen.
- Die Art des **B**austrom**v**erteilers (**BSV**) ist abhängig von der jeweiligen Funktion (z. B. Anschlussschrank).
- Für jede Art ist festgelegt
  - Art des Anschlusses (festangeschlossene Leitung oder Steckvorrichtung),
  - maximale oder minimale Bemessungsstromstärke,
  - Abschalteinrichtung (Trenner, Lastschalter),
  - notwendige Schutzeinrichtungen (Überstromschutzeinrichtung, RCDs),
  - Art des Abganges (Klemmen oder Steckvorrichtung) und
  - Verschließbarkeit.
- Die **Übergabeschnittstelle** zwischen Verteilnetzbetreiber und der Baustellenanlage (**Speisepunkt**) liegt im Anschlussschrank (ggf. mit zusätzlichen Verteileinrichtungen).
- Die **zulässigen Netzsysteme** sind festgelegt
  - vor dem Speisepunkt mit TN-C-, TN-S-, TT- und IT-System und
  - hinter dem Speisepunkt mit TN-S-, TT- und IT-System.
- **Erdungsmaßnahmen** hinter dem Speisepunkt sind erforderlich bei TT- und IT-Systemen und bei Kleinbaustromverteilern.
- Bei Anwendung von elektrischen Betriebsmitteln, die mit Frequenzumrichtern gesteuert werden (z. B. Kränen), sind RCDs vom Typ B (allstromsensitiv) einzusetzen.
- **Prüfung:** RCD arbeitstäglich auf Funktion, BSV monatlich (Prüffristen sind Unternehmerverantwortung)
- Kleine Baustelle: Einsatz von Steckdosenverteilern, Schutzverteiler in Form von **PRCD-S** (**P**ortable **R**esidual **C**urrent **D**evice - **S**afety)
- Normen und Bestimmungen: u. a. DIN VDE 0100-704, DGUV Information 203-006, Technische Anschlussbedingungen des Verteilnetzbetreibers (VNB).

Schrankarten

- **Anschlussschrank**
  - Anschluss der Baustellenanlage an das örtliche Verteilnetz (enthält Zähler, kann weitere Betriebsmittel enthalten)
  - Anschluss-Verteilerschrank: Kombination von Anschluss- und Verteilerschrank für kleine Baustellen
- **Hauptverteilerschrank**
  Verbindet Anschlussschrank mit weiteren Verteilerschränken; enthält keine Steckdosen; Anschlüsse nur über Klemmen; üblich auf großen Baustellen
- **Verteilerschrank**
  Ähnlich Hauptverteilerschrank; Bemessungsstromstärke bis 630 A; Abgänge über Klemmen/Steckdosen
- **Endverteiler**
  Ähnlich Verteilerschrank; Bemessungsstromstärke bis 125 A; Abgänge über Klemmen/Steckdosen
- **Steckdosenverteiler**
  Enthält nur Steckdosen als Abgänge

Anschluss-Verteilerschrank

Beispiel: Anschlussleistung 44 kVA

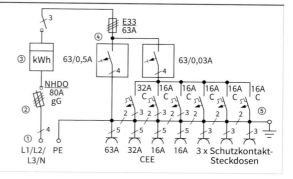

① VNB-Anschlussleitung
② Anschlussklemmen/Anschlusssicherungen
③ Zählerplatz
④ Hauptschalteinrichtung/Hauptsicherung/RCD
⑤ Leitungsschutz-Schalter/Steckdosenabgänge

Anschluss

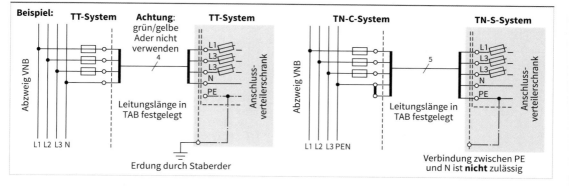

Elektrische Installationen — 85

Tragbare Ersatzstromerzeuger
Portable Power Generating Sets

Merkmale

- Ersatzstromerzeuger (Notstromaggregate) sind Niederspannungs-Stromerzeugungsanlagen.
- Sie werden eingesetzt zur Energieversorgung von elektrischen Verbrauchsmitteln, wenn eine Versorgung aus dem öffentlichen Netz nicht gegeben ist (z. B. kein Netz vorhanden oder Netz ausgefallen bzw. abgeschaltet).

- Je nach Leistungsgröße des Ersatzstromerzeugers können
  - einzelne Verbrauchsmittel (z. B. Bohrmaschine),
  - Teilnetze oder
  - Verbraucheranlagen

  mit elektrischer Energie versorgt werden.
  (Auswahl und Betrieb von Stromerzeugern auf Bau- und Montagestellen: DGUV Information 203-032)

Kennzeichnung

- Typenschild muss nachfolgende Angaben deutlich erkennbar und dauerhaft zeigen
  - Name oder Kennzeichen und Anschrift des Herstellers
  - Typbezeichnung
  - Fertigungs- und Seriennummer / Baujahr
  - Bemessungsleistung (kVA/kW), Bemessungsspannung (V)
  - Bemessungsstrom (in A), Bemessungsfrequenz (in Hz)
  - Betriebsart, Schutzart (IP-Code)
  - Umgebungstemperaturbereich (in °C)
  - Bei Geräten mit einer Bemessungsleistung > 10 kVA zusätzlich Bemessungsleistungsfaktor.

Beispiel

- Leistungsklasse 6 kVA
- Verbrennungsmotor: Benzin
- Ausführung A, jeweils nur ein Verbrauchsmittel
- Elektrische Leistung:
  3-phasig: 6,58 kVA
  (bei $\cos \varphi = 1{,}0$)
  1-phasig: 5,5 kVA
  (bei $\cos \varphi = 1{,}0$)

Ausführung

- Die Ausführung (Kennbuchstabe A, B, C, D) gibt die zu realisierenden Schutzmaßnahmen für den sicheren Betrieb der angeschlossenen Betriebsmittel an.

- Schutzmaßnahmen werden festgelegt
  - vom Hersteller oder (sofern nicht vorhanden)
  - **vor der Inbetriebnahme** von einer Elektrofachkraft.

Inbetriebnahme [1]

Inbetriebnahme ohne Elektrofachkraft	Inbetriebnahme nur durch Fachkraft
⇒ Mit Anschluss für **Schutzpotenzialausgleich** ⇒ Kennzeichnung Anschlussklemme: **Ausführung A** ■ Eine oder mehrere Steckdosen ■ Mit oder ohne Isolationsüberwachungseinrichtun mit Abschaltung ■ Verbrauchsmittel: – Entweder nur **ein** Verbrauchsmittel oder – bei **mehr als ein** Verbrauchsmittel für das zweite und jedes weitere Verbrauchsmiittel jeweils RCD (30 mA) – bei **erhöhter elektrischer Gefährdung** (z. B. begrenzte Bewegungsfreiheit) Trenntransformator für das zweite und jedes weitere Verbrauchsmittel **Ausführung B** ■ Mehrere Steckdosen und integrierte RCDs (30 mA) für das zweite und jedes weitere Verbrauchsmittel ■ **Nur ein** Verbrauchsmittel je Steckdose **Beispiel:** Ausführung B 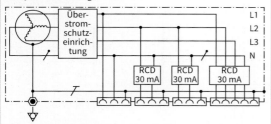	⇒ Mit **Erdungsanschluss** ⇒ Kennzeichnung Anschlussklemme: ⇒ Elektrofachkraft legt das Versorgungssystem (TN, TT oder IT) fest **Ausführung C** ■ Mit integrierten RCDs ■ Unabhängig von der Anzahl der Verbrauchsmittel ■ Elektrofachkraft überprüft die angewendete Schutzmaßnahme. **Ausführung D** ■ Nur Übergabepunkt ■ Elektrofachkraft legt die notwendige Schutzmaßnahme fest. ■ Elektrofachkraft überprüft die angewendete Schutzmaßnahme. **Beispiel:** Ausführung C, TN-S-System 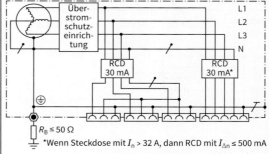*Wenn Steckdose mit $I_n > 32$ A, dann RCD mit $I_{\Delta n} \leq 500$ mA

[1] Auswahl und Betrieb von Stromerzeugern auf Bau- und Montagestellen: DGUV Information 203-032/05.2016

[2] Wenn Steckdose mit $I_n > 32$ A, dann RCD mit $I_{\Delta n} \leq 500$ mA

Elektrische Begleitheizung
Electrical Heat Tracing

Merkmale

- Begleitheizungen werden eingesetzt, um bestimmte Temperaturbedingungen (z. B. Frostschutz, Medientemperatur) aufrechtzuerhalten.
- Anwendung: Im Industrie- und Privatbereich für die Beheizung von z. B.
  - Rohren, Ventilen, Pipelines, Abwasserrohren
  - Warmwassererhaltung, Öltanks, Freiflächen.

Technologien

- Verfügbare Technologien:
  - Selbstregulierende Heizkabel,
  - Konstantleistungs-Heizkabel und
  - serielle Widerstandskabel.
- Die Auswahl der Technologie für eine bestimmte Heizaufgabe ist u. a. abhängig von der erforderlichen Heizleistung und der Längenausdehnung.

Selbstregulierende Heizkabel

Aufbau

- Kupferleiter ① sind am Ende nicht miteinander verbunden
- Elektrischer Widerstandskern ② (kohlenstoffhaltiger Kunststoff) zwischen den Leitern

Funktion

- **Hohe Umgebungstemperatur**:
  Kunststoffkern dehnt sich aus (molekulare Expansion), Widerstand steigt, Heizleistung sinkt
- **Niedrige Umgebungstemperatur**:
  Kunststoffkern zieht sich zusammen, Widerstand sinkt, Heizleistung steigt

Heizleistungsbemessung

Erforderliche Angaben:

- Durchmesser, Länge und Art des Rohres
- Qualität und Dicke der Isolation
- Umgebungstemperatur
- erforderliche Temperatur der zu erwärmenden Flüssigkeit

Beispiel: Heizkabel für Sprinklerrohr

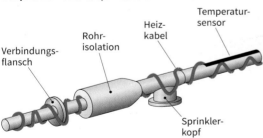

Hersteller Datenblatt

Bemessungsspannung	230 V
Mittlere Leistung bei 10 °C	22 W/m
Selbstregulierende Temperatur gleichmässig	65 °C
Maximal zulässige Temperatur	85 °C
Maximal zulässige Länge des Heizkabels	150 m
Anlaufstromstärke (kalter Zustand bei +10 °C)	0,14 A
Anlaufstromstärke (kalter Zustand bei −10 °C)	0,21 A

Konstantleistungs-Heizkabel

Aufbau

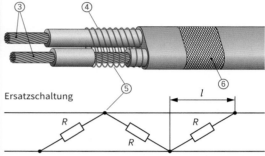

Ersatzschaltung

R: Heizleiterwiderstand pro Längenabschnittabschnitt

- Kupferleiter ③ (Stromzufuhr) sind am Ende **nicht** miteinander verbunden
- Heizleiter ④ (Ni-Chrome-Widerstandsdraht)
- Verbindungspunkt ⑤ zwischen Heizleiter und Kupferleiter (Leiterisolierung in festgelegten Abständen / abwechselnd einpolig unterbrochen und mit Kupferleiter verschweißt: Parallelschaltung der Heizleiterabschnitte)
- Gesamtschirmung ⑥

Funktion

- Erzeugt konstante Heizleistung pro Meter
- Kabel an beliebiger Stelle kürzbar

Serielles Widerstandskabel

Aufbau

Beispiel: Drehstromausführung

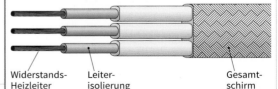

Funktion und Bemessung

- Endpunkte der Widerstandsheizleiter werden in Sternschaltung verbunden
- Heizleistung **muss** über Temperaturregeleinrichtung gesteuert werden
- Kabellänge ist speziell für die Anforderungen zu bemessen (elektrische Leistung bzw. erforderliche Wärmemenge pro m)

Oberflächenerder
Upper Earth Electrode
DIN 18014: 2014-03; VDEW-Richtlinie, DIN VDE 0100-410: 2018-10; -540: 2012-06

Funktionen

- Schutz gegen elektrischen Schlag
- Blitz- und Überspannungsschutz
- Schutz für Kommunikationsanlagen

Arten

Strahlenerder   Ringerder   Maschenerder

- Verlegung bis zu einer Tiefe von ca. 1 m
- Fundamenterder aus Rund- oder Bandstahl

Ausbreitungswiderstand

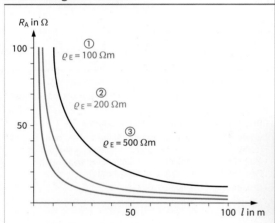

l: Erderlänge
ϱ_E: spezifischer Erdwiderstand

- Verringerung des Ausbreitungswiderstandes R_A mit Zunahme der Länge l des gestreckten Oberflächenerders
- Verringerung des Ausbreitungswiderstandes R_A bei größer werdendem spezifischem Erdwiderstand ϱ_E

Durchschnittswerte von Erdern

Art des Bodens	spezifischer Erdwiderstand ϱ_E in $\Omega \cdot m$	Ausbreitungswiderstand R_A in Ω beim Banderder (Länge: 20 m)
Moorboden	30	3
Lehm-, Ton-, Ackerboden ①	100	10
Sand (feucht) ②	200	20
Beton (Zement/Kies: 1/5)	400	40
Kies (feucht) ③	500	50
Sand und Kies (trocken)	1000	100

Ausführung

in unbewehrtem Fundament

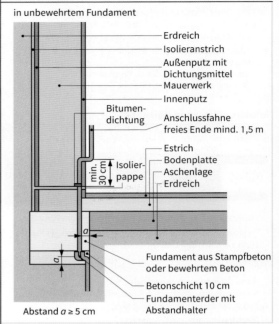

Abstand $a \geq 5$ cm

Erderverlegung und Maschenbildung

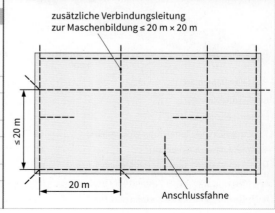

Tiefenerder
Deep Earth Electrode

DIN 18014: 2014-03; VDEW-Richtlinie, DIN VDE 0100-410: 2018-10; -540: 2012-06

Staberder

Aufbau und Verlegung

- Rund- oder Profilmaterial
- Senkrechte Verlegung bis mindestens 2,50 m Tiefe
- Verlegung als Staberder, z. B. feuerverzinktem Stahl, mit besonderem Korrosionsschutz an der Anschlussstelle über dem Erdboden

Ausbreitungswiderstand

- Verringerung des Ausbreitungswiderstandes R_A mit zunehmender Einschlagtiefe des Staberders
- Verringerung des Ausbreitungswiderstandes bei größerem spezifischem Erdwiderstand ϱ_E

Ausführung

Hinweise für das Errichten von Erdungsanlagen für Ableitungen in Blitzschutzanlagen und Transformatorstationen:

- Staberder je nach der örtlichen Bodenbeschaffenheit überall einsetzbar
- Korrosionsschutz bereits vorhanden
- Einbringen mit Hilfe eines Vibrationshammers
- Anschlussschelle ① zum Anschluss von Rundleitern, Seilen und Flachbädern
- Anschluss eines Rohrerders ② für Erdungsanlagen, z. B. in Blitzschutzanlagen
- Prüfen, ob z. B. erdverlegte Kabel oder Rohre vorhanden sind

Fundamenterder/Ringerder

Auswahlkriterien

Bei folgenden bautechnischen Gegebenheiten muss der Fundamenterder als Ringerder im Erdreich verlegt werden.

- Betonfundament mit hohem Erdübergangswiderstand z. B.
  - wasserundurchlässiger Beton,
  - Bitumenabdichtung des Fundaments, „Schwarze Wanne",
  - Kunststoffabdichtung des Fundaments, „Weiße Wanne",
  - Wärmedämmung unterhalb und seitlich vom Erder oder
  - zusätzliche schlecht leitende Zwischenschicht, z. B. aus recyceltem Material.

Aufbau und Verlegung

- Seitlich der Baugrube unterhalb einer Drainageschicht
- Im Bereich der Außenwände unter dem Fundament oder außerhalb der Frostschutzzone.
- Rundmaterial (Durchmesser mindestens 10 mm) oder Bandmaterial (mindestens 30 mm · 3,5 mm) bestehend aus blankem oder verzinktem Stahl, bei elektrochemischer Korrosionsgefahr aus nichtrostendem Stahl oder aus Kupfer.

Anforderungen

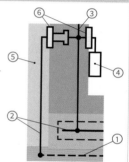

- Ringerder, im Erdreich ①, außerhalb des Gebäudefundaments verbunden:
  - über Potenzialausgleichsleiter ②
  - mit Blitzschutz ③ und Haupterdungsschiene ④ innerhalb der "Weißen Wanne" aus undurchlässigem Beton ⑤
  - über druckwasserdichte Wanddurchführung ⑥.

Potenzialausgleich ist damit hergestellt.

Abmessungen für Erder

Erderform	Werkstoff	Mindestquerschnitt in mm²	Mindestdicke in mm	Anwendungen, Mindestabmessungen
Band	Stahl, feuerverzinkt	90	3	
Runddraht		78	10 Ø	– Oberflächenerder
Runddraht		201	16 Ø	– Tiefenerder, mit mindestens 70 µm Zinkauflage
Rohr		491	25 Ø	Mindestwandstärke 2 mm, 55 µm Zinkauflage
Profilstäbe		90	3	
Rundstab: – mit Kupfermantel – verkupfert	Stahl mit Kupferauflage	177	15 Ø	– Tiefenerder mit 2000 µm Kupferauflage
		154	14 Ø	– Tiefenerder mit 90 µm Kupferauflage
Band	Kupfer	50	2	
Seil		25		Mindestdrahtdurchmesser 1,8 mm
Runddraht		25		Oberflächenerder
Rohr		314	20 Ø	Mindestwandstärke: 2 mm

Bei ausgedehnten Erdern aus blankem Kupfer oder Stahl mit Kupferauflage ist darauf zu achten, dass sie von unterirdischen Anlagen aus Stahl, z. B. Rohrleitungen und Behältern, getrennt gehalten werden. Andernfalls sind die Stahlteile einer erhöhten Korrosionsgefahr ausgesetzt.

Schutzpotenzialausgleich
Protective Equipotial Bonding

DIN 18012: 2018-04; DIN VDE 0100-410: 2018-10; -540: 2012-06

Gebäudeanschlussraum mit Schutzpotenzialausgleich

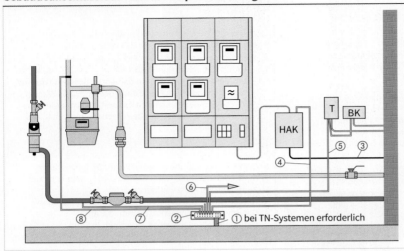

① Anschlussfahne des Fundamenterders
② Haupterdungsschiene (früher Potenzialausgleichsschiene, PAS)
③ Niederspannungsanschlusskabel des VNB

Potenzialausgleichsleiter (PA-Leiter):
④ zum Hausanschlusskasten (HAK)
⑤ zur Telekommunikations- und BK-Anlage
⑥ zur Blitzschutzanlage
⑦ zur Wasserversorgungs- und Wasserentsorgungsanlage
⑧ zur Gasversorgungsanlage

① bei TN-Systemen erforderlich

Schutzpotenzialausgleich[1)] an der Haupterdungsschiene

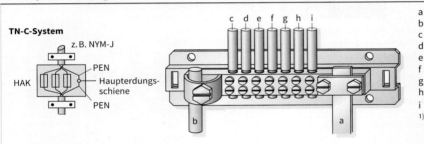

a Fundamenterder
b Blitzschutzanlage
c Heizungsanlage
d PE-Leiter zum HAK
e PE-Leiter zur Verteilung
f TK-Anlage
g Antennenanlage
h Gasversorgungsanlage
i Wasserversorgungsanlage
[1)] Hinweise zum Schutzpotenzialausgleich, siehe DIN VDE 0100-410, Kap. 411.3.1.2

Zusätzlicher Schutzpotenzialausgleich bei leitender Standfläche

Darstellung	Erklärung	Anwendung (DIN VDE 0100…)
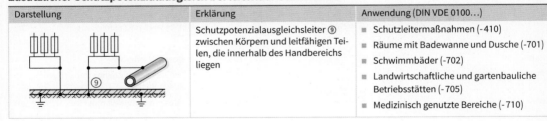	Schutzpotenzialausgleichsleiter ⑨ zwischen Körpern und leitfähigen Teilen, die innerhalb des Handbereichs liegen	■ Schutzleitermaßnahmen (-410) ■ Räume mit Badewanne und Dusche (-701) ■ Schwimmbäder (-702) ■ Landwirtschaftliche und gartenbauliche Betriebsstätten (-705) ■ Medizinisch genutzte Bereiche (-710)

Leiterquerschnitte für Schutzpotenzialausgleichsleiter

Verbindung mit der Haupterdungsschiene		Verbindung für zusätzlichen Schutzpotenzialausgleich
Material	Mindestquerschnitt in mm²	Zwischen zwei Körpern von elektrischen Betriebsmitteln: $q_{PE1} \leq q_{PE2} \rightarrow q_P \geq q_{PE1}$ q_{PE}: Querschnitt des jeweiligen Schutzleiters q_P: Querschnitt des Schutzpotenzialausgleichsleiters
Kupfer	6	
Aluminium	16	Zwischen Körpern eines elektrischen Betriebsmittels und einem metallenen Konstruktionsteil: $q_P \geq 2,5$ mm² bei mechanischem Schutz des Leiters, z. B. durch Elektroinstallationsrohr $q_P \geq 4$ mm² bei Leitern ohne mechanischen Schutz
Stahl	50	

Leitungsschutz-Schalter
Circuit Breaker

VDE 0641-12: 2007-03; DIN VDE 0100-410: 2018-10

Eigenschaften

- Hauptschalter zum Trennen und Freischalten von elektrischen Anlagen
- Trenneigenschaft der Schaltgeräte: Automatisches Abschalten mindestens der Außenleiter im Fehlerfall
- Montage an Sammelschienen mit rechtreckiger Klemmenausführung (Klemmschiene)
- Anschluss von Leitern z. B. 0,75 mm² ≤ q ≤ 32 mm²
- Bemessungsstromstärken z. B. 0,3 A ≤ I_N ≤ 63 A
- Farbige Schaltstellungsanzeige

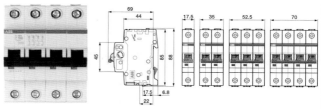

Anschlüsse

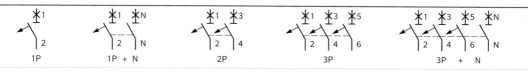

Auslösebedingungen

DIN VDE 0100-430

Bedingungen:

1. $I_b \leq I_N \leq I_z$
2. $I_2 \leq 1{,}45 \cdot I_z$

Nach der 2. Bedingung ist I_2 die Stromstärke, bei der spätestens nach einer Stunde der LS-Schalter abschalten muss. Sie darf maximal das 1,45-fache der maximalen Strombelastbarkeit der Leitung bzw. des Kabels betragen.

I_b: Betriebsstromstärke des Stromkreises
I_z: Zulässige Belastbarkeit der Leitung
I_N: Bemessungsstromstärke der Überstrom-Schutzeinrichtung
I_2: Ansprechstromstärke der Überstrom-Schutzeinrichtung (großer Prüfstrom)

Kennlinien

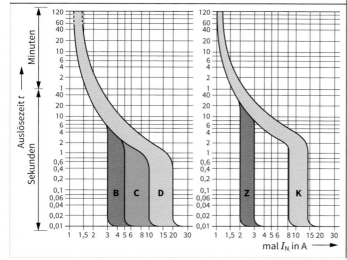

Auslöseverhalten

- **Thermische Auslösung** (Überstromschutz):
  - B, C, D: $1{,}13 \cdot I_N$ bis $1{,}45 \cdot I_N$ → $t_a \leq 1$ h
  - Z, K: $1{,}05 \cdot I_N$ bis $1{,}2 \cdot I_N$ → $t_a \leq 1$ h
- **Magnetische Auslösung** (Kurzschlussschutz):
  - B: $3 \cdot I_N$ bis $5 \cdot I_N$ → $t_a \leq 0{,}1$ s
  - C: $5 \cdot I_N$ bis $10 \cdot I_N$ → $t_a \leq 0{,}1$ s
  - D: $10 \cdot I_N$ bis $20 \cdot I_N$ → $t_a \leq 0{,}1$ s
  - K: $8 \cdot I_N$ bis $14 \cdot I_N$ → $t_a \leq 0{,}2$ s
  - Z: $2 \cdot I_N$ bis $3 \cdot I_N$ → $t_a \leq 0{,}2$ s

Maximale Abschaltzeiten

- **Endstromkreise**
  - TN-System: $t_a \leq 0{,}4$ s
  - TT-System: $t_a \leq 0{,}2$ s
- **Verteilungsstromkreise:**
  - TN-System: $t_a \leq 5$ s
  - TT-System: $t_a \leq 1$ s

Diese maximal zulässigen Abschaltzeiten gelten für alle im Stromkreis eingesetzten Überstrom-Schutzeinrichtungen.

Auslösecharakteristiken

- Auslösecharakteristik **B**:
  - Leitungsschutz in Hausinstallationen für Licht- und Steckdosenstromkreise
- Auslösecharakteristik **C**:
  - Leitungsschutz für Geräte mit höheren Einschaltströmen, z. B. Lampengruppen und Motoren
- Auslösecharakteristik **D**:
  - Leitungsschutz für Geräte mit sehr hohen Einschaltströmen, z. B. Schweißtransformatoren und Motoren
- Auslösecharakteristik **Z**:
  - Überstromschutz von Leitungen
  - Steuerstromkreise ohne Stromspitzen
  - Messstromkreise mit Wandlern
  - Halbleiterschutz
- Auslösecharakteristik **K**:
  - Stromkreise mit hohen Stromspitzen durch Motoren, Transformatoren, Kondensatoren (Elektromagnetischer Auslöser hält hohe Einschaltstromspitzen aus.)

Elektrische Installationen

RCD – Residual-Current Protective Device

DIN VDE 0664-101: 2003-10

Begriffe und Größen

- **RCD:** Fehlerstrom-Schutzeinrichtung (FI-Schutzschalter) löst aus, wenn ein Fehlerstrom als Differenzstrom zwischen zufließendem und abfließendem Strom zum Versorgungsnetz auftritt.
- I_N: Bemessungsstromstärke, maximal zulässige Stromstärke für die Fehlerstrom-Schutzeinrichtung
- $I_{\Delta N}$: Bemessungsdifferenzstromstärke, Fehlerstromstärke, z. B. 30 mA, mit Auslösung spätestens nach 300 ms (meistens schon bei 200 ms).
  Bei größeren Fehlerstromstärken erfolgt die Auslösung der Schutzeinrichtung bei t_a < 300 ms.

Fehlerströme

Typ/Verlauf	AC	A	B
	Wechselstrom sensitiv	Pulsstrom sensitiv	Allstrom sensitiv
Stromart	Sinusförmiger Wechselstrom	Sinusförmiger Wechselstrom und pulsierender Gleichstrom	Wechselströme und Gleichströme
Verwendung	In Deutschland nicht zugelassen	Hausinstallationen	Frequenzumrichter und Photovoltaikanlagen
Kennzeichen (für alle Typen)	**K** **K**urzzeitverzögerte Abschaltung: niedrige Ausschaltverzögerung von ca. 10 ms		**S** **S**elektive Abschaltung: zeitverzögerte Abschaltung in Kombination mit weiteren RCDs möglich

Arten

- **RCDs** (Typ A), netzspannungsunabhängig, zum Auslösen bei Wechsel- und pulsierenden Gleichfehlerströmen
  Ohne eingebaute Überstrom-Schutzeinrichtung:
  - **RCCB** (**R**esidual **C**urrent operated **C**ircuit-**B**reaker) nach DIN EN 61008-1 und DIN EN 61008-2-1

  Mit eingebauter Überstrom-Schutzeinrichtung:
  - **RCBO** (**R**esidual **C**urrent operated Circuit-**B**reaker with **O**vercurrent Protection) nach DIN EN 61009-1 und DIN EN 61009-2-1
- **RCDs** – Typ B+[1] – netzspannungsunabhängig zum Auslösen bei Wechsel- und pulsierenden Gleichfehlerströmen, netzspannungsabhängig bei glatten Gleichfehlerströmen
  Ohne eingebaute Überstrom-Schutzeinrichtung:
  - **RCCB** nach DIN VDE 0664-400

  Mit eingebauter Überstrom-Schutzeinrichtung:
  - **RCBO** nach DIN VDE 0664-401
- **PRCD** (**P**ortable **R**esidual **C**urrent **D**evice) ortsveränderlich, **ohne Überstromschutz** nach DIN VDE 0661-10

[1] Typ B+ für vorbeugenden Brandschutz

- **Fehlerstrom-Schutzschalter mit LS-Schalter (FI/LS-Schaltern, RCBOs)**
  - Schutzauslösung in Einphasen-Wechselstromkreisen
  - gleichzeitig Schutz gegen Kurzschluss und Überlast
  - Fehlerschutz zum Schutz gegen elektrischen Schlag
  - vorbeugender Brandschutz
  - Ausführung: 1-polig und 2-polig
  - LS-Auslösecharakteristik: B und C
  - Bemessungsstromstärken: 6 A bis 32 A
  - Auslöse-Empfindlichkeit: 10 mA oder 30 mA bei den 16 A-Schaltern bzw. 30 mA bei allen übrigen
  - Kombination (FI/LS) → Unerwünschtes Abschalten aufgrund betriebsbedingter Ableitströme wird vermieden.

Abmessungen

Beispiel: RCD, 2-polig

Maße in mm

Bemessungsspannung U_N in V:

230	400	500	660	690

Bemessungsstromstärke I_N in A:

10	13	16	20	25	32	40	63
80	100	125	160	200	225	250	

Maximaler Erdungswiderstand

$I_{\Delta N}$	R_A in Ω bei maximaler Berührungsspannung	
	50 V AC	25 V AC
10 mA	5000	2500
30 mA	1666	833
100 mA	500	250
300 mA	166	83
500 mA	100	50

RCD mit Kurzschlussvorsicherung							
I_N in A	16	25	40	63	100	125	160	225
I_K in kA	1,5	1,5	1,5	2	3,5	2	4	4
Maximale Kurzschlussvorsicherung in A							
NH (gG)	63	80	80	100	125	125	160	224
Neozed	63	80	80	100	–	–	–	–
Diazed (gG)	50	63	63	80	100	–	–	–

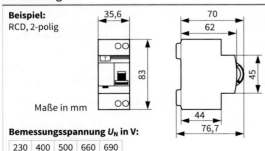

RCD – Residual-Current Protective Device

DIN VDE 0664-101: 2003-10; DIN VDE 0100-410: 2018-10

Installationsanforderung

- Aufteilung von Stromkreisen auf mehrere RCDs für
  - Endstromkreise mit Steckdosen
  - Endstromkreise im Außenbereich
- Alternativlösung:
  - FI/LS-Schalter für Endstromkreise mit Steckdosen und für Endstromkreise im Außenbereich
- Steckdosen mit eingebauter RCD, z. B. bei Erweiterung von Anlagen
- Empfehlung:
  - Getrennte RCDs für Steckdosen- und Lichtstromkreise
- Je nach örtlichen Bedingungen:
  - Gleichzeitiger Einsatz von RCDs und FI/LS-Schaltern
- Empfehlung:
  Möglichst RCDs für einzelne Stromkreise installieren.
- Beleuchtungsstromkreise in Wohnungen:
  - RCD: $I_{\Delta N} \leq 30$ mA

Kurzzeitverzögerte Abschaltung

Auslösung wird verhindert bei
- geringen Ableitströmen,
- stoßartigen Strömen,
- Überspannungen und stoßartigen Strömen in Verbindung mit ständig fließenden Ableitströmen, verursacht durch elektronische Geräte.

- Für elektronische Geräte, z. B. PC, FAX, TK-Anlage
  - RCD: $I_{\Delta N} \leq 30$ mA
  d. h. bei $\Delta I \approx 25$ mA in der Auslösezeit $t_a \approx 100$ ms bis 120 ms

Verzögerte Abschaltung

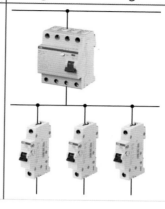

Auslösung gewährt im Fehlerfall
- Schutz gegen direktes Berühren, also Basisschutz

- Für Steckdosen- und Endstromkreise, z. B. Wohnungen
  - RCD: $I_{\Delta N} \leq 30$ mA
  d. h. bei $\Delta I \approx 22$ mA in der Auslösezeit $t_a \approx 35$ ms

Schutz durch RCD bei pulsierenden Gleichfehlerströmen

Schutz in Drehstromnetzen mit auftretenden Gleichstromkomponenten

- Bei pulsierenden Gleichfehlerströmen und Anwendung von
  - Einpuls-Mittelpunktschaltung
  - Zweipuls-Mittelpunktschaltung mit Glättung
  - Phasenanschnittsteuerung symmetrisch
  - Schwingungspaketsteuerung
- Auslösung durch RCD bei pulsierenden Gleichfehlerströmen, die innerhalb einer Periode der Netzfrequenz Null oder nahezu Null werden.

RCD-Anschluss

- **1-phasiger Anschluss**
  - 1 Außenleiter und Neutralleiter

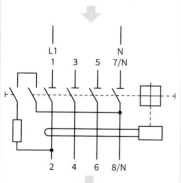

- **3-phasiger Anschluss**
  - 3 Außenleiter, Neutralleiter rechts

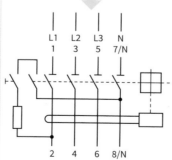

- **3-phasiger Anschluss**
  - 3 Außenleiter, Neutralleiter links

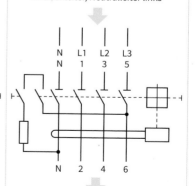

Hinweis:
Bei einem 4-poligen Gerät auf die beschalteten Klemmen achten.

Hinweis:
Bei Anschluss im Drehstromnetz auf die zu beschaltenden Klemmen achten.

Fehlerstrom-Schutzschalter – Fehlerstromformen
Residual Current Devices – Residual Current Waveforms

Fehlerstromformen und geeignete Fehlerstrom-Schutzeinrichtungen

Geeigneter RCD-Typ				Schaltung	Laststrom	Fehlerstrom	
B	**F**	**A**	**AC**[1]				

[1] In Deutschland nicht zugelassen

Fehlerlichtbogen-Schutzeinrichtung (Brandschutzschalter)
Arc Fault Detection Device (AFDD)

DIN EN 62606: 2014-08; VDE 0665-10: 2014-08

Aufgabe

- Fehlerlichtbogen-Schutzeinrichtungen (AFDD) erkennen serielle und parallele **Fehlerlichtbögen** (**Störlichtbögen**) in Wechselstromkreisen.
- Der Einsatz von Fehlerlichtbogen-Schutzeinrichtungen reduziert das Risiko elektrisch gezündeter Brände.
- Sie ergänzen vorhandene Geräte wie Überstromschutzeinrichtungen und Fehlerstrom-Schutzschalter mit Schutzfunktionen, die von diesen nicht abgedeckt werden.

Funktion

- Der Brandschutzschalter besteht aus analogen ① und digitalen Schaltungseinheiten ②.
- Diese erfassen und werten das Frequenz-Störspektrum aus, das durch serielle und parallele Fehlerlichtbögen auf dem Außenleiter ③ messbar ist.
- **Serielle Fehlerlichtbögen** entstehen z. B. durch
  - lose Klemmenverbindungen und
  - korrodierte Kontakte.
- **Parallele Lichtbögen** entstehen durch Leiterschluss (z. B. Leiterquetschung).
- Die **Funktionstüchtigkeit** wird überprüft durch
  - zyklische Selbstprüfung mit synthetischen Signalen für den Analogteil und die Erkennungsalgorithmen ④ und
  - Watchdog-Funktion ⑤ für den Programmablauf und die Firmware-Integrität.
- Die Auswertesoftware erkennt und unterscheidet zwischen Fehlerlichtbögen und
  - betriebsmäßigen Störungen (z. B. Einschaltstrom von Leuchtstofflampen, Kondensatoren),
  - normalen Lichtbögen (z. B. Elektromotor, Lichtschalter),
  - nichtsinusförmigen Schwingungen (z. B. Schaltnetzteile, elektronische Lampendimmer).
- Die Auslösung erfolgt nur bei Störlichtbögen.

Blockschaltbild

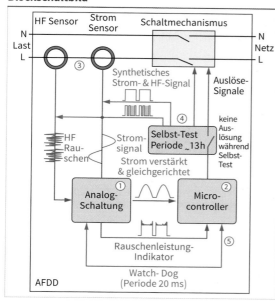

Auslösekennlinie

Kennlinien von
- Leitungsschutz-Schaltern mit den Charakteristiken B, C und D und
- Brandschutzschalter.

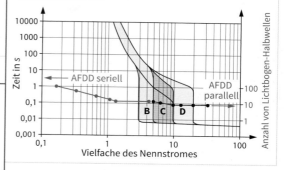

Anwendungen

Der Einsatz wird u. a. empfohlen für
- Bereiche mit erhöhtem Sach- und Personenrisiko (z. B. Museen, Archive, Seniorenheime) und
- feuergefährdete Betriebsstätten, landwirtschaftliche Betriebsstätten, Silos, Shoppingcenter.

Beispiele:
AFDD für Anbau an Leitungsschutz-Schalter

	Auslösestrom bei Störlichtbögen in A
Parallel zur Last	50 … 500
Seriell zur Last	1 … 20
Verlustwirkleistung bei Bemessungswert 16 A/AC je Pol in W	0,6

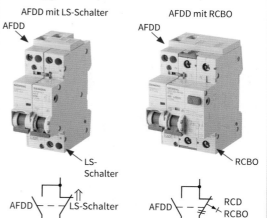

Verlegearten
Cable Installation Methods

DIN VDE 0298-4: 2013-06

Bezeichnung	Verlegung	Leitungstyp	Anwendungen
In wärmegedämmten Wänden und im Elektro-Installationsrohr/-kanal			
A1		H07-U/-R/-K H07V3-U/-R/-K	▪ Aderleitungen im Elektro-Installationsrohr oder in Formleisten oder Formteilen ▪ Ein- oder mehradrige Kabel oder Mantelleitungen in Türfüllungen oder Fensterrahmen
A2		NYM, NYBUY, NYY, N05VV-U/-R	▪ Mehradrige Kabel oder mehradrige Mantelleitung im Elektro-Installationsrohr
Auf Wänden im Elektro-Installationsrohr/-kanal			
B1		H07V-U/-R/-K H07V3-U/-R/-K	▪ Aderleitungen im Elektro-Installationsrohr im belüfteten Kabelkanal im Fußboden ▪ Ein- oder mehradrige Kabel oder Mantelleitung im offenen oder belüfteten Kabelkanal ▪ Aderleitungen, einadrige Kabel oder Mantelleitungen
B2		NYM, NYBUY, NYY, N05VV-U/-R	▪ Mehradrige Kabel oder Mantelleitung: Verlegung für beide Arten: Direkt auf einer Wand oder im Abstand $< 0{,}3 \cdot d$ (d: Außendurchmesser des Elektro-Installationsrohres); in abgehängtem Elektro-Installationskanal; im Fußbodenleistenkanal; Unterflurverlegung im Kanal; im Elektro-Installationsrohr im Mauerwerk/Beton bei spez. Wärmewiderstand $2\,K \cdot m/W$
Auf einer Wand			
C		NYM, NYBUY, NYDY, N05VV-U/-R	▪ Ein- oder mehradrige Kabel oder Mantelleitung: Auf einer Wand oder im Abstand $< 0{,}3 \cdot d$ (d: Außendurchmesser des Kabels/der Leitung); unter der Decke oder mit Abstand von der Decke; auf nicht gelochter Kabelwanne; direkt im Mauerwerk oder Beton bei spez. Wärmewiderstand $2\,K \cdot m/W$ ohne/mit zusätzlichem mechanischen Schutz
In der Erde			
D		NYCY, NYY, NA2XY	▪ Ein- oder mehradrige Kabel oder Mantelleitung im Elektro-Installationsrohr oder Kabelschacht im Erdboden ▪ Ein- oder mehradrige Kabel ohne/mit zusätzlichem mechanischen Schutz direkt im Erdboden: höhere Strombelastbarkeit möglich Umrechnungsfaktoren laut Tab. 4 aus DIN VDE 0276-1000: z. B. Faktor 1,17 bei zul. Betriebstemperatur 70 °C, Erdbodentemperatur 15 °C und Belastungsgrad 0,7
Frei in der Luft			
E		NYM, NYBUY, NYDY, N05VV-U/-R	▪ Ein- oder mehradrige Kabel oder Mantelleitung: Auf einer Wand oder im Abstand $> 0{,}3 \cdot d$ (d: Außendurchmesser des Kabels/der Leitung); auf gelochter Kabelwanne, Kabelkonsolen, Kabelpritschen oder abgehängt an einem Tragseil
F		NYY	▪ Einadrige Kabel mit Berührung im Abstand a zur Wand $\geq d$ (d: Außendurchmesser des Kabels)
G		NYY blanke Leiter	▪ Einadrige Kabel ohne Berührung im Abstand zueinander und zur Wand $\geq d$

Elektrische Installationen

Zuordnung von Überstrom-Schutzorganen bei 25 °C
Assignment of Overcurrent Protective Devices at 25 °C

DIN VDE 0298-4: 2013-06

Verlegearten und Strombelastbarkeit von Leitungen für feste Verlegung in Gebäuden

- **Zulässige Betriebstemperatur am Leiter 70 °C bei der Umgebungstemperatur von 25 °C** [1]
  - I_r [2]: Zulässige Strombelastbarkeit der Leitung
  - I_N: Bemessungsstromstärke der zugehörigen Überstrom-Schutzorgane in A
  - A1 bis G: Referenzverlegearten

q_n in mm²	A1				A2				B1				B2			
	\multicolumn{16}{c}{Belastete Adern}
	2		3		2		3		2		3		2		3	
	I_r	I_N	I_r	I_N	I_r	I_N	I_r	I_N	I_r	I_N	I_r	I_N	I_r	I_N	I_r	I_N
\multicolumn{17}{c}{Kupfer}
1,5	16,5	16	14,5	13	16,5	16	14,0	13	18,5	16	16,5	16	17,5	16	16	16
2,5	21	20	19,0	16	19,5	16	18,5	16	25	25	22	20	24	20	21	20
4	28	25	25	25	27	25	24	20	34	32	30	25	32	32	29	25
4	–	–	–	–	–	–	–	–	–	–	–	–	–	–	–	–
6	36	35	33	32	34	32	31	25	43	40	38	35	40	40	36	35
10	49	40	45	40	46	40	41	40	60	50	53	50	55	50	49	40
10	–	–	–	–	–	–	–	–	–	–	–	–	–	–	50[3]	50
16	65	63	59	50	60	50	55	50	81	80	72	63	73	63	66	63
25	85	80	77	63	80	80	72	63	107	100	94	80	95	80	85	80
35	105	100	94	80	98	80	88	80	133	125	117	100	118	100	105	100
50	126	125	114	100	117	100	105	100	160	160	142	125	141	125	125	125
70	160	160	144	125	147	125	133	125	204	200	181	160	178	160	158	125
95	193	160	174	160	177	160	159	125	246	200	219	200	213	200	190	160
120	223	200	199	160	204	200	182	160	285	250	253	250	246	200	218	200
\multicolumn{17}{c}{Aluminium}
25	66	63	60	50	61	50	56	50	83	63	74	63	75	63	65	63
35	81	63	74	63	75	63	68	63	102	80	91	80	91	80	81	80
50	98	80	89	80	91	80	82	63	125	100	110	100	110	100	97	80
70	125	125	113	100	114	100	103	100	159	125	140	125	138	125	122	100
95	150	125	136	125	137	125	125	125	191	160	170	160	166	160	147	125
120	173	160	157	125	159	125	143	125	222	200	197	160	191	160	169	160

q_n in mm²	C				E				F				G			
	\multicolumn{16}{c}{Belastete Adern}
	2		3		2		3		2		3		2		3	
	I_r	I_N	I_r	I_N	I_r	I_N	I_r	I_N	I_r	I_N	I_r	I_N	I_r	I_N	I_r	I_N
\multicolumn{17}{c}{Kupfer}
1,5	21	20	18,5	16	23	20	19,5	16	–	–	–	–	–	–	–	–
2,5	29	25	25	25	32	32	27	25	–	–	–	–	–	–	–	–
4	38	32	34	32	42	40	36	35	–	–	–	–	–	–	–	–
4	–	–	35[3]	35	–	–	–	–	–	–	–	–	–	–	–	–
6	49	40	43	40	54	50	46	40	–	–	–	–	–	–	–	–
10	67	63	60	50	74	63	64	63	–	–	–	–	–	–	–	–
10	–	–	63[3]	63	–	–	–	–	–	–	–	–	–	–	–	–
16	90	80	81	80	100	100	85	80	–	–	–	–	–	–	–	–
25	119	100	102	100	126	125	107	100	139	125	121	100	117	100	155	125	138	125
35	146	125	126	125	157	125	134	125	172	160	152	125	145	125	192	160	172	160
50	178	160	153	125	191	160	162	160	208	200	184	160	177	160	232	200	209	200
70	226	200	195	160	246	200	208	200	266	250	239	200	229	200	298	250	269	250
95	273	250	236	200	299	250	252	250	322	315	292	250	280	250	361	315	330	315
120	317	315	275	250	348	315	293	250	373	315	340	315	326	315	420	400	384	315
\multicolumn{17}{c}{Aluminium}
25	87	80	77	63	94	80	82	63	103	100	92	80	89	80	118	100	104	100
35	109	100	95	80	117	100	101	100	129	125	115	100	111	100	147	125	131	125
50	125	125	116	100	143	125	124	100	157	125	140	125	135	125	179	160	161	160
70	160	160	148	125	183	160	159	125	203	200	183	160	175	160	230	200	207	200
95	206	200	180	160	222	200	193	160	249	200	224	200	215	200	280	250	255	250
120	239	200	210	200	258	250	224	200	289	250	261	250	251	250	326	315	298	250

[1] Diese Temperatur wird bei Verlegungen in Deutschland angenommen.
[2] Anstatt I_r wird I_Z gesetzt, wenn weitere Einflussfaktoren berücksichtigt werden müssen.
[3] Gilt nicht für die Verlegung auf einer Holzwand.

Elektrische Installationen

Zuordnung von Überstrom-Schutzorganen bei 30 °C
Assignment of Overcurrent Protective Devices at 30 °C

DIN VDE 0298-4: 2013-06

Verlegearten und Strombelastbarkeit von Leitungen für feste Verlegung in Gebäuden

- **Zulässige Betriebstemperatur am Leiter 70 °C bei der Umgebungstemperatur von 30 °C**
  I_r[1]: Zulässige Strombelastbarkeit der Leitung
  I_N: Bemessungsstromstärke der zugehörigen Überstrom-Schutzorgane in A
  A1 bis G: Referenzverlegearten

q_n in mm²	A1				A2				B1				B2			
	\multicolumn{16}{c}{Belastete Adern}
	2		3		2		3		2		3		2		3	
	I_r	I_N	I_r	I_N	I_r	I_N	I_r	I_N	I_r	I_N	I_r	I_N	I_r	I_N	I_r	I_N
\multicolumn{17}{c}{Kupfer}
1,5	15,5	13	13,5	13	15,5	13	13	13	17,5	16	15,5	13	16,5	16	15	13
2,5	19,5	16	18	16	18,5	16	17,5	16	24	20	21	20	23	20	20	20
4	26	25	24	20	25	25	23	20	32	32	28	25	30	25	27	25
6	34	32	31	25	32	32	29	25	41	40	36	35	38	35	34	32
10	46	40	42	40	43	40	39	35	57	50	50	50	52	50	46	40
16	61	50	56	50	57	50	52	50	76	63	68	63	69	63	62	50
25	80	80	73	63	75	63	68	63	101	100	89	80	90	80	80	80
35	99	80	89	80	92	80	83	80	125	125	110	100	111	100	99	80
50	119	100	108	100	110	100	99	80	151	125	134	125	133	125	118	100
70	151	125	136	125	139	125	125	125	192	160	171	160	168	160	149	125
95	182	160	164	160	167	160	150	125	232	200	207	200	201	200	179	160
120	210	200	188	160	192	160	172	160	269	250	239	200	232	200	206	200
\multicolumn{17}{c}{Aluminium}
25	63	63	57	50	58	50	53	50	79	63	70	63	71	63	62	50
35	77	63	70	63	71	63	65	63	97	80	86	80	86	80	77	63
50	93	80	84	80	86	80	78	63	118	100	104	100	104	100	92	80
70	118	100	107	100	108	100	98	80	150	125	133	125	131	125	116	100
95	142	125	129	125	130	125	118	100	181	160	161	160	157	126	139	125
120	164	160	149	125	150	125	135	125	210	200	186	160	181	160	160	160

q_n in mm²	C				E				F				G			
	\multicolumn{16}{c}{Belastete Adern}
	2		3		2		3		2		3		2		3	
	I_r	I_N	I_r	I_N	I_r	I_N	I_r	I_N	I_r	I_N	I_r	I_N	I_r	I_N	I_r	I_N
\multicolumn{17}{c}{Kupfer}
1,5	19,5	16	17,5	16	22	20	18,5	16	–	–	–	–	–	–	–	–
2,5	27	25	24	20	30	25	25	25	–	–	–	–	–	–	–	–
4	36	35	32	32	40	40	34	32	–	–	–	–	–	–	–	–
6	46	40	41	40	51	50	43	40	–	–	–	–	–	–	–	–
10	63	63	57	50	70	63	60	50	–	–	–	–	–	–	–	–
16	85	80	76	63	94	80	80	80	–	–	–	–	–	–	–	–
25	112	100	96	80	119	100	101	100	131	125	114	100	110	100	146	125	130	125
35	138	125	119	100	148	125	126	125	162	160	143	125	137	125	181	160	162	160
50	168	160	144	125	180	160	153	125	196	160	174	160	167	160	219	200	197	160
70	213	200	184	160	232	200	196	160	251	250	225	200	216	200	281	250	254	250
95	258	250	223	200	282	250	238	200	304	250	275	250	264	250	341	315	311	250
120	299	250	259	250	328	315	276	250	352	315	321	315	308	250	396	315	362	315
\multicolumn{17}{c}{Aluminium}
25	83	80	73	63	89	80	78	63	98	80	87	80	84	80	112	100	99	80
35	103	100	90	80	111	100	96	80	122	100	109	100	105	100	139	125	124	100
50	125	125	110	100	135	125	117	100	149	125	133	125	128	125	169	160	152	125
70	160	160	140	125	173	160	150	125	192	160	173	160	166	160	217	200	196	160
95	195	160	170	160	210	200	183	160	235	200	212	200	203	200	265	250	241	200
120	226	200	197	160	244	200	212	200	273	250	247	200	237	200	308	250	282	250

[1] Anstatt I_r wird I_z gesetzt, wenn weitere Einflussfaktoren berücksichtigt werden müssen.

Spannungsfall auf Leitungen
Voltage Drop on Cables

Prinzip

- Durch den Stromfluss und den Leitungswiderstand ist die Spannung am Verbraucher U stets geringer als an der Quelle U_0.

- Die Differenz ist der Spannungsfall ΔU. Er wird oft in % angegeben (Δu).

- Der Spannungsfall ist abhängig von der Stromstärke, der Leiterlänge, der Leitfähigkeit und dem Leiterquerschnitt.

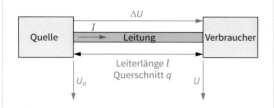

ΔU: Spannungsfall

q_n: Normquerschnitt $\varkappa_{Cu} = 56 \cdot \dfrac{m}{\Omega \cdot mm^2}$

$\varkappa$: Elektrische Leitfähigkeit

- Normquerschnitte in mm²

1,5	2,5	4	6	10
16	25	35	50	70

Einflussfaktoren f

f_1: Erhöhte Umgebungstemperatur

f_2: Gehäufte Leitungsverlegung

f_3: Vieladrig belastete Leitungen

f_4: Einfluss von Oberschwingungen

Ermittlung des Leiterquerschnitts

I_b: Stromstärke im Betriebszustand

Wechselstrom:

$I_b = \dfrac{S}{U}$

Drehstrom:

$I_b = \dfrac{S}{\sqrt{3} \cdot U}$

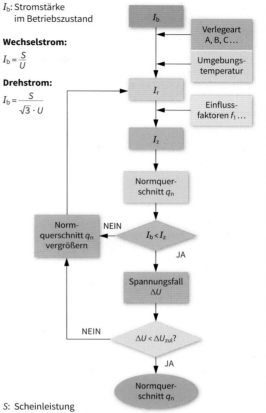

S: Scheinleistung
U: Bemessungsspannung

- Umgebungstemperatur 25 °C
- Zulässige Bemessungstemperatur am Leiter 70 °C

I_r: Stromstärke unter idealen Bedingungen
I_z: Stromstärke bei realen Bedingungen

q_n: Normquerschnitt
ΔU: Spannungsfall
ΔU_{zul}: Zulässiger Spannungsfall

Berechnungsformeln

Kenngröße	Art des Netzes		
	Gleichstrom	Wechselstrom	Drehstrom
Spannungsfall in V, unverzweigtes Netz	$\Delta U = \dfrac{2 \cdot l \cdot I}{\varkappa \cdot q}$	$\Delta U = \dfrac{2 \cdot l \cdot I \cdot \cos\varphi}{\varkappa \cdot q}$	$\Delta U = \dfrac{\sqrt{3} \cdot l \cdot I \cdot \cos\varphi}{\varkappa \cdot q}$
Spannungsfall in V, verzweigtes Netz	$\Delta U = \dfrac{2}{\varkappa \cdot q} \cdot \Sigma(I \cdot l)$	$\Delta U = \dfrac{2 \cdot \cos\varphi_m}{\varkappa \cdot q} \cdot \Sigma(I \cdot l)$	$\Delta U = \dfrac{\sqrt{3} \cdot \cos\varphi_m}{\varkappa \cdot q} \cdot \Sigma(I \cdot l)$
Verlustleistung in W	$P_v = \dfrac{2 \cdot l \cdot I^2}{\varkappa \cdot q}$	$P_v = \dfrac{2 \cdot l \cdot I^2}{\varkappa \cdot q}$	$P_v = \dfrac{3 \cdot l \cdot I^2}{\varkappa \cdot q}$
maximale Leitungslänge in m	$l = \dfrac{\Delta u \cdot U_N \cdot q \cdot \varkappa}{2 \cdot 100\% \cdot I}$	$l = \dfrac{\Delta u \cdot U_N \cdot q \cdot \varkappa}{2 \cdot 100\% \cdot I \cdot \cos\varphi}$	$l = \dfrac{\Delta u \cdot U_N \cdot q \cdot \varkappa}{\sqrt{3} \cdot 100\% \cdot I \cdot \cos\varphi}$
Spannungsfall in %	$\Delta u = \dfrac{\Delta U}{U_N} \cdot 100\%$	Verlustleistung in %	$P_{V\%} = \dfrac{P_V}{P} \cdot 100\%$

Zuordnung von Überstrom-Schutzorganen
Assignment of Overcurrent Protective Devices

DIN VDE 0298-4: 2013-06

Einflussfaktoren

Die Bemessungsstromstärke I_N eines Überstrom-Schutzorgans einer Leitung hängt neben der Verlegeart noch von folgenden **Faktoren** (f) ab:

- Abweichende Umgebungstemperatur f_1
- Gehäufte Leitungsverlegung f_2
- Zahl der belasteten Adern f_3
- Auswirkung von Oberschwingungen f_4

Die Faktoren f_1 bis f_4 sind aus Tabellen der DIN VDE 0298-4 zu entnehmen.

Berechnungsformel: $I_z = f_1 \cdot f_2 \cdot f_3 \cdot f_4 \cdot I_r$

I_z: Zulässige Strombelastbarkeit unter realen Bedingungen
I_r: Bemessungsstromstärke ohne Berücksichtigung der Einflussfaktoren (ideale Bedingungen)

Ablaufschema

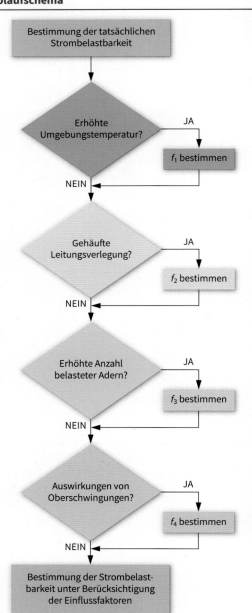

Werte der Einflussfaktoren

Faktor f_1 (bei einer von 30 °C abweichenden Umgebungstemperatur) [1]

ϑ in °C	10	15	20	25	30	35
f_1	1,22	1,17	1,12	1,06	1,0	0,94
ϑ in °C	40	45	50	55	60	65
f_1	0,87	0,79	0,71	0,61	0,50	0,35

Zulässige bzw. empfohlene Betriebstemperatur am Leiter 70 °C.
[1] Bei einer veränderten Umgebungstemperatur müssen für die Berechnung der Strombelastbarkeit die Stromstärkewerte für 30 °C zugrunde gelegt werden.

Faktor f_2 (gehäufte Leitungsverlegung)

Verlegung	Anzahl der mehradrigen Leitungen					
	1	2	3	4	6	9
gebündelt im Elektroinstallationsrohr/-kanal	1,0	0,8	0,7	0,65	0,57	0,5
Einlagig direkt auf der Wand oder dem Fußboden	1,0	0,85	0,79	0,75	0,72	0,7
in gelochter Kabelwanne	1,0	0,88	0,82	0,79	0,76	0,73
auf einer Kabelpritsche	1,0	0,87	0,82	0,8	0,79	0,78

Faktor f_3 (Verlegung vieladrig belasteter Leitungen)

belastete Adern	2	3	5	7	10	14	19	24
f_3	1,0	1,0	0,75	0,65	0,55	0,5	0,45	0,4

Faktor f_4 (Auswirkung von Oberschwingungen) [2]

Wirkleistungsanteil der Geräte mit Oberschwingungen zur Gesamtwirkleistung in Prozent	0 % … 10 %	11 % … 22 %	23 % … 30 %	31 % … 34 %	35 % … 38 %	39 % … 41 %
f_4	1,00	0,86	0,70	0,67	0,61	0,56

[2] Durch den Einfluss von Oberschwingungen kann die Stromstärke im Neutralleiter über der Stromstärke in den Außenleitern liegen. Für diesen Fall ist der Neutralleiterstrom zur Bestimmung des Bemessungsquerschnitts maßgeblich.

Belastbarkeit von Leitungen
Load Carrying Capacity of Cables

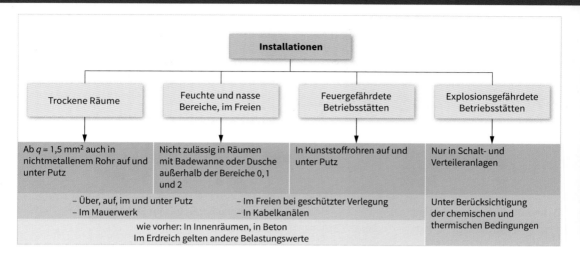

Kenngrößen

Leitung	q in mm²	Ader-zahl	$d_{Außen}$ in mm	I in A	P in kW	Wechsel-strom 4,0 %	Drehstrom 0,5 %	Drehstrom 4,0 %
			Maße[1]	max. Belastung		maximale Leitungslänge in m bei Δu (U_v)		
H07V-U	1,5	1	3,3	16[2]	3,68	24,1	–	–
(NYA)	1,5	1	3,3	16[2]	11,07	–	–	48,5
	2,5	1	3,9	25[2]	5,75	25,7	–	–
	2,5	1	3,9	20[2]	13,84	–	–	64,8
	4	1	4,4	25[2]	17,3	–	–	82,9
	6	1	4,9	35[2]	24,22	–	–	88,8
	10	1	6,4	50[2]	34,6	–	12,9	103,6
H07V-R	16	1	7,3	63[2]	43,6	–	16,4	131,6
(NYA)	25	1	9,8	80[2]	55,36	–	20,2	161,9
NYM	1,5	3	10,5	16	3,68	24,1	–	–
	1,5	4	11,0	3·16	11,07	–	–	48,5
	2,5	3	11,5	25	5,75	25,7	–	–
	2,5	4	12,5	3·25	17,3	–	–	51,7
	4	4	14,5	3·35	24,22	–	–	59,2
	6	4	16,5	3·40	27,68	–	–	77,7
	10	4	19,5	3·63	43,6	–	10,3	82,3
	16	4	23,5	3·80	55,36	–	12,9	103,6
NYY	1,5	3	14,0	16	3,68	24,1	–	–
	1,5	4	16,0	3·16	11,07	–	–	48,5
	2,5	3	15,0	25	5,75	25,7	–	–
	2,5	4	17,0	3·25	17,3	–	–	51,7
	4	4	19,0	3·35	24,22	–	–	59,2
	6	4	20,0	3·40	27,68	–	–	77,7
	10	4	22,0	3·63	43,6	–	10,3	82,3
	16	4	25,0	3·80	55,36	–	12,9	103,6

[1] Wertangaben in den Spalten nur für gebräuchliche Leiterquerschnitte [2] Zuordnung der Überstrom-Schutzeinrichtungen nach Verlegeart B1, alle anderen Werte nach Verlegeart C bei Umgebungstemperatur 25 °C

Elektrische Installationen

Schmelzsicherungen
Fuses

DIN VDE 0636-2: 2014-09; -3: 2013-12

Niederspannungs-Sicherungen

Diazed-Sicherungssystem (D-System)	Neozed-Sicherungssystem (DO-System)	NH-Sicherungssystem
AC und DC: bis 100 A und 500 V	**AC:** bis 100 A und 400 V **DC:** bis 100 A und 250 V	**AC:** bis 1250 A und 400 V, 500 V bzw. 690 V **DC:** bis 1250 A und 250 V bzw. 440 V

D- und D0-Sicherungssystem

Sicherung und Passeinsatz		Sockel	Gewindegröße der Schraubkappe	
Bemessungsstromstärke in A	Kennfarbe	Bemessungsstromstärke in A	Diazed	Neozed
2	rosa			
4	braun			
6	grün			
10	rot	25	D II (E 27)	D0 1 (E 14)
13	schwarz			
16	grau			
20	blau			
25	gelb			
32/35/40	schwarz			
50	weiß	63	D III (E 33)	D0 2 (E 18)
63	kupfer			
80	silber			
100	rot	100	D IV (R ¼")	D0 3 (M 30 x 2)

[1] gL: Frühere Bezeichnung für Leitungsschutz

Anwendungsbereiche von Sicherungen

Funktionsklassen
g: Ganzbereichssicherungen können
 – Bemessungsstromstärke dauernd führen,
 – Bemessungsstromstärke von kleinster Schmelzstromstärke bis zur Bemessungsausschaltstromstärke schalten.
a: Teilbereichssicherungen können
 – Bemessungsstromstärke dauernd führen,
 – Ströme oberhalb eines bestimmten Vielfachen ihrer Bemessungsstromstärke bis zur Bemessungsausschaltstromstärke schalten.

Schutzobjekte
B: Bergbau- und Anlagenschutz
G: Schutz für allgemeine Zwecke
M: Motorenschutz
R: Halbleiterschutz
Tr: Transformatorenschutz

Betriebsklassen
gG: Ganzbereichs-Kabel- und Leitungsschutz[1]
aM: Teilbereichs-Schaltgeräteschutz in Motorenstromkreisen
aR: Teilbereichs-Halbleiterschutz
gR: Ganzbereichs-Halbleiterschutz
gB: Ganzbereichs-Bergbauanlagenschutz
gPV: Ganzbereichs-Schutz; Absicherung von PV-Anlagen

NH-Sicherungssysteme

A: Sicherungen mit Sicherungseinsätzen und Messerkontaktstücken
B: Sicherungen mit Sicherungseinsätzen und Messerkontaktstücken mit Schlagvorrichtung
C: Sicherungsleisten
D: Sicherungsteile für Sammelschienenmontage
E: Sicherungen mit Sicherungseinsätzen für Schraubanschluss
F: Sicherung mit Sicherungseinsätzen für zylindrische Kontaktklappen und weitere Sicherungssysteme **G**, **H**, **I**, **J** und **K** laut DIN VDE 0636-2

NH-Sicherungen

Baugröße	Unterteile	Einsätze	Gesamtlänge in mm	maximale Bemessungsleistungsabgabe P_N in W				
	Bemessungsstromstärke in A			gG			aM	
				400 V AC	500 V AC	690 V AC	400 V und 500 V AC	690 V AC
000	160	2… 160	78,5	6	7,5	12	7	6,5
00	160	2… 160	78,5	12	12	12	7,5/12	11
0	160	2… 160	125	12	16	25	13	10
1	250	80… 250	135	18	23	32	18	22
2	400	125… 400	150	28	34	45	35	40
3	630	315… 630	150	40	48	60	50	53
4	1000	500… 1000	200	–	90	90	80	80
4a	1250	500… 1250	200	90	110	110	110	110

Schmelzsicherungen
Fuses

DIN VDE 0636-2: 2014-09

Zeit-Strom-Bereiche für Leitungsschutz-Sicherungen der Betriebsklasse gG

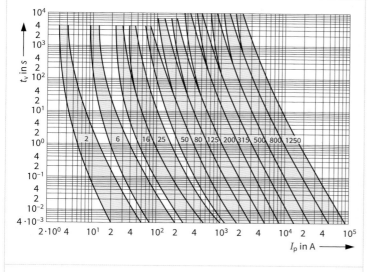

Begriffe:

- **Zeiten**
  - t_v[1]: Schmelzzeit
  - t_{vs}: kleinste Zeit
  - t_{va}: größte Zeit (Auslösezeit)

- I_p Stromstärke im Fehlerfall (unbeeinflusste – prospektive – Kurzschlussstromstärke)

[1] dem Schaltvermögen nach mögliche (virtuelle) Zeiten

Beispiel:
Zeit-Stromstärke-Bereich einer 63 A-Sicherung
- Kurzschlussstromstärke
  $I_p \approx 750\,A$ ①
- Schmelzzeit
  $t_{vs} \approx 0{,}03\,s$
- Auslösezeit
  $t_{va} \approx 0{,}2\,s$ ②

Abstimmung der Zeit-Strom-Bereiche für Leitungsschutz-Sicherungen:
- Gestaffelte Sicherungen mit Bemessungsstromstärke ($\geq 16\,A$) müssen im Verhältnis 1:1,6 stehen.
- Bei selektiver Abschaltung löst im Fehlerfall nur die der Fehlerquelle unmittelbar vorgeschaltete Überstrom-Schutzeinrichtung aus.
- Zwischen zwei Schmelzsicherungen liegt Selektivität vor, wenn sich die Streubänder (s. Diagramm) der Ausschaltzeit-Kennlinien nicht schneiden oder berühren.

Geräteschutzsicherungen (Feinsicherungen)

DIN 41576-1: 1984-06

G-Schmelzeinsatz 250 V AC, 125 V DC, **verwechselbar**	G-Schmelzeinsatz 250 V AC, 125 V DC, **unverwechselbar**
I_N: 0,032 … 10 A (M) I_N: 0,08 … 10 A (T) Größe: 5 × 20 mm	I_N: 0,035 … 0,06 A — Größe: 5 × 30 mm I_N: 0,08 … 0,6 A — Größe: 5 × 25 mm I_N: 0,8 … 4 A — Größe: 5 × 20 mm

Kennbuchstaben/Auslöseverhalten/Auslösezeiten

Arten	FF: superflink	F: flink	M: mittelträge	T: träge	TT: superträge
t_a [2]	$\leq 2\,ms$	$\leq 8\,ms$	5 ms … 90 ms	10 ms … 100 ms	100 ms … 3 s

[2] Angaben gelten bei $10 \cdot I_N$

Ausstattung in Wohngebäuden
Equipment in Residential Rooms

DIN 18015-2: 2010-11; -4: 2014-05; HEA RAL-RG 678: 2011-03

Übersicht

Anforderungen lt. DIN und HEA gelten u. a. für	Anforderung	Mindestausstattung	Standardausstattung	Komfortausstattung
– Wohnungen in Ein- und Mehrfamilienhäusern – Bereiche in Gebäuden, die nicht nur zu Wohnzwecken dienen	Kennzeichen	1 bzw. ✶	2 bzw. ✶✶	3 bzw. ✶✶✶
	Anforderung	Mindestausstattung + Vorbereitung zur Gebäudesystemtechnik	Standardausstattung + Mindestens **ein** Funktionsbereich zur Gebäudesystemtechnik vorbereiten	Komfortausstattung + Mindestens **zwei** Funktionsbereiche zur Gebäudesystemtechnik vorbereiten
	Kennzeichen	1 plus bzw. ✶ *plus*	2 plus bzw. ✶✶ *plus*	3 plus bzw. ✶✶✶ *plus*

Ausstattungswerte nach HEA

Anschlüsse für Steckdosen, Beleuchtung und Kommunikation	Küche	Kochnische	Bad	WC-Raum	Hausarbeitsraum	Wohnzimmer bis 20 m²	Wohnzimmer über 20 m²	Esszimmer	Schlaf-, Kinder-, Gäste-, Arbeitszimmer, Büro bis 20 m²	Schlaf-, Kinder-, Gäste-, Arbeitszimmer, Büro über 20 m²	Flur bis 3 m	Flur über 3 m	Freisitz	Abstellraum	Hobbyraum
Mindestausstattung						Zahl der Anschlüsse									
Steckdosen allgemein	5	3	2	1	3	4	5	3	4	5	1	1	1	1	3
Beleuchtungsanschlüsse	2	1	2	1	1	2	3	1	1	2	1	2	1	1	1
Telefon-/Datenanschluss						1	1	1	1	1					
Steckdosen für Telefon/Daten						1	1	1	1	1					
Radio-/TV-Datenanschluss	1					2	1	1							
Steckdosen für Radio/TV/Daten	3					6	3	3							
Kühlgerät, Gefriergerät	2	1													
Dunstabzug	1														
Anschluss für Lüfter			1	1											
Rollladenantriebe					Anschluss je nach Anzahl der Antriebe										
Standardausstattung						Zahl der Anschlüsse									
Steckdosen allgemein	10	4	4	2	8	8	11	5	8	11	2	3	2	2	6
Beleuchtungsanschlüsse	3	2	3	1	2	2	3	1	2	3	2	2	2	1	2
Telefon-/Datenanschluss	1				1	1	2	1	1	2	1		1		1
Steckdosen für Telefon/Daten	2				2	2	4	2	2	4	2		2		2
Radio-/TV-Datenanschluss	1				1	2	3	1	1				1		1
Steckdosen für Radio/TV/Daten	3				3	6	9	3	3				3		3
Kühlgerät, Gefriergerät	2	1													
Dunstabzug	1	1													
Anschluss für Lüfter			1	1											
Rollladenantriebe					Anschluss je nach Anzahl der Antriebe										
Komfortausstattung						Zahl der Anschlüsse									
Steckdosen allgemein	12	4	5	2	10	10	13	7	10	13	3	4	3	2	8
Beleuchtungsanschlüsse	3	2	3	2	3	3	4	2	3	4	2	2	2	1	2
Telefon-/Datenanschluss	1		1		1	1	2	1	1	2	1		1		1
Steckdosen für Telefon/Daten	2		2		2	2	4	2	2	4	2		2		2
Radio-/TV-Datenanschluss	1		1		1	1	2	3	1	2			1		1
Steckdosen für Radio/TV/Daten	3		3		3	3	6	9	3	6			3		3
Kühlgerät, Gefriergerät	2	1													
Dunstabzug	1	1													
Anschluss für Lüfter			1	1											
Rollladenantriebe					Anschluss je nach Anzahl der Antriebe										

Installationsbereiche
Installation Areas

Bezeichnung	Erklärungen
Errichten von elektrischen Anlagen: Allgemeine Festlegungen DIN VDE 0105-100: 2015-10	Anforderungen für das Arbeiten, Bedienen und Instandhalten an elektrischen Anlagen. Anwendungsbereiche: • elektrische Anlagen mit Kleinspannung bis Hochspannung • ortsfeste Anlagen, z. B. in Industriebetrieben und Bürogebäuden • ortsveränderliche Anlagen, z. B. an Baustellen und im Bergbau • abgeschlossene elektrische Betriebsstätten mit Zugang für unterwiesene Personen
Trockene Räume: Räume ohne hohe Luftfeuchtigkeit und Kondenswasser DIN VDE 0100-731: 2014-10	Wohnräume, Büros, Geschäftsräume • Leitungsart: NYM, H07V-U, H07V-K
Feuchte und nasse Bereiche: Räume mit Kondenswasser DIN VDE 0100-737: 2002-01	Backräume, Kühlräume, Großküchen, unbeheizte und unbelüftete Kellerräume, Nasswerkstätten, Weinkeller, Duschecken usw. Schutz in feuchten und nassen Bereichen und Räumen: • Betriebsmittel mindestens nach Schutzart IPX1 • nicht direkt mit Strahlwasser angestrahlte Betriebsmittel IPX4 • Schutzanstrich oder korrosionsfeste Werkstoffe bei ätzenden Dämpfen • RCD: $I_{\Delta N} \leq 10$ mA bzw. 30 mA • Leitungsart: NYM, NYY
Anlagen im Freien: Orte mit und ohne Überdachungen DIN VDE 0100-737: 2002-01	Geschützte Anlagen im Freien: • Betriebsmittel mindestens nach Schutzart IPX1 Ungeschützte Anlagen im Freien: • Betriebsmittel mindestens nach Schutzart IPX3 RCD: $I_{\Delta N} \leq 10$ mA bzw. 30 mA • Leitungsart: NYM, NYY
Errichten von Niederspannungsanlagen: Schutz gegen thermische Auswirkungen DIN VDE 0100-420: 2016-02	Auswahl von elektrischen Betriebsmitteln bei besonderem Brandrisiko: • bei möglicher Staub- und Faseransammlung IP5X • bei anderen leicht entzündlichen Stoffen mindestens IP4X • bei Ablagerung von leitfähigem Staub IP6X Kabel- und Leitungssysteme: • bei nicht vollständiger Verlegung in nicht brennbaren Stoffen (z. B. Putz, Beton) Kabel- und Leitungsanlagen in nicht flammenausbreitender Bauweise • Schutz gegen Überlast und Kurzschluss • Installation der Schutzeinrichtungen außerhalb der Betriebsstätten • Fehlerlichtbogen-Schutzeinrichtungen in Endstromkreisen einphasiger Wechselspannungssysteme mit $I_b \leq 16$ A Schutz bei Isolationsfehlern, außer bei mineralisolierten Leitungen und Stromschienensystemen, durch: • RCD in TN- und TT-Systemen (RCD: $I_{\Delta N} \leq 0{,}3$ A) • bei Brandgefahr durch Fehler an Widerständen (z. B. Widerstandsheizung mit Flächenheizelementen) mit RCD: $I_{\Delta N} \leq 30$ mA • Abschaltzeit der Überstrom-Schutzeinrichtung ($t_a \leq 5$ s) in IT-Systemen. PEN-Leiter in feuergefährdeten Betriebsstätten ist nicht zugelassen.
Batterieladeräume: DGUV 3: 2014-08 Sicherheit beim Einrichten und Betreiben von Batterieanlagen	• Laderaum: – Gangbreite: 0,6 m, Raumhöhe: 2,0 m • Batterieabstand: – zum Ladegerät mindestens 1,0 m, zu Schaltern und Steckdosen 0,5 m – zu brennbaren Materialien mindestens 2,5 m – zu explosions- und feuergefährdeten Bereichen mindestens 5,0 m • Frostfreier Bereich, natürliche Luftbewegung, Abgrenzung zu anderen Betriebsbereichen durch dauerhafte Kennzeichnung, z. B. Fußbodenanstrich • Ausreichende Belüftung zum Entweichen von Wasserstoff: Zuluft- und Abluft-einrichtungen gegenüberliegend nach außen • Elektrische Installation: – Feuchtrauminstallation nach DIN VDE 0100-737 und Schutzart IP54 – Leuchten mindestens nach IPX2 – Stromkreise für Ladegeräte mit RCD: $I_{\Delta N} \leq 30$ mA – bewegliche Ladeleitungen in kurz- und erdschlusssicherer Verlegung

Installationsbereiche
Installation Areas

Bezeichnung	Erklärungen
Unterrichtsräume mit Experimentiereinrichtungen: DIN VDE 0100-723: 2005-06 Räume in Ausbildungsstätten	Eine Not-Aus-Schaltung ist für alle Stromkreise an Experimentiereinrichtungen erforderlich. Das Schaltgerät muss gegen unbefugtes Wiedereinschalten gesichert sein. ■ Schutz durch Sicherheitskleinspannung (SELV oder PELV) an Experimentier-einrichtungen ■ RCD: $I_{\Delta N} \leq 30$ mA, wenn Wechselspannungen erforderlich ■ Einpolige Anschlussstellen: Berührungssichere Steckbuchsen
Errichten von Niederspannungsanlagen: DIN VDE 0100-713: 2017-10 Anforderungen für Betriebsstätten, Räume und Anlagen in Möbeln	Leiterquerschnitt 1,5 mm² bzw. bei flexiblen Leitungen $q \leq 0{,}75$ mm² Cu, wenn keine Steckdosen gespeist werden und die Leitungslänge $l \leq 10$ m beträgt. RCD: $I_{\Delta N} \leq 30$ mA Leitungsverlegung fest oder lose durch Hohlräume nur mit Zugentlastung ■ bei fester Verlegung: NYM, H07V-U ■ bei fester und beweglicher Verlegung: H05RR-F, H05VV-F ■ nicht zulässig Aderleitungen in Rohren
Elektrische Anlagen von landwirtschaftlichen und gartenbaulichen Betriebsstätten: DIN VDE 0100-705: 2007-10 Räume und Orte in landwirtschaftlichen Betrieben, Stallungen, Brut- und Aufzuchträumen	Abdeckungen und Umhüllungen mindestens nach IP2X. ■ RCD: $I_{\Delta N} \leq 300$ mA für andere Stromkreise ■ Zusätzlicher Schutzpotenzialausgleich für fremde leitfähige Teile im Fußboden des Standbereichs der Tiere, z. B. Liege- und Melkbereich sowie Spaltenböden. ■ SELV- und PELV-Stromkreise mit Basisschutz, z. B. durch Abdeckung oder Umhüllung. Thermische Einflüsse ■ Brandschutz durch RCD: $I_{\Delta N} \leq 300$ mA ■ Heizgeräte im Abstand zu Tieren und brennbarem Material: $a \geq 0{,}5$ m. Feste Verlegung bei Leitungen wie NYM. Mantelleitungen für selbsttragende Aufhängung wie NYMT mit einer Verlegehöhe von $h \geq 5$ m.

Medizinisch genutzte Bereiche: Anlagen in Krankenhäusern und medizinisch genutzten Räumen außerhalb von Krankenhäusern DIN VDE 0100-710: 2012-10	**Schutz gegen elektrischen Schlag**
	■ Basisschutz (Schutz gegen direktes Berühren) in Räumen der Anwendungsgruppen 0, 1 und 2 laut DIN VDE 0100-410 (in Räumen der Gruppen 1 und 2 auch bei Betriebsspannungen $U \leq 25$ V AC und $U \leq 60$ V DC)
	■ Fehlerschutz (Schutz bei indirektem Berühren) mit bevorzugten Schutzmaßnahmen wie
	  – Schutz durch Meldung mit Isolations-Überwachungseinrichtung im IT-Netz beim 1. Fehler
	  – Doppelte oder verstärkte Isolierung (Schutzisolierung)
	  – Sicherheitskleinspannung, Funktionskleinspannung, Schutztrennung
	  – Schutz durch Abschaltung einzelner Verbraucher mit RCD beim 2. Fehler $I_{\Delta N} \leq 30$ mA in Stromkreisen mit Überstrom-Schutzeinrichtungen bis 63 A
	■ Zusätzlicher Schutzpotenzialausgleich in Räumen der Gruppen 1 und 2
	■ Sicherheitsstromversorgung, Umschaltzeit $t \leq 15$ s für Sicherheitsbeleuchtung von Rettungswegen und Räumen der Gruppen 1 und 2; bei Operationsleuchten $t \leq 0{,}5$ s

Raumarten (Auswahl) und Anwendungsgruppen

Anwendungsgruppe	Raumart	Art der medizinischen Nutzung
0	Bettenräume OP-Sterilisationsräume OP-Waschräume Praxisräume	Keine Anwendung elektromedizinischer Geräte
1	Bettenräume Therapieräume Untersuchungsräume	Anwendung elektromedizinischer Geräte am oder im Körper (kleine, ambulante Chirurgie)
2	OP-Vorbereitungsräume OP-Räume Intensiv-Untersuchungs- und Überwachungsräume	Organoperationen jeder Art, chirurgisches Einbringen von Geräteteilen

Installationsbereiche
Installation Areas

Bezeichnung	Erklärungen
Becken von Schwimmbädern, begehbare Wasserbecken und Springbrunnen DIN VDE 0100-702: 2012-03 Feuchte Bereiche mit Spritz- und Strahlwasser	Schutzbereiche am Schwimmbecken: 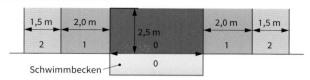 ■ Sicherheitskleinspannung (SELV) $U \leq 12$ V in Bereichen 0 und 1 mit Spannungsquelle außerhalb der Bereiche 0, 1 bzw. 2 ■ Zusätzlicher Schutzpotenzialausgleich in allen Bereichen ■ Heißluftsaunen gehören zu trockenen Räumen, da Luftfeuchtigkeit nur kurz ansteigt (Wasseraufguss). ■ Dampfsaunen gehören zu feuchten und nassen Räumen. ■ RCD: $I_{\Delta N} \leq 30$ mA; Ausnahme: Versorgung mit Saunaheizungen [1] Bei Reinigung mit Hochdruckreinigern IPX5 erforderlich.

Bereich	0	1	2
Schutzart	mind. IPX8[1]	mind. IPX5	mind. IPX2

Bezeichnung	Erklärungen
Räume mit Badewanne oder Dusche DIN VDE 0100-701: 2008-10 Bereiche mit fest installierten Bade- und Duscheinrichtungen	Zusätzlicher Schutzpotenzialausgleich zwischen Metallteilen bzw. -rohren: ■ Erforderlich in Gebäuden, in denen kein Schutzpotenzialausgleich über die Haupterdungsschiene vorliegt ■ Schutzleiterquerschnitt: – bei geschützter Verlegung $\geq 2,5$ mm² Cu – bei ungeschützter Verlegung ≥ 4 mm² Cu ■ Restwandstärke mindestens 6 cm, wenn auf der Rückseite elektrische Installationen vorhanden sind, die an die Bereiche 1 und 2 grenzen Leitungsart: NYY, NYM, H07V-U

Bereiche:

- mit Dusche (Duschecke) ohne Duschwanne
- mit Duschwanne und fester Trennwand
- mit Badewanne

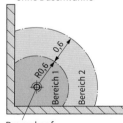
Brausekopf

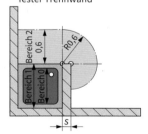

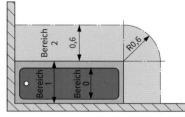
Maße in m

Bereich	Kabel und Leitungen (bis 6 cm unter Putz)	Schalter und Steckdosen	Elektrische Betriebsmittel
0	nein	nein	ja ⎫
1	ja ⎫[1]	ja ⎫[2] ⎫[3]	ja ⎬ [4]
2	ja ⎭	ja ⎭	ja ⎭

Unter folgenden Bedingungen:

[1] Senkrechte und waagerechte Leitungsführung zu den Betriebsmitteln, Leitungseinführung für die Energieversorgung von der Rückseite der Betriebsmittel

[2] Alle Installationsgeräte, nur Steckdosen für Betriebsmittel der Signal- und Kommunikationstechnik (SELV, PELV)

[3] Schalter in Verbrauchern, Steckdosen für die Energieversorgung außerhalb der Bereiche mit Schutz durch RCD: $I_{\Delta N} \leq 30$ mA

[4] **Bereich 0:**
– Schutzart IPX7, Kleinspannung (≤ 12 V AC, ≤ 25 V DC), ortsfester Anschluss
Bereich 1:
– Schutzart IPX4, Kleinspannung (≤ 25 V AC, ≤ 60 V DC), ortsfester Anschluss, Whirlpooleinrichtungen, Duschpumpen, Geräte zur Lüftung, Handtuchtrockner und Wassererwärmer
Bereich 2:
– Schutzart IPX4, Geräte der Signal- und Kommunikationstechnik (SELV, PELV)

Isolationsüberwachung
Insulation Monitoring

DIN EN 61557-8 (VDE 0413-8): 2015-12

Anwendung

- Messung/Überwachung des Isolationswiderstandes in isolierten Netzen (IT)
- Isolationsüberwachung einzelner Betriebsmittel (z. B. Generator)
- Meldung bei unterschrittenem Grenzwert

U_m: Messspannung, die während der Messung an den Messanschlüssen liegt.
I_m: Messstrom, der aus dem Überwachungsgerät zwischen Netz und Erde fließt.

Grenzwerte

$R_{iso} < 250\,\Omega/V \cdot U_r$ und $R_{iso} < 15\,k\Omega$	minimaler Isolationswiderstand R_{iso} des Netzes (zwischen aktivem Leiter und Erde)
$I_m < 10\,mA$	max. Messstromstärke I_m (bei $R_F = 0\,\Omega$)
$U_m < 120\,V$	maximale Messspannung U_m (bei $1{,}1 \cdot U_n$ und $R_F = \infty$)

R_F: Isolationswiderstand im überwachten Netz, einschließlich aller angeschlossenen Objekte gegen Erde
R_{an}: Wert des Isolationswiderstandes, dessen Unterschreitung überwacht wird.

Standardfunktionen

- Prüfeinrichtung zur Sicherstellung einwandfreier Funktion; Isolationswiderstand wird kurzzeitig künstlich verringert.
- Bei Grenzwertverletzung optische Meldung im Gerät oder extern verschaltet
- Akustische Meldung rücksetzbar (quittierbar), aber nicht abschaltbar

Optionale Zusatzfunktionen

- Ansprechwert (R_{an}) fest oder einstellbar
- Hystereseverhalten (Meldung bei steigendem R_{iso}) oder Speicherverhalten (Meldung wird erst durch Quittierung zurückgesetzt)
- Vorwarnung bei Schwellwert größer als R_{an}
- interne/externe Anzeige von R_{iso}

Funktionsweise

- Der Netzspannung wird zwischen L und PE/N eine Gleichspannung überlagert.
- Bei sinkendem R_{iso} steigt der Gleichstrom.
- Ab voreingestelltem Grenzwert erfolgt die Auslösung der Störmeldung.

Anschluss/Schaltung

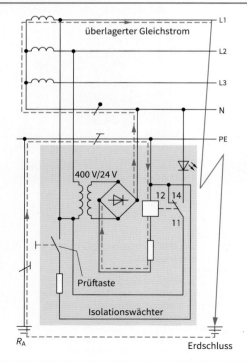

Erdschluss

Funktionsdiagramm

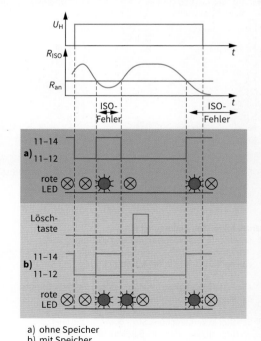

a) ohne Speicher
b) mit Speicher

Rauchwarnmelder
Smoke Alarm Device

DIN 14676: 2012-09

- Rauchwarnmelder warnen Personen bei Rauch und Brand durch sehr laute akustische Signale.
- Die Betroffenen können dann angemessen reagieren.
- Als Hilfe dabei sollte eine **Information zum Verhalten im Brandfall** vorhanden sein.
- In fast allen Bundesländern sind diese Melder für Wohnungen und Rettungswege zu Aufenthaltsräumen vorgeschrieben.
- Die Rauchwarnmelder setzen keinen Notruf ab. Sie sind deshalb **nicht** Bestandteil einer Brandmeldeanlage.

Arten

	Foto-optische Rauchwarnmelder	Thermo-optische Rauchwarnmelder	Ionisations-Rauchwarnmelder
Funktion	■ In der Rauchkammer befinden sich eine Leuchtdiode und ein Sensor (Fotodiode). Die Leuchtdiode sendet Infrarotlicht aus. Der Sensor empfängt dieses Licht zunächst nicht. ■ Befinden sich Rauchpartikel in der Rauchkammer, wird das Licht reflektiert, trifft auf den Sensor und der Alarmton wird dadurch ausgelöst.	■ Die Funktion dieses Rauchwarnmelders ist die gleiche wie bei foto-optischen Meldern. ■ Zusätzlich reagiert er auch auf Temperaturerhöhung. Als Fühler wird dabei ein Heißleiter verwendet. Bei hohen Temperaturen sinkt der Widerstand. Dadurch fließt ein höherer Strom, der den Alarmton auslöst.	■ Zwischen zwei Metallplatten befindet sich radioaktives Material. Die Strahlen ionisieren die Luft. Es fließt Strom. ■ Kommen Rauchpartikel zwischen die Platten, werden Ionen an den Rauch gebunden. Die Stromstärke nimmt ab. Der Alarmton wird ausgelöst.
Einsatz	häufig	wenig	selten
Vorteil	kostengünstig	reagiert auch bei Erwärmung	reagiert bereits bei wenig Rauch
Nachteil		teurer als foto-optische Melder	■ teurer als optische Melder ■ Entsorgung als Sondermüll

Stromversorgung

- Einzelbatterien
- 230 V plus Reservebatterien
- Niedrige Kapazität wird akustisch und optisch signalisiert
- Rauchwarnmelder (Markierung mit Q) werden alle 10 Jahre ausgetauscht, da die Batterien mit dieser Lebensdauer fest eingebaut sind.

Foto-optischer Rauchwarnmelder (Prinzip)

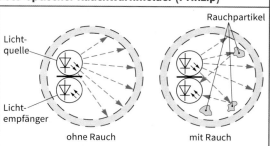

Lichtquelle — Lichtempfänger — Rauchpartikel

ohne Rauch — mit Rauch

Rauchwarnmelder für Wohnungen

Installation

Anzahl
- Je Raum: 1 Rauchwarnmelder, besonders in Schlaf- und Kinderzimmern.
- Räume mit mehr als 60 m² : 2 Rauchwarnmelder
- Balkendecken: 1 Rauchwarnmelder pro Feld

Vernetzung
- Kinderzimmer und Schlafzimmer
- Wohnungen und Fluchtwege

Montage
- Deckenmitte
- Am höchsten Punkt < 6 m über Fußboden
- Schräge Decken: 0,5 m ... 1 m von der Spitze
- Abstand zu Wänden: > 0,5 m
- Abstand zu Balken: > 0,2 m
- Flure: Abstand der Melder: < 15 m
  - Abstand von Stirnfläche: 7,5 m
  - An Kreuzungen und Ecken: 1 Rauchwarnmelder

Prüfung
- Frist: 12 Monate
- Prüfer: Nutzer
- Funktion durch Betätigen der Prüftaste
- Freier Raum um den Melder
- Freie Raucheindringöffnungen

Elektrische Installationen

Wärmemelder
Heat Detectors

DIN EN 54-5: 2018-10

Merkmale

- Wärmemelder (**Thermomelder**) erfassen die bei einem Brand entstehende Veränderung der **Umgebungstemperatur**.
- Einsatz in rauchigen und staubigen Räumen (z. B. Werkstätten, Küchen), in denen Rauchwarnmelder Fehlalarme auslösen.
- Wärmemelder in Form von Sensorkabeln (**lineare Wärmemelder**) ermöglichen die Abdeckung von großen Überwachungsflächen (z. B. Parkhäuser, Lagerhallen).
- Wärmemelder sind **nicht geeignet** für Personenschutz, da keine Brandgase erkannt werden.

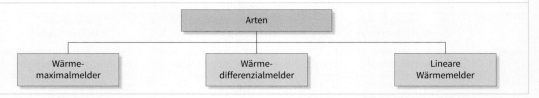

Wärmemaximalmelder

- Schaltet bei festgelegter Temperatur in den Alarmzustand, unabhängig von anderen Brandgrößen (z. B. Rauchdichte).
- Sensorelemente sind
  - Thermistor (Temperaturabhängiger Widerstand),
  - Schmelzlotsicherung,
  - Bimetallstreifen oder
  - Flüssigkeitsröhrchen.
- Klassifikation nach EN 54-5 mit den Buchstaben A1, A2 und B bis G.
- Klassifizierung beinhaltet Angaben u. a. über
  - Überwachungsbereich,
  - zulässige Umgebungstemperatur,
  - Auslösetemperatur,
  - maximale Montagehöhe usw.

Statische Anwendungstemperatur:
- min. 54 °C
- typ. 57 °C
- max. 65 °C

Symbol nach VDS[1] 2131

- Zusätzlich:
  - **Klassenindex R**: Objekte mit sehr stark schwankenden Umgebungsbedingungen
  - **Klassenindex S**: Objekte, in denen über längere Zeiten stärkere Temperaturanstiege stattfinden

Wärmedifferenzialmelder

- Melder schaltet bei
  - festgelegtem **Temperaturanstieg** pro Zeiteinheit (°C/min) und
  - Überschreitung einer maximalen Temperatur in den Alarmzustand, unabhängig von anderen Brandgrößen (z. B. Rauchdichte).
- Sensorelemente: Thermistoren

Symbol nach VDS[1] 2131

[1] VDS: Vertrauen durch Sicherheit

Lineare Wärmemelder

- **Wärmeempfindliches Sensorkabel**:
  - Es besteht aus zwei parallelen elektrischen Leitern, die mit einem wärmeempfindlichen Polymer umhüllt sind.
  - Bei Erreichen der entsprechenden Temperatur schmilzt die Isolierung und die Leiter werden kurzgeschlossen.
  - Auslösetemperatur ist abhängig von der Art des Polymers.
  - Sensorlänge bis zu 2 km.
  - Lokalisierung der Brandstelle durch Messung des Leiterwiderstandes.
  - Bei hintereinander liegenden Brandstellen kann nur die der Auswerteeinheit am nächsten gelegene Brandstelle ermittelt werden.

- **Lichtwellenleitersensor**
  - Sensorelement: Lichtwellenleiter
  - Eingekoppelte Laserstrahlung wird, abhängig von der Temperatur des Lichtwellenleiters, reflektiert.
  - Die Position der Wärmequelle wird über die empfangenen Reflexionsmuster ausgewertet.
  - Sensorlänge: Bis zu 30 km; in 1000 Messzonen einteilbar.
  - Erfasst werden sowohl **Wärmestrahlung** als auch **Wärmeströmung** (Konvektion).
  - Unempfindlich gegen Feuchtigkeit, Korrosion, Schmutz und elektromagnetische Störfelder.
  - Anwendungsbereiche: z. B. Tunnel, Kabeltrassen

Beispiel: Lichtwellenleitersensor

Glasfaser — Edelstahlrohr — Kabelmantel

Kunststoffumhüllung

- Weitere lineare Thermomelder:
  - Kabel mit mehreren integrierten Sensoren
  - Rohrsysteme (Fühlerrohr mit eingefülltem Medium, das sich bei Wärmeeinwirkung ausdehnt) und die Schaltfunktion auslöst.

Brandschutz
Fire Protection

Begriffe

Brandabschnitt	Abschnitt eines Gebäudekomplexes, der durch Brandwände abgegrenzt ist.	Feuerwiderstandsklasse	Mindestdauer, die ein Bauteil genormter Anforderungen bei definiertem Brandversuch widersteht.
Brandwand	Wand zwischen Brandabschnitten mit dem Ziel, die Ausbreitung von Feuer und Rauch zu verhindern.	Kurzzeichen	**Beispiel:** F90 ⟶ Dauer in Min. F: Brandwände T: Türen, Tore, Klappen S: Kabelabschottungen E: Funktionserhalt elektrische Leitungen I: Installationsschächte/-kanäle
Brandlast	Energiemenge von Baustoffen, die bei Verbrennung freigesetzt wird.		

Durchführung durch Brandwände

Brandschutzrahmen	Brandschutzmörtel/-spachtel	Brandschutzkissen

■ Rahmen kann geöffnet und wieder verschlossen werden. ■ Einfache Nachinstallation möglich.	■ Dauerhafte Schottungen, nur durch Zerstören zu öffnen.	■ Einzelne Kissen werden um die Kabel gelegt. ■ Einfache Nachinstallation möglich. ■ Kissen quellen im Brandfall auf und verschließen die Durchführung.

Installationen müssen von Fachfirmen durchgeführt und mit Firmenname, Funktionserhaltungsklasse, Prüfzeugnisnummer und Herstellungsjahr gekennzeichnet sein.

Brandlast verringern

Kabel geringer Brandlast	Abschottung
■ sind schwer entflammbar, ■ setzen wenig toxische und korrosive Gase frei und ■ hemmen Brandfortleitung.	■ Anlage wird durch schwer entflammbare Materialien umbaut. ■ Brände können Leitungen nicht entflammen. ■ Unterbau (Wand, Decke) muss massiver Beton sein.

Funktionserhalt
Functional Endurance

MLAR: 2015-02

- Aufrechterhaltung der Stromversorgung im Brandfall
- Funktion muss bei Brand für definierte Zeit erhalten bleiben.
- Forderung für Gebäude mit erhöhtem Sicherheitsrisiko (Versammlungsstätten, Krankenhäuser, Hotels, Industrieanlagen, Rechenzentren)

- **MLAR** (**M**uster **L**eitungs **A**nlagen **R**ichtlinie) durch deutsches Institut für Baurecht veröffentlicht.
- MLAR ist Basis für die Umsetzung in bundeslandspezifisches Baurecht.

Dauer des Funktionserhalts

E30 (30 Minuten für Evakuierung)	E90 (90 Minuten für Brandbekämpfung)
- Sicherheitsbeleuchtungsanlagen - Brandmeldeanlagen - Alarmierungs-/Lautsprecheranlagen (ELA) - Lüftungs-, Rauchabzugsanlagen	- Feuerwehraufzüge - Bettenaufzüge in Krankenhäusern - Maschinelle Rauchabzugsanlagen - Wasserdruckerhöhungsanlagen - Sprinkleranlagen

Installationsanforderungen

- Leitungsanlagen inkl. Verteiler, zentrale Notlicht-/ELA-Anlagen in Funktionserhalt installieren.
- Sicherheitsbeleuchtungsanlagen, die ausschließlich zur Versorgung des betroffenen Brandabschnittes dienen, sind von den Anforderungen ausgenommen.
- Bei Leitungsdimensionierung ist für die längste Brandabschnittsdurchquerung eine erhöhte Leitertemperatur/-widerstand zu berücksichtigen (im Beispiel Leitung durch Brandabschnitt 2).

Beispiel:

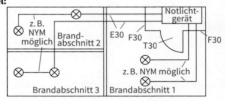

Installation

Integrierter Funktionserhalt	Abschottung
- Leitungsanlage kann direkt einem Brand ausgesetzt werden. - Verwendung feuerbeständiger, geprüfter Leitungen	- Leitungsanlage wird durch feuerwiderstandsfähiges Material umbaut. - Installation nur mit geprüften und zugelassenen Trageeinheiten ausführen. - Es können Standardleitungen verwendet werden.

Beispiele:

Aderumhüllung Polyolefin flammwidrig halogenfrei

Flammbarriere Keram-Hochleistungscompound, flammwidrig halogenfrei

Mantel Polyolefin flammwidrig halogenfrei

Aderisolation Spezialcompound flammwidrig halogenfrei

Adern ein-/mehrdrähtig

- Installation nur mit geprüften und zugelassenen Trage- und Befestigungseinheiten

Beispiele:

zugelassene Metalldübel und Metallschellen

Beispiel:

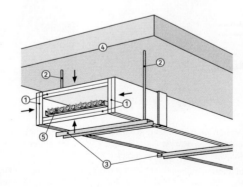

① feuerbeständige Platten
② Gewindestab
③ U-Profil
④ Decke
⑤ konventionelle Leitungen

Elektrische Installationen

Schutzarten durch Gehäuse
Degrees of Protection Provided by Enclosures

DIN EN 60529: 2014-09

Kennzeichnung

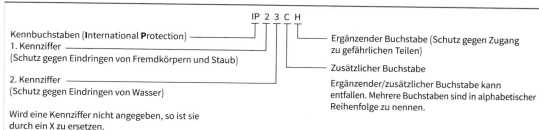

Kennbuchstaben (**I**nternational **P**rotection)
1. Kennziffer
(Schutz gegen Eindringen von Fremdkörpern und Staub)

2. Kennziffer
(Schutz gegen Eindringen von Wasser)

Ergänzender Buchstabe (Schutz gegen Zugang zu gefährlichen Teilen)

Zusätzlicher Buchstabe

Ergänzender/zusätzlicher Buchstabe kann entfallen. Mehrere Buchstaben sind in alphabetischer Reihenfolge zu nennen.

Wird eine Kennziffer nicht angegeben, so ist sie durch ein X zu ersetzen.

1. Kennziffer	Bildzeichen[1]	Beschreibung	2. Kennziffer	Bildzeichen[1]	Beschreibung
0		Kein Schutz	0		Kein Schutz
1		Schutz gegen Eindringen großer Fremdkörper ($d \geq 50$ mm)	1		Schutz gegen senkrecht fallendes Wasser (Tropfwasser)
2		Schutz gegen Eindringen mittelgroßer Fremdkörper ($d \geq 12$ mm)	2		Schutz gegen schräg fallendes Wasser (Tropfwasser) bis zu 15° Neigung
3		Schutz gegen Eindringen kleiner Fremdkörper ($d \geq 2,5$ mm)	3		Schutz gegen Sprühwasser mit maximal 60° zur Senkrechten
4		Schutz gegen Eindringen kornförmiger Fremdkörper ($d \geq 1$ mm)	4		Schutz gegen Spritzwasser aus allen Richtungen
5		Schutz gegen Staubablagerungen (staubgeschützt) und vollständiger Berührungsschutz	5		Schutz gegen Wasserstrahl aus allen Richtungen
6		Schutz gegen Eindringen von Staub (staubdicht), vollständiger Berührungsschutz	6		Schutz gegen starken Wasserstrahl aus allen Richtungen
			7		Schutz bei zeitweiligem Untertauchen
			8	bar...m	Schutz bei dauerndem Untertauchen
			9		Schutz gegen Hochdruck und hohe Strahlwassertemperatur

zusätzlicher Buchstabe	Beschreibung	ergänzender Buchstabe	Beschreibung
A	Schutz gegen Zugang mit Handrücken	H	Hochspannungs-Betriebsmittel
B	Schutz gegen Zugang mit Finger	M	Schutz gegen Wasser geprüft bei bewegten Teilen
C	Schutz gegen Zugang mit Werkzeug	S	Schutz gegen Wasser geprüft bei stillstehenden, beweglichen Teilen
D	Schutz gegen Zugang mit Draht	W	Schutz vor festgelegten Wetterbedingungen, mit zusätzlichen Schutzmaßnahmen

[1] Übliche Kennzeichnung bei Leuchten; sie geben ungefähr den Schutz der 2. Kennziffer wieder.

Elektrische Installationen

Kabeleinführungen
Cable Inlets

Funktionen

Abdichtung	Mechanischer Schutz	Zugentlastung
Gegen Eindringen von – Feuchtigkeit – Staub – Fremdkörpern	Gegen – Beschädigung durch die Gehäusewände – unzulässige Biegeradien des Kabels (z. B. Abknicken) – Torsion, Vibration	Gegen – Herausziehen des Kabels aus dem Anschlussgehäuse (nicht von allen Kabeleinführungen erfüllt)

Einfache Kabeleinführungen

- Kabeleinführung an Abzweigkästen und Verteilern (Aufputz und Unterputz)
- Verschließen von vorhandenen Öffnungen (Schutz u. a. gegen Feuchtigkeit, Staubablagerungen)
- Winddichtes Verschließen von
  - Elektroinstallationsrohren
  - Unterputz Gerätedosen
- Vorteile: Preisgünstig; einfache Montage; geringer Einbauplatzbedarf
- Nachteile: Geringe Zugentlastung; Schutzklasse nicht höher als IP67

Beispiele:

Durchführungstülle mit Klemmbefestigung
IP67

Würgenippel mit Schraubbefestigung
IP54

Kabel ohne Werkzeug einführbar

Kabelverschraubungen (Kompressionstechnik)

Festlegungen

- Konstruktionen und Prüfungen genormt nach DIN EN 50262
- Für den **Einsatz** u. a. berücksichtigen:
  - Schutzklasse (IP)
  - Dauergebrauchstemperatur
  - Zugentlastung
  - Knickschutz
  - Elektromagnetische Verträglichkeit
  - Explosionsschutz
- Verwendung von **M-Verschraubungen** (metrisch)
- Frühere Bezeichnungsform **Pg + Kennzahl** (Pg: Panzergewinde) abgelöst
- Pg-, NPT-, Gas- oder zöllige Verschraubungen sind verfügbar

Beispiel: Kunststoffverschraubung

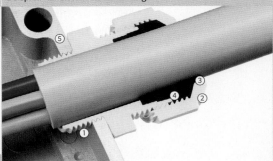

① Gewinde
② Druckmutter
③ Elastische, umweltbeständige Dichteinsätze
④ Zugentlastung, Verdrehschutz
⑤ Gerätegehäuse mit Gewinde

Material:	Polyamid PA 6
Dichteinsatz:	TPE (Thermoplastisches Elastomer) oder CR (Chloropen Kautschuk)
Einsatztemperatur:	–30 °C … +100 °C
Anschlussgewinde:	M 16x1,5
Kabeldurchmesser:	4,5 mm … 10 mm
Schlüsselweite:	SW 19
Anzugsdrehmoment der Druckmutter:	2,5 Nm
Schutzart:	IP68

Klassifikationsmerkmale

- Material
  - Metall (Edelstahl, Messing, Zinkdruckguss, Aluminium)
  - Kunststoff (z. B Polyamid, EDPM)
  - Kombination aus den genannten Kunststoffen
- Mechanische Eigenschaften
  - Schlagfestigkeit (IK 01 … IK 08)
  - Zugentlastung (Typ A Schnellmontage, Typ B für extreme Beanspruchung und Länge)
  - Installationsdrehmoment (Einführungsstutzen und Druckmutter)
  - Gewindetyp (z. B. M 12, M 16, M 20 … M 63)
- Elektrische Eigenschaften
  - Leitende Verbindung zum Gehäuse oder zu Kabellagen (Kabelschirmverbindung)
  - Leitende Erdungsverbindung
- Konstruktion
  - Dichtungssystem mit einfacher oder mehrfacher Öffnungsdichtung
- Umgebungseinflüsse
  - IP-Schutzklasse, – Temperaturbereich
  - Einflüsse durch Chemikalien, Lebensmittel, Wasser, usw.

Hinweis:
In **wasserdichten Gehäusen** (kein Luftaustausch) bildet sich Kondenswasser durch Druckschwankungen.
Einsatz von **Druckausgleichselementen** mit Spezialmembran für Luftaustausch erforderlich

EMV – Elektromagnetische Verträglichkeit – EMV
Electromagnetic Compatibility – EMC

EMV-Richtlinie 2014/30/EU; DIN EN 50491-5-2: 2010-11

Definitionen

- **EMV** ist die Fähigkeit eines Betriebsmittels,
  - in seiner elektromagnetischen Umgebung funktionsgerecht zu arbeiten und
  - selbst keine elektromagnetischen Störungen zu verursachen, die andere Betriebsmittel in der Nähe stören.
- **Störfestigkeit** beschreibt die Unempfindlichkeit des Gerätes gegen äußere elektromagnetische Beeinflussungen.
- **Störaussendung** beschreibt die elektromagnetische Ausstrahlung des Gerätes in die Umwelt.

Merkmale

- Die **EMV-Richtlinie 2014/30/EU** berücksichtigt ein breites Spektrum an elektrischen Apparaten, Geräten und Systemen (Betriebsmittel).
- Im Einzelfall ist zu klären, ob für das Betriebsmittel diese Richtlinie zur Anwendung kommt.

Störungen

Strahlungskopplung

Störquelle Störsenke

- Die Strahlungskopplung erfolgt über elektromagnetische Wellen (Fernfeld).
- Elektrische und magnetische Felder können dabei nicht mehr getrennt betrachtet werden (keine quasistationären Felder).
- Der Grenzabstand zwischen Nah- und Fernfeld ist frequenzabhängig (ca. 3 m bei 10 MHz).
- **Beispiel:** Sendeanlagen, Mikrowellengeräte

Technische Störursachen
- Spannungsschwankungen, z. B. durch Schweißgeräte
- Spannungseinbrüche, z. B. beim Anlaufen leistungsstarker Motoren
- Spannungsunterbrechungen, z. B. durch Zuschalten von Leistungstransformatoren
- Überspannungen, z. B. durch Schalthandlungen im Mittelspannungsnetz

Systemfremde Störquellen
- Blitzentladungen mit Direkt-, Nah- oder Ferneinschlägen
- Elektrostatische Entladungen in Form von Gleit-, Büschel-, Funken- oder blitzähnlichen Entladungen
- Schalten von Sammelschienen mittels Kontakten
- Kurz-, Erd- und Doppelerdschlüsse
- Abschalten leerlaufender Hochspannungsleitungen
- Prellvorgänge an mechanischen Kontakten (Bursts)
- Ein- und Ausschalten von Leuchtstofflampen
- Betrieb von Lichtbogenschmelzöfen
- Zuschalten leerlaufender Kabel

EMV-gerechter Anschluss in elektrischen Anlagen
- Geschirmte Leitungen: Metallschirm in den Schutzpotenzialausgleich einbeziehen und mit Haupterdungsschiene verbinden
- Räumliche Trennung von Energie- und Signalleitungen, Verlegung der Leitungen in getrennten Kabelkanälen, Verwendung von Kanälen mit metallener Trennwand
- Masseverbindungen zum Schutzpotenzialausgleich, Verbindung von unterbrochenen Metallkanälen mit Masseband und Kontaktlack, damit Einbeziehung in die Erdung

Elektromagnetische Umgebungsklassen

Festlegung der Umgebungsklassen (IEC 61000-2-5)

Klassen	Gültigkeitsbereiche
1	Ländliches Wohngebiet
2	Städtisches Wohngebiet
3	Geschäftsviertel, dicht besiedeltes Wohngebiet
4	Gewerbe- und Industriegebiet
5	Schwerindustriegebiet
6	Verkehrsbereiche
7	Telekommunikationszentren
8	Medizinische Bereiche, Krankenhäuser

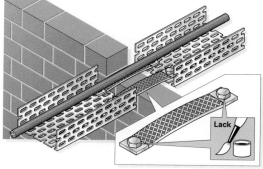

Elektrische Installationen 115

EMV und Netzsysteme
EMC and Electricity Supply Systems

Oberschwingungen durch nichtlineare Belastungen

- **Problem**
  Energiesparlampen, Schaltnetzteile, Drucker, PCs usw. beziehen nicht kontinuierlich, sondern impulsartig Energie aus dem Netz. Deshalb verursachen sie Oberschwingungen.

- **Folge**
  Im N-Leiter addieren sich die Ströme der Oberschwingungen ① (im Beispiel 3. Oberschwingung), so dass die Stromstärke im N-Leiter erheblich größer werden kann als die Stromstärken in L1 ②, L2 ③ und L3 ④ (Überlastung ⇒ Brandgefahr).

- **Abhilfen**
  - **Passive Filter**:
    Sperre bzw. Ableiter der Oberschwingungen.
    Im einfachsten Fall wird eine Drossel (**PFC**-Drossel: **P**ower **F**actor **C**orrection) in den Stromweg des störenden Gerätes geschaltet.
  - **Aktive Filter**:
    Sie speisen zur Kompensation der Oberschwingungen Ströme mit verschiedenen Frequenzen und Phasenlagen in das Netz ein, die die Oberschwingungen aufheben.

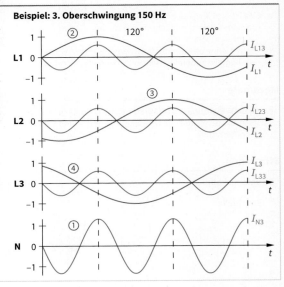

Beispiel: 3. Oberschwingung 150 Hz

Ausgleichsströme im TN-C-System

- Bei **vernetzten** Kommunikationssystemen ① ②, z. B. über mehrere Stockwerke in TN-C- bzw. TN-C-S-Systemen, kann es zu Ausgleichsströmen ③ über die Abschirmungen der Datenleitungen kommen. Durch die Verbindungspunkte P1 und P2 entsteht parallel zum N-Leiter ein Strompfad über den PE-Leiter ④ und geerdete Anlagen bzw. Gebäudeteile.

- **Folgen**
  - Induktive Einspeisung von Störimpulsen in die Datenleitung (Störungen, Datenverlust)
  - Brandgefahr (große Stromstärke über die Abschirmung)
  - Gegebenenfalls Zerstörung elektronischer Bauteile

- **Abhilfen**
  - Aufbau eines TN-S-Systems ⑤ mit getrennten PE- und N-Leitern. Für das Netz gibt es **nur einen zentralen Erdungspunkt**.
  - Verwendung von „EMV-freundlichen" IT- und TT-Systemen.

- In Gebäuden mit umfangreichen informationstechnischen Einrichtungen sind TN-C-Systeme nicht mehr zulässig. Zwingend vorgeschrieben sind TN-S-Systeme (**DIN VDE 0100-444**).

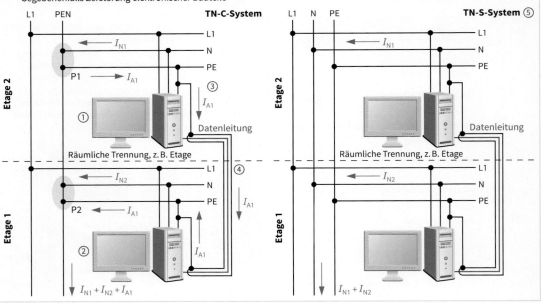

Bohren
Drilling

	Holz	Kunststoff		Metall				Stein	
	Holz	Thermo-plast	Duro-plast	Stahl …900 N/mm²	Guss-eisen	Alu-minium	Kupfer	Ziegel u. ä.	Beton Fliesen
Bohrer-Material	HSS	HSS	HSS HM	HSS HM	HSS HM	HSS HM	HSS	HM	HM
Spitzen-winkel	180°	80° … 110°	100° … 120°	130°	118°	140°	140°	140°	140°
Spiral-winkel	ca. 20°	10° … 13°	16° … 30°	16° … 30°	16° … 30°	35° … 40°	20° … 40°	16° … 30°	16° … 30°
Schnitt-geschwin-digkeit in m/min	ca. 100	30 … 80	30 … 40 … 100 … 120	15 … 20 … 40 … 70	12 … 40 … 25 … 80	50 … 200 … 2000 … 400	35 … 70	25 … 50	20 … 40
Vorschub in mm/Umdre-hung	1	0,1 … 0,5	0,04 … 0,6	0,03 … 0,35 … 0,02 … 0,12	0,05 … 1,3 … 0,1 … 0,3	0,15 … 0,6 … 0,05 … 0,25	0,15 … 0,5	0,1 … 0,4	0,1 … 0,3
Hinweise	Bohrer haben Zentrier-spitze				Kühl-mittel-benutzer				

HSS: Bohrer aus **H**ochleistungs-**S**chnellschnitt**s**tahl   **HM**: Bohrer mit **H**art**m**etallschneide

Bezeichnungen am Wendelbohrer

Drehzahl

Ermittlung der ungefähren Drehzahl n in Abhängigkeit von der Schnittgeschwindigkeit v

v: Schnittgeschwindigkeit in m/min
x: Faktor in m^{-1}

$$n = v \cdot \frac{1000}{d \cdot \pi} \Rightarrow n = v \cdot x$$

d in mm	1	5	10	15	20	25
x in m^{-1}	≈ 300	≈ 60	≈ 30	≈ 20	≈ 15	≈ 13

Bohrerarten

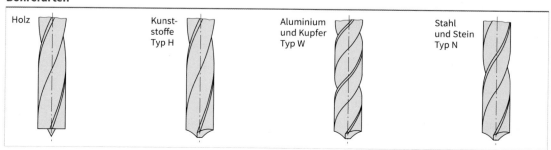

Holz — Kunststoffe Typ H — Aluminium und Kupfer Typ W — Stahl und Stein Typ N

Elektrische Installationen

Schrauben und Muttern
Screws and Nuts

Arten

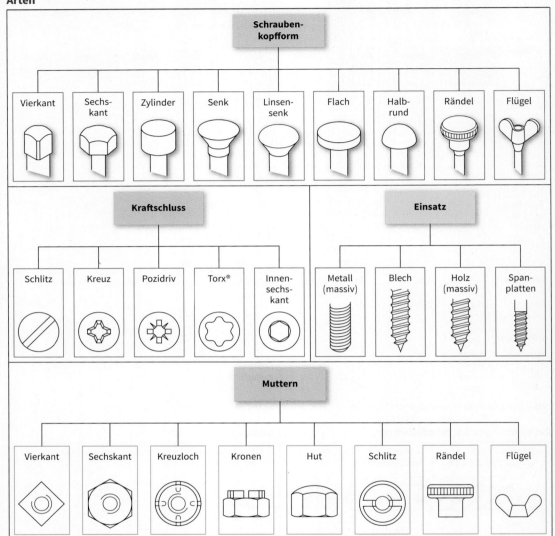

Bezeichnungen

Beispiele:

Streckgrenze (4x6x100 N/mm²)

Sechskantschraube ISO 4016-M 16x60-4.6 C   Sechskantmutter DIN EN ISO 4034-2013-04-M16-4 C

Gewindeart

Außendurchmesser in mm

Schraubenlänge ohne Kopf in mm

Zugfestigkeit (4x100 N/mm²)

Produktklasse

Hinweise:
- Produktklasse gibt Oberflächengüte und Toleranz an.
- Schrauben und Muttern sollen die gleiche Mindest-Zugfestigkeit haben.

Befestigungstechnik
Fastening Technology

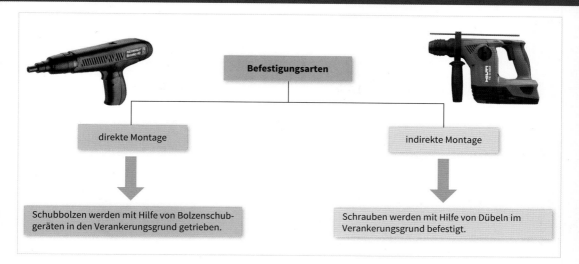

Befestigungsarten
- direkte Montage → Schubbolzen werden mit Hilfe von Bolzenschubgeräten in den Verankerungsgrund getrieben.
- indirekte Montage → Schrauben werden mit Hilfe von Dübeln im Verankerungsgrund befestigt.

Direkte Montage

Untergrund:
- Beton C12/15 … C40/50 (Festigkeitsklassen)
- Stahl H < 450 N/mm² (Festigkeit)
- Kalksandvollstein

Schubbolzentypen:

Nagel   Gewindebolzen

Bolzenschubgerät:
Treibladung (Kartusche oder Druckluft) treibt Kolben schlagartig gegen Schubbolzen, dadurch wird dieser in den Untergrund getrieben.

- Sicherheitsvorschriften:
  - Schubbereitschaft darf erst nach Anpressen der Mündung vorhanden sein.
  - Anpressen darf kein Schieben bewirken.
  - Beim Herunterfallen des Gerätes darf kein Auslösen erfolgen.
  - Schieben nur bei geschlossenem Gerät.

- Notwendige Angaben:
  - Zulassungszeichen der PTB ①
  - Wiederholungsprüfungszeichen ②
  - Warenzeichen des Herstellers
  - Typenbezeichnung
  - Seriennummer
  - Vorgeschriebene Kartusche

- Hinweis:
Vorbohren mit geringer Tiefe erhöht die mögliche Tragkraft und vermeidet bei Beton eventuelle Setzausfälle durch Sandkörner.

- Anwender:
  - Mindestalter 18 Jahre oder unter Aufsicht
  - Vertrautheit mit Handhabung und Einsatz des Gerätes
  - Kenntnis der Gefahren

Indirekte Montage

Untergrund:
- Beton
- Porenbeton
- Mauerwerk
- Naturstein

Merkmale für Dübelauswahl:
- Untergrund-Material
- Untergrund-Geometrie, z. B. Randnähe
- Umgebung, z. B. Feuchtigkeit
- Montageart, z. B. Einzeln, Gruppen
- Tragkraft
- Belastung, z. B. Schrägbelastung
- Sicherheit, z. B. Gefahr für Menschen
- Verhalten bei Brand

Dübelarten:
- Kunststoffdübel
  für leichte und mittlere Belastung   z. B. Spreizdübel
- Metalldübel
  für leichte bis schwere Belastung
  Beim Anziehen der Schraube auf
  richtiges Drehmoment achten   z. B. Schwerlastanker
- Injektionsdübel
  für schwere Belastung
  und bei kleinen Randabständen   z. B. Patronensystem

1. Verbundmasse wird entweder als Patrone oder mit einer Kartusche in das Bohrloch eingeführt.
2. Anschließend wird das Metallteil eingeschraubt.
3. Die Verbundmasse härtet dann aus.

Hinweise:
- Bohrloch-Durchmesser muss mit Dübel-Durchmesser übereinstimmen.
- Bohrloch vor dem Setzen des Dübels unbedingt reinigen.

Elektrische Installationen

Dübel
Plugs

Befestigungsmerkmale

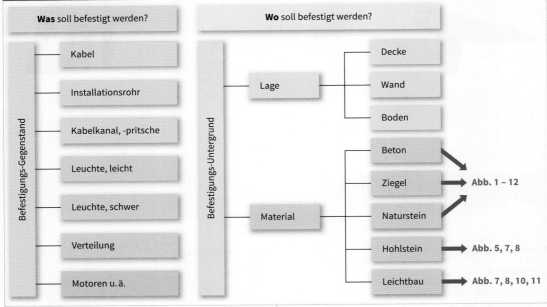

Dübel-Auswahl
- Nach dieser Übersicht kann auf bestimmte Dübelart geschlossen werden.
- Unter Umständen müssen Datenblätter verwendet werden.

Datenblätter-Angaben
Einsatzbereich, Umgebung, Lage, Material, Drucklast, Zuglast, Querlast, Biegemoment, gegebenenfalls Feuerwiderstandsklasse, bauaufsichtliche Zulassung

Leitungsbefestigung

Material:
- flammwidriger Kunststoff (DIN VDE 0471; DIN IEC 695-2-1)
- beständig von $-20\,°C$ bis $+80\,°C$

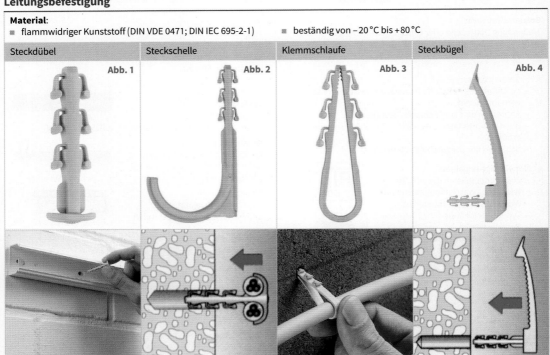

Steckdübel — Abb. 1
Steckschelle — Abb. 2
Klemmschlaufe — Abb. 3
Steckbügel — Abb. 4

Dübelarten
Plug Types

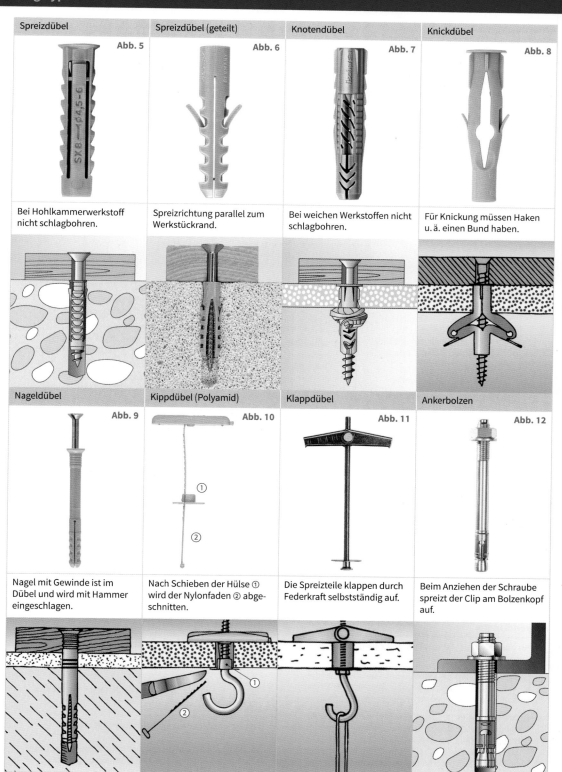

Elektrische Installationen

Verbindungstechniken
Connecting Techniques

Anforderungen

- Übergangswiderstand gering halten
  - Steckverbindungen: Oxidation erhöht den Widerstand
- Korrosion vermeiden
  - Keine Feuchtigkeit in der Verbindungsstelle zulassen.
- Schwingungen vermeiden
  - Kann zu Brüchen führen.
  - Kann Klammern lockern.
- Verschleiß vermeiden
  - Bei Steckverbindungen sind die Oberflächen entsprechend zu behandeln.
- Elektrochemische Elemente vermeiden
  - Nach Möglichkeit nur gleiche Metalle verbinden.
- Temperaturwechsel vermeiden
  - Feste Verbindungen können sich lockern.

Arten

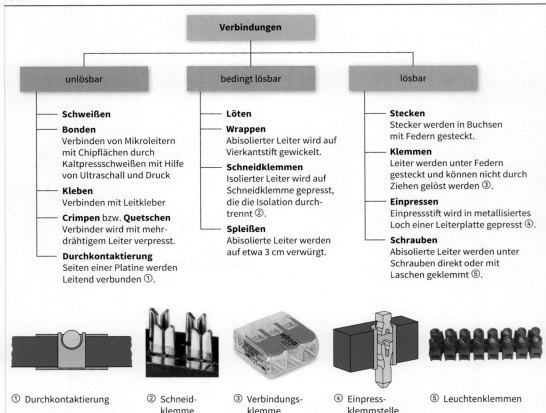

Verbindungen

unlösbar
- **Schweißen**
- **Bonden** Verbinden von Mikroleitern mit Chipflächen durch Kaltpressschweißen mit Hilfe von Ultraschall und Druck
- **Kleben** Verbinden mit Leitkleber
- **Crimpen** bzw. **Quetschen** Verbinder wird mit mehrdrähtigem Leiter verpresst.
- **Durchkontaktierung** Seiten einer Platine werden Leitend verbunden ①.

bedingt lösbar
- **Löten**
- **Wrappen** Abisolierter Leiter wird auf Vierkantstift gewickelt.
- **Schneidklemmen** Isolierter Leiter wird auf Schneidklemme gepresst, die die Isolation durchtrennt ②.
- **Spleißen** Abisolierte Leiter werden auf etwa 3 cm verwürgt.

lösbar
- **Stecken** Stecker werden in Buchsen mit Federn gesteckt.
- **Klemmen** Leiter werden unter Federn gesteckt und können nicht durch Ziehen gelöst werden ③.
- **Einpressen** Einpressstift wird in metallisiertes Loch einer Leiterplatte gepresst ④.
- **Schrauben** Abisolierte Leiter werden unter Schrauben direkt oder mit Laschen geklemmt ⑤.

① Durchkontaktierung
② Schneidklemme
③ Verbindungsklemme
④ Einpressklemmstelle
⑤ Leuchtenklemmen

Anwendungen

- Für **starre** (r: rigid) **Leiter** können alle Verbindungsarten verwendet werden.
- Für **flexible** (f: flexible) **Leiter** können nur die Verbindungsarten Kleben, Crimpen, Löten, Spleißen, Klemmen[1] und Schrauben eingesetzt werden.
- Für **mehrdrähtige** (s: stranded) **Leiter** können nur die Verbindungsarten Kleben, Crimpen, Löten, Klemmen[1] und Schrauben benutzt werden.

[1] Hierbei sind häufig Aderendhülsen erforderlich

Hinweise für Klemmstellen

- Klemmstellen können außer dem Bemessungsquerschnitt (**Bemessungs-Anschlussvermögen**) auch die beiden nächstniedrigen Leiterquerschnitte aufnehmen.
- Länge der **Abisolierung** genau nach Herstellerangaben vornehmen.
- Auf Klemmstellen dürfen **keine Zugkräfte** wirken.
- Klemmstellen, die mit dem Buchstaben **r** gekennzeichnet sind, dürfen nur für **starre Leiter** verwendet werden.

Schweißen
Welding

Metall

Lichtbogenschweißen

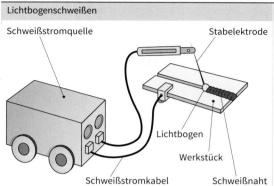

U = 15 bis 80 V/I = bis 1 kA
Lichtbogen-Temperatur ≈ 4000 °C

Arbeitsschritte:
1. Werkstück mit Masse verbinden
2. Elektrode auf Werkstück ⇒ Antippen (Kurzschließen)
3. Elektrode etwas anheben ⇒ Zünden
4. Elektrode entlang ziehen ⇒ Schmelzen
5. Elektrode weit abheben ⇒ Beenden
6. Schlacke entfernen

Autogenschweißen

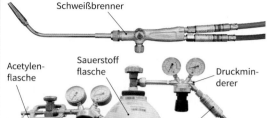

Arbeitsschritte:
1. Sauerstoffflasche: erst Hauptventil dann Druckminderventil öffnen
2. Acetylenflasche: wie bei 1., dann Sauerstoff am Brenner
3. Gemisch zünden
4. Flamme einstellen
5. Mit Flamme und Schweißdraht auf Werkstoff entlang gleiten
6. Erst Acetylen- und dann Sauerstoffventile schließen

Kunststoff

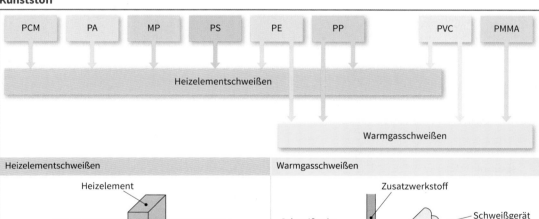

Heizelementschweißen

Arbeitsschritte:
1. Schweißflächen mit Heizelement erwärmen
2. Heizelement entfernen
3. Schweißflächen zusammen pressen

$\vartheta_{Schmelz}$ = 190 °C bis 250 °C

Warmgasschweißen

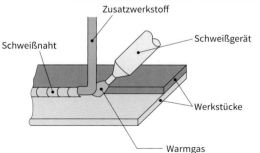

Arbeitsschritte:
1. Schweißgerät in Position bringen
2. Erhitztes Gas einschalten
3. Schweißflächen und Zusatzwerkstoffe gleichzeitig erwärmen

$\vartheta_{Schmelz}$ = 310 °C bis 380 °C

Löten
Soldering

Weichlöten

Anwendungen	Leitungsdraht	Motorwicklung	Bleimantel	Aluminium
Weichlot	L-Sn 90 L-Sn 60 L-Sn 50 L-Sn 40 L-Sn50PbSb	L-SnAg5 L-PbAg3 L-SnPbCd18	L-PbSn35(Sb) L-PbSn33(Sb)	L-ZnAl15 L-ZnSn L-Zn60Zn
Flussmittel	F-SW21 … 24	F-SW26	F-SW23	F-LW1

Hartlöten

Anwendungen	Kupfer und Legierungen	Neusilber	Edelmetalle	Aluminium
Weichlot	L-Ms48, 54, 85 L-CuSn46 L-CuP8 L-Ag15P L-Ag12Cd L-Ag25Cd L-Ag30Cd12 L-Ag40Cd L-Ag72	L-CuSn42	L-Ag50Cd L-Ag60Cd L-Ag67Cd L-Ag45 L-Ag60 L-Ag67 L-Ag75	L-AlSi7,5 L-AlSi10 L-AlSi12
Flussmittel	F-SH1	F-SH1,2	F-SH4	F-SH2

Lötkolben-Arten

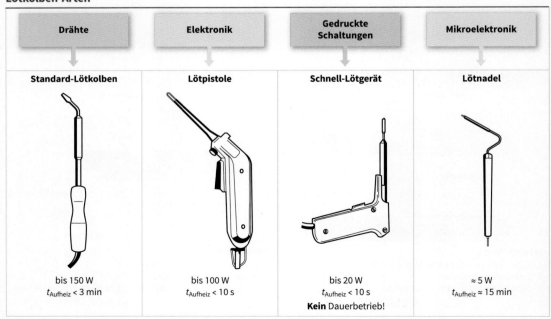

Drähte	Elektronik	Gedruckte Schaltungen	Mikroelektronik
Standard-Lötkolben	Lötpistole	Schnell-Lötgerät	Lötnadel
bis 150 W $t_{Aufheiz}$ < 3 min	bis 100 W $t_{Aufheiz}$ < 10 s	bis 20 W $t_{Aufheiz}$ < 10 s **Kein** Dauerbetrieb!	≈ 5 W $t_{Aufheiz}$ ≈ 15 min

Steuerungstechnik

Bausteine, Komponenten, Schaltungen
- 126 Steuerungsprinzip
- 127 Farben für Drucktaster und Signalleuchten
- 127 Anschlussbezeichnungen von Schützen und Relais
- 128 Schütze
- 129 Schalteigenschaften von Schützen
- 130 Steuerungen mit Schützen
- 131 Steuerungen mit Schützen
- 132 Steuerungen mit Schützen
- 133 Elektromagnetische Relais
- 134 Elektronische Relais
- 135 Kleinsteuerungen
- 136 Kleinsteuerungen
- 137 Zeitschaltuhr
- 138 Multifunktionsschaltgeräte

Digitalbausteine
- 139 Digitale Logik
- 140 Digitale Logik
- 141 Digitale Schaltungen

Sensoren
- 142 Sensoren – Übersicht
- 143 Sensorarten
- 144 Temperatur- und spannungsabhängige Widerstände
- 145 Temperatur- und spannungsabhängige Widerstände

Sicherheit
- 146 Not-Aus
- 147 Feststellanlagen
- 148 PL – Performance Level
- 149 PL – Performance Level
- 150 SIL – Safety Integrity Level

Steuerungsprinzip
Open Loop Control Principle

Prinzip

- Die Eingangsgrößen werden auf der Steuerstrecke durch Störgrößen beeinflusst. Die Ausgangsgröße ist eine beeinflusste Eingangsgröße.
- Die **Steuerkette** besteht aus einer **Steuereinrichtung**, einem **Stellglied** und der **Steuerstrecke**.
- Die Art der Beeinflussung der Ausgangsgröße ist von der Steuerstrecke abhängig.
- Im Gegensatz zur Regelungstechnik besitzt die Steuerkette einen **offenen Wirkungskreis**.

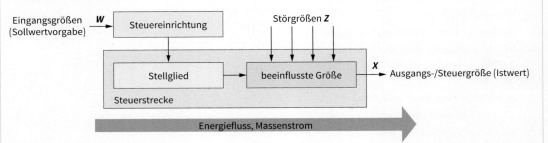

Bezeichnung	Erklärung	Beispiele
Steuereinrichtung	Die Steuereinrichtung bildet in Abhängigkeit der Sollwertvorgaben am Eingang die Stellgröße.	Taster, logische Schaltung, Zeitglied
Stellglied	Das Stellglied wird von der Stellgröße beeinflusst und steuert so den Energiefluss der Steuerstrecke. Es ist ein Teil der Steuerstrecke.	Relais, Transistor, Triac
Steuerstrecke	Die Steuerstrecke ist ein Anlagenteil, der das Stellglied und die aufgabenmäßig beeinflussten Größen enthält.	elektrischer Antrieb

Steuerungsarten

Unterscheidung	Erklärung	Unterscheidung	Erklärung
Signalverarbeitung		**Programmierung**	
Synchrone Steuerung	Die Signalverarbeitung erfolgt taktsynchron.	Verbindungsprogrammierte Steuerung (**VPS**)	Die Funktion der Steuerung wird durch die Verdrahtung der Elemente realisiert.
Asynchrone Steuerung	Die Signaländerungen werden nur von der Änderung der Eingangssignale ausgelöst. Es gibt kein Taktsignal.	Speicherprogrammierbare Steuerung (**SPS**)	Die Steuerungsfunktion wird durch die Ausführung eines Steuerungsprogramms ausgelöst. Das Steuerungsprogramm ist in einem Speicher abgelegt.
Verknüpfungssteuerung	Den Zuständen der Eingangsgrößen werden über Boolsche Verknüpfungen definierte Zustände der Ausgangssignale zugeordnet.	Steuerungen mit Mikrocontroller	Die Steuerfunktion wird durch die Befehlsfolge des Mikrocontrollers realisiert.
Steuerungsablauf		**Hierarchische Zuordnung**	
Ablaufsteuerung	Steuerungen, die einen schrittweisen Ablauf voraussetzen. Die Übergangsbedingungen steuern die Abfolge von einem Schritt zum Nachfolgenden.	Einzelsteuerung	Es handelt sich um eine Funktionseinheit zur Steuerung eines einzelnen Stellgliedes.
Zeitgeführte Ablaufsteuerung	Ablaufsteuerung, deren Übergangsbedingung nur von der Zeit abhängt	Gruppensteuerung	Funktionseinheit zur Steuerung eines Teilprozesses, der aus mehreren Einzelsteuerungen besteht
Prozessabhängige Ablaufsteuerung	Ablaufsteuerungen, deren Übergangsbedingungen von den zu steuernden Prozesssignalen abhängen	Prozesssteuerung	Eine Funktionseinheit zur Steuerung eines Prozesses, die den Gruppensteuerungen übergeordnet ist.

Farben für Drucktaster und Signalleuchten
Colours for Push-Buttons and Signal Lamps

DIN EN 60204-1: 2007-06

Farbe	Bedeutung	Anwendungen		Beispiele
		Drucktaster	Signalleuchten	
ROT	Gefahr	NOT-AUS	Gefahrbringender Zustand, sofort Ausschalten (Störung)	
GELB	Achtung Anormal	Beseitigung von anormalen Bedingungen bzw. unerwünschten Änderungen	Beseitigung von anormalen Bedingungen bzw. unerwünschten Änderungen	
GRÜN	Normal	Vorbereiten/Bestätigen/ START/EIN Verboten bei STOPP/AUS	Die physikalische Größe liegt im normalen Bereich.	
BLAU	Zwingend	Vorbestimmte Maßnahme wird durchgeführt, z. B. Rückstellen	Vorbestimmte Maßnahmen durchführen, z. B. Werte eingeben.	
WEISS	Keine bestimmte Bedeutung	Bevorzugt anwenden für **START/EIN STOPP/AUS**	Kontrolle, ob Umschaltung notwendig	
GRAU				
SCHWARZ				

Anschlussbezeichnungen von Schützen und Relais
Terminal Markings of Contactors and Relays

DIN EN 50011: 1978-05

Hauptschaltglieder, Schutzeinrichtungen	Ziffern		Bedeutung	Beispiele
	1	2	Schaltglied 1	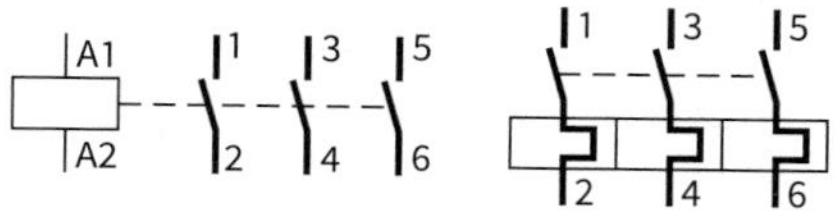
	3	4	Schaltglied 2	
	5	6	Schaltglied 3	
	7	8	Schaltglied 4	
	9	0	Schaltglied 5	
Hilfsschaltglieder	Funktionsziffer		Kontaktart	Beispiele
	1 5	2 6	Öffner ① Öffner mit besonderer Funktion, z. B. verzögert	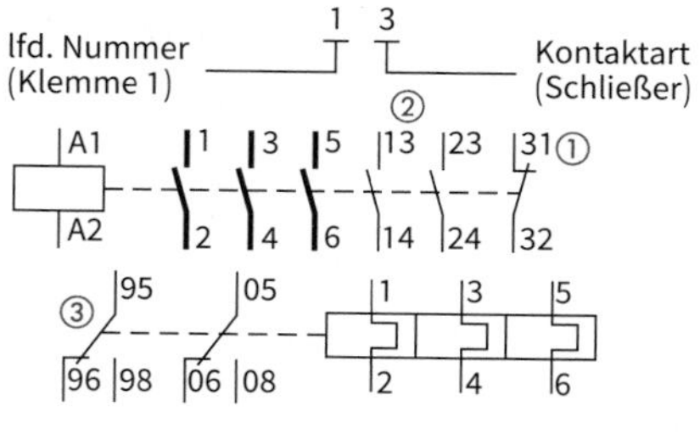
	3 7	4 8	Schließer ② Schließer mit besonderer Funktion, z. B. blinkend	
	1 5	2 6	4 8	Wechsler Wechsler ③ mit besonderer Funktion, z. B. Schutz
Antriebe und Auslöser	Antrieb		Anschlussart	Beispiele
	A B C D E U X	Spule 2. Spule ④ Arbeitsstromauslöser Unterspannungsauslöser ⑤ Verriegelungsauslöser Motoren ⑥ Leuchtmelder ⑦	Spulenanfang: 1 Spulenende: 2 Anzapfungen: 3, 4, …	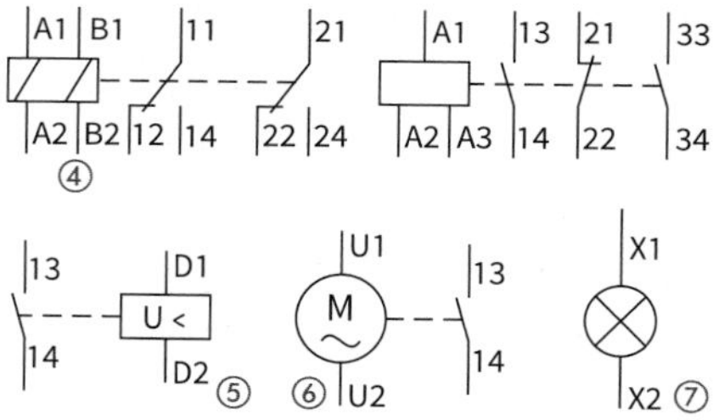

Steuerungstechnik

Schütze
Contactors

Aufbau und Funktion

- Schütze sind Schalter, die durch einen Elektromagneten betätigt werden. Bei Stromfluss (Gleich- oder Wechselstrom) durch eine Spule wird ein Eisenanker angezogen, Kontakte (**Schaltglieder**) werden geschlossen oder geöffnet.
- Bevorzugte Betriebsspannungen: 24 V, 48 V, 110 V, 230 V
- **Hauptschütze (Lastschütze, Leistungsschütze)** werden für das direkte Schalten von elektrischen Maschinen oder elektrischen Geräten in Stromkreisen eingesetzt und besitzen dafür vorhandene bzw. nachrüstbare Hauptschaltglieder. Zusätzlich sind Hilfsschaltglieder (in der Regel bis 10 A belastbar) vorhanden bzw. nachrüstbar.
- **Hilfsschütze (Steuerschütze)** sind im Prinzip wie Hauptschütze aufgebaut. Mit den Schaltgliedern können Ströme bis 10 A bzw. 16 A geschaltet werden. Mit ihnen werden im Wesentlichen Steuerungsaufgaben realisiert.

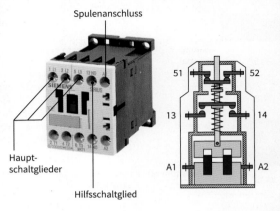

Anschlussbezeichnungen

- **Spule:**
  A1 und A2

- **Hauptschaltglieder:**
  eine Ziffer, z. B. 1 und 2, 3 und 4, …

- **Hilfsschaltglieder:**
  zwei Ziffern, z. B. für Öffner 21 und 22, für Schließer 13 und 14
  1. Ziffer: Ordnungsziffer (Klemmenreihenfolge von links nach rechts)
  2. Ziffer: Funktionsziffer (1 und 2 für Öffner, 3 und 4 für Schließer)

Beispiel:
Hauptschütz mit 3 Hauptschaltgliedern und 4 Hilfsschaltgliedern (2 Schließer und 2 Öffner)

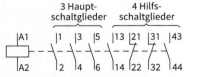

Kennzahl des Schützes 22 (2 Schließer und 2 Öffner)

Beispiel:
Hilfsschütz mit zwei Etagen
Untere Etage: 2 Schließer und ein Öffner
Obere Etage: 4 Schließer und ein Öffner

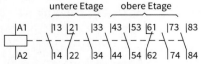

Kennzahl des Schützes 62 (6 Schließer und 2 Öffner)

Schütze mit Zeitverhalten (Zeitrelais)

Ansprechverzögerung

- Der Steuerbefehl wird erst nach Ablauf der voreingestellten Zeit t wirksam.
- Die Umschaltung bleibt bis zum Abschalten des Spulenstroms bestehen.

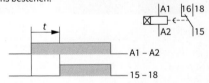

Abfallverzögerung

- Das Zeitrelais wird ständig mit Spannung versorgt.
- Durch den potenzialfreien Schließer erfolgt die Umschaltung. Sie bleibt bis zum Ablauf der Zeit t bestehen.

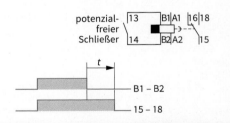

Blinkverhalten (Blinkrelais)

- Nach Ablauf der eingestellten Blinkzeit t erfolgt das ständige Umschalten.

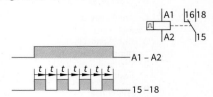

Schalteigenschaften von Schützen
Switching Characteristics of Contactors

VDE 0660 ...

Schaltzeichen

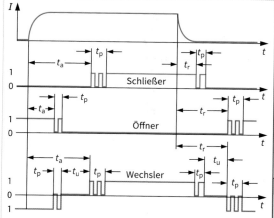

- **Ansprechzeit t_a**
  Zeit vom Einschalten der Spule bis zum ersten Öffnen/Schließen des Kontaktes.
- **Prellzeit t_p**
  Zeit von erster Zustandsänderung bis Eintritt des stationären Zustands.
- **Rückfallzeit t_r**
  Zeit vom Ausschalten der Spule bis zur ersten Änderung des Kontaktzustands.
- **Umschaltzeit t_u**
  Bei Wechselkontakt die Zeit zwischen Ende des Prellens (Öffner) bis zum ersten Schließen des Schließers.

Schaltbelastung

- Die Lebensdauer von Schaltkontakten hängt von der elektrischen Belastung beim Schalten ab.
- Beim Ein-/Ausschalten entstehen Funken/Lichtbögen zwischen den Schaltkontakten.

Besondere Schaltbelastungen:
- Überströme beim Einschalten (z. B. Motoranlauf)
- Phasenverschiebung beim Ausschalten (kapazitive/induktive Last)
- Hohe Schalthäufigkeit
- Je nach Anwendung sind Gebrauchskategorien für Schütze festgelegt.

Beispiel:
Abschaltung induktiver Last. Lichtbogen erlöscht erst bei „natürlichem" Stromnulldurchgang.
⇒ Längere Lichtbogenbrenndauer und stärkere Kontaktabnutzung als bei reiner Wirkleistung.

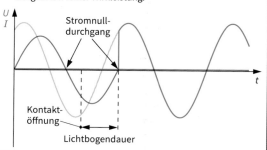

Schaltspannungen

- **Arbeitsbereich** (Betriebsspannungsbereich)
  Zulässige Toleranz der Betriebsspannung (abhängig von der Temperatur)
- **Ansprechspannung**
  Kleinster Wert an der Wicklung, bei dem ein Schütz sicher anspricht.
- **Haltespannung**
  Spannung an der Schützspule, bei der ein Relais noch im Arbeitszustand bleibt.
- **Rückfallspannung**
  Höchste zulässige Spannung an der Wicklung, bei der ein Schütz sicher zurückfällt.

Gebrauchskategorien

DC	
DC-1	Nicht induktive oder schwach induktive Last, Widerstandsöfen
DC-2	Nebenschlussmotor: Anlassen, Ausschalten
DC-3	Nebenschlussmotor: Anlassen, Gegenstrombremsen, Widerstandsbremsen, Reversieren, Tippbetrieb
DC-4	Reihenschlussmotor: Anlassen, Ausschalten
DC-5	Reihenschlussmotor: Anlassen, Gegenstrombremsen, Widerstandsbremsen, Reversieren, Tippbetrieb
DC-6	Schalten von Glühlampen
DC-12	Steuerung von Widerstands- und Halbleiterlast mit Trennung durch Optokoppler
DC-13	Steuerung von Elektromagneten
DC-20	Schalten ohne Last
DC-21	Ohmsche Last (einschließlich geringer Überlast)
DC-22	Ohmsch-induktive Last (einschließlich geringer Überlast)
DC-23	Große induktive Lasten (z. B. Reihenschlussmotor)
AC	
AC-1	Nicht induktive oder schwach induktive Last, Widerstandsöfen
AC-2	Schleifringmotor: Anlassen, Ausschalten
AC-3	Käfigläufermotor: Anlassen, Ausschalten während des Laufens
AC-4	Käfigläufermotor: Gegenstrombremsen, Widerstandsbremsen, Reversieren, Tippbetrieb
AC-5a/b	Schalten von Gasentladungslampen (a) oder Glühlampen (b)
AC-6a/b	Schalten von Transformatoren (a), Kondensatorbänken (b)
AC-7a/b	Haushaltsgeräte mit schwach induktiver Last (a), mit Motorlast (b)
AC-15	Elektromagnetische Lasten
AC-20	Schalten ohne Last
AC-21	Ohmsche Last (einschließlich geringer Überlast)
AC-22	Ohmsch-induktive Last (einschließlich geringer Überlast)
AC-23	Motorlasten und andere große induktive Lasten

Steuerungen mit Schützen
Contactor Controllers

Direktes Schalten von Drehstrommotoren

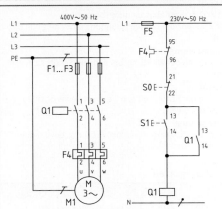

Umsteuern der Drehrichtung von Drehstrommotoren

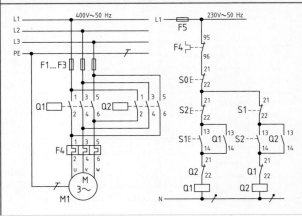

Stern-Dreieck-Anlassen

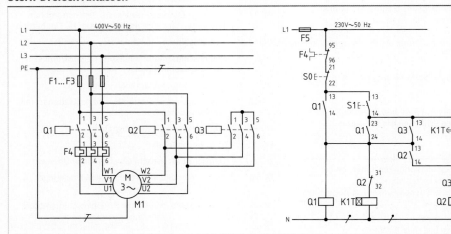

Stern-Dreieck-Anlassen in 2 Drehrichtungen

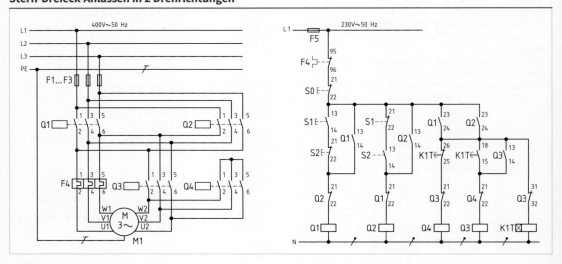

Steuerungen mit Schützen
Contactor Controllers

Polumschaltbarer Drehstrommotor in Dahlander-Schaltung mit 2 Drehzahlen, 1 Drehrichtung

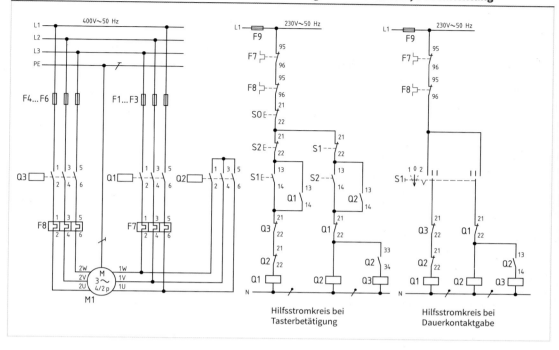

Hilfsstromkreis bei Tasterbetätigung

Hilfsstromkreis bei Dauerkontaktgabe

Polumschaltbarer Drehstrommotor mit getrennten Wicklungen, 2 Drehzahlen, 2 Drehrichtungen

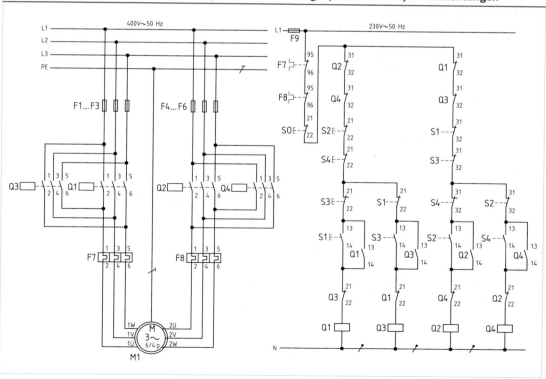

Steuerungstechnik

Steuerungen mit Schützen
Contactor Controllers

Käfigläufer-Motor mit handbetätigtem Anlasser

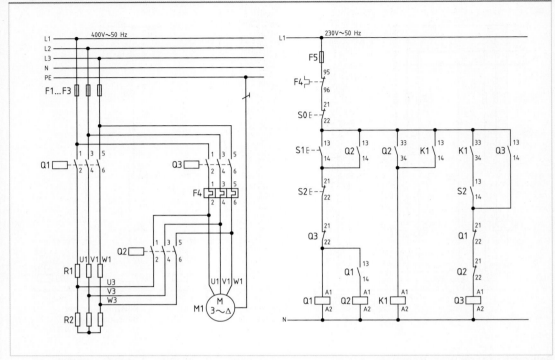

Schleifringläufer-Motor mit selbsttätigem Anlasser

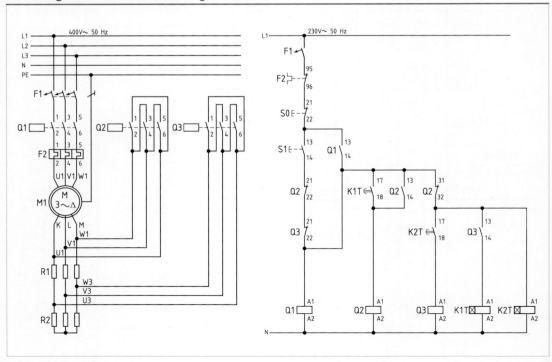

Elektromagnetische Relais
Electromagnetic Relays

Ungepoltes Relais
Grundsätzlicher Aufbau

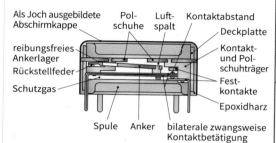

- Spule ①
- Ferromagnetischer Kern ②
- Joch ③
- Kontakte ④
- Zuführungen ⑤
- Rückstellfeder ⑥
- Beweglicher Anker ⑦

Relais in Kompaktbauweise
- Der Ankerluftspalt liegt in der Mitte der Spule.
- Das Innere der Spule ist die schutzgasgefüllte Kontaktkammer.

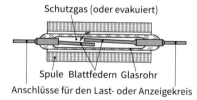

Reed-Relais
Grundsätzlicher Aufbau
- Verschlossenes Glasröhrchen mit zwei eingeschmolzenen ferromagnetischen Kontaktzungen (engl.: reed)
- Erregerspule umschließt das Glasröhrchen

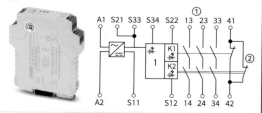

Sicherheitsrelais
- Mindestens zwei voneinander unabhängige in Serie geschaltete Kontakte ①. Wenn einer der Kontakte verschweißt, so muss der in Serie liegende zweite Kontakt die Abschaltung übernehmen.
- Die Kontakte im Kontaktsatz sind miteinander zwangsgeführt ②.

Schutzarten
- **RT 0** (Unenclosed relay)
  Offenes und somit ungeschütztes Relais
- **RT I** (Dust protected relay)
  Staubgeschützt mit Kapselung, bewegliche Teile sind geschützt
- **RT II** (Flux proof relay)
  Gegen Flussmittel geschützt (bei Lötarbeiten)
- **RT III** (Wash tight relay)
  Waschdicht, geeignet für Lötbadverarbeitung mit anschließendem Waschverfahren
- **RT IV** (Sealed relay)
  Das Relais ist so gekapselt, dass keine Umgebungsatmosphäre eindringen kann.
- **RT V** (Hermetically sealed relay)
  Hermetisch dichtes Relais, höchste Qualitätsstufe
  (EN 116000-3: 1996, IEC 61810-7: 2006-03)

Schutzbeschaltungen
Funktion:
- Belastung der Kontakte reduzieren
- Schutz der elektronischen Bauelemente vor hohen Induktionsspannungen (Stromänderung in der Spule)
- Gleichstromschutzbeschaltung einsetzen

Gleichstromschutzbeschaltung
- **Freilaufdiode**

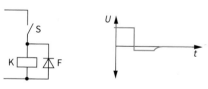

Abschaltspannung 0,7 V (Silizium-Diode), geringe Kosten, geringer Platzbedarf

Wechselstrom- und Gleichstromschutzbeschaltung
- **RC**

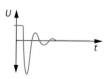

Hohe Stromspitze, großer Platzbedarf

- **Varistor**

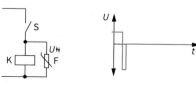

Hohe Überspannung, großer Platzbedarf

Steuerungstechnik 133

Elektronische Relais
Electronic Relays

Aufbau und Bezeichnungen

- **ELR**: (**E**lektronisches **L**ast**r**elais)
- Halbleiterrelais
- Halbleiterlastrelais
- Halbleiterschütz
- **SSR** (**S**olid **S**tate **R**elay)

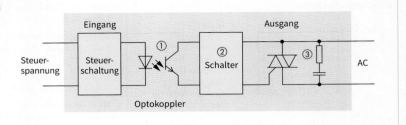

Funktion und Schaltverhalten

- Eingangsschaltung mit Optokoppler ①
  (galvanische Trennung zwischen Ein- und Ausgang)
- Schalter ② (bei Wechselspannung in der Regel Nullspannungsschalter)

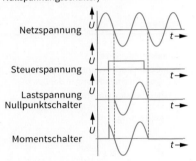

- Ausgangsschaltung mit Leistungshalbleiter ③ bei
  – Gleichspannung: Bipolarer Transistor, MOSFET, Thyristor
  – Wechselspannung: Triac, antiparallele Thyristoren

Vor- und Nachteile von Schaltgeräten

Eigenschaft	mechanisch	elektronisch
Steuerleistung	–	+
Lebensdauer	–	+
Prellverhalten	–	+
Schaltzeiten	–	+
Schalthäufigkeit	–	+
Kontaktzahl und -art	+	–
Galvanische Trennung, Leckstrom	+	–
Lebensdauer	–	+
Schaltgeräusch	–	+
Korrosionsfestigkeit	–	+
Verlustleistung	+	–
Nullpunktschaltend	–	+

Eingangsschaltungen (Prinzip)

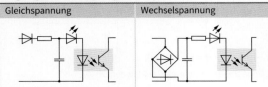

Ausgangsschaltungen Gleichspannung

- Zweileiterausgang

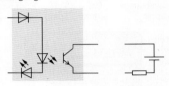

- Dreileiterausgang

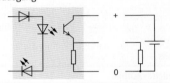

Schutzbeschaltungen bei induktiver Last

Gleichspannung	Wechselspannung

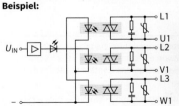

Elektronisches Relais für 3 Phasen

Beispiel:

Eingangsdaten
Steuerspannung: 24 V DC ± 20 %
Eingangsstromstärke: ca. 8 mA

Ausgangsdaten
Betriebsspannung: 400 V AC, 50/60 Hz
Betriebsspannungsbereich: 110…440 V AC
Max. Dauerlaststromstärke: 3 × 9 A
Sperrspannung: 800 V
Prüfspannung Ein-/Ausgang: 2,5 kV_{eff}

Kleinsteuerungen
Compact Controllers

Eigenschaften

- Sie enthalten alle Komponenten zur Ausführung von Aufgaben aus dem Bereich der Steuerungs- und Automatisierungstechnik in einem kompakten Gehäuse.
- Das System ist modular aufgebaut und lässt sich durch eine Vielzahl von Komponenten (z. B. Display, Kommunikationsmodule, usw.) erweitern.

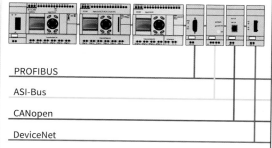

- PROFIBUS
- ASI-Bus
- CANopen
- DeviceNet

- Die Programmierung erfolgt direkt am Gerät, über eine Software in den Programmiersprachen AWL, KOP, FBS, ST, AS oder mit einem grafischen Funktionsplaneditor.
- Über ein externes grafisch orientiertes Display lassen sich Texte, Grafiken usw. visualisieren und zusätzlich notwendige Steuer- und Regelfunktionen anzeigen bzw. bedienen.
- Vorteile: Kompakten Bauform, günstiger Preis und einfache Programmierung und Parametrierung.

Beispiel

Typ easyControl EC4P-221-MTXD1

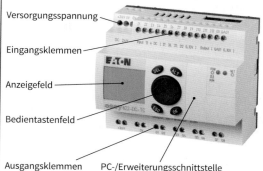

- Versorgungsspannung
- Eingangsklemmen
- Anzeigefeld
- Bedientastenfeld
- Ausgangsklemmen
- PC-/Erweiterungsschnittstelle

Technische Daten
- Versorgungsspannung: 24 V DC
- Leistungsaufnahme: typ. 3,4 W
- Eingänge: 12 digitale, davon 4 auch als analog nutzbar
- Ausgänge (wahlweise):
  - 6 Relaisausgänge bzw.
  - 8 Transistorausgänge
  - 1 Analogausgang optional
- Ausgangsstromstärke:
  - 8 A (Relais)
  - 0,5 A (Transistor)
- Weitere Optionen: z. B. CANopen, Ethernet

Sicherheitsgerichtete Kleinsteuerungen

- Spezielle Kleinsteuerungen realisieren sicherheitsgerichtete Funktionen.
- Sicherheitsapplikationen bis
  - Kategorie 4 nach DIN EN 954-1
  - PL e nach DIN EN ISO 13849-1
  - SILCL 3 nach DIN EN 62061
  - SIL 3 nach DIN EN 61508
- Programmierung durch Zuweisung von vorprogrammierten Sicherheitsbausteinen, die vorab geprüft und zugelassen werden, z. B.:
  - Stillsetzen im Notfall
  - Bedienung durch Zweihandschaltung
  - Sicheres Starten
  - Zustimmschalter
  - Überwachung von Sicherheitseinrichtungen (Schutztür, Lichtvorhang)
  - Betriebsartenwahl
  - Stillstandsüberwachung
  - Höchstdrehzahlüberwachung
  - Sichere Zeitrelais
- Erweiterungen und Kommunikation mit Kleinsteuerungen ohne Sicherheitsfunktionen sind möglich.

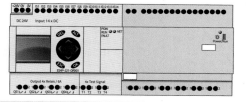

Beispiel

Typ easyControl ES4P-221-DRXD1

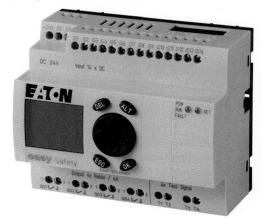

Technische Daten
- Versorgungsspannung: 24 V DC
- Leistungsaufnahme: < 6 W
- Eingänge: 14 sichere Eingänge
- Ausgänge (wahlweise):
  - 4 Relaisausgänge bzw.
  - 4 Testsignale (24 V DC)
- Ausgangsstromstärke:
  - Thermische Stromstärke 6 A (Relais)

Kleinsteuerungen
Compact Controllers

Merkmale

Montage
- auf einer Hutschiene
- mit Hilfe von Gerätefüßen

- Baugröße bei Reiheneinbaugeräten in Teileinheiten (TE) z. B. 4 TE
- Schutzart IP20

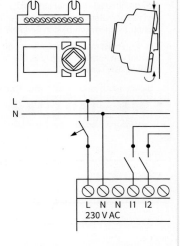

Verdrahten der Eingänge
- Sensoren an gleichen Außenleiter anschließen wie die Spannungsversorgung des Gerätes.
- Auf die Spannungsart (DC bzw. AC) und Spannungswerte achten.
- I_{max} am Eingang nicht überschreiten

- Digitale Eingänge
  „0"-Zustand: < 40 V (AC)
  „1"-Zustand: > 79 V (AC)
  „0"-Zustand: < 30 V (DC)
  „1"-Zustand: > 79 V (DC)
- Nicht potenzialfrei

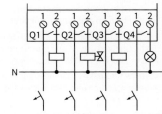

Verdrahten der Ausgänge
- I_{max} und maximale Schaltspannung beachten.
- Kontakte sind potenzialfrei und können mit unterschiedlichen Außenleitern beschaltet werden.

- Relais- oder Transistorausgänge
- Absicherung der Relaisausgänge mit LS-Schalter B 16 A
- Schaltfrequenz max. 10 Hz
- Potenzialfreie Kontakte

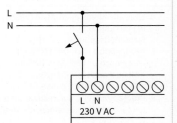

Spannungsversorgung anschließen
- Spannungswert und Polarität beachten.
  DC: L+ bzw. L–   AC: L bzw. N
- Zuleitung mit einer Überstrom-Schutzeinrichtung installieren.

- Versorgungsspannungen: z. B. 230 V AC, 24 V AC, 12 V DC
- Verlustleistung < 6 W (bei 230 V AC)

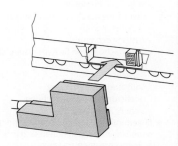

Projektierung der Steuerfunktionen
- Programmierung der Funktionen mit Hilfe einer Software am Computer
- Übertragung des Programms vom Computer zur Kleinsteuerung

- Gerätetyp auswählen und konfigurieren
- Programmfunktionen mit Hilfe des **Editors** unter Verwendung unterschiedlicher Programmiersprachen (z. B. FUP, KOP) erstellen
- Projekt **speichern**
- Programm **testen**
- Programm zum Steuerrelais **übertragen**

Konfiguration
- Datum und Uhrzeit aktualisieren
- Gegebenenfalls ein Passwort definieren

- Betriebsart (Parametrieren) wählen
- Eingabe der Daten (Parameter) über Cursortasten

Zeitschaltuhr
Time Switch

Merkmale

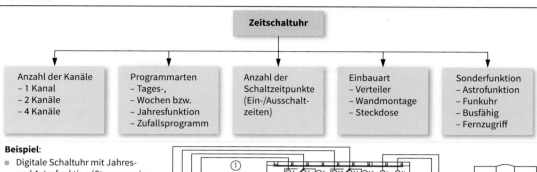

Beispiel:
- Digitale Schaltuhr mit Jahres- und Astrofunktion (Steuerung in Abhängigkeit vom Sonnenstand)
- 4 Kanäle ①
- Zeitsynchronisation über DCF- oder GPS-Antenne ②
- Speicherkarte zur Datensicherung
- Externe Schalteingänge ③
- Textorientiertes Display ④
- Gangreserve 8 Jahre
- Optionale Erweiterungsmodule:
  - Kommunikationsmodul zur Fernabfrage und Programmierung über LAN/DSL
  - Erweiterungsmodul für zusätzliche Kanäle

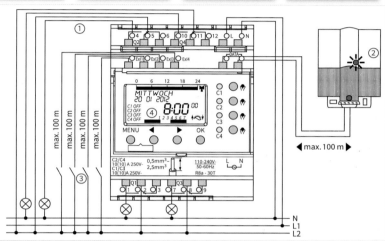

Technische Daten (Beispiele)

Betriebsspannung	110 … 240 V AC
Kanäle	1, 2, 4
Montagearten	DIN-Schiene Wandmontage Steckdose
Gerätebreite (REG[1])	4 TE [2]
Kontaktarten	Schließer Wechsler
Anschlussart	Schraubklemmen Federklemmen
Programmarten	Jahresprogramm Wochenprogramm Tagesprogramm Astroprogramm
Bemessungsschaltstromstärke $\cos \varphi = 1$ $\cos \varphi = 0{,}6$	 z. B. 16 A z. B. 10 A
Bemessungsschaltleistung Glüh-/Halogenlampen Energiesparlampen	 z. B. 2300 W z. B. 26 x 20 W
Kürzeste Schaltzeit	typ. 1 s
Stand-by-Leistung	< 3 W
Ganggenauigkeit	≤ ± 0,5 s/Tag
Schutzart	IP 20
Umgebungstemperatur	– 30 °C … + 45 °C

[1] REG: Reiheneinbaugerät [2] TE: Teilungseinheiten

Inbetriebnahme

Reset durchführen
Löschen der Werkseinstellungen und Programme

↓

Grundkonfiguration
- Datum und Uhrzeit einstellen
- Gegebenenfalls Längen-/Breitengrad und Zeitzone für die Astrofunktion einstellen

↓

Schaltzeitpunkte programmieren
- Programm wählen (z. B. Standard-/Prioritätsprogramm)
- Kanal wählen
- Ein-/Ausschaltzeitpunkt programmieren
- Schaltzeitpunkt speichern

↓

Programm kanalbezogen abfragen und prüfen
Schaltzeitpunkte für jeden Kanal überprüfen

↓

Programm speichern
- Schaltzeiten auf der Speicherkarte sichern
- Informationen über die Schaltzeitpunkte dokumentieren (z. B. als Tabelle) und archivieren

Steuerungstechnik

Multifunktionsschaltgeräte
Multifunction Switchgears

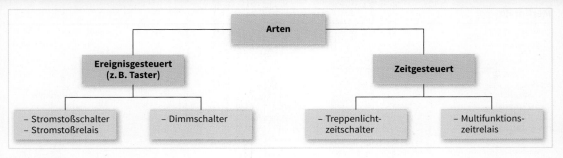

Merkmale

- Verschiedene Schalt-, Dimm- und Zeitfunktionen in einem Gerät
- Niedrige Verlustleistung
- Universelle Steuerspannung (z. B. 8 V ... 253 V)
- Geräuscharm
- Verschleißreduktion durch Schalten im Nulldurchgang
- Stromstoßschalter und Stromstoßrelais in einem Schaltgerät
- Montage im Verteiler oder Schalterdose
- Geringe Wärmeentwicklung im eingeschalteten Zustand

Multifunktion-Stromstoßschalter bzw. -relais

- **Funktionseinstellungen**
  - Dauer EIN/AUS
  - Wahlweise als Stromstoßschalter bzw. -relais mit 2 Schließern oder 1 Schließer und 1 Öffner
  - Wahlweise 2fach-Stromstoßschalter bzw. -relais mit je 1 Schließer
  - Serienschalter mit unterschiedlichen Schaltfolgen
  - Gruppenschalter bzw. -relais
- **Technische Daten**
  - Bemessungsschaltleistung:
    - Glüh-/Halogenlampen: 2000 W
    - Leuchtstofflampen (EVG):   500 VA
    - Kompaktleuchtstofflampen (EVG) bzw. Energiesparlampen: 15 x 7 W bzw. 10 x 20 W
  - Maximale Schaltstromstärke: 8 A
  - Schalthäufigkeit: 1000 pro h

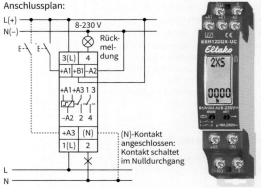

Anschlussplan

Multifunktions-Zeitrelais

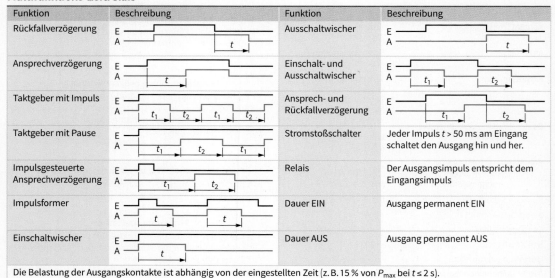

Funktion	Beschreibung	Funktion	Beschreibung
Rückfallverzögerung	E/A, t	Ausschaltwischer	E/A, t
Ansprechverzögerung	E/A, t	Einschalt- und Ausschaltwischer	E/A, t_1, t_2
Taktgeber mit Impuls	E/A, t_1, t_2, t_1, t_2	Ansprech- und Rückfallverzögerung	E/A, t_1, t_2
Taktgeber mit Pause	E/A, t_1, t_2, t_1	Stromstoßschalter	Jeder Impuls $t > 50$ ms am Eingang schaltet den Ausgang hin und her.
Impulsgesteuerte Ansprechverzögerung	E/A, t_1, t_2	Relais	Der Ausgangsimpuls entspricht dem Eingangsimpuls
Impulsformer	E/A, t, t	Dauer EIN	Ausgang permanent EIN
Einschaltwischer	E/A, t	Dauer AUS	Ausgang permanent AUS

Die Belastung der Ausgangskontakte ist abhängig von der eingestellten Zeit (z. B. 15 % von P_{max} bei $t \leq 2$ s).

Digitale Logik
Digital Logic

DIN EN 60617-12: 1999-04; DIN 66000: 1985-11

Verknüpfungsbausteine

Schaltzeichen	Schaltfunktion, Benennung	Wertetabelle a	b	x
a —[&]— x, b	**UND-Verknüpfung** (Konjunktion) $x = a \wedge b$ $x = a \cdot b$ (a und b)[1)]	0 0 1 1	0 1 0 1	0 0 0 1
a —[≥1]— x, b	**ODER-Verknüpfung** (Disjunktion) $x = a \vee b$ $x = a + b$ (a oder b)[1)]	0 0 1 1	0 1 0 1	0 1 1 1
a —[1]o— x	**NICHT** (Negation) $x = \bar{a}$ $\neg a$ (nicht a)[1)]	0 1 – –	– – – –	1 0 – –
a —[&]o— x, b	**NAND-Verknüpfung** $x = \overline{a \wedge b}$ $x = a \bar{\wedge} b$ (a nand b)[1)]	0 0 1 1	0 1 0 1	1 1 1 0
a —[≥1]o— x, b	**NOR-Verknüpfung** $x = \overline{a \vee b}$ $x = a \bar{\vee} b$ (a nor b)[1)]	0 0 1 1	0 1 0 1	1 0 0 0
a —[=1]— x, b	**Exklusiv-ODER** (Antivalenz) $x = (a \wedge \bar{b}) \vee (\bar{a} \wedge b)$ $x = a \leftrightarrow b$ (a xor b)[1)]	0 0 1 1	0 1 0 1	0 1 1 0
a —[=]— x, b	**Exklusiv-NOR** (Äquivalenz) $x = (a \wedge b) \vee (\bar{a} \wedge \bar{b})$ $x = a \leftrightarrow b$ (a Doppelpfeil b)[1)]	0 0 1 1	0 1 0 1	1 0 0 1
ao—[&]— x, b	**Sperrgatter** (Inhibition) $x = \bar{a} \wedge b$	0 0 1 1	0 1 0 1	0 1 0 0
ao—[≥1]— x, b	**Subjunktion** (Implikation) $x = \bar{a} \vee b$ $x = a \rightarrow b$ (a Pfeil b)[1)]	0 0 1 1	0 1 0 1	1 1 0 1

[1)] Benennung nach DIN 66000

Schaltalgebra

Konjunktion (UND-Funktion)	Disjunktion (ODER-Funktion)	Negation (NICHT-Funktion)
$x = a \wedge 0 = 0$	$x = a \vee 0 = a$	$x = \bar{a}$
$x = a \wedge 1 = a$	$x = a \vee 1 = 1$	$x = \bar{\bar{a}} = a$
$x = a \wedge a = a$	$x = a \vee a = a$	$x = \bar{\bar{\bar{a}}} = \bar{a}$
$x = a \wedge \bar{a} = 0$	$x = a \vee \bar{a} = 1$	

Rechenregeln

Vertauschungsregel (Kommutatives Gesetz)

$x = a \wedge b = b \wedge a$
$x = a \vee b = b \vee a$

Beispiel:
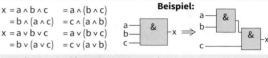

Verbindungsregel (Assoziatives Gesetz)

$x = a \wedge b \wedge c \quad = a \wedge (b \wedge c)$
$\quad = b \wedge (a \wedge c) \quad = c \wedge (a \wedge b)$
$x = a \vee b \vee c \quad = a \vee (b \vee c)$
$\quad = b \vee (a \vee c) \quad = c \vee (a \vee b)$

Beispiel:
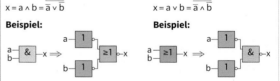

Verteilungsregel (Distributives Gesetz)

$x = a \wedge b \vee a \wedge c = a \wedge (b \vee c)$
UND-Funktion geht vor ODER-Funktion
$x = (a \vee b) \wedge (a \vee c) = a \vee (b \wedge c)$

Beispiel:
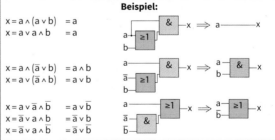

De Morgansches Gesetz

$x = \overline{a \wedge b} = \bar{a} \vee \bar{b}$ $\qquad$ $x = \overline{a \vee b} = \bar{a} \wedge \bar{b}$

Beispiel: $\qquad$ Beispiel:

$x = \overline{a \wedge b} = \bar{a} \vee \bar{b}$ $\qquad$ $x = \overline{a \vee b} = \bar{a} \wedge \bar{b}$

Vereinfachungen

Beispiel:

$x = a \wedge (a \vee b) \quad = a$
$x = a \vee a \wedge b \quad = a$

$x = a \wedge (\bar{a} \vee b) \quad = a \wedge b$
$x = a \vee (\bar{a} \wedge b) \quad = a \vee b$

$x = a \vee \bar{a} \wedge \bar{b} \quad = a \vee \bar{b}$
$x = \bar{a} \vee a \wedge b \quad = \bar{a} \vee b$
$x = \bar{a} \vee a \wedge \bar{b} \quad = \bar{a} \vee \bar{b}$

Ersetzen

UND durch ODER

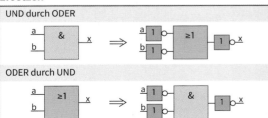

ODER durch UND

Ersetzen von Verknüpfungsgliedern

Man erhält gleichwertige Verknüpfungsglieder, wenn

1. alle UND durch ODER,
2. alle ODER durch UND ersetzt und
3. alle Anschlüsse gegenüber dem Ausgangszustand invertiert werden.
   (Ausnahme: NICHT-Glied)

Steuerungstechnik

Digitale Logik
Digital Logic

Schmitt-Trigger

- Digitale Schnittstellen, insbesondere Eingangsinterfaces, verlangen Signale mit bestimmten maximalen Anstiegs- bzw. Abfallzeiten.
- Zur Erfüllung dieser Forderung werden in der Regel Impulsformerstufen eingebaut.
- Diese Impulsformerstufen werden mit Schmitt-Trigger-Schaltungen realisiert und erzeugen aus langsam ansteigenden Eingangssignalen schlagartig umschaltende Signale.

Sechsfach invertierend (74LS14)

$y = \overline{A}$

Schaltverhalten (Abhängigkeiten)

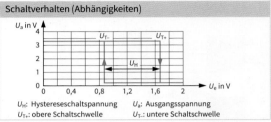

U_H: Hystereseschaltspannung U_a: Ausgangsspannung
U_{T+}: obere Schaltschwelle U_{T-}: untere Schaltschwelle

Kipp-Schaltungen

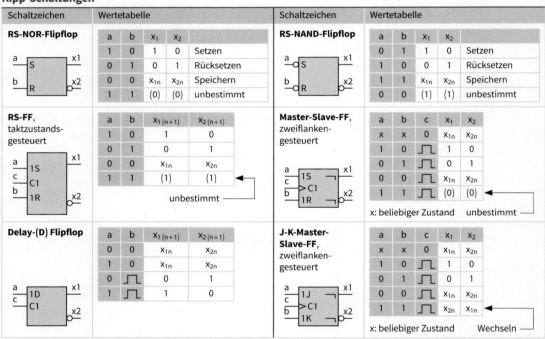

Frequenzteiler

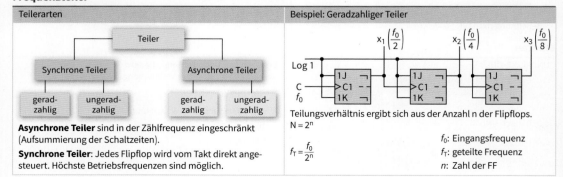

Asynchrone Teiler sind in der Zählfrequenz eingeschränkt (Aufsummierung der Schaltzeiten).

Synchrone Teiler: Jedes Flipflop wird vom Takt direkt angesteuert. Höchste Betriebsfrequenzen sind möglich.

Teilungsverhältnis ergibt sich aus der Anzahl n der Flipflops.
$N = 2^n$

$f_T = \dfrac{f_0}{2^n}$

f_0: Eingangsfrequenz
f_T: geteilte Frequenz
n: Zahl der FF

Digitale Schaltungen
Digital Circuits

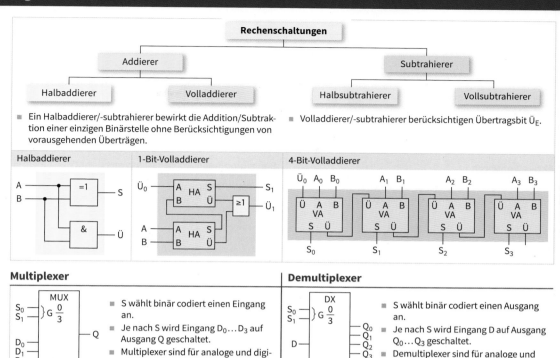

- Ein Halbaddierer/-subtrahierer bewirkt die Addition/Subtraktion einer einzigen Binärstelle ohne Berücksichtigungen von vorausgehenden Überträgen.
- Volladdierer/-subtrahierer berücksichtigen Übertragsbit $Ü_E$.

Multiplexer

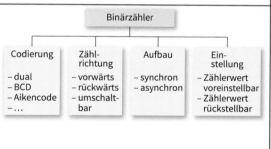

- S wählt binär codiert einen Eingang an.
- Je nach S wird Eingang $D_0 \dots D_3$ auf Ausgang Q geschaltet.
- Multiplexer sind für analoge und digitale Signale verfügbar.

Demultiplexer

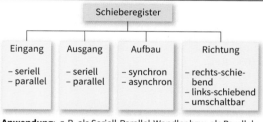

- S wählt binär codiert einen Ausgang an.
- Je nach S wird Eingang D auf Ausgang $Q_0 \dots Q_3$ geschaltet.
- Demultiplexer sind für analoge und digitale Signale verfügbar.

Zähler

Binärzähler

Codierung	Zählrichtung	Aufbau	Einstellung
– dual – BCD – Aikencode – …	– vorwärts – rückwärts – umschaltbar	– synchron – asynchron	– Zählerwert voreinstellbar – Zählerwert rückstellbar

4-Bit-Binärzähler

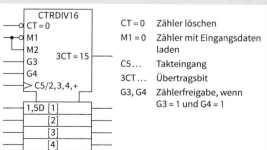

CT = 0	Zähler löschen
M1 = 0	Zähler mit Eingangsdaten laden
C5 …	Takteingang
3CT …	Übertragsbit
G3, G4	Zählerfreigabe, wenn G3 = 1 und G4 = 1

- Schaltungen in synchronem oder asynchronem Aufbau
- **asynchron**: Erstes Bit ändert sich mit Taktimpuls, Folgebits ändern sich nacheinander (begrenzte Taktfrequenz).

Schieberegister

Schieberegister

Eingang	Ausgang	Aufbau	Richtung
– seriell – parallel	– seriell – parallel	– synchron – asynchron	– rechts-schiebend – links-schiebend – umschaltbar

Anwendung: z. B. als Seriell-Parallel-Wandler bzw. als Parallel-Seriell-Wandler

8-Bit-Schieberegister

C:	Takteingang
PE:	Daten von parallelem Eingang laden
D_S:	Serieller Dateneingang
$P_0 \dots P_7$:	Paralleler Dateneingang
$Q_5 \dots Q_7$:	Paralleler Ausgang der letzten drei Bits

- **synchron**: Alle Ausgangsbits werden gleichzeitig durch einen Takt geändert.

Steuerungstechnik

Sensoren – Übersicht
Sensors – Overview

Sensorprinzip

- Sensoren nehmen
  - physikalische Größen (z. B. Temperatur, Druck, Kraft),
  - chemische (z. B. Gas, Flüssigkeit) oder
  - stoffliche Eigenschaften (z. B. Metall, Glas) als Messgröße auf.
- Die Messgrößen werden in der Regel in eine elektrische Größe umgewandelt.

Sensor als Wandler

Eingang → [Sensor] → Ausgang

Physikalische Größen, Stoffeigenschaften → Elektrische Größen

Aktive Sensoren

Die mit dem Sensor zu messende Größe wird **direkt** in eine elektrische Größe umgewandelt (bevorzugt elektrische Spannung).

Beispiele:

- Temperatur → Spannung (Thermoelement)
- Magnetische Flussdichte → Spannung (Hallsonde)
- Kraft → Ladung (Piezokristall)
- Beleuchtungsstärke → Stromstärke (Fotodiode)

Passive Sensoren

Zur Umwandlung der zu messenden Größe benötigt der passive Sensor elektrische Energie (**indirekte Umwandlung**). Die elektrische Energie (Stromstärke, Spannung) wird durch die Sensorgröße beeinflusst.

Beispiele:

Resistive Änderung bei
- Dehnmessstreifen
- Temperaturabhängigen Widerständen
- Feldplatten
- Fotowiderständen
- Leitfähigkeitsmesszellen

Kapazitive Beeinflussung durch
- Abstandsänderung der Platten
- Flächenänderung
- Veränderung der Permittivität
- Veränderung des elektrischen Feldes

Induktive Beeinflussung durch
- Änderung der geometrischen Abmessungen von Spulen
- Änderung ferromagnetischer Materialien
- Veränderung der Permeabilität
- Veränderung des magnetischen Feldes

Lichtstrombeeinflussung durch Änderung der
- Intensität
- Wellenlänge bzw. Frequenz
- Polarisation

Einteilung nach Art des Ausgangssignals

- **Analogausgang**
  Das Messsignal wird in ein stetiges Ausgangssignal umgewandelt.

  Beispiele:
  - Spannung 0 V…10 V; 2 V…10 V
  - Stromstärke 0 mA…20 mA; 4 mA…20 mA

- **Binärausgang (schaltende Sensoren)**
  Am Ausgang sind nur zwei Zustände möglich, zwischen denen bei Über- bzw. Unterschreiten eines Schwellwertes gewechselt wird. Wenn die beiden Schwellwerte verschieden sind, ergibt sich im Schaltverhalten eine **Hysterese**.

  Beispiele:
  - Näherungsschalter durch kapazitive, induktive oder optische Beeinflussung (Lichtschranken)
  - Ultraschall-Näherungsschalter
  - Mechanische Endschalter (Schnappschalter)

- **Digitalausgang**
  Das Ausgangssignal ist ein digital codiertes Signal, das über diese Schnittstelle direkt in Bus-Systeme eingekoppelt werden kann.

Einteilung nach der Art der Messgröße

Geometrisch	Bewegung	Kraft
Länge	Weg	Masse
Volumen	Geschwindigkeit	Kraft
Winkel	Drehzahl	Druck
Füllstand	Beschleunigung	Drehmoment
Anwesenheit	Vibration	Dehnung
Kontur	Phasenlage	Härte
Position	Frequenz	Elastizität
Hydrostatisch, hydrodynamisch	**Thermisch, kalorisch**	**Chemisch, biologisch**
Druck	Temperatur	Leitfähigkeit
Durchfluss	Wärmemenge	pH-Wert
Strömungsgeschwindigkeit	Wärmeströmung	Feuchtigkeit
Teilchendichte	Leitfähigkeit	Substanzart
Viskosität	Spezifische Wärmekapazität	Anwesenheit von Substanzen
Optisch	**Elektrisch**	**Strahlung**
Beleuchtungsstärke	Ladung	Strahlungsart
Absorption und Emission	Spannung	Aktivität
Brechung	Stromstärke	Dosis
Farbart	Leistung	Energiedichte
Polarisation	Leitfähigkeit	
	Feldstärke	
	Potenzial	

Sensorarten
Kinds of Sensors

Resistive Temperatursensoren

- Normierte Platin-Temperatursensoren (temperaturabhängiger Widerstand) entsprechend DIN EN 60751: 2009-06
- Der Bemessungswert wird bei 0 °C angegeben.
- Widerstandsänderungen bis ca. 100 °C:
  Pt100: 0,4 Ω/K; Pt500: 2,0 Ω/K; Pt1000: 4,0 Ω/K
- Kennlinien

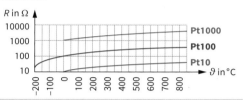

Aufbau

In DIN 43764 bis 43769 sind verschiedene Schutzrohr-Bauformen für unterschiedliche Aufgabenstellungen festgelegt.

Beispiel: Form B

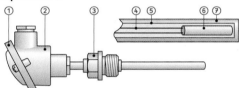

① Anschlusskopf ② Anschlusssockel ③ Verschraubung
④ Anschlussleiter ⑤ Einsatzrohr ⑥ Temperatursensor
⑦ Schutzrohr

Form	Ausführung und Anwendung
A	Emailliertes Rohr, Befestigung mit verschiedenen Anschlagflanschen, Rauchgas-Messung
B	Rohr mit angeschweißtem Gewinde G 1/2A (")
C	Rohr mit angeschweißtem Gewinde G 1A (")
D	Druckfestes, dickwandiges Rohr zum Einschweißen
E	Am Ende verjüngtes Rohr für schnell ansprechendes Verhalten, Befestigung durch verschiebbaren Anschlagflansch
F	Rohr wie Form E, jedoch angeschweißter Flansch
G	Rohr wie Form E, jedoch mit angeschweißtem Gewinde G 1A

Anschlussmöglichkeiten

- **Zweileitertechnik**
  Sensor und Auswerteschaltung sind gemeinsam mit einer zweiadrigen Leitung verbunden. Da der Leitungswiderstand und der Sensor in Reihe liegen, kommt es zu einer Messwertverfälschung (Kompensation erforderlich).
- **Dreileitertechnik**
  Ein zusätzlicher Leiter wird zum Sensor geführt, so dass zwei Stromkreise entstehen. Der Leitungswiderstand sowie seine Temperaturabhängigkeit lassen sich kompensieren.
- **Vierleitertechnik**
  Durch den Sensor fließt ein Konstantstrom. Der Spannungsfall am Sensor wird abgegriffen und an den Eingang einer hochohmigen Auswerteschaltung geführt. Leitungswiderstände und deren Temperaturabhängigkeit sind weitgehend ohne Einfluss.

Induktive Sensoren

Messprinzip

- Die Erkennung von metallenen Leitern erfolgt durch Dämpfung des elektromagnetischen Wechselfeldes einer Spule ① (offener Schalenkern).
- In den metallenen Leitern werden Wirbelströme induziert, die dem Feld Energie entziehen. Die Schwingungsamplitude des Oszillators ② verringert sich.
- Das Signal wird demoduliert ③, in ein Schaltsignal umgeformt ④ und entsprechend verstärkt ⑤.

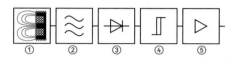

Bauformen

Kapazitive Sensoren

Messprinzip

- Die Erkennung erfolgt durch Änderung des elektrischen Feldes eines Kondensators ① durch
  - metallene oder
  - nichtmetallene Objekte (fest oder flüssig).
- Durch das externe Material ändert sich die relative Permittivität ε_r bzw. die Kapazität.
- Durch die Kapazitätsänderung verändert sich die Schwingkreisfrequenz des Oszillators ②. Sie wird durch nachgeschaltete Stufen ③ ausgewertet.

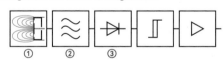

Anwendungen

Verpackung	Füllstand	Qualität
Füllstand	Fehler	Messführung

Steuerungstechnik

Temperatur- und spannungsabhängige Widerstände
Temperature and Voltage Dependent Resistors

Heißleiter NTC-Widerstand (**N**egative **T**emperature **C**oefficient)	Kaltleiter PTC-Widerstand (**P**ositive **T**emperature **C**oefficient)	Varistoren VDR-Widerstand (**V**oltage **D**ependent **R**esistor)
Heißleiter sind temperaturabhängige Halbleiterwiderstände, deren Widerstandswerte sich mit steigender Temperatur verringern.	Kaltleiter sind temperaturabhängige Widerstände, deren Widerstandswerte bei ansteigender Temperatur annähernd sprungförmig ansteigen, sobald eine bestimmte Temperatur überschritten wird.	Varistoren sind Widerstände, deren Widerstandswerte sich bei ansteigender Spannung verringern.
Material: polykristalline Mischoxidkeramik	Material: ferroelektrische Keramik, z. B. TiO_3	Material: Siliciumkarbid, α < 5, Zinkoxid, α < 30
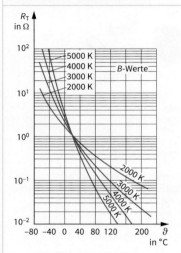	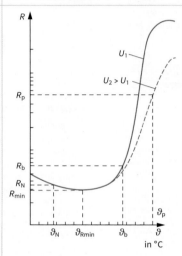	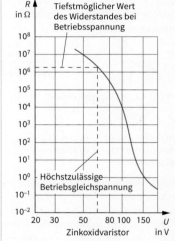

Temperatur-Koeffizient α_R

$$\alpha_R = \frac{-B \cdot 100}{T^2} \quad [\alpha_R] = \% \quad [T] = K$$

T: Temperatur in Kelvin

B-Wert

B: B-Wert als Maß für die Temperaturabhängigkeit des Heißleiters in K (Kelvin), Materialkonstante

$$B = \frac{T_1 \cdot T_2}{T_2 - T_1} \ln \frac{R_1}{R_2}$$

R_1: Widerstandswert in Ω bei T_1 in K (Kelvin)

R_2: Widerstand in Ω bei T_2 in K (Kelvin)

R_N: Bemessungswiderstandswert bei $\vartheta_N = 25\,°C$

R_{min}: Kleinster Widerstandswert

R_p: Widerstandswert bei der höchstzulässigen Spannung

α_R: Temperaturkoeffizient

β: Spannungsabhängigkeit (der Widerstandswert des Kaltleiters ist spannungsabhängig)

Beispiele:
$R_{min} = 50\,\Omega$
$\vartheta_{Rmin} = 20\,°C$
$R_b = 100\,\Omega$
$\vartheta_b = 60\,°C$
$R_p \geq 50\,k\Omega$
$\vartheta_p = 110\,°C$

$U_{max} = 30\,V$
$\alpha_R = 20\,\%/K$

$$R = \frac{U^{(1-\alpha)}}{K}$$

K: Elementarkonstante in Ampere, von der Geometrie abhängig

α: Nichtlinearitätsexponent

Kennwerte

Beispiele:

$\alpha > 30$ bei ZnO (Zinkoxidvaristoren)
Betriebstemperatur: $-40\,°C \ldots +85\,°C$

Betriebsspannung: $14 \ldots 1500\,V$

Ansprechzeit: < 50 ns

Stoßstromstärke: bis 4000 A

Dauerbelastbarkeit: 0,8 W

Temperatur- und spannungsabhängige Widerstände
Temperature and Voltage Dependent Resistors

Heißleiter

Heißleiter in Scheibenform

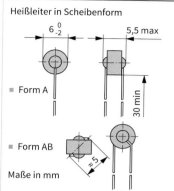

- Form A
- Form AB

Maße in mm

Betriebs-bedingungen	Klimatische Anwendungsklasse		
	FKF	HKF	HHH
untere Grenz-temperatur	−55 °C	−25 °C	−25 °C
obere Grenz-temperatur	125 °C	125 °C	155 °C

Bemessungswiderstandswert
10 Ω bis 100 kΩ
R_N bei 25 °C (R_{25})

zulässige Abweichung vom Bemessungswiderstand ±10 %; ±20 %

Belastbarkeit P_{max} bei 25 °C: 0,6 W

Kaltleiter

- ohne Umhüllung, metallisierte Stirnseiten

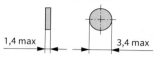

- ohne Umhüllung, radiale Anschlussdrähte

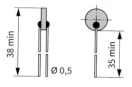

- mit Kunststoffumhüllung

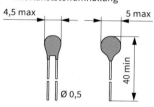

Bezugstemperatur:
−30 °C … +180 °C
Endtemperatur:
+40 °C … +220 °C

Maße in mm

Varistoren

Scheibenform

Anwendungen

Arbeitspunkt-stabilisierung

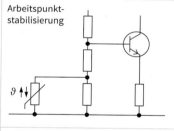

Temperaturmessung

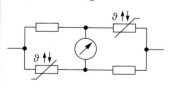

Anzugs-verzögerung   Abfallverzögerung

Flüssigkeitsniveaufühler

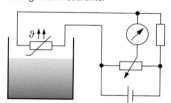

Temperaturregelung für eine Heizung

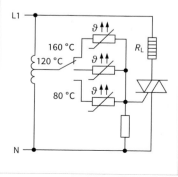

Überspannungsschutz von Halbleiterschaltungen

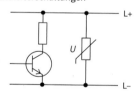

Spannungsstabilisierung

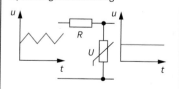

Absorption von Schaltenergie (Überspannungsableiter)

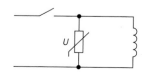

Steuerungstechnik

Not-Aus / Emergency Stop

DIN EN 60204-1: 2019-06

Aufgaben und Ziele

- Gefahren entstehen z. B. durch Fehlfunktion einer Anlage, fehlerhaftes zu bearbeitendes Material, Fehlbedienung usw.
- Aufkommende bzw. bestehende Gefahren für Personen, Maschinen oder Arbeitsgut abwenden bzw. mindern
- Nach Betätigen der Not-Aus-Einrichtung muss die Gefahr automatisch und in bestmöglicher Weise abgewendet werden.
- Not-Aus schaltet die elektrische Energieversorgung ab, um elektrische Gefährdungen abzuwenden.
- Not-Halt stoppt eine gefahrbringende Bewegung

Anwendungen

- Pumpeinrichtungen für brennbare Flüssigkeiten (z. B. Tankstellen, Tanklager)
- Lüftungsanlagen
- Prüf- und Forschungseinrichtungen
- Räume für Ausbildungszwecke, Laboratorien
- Heizungs-, Kesselanlagen
- Großküchen
- Maschinen

Elektrische Maschinen

- Bei elektrischen Maschinen werden Handlungen für den Notfall unterschieden. Diese sollen eine bestehende Gefährdung abwenden.
- Sollen Maschinen stillgesetzt werden, sind unterschiedliche Stopp-Kategorien zu unterscheiden.

Handlungen im Notfall	Stopp-Kategorie	Bedeutung
■ Stillsetzen im Notfall[1] (Risiko durch einen Prozessablauf oder eine Bewegung), Stopp-Kategorie auswählen ■ Ausschalten im Notfall[1] (Risiko durch elektrische Gefährdung)	0	■ Unverzögertes Ausschalten der Versorgungsspannung ■ Stillsetzung durch natürliches Gegenmoment, Auslösen ungesteuerter Bremsen
■ Einschalten im Notfall (Warneinrichtungen, Schutzeinrichtungen) ■ Ingangsetzen im Notfall (Gefahrenabwendung durch Starten einer Bewegung, z. B. Abheben eines Werkstücks)	1	■ Einsatz bei Gefahr: Anlage wird ungesteuert stillgesetzt. ■ Anlage bleibt unter Spannung bis Stillstand eingetreten ist. ■ Mit Energieeinsatz Gefährdung abwenden (aktives Bremsen, Abheben von Walzen, …)
[1] Wird umgangssprachlich als Not-Aus bezeichnet.	2	■ Die Anlage wird gesteuert stillgesetzt. ■ Die Energiezufuhr wird nicht abgeschaltet. ■ Oft für betriebsmäßiges Stillsetzen, nicht für Handlung im Notfall geeignet.

Anforderungen

- Die Not-Aus-Einrichtung muss jederzeit verfügbar sein.
- Einmalige Betätigung muss zu unverzögertem, nicht verhinderbarem Abschalten bzw. Stillsetzen führen.
- Rückstellung der Not-Aus-Betätigung darf keinen Wiederanlauf verursachen.
- Stromkreise ausschließen, deren Abschaltung eine zusätzliche Gefährdung verursacht (z. B. Licht).
- Eine einzige Handlung durch eine Person muss Not-Aus ermöglichen.
- Not-Aus-Einrichtung darf ausreichende Schutzmaßnahmen sowie automatische Sicherheitseinrichtungen nicht ersetzen.
- Bedienelemente sind Taster (Pilz- oder Palmenkopf), Zugschalter, Trittschalter.
- Eindeutige Kennzeichnung (vorzugsweise rot); bei Maschinen rot mit gelbem Hintergrund.
- Schaltgerät muss nach Betätigung verklinken oder verrasten. Ausnahme: Geräte für Not-Aus-Betätigung und Wiedereinschaltung unter Aufsicht einer Person.
- Bedienelemente an den Gefahrenstellen und leicht zugänglich anordnen; ggf. auch an entfernten Stellen (z. B. Ausgang).

Beispiel

Anordnung in einer Kfz-Werkstatt:

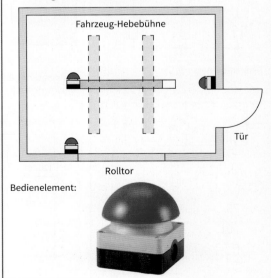

Bedienelement:

Steuerungstechnik

Feststellanlagen
Electrically Controlled Hold-Open Systems

DIN EN 14637: 2008-01

Funktion und Einteilung

- Feststellanlagen (FSA) sind Geräte und Einrichtungen, die bewegliche, selbstschließende **Feuerschutz-/Rauchschutzabschlüsse** (Türen, Tore)
  - betriebsmäßig geöffnet (festgestellt) halten und
  - im Brandfall die automatische Schließung freigeben.
- Unterscheidung nach
  - **FSA Typ 1** (Auslöseeinrichtung ausschließlich Bestandteil der FSA) und
  - **FSA Typ 2** (Auslösevorrichtung ist physikalisch ein Bestandteil einer Brandmeldeanlage).
- Beide Typen bestehen aus mindestens
  - einem Rauchmelder,
  - einem Handauslösetaster,
  - einer Stromversorgung und
  - der Feststellvorrichtung (Haftmagnet, Türankerplatte).

Systemkomponenten (Beispiele)

Türhaftmagnet (Wandanbau)		Handauslösetaster	
Einschaltdauer:	dauerhaft	Kontaktart:	Öffner
Bemessungshaftkraft:	1568 N	Schaltspannung:	30 V
Stromstärke bei 24 V:	125 mA	Schaltstromstärke:	1 A

Systemübersicht

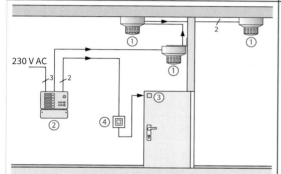

① Rauchmelder
② Rauchschutzschalter
③ Haftmagnet
④ Handauslösetaster

- Installationsleitung:
  - Handelsübliche Telekommunikationsleitung (z. B. IY(St)Y 2 x 2 x 0,6)
  - Querschnitt abhängig von der Stromstärke der Geräte und der Leitungslänge
- Im Handbereich: Grundsätzlich Schutzrohre (Kunststoff oder Stahl, je nach örtlichen Vorschriften)
- Steuerleitung getrennt von Energieleitungen führen

Wartung und Instandhaltung

- Vorgaben für Instandhaltungsmaßnahmen, Inspektions- und Wartungsintervalle und die Mindestqualifikation für Personen nach DIN 14677
- **Instandhaltungsdokumentation**:
  - Ist vom Betreiber (Unternehmen) zu archivieren
  - Beinhaltet u. a. die räumliche Lage der Feststellanlage, Prüfungsdaten, Prüfungsumfang, Prüfungsergebnis
- **Inspektion**: Alle 3 Monate durch eingewiesene Person oder Fachkraft für FSA (Typ 1 u. Typ 2); u.a. Handauslösung, Auslösung durch Prüfung der Rauchschalter
- **Wartungsintervall**: Jährlich
  - Typ 1: Fachkraft FSA; u. a. reinigen funktionsrelevanter Bestandteile, vorbeugender Austausch von Batterien
  - Typ 2: Fachkraft FSA oder Instandhalter BMA; u. a. prüfen Funktionseinhaltung bei alleinigem Ausfall der Energieversorgung

Rauchmelderanordnung

- Anzahl und Anordnung der Rauchmelder ist nach **DIBT**-Richtlinien (**D**eutsches **I**nstitut für **B**autechnik) festgelegt und u. a. abhängig von der
  - Größe und Art der zu überwachenden Tür und
  - Deckenhöhe.

Beispiele:
- Drehflügeltür bis 3 m lichte Breite, Abstand Oberkante Türöffnung bis Deckenunterkante ≤ 1 m: 1 Rauchmelder (Sturzmelder auf beliebiger Raumseite)

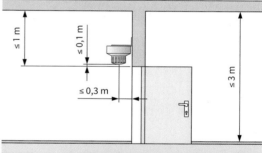

- Abstand Türoberkante bis Deckenunterkante ≥1 m bis ≤ 5 m (ohne Abbildung): 3 Rauchmelder (1 Deckenmelder pro Raumseite und 1 Sturzmelder auf beliebiger Raumseite)
- Alle Tür-/Torabschlüsse mit Abstand der Oberkante bis Deckenunterkante ≥ 5 m: Mindestens 3 Rauchmelder

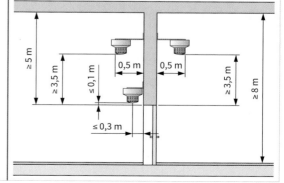

PL – Performance Level

DIN EN ISO 13849-1: 2016-06

Anwendung

- Anforderung an sichere Maschinensteuerung ermitteln
- Validierung (Nachweis über erfüllte Anforderungen), ob Maschinensteuerung die Sicherheitsanforderungen erfüllt
- Sicherheit wird durch mehrere Einflussgrößen beeinflusst.
- DIN EN ISO 13849-1 ist eine harmonisierte Norm und anerkannt zur Erfüllung der Maschinenrichtlinie.

Einflussgrößen

- Ziel-Performance Level:
  - Mögliche Schwere von Verletzungen
  - Häufigkeit und Dauer der Gefährdungen
  - Möglichkeiten der Gefahrenvermeidung
- Ist-Performance Level:
  - Ausführung der Steuerung (Steuerungskategorie)
  - Zuverlässigkeit $MTTF_d$ (**M**ean **T**ime to **D**angerous **F**ailure)
  - Diagnosedeckungsgrad DC (**D**iagnostic **C**overage)
  - Fehler mit gemeinsamer Ursache CCF (**C**ommon **C**ause **F**ailure)

Bewertungsablauf

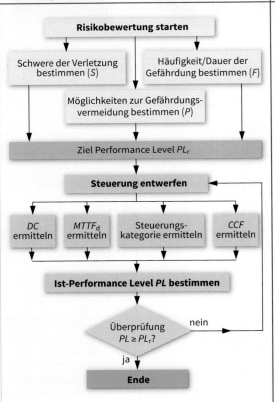

Erforderlicher Performance Level (PL_r)

Risikograph

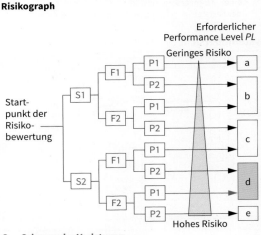

S Schwere der Verletzung
S1: Leicht (z. B. Prellung, Schnittverletzung)
S2: Schwer (z. B. Amputation, Tod)

F Häufigkeit und/oder Dauer der Gefährdung
F1: Selten bis öfter bzw. von kurzer Dauer
F2: Häufig bis dauernd bzw. von langer Dauer

P Möglichkeit zur Vermeidung der Gefährdung
P1: Möglich unter bestimmten Bedingungen
P2: Kaum möglich

Ausfälle aufgrund gemeinsamer Ursache (CCF)

Bewertung	Einzel-Anforderung	Bewertung
Ziel: - Vermeidung systematischer Einflüsse und systematischer Fehler - Vermeidung von Ausfällen mehrerer Komponenten aufgrund einer Ursache	physikalische Trennung zwischen den Sicherheitskreisen und zu anderen Kreisen	15 %
	Diversität (Anwendung unterschiedlicher Technologien)	20 %
	Erfahrung mit Entwurf/Applikation	20 %
Ablauf:	Beurteilung/Analyse	5 %
- Bewertung von Einzelanforderungen - Summierung der Einzelbewertungen - CCF ist ab Steuerungskategorie 2 zu berücksichtigen, Ziel: $CCF > 65\%$	Kompetenz/Ausbildung	5 %
	Umwelteinflüsse (EMV, Temperatur, …)	35 %
	CCF: Summe erfüllter Anforderungen	Σ

PL – Performance Level

DIN EN ISO 13849-1: 2016-06

Diagnose-Deckungsgrad (DC)

- Steuerungen können einzelne, gefährliche Ausfälle selbsttätig erkennen.
- Bewertung wie viel der gefährlichen Ausfälle erkannt werden = Diagnose-Deckungsgrad DC.

Einfache Systeme:
$$DC = \Sigma \lambda_{DD} / \Sigma \lambda_{Dtotal}$$

Komplexe Systeme:
$$DC_{avg} = \frac{\frac{DC_1}{MTTF_{d1}} + \frac{DC_2}{MTTF_{d2}} + \ldots + \frac{DC_N}{MTTF_{dn}}}{\frac{1}{MTTF_{d1}} + \frac{1}{MTTF_{d2}} + \ldots + \frac{1}{MTTF_{dn}}}$$

λ_{DD}: Fehlerrate der erkannten gefährlichen Ausfälle
λ_{Dtotal}: Fehlerrate aller gefährlichen Ausfälle

DC_{avg}	Deckungsgrad
< 60 %	ohne
60 % … < 90 %	niedrig
90 % … < 99 %	mittel
≥ 99 %	hoch

Steuerungskategorien

Kat.	Anforderungen an die Steuerungskategorien eines SRP	Vorgesehen Architektur
B	▪ nach Norm gebaut ▪ müssen den zu erwartenden Einflüssen standhalten	Einkanalig ohne Test oder Überwachung der Sicherheitsfunktion
1	Zusätzlich zu Kategorie B: ▪ Anwendung bewährter Bauteile und Sicherheitsprinzipien	
2	Zusätzlich zu Kategorie B und Sicherheitsprinzipien (Kat. 1): ▪ Prüfung der Sicherheitsfunktion durch die Maschinensteuerung in regelmäßigen Abständen	Einkanalig mit Testeinrichtung für die Sicherheitsfunktion
3	Zusätzlich zu Kategorie B und Sicherheitsprinzipien (Kat. 1): ▪ Kein Verlust der Sicherheitsfunktion durch einen einzelnen Fehler ▪ Erkennung einzelner, aber nicht aller Fehler	Mehrkanalig mit Überwachung der Sicherheitsfunktion
4	Zusätzlich zu Kategorie B und Sicherheitsprinzipien (Kat. 1): ▪ Kein Verlust der Sicherheitsfunktion durch einen einzelnen Fehler ▪ Kein Verlust der Sicherheitsfunktion durch eine Fehleranhäufung	Mehrkanalig mit höherer Überwachung der Sicherheitsfunktion

Erreichter Performance Level (PL)

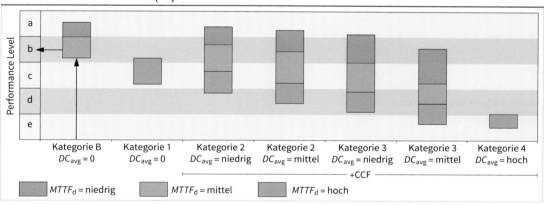

Begriffe

Abk.	Bedeutung	Abk.	Bedeutung
CCF	Common Cause Failure: Anteil der Fehler mit gemeinsamer Ursache	$MTTF_d$	Mean Time to Dangerous Failure: Mittlere Zeit bis zu einem gefährlichen Fehler
DC	Diagnostic Coverage: Diagnose-Deckungsgrad	PL	Performance Level: Leistungsniveau
DC_{avg}	Average Diagnostic Coverage: Durchschnittlicher Diagnose-Deckungsgrad	PFH_D	Probability of dangerous failure per hour: Wahrscheinlichkeit gefährlicher Ausfälle pro Stunde
HFT	Hardware Fehlertoleranz	SFF	Safe Failure Fraction: Anteil Ausfälle mit sicherem Zustand
SRP	Safety Related Parts		

SIL – Safety Integrity Level

DIN EN 62061: 2016-05

Anwendung

- DIN EN 62061 ist eine harmonisierte Norm, die bei Einhaltung als anerkannte Maßnahme zur Erfüllung der Maschinenrichtlinie gilt.

- Risikoabschätzung und Validierung (Nachweis über erfüllte Anforderungen) von sicherheitsbezogenen elektrischen, elektronischen oder programmierbaren Steuerungssystemen

- Davon abweichend wird in der Prozessindustrie (Chemie, Verfahrenstechnik) häufig DIN EN 61508 angewendet, um SIL zu realisieren. Diese ist jedoch keine harmonisierte Norm.

Einflussgrößen

Verschiedene Einflussgrößen können die durchschnittliche Zeit bis zum nächsten Fehler (*MTBF*: Mean Time Between Failure) reduzieren:
- Ausfälle aufgrund gemeinsamer Ursache *CCF* (Common Cause Failure); eine störende Einflussgröße soll sich auf möglichst wenige Funktionen auswirken.
- Anteil der Ausfälle, die zu einem sicheren Zustand führen (*SFF*: Safe Failure Fraction)
- Hardware Fehlertoleranz: Fähigkeit des Systems auch bei Auftreten eines oder mehrerer Fehler, die geforderte Funktion auszuführen

Risikoabschätzung

- Aus der Addition von drei Größen (*F*, *W*, *P*) wird die Risikoklasse bestimmt.
- Aus der Risikoklasse und möglichen Auswirkungen der Gefahren ergibt sich der SIL.

Häufigkeit und/oder Aufenthaltsdauer *F*		Eintrittswahrscheinlichkeit des Gefährdungsereignisses *W*		Möglichkeit zur Vermeidung *P*	
≤ 1 Stunde	5	sehr hoch	5	unmöglich	5
> 1 Stunde bis ≤ 1 Tag	5	wahrscheinlich	4	selten	3
> 1 Tag bis ≤ 2 Wochen	4	möglich	3	wahrscheinlich	1
> 2 Wochen bis ≤ 1 Jahr	3	selten	2		
> 1 Jahr	2	vernachlässigbar	1		

Auswirkung	Tod, Verlust von Auge oder Arm	Permanent, Verlust von Fingern	Reversibel, medizinische Behandlung	Reversibel, Erste Hilfe
Schadensausmaß	4	3	2	1
Klasse $K = F + W + P$				
4	SIL 2	–[1]	–[1]	–[1]
5 … 7	SIL 2	–[1]	–[1]	–[1]
8 … 10	SIL 2	SIL 1	–[1]	–[1]
11 … 13	SIL 3	SIL 2	SIL 1	–[1]
14 … 15	SIL 3	SIL 3	SIL 2	SIL 1

SIL Einstufung der Steuerung

Zuverlässigkeitsanforderung	
SIL	Wahrscheinlichkeit eines gefahrbringenden Ausfalls pro Stunde (PFH_D)
3	$\geq 10^{-8} … 10^{-7}$
2	$\geq 10^{-7} … 10^{-6}$
1	$\geq 10^{-6} … 10^{-5}$

Validierung
- Kombinationen von *SFF* und Hardware-Fehlertoleranz begrenzt SIL-Einstufung der Steuerung.
- Die Zuordnung von Hardwarefehlertoleranz, Steuerungskategorie, *DC*, PFH_D und *SFF* ergibt den erreichten SIL.
- Häufig erfolgt die Validierung mit Softwareunterstützung.

Begrenzung der SIL-Einstufung

	Hardware Fehlertoleranz (HFT)		
SFF	0	1	2
< 60 %	–[1]	SIL 1	SIL 2
60 % … < 90 %	SIL 1	SIL 2	SIL 3
90 % … < 99 %	SIL 2	SIL 3	SIL 3[2]
99 %	SIL 2	SIL 3[2]	SIL 3[2]

SIL Einstufung

PFH_D	Kat	SFF	HFT	DC	SIL
$\geq 10^{-6}$	≥ 2	≥ 60 %	≥ 0	≥ 60 %	1
$\geq 2 \cdot 10^{-7}$	≥ 3	≥ 0 %	≥ 1	≥ 60 %	1
$\geq 2 \cdot 10^{-7}$	≥ 3	≥ 60 %	≥ 1	≥ 60 %	2
$\geq 3 \cdot 10^{-8}$	≥ 4	≥ 60 %	≥ 2	≥ 60 %	3
$\geq 3 \cdot 10^{-8}$	≥ 4	≥ 90 %	≥ 1	≥ 90 %	3

[1] nicht zulässig   [2] zu SiL4 siehe IEC 61508-1

Kategorie, *DC*: vgl. Performance Level

Informationstechnik 4

PC-Technik

- 152 PC-Komponenten und -Anschlüsse
- 153 Flüssigkristallbildschirme
- 154 Prozessorarchitektur
- 155 Flüchtige Halbleiterspeicher und Speichermodule
- 155 Festplatte
- 156 Optische Datenträger
- 157 Betriebssysteme
- 158 Software

Datenübertragung

- 159 PC-Netze
- 160 Serielle und parallele Schnittstelle
- 161 USB – Universal Serial BUS
- 162 Datenkabelaufbau
- 163 Netzwerkverkabelung
- 164 Strukturierte Verkabelung
- 165 EMV-gerechte Kommunikationsverkabelung
- 166 Lichtwellenleiter
- 167 Lichtwellenleiter
- 168 Signalübertragung mit Lichtwellenleitern
- 169 Lichtwellenleiter-Montage
- 170 FTTH-Netzarchitekturen
- 171 LWL-Erdverlegung
- 172 Datenschutz
- 173 Datensicherheit
- 174 Datensicherung

PC-Komponenten und -Anschlüsse
PC Components and Connectors

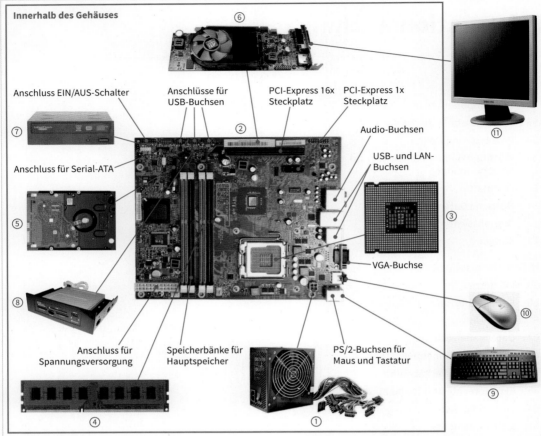

① **Netzteil**: Energieversorgung aller PC-Komponenten
② **Hauptplatine** (Mainboard, Motherboard): Grundleiterplatte eines PC; u. a. mit Prozessor, Chipsatz, Arbeitsspeicher und Steckverbinder zum Anschluss weiterer Komponenten
③ **Prozessor**: Zentrale Verarbeitungseinheit, die die Programme ausführt
④ **Hauptspeicher** (Arbeitsspeicher): Beinhaltet die aktuell aufgerufenen Programme und die dazugehörigen Daten
⑤ **Festplatte**: Festwertspeicher für Daten und Programme
⑥ **Grafikkarte**: Steuereinheit für die Bildschirmanzeige
⑦ **Optische Speicher**: Wiedergeben und Brennen von CDs, DVDs bzw. Blu-ray Discs
⑧ **Kartenleser**: Auslesen und Beschreiben von Daten der externen Speicherkarten
⑨ **Tastatur**: Eingabegerät von Buchstaben, Zahlen, Symbolen und Tastenkombinationen als Befehle
⑩ **Maus**: Zeigegerät zum Bedienen grafischer Benutzeroberflächen
⑪ **Monitor**: Anzeigegerät zur Wiedergabe von Texten, Bildern oder Videos

Rückseitige Anschlüsse

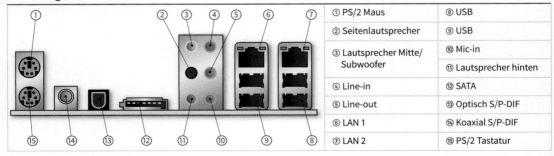

① PS/2 Maus	⑧ USB
② Seitenlautsprecher	⑨ USB
③ Lautsprecher Mitte/Subwoofer	⑩ Mic-in
	⑪ Lautsprecher hinten
④ Line-in	⑫ SATA
⑤ Line-out	⑬ Optisch S/P-DIF
⑥ LAN 1	⑭ Koaxial S/P-DIF
⑦ LAN 2	⑮ PS/2 Tastatur

Flüssigkristallbildschirme
LCD Monitors

Bildwiedergabe

Passive LCD-Technik
(**L**iquid-**C**rystal-**D**isplay)
Bild wird durch Flüssigkristallsegmente erzeugt.
Sie beeinflussen die Durchlässigkeit und Polarisation des Lichtes.
Hintergrundbeleuchtung: Leuchtstoffröhren

Aktive LCD-Technik
Die Ansteuerung der Pixel erfolgt über **TFT** (**T**hin-**F**ilm-**T**ransistor). Zur Hintergrundbeleuchtung werden Leuchtstoffröhren oder LED's eingesetzt.

Kenngrößen

Merkmal	Beschreibung	Beispiel
Bildschirmdiagonale	Maß für die Größe des Monitors in Zoll: Abstand zwischen zwei diagonal gegenüberliegenden sichtbaren Eckpunkten	21", 22", 23", 24", 26", 27", 32" (1" = 2,54 cm)
Bildformat	Bildseitenverhältnis zwischen der Breite und der Höhe der Bildfläche eines Monitors	4:3/5:4 (Standard), 16:9/16:10 (Widescreen)
Anschlussleistung	Leistung des Monitors im Normalbetrieb, im Energiesparbetrieb, im Stand-by Betrieb und OFF-Betrieb	50 W (Normalbetrieb), 0,3 W (Stand-by Betrieb)
Paneltechnologie	Verfahren zur Bildwiedergabe	LED-Technologie
Auflösung	Vorgegebenes Bildwiedergaberaster des Bildschirms in horizontaler und vertikaler Richtung	1920 x 1080 Bildpunkte (Full HD)
Schnittstelle	Steckverbinder zum Anschluss an die Grafikkarte des PC	DVI-I, HDMI, DisplayPort
Kontrast	Leuchtverhältnis zwischen weißen und schwarzen Pixeln zum selben Zeitpunkt	1000:1
Dynamischer Kontrast	Leuchtverhältnis zwischen hellsten und dunkelsten Pixeln zu verschiedenen Zeitpunkten	2.000.000:1
Reaktionszeit	Dauer für den Wechsel eines Bildpunktes von weiß nach schwarz (Achtung: Manchmal wird auch der Wechsel zwischen zwei Grauwerten angegeben.)	1 ms ... 10 ms

Schnittstellen

Bezeichnung	Merkmale	PIN	Abbildung
VGA (**V**ideo **G**raphic **A**rray)	– Analoge Bilddatenübertragung – 15poliger D-Sub-Steckverbinder – Bildqualität abhängig von der Leitungsqualität	1: Rot 2: Grün 3: Blau 6, 7, 8: Masse (Rot, Grün, Blau) 13, 14: H/V-Synchronisation	
DVI-I (**D**igital **V**isual **I**nterface **I**ntegrated)	– Analoge und digitale Bilddatenübertragung – Leitungslänge maximal 10 m	1...24: digitale Signale C1...C4: analoge Signale C5: Masse	
DVI-D (**D**igital **V**isual **I**nterface **D**igital)	– Digitale Bildübertragung – Leitungslänge maximal 10 m – Hohe Auflösungen möglich	1...24: digitale Signale	
HDMI (**H**igh **D**efinition **M**ultimedia **I**nterface)	– Volldigitale Audio- u. Videoübertragung – Hohe Datenübertragungsrate 8 GB/s (HDMI 1.4) – Leitungslänge maximal 15 m	1...9: 3 Signalbündel (jeweils +/GND/–) 10...12: Taktsignale 13...19: CEC, DDC und +5 V	
DisplayPort	– Digitale Video- und Audioübertragung – Leitungslänge wird durch die Bandbreite begrenzt	1...12: 4 Signalbündel (jeweils +/GND/–) 15...17: Audiokanal (+/GND/–)	

Prozessorarchitektur
Processor Architecture

Von-Neumann-Architektur

- John v. Neumann: US-amerikanischer Mathematiker, 1903–1957
- Zeitlich nacheinander (sequenziell) werden die aus dem Speicher stammenden Befehle und Daten innerhalb einer bestimmten Zeit (**Taktzyklus**) verarbeitet. Die wichtigsten Phasen sind:
  - Laden des Befehls (FETCH)
  - Decodierung (DECODE)
  - Ausführen des Befehls (EXECUTE)
- Daten und der Programmcode (Befehle) befinden sich in einem **gemeinsamen** Speicher.

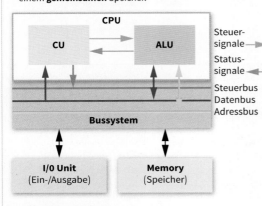

- **Funktionseinheiten:**
  - **CPU: C**entral **P**rocessing **U**nit, Prozessor
    Diese Einheit wird oft auch als Prozessorkern (Core) bezeichnet.
    Ein Mikroprozessor kann aus mehreren Kernen bestehen (Multi-Core-Prozessor).
  - **CU: C**ontrol **U**nit, Steuerwerk (Leitwerk)
    Steuerung von Prozessen und Abläufen im Innern und Kommunikation mit der „Außenwelt"; verantwortlich für die Zusammenarbeit der einzelnen Teile des Prozessors
  - **ALU: A**rithmetic **L**ogic **U**nit, Arithmetisch Logische Einheit (Rechenwerk)
    Durchführung arithmetischer und logischer Operationen
  - **I/O Unit:** Ein- und Ausgabeeinheit für Daten
  - **Memory:** Speicher für Daten und Befehle
  - **Bussystem:** Es handelt sich um Leitungen, über die der Austausch der Adressen und Daten erfolgt.

Harvard-Architektur

- Daten und das Programm (Befehle) sind in voneinander **getrennten** Speicher- und Adressräumen abgelegt und werden über getrennte Busse gesteuert (Einsatz im Bereich der Mikrocontroller).
- Daten und Befehle können dadurch gleichzeitig (unabhängig) geladen bzw. geschrieben werden (schnellere Verarbeitung als bei der Von-Neumann-Architektur).

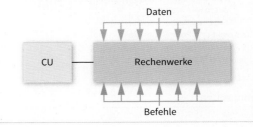

Cache

Damit der Prozessor bei der Verarbeitung bestimmter Prozesse nicht auf die „langsamen" Arbeitsspeicher und die Festplatte zugreifen muss, sind dem Prozessor Zwischenspeicher (Cache) zugeordnet.

- **L1-Cache (First Level-Cache)**
  Er ist ein kleiner Zwischenspeicher (16 kB bis 64 kB zwischen Prozessor und Arbeitsspeicher) für die am häufigsten benötigten Daten (Data-Cache) und Befehle (Code-Cache) und ist in der Regel auf dem Prozessorchip untergebracht. Durch ihn lässt sich die Anzahl der Zugriffe auf den langsamen Arbeitsspeicher reduzieren.
- **L2-Cache (Second-Level-Cache)**
  In ihm werden die Daten des Arbeitsspeichers (RAM) zwischengespeichert. Er ist entweder auf dem CPU-Chip integriert oder befindet sich als externer Baustein auf der Hauptplatine (z. B. 512 MB, Pentium III ... 3072 MB, Core 2 Duo).
- **L3-Cache (Third-Level-Cache)**
  Er ist in der Regel auf dem Prozessor-Chip integriert und unterstützt durch entsprechende Protokolle die Zusammenarbeit zwischen den Kernen.

Bussysteme

- **BUS: B**idirectional **U**niversal **S**witch
- **Adressbus**
  Über ihn werden die Daten der Speicheradressen übertragen. Durch die Anzahl der Verbindungsleitungen wird festgelegt, wie viele Speicherplätze direkt adressiert werden können.
- **Datenbus**
  Über ihn werden Daten gesendet und empfangen. Je mehr Leitungen, desto mehr Daten können pro Taktzyklus verarbeitet werden.
- **Steuerbus**
  Mit ihm wird die Steuerung des Bussystems bewerkstelligt (z. B. Lese-/Schreib-Steuerung, Unterbrechungssteuerung (Interrupt), Buszugriffssteuerung, Reset, ...).

Leistungsmerkmale

- Die **Wortbreite** der Arbeits- oder Datenregister bestimmt die maximale Größe der verarbeitbaren Ganz- und Gleitkommazahlen.
- Der **Datenbus** bestimmt, wie viele Bits (4 ... 64 Bit) gleichzeitig aus dem Arbeitsspeicher gelesen werden können.
- Der **Adressbus** legt die maximale Größe einer Speicheradresse fest.
- Die Anzahl der Operationen pro Sekunde ist von der **Taktfrequenz** (clock rate, z. B. 3 GHz) und der Datenwortbreite abhängig (Vielfaches des Motherboard-Grundtaktes).
- Die **Verarbeitungsgeschwindigkeit** des ganzen Systems ist auch von der Größe der Caches und der Kapazität des Arbeitsspeichers abhängig.

Flüchtige Halbleiterspeicher und Speichermodule
Volatile Semiconductor Memory and Memory Modules

Begriffe

- **RAM: R**andom **A**ccess **M**emory
  Ein Speicher mit wahlfreiem Zugriff, der beliebig gelesen und beschrieben werden kann.

- **SRAM: S**tatic **RAM**
  - Bistabile Kippstufen in Form eines Flipflops pro Bit
  - Aufbau: 6-Transistor-Zelle in CMOS-Technologie
  - Der Speicherinhalt geht erst bei Abschaltung der Betriebsspannung verloren (flüchtiger Speicher).

- **DRAM: D**ynamic **RAM**
  Der Speicherinhalt muss nach kurzer Zeit wieder aufgefrischt werden (Refresh).

- **SDRAM: S**ynchronous **DRAM**
  - Der Speicher verfügt über einen Taktgeber, der mit dem Systemtakt synchronisiert ist (Taktfrequenzen z. B. 66 MHz, 100 MHz, 133 MHz).
  - Geringe Zugriffszeiten
  - Betriebsspannung 2,5 V

- **DDR-RAM: D**ouble **D**ata **R**ate **RAM (DDR-SDRAM)**
  - Daten werden auf der ansteigenden und abfallenden Flanke gelesen (doppelte Datenrate).
  - Betriebsspannung 1,8 V, 2,5 V
  - Varianten: DDR1 (Bezeichnung auch ohne Ziffer), DDR2, DDR3; 184 und 240 Kontakte

Modulkennzeichnungen

- **Angaben**
  - Speicherkapazität (z. B. 256 MB, 512 MB, 1 GB, 2 GB, 4 GB)
  - Taktfrequenz (z. B. 100, 133, 400, 800 MHz)
  - Maximale Datenübertragungsrate (z. B. 1,6 GB/s)

- **Module mit SDRAM**
  Beispiele:
  - PC 100 (100 MHz Taktfrequenz)
  - PC 133 (133 MHz Taktfrequenz)

- **Module mit DDR-RAM**
  Beispiele:
  - PC 1600 (1600 MB/s max. Datenübertragungsrate)
  - PC 2100, PC 2700, PC 3200 oder höher
    Berechnung des Zahlenwertes für 2100:
    133 MHz Takt x 2 Flanken x 8 Byte = 2128

Beispiele für Kenndaten DDR4

Chip	Modul	Speichertakt in MHz	IO-Takt in MHz	Übertragungsrate pro Channel
DDR4-1600	PC4-12800	200	800	12,8 GB/s
DDR4-1866	PC4-14900	233	933	14,9 GB/s
DDR4-2133	PC4-17000	266	1066	17,0 GB/s
DDR4-2400	PC4-19200	300	1200	19,2 GB/s
DDR4-2666	PC4-21300	333	1333	21,3 GB/s
DDR4-3200	PC4-25600	400	1600	25,6 GB/s

Festplatte
Hard Disk Drive

Aufbau und Arbeitsweise

- Festplatten (**HDD: H**ard **D**isc **D**rive) sind Magnetplattenspeicher.
- Die Träger der **Speicherschicht** (dünn aufgedampftes Eisenoxid) sind runde Aluminiumplatten ①, die übereinander gelagert und in geringem Abstand starr miteinander verbunden sind.
- Zum Lesen oder Schreiben der Daten greifen pro Platte seitlich zwei Schreib-Lese-Köpfe ② zwischen die Platten ein.
- Alle Schreib-Lese-Köpfe sitzen auf einem Kamm ③, so dass sich die Köpfe stets gleichzeitig durch einen Linearmotor ④ über die Oberflächen bewegen.

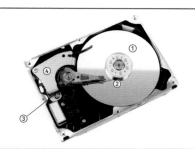

Partitionen

- Der Speicherbereich einer Festplatte kann in einzelne, in sich zusammenhängende Bereiche (**Partitionen**), aufgeteilt werden. Die Partitionen wirken wie separate Laufwerke und werden unter Windows durch fortlaufende eigene Buchstaben gekennzeichnet.
- In der **Primärpartition** (Buchstabe C, Windows) sind Betriebssystem, Anwendungsprogramme usw. gespeichert.
- Der PC wird von einer Primärpartition aus gebootet. Auf der Festplatte können mehrere Primärpartitionen für verschiedene Betriebssysteme eingerichtet sein. Es kann allerdings nur eine aktiv sein.
- **Erweiterte Partitionen** sind weitere Unterteilungen der Festplatte, für die eine logische Formatierung (logische Laufwerke) vorgenommen wird.

Physikalische Formatierung

- Die Datenträgerorganisation wird vom Hersteller durchgeführt. Grundbausteine sind Spuren, Sektoren und Zylinder.
- **Spuren:** Konzentrische Kreispfade auf jeder Scheibenseite; jede Spur erhält eine Nummer; die Spur 0 liegt am äußeren Rand.
- **Zylinder:** Der Spurensatz, der auf allen Seiten der Platten im gleichen Abstand von der Mitte angelegt wird, sind die Zylinder. Hardware und Software arbeiten häufig mit diesen Zylindern.
- **Sektoren:** Die Ausschnitte der Spuren werden als Sektoren bezeichnet. In ihnen kann eine bestimmte Datenmenge gespeichert werden.

Optische Datenträger
Optical Data Storages

CD

- **CD: C**ompact **D**isc
- Die spiralförmige Datenspur beginnt mit dem Einlaufbereich (lead-in) ①, der die Basisdaten (Inhaltsverzeichnis, Gesamtlänge, Tracks usw.) aufnimmt. Die Datenspur ② endet im Außenbereich mit dem Spurauslauf (lead-out) ③.
- Die Datenspur wird von einem Laser abgetastet. Die Reflexionen des Laserstrahls durch die Lands ④ werden am Übergang zu den Pits ⑤ gestört. Jeder Übergang zwischen Lands und Pits und umgekehrt entspricht der logischen „1".
- Arten:
  - CD-ROM (CD-**R**ead-**O**nly-**M**emory), industriell, gepresste „klassische" CD
  - CD-R (**R**ecordable), einmal beschreibbar
  - CD-RW (**R**ewritable), mehrfach löschbar und wieder beschreibbar
- Speicherkapazität:
  650 MB (74 Minuten Musik bei Audio-CD) bis 879 MB

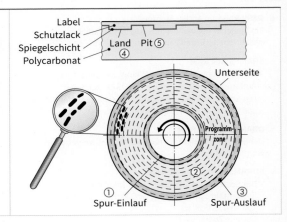

DVD

- **DVD: D**igital **V**ersatile **D**isc (digitale vielseitige Scheibe)
- Datenspuren wie bei der CD mit deutlich größerer Speicherkapazität
- Scheibendurchmesser: 12 cm, 18 cm
- Je nach Verwendungszweck werden DVD-Formate für spezielle Datenstrukturen eingesetzt:
  - **DVD-Video**
    Wiedergabe von bewegten Bildern und Ton, Datenkompression mit MPEG-2
  - **DVD-Audio**
    Wiedergabe von Standbildern und Ton hoher Qualität, unkomprimiert: PCM (lineare Pulscodemodulation), komprimiert: z. B. MP2 (MPEG-1 Audio) mit 192-256 kbit/s, DTS mit 448 kbit/s
  - **DVD-ROM**
    Lesen von Daten (Computerdaten), Speicherung der Dateien in beliebigen Ordnern
  - **Hybrid-DVD**
    Kombination aus DVD-Video, DVD-Audio und DVD-ROM
- Beschreibbare DVDs:
  - DVD-RAM (einmal beschreibbar)
  - Minus-Standard: DVD-R, DVD-RW, DVD-R DL
  - Plus-Standard: DVD+R, DVD+RW, DVD+R DL
  - **DL: D**ouble (Dual) **L**ayer, zwei Datenschichten pro Seite
  - Wie bei CDs können DVDs in mehreren Sitzungen (Sessions) beschrieben werden.

- **DVD-5**, einseitig und einschichtig (4,7 GB)
  - Eine Aufzeichnungsebene
  - Etwa 2,2 Stunden Videoaufzeichnung möglich

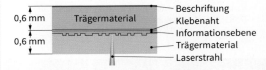

- **DVD-10**, beidseitig und einschichtig (9,4 GB)
  - Im Prinzip zwei zusammengeklebte einschichtige DVDs
  - Etwa 4 Stunden Videoaufzeichnung möglich
- **DVD-9**, einseitig und zweischichtig (8,5 GB)
  - Zwei Aufzeichnungsebenen
  - Etwa 4,4 Stunden Videoaufzeichnung möglich

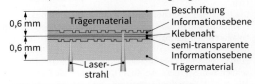

- **DVD-18**, beidseitig und zweischichtig (17 GB)
  - Im Prinzip zwei zusammengeklebte zweischichtige DVDs
  - Etwa 8 Stunden Videoaufzeichnung möglich

BD

- **BD: B**lu-ray **D**isc
- Verkürzter Name: Blauer Lichtstrahl (Blue ray)
- Nicht kompatibel zu CD und DVD
- 12 cm Durchmesser wie bei CD und DVD
- Im Vergleich zur DVD ist der Abstand des Lasers zum Datenträger verkleinert.
- Die Schutzschicht ist im Vergleich zur DVD verkleinert (0,1 mm). Sie ist empfindlicher gegen Schmutz.
- Die BD ist als Nachfolger gedacht für die DVD mit erhöhter Speicherkapazität zur Aufnahme von Videos im HDTV-Format.
- Speicherkapazitäten:
  - Eine Lage bis 27 GB
  - Zwei Lagen bis 54 GB

Vergleich optischer Datenspeicher

CD	DVD	Blu-ray Disc
Abstände der Pits		
1,6 µm	0,74 µm	0,32 µm

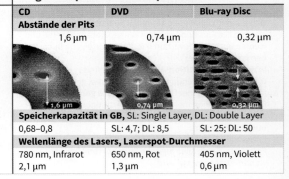

Speicherkapazität in GB, SL: Single Layer, DL: Double Layer		
0,68–0,8	SL: 4,7; DL: 8,5	SL: 25; DL: 50
Wellenlänge des Lasers, Laserspot-Durchmesser		
780 nm, Infrarot	650 nm, Rot	405 nm, Violett
2,1 µm	1,3 µm	0,6 µm

Betriebssysteme
Operating Systems

Aufgaben

Grundsätzlich:
Verwaltung der technischen Komponenten eines Computers sowie Steuerung und Überwachung des Einsatzes der Software (Programme).

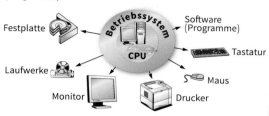

Wichtige Einzelaufgaben
- Starten und Beenden des Computerbetriebs
- Organisation und Verwalten der Arbeitsspeicher
- Verwalten der Dateien in den Verzeichnissen
- Steuern der Hardwarekomponenten (Soundkarte, Drucker, usw.)
- Organisieren und Verwalten der verschiedenen Speicher (z. B. Festplatten, CD-ROM)
- Laden und Kontrollieren der Anwenderprogramme (z. B. Weitergabe von Benutzereingaben, Verwalten von Benutzerrechten)
- Verwaltung und Bedienung mehrerer Nutzer (z. B. Zugriffsrechte, Nutzungsprofil)
- Bereitstellen von Dienstprogrammen (z. B. Datensicherung, Datenfernübertragung)
- **Präemptives Multitasking (Mehrprozessbetrieb)**
  Wenn mehrere Programme benutzt werden, aktiviert das System diese in so kurzen Abständen abwechselnd, sodass für den Benutzer der Eindruck der gleichzeitigen (parallelen) Abarbeitung entsteht.
- **Multithreading (Mehrprozessfähigkeit)**
  Mehrere Ausführungsstränge innerhalb eines Prozesses (Threads) werden ähnlich dem präemptiven Multitasking gleichzeitig abgearbeitet (parallel).
- **Multiusing (Mehrbenutzung)**
  Auf einem PC können sich unterschiedliche Nutzer eine individuelle Arbeitsumgebung schaffen, auf die nur sie passwortgeschützt zugreifen können.

Betriebssysteme

Bei Personal Computern sind folgende Betriebssysteme verbreitet:

- **Windows** (Microsoft), am weitesten verbreitet
  Windows XP (**Exp**erience), Vista, 7, 8, 10
- **macOS** (Apple Macintosh)
  OS X 10.12
- **Linux** (**Linu**s Torwalds UNI**X**, Finnischer Software-Entwickler)
  Derivate: Red-Hat, Fedora, RHEL, Mandriva, SUSE

Sie verfügen über eine grafische Benutzeroberfläche und sind als 32 Bit- bzw. 64 Bit-Versionen erhältlich.

Startvorgang (BOOT-Vorgang)

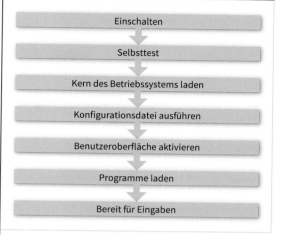

BIOS

BIOS: **B**asic **I**nput **O**utput **S**ystem
(Grundlegendes Eingabe-Ausgabe-System)

- Das BIOS ist ein grundlegendes Systemprogramm im PC, das nach dem Einschalten zur Verfügung steht.
- Es ist im Festwertspeicher (ROM) vom Hersteller abgelegt und dem Betriebssystem vorgelagert.

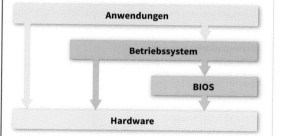

POST: Power **O**n **S**elf **T**est
- Beim Booten führt das BIOS einen Selbsttest durch.
- Es sucht ein Betriebssystem und ruft dieses auf.
- Es lädt grundlegende Treiber (Laufwerk, Grafikkarte und Schnittstellen).

Systemanforderungen für Windows 10

Prozessor	Mindestens 1 GHz Taktfrequenz; Empfehlung: deutlich schnellerer
RAM	Mindestens 2 GB in der 64-Bit- und der 32-Bit-Version; Empfehlung: 4 GB
Display	mindestens 800 x 600 Pixel
Grafikkarte	DirectX 9 oder höher mit **WDDM** (**W**indows **D**isplay **D**river **M**odel) 1.0 Treiber
Festplatte	64-Bit-Variante 20 GB; 32-Bit-Variante 16 GB

Neu ausgelieferte Computer müssen den internationalen Standard ISO/IEC 11889-2:2015 (Trusted Platform Modulbibliothek) oder Trusted Computing Group TPM 2.0 unterstützen (Anforderungen an Integritätsschutz, Isolation und Vertraulichkeit).

Software

Arten

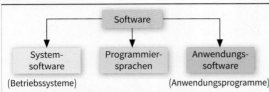

(Betriebssysteme)   (Anwendungsprogramme)

- Unter Software versteht man Programme (Anweisungen in Form von Daten), die den Computer zur Ausführung von Aktionen veranlassen.

Dateiformate

- Die innerhalb der Anwendersoftware erstellten Dateien werden am Ende des Dateinamens durch einen Punkt und das Dateiformat gekennzeichnet:

  Beispiel: Dateiname.Dateiformat   Brief.doc

Anwendungssoftware zur Bürokommunikation

- **Textverarbeitungsprogramme:**
  z. B. Word (.doc, **Doc**ument: Dokument)
- **Kalkulationsprogramme:**
  z. B. Excel (.xls, **Exc**el **S**heet: Arbeitsblatt in Excel)
- **Datenbankprogramme:**
  Erstellung relationaler Datenbanken, z. B. Access (Zugang). Dateiformate: .mdb; .adp; .ade
- **Organisationsprogramme:**
  z. B. Outlook (Ausblick) besteht aus Terminplaner, Adressverwaltung, Aufgabenliste (zu erledigende Aufgaben, Termine usw.), Journal (Dokumentation von Aktivitäten und Ereignissen), E-Mail-Programm
- **Präsentationsprogramme:**
  Programm zur Erstellung von Folien- und Bildschirmpräsentationen, z. B. PowerPoint.
  .ppt für PowerPoint-Präsentationen;
  .pot für Präsentationsvorlagen;
  .pps für Pack-and-go-Präsentationen (selbstlaufend);
  .ppa für Zusatzmodule
- **Office-Programme (Office Pakete):**
  Zusammenfassung verschiedener Programme zur Bürokommunikation, z. B. Microsoft Office, Open Office

Desktop-Publishing-Programme

DTP: Desk**t**op-**P**ublishing (Publizieren vom Schreibtisch) Software zur Herstellung von Druckvorlagen. Eingebunden sind Texte, Grafiken, Formeln und Tabellen zu einem gemeinsamen Layout, z. B. Publisher, Quark Xpress, Corel Ventura, Adobe Indesign.

CAD

CAD: Computer-**A**ided **D**esign (Computergestütztes Zeichnen bzw. Konstruieren)
- Grafikprogramm (Vektorgrafik) für die Erstellung technischer Zeichnungen in professioneller Qualität
- Mit Layertechnik (Schichten) können verschiedene Zeichnungsebenen unabhängig voneinander erstellt und kombiniert werden.
- Umfangreiche Programmbibliotheken (Zeichenvorlagen) erleichtern die Erstellung der Zeichnungen.

Grafiksoftware

Rastergrafiken, Pixel-Grafiken

- Bilder in Pixel-Formaten werden auch als Bitmaps bezeichnet.
- Die Speicherung erfolgt wie bei einem Mosaik. Jedes Pixel (Bildpunkt) wird mit Informationen über Lage (x-y-Achse) und Farbe gespeichert.
- Pixel-Grafiken verlieren beim Skalieren (vergrößern) stark an Qualität, da die Pixel vergrößert werden. Stufungen sind mitunter erkennbar.
- Anwendung: Wiedergabe von Fotos mit feinen Abstufungen, z. B. Photoshop, Photodraw

Beispiele für Dateiformate:
.**BMP** (**Bit**ma**p**); .**JPEG** (**J**oint **P**hotographic **E**xperts **G**roup); .**PDF** (**P**ortable **D**ocument **F**ormat); .**TIF** (**T**aged **I**mage **F**ormat)

Vektor-Grafiken

- Bei Vektor-Grafiken werden geometrische Formen (z. B. Kreise, Rechtecke) gespeichert. Ein Rechteck besitzt z. B. einen Ursprungspunkt und eine Ausdehnung in Form von Längen- und Breitenangaben.
- Vektorgrafiken können deshalb ohne Qualitätsverlust frei gedreht und vergrößert werden (Skalierbarkeit).
- Anwendung im Konstruktionsbereich (CAD), z. B. CorelDraw, Adobe Illustrator

Beispiele für Dateiformate:
.**AI** (**A**dobe **I**llustrator); .**CDR** (Corel Draw); .**EPS** (**E**ncapsulated **P**ost**s**cript)

Programmiersprachen

- **Algol** (**Algo**rithmic **L**anguage)
  Algorithmische Formelsprache zur strukturierten Programmierung

- **Basic** (**B**eginners **A**ll Purpose **S**ymbolic **I**nstruction **C**ode)
  Leicht erlernbare problemorientierte Programmiersprache in naturwissenschaftlichen und technischen Bereichen.

- **C** (entwickelt aus Basic Combined Programming Language)
  Maschinennahe Programmierung mit kompaktem Code für strukturierte Programmierung.

- **C++**
  Objektorientierte Variante von C

- **Cobol** (**Co**mmon **B**usiness **O**riented **L**anguage)
  Problemorientierte Programmiersprache für kaufmännische und administrative Bereiche, Programmcode ist lesbar wie ein englischer Text.

- **Fortran** (**For**mula **Tran**slation)
  Geeignet für die Programmierung mathematischer Formeln.

- **JAVA**
  Plattformunabhängige Programmiersprache; lässt sich mit Browsern ausführen, Anwendung im Internet.

- **Pascal** (benannt nach Blaise Pascal)
  Ursprünglich als Universalsprache gedacht; gute Strukturierung möglich, leichte Dokumentation, wenige Grundbefehle.

- **PL/1** (**P**rogramming **L**anguage No.**1**)
  Problemorientierte Programmiersprache von IBM. Anwendung auf Großrechnern, enthält Elemente von Fortran und Cobol.

PC-Netze
PC-Networks

Topologien

- Die Struktur von PC-Netzen bezeichnet man als Topologie.
- Die Komponenten sind PCs und verschiedene Kopplungselemente. Die Verbindung erfolgt über Funk oder Leitungen (Kupfer- bzw. Lichtwellenleiter).
- Je nach Aufbau gibt es unterschiedliche Bezeichnungen. Die grünen Kreise in den nachfolgenden Abbildungen werden als Knoten bezeichnet und sind Endgeräte bzw. Kopplungselemente.

Topologie	Beschreibung
Bus (Linie)	– Alle Teilnehmer sind direkt über dasselbe Übertragungsmedium (Bus) miteinander verbunden. – Die Übertragung ist auch gewährleistet, wenn ein Teilnehmer ausfällt (nicht bei Koaxialleitung).
Stern 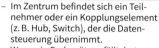	– Im Zentrum befindet sich ein Teilnehmer oder ein Kopplungselement (z. B. Hub, Switch), der die Datensteuerung übernimmt. – Wenn ein Endgerät ausfällt, hat dieses keine Auswirkung auf die übrigen Teilnehmer.
Baum 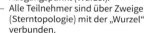	– Das Netz besitzt einen zentralen Ausgangspunkt (Wurzel). – Alle Teilnehmer sind über Zweige (Sterntopologie) mit der „Wurzel" verbunden. – Wenn die Wurzel ausfällt, ist keine Kommunikation möglich.
Ring	– Jeweils zwei Teilnehmer sind miteinander verbunden. Es entsteht ein Ring. – Die Informationen werden von Teilnehmer zu Teilnehmer weitergeleitet. – Bei Ausfall eines Teilnehmers ist die Kreisstruktur unterbrochen.
Masche 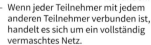	– Jeder Teilnehmer ist mit einem oder mehreren Teilnehmern verbunden. – Wenn jeder Teilnehmer mit jedem anderen Teilnehmer verbunden ist, handelt es sich um ein vollständig vermaschtes Netz. – Bei Ausfall eines Teilnehmers ist durch Umleitung eine Kommunikation noch möglich.

Kopplungselemente

- **Repeater (Wiederholer)**
  - dient zur Signalverstärkung aufgrund der Dämpfung durch Übertragungsmedien und
  - Korrektur von Störungen (Signalregeneration).
- **Medienkonverter**
  - wandelt Signale um, z. B. zur Anpassung zwischen Kupfer- und Lichtwellenleitern.
- **Bridge (Brücke)**
  - überbrückt zwei Netzwerkabschnitte mit unterschiedlichen/gleichen Übertragungsmedien und/oder verschiedenen/gleichen Topologien.
  - wertet die Ziel-MAC-Adresse ankommender Daten aus und leitet fehlerfreie Daten entsprechend weiter.
- **Switch (Schalter, Weiche)**
  - schaltet die Verbindung zwischen zwei Teilnehmern temporär innerhalb eines LANs.
  - Für sehr große Netzwerke werden mehrere Switches über ihren Uplink-Port miteinander gekoppelt.

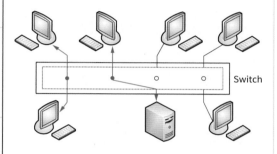
Switch

- **Router**
  - Er ermittelt eine Route („Reiseweg") für die Daten (z. B. durch das Internet).
  - Sie sind Schnittstellen zwischen zwei Netzen (z. B. LAN und TK-Netz, Routingtabellen).
  - LANs und WANs werden dabei gekoppelt.
  - Das Routen wird in einer Routingtabelle verwaltet.
- **Gateway**
  - verbindet unterschiedliche Netzwerke miteinander, indem Netzwerkprotokolle umgewandelt werden.
  - Die in Protokolldaten enthaltenen Nutzdaten werden vollständig herausgelöst und in das neue Übertragungsprotokoll eingefügt.

Netzbezeichnungen

- **LAN (L**ocal **A**rea **N**etwork**)**
  - Lokales, eng begrenztes und oft nur auf einen Gebäudekomplex beschränktes Netz
  - LANs haben immer eindeutig zuzuordnende Eigentümer und Betreiber.
- **MAN (M**etropolitan **A**rea **N**etwork**)**
  - Stadtnetz oder ein Netz in einer Region
  - Kommunale oder kommerzielle Betreiber unterhalten diese Netze z. B. als Hochgeschwindigkeitsnetze zur Verbindung von Großrechenanlagen.
  - Verbindungen von LANs über MANs sind möglich.
- **WAN (W**ide **A**rea **N**etwork**)**
  - Großflächig angelegtes Netz, dessen Aufgabe die Verbindung von kleineren Netzen ist
  - Betreiber können öffentliche Einrichtungen (z. B. Universitäten) oder kommerzielle Unternehmen (z. B. Telekom) sein.
- **GAN (G**lobal **A**rea **N**etwork**)**
  - Grenzen überschreitendes, oft sogar weltumspannendes Netz (z. B. Internet)
  - Da das GAN alle verbundenen WANs, MANs und LANs umfasst, gehört es niemandem. Es besteht aus vielen einzelnen Betreibern und Eigentümern.

Serielle und parallele Schnittstellen
Serial and Parallel Interfaces

Definition

- Eine Schnittstelle ist festgelegt durch die
  - physikalischen Eigenschaften des Übertragungsmediums (Leitung, Funkstrecke),
  - Signale, die auf der Übertragungsstrecke ausgetauscht werden können,
  - Bedeutung der Signale (Semantik) und
  - Verbindungssysteme (Steckverbindungen).
- Die Kommunikation zwischen den **D**aten**e**nd**e**inrichtungen (**DEE**) erfolgt nach festgelegten Regeln (Protokollen):
  - **unidirektional** (nur in eine Richtung) oder
  - **bidirektional** (in zwei Richtungen).
- Unterschiede:

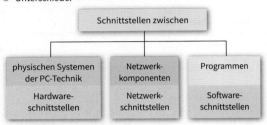

- Die Übertragung der Daten zwischen den Endeinrichtungen kann **seriell** (nacheinander) oder **parallel** erfolgen.
- Serieller Datenstrom

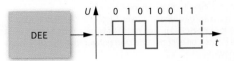

- Paralleler Datenstrom

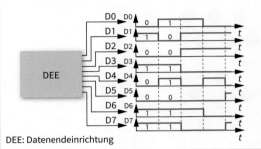

DEE: Datenendeinrichtung

V.24, RS-232

- Serielle Schnittstelle

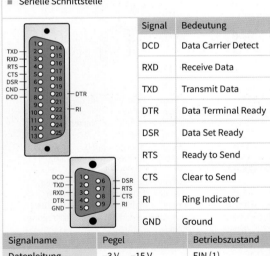

Signal	Bedeutung
DCD	Data Carrier Detect
RXD	Receive Data
TXD	Transmit Data
DTR	Data Terminal Ready
DSR	Data Set Ready
RTS	Ready to Send
CTS	Clear to Send
RI	Ring Indicator
GND	Ground

Signalname	Pegel	Betriebszustand
Datenleitung	–3 V…–15 V	EIN (1)
	+3 V…+15 V	AUS (0)
Steuer- bzw. Meldeleitung	–3 V…–15 V	AUS
	+3 V…+15 V	EIN

- Asynchroner Zeichenrahmen

Beispiel:

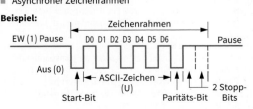

IEEE 1284

- Parallele Schnittstelle (Druckerschnittstelle)
- Steckverbindungen (Buchsenleiste)

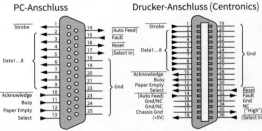

Signale in Klammern werden nicht von allen Druckern ausgewertet. Pfeile geben die Signalrichtung an.

- Signale und ihre Bedeutungen:

Signal	Bedeutung, Funktion
Strobe	Datenübergabe; Daten müssen bei 0-Signal gültig sein
Data 1…8	Datensignale 1…8
Acknowledge	Quittungssignal; Drucker empfangsbereit bei 0-Signal
Busy	Wartesignal: Drucker nicht empfangsbereit bei 1-Signal
Paper Empty	Meldung vom Drucker: Papier zu Ende
Select	Drucker ist online
(Auto feed)	automatischer Zeilenvorschub nach Zeilenende: Ein/Aus
Fault	Fehlermeldung
Reset	Drucker rücksetzen, initialisieren
Gnd	Ground: 0 V
NC	Not connected: nicht angeschlossen
(High)	+5 V, vom Drucker geliefert
(Select in)	Drucker auswählen

Informationstechnik

USB – Universal Serial Bus

Eigenschaften

- Der Universal Serial Bus ist eine **serielle Schnittstelle**, die als Punkt-zu-Punkt Verbindung ausgeführt ist.
- Die Steuerung der Kommunikation erfolgt über den **Hostcontroller**, der als Master arbeitet.
- Über den Hub können insgesamt **127 Geräte** in Form einer Baumstruktur an den Bus angeschlossen weren.
- Pro Port kann nur ein einzelnes Gerät betrieben werden.
- Die Geräte werden **automatisch erkannt** und können im Betrieb am Port entfernt bzw. eingesteckt werden.
- Zusätzlich zu den Datenleitungen sind im Verbindungskabel **Stromversorgungsleitungen** enthalten, die eine Energieversorgung der angeschlossenen Geräte ermöglichen.
- Aufgrund der einfachen Anwendung wird die Schnittstelle zur Anschaltung von **fast allen Peripheriegeräten** (USB-Sticks, Festplatten, WLAN-Adapter, usw.) eingesetzt.

Spezifikationen

Spezifikationen Spannung 5 V	maximale Stromstärke	Leistung
USB 1.0/1.1 (Low-Powered-Port)	0,1 A	0,5 W
USB 2.0 (High-Powered-Port)	0,5 A	2,5 W
USB 3.0/3.1	0,9 A	4,5 W
USB-BC 1.2 (Battery Charging)[1]	1,5 A	7,5 W
USB-Typ-C	3,0 A	15,0 W

[1] Ladeanschluss

USB-Typ-C

- Die Steckverbindung besteht aus zwei Kontaktreihen zu je 12 Kontakten. Die Kontakte sind horizontal und vertikal spiegelsymmetrisch angeordnet. Der Stecker kann somit in beiden Positionen eingeführt werden.
- Das Kabel hat an beiden Enden einen identischen Stecker. Kabel können nicht mehr als "falsch" eingesteckt werden.
- Datenübertragungsrate: 10 Gbit/s.
- Die Signale sind fünf Gruppen zugeordnet.

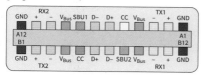

- **SuperSpeed-Link** (TX1+, TX1-, RX1+, RX1- und TX2+, TX2-, RX2+, RX2-) zwei Paar abgeschirmte Twisted-Pair- oder Koaxialleitungen
- **USB 2.0-Link** (D+, D-) einfaches, geschirmtes Twisted-Pair Leitungspaar (Halbduplexübertragung)
- **Konfiguration** (CC1, CC2); CC erkennt das Anstecken eines Kabels und die Orientierung des Steckers.
- **Hilfssignale** (SUB1, SUB2) zur Übertragung analoger Audiosignale
- **Stromversorgung** (4 x V_{BUS}, V_{CONN}, 4 x GND)

USB-PD (Power Delivery)

Über eine USB-Typ-C Steckverbindung lassen sich Geräte mit einer Leistung bis 100 W betreiben. Es werden fünf Profile unterschieden mit den Spannungen 5 V, 12 V und 20 V.

Stecker und Buchsen

Standard

Stecker   Buchse   PIN-Belegung

A   A

1: + 5 V DC (V_{CC}), rot
2: Daten (D-), weiß
3: Daten (D+), grün
4: GND (Masse, Ground, Abschirmung), schwarz

B   B

Mini

Stecker   Buchse   PIN-Belegung

A   A

1: + 5 V DC (V_{CC}), rot
2: Daten (D-), weiß
3: Daten (D+), grün
4: ID (frei)
5: GND (Masse, Abschirmung), schwarz
ID: Identifikation

B   B

Micro

Stecker   Buchse   PIN-Belegung

A   A   s. Mini-USB

B   B

Micro-B USB 3.0 (Stecker)

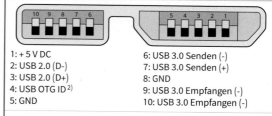

1: + 5 V DC
2: USB 2.0 (D-)
3: USB 2.0 (D+)
4: USB OTG ID[2]
5: GND
6: USB 3.0 Senden (-)
7: USB 3.0 Senden (+)
8: GND
9: USB 3.0 Empfangen (-)
10: USB 3.0 Empfangen (+)

Datenraten

Spezifikation	max. Nutzdatenrate
USB 1.0 Full Speed	1 MB/s
USB 2.0 Hi Speed	40 MB/s
USB 3.0 Super Speed	300 MB/s
USB 3.1 Super Speed +	900 MB/s

USB On-The-Go (USB OTG, OTG)[2]

USB-Geräte mit dieser Technik tauschen auch untereinander Daten aus – ohne Verbindung zum PC.
Beispiel: Die Digitalkamera kann Bilder direkt an einen Drucker senden. Der Nutzer muss sie nicht auf einen Computer überspielen, um sie auszudrucken.

Datenkabelaufbau
Mechanical Construction of Data Cables

U/UTP Cat.5

U: Unshielded (ungeschirmt)
UTP: Unshielded **T**wisted **P**air (ungeschirmtes Aderpaar)

Außenmantel FR/PVC[1] grau
Ader 0,94 mm Ø, PE
Innenleiter AWG24 Cu-Draht blank

PE: Polyethylen
AWG: American **W**ire **G**auge

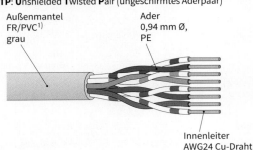

F/UTP Cat.5/Cat.5e

F: Foiled (Gesamtschirm Folie)
UTP: Unshielded **T**wisted **P**air (ungeschirmtes Aderpaar)

Außenmantel FRNC/LSOH[3] orange
Abschirmung Aluminium-Polyesterfolie
Polyesterfolie
Ader 1,0 mm Ø, PE-Foam-Skin
Aufreisszwirn
Beilaufdraht Cu-Draht verzinnt
Innenleiter AWG24 Cu-Draht blank

AWG: American **W**ire **G**auge

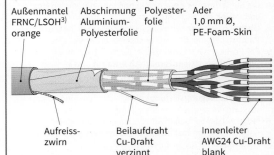

U/FTP Cat.6

U: Unshielded (ungeschirmt)
FTP: Foiled **T**wisted **P**air (Folienschirm je Aderpaar)

Außenmantel FRNC/LSOH[3] orange
Schirm-abnahmeleiter CU verzinnt
Ader 1,3 mm Ø
Folienschirm Aluminium PETP[2]-Folie
Innenleiter AWG 23 Cu blank

AWG: American Wire Gauge

S/FTP Cat.7$_A$

S: Shielded (Gesamtschirm Schirmgeflecht)
FTP: Foiled **T**wisted **P**air (Folienschirm je Aderpaar)

Außenmantel FRNC/LSOH[3] orange
Ader 1,6 mm Ø
Abschirmung Cu-Geflecht verzinnt
Abschirmung Paar Aluminium PETP[2]-Folie
Innenleiter AWG22 Cu-Draht blank

AWG: American Wire Gauge

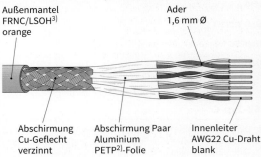

[1] **FR**/PVC: **F**lame **R**etardant/Polyvinylchlorid (flammwidrig/Polyvinylchlorid)
[2] **PETP**: **P**ol**ye**thylen**t**ere**p**hthalat
[3] **FRNC**/LSOH: **F**lame **R**etardant **N**on **C**orrosive/Low Smoke Zero Halogen (flammwidrig, nicht korrosiv/raucharm, halogenfrei)

Anschlussbelegung

RJ 45 — PIN 1...8
EIA/TIA 568A — Paar-Nr. 3 1 2 4 — 1 2 3 4 5 6 7 8
EIA/TIA 568B — Paar-Nr. 2 1 3 4 — 1 2 3 4 5 6 7 8

EIA/TIA: Electr.-/Telecomm. Ind. Association

GG 45
- Datenraten ab 10 Gbit/s erfordern geschirmte Steckverbinder (Cat. 7)
- Verfügbar sind TERA, GG 45 und EC 7
- GG 45 Buchse ist kompatibel zu RJ 45 Stecker

GG 45 Stecker   GG 45 Buchse

Kontaktbelegung Endgerät

Dienst	Steckeranschluss-Nr.			
	1 und 2	3 und 6	4 und 5	7 und 8
Analoges Telefon	n	n	T/R	n
ISDN, Token Ring	n	T	R	n
10Base-T (802.3)	T	R	n	n
100Base-TX (802.u)	T	R	n	n
FDDI 100 Mbit/s (TP)	T	O	O	R
ATM User Device	T	O	O	R
ATM Network Equipm.	R	O	O	T
1000Base-T 10GBase-T 40GBase-T	B	B	B	B

T: Transmit; R: Receive; B: Bidirectional; O: Optional
n: nicht verwendet

Netzwerkverkabelung
Network Cabling

DIN EN 50174-2: 2018-10

Kabeleinteilung

- Daten-Kabelarten
  - Kupferdatenkabel
  - Lichtwellenleiterdatenkabel

Verlegung

- In Gebäuden
- Im Freien
- **In der Erde**

- Offene Verlegung, wenn Beschädigungen ausgeschlossen
- Direkt Unterputz, im Rohr Unterputz, auf Kabeltragsystemen, in Elektroinstallationskanälen
- Kupferdatenkabel: EMV-Beeinflussung berücksichtigen (Mindestabstände z. B. zu Hochleistungslampen, Hochfrequenzinduktionsheizungen, Funksendeanlagen)

Verlegeanforderungen

- **Kabellagerung**
  - Kabel bis zum Einbau in Originalverpackung belassen
  - An geschütztem Ort lagern (Schutz gegen mechanische und klimatische Einflüsse)
- **Kabelauslegung**
  - **Verlegevorgaben** der Hersteller beachten
  - Kabel nicht über Trommelrand abziehen
  - **Biegeradien** einhalten (während des Einziehens mindestens 8 x Kabelaußendurchmesser)
  - **Keinen Druck** auf die Kabel durch Befestigungsmaterial ausüben (Kabelbinder, Kabelschnellverleger; veränderte Übertragungseigenschaften)
  - **Kabeleinzug** immer mit Ziehstrumpf
  - Offene Kabelenden mit Isolierband zwischen Einziehwerkzeug und Kabelmantel bandagieren
  - Nur **zugelassene Schmiermittel** einsetzen
  - **Trennungsabstände** bei Kupferdatenkabeln zu Energiekabeln einhalten
  - **Kabelschirme** mindestens im Etagenverteilerschrank an die Erdung anschließen
  - Bei lokaler Montage von Steckverbindern gleichartige Belegung der Stecker und Buchsen einhalten (z. B. TIA 568 A)
  - **Kabelenden** beschriften
  - **Abnahmemessungen** zur Qualitätssicherung durchführen (DIN EN 50346)
  - Bei **LWL-Fasern**: Vorsichtsmaßnahmen für die Bearbeitung, Entsorgung von Reststücken und gegebenenfalls gegen Laserstrahlung einhalten

Beispiel:
Kabelführung in Etagenverteilerschrank

Bei Parallelführung von Datenleitungen (Kupfer) und Energieleitungen berechnet nach

$$A = S \cdot P$$

- A: Mindesttrennanforderung in mm
- S: Mindesttrennabstand in mm
- P: Faktor der Stromversorgungsverkabelung

Beispiel:
Mit Lagefixierung der Leitungen

① Stromversorgungsleitung
② Datenleitung

Mindesttrennabstand S

Trennklasse/ Datenkabelkategorie	Trennung ohne elektromagnetische Barrieren	Für informationstechnische Verkabelung oder Stromversorgungsverkabelung verwendete Kabelkanäle		
		Offener metallener Kabelkanal	Lochblech-Kabelkanal	Massiver metallener Kabelkanal
a [1)]	300 mm	225 mm	150 mm	0 mm
b/5, 6, 6$_E$ [2)]	100 mm	75 mm	50 mm	0 mm
c/5, 6, 6$_E$ [3)]	50 mm	38 mm	25 mm	0 mm
d/7, 7$_E$ [3)]	10 mm	8 mm	5 mm	0 mm

[1)] z. B. Koaxialkabel
[2)] Ungeschirmte Datenkabel
[3)] Geschirmte Datenkabel

Faktor P (für einphasigen Stromkreis 20 A, 230 V)

Anzahl einphasige Stromkreise	Faktor P
1 bis 3	0,2
4 bis 6	0,4
7 bis 9	0,6
10 bis 12	0,8
13 bis 15	1,0
16 bis 30	2
31 bis 45	3
46 bis 60	4
61 bis 75	5
> 75	6

- Dreiphasige Leitungen als 3 einphasige Leitungen
- Stromstärke > 20 A: Vielfache von 20 A rechnen
- Geringere Wechsel- oder Gleichspannung nach Bemessungsstromstärke (z. B. 30 V DC mit 100 A: $5 \cdot 20$ A ergibt $P = 0,4$)

Informationstechnik

Strukturierte Verkabelung
Structured Cabling

DIN EN 50173: 2018-10

Verkabelungsstruktur

Dreistufige strukturierte Gebäudeverkabelung

- Primärbereich
- Sekundärbereich
- Tertiärbereich

Endgerät TA
Etagenverteiler EV
Gebäudeverteiler GV

Bereich	Kabelverbindung	max. Kabellänge	Kabeltypen
Primär	Zwischen einzelnen Gebäudebereichen	1500 m	LWL
Sekundär	Vom Gebäudeverteiler (GV) zu den Etagenverteilern (EV)	500 m	LWL, bestehend aus mindestens zwölf Fasern
Tertiär	Vom Etagenverteiler zur Anschlussdose des Endgerätes (TA). Die Verbindung zwischen TA und Endgerät beträgt maximal 5 m.	90 m	LWL, Kupferkabel oder Hybrid-Kabelsystem (LWL mit integriertem Kupferkabel)

Normung

- Informationstechnische Infrastrukturnetze in Gebäuden sind durch die Normenreihe **Informationstechnik – Anwendungsneutrale Kommunikationskabelanlagen** festgelegt.

Norm	Bezeichnung
DIN EN 50173-1	Allgemeine Anforderungen
DIN EN 50173-2	Bürogebäude
DIN EN 50173-3	Industriell genutzte Standorte
DIN EN 50173-4	Wohnungen
DIN EN 50173-5	Rechenzentren

- Sie beschreiben die einheitliche Topologie, die Klassifizierung der Übertragungsstrecken sowie die einheitliche Schnittstelle.

Kategorien

Kategorie	Klasse	Frequenz	Übertragungsraten
Cat.5	D	100 MHz	100 Mbit/s Ethernet
Cat.6	E	250 MHz	1 Gbit/s
Cat.6$_A$	E$_A$	500 MHz	10 Gbit/s
Cat.7	F	600 MHz	10 Gbit/s
Cat.7$_A$	F$_A$	1000 MHz	10 Gbit/s Multimedia
Cat.8.1	G	2000 MHz	25 Gbit/s

Leiterquerschnitt angegeben in **AWG** = **A**merican **W**ire **G**auge
Massiver Leiter: 24/1 bis 23/1 (0,5 mm² bis 0,6 mm²)
7drähtiger Leiter: 27/7 bis 24/7 (0,08 mm² bis 0,22 mm²)

Steckverbinder

Installation einer RJ45 Anschlussdose:
1. Leitung ablängen und abisolieren.
2. Adernpaare in die Richtung der Anschlussklemmen biegen.
3. Einzeladern in die farbig markierten Schneidklemmen legen und mit Anlegewerkzeug anschließen. Darauf achten, dass der Twist der Paare so wenig wie möglich aufgedrillt wird.
4. Optische Kontrolle der Adernenden auf Kontaktstellen zwischen den Leitern und/oder dem Gehäuse.

Belegung RJ45:

Tera

EIA/TIA-568A:
Pin1: weiß grün   Pin 2: grün
Pin3: weiß orange Pin4: blau
Pin5: weiß blau   Pin6: orange
Pin7: weiß braun   Pin8: braun

Weitere Steckersysteme:

GG45-Buchse
(abwärtskompatibel zu RJ45)

EMV-gerechte Kommunikationsverkabelung
EMC Compliant Communications Cabling

DIN EN 50174-2: 2018-10 (VDE 0800-174-2)

Geschirmte Kabel und Leitungen

- Bei metallenen **Kabelführungssystemen** bieten die inneren Ecken die größte elektromagnetische Schirmwirkung. Hohe Seitenwände vergrößern den Schutz.

- Der **Schirm** muss
  - in der ganzen Länge durchgängig sein,
  - an beiden Enden angeschlossen sein und
  - einen möglichst geringen Kopplungswiderstand besitzen.
- Der Anschluss des Schirms zum Potentialausgleich muss beidseitig erfolgen.
- **Schirmanschlüsse** sind großflächig auszuführen.
- Durch die notwendige Luftzirkulation kann es durch **elektrostatische Entladungen** zu Gefährdungen kommen. Deshalb sind alle teilweise leitfähigen und nichtmetallenen Kabelführungssysteme untereinander und mit dem Potenzialausgleich zu verbinden.

Gemeinsamer Potenzialausgleich

- Mit einem gemeinsamen Potenzialausgleich (**CBN: C**ommon **B**onding **N**etwork) wird
  - der Schutz vor elektrischen Gefahren sichergestellt und
  - ein einwandfreies Signal-Bezugspotenzial zwischen allen informationstechnischen Komponenten hergestellt.
- Am besten geeignet sind untereinander vermaschte Potenzialausgleichsanlagen (**MESH-BN: Mesh**ed **B**onding **N**etwork).
- Die Schirme der informationstechnischen Kabel sind mit möglichst **kurzen Verbindungen** an die Haupterdungsklemme oder Potenzialausgleichsschiene (**MET: M**ain **E**arthing **T**erminal) des Gebäudes anzuschließen.
- Bei großen Anlagen kann die Potenzialausgleichsschiene zu einem Potentialgleiter erweitert werden.
- Alle metallenen Schränke, Gestellreihen, Kabelpritschen, Kabelwannen usw. sind in den **Potenzialausgleich** einzubeziehen. Dabei sind Leitungen mit einer möglichst großen Oberfläche (nicht Querschnitt) wichtig, weil hochfrequente Ströme nicht durch den gesamten Leiterquerschnitt, sondern überwiegend an der Oberfläche des Leiters fließen (**Skin-Effekt**).

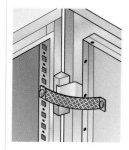
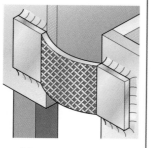

- Die Farbe des **Funktionspotenzialausgleichs** darf nicht grün/gelb sein. Blanke Formstücke oder Metallbänder können verwendet werden.

Anschluss des Schutzleiters

- Geeignete Energieversorgungssysteme für Anlagen mit Kommunikationsverkabelung sind das
  - **TN-S-System** und
  - **TT-System**.
- Beim TN-S-System erfolgt die Erdung des Neutralleiters nur an einer einzigen Stelle des Versorgungssystems. Damit ist sichergestellt, dass die Betriebsströme nur in den Außenleitern und dem Neutralleiter des Systems fließen.
- **Stromverläufe im TN-S-System**

I_1 und I_2 Betriebsströme der EDV-Geräte

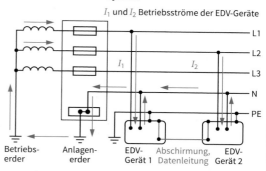

- **Stromverläufe im TT-System**

I_1 und I_2 Betriebsströme der EDV-Geräte

- In Gebäuden mit einem TN-C-System und informationstechnischen Anlagen können unkontrollierte Ströme über den Potenzialausgleich, die Kabelschirme oder sonstige leitfähige Verbindungen fließen.
- **Stromverläufe im TN-C-System**

I_1 und I_2 Betriebsströme der EDV-Geräte
I_A Ausgleichsströme über die Abschirmungen der Datenleitungen und über den Potentialausgleich

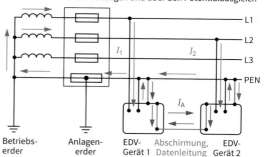

Informationstechnik

Lichtwellenleiter (LWL)
Fibre Optic Cable

Aufbau

Anwendungen	Beispiel	Aufbau
- Verbindung zwischen Endverteilern und/oder Endgeräten - kurze Übertragungswege - direkte Steckermontage möglich (häufig vorkonfektioniert)	Duplex-Patchkabel (innen)	① LWL-Faser mit Primärcoating (Primärbeschichtung) ② Sekundärcoating ③ Zugentlastung (Aramid oder Glasfaser)
- Verbindung zwischen Haupt- und Nebenverteiler - direkte Steckermontage je Faser möglich - aufspleißbar für Kabelendverteiler	Breakout-Innenkabel mit Kompaktadern	④ Außenmantel (ggf. mit Nagetierschutz) ⑤ nummerierter Mantel ⑥ Polyesterfolie
- Telekommunikations-/Kabelfernsehanwendung - Computernetzwerke - große Entfernungen/Datenmengen	Zentral-Bündeladerkabel (außen)	⑦ LWL-Faserbündel mit Primärcoating ⑧ mit Gel gefüllte Zentralbündelader

Kurzbezeichnung

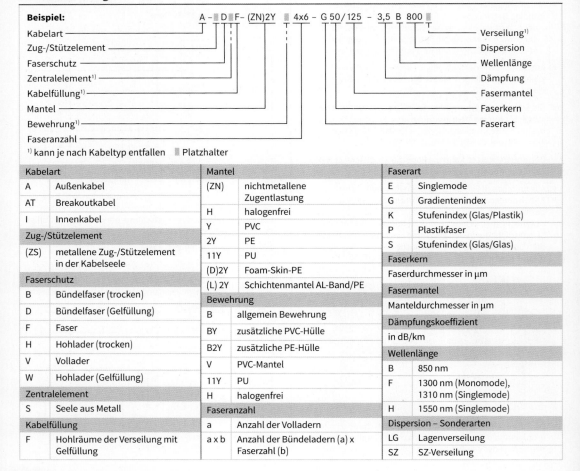

Beispiel: A – D F – (ZN)2Y 4x6 – G 50/125 – 3,5 B 800

- Kabelart
- Zug-/Stützelement
- Faserschutz
- Zentralelement[1]
- Kabelfüllung[1]
- Mantel
- Bewehrung[1]
- Faseranzahl
- Verseilung[1]
- Dispersion
- Wellenlänge
- Dämpfung
- Fasermantel
- Faserkern
- Faserart

[1] kann je nach Kabeltyp entfallen   ▪ Platzhalter

Kabelart			Mantel			Faserart	
A	Außenkabel		(ZN)	nichtmetallene Zugentlastung		E	Singlemode
AT	Breakoutkabel		H	halogenfrei		G	Gradientenindex
I	Innenkabel		Y	PVC		K	Stufenindex (Glas/Plastik)
Zug-/Stützelement			2Y	PE		P	Plastikfaser
(ZS)	metallene Zug-/Stützelement in der Kabelseele		11Y	PU		S	Stufenindex (Glas/Glas)
			(D)2Y	Foam-Skin-PE		**Faserkern**	
Faserschutz			(L)2Y	Schichtmantel AL-Band/PE		Faserdurchmesser in µm	
B	Bündelfaser (trocken)		**Bewehrung**			**Fasermantel**	
D	Bündelfaser (Gelfüllung)		B	allgemein Bewehrung		Manteldurchmesser in µm	
F	Faser		BY	zusätzliche PVC-Hülle		**Dämpfungskoeffizient**	
H	Hohlader (trocken)		B2Y	zusätzliche PE-Hülle		in dB/km	
V	Vollader		V	PVC-Mantel		**Wellenlänge**	
W	Hohlader (Gelfüllung)		11Y	PU		B	850 nm
Zentralelement			H	halogenfrei		F	1300 nm (Monomode), 1310 nm (Singlemode)
S	Seele aus Metall		**Faseranzahl**			H	1550 nm (Singlemode)
Kabelfüllung			a	Anzahl der Volladern		**Dispersion – Sonderarten**	
F	Hohlräume der Verseilung mit Gelfüllung		a x b	Anzahl der Bündeladern (a) x Faserzahl (b)		LG	Lagenverseilung
						SZ	SZ-Verseilung

LWL – Lichtwellenleiter
Fibre Optic Cables

Mehrmoden-Stufenfaser

- **Stufenindex-Profil**

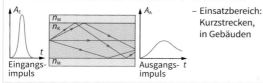

Typische Werte:
n_M = 1,517 (Mantel)
n_K = 1,527 (Kern)
d_K = 100 εm, 200 εm, 400 εm
d_M = 200 εm, 300 εm, 500 εm

n: Brechzahl

- **Modenausbreitung Multimode**
  - Große Laufzeitunterschiede der Lichtstrahlen
  - Starke Impulsverbreiterung
  - **Bandbreite-Reichweite-Produkt**: $B \cdot l > 100$ MHz · km
  - Einsatzbereich: Kurzstrecken, in Gebäuden

Mehrmoden-Gradientenfaser

- **Gradientenindex-Profil**

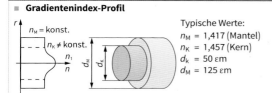

Typische Werte:
n_M = 1,417 (Mantel)
n_K = 1,457 (Kern)
d_K = 50 εm
d_M = 125 εm

- **Modenausbreitung Multimode**
  - Große Laufzeitunterschiede der Lichtstrahlen
  - Geringe Impulsverbreiterung, $B \cdot l > 1$ GHz · km
  - Einsatzbereich: Ortsnetz, Bezirksnetz

Einmoden-Stufenfaser

- **Stufenindex-Profil**

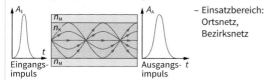

Typische Werte:
n_M = 1,417 (Mantel)
n_K = 1,457 (Kern)
d_K = 10 µm
d_M = 125 µm

- **Modenausbreitung Singlemode**
  - Keine Laufzeitunterschiede, da nur eine Ausbreitungsrichtung
  - Formtreue Impulsübertragung $B \cdot l > 10$ GHz · km
  - Einsatzbereich: Fernverkehr

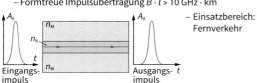

Dämpfung

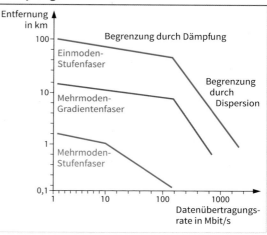

Steckverbinder

- **Grundsätzlicher Aufbau**:
  - Der zylinderförmige Steckerhals (**Ferul**) aus Silbermetall, Hartmetall oder Keramik (auch Kombinationen verschiedener Materialien) enthält in einer zentrischen Bohrung die meist eingeklebte Faser.
  - Ein schlupffreier, aber nicht klemmender Sitz zwischen Steckerhals und Kupplung wird durch eine geschlitzte Kupplungshülse gewährleistet.
- **Befestigungsarten**:
  - Gewinde, Bajonettverschluss, Schnappvorrichtung
  - Beispiel **ST** (**S**ingle **T**erminator): Faser wird durch Drücken und Verdrehen des Bajonettverschlusses mit der Kupplung verrastet (in der Regel Drehverhinderung).
- **Einfügeverluste** entstehen durch Radialer Versatz, Winkelfehler, Lücken
- **Beispiele**:

Simplex (eine einzige Faser)

FC	ST	SC	DIN	FSMA

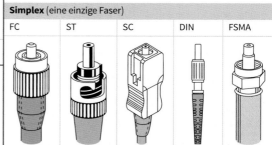

Duplex (zwei Fasern für Sender und Empfänger)

Escon	SC Duplex	FDDI Duplex

Informationstechnik

Signalübertragung mit Lichtwellenleitern
Signal Transmission with Fibre Optic Cables

ITU-Grid (ITU-Gitter, Raster, Frequenzgitter)

In der ITU[1] G.694.1, -2 sind Wellenlängen und Kanalabstände für WDM, CWDM und DWDM spezifiziert (Telekommunikationsfenster).

[1] **ITU**: **I**nternational **T**elecommunication **U**nion, Internationale Fernmeldeunion

Wellenlängen-Multiplex WDM

- **WDM**: **W**avelength **D**ivision **M**ultiplexing
- Mehrfachnutzung einer Glasfaserleitung für die Datenübertragung
- Der Multiplexer ① bündelt verschiedene Wellenlängen auf einer Glasfaser.
- Durch die Bündelung erhöht sich die Bandbreitenkapazität.
- Der Demultiplexer ② splittet die gebündelten Wellenlängen auf, jeweils eine Glasfaser.
- Datenübertragungsrate im C-Band nahezu pro Glasfaser 1 Tbit/s (eine Wellenlänge).

Grobes Wellenmultiplex CWDM

- **CWDM**: **C**oarse **W**avelength **D**ivision **M**ultiplexing
- Einsatz: **MAN** (**M**etropolitan **A**rea **N**etwork), Übertragungsreichweite bis zu 120 km
- Datenübertragungsraten bis 10 Gbit/s.
- Breiteres Spektrum als bei DWDM.
- Die Übertragung erfolgt in 16 Kanälen mit Wellenlängen zwischen 1270 nm und 1610 nm auf einer Glasfaser.
- Aufgrund des großen Kanalabstandes von 20 nm zwischen 1270 nm und 1610 nm können kostengünstige Laser und Komponenten eingesetzt werden. Deshalb wird die Bezeichnung „grob" benutzt.
- Die Kanalbreite beträgt 13 nm.
- Die verbleibenden 7 nm sind als Sicherheitsabstand zum nächsten Kanal vorgesehen.

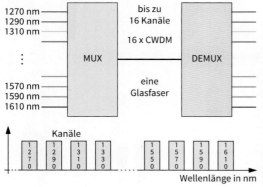

Dichtes Wellenlängen-Multiplex DWDM

- **DWDM**: **D**ense **W**avelength **D**ivision **M**ultiplexing
- Einsatz: **WAN** (**W**ide- und Global **A**rea **N**etwork)
- Bis zu 96 Wellenlängen werden auf einer Glasfaser übertragen.
- Kanalabstände (Wellenlängenraster):
  0,8 nm (100 GHz); 0,4 nm (50 GHz); 0,2 nm (25 GHz); 0,124 nm (12,5 GHz); 1,6 nm (200 GHz)
- Datenübertragungsraten 10 bis 100 Gbit/s pro Kanal, bei bis zu 80 Kanälen.
- Übertragungsreichweiten über mehr als 1.000 km mit optischen Verstärkern (etwa alle 80 bis 120 km).
- Optionale Integration in bestehenden CWDM Infrastrukturen ist möglich.
- Wellenlängenbereiche von 1528 nm (Channel 61) bis 1563 nm (Channel 17), C- und L-Bande.
- Bei Kombination des C- und L-Bandes sind 160 Kanäle möglich.

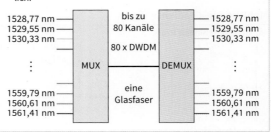

Wellenlängen und Bänder

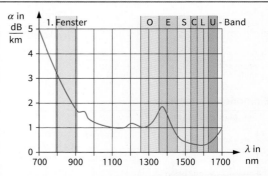

Optische Bänder		Wellenlängenbereiche in nm
O-Band	**O**riginal	1260 – 1360
E-Band	**E**xtended	1360 – 1460
S-Band	**S**hort wavelength	1460 – 1530
C-Band	**C**onventional	1530 – 1565
L-Band	**L**ong wavelength	1565 – 1625
U-Band	**U**ltralong wavelength	1625 – 1675

Lichtwellenleiter-Montage
Fibre Optic Cable Assembly

Spleißen

Herstellen einer nicht lösbaren Verbindung von Lichtwellenleitern durch Schmelzspleiß

Vorbereitung des LWL → **Faser schneiden** → **Schmelzspleiß erstellen** → **Spleiß schützen**

Vorbereitung des LWL	Faser schneiden	Schmelzspleiß erstellen	Spleiß schützen
1. Ablängen mit Spezialschere für Kevlarfasern	1. Faserbeschichtung (Coating) mit Spezialwerkzeug ② entfernen	1. Spleißmaschine verwenden ③	• erhitzte Fasern sind spröde
2. Bewehrung/Mantel entfernen ①	2. Faser mit Alkohol reinigen	2. Fasern einlegen und ausrichten	• Sicherung z. B. durch – Klebemasse in Aluprofil – Schrumpfschlauch mit Draht und Kleber – Spleißkassette für mehrere Fasern ④
3. Füllelemente z. B. Röhrchen entfernen	3. Faser in Cleaver (Schneidgerät) einlegen	3. Fasern erhitzen und fügen	
	4. Faser einritzen und brechen	4. automatischer Schweißablauf	

Werkzeuge

① einstellbares Abmantelungswerkzeug für Simplex und Duplex LWL

② Absetzwerkzeug zum Entfernen des Primärcoating

③ automatisches Spleißgerät

④ Spleißkassette zum Schutz der Spleißstelle vor mechanischer Beschädigung

Steckverbinder montieren

Vorbereitung des LWL	Vorbereitung der Stecker	Steckermontage	Faserbehandlung
1. Ablängen mit Spezialschere für Kevlarfasern	1. Knickschutz ⑤ über LWL ziehen	1. Faser einführen	1. überstehende Faser anritzen und abbrechen – Körnung 9 μ, 3 μ, 0, 3 μ – zwischen Körnungswechsel reinigen
2. Mantel entfernen ①	2. Crimphülse ⑥ über LWL ziehen	2. Zweikomponenten-Kleber mischen und Faser fixieren	
3. Primärcoating entfernen ②		3. Knickschutz und Crimphülse überziehen	
4. Faser reinigen		4. Crimpen	

Steckverbinder

FDDI-Steckverbinder für Duplexverbindung (zwei Fasern/Übertragungsrichtung je Steckverbinder)

ST-Steckverbinder für Simplexverbindung (eine Faser je Steckverbinder)

Informationstechnik

FTTH – Netzarchitekturen
FTTH – Network Architectures

Varianten

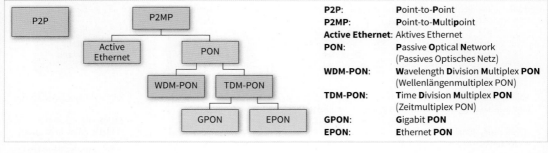

P2P:	**P**oint-to-**P**oint
P2MP:	**P**oint-to-**M**ulti**p**oint
Active Ethernet:	Aktives Ethernet
PON:	**P**assive **O**ptical **N**etwork (Passives Optisches Netz)
WDM-PON:	**W**avelength **D**ivision **M**ultiplex **PON** (Wellenlängenmultiplex PON)
TDM-PON:	**T**ime **D**ivision **M**ultiplex **PON** (Zeitmultiplex PON)
GPON:	**G**igabit **PON**
EPON:	**E**thernet **PON**

P2P

OLT: **O**ptical **L**ine **T**erminal
ONT: **O**ptical **N**etwork **T**ermination

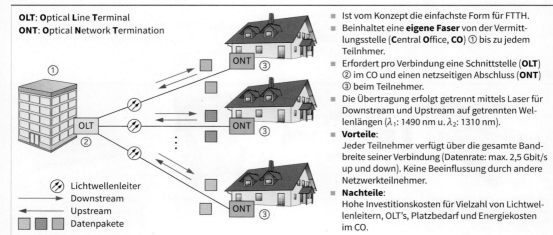

- Ist vom Konzept die einfachste Form für FTTH.
- Beinhaltet eine **eigene Faser** von der Vermittlungsstelle (**C**entral **O**ffice, **CO**) ① bis zu jedem Teilnehmer.
- Erfordert pro Verbindung eine Schnittstelle (**OLT**) ② im CO und einen netzseitigen Abschluss (**ONT**) ③ beim Teilnehmer.
- Die Übertragung erfolgt getrennt mittels Laser für Downstream und Upstream auf getrennten Wellenlängen (λ_1: 1490 nm u. λ_2: 1310 nm).
- **Vorteile**:
Jeder Teilnehmer verfügt über die gesamte Bandbreite seiner Verbindung (Datenrate: max. 2,5 Gbit/s up und down). Keine Beeinflussung durch andere Netzwerkteilnehmer.
- **Nachteile**:
Hohe Investitionskosten für Vielzahl von Lichtwellenleitern, OLT's, Platzbedarf und Energiekosten im CO.

P2MP – GPON

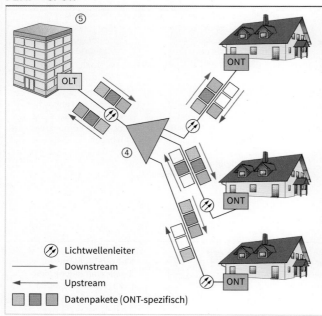

- Beinhaltet passive optische Splitter ④ zwischen CO ⑤ und Teilnehmeranschlüssen (ONT).
- Diese sind in der Regel im Kabelverzweiger (**DB: D**istributing **B**ox) eingebaut.
- **Downstream**: Die Splitter verteilen das vom OLT kommende Signal an **alle** ONT's.
- Die Daten pro Teilnehmer werden individuell mit **AES** (**A**dvanced **E**ncryption **S**tandard) verschlüsselt. Der Empfänger kann nur die Daten entschlüsseln, für die er den Schlüssel hat.
- **Upstream**: Splitter führen die Signale aller ONT's auf **eine** Faser-Schnittstelle im OLT zusammen.
- Übertragung der Datenströme erfolgt mittels TDM-Zeitschlitzverfahren.
- **Vorteile**:
Geringere Anzahl an OLT's und weniger Glasfasern gegenüber P2P. Keine aktiven Komponenten im Übertragungsweg.
- **Nachteile**:
Bandbreite wird entsprechend der Teilnehmeranzahl aufgeteilt (typisch 16, 32 oder 64 Teilnehmer). Datenraten: typisch 2,48 Gbit/s down und 1,24 Gbit/s up. Reichweite: begrenzt auf ca. 20 km.

LWL-Erdverlegung
Fibre Optic Cable – Direct Burial

Verlegeverfahren

- Für die Erdverlegung von Lichtwellenleitern kommen folgende Methoden zur Anwendung
  - Konventioneller Tiefbau
  - Kabelpflugverfahren
  - Horizontalspülbohrverfahren
  - Bohrpressung / Erdrakete
  - Fräs- und Trenching-Verfahren
  - Oberirdische Verlegung / Freileitungen
  - Verlegung im Abwasserkanal
  - Verlegung in Gas- und Frischwasserleitungen
  - Ersatz von Kupferleitungen durch Glasfaser
  - Überbohrtechnik
  - Kabelbau entlang von Schienen

Bohrpressung

- Die Bohrpressung (Bohrverdrängung) wird bei der grabenlosen Leerrohrverlegung für FTTH-Anschlüsse (**FTTH**: **F**iber **T**o **T**he **H**ome) angewendet.
- Eingesetzt werden Erdraketen (gesteuert oder ungesteuert).
- Reichweite: ca. 15 m.
- Bodenverdrängungsverfahren mit ungesteuerter Erdrakete:
  - Die Erdrakete wird mit 7 bar Druckluft vom Baustellenkompressor angetrieben.
  - Ein Schlagkolben treibt das röhrenförmige Gehäuse durch Erdreich und Gestein.
  - Das Erdreich wird verdrängt und es entsteht eine Erdröhre.
  - Die Rohrleitung (Schutz- oder Medienrohr) kann von der Erdrakete im gleichen Arbeitsgang eingezogen werden.

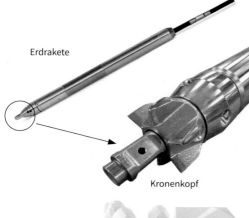

Erdrakete
Kronenkopf

Leerrohre

- Folgende Leerrohrarten kommen zur Anwendung
  - Mikrorohr
  - Rohrverbände (bereits mit Mikrorohren belegt) für leere und belegte Kabelkanal-Rohrnetze
  - Rohrverbände zur direkten Verlegung in offenen Gräben, zum Einpflügen, bei Spülbohrverfahren, Micro-Trenching und Rohr-in-Rohr
- Formteile für Kabelabzweige und Hauseinführungen für Keller- und oberirdische Anwendungen.
- Die Glasfasern werden nach der Verlegung eingeblasen.

Einzelrohr (Mikrorohr)

Material: PE-HD (Polyethylen hoher Dichte)
Anwendung: Abzweig aus bestehenden Rohrtrassen zum Anschluss von Endkunden.

Rohrverband

Aufbau:
- Farbig gekennzeichnete Mikroröhrchen ① in Mantelrohr ② fest gebündelt
- Abdichtung ③ zwischen dem Mantelrohr und den einzelnen Mikroröhrchen bis 0,5 bar (Gas und Wasser) mittels Dichtungselementen

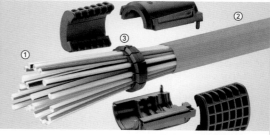

Abzweig

Hauseinführung mit Futterrohr

Datenschutz
Data Protection

Allgemeine Prinzipien

- **Vertraulichkeit** (Daten werden nur von Befugten genutzt)
- **Integrität** (keine Verfälschungen)
- **Authentizität** (eine Zuordnung zum Ursprung ist jederzeit möglich)
- **Transparenz** (Verfahren der Datenerfassung ist vollständig dokumentiert)
- **Revisionsfähigkeit** (Rückverfolgung: Wer hat wann welche Daten in welcher Weise verändert?)
- **Zweckbindung** (Daten nur zu dem Zweck verwenden, für den sie erhoben wurden)
- **Sparsamkeit** (nur erforderliche Daten erfassen, keine Exponierung)
- **Personelle Selbstbestimmung** (Einwilligung, Informiertheit, Kontrollfähigkeit, Berichtigung und Löschung)
- **Privatheit** (Es ist gewährleistet: Ungestörtheit, Unbeobachtbarkeit, Unverknüpfbarkeit)

Rechtsgrundlagen

- **EU-Datenschutzgrundverordnung**, **EU-DSGVO** (ab 25. Mai 2018 gültig)
- **Bundesdatenschutzgesetz**, **BDSG** (letzte Änderung 30. Juni 2017), Teil 1 bis 4
  Das BDSG basiert auf der EU-DSGVO.

Beispiel für technisch-organisatorischen Datenschutz

- **Zutritt**
  Unbefugten wird der Zutritt zur Datenverarbeitungsanlage verwehrt (Gebäude- bzw. Raumsicherung, Zutrittsvermerk, Schlüsselregelung, …).
- **Zugang**
  Es wird verhindert, dass Unbefugte Daten nutzen (Identfikation durch Passwort, Protokollierung der Zugänge, …).
- **Zugriff**
  Es wird gewährleistet, dass nur auf die der Zugriffsberechtigung unterliegenden Daten zugegriffen werden kann (Festlegung und Prüfung der Zugriffsberechtigten, Protokollierung von Zugriffen, zeitliche Verschlüsselung, …).
- **Weitergabe**
  Es wird gewährleistet, dass bei der Weitergabe Daten nicht unbefugt gelesen, kopiert oder verändert werden können (Festlegung der Transportwege, Quittierung, …).
- **Eingabe**
  Es muss nachträglich feststellbar sein, ob und von wem Daten eingegeben, verändert oder entfernt worden sind (Dokumentation: Bevollmächtigter, Zeit, Änderungen, …).
- **Auftrag**
  Es ist zu gewährleisten, dass die Daten nur entsprechend den Weisungen des Auftraggebers bearbeitet werden (Auftragsbeschreibung, Lasten- und Pflichtenheft, …).
- **Verfügbarkeit**
  Die Daten sind gegen zufällige Zerstörung oder Verlust zu schützen (Gebäudeschutz, Dienstahlschutz, Datensicherung, …).
- **Organisation**
  Die zu unterschiedlichen Zwecken erhobenen Daten müssen getrennt verarbeitet werden können (Aufgabenteilung, Funktionstrennung, Richtlinien für Verfahren und Dokumentation, …).

Ausgewählte Paragraphen des BDSG

Teil 2:	Duchführungsbestimmungen für Verarbeitungen …
Kapitel 2:	**Rechte der betroffenen Person**
§ 32	Informationspflicht bei Erhebung von personenbezogenen Daten bei der betroffenen Person
§ 33	Informationspflicht, wenn die personenbezogenen Daten nicht bei der betroffenen Person erhoben wurden
§ 34	Auskunftsrecht der betroffenen Person
§ 35	Recht auf Löschung
§ 36	Widerspruchsrecht

Teil 3:	Bestimmungen für Verarbeitungen …
Kapitel 2:	**Rechtsgrundlagen der Verarbeitung personenbezogener Daten**
§ 48	Verarbeitung besonderer Kategorien personenbezogener Daten
§ 50	Verarbeitung zu archivarischen, wissenschaftlichen und statistischen Zwecken
§ 51	Einwilligung
§ 52	Verarbeitung auf Weisung des Verantwortlichen
§ 53	Datengeheimnis

Teil 3:	Bestimmungen für Verarbeitungen …
Kapitel 3:	**Rechte der betroffenen Person**
§ 55	Allgemeine Informationen zu Datenverarbeitungen
§ 56	Benachrichtigung betroffener Personen
§ 57	Auskunftsrecht
§ 58	Rechte auf Berichtigung und Löschung sowie Einschränkung der Verarbeitung
§ 59	Verfahren für die Ausübung der Rechte der betroffenen Personen
§ 60	Anrufen der oder des Bundesbeauftragten

Teil 3:	Bestimmungen für Verarbeitungen …
Kapitel 4:	**Pflichten der Verantwortlichen und Auftragsverarbeiter**
§ 62	Auftragsverarbeitung
§ 63	Gemeinsame Verantwortliche
§ 64	Anforderungen an die Sicherheit der Datenverarbeitung
§ 65	Meldung von Verletzungen des Schutzes personenbezogener Daten an die oder den Bundesbeauftragten
§ 66	Benachrichtigung betroffener Personen bei Verletzungen des Schutzes personenbezogener Daten
§ 67	Durchführung einer Datenschutz-Folgeabschätzung
§ 68	Zusammenarbeit mit der oder dem Bundesbeauftragten

Datensicherheit
Data Security

Prinzip

Ordnungsgemäßer Betrieb einer Datenverarbeitung durch Sicherung der

- Hardware
- Software
- Daten

gegen

- Verlust
- Beschädigung
- Missbrauch

Schädigende Einflüsse

- **Wanzen:**
  Fehler in der Software (auch ohne Absicht), keine selbstständige Ausbreitung
- **Manipulationen:**
  Absichtliche Verfälschungen in der Software
- **Hacker:**
  Personen, die in spielerischer, amateurhafter Weise Schwachstellen aufdecken
- **Cracker:**
  Personen, die professionell Schwachstellen aufdecken, um Schäden anzurichten
- **Würmer:**
  Übertragen sich selbstständig von Rechner zu Rechner über Netze, z. B. als Anlage einer E-Mail
- **Trojaner:**
  Programme (z. B. als Bildschirmschoner oder Tools) zum Einschmuggeln von getarnten Viren. Der Virus wird gesondert aktiviert.
- **Viren:**
  Eigenständiges Programmelement in einem Wirtsprogramm. Ein Virus besitzt die Fähigkeit, sich selbst zu kopieren und dadurch in ein zuvor nicht infiziertes Programm einzudringen.
  – Bootsektorviren setzen sich im Bootbereich fest und nehmen damit einen festen Platz in der Konfiguration des Betriebssystems ein.
  – Makroviren sind direkt im Dokument gespeichert.
- **Backdoor:**
  „Hintertür" in einem Anwenderprogramm für eine später erfolgende Manipulation

Sicherheitsmaßnahmen

Virenschutz durch
- Virenscanner (im Server, beim Client)
- Laufwerke sperren
- Organisatorische Maßnahmen

Kryptographie durch
- Verschlüsselung
- Asymmetrische Verfahren (Public key: Öffentlicher Schlüssel, Private key: Privater Schlüssel)
- Signatur (Authentizität, Integrität)

Datensicherung
- Kontinuierlich (Spiegelfestplatten (RAID), Backupserver)
- Periodisch (Voll-/Komplettsicherung, Differenzsicherung)

Schutz vor Computerviren aus dem Internet

Einstellungen am PC
- Sicherheitsfunktionen aktivieren
- Aktuelles Virenschutz-Programm einsetzen
- Anzeige aller Dateitypen aktivieren
- Makro-Virenschutz von Anwenderprogrammen aktivieren
- Sicherheitseinstellungen am Browser auf gewünschte Stufe einstellen (z. B. Deaktivieren von aktiven Inhalten (ActiveX, Java, JavaScript) und Skript-Sprachen (z. B. Visual Basic)).

Verhalten beim Empfang von E-Mails
- Nicht sinnvolle E-Mails von unbekannten Absendern nicht öffnen und löschen (SPAM).
- Prüfen, ob der Text der Nachricht auch zum Absender passt.
- E-Mails mit gleichlautendem „Betreff" prüfen.
- Ausführbare Programme (*.COM, *.EXE), Skript-Sprachen (*.VBS, *.BAT) oder Bildschirmschonern (*.SCR) nicht durch „Doppelklick" öffnen.
- Vorsicht bei Dateien im HTML-Format.
- Datei-Anhänge nur von vertrauenswürdigen Absendern öffnen.

Verhalten beim Versenden von E-Mails
- Öfter prüfen, ob sich E-Mails im Postausgang befinden, die nicht vom Benutzer verfasst sind.
- Der Aufforderung zur Weiterleitung von Warnungen, Mails oder Anhänge an Freunde usw. nicht nachkommen.

Verhalten bei Downloads aus dem Internet
- Programme nur von vertrauenswürdigen Seiten laden.
- Angabe über die Größe der Datei mit der tatsächlichen Größe der Datei nach dem Download überprüfen.
- Vor der Installation Dateien mit aktuellem Viren-Schutzprogramm überprüfen.
- Gepackte Dateien erst entpacken und dann auf Viren überprüfen.

Firewall
Schutzmaßnahme (Filter), die einen unerlaubten Zugriff von außen auf ein privates Netzwerk verhindert.
- **Paketfilterung** (Packet Filter):
  Inhalte der Datenpakete werden nach festgelegten Regeln überprüft.
- **Application Gateway** (in Verbindung auch mit Proxy-Servern):
  PC oder Software, die die Verbindung zwischen zwei Netzen herstellt und Sicherheitsüberprüfungen vornimmt.

Datensicherung
Data Backup

RAID-Systeme

- **RAID:** **R**edundant **A**rray of **I**nexpensive **D**isks
- Prinzip:
  Festplatten sind über Controller bzw. Software zu Organisationseinheiten zusammengefasst.
- Funktion:
  – Erhöhung der Lesegeschwindigkeit
  – Datensicherung
- Verschiedene Variationen von RAID-Systemen werden als **Raid-Level** bezeichnet (0 bis 5 und Kombinationen).

RAID 0

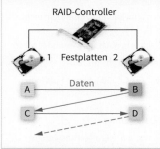

- Mindestens zwei gleichgroße Festplatten
- Daten werden in Datenblöcke (Stripes A, B, …) aufgeteilt und wechselseitig geschrieben
- Lesegeschwindigkeit größer
- Datensicherheit ist geringer

RAID 1

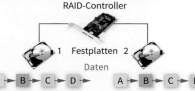

- Mindestens zwei Festplatten sind erforderlich.
- Unterschiedlich große Festplatten sind möglich, die Festplatte mit der kleineren Kapazität bestimmt die Gesamtspeicherkapazität.
- Daten der Festplatte 1 werden auf Festplatte 2 kopiert.
- Datensicherheit ist gewährleistet. Fällt eine Festplatte aus, können die Daten von der gespiegelten Festplatte gelesen werden.

RAID 5

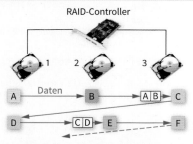

- Mindestens 3 Festplatten werden zu einem Laufwerk zusammengefasst.
- Neben den Daten (z. B. A und B) werden auf der Festplatte 3 aus den Daten A und B Parity-Daten (AB) gespeichert, die das Wiederherstellen verlorener Daten ermöglichen.

RAID 10 (RAID 0 + 1)

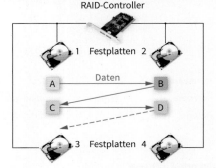

- Kombination aus RAID 0 und 1 mit mindestens 4 Festplatten
- Daten der Festplatten 1 und 2 werden auf Festplatten 3 und 4 gespiegelt
- Erhöhte Lesegeschwindigkeit und Datensicherheit

RAID 1.5

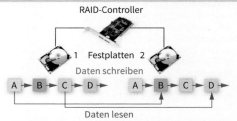

- Zwei identische Festplatten, die wie RAID 1 untereinander gespiegelt werden
- Beim Lesen wird auf beide Festplatten gleichzeitig zugegriffen (erhöhte Lesegeschwindigkeit)

Sicherheit durch Verschlüsselung (Encryption)

Symmetrisch

Sender und Empfänger verfügen über gleiche Schlüssel, Schlüssel wird nicht übertragen

Asymmetrisch

Der Empfänger generiert ein Schlüsselpaar:
- Public Key zur Verschlüsselung
- Private Key zur Entschlüsselung

Der Public Key kann über das Netz versendet werden.

Elektrische Energieversorgung

5

Gewinnung und Transport

- 176 Kraftwerke
- 177 Netzarten
- 178 Energieübertragung
- 179 Schalter
- 180 Niederspannungsschaltanlagen
- 181 USV – Unterbrechungsfreie Stromversorgung
- 182 Netzersatzanlagen
- 183 Schaltnetzteile
- 184 Verteilungssysteme
- 185 Transformatoren
- 186 Drehstromtransformatoren
- 187 Sondertransformatoren
- 188 Blindstrom-Kompensationsschaltungen
- 189 Kompensationsanlagen
- 190 Oberschwingungen
- 191 Spannungsqualitätsüberwachung
- 192 Elektrofahrzeuge – Ladebetriebsarten

Schutz

- 193 Sicherheitsregeln und Erste Hilfe
- 194 Überspannungsschutz
- 195 Überspannungsschutz
- 196 Blitzschutzanlagen
- 197 Blitzschutzzonen
- 198 Schutzmaßnahmen
- 199 Schutz gegen gefährliche Körperströme
- 200 Fehlerschutz
- 201 Prüfung von Schutzmaßnahmen
- 202 Prüfungen in Anlagen mit Fehlerstrom-Schutzeinrichtung
- 203 Explosionsschutz
- 204 Explosionsschutz

Regenerative Energien

- 205 Kraft-Wärme-Kopplung
- 206 Brennstoffzelle
- 207 Windenergieanlagen
- 208 Photovoltaik
- 209 Photovoltaik
- 210 Potenzialausgleich in PV-Anlagen
- 211 PV-Anlagenpass/PV-Speicherpass

Energiespeicher

- 212 Primärbatterien
- 213 Akkumulatoren
- 214 Stationäre Bleibatterien
- 215 Ladekennlinien von Akkumulatoren
- 216 Batterieanlagen
- 217 Lithium-Ionen Hausspeicher
- 218 Ladestationen
- 219 Elektrische Energieeffizienz
- 220 Energieeinsparverordnung

Kraftwerke
Power Plants

Arten

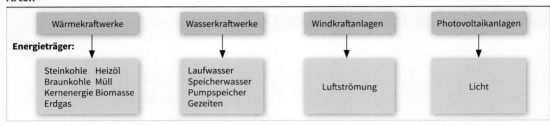

Einsatz von Kraftwerken (Beispiele)

Grundlast
Gleichbleibender Energiebedarf während eines Tages
↓
Laufwasser-, Kernkraft- und Braunkohlekraftwerke
- Braunkohlekraftwerk Niederaußem
  P_{Ges} = 2700 MW
  U_{Gen} = 10,5 kV und 21 kV
- Kernkraftwerk Grohnde
  Abschaltung: 2021

Mittellast
Wechselnder Energiebedarf zu verschiedenen Tageszeiten
↓
Steinkohlekraftwerke
- Steinkohlekraftwerk Ibbenbühren
  P_{Ges} = 848 MW
  U_{Gen} = 21 kV

Spitzenlast
Zusätzlicher Energiebedarf bei Belastungsspitzen z. B. mittags
↓
Pumpspeicher-, Gas- und Ölkraftwerke
- Pumpspeicherkraftwerk Herdecke
  P_{Ges} = 160 MW
  U_{Gen} = 11,25 kV

Teillast
Unregelmäßige Energieerzeugung

Windenergieanlage
- Baltic 1 Ostsee
  P_{Ges} = 48,3 MW/150 kV Drehstrom
  Tiefseekabel: l = 61 km/0,3 m Ø

Solaranlage
- Freiflächenanlage: Neuhardenberg
  P_{Ges} = 240 MWp
  W = 140 GWh

Gas-/Dampfkraftwerk
- Niehl 3 (Köln)
  P_{Ges} = 435 MW
  P_F = 265 MW (Fernwärme)
  η_{Ges} = 88 % U_{Gen} = 21 kV

Prozessablauf im Wärmekraftwerk

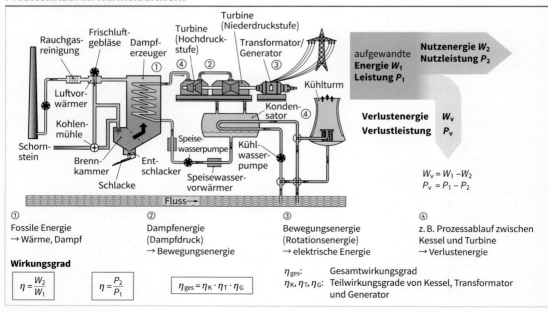

① Fossile Energie → Wärme, Dampf
② Dampfenergie (Dampfdruck) → Bewegungsenergie
③ Bewegungsenergie (Rotationsenergie) → elektrische Energie
④ z. B. Prozessablauf zwischen Kessel und Turbine → Verlustenergie

η_{ges}: Gesamtwirkungsgrad
η_K, η_T, η_G: Teilwirkungsgrade von Kessel, Transformator und Generator

Wirkungsgrad

$\eta = \dfrac{W_2}{W_1}$ $\eta = \dfrac{P_2}{P_1}$ $\eta_{ges} = \eta_K \cdot \eta_T \cdot \eta_G$

Netzarten
Network Types

Energiefluss und Energieverteilung

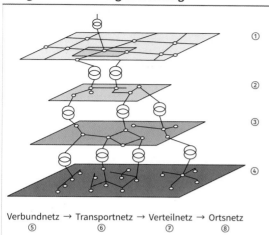

Verbundnetz → Transportnetz → Verteilnetz → Ortsnetz
⑤ ⑥ ⑦ ⑧

Spannungsebenen und Energieumwandlung

① **Hochspannungsebene[1] (400 kV, 230 kV)**
 - Sehr hohe Übertragungsleistung
 - Maschinentransformator im Kraftwerk und Kuppeltransformator zwischen ① und ②

② **Hochspannungsebene (110 kV)**
 - Transport hoher Leistungen über weite Strecken ⑥
 - Netztransformator zwischen ② und ③

③ **Hochspannungsebene[2] (10 kV, 20 kV)**
 - Regionaler Energietransport ⑦
 - Verteiltransformator zwischen ③ und ④

④ **Niederspannungsebene (230 V/400 V)**
 - Lokaler Energietransport zum Verbraucher ⑧

Ortsnetzstation

- **Übersichtsschaltplan**

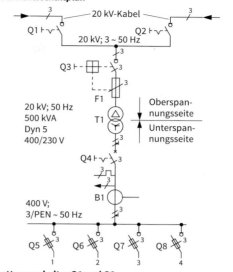

Lasttrennschalter Q1 und Q2
trennen unter Last

Lasttrennschalter Q3
mit Hochspannungs-Hochleistungssicherung (HH)

Ortsnetztransformator T1
wandelt Hochspannung[1] in Niederspannung um

Leistungsschalter Q4
schalten bei Überlast und Kurzschluss

Stromwandler B1
wandeln hohe Stromstärken in niedrigere Messstromstärken um

Sicherungs-Lasttrennschalter Q5 ... Q8
schalten unter Last, z. B. bei Überlast und Kurzschluss

Im Alltagsgebrauch werden noch die Begriffe Höchst-[1] und Mittelspannung[2] verwendet.

Netzformen

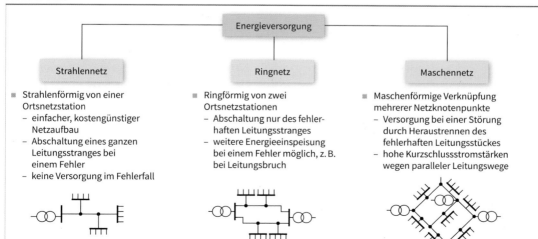

Elektrische Energieversorgung

Energieübertragung
Power Transmission

Hochspannungs-Gleichstromübertragung (HGÜ)

HGÜ (**H**VDC: **H**igh-**V**oltage **D**irect **C**urrent) wird eingesetzt für
- Energieaustausch über große Kabelstrecken (z. B. Meer) zwischen zwei Ländern (z. B. Deutschland und Schweden),
- Energieübertragung von Offshore-Windenergie-Anlagen zum Festland und
- Verbindung zweier Netze mit unterschiedlicher Frequenz.

System der Übertragung:

Verbundnetz 50 Hz → HGÜ-Strecke 0 Hz → Verbundnetz 50 Hz

Beispiel: Windpark Offshore (WEA)
1. 180 Windenergieanlagen mit je 5 MW, Offshore vernetzt im 36 kV-Drehstromkabel-Netz (50 Hz)
2. Transformation von 36 kV auf 155 kV AC
3. Umwandlung in Gleichrichterstation auf 150 kV DC
4. Energietransport über Seekabel zur Wechselrichterstation (z. B. Leistung 400 MW) am Festland
5. Umwandlung von 150 kV DC in 400 kV AC, 50 Hz
6. Energieeinspeisung ins Verbundnetz 400 kV/50 Hz

Dreh- und Wechselstromübertragung

Anwendungen	Bezeichnung	Nennspannung in kV
Überregionaler und internationaler Bereich (Verbundnetz)	Hochspannungsnetz[1]	230…400
Großindustrien, Großstädte	Hochspannungsnetz	60…110
Industriebetriebe, Hochhäuser, Ortsnetzstationen	Hochspannungsnetz[2]	10…30
Wohnhäuser, Gewerbebetrieb, landw. Betriebe	Niederspannungsnetz	0,4

Im Alltagsgebrauch werden noch die Begriffe Höchstspannungsnetz[1] und Mittelspannungsnetz[2] verwendet.

Nenngrößen von Netzen

Bezeichnungen		Nenngrößen			
Gleichstrom-Bahnnetze	U in kV	0,75	1,5	3	–
Einphasen-Wechselstrom-Bahnnetze	U in kV	15	25	–	–
	f in Hz	$16\frac{2}{3}$	50, 60	–	–
Vierleiter- oder Dreileiter-Drehstromnetze	U in V	230/400	277/480	400/690	1000
	f in Hz	$16\frac{2}{3}$		50	

Masttypen

- **Nieder- und Hochspannungsleitung**

mit Stütz- und Hängeisolatoren

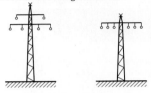

Holzmast: 0,4 kV, $h \approx 12$ m, Eingrabtiefe 1/6 der Mastlänge min. 1,60 m

Betonmast: 20 kV, $h \approx 14$ m, Fundament aus Beton

- **Hochspannungsleitung**

mit Stütz- und Hängeisolatoren

Stahlgittermasten: 110 kV, 2 Systeme, $h \approx 27$ m

- **Hochspannungsleitung**

mit Hängeisolatoren und Erdseilen

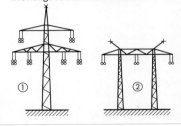

Stahlgittermasten: 400 kV, 2 Systeme ①, $h \approx 47$ m bzw. 1 System ②, $h \approx 36$ m

Hochspannungsübertragung

Stahlgittermast

- Erdseil
- Traverse
- 400 kV-System (je 3 Langstabisolatoren)
- 230 kV-System (je 2 Langstabisolatoren)
- 110 kV-System (je 1 Langstabisolator)

Elektrische Energieversorgung

Schalter
Switches

Bezeichnung	Schaltzeichen	Erklärung	Anwendung
Trennschalter (Trenner) Leerschalter		■ Ein- und Ausschalten von Stromkreisen bei vernachlässigbaren kleinen Strömen ■ sichtbare Trennstrecke beim Ausschalten	■ Freischalten von Geräten und Anlagenteilen
Erdungstrennschalter		■ Erden und Kurzschließen ausgeschalteter Betriebsmittel und Anlagenteile	■ Anbau an andere Schalter ■ Erden und Kurzschließen ■ Mittelspannungsanlagen
Sicherungstrennschalter		■ Sicherungsschalter mit Sicherungseinsatz ■ bewegbares Schaltstück in der Strombahn	■ Sonderausführung von Trennschaltern ■ Niederspannungsanlagen
Lastschalter		■ schaltet Lastströme unter normalen Bedingungen ■ festgelegte Überlastbedingungen ■ kein Kurzschluss-Ausschaltvermögen	■ Ein- und Ausschalten von Betriebsmitteln (nicht Motoren) und Anlagenteilen ■ Kombination mit Schmelzsicherungen ■ Niederspannungsanlagen
Lasttrennschalter		■ schalten im belasteten Zustand ■ sichtbare Trennstrecke	■ Schalten von Freileitungen, Kabelstrecken, Transformatoren, Ringleitungen ■ Mittelspannungsanlagen
Lasttrennschalter mit selbsttätiger Auslösung		■ allpoliges Ausschalten bei Kurzschluss (z. B. bei Ausfall einer Sicherung)	■ HH-Sicherungen mit Kurzschlussschutz ■ Mittelspannungsanlagen
Sicherungs-Lasttrennschalter		■ Sicherungen im Schalter als Teile der Strombahn ■ gefahrloses Schalten unter Belastung	■ Sonderausführung von Lasttrennschaltern ■ Niederspannungsanlagen
Leistungsschalter		■ mit Strombegrenzung und kurzem Öffnungsverzug ■ Kurzverzögerung bei Auslösung ■ Schaltung unter allen Betriebsbedingungen	■ Schalten von Motoren, Transformatoren ■ Schalter für Betriebsmittel und Anlagen
Leistungsselbstschalter		■ mit Strombegrenzung einstellbarer thermischer Überstromauslöser ■ magnetischer Kurzschlussschnellauslöser	■ Vorschaltgerät für Schütze ■ Hauptschalter mit Überlast- und Kurzschlussschutz ■ Leitungsschutz in Niederspannungsanlagen
Leistungstrennschalter		■ sichtbare Trennstrecke beim Ausschalten ■ allpoliges Ausschalten bei Kurzschluss (z. B. bei Ausfall einer Sicherung)	■ Anlagen mit höheren Kurzschlussleistungen in Verbindung mit Sicherungen ■ Mittelspannungsanlagen
Selektiver Hauptleitungs-Schutzschalter (SH-Schalter)		■ Trennvorrichtung vor Zähl-, Mess- und Steuereinrichtungen (TAB 2007) zum einfacheren Abschalten bei Reparaturen	■ SH-Schalter zum Einbau im unteren Anschlussbereich eines jeden Zählerfeldes mit Bemessungsstromstärke mindestens 63 A

Elektrische Energieversorgung

Niederspannungsschaltanlagen
Low-Voltage Switchgear and Controlgear Assemblies

DIN EN 61439-1 (VDE 0660-600-1): 2012-06
DIN EN 61439-2 (VDE 0660-600-2): 2012-06

Bauformen

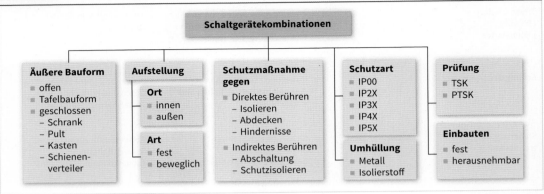

Schaltgerätekombinationen

Äußere Bauform
- offen
- Tafelbauform
- geschlossen
  - Schrank
  - Pult
  - Kasten
  - Schienenverteiler

Aufstellung
- Ort
  - innen
  - außen
- Art
  - fest
  - beweglich

Schutzmaßnahme gegen
- Direktes Berühren
  - Isolieren
  - Abdecken
  - Hindernisse
- Indirektes Berühren
  - Abschaltung
  - Schutzisolieren

Schutzart
- IP00
- IP2X
- IP3X
- IP4X
- IP5X

Umhüllung
- Metall
- Isolierstoff

Prüfung
- TSK
- PTSK

Einbauten
- fest
- herausnehmbar

Bauartnachweis Schaltgerätekombination (TSK)
- Höchstbelastete Kombination wird geprüft (Kurzschlussfestigkeit, Erwärmung, Schutzmaßnahmen, Schutzart)
- Modulare Bauform
- Standardisierte Module
- Nach Montage von Einzelkomponenten erfolgt eine Stückprüfung.

Stücknachweis Schaltgerätekombination (PTSK)
- Aus der Typprüfung aller Einzelkomponenten wird **rechnerisch** eine Gesamtprüfung **abgeleitet**.
- Anwendung bei kleinen Stückzahlen/Einzelfertigung
- Kurzschlussfestigkeit wird aus der Sammelschienen-Typprüfung abgeleitet.
- Erwärmungsbetrachtung erfolgt durch Summierung aller Verlustleistungen.

Baugruppen und Komponenten
- Sammelschienen
- Verteilschienen
- Elektrische, mechanische Verbindungen
- Schaltgeräte für Einspeisung, Verteilung, Kupplung und Verbraucherabgänge
- Einbauräume, Einschübe und Tragbleche
- Kapselungen je nach Schutzart

Bemessungsgrößen
- Betriebsspannung, Isolationsspannung, Stoßspannung
- Betriebsstromstärke
- Kurzzeitstromstärke (I_{CW}) mit Einwirkungsdauer
- Stoßstromfestigkeit
- Frequenz

Beispiele

Wand-/Standschrankverteilung

- Kleine Leistungen, z. B. Haus-/Lichtverteilung in Bürogebäuden

Isolierstoffkastensystem

- Mittlere Leistungen z. B. Industrieanlagen

Schrank-Anreihsystem

- Hohe Leistungen, z. B. Industrieanlagen
- Modularer Aufbau ermöglicht Umbauarbeiten im Betrieb.

Elektrische Energieversorgung

USV – Unterbrechungsfreie Stromversorgung
UPS – Uninterruptable Power Supply

DIN VDE 0558-530: 2011-12

Anwendungen:

- Verbesserung der Spannungsqualität für ausgewählte Verbraucher (z. B. Computer, sicherheitsrelevante Anlagen)
- Versorgung der Verbraucher auch bei Netz-Spannungsausfall für eine definierte, maximale Zeit

Beispiel: VFI SS 111
Stufe: 1   2   3

Stufe	Bedeutung
1	Abhängigkeit der Ausgangsspannung von der Eingangsspannung
2	Kurvenform der Ausgangsspannung
3	Ausgangsverhalten bei Lastsprüngen

Stufe 1

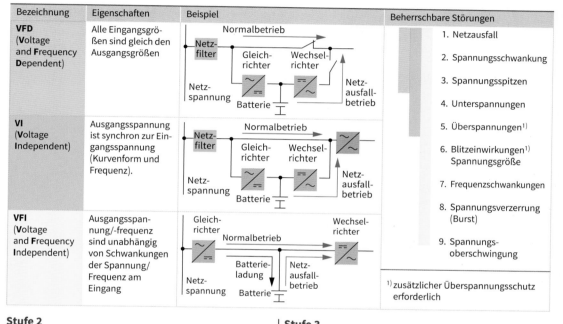

Bezeichnung	Eigenschaften	Beispiel	Beherrschbare Störungen
VFD (**V**oltage and **F**requency **D**ependent)	Alle Eingangsgrößen sind gleich den Ausgangsgrößen	Normalbetrieb: Netzfilter – Gleichrichter – Wechselrichter; Netzausfallbetrieb über Batterie	1. Netzausfall 2. Spannungsschwankung 3. Spannungsspitzen 4. Unterspannungen
VI (**V**oltage **I**ndependent)	Ausgangsspannung ist synchron zur Eingangsspannung (Kurvenform und Frequenz).	Normalbetrieb: Netzfilter – Gleichrichter – Wechselrichter; Netzausfallbetrieb über Batterie	5. Überspannungen[1] 6. Blitzeinwirkungen[1] Spannungsgröße 7. Frequenzschwankungen 8. Spannungsverzerrung (Burst)
VFI (**V**oltage and **F**requency **I**ndependent)	Ausgangsspannung/-frequenz sind unabhängig von Schwankungen der Spannung/Frequenz am Eingang	Gleichrichter – Wechselrichter; Normalbetrieb, Batterieladung, Netzausfallbetrieb	9. Spannungsoberschwingung

[1] zusätzlicher Überspannungsschutz erforderlich

Stufe 2

1. Kennbuchstabe: Netzbetrieb
2. Kennbuchstabe: Batteriebetrieb

S	Sinusform mit Verzerrung $D < 8\%$ bei Referenzlast
X	Bei linearer Last Güte nach Form „S", sonst ist $D > 8\%$ zulässig
Y	Form der Ausgangsspannung weicht von Vorgaben ab.

D: Verzerrung als Maß für Abweichung von der Sinusform.

Stufe 3

1. Ziffer: Netz-/Batterie-/Bypassbetrieb
2. Ziffer: Lastsprung (lineare Last)
3. Ziffer: Lastsprung (nichtlineare Last)

1	sehr gute Eigenschaften, Ausgangsspannungsabweichung $\leq \pm 30\%$; nach $0,1\,s \leq \pm 10\%$
2	nach 1 ms maximal +100 %; nach 10 ms ≤ +20 %/ −100 %; nach $0,1\,s \leq \pm 10\%$
3	nach 1 ms maximal +100 %; nach 10 ms ≤ +20 %/ −100 %; nach $0,1\,s \leq \pm 10\%$ / − 20 %
4	Genaue Eigenschaften sind vom Hersteller definiert.

Auswahlkriterien für USV-Anlagen

- Maximal benötigte Leistung (mögliche zukünftige Lasterhöhung berücksichtigen)
- Überlastfähigkeit/-dauer (Motoranläufe, Auslöseenergie für Sicherungen/Sicherungsautomaten, …)
- Klassifizierung
- Netzwerkanbindung für automatischen Shutdown angeschlossener Computer bei Ende der Autonomiezeit
- Rückwirkungen auf das speisende Netz (Stromoberschwingungen)
- Redundanz mehrerer Systeme
- Autonomiezeit (Batteriekapazität)
- Ein-/Ausgangsspannung (1- oder 3-phasig)
- 19"-Einbauvariante/Standgerät
- Umgebungstemperatur (Lebensdauer der Batterien)

Netzersatzanlagen
Stand-by Generating Systems

Anwendung

- Bei Ausfall der öffentlichen Stromversorgung sollen ausgewählte Verbraucher weiter mit elektrischer Energie versorgt werden.

- Die Spannung soll
  - innerhalb einer definierten Zeit wieder anliegen und
  - für eine definierte Zeit bestehen bleiben.

- Anwendung z. B. bei Krankenhäusern, Rechenzentren, Veranstaltungsstätten, empfindlichen Produktionsanlagen

- Je nach Anforderung kann eine unterbrechungsfreie Stromversorgung gefordert werden. Diese erfolgt in Sonderbauformen oder in Kombination mit Standard-USV-Anlagen.

Zusatzanforderungen

- Sicherheitsstromversorgung
  - Brandschutz
  - Trennung von Aggregat und Verteilung
  - Maximal Zeit bis zur Verfügbarkeit (15 s bei maximal 3 Startversuchen)
- Bundesimmissions-Schutz-Gesetz (BimSchG):
  - Anforderungen aus TA-Luft und TA-Lärm beachten
- Lagerung großer Treibstoffmengen:
  - Anforderungen aus dem Wasserrecht (spezifisch nach Bundesländern) beachten.
  - Gegebenenfalls Prüfung durch VAwS-Sachverständigen bzw. WHG-Sachkundenachweis der Errichter erforderlich.
  VAwS: **V**erordnung über **A**nlagen mit **w**assergefährdenden **S**toffen
  WHG: **W**asser-**H**aushalts**g**esetz

Projektierungshinweise

- **Lastzuschaltung**
  Je nach Motorart sind nur begrenzte Lastzuschaltungen möglich, z. B. 50 % → 30 % → 20 %.

- **Generatordimensionierung**
  - Bei nichtlinearen Lasten (Oberschwingungen) ist die Generator-Bemessungsleistung zu erhöhen (je nach Belastung auf bis zu 280 %).
  - Kurzschlussstromstärke auf Selektivität auslegen, ggf. Generatorleistung erhöhen.

- **Synchronisiereinrichtung**
  Sie ermöglicht
  - ein unterbrechungsfreies Rückschalten nach Spannungswiederkehr und
  - Funktionstest mit voller Belastung der Netzersatzanlage

Prüfanforderungen

- Es gilt allgemein: Prüfungen nach BetrSichV und DIN VDE 0105

- Bei Sicherheitsstromversorgungen gelten spezielle Prüfvorschriften (DIN 6280-13: 1994-12)

- Monatliche Prüfungen:
  - Sichtprüfung (Aggregat, Batterie, Aufstellraum, Kraftstoffsystem)
  - Funktionsprüfung (Start-/Anlaufverhalten, Leistungsübernahme, Schalt-, Regel- und Hilfseinrichtungen, Leckagesonden, Jalousieklappen)
  - Lastverhalten bei min. 50 % der Bemessungsleistung für 60 Min.
  - Funktion der Umschalteinrichtungen

- Jährliche Prüfung
  - Vergleich der Leistung des Stromerzeugungsaggregates mit der erforderlichen Verbraucherleistung

Dieselgenerator

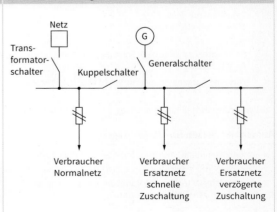

Die schnelle und langsame Schiene kann auch zusammengefasst werden, wenn keine zu hohen Lastsprünge beim Einschalten zu erwarten sind.

Schaltnetzteile
Switch Mode Power Supplies

Funktionsgruppen

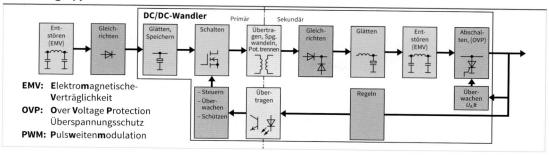

EMV: **E**lektro**m**agnetische-**V**erträglichkeit
OVP: **O**ver **V**oltage **P**rotection Überspannungsschutz
PWM: **P**uls**w**eiten**m**odulation

Sperrwandler

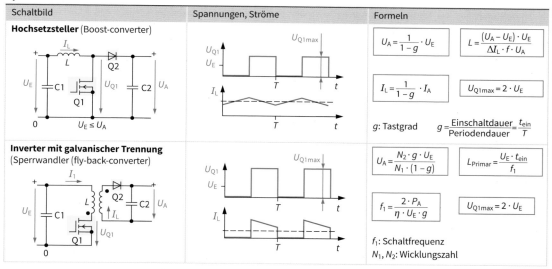

g: Tastgrad $g = \dfrac{\text{Einschaltdauer}}{\text{Periodendauer}} = \dfrac{t_{ein}}{T}$

f_1: Schaltfrequenz
N_1, N_2: Wicklungszahl

Flusswandler

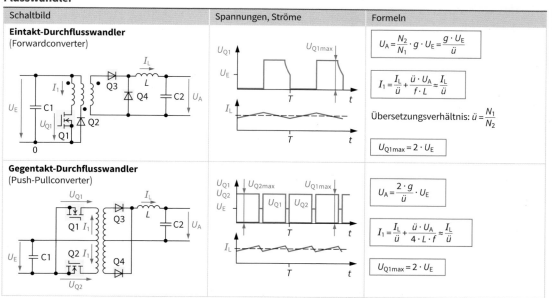

Übersetzungsverhältnis: $\ddot{u} = \dfrac{N_1}{N_2}$

Elektrische Energieversorgung

Verteilungssysteme
Distribution Systems

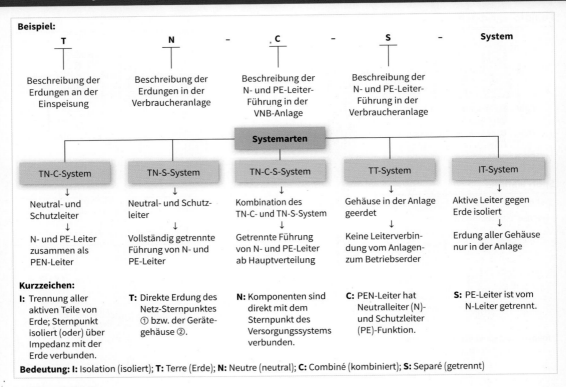

TN-C-S-System

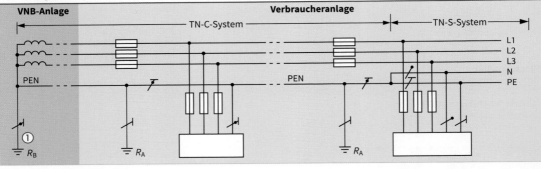

TT-System | IT-System

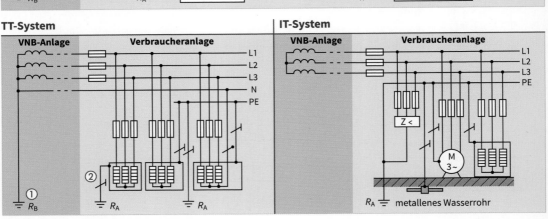

metallenes Wasserrohr

Transformatoren
Transformers

Arten

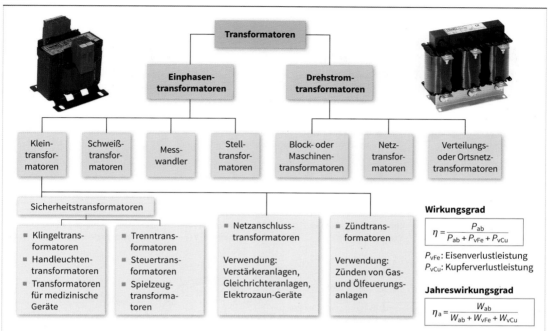

Wirkungsgrad

$$\eta = \frac{P_{ab}}{P_{ab} + P_{vFe} + P_{vCu}}$$

P_{vFe}: Eisenverlustleistung
P_{vCu}: Kupferverlustleistung

Jahreswirkungsgrad

$$\eta_a = \frac{W_{ab}}{W_{ab} + W_{vFe} + W_{vCu}}$$

Betriebszustände

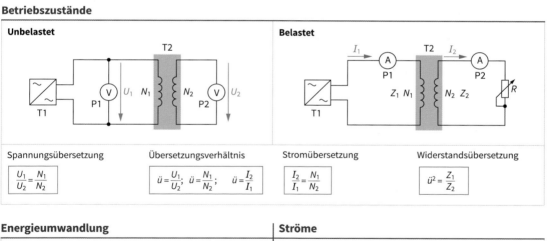

Spannungsübersetzung

$$\frac{U_1}{U_2} = \frac{N_1}{N_2}$$

Übersetzungsverhältnis

$$\ddot{u} = \frac{U_1}{U_2}; \quad \ddot{u} = \frac{N_1}{N_2}; \quad \ddot{u} = \frac{I_2}{I_1}$$

Stromübersetzung

$$\frac{I_2}{I_1} = \frac{N_1}{N_2}$$

Widerstandsübersetzung

$$\ddot{u}^2 = \frac{Z_1}{Z_2}$$

Energieumwandlung

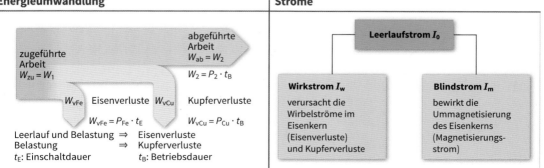

zugeführte Arbeit
$W_{zu} = W_1$

abgeführte Arbeit
$W_{ab} = W_2$

$W_2 = P_2 \cdot t_B$

W_{vFe} Eisenverluste W_{vCu} Kupferverluste

$W_{vFe} = P_{Fe} \cdot t_E$ $W_{vCu} = P_{Cu} \cdot t_B$

Leerlauf und Belastung ⇒ Eisenverluste
Belastung ⇒ Kupferverluste
t_E: Einschaltdauer
t_B: Betriebsdauer

Ströme

Leerlaufstrom I_0

Wirkstrom I_w
verursacht die Wirbelströme im Eisenkern (Eisenverluste) und Kupferverluste

Blindstrom I_m
bewirkt die Ummagnetisierung des Eisenkerns (Magnetisierungsstrom)

Elektrische Energieversorgung

Drehstromtransformatoren
Three Phase Transformers

DIN EN 60076-1: 2012-03

Verteiltransformator

Gießharz-Verteiltransformator

Begriffe
- **Oberspannungswicklung** (OS-Wicklung) hat die höhere Bemessungsspannung.
- **Unterspannungswicklung** (US-Wicklung) hat die niedrigere Bemessungsspannung.
- **Leerlaufverluste** (Eisenverluste P_{vFe}) Wirkleistung bei Leerlauf
- **Kurzschlussverluste** (Bemessungswicklungsverluste P_{vCu}) werden beim Kurzschlussversuch gemessen.
- **Kennzahl** x 30° gleich Phasenverschiebungswinkel zwischen Ober- und Unterspannung.

- Die **Schaltgruppe** gibt die Schaltung der OS-Wicklung (großer Buchstabe), die Schaltung der US-Wicklung (kleiner Buchstabe) und die Phasenverschiebung zwischen Ober- und Unterspannung an.
- **Bemessungsübersetzung:**

$$\ddot{u} = \frac{U_{OS}}{U_{US}}$$

- **Bemessungsleistung:**

$$S_N = U \cdot I \cdot \sqrt{3}$$

Kennzahlen

Schaltgruppe Dy**5**
Oberspannungsseite: **Dreieckschaltung D**
Unterspannungsseite: **Sternschaltung Y**

Schaltgruppe Yz**11**
Oberspannungsseite: **Sternschaltung Y**
Unterspannungsseite: **Zick-Zack-Schaltung z**

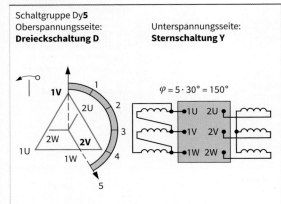
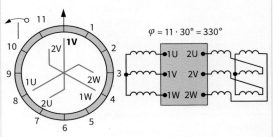

Schaltgruppen für unsymmetrische Belastung (Beispiele)

Schalt-gruppe	Zeigerbild		Schaltungsbild		Übersetzung $\ddot{u} = \frac{U_1}{U_2}$	Einsatz
	Primär	Sekundär	Primär	Sekundär		
Yyn[1]	1V / 1U 1W (Stern)	2v / 2u 2w (Stern)	1U 1V 1W	2u 2v 2w	$\frac{N_1}{N_2}$	Verteilungstransformator mit geringerer Leistung, Sternpunkt bis 10 % belastbar
Dyn 5	1V / 1U 1W (Dreieck)	2u / 2w 2v (Stern)	1U 1V 1W	2u 2v 2w	$\frac{N_1}{\sqrt{3} \cdot N_2}$	Verteilungstransformator mit voll belastbarem Sternpunkt
Yzn 5	1V / 1U 1W (Stern)	2u / 2w 2v (Zickzack)	1U 1V 1W	2u 2v 2w	$\frac{2 \cdot N_1}{\sqrt{3} \cdot N_2}$	Verteilungstransformator mit geringerer Leistung und voll belastbarem Sternpunkt

[1] n: Sternpunkt ist belastbar

Sondertransformatoren
Special Transformers

DIN EN 61558-1: 2006-07

Anwendungen	Bezeichnung/ Bildzeichen	Verwendung/ Kennzeichnung	Eigenschaften
Schutzmaßnahme Schutztrennung	Trenntransformator[1]	allgemein	$U_{1n} \leq 1000$ V $S_n \leq 25$ kVA (einphasig) $U_{2n} \leq 500$ V $S_n \leq 40$ kVA (mehrphasig) $U_{2n} \leq 708$ V (gleichgerichtet) $f_n \leq 500$ Hz Galvanische Trennung auch bei Defekt
Bade- und Duschräume		für Rasiersteckdose	$U_{1n} \leq 250$ V 20 VA $< S_n \leq 50$ VA $U_{2n} \leq 250$ V Schutzart mindestens IPX1 Bedingt oder unbedingt kurzschlussfest
Schutzmaßnahme Sicherheitsklein- spannung	Sicherheits- transformator	allgemein	$U_{1n} \leq 1000$ V $S_n \leq 10$ kVA (einphasig) $U_{2n} \leq 50$ V $S_n \leq 16$ kVA (mehrphasig) $U_{2n} \leq 120$ V (gleichgerichtet) $f_n \leq 500$ Hz Galvanische Trennung auch bei Defekt
Kinderspielzeug	Fail-Safe- Sicherheits- transformator[2]	für Spielzeug	$U_{1n} \leq 250$ V $S_n \leq 200$ VA $I_{2n} \leq 10$ A $U_{2n} \leq 24$ V $f_n = 50/60$ Hz $U_{2n} \leq 33$ V (gleichgerichtet) Schutzklasse II Selbsttätig zurückstellender Überlastauslöser
Haussignalanlagen	nicht kurzschlussfest	für Klingelanlagen	$U_{1n} \leq 250$ V $S_n \leq 100$ VA $U_{2n} \leq 33$ V (8 V; 10 V; 12 V; 16 V; 24 V) $U_{2n} \leq 46$ V (gleichgerichtet)
Beleuchtung in besonderen Räumen	kurzschlussfest[3]	für Handleuchten	$U_{2n} \leq 50$ V (6 V, 12 V, 24 V) Schutzklasse III
Elektronische Geräte	Geräte- oder Netztransformator[1]		$U_{1n} \leq 1000$ V $S_n \leq 10$ kVA (einphasig) $U_{2n} \leq 1000$ V $S_n \leq 16$ kVA (mehrphasig) $U_{2n} \leq 1415$ V (gleichgerichtet) $f_n \leq 1$ MHz
Meldung Steuerungen Verriegelung	Steuertransformator[1]		$U_{1n} \leq 1000$ V $f_n \leq 500$ Hz $U_{2n} \leq 1000$ V $U_{2n} \leq 1415$ V (gleichgerichtet)
Medizinische Geräte	Transformator für medizinische Zwecke	med	$U_{2n} \leq 24$ V, in Sonderfällen 6 V Schutzklasse II
Gas- und Ölfeuerungsanlagen	Zündtransformator		$U_2 = 5$ kV; 7 kV; 10 kV; 14 kV Primär- und Sekundärwicklung galvanisch getrennt
Elektroschweißen	Schweißtransformator		$U_2 \leq 70$ V, $U_2 \leq 42$ V in engen Metallbehältern I_2 steuerbar
Betrieb bei abweichen- den Netzspannungen	Spartransformator		Keine galvanische Trennung $S_D = U_2 \cdot I_2$ $S_B = S_D \left(1 - \dfrac{U_2}{U_1}\right)$ $S_B = S_D \left(1 - \dfrac{U_1}{U_2}\right)$ $U_1 > U_2$ $U_2 > U_1$ S_B: Bauleistung S_D: Durchgangsleistung
Anlassen von Drehstrommotoren			

[1] Können als Fail-Safe-Transformator, nicht kurzschlussfeste oder kurzschlussfeste (bedingt oder unbedingt kurzschlussfest) Transformatoren gebaut sein.

[2] Fail-Safe-Transformatoren fallen im Fehlerfall dauerhaft aus und stellen dabei keine Gefahr für Anwender und Umgebung dar.

[3] Bedingt kurzschlussfeste Transformatoren schalten den Eingangs- oder den Ausgangs- stromkreis des Transformators bei Überlast oder Kurzschluss mit eigener Schutzeinrichtung aus.

Elektrische Energieversorgung

Blindstrom-Kompensationsschaltungen
Circuits for Reactive-Current Compensation

Kompensation

Einzelkompensation

Beispiel: Leuchtstofflampen (Duo-Schaltung)

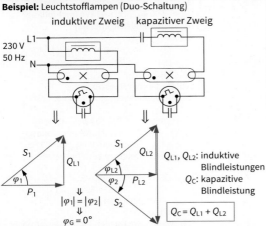

Beispiel: Drehstrommotor

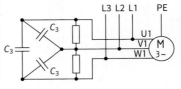

Phasenverschiebung:
φ_1: ohne Kompensation
φ_2: mit Kompensation

Laut TAB 2007 § 10.2.1; $\cos \varphi = 0{,}8$ ind ... 0,9 kap

$$Q_C = P \cdot (\tan \varphi_1 - \tan \varphi_2)$$

$$C = \frac{Q_C}{\omega \cdot U^2}$$

Näherungsformeln für 50 Hz:

C in εF

230 V	$C = 60 \cdot \dfrac{Q_C}{\text{kvar}}$	
400 V	$C = 20 \cdot \dfrac{Q_C}{\text{kvar}}$	

Gruppenkompensation
3/N/PE~50 Hz/TN-S

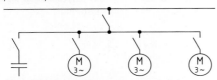

- Blindleistungsverbraucher mit einer parallel geschalteten Kondensatoreinheit
- Installation in kleineren elektrischen Anlagen mit Motoren und Leuchtstofflampen

Zentralkompensation
3/N/PE~50 Hz/TN-S

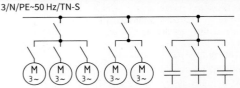

- Blindleistungsverbraucher mit zentraler Blindleistungsregelanlage (Herstellerangaben beachten)
- Installation in Gewerbe- und Produktionsbetrieben, Bürohäusern und Werkstätten

Einzelkompensation von Motoren		Zuordnung der Kondensatoren zu Transformatoren			
Bemessungsleistung P des Motors in kW	Bemessungsleistung Q_C des Kondensators in kvar	Transformator-Bemessungsleistung S in kVA	Kondensatorleistung Q_C in kvar bei Trafo-Primärspannungen		
			5...10 kV	15...20 kV	25...30 kV
1,0... 3,9	ca. 55 % von P				
4,0... 4,9	2	25	2	3	3
5,0... 5,9	3	50	4	5	6
6,0... 7,9	3	75	5	6	7,5
8,0...10,9	4	100	6	7,5	10
11,0...13,9	5	160	10	10	15
14,0...17,9	6	250	15	15	20
18,0...21,9	7,5	315	15	20	25
22,0...29,9	10	400	20	20	30
ab 30,0	ca. 40 % von P	630	30	30	40

Berechnung der Blindarbeit

Rechnung des VNB für einen Großverbraucher weist aus:
- Verbrauch für Wirkarbeit in kWh
- Verbrauch für Blindarbeit in kvarh

Ist der Betrag für Blindarbeit größer als die kostenlose Freimenge von 50 % der Wirkarbeit, dann muss die darüber hinaus genutzte Blindarbeit bezahlt werden.

Beispiel:
- Verbrauch an Wirkarbeit: 9.200 kWh/Monat
- Verbrauch an Blindarbeit: 11.200 kvarh/Monat
- 50 % der Wirkarbeit: 4.600 kvarh/Monat
- Blindarbeit: 6.600 kvarh/Monat

Elektrische Energieversorgung

Kompensationsanlagen
Compensation Systems

Blindleistungs-Regelanlagen

Aufbau

- Sie werden bei stark schwankendem Blindleistungsbedarf und häufig auch als Zentralkompensation eingesetzt.
- Über Strom- und Spannungswandler ermittelt der Regler den Blindleistungsbezug am Netzanschlusspunkt.

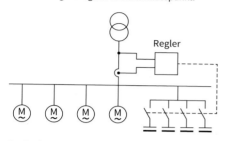

- Am Regler wird der gewünschte Leistungsfaktor (cos φ) eingestellt.
- Der Regler ermittelt die erforderliche Kompensations-Blindleistung und schaltet stufenweise die benötigten Kondensatoren zu.

Unverdrosselte Anlagen

- Schalten nur Kondensatoren zu.
- Kondensatoren werden bei Oberschwingungen im Netz stark belastet, da die Impedanz bei hohen Frequenzen abnimmt. Es besteht die Gefahr der Zerstörung.

Verdrosselte Anlagen

- Filterkreisdrosseln in Reihe zum Kondensator
- Bei 50 Hz dominiert die Kapazität zur Blindleistungskompensation
- Bei hohen Frequenzen dominiert die Impedanz der Drossel und schützt die Kondensatoren vor einem Überstrom.
- Diese Filterkreise können auch zum Kurzschließen einzelner Oberschwingungen genutzt werden, wenn die Resonanzfrequenz richtig gewählt ist.
- Absichtlich eingespeiste Signale (z. B. Rundsteuersignale des VNB) dürfen nicht kurzgeschlossen werden. Der VNB definiert daher bestimmte Verdrosselungsgrade

Aufbau

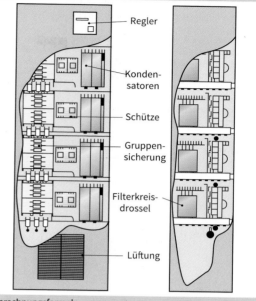

Berechnungsformeln

Kondensatorleistung $Q_{C,1\sim}$: $\quad Q_{C,1\sim} = C \cdot U^2 \cdot \omega_n$

$Q_{C,3\sim}$: $\quad Q_{C,3\sim} = 3 \cdot C \cdot U^2 \cdot \omega_n$

Reihenresonanzfrequenz f_r : $\quad f_r = f_n \cdot \sqrt{\dfrac{1}{p}}$

Verdrosselungsfaktor p : $\quad p = \left(\dfrac{f_n}{f_r}\right)^2$

Kompensations-Blindleistung $Q_{C,v}$ bei Verdrosselung : $\quad Q_{C,v} = \dfrac{3 \cdot U^2 \cdot \omega_n}{\pi \cdot p}$

Aktive Filter

- Aktive Filter kompensieren die Oberschwingungsströme.
- Sie sollten möglichst dicht an der Störquelle eingesetzt werden.
- Bei hohen Oberschwingungsbelastungen, aber geringem Blindleistungsbedarf (z. B. hoher Anteil frequenzgeregelter Antriebe), sind Filter-/Saugkreise unwirtschaftlich.

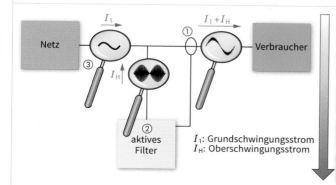

I_1: Grundschwingungsstrom
I_H: Oberschwingungsstrom

Stromwandler ① misst den mit Oberschwingungen belasteten Netz- oder Verbraucherstrom.

Aktives Filter ② ermittelt vorhandene Oberschwingungsströme.

Aktives Filter speist die ermittelten Oberschwingungsströme mit negierter Polarität ins Netz ein.

Stromeinkopplung erfolgt direkt oder über Stromwandler.

Die Summe aus Verbraucherstrom und Strom des aktiven Filters ergibt eine reine Sinusform ③.

Elektrische Energieversorgung

Oberschwingungen
Harmonics

DIN EN 61000-3-2: 2015-03; DIN EN 61000-2-2: 2003-02; DIN EN 61000-2-4: 2003-05

Oberschwingungsströme

- Sie entstehen durch **nichtlineare Lasten** (nichtsinusförmige Stromaufnahme bzw. periodisch ein- und ausschaltendem Stromfluss) z. B. durch Netzteile mit Spitzenwertgleichrichtern, Frequenzumrichtern.
- Sie verursachen u. a. **Funktionsstörungen** (z. B. bei Steuerungen) und erhöhte Ströme im N-, PE- oder PEN-Leiter.
- Diese **nichtsinusförmigen Größen** sind durch die Fourier-Analyse auf sinusförmige Größen zurückzuführen.
- Der Gesamtstromverlauf wird dargestellt in Form einer **Grundschwingung** (Sinusschwingung mit 50 Hz) und den **harmonischen Schwingungen** (Harmonische: **ganzzahlige Vielfache** der Grundschwingung).
- **Zwischenharmonische:** Oberschwingungen mit einer Frequenz, die **kein ganzzahliges Vielfaches** der Grundfrequenz ist.
- Der **Gesamtverzerrungsfaktor** THD ist der Effektivwert aller Oberschwingungen $I_2, I_3 \ldots I_n$ bezogen auf die Grundschwingung.
THD: **T**otal **H**armonic **D**istortion

$$THD_I = \frac{\sqrt{I_2^2 + I_3^3 + I_4^2 + \ldots + I_{40}^2}}{I_1}$$

Grenzwerte

Geräteklassen

A Symmetrische dreiphasige Geräte, Haushaltsgeräte, Elektrowerkzeuge, Beleuchtungsregler (Dimmer) für Glühlampen, Audio-Einrichtungen (außer Geräte, die in Klasse D genannt sind)
B Tragbare Elektrowerkzeuge, Lichtbogenschweißeinrichtungen
C Beleuchtungseinrichtungen inkl. Beleuchtungsregler
D Geräte mit einer Leistung $P \leq 600$ W

Ordnungszahl n				maximaler Oberschwingungsstrom			
		Klasse A in A	Klasse B in A	Klasse C I_N/I_1 in %	in mA/W	Klasse D [2]	in A
geradzahlig	2	1,08	1,62	2 %		kein Grenzwert	
	4	0,43	0,65	kein Grenzwert		kein Grenzwert	
	6	0,30	0,45	kein Grenzwert		kein Grenzwert	
	8…40	0,23 · 8/n	0,35 · 8/n	kein Grenzwert		kein Grenzwert	
ungeradzahlig	3	2,3	3,45	30 λ	3,4		2,3
	5	1,14	1,71	10	1,9		1,14
	7	0,77	1,16	7	1,0		0,7
	9	0,4	0,6	5	0,5		0,4
	11	0,33	0,5	kein Grenzwert	0,35		0,33
	13	0,21	0,32	kein Grenzwert	0,3		0,21
	15…39	0,15 · 15/n	0,23 · 15/n	3	3,85/n		0,15 · 15/n

[1] λ: Leistungsfaktor der Schaltung   [2] kleinerer der beiden Grenzwerte ist gültig; Grenzwert auf Eingangsleistung bezogen.

Oberschwingungsspannungen

- Sie entstehen durch
  - Oberschwingungsströme (eingeprägte Ströme) an Netzimpedanzen,
  - erzeugen Spannungsfälle,
  - verzerren die Netzspannungsform und
  - beeinflussen somit die Netzspannung anderer Verbraucher.
- Die Grenzwerte (Beeinflussungspegel) sind festgelegt für
  - Öffentliche Netze (DIN EN 61000-2-2: 03-02) und
  - Industrieanlagen (DIN EN 61000-2-4: 03-05).
  - Klasse 1: Empfindliche Geräte (z. B. Labor)
  - Klasse 2: Anlageninterne Verknüpfungspunkte, Verknüpfungspunkt mit öffentlichem Netz
  - Klasse 3: Anlageninterner Anschlusspunkt mit industrieller Umgebung
- Gesamtverzerrungsfaktor

$$THD_U = \frac{\sqrt{U_2^2 + U_3^2 + U_4^2 + \ldots + U_{40}^2}}{U_1}$$

Grenzwerte für THD_U in Industrienetzen

Klasse 1	5 %	Berücksichtigt werden Oberschwingungen der Ordnungszahl 2 bis 40.
Klasse 2	8 %	
Klasse 3	10 %	

Grenzwerte			U_h in %		
			Netztyp		
			Öffentliche Netze	Industrienetze der Klasse		
		h		1	2	3
geradzahlig		2	2	3	2	3
		4	1	2	1	1,5
		6	0,5	0,5	0,5	1
		8	0,5	0,5	0,5	1
		10	0,5	0,5	0,5	1
Harmonische h	Vielfache von 3	3	5	3	5	6
		9	1,5	1,5	1,5	2,5
		15	0,4	0,3	0,4	2
		21	0,3	0,2	0,3	1,75
		> 21 < 45	0,2	0,2	0,2	1
ungeradzahlig	keine Vielfachen von 3	5	6	3	6	8
		7	5	3	5	7
		11	3,5	3	3,5	5
		13	3	3	3	3,5
		17	–	2	2	4

Spannungsqualitätsüberwachung
Voltage Quality Monitoring

DIN EN 50160: 2011-02

Merkmale

- Die Netzüberwachung dient zur **Ermittlung** und **Dokumentation** von Unregelmäßigkeiten (Abweichung von Normwerten) in elektrischen Versorgungsnetzen.
- Bestandteile der Netzüberwachung sind die Komponenten
  - **Messwerterfassung** (Spannung, Stromstärke),
  - **Messwertanalyse** (Berechnung, Historienvergleich),
  - **Messwertdarstellung** und ggf. -übertragung zu einer Leitstelle mittels geeigneter Kommunikationseinrichtungen.
- Die drei genannten Funktionen sind in der Regel in entsprechenden Geräten zusammengefasst und bieten durch die implementierte Software umfangreiche Auswerte- und Darstellungsmöglichkeiten.
- Die Analysegeräte sind als Einbaugeräte oder transportable Handmessgeräte verfügbar.
- **Achtung!** Bei Anwendung von tragbaren Geräten kann **Arbeiten unter Spannung** bzw. Arbeit in der Nähe unter Spannung stehender Teile vorkommen.

Geräteanschluss

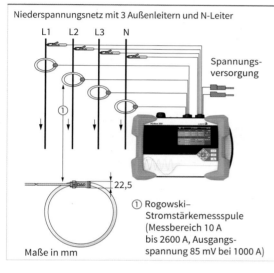

Niederspannungsnetz mit 3 Außenleitern und N-Leiter

① Rogowski-Stromstärkemessspule (Messbereich 10 A bis 2600 A, Ausgangsspannung 85 mV bei 1000 A)

Maße in mm

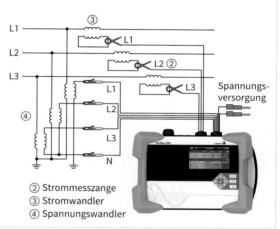

Mittel- und Hochspannungsnetz über Spannungs- und Stromwandler

② Strommesszange
③ Stromwandler
④ Spannungswandler

Grafische Auswertung

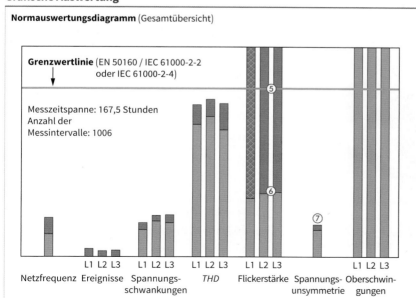

Normauswertungsdiagramm (Gesamtübersicht)

Grenzwertlinie (EN 50160 / IEC 61000-2-2 oder IEC 61000-2-4)

Messzeitspanne: 167,5 Stunden
Anzahl der Messintervalle: 1006

L1 L2 L3 — Netzfrequenz
L1 L2 L3 — Ereignisse
L1 L2 L3 — Spannungsschwankungen
L1 L2 L3 — THD
L1 L2 L3 — Flickerstärke
L1 L2 L3 — Spannungsunsymmetrie
L1 L2 L3 — Oberschwingungen

Legende:

Rot:
95 % der Messwerte

Blau:
Höchster aufgetretener Messwert (100 %–Wert) ⑤

Maximalwert des Langzeitflickers (P_{lt}: long term flicker) überschreitet den Verträglichkeitspegel auf L2 und L3 (Farbe blau). ⑥

Der 95 %-Wert liegt weit unter dem erlaubten Grenzwert.

Spannungsunsymmetrie ⑦ wird mittels Software aus bestimmten Messwerten errechnet.

Elektrofahrzeuge – Ladebetriebsarten
Electric Vehicles – Charging Modes

DIN EN 62196-1: 2015-06

Merkmale

- Für das konduktive (leitungsgebundene) Laden von Elektro-Autos sind vier verschiedene **Ladebetriebsarten** (Lade-Modi) Mode 1, 2, 3 und 4 festgelegt.
- Diese unterscheiden sich u. a. durch die
  - Art der Ladespannung (Wechsel- oder Gleichspannung),
  - elektrischen Sicherheitsanforderungen,
  - Ladeleistungen und
  - Kommunikation zwischen Ladeeinrichtung und Fahrzeug.
- Die Anschlusskonfiguration wird in der Norm unterschieden in
  - **Fall A**: Das Ladekabel ist fest mit dem Fahrzeug verbunden.
  - **Fall B**: Das Ladekabel ist weder mit dem Fahrzeug noch mit der Ladestation verbunden
  - **Fall C**: Das Ladekabel ist fest mit der Ladestation verbunden.

Mode 1

- Ungesteuertes AC-Laden (Laden an Steckdose)
- Maximaler Ladestrom 16 A, maximale Ladeleistung 11 kW
- Ladegerät im Fahrzeug; Anschluss an Wechsel- und Drehstromnetze über genormte Steckdose
- Netzseite: RCD sowie Überstrom-Schutzeinrichtung erforderlich
- Überspannunsableiter empfohlen

Hinweis: Diese Ladebetriebsart wird in Deutschland nicht empfohlen.

Mode 2

- Ungesteuertes AC-Laden (Laden an Steckdose)
- Maximaler Ladestrom 32 A, maximale Ladeleistung 22 kW
- Ladegerät im Fahrzeug
- Führungsfunktion der Ladesteuerung (Pilotfunktion) über das **IC-CPD** (**I**n **C**able **C**ontrol and **P**rotective **D**evice) in der Ladeleitung
- Netzseite: RCD und Überstrom-Schutzeinrichtung; Überspannungsableiter empfohlen
- Anwendung: Überwiegend Privathaushalte

Beispiel: Ladeleitung mit IC-CPD

- Das IC-CPD dient zur **Schutzpegelerhöhung** und **Ladeleistungseinstellung**.
- Die Schutzpegelerhöhung wird durch Einsatz eines Fehlerstromschutzschalters (vorzugsweise Typ B) realisiert.
- Die Ladeleistungseinstellung erfolgt über eine Kommunikationseinrichtung mittels Pulsweitenmodulation zwischen Fahrzeugladegerät und IC-CPD über die Kontakte **CP** (**C**ontrol **P**ilot) 1 und **PP** (**P**roximity **P**lug).

Mode 3

- Gesteuertes AC-Laden an typegeprüften Ladestationen
- Maximale Ladestromstärke 63 A, maximale Ladeleistung 43,5 kW
- Führungsfunktion der Ladesteuerung (Pilotfunktion) über ein Bordladegerät des Elektrofahrzeugs sowie einen Ladecontroller in der Ladestation
- Netzseite: RCD und Überstrom-Schutzeinrichtung
- Überspannungsableiter empfohlen
- Anwendung: Überwiegend öffentliche Ladestationen

Ladestecker Typ 2 für Mode 3

Der Ladestecker enthält eine Kodierung zur Leitungserkennung, die von der Ladeeinrichtung zur Ladestromsteuerung ausgewertet wird.

Ladesteckdose für Ladesäule und Fahrzeugseite

L1, L2, L3: Außenleiter
N: Neutralleiter   PE: Schutzleiter
PP: Proximity Plug (Leitungserkennung)
CP: Control Pilot (Datenübertragung)

Elektrische Kenndaten

Ladesteck-vorrichtung	Maximale Wechsel-stromstärke	Maximale Leistung (Netzspannung 230 V 1-phasig)	Maximale Leistung (Netzspannung 400 V 3-phasig)
Typ 2	13 A	3,0 kW	9,0 kW
	16 A	3,7 kW	11,0 kW
	32 A	7,4 kW	22,0 kW
	63 A	–	43,5 kW

Mode 4

- Gesteuertes Laden an DC-Ladestation
- Ladeleistung: DC-Low max. 38 kW, DC-High 170 kW
- Ladespannung und -strom sind systemabhängig
- Überwachungs-, Schutz- und Pilotfunktion in Ladestation integriert
- Ladekabel an der Ladestation fest installiert

Sicherheitsregeln und Erste Hilfe
Safety Rules and First Aid

DIN VDE 0105-100: 2015-10

Freigabe der Anlage zur Arbeit
durch die verantwortliche Aufsichtsperson
- nach Aufstellen des Sicherheitsschildes und
- Befolgen der Sicherheitsregeln.

5 Sicherheitsregeln

1. **Freischalten**
   Das Anlagenteil muss allpolig und allseitig abgeschaltet werden.

2. **Gegen Wiedereinschalten sichern**
   Nur die an der Anlage tätigen Personen dürfen das betreffende Anlagenteil wieder in Betrieb nehmen.

3. **Spannungsfreiheit feststellen**
   Durch Messung mit Messgerät oder zweipoligem Spannungsprüfer vergewissern, dass keine Spannung gegen Erde am betreffenden Anlagenteil vorhanden ist.

4. **Erden und Kurzschließen** [1]
   Von der Erdungsklemme ausgehend alle Leiter untereinander verbinden.

5. **Benachbarte, unter Spannung stehende Teile abdecken oder abschranken**
   Durch Abdecken, Abschranken oder Isolieren von spannungsführenden Anlagenteilen soll verhindert werden, dass diese Teile berührt werden können.

[1] In Anlagen mit Bemessungsspannungen bis 1 kV darf unter bestimmten Umständen hiervon abgewichen werden (vgl. DIN VDE 0105-100, Punkt 6.2.4.2)

Verhalten bei Unfällen durch Strom
- Schnelle Hilfe für den Verunglückten, da lebensbedrohende Folgen bei längerer Stromeinwirkung auf den Körper.

Erste Hilfe je nach Notfallsituation

Spannung abschalten.
↓
Verunglückten aus dem Gefahrenbereich bringen.
↓
Arzt oder Rettungsdienst rufen.
↓
Verletzung feststellen.

→ Bei Atmung Verunglückten in stabile Seitenlage bringen.

Bei Atem- oder Kreislaufstillstand Atemspende oder Herzmassage veranlassen.

Bei Schock Verunglückten in Schocklage bringen.

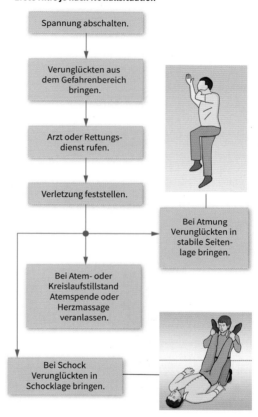

Maßnahmen vor dem Wiedereinschalten nach beendeter Arbeit

1. Werkzeug und Hilfsmittel entfernen.
2. Gefahrenbereich verlassen.
3. Kurzschließung und Erdung zuerst an der Arbeitsstelle, dann an den übrigen Stellen aufheben ①.
4. Anlagenteile und Leitungen ohne Erdungsseil dürfen nicht berührt werden.
5. Entfernte Schutzverkleidungen ② und Sicherheitsschilder wieder anbringen.
6. Schutzmaßnahmen an den Schaltstellen erst nach Freimeldung von den Arbeitsstellen aufheben.

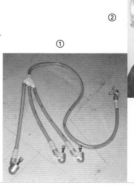

①

②

Elektrische Energieversorgung

Überspannungsschutz
Overvoltage Protection

DIN EN 62305-1: 2015-12

Störursachen

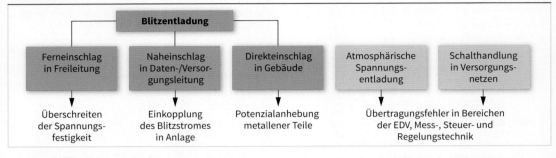

Schutzgeräte

Installationsort	Schutzmaßnahme	Funktion der Schutzmaßnahme	Schutzgerät/ Anforderungsklasse	Überspannungs-begrenzung	Abb.
Hauptverteilung zwischen HAK und Zähler	Blitzschutz, Schutzpotenzialausgleich	Schutz gegen Eindringen von Blitzströmen	Blitzstromableiter, Typ 1 (Grobschutz)	$U \leq 6$ kV	①
Unterverteilung vor RCD	Überspannungsschutz in Verteileranlage	Schutz gegen Überspannung zwischen L und PE sowie N und PE	Überspannungsschutzgerät, Typ 2 (Mittelschutz)	$U \leq 4$ kV	②
Steckdose, Geräteanschluss	Überspannungsschutz am Endgerät	Geräteschutz	Überspannungsschutzgerät, Typ 3 (Feinschutz)	$U \leq 1,5$ kV	③

Blitzstromableiter ①

- Blitzstromableiter in separatem Gehäuse

Überspannungsschutzgerät ②

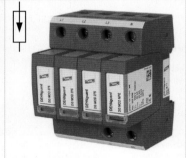

- Montage im Verteiler
- Anzeige bei Auslösung der Vorsicherung
- Überspannungsschutzgerät mit Meldekontakten (Wechsler) einsetzen

Geräteschutzadapter ③

- Montage am Endgerät
- Schutz gegen Überspannungen
- Adapter mit Schutzschaltung einbauen

Schutzgeräte vor Endgeräten

- Einbau z. B. im TN-System
  - bei Kabelkanälen mit sichtbarer Kontrollanzeige

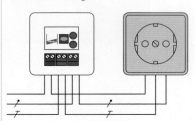

  – bei Einbau in Installationsdosen

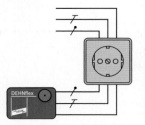

  – als Steckdoseneinsatz

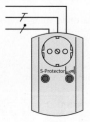

Elektrische Energieversorgung

Überspannungsschutz
Overvoltage Protection

DIN VDE 0100-443; -534: 2016-10

Übersicht

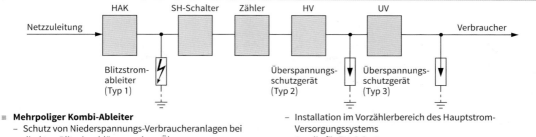

- **Mehrpoliger Kombi-Ableiter**
  - Schutz von Niederspannungs-Verbraucheranlagen bei direkten Blitzeinschlägen und vor Überspannungen
  - einsetzbar an den Schnittstellen 0 bis 2 des Blitz-Schutzzonen-Konzepts (s. Blitz-Schutzone)
  - Ersatz für Schutzgeräte des Typs 1 und 2

- Installation im Vorzählerbereich des Hauptstrom-Versorgungssystems
- 3-polig für TN-C-Systeme
- 4-polig für TT-Systeme und TN-S-Systeme
- ohne Werkzeug auf das Sammelschienensystem aufrastbar

Blitzstromableiter in Verbindung mit dem HAK

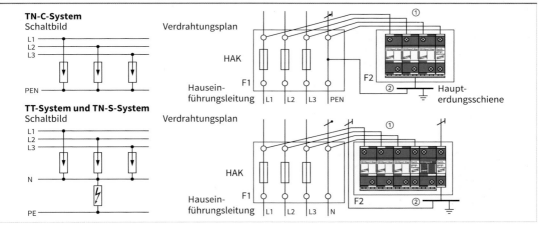

Erweiterung des Überspannungsschutzes

Vorgaben für die Errichtung:
- Überspannungsschutz ist ab 12.2018 in **allen neu** errichteten Gebäuden verpflichtend.
- Überspannungs-Schutzeinrichtungen sind gefordert, wenn kurzzeitige Überspannungen (DIN VDE 0100-443) Auswirkungen haben können auf z. B.
  - **Ansammlungen von Personen** (z. B. in großen (Wohn-) Gebäuden, Büros, Schulen)
  - **Einzelpersonen** (z. B. in Wohngebäuden und kleinen Büros (Gebäude mit Betriebsmitteln der Überspannungskategorie I oder II (Haushaltsgeräte, tragbare Werkzeuge und empfindliche elektronische Geräte))
  - **Freileitungsversorgung**

- **Eigenerzeugte Schaltüberspannungen** (z. B. Schalten hoher induktiver Lasten; bisher nur Schutzmaßnahmen für Überspannungen von außen über die Netzversorgung)

Installation der Überspannungsschutzgeräte:
- In der Nähe des Energie-Einspeisepunktes (DIN VDE 0100-534) im
  - Zähler-Anschlussraum bei Wohngebäuden
  - Zählerschrank mit 40 mm-Sammelschienensystem
- Bei Störquellen wie Schaltüberspannungen in der Anlage muss die Installation nahe des **Verursachers** erfolgen. Die **Leitungslänge** zwischen Überspannungsableiter und dem zu schützenden Gerät soll nicht mehr als 10 m betragen.

Verbindungsleitungen

Bemessungsstromstärke der Hausanschlusssicherung I_N in A	25	35	40	50	63	80	100	125	160	200	250	315
Leiterquerschnitt der Versorgungsleitungen ① q_1 in mm²	6	6	6	6	10	10	10	16	25	35	35	50
Leiterquerschnitt der Schutzpotenzialausgleichsleitungen ② q_2 in mm²	16	16	16	16	16	16	16	16	25	35	35	50

Hinweis: Möglichst kurze Anschlussleitungen zu den Blitzstromableitern und den Überspannungsschutzgeräten

Elektrische Energieversorgung

Blitzschutzanlagen
Lightning Protection Installations

DIN EN 62305-1: 2015-12; VDE 0185-305-1: 2015-12

Merkmale

- **Blitzschutzanlagen** sind stets erforderlich, z. B. bei
  - Krankenhäusern,
  - Hochhäusern,
  - Schulen,
  - Bahnhöfen und
  - Ex-Anlagen.
- Im Rahmen einer **Risikoabschätzung** werden die Notwendigkeit und die spezifische Ausprägung der zu errichtenden Blitzschutzanlage ermittelt.
- Die **Risikoberechnung** setzt sich aus einer Vielzahl von einzelnen Parametern zusammen, die aus vorliegenden Tabellen bzw. durch Anwendung von Berechnungsformeln gewonnen werden.
- **Grundsatz:**
  Falls das ermittelte Schadensrisiko höher ist als das akzeptierte Schadensrisiko, sind geeignete Schutzmaßnahmen zu installieren.

Hinweis: Für die Durchführung der umfangreichen Berechnungen ist im Anhang J der Norm DIN EN 62 305-2 ein Berechnungsprogramm enthalten (IEC-Blitz-Risiko-Rechner SIRAC).

Arten

- Der **Überspannungsschutz** ist eine Ergänzung des inneren Blitzschutzes und wird im **Blitz-Schutzzonen-Konzept** berücksichtigt.

Äußerer Blitzschutz	Innerer Blitzschutz
Fangeinrichtungen Ableiteinrichtungen Erdungsanlage	Schutzpotenzialausgleich Geschirmte Räume Blitzstrom-/Überspannungsableiter

Gefährdungspegel

- Blitzschutzsysteme sind in vier **Gefährdungspegel** (**LPL:** **L**ightning **P**rotection **L**evel; frühere Bezeichnung Blitzschutzklasse) eingeteilt.

Gefährdungspegel	Scheitelwert der Blitzstromstärke max./min. in kA	Radius der Blitzkugel in m
I	200/3	20
II	150/5	30
III	100/10	45
IV	100/16	60

Äußerer Blitzschutz

- **Fangeinrichtungen**
  - Stangen, gespannte Seile/Drähte und vermaschte Leiter
  - Sie werden dimensioniert nach dem **Blitzkugelverfahren** (universell anwendbare Planungsmethode), dem **Maschen-** oder dem **Schutzwinkelverfahren**.
- **Ableiteinrichtungen**
  - Massive Leiter bilden **parallele Strompfade** vom Einschlagpunkt zur Erdungslage (**Stromaufteilung**) mit möglichst **kurzen Stromwegen** (gerade, senkrechte Anordnung).

Beispiel: Gebäude mit Flachdach und aufgesetztem Aufbau

- Die **Erdungsanlage** ist abhängig von der Bodenleitfähigkeit und wird unterschieden in
  - **Oberflächen-** bzw. **Tiefenerder** (Typ A) und
  - **Ring-** bzw. **Fundamenterder** (Typ B).
- Empfohlener **Erdwiderstand** < 10 Ω (bei Messung mit Niederfrequenz)
- **Wiederholungsprüfung**

Gefährdungspegel	Sichtprüfung	Umfassende Sichtprüfung	
			Kritische Anlagen
I und II	1 Jahr	2 Jahre	1 Jahr
III und IV	2 Jahre	4 Jahre	1 Jahr

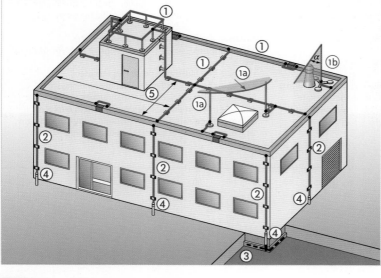

① Fangeinrichtung

Gefährdungspegel	Maschenweite in m
I	5 x 5
II	10 x 10
III	15 x 15
IV	20 x 20

ⓐ Fangeinrichtung; Standort ermittelt nach Blitzkugelverfahren
ⓑ Fangstangenhöhe abhängig von Schutzwinkel α (z. B. α = 70° bei Gefährdungspegel I ergibt Höhe von 2 m)
② Ableiteinrichtung
③ Erdungsanlage
④ Verbindungspunkt Ableiteinrichtung mit Erdungsanlage (Messstelle, mit Werkzeug trennbar, zur Überprüfung z. B. des Erdausbreitungswiderstandes)
⑤ Maschenweite (z. B. 20 m x 20 m bei Gefärdungspegel IV)

Blitzschutzzonen
Lightning Protection Zones

DIN EN 62305-4: 2016-04

Konzept

- Dieses **EMV-gerechte** Blitzschutzkonzept umfasst den
  - äußeren Blitzschutz
  - inneren Blitzschutz und
  - Überspannungsschutz

  für energie- und informationstechnische Geräte bzw. Einrichtungen.
- Es werden unterschiedliche **Schutzzonen** (Schutzbereiche) mit abgestimmten Schutzmaßnahmen für den insgesamt zu schützenden Bereich definiert. Grundlage sind die zu erwartenden Gefährdungen bei Blitz- und Überspannungseinflüssen.
- Die erforderlichen **Schutzmaßnahmen** für die jeweiligen Zonen können somit unter **wirtschaftlichen Gesichtspunkten** entsprechend geplant, ausgeführt und überwacht werden.

Zoneneinteilung

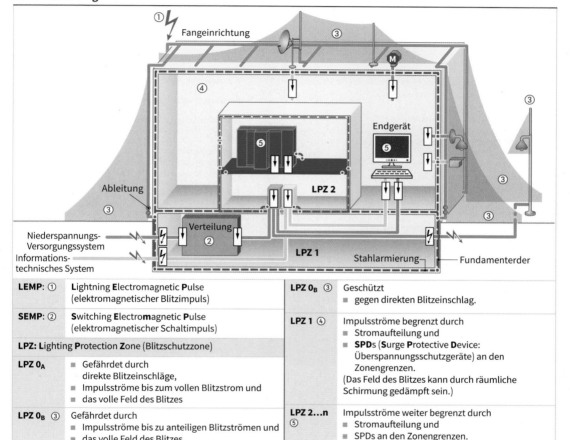

LEMP: ①	**L**ightning **E**lectromagnetic **P**ulse (elektromagnetischer Blitzimpuls)	**LPZ 0_B** ③	Geschützt ■ gegen direkten Blitzeinschlag.
SEMP: ②	**S**witching **E**lectro**m**agnetic **P**ulse (elektromagnetischer Schaltimpuls)	**LPZ 1** ④	Impulsströme begrenzt durch ■ Stromaufteilung und ■ **SPD**s (**S**urge **P**rotective **D**evice: Überspannungsschutzgeräte) an den Zonengrenzen. (Das Feld des Blitzes kann durch räumliche Schirmung gedämpft sein.)
LPZ:	**L**ighting **P**rotection **Z**one (Blitzschutzzone)		
LPZ 0_A	■ Gefährdet durch direkte Blitzeinschläge, ■ Impulsströme bis zum vollen Blitzstrom und ■ das volle Feld des Blitzes		
LPZ 0_B ③	Gefährdet durch ■ Impulsströme bis zu anteiligen Blitzströmen und ■ das volle Feld des Blitzes.	**LPZ 2...n** ⑤	Impulsströme weiter begrenzt durch ■ Stromaufteilung und ■ SPDs an den Zonengrenzen.

Trennungsabstand

- Der **Trennungsabstand S**
  - ist der Abstand zwischen den äußeren Teilen des Blitzschutzsystems und elektrischen sowie metallenen Installationen im/am Gebäude.
  - **verhindert** Über- und Durchschläge (Funkenbildung) zwischen dem äußeren Blitzschutzsystem und elektrischen sowie metallenen Installationen im/am Gebäude.

Berechnungsformel (überschlägig)

$$S = \frac{k_i \cdot k_c}{k_m} \cdot l$$

- S: Trennungsabstand
- k_i: Koeffizient der Blitzschutzklasse
- k_c: Koeffizient für die Blitzstromverteilung (Anzahl der Ableitungen, Gebäudehöhe)
- k_m: Koeffizient für den Werkstoff zwischen der Ableitung und dem nächsten elektrisch leitenden Material.
- l: Vertikaler Abstand von dem Punkt, an dem der Trennungsabstand ermittelt werden soll, bis zum nächstliegenden Punkt des Potenzialausgleichs.

Koeffizienten: Siehe Tabellenwerte DIN EN 62305-3

Elektrische Energieversorgung

Schutzmaßnahmen
Protective Measures

DIN VDE 0100-200: 2006-06; DIN VDE 0100-410: 2018-10

Wirkung des elektrischen Stromes auf den menschlichen Körper (VDE V 0140-479-1)

Wechselstrom (50/60 Hz)

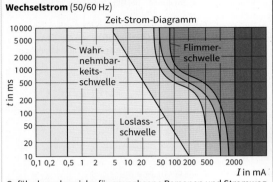

Gefährdungsbereiche für erwachsene Personen und Stromweg „Hand zu Hand" und „linke Hand zum Fuß"

- Keine Auswirkungen
- Keine schädigenden Auswirkungen
- Keine Beschädigung der Organe, Muskelverkrampfungen, der Spannung führende Leiter kann unter Umständen nicht mehr losgelassen werden.
- Mögliches Herzkammerflimmern
- Wahrscheinliches Herzkammerflimmern
- Herzkammerflimmern
- Herzstillstand und Atemstillstand, schwere Verbrennungen

Gleichstrom

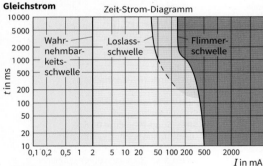

Gefährdungsbereiche für erwachsene Personen und Stromweg „linke Hand zu beiden Füßen"

- Keine Wahrnehmung
- Keine physiologisch gefährliche Wirkung
- Mögliche Störungen durch Impulse im Herzen
- Herzkammerflimmern, Verbrennungen

Elektrischer Widerstand des menschlichen Körpers

Ersatzschaltbild	Erklärung
R_K = R_1 + ($R_2 \parallel R_3$)	Teilwiderstände R_1: Hände/Arme R_2: Körperrumpf R_3: Beine/Füße R_K: innerer Körperwiderstand mit Durchschnittswerten ■ bei 25 V ca. 3250 Ω ■ bei 50 V ca. 2625 Ω ■ bei 230 V ca. 1350 Ω

Begriffe

L1, L2, L3	**Außenleiter:** Leiter, die Spannungsquellen mit Betriebsmitteln verbinden.
N	**Neutralleiter:** Leiter, der mit dem Mittel- oder Sternpunkt verbunden ist.
PE	**Schutzleiter:** Leiter, der Körper von Betriebsmitteln, leitfähige Teile, Haupterdungsklemme und Erde verbindet.
PEN	**PEN-Leiter:** Leiter, der die Funktionen von Neutral- und Schutzleiter vereinigt.
U_0	**Nennwechselspannung** (Effektivwert) z. B. zwischen Außenleiter und N-Leiter bzw. Erde
U_B	**Berührungsspannung**
U_L	**Höchstzulässige Berührungsspannungen:** 50 V AC, 120 V DC für Menschen und Tiere
U_F	**Fehlerspannung:** Spannung, die im Fehlerfall zwischen Körpern oder zwischen Körpern und der Bezugserde auftritt.
I_F	**Fehlerstromstärke:** Stromstärke, die aufgrund eines Isolationsfehlers entsteht.
I_K	**Kurzschlussstromstärke:** Stromstärke, die bei direkter Verbindung von zwei Außenleitern oder zwischen Außenleiter und Neutralleiter entsteht. **Erdschluss:** Leitende Verbindung eines Außenleiters mit der Erde (auch einpoliger Kurzschluss).
I_b	**Betriebsstromstärke** eines Stromkreises
I_N	**Bemessungsstromstärke** (Nennstromstärke) eines Verbrauchsmittels oder Überstrom-Schutzorgans
$I_{\Delta N}$	**Bemessungsfehlerstromstärke** der RCD
t_a	Abschaltzeiten der Überstrom-Schutzorgane in **Endstromkreisen** bei **Betriebsstromstärke:** $I_b \leq 63$ A: Anschlüsse an Steckdosen $I_b \leq 32$ A: fest angeschlossene elektrische Verbraucher **TN-Systeme:** ■ $t_a \leq 0{,}4$ s für 120 V < $U_0 \leq$ 230 V ■ $t_a \leq 0{,}2$ s für 230 V < $U_0 \leq$ 400 V ■ $t_a \leq 0{,}1$ s für $U_0 >$ 400 V **TT-Systeme:** ■ $t_a \leq 0{,}2$ s für 120 V < $U_0 \leq$ 230 V ■ $t_a \leq 0{,}07$ s für 230 V < $U_0 \leq$ 400 V ■ $t_a \leq 0{,}04$ s für $U_0 >$ 400 V **IT-Systeme:** ■ Körper mit PE-Leiter verbunden und gemeinsame Erdungsanlage → Abschaltzeiten wie im TN-System ■ Körper in Gruppen oder einzeln geerdet → Abschaltzeiten wie im TT-System

Schutz gegen gefährliche Körperströme
Protection against Electric Shocks

DIN VDE 0100-410: 2018-10

Basisschutz und Fehlerschutz

Sicherheitskleinspannung SELV[1)]

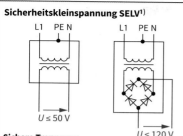

$U \leq 50$ V
$U \leq 120$ V

Sichere Trennung:
Keine Verbindung mit Erde, Schutzleiter oder aktiven Teilen anderer Stromkreise

Funktionskleinspannung PELV[2)] bzw. FELV[3)]

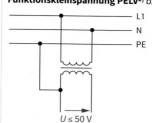

$U \leq 50$ V

Hinweis:
- Bei FELV ist wie bei PELV aus Funktionsgründen Kleinspannung erforderlich, jedoch werden im Unterschied zu PELV nicht alle Bedingungen bei der Isolierung angeschlossener Betriebsmittel erfüllt.
- Erdung und Verbindung mit Schutzleiter anderer Stromkreise ist zulässig.

PELV: sichere Trennung; FELV: ohne sichere Trennung,
FELV als eigenständige Schutzmaßnahme nicht anerkannt (DIN VDE 0100-470).

[1)] **S**afety **E**xtra **L**ow **V**oltage   [2)] **P**rotective **E**xtra **L**ow **V**oltage   [3)] **F**unctional **E**xtra **L**ow **V**oltage

Basisschutz

Isolierung aktiver Teile	Hindernisse
	z. B. Barrieren, Schranken

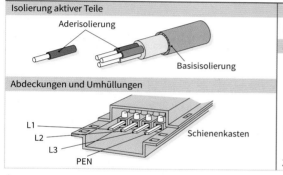

Aderisolierung
Basisisolierung

Abdeckungen und Umhüllungen

L1, L2, L3, PEN
Schienenkasten

Anordnung außerhalb des Handbereichs

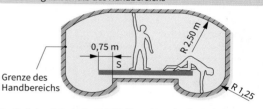

0,75 m
R 2,50 m
R 1,25
Grenze des Handbereichs

Zusätzlicher Schutz durch RCD ($I_{\Delta N} \leq 30$ mA) erforderlich

Fehlerschutz

Schutzpotenzialausgleich

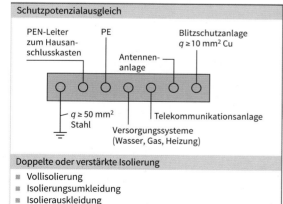

PEN-Leiter zum Hausanschlusskasten
PE
Blitzschutzanlage $q \geq 10$ mm² Cu
Antennenanlage
$q \geq 50$ mm² Stahl
Telekommunikationsanlage
Versorgungssysteme (Wasser, Gas, Heizung)

Doppelte oder verstärkte Isolierung
- Vollisolierung
- Isolierungsumkleidung
- Isolierauskleidung
- Zwischenisolierung

Nicht leitende Umgebung

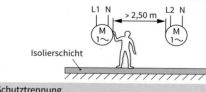

L1 N   > 2,50 m   L2 N
Isolierschicht

Schutztrennung

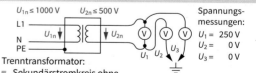

$U_{1n} \leq 1000$ V $U_{2n} \leq 500$ V

Spannungsmessungen:
$U_1 = 250$ V
$U_2 = $ 0 V
$U_3 = $ 0 V

Trenntransformator:
- Sekundärstromkreis ohne Verbindung zu anderem Stromkreis oder Erde
- $l_{2max} \leq 500$ m; $U_{2n} \cdot l_2 \leq 100\,000$ Vm

Schutz elektrischer Betriebsmittel

Schutzklassen

I — Schutzmaßnahme mit Schutzleiter
- Gerät mit Metallgehäuse
  z. B. Motor

II — Doppelte oder verstärkte Isolierung (Schutzisolierung)
- Geräte mit Kunststoffgehäuse
  z. B. Handbohrmaschine

III — Kleinspannung (SELV, PELV)
- Geräte mit Bemessungsspannungen bis 25 V AC bzw. 50 V AC und 60 V DC bzw. 120 V DC
  z. B. Elektrische Handleuchten

Fehlerschutz
Fault Protection

DIN VDE 0100-410: 2018-10

Fehlerschutz (Schutz bei indirektem Berühren)

■ TN-C-System

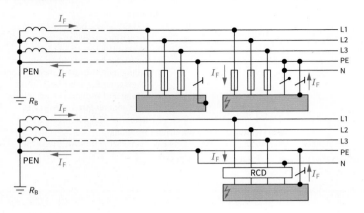

Schutzeinrichtungen:
- Schmelzsicherungen
- Leitungsschutz-Schalter
- RCD (nicht im TN-C-System)

Prinzip:
Fehlerstrom I_F wird zum Kurzschlussstrom und fließt über PE- und PEN-Leiter zur Quelle.

Abschaltung
innerhalb der für I_a angegebenen Zeiten.

Abschaltbedingung:
$Z_S \cdot I_a \leq U_0$

RCD:
$I_a = I_{\Delta N}$, Abschaltzeit $t_a \leq 0{,}4$ s;
bei selektivem RCD-Schutz
$t_a \leq 0{,}5$ s

■ TT-System

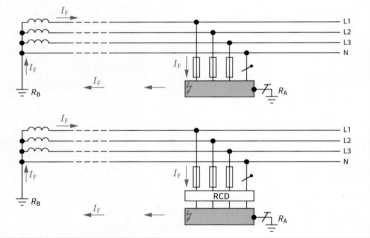

Schutzeinrichtungen:
- Schmelzsicherungen
- Leitungsschutz-Schalter
- RCD (Erforderlich, wenn bei einem Fehler der Erdschlussstrom zu niedrig ist, um das Überstrom-Schutzorgan in der geforderten Zeit abzuschalten.)

Prinzip:
Fehlerstrom I_F wird zum Erdschlussstrom und fließt über Erder (Erde) zur Quelle.

Abschaltung
ist gewährleistet bei RCD, da Fehlerstrom niedrig.

Abschaltbedingung:
$R_A \cdot I_a \leq U_L$

RCD:
$I_a = I_{\Delta N}$

■ IT-System

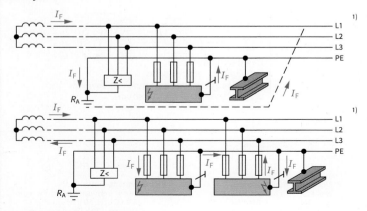

Schutzeinrichtungen:
- Schmelzsicherungen
- Leitungsschutz-Schalter
- Isolationsüberwachungseinrichtung
- RCD (siehe DIN VDE 0100-410 Kap. 411.6.3, ANMERKUNG 1)

Prinzip der Isolationsüberwachung:
- Einfachfehler: Fehleranzeige durch Meldung, I_d ($\triangleq I_F$) ist Fehlerstrom (Ableitstrom).
- Doppelfehler: Abschaltung durch Überstrom-Schutzorgane innerhalb 0,2 bzw. 5 s

Abschaltbedingung:
$R_A \cdot I_d \leq U_L$

[1] Auch mit Neutralleiter möglich

Prüfung von Schutzmaßnahmen
Checking of Protective Measures

DIN VDE 0100-600: 2017-06; DIN VDE 0100-410: 2018-10

Isolationswiderstand

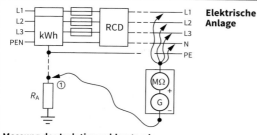

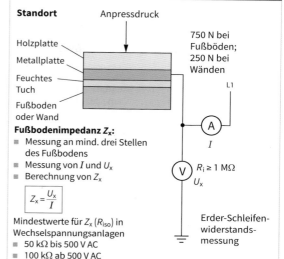

Messung des Isolationswiderstandes:
- Anlage vom Netz trennen.
- Messung von R_{iso} zwischen den aktiven Leitern (Außenleiter und Neutralleiter) und PE-Leiter (Erde) am Einspeisepunkt.
- Messung von R_{iso} zwischen den aktiven Leitern und dem mit der Erdungsanlage verbundenen PE-Leiter ①.
- Mindestwerte für R_{iso} ohne angeschlossene Verbraucher bei folgenden Nenn- und Messspannungen:
  - SELV, PELV → $R_{iso} \geq 0,5$ MΩ, $U_{Mess} = 250$ V
  - $U_0 \leq 500$ V (FELV) → $R_{iso} \geq 1,0$ MΩ, $U_{Mess} = 500$ V
  - $U_0 > 500$ V → $R_{iso} \geq 1,0$ MΩ, $U_{Mess} = 1000$ V

Fußbodenimpedanz Z_x:
- Messung an mind. drei Stellen des Fußbodens
- Messung von I und U_x
- Berechnung von Z_x

$$Z_x = \frac{U_x}{I}$$

Mindestwerte für Z_x (R_{iso}) in Wechselspannungsanlagen
- 50 kΩ bis 500 V AC
- 100 kΩ ab 500 V AC

Erdungswiderstand

Messarten
- **Zweileitermessung:** Der Widerstand zwischen dem zu messenden Erder R_E und einem bekannten Erder R_{PEN} des TN-Systems wird gemessen und vom bekannten Widerstand R_{PEN} subtrahiert.
  Anwendung: In dicht bebauten Gebieten, wo keine Sonden oder Hilfserder gesetzt werden können.

- **Dreileitermessung:** Aus Messstrom und Spannungsfall zwischen Hilfserder und Sonde (Verwendung von Erdspießen) ergibt sich der Erdungswiderstand. Direkte Anzeige erfolgt auf dem Display.
  Anwendung: Fundamenterder, Baustellenerder, Blitzschutzerder

- **Messung mit zwei Stromzangen:** Mit einer Stromzange wird ein Messstrom in die Erdschleife induziert. Mit einer zweiten Zange wird in einem Abstand von $a > 0,25$ m die Stromstärke durch den Erder gemessen.
  Anwendung: Praxisgerechte Messung in Erdungsanlagen mit untereinander verbundenen Erdern, z. B. der Blitzschutzanlage (Aufbau der Schaltungen nach Angaben der Messgerätehersteller).

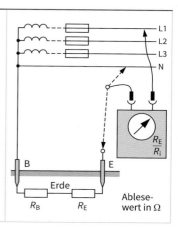

Schleifenimpedanz („Schleifenwiderstand")

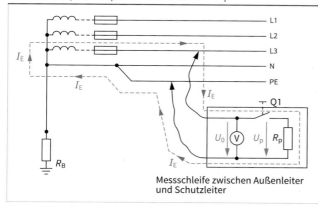

Messschleife zwischen Außenleiter und Schutzleiter

Messung der Schleifenimpedanz:
- Anzeige von Z_s mit Messgerät nach DIN EN 61557-3
- Messung der Netzspannung U_0 bei geöffnetem Schalter Q1
- Messung der Spannung U_p bei eingeschaltetem Lastwiderstand R_p
  Bestimmung von Z_s nach:

$\Delta U = U_0 - U_p$ und $\Delta U = Z_s \cdot I_E$

$$I_E = \frac{U_0}{R_p + Z_s} \quad (Z_s \ll R_p)$$

$$I_E \approx \frac{U_0}{R_p} \rightarrow Z_s \approx \frac{\Delta U \cdot R_p}{U_0}$$

Elektrische Energieversorgung

Prüfungen in Anlagen mit Fehlerstrom-Schutzeinrichtung
Tests in Installations with RCD

Prüfung der Fehlerstrom-Schutzeinrichtung

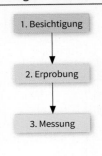

1. Besichtigung
- Kontrolle der leichten Zugänglichkeit zur Bedienung und Wartung
- Prüfung der korrekt gewählten Auswahlkriterien der eingebauten RCD

2. Erprobung
- Prüfung der elektromechanischen Funktionsfähigkeit der RCD mit Hilfe der Prüftaste
  - 6 Monate (stationäre RCD)
  - arbeitstäglich (nicht stationäre RCD)

3. Messung
- Messung, ob die RCD bei der Bemessungsfehlerstromstärke innerhalb der vorgegebenen Zeit auslöst ($I_\Delta \leq I_{\Delta N}$).
- Die für die Anlage dauernd gültige und zulässige Berührungsspannung U_L (25 V bzw. 50 V) darf nicht überschritten werden.

Messverfahren

- Folgende Messungen sind erforderlich:
  1. **Messung der Berührungsspannung ohne Auslösen der RCD**
     Da nur ⅓ des Bemessungsfehlerstromes als Fehlerstrom fließt, löst die RCD nicht aus. Somit kann die Prüfung an jeder Steckdose durchgeführt werden.
  2. **Auslöseprüfung**
     Messung der Auslösestromstärke mit ansteigendem Fehlerstrom. Die RCD muss zwischen 50 % und 100 % von $I_{\Delta N}$ auslösen.
  3. **N-PE-Vertauschung**
     Prüfung einer Vertauschung zwischen N und PE
- Alle Prüfungen können mit und ohne Sonde durchgeführt werden. Bei der Messung mit Sonde ist darauf zu achten, dass die Erdsonde **außerhalb** des Spannungstrichters von R_E gesetzt wird (ca. 20 m).

Messschaltung

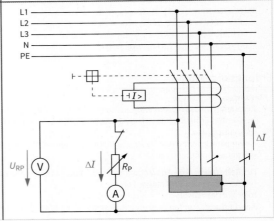

Fehlerursache bei der Prüfung

Fehler	Ursache
RCD löst bei der Prüfung nicht aus.	▪ Berührungsspannung $U_B > U_L$ → Erdungswiderstand R_A zu hoch → niedrigere Bemessungsfehlerstromstärke der RCD wählen ▪ Fehlerstrom $I_F > I_{\Delta N}$ → Schluss zwischen Neutral- und Schutzleiter → RCD defekt
RCD löst ungewollt bei der Prüfung aus.	▪ Falsche Messbereichseinstellung am Messgerät ($I_{\Delta N}$ zu groß gewählt) ▪ Vorbelastung des Schutzleiters durch Ableitströme bereits vor der Prüfung

Elektrischer Anschluss

Beispiel:

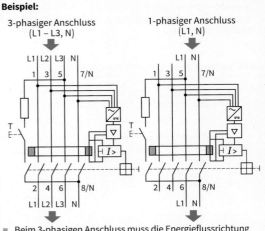

3-phasiger Anschluss (L1 – L3, N)   1-phasiger Anschluss (L1, N)

- Beim 3-phasigen Anschluss muss die Energieflussrichtung beachtet werden.
- Bei einphasigem Anschluss eines 4-poligen Gerätes ist auf die zu beschaltenden Klemmen zu achten.

Explosionsschutz
Explosion Protection

BetrSichV, GefStoffV, TRBS 2152

Voraussetzungen

- Zündwillige Gemische aus Sauerstoff und brennbaren Stoffen (Gase, Dämpfe, Stäube) und
- Zündquelle mit ausreichender Zündenergie

Schutzkonzepte

Primär	Sekundär	Tertiär
■ Bildung einer explosionsfähigen Atmosphäre vermeiden durch: – Substitution brennbarer Stoffe – Inertisierung (Sauerstoff verdrängen durch z. B. Stickstoff oder Kohlendioxid) – Konzentration des brennbaren Stoffes begrenzen – natürliche oder technische Lüftung	■ Zündung der explosionsfähigen Atmosphäre verhindern. ■ Beispielmaßnahmen: – EX-Zonen geben Wahrscheinlichkeit und Dauer des Auftretens von EX-Atmosphäre an. – Explosionsgeschütze Geräte vermeiden die Bildung einer wirksamen Zündquelle.	■ Anlagen halten einer Explosion stand und stellen keine Gefahr dar. ■ Beispielmaßnahmen: – explosionsdruckstoßfeste Geräte halten einmalig Explosionsdruck aus – explosionsfeste Anlagen halten Explosionsdruck mehrmals ohne Beschädigung stand.

Explosionskenngrößen (Auswahl)

- Stoffe unterscheiden sich bezüglich ihrer Explosionseigenschaften.
- Für die Beurteilung der Explosionsgefahr sind die Explosionskenngrößen erforderlich.
- Sie werden für Stäube und Gase/Dämpfe unterschieden und sind aus Stoffdatenblättern oder Datenbanken zu entnehmen.

Gase und Dämpfe

- **Zündtemperatur** gibt an, ab welcher Temperatur ein zündfähiges Gemisch explodiert. Die Zündtemperaturen sind in Temperaturklassen (T1 … T6) eingeteilt.
- **Explosionsgruppen** geben an, welche Zündenergie (z. B. bei Funken) nötig ist, um das Gemisch zu zünden. Sie sagt auch aus, welche Zündspaltweiten vor Ausbreitung der Explosion schützt.

Stäube

- **Glimmtemperatur** gibt an, ab welcher Temperatur sich eine 5 mm dicke Staubschicht entzünden kann. Sie reduziert sich mit zunehmender Staubdicke. Geräte müssen mindestens 75 K kühler als die Glimmtemperatur sein.
- **Mindestzündtemperatur** gibt an, bei welcher Temperatur das Staub-Luftgemisch zündet. Gerätetemperatur darf maximal $2/3$ der Mindestzündtemperatur sein.

Kenngrößen von Gasen und Dämpfen

Temperaturklasse	Explosionsgruppen				Zündtemperatur der Stoffe
	I	II A	II B	II C	
T1	Methan	Aceton, Aethan, Ethylacetat, Ammoniak, Benzol (rein), Essigsäure, Kohlenoxyd, Methanol, Propan, Toluol	Stadtgas (Leuchtgas)	Wasserstoff	> 450 °C
T2	–	Ethylalkohol, i-Amylacetat, n-Butan, n-Butylalkohol	Ethylen	Acetylen	300 °C … 450 °C
T3	–	Benzin, Dieselkraftstoff, Flugzeugkraftstoff, Heizöl, n-Hexan	–	–	100 °C … 300 °C
T4	–	Acetaldehyd, Ethylether	–	–	135 °C … 200 °C
T5	–	–	–	–	100 °C … 135 °C
T6	–	–	–	Schwefelkohlenstoff	85 °C … 100 °C

Zoneneinteilung

Gerätegruppe I		Gerätegruppe II					
für den Einsatz unter Tage		Häufigkeit vorhandener explosionsfähiger Atmosphäre	brennbare Gase, Dämpfe und Nebel	Gerätekategorie	brennbare Stäube	Gerätekategorie
M1	Betrieb bei EX-Atmosphäre	ständig, langzeitig	Zone 0	II 1G	Zone 20	II 1D
M2	Abschaltung beim Auftreten explosionsfähiger Atmosphäre	gelegentlich	Zone 1	II 2G	Zone 21	II 2D
		selten, kurzzeitig	Zone 2	II 3G	Zone 22	II 3D

Elektrische Energieversorgung

Explosionsschutz
Explosion Protection

DIN EN 60079..., DIN EN 13463..., DIN EN 1127-1: 2011-10

Zündschutzarten

	Schutzart, Kurzzeichen		Zone	Funktionsprinzip, Anwendung
Gase/Dämpfe	erhöhte Sicherheit	e eb[1)]	1	■ Nur bei Geräten einsetzbar, die im Normalbetrieb keine Funken bilden. Funkenbildung bei Fehlern wird durch verstärkte Konstruktion vermieden. ■ Verstärkte Ausführung von Querschnitten, mechanischer Beständigkeit, elektrostatischer Ableitfähigkeit, ... ■ Anwendung bei Geräten mit nichtfunkenden Komponenten z. B. Kurzschlussläufer-Motoren, Klemmendosen, ...
	druckfeste Kapselung	d db[1)]	1	■ Gehäuse hält mögliche Explosionen stand. ■ Über definierte Spalte baut sich der Explosionsdruck nach außen ab und begrenzt bei der Explosionsausbreitung die Energie. So wird die Zündung der EX-Atmosphäre außerhalb des Gerätes vermieden. ■ Anwendung bei funkenden Geräten, z. B: Stecker, Schalter, Leuchten
	Überdruck-Kapselung	px pxb[1)] py pyb[1)] pz pzb[1)]	1 1 2	■ Gehäuse wird mit Luft oder inertem Gas gespült, so dass innerhalb keine EX-Atmosphäre besteht. ■ Elektrische Komponenten werden erst nach vorgegebener Spülzeit zugeschaltet. Bei Ausfall der Spülung oder Öffnen des Gehäuses erfolgt eine Abschaltung. ■ Anwendung z. B. von Standardgeräten (Schütze, Drucker, Regler, große Motoren ...) in explosionsgefährdeten Bereichen.
	Eigensicherheit	ia ib ic	0 1 2	■ Die Energie im eigensicheren Stromkreis ist so gering, dass die Zündenergie der Gase/Dämpfe nicht erreicht wird. ■ Mögliche Funken bei Kurzschluss oder Leiterunterbrechung führen nicht zur Explosion. ■ Anwendung bei Mess-, Steuer- und Regelungsanwendungen
	Ölkapselung	o ob[1)]	1	■ Zündfähige Komponenten werden in einem Ölbad gehalten. ■ Der Zündfunke ist damit von der EX-Atmosphäre entkoppelt und wird bei seiner Ausbreitung vom Ölbad gekühlt. ■ Anwendung z. B. bei Transformatoren, Anlasswiderständen
	Sandkapselung	q qb[1)]	1	■ Zündfähige Komponenten werden in einem Gehäuse von Sand oder Glaskörnern umgeben. ■ Zündfunke muss durch die Zwischenräume und verliert Energie. ■ Anwendung bei elektronischen Schaltungen, Kondensatoren, ...
	Vergusskapselung	ma mb mc	0 1 2	■ Zündfähige Komponenten werden vergossen. ■ Die EX-Atmosphäre wird so von der Zündquelle entkoppelt. ■ Anwendung, z. B. bei elektronischen Schaltungen
	„n"	nA nC nR	2 2 2	■ Reduzierte Anforderungen für Zone 2 ■ Ausschließlich für nichtfunkende Betriebsmittel ■ Anwendung z. B. bei Leuchten, Klemmdosen, ...
	optische Strahlung	op opA[1)] opB[1)] opB[1)]	0 1 2	■ Optische Strahlung wird entweder in der Energie begrenzt (Vergleichbar mit Eigensicherheit), gegen Beschädigung geschützt oder so abgesperrt, dass sie nicht zündwirksam wird. ■ Anwendung z. B. bei Laserübertragungen, LWL-Anbindungen, ...
Staub	Schutz durch Gehäuse	ta tb tc	20 21 22	■ Gehäuse wird vor Eindringen explosionsfähiger Atmosphäre geschützt. ■ Oberflächentemperatur wird begrenzt. ■ Anwendung bei Klemmkästen, Leuchten, Motoren

■ Zündschutzarten werden einzeln oder kombiniert angewendet.   [1)] Alternatives Kurzzeichen der Zündschutzart

Kennzeichnung explosionsgeschützter Betriebsmittel

Beispiel:

① **CEAG** eLLK 98766/36
CEAG Sicherheitstechnik GmbH. Senator-Schwartz-Ring 26, 59494 Soest
② S. Nr.: D 123456 ③ 2016 ④ ⟨Ex⟩ II 2 G CE 0102
PTB 16 ATEX 1243 ⑦
Ex eb IIC T4 Gb ⑧
⑨ Lampe: G13 81-IEC-1305-2
⑩ 110-254 V 50-60 Hz
⑩ 110-230 V DC
⑩ Ta ≤ 50 °C

Typenschild nach ATEX-Richtlinie 2014/34/EU und Norm

① Herstellername, -anschrift (ggf. Internetadresse) und Logo
② Seriennummer
③ Baujahr
④ Kennzeichnung für explosionsgeschützte Geräte in Verbindung mit ⑤
⑤ Gerätegruppe
⑥ CE-Zeichen mit Nr. der Prüfstelle für Fertigungsüberwachung
⑦ Prüfnummer
⑧ Zündschutzart, Temperaturklasse, **EPL** (**E**quipment **P**rotection **L**evel)
⑨ Betriebsmittelkennzeichnung
⑩ Betriebsparameter

Kraft-Wärme-Kopplung
Combined Heat and Power

Prinzip

Bei der Kraft-Wärme-Kopplung können gleichzeitig elektrische Energie, Wärme, Druckluft und Kälte erzeugt werden.

Vorteile:
Nutzung der Abwärme der Verbrennungskraftmaschine
→ hoher Wirkungsgrad und Umweltfreundlichkeit

- **Energieaufteilung**

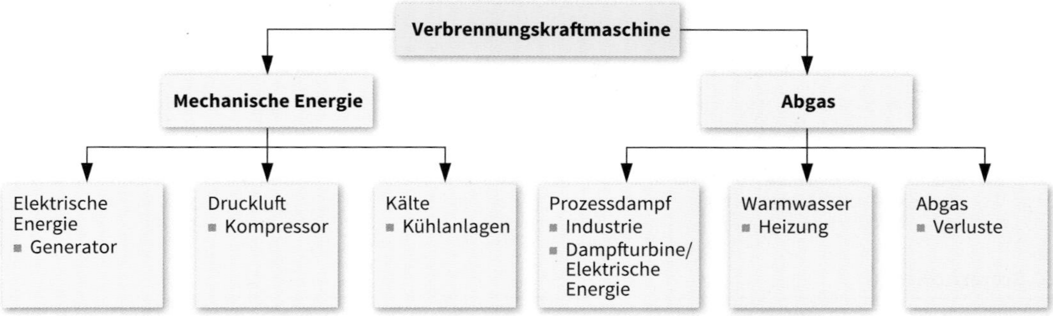

Verbrennungskraftmaschine

Mechanische Energie
- Elektrische Energie
  - Generator
- Druckluft
  - Kompressor
- Kälte
  - Kühlanlagen

Abgas
- Prozessdampf
  - Industrie
  - Dampfturbine/ Elektrische Energie
- Warmwasser
  - Heizung
- Abgas
  - Verluste

Zugeführte Energien durch
- Kohle, Öl, Gas, Biomasse, Müll

Zielenergien
- mechan. Energie → elektrische Energie ① und Kühlung ②
- Wärme → Dampf für Industrieanlagen ③
- Warmwasser → Raumheizung ④

Funktion:
Strom- und Dampf-/Wärmeversorgung aus Systemen mit Verbrennungskraftmaschinen, wo der größte Teil der zugeführten Energie als Abwärme anfällt.

Gasturbine (Beispiel)
① Elektrische Energie
② Kühlung
③ Dampf
④ Warmwasser — Abgas

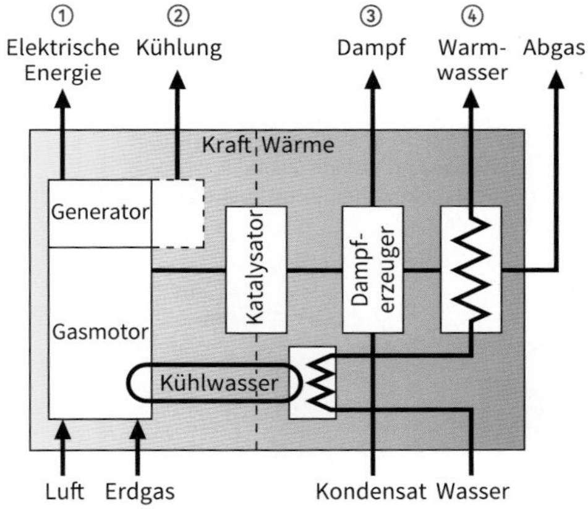

Kraftwerke im Vergleich

- **Kondensationskraftwerk** ⑤
  - In diesem wird nur elektrische Energie erzeugt.
  - Verluste durch Kühlung und Abgase
  - Wirkungsgrad ca. 38 %
- **Blockheizkraftwerk** (BHKW) mit Kraft-Wärme-Kopplung ⑥
  - Elektrische Energie und Wärme werden erzeugt.
  - Geringe Verluste durch Kühlung und Abgase
  - Wirkungsgrad ca. 80 %
  - Einsatz zur Fernwärmeversorgung

Beispiel:
- **Anlage der BEWAG Berlin**
  - Wärmeversorgung durch Heizkraftwerke und BHKW
  - Wärmeanschlussleistung ca. 5.200 MW
  - Wärme pro Jahr ca. 9.000 GWh bis 10.000 GWh
  - Heizölersparnis ca. 500.000 t pro Jahr
  - CO_2-Reduzierung ca. 2.000.000 t pro Jahr
  - Streckenlänge der gesamten Anlage ca. 1.250 km

Energieumsatz und Brennstoffausnutzung

Elektrische Energieerzeugung ⑤ — 100 %
- 38 % | 54 % | 8 %

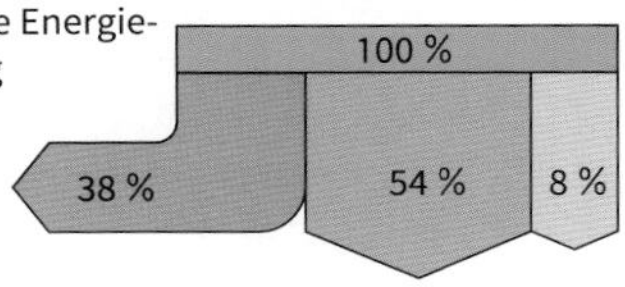

Gleichzeitige Erzeugung von elektrischer Energie und Wärme ⑥ — 100 %
- 31 % | 49 % | 12 % | 8 %

Legende:
- elektrische Energie
- Kühlwasser
- Heizwärme
- Abgase

Elektrische Energieversorgung

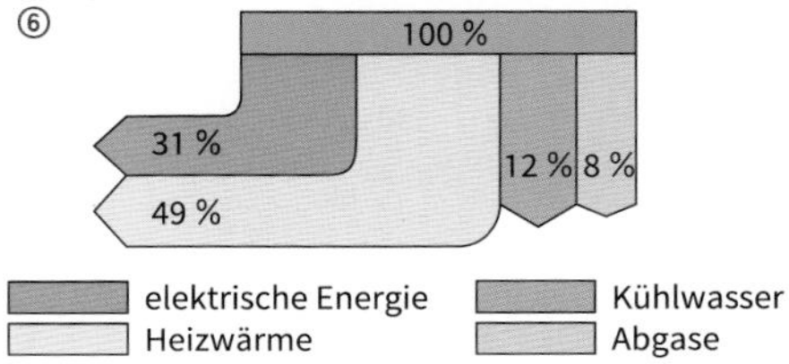

Brennstoffzelle
Fuel Cell

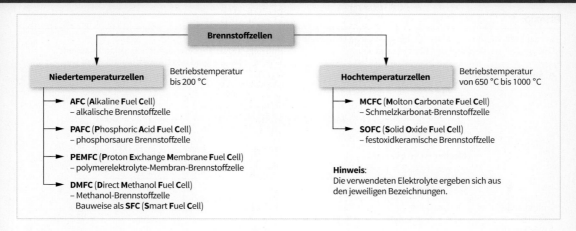

SFC-Brennstoffzelle

Funktion

- Direkte Energieumwandlung beim Zusammentreffen von Sauerstoff der Luft mit Methanol, wobei positiv geladene Wasserstoffionen zur Katode wandern.
  ↓
  Ladungstrennung, d. h. Aufbau einer elektrischen Spannung.
- Flüssiges Methanol in Tankpatrone ist der Energiespeicher ①.
- Elektrolyt in der Brennstoffzelle
  – trennt Anode und Katode ② und
  – ermöglicht elektrochemische Reaktion von Sauerstoff und Wasserstoff

Prinzip

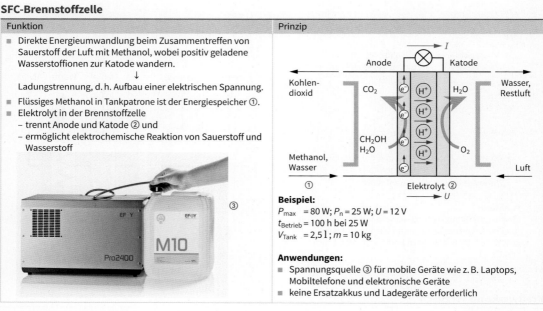

Beispiel:
$P_{max} = 80\ W$; $P_n = 25\ W$; $U = 12\ V$
$t_{Betrieb} = 100\ h$ bei 25 W
$V_{Tank} = 2,5\ l$; $m = 10\ kg$

Anwendungen:
- Spannungsquelle ③ für mobile Geräte wie z. B. Laptops, Mobiltelefone und elektronische Geräte
- keine Ersatzakkus und Ladegeräte erforderlich

Systemvergleich verschiedener Spannungsquellen

Kenngrößen \ Art	AFC	PAFC	PEMFC	DMFC	MCFC	SOFC
Elektrolyt	Kalilauge	Phosphorsäure	Polymermembran	Kalilauge	Calziumcarbonat	Zirkonoxid
Brennstoff	Wasserstoff	Wasserstoff/Erdgas	Wasserstoff/Methanol	Methanol	Erdgas/Kohlegas	Erdgas/Kohlegas
Zellenspannung (Leerlaufspannung) in V	1,16	1,14	1,17	1,21	1,03	0,91
Betriebstemperatur in °C	90 bis 100	150 bis 200	50 bis 100	50 bis 100	600 bis 700	650 bis 1000
Wirkungsgrad in %	60	40	55	25	45	40
Systemleistung in kW	10 bis 100	50 bis 1000	<1 bis 250	<1,5	<1 bis 1000	<1 bis 3000
Anwendungsbereich	Transport	Kraftwerke	Fahrzeuge	Mobile Stromversorgung	Blockheizkraftwerk	Kraftwerk

Windenergieanlagen
Wind Power Plants

Aufbau

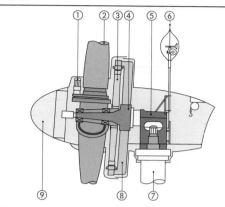

① Blattverstellmotor
② Rotorblatt
③ Generator/Rotor
④ Achszapfen
⑤ Maschinenträger
⑥ Windsensor
⑦ Turm
⑧ Generator/Stator
⑨ Spinner

Merkmale

Beispiel
- Einschaltgeschwindigkeit: 3 m/s
- Bemessungswindgeschwindigkeit: 13,0 m/s
- Drehzahl: 18 min^{-1} bis 38 min^{-1} durch Rotorverstellung
- Bemessungsleistung: 600 kW
- Wirkungsgrad im gesamten Arbeitsbereich: 94 %
- Leistungsfaktor:
  cos φ = 1; Verstellung auf 0,95 (Induktiv) oder 0,9 (kapazitiv) möglich
- Blitzschutz:
  Blitzableitung über durchgängige Verbindung von Rotorblattspitze bis zur Fundamentgründung
- Steuerung:
  Überwachung der Anlagenkomponenten u. a. der Windrichtung und Windgeschwindigkeit durch ein Mikroprozessorsystem („Windnachführung")
- Energieverteilung über
  – direktgetriebenen Ringkerngenerator
  – Gleichspannungs-Zwischenkreis
  – Wechselrichter
  – Drehstromtransformator
  – VNB-Netz

Arten

Bemessungsleistung in kW	30	280	1000	1800
Rotordurchmesser in m	12	26	58	60
Nabenhöhe in m	24–30	36–50	ab 70	65–98
Blattlänge in m	5,75	12	27	32
Drehzahl in min^{-1}	30–90	16–48	10–23	10–22
Einschaltgeschwindigkeit in m/s	3,0	2,5	2,5	2,0
Bemessungswindgeschwindigkeit in m/s	11,0	12,0	12	13,0

Regelung

- Rotorblätter drehen sich je nach Windgeschwindigkeit aus der Windrichtung.
  ↓
- Reduzierung der auf die Windenergieanlage wirkende Last
  ↓
- Konstante Leistungsabgabe des Rotors bei Bemessungswindgeschwindigkeit

- Starre Verbindung der Rotorblätter mit der Rotornabe
  ↓
- Bei hoher Windgeschwindigkeit Abriss der Strömung am Blattprofil oberhalb der Bemessungsleistung
  ↓
- Starke Leistungsschwankungen und große Schubbelastungen

Leistungskennlinien

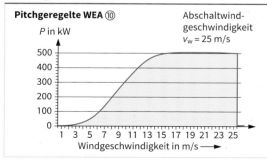

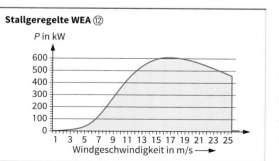

Elektrische Energieversorgung

Photovoltaik
Photovoltaics

Prinzip – Solarzelle

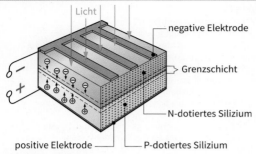

Spannungserzeugung
1. Lichtstrahlen dringen in die Grenzschicht ein.
2. Ladungstrennung erfolgt in der Grenzschicht.

Kennwerte:
- Leerlaufspannung von ca. 550 mV je Zelle
- Kurzschlussstromstärke ca. 60 mA je Zelle
- Höhe der Stromstärke hängt von der Einstrahlungsenergie ab.
- Wirkungsgrad (bei direktem Sonnenlicht) ca. 11 % bis 15 %

Netzunabhängige Energieversorgung mit Modulen

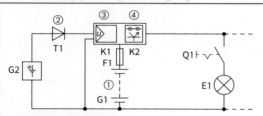

Akkumulator (Batterie) ①:
- Energiespeicherung für Dunkelphasen

Sperrdiode ②:
- Batterieentladung über Solarzelle wird während der Dunkelphase verhindert (Entladeschutz).

Spannungsregler ③:
- Spannungsbegrenzung, wenn Maximalspannung an der Batterie erreicht ist.

Regler zum Tiefentladeschutz ④:
- Zeitbegrenzte Ladespannung über die Batteriegasungsspannung hinaus
  ↓
- Automatische Zurückschaltung bis niedrigere Erhaltungsladespannung erreicht wird
  ↓
- Erreichen der niedrigeren Spannung durch Entladen (Tiefentladung)
  ↓
- Erneute Ladung bis zur maximalen Ladespannung

Anwendungen
- Betrieb auf Dächern und Freiflächen
- Direkter Betrieb von Ventilatoren und Bewässerungspumpen durch PV-Module
- Betrieb von 12 V-Netzen in Wohnmobilen und Segeljachten über Akkumulatoren

Kennlinien – Solarzellen

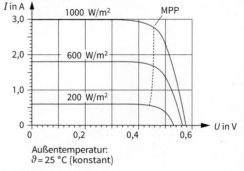

Außentemperatur:
$\vartheta = 25\ °C$ (konstant)

MPP: Maximum **P**ower **P**oint
Arbeitspunkt bei maximaler Leistung

Kombinierte Energieversorgung mit Anschluss an VNB

Schaltungen der Module:
- **in Reihe**, um eine höhere Spannung zu erreichen, z. B. $U_0 = 80$ Zellen x 0,55 V/Zelle = 44 V.
- **Parallel**, um eine höhere Stromstärke zu erreichen, z. B. $I_k = 80$ Zellen x 0,06 A/Zelle = 4,8 A.

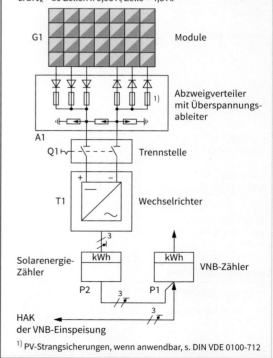

1) PV-Strangsicherungen, wenn anwendbar, s. DIN VDE 0100-712

Errichten
- Photovoltaikanlagen sind Eigenerzeugungsanlagen.
- Planer, Errichter, Anschlussnehmer und Betreiber müssen die Ausführung des Anschlusses und den Betrieb mit dem VNB abstimmen (TAB 2007).

Photovoltaik
Photovoltaics

DIN VDE 0100-712: 2016-10

Montage von Photovoltaik-Modulen

- **Aufdachmontage**

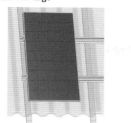

- Montage von Querträgern auf der Unterkonstruktion bzw. Dachhaut, z. B. mit Dachhaken
- Befestigung der PV-Module mit Mittel- und Endklemmen auf zwei Querträgern

- **Indachmontage**

- Befestigung der PV-Module auf Schienen, die mit der Dachschaltung (z. B. Holzwerkstoffplatte) verschraubt sind
- Schraublöcher mit Gummiformteilen abdichten (Feuchtigkeitsschutz)

- **Flachdachmontage**

- Befestigung der PV-Module auf Gestellen aus Aluminium
- Berücksichtigung zusätzlicher Belastung des Daches

Überspannungsschutz

Hinweise:
1. Bei der Montage der Module müssen die Hinweise der Modulhersteller beachtet werden.
2. Laut DIN VDE 019-0712 gelten auf der Gleichspannungsseite für die elektrischen Betriebsmittel folgende Schutzmaßnahmen:
   - Schutz durch doppelte oder verstärkte Isolierung oder
   - Schutz durch Kleinspannung SELV oder PELV.
(Weitere Vorschriften siehe DIN VDE 0100-712 Kap. 712.4)

- **Installation**
  - Anordnung der Solarmodule bei vorhandener Blitzschutzanlage, sodass ein direkter Blitzeinschlag nicht möglich ist.
  - Trennungsabstand s der Fangeinrichtungen zum Solarmodul beachten.
  - Zusätzlicher Blitzstromableiter am Hausanschluss und Überspannungsableiter am Photovoltaiksystem erforderlich.

- **Trennungsabstand s** (Sicherheitsabstand) zwischen Fangeinrichtung und Metallrahmen des Solarmoduls ⑤.

$s > 0{,}5$ m	$s < 0{,}5$ m
⇩	⇩
kein Schutzpotenzialausgleich erforderlich	Schutzpotenzialausgleich erforderlich
	⇩
	Verlegung einer leitenden Verbindung zwischen Fangeinrichtung und Metallrahmen

Beispiel: TN-System

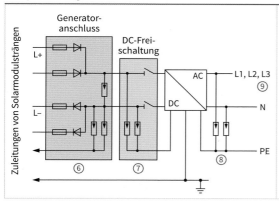

- **Auswahl des Überspannungsableiters**:
  - Höhe der Generator-Leerlaufspannung, das ist die Gesamtspannung, die in den Solarmodulen erzeugt wird.

  ⇩

  Bemessungsspannung des Überspannungsableiters nach Herstellerangaben

- **Installation der Überspannungsableiter**:
  - im Anschlusskasten der Solarmodule ⑥
  - an der DC-Freischaltstelle ⑦
  - am Ausgang des Wechselrichters ⑧ bei:
    TN-Systemen zwischen L und PE sowie N und PE
    TT-Systemen zwischen L und N sowie N und PE

- Installation von Kuppelschalter und Schutzeinrichtung nach dem Überspannungsschutz ⑨ vor dem VNB-Zähler laut VDE-AR-N 4105 bei Netzeinspeisung

Elektrische Energieversorgung

Potenzialausgleich in PV-Anlagen
Equipotential Bonding in PV Installations

DIN EN 62446: 2019-04; DIN VDE 0100-712: 2016-10

Schutz gegen Überspannungen

- PV-Anlagen werden als Aufdach-, Freiflächen- und Inselanlagen errichtet.
- Sie müssen durch Blitzschutz-Potenzialausgleich zwischen den verschiedenen Systemen geschützt werden (DIN EN).
- Der Potenzialausgleich wird hergestellt durch die Verbindung aller
  - Metallteile der Gebäude,
  - Metallrohre und
  - Leitungen (Energie und Daten).
- Verschleppung von Überspannungen muss durch einen **Trennungsabstand** zwischen PV- und Blitzschutzanlage verhindert werden.
- Einen weiteren Schutz gegen Überspannungen bieten **Überspannungschutzgeräte**, die je nach Anlage unterschiedlich eingesetzt werden (siehe Darstellungen).

Anlage ohne Blitzschutz

Liegen Gebäude bzw. deren PV-Anlagen nicht in erhöhten Lagen und ist **kein äußerer Blitzschutz** vorhanden, wird der **Potenzialausgleich** wie folgt erreicht:

- Alle metallenen Teile der PV-Anlage wie
  - Metallgestelle und
  - Modulrahmen
  mit der Potenzialausgleichsschiene verbinden.
- **Schutzerdung** vom Überspannungsschutzgerät des Generatoranschlusskastens (GAK) über die Potenzialausgleichsschienen und zur Haupterdungsschiene (HES) durchführen.
- Leiterquerschnitt aller Potenzialausgleichsleitungen $q \geq 6\ mm^2$ (Cu).
- HES über **Potenzialausgleichsleitung** mit Fundamenterder verbinden.

Überspannungsschutzgeräte

Einsatz der Geräte an verschiedenen Stellen in folgenden Anlagen:

- **ohne Blitzschutz**
  bei PV-Anlagen auf niedrigen Gebäuden
- **mit getrenntem Potenzialausgleich**
  bei großen Dachflächen und großem Trennungsabstand
- **mit gemeinsamen Potenzialausgleich**
  bei kleinen Dachflächen und kleinem Trennungsabstand

Begriffe

Schutzerdung: Verbindung aller berührbaren Metallteile außerhalb des Betriebsstromkreises mit der HES und Erde. **Sicherheit der Anlage** damit hergestellt.

Funktionserdung: Verhinderung von Störströmen zwischen den Anlageteilen. **Störungsfreier Betrieb** der Anlage damit gewährleistet.

Anlage mit Blitzschutz

Getrennter Blitzschutz-Potenzialausgleich bei großem Abstand zwischen PV-Anlage und den Fangspitzen

- Einhaltung des Trennungsabstands s ①
- Verhinderung der Funkenbildung bei Blitzeinschlag auf die PV-Anlage
- Metallene Teile der PV-Anlage ② über die Potenzialausgleichsschiene ③ und ④ mit der Haupterdungsschiene (HES) verbinden, um die **Funktionserdung** herzustellen.
  - Leiterquerschnitt: $q \geq 6\ mm^2$ (Cu).
- Fangeinrichtung der Blitzschutzanlage über Ableitungen mit dem Fundamenterder verbinden
  - Querschnitt der Ableitungen: $q \geq 16\ mm^2$ (Cu)
- Haupterdungsschiene über die Potenzialausgleichsleitung mit dem Fundamenterder verbinden.

Gebäude mit großer Dachfläche

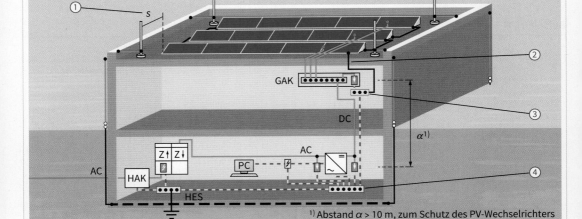

[1] Abstand $\alpha > 10$ m, zum Schutz des PV-Wechselrichters

PV-Anlagenpass/PV-Speicherpass
PV System Passport/PV Storage Passport

Merkmale

- Der PV-Anlagenpass und der PV-Speicherpass sind vorgefertigte Formularsätze, die vom Errichter der Anlage ausgefüllt werden können.
- Sie enthalten detaillierte Informationen über die errichtete Anlage (**Anlagendokumentation**).
- Dienen zum Nachweis darüber, dass die entsprechenden Regeln und Vorschriften bei der Installation eingehalten wurden.
- Beinhalten Informationen über die installierten Geräte und Komponenten.

- Der bzw. die Pässe nebst zugehöriger Unterlagen werden dem Kunden als Anlagenunterlagen nach der Anlagenabnahme übergeben.
- Sie ersetzen die **Fachunternehmer-Erklärung**.
- Beide Pässe wurden vom **BSW-Solar** (**B**undesverband **S**olar**w**irtschaft) und vom **ZVEH** (**Z**entral**v**erband der Deutschen **E**lektro- und Informationstechnischen **H**andwerke) entwickelt.
- Zur Nutzung der Pässe ist eine kostenpflichtige Registrierung beim BSW erforderlich.

PV-Anlagenpass

Logo

 Photovoltaik Anlagenpass

Pass-Struktur (Auszug)

Hauptseite
(Anlagenpass-Nummer / Auftraggeber / installierte Anlagenleistung / Anlagenstandort / Aussteller)

Anlage 1 Eingesetzte Komponenten
– Photovoltaik-Module – Photovoltaik-Wechselrichter – Lasttrennschalter (DC) und Kabel / Leitungen

Anlage 2 Informationen zu Planung und Installation
– Systemkonfiguration der PV-Anlage und Installation – Fortsetzung Installation

Anlage 3 Prüfbescheinigung / Prüfberichte
– Prüfbescheinigung – Prüfbericht Konstruktion, Aufbau, Besichtigung – Prüfbericht der elektrischen Prüfung des PV-Arrays – Prüfbericht der elektrischen Prüfung der AC-Seite der PV-Anlage

Anlage 4 Übersicht beigelegte Dokumente
– Elektrischer Schaltplan mit Strangaufteilung – Technische Datenblätter der PV-Module, der Wechselrichter und Lasttrennschalter – Garantieerklärungen – Kopien der Prüfzertifikate

PV-Speicherpass

Logo

 Photovoltaik Speicherpass

Pass-Struktur (Auszug)

Seite 1
– Anlagenpass-Nummer – Anlagenbetreiber – Speichersystem (Hersteller, Typ) – Anschluss des Speichersystems (AC- oder DC-gekoppelt) – Wechselrichter des Speichersystems (Hersteller / Scheinleistung / Wirkleistung, …) – Anschlusskonzept (Übersichtsschaltplan / verwendete Primärenergieträger (z. B. Sonne, Wind, Gas) – Nachweise (Konformität des Speichersystems zum FNN-Hinweis) – Einspeisemanagement – Anlagenerrichter – Unterschriften Anlagenerrichter und Anlagenbetreiber

Seite 2
– Angaben zur Batterie (Bleibatterie / Lithiumbatterie) – Sicherheitskonzept (Einhaltung der Anforderungen nach VDE-AR-E 2510-2 und DIN EN 50272-2 / Transport und Lagerung der Batterie, …) – Nachweis sonstiger Qualifikationen und Dokumentation (Einhaltung der Anforderungen aus dem Sicherheitsleitfaden bei Einsatz von Lithiumbatterien, …) – Angaben zum Anlagenbetreiber und Aussteller des Passes

Seite 3
– Anwendungs-/Haftungshinweis

Begleitdokument
– Einleitung – Begriffsbestimmungen – Erläuterungen zu den Angaben im PV-Speicherpass (u. a. Allgemeine Angaben / Anlagenbetreiber und Anschlussobjekt / Speichersystem / Nachweise, …) – Angaben zum Anlagenbetreiber und Aussteller – Übersicht relevanter Normen und Richtlinien – Anhänge 1 bis 3: Schaltplanbeispiele

Primärbatterien
Primary (Galvanic) Batteries

Merkmale

- **Einmalige Entladung**
- **Geringe Selbstentladung** (ca. 2 %/Jahr)
- **Energiedichte** (gespeicherte Energie in Wh/Masse oder Wh/Volumen) höher als in Sekundärbatterien
- **Belastbarkeit** niedriger als bei Sekundärbatterien
- **Lagertemperatur** 0 °C bis 10 °C in wasserdampfdichter Verpackung im Kühlschrank, vor Gebrauch auf Raumtemperatur angleichen
- **Bemessungskapazität** C_N in mAh oder Ah gibt an, welche Stromstärke möglich ist, z. B. bei einer zehnstündigen Entladung.
  Beispiel: C_{10} = 800 mAh → I_E = 80 mA in 10 h

Kennbuchstaben nach IEC

Kurzzeichen	Bedeutung
A	Zink-Luft-Element, saurer Elektrolyt
M, N	Quecksilberoxid-Element
L	Alkali-Mangan-Element
P	Zink-Luft-Element, KOH-Elektrolyt
S	Silberoxid-Element

Beispiel: Entladekurve des Elements R 14

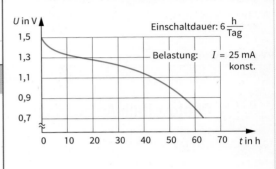

Zink-Kohle-Element

U_N in V	IEC-Bez.	C_N in mAh	Maße (max.) in mm			
			d	h	l	b
1,5	R 6	1200	14,5	50,5	–	–
4,5	3 R 12	2700	–	67	62	22
1,5	R 14	3200	26,2	50	–	–
1,5	R 20	8000	34,2	61,5	–	–
9	6 F 22	400	–	48,5	26,5	17,5
6	4 R 22X	8500	–	115	67	67

Alkali-Mangan-Rundzellen und -Batterien

U_N in V	IEC-Bez.	C_N in mAh	Maße (max.) in mm			
			d	h	l	b
1,5	LR 1	800	12	30,2	–	–
4,5	3 LR 12	6300	–	67	62	22
1,5	LR 41	30	7,9	3,6	Fotogeräte; Uhren; elektronische Geräte; Fernbedienungen	
1,5	LR 55	25	11,6	2,1		
1,5	LR 54	50	11,6	3,1		
1,5	LR 43	80	11,6	4,2		
1,5	LR 44	115	11,6	5,4		
1,5	LR 9	185	16	6,2		

Umweltverträglich, keine spezielle Entsorgung

Silberoxid-Knopfzellen und -Batterien

U_N in V	IEC-Bez.	C_N in mAh	Maße in mm		Verwendung
			d	h	
1,55	SR 62	9	5,8	1,7	Fotogeräte; Uhren; Taschenrechner
1,55	SR 64	16	5,8	2,7	
1,55	SR 43	115	11,6	4,2	
1,55	SR 44	170	11,6	5,4	
6,2	4 SR 44	145	13	25,2	
1,55	–	3400	26	50	Einsatz: $\vartheta \leq 165$ °C

Nicht umweltverträglich, spezielle Entsorgung

Zink-Luft-Knopfzellen und -Batterien

U_N in V	IEC-Bez.	C_N in mAh	Maße in mm		Verwendung
			d	h	
1,4	PR 70	70	5,8	3,6	Hörgeräte; Personenrufgeräte
1,4	PR 48	240	7,9	5,4	
1,4	PR 44	570	11,6	5,4	
1,4	AR 40	75	67	172	universal
7	5 AR 40	90	181	180	Weidezaun

In spezieller Ausführung geeignet für Normal- und Spitzenlast- (Push Pull) Betrieb, d. h. mit konstanter Stromstärke I_1 und zusätzlicher Pulsstromstärke I_2. Schadstoffe: 0 % Hg und 0 % Cd

Eigenschaften von Lithium-Zellen

Typ	Rundzelle	Knopfzelle
System	Li-MnO$_2$	Li-MnO$_2$
Energiedichte	400 bis 800 Wh/dm^3	360 bis 660 Wh/dm^3
U_0/U_N	3,2 V/3 V	3,2 V/3 V
C_N in mAh	400 bis 2000	25 bis 500

Begriffe/Erklärungen

Ruhespannung, Leerlaufspannung U_0	Klemmenspannung des unbelasteten Elements	Lecksicherheit	Schutz gegen Elektrolytaustritt durch konstruktive Maßnahmen
Arbeitsspannung, Bemessungsspannung U_N	Klemmenspannung bei Belastung	Entladeschlussspannung	Klemmenspannung, bei der das Element als entladen gilt
Entladeendspannung U	minimal zulässige Betriebsspannung (halbe Bemessungsspannung)	Selbstentladung	Innerer Vorgang vermindert bei Lagerung die Betriebsdauer.
Innenwiderstand	innerer Widerstand der Zelle	Dauerentladung	ununterbrochene Stromentnahme

Akkumulatoren
Rechargeable Batteries

Merkmale

- Akkumulatoren (Sammler)
  - sind Speicher für elektrische Energie und
  - werden auch als **sekundäre Elemente** bezeichnet.
- Das Wirkprinzip basiert auf chemischen Reaktionen zwischen zwei Elektroden aus unterschiedlichen Materialien in Verbindung mit einem Elektrolyten.
- Beim **Aufladen** eines Akkus wird die von außen zugeführte elektrische Energie in chemische Energie umgewandelt und gespeichert.
- Beim **Entladen** wird die gespeicherte chemische Energie wieder in elektrische Energie umgewandelt und steht an den Elektroden (Polen) als Gleichspannung/-stromstärke zur Verfügung
- Als Elektrodenmaterialen kommen unterschiedliche Materialkombinationen zum Einsatz, z. B. Blei (Minuselektrode) und Bleioxid (Pluselektrode) beim Bleiakku.
- Daraus ergeben sich unterschiedliche **Leistungsmerkmale** der Akkumulatoren, wie z. B.:
  - Höhe der Zellen-Bemessungsspannung
  - Spezifische Energie (Wattstunden pro kg: Wh/kg)
  - Bemessungskapazität (Ladungsmenge in Ah)
  - Lade- und Entladestromstärke (-zeiten)
  - Lagerfähigkeit (Selbstentladung)
  - Wirkungsgrad
- Die Lebensdauer von Akkumulatoren ist abhängig von der Einhaltung der vom Hersteller vorgegebenen Behandlungsanweisungen (u. a. Ladetechnik).

Materialien und Anwendung

Bezeichnungen		Anwendungsbeispiele	Bezeichnungen		Anwendungsbeispiele
Pb	Blei	Starterbatterien	LiMn	Lithium Mangan	Elektrowerkzeuge
NiCd[1]	Nickel Cadmium	Elektrowerkzeuge	LiFePO$_4$	Lithium Eisen Phosphat	Fahrzeuge
NiH$_2$	Nickel Wasserstoff	Satelliten/Raumsonden			
NiMH	Nickel Metallhydrid	elektronische Geräte	LiS	Lithium Schwefel	Solarflugzeuge
NiFe	Nickel Eisen	dezentrale Stromversorgung	RAM	Rechargeable Alkaline Manganese	begrenzt wiederaufladbare Alkali-Mangan Zelle
Li-Ion	Lithium Ionen	Mobiltelefone			
LiFe	Lithium Eisen	Modellbau/Elektrowerkzeuge	Na/NiCl$_2$	Natrium Nickel Chlorid	Fahrzeuge, Waffensysteme
LiPo	Lithium Polymer	Modellbau			

Lade-/Entladecharakteristik

Beispiel: Lithium Ionen Akkumulator

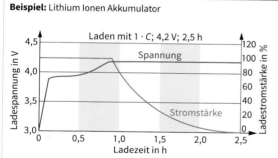

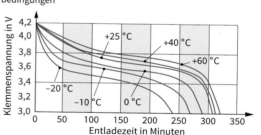

Entladekurven: 0,2 · C bis 3,0 V bei verschiedenen Temperaturbedingungen

Ladeprinzip: **CCCV** (**C**onstant **C**urrent **C**onstant **V**oltage: konstanter Strom konstante Spannung)
C (Capacity): Kenngröße für die Bemessungskapazität des Akkumulators in Amperestunden (Ah)

Die Entladedauer ist festgelegt auf 5 h. Kürzere Entladungszeiten ergeben, bedingt durch innere Verluste, eine geringere Kapazitätsentnahme.
Entladestromstärke: $I_n = \dfrac{C}{5\,h} = 0{,}2\,\dfrac{C}{h}$ C in Ah

Kenndaten

Technologie / Parameter	NiCd[1]	Pb	NiMH	Li-Ion	LiPo	LiFePO$_4$
Zellen-Spannung in V	1,25	2,0	1,25	3,6	3,6	2,0
Ladestromstärke (optimal) in % der Kapazität	100	20	50	100	100	100
Spezifische Energie in Wh/kg[2]	45…80	30…50	60…120	110…160	100…130	110
Betriebstemperatur Entladung in °C[2]	-40…+60	-20…+60	-20…+60	-20…+60	0…+60	-20…+60
Entladeschlussspannung in V	0	1,7	0,8	2,5	2,5	2
Selbstentladung pro Monat in %[2]	20	<10	30	10	10	3
Anzahl der Lade-/Entladezyklen[2]	800	300	500	1000	800	>1000
Schnellladezeit in Stunden[2]	1	8…16	2…4	2…4	2…4	2
Lagerzustand (empfohlen)	entladen	geladen	geladen	geladen	geladen	geladen

[1] Eingeschränkter Einsatz nach Batteriegesetz (BattG/Juni 2009)   [2] Maßgebend sind die Herstellerangaben

Stationäre Bleibatterien
Stationary Lead-Acid Batteries

Anwendung

- Stationäre Bleibatterien werden u. a. eingebaut in
  - **USV**-Anlagen (**U**nterbrechungsfreie **S**tromversorgungs-Anlagen) oder
  - **BSV**-Anlagen (**B**atteriegestützte zentrale **S**tromversorgungssysteme).
- Die Bezeichnung von Bleibatterien erfolgt in der Regel nach der
  - Art der eingesetzten Gitteplatten und
  - der Anwendung.
- **Zu beachten**: Spezifische Transport- und Lagervorschriften, Anweisungen der Hersteller.

Arten (Beispiele)

Benennung	OPZ **O**rtsfeste **P**anzerplatten Batterie	OGiV **O**rtsfeste **Gi**tterplatten Batterie **V**erschlossen	GroE **Gr**oß**o**berflächen-**E**lektrode Batterie
Aufbau	Geschlossen	Verschlossen	Geschlossen
Positive Elektrode	Röhrchenplatte (Panzerplatte) (Blei-Zinn-Kalzium-Legierung)	Gitterplatte (Blei-Zinn-Kalzium-Legierung)	Massive Platte aus Reinblei
Negative Elektrode	Gitterplatte (Antimonarme Legierung mit Bleipaste)	Gitterplatte (Blei-Antimon-Legierung)	Gitterplatte (Blei-Kalzium-Legierung)
Elektrolyt	Schwefelsäure in flüssiger Form (Dichte: 1,24 kg/l)	– **SLA** (**S**ealed **L**ead **A**cid): Gelform, flüssige Schwefelsäure in Verbindung mit Kieselsäure – **AGM** (**A**bsorbent **G**lass **M**att): Flüssiger Elektrolyt in Glas-Vlies gebunden	Schwefelsäure in flüssiger Form (Dichte: 1,24 kg/l)
Eigenschaften	– Robuste Bauform – Großer Elektrolytvorrat – Hohe Zyklenfestigkeit (1500 Zyklen bei 80 % Entladetiefe) – Gute Hochstromeigenschaften	– Wartungsfrei – Kurze Wiederaufladezeit – Sehr gutes Zyklusverhalten (1600 Zyklen bei 60 % Entladetiefe) – Temperaturbereich –40 °C bis +55 °C – Geringe Selbstentladungsrate	– Robuste Bauform – Hohe Betriebssicherheit – Großer Elektrolytvorrat – Extreme Hochstromeigenschaften (Beispiel: Kapazität bei 10-stündiger Entladung C_{10} = 2860 Ah)
Brauchbarkeitsdauer (Service Life)[1] in Jahren	10 bis 15	12	15 bis 18
Design-Lebensdauer (Design Life)[2] unter Laborbedingungen in Jahren	12 bis 18 (20 °C Umgebungstemperatur)	5 (40 °C Umgebungstemperatur) 20 (20 °C Umgebungstemperatur)	> 20
Einsatzbereiche	USV- und BSV-Anlagen Telekommunikationstechnik Sicherheitsbeleuchtung Regenerative Energien Solaranwendungen	USV- und BSV-Anlagen Antriebstechnik Telekommunikationstechnik Regenerative Energien	USV- und BSV-Anlagen EVU und Bahn Schaltanlagen Kraftwerke Schaltstationen
Beispiele:			
Leistungsgewicht in kg pro kWh	35 	30 	100 
Leistungsvolumen in Liter pro kWh	16	15	30

[1] Ersatz für die Begriffe der Gebrauchsdauer, Gebrauchsdauererwartung, Praxisgebrauchsdauer
[2] Ersatz für den Begriff zu erwartende Lebensdauer (nach ZVEI Merkblatt Nr. 23)

Ladekennlinien von Akkumulatoren
Charging Characteristics of Accumulators

DIN 41772: 1979-02

Merkmale

- Ladekennlinien für Akkumulatoren beschreiben den Verlauf von **Ladespannung** und **Ladestromstärke** in Abhängigkeit von der **Ladezeit**.
- Aufgrund der verschiedenen Akkumulatortechnologien (z.B. Blei- oder Lithiumakkumulator) gibt es unterschiedliche Ladekennlinien.
- In der Regel sind von den Batterieherstellern die Ladekennlinien vorgegeben.
- Anforderungen an Ladegeräte siehe z. B. DIN 41773 und DIN 41774 (Blei-Säure-Akkumulator).

Kurzzeichen für Ladekennlinien

Grund-Ladekennlinien werden mit den nachfolgend genannten Kennbuchstaben bezeichnet.

Buchstabe	Bedeutung
I	Konstantstromkennlinie
U	Konstantspannungskennlinie
W	Widerstandskennlinie
0 (null)	Selbsttätige Kennlinienumschaltung
a	Selbsttätige Abschaltung

Ladewirkungsgrad

- Ist das Verhältnis von **entnehmbarer** Ladungsmenge Q_{ela} zu **zugeführter** Ladungsmenge Q_{lad} (übliche Werte: 0,6 bis 0,8).
- Die Differenz von entnehmbarer zu zugeführter Ladungsmenge wird im Akkumulator in Wärme umgesetzt, trägt zu dessen Temperaturerhöhung bei und reduziert somit seine Brauchbarkeitsdauer.

$$\eta = \frac{Q_{ela}}{Q_{lad}} \quad Q_{ela} \text{ in Ah; } Q_{lad} \text{ in Ah}$$

Ladefaktor

- Der Ladefaktor kennzeichnet das Verhältnis von **eingeladener** Ladungsmenge Q_{lad} beim Laden zu **entnehmbarer** Ladungsmenge Q_{ela} beim Entladen.

$$LF = \frac{Q_{lad}}{Q_{ela}}$$

- Typische Ladefaktoren:

Blei-Säure Akkumulator	1,05 bis 1,2
Lithium-Ionen Akkumulator	1,001
Nickel-Cadmium Akkumulator	1,03

Beispiel:
Akkumulator (500 Ah, LF = 1,2) ist auf 60 % entladen und soll wieder voll aufgeladen werden.

Erforderliche Ladungsmenge:
Q_{ela} = 500 Ah · 0,4 $\quad Q_{lad} = LF \cdot Q_{ela}$
Q_{ela} = 200 Ah $\quad\quad\quad Q_{lad}$ = 1,2 · 200 Ah
$\quad\quad\quad\quad\quad\quad\quad\quad Q_{lad}$ = 240 Ah

Kennlinien (Beispiele)

- W-Kennlinie

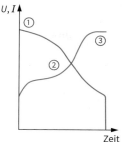

① Ladebeginn mit max. zulässiger Ladestromstärke
② Während der Ladung steigt die Zellenspannung an und die Ladestromstärke fällt ab.
③ Nach Erreichen der Zellenendspannung wird der Ladestrom von Hand (W-Kennlinie) oder automatisch (Wa-Kennlinie) abgeschaltet.
Anwendung: Geschlossene Blei-Säure Akkumulatoren

- I-Kennlinie

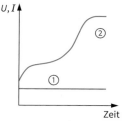

① Die Stromstärke wird während der gesamten Ladezeit konstant gehalten.
② Nach Ende der Ladezeit erfolgt die Abschaltung per Hand oder automatisch (Ia-Kennlinie).
Anwendung: Inbetriebsetzungsladung

- IU-Kennlinie

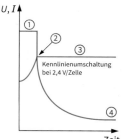

Kennlinienumschaltung bei 2,4 V/Zelle

① Ladebeginn mit konstanter Stromstärke bis zum Erreichen der Gasungsspannung ②.
③ Umschaltung auf konstante Ladespannung.
④ Die Ladestromstärke sinkt bis auf einen Beharrungswert ab.
Anwendung: Schnelle Teilladung und Parallelladung von mehreren Akkumulatoren möglich.

- IUIa-Kennlinie

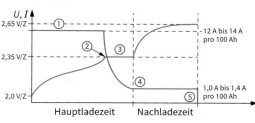

Hauptladezeit Nachladezeit

① Die Anfangsladung erfolgt mit konstanter Stromstärke bis zum Erreichen der Gasungsspannung.
② Automatische Umschaltung auf konstante Ladespannung ③, bis die Ladestromstärke auf einen festgelegten Wert abfällt.
④ Umschaltung auf konstante Ladestromstärke, die bis zur Volladung beibehalten wird.
⑤ Automatische Abschaltung nach Volladung.
Anwendung: Einzelladung von Fahrzeug-Antriebsakkumulatoren (geschlossene und verschlossene Akkumulatoren).

Elektrische Energieversorgung

Batterieanlagen
Battery Installations

DIN EN IEC 62485-1: 2019-01; VDE 0510-485-1: 2019-01

Merkmale

- Stationäre Batterien und Batterieanlagen dienen zur **Energiespeicherung** und werden eingesetzt in
  - Telekommunikationsanlagen,
  - Kraftwerksanlagen,
  - Sicherheitsbeleuchtungen und Alarmsystemen,
  - unterbrechungsfreien Stromversorgungen,
  - ortsfesten Dieselstartanlagen und
  - photovoltaischen Anlagen.
- Die verwendeten Batterien sind wiederaufladbar und werden deshalb als Batterien mit **sekundären Zellen** bezeichnet.
- Die Zellen werden nach Bauart unterschieden in
  - **geschlossene Zelle** (mit Gehäusedeckel und Öffnung im Deckel zur Gasentweichung),
  - **verschlossene Zelle** (vollständig verschlossen, mit Überdruckventil zur Gasentweichung bei zu hohem Innendruck; Elektrolyt kann nicht nachgefüllt werden),
  - **gasdichte Zelle** (verschlossene Zelle, die im Betrieb weder Gas noch Elektrolyt freisetzt; eine Sicherheitsvorrichtung ermöglicht im Gefahrenfall Druckausgleich; kein Nachfüllen des Elektrolyten möglich; Zelle wird während der gesamten Lebensdauer im verschlossenen Zustand betrieben).
- Bei Batterien oder Batterieanlagen entstehen **Gefahren** durch
  - elektrischen Strom,
  - austretende Gase und
  - Elektrolytflüssigkeiten.
- Zur **Vermeidung dieser Gefahren** sind Batterieanlagen mit entsprechenden Schutzmaßnahmen auszurüsten.

Schutzmaßnahmen

```
                            Schutzmaßnahmen
    ┌──────────────┬──────────────┬──────────────┬──────────────┐
Schutz gegen    Schutz vor    Maßnahmen gegen  Vorkehrungen gegen Gefahren
gefährliche     Kurzschlüssen  Explosionsgefahr  durch Elektrolyt
Körperströme
```

Basisschutz	Fehlerschutz
■ Schutz gegen **direktes Berühren aktiver Teile** ist durch folgende **Schutzmaßnahmen** realisierbar: – Isolierung aktiver Teile – Abdecken oder Umhüllen aktiver Teile – Einbau von Hindernissen – Einhalten des Schutzabstandes ■ Schutz durch Abdeckung oder Umhüllung muss nach Schutzart IEC 60529 P2X ausgeführt sein. ■ Schutz durch **Hindernisse** oder durch **Abstand** ist z. B. bei Batterien mit 60 V bis 120 V zwischen den Polen bzw. gegen Erde die Unterbringung in **elektrischen Betriebsstätten**. Bei höheren Spannungen Unterbringung in **abgeschlossenen, elektrischen Betriebsstätten**. ■ Batterien mit **Bemessungsspannungen bis zu 60 V DC** erfordern keinen Schutz gegen direktes Berühren, sofern die gesamte Anlage den Bedingungen für **SELV** (**S**afety **E**xtra **L**ow **V**oltage) oder **PELV** (**P**rotective **E**xtra **L**ow **V**oltage) entspricht.	■ **Schutz bei indirektem Berühren** (IEC 60364-4-41) kann wie folgt realisiert werden: – Automatische Abschaltung – Verwenden von Geräten der Schutzklasse II oder gleichwertiger Isolierung – Nichtleitende Umgebung (in besonderen Anwendungsgebieten) – Örtlicher, erdfreier Schutzpotenzialausgleich – Schutztrennung ■ **Dauernd zulässige Berührungsspannung** ist festgelegt auf 120 V (Grenzwert, IEC 60449). ■ **Batteriegestelle oder -schränke** aus Metall müssen an den Schutzleiter angeschlossen oder gegen die Batterie und den Aufstellungsort isoliert sein. ■ **Kriechstrecken** und **Sicherheitsabstände** nach IEC 60664; **Hochspannungsprüfung** ist mit 4000 V AC, 50 Hz, 1 Minute auszuführen.
Explosionsgefahr	Elektrolyt
■ Während der Ladung, Erhaltungsladung und bei Überladung treten Gase aus allen Zellen aus. ■ Eine **explosive Mischung** entsteht, wenn die Wasserstoffkonzentration in der Luft 4 % übersteigt. ■ **Batterieräume** und **Schränke** sind durch natürliche oder technische **Lüftung** unter dem oben genannten Grenzwert zu halten.	■ **Bleibatterien:** Wässrige Lösung aus **Schwefelsäure** ■ **NiCd-Batterien:** Wässrige Lösung aus **Kaliumhydroxid** ■ Gefahr: **Starke Verätzungen** auf der Haut und in den Augen ■ Schutz: Schutzbrille (Schutzschild), Schutzhandschuhe, Schürze zum Schutz der Haut ■ **Ausgetretener Elektrolyt** ist umgehend mit saugfähigen Materialien (neutralisierend) aufzunehmen.
Kurzschluss	Wartungsarbeiten
■ Gespeicherte Energie wird freigesetzt und kann zum Schmelzen von Metallen, zu Funkenbildung, zu Explosionen oder zum Verdampfen des Elektrolyten führen. ■ Der **Isolationswiderstand** zwischen dem Batteriekreis und anderen leitfähigen örtlichen Teilen muss größer als 100 Ω/V der Batteriespannung sein (Leckstromstärke < 10 mA).	■ Bei **Arbeiten in der Anlage** darf nur isoliertes Werkzeug verwendet werden. ■ Für **ungefährliche Wartungsarbeiten** sind Batterieanlagen wie folgt auszurüsten: – **Abdeckungen** für die Batteriepole – **Mindestabstand** von 1,5 m zwischen berührbaren, aktiven Leitern der Batterien, die ein Potenzial von mehr als 1500 V führen – **Vorrichtung zur Auftrennung** von Zellengruppen

Lithium-Ionen Hausspeicher
Lithium-Ion Home Battery Storage Systems

Kennzeichnung

- Für die Speicherung elektrischer Energie, insbesondere in Privathaushalten, werden neben Bleiakkumulatoren zunehmend Lithium-Ionen-Akkumulatoren eingesetzt.
- Für die Typisierung von Lithium-Ionen-Akkumulatoren gibt es kein einheitliches Benennungssystem.
  Der Begriff Lithium-Ionenzelle steht als Oberbegriff für eine Reihe unterschiedlicher Systeme, die sich unterscheiden durch die Zusammensetzung
  – der Kathode,
  – der Anode und
  – des Elektrolyten.

Kurzbezeichnung	
LFP	**L**ithium-**E**isen**p**hosphat (kurz: Eisenphosphat-Zelle)
LMO	**L**ithium-**M**angan**o**xid
LTO	**L**ithium-**T**itanat**o**xid
NCA	**L**ithium-**N**ickel-**C**obalt-**A**luminiumoxid
NMC	**L**ithium-**N**ickel-**M**angan-**C**obaltoxid
LMP	**L**ithium-**M**etall-**P**olymer-Zelle **L**ithium-**M**angan**p**hosphat

Verwendete Kurzzeichen

Kurzzeichen in Zelltypen	Element-symbol	Bedeutung	Anode (A)/ Katode (K)/ Elektrolyt (E)
A	Al	Aluminium	K
C	Co	Cobalt	K
F	Fe	Eisen	K
L	Li	Lithium	K, A, E
M	Mn	Mangan	K
N	Ni	Nickel	K
O	O	Sauerstoffverbindung (Oxid) eines oder mehrerer Kathodenmetalle	K
P	P	Phosphor in einem oder mehreren Kathodenmetallen	K
P/Po/Polymer		Elektrolyt in polymerisierter statt in flüssiger Form	E
S	Si	Siliziumverbindung im Anodengraphit	A
T	Ti	Titan bzw. Titanverbindung	A
Y	Y	Yttrium	K

Eigenschaften gegenüber Bleiakku

- Höhere Lebensdauer
- Kompakter und geringeres Gewicht
- Höhere Anzahl an Ladezyklen und höhere Entladetiefe
- Geringere Selbstentladung
- Höhere Energiedichte

- Höhere Anschaffungskosten
- Höhere Anforderung an Systemüberwachung
- Höhere Anforderungen bei Transport (Europäische Übereinkommen über die internationale Beförderung gefährlicher Güter auf der Straße, ADR 1.1.3.6 und Lagerung

Beispiel Hausspeicher LFP

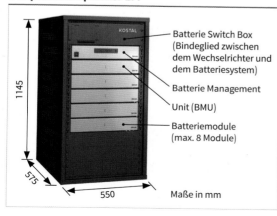

Maße in mm

Batterietechnologie	LiFePO4 (Lithium-Eisen-Phosphat)
Zyklenzahl	6000
Entladungstiefe (DoD)	90 %
Gesamtenergieinhalt (C5)	6 kWh
Max. Ausgangsleistung in kW	3,1
Nennspannung	258 V
Max. Lade-/Entladestromstärke	12 A
Gewicht in kg	153
Betriebstemperatur	+10 °C … +30 °C
Min./Max. Betriebstemperatur (Funktionseinschränkungen möglich)	+5 °C / +35 °C

Elektrische Energieversorgung

Ladestationen
Battery Charging Stations

DGUV Information 209-067

Anwendung

- Energiespeicherung und Ladungserhaltung für
  - DC-Anwendungen (z. B. Kraftwerks-Eigenbedarf)
  - Zwischenkreisversorgung (z. B. USV)
- Laden von Traktionsbatterien
  - Einzelladeplätze
  - Ladestationen (z. B. Flurförderzeuge)

Gefahren

- Gefährliche Spannung bei $U > 60$ V DC
- Lichtbogen, z. B. durch Kurzschluss bei Wartungsarbeiten
- Explosionsgefahr durch Ansammlung von Gasen und elektrischen Zündquellen

Schutzmaßnahmen und Installationsanforderungen

- Schutz gegen direktes Berühren, wegen Lichtbogengefahr
- Verbindungsleitungen zwischen Ladegerät/Batteriesicherung und Batterie, erd-/kurzschlusssichere Bauart und Verlegung
- Anschluss direkt an Ladegerät oder Fußpunkt der Batteriesicherung
- Zugentlastung und Verdrehschutz an Batteriepolen

- Schutz durch RCD auch für Ladegeräte empfohlen
- Einstufung als feuergefährdete Betriebsstätte prüfen
- Empfehlung: Schutzart IP54
- Ausreichende mech. Beständigkeit, z. B. für Leuchten (Schutzkorb)
- Ablage für Ladeleitungen aus Isolierstoffen

Lüftung

- Gasfreisetzung (Wasserstoff) beim Laden von Batterien mit wässrigen Lösungen
- Ab 4 % Wasserstoffgehalt ist das Gas explosionsfähig.
- Durch ausreichende Lüftung wird die Explosionsgefahr vermieden. Absaugung muss oben erfolgen.
- Gasansammlungen (z. B. durch Unterzüge, Kassettendecken, ...) vermeiden
- Minimaler Volumenstrom Q der Lüftung:

$$Q = 0{,}05 \cdot n \cdot I_{ges} \cdot C_n / 100 \text{ in m}^3/\text{h}$$

- n: Anzahl der Zellen
- I_{ges}: Stromstärke in A in der Gasungsphase beim Laden (siehe Tabelle)
- C_n: Nennkapazität in Ah

Ladekennlinie	I_{ges} nach Batterietyp	
	geschlossen	verschlossen
IU-Ladung	2 A [1]	1 A [1]
IUI-Ladung	max. 6 A [2]	max. 1,5 A [2]
W-Ladung	5 A ... 7 A	— [3]

[1] Spannungsbegrenzung 2,4 V/Zelle
[2] gültig für 2. Ladestufe
[3] kein typisches Ladeverfahren, Herstellerangaben beachten

Natürliche Lüftung

- Natürliche Lüftung ist zu bevorzugen.
- Zu- und Abluftöffnung
  - Anordnung an gegenüberliegenden Wänden oder mindestens 2 m Abstand bei gleicher Wand
  - Zuluft unten, Abluft oben anordnen
  - Mindestquerschnitt $A = 28 \cdot Q$ cm^2 Q in m^3/h
  - Luftgeschwindigkeit
    Standardwert: $v = 0{,}1$ m/s
    im Freien, große Hallen $v > 0{,}1$ m/s möglich
- Kann der Mindestvolumenstrom nicht erreicht werden, ist technische Lüftung erforderlich.
- Natürliche Lüftung meist ausreichend bei Einzelladeplätzen (z. B. Kfz) oder Verwendung verschlossener Batterien.

Technische Lüftung

- Lüftung muss beim Laden in Betrieb sein.
- Nachlaufzeit nach Ladeende min. 1 Stunde
- Lüftung ist zu überwachen durch Strömungswächter oder Gaswarnanlage
- Bei Lüftungsausfall sind Ladegeräte abzuschalten und eine Warnung muss erfolgen.
- Sauglüfter müssen explosionsgeschützt sein.

Raumausstattung

- Fußbodenwiderstand
  - Ableitungswiderstand $< 10^8$ MΩ
  - Isolationswiderstand: $R_{iso} > 50$ kΩ ($U_{Batt} \leq 500$ V)
    $R_{iso} > 100$ kΩ ($U_{Batt} > 500$ V)
  - Elektrolytbeständigkeit bei geschlossenen Batterien (alternativ säurebeständige Auffangwanne)
- Raumtemperatur 10 °C ... 25 °C
- Mindestabstände:

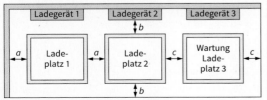

$a > 0{,}6$ m; $b > 0{,}6$ m; zur Batterie $> 1{,}0$ m; $c > 0{,}8$ m
Raumhöhe > 2 m

Betrieb

- Prüfung
  - Isolationswiderstand (Batteriepol zu Fahrzeugrahmen bzw. leitfähiger Unterlage)
    Neuzustand: $R_{iso} > 1$ MΩ
    allgemein: $R_{iso} > 50$ (Ω/V) $\cdot U_N$
- Nur isoliertes Werkzeug verwenden.
- Schmuck ablegen.
- Kennzeichnung
  - Gebrauchsanweisung beachten (Gebot)
  - Schutzkleidung, Schutzbrille
  - Gefährliche Spannung ($U > 60$ V DC)
  - Offene Flamme verboten
  - Warnschild Batterien
  - Hochkorrosiver Elektrolyt
  - ggf. Explosionsgefahr
- Besondere säurebeständige Schutzkleidung bei Umgang mit Elektrolyten
- Erste Hilfe-Ausrüstung bei Bedarf z. B. mit Augendusche, Notdusche

Elektrische Energieeffizienz
Electrical Energy Efficiency

DIN VDE 0100-801: 2015-10

- Für die Planung und Errichtung von elektrischen Niederspannungsanlagen ist die **elektrische Energieeffizienz** (**EE**) zu berücksichtigen.
- Das gilt für
  - Wohnbauten (z. B. Ein- und Mehrfamilienhäuser),
  - Gewerbliche Gebäude (z. B. Büros),
  - Industriegebäude (z. B. Produktionsstätten) und
  - Infrastruktur-Einrichtungen (z. B. Bahnhöfe).
- **Vorrangiges Ziel**:
  Die Verwendung elektrischer Energie optimieren.
- Es sind fünf Energieeffizienzklassen (**E**lectrical **I**nstallation **E**fficiency **C**lass, EIEC 0-4) festgelegt.
- Diese Klassen sind eine Kombination aus
  - Effizienz-Maßnahmen B1 bis B13 (**EM**: **E**fficiency **M**easures) und
  - Energieeffizienz-Leistungsmerkmalen B14 bis B16 (**EEPL**: **E**nergy **E**fficiency **P**erformance **L**evel).
- **Detailanforderungen** für EM0 bis EM4 sind in der o. g. Norm definiert. (**Beispiel für B1**: **EM3** → Lastprofil des Verbrauchs jeden Tag in einem Jahr)
- Für eine **hohe** Energieeffizienzklasse EIEC sind für die gegebenen Bewertungskriterien möglichst hohe Punktzahlen zu erreichen.

Energieeffizienzprofil und Effizienzmaßnahmen

	Anforderung	EM0 [3]	EM1	EM2	EM3	EM4	Punkte [2]
B.1	Bestimmung des Lastprofils in kWh		[1]	[1]	[1]		3
B.2	Anordnung der Haupteinspeisung						3
B.3	Optimierungsanalyse für Motoren						3
B.4	Optimierungsanalyse für Beleuchtung						3
B.5	Optimierungsanalyse für HVAC (Heizung, Klima, Lüftung)						2
B.6	Optimierungsanalyse für Transformatoren						1
B.7	Optimierungsanalyse für Kabel und Leitungen						1
B.8	Blindleistungskompensation						2
B.9	Messung des Leistungsfaktors						2
B.10	Energie- und Leistungsmessung						3
B.11	Spannungsmessung						0
B.12	Messung der Oberschwingung						2
B.13	Erneuerbare Energiequellen						4
Gesamt-EM							29

Energieeffizienz-Performance-Level (EEPL)

	Anforderung	EEPL0 [3]	EEPL1	EEPL2	EEPL3	EEPL4	Punkte [2]
B.14	Verteilung des Jahresverbrauchs		[1]	[1]			2
B.15	Leistungsfaktor						1
B.16	Effizienz von Transformatoren						3
Gesamt-EEPL							6

Effizienzklassen elektrischer Anlagen

Klasse	Effizienz	Anforderungen für Wohnungen	Anforderungen außer für Wohnungen
EIEC0	sehr niedrig	< 20	< 16
EIEC1	niedrig	< 28	< 26
EIEC2 [2]	Standard	< 36	< 36
EIEC3	erhöht	< 44	< 48
EIEC4	optimal	< 50	< 58

[1] Gelb hinterlegte Felder: Beispiel für einen Produktionsbereich
[2] EIEC-Klasse: EIEC2 (Gesamtpunktzahl: 35)
[3] EM0 und EEPL0: keine Betrachtung bei Wohngebäuden, Gewerbe, Industrie und Infrastruktur

Elektrische Energieversorgung

Energieeinsparverordnung
Energy-saving Regulation

Merkmale

- Die Verordnung über energiesparenden Wärmeschutz und energiesparende Anlagentechnik bei Gebäuden (Kurzform: **En**ergie**ein**sparverordnung, **EnEV**) legt Standardanforderungen fest, zum effizienten Betriebsenergiebedarf von Wohn- und Betriebsgebäuden.
- Rechtliche Grundlage: **Energieeinspargesetz** (EnEG)
- Inkrafttreten der letzten Änderung: 28.10.2015
- Inhalt (Auswahl)
  - **Berechnungsverfahren der EnEV**
  - **Primärenergiebedarf**
    Er ist der berechnete Endenergiebedarf für Heizung und Warmwasser, Verluste bei der Energiegewinnung, Aufbereitung, Transport, Verteilung und Speicherung im Gebäude.
  - **Endenergiebedarf**
    Er ist der berechnete Energiebedarf, der zur Deckung des Heizwärmebedarfs und des Trinkwasserwärmebedarfs einschließlich der Verluste der Anlagentechnik benötigt wird.
    Er beinhaltet die gewünschte Raumtemperatur, Warmwassertemperatur, Beleuchtung und Luftqualität.
    Berücksichtigt werden dabei die deutschlandweit gemittelten Klimaverhältnisse.
  - **Heizwärmebedarf / Trinkwasserwärmebedarf**

Zusammenhang zwischen den Vorschriften

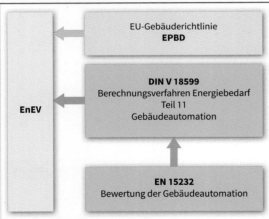

- **EPBD: E**nergy **P**erformance of **B**uilding **D**irective
  Sie beinhaltet die Gesamtenergieeffizienz von Gebäuden, tritt am 09. Juli 2018 in Kraft und soll innerhalb von 20 Monaten in nationales Recht umgesetzt werden.
- **DIN V 18599-1: 2018-09**: Energetische Bewertung von Gebäuden
  Diese Vornorm dient der Berechnung des Nutz-, End- und Primärenergiebedarfs für Heizung, Kühlung, Lüftung, Trinkwarmwasser und Beleuchtung.
- **DIN EN 15232-1: 2017-12**: Energieeffizienz von Gebäuden – Einfluss von Gebäudeautomation und Gebäudemanagement
  Die Norm erläutert Methoden für die Bewertung des Einflusses der Gebäudeautomatisierung auf den Energieverbrauch von Gebäuden. Diese Norm unterteilt Gebäudeautomationssysteme in vier Energieeffizienzklassen von A bis D.

Sensoren und Aktoren

- Raumtemperatursensoren
  - mit/ohne Bedienmöglichkeit (z. B. Sollwert)
  - mit/ohne Display
    Nicht neben Türen oder Fenster (Verfälschung durch Zugluft), nicht im Einfallsbereich von Sonnenlicht, Montagehöhe ca. 1,0 bis 1,5 m (Bezugshöhe für Benutzer)
- Außentemperatursensoren
  Sonneneinstrahlung und Windeinflüsse beachten
- Zeitbausteine oder Zeitfunktion eines Controllers
- Präsenz- oder Bewegungsmelder
  Bei Deckenmontage oberhalb Aufenthaltsbereich (z. B. Büro, WC); Wandmontage nur wenn Ausleuchtung nicht beeinträchtigt werden kann (z. B. Flur); Nutzung von Vorwarnzeiten bzw. Kombination mit Grundbeleuchtung
- Helligkeit (Beleuchtung)
  - Raumhelligkeitssensoren
  - Außenhelligkeitssensoren
    Position und Anzahl abhängig von Raumtiefe; Sensor vor Lichteinfall schützen; Beleuchtung gruppieren
- Luftqualitätssensoren
  - CO_2-Sensoren
  - VOC-Sensoren (Kohlenwasserstoffverbindungen) zur Ergänzung von CO_2-Sensoren
- Luftfeuchtesensoren
- Fassadenüberwachung
  - Fenster/Türüberwachung
    Fensterkontakte womöglich oben und unten (Zustände offen/aufgebrochen bzw. gekippt); evtl. als Drehgriffsensor
  - Verschlussüberwachung (z. B. Drehgriffsensoren)
- Stellventile für
  - Heizkörper/Kühlelemente
  - Vor-/Rücklauf von z. B. Fußbodenheizung oder Heiz-/Kühlsträngen
- Analoge Aktoren für Lüftungsklappen, Stellventile oder Pumpen
- Schaltaktoren als
  - UP-Ausführung
  - Stellglieder
  - Zwischenstecker
- Aktoren für Rollladen/Jalousien als
  - UP-Ausführung
  - Stellglieder
- Visualisierungsmöglichkeiten als
  - eigenständiges Display
  - Visualisierung für PC/Tablet/Smartphone
- Bedienung
  Grundbedienung über Taster neben der Tür; zusätzlich beim Aufenthaltsort der Nutzer (z. B. Schreibtisch)

Hinweis

Ab 1. Mai 2014 muss der Automationsgrad bei der Berechnung des Energieausweises berücksichtigt werden. Dieser wird beim Verkaufsprozess und somit auch der finanziellen Bewertung des Gebäudes berücksichtigt.

Messen und Prüfen 6

Messtechnik

- 222 Messgeräteklassifizierung
- 222 Effektivwertermittlung
- 223 Grundbegriffe der Messtechnik
- 223 Skalensymbole
- 224 Messfehler
- 225 Messen elektrischer Grundgrößen
- 226 Messen elektrischer Widerstände
- 227 Fehlersuche
- 228 Dynamische Fehlersuche
- 228 Statische Fehlersuche
- 229 Oszilloskop
- 230 Messwandler
- 230 Messen von Mischspannungen und Mischströmen
- 231 Leistungs- und Leistungsfaktormessung
- 232 Elektrizitätszähler
- 233 Zählerschaltungen
- 234 eHZ – Elektronische Haushaltszähler
- 235 M-Bus
- 236 Wireless M-Bus
- 237 SMGV – Smart Meter Gateway

Prüftechnik

- 238 Geräteprüfung
- 239 Messschaltungen zur Geräteprüfung
- 240 Anlagenprüfung
- 241 Prüfen von Maschinen
- 242 Instandhaltung
- 243 Leitungsortung
- 244 Kabelfehler
- 245 Wartungs- und Inspektionsgeräte
- 246 Prüfzeichen an elektrischen Betriebsmitteln
- 247 Funkentstörung
- 248 Protokolle und Berichte

Messgeräteklassifizierung
Classification of Measuring Instruments

DIN EN 61010-1: 2011-07

- Elektrische Mess-, Steuer-, Regel- und Laborgeräte (z.B. Multimeter, Spannungsprüfer, Prüfgeräte für Schutzmaßnahmen, ...) bis 1000 V werden klassifiziert.
- Schutz vor Gefahren durch elektrischen Schlag, Feuer, Explosion oder Funkenbildung
- Umsetzung der Sicherheitsanforderungen durch erhöhte
  - mechanische Festigkeit (Knickschutz, Gehäuse, Zugentlastung, ...),
  - Luft- und Kriechstrecken und
  - Leiterquerschnitte.

Überspannungen

Anforderungen	Einsatzbereiche
■ Messgeräte dürfen bei Anschluss an die angegebenen Eingangsspannungen keine Gefährdung verursachen. ■ Der Arbeitgeber muss die Anforderungen an die Messgeräte definieren und geeignete Geräte für den jeweiligen Einsatzbereich bereitstellen. ■ Hierzu werden Spannungsbereiche angegeben. ■ Um zu erwartende Überspannungen zu beherrschen, werden unterschiedliche Spannungsbereiche definiert, in denen mit unterschiedlichen Überspannungen gerechnet werden muss. ■ Die Anforderungen gelten für Messgeräte und Messleitungen.	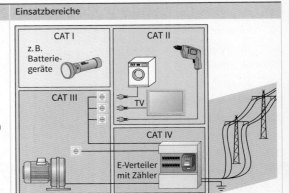

Messkreiskategorie

Kategorie	Anwendung	Max. Betriebsspannung (Außenleiter-Erde)		
		300 V	600 V	1000 V
		$U_{p,max}$ in V		
CAT I	Stromkreise, die nicht direkt mit dem Versorgungsnetz verbunden sind (z.B. Batterien)	1500	2500	4000
CAT II	Stromkreise, die über Steckkontakte mit dem Versorgungsnetz verbunden sind (z.B. Haushaltsgeräte)	2500	4000	6000
CAT III	Stromkreise der Gebäudeinstallation (Unterverteilung, Geräte mit Festanschluss, ...)	4000	6000	8000
CAT IV	Stromkreise der Niederspannungsquelle und des Versorgungsnetzes (z.B. Zählerabgang, Ortsnetzstation, Kabelverteiler, ...)	6000	8000	12000

$U_{p,max}$: Spitzenwert der Stoßspannungsprüfung (Basisisolierung)

Effektivwertermittlung
Root Mean Square Determination

	Digitale Messverfahren	Analoge Messverfahren	
Messverfahren	D/A-Wandler	Drehspulmesstechnik	Dreheisenmesswerk
Anzeige	Momentanwert oder Mittelwert, je nach D/A-Wandler	Arithmetischer Mittelwert	Quadratischer Mittelwert (Effektivwert)
Effektivwertermittlung	Umrechnung mit Formfaktor		Direkte Effektivwertanzeige
Einschränkung	Nur für DC und AC in Sinusform		–
	AC: Messfehler bei von Sinusform abweichender Spannungsform und Oberschwingungsüberlagerung		

- **Echt-Effektivwert** (True RMS)
  - Geräte mit True RMS-Messung bewerten auch die einzelnen Oberschwingungen.
- Einzelne Oberschwingungen werden als quadratischer Mittelwert zur Grundschwingung addiert.
- Messgenauigkeit bis zu angegebener Grenzfrequenz

Grundbegriffe der Messtechnik
Basic Terms in Measurement Technique

- **Messen**
  Experimenteller Vorgang zur Ermittlung eines speziellen Wertes einer physikalischen Größe als Vielfaches einer Einheit oder eines Bezugswertes
- **Messgröße**
  Durch Messung erfasste physikalische Größe, z. B. Spannung
- **Messwert**
  Speziell zu ermittelnder Wert der Messgröße in Zahlenwert und Einheit, z. B. 12 kWh
- **Messprinzip**
  Nutzung einer charakteristischen physikalischen Erscheinung zur Messung, z. B. Drehmomentbildung beim elektrodynamischen Motorzähler zur Messung der elektrischen Arbeit
- **Messverfahren**
  Praktische Anwendung und Auswertung eines Messprinzips
- **Direktes Messverfahren**
  Messwertlieferung durch unmittelbaren Vergleich mit einem Bezugswert derselben Messgröße, z. B. Massenvergleich mit Gewichten
- **Indirektes Messverfahren**
  Rückführung des gesuchten Messwertes auf andere physikalische Größen, z. B. drehzahlproportionale Arbeit beim Motorzähler
- **Messeinrichtung** (Messanordnung)
  Besteht aus einem oder mehreren zusammenhängenden Messgeräten mit Zusatzeinrichtungen und Zubehör
- **Analoges Messverfahren**
  Eindeutige punktweise stetige Darstellung der Messgröße, z. B. stetig veränderbare Zeigerstellung
- **Digitales Messverfahren**
  Zahlenmäßige Darstellung der Messgröße bei gegebenem kleinsten Messschritt
- **Zählen**
  Ermittlung der Anzahl von gleichartigen Elementen oder Ereignissen, die bei der Untersuchung eines Vorganges auftreten
- **Prüfen**
  Feststellung, ob Prüfgegenstand eine oder mehrere vereinbarte oder vorgeschriebene Bedingungen erfüllt

Skalensymbole
Scale Symbols

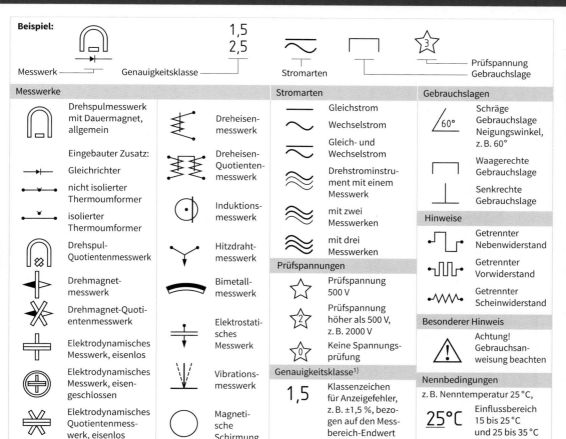

[1] Feinmessgeräte: Klassen 0,1; 0,2; 0,5 Betriebsmessgeräte: Klassen 1; 1,5; 2,5

Messen und Prüfen

Messfehler
Measuring Error

DIN 1319-1: 1995-01

Definitionen

Begriff	Bedeutung
Wahrer Wert x_w	Es handelt sich um den Wert, der physikalisch vorliegt. Dieser kann aufgrund von Messfehlern in der Praxis nicht exakt ermittelt werden.
Angezeigter Messwert x_a	Wert der Messgröße und die Ausgabe eines Messgerätes
Absoluter Fehler F	$F = x_a - x_w$
Relativer Fehler f	$f = \dfrac{F}{x_w}$
Echteffektivwert/True RMS	Einfache Messgeräte sind auf vorgegebene Strom-/Spannungsformen (DC oder Sinusform) geeicht. Abweichende Kurvenformen wie bei Oberschwingungsbelastung führen zu Messfehlern. Geräte mit True RMS berücksichtigen unterschiedliche Kurvenformen.

Fehlerursachen

Systematische Fehler	Zufällige Fehler	Grobe Fehler
■ Sie ergeben bei Wiederholung der Messung gleiche Abweichungen (Größe und Vorzeichen). ■ Sie entstehen z. B. durch unvollkommene Messgeräte oder Messverfahren. ■ Beispiel: Spannungsrichtige Messung führt zu systematischem Messfehler bei Strommessung.	■ Bei wiederholenden Messungen ergeben sich auch bei konstanten Bedingungen unterschiedliche Abweichungen. ■ Ursachen sind nicht erfassbare Änderungen bei Messgeräten, Messobjekt oder Beobachter. ■ Die Messwerte streuen und die Fehler unterscheiden sich in Betrag und Vorzeichen. ■ Beispiel: – letztes Bit bei Digitalanzeigen – Ableseungenauigkeit bei Zeigerinstrumenten	■ Sind im allgmeinen vermeidbare Fehler ■ Sie sind von Vorzeichen und Betrag nicht zu bestimmen. ■ Beispiele: – Irrtümer – Fehlüberlegungen – Missverständnisse – Schreibfehler bei der Dokumentation – Programmierfehler bei der Auswertung

Messgenauigkeit (Beispiele)

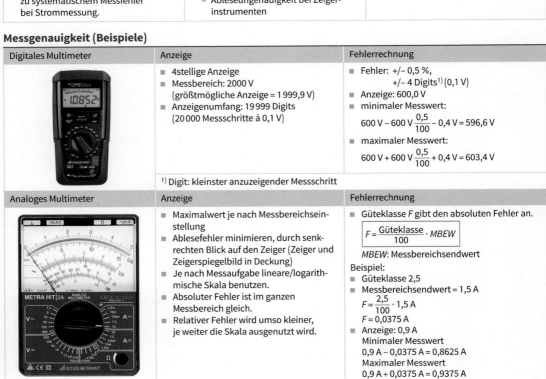

Digitales Multimeter	Anzeige	Fehlerrechnung

	■ 4stellige Anzeige
	■ Messbereich: 2000 V
	  (größtmögliche Anzeige = 1 999,9 V)
	■ Anzeigenumfang: 19 999 Digits
	  (20 000 Messschritte á 0,1 V)
		■ Fehler: +/– 0,5 %,
		  +/– 4 Digits[1] (0,1 V)
		■ Anzeige: 600,0 V
		■ minimaler Messwert:
		  $600\,V - 600\,V\,\dfrac{0,5}{100} - 0,4\,V = 596,6\,V$
		■ maximaler Messwert:
		  $600\,V + 600\,V\,\dfrac{0,5}{100} + 0,4\,V = 603,4\,V$

[1] Digit: kleinster anzuzeigender Messschritt

Analoges Multimeter	Anzeige	Fehlerrechnung
	■ Maximalwert je nach Messbereichseinstellung ■ Ablesefehler minimieren, durch senkrechten Blick auf den Zeiger (Zeiger und Zeigerspiegelbild in Deckung) ■ Je nach Messaufgabe lineare/logarithmische Skala benutzen. ■ Absoluter Fehler ist im ganzen Messbereich gleich. ■ Relativer Fehler wird umso kleiner, je weiter die Skala ausgenutzt wird.	■ Güteklasse F gibt den absoluten Fehler an. $$F = \dfrac{\text{Güteklasse}}{100} \cdot MBEW$$ MBEW: Messbereichsendwert Beispiel: ■ Güteklasse 2,5 ■ Messbereichsendwert = 1,5 A $F = \dfrac{2,5}{100} \cdot 1,5\,A$ $F = 0,0375\,A$ ■ Anzeige: 0,9 A Minimaler Messwert 0,9 A – 0,0375 A = 0,8625 A Maximaler Messwert 0,9 A + 0,0375 A = 0,9375 A

Messen elektrischer Grundgrößen
Measuring of Electrical Quantities

Gleichspannung

Messschaltung

Oszilloskop

Form der Messspannung:

Messergebnisse:
Drehspulmessinstrument

Gleichspannungsbereich $U = 8\,V$

Oszilloskop:

Stellung DC
$A_Y = 2\,V/cm$ $U = 8\,V$

Stellung AC
$A_Y = 2\,V/cm$ $U = 0\,V$

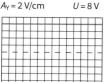

Wechselspannung

Messschaltung

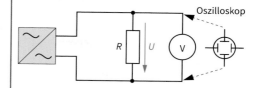

Oszilloskop

Form der Messspannung:

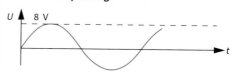

Messergebnisse:
Drehspulmessinstrument

Gleichspannungsbereich $U = 0\,V$

Wechselspannungsbereich $U = 5{,}7\,V$ Effektivwert

Oszilloskop:

Stellung AC bzw. DC
$A_Y = 2\,V/cm$ $\hat{u} = 8\,V$

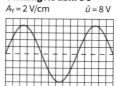

Stromstärke und Spannung

- Das Stromstärkemessgerät wird in Reihe direkt in den Stromkreis geschaltet.

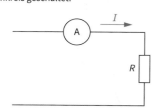

- Das Spannungsmessgerät wird parallel geschaltet.

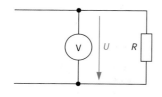

Leistung (Wirkleistung)

- Im Leistungsmessgerät werden Spannung und Stromstärke gleichzeitig gemessen, das Produkt gebildet und als Leistung angezeigt.
  Es sind drei bzw. vier Anschlüsse vorhanden.

Beispiel:
Messung einer Geräteleistung (z. B. Monitor) im Wechselstromkreis.

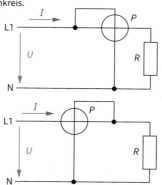

Messen und Prüfen

Messen elektrischer Widerstände
Measuring of Electrical Resistors

Stromstärke- und Spannungsmessung

Messschaltung		Messgrößen	Einheit	Auswerteformel
Spannungsfehlerschaltung (für große Widerstände)		U: gemessene Spannung	V	
		I: gemessene Stromstärke	A	$R = \dfrac{U - I \cdot R_{i(I)}}{I}$
		$R_{i(I)}$: Widerstand des Stromstärkemessgerätes	Ω	
Stromfehlerschaltung (für kleine Widerstände)		U: gemessene Spannung	V	
		I: gemessene Stromstärke	A	$R = \dfrac{U}{I - \dfrac{U}{R_{i(U)}}}$
		$R_{i(U)}$: Widerstand des Spannungsmessgerätes	Ω	

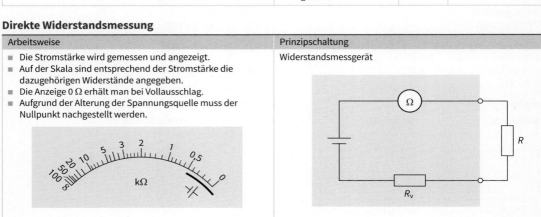

Direkte Widerstandsmessung

Arbeitsweise	Prinzipschaltung
■ Die Stromstärke wird gemessen und angezeigt. ■ Auf der Skala sind entsprechend der Stromstärke die dazugehörigen Widerstände angegeben. ■ Die Anzeige 0 Ω erhält man bei Vollausschlag. ■ Aufgrund der Alterung der Spannungsquelle muss der Nullpunkt nachgestellt werden.	Widerstandsmessgerät

Messbrücken

Wheatstone-Messbrücke	Eigenschaften	Anwendungen
	■ Messbedingung $I_Q = 0$ A (abgeglichene Brücke): $R_X = R_N \cdot \dfrac{R_1}{R_2}$ ■ Messgenauigkeit hängt u. a. von der Messgeräteempfindlichkeit und Genauigkeit der Vergleichswiderstände ab.	■ Einsatz zur Widerstandsmessung für $R_X = 1\,\Omega\ldots 1\,\text{M}\Omega$ bis zu einer Messgenauigkeiten von 0,02 %. ■ Ausschlagmessbrücken ($I_Q \neq 0$ A) für Gleich- oder Wechselstrom zur Messung anderer physikalischer Größen
Wien-Messbrücke	■ Messbedingung $I_Q = 0$ A (Tonlosigkeit): $\tan \varphi_x = \tan \varphi_N$ $C_x = C_N \cdot \dfrac{R_1}{R_2}$ $\tan \delta_x = \omega \cdot C_N \cdot R_N$ $R_x = R_N \cdot \dfrac{R_2}{R_1}$ ■ Brückenabgleich durch R_N, der auch parallel zu C_N geschaltet werden kann.	■ Kapazitätsmessungen für $C_X = 1\,\text{nF}\ldots 100\,\mu\text{F}$ bei NF und bei HF $C_X \geq 100$ pF mit Fehlergrenzen bis 0,1 % ■ Verlustfaktor ($\tan \delta$)-Messungen bis 1 % Messgenauigkeit ■ Wien-Maxwell-Messbrücke zur Messung größerer Kapazitäten bei kleiner Spannung

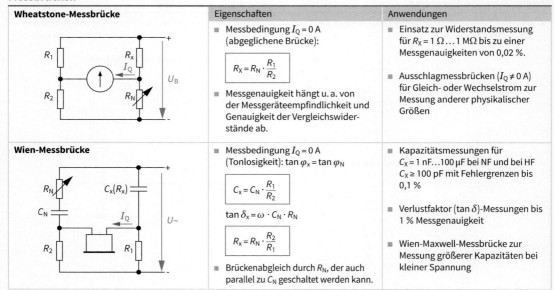

Fehlersuche
Fault Locating

Vorbereitung

- Informationen sammeln
  - vom Kunden,
  - aus Unterlagen.
- Arbeitsplatz zur Fehlersuche einrichten.

Zielsetzung

- Zeitaufwand gering halten.
- Möglichst wenig Prüf- und Messgeräte einsetzen.

Beginn

- Besichtigung im spannungslosen Zustand (Gesamteindruck über Zustand).
- Inbetriebnahme, Baugruppen genau beobachten.
- Bei Gefahr sofort Stromkreis unterbrechen.

Besichtigung

Optisch

- Verschmorte Baugruppen oder Bauelemente
- Verschmorte Leitungen
- Rauchentwicklung
- Funken oder Überschläge
- Zerstörte/beschädigte Baugruppen oder Bauelemente
- Lageverschiebung von mechanischen oder elektrischen Baugruppen bzw. Bauelementen oder Leitungen
- Zerstörte/beschädigte Bedienelemente (Taster, Schalter, usw.)

Akustisch

- Geräusche bei mechanisch bewegten Teilen,
- Vibrationen bzw. Brummen (Netzfrequenz),
- Knistern bei Entladungen bzw. Überschläge.

Geruch

- Chemische Zersetzung durch Wärme von Isolationen,
- Öl (heißgelaufene Lager, Transformatoren).

Berührung

- Unzulässig hohes Spiel bei mechanischen Übertragungsgliedern (z. B. Kupplungen)
- Fehlerhafte Befestigung (z. B. Schraubverbindung)

Eingrenzung

- Gezieltes Prüfen bzw. Messen.
- Schrittweise vorgehen:

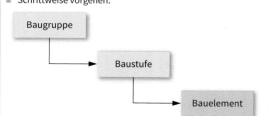

Vorgehensweise

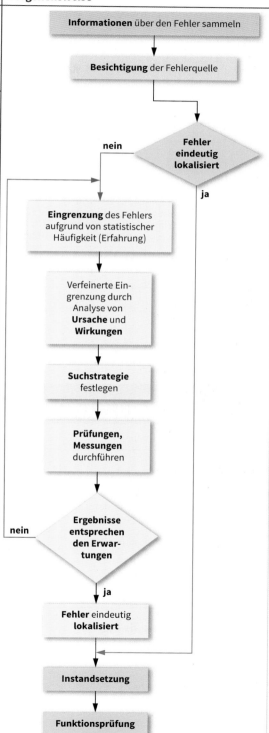

Messen und Prüfen

Dynamische Fehlersuche
Dynamic Fault Locating

Prinzip

Stufenweise Signalzuführung	Stufenweise Signalmessung
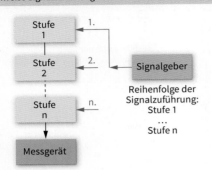	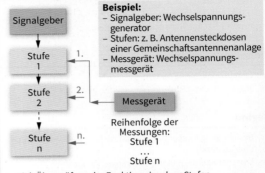 **Beispiel:** – Signalgeber: Wechselspannungsgenerator – Stufen: z. B. Antennensteckdosen einer Gemeinschaftsantennenanlage – Messgerät: Wechselspannungsmessgerät
■ Ziel: Überprüfung der Funktion einzelner Stufen. ■ Das Messgerät befindet sich am Ende einer Signalkette. ■ Signale werden den einzelnen Stufen zugeführt. ■ Signalgeber darf keine unzulässige Belastung für die Stufen verursachen.	■ Ziel: Überprüfung der Funktion einzelner Stufen. ■ Das Signal wird der Eingangsstufe zugeführt. ■ Der Signalgeber muss so an die Eingangsstufe angepasst sein, dass keine Verfälschungen auftreten. ■ Das Signal wird nach den einzelnen Stufen gemessen.

Merkmale

- Voraussetzungen:
  Gerät, Baugruppe, Stufe müssen sich im Betriebszustand befinden.
- Anwendung:
  Signale durchlaufen mehrere Stufen.
- Signalgeber:
  Generatoren für Spannungen, Impulse, Logikpegelgeber, …
- Messgeräte:
  Spannungsmessgerät, Oszilloskop, Logikanalysator, …

Statische Fehlersuche
Static Fault Locating

Durchgangsprüfung

- Anwendung:
  Reihenschaltung von Widerständen, Leitungen usw.
- Messgeräte:
  Einfaches Widerstandsmessgerät oder Durchgangsprüfer
- Auswertung:
  Durchgang ①… ② vorhanden, ja/nein

Fehlerfall: R_3 hat Unterbrechung
①…⑥: Messpunkte

Fälle	Reihenfolge der Durchgangsmessung →			
A	① nein	② nein	③ nein	④ ja
B	⑥ ja	⑤ ja	④ ja	③ nein
C	③ ja	④ nein		

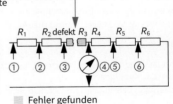

■ Fehler gefunden

Schlussprüfung

- Anwendung:
  Parallelschaltung von Widerständen, Geräten, Anlagen usw.
- Messgeräte:
  Einfaches Widerstandsgerät, Durchgangsprüfer
- Unterbrechungen ①… vornehmen, Messgerät beobachten.
  Auswertung: Schluss vorhanden, ja/nein; Ausschlag ändert sich, wenn defektes Element abgetrennt wird.

Fehlerfall: R_3 hat Schluss
①…⑥: Unterbrechungen herstellen

Fälle	Reihenfolge der Schlussmessung →			
A	① ja	② ja	③ jein	
B	⑥ ja	⑤ ja	④ ja	③ nein
C	② ja	③ nein		

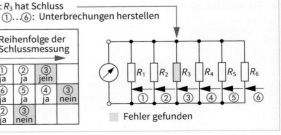

■ Fehler gefunden

Oszilloskop
Oscilloscope

- Messgerät zur Darstellung zeitlicher Spannungsverläufe
- Kennliniendarstellung (je eine Spannung wirkt auf die x-/y-Ablenkung)
- Mit Wandlervorsätzen können auch andere physikalische Größen erfasst werden.

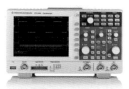

digital
- Darstellung einzelner Messpunkte (begrenzte Auflösung)
- Bei hohen Frequenzen können durch Aliasing (zu geringe Abtastrate) nicht vorhandene überlagerte Signale angezeigt werden.
- Möglichkeit von mehrfarbiger Darstellung, Rechen-, Speicherfunktionen, …

analog
- kontinuierliche Darstellung
- nur periodisch wiederkehrende Signale darstellbar
- (keine einmaligen Verläufe)
- einfarbige Bildschirmdarstellung

Bedienelemente

Beschriftung	Bedeutung
POWER	Netzschalter, Ein-Aus, Rasterbeleuchtung
INTENS HELLIGK	Helligkeitssteuerung des Oszillogrammes
FOCUS	Schärfeeinstellung des Oszillogrammes
INPUT A (B)	Eingangsbuchse für Kanal A (Kanal B), oft Kanal 1 und 2
AC-DC-GND	Eingang: über Kondensator – direkt – auf Masse geschaltet
CHOP	Strahlumschaltung mit Festfrequenz von einem Vertikalkanal zum anderen
ALT	Strahlumschaltung am Ende des Zeitablenkzykluses von einem Vertikalkanal zum anderen
INVERT CH.B	Messsignal auf Kanal B wird invertiert
ADD	Addition der Signale von Kanal A und B
POSITION ↕	Vertikale Bildverschiebung
↔	Horizontale Bildverschiebung

Beschriftung	Bedeutung
X-MAGN	Dehnung der Zeitablenkung
Triggerung: A; B EXT TRIG Line	Zeitablenkung wird getriggert durch – Signal von Kanal A (B) – externes Triggersignal – Signal von der Netzspannung
LEVEL NIVEAU	Einstellung des Triggersignalpegels
AUTO	Endstellung der LEVEL-Einstellungen; Automatische Triggerung der Zeitablenkung beim Spitzenpegel. Ohne Triggersignal ist die Zeitablenkung frei laufend.
+/-	Triggerung auf positiver bzw. negativer Flanke
TIME/DIV ZEIT/SkT	Zeitmaßstab in µs/DIV, ms/SkT oder ms/cm
VOLTS/DIV V/SkT; V/cm	Vertikalabschwächer für Kanal A und B in mV/DIV oder mV/SkT oder V/cm
CAL	Eichpunkt für Maßstabsfaktoren bei Rechtsanschlag

Funktionen eines Digitaloszilloskops

- **Pre-Trigger**
  Durch fortlaufende Messwertspeicherung können Signale vor dem Triggerzeitpunkt dargestellt werden.

- **Speicher**
  Die Speicherung der Messwerte ermöglicht die Darstellung von einmaligen Signalverläufen.

- **Mathematische Funktion**
  Die Eingangsgrößen können z. B. addiert oder subtrahiert werden.

- **Zoom**
  Nach der Messung können Signalverläufe vergrößert werden.

- **Cursormessung**
  Mit Hilfe eines Cursors können die Messwerte eines Punktes genau ermittelt werden (kein Ablesefehler).

- **Externe Schnittstellen**
  z. B. für Fernbedienung, externe Datenspeicherung/-übertragung

Auswahlkriterien

Allgemein		Digitaloszilloskop
- Eingangsempfindlichkeit - Eingangsimpedanz - Eingangskopplung - Anstiegzeit	- Bandbreite - Anzahl der Kanäle - Triggermöglichkeiten - Baugröße	- Abtastrate - Speichertiefe - Binäre Wortlänge - Schnittstellen - Displayauflösung

Messen und Prüfen

Messwandler
Instrument Transformer

DIN EN 61869-1: 2010-04; IN EN 61869-2: 2014-06

Messwandler: Transformator zur Speisung von Messgeräten, Elektrizitätszählern, Schutzrelais u.ä.

Begriffe	Stromwandler	Spannungswandler
U-/I-Wandler	Wandler, bei dem der Sekundärstrom dem Primärstrom proportional ist.	Wandler, bei dem die Sekundärspannung der Primärspannung proportional ist.
Bürde	Admittanz Y des Sekundärkreises in S	Impedanz Z des Sekundärkreises in Ω
Bemessungsgrößen, Normwerte (primär)	Bemessungsstromstärken in A **10** 12,5 **15 20** 25 **30** 40 **50** 60 **75** sowie dezimale Teile oder Vielfache	Bemessungsspannungen bis 1 kV in V 230/400 277/480 400/690 1000 (gegen Neutralleiter/zwischen Außenleiter) Bemessungsspannungen über 1 kV in kV 3,6 7,2 12 (17,5) 24 36 40,5 (Spannung zwischen Außenleitern)
(sekundär)	1 2 **5** Bei im Dreieck geschalteten Sekundärwicklungen sind auch die durch 3 geteilten Werte genormt.	Europa: **100** 110 200 (bei erweiterten Sekundärkreisen) USA/Kanada: 120 (Verteilungsnetze) 115 (Übertragungsnetze) 230 (bei erweiterten Sekundärkreisen)
Bemessungsleistung	Wert der Scheinleistung in VA bei festem Leistungsfaktor, Bemessungsbürde und sekundärer Bemessungsstromstärke. Normwerte bei Leistungsfaktor 0,8 induktiv: **10** 15 **25** 30 **50** 75 **100** 150 **200** 300 400 **500**	Der Wert der Scheinleistung in VA ist festgelegt bei festem Leistungsfaktor, Bemessungsbürde und sekundärer Bemessungsspannung.
Anschlussbezeichnungen (primär) (sekundär)	P1 ⟿⟿⟿ P2 (K) (L) 1S1 1S2 2S1 2S2 2S3 (1k) (1l) (2k) (2l₂) (2l₁) 2S1 └─ Nr. der Anschlüsse (1 hat an allen Wicklungen gleiche Polarität) └─ P (primär), S (sekundär) └─ Nr. bei mehreren Wicklungen	A B C N (U) (U) (U) (V) (V) (V) (V) (V) (V) a b c n (u) (u) (u) (x)	mehrere Sekundärwicklungen 1a, 2a, …, 1b, 2b, … Sekundärwicklung mit Anzapfungen a1, a2, …, b1, b2, … Anschluss zur Erdschlusserfassung (Dreieckschaltung) da, dn

Messen von Mischspannungen und Mischströmen
Measuring of Pulsating Voltages and Pulsating Currents

- Elektrische Spannungen und Ströme werden je nach Messwerk durch den arithmetischen Mittelwert (AV) oder durch den Effektivwert (RMS) charakterisiert.
- Der Formfaktor gibt das Verhältnis von Effektivwert zu arithmetischem Mittelwert an. Als Crest-Faktor (Scheitelfaktor) gilt das Verhältnis von Spitzenwert zu Effektivwert.

Formfaktor: $F = \dfrac{I_{RMS}}{I_{AV}}$ $F = \dfrac{U_{RMS}}{U_{AV}}$ Scheitelfaktor: $F_{Crest} = \dfrac{\hat{\imath}}{I_{RMS}}$ $F_{Crest} = \dfrac{\hat{u}}{U_{RMS}}$

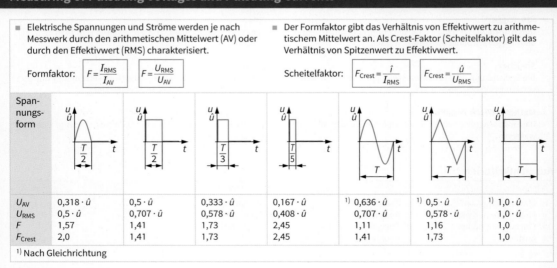

Spannungsform							
U_{AV}	$0{,}318 \cdot \hat{u}$	$0{,}5 \cdot \hat{u}$	$0{,}333 \cdot \hat{u}$	$0{,}167 \cdot \hat{u}$	1) $0{,}636 \cdot \hat{u}$	1) $0{,}5 \cdot \hat{u}$	1) $1{,}0 \cdot \hat{u}$
U_{RMS}	$0{,}5 \cdot \hat{u}$	$0{,}707 \cdot \hat{u}$	$0{,}578 \cdot \hat{u}$	$0{,}408 \cdot \hat{u}$	$0{,}707 \cdot \hat{u}$	$0{,}578 \cdot \hat{u}$	$1{,}0 \cdot \hat{u}$
F	1,57	1,41	1,73	2,45	1,11	1,16	1,0
F_{Crest}	2,0	1,41	1,73	2,45	1,41	1,73	1,0

1) Nach Gleichrichtung

Leistungs- und Leistungsfaktormessung
Power- and Power Factor Measurement

Schaltungsnummern für Leistungs- und Leistungsfaktormessgeräte

Kennzeichnungsbeispiel: 6 2 0 1
- Stromart
- Messgröße
- Anschlussart
- Messart

Ziffer	Stromart	Messgröße	Messart	Anschlussart
0		Stromstärke	alle Fälle, außer 1…6.	unmittelbar
1	Gleichstrom-Zweileiter	Spannung	L+ Leiter in Stromspule	an Stromwandler
2	Gleichstrom-Dreileiter	Wirkleistung	L– Leiter in Stromspule	an Strom- und Sp.-Wandl.
3	Einphasen-Wechselstrom	Blindleistung	ohne angeschl. N-Leiter	an Nebenwiderstände
4	Dreileiter-Drehstrom symmetrische Belastung	Leistungsfaktor	mit angeschlossenem N-Leiter	
5	Dreileiter-Drehstrom beliebige Belastung		eingebauter Nullpunkt-Widerstand	
6	Vierleiter-Drehstrom beliebige Belastung		eingebaute Kunstschaltung	

Messschaltungen

Wirkleistungsmessgerät für Wechselstrom bzw. Gleichstrommessgerät

3200 (1210)

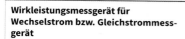

(L+) L1
(M) N oder L2

Wirkleistungsmessgerät für Dreileiter-Drehstrom beliebige Belastung, unmittelbarer Anschluss

5200

L1
L2
L3

Wirkleistungsmessgerät für Vierleiter-Drehstrom unmittelbarer Anschluss

6200

L1
L2
L3
N

Blindleistungsmessgerät für Wechselstrom unmittelbarer Anschluss

3300

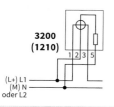

L1
N oder L2

Blindleistungsmessgerät für Dreileiter-Drehstrom beliebiger Belastung mit Stromwandler

5301

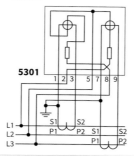

L1
L2
L3

Wirkleistungsmessgerät für Vierleiter-Drehstrom mit Strom- und Spannungswandler[1]

6202

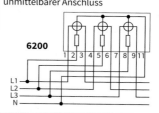

L1
L2
L3
N

Leistungsfaktor-Messgerät für Wechselstrom unmittelbarer Anschluss

3400

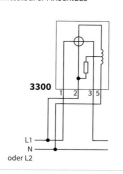

L1
N oder L2

Leistungsfaktor-Messgerät für Dreileiter-Drehstrom

4400

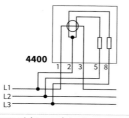

L1
L2
L3

Blindleistungsmessgerät für Vierleiter-Drehstrom unmittelbarer Anschluss

6300

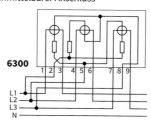

L1
L2
L3
N

[1] Stromwandler in Niederspannungsnetzen müssen nicht geerdet sein.

Elektrizitätszähler
Electricity Meter

Induktionszähler

Wirkungsweise:
- Lastströme erzeugen Magnetfelder und Wirbelströme in einer Aluminiumscheibe. Daraus entstehende Drehfelder treiben diese an.
- Das mechanische Zählwerk wird durch die Aluminiumscheibe bewegt.
- Die Drehzahl ist proportional zur Leistung.
- Wirk- und Blindarbeit sind messbar.
- Ein-/Mehrtarifmessung sind möglich.

Elektronische Zähler

- Neben Energiemessung sind zahlreiche Zusatzfunktionen möglich.
- **Beispiele:**
  - 1 bis 4 Tarifmessung
  - Fernauslesung durch Kunden und/oder VNB
  - Busankopplung (optischer Bus, M-Bus, LAN, GSM, ...)
  - Lastgangermittlung
  - Unterbrechungsfreier Zählertausch (bei geeignetem Zählerplatz)

Auswahlkriterien

Montage	Funktionsprinzip	Eichung	Zusatzfunktionen	Genauigkeit
- Zählerplatz - Schalttafeleinbau - Hutschiene/Reiheneinbaugerät	- Elektromechanisch - Elektronisch	- Vorhanden - Möglich - Nicht möglich - Eichfrist	- Kommunikation (Bus, ...) - Mehrtarifbetrieb - Leistungs-, Stromstärke-, Spannungsanzeige - Messdatenspeicher - Spannungsqualitätsüberwachung	- 2% Haushalt - 1%, 0,5%, 0,2% bei großen Energiemengen (z. B. VNB, Kraftwerk, ...)

Anforderungen   EnWG

- VNBs betreiben selbst Messstellen oder beauftragen spezialisierte Firmen (Messstellenbetreiber).
- Seit 1.1.2010 müssen die Messstellenbetreiber (z. B. VNBs) bei Neubauten, nach größeren Renovierungen oder auf Wunsch des Kunden Zähler einzubauen, die
  - den tatsächlichen Energieverbrauch und
  - die tatsächliche Nutzungszeit
  anzeigen.
- Seit 1.1.2010 müssen die Messstellenbetreiber elektronische Zähler mit o. g. Funktionen anbieten.
- Der Kunde kann den nachträglichen Einbau von Zählern mit diesen Funktionen ablehnen und statt dessen einen konventionellen Zähler erhalten.
- Energieversorger müssen spätestens zum 30.12.2010 lastvariable und tageszeitabhängige Stromtarife anbieten.

Eichung

- Neue Zähler werden vom Hersteller nach Messgeräte-Richtlinie (2014/34/EU) in Verkehr gebracht. Hersteller unterliegen der Überwachung durch benannte Stellen (z. B. PTB). Eine Ersteichung ist daher nicht erforderlich.
- Kennzeichnung der Zähler gemäß EU-Richtlinie:
  - CE-Zeichen
  - Meteorologiezeichen M + - Jahreszahl der Konformitätsbewertung, schwarz eingerahmt
  - Nummer der benannten Stelle
- Die Festlegung der Frist bis zur Nacheichung ist in nationalem Recht geregelt (Eichgesetz).
- Eichfrist für
  - Induktionszähler: 12 Jahre
  - Elektronische Zähler: 8 Jahre
  - Durch Stichprobenprüfung ist eine Fristverlängerungen um 5 Jahre möglich.

Leistungsmessung mit Induktionszähler

Beispiel: Zählerschild

$$P = \frac{n}{c_Z} \qquad P = \frac{\text{Umdrehungen in Messzeit}}{t_M \cdot c_Z}$$

P: Wirkleistung in kW

c_Z: Zählerkonstante in $\frac{1}{\text{kWh}}$

n: Umdrehungen der Zählerscheibe pro Stunde

$$n = \frac{\text{Umdrehungen in Messzeit}}{t_M}$$

t_M: Messzeit in h

Zählerschaltungen
Electricity Meter Circuits

DIN 43856-2: 1997-02

Schaltungsnummern für Elektrizitätszähler, Tarifschaltuhren und Rundsteuerempfänger

Kennzeichnungsbeispiel: 4 1 2 2

① Zähler-Grundart
② Zusatzeinrichtung
③ Schaltung der Zusatzeinrichtung
④ Anschluss

Ziffer	Grundart ①		Zusatzeinrichtung ②	Schaltung der Zusatzeinrichtung ③	
0	...		keine		kein äußerer Anschluss
1	Wirkverbrauchszähler	L/N (Klemmen: 1...6)	Zweitarif (Klemmen: 13, 15)		einpoliger Innerer Anschluss (Klemmen: 13 oder 14)
2		L1/L2 (Klemmen: 1...6)	Maximum (Klemmen: 14, 16)		äußerer Anschluss (Klemmen: 13, 15 oder 14, 16)
3		L1/L2/L3 (Klemmen: 1...9)	Zweitarif und Maximum (Klemmen: 13...16)	innerer Anschluss	Maximum-Auslöser in Öffnungsschaltung
4		L1/L2/L3/N (Klemmen: 1...12)	Maximum mit elektrischer Rückstellung (Klemmen: 13...16)		Maximum-Auslöser in Kurzschließschaltung
5	Blindverbrauchszähler	L1/L2/L3 60° Abgleich (Klemmen: 1...9)	Zweitarif und Maximum mit elektrischer Rückstellung (Klemmen: 13...15, 18, 19)	äußerer Anschluss	Maximum-Auslöser in Öffnungsschaltung
6		L1/L2/L3 90° Abgleich (Klemmen: 1...9)			Maximum-Auslöser in Kurzschließschaltung
7		L1/L2/L3/N 90° Abgleich (Klemmen: 1...12)			

Ziffer	0	1	2
Anschluss ④	direkt	Stromwandler	Strom- und Spannungswandler

Schaltungsnummer	Bedeutung	Zusätzliche Kennzeichen	
		Symbol	Bedeutung
Tarifschaltuhr mit		Z	Zweitarif-Auslöser für Zählwerke
01	Tagesschalter	d	Tagesschalter für Zweitarifauslöser
02	Maximumschalter	w	Wochenschalter
03	Tages- und Maximumschalter	M	Maximum-Auslöser für Maximum-Mitnehmer
04	Tages- und Wochenschalter	ML	Maximum-Laufwerk
05	Maximum- und Wochenschalter	mo	Maximum-Schalter zum Betätigen der Maximum-Auslöser in Öffnungsschaltung
06	Tages- und Maximumschalter		
07	Wochenschalter	mk	Maximum-Schalter zum Betätigen der Maximum-Auslöser in Kurzschließschaltung
Rundsteuerempfänger mit			
11	einem Umschalter	Ⓜ	Antriebsmotor
12	zwei Umschaltern		
13	drei Umschaltern	Ⓔ	Empfangsteil des Rundsteuerempfängers
14	vier Umschaltern		

Beispiele:

Vierleiter-Drehstrom-Wirkverbrauchszähler

Direkter Anschluss — 4000

Mit Stromwandler — 4010

Vierleiter-Drehstrom-Blindverbrauchszähler

Mit Strom- und Spannungswandler — 7020

Messen und Prüfen

eHZ – Elektronische Haushaltszähler
eHZ – Electronic Domestic Electricity Meters

Gesetzliche Bestimmungen

- **Klimaschutzprogramm**:
  - Einbau von eHZ in Neubauten und
  - bei Grundsanierung
- **Energiewirtschaftsgesetz**:
  - Einbau von eHZ, wenn technisch machbar und wirtschaftlich vertretbar (EnWG § 21b)
  - Unterschiedliche zeit- bzw. lastabhängige Tarife (§ 40 EnWG)
  - Abrechnung: monatlich, vierteljährlich oder halbjährlich (§ 40 EnWG)

Merkmale

- Elektronische, kommunikationsfähige und lageunabhängige Messeinrichtung
- **Zeitnahe Information** über Höhe und zeitlichen Verlauf der Energielieferung
- **Vollintegrierter Zähler**: Messen, Speichern, Kommunizieren und Steuern
- Zusätzliche **separate Gerätemodule** zur Kommunikation
- **Fernabfrage** durch Netzbetreiber möglich

Zählerdaten

- Abmessungen: 90 x 135 x 80 mm (B x H x T)
- **Befestigung**: 4 Haltekrallen ①
- Elektrischer Anschluss: **7 Messerkontakte** ②, kein Klemmblock erforderlich
- Anzeige: mindestens **6-stelliges Display** ③
  - Zählerstand wird angezeigt bei mindestens einphasiger Versorgung.
  - Keine Anzeige im spannungslosen Zustand
  - Im spannungslosen Zustand bleibt der Zählerstand mindestens 8 Jahre erhalten.
  - Nach Spannungswiederkehr wird ein Displaytest durchgeführt.
  - Anzeige „FF" im Display: Funktionsfehler
- Plombierung erfolgt mittels herkömmlicher Drahtplombe ④.
- Schutzart: IP3X auch während des Steckvorgangs
- Optische Datenschnittstelle ⑤ (DIN EN 62056-21) an der Vorderseite dient zur Ausgabe der Datensätze und zur Prüfung.
- Rückseitige optische Datenschnittstelle ⑥ zum Datenaustausch mit dem Netzbetreiber über ein zusätzliches Kommunikationsmodul, z. B. Multi-Utility-Communication Controller (MUC) über DSL.

Vorderseite

Rückseite

Zählerplatz

- Im Zählerfeld wird zur Montage eine **Befestigungs- und Kontakteinrichtung (BKE)** montiert:
  - BKE-I: integriert in den Zählerplatz
  - BKE-A: adaptiert von Zählerplatz mit Drei-Punkt-Befestigung auf eHZ
- **Unterbrechungsfreier Zählerwechsel**:
  - Federnde Kontaktstücke zur elektrischen Verbindung
  - Bewegliche Kontaktbrücken öffnen bzw. schließen beim Zählerwechsel (keine Lasttrennschalter).
- **Bauhöhe des Zählerfeldes** sowie des oberen und unteren Anschlussraumes bleiben unverändert.
- 450 mm hoher **Zählerplatz** wird geteilt:
  - 300 mm zur Montage des BKE-I
  - 150 mm zur Montage von Erweiterungsmodulen
- Bei Anlagen mit mehr als zwei Zählern sind zwei BKE-I in einem Zählerfeld zulässig (Feldhöhe 1050 mm). Der obere und untere Anschlussraum werden dann gemeinsam genutzt.

Aufbau BKE

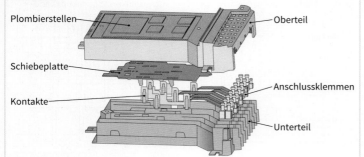

Plombierstellen — Oberteil
Schiebeplatte
Kontakte — Anschlussklemmen — Unterteil

BKE-I

Messen und Prüfen

M-Bus
Meter Bus

DIN EN 13757-1: 2015-01

Merkmale

- Der **M**-Bus (**m**eter bus: Zähler-Bus) ist ein einfaches und kostengünstiges serielles Bussystem zur **Fernauslesung** der Zählwerksstände und Parametrierung von Zählern (z. B. Wasserzähler, Elektro-Energiezähler), die mit der M-Bus-Schnittstelle ausgerüstet sind.
- Die Übertragungsprotokolle sind nach IEC 60 870-5 (Protokolle für Fernwirkeinrichtungen und -systeme) standardisiert.
- Die Endgeräte sind vernetzbar in Stern-, Baum-, Netz- und Linienstruktur.

Kommunikation

- **Kommunikationsmedium:**
  Einfache Standardleitung mit zwei Adern oder eine Funkübertragung (868 MHz-Bereich).
- Über die Leitung kann auch die Versorgung der Endgeräteschnittstellen mit elektrischer Energie erfolgen.
- Die Busschnittstellen sind **kurzschlussfest** und die Polarität ist unempfindlich gegen Vertauschung.
- Es sind bis zu 250 Endgeräte pro Segment bei einer maximalen Kabellänge von 1000 m installierbar.
- Die Datenraten liegen zwischen 300 bit/s und 9600 bit/s (abhängig von Endgeräteanzahl und Kabellänge).
- Jedes Telegramm hat eine Länge von 11 Bit (1 Start-, 1 Stopp-, 8 Daten- und 1 Paritätsbit (gerade Parität)).
- Die **Telegrammformate** sind eingeteilt in **Single Character** (einzelnes Zeichen), **Short Frame** (kurzer Rahmen), **Control Frame** (Steuerrahmen) und **Long Frame** (Langer Rahmen).
- Die Datenübertragung erfolgt **bidirektional** im Halbduplexverfahren als **Spannungs-** und/oder **Strommodulation**.
- Der Master (**Pegelwandler**) organisiert die Kommunikationssteuerung.
- Die Verbindung zur **Leitstelle** erfolgt über Modem, GSM oder Internet (TCP/IP).
- Die **lokale Auslesung** kann über LAN oder Funkdatenübertragung erfolgen.
- Bei Zählern mit einer **Impulsschnittstelle** (z. B. S0-Schnittstelle) werden Konverter zur Wandlung auf das M-Bus-Format verwendet.
- Analogwerte werden über Analogwandler angeschaltet.
- Der **Mini-Bus** dient zur Punkt-zu Punkt-Kommunikation zwischen Endgerät und z. B. einem Funksender zur drahtlosen Zählerabfrage.
- Die Protokolle entsprechen denen des M-Bus, lediglich mit anderen elektrischen Signalpegeln.

Aufbau

Verteilte Zählerinstallation

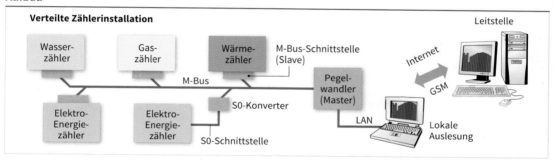

Bit-Übertragung

Ruhezustand M-Bus: logisch 1
Bus-Spannung: +36 V (Bemessungswert)
Max. Ruhestromstärke: 1,5 mA (pro Zähler)

Bit-Übertragung **Master → Slave**
logisch 1: +36 V; logisch 0: +24 V

Bit-Übertragung **Slave → Master**
logisch 1: < 1,5 mA; logisch 0: 11 mA bis 20 mA

Netzauslegung

- Die Anzahl der Endgeräte und die mögliche Bus-Länge sind abhängig vom Leitungstyp und der Übertragungsrate.

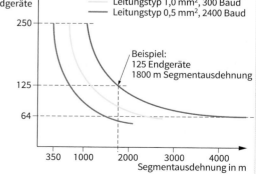

Messen und Prüfen

Wireless M-Bus – wM-Bus

DIN EN 13757-4: 2014-02

Eigenschaften

- Der Wireless M-Bus ist die drahtlose mit Funktechnik arbeitende Version des drahtgebundenen M-Busses.
- Ist in der europäischen Norm EN 13757-4 standardisiert und eignet sich für batteriebetriebene Geräte.
- Die Funkverbindungen sind uni- und bidirektional im lizenzfreien ISM-Frequenzband 868 MHz.
- Übertragungsreichweite: ca. 15 m bis 25 m
- Übertragen werden die Zählerstände (z.B. Wasserzähler, Elektrizitätszähler, usw.) an das SMGW (Smart Meter Gateway).
- Unterstützt verschiedene **Kommunikations-Modi** (S, C, T, R, F, N) abhängig von den Anforderungen der Applikation. (In Deutschland: S, T, R2)
- Verwendet die **AES-128 CTR**-Verschlüsselung (**A**dvanced **E**ncryption **S**tandard **128** Bit/**Cou**nter Mode) zur Sicherstellung der Datensicherheit.

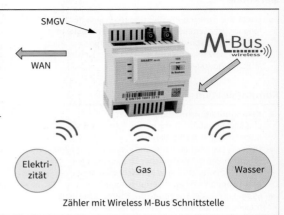

Zähler mit Wireless M-Bus Schnittstelle

Kommunikations-Modi

Modus	Übertragungsrichtung und Datenrate in kbit/s	Frequenzbereich in MHz	Übetragungskanäle	Funktion
S1	Unidirektional / 32,768	868,300	1	Stationärer Modus. Zähler übertragen mehrmals täglich ihre Daten an den Datensammler (SMGV).
S1m	Unidirektional / 32,768	868,300	1	Wie S1. Datensammler ist ein **m**obiler Empfänger.
S2	Bidirektional / 32,768	868,300	1	Bidirektionale Version von S1.
T1	Unidirektional / 100 (Zähler → Sammler)	868,950	1	Frequent **T**ransmit-Modus. Der Zähler überträgt seine Daten im Abstand von einigen Sekunden an die im Einzugsbereich liegenden Sammler. Intervall ist konfigurierbar (Sekunden oder Minuten)
T2	Bidirektional / 32,768	868,950	1	Bidirektionale Version von T1.
R2	Bidirektional / 4,2	868,330	11	Frequent **R**eceive-Modus. Verwendung verschiedener Frequenzen ermöglicht mehreren Zählern den Betrieb ohne gegenseitige Beeinflussung.

Lastschaltbox

- Die Lastschaltbox ist eine Erweiterung des SMGW zur Ausführung von Schalthandlungen.
- Ist mit dem SMGW über eine Ethernet-Schnittstelle (Controllable-Local-System, CLS) verbunden.
- Empfängt von der verbundenen Leitstelle Kommandos, die an die integrierten Relais zur Ausführung von Schalthandlungen ausgegeben werden.
- Schalthandlungen sind z. B. Leistungsreduzierung von PV-Anlagen, Freigabe oder Sperren von Pkw-Ladesäulen.
- Bezieht die aktuelle Uhrzeit von einem externen Zeitserver und führt diese bei Verbindungsunterbrechung selbstständig weiter.
- Führt ein System- und Benutzer-Logbuch.

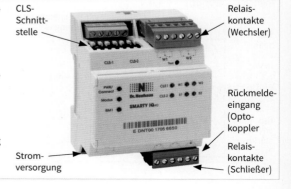

SMGV – Smart Meter Gateway

Vorgaben und Begriffe

- **Messstellenbetriebsgesetz (MsBG)**:
  Schreibt ab 01.01.2017 intelligente **Messsysteme (iMsys)** für Verbrauchswerte von Elektrizität, Gas, Wasser und Wärme vor (siehe Tabelle Einbaupflichten).
- **Intelligente Messeinrichtungen**:
  Digitale Elektrizitätszähler (Gas, Wasser).
- **Intelligente Messsysteme (iMsys)**:
  Intelligente Messeinrichtungen mit Kommunikationsmodul (**Smart-Meter-Gateway, SMGV**).
- Diese Systeme sind mit **externen Marktteilnehmern (EMT)** verbunden.
- **CLS**-Schnittstelle (**C**ontrollable-**L**ocal-**S**ystem):
  Anschluss einer Schaltbox für den Fernzugriff auf regelbare Erzeuger (z. B. Photovoltaikanlagen) und unterbrechbare Verbrauchereinrichtungen.

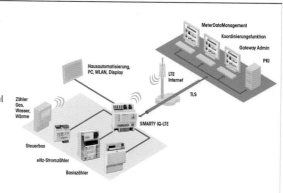

Smart Meter Gateway

- Zähler melden ihre Messwerte über **LMN-A** (**L**ocal **M**etering **N**etwork) oder über **LMN-1** an das SMGV.
- Das Modul sammelt die Werte, verschlüsselt und speichert sie.
- **WAN-A** (**W**ide **A**rea **N**etwork) bzw. **WAN-1**:
  Schnittstelle zur Übermittlung der Zählerstände an die berechtigten EMT (Messstellenbetreiber, VNB, Übertragungsnetzbetreiber).
- **HAN** (**H**ome **A**rea **N**etwork):
  Schnittstelle für Zugriff des Endkunden auf seine Messwerte.
- **Zähler**:
  Kommunizieren drahtgebunden (RS485) oder über Nahfunk / wireless M-Bus) mit dem Gateway.
  Sicherheit:
  Integriertes Sicherheitsmodul nach **C**ommon **C**riteria-**S**chutzprofil im SMGW stellt die kryptographischen Funktionen bereit.
- **Sichere WAN-Kommunikation**:
  Erfolgt mittels **Smart Metering – Public Key (SM-PKI)** zwischen den Teilnehmern des SMGW-Infrastruktur.

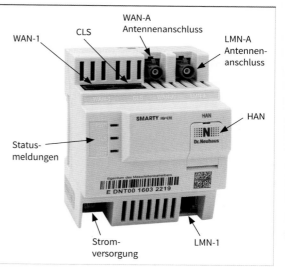

Einbaupflichten moderne Messeinrichtungen und intelligente Messsysteme

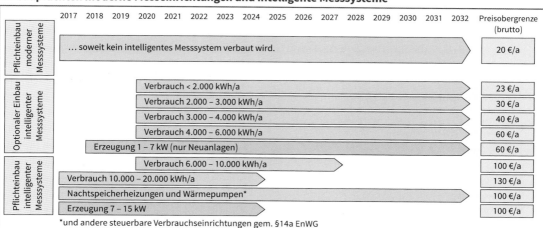

*und andere steuerbare Verbrauchseinrichtungen gem. §14a EnWG

Messen und Prüfen

Geräteprüfung
Inspection of Electrical Appliances

DIN VDE 0701–0702: 2008-06, DGUV Vorschrift 3

Was ist zu prüfen?

- Elektrische Geräte mit Bemessungsspannung bis 1000 V (Wechselspannung) und 1500 V (Gleichspannung)
- Z. B. Laborgeräte, Mess-/Steuer-/Regelgeräte, Haushaltsgeräte, Elektrowerkzeuge, Verlängerungsleitung, …

Wann ist zu prüfen?

- Nach Instandsetzung
- Nach Änderung
- Wiederkehrend nach festgelegten Prüffristen
- Der Arbeitgeber muss eine Gefährdungsbeurteilung durchführen und Prüffristen festlegen.
- Prüffristen aus der DGUV Vorschrift 3 dienen nur noch als Erfahrungswert und ersetzen die Prüffristermittlung nicht!

Sichtprüfung

Prüfen auf sichtbare Mängel und Eignung für den Einsatzort:
- Schäden an Anschlussleitung
- Schäden an Isolierung
- Mängel an Knick-, Biegeschutz
- Bestimmungsgemäße Verwendung von Stecker und Leitungen
- Mängel an Zugentlastung
- Gehäuse/Schutzabdeckung unbeschädigt
- Anzeichen von Überlastung
- Unzulässige Eingriffe
- Verschmutzung
- Zustand von Luftfiltern
- Dichtigkeit von Behältern für Wasser, Luft, …
- …

Messungen

Schutzleiterwiderstand

- Ordnungsgemäßer Zustand der elektrischen Verbindung zwischen Geräteanschluss und allen mit dem Schutzleiter verbundenen berührbaren leitfähigen Teilen.
- Bei Messung Anschlussleitungen bewegen.

Betriebsstromstärke	Grenzwert
> 16 A	berechneter Widerstand des Schutzleiters
< 16 A	abhängig von Leitungslänge

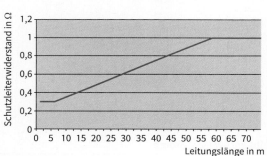

Isolationswiderstand

- Messung zwischen aktiven Teilen und jedem berührbaren leitfähigem Teil
- Grenzwerte für Prüfobjekte:

Prüfobjekt		Grenzwert
Aktive Teile, die nicht zu SELV- oder PELV-Stromkreisen gehören, gegen den Schutzleiter und die mit dem Schutzleiter verbundenen berührbaren leitfähigen Teile.	allgemein	1,0 MΩ
	Geräte mit Heizelementen	0,3 MΩ
	Geräte mit Heizelementen und P > 3,5 kW	0,3 MΩ [1)]
Aktive Teile gegen die nicht mit dem Schutzleiter verbundenen berührbaren leitfähigen Teile (hauptsächlich bei Schutzklasse II, aber auch bei Schutzklasse I möglich)		2,0 MΩ
Aktive Teile, die nicht zu SELV- oder PELV-Stromkreisen gehören, gegen berührbare leitfähige Teile mit der Schutzmaßnahme SELV/PELV (außer Geräte der Schutzklasse III)		
Bei der Instandsetzung/Änderung zwischen den aktiven Teilen eines SELV-/PELV-Stromkreises und den aktiven Teilen des Primärstromkreises		
Aktive Teile mit der Schutzmaßnahme SELV/PELV		0,25 MΩ

[1)] Wird der Grenzwert verletzt, ist die Prüfung dennoch bestanden, falls der Schutzleiterstrom den Grenzwert einhält.

Schutzleiterstrom

- Messung mit direktem Verfahren oder Differenzstromverfahren.
- Ersatzableitstromverfahren nur in Sonderfällen
- Grenzwerte:
  - allgemein: ≤ 3,5 mA
  - Geräte mit eingeschaltetem Heizelement > 3,5 kW: 1 mA/kW; maximal 10 mA
  - Bei Überschreitung prüfen, ob gegebenenfalls Produktnormen andere Werte vorgeben.

Berührungsstrom

- Messung an jedem berührbaren leitfähigen Teil, das nicht mit dem Schutzleiter verbunden ist.
- Messung mit direktem oder Differenzstromverfahren
- Ersatzableitstromverfahren nur in Sonderfällen
- Grenzwerte
  - allgemein 0,5 mA
  - Geräte mit Schutzklasse III: Messung nicht erforderlich

weitere Prüfschritte

- Nachweis der sicheren Trennung (SELV und PELV)
- Wirksamkeit weiterer Schutzeinrichtungen
- Funktionsprüfung
- Aufschriften (Typenschild, Sicherheitshinweise)

Auswertung und Dokumentation

- Die Prüfung ist bestanden, wenn alle Einzelprüfungen bestanden sind.
- Durchgefallene Prüflinge kennzeichnen und Betreiber informieren.
- Dokumentation mit Prüfplakette oder elektronische Systeme inkl. Messwerte und Prüfgerät

Messschaltungen zur Geräteprüfung
Measuring Circuits for the Inspection of Electrical Appliances

DIN VDE 0701-0702: 2008-06

Schutzleiterwiderstand

Direkte Messung	Externer Messpunkt	
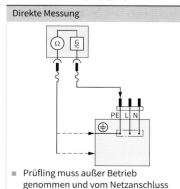	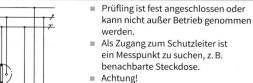	- Prüfling ist fest angeschlossen oder kann nicht außer Betrieb genommen werden. - Als Zugang zum Schutzleiter ist ein Messpunkt zu suchen, z. B. benachbarte Steckdose. - Achtung! – Parallele Erdverbindungen können das Messergebnis beeinflussen (z. B. Schirm von Datenleitungen, Wasserrohre) ① - Im Extremfall können parallele Erdverbindungen einen Schutzleiter vortäuschen, obwohl dieser fehlt bzw. defekt ist.
- Prüfling muss außer Betrieb genommen und vom Netzanschluss getrennt werden.		

Messspannung: AC oder DC, $U_0 = 4\,V\ldots24\,V$; Messstromstärke: min. 0,2 A

Isolationswiderstand

Mit Schutzleiter	Ohne Schutzleiter	Nachweis sicherer Trennung
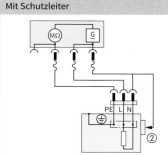	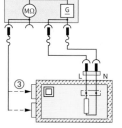	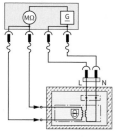
- Messung zwischen PE und aktiven Leitern. - Zusätzlich leitfähige Teile abtasten, die nicht mit dem Schutzleiter verbunden sind ②.	- Berührbare, leitfähige Teile werden mit Prüfsonde abgetastet ③.	- Isolationswiderstand zwischen Primär-/Sekundärseite gewährleistet die sichere Trennung (Sicherheitskleinspannung)

Schutzleiter-/Berührungsstrom

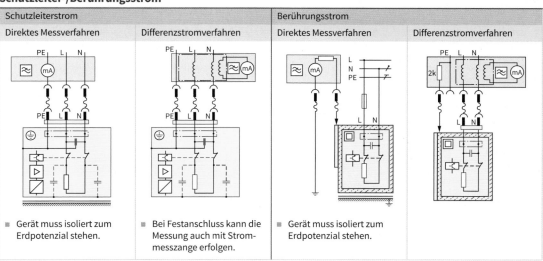

Schutzleiterstrom		Berührungsstrom	
Direktes Messverfahren	Differenzstromverfahren	Direktes Messverfahren	Differenzstromverfahren
- Gerät muss isoliert zum Erdpotenzial stehen.	- Bei Festanschluss kann die Messung auch mit Strommesszange erfolgen.	- Gerät muss isoliert zum Erdpotenzial stehen.	

Messen und Prüfen

Anlagenprüfung
System Inspection

DIN VDE 0100-600: 2017-06; DGUV Vorschrift 3, DIN VDE 0105-100: 2015-10

Prüfgrundlage		Dokumentation

Energiewirtschaftsgesetz (EnWG)
– Es fordert, Energieanlagen so zu errichten und zu betreiben, dass die technische Sicherheit gewährleistet ist.
– Die Einhaltung der anerkannten Regeln der Technik wird durch Anwendung des VDE-Regelwerkes erreicht.
	Berufsgenossenschaften
	– Sie fordern in der DGUV Vorschrift 3, dass elektrische Anlagen auf ordnungsgemäßen Zustand geprüft werden.
	– Prüfanlass:
	  – vor der ersten Inbetriebnahme,
	  – nach einer Änderung,
	  – vor Wiederinbetriebnahme und
	  – in bestimmten Zeitabständen.
		– Name, Anschrift und Auftraggeber und Auftragnehmer
		– Bezeichnung des Prüfobjekts
		– Verwendete Mess-/Prüfgeräte
		– Prüfergebnisse einschließlich relevanter Messwerte
		– Prüfstelle, Prüfer, Prüfdatum
		– Unterschrift des Prüfers

Prüfablauf	Anforderungen	Grundregel
1. Besichtigen 2. Erproben 3. Messen	– Prüfer muss Elektrofachkraft sein. – Prüfer muss Berufserfahrung haben. – Prüfgeräte müssen DIN EN 61557 (VDE 0413) entsprechen.	Durch Vorkehrungen bei den Prüfungen sind Gefahren für Personen oder Nutztiere auszuschließen sowie Beschädigungen an fremdem Eigentum sowie Betriebsmitteln zu vermeiden. Dies gilt auch, falls im Stromkreis ein Fehler vorliegt.

Prüfinhalte

Allgemeine Hinweise

Erstprüfung	Wiederholungsprüfung
■ Anlagen während der Errichtung und nach Fertigstellung prüfen, bevor sie dem Nutzer übergeben werden. ■ Es ist zu prüfen, ob Anforderungen aus der Normreihe DIN VDE 0100 eingehalten werden.	■ Bestätigung, dass keine Beschädigungen oder Zustandsverschlechterungen vorliegen, welche die Sicherheit beeinträchtigen. ■ Beurteilen, ob sich Umgebungsbedingungen verändert haben und die Anlage noch geeignet ist. ■ Die Prüfungen dürfen stichprobenartig sein, wenn der Anlagenzustand dadurch zu beurteilen ist.

Besichtigen und Bewerten (Auswahl)	Erproben

■ Prüfen, ob die Anlage
  – den Sicherheitsanforderungen für Betriebsmittel entspricht,
  – gemäß DIN VDE 0100 ausgewählt und errichtet wurde und
  – ohne sichtbare Mängel und Beschädigung ist.
■ Ordnungsgemäße Dokumentation
	■ Isolationsüberwachung
	■ RCD durch Prüftaste[2]
	■ Not-Abschaltung
	■ Verriegelungen
	■ Anzeige-/Meldeleuchten
	■ Allgemeine Funktions- und Betriebsprüfungen

■ Schutzmaßnahmen eingehalten	**Messen**

■ Eignung von Kabeln, Leitungen und Stromschienen[1]
■ Eignung und Einstellung von Schutz-/Überwachungsgeräten[1]
■ Vorhandensein und Anordnung von Trenn-/Schaltgeräten[1]
■ Eignung elektrischer Betriebsmittel und Schutzmaßnahme bezüglich äußerer Einflüsse
■ Ordnungsgemäße Kennzeichnung von Neutral- und Schutzleiter
■ Anordnung einpoliger Schaltgeräte in Außenleitern
■ Vorhandensein von Schaltungsunterlagen, Warnhinweisen und ähnlichen Informationen
■ Zuordnung Überstromschutz zu Leiterquerschnitt
■ Brandschotts bezüglich Ausführung, Belegung
■ Schaltpläne, Beschriftung, Kennzeichnung vorhanden und aktuell
	■ Durchgängigkeit der Leiter[1]
	■ Isolationswiderstand der Anlage
	■ Schutz durch SELV, PELV oder Schutztrennung
	■ Widerstand von isolierenden Fußböden/Wänden
	■ Schutz durch automatische Abschaltung
	■ Zusätzlicher Schutz
	■ Spannungspolarität
	■ Phasenfolge der Außenleiter
	■ Spannungsfall[1]
	■ Abschaltbedingungen prüfen durch Messung von
	  – Schleifenwiderstand,
	  – Schutzleiterwiderstand, Erdungswiderstand (TT-System) und
	  – Auslöse-Fehlerstromstärke und Abschaltzeit der RCD.

[1] vorzugsweise Erstprüfung   [2] vorzugsweise Wiederholungsprüfung

Prüffristen

	Anlagen	Maximale Frist
■ Prüffristen sind individuell vom Betreiber zu ermitteln. ■ Auftretende Fehler müssen rechtzeitig erkannt werden. ■ DGUV Vorschrift 3 ist Richtlinie, muss jedoch an betriebliche Anforderungen angepasst werden.	Elektrische Anlagen und ortsfeste Betriebsmittel	4 Jahre
	Räume, Anlagen besonderer Art	1 Jahr
	RCD in nichtstationären Anlagen (z. B. Baustelle) auf Wirksamkeit	1 Monat

	RCD, Differenzstrom-, Fehlerspannungs-Schutzschalter auf Funktion
	  – stationäre Anlagen
	  – nichtstationäre Anlagen
		– 6 Monate
		– arbeitstäglich

Prüfen von Maschinen
Test of Machines

DIN EN 60204-1: 2019-06; DIN VDE 0113-1: 2014-10

Anforderungen

Prüfungsgrundlagen

Produktnorm vorhanden?
- ja → Prüfung anhand der Produktnormen
- nein → Prüfung nach EN 60204 (IEC 204, VDE 0113)
  - Mindest-Prüffunktionen: 1, 2, 6
  - Ergänzungs-Prüffunktionen: 3, 4, 5
  (Entscheidung durch Elektrofachkraft vor Ort)

- Prüfung z. B. für
  - Metallbearbeitungs- und -Metallverarbeitungsmaschinen
  - Druck-, Papier- und Kartonmaschinen
  - Montagemaschinen, Förder- und Handhabungstechnik (Roboter, Regalbediengeräte)
  - Kompressoren, Pumpen, Kräne
- **Prüffristen:** Wiederholungsprüfung maximal 4 Jahre DGUV Vorschrift 3 bzw. verkürzt oder verlängert in Abhängigkeit vom Ergebnis einer Gefährdungsbeurteilung (BetrSichV).
- Weitere Normen (z. B. DIN EN 1037): Sicherheit von Maschinen, Vermeidung von unerwartetem Anlauf.

Prüfgeräte

- Die Geräte sind mit einer Anzeige-, Eingabe- und Messeinheit ausgerüstet.
- Über die **Eingabeeinheit** erfolgt die
  - Auswahl der jeweiligen Messaufgabe,
  - Konfiguration an die jeweilige Messaufgabe und
  - Messbereichsauswahl.
- In einem **Messwertspeicher** können die erfassten Messwerte von mehreren Maschinen aufgezeichnet und über eine Datenschnittstelle zwecks **Protokollerstellung** ausgegeben werden.
- Die ordnungsgemäße Funktionsfähigkeit der Prüfgeräte ist zu überprüfen.

Gerätebeispiel:

Prüfschritte

1. Besichtigung und Überprüfung der elektrischen Ausrüstung auf Übereinstimmung mit der Dokumentation

   - Feststellen des ordnungsgemäßen Zustandes
   - Überprüfen der
     - Übereinstimmung der elektrischen Ausrüstung mit der vorhandenen Dokumentation (z. B. Bedienungsanleitung in Landessprache, Wartungs-, Einstell-, Instandhaltungsanleitung, Installations-/Stromlaufpläne, Schnittstellenverbindungen [für Fachpersonal verständlich]).
     - Daten zur Auswahl von Art, Kennwerten, Bemessungsstromstärke der Überstrom-Schutzeinrichtungen.

2. Überprüfung der Bedingungen für den Schutz durch automatische Abschaltung

   - Durchgängigkeit des Schutzleitersystems (bevorzugt mit Prüfstromstärke 10 A aus SELV-Versorgung mit 24 V Wechsel- oder Gleichspannung)
   - Impedanz der Fehlerschleife nach DIN EN 60204-1 durch Messung oder Berechnung

3. Isolationswiderstandsprüfung

   - Der Isolationswiderstand zwischen den Leitern aller Stromkreise und dem Schutzleitersystem muss bei einer Messspannung von 500 V DC ≥ 1 MΩ sein.
   (Bei Sammelschienen und Schleifringsystemen ≥ 50 kΩ)

4. Hochspannungsprüfung (Isolationsfestigkeit)

   - Maximale Prüfspannung: zweifacher Wert der Bemessungsspannung (oder 1000 V, 50 Hz oder 60 Hz, 1 s)

   Hinweis: Baugruppen oder Geräte, die nicht dafür bemessen sind oder anhand der zugehörigen Produktnorm bereits geprüft sind, werden vor der Prüfung abgetrennt.

5. Schutz gegen Restspannung

   - Berührbare aktive Teile einer Maschine mit einer Spannung von mehr als 60 V während des Betriebes.
   - Nach dem Abschalten der Versorgungsspannung muss die Restspannung auf einen Wert von max. 60 V innerhalb von 5 s abgesunken sein.

6. Funktionsprüfungen

   - Alle elektrischen Stromkreise, die eine Sicherheitsfunktion gewährleisten, wie z. B
     - Erdschlussüberwachung und
     - Stopp-/Steuerungsfunktionen.

   Hinweis: Durch Steckverbinder abgetrennte Komponenten sind vor der Durchführung der Funktionsprüfung wieder zu verbinden!

   Nachprüfungen sind erforderlich, wenn ein Teil der Maschine und der zugehörigen Ausrüstung ausgewechselt, geändert oder instandgesetzt wurde.

Instandhaltung
Maintenance

DIN 31051: 2012-09

Instandhaltungselemente

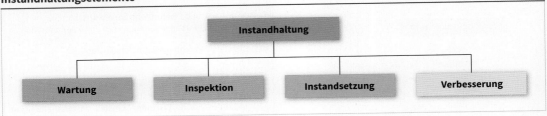

Begriffe

Instandhaltung	Kombination aller Maßnahmen (technisch, administrativ, Management) zur Erhaltung oder Wiederherstellung des funktionsfähigen Zustandes	Abnutzung	Abbau des Abnutzungsvorrates durch physikalische/chemische Einwirkungen (z. B. Verschleiß, Alterung, Rost, …)
Wartung	Maßnahmen zur Verzögerung des Abbaus eines vorhandenen Abnutzungsvorrates	Abnutzungsvorrat	Vorrat möglicher Abnutzung bei gleichzeitiger Funktionserfüllung
		Funktion	Durch den Verwendungszweck bedingte Aufgabe (z. B. Pumpen von mind. 50 l/min)
Inspektion	Feststellung und Beurteilung des Ist-Zustandes einschließlich Ursachenbestimmung der Abnutzung und Ableitung notwendiger Konsequenzen	Fehler	Zustand, in dem das System unfähig ist, die geforderte Funktion zu erfüllen
		Fehleranalyse	Nach Fehlerdiagnose (Erkennung, Ortung, Ursachenermittlung) erfolgt eine Prüfung, ob eine Verbesserung machbar und wirtschaftlich ist
Instandsetzung	Wiederherstellung des funktionsfähigen Zustandes (außer Verbesserungen)		
Verbesserung	Kombination aller Maßnahmen zur Steigerung der Funktionsfähigkeit, ohne die geforderte Funktion zu ändern	Schwachstelle	System, bei dem ein Ausfall häufiger auftritt, als dies nach der geforderten Verfügbarkeit zu erwarten ist

Einfluss der Instandhaltung

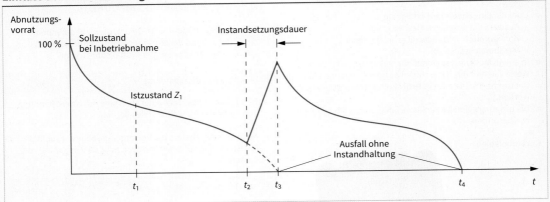

Instandhaltungsstrategien

vorbeugend		störungsbedingt
■ **zeitorientiert** Instandhaltungsmaßnahmen in festen Zeitabständen (z. B. durch Hersteller vorgegeben).	■ **zustandsorientiert** Instandhaltungsmaßnahmen sind abhängig vom technischen Zustand des Systems; erfordert Überwachung, Inspektionen oder Abnutzungsmodelle.	■ **ereignisorientiert** Instandhaltungsmaßnahmen bei Störungen des Systems.

RCM (**R**eliability **C**entered **M**aintenance): zuverlässigkeitsorientierte oder auch vorausschauende Instandhaltung kombiniert die o. g. Strategien zu einem wirtschaftlichen Optimum.

Leitungsortung
Cable Detection

Anwendung

- Vermeidung von Leitungs-/Kabelschäden durch
  - Bohrungen
  - Wand-/Deckendurchbrüche
  - Tiefbauarbeiten (Bagger)
  - Rohbautätigkeiten (Wandabriss)
- Zuordnung von Überstrom-Schutzorganen zur Leitung, bei fehlender Kennzeichnung
- Orten von Schäden an Kabeln und Leitungen, um Öffnungen am Gebäude bzw. Erdreich gering zu halten.

Passives Verfahren

- Keine elektrische Verbindung zur gesuchten Leitung erforderlich.
- Gerät erzeugt elektrische und/oder magnetische Wechselfelder. Je nach Material werden die Felder beeinflusst.
- Vorhandene Spannung und Stromfluss beeinflussen die Felder.
- Erfassungstiefe variiert je nach Material.
  - Eisenmetalle: 120 mm
  - Nichteisenmetalle (Kupfer): 80 mm
  - Stromführende Leitung: 50 mm
  - Holz: 38 mm
- Anwendung: z. B. Suche nach Leitungen vor Bohrtätigkeiten

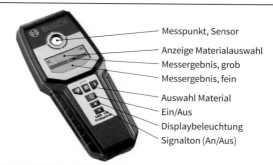

Messpunkt, Sensor
Anzeige Materialauswahl
Messergebnis, grob
Messergebnis, fein
Auswahl Material
Ein/Aus
Displaybeleuchtung
Signalton (An/Aus)

Aktives Verfahren

- Geber sendet Signale bestimmter Frequenzen auf die Leitung.
- Frequenz und Pegelhöhe sind wählbar.
- Je nach Messverfahren kann die betroffene Leitung in Betrieb oder abgeschaltet sein.
- Empfänger lokalisiert die Signale.
- Messsignal mit $f \gg 50$ Hz
- Benachbarte, unter Spannung stehende Leitungen ($f = 50$ Hz), stören die Suche nicht.

Einpoliges Verfahren

- Geeignet für Leitungssuche und Leiterunterbrechungen

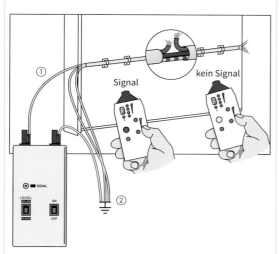

- Leiter muss vom Netz getrennt sein.
- Einen Leiter mit Geber verbinden. ①
- Geber und verbleibende Leiter mit Erde verbinden. ②
- Einspeisung eines hochfrequenten Signals
- Abgestrahltes Signal wird vom Empfänger lokalisiert.

Zweipoliges Verfahren

- Geeignet für Leitungssuche, Sicherungszuordnung und Kurzschlusssuche

- Leitung ist in Betrieb
- Geber prägt hochfrequenten Strom ein über (L-Leiter, Transformator, N-Leiter)
- Eingeprägter Strom wird mit Empfänger detektiert.

Messen und Prüfen

Kabelfehler
Cable Fault

Fehlerarten

Einteilung nach Art der Leiterberührung und Fehlerwiderständen:
- Kurzschluss (niederohmige Verbindung)
- Widerstandsfehler
- Hochohmige Fehler
- Leiter-Erde (Erdschluss, Erdkurzschluss)
- Leiter-Leiter (Kurzschluss)
- Unterbrechung

Fehlersuche

Ablauf:
1. Fehlerklassifizierung (Fehlerart ermitteln)
2. Vorortung (grobe Positionsbestimmung)
3. Trassenortung (Kabellage im Gelände ermitteln)
4. Nachortung (genaue Positionsbestimmung)
5. Kabelauslese (Kabelauswahl bei Bündeln)

Fehlerklassifizierung

- Mit der Isolationsmessung werden betroffene Leiter ermittelt.
- Zeitlich verändernde Isolationswerte geben weitere Hinweise (z. B. feuchte Fehler).

Vorortungen

Laufzeiten von Wanderwellen werden genutzt z. B. durch
- Einprägung eines Impulses (Impuls-Reflexionsverfahren)
- DC-Aufladung bis Überschlag eine Welle auslöst.

Beispiel: Impuls-Reflexionsverfahren

- Einspeisung eines Impulses
- Wanderwelle läuft über Kabel und wird von Fehlerstellen und Kabelende refelktiert.
- Aus Laufzeiten kann auf Entfernung zum Fehler geschlossen werden.
- Laufzeit ist abhängig von Kabeltyp, Zustand, Alter, Temperatur und Feuchtigkeit.

- Fehlerentfernung:

$$l_x = t \cdot \frac{v}{2} \quad \frac{v}{2} = \frac{l_g}{t}$$

t: Signallaufzeit (hin und zurück)
l_x: Entfernung zum Fehler
v: Ausbreitungsgeschwindigkeit
- v ist sehr klein (70 m/µs … 140 m/µs)
- Zeitmessfehler und Veränderungen von v ergeben Ungenauigkeit.

Beispiel: Kabelfehler (Leiter-Leiter-Kurzschluss)

Grafische Darstellung des Messergebnisses:

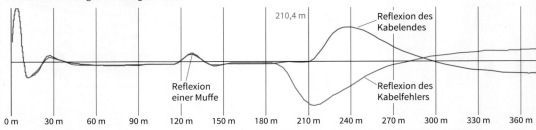

Trassenortung

- Frequenzgenerator speist Audiofrequenzsignal ein ①.
- Sonde ② ermittelt das Elektromagnetische Feld und gibt Lage und Richtung des Kabels an.

Nachortung

- Einspeisung von Impulsen ③, die zu Überschlägen in der Fehlerstelle führen.
- Mit Mikrofon ④ wird die genaue Fehlerstelle lokalisiert.

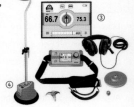

Wartungs- und Inspektionsgeräte
Maintenance and Inspection Devices

Endoskop

- Die Endoskopie dient zur **visuellen Inspektion** von Anlagenteilen, die nicht direkt in Augenschein genommen werden können.
- Endoskop-Bauformen

  `starr` `flexibel` `Videoskop`

- **Starre Endoskope (Boreskope):**
  Die Bildübertragung erfolgt mit einem
  - Stablinsen-System (Länge der Linse größer als deren Durchmesser) oder einem
  - Achromaten-Linsensystem (Linsensystem mit verschieden starker Dispersion).
- **Flexible Endoskope:**
  Die Bildübertragung wird mittels Lichtleiterbündeln (z. B. 12 000 Einzelfasern, jede Einzelfaser ein Objektpunkt) realisiert. Die Bildpunkte werden am Okular wieder zu einem Gesamtbild zusammengesetzt.
- **Videoskop:**
  Die Bilderfassung erfolgt direkt an einem in der Endoskopspitze integrierten Bildsensor (**CCD** **C**hip: **C**harge **C**oupled **D**evice). Die Übertragung erfolgt elektrisch zu der Auswerteeinrichtung (z. B. LCD Display oder Kamera).
- Lichtquellen für den Betrachtungsbereich:
  - Kaltlichtquellen
  - Miniaturlampen (direkt an Endoskopspitze)

Beispiel: Flexibles Endoskop
- Bedien-/Anzeigeeinheit
- flexibles Endoskoprohr
- Handgriff
- Endoskopkopf mit LED-Beleuchtung und integriertem Bildsensor

Strahlungsthermometer

- Bei der **kontaktlosen Temperaturmessung** wird die **infrarote Strahlung** (Wellenlänge 0,78 µm bis 1000 µm) verwendet (Strahlungsthermometrie).
- **Infrarotdetektoren** (**Pyroelektrische Detektoren, Thermosäulen**) absorbieren die auftreffende elektromagnetische Strahlung.
- Die **Pyrometerbauarten** sind unterteilt in **Spektral-, Bandstrahlungs-, Gesamtstrahlungs-** und **Quotientenpyrometer**.
- Der **Emissionsgrad**
  - definiert die Fähigkeit eines Körpers infrarote Strahlung abzugeben,
  - ist vom jeweiligen Werkstoff und seiner Oberflächenbeschaffenheit abhängig und
  - ist entsprechend einzustellen.

Beispiele: Handmessgerät — Stationäre Messeinrichtung mit Datenanschluss — Datenanschluss — Objektiv

Infrarotkamera

- Sie zeigt die Temperaturverteilung an einem Objekt in **bildgebender Darstellung** an.
- Der zur Messung genutzte Spektralbereich liegt zwischen 3,5 µm und 14 µm (mittleres Infrarot).
- Die gemessenen Temperaturen (Grauwerte) werden in einer **Falschfarbendarstellung** in
  - weiß (hohe Temperaturen, warm),
  - gelb bzw. rot (mittlere Temperaturen) und
  - blau (niedrige Temperaturen)
  dargestellt.
- Unterschiedliche **Reflexionseigenschaften** von Materialoberflächen erfolgen durch Korrektur des **Emissionsgrades** (Tabellenwerte).
- Transparente Abdeckungen (z. B. **Sichtfenster**) müssen für Infrarotstrahlung durchlässig sein.
- Anwendung: präventive Instandhaltung, Zustandserfassung

Beispiel: Elektromotor mit Antriebswelle

Messen und Prüfen

Prüfzeichen an elektrischen Betriebsmitteln
Test Marks on Electrical Equipment

Nationale Prüfzeichen

Zeichen	Erklärung	Zeichen	Erklärung	Zeichen	Erklärung
	VDE-Zeichen Verband der Elektrotechnik, Elektronik Informationstechnik e.V.		Sicherheitszeichen Prüfzeichen Geprüfte Sicherheit		Prüfzeichen für Bauelemente der Elektronik
	VDE-Harmonisierungszeichen für Kabel und Leitungen		Sicherheitszeichen Prüfstelle: VDE		Qualitätszeichen für geräuscharme Ausführung elektrischer Geräte
	Funktionszeichen Im freien Ausschnitt Funkstörgrad: G, N, K oder O		Sicherheitszeichen Prüfstelle: TÜV (Technischer Überwachungsverein)		Qualitätssicherheit für gasdichte, wiederaufladbare Knopfzellen (DIN ISO 9001)
	Produkte, die nach dem Produktsicherheitsgesetz die Qualitäts- und Sicherheitsstandards erfüllen		Sicherheitszeichen Prüfstelle: DIN		Qualitätssicherheit für Schutzbauelemente (DIN ISO 9001)
	ENEC-VDE Prüfzeichen		Sicherheitszeichen Prüfstelle: Berufsgenossenschaft		Prüfzeichen Sicherheitsprüfung z. B. bei elektrischen Geräten
	Prüfsiegel der VDE-Elektromagnetische Verträglichkeit		Kennzeichen, Vereinigung der Hersteller und Verarbeiter von Kunststoffen		Recyclingzeichen Wiederaufbereitung nach Verwendung

Internationale Prüfzeichen

Zeichen	Land	Zeichen	Land	Zeichen	Land	Zeichen	Land
CEBEC	Belgien	CSA	Kanada	S	Schweiz	MSZ	Ungarn
D	Dänemark	KEMA KEUR	Niederlande	N	Spanien	UL	USA (Einzelgeräte)
FI	Finnland	N	Norwegen	EZÚ	Tschechien & Slowakei	CCC	China
NF	Frankreich	ÖVE	Österreich				
	Großbritannien	B	Polen				
	Italien	S	Schweden				

Zeichen	Erklärung
E 1	ECE: Kommission der UN für Europa mit Kennzahl des Landes, das Genehmigung erteilt hat, z. B. 1 für Deutschland
	CCE: Internationale Kommission für Regeln zur Begutachtung elektromagnetischer Erzeugnisse
CE	Kennzeichnung durch Hersteller zeigt die Einhaltung aller relevanten europäischen Sicherheitsrichtlinien auf allen elektrischen und elektronischen Geräten.
	IEC (CEI): International Electrotechnical Commission Internationale Elektrotechnische Kommission

Funkentstörung
Radio Interference Suppression

Richtlinie 82/499/EWG, DIN EN 55014-1: 2018-08

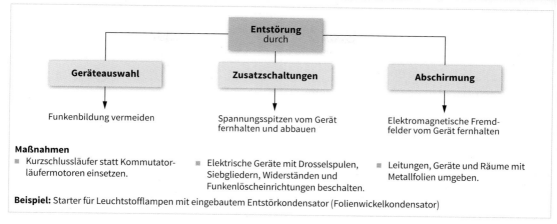

Maßnahmen
- Kurzschlussläufer statt Kommutatorläufermotoren einsetzen.
- Elektrische Geräte mit Drosselspulen, Siebgliedern, Widerständen und Funkenlöscheinrichtungen beschalten.
- Leitungen, Geräte und Räume mit Metallfolien umgeben.

Beispiel: Starter für Leuchtstofflampen mit eingebautem Entstörkondensator (Folienwickelkondensator)

Begriffe

- **Funkstörung** ist eine hochfrequente Störung (0,15 MHz ... 300 MHz) des Funkempfanges.
- Eine **Dauerstörung** ist eine Funkstörung, die länger als 200 ms andauert.
- **Grenzwertpegel** L (s. Diagramm)
- Die **Knackrate** N ist die Anzahl der Funkstörungen pro Minute.
- Die **Knackstörung** ist eine Funkstörung, die weniger als 200 ms dauert (s. Richtlinie). Der Grenzwertpegel L_Q ist wie folgt zu berechnen:

$L_Q = L + 44$ für $N < 0,2$
$L_Q = L + 20 \lg \frac{30}{N}$ für $0,2 < N < 30$
$L_Q = L$ für $30 < N$

Einheit für L_Q:
– dB (µV) für 0,15 MHz < 1 < 30 MHz
– dB (pW) für 30 MHz < 1 < 300 MHz

- Der **Funkstörgrad** ist eine frequenzabhängige Grenze für Funkstörungen.
  0 funkstörfrei
  N funkstörtt (Normalstörgrad)
  K funkstörtt (Kleinststörgrad)
  G grobentstört (Einsatz beschränkt)

Funkschutzzeichen mit Angabe des Störgrades

Grenzwertpegel

a: **Haushaltsgeräte**
b: **Halbleiterstellglieder**
  1: am Netz
  2: am Verbraucher

c: **Elektrowerkzeuge**
  1: bis 700 W
  2: 700 W ... 1000 W
  3: 1000 W ... 2000 W

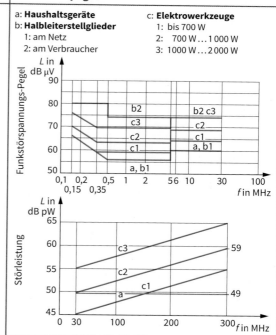

Schaltungen

Beispiel: Funkentstörung am Wechselstrommotor

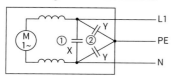

Beispiel: Funkenlöschung bei Schaltern

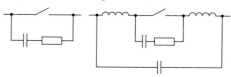

Es ist nur die Verwendung spezieller Funkentstörkondensatoren nach DIN VDE 0565 zulässig:

- **Klasse X**, parallel zum Netz ①
  – X1 für Spitzenspannung $u_{max} \geq 1200$ V
  – X2 für $u_{max} < 1200$ V
- **Klasse Y**, Schaltung zwischen Außenleiter und Neutralleiter sowie Außenleiter und Schutzleiter ②

Messen und Prüfen

Protokolle und Berichte
Reports

Arten | Anwendung

Arten		Anwendung
Prüfprotokoll	– Erst- und Wiederholungsprüfung – Enthält die geprüften technischen Werte einer Anlage	■ Protokolle und Berichte – sind Bestandteil einer durchgeführten Prüfung, – beinhalten schriftliche Aufzeichnungen von Prüfungsabläufen und Prüfungsergebnissen, – dienen u. a. zum Nachweis der Einhaltung geforderter Prüfvorgaben (z. B. Betriebssicherheitsverordnung), – sind entsprechend der Vorgaben vollständig auszufüllen, – sind aufbewahrungspflichtig und – auf Verlangen den Aufsichtsbehörden zugänglich zu machen.
Übergabebericht	– Neuanlage – Beschreibt die ausgeführten Arbeiten ohne Bewertung der Prüfergebnisse	
Zustandsbericht	– Bestehende elektrische Anlage – Beinhaltet Bewertung des Zustandes anhand von Kennziffern	

Beispiel

Prüfung elektrischer Anlagen
Prüfprotokoll

Nr. 02   Blatt *01* von *05*   Kunden Nr.: *030/2017*

Auftraggeber: **Auftrag Nr.:**   **Auftragnehmer:**

Bildungshaus Schulbuchverlage GmbH
Georg-Westermann-Allee 66
38104 Braunschweig
Betriebsunterhaltung / Herr S. Müller

Firma Elektrotechnik Volta
Ackerstr. 10
38100 Braunschweig

Anlage: *Rechenzentrum, Gebäude 02 / Raum 0203*

Prüfung nach: DIN VDE 0100 Teil 600 ☒   DIN VDE 0105 ☐   DGUV ☐ .... / .... ☐

Neuanlage ☐   Erweiterung ☒   Änderung ☐   Instandsetzung ☐   Wiederholungsprüfung ☐   E-CHECK ☐

Beginn der Prüfung: *01.02.2019*   Beauftragter des Auftraggebers: *Herr S. Meier*   Prüfer: *Walter Ohmstede*

Ende der Prüfung: *05.02.2019*

Netz *400* / *230* V   Netzfrom: TN-C ☐   TN-S ☒   TN-C-S ☐   TT ☐   IT ☐

Neuanlage   *BS I Energy*

Besichtigen   i.O. / n.i.O.
- Auswahl der Betriebsmittel ☒ ☐
- Trenn- und Schaltgeräte ☒ ☐
- Brandabschottungen ☒ ☐
- Gebäudesystemtechnik ☒ ☐
- Kabel, Leitungen, Stromschienen ☒ ☐

i.O. / n.i.O.
- Kennzeichnung Stromkreis, Betriebsmittel ☒ ☐
- Kennzeichnung N- und PE-Leiter ☒ ☐
- Leiterverbindungen ☒ ☐
- Schutz- und Überwachungseinrichtungen ☒ ☐
- Schutz gegen direktes Berühren ☒ ☐

i.O. / n.i.O.
- Zugänglichkeit ☒ ☐
- Schutzpotenzialausgleich ☒ ☐
- Zus. örtl. Schutzpotenzialausgleich ☒ ☐
- Dokumentation ☒ ☐
- siehe Ergänzungsblätter ☒

Erproben
- Funktionsprüfung der Anlage ☒ ☐
- FI-Schutzschalter (RCD) ☒ ☐
- Funktion der Schutz-, Sicherheits- und Überwachungseinrichtungen ☒ ☐
- Drehrichtung der Motoren ☒ ☐
- Rechtsdrehfeld der Drehstromsteckdose ☒ ☐
- Gebäudesystemtechnik ☒ ☐

Messen   Stromkreisverteiler Nr.: *0203/01*

Stromkreis		Leitung/Kabel			Überstrom-Schutzeinrichtung				R_{iso} (MΩ)		Fehlerstrom-Schutzeinrichtung (RCD)						Fehler-code
Nr	Zielbezeichnung	Typ	Leiter Anzahl	Quers. (mm²)	Art Charakteristik	I_n (A)	Z_s (Ω) I_k (A)		ohne ☐ mit ☐ Verbraucher		I_n/Art (A)	$I_{ΔN}$ (mA)	I_{mess} (mA) ($\leq I_{ΔN}$)	Ausl.-Zeit t_A (ms)	$U_L \leq ...V$ U_{mess} (V)		

Messwerte siehe Anlagen Seite 2 und 3

Durchgängigkeit Potenzialausgleich (≤ 1 Ω nachgewiesen)   Erdungswiderstand R_E *1,8* Ω

- Fundamenterder ☒
- Haupterdungsschiene ☒
- Wasserzwischenzähler ☐
- Hauptwasserleitung ☒
- Hauptschutzleiter ☒
- Gasinnenleitung ☐
- Heizungsanlage ☒
- Klimaanlage ☐
- Augzugsanlage ☐
- EDV-Anlage ☒
- Telefonanlage ☒
- Blitzschutzanlage ☐
- Antennenanlage/BK ☐
- Gebäudekonstruktion ☐

Verwendete Messgeräte nach DIN VDE *0413*   Fabrikat: *GMC* Typ: *Profitest 5000*   Fabrikat: Typ: Fabrikat: Typ:

Prüfergebnis: keine Mängel festgestellt ☒   **Prüf-Plakette angebracht:** ja ☒   **Nächster Prüftermin:** *02/2021*
    Mängel festgestellt ☐   nein ☐

Auftraggeber:
- Gemäß Übergabebericht elektrische Anlage vollständig übernommen ☒
- Zustandsbericht erhalten ☐

Prüfer:
- Die elektrische Anlage entspricht den anerkannten Regeln der Elektrotechnik ☒
- Die elektrische Anlage entspricht nicht den anerkannten Regeln der Elektrotechnik ☐

Braunschweig, 06.02.2019   *S. Meier*   *Braunschweig, 06.02.2019*   *W. Ohmstede*
Ort   Datum   Unterschrift   Ort   Datum   Unterschrift

Automatisierungstechnik 7

Regelungstechnik
- 250 Regelungsprinzip
- 251 Zeitverhalten
- 252 Zeitverhalten von Regelstrecken
- 253 Stetige Regeleinrichtungen
- 254 Unstetige Regeleinrichtungen
- 255 Aktoren

Steuerungen
- 256 SPS – Speicherprogrammierbare Steuerungen
- 257 SPS – Baugruppen
- 258 SPS – Programmierung
- 259 GRAFCET-Ablaufsteuerungen
- 260 Gebäudesystemtechnik (KNX)
- 261 Gebäudesystemtechnik (KNX)
- 262 Gebäudesystemtechnik (KNX)

Bussysteme
- 263 Powernet KNX
- 264 Feldbussysteme
- 265 AS-Interface
- 266 PROFIBUS
- 267 LON – Local Operating Network
- 268 LCN – Local Control Network
- 269 Z-Bus
- 270 BACnet

Regelungsprinzip
Closed Loop Control Principle

DIN IEC 60050-351: 2014-09

Kennzeichen des Regelns

- Fortlaufende Erfassung der zu regelnden Größe
- Vergleichen der Regelgröße mit der Führungsgröße
- Angleichen der Regelgröße an die Führungsgröße
- Geschlossener Wirkungsablauf (Regelkreis)

Elemente der Regelungstechnik

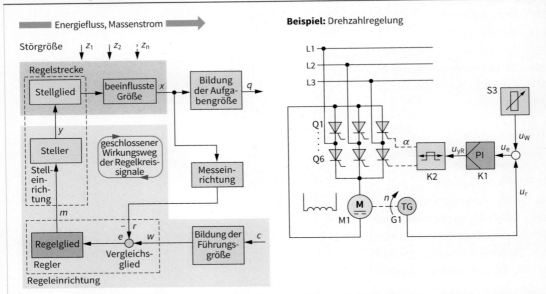

Beispiel: Drehzahlregelung

Bezeichnung	Erklärung	Beispiel
Regelstrecke	Sie ist Teil des Systems oder Wirkungsplans, der beeinflusst werden soll.	Q1…Q6, M1
Regler	Er besteht aus Vergleichsglied und Regelglied.	K1
Regeleinrichtung	Teil des Regelkreises, der die Regelstrecke über das Stellglied beeinflusst.	Vergleichsglied, K1
Steller	Er ist eine Funktionseinheit, in der aus der Reglerausgangsgröße die zur Aussteuerung des Stellgliedes erforderliche Stellgröße gebildet wird.	K2
Stellglied	Es ist eine Funktionseinheit am Eingang der Regelstrecke, die in den Massenstrom oder Energiefluss eingreift. Das Stellglied gehört zur Strecke.	Q1…Q6

Größen der Steuerungs- und Regelungstechnik

Größe	Symbol	Erklärung	Größe	Symbol	Erklärung
Regelgröße	x	Größe der Regelstrecke, die zum Regeln erfasst und der Messeinrichtung zugeführt wird.	Störgröße	z	Von außen wirkende Größe, die die beabsichtigte Beeinflussung in der Steuerung oder Regelung beeinträchtigt.
Aufgabengröße	q	Von der Steuerung oder Regelung zu beeinflussende Größe, die mit der Regelgröße verknüpft sein muss, aber nicht unbedingt zum Regelkreis gehört.	Führungsgröße	w	Von der Steuerung oder Regelung unbeeinflusste Größe, der die Steuerung oder Regelung folgen soll. Sie wird dem Regelkreis von außen zugeführt.
Stellgröße	y	Ausgangsgröße der Steuer- oder Regeleinrichtung, zugleich Eingangsgröße der Strecke. Sie überträgt die steuernde Wirkung der Einrichtung auf die Strecke.	Rückführgröße	r	Aus der Messung der Regelgröße hervorgegangene und dem Vergleichsglied zugeführte Größe.
			Regeldifferenz	e	Differenz zwischen der Führungsgröße w und der Rückführgröße r. $e = w - r$

Zeitverhalten
Time Behaviour

DIN IEC 60050-351: 2014-09

Führungsgrößen

Bezeichnung	Erklärung	Beispiel
Folgeregelung	Die Regelgröße folgt der von außen vorgegebenen, zeitlich veränderlichen Führungsgröße.	Witterungsgeführte Heizungsregelung
Zeitplanregelung	Die Führungsgröße wird nach einem Zeitplan vorgegeben.	Heizungsregelung mit tage- oder wochenweiser Programmierung
Festwertregelung	Die Führungsgröße ist auf einen festen Wert eingestellt bzw. innerhalb des Führungsbereiches einstellbar.	Drehzahlregelung, Spannungsstabilisierung

Regelkreisglieder

Um optimales Zusammenwirken von Regelstrecke und Regeleinrichtung zu erreichen, ist die Kenntnis des zeitlichen Verhaltens der einzelnen Glieder notwendig. Zur Untersuchung wird vorzugsweise die Regelstrecke mit verschiedenartigen Änderungen der Eingangsgröße beaufschlagt und die Ausgangsgröße im zeitlichen Verlauf beobachtet.

Verfahren	Erklärung	Zeitlicher Verlauf
Sprungantwort	Zeitlicher Verlauf der Ausgangsgröße ① nach einer sprungartigen Änderung der Eingangsgröße ②.	
Impulsantwort	Zeitlicher Verlauf der Ausgangsgröße ③ bei einem Nadelimpuls ④ der Eingangsgröße.	
Anstiegsantwort	Zeitlicher Verlauf der Ausgangsgröße ⑤ bei einer Anstiegsfunktion mit definierter Änderungsgeschwindigkeit ⑥ als Eingangsgröße.	
Sinusantwort	Zeitlicher Verlauf der Ausgangsgröße ⑦ bei sinusförmigem Verlauf ⑧ und Durchfahren der Frequenzen $\omega = 0$ bis $\omega = \infty$, ($\omega = 2\pi f$, Kreisfrequenz) der Eingangsgröße. Der Frequenzgang ($|G(\omega)| = |x/y|$) und der Phasengang (Phasenwinkelverlauf $\varphi = f(\omega)$) werden im Bode-Diagramm zur Beurteilung der Stabilität des Regelkreises dargestellt.	

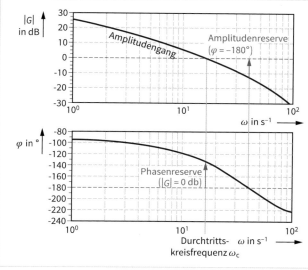

Regelkreisverhalten:
- Es werden der Betrag der Übertragungsfunktion (Amplitudengang) und der Phasenwinkel (Phasengang) bei verschiedenen Frequenzen der Sinusanregung dargestellt.

Reglerauslegung/Stabilitätsbetrachtung:
- **Reihenschaltung** mehrerer Strecken und Regler können durch Addition der Einzelkurven dargestellt werden.
- Größen zur Reglerauslegung
  - Durchtrittskreisfrequenz: ω_c bei $|G| = 0$
  - Phasenreserve: bei Durchtrittsfrequenz
- Bei **positiver Phasenreserve** ist der Regler stabil.
- **Höhere Phasenreserve** ergibt Stabilitätsreserven.
  20 % ... 50 %: gutes Störungsverhalten
  40 % ... 70 %: gutes Führungsverhalten
- **Durchtrittskreisfrequenz** ω_c ist Maß für die Reglerschnelligkeit.

Automatisierungstechnik

Zeitverhalten von Regelstrecken
Time Behaviour of Controlled Systems

Sprungantwort-Verfahren
Dem Sprungantwort-Verfahren kommt in der Praxis die größte Bedeutung zu, da sich damit die Übergangsfunktion meist mit geringem Aufwand experimentell ermitteln lässt.

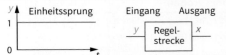

Einheitssprung — Eingang y → Regelstrecke → Ausgang x

	Bezeichnung, Kenngrößen	Sprungantwort	Beispiel	Übergangsverhalten
P-Strecken (Strecken mit Ausgleich)	**P$_0$-Strecke** Proportional-Beiwert $K_P = x/y$			x folgt proportional unverzögert der Eingangsgröße y.
	PT$_1$-Strecke Proportional-Beiwert $K_P = x_\infty/y$ T_S: Zeitkonstante			x folgt proportional, nach einer e-Funktion verzögert, der Eingangsgröße y.
	PT$_2$-Strecke Proportional-Beiwert $K_P = x_\infty/y$ T_u: Verzugszeit T_g: Ausgleichszeit			x folgt proportional, mit zwei Zeitkonstanten verzögert, der Eingangsgröße y.
	PT$_t$-Strecke Proportional-Beiwert $K_P = x/y$ T_t: Totzeit		$T_t = s/v$	x folgt proportional, um die Zeit T_t verzögert, der Eingangsgröße y.
	PT$_t$-T$_1$-Strecke Proportional-Beiwert $K_P = x_\infty/y$ T_t: Totzeit T_S: Zeitkonstante		Mischung im Behälter	x folgt proportional, mit einer e-Funktion und einer Totzeit verzögert, der Eingangsgröße y.
I-Strecken (Strecken ohne Ausgleich)	**I$_0$-Strecke** Integrierzeit T_I Integrierbeiwert $K_I = v_x \cdot \dfrac{1}{y}$ $v_x = \dfrac{\Delta x}{\Delta t}$			x ist das Zeitintegral der Eingangsgröße y.
	IT$_1$-Strecke T_I: Integrierzeit T_S: Verzögerungs-zeitkonstante		$\varphi = x$	x ist das Zeitintegral, verzögert mit einer Zeitkonstanten, der Eingangsgröße y.
	IT$_t$-Strecke T_I: Integrierzeit T_t: Totzeit			x ist das Zeitintegral, verzögert mit der Totzeit T_t, der Eingangsgröße y.

Stetige Regeleinrichtungen
Continuous Action Control Assemblies

Bei stetig wirkenden Regeleinrichtungen kann die Stellgröße y innerhalb des Stellbereiches Y_h jeden Wert annehmen. Die mit elektronischen Reglern relativ einfach realisierbaren gewünschten Eigenschaften werden hier stellvertretend auch für nicht elektronisch (mechanisch, pneumatisch, hydraulisch) arbeitende Regeleinrichtungen behandelt.

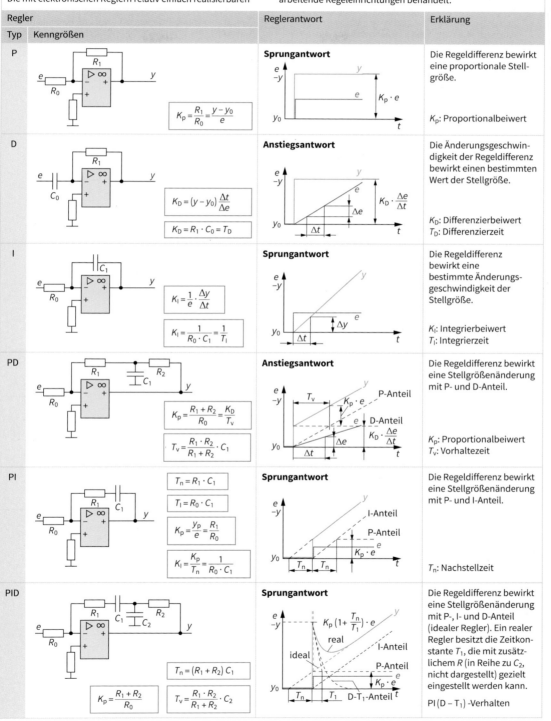

Automatisierungstechnik

Unstetige Regeleinrichtungen
Discontinuous Action Control Assemblies

- **Zweipunkt-Regeleinrichtung**
  - Die Stellgröße kann beim Zweipunktregler nur zwei Zustände annehmen: EIN und AUS.
  - Zweipunktregler eignen sich aufgrund des unstetigen Verhaltens nur zum Betrieb an solchen Regelstrecken, deren Veränderung der Regelgröße zeitbehaftet (verzögert) erfolgt.

- **Dreipunkt-Regeleinrichtung**
  - Dreipunktregeleinrichtungen verfügen über drei Schaltzustände: Zustand I – AUS – Zustand II.
  - Auch diese Reglerart kann nur an verzögerten Regelstrecken und Regelstrecken mit I-Verhalten betrieben werden.

Zweipunktregler

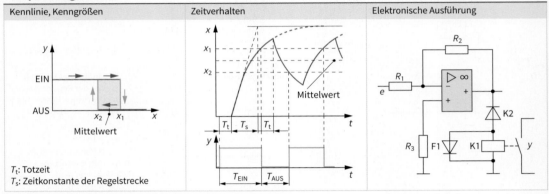

T_t: Totzeit
T_s: Zeitkonstante der Regelstrecke

Dreipunktregler

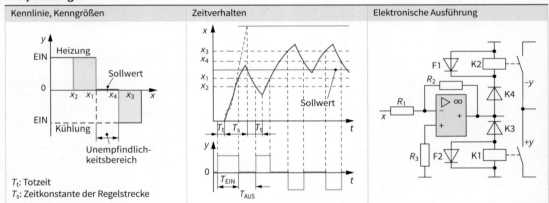

T_t: Totzeit
T_s: Zeitkonstante der Regelstrecke

Eignung von Reglern bei gegebener Strecke

Strecke			Regler					
		P	I	PI	PD	PID	2-Punkt-regler
P-Strecken	P_0	■	■	■	■	■	■
	PT_1	■	■	■	■	■	■
	PT_2	■	■	■	■	■	■
	PT_T	■	■	■	■	■	■
	PT_tT_1 $\tau \gg T_t$	■	■	■	■	■	■
	$\tau > T_t$	■	■	■	■	■	■
I-Strecken	I_0	■	■	■	■	■	■
	IT_1	■	■	■	■	■	■
	IT_t	■	■	■	■	■	■

■ besonders geeignet   ■ geeignet   ■ ungeeignet

Aktoren
Actuators

Merkmale

- Ein Aktor (Aktuator) ist ein System (Stellglied), mit dem eine physikalische Größe beeinflusst wird.
- Die Steuerung (Stellsignal, Eingangsinformation) erfolgt in der Regel mit elektrischen Signalen.
- Die Eingangsinformation wird verarbeitet.
- Zur Funktion muss in der Regel Energie separat zugeführt werden (Hilfsenergie). Die Hilfsenergie wird in eine andere Energie umgewandelt.

Einteilung nach der Hilfsenergie

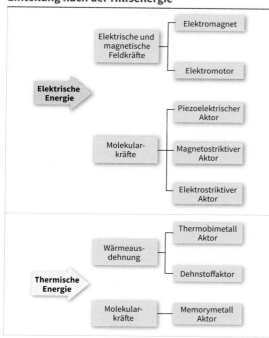

Funktionen von Aktoren

- Bewegen
  - Translation
  - Rotation
  - Schwingung
  - Bremsen
  - Bewegung in Bahnen
- Halten
- Positionieren
- Bearbeiten
- Fördern
  - Gase
  - Flüssigkeiten
  - feste Körper, Partikel
- Heizen und Kühlen
- Beschallen
- Beleuchten
- Ionisieren, Bestrahlen

Thermobimetalle

- Thermobimetalle sind Verbundstoffe aus mindestens zwei Metallen mit unterschiedlichen Wärmeausdehnungskoeffizienten α.
- Bei Temperaturänderung kommt es zu einer Verformung. Diese Verformung kann je nach Aufbau zu einer Hub- oder Drehbewegung führen.

Material:
Nickel-Eisen-Legierungen
– FeNi36 (Handelsname Invar)
– FeNi42, FeNi48 (für höhere Temperaturen)

Merkmale:
Große Stabilität, geringer Preis, geringe Stellkraft

Ausführungsformen:

Streifen | Streifen in U-Form | Spirale

Piezoelektrische Aktoren

- Piezo (griechisch): Druck
  Piezoelektrischer Effekt: Ionenverschiebung (Ladungstrennung) im Innern von Kristallen bei Krafteinwirkung.
- Wenn Ladungen (elektrisches Feld) auf die Oberfläche bestimmter Kristalle (z. B. Quarz) gebracht werden, deformieren sich diese (Umkehrung des piezoelektrischen Effekts). Unter Einfluss des elektrischen Feldes verändern sich die Abmessungen. Wenn die Verformung verhindert wird, treten entsprechende Kräfte auf.
- Werkstoffe:
  - Natürliche Kristalle: Quarz, Turmalin, Seignettesalz
  - Synthetische Keramiken: z. B. PZT (Blei-Zirkonat-Titanat)

- Bei großen Kräften können geringe Stellwege realisiert werden (z. B. Stapelbauweise).
- Bei relativ großen Stellwegen können nur geringe Kräfte realisiert werden (Biegewandler).
- Längenänderung: $\frac{\Delta l}{l_0} = 10^{-3}$
  - Hochvolt-Aktoren (…1500 V):
    Anfangslänge 1 mm $\Rightarrow \Delta l = 1\,\mu m$
  - Niedervolt-Aktoren (ab 60 V):
    Anfangslänge 0,1 mm $\Rightarrow \Delta l = 0,1\,\mu m$
- Nichtlineares Verhalten

Automatisierungstechnik

SPS – Speicherprogrammierbare Steuerungen
PLC – Programmable Logic Controllers

Aufbau

- Eine einfache Form einer speicherprogrammierbaren Steuerung (z. B. SIMATIC S7-1500) besteht aus den Baugruppen
  - **PS** ① (**P**ower **S**upply: Stromversorgung),
  - **CPU** ② (**C**entral **P**rocessing **U**nit: Zentraleinheit)
  - **SM** ③ (**S**ignal **M**odule: Signalbaugruppe)

- Die Eingangssignale der Sensoren werden von der SPS erfasst, im Steuerungsprogramm verarbeitet und die Ausgänge gesteuert.

- Die Zentralbaugruppe beinhaltet folgende Bereiche:
  Funktionsbereiche
  PAE: Prozess**a**bbild der **E**ingänge
  PAA: Prozess**a**bbild der **A**usgänge
  Interner Bus: Informationsaustausch in der Zentralbaugruppe
  Steuerwerk: Verarbeitung des Steuerprogramms

  Speicherbereiche
  Programmspeicher: Enthält das Anwenderprogramm
  Merker: Speicherung der programmspezifischen Zwischenergebnisse
  Zähler: Speicherung der Ergebnisse aus Zähloperationen
  Zeitglieder: Speicherung der Ergebnisse aus Zeitoperationen

- Übertragung des Programms vom PC zur SPS über eine Netzwerkverbindung (z. B. LAN)

- Einsatz von Bussystemen (PROFIBUS, ASI-Bus, Industrial Ethernet) zur Ankopplung der externen Prozessperipherie an die SPS

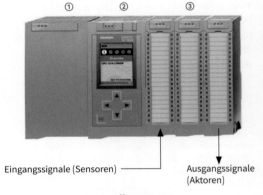

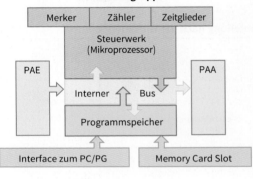

Programmiersprachen für SPS

Bezeichnung	Abk.	Eigenschaften	Beispiel
Anweisungs**l**iste	AWL	Die Anweisungen werden als Text formuliert und in der Reihenfolge notiert, in der sie von der CPU abgearbeitet werden. Die Beispielanweisungen entsprechen der Step7-Syntax, die sich von der Norm IEC 61131-3 unterscheidet.	U E 0.1 U E 0.2 O E 0.3 = A 0.1
Strukturierter **T**ext	ST	Textorientierte Hochsprache zur Realisierung komplexer Funktionen und mathematischer Algorithmen.	A0.1 := E0.1 & E0.2 OR E0.3
Funktions**b**au**s**teinsprache	FBS	Grafisch orientierte Programmiersprache, die die aus der boolschen Algebra bekannten Logiksymbole verwendet. Sie ist besonders für Verknüpfungssteuerungen geeignet.	E0.1, E0.2, E0.3 → & → ≥1 → A0.1 =
Kontakt**p**lan	KOP	Grafisch orientierte Programmiersprache, die der Darstellung in Stromlaufplänen nachempfunden ist. Sie ist besonders für Verknüpfungssteuerungen geeignet.	E0.1 E0.2 ─( )─ A0.1 E0.3
Ablauf**s**prache	AS	Grafisch orientierte Darstellung zur Realisierung von Ablaufsteuerungen. Die Einzelschritte (Aktionen) werden in einer Schrittkette aufgelistet, die durch Weiterschaltbedingungen (Transitionen) miteinander verbunden sind.	6 ─ 2M1 1s/X6 7 ─ 3M1 := 0 3M2 := 1 3B2

Automatisierungstechnik

SPS – Baugruppen
PLC – Modules

Baugruppen

Beispiel: Simatic S7

- Die Baugruppen werden auf einer Profilschiene montiert.
- Die Anordnung der Baugruppen auf der Profilschiene ist fest vorgegeben:
  Steckplatz 1: Netzteil ①
  Steckplatz 2: Zentralbaugruppe ②
  Steckplatz 3: Anschaltbaugruppe (optional) ③
  Steckplatz 4-11 bzw. 3-10: weitere Baugruppen
- Über eine **MPI**-Schnittstelle ④ (**M**ulti **P**oint **I**nterface), PROFIBUS- oder TCP/IP-Verbindung können mehrere SIMATIC S7-Steuerungen miteinander kommunizieren.
- MPI-Schnittstelle: Herstellerspezifische Schnittstelle zur Kommunikation zwischen SIMATIC-Geräten, z. B. CPUs.
- Zur Programmierung der SPS wird ein Computer über eine LAN- oder MPI-Schnittstelle mit der SPS verbunden.
- Das MPI-Netzwerk kann aus mehreren Segmenten mit bis zu 127 Teilnehmern bestehen (max. 32 pro Segment). Die Entfernung zwischen den Teilnehmern kann max. 50 m (ohne Repeater) betragen.
- Die Verbindungen werden über PROFIBUS-Leitungen (geschirmte Zweidrahtleitungen nach dem RS485 Standard) und PROFIBUS-Stecker hergestellt.
- Es werden Übertragungsraten von 19,2 kbit/s bis 12 Mbit/s erreicht.
- Baugruppen einer SPS sind offene Betriebsmittel und dürfen daher nur in geschlossenen Gehäusen, Schränken oder in elektrischen Betriebsräumen montiert werden.
- Werden zum Aufbau mehrere Profilschienen erforderlich (max. 4 Schienen), leitet die Anschaltbaugruppe den Rückwandbus der SPS zur nächsten Baugruppe weiter.

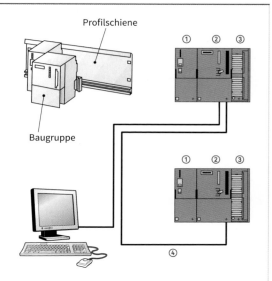

Profilschiene

Baugruppe

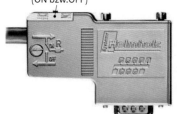

MPI-Stecker: Schalter für den Busabschluss (ON bzw. OFF)

Beispiele für S7 300/400

Komponente	Funktion	Abbildung	Komponente	Funktion	Abbildung
PS (**P**ower **S**upply)	Stellt die Betriebsspannung von 24 V DC zur Verfügung und versorgt die Laststromkreise		**IM** (**I**nterface **M**odule)	Verbindung des Rückwandbusses bei Anwendung mehrerer Baugruppenträger (Profilschienen)	
CPU (**C**entral **P**rocessing **U**nit)	Führt das Anwendungsprogramm aus; Spannungsversorgung des Rückwandbusses		**CP** (**C**ommunication **P**rocessor)	Entlastung der CPU von Kommunikationsaufgaben, z. B. zur Anschaltung vom PROFIBUS-DP	
SM (**S**ignal **M**odule)	Anpassung unterschiedlicher Prozesssignalpegel (Ein-/Ausgabebaugruppe)		RS485 Repeater	Verstärkung der Signale in einem MPI bzw. PROFIBUS Netzwerk	
FM (**F**unction **M**odule)	Realisierung zeitkritischer und speicherintensiver Aufgaben (z. B. Regler)		Profilschiene	Baugruppenträger zur Aufnahme der Module	

Automatisierungstechnik

SPS – Programmierung
PLC – Programming

Programmstrukturen

- Die **strukturierte Programmierung** dient zur Effizienzsteigerung bei der Programmerstellung, da die Teilaufgaben des Projektes in wiederverwendbare Bestandteile gegliedert werden.
- Das Anwenderprogramm ist in Form von **Code-** und **Datenbausteinen** im Speicher der SPS abgelegt.
- In einem **Programmzyklus** werden jeweils das Prozessabbild der Eingänge (PAE) eingelesen, schrittweise verarbeitet und das Ergebnis des Prozessabbildes der Ausgänge (PAA) an der Ausgabebaugruppe ausgegeben.
- Beim **linearen Programm** ① befinden sich alle Anweisungen im **Organisationsbaustein** OB1. Die verwendeten Operanden sind überall im Programm gültig (Globale Variablen).
- Die **Organisationsbausteine** werden ereignisgesteuert vom Betriebssystem gestartet.
- Bei der strukturierten Programmierung ② wird zwischen der Programmierung mit bzw. ohne wiederverwendbaren Bausteinen unterschieden.
- Die Programmfunktionen werden dazu in **Funktionen (FC)** und **Funktionsbausteine (FB)** programmiert und auch als bibliotheksfähige Bausteine bezeichnet.
- Wiederverwendbare FCs bzw. FBs verwenden lokale anstatt globale Variablen. Dadurch kann der gleiche Programmcode in verschiedenen SPS-Programmen verwendet werden.
- **Lokale Variable** sind durch ein Rautezeichen (z. B. #EIN) vor dem Variablennamen gekennzeichnet und erfordern eine Zuordnung der Variablen zu den Ein- und Ausgängen der Anlage.

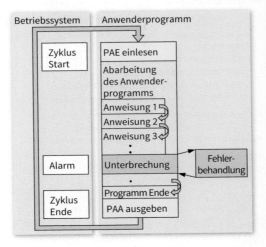

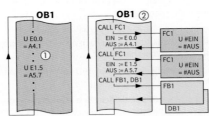

Codebausteine	
OB (**O**rganisations**b**austein)	Software-Schnittstelle zwischen dem Betriebssystem der CPU und dem Anwenderprogramm
FC (**F**unktionen)	Abgeschlossener Programmteil z. B. für Berechnungen oder Verknüpfungen. Kann mehrfach aufgerufen werden. Alle internen Daten werden nach Verlassen des Bausteins gelöscht.
FB (**F**unktions**b**austein)	Enthält, wie ein FC, einen abgeschlossenen Programmteil, allerdings werden die Signalzustände, Zählerstände usw. in einem Datenbaustein (Instanz-DB) gespeichert.
SFC und **SFB** (**S**ystem**f**unktionen)	Vom Hersteller vordefinierte Codebausteine (z. B. Regler, Wandler).

Datenbausteine	
Instanz-DB (Instanz-Datenbaustein)	Dieser Baustein speichert die Daten der zugehörigen Instanz (z. B. FB).
Global-DB (Global-Datenbaustein)	Der Global-DB ist ein gemeinsamer Datenspeicher für OBs, FBs und FCs.

Organisationsbausteine (Auswahl für S7 300/400)				
Anlauf-OBs			Ereignisgesteuerte Programmunterbrechung	
OB 100	Neustart (Warmstart)		OB 20-23	Verzögerungsalarme
OB 101	Wiederanlauf		OB 40-47	Prozessalarme
OB 102	Kaltstart		OB 80	Zeitfehler
Zyklischer Programmlauf			OB 81	Stromversorgungsfehler
OB 1	Hauptprogramm		OB 82	Drahtbruch am Eingang einer diagnosefähigen Baugruppe
Periodische Programmunterbrechung			OB 83	Ziehen/Stecken einer Baugruppe
OB 10-17	Uhrzeitalarme		OB 84	CPU Hardware-Fehler
OB 30-38	Weckalarme		OB 85	Programmablauffehler
			OB 87	Kommunikationsfehler

GRAFCET – Ablaufsteuerungen
GRAFCET – Sequential Control Systems

DIN EN 60848: 2014-12

Merkmale

- GRAFCET (**GRA**phe **F**onctionnel de **C**ommande **E**tape **T**ransition) ist für den Planer ein rein grafisches und technologieunabhängiges System zur Darstellung von Ablaufsteuerungen mit Hilfe von
  - Schritten,
  - Aktionen und
  - Weiterschaltbedingungen.
- Der GRAFCET-Plan berücksichtigt die Betriebsarten, gibt allerdings keinerlei Aufschluss über die Betriebsmittel.

GRAFCET-Plan

Beispiel:

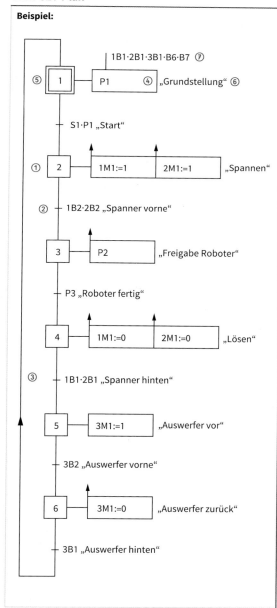

Regeln

- Der Plan besteht aus Schritten ① und Transitionen ②.
- Die Schritte und Transitionen (Weiterschaltbedingungen) sind durch Wirkungslinien ③ miteinander verbunden.
- Den Schritten sind Aktionen ④ zugeordnet, die ausgeführt werden, wenn der zugehörige Schritt aktiv wird.
- Die Schritte werden mit einer alphanumerischen Bezeichnung versehen.
- Schritte sind entweder aktiv oder inaktiv und werden von oben nach unten durchlaufen.
- Jede Ablaufsteuerung besitzt einen Initialschritt ⑤, der beim Start aktiviert wird.
- Kommentare ⑥ werden in Anführungszeichen geschrieben.

Transition

- Die Transition (Weiterschaltbedingung) kann umgangssprachlich oder mit Hilfe von Symbolen erfolgen. Eine Weiterschaltung von einem zum nächsten Schritt erfolgt, wenn der davorliegende Schritt aktiv ist und die Transitionsbedingung erfüllt ist (z. B. 1B1 · 2B1 · 3B1 · B6 · B7 ⑦).
- Zwischen zwei Schritten muss stets eine Transition eingefügt werden.
- Ein- bzw. Ausschaltverzögerungen werden durch die Angabe der Zeitverzögerung vor oder nach der Bedingung angegeben, z. B. 4s/1B1.
- Steigende und fallende Flanken eines Signals werden durch Pfeile gekennzeichnet. ↑↓
- Wird eine Schrittnummer als Variable in einer Bedingung gewünscht, wird vor die Schrittnummer ein X gestellt, z. B. 5s/X2 (Bedeutung: Es wird 5 Sekunden nach Aktivierung von Schritt 2 in Schritt 3 weitergeschaltet.)

Aktion

- Die Zuweisung steht in einem Rechteck neben der Aktion:

- Pfeile zeigen an, ob die Aktion zu Beginn oder am Ende des Schrittes erfolgt:

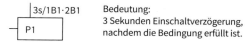

- Durch einen senkrechten Strich kann zusätzlich eine Bedingung definiert werden.

3s/1B1·2B1	Bedeutung:
P1	3 Sekunden Einschaltverzögerung, nachdem die Bedingung erfüllt ist.

- Mehrere Schritte in einer Aktion werden in getrennten Rechtecken dargestellt:

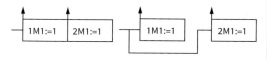

Automatisierungstechnik

Gebäudesystemtechnik (KNX)
Building System Engineering

DIN EN 50090-9-1: 2004-11

Systemarten	Merkmale des KNX
■ KNX ist die Abkürzung für Konnex und ist der Nachfolgestandard (ISO/IEC 14543-3) des Europäischen Installationsbus (EIB). ■ Powernet KNX/Powerline KNX ■ Funk-KNX	■ Vereinfachte Planung und geringere Montagezeiten ■ Reduzierung des Verdrahtungsaufwandes ■ Einfaches Nachrüsten und Erweitern des Systems ■ Flexible Funktionserweiterung ■ Senkung des Energiebedarfs durch Energiemanagement ■ Hoher Bedienkomfort

KNX

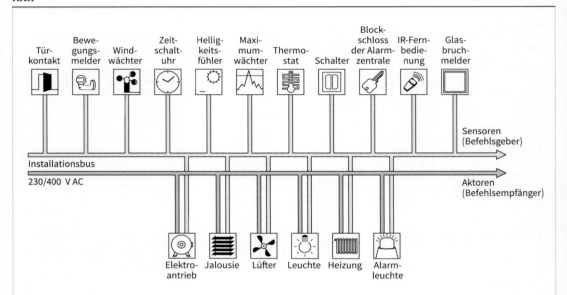

- Getrennte Leitungsnetze (Energienetz und Busnetz)
- Getrennte Übertragung von **Energie** und **Information**
- Alle Busteilnehmer sind über die Busleitung parallel miteinander verbunden.
- Die Aktoren sind an das Energienetz (230/400 V AC) angeschlossen.
- Keine fest verdrahteten Zuordnungen zwischen den Sensoren und Aktoren.
- Die Zuordnung der Schaltfunktion zwischen den Busteilnehmern wird über ein Programm gesteuert.

Unterteilung der Busteilnehmer

Betriebsmittelarten	Funktion	Beispiel
Systemgeräte	Geräte zur Spannungsversorgung der Busteilnehmer und Programmierung bzw. Inbetriebnahme des KNX-Systems	Spannungsversorgung; Linien- und Bereichskoppler; PC-Schnittstelle; Drossel
Sensoren (Befehlsgeber)	Erfassung von Informationen (Binäre Meldungen und analoge Messwerte) und Senden des Datentelegramms	Taster; Schalter; Temperatur-, Helligkeits- und Bewegungsfühler; Binäreingang
Aktoren (Befehlsempfänger)	Empfangen die Datentelegramme und führen in Abhängigkeit der Aufgabe eine Aktion aus.	Schaltaktor; Dimmaktor; Jalousieaktor; Heizkörperstellventil
Controller	Bearbeitung von komplexen Steuer- und Regelungsfunktionen	Zeitschaltuhr
Anzeige- und Bediengeräte	Anzeigegeräte dienen der Visualisierung des aktuellen Systemzustandes; Bediengeräte vereinfachen die Eingabe der Schaltbefehle in das KNX-System.	Bedien- und Meldetableaus; Displays; Touch-Screen

Gebäudesystemtechnik (KNX)
Building System Engineering

Merkmale

- **Spannungsversorgung SV** mit eingebauter **Drossel** in jeder Linie (Linien, Hauptlinien und Bereichslinien)
- Busteilnehmer werden mit Sicherheitskleinspannung (SELV) von maximal 32 V DC versorgt.
- Minimale Versorgungsspannung am Busteilnehmer 21 V DC
- **Linien- und Bereichskoppler** (LK und BK) sorgen für galvanische Trennung, um Störungen zu vermeiden.
- **Koppler** verhindern die Übertragung der Schaltbefehle über die jeweilige Linie hinaus.
- **Sensoren** erstellen ein Datentelegramm.
- **Aktoren** werten die Telegramme aus und erzeugen den entsprechenden Befehl (z. B. Schalten, Dimmen).
- Schaltbefehle werden am Computer programmiert und über die Datenschnittstelle zu den Busteilnehmern übertragen.
- In jeder Linie sind Reserven für spätere Erweiterungen einzuplanen.

Beispiel

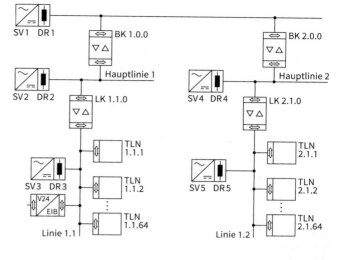

BK : Bereichskoppler
LK : Linienkoppler
TLN : Busteilnehmer
SV : Spannungsversorgung
DR : Drossel

Physikalische Adresse

- Die physikalische Adresse kennzeichnet jeden Busteilnehmer im System eindeutig.
- Die Adresse besteht aus drei Zahlen:

Beispiel: 1 . 1 . 12

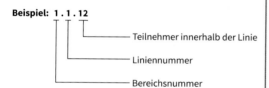

- Teilnehmer innerhalb der Linie
- Liniennummer
- Bereichsnummer

- Die physikalische Adresse wird von der Programmier-Software erzeugt.
- Bei Inbetriebnahme werden die physikalischen Adressen an den jeweiligen Busteilnehmer gesendet und dort per Hand quittiert.

Leitungsverlegung

- EMV-Störungen werden vermieden, wenn Energie- und Busleitungen möglichst dicht nebeneinander verlegt werden.
- Nur Leitungen mit geeigneter Prüfspannung verlegen.
- Klemmdosen dürfen nur Busleitungen oder Energieleitungen enthalten (Ausnahme: spezielle Kombidosen).
- Schirmungen der Busleitung werden nicht miteinander bzw. mit dem Schutzpotenzialausgleichsleiter verbunden.
- Überspannungsschutz der Busleitung mit Hilfe von Überspannungsableiterklemmen ① ist dringend erforderlich.

Gruppenadresse

- Die Zuordnung der Steuerfunktionen zwischen Sensor und Aktor wird über die Gruppenadresse getroffen, z. B. 2/1/2.
- Die Gruppenadresse kennzeichnet dabei eine Funktion, z. B. Licht Hausflur EIN/AUS.
- Die Gruppenadresse ist in drei Bereiche untergliedert:

Beispiel: 2/1/2

- Untergruppe (Licht EIN/AUS)
- Mittelgruppe (Hausflur)
- Hauptgruppe (Beleuchtung)

Programmierumgebung (ETS)

- Die Programmierung erfolgt mit Hilfe der Software ETS.
- Die Software erfüllt folgende Grundfunktionen:
    - **Projektverwaltung**
    - **Produktdatenbankverwaltung**
    - **Projektierung** und Programmierung des Systems (Erstellen der verschiedenen Ansichten, Einfügen der EIB-Betriebsmittel, Programmierung der Funktionen)
    - **Inbetriebnahme**
      Übertragung der physikalischen Adressen, Funktionstest
    - **Fehlersuche**

Gebäudesystemtechnik (KNX)
Building System Engineering

Netzstruktur

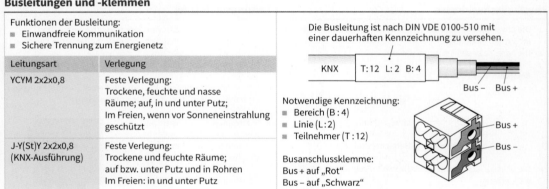

Geräteanzahl

- In jeder **Linie** können 64 Geräte (63 Busteilnehmer + 1 Linienkoppler) angeschlossen werden.
- Jeweils 15 Linien werden zu einem **Bereich** zusammengefasst.
- Die einzelnen Linien in einem Bereich werden über **Linienkoppler** (**LK**) zu einer **Hauptlinie** verbunden.
- In dieser Hauptlinie können ebenfalls 63 Busteilnehmer angeschlossen werden.
- Mit Hilfe von **Bereichskopplern** (**BK**) können maximal 15 Bereiche miteinander verbunden werden.
- Die Linie oberhalb der Bereichskoppler wird als **Bereichslinie** (Backbone) bezeichnet.
- Die Bereichslinie kann 64 Busteilnehmer aufnehmen.
- Maximale Anzahl n der Busteilnehmer im Grundausbau:
$n = (((63 \cdot 15) + 63) \cdot 15) + 64$
$n = 15184$

Busleitungen und -klemmen

Funktionen der Busleitung:
- Einwandfreie Kommunikation
- Sichere Trennung zum Energienetz

Leitungsart	Verlegung
YCYM 2x2x0,8	Feste Verlegung: Trockene, feuchte und nasse Räume; auf, in und unter Putz; Im Freien, wenn vor Sonneneinstrahlung geschützt
J-Y(St)Y 2x2x0,8 (KNX-Ausführung)	Feste Verlegung: Trockene und feuchte Räume; auf bzw. unter Putz und in Rohren Im Freien: in und unter Putz

Die Busleitung ist nach DIN VDE 0100-510 mit einer dauerhaften Kennzeichnung zu versehen.

KNX   T:12   L:2   B:4

Notwendige Kennzeichnung:
- Bereich (B:4)
- Linie (L:2)
- Teilnehmer (T:12)

Busanschlussklemme:
Bus + auf „Rot"
Bus – auf „Schwarz"

Leitungslängen

Gesamte Leitungslänge einer Linie ①+②+③+④+...+⑭	≤ 1000 m
Maximale Leitungslänge zwischen zwei Busteilnehmern	≤ 700 m
Maximale Leitungslänge zwischen der Spannungsversorgung und jedem Busteilnehmer	≤ 350 m
Minimale Leitungslänge zwischen zwei Spannungsversorgungen	≥ 200 m

Powernet KNX

Aufbau

- Die Übertragung der Daten erfolgt über das Energienetz.
- Keine getrennte Busleitung zur Übertragung der Informationen erforderlich
- Die Telegramme werden mit 1200 bit/s übertragen.
- Übertragungsstörungen werden korrigiert.
- Die Netzstruktur ist mit KNX vergleichbar (Aufteilung in Linien und Bereiche).
- In einer Linie sind maximal 256 Busteilnehmer enthalten.
- 16 Linien bilden einen Powernet-Bereich.
- Die Daten werden in Telegrammform der Netzspannung von 230 V überlagert.

Einschränkungen

- Der Betrieb von Powernet KNX über eine Trafostation hinaus ist nicht möglich.
- Alle Geräte müssen vorschriftsmäßig entstört sein.
- Es sind maximal 4096 KNX-Betriebsmittel pro Bereich möglich.
- Die Leitungslänge zwischen zwei Busteilnehmern darf nicht länger als 500 m sein.
- Zur Datenübertragung ist erforderlich, dass Neutral- und Außenleiter in jeder Abzweigdose vorhanden sind.
- Um Störungen zu vermeiden, müssen die Netzschwankungen innerhalb eines Toleranzbereiches bleiben:
  Netzspannung: $U = 230\text{ V} \pm 10\ \%$
  Netzfrequenz: $f = 50\text{ Hz} \pm 0{,}5\ \%$

Systemübersicht

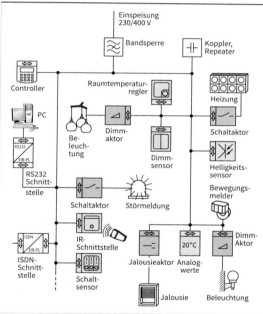

Übertragungsverfahren

- Datenübertragung: **SFSK**-Verfahren (**S**pread **F**requency **S**hift **K**eying)
- Übertragung in zwei getrennten Frequenzen 105,6 kHz und 115,2 kHz

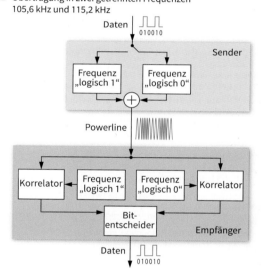

Funk KNX

- Datenübertragung per Funksignal (868 MHz ... 870 MHz)
- Flexibler Einsatz auch bei schwierigen Installationssituationen.
- Kompatibel zu den bestehenden KNX-Systemen
- Die Komponenten werden über das 230 V-Netz oder Batterie versorgt.
- 15 Bereiche mit jeweils 6 Linien und maximal 64 Teilnehmern in jeder Linie möglich
- Die Reichweite beträgt bis zu 300 m (im Freiraum).
- Jeder Teilnehmer empfängt das Funksignal und sendet es wieder aus. Durch diese Retransmitter-Technik erhöht sich die Reichweite innerhalb eines Gebäudes.
- Adressierung der Geräte über die physikalische Adresse bzw. Gruppenadresse

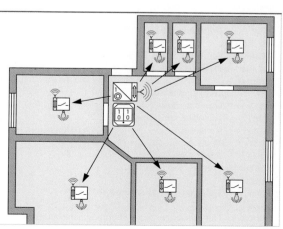

Feldbussysteme
Fieldbus Systems

Herkömmliche Automatisierungs-Struktur

- Feldgeräte ① sind z. B. Sensoren, Aktoren, Ein- und Ausgabegeräte, die in einem Automatisierungsprozess eingesetzt werden.
- Sie sind über Schnittstellen (z. B. 4…20 mA) an Rangierverteiler ② angeschlossen (parallele Verdrahtung).
- Regler ③ übertragen die Ein- bzw. Ausgangssignale an die Rechner ④ (**DCS**: **D**ata **C**ollecting **S**ystem).
- Nachteile:
  - Aufwändige Verdrahtung
  - Eingeschränkte Kommunikation, sie erfolgt vorwiegend nur in eine Richtung (unidirektional)
    z. B.: Sensor → Steuerung, Steuerung → Aktor

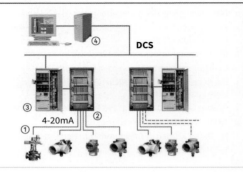

Feldbus

- Es gibt zahlreiche Feldbusausführungen. Deshalb ist „Feldbus" ein Gattungsbegriff.
- Für die Feldgeräte wird ein Bus ⑤ zur Datenübertragung verwendet (Busleitung).
  → geringer Verdrahtungsaufwand
- Busse mit unterschiedlichen Datenraten können über ein Verbindungsmodul ⑥ vernetzt werden.
- Die Daten werden digital in Form von Telegrammen übertragen.
- Die Kommunikation erfolgt bidirektional.
- Die Gesamtheit aller Vorgänge kann erfasst und beeinflusst werden (z. B. Prozessdaten, Zustandsdaten, Wartungs- und Störungssignale).
- Je nach Feldbus werden 2, 4 oder 5-adrige Leitungen verwendet.
- Vorteile:
  - Geringere Installationskosten
  - Flexible Handhabung (z. B. Konfiguration im Offline-Betrieb, Erweiterung)

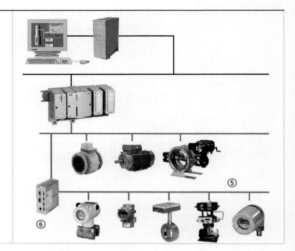

Feldbusarten

Bezeichnung		Anwendungsbereiche
ARCNET:	**A**ttached **R**esources **C**omputer **Net**work	Automotive-Bereich[1], Industrieautomatisierung, Medizintechnik
ASI, AS-i:	**A**ctuator-**S**ensor-**I**nterface	Anschluss von Sensoren und Aktoren, Produktionsmaschinen
BACnet:	**B**uilding **A**utomation and **C**ontrol **Net**work	Gebäudeautomation
BITBUS		Automatisierungstechnik
ByteFlight		Sicherheitskritische Anwendungen im Automotive-Bereich[1]
CAN:	**C**ontroller **A**rea **N**etwork	Vernetzung von Steuergeräten im Automotive-Bereich[1]
CANopen		Basiert auf CAN, Automotive-Bereich[1], Embedded Systems
DALI:	**D**igital **A**ddressable **L**ighting **I**nterface	Beleuchtungstechnik in der Gebäudeautomatisierung
DIN-Messbus		Fertigungstechnik, Qualitätssicherung, Prozesskontrolle
EIB (KNX):	**E**uropean **I**nstallation **B**us	Hausinstallation
Foundation Fieldbus		Prozessautomatisierung
Interbus		Maschinenbau, Anlagenbau
LCN:	**L**ocal **C**ontrol **N**etwork	Universelles Gebäudeleitsystem
LIN:	**L**ocal **I**nterconnect **N**etwork	Kommunikation von intelligenten Sensoren und Aktoren im KFZ
LON:	**L**ocal **O**perating **N**etwork	Gebäudeautomation
M-Bus:	**M**eter-**Bus**	Verbrauchserfassung (Wärme, Wasser, Strom, Gas)
MOST:	**M**edia **O**riented **S**ystems **T**ransport	Multimedia im Automotive-Bereich[1]
P-NET:	**P**rocess **Net**	Prozessautomation, Vernetzung verteilter Prozesskomponenten
PROFIBUS:	**Pro**cess **Fi**eld **Bus**	Maschinen- und Anlagenbau, Prozessautomation
SafetyBUS		Sicherheitsrelevante Anwendungen in der Steuerungstechnik
TCN:	**T**rain **C**ommuncation **N**etwork	Fernsteuerung, Eisenbahnfahrzeuge
Z-Bus		Gebäudeautomation

[1] Oberbegriff für Fahrzeuge, die von Kraftmaschinen angetrieben werden, spurgebunden oder nicht spurgebunden

AS-Interface

DIN EN 62026-2: 2015-03; IEC 62026-2: 2015-03

Arbeitsweise

- **Bezeichnungen**
  - **AS-i**: **A**ctuator-**S**ensor-**I**nterface (Aktuator-Sensor-Schnittstelle oder
  - ASI, ASI-Bus (alternative Bezeichnungen)
- **Single-Master-System**
  - Über den Master wird jedem Slave durch ein Adressiergerät eine eindeutige Adresse zugewiesen.
  - Der Master ① erfasst zyklisch alle projektierten Slaves (Sensoren ②, Aktoren ③) und tauscht mit ihnen die Ein- und Ausgangsdaten aus.
  - Nutzdaten im Telegramm: 4 Bit
  - Maximale Zykluszeit: 10 ms (Version 2.11)
  - Serielles Übertragungsprotokoll
  - Version 2.0: Maximal 31 Teilnehmer mit je 4 Ein- und Ausgängen
  - Version 2.11: Maximal 62 Teilnehmer mit je 4 Ein- und Ausgängen

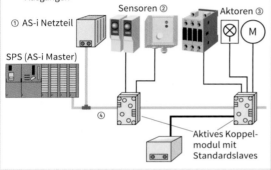

Übertragungsmedium

- Zweiadrige Leitung, keine Abschirmung und keine Verdrillung erforderlich
- Die Leitung dient neben der Datenübertragung gleichzeitig der Spannungsversorgung (24 V DC bis 30 V DC).
- Stromstärke bis 8 A
- Leitungslänge:
  - ohne Repeater bis 100 m
  - mit Repeater bis 300 m
- Keine Abschlusswiderstände erforderlich
- Einfache Montage für den Feldeinsatz:
  - Zweiadrige gelbe Profilleitung ④ (2 x 1,5 mm²)
  - Sie wird ohne Vorbereitung über zwei Durchdringungsdorne ⑤ angeschlossen.
- Anstatt der Profilleitung kann auch jede andere 2-Draht-Leitung verwendet werden.

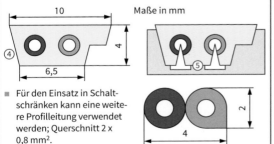

- Für den Einsatz in Schaltschränken kann eine weitere Profilleitung verwendet werden; Querschnitt 2 x 0,8 mm².

AS-i Module

- AS-i Module (**Koppelmodule**) arbeiten im Prinzip wie Ein- oder Ausgabegruppen und verbinden die Sensoren und Aktoren mit dem AS-i Master.
- Der Anschluss der Sensoren und Aktoren erfolgt über M12 Stecker.
- **Aktive AS-i Module**: Anschluss konventioneller Aktoren und Sensoren.
- **Passive AS-i Module**: Nur Sensoren und Aktoren mit entsprechender Hardware sind anschließbar.

Montage eines AS-i Moduls

- Koppelmodul aufschrauben.
- AS-i Leitung ⑥ einlegen. Sie wird durch eine Führung mechanisch fixiert.
- Dichtungsstücke einlegen.
- Durch Zuschrauben des Moduls wird die Leitung auf die Kontaktschwerter gedrückt und dadurch eine sichere elektrische Verbindung hergestellt.
- Schutzart IP67

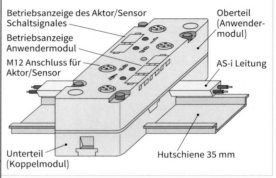

AS-i Master

- Master kann ein externes Gerät, ein Bestandteil der SPS oder in einem PC integriert ⑦ sein.
- Am Master sind keine Einstellungen (z. B. Zugangsberechtigungen, Datenraten, Telegrammtyp) erforderlich. Sie werden automatisch ausgeführt.
- Organisation des Datenverkehrs mit den AS-i Slaves ⑧ über die AS-i Leitung ⑨ u. a. durch
  - Abfrage der Signale,
  - Übertragung von Parametereinstellungen an die Teilnehmer,
  - Netzüberwachung und
  - kontinuierliche Diagnosen.
- Schnittstellen zu anderen Bussystemen (z. B. PROFIBUS, PROFINET) lassen sich mit dem Master realisieren.

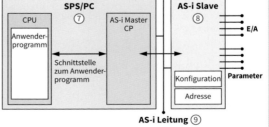

Automatisierungstechnik

PROFIBUS

DIN EN 61784-1: 2015-02; IEC 61784-1: 2014

Arbeitsweise und technische Daten

- **PROFIBUS** (**Pro**cess **Fi**eld **Bus**) wird für die Prozess- und Feldkommunikation im Nah- und Fernbereich eingesetzt.
- Automatisierungsgeräte, wie z. B. SPS, PCs ① als aktive Busteilnehmer, können mit den passiven Teilnehmern wie z. B. Bedien- und Beobachtungsgeräten, Sensoren oder Aktoren ② über den Bus kommunizieren.
- Es handelt sich um einen **Multi-Master-Bus** (mehrere Master), deren aktive Teilnehmer (z. B. SPS, PC) über einen Token-Ring (IEEE 802.5) miteinander verbunden sind.
  - Token (Zeichen, Marke): Hilfsmittel, um Prozesse (Kommunikation, usw.) zu synchronisieren. Wer das Token besitzt, kann einen Prozess einleiten. Wenn das Token freigegeben wird, darf ein anderer aktiver Teilnehmer einen weiteren Prozess einleiten usw.
  - Dauer der Kommunikation: Abhängig von der Token-Soll-Umlaufzeit
  - Wenn die Token-Soll-Umlaufzeit noch nicht überschritten ist, darf jeder aktive Teilnehmer mindestens eine Nachricht höchster Priorität und weitere normale Nachrichten senden.

Logischer Tokenring zwischen den Master-Geräten

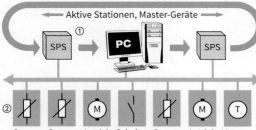

- Die An- und Abkopplung der Slaves ist im laufenden Betrieb möglich (nicht bei LWL).
- Konfiguration und Parametrieren der Peripheriegeräte erfolgt mit entsprechender Software.
- Die Peripheriegeräte und Anwenderprogramme werden auf den PROFIBUS-Takt synchronisiert.
- Reaktionszeit: 1,9 ms bis 10 ms
- Datenübertragungsraten: 9,6 kbit/s bis 12 Mbit/s (einstellbar)
- Leitungslänge abhängig vom verwendeten Kabeltyp und von der Datenübertragungsrate
- Maximale Teilnehmerzahl: 126 (Bussegmente mit je 32 Teilnehmern)

Adressen

- Jeder Teilnehmer erhält eine eindeutige Adresse im Bereich 0...127.
- Die Slave-Adresse wird an einem DIL-Schalterblock binär kodiert eingestellt.

Adresse	Teilnehmer
0	Diagnosegerät (z. B. Programmiergerät)
1...n	Master
n...125	Slaves
126, 127	Reservierte Adressen

Varianten

- IEC 61784-1; Industrial communication networks – Profiles – Part 1: Fieldbus profiles
  Die einzelnen Feldbusse werden dort als „**C**ommunication **P**rofile **F**amilies" (**CPF**) geführt.
- **PROFIBUS-DP**
  - **DP**: **D**ezentrale **P**eripherie
  - Anschluss von dezentraler Peripherie an eine zentrale Steuerung
  - Schnelle Reaktionszeiten
  - Datenraten: Maximal 12 Mbit/s auf verdrillten Zweidrahtleitungen und/oder Lichtwellenleitern
  - Maximale Busausdehnung: Cu-Leiter 9,6 km; LWL 90 km
- **PROFIBUS-PA**
  - **PA**: **P**rozess **A**utomation
  - IEC 61158-2: 2011-09
    Industrielle Kommunikationsnetze – Feldbusse
    Teil 2: Spezifikation und Dienstfestlegungen des Physical Layer
  - Erweiterung von PROFIBUS-DP
  - Für explosionsgefährdete Bereiche (Ex-Zonen 0 und 1) geeignet
  - Datenübertragungsrate bis zu 31,25 kbit/s
- **PROFIBUS-FMS**
  - **FMS**: **F**ieldbus **M**essage **S**pecification
  - Datenkommunikation zwischen Automatisierungssystemen unterschiedlicher Hersteller
- **PROFIsafe**
  - Sicherheitsgerichtete Kommunikation auf ein und derselben Busleitung

Übertragungstechnik

- RS485 Schnittstelle, 9-polige SUB-D-Steckverbindung
- Übertragungsleitung:
  - Zweidrahtleitung (geschirmt und verdrillt)
  - Lichtwellenleiter
  - Kurze Stichleitungen
- **Abschlusswiderstände**:
  - Bei Kupferleitern an beiden Leitungsenden
  - Sie sind oft im PROFIBUS-Stecker integriert.
  - Können an den Segmentenden zugeschaltet und dazwischen abgeschaltet werden
- **Leiterkennzeichnung**: A und B

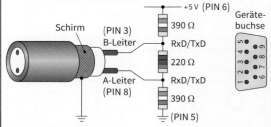

- Aus den Spannungen der Leiter A und B gegen Masse wird die Differenz gebildet. Mit dieser Spannungsdifferenz werden die Daten störsicher übertragen.
  - TxD: Senden (Transmit Data)
  - RxD: Empfangen (Receive Data)
- Erster und letzter Busteilnehmer muss terminiert sein.

LON – Local Operating Network

Merkmale

- Es dient zum Aufbau weitverzweigter dezentraler Netze in der Gebäudeautomation.
- Die LONWORKS-Technologie wird von einem Standardisierungsgremium (LONMARK) überwacht.
- Integration unterschiedlicher Gewerke in einem Netz
- Anbindung an das Internet/Intranet möglich
- Die Datenübertragung zwischen den Sensoren und Aktoren kann wie folgt erfolgen:
  - Twisted Pair Kabel
  - Lichtwellenleiter
  - Funkverbindung
  - Powerline (230 V)
  - Koaxialleitungen
  - LAN-Netzwerke

Anwendungsbeispiele:
- Produktionsdaten und Betriebsstörungen erfassen
- Klimadaten überwachen
- Fernwirken und Energieüberwachung

Beleuchtung – Sanitär – Heizung – Klima – Hausgeräte – Lüftung – Sicherheit – Zutrittskontrolle

Aufbau der Netzwerkknoten

- Die Knoten bilden die zentrale Funktionseinheit mit eigener „Intelligenz".
- Die Anbindung des Knoten an die Busverbindung erfolgt über den **Neuron-Chip**. Jeder Chip wird über eine weltweit eindeutige ID (Kennung) angesprochen.
- Die Schnittstelle zum Netzwerk wird als **Transceiver** bezeichnet.
- Für die unterschiedlichen Anschlussmöglichkeiten sind verschiedene Transceiverschnittstellen mit entsprechenden Übertragungsraten definiert (z. B. **TP/FT** (**T**wisted **P**air/**F**ree **To**pology).
- Über die Anwendungsschnittstelle werden die entsprechenden Eingangs- (z. B. Taster) und Ausgangsbausteine (z. B. Relais) angeschlossen.

Neuron-Chip

11-pin Anwendungsschnittstelle (für Relais, LEDs, digitale Eingänge, Zähler usw.)

CPU 1	CPU 2	CPU 3
RAM 1 kB 2 kB	EEPROM 512 Bytes	ROM 10kB

Anschluss für externen Speicher

Netzwerkschnittstelle Anschluss an Transceiver max. 1,25 MBits/s

Physikalische Netzwerkauslegung

- Ausführung der Kommunikationsverbindungen als Linien-, Ring- bzw. Sternnetz oder Mischform
- Maximal 127 Knoten bilden ein **Teilnetz** (Subnet).
- Maximal 255 Teilnetze bilden einen **Bereich** (Domain).
- Die Leitungslänge der einzelnen Teilnetze ist von den jeweils verwendeten Transceivern und dem Kabeltyp abhängig.
- Durch **Repeater** kann die maximale Leitungslänge bzw. die maximale Anzahl der Knoten erhöht werden.
- Zur Terminierung der Bussegmente sind jeweils Abschlusswiderstände notwendig (52,3 Ω oder 105 Ω).
- Die Daten werden über das Protokoll **LONTalk** übertragen.
- Der Datenaustausch zwischen Sensor und Aktor erfolgt über standardisierte **Netzwerkvariablen** (**SNVT S**tandard **N**etwork **V**ariable **T**ypes).
- Die Projektierung und Programmierung des Systems erfolgt über eine spezielle Software, z. B. LON-Maker.

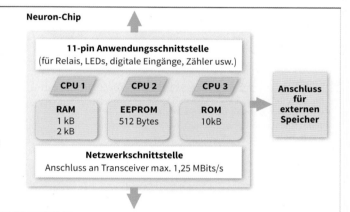

Transceiver und Netzausdehnung

Netztyp	Transceiver	Übertragungsrate in kbit/s	Kabeltyp	Topologie	max. Netzausdehnung	max. Geräteabstand
TP/FT	FTT10 LPT11	78	J-Y(St)Y 2 x 2 x 0,8	frei	500 m	320 m
				Linie	900 m	900 m
			Cat 5	frei	450 m	250 m
				Linie	900 m	900 m
			Belden[1] 8471/85102	frei	500 m	400 m
				Linie	2700 m	2700 m
TP/XF	XF-1250	1250	Cat 5	Linie	130 m	130 m

[1] Herstellerbezeichnung

LCN – Local Control Network

Merkmale

- Flexibles Installationsbussystem für Wohn- und Zweckbauten.
- Es ist kein getrenntes Busnetz erforderlich.
- Die Kommunikation erfolgt über einen zusätzlichen Leiter (Datenleiter), der mit der 230 V-Versorgungsleitung geführt wird.
- Alle LCN-Module werden an 230 V angeschlossen.
- Das System ist modular aufgebaut und kompatibel mit konventionellen Installationen.
- Anwendungsbeispiele:
  - Lichtsteuerung
  - Fernsteuerung und Visualisierung
  - Rollladensteuerung
  - Energiemanagement
  - Heizungs-, Lüftungs- und Klimasteuerung
  - Überwachungsfunktionen

Installationsbeispiel:

Busmodule

- Die Schalter, Taster usw. der konventionellen Installation werden durch **Busmodule** ergänzt bzw. ersetzt.
- Jedes Modul erhält eine eindeutige Adresse, die zwischen 5 und 254 liegt.
- Das Modul wird direkt mit dem 230 V-Netz verbunden und kann sowohl als Sensor ① und Aktor ② eingesetzt werden.
- Die Module sind zur Installation in einer Unterputzdose und als Reiheneinbaugerät erhältlich.
- Der Datenanschluss D ③ ist mit einem Überspannungsschutz bis 2 kV versehen.
- Die Verbraucher werden direkt an den Ausgängen angeschlossen. Dazu verfügen die Module über zusätzliche Buchsen zum Anschluss externer Peripheriegeräte:
  - 2 dimmbare 230 V-Ausgänge
  - Impulseingang zum Anschluss von Sensoren (I-Port)
  - je 8 binäre Ein- und Ausgänge gleichzeitig (P-Port nur bei Reiheneinbaugeräten)
  - Eingang für maximal 10 Taster (T-Port)

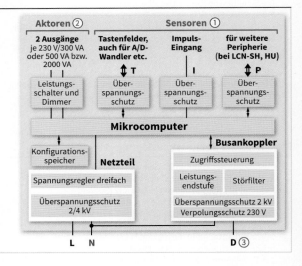

Installation

- 250 Module werden zu einem Segment (untere Busebene) zusammengefasst.
- In größeren Projekten können 120 Segmente durch Segmentkoppler ④ miteinander verbunden werden. Dies ermöglicht einen maximalen Ausbau auf 30000 Busmodule.
- Die Struktur, mit der die einzelnen Module über den Datenleiter miteinander verbunden werden, ist beliebig (linien-, stern- oder baumförmig).
- Die maximale Leitungslänge pro Segment liegt bei 1000 m (ohne zusätzliche Verstärker bei einem Leiterquerschnitt von 1,5 mm²).
- Die Übertragung der Daten erfolgt über den Datenleiter in Verbindung mit dem Neutralleiter mit einer maximalen Spitzenspannung von ± 30 V.
- Die Datenleitung muss in der Verteilung über einen Hilfskontakt mit dem Außenleiter gemeinsam abgesichert werden und darf nicht an der Sicherung bzw. RCD vorbeigeführt werden.
- Die Programmierung des Systems erfolgt mit Hilfe der speziellen Software **LCN-PRO**.

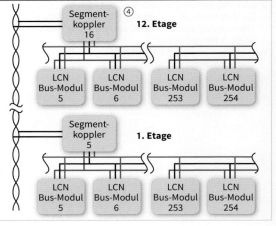

Z-Bus

Merkmale

- Verwendung handelsüblicher Betriebsmittel (z. B. Schalter, Taster, Leuchten usw.)
- Anwendung bei kleinen bis zu komfortablen Lösungen in der Gebäudeautomation in den Bereichen
  - Lichtsteuerung
  - Rollladensteuerung
  - Einzelraumregelung der Heizung
  - Zentralfunktionen in einem Gebäude (z. B. Licht)
  - Zeitsteuer- und Automatikfunktionen
- Zur Funktionsfähigkeit werden in der einfachsten Form lediglich ein **Sender**- und ein **Empfängermodul** ① benötigt.
- Jedes Modul verfügt über ein eigenes Netzteil und kann an jeder beliebigen Stelle eingebaut werden.
- Datenaustausch erfolgt über eine einzige Datenader.
- 243 mögliche Adressen werden am Teilnehmer über einen **Codierer** ② eingestellt (Trinäre Codierung: +, 0, -). **Beispiel:** 86: **0 - - 0 +**
- Drei aufeinander folgende Adressen bilden einen Block.

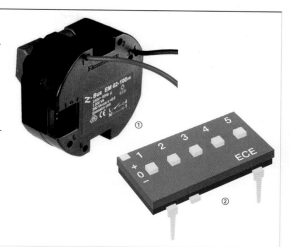

Leitungsnetz

- Transport der Energie und Daten auf einer Leitung durch Verwendung einer Installationsleitung NYM-J 4 x 1,5 mm^2
- Beliebige **Verlegung** der Leitung (Bus-, Ring- oder Sternstruktur)
- Die **gesamte Leitungslänge** ist auf 500 m begrenzt. Zur Gesamtlänge tragen nur die mit dem Bus verbundenen Einzellängen bei.
- Räumliche Ausdehnungen > 500 m lassen sich durch den Einsatz von Linienkopplern realisieren.
- Bei der **Leitungsführung** muss nicht darauf geachtet werden, dass die Teilnehmer im selben Stromkreis bzw. an verschiedene Außenleiter angeschlossen sind.
- Zur Vermeidung von Störungen wird zwischen N- und Bus-Leiter im Stromkreisverteiler in jedem Bereich ein **Buswiderstand** ③ (220 Ω) montiert.
- Anzahl der Klemmstellen in einem Busstrang ist wegen der Übergangswiderstände auf 25 zu begrenzen.

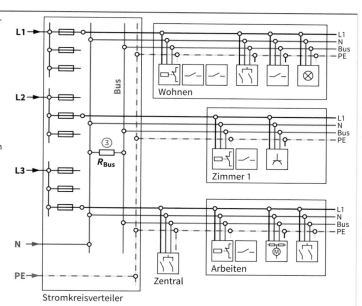

Montage

- **Busteilnehmer**:
  - Tiefe Geräteeinbaudose bzw. separate Verteilerdose (bei großen Modulen)
  - Busteilnehmer nur im spannungsfreien Zustand montieren
- **Leitungen**:
  - Maximal zwei Leitungen pro Dose vorsehen
  - Leitungen direkt am Dosenboden einführen
- **Vor Inbetriebnahme**:
  Installation mit einem Widerstandsmessgerät prüfen zwischen:
  - N- und Bus-Leiter: $R = 220\,\Omega$
  - L- und N-, L- und Bus-Leiter: $R = \infty\,\Omega$

Vorteile

- Kein gesondertes Busnetz erforderlich
- Verwendung einer Ader einer herkömmlichen Installationsleitung als Datenleitung
- Reduzierung des Installationsaufwandes durch Verkürzung der Leitungslängen
- Keine Software zur Parametrierung erforderlich
- Leichte Erweiterbarkeit
- Verwendung herkömmlicher Materialien zur Installation (Leitungen und Schaltgeräte)

BACnet

DIN EN ISO 16484-5: 2017-12

Merkmale

- **BACnet** (**B**uilding **A**utomation and **C**ontrol **Net**work):
  - Standardisiertes technologieunabhängiges **Kommunikationsprotokoll** für die Gebäudeautomation in Zweckbauten
- Stellt Kommunikationsmöglichkeiten zwischen unterschiedlichen Geräten der Gebäudeautomation bereit, z. B. für
  - Heizung, Klima, Lüftung
  - Lichttechnik,
  - Energieversorgung und
  - Sicherheitstechnik.

Übertragungstechnik

- Übertragung der Nachrichten (z. B. Schaltbefehl Pumpe ein/auf, Fenster auf/zu) über unterschiedliche Medien und Transportwege
  - Ethernet
  - BACnet/IP
  - BACnet über LonTalk
  - ARCnet
  - PTP (Point to Point) über RS232
  - MS/TP (Master-Slave/Token-Passing) über RS485
- Protokollstruktur

Interpretation	Anwendung	BACnet Application Layer				
	Vermittlung	BACnet Network Layer				
Transport	Datensicherung	BACnet/IP	ISO 8802-2 Type 1	MS/TP	PTP	LonTalk
	Medienzugriff	ISO 8802-3 „Ethernet"	ARCNET			
	Bitübertragung			R5485	RS232	

BACnet-Objekte

- **Objekte**:
  Zusammengehörende Informationen zu einem Gerät. Standardisierte Objekte ermöglichen einen herstellerunabhängigen Zugriff.
- **Objekteigenschaften**:
  - z. B. Name, Objekttyp, aktueller Wert, Status können gelesen und beschrieben werden
- **Dienste**:
  - Ermöglichen die Kommunikation mit den Objekten, z. B. Abfrage eines Temperaturwertes.
  - Sind in Klassen eingeteilt, z. B.:
    - Alarm und Ereignis
    - Objektzugriff
    - Geräteverwaltung
    - Netzwerkmanagement
    - Dateizugriff
    - Virtuelles Terminal (Fernzugriff)
- **Gerätekonfiguration**:
  - Erfolgt über herstellerspezifische Software

Anwendung

- Durchgängige Kommunikation auf allen Ebenen der Gebäudetechnik, z. B. für
  - Managementebene,
  - Automationsebene und
  - Feldebene

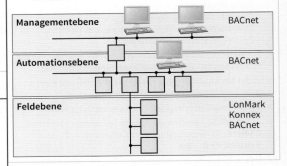

BACnet-Gerät

Beispiel: Automationsstation BACnet auf LONTalk

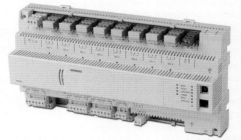

Technische Daten	
Betriebsspannung	24 V AV
Bemessungsleistung	< 35 VA
Universelle Ein-/Ausgänge	24
A/D-Auflösung	16 bit
Messwerteingänge	0 V … 11,0 V
Eingangswiderstand	100 kΩ
Signaleingänge	
Kontaktspannung	20 V … 25 V DC
Kontaktstromstärke	7 mA
Fühlereingänge	
Temperaturbereich	−50 °C … 150 °C
Auflösung	0,2 K
Digitale Eingänge	4
Kontaktspannung	20 V … 25 V DC
Kontaktstromstärke	10 mA
Relaisausgänge	8
Relaistyp	Einpolige Wechsler
Spannungsbereich	12 V … 250 V AC
Stromstärke (ohm. Last)	< 4 A
Stromstärke (ind. Last)	2 A
Gehäuseschutzart	IP20

Antriebssysteme 8

Grundlagen
- 272 Maschinenrichtlinie
- 273 Codes elektrischer Maschinen
- 274 Leistungsschilder
- 275 Betriebsarten von elektrischen Maschinen
- 276 Arbeitsmaschinen
- 277 Ventilatoren
- 278 Wartung von Maschinen

Motoren
- 279 Kennzeichen von Bauformen
- 280 Gleichstrommotoren
- 281 Wechselstrommotoren
- 281 Bemessungsspannungen und Prüfspannungen für Maschinen
- 282 Drehstrom-Asynchronmotoren
- 283 Standardgrößen von Drehstrom-Asynchronmotoren
- 284 Betriebswerte von Motoren
- 285 Motor-Energieeffizienzklassen
- 286 Motorschutz
- 287 Fehler bei Motoren

Steuerung von Maschinen
- 288 Anlassverfahren
- 289 Anlassen von Motoren
- 290 Bremsen von Motoren
- 291 Sanftanlasser
- 292 Frequenzumrichter
- 293 Frequenzumrichter
- 294 Ausgangsfilter für Frequenzumrichter
- 295 Stromrichter
- 296 Gleichstromsteller
- 296 Steuerarten von Gleichstromstellern
- 297 Netzgeführte Stromrichter
- 298 Elektronische Antriebstechnik
- 299 Elektronische Drehzahlsteuerung von Drehfeldmaschinen
- 300 Wechselstromsteller

Maschinenrichtlinie
Machinery Directive

Richtlinie 2006/42/EG

- Die Maschinenrichtlinie dient zur Angleichung der Rechts- und Verwaltungsvorschriften zwischen EU-Mitgliedsstaaten für den Bereich Maschinen.
- Die Richtline ist durch die nationale **Maschinenverordnung** (9. ProdSV) in nationales Recht umgesetzt und muss durch den Maschinenhersteller mit Wirkung vom 29. Dezember 2009 angewendet werden.
- Ziel der Richtlinie/Verordnung ist die Realisierung grundlegender Sicherheits- und Gesundheitsschutzanforderungen beim Einsatz von Maschinen.
- Grundlegender Bestandteil im Rahmen der Entwicklung einer Maschine ist die Durchführung einer Risikoermittlung und Risikobeurteilung für die Maschine.
- Bei der Konstruktion sind die Ergebnisse dieser Risikoermittlung/-beurteilung zu berücksichtigen und entsprechend der Richtlinie/Verordnung zu reduzieren.
- In der Maschinenrichtlinie sind u. a. Definitionen enthalten
  - zur Maschine,
  - zur unvollständigen Maschine,
  - zu Sicherheitsbauteilen (Bauteil mit Sicherheitsfunktion),
  - zum Anwendungsbereich der Richtlinie und
  - zu Ausnahmen (Maschinen oder Einrichtungen, die nicht unter die Maschinenrichtlinie fallen).

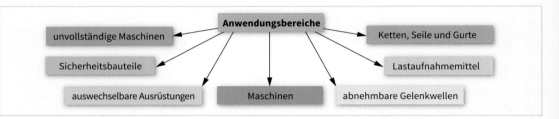

Richtlinienstruktur

- Die Maschinenrichtlinie ist in die drei Teile gegliedert:
  - Erwägungsgründe,
  - Rechtstexte und
  - Anhänge.

- Der **erste Teil** (Erwägungsgründe) ist **nicht rechtsverbindlich.**

- Der **zweite Teil** (Rechtstext) und der **dritte Teil** (Anhänge) sind **rechtsverbindliche** Ausführungen, die im Fall der Anwendung der Maschinenrichtlinie zu berücksichtigen sind.

Teil 1 (Erwägungsgründe)
Beinhaltet Erläuterungen zum Zweck der Richtlinie.

Teil 2 (Rechtstexte)
Definiert die rechtlichen Anforderungen für das Inverkehrbringen von Maschinen im europäischen Binnenmarkt.

Teil 3 (Anhänge)
Dient zur Verdeutlichung und Klarstellung der Aussagen, die in den Artikeln zum Rechtstext gemacht werden.

Rechtstexte (Auszüge)

Artikel	Inhalt
1	Anwendungsbereich
2	Begriffsbestimmungen
3	Spezielle Richtlinien
5	Inverkehrbringen und Inbetriebnahme
7	Konformitätsvermutung und harmonisierte Normen
9	Besondere Maßnahmen für Maschinen mit besonderem Gefahrenpotenzial
12	Konformitätsbewertungsverfahren für Maschinen
13	Verfahren für unvollständige Maschinen
15	Installation und Verwendung der Maschinen
16	CE-Kennzeichnung
17	Nicht vorschriftsmäßige Kennzeichnung
23	Sanktionen
25	Aufgehobene Rechtsvorschriften
27	Ausnahmen
28	Inkrafttreten

Anhänge (Auszüge)

Anhang	Inhalt
I	Grundlegende Sicherheits- und Gesundheitsschutzanforderungen für die **Konstruktion** und den **Bau** von Maschinen
V	Liste der Sicherheitsbauteile
VI	Montageanleitung für eine unvollständige Maschine
VII	Technische Unterlagen für Maschinen
IX	EG-Baumusterprüfung

Ausnahmen

- Sicherheitsbauteile, die als Ersatzteile zum Ersetzen identischer Bauteile bestimmt sind
- Hochspannungsausrüstungen
- Maschinen zu Forschungszwecken
- Elektrische und elektronische Erzeugnisse (z. B. Haushaltsgeräte, informationstechnische Geräte, Transformatoren)

Codes elektrischer Maschinen
Codes for Electrical Machines

Übersicht

IP-Code	IM-Code	IC-Code	IK-Code
■ DIN EN 60034-5: 2007-09 ■ Schutzarten aufgrund der Gesamtkonstruktion von drehenden elektrischen Maschinen ■ **IP:** **I**nternational **P**rotection	■ DIN EN 60034-7: 2001-12 ■ Klassifizierung der Bauarten, der Aufstellungsarten und der Klemmkasten-Lage ■ **IM:** **I**nternational **M**ounting	■ DIN EN 60034-6: 1996-08 ■ Einteilung der Kühlverfahren ■ **IC:** **I**nternational **C**ooling	■ DIN EN 50102: 1997-09 ■ Schutzarten durch Gehäuse für elektrische Betriebsmittel gegen äußere mechanische Beanspruchungen ■ **IK:** K ist die phonetische Ableitung von „CA" (casser = zerbrechen)

Einteilung der Kühlverfahren (IC-Code)

■ Bezeichnungssystem (Beispiel)

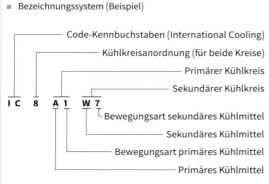

Kennziffern für Kühlkreisanordnung	
0	Freier Kühlkreis
1	Kühlkreis mit Zuführung über Rohr oder Kanal
2	Kühlkreis mit Abführung über Rohr oder Kanal
3	Kühlkreis mit Zu- und Abführung über Rohre oder Kanäle
4	Oberflächenkühlung
5	Eingebauter Wärmetauscher (umgebendes Kühlmittel)
6	Angebauter Wärmetauscher (umgebendes Kühlmittel)
7	Eingebauter Wärmetauscher (zugeführtes Kühlmittel)
8	Angebauter Wärmetauscher (zugeführtes Kühlmittel)
9	Getrennter Wärmetauscher (umgebendes oder nicht umgebendes Kühlmittel)

■ **Beispiel:** IC 6 (Fremdinnenkühlung)
Die Kühlluft wird durch ein Fremdluftgebläse durch den Motor geblasen.

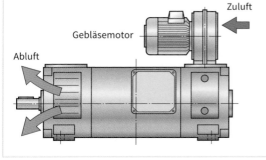

Kennbuchstaben für das Kühlmittel		Kennziffern für Bewegungsart des Kühlmittels	
A	Luft	0	Freie Kühlung
		1	Eigenkühlung
F	Frigen	2, 3, 4	Nicht festgelegt
H	Wasserstoff	5	Eingebaute, unabhängige Baugruppe
N	Stickstoff	6	Angebaute, unabhängige Baugruppe
C	Kohlendioxid	7	Getrennte, unabhängige Baugruppe oder Kühlmittel-Betriebsdruck
W	Wasser		
U	Öl	8	Antrieb durch relative Bewegung
S	Alles andere	9	Antrieb durch sonstige Bewegungsarten

Schutz gegen äußere mechanische Beanspruchung (IK-Code)

■ Bezeichnungssystem (Beispiel)

IK 05

Code-Buchstaben
(internationaler
mechanischer Schutz)

Charakteristische
Zifferngruppe
(00 bis 10)

[1] 1 J (Joule) = 1 Nm

IK	Energie in Joule[1]
IK 00	0
IK 01	0,15
IK 02	0,2
IK 03	0,35
IK 04	0,5
IK 05	0,7
IK 06	1
IK 07	2
IK 08	5
IK 09	10
IK 10	20

■ **Beispiel:**
Schlagprüfung mit Freifallhammer

■ Auftreffende Energie:
$W = m \cdot g \cdot h$

■ Weitere Prüfgeräte:
Pendelhammer und Federhammer
(DIN EN 60068-2-2: 2008-05, Teil 62 und 63)

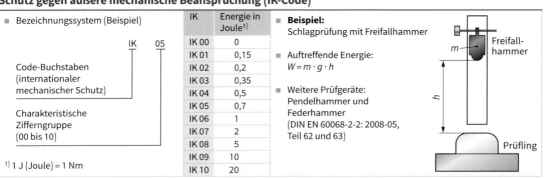

Leistungsschilder
Rating Plates

Motoren

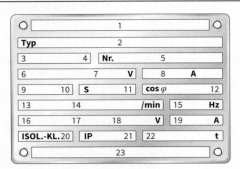

Beispiel: Drehstrom-Asynchronmotor

[1]) Die Teilwirkungsgrade bei 100%/75% und 50% Last werden aus Platzgründen in den Dokumentationsunterlagen angegeben.

1. Name des Herstellers
2. Maschinentyp, ergänzt durch Bauform und -größe
3. Stromart
4. Arbeitsweise z. B. Motor, Generator
5. Fertigungsnummer
6. Kennzeichnung der Schaltart der Wicklung
7. Bemessungsspannung
8. Bemessungsstromstärke
9. Bemessungsleistung[1])
10. Einheit der Leistung
11. Betriebsart
12. Leistungsfaktor
13. Drehrichtung
14. Drehzahl
15. Bemessungsfrequenz
16. „Err" (Erreger) bei Gleichstrom- und Synchronmaschinen, „Lfr" (Läufer) bei Asynchronmaschinen
17. Schaltart der Läuferwicklung
18. Erregerspannung (bei Gleichstrom- und Synchronmaschinen), Läuferspannung (bei Schleifringläufermotoren)
19. Erregerstromstärke (bei Gleichstrom- und Synchronmaschinen), Läuferstromstärke (bei Schleifringläufermotoren)
20. Isolierstoffklasse
21. Schutzart
22. Masse
23. VDE-Nr., evtl. zusätzliche Vermerke

Schaltbilder
– Sternschaltung

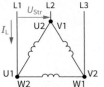

– Dreieckschaltung

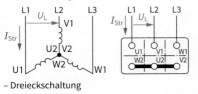

[1]) Auf Motor-Typenschildern wird immer die abgegebene Bemessungsleistung, d. h. die mechanische Leistung an der Welle angegeben.

Transformatoren

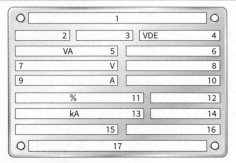

Beispiel: Drehstromtransformator

1. Name des Herstellers
2. Art des Transformators
3. Baujahr
4. VDE-Nummer
5. Scheinleistung[2])
6. Bemessungsfrequenz
7. Bemessungsspannung
8. Schaltgruppe
9. Bemessungsstromstärke
10. Isolierklasse
11. Bemessungskurzschlussspannung
12. IP-Schutzart
13. Dauerkurzschlussstromstärken
14. Gesamtgewicht (Masse)
15. Isolierklasse
16. weitere Angaben z. B. Isolierflüssigkeit
17. weitere Angaben

[2]) Auf Transformator-Typenschildern wird immer die abgegebene Scheinleistung angegeben.

Betriebsarten von elektrischen Maschinen
Operating Modes of Electrical Machines

DIN EN 60034-1 (VDE 0530-1): 2011-02

S1: Dauerbetrieb
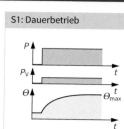

S2: Kurzzeitbetrieb
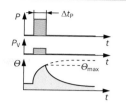

S3: Periodischer Aussetzbetrieb ohne Einfluss des Anlaufvorganges
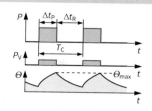

T_C: Spieldauer
Δt_P: Betriebszeit mit konstanter Belastung
Δt_R: Stillstandszeit

$$t_r = \frac{\Delta t_P}{T_C}$$

S4: Periodischer Aussetzbereich mit Einfluss des Anlaufvorganges
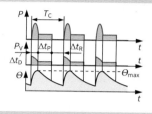

Δt_D: Anlaufzeit

$$t_r = \frac{\Delta t_D + \Delta t_P}{T_C}$$

S5: Wie S4, zusätzlich mit Einfluss elektrischen Bremsens
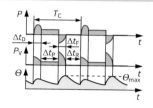

Δt_F: Zeit mit elektrischer Bremsung

$$t_r = \frac{\Delta t_D + \Delta t_P + \Delta t_F}{T_C}$$

S6: Ununterbrochener periodischer Betrieb mit Aussetzbelastung
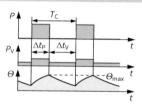

$$t_r = \frac{\Delta t_P}{T_C}$$

S7: Ununterbrochener periodischer Betrieb mit Anlauf und elektrischer Bremsung
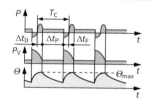

$$t_r = 1$$

S8: Ununterbrochener periodischer Betrieb mit periodischer Drehzahländerung
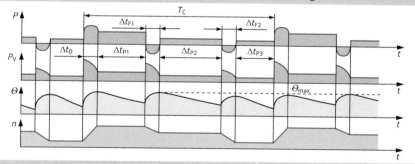

$$t_{r1} = \frac{\Delta t_D + \Delta t_{P1}}{T_C}$$

$$t_{r2} = \frac{\Delta t_{F1} + \Delta t_{P2}}{T_C}$$

$$t_{r3} = \frac{\Delta t_{F2} + \Delta t_{P3}}{T_C}$$

S9: Betrieb mit nichtperiodischer Last- und Drehzahländerung
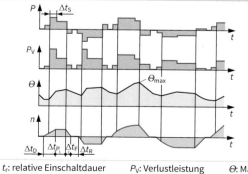

S10: Betrieb mit einzelnen konstanten Belastungen
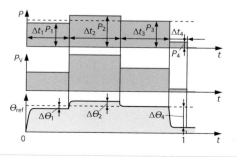

t_r: relative Einschaltdauer P_V: Verlustleistung Θ: Maschinentemperatur

Antriebssysteme

Arbeitsmaschinen
Working Machines

Betriebskennlinien

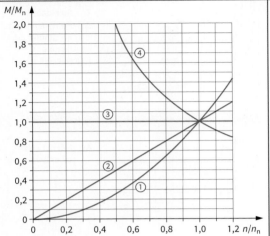

① quadratisch (Pumpen, Lüfter)
② linear (Kalender, Glättwalzen)
③ konstant (Hebezeuge, Förderer, Überwindung von Reibung)
④ reziprok (Wickler, Werkzeugmaschinen)

Losbrechmoment

Beispiel: Anlauf eines fest sitzenden Schiebers

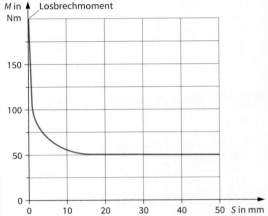

- Arbeitsmaschinen können nach längerer Standzeit festsitzen.
- Ursache sind z. B. Verharzen, Festbacken von Produkten in Pumpen, Rührwerken usw.
- Bevor die Bewegung einsetzt, ist das sogenannte Losbrechmoment zu überwinden.

Beschleunigung, Bremsen

- Die Wellen von Antriebsmaschine und Arbeitsmaschine sind über Kupplungen fest miteinander verbunden.
- Beide Maschinen haben die gleiche Drehzahl, außer bei Verwendung von Getrieben.
- Drehmoment der Arbeitsmaschine wirkt dem Drehmoment der Antriebsmaschine entgegen.
- Drehmomentendifferenz ergibt das Beschleunigungsmoment M_B und führt zu Drehzahländerung Δn.

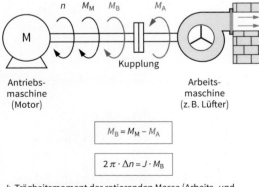

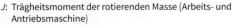

$$M_B = M_M - M_A$$

$$2\pi \cdot \Delta n = J \cdot M_B$$

J: Trägheitsmoment der rotierenden Masse (Arbeits- und Antriebsmaschine)

$M_B > 0 \rightarrow$ Beschleunigung
$M_B < 0 \rightarrow$ Bremsen
$M_B = 0 \rightarrow$ Drehzahl konstant

- Eine Asynchronmaschine beschleunigt die eine Arbeitsmaschine, welche ein konstantes Lastdrehmoment M_1 aufweist.
- Bei Drehzahl $n = 0$ ist das Motordrehmoment ⑤ größer als das Lastdrehmoment ⑥. Die Drehzahl steigt.
- Durch die steigende Drehzahl steigt das Motordrehmoment. Der Antrieb wird beschleunigt ⑦.
- Nach Überschreiten des Kippmomentes ⑧ sinkt das Motordrehmoment und durch das geringere Beschleunigungsdrehmoment verlangsamt sich der Drehzahlanstieg.
- Bei Erreichen des Arbeitspunktes A1 sind Motor- und Arbeitsdrehmoment gleich groß. Die Drehzahl bleibt konstant ⑨.

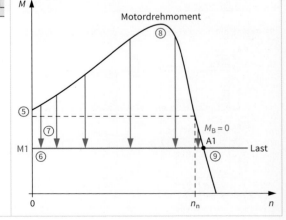

Ventilatoren
Fans

Funktion

- Transport des Volumenstroms Q eines gasförmigen Mediums (in der Regel Luft) durch eine Anlage.
- Die Anlage setzt dem Transport einen Widerstand entgegen, der durch Druckaufbau (Totaldruckerhöhung) im Ventilator überwunden werden muss.
- Anwendungen:
  - Absaugen (Be-/Entlüften, Entstauben, Entrauchen)
  - Kühlen (Wärmeabführung)
  - Heizen (Wärmezuführung)
- Arten werden nach dem Prinzip der Luftumlenkung unterschieden.

Arten

Axialventilator	Radialventilator	Querstromventilator
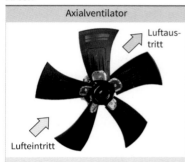 Luftaustritt / Lufteintritt	Luftaustritt / Lufteintritt	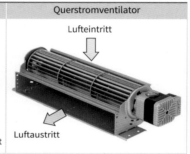 Lufteintritt / Luftaustritt

Eigenschaften und Anwendung

- Strömungsmedium in axialer Richtung durch das Laufrad - Hoher Volumendurchsatz - Geringere Druckerhöhung als Radialventilator - Einsatz z. B. in Kraftwerken, Bergbau, Tunnelentlüftung, Lüftungsanlagen, Schaltschrank	- Strömungsmedium rechtwinklig zur Antriebsachse durch das Laufrad - Hohe spezifische Leistung - Hohes Druckvermögen - Stabile Druck-Volumen-Kennlinie - Hoher Wirkungsgrad - Einsatz z. B. in Zementfabriken, Umwälzgebläse für Heißluft	- Strömungsmedium wird tangential angesaugt und tangential abgegeben. - Flächenmäßiger Luftaustritt - Hoher Luftdurchsatz - Niedrige Strömungsgeschwindigkeiten - Geräuscharm - Einsatz z. B. in Klimageräten

Kenngrößen[1]

Volumenstrom Q in $m^3 \cdot h^{-1}$ ($m^3 \cdot s^{-1}$)

$$Q = \frac{V}{\Delta t}$$

Totaldruckerhöhung ΔP_t in Pa

$$\Delta P_t = \Delta P_{fa} + \Delta P_d$$

Statische Druckdifferenz[2] ΔP_{fa} in Pa

$$\Delta P_{fa} = \Delta P_t - \Delta P_d$$

Dynamischer Druck[3] P_d (am Ausgang) in Pa

$$P_d = 0{,}5 \cdot \varrho \cdot c^2$$

Wellenleistung P_W in W (Q in $m^3 \cdot s^{-1}$, P_t in Pa)

$$P_W = \frac{Q \cdot \Delta P_t}{\eta_{Lü}}$$

Motorleistungsaufnahme P_M in W (kW)

$$P_M = \frac{P_W}{\eta_M}$$

- V: Volumen in m^3
- Δt: Zeit in h
- $\eta_{Lü}$: Wirkungsgrad des Lüfters
- η_M: Wirkungsgrad des Motors
- c: Strömungsgeschwindigkeit an der Ausgangsseite in $m \cdot s^{-1}$
- ϱ: Dichte des Transportmediums in $kg \cdot m^{-3}$

[1] Werte werden auf Kammerprüfstand ermittelt und in Kennlinien aufgetragen.
[2] Entspricht dem Druckverlust der Anlage (Rohrreibung)
[3] Strömungsverluste im Ventilator

Betriebskennlinien

Beispiel: Radialventilator, regelbar, zum Einbau in Luftkanal

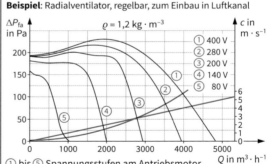

① 400 V
② 280 V
③ 200 V
④ 140 V
⑤ 80 V

① bis ⑤ Spannungsstufen am Antriebsmotor
— Strömungsgeschwindigkeit — Anlagenkennlinie

Zuluft-Volumenstromermittlung

- Der Zuluft-Voluemenstrom wird ermittelt aus dem Raumvolumen V_R und der Luftwechselrate n.
- Die Luftwechselrate ist abhängig u. a. von der Schadstoff-, Geruchs- und Temperaturbelastung.

Beispiel: Ermittlung über Luftwechselrate

- Q: Volumenstrom in $m^3 \cdot h^{-1}$
- V_R: Raumvolumen in m^3
- n: Luftwechselrate in h^{-1} (z. B. Klassenraum: 5 h^{-1} bis 7 h^{-1})

$$Q = V_R \cdot n$$

Antriebssysteme

Wartung von Maschinen
Maintenance of Machines

Planung

- Verfügbare Informationen sammeln:
  - Wartungsanleitung, Hersteller
  - Normen
  - Betriebserfahrungen
  - Betriebsumgebung (Temperatur, Sauberkeit, Nutzungsintensität, Laufzeiten)
  - Geeignete Wartungszeitpunkte (Betriebsstillstand)
- Wartungstätigkeiten auflisten
- Fristen ermitteln (Vorgaben, Erfahrungen, Betriebsbedingungen beachten)
- Tätigkeiten mit gleichen Fristen bündeln
- Wartungspersonal unterweisen
- Wartungstätigkeiten regelmäßig veranlassen

Fristen

Wartungszeitraum	Maschinenart	Wartungsarbeit
wöchentlich	Kommutatormaschinen	Kohlebürsten auf Abnutzung und Leichtgängigkeit, Bürstenhalter und Kommutatorzustand kontrollieren
	Gleitlagermaschinen	Ölstände prüfen
	Wälzlagermaschinen	Lagergehäuse befühlen, auf Vibration und Temperatur achten
	Schleifringläufermotoren mit Bürstenabhebevorrichtung	Schleifringklötzchen an der Kurzschlussbüchse kontrollieren
monatlich	Schleifringläufermotoren	Kohlebürsten, Schleifringe, Bürstenträger und Bürstenabhebevorrichtung prüfen
vierteljährlich	alle Maschinen	Anschlussklemmen und Bürstendruck prüfen
vierteljährlich bis halbjährlich	alle Maschinen	Wicklungen auf Zustand und Verunreinigung kontrollieren, eventuell reinigen, Isolationswiderstand der Wicklung prüfen
	Kommutatormaschinen, auch Tachodynamos	Kommutator auf Rundlauf kontrollieren
	Maschinen mit Druck- oder Spülölschmierung	Ölfilter, Ölzirkulation und Abdichtungen überprüfen
jährlich	alle Maschinen	Gründliche Reinigung der Maschinen, genaue Kontrolle der Lager, Wicklungen und Kommuntatoren
1- bis 2-jährlich ≈ 5000 h	Gleitlagermaschinen	Lager auswaschen und neu fetten[1]
1- bis 3-jährlich ≈ 15000 h	Wälzlagermaschinen ohne Fettmengenregler	Lager auswaschen und neu fetten[1]

[1] Beim Nachschmieren die Schmiervorschrift und die geforderte Fettart beachten.

Schmierstoffe

Umlaufschmieröle		Schmierfette (Mineralölbasis)	
CLP	Mineralöl	K	Wälz- und Gleitlager, Gleitlagerflächen
CLP PG	Polyglykol	G	Geschlossene Getriebe
CLP HC	Synthetische Kohlenwasserstoffe	OG	Offene Getriebe
		M	Gleitlager und Dichtungen

Kennzeichnungsbeispiel

CLP PG ①
220 ②

① Schmierstoffkennzeichnung
② Zusatzangaben (z. B. Viskositätsklasse)

K ③
3 N-20 ④

③ Schmierfettkennzeichnung
④ Zusatzangabe (z. B. Gebrauchstemperatur)

Kennzeichen für Bauformen
Classification Codes for Construction Types

DIN EN 60034-7: 2001-12

Bezeichnungssystem

- Die Bauformen und Aufstellungsarten werden durch **IM-Codes** (**I**nternational **M**ounting) klassifiziert.

Code I (alphanummerische Bezeichnung)

Maschinen mit Lagerschild – Lager und nur einem Wellenende

Grundzeichen IM ① ②

① B: Mit Lagerschildern und horizontaler Welle
　V: Mit Lagerschildern und vertikaler Welle
② Angabe über Lagerung, Befestigung und Art des Wellenendes

Beispiele:
- IM B3　Fußbefestigung, waagrechte Lage, zwei Lagerschilde, mit Füßen
- IM V5　Fußbefestigung, senkrechte Lage, mit Füßen, zwei Lagerschilde, Wandbefestigung

Code II (nummerische Bezeichnung)

Dieser Code deckt einen größeren Bereich der Maschinen ab und beinhaltet auch Maschinen nach Code I.

Grundzeichen IM ① ② ③ ④

① 1: Fußanbau, Schildlager
　2: Fuß- und Flanschanbau, Schildlager
　3: Schildlager, Flanschanbau (am Lagerschild)
　4: wie 3, Flansch am Gehäuse
　5: ohne Lager
　6: Schildlager und Stehlager
　7: nur Stehlager
　8: vertikal (nicht durch 1 bis 4 abgedeckt)
　9: besondere Aufstellung
② Art der Befestigung und Lagerung (z. B. 6)
③ Lage des Wellenendes und der Befestigung (z. B. 3)
④ Art des Wellenendes (z. B. 1)

Arten

Motoren mit Füßen Code	Motoren mit Flansch und Durchgangslöchern Code	Motoren mit Flansch und Gewindebohrungen Code
I IM B3 / II IM 1001	I IM B5 / II IM 3001	I IM B14 / II IM 3601
I IM V5 / II IM 1011	I IM V1 / II IM 3011	I IM V18 / II IM 3611
I IM V6 / II IM 1031	I IM V3 / II IM 3031	I IM V19 / II IM 3631
I IM B6 / II IM 1051	I IM B35 / II IM 2001	I IM B34 / II IM 2101
I IM B7 / II IM 1061	I IM V15 / II IM 2011	I IM V15 / II IM 2111
I IM B8 / II IM 1071	I IM V36 / II IM 2031	I IM V36 / II IM 2131

Kennzeichnungen: ■ Fuß　　■ Klemmenkasten　　■ Flansch

Antriebssysteme

Gleichstrommotoren
D.C. Motors

Aufbau

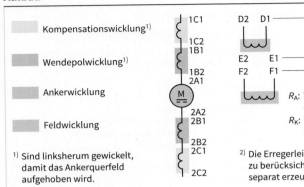

- Kompensationswicklung[1)]
- Wendepolwicklung[1)]
- Ankerwicklung
- Feldwicklung

[1)] Sind linksherum gewickelt, damit das Ankerquerfeld aufgehoben wird.

[2)] Die Erregerleistung $U_f \cdot I_f$ ist nur dann zu berücksichtigen, wenn das Feld separat erzeugt wird.

- D2 D1 — Reihenschlusswicklung
- E2 E1 — Nebenschlusswicklung
- F2 F1 — Fremderregte Wicklung

R_A: Widerstand der Ankerwicklung
R_K: Widerstand der Kompensationswicklung
R_f: Widerstand der Feldwicklung
R_W: Widerstand der Wendepolwicklung
U_f: Spannung des Erregerfeldes
I_f: Stromstärke des Erregerfeldes

$$P_{zu} = U \cdot I_a + U_f \cdot I_f \quad [2)]$$

$$\eta = \frac{P}{U \cdot I + U_f \cdot I_f} \quad [2)]$$

$$R_i = R_A + R_W + R_K$$

Motorarten

Fremderregter Motor	Nebenschlussmotor	Reihenschlussmotor	Doppelschlussmotor
Eigenschaften			
- Geringfügige Drehzahländerung bei Belastungsänderung - Drehzahlsteuerung über Ankerspannung oder Feldstrom - Ankerwicklung und Feldwicklung haben eventuell unterschiedliche Spannungen.	- Hohes Anlaufdrehmoment - Drehzahl lastabhängig - Geht bei Leerlauf eventuell durch - Drehzahlsteuerung über Ankerspannung oder Feldstrom		- Je nach Kompoundierung vorwiegend Reihenschluss- oder Nebenschlussverhalten. - Bei Gegenkompoundierung kommt es zur Instabilität.
Schaltungen			
1L+ 2L− 2L+ 1L− A1 F1 F2 A2	L+ L− A1 E1 E2 A2	L+ L− A1 D1 D2 A2	L− L+ D2 A1 D1 E2 E1 A2
Kennlinien			
$I_A = \dfrac{U}{R_i}$	$I_A = \dfrac{U}{R_i} + \dfrac{U}{R_f}$	$I_A = \dfrac{U}{R_i + R_f}$	$I_A = \dfrac{U}{R_i + R_{f,ser}} + \dfrac{U}{R_{f,par}}$
Anwendungen			
- Drehzahlsteuerung über Leonard-Umformer oder gesteuerte Gleichrichter	- Werkzeugmaschinen - Förderanlagen	- Elektrische Fahrzeuge - Hebezeuge - Anlasser im Kraftfahrzeug	- Werkzeugmaschinen - Antrieb von Schwungmassen z. B. Pressen, Stanzen, Scheren - Walzwerkantriebe

Wechselstrommotoren
A.C. Motors

Motorarten

Drehstrommotor an Wechselspannung (Steinmetzschaltung)	Kondensatormotor	Spaltpolmotor	Universalmotor
Eigenschaften			
▪ Nebenschlussverhalten ▪ schlechter Wirkungsgrad	▪ Nebenschlussverhalten ▪ mit C_A hohes Anlaufdrehmoment	▪ Nebenschlussverhalten ▪ einfache Bauweise ▪ schlechter Wirkungsgrad	▪ Reihenschlussverhalten
$U = 230\text{V}$ $C_B = 70 \frac{\mu F}{kW} \cdot P$ $U = 400\text{V}$ $C_B = 20 \frac{\mu F}{kW} \cdot P$ $\boxed{C_A = 2 \cdot C_B}$	$Q_{CB} = \frac{1\,\text{kvar}}{kW} \cdot P$ $\boxed{C_A = 3 \cdot C_B}$		
Anwendungen			
Baumaschinen	Haushaltsgeräte (z. B. Waschmaschinen)	Haushaltsgeräte mit kleiner Leistung	Haushaltsgeräte, Elektrowerkzeuge

Bemessungsspannungen und Prüfspannungen für Maschinen
Rated Voltages and Test Voltages for Machines

DIN EN 60034-1: 2011-02; DIN 40030: 1993-09

Bemessungsspannungen

Gleichspannungen für stromrichtergespeiste Motoren

Netzanschluss			
einphasig		dreiphasig	
Netzspannung in V			
260	400	400	500	690
160 180	280 310	420 470	520 600	720 810

empfohlene Erregerspannungen in V

| 200 | 310 | 310 | |

Prüfspannungen

Maschinenart		Effektivwerte
$P \leq 1$ kW bzw. 1 kVA oder $U_n < 100$ V		$2 \cdot U_n + 500$ V U_n: Bemessungsspannung
$P < 10$ MW bzw. 10 MVA		$2 \cdot U_n + 1000$ V
$P \geq 10$ MW bzw. 10 MVA	$U_n \leq 24$ kV	$2 \cdot U_n + 1000$ V
	$U_n > 24$ kV	nach Vereinbarung
Fremderregte Erregerwicklung Gleichstrommaschinen		$2 \cdot U_f + 1000$ V ≥ 1500 V U_f: Spannung des Erregerfelds
Erregerwicklung von Synchronmaschinen	$U_f \leq 500$ V $U_f > 500$ V	$10 \cdot U_n$ mind. 1500 V 4000 V + 2 U_f
Läuferwicklung von Schleifringläufer-Motoren		$2 \cdot U_r + 1000$ V ≥ 1500 V U_r: Spannung der Läuferwicklung
Erregermaschinen		$2 \cdot U_n + 1000$ V ≥ 1500 V
Maschinensätze und Geräte		Entsprechend der Art der verwendeten Maschinen und Geräte

Antriebssysteme

Drehstrom-Asynchronmotoren
Three Phase Asynchronous Motors

Kurzschlussläufer-Motor

- **Eigenschaften**
  - robust
  - wartungsarm
  - kompakt
  - schlechtes Anlaufverhalten
  - Drehzahlsteuerung über Umrichter
  - Nebenschlussverhalten

- **Schaltungen**

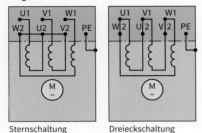

Sternschaltung   Dreieckschaltung

- **Hochlaufkennlinien**

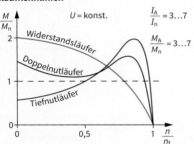

Schleifringläufer-Motor

- **Eigenschaften**
  - relativ wartungsarm
  - guter Anlauf
  - Drehzahlsteuerung durch einen Widerstand im Läuferkreis möglich
  - Nebenschlussverhalten

- **Schaltungen**

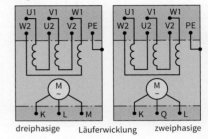

dreiphasige   Läuferwicklung   zweiphasige

- **Hochlaufkennlinien**

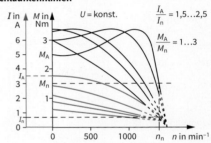

- **Anwendungen für Kurzschlussläufer-Motor**
  - Werkzeugmaschinen
  - kleine Hebezeuge
  - Verarbeitungsmaschinen
  - landwirtschaftliche Maschinen

- **Anwendungen für Schleifringläufer-Motor**
  - große Werkzeugmaschinen
  - Hebezeuge
  - Schweranlauf
  - Maschinen mit großen Schwungmassen

I_A: Anlaufstromstärke
I_n: Bemessungsstromstärke
M_A: Anlaufdrehmoment
M_n: Bemessungsdrehmoment

Betriebskenngrößen und Kennlinien

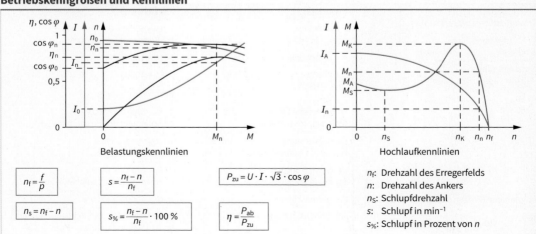

Belastungskennlinien   Hochlaufkennlinien

$n_f = \dfrac{f}{p}$ $s = \dfrac{n_f - n}{n_f}$ $P_{zu} = U \cdot I \cdot \sqrt{3} \cdot \cos \varphi$

$n_s = n_f - n$ $s_\% = \dfrac{n_f - n}{n_f} \cdot 100\,\%$ $\eta = \dfrac{P_{ab}}{P_{zu}}$

n_f: Drehzahl des Erregerfelds
n: Drehzahl des Ankers
n_s: Schlupfdrehzahl
s: Schlupf in min^{-1}
$s_\%$: Schlupf in Prozent von n

Standardgrößen von Drehstrom-Asynchronmotoren
Standard Dimensions of Three Phase Asynchronous Motors

DIN EN 60034-1 (VDE 0530-1): 2011-02

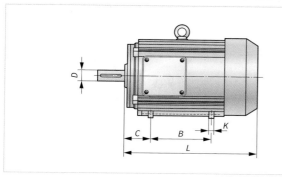
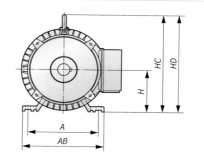

Angaben für Maschinen mit Füßen

Baugröße	A in mm	AB in mm	H in mm	B in mm	C in mm	D in mm	L in mm	Bolzen
56M	90	112	56	71	36	9	174	M5
63M	100	128	63	80	40	11	210	
71M	112	138	71	90	45	14	224	M6
80M	125	157	80	100	50	19	256	
90S	140	175	90		56	24	286	
90L	140	175	90	125	56	24	298	M8
100L	160	198	100		63	28	342	
112M	190	227	112	140	70		372	
132S	216	262	132	178	89	38	406	M10
132M	216	262	132	178	89	38	440	
160M	254	320	160	210	108	42	542	
160L	254	320	160	254	108	42	562	M12
180M	279	355	180	241	121	48	602	
180L	279	355	180	279	121	48	632	
200M	318	395	200	267	133	55	680	
200L	318	395	200	305	133	55	680	
225S	356	435	225	286	149	60	764	M16
225M	356	435	225	311	149	60	764	
250S	406	490	250		168	65	874	
250M	406	490	250	349	168	65	874	
280S	457	550	280	368	190	75	984	M20
280M	457	550	280	419	190	75	1036	
315S	508	635	315	406	216	80	1050	
315M	508	635	315	457	216	80	1100	M24

Vergleich aktuelle und bisherige Bemaßung

DIN EN 50347	A	AB	B	C	D	H	K	L
DIN 42673-1[1]	b	XA + XB	a	w_1	d	h	s	Y

[1] zurückgezogen 2003-09

Bemessungsleistungen in kW

Baugröße	3000 min⁻¹	1500 min⁻¹	1000 min⁻¹	750 min⁻¹	Baugröße	3000 min⁻¹	1500 min⁻¹	1000 min⁻¹	750 min⁻¹
56M	0,09/0,12	0,06/0,09	–	–	180M	22	18,5	–	–
63M	0,18/0,25	0,12/0,18	–	–	180L		22	15	11
71M	0,37/0,55	0,25/0,37	–	–	200M	30	–	18,5	–
80M	0,75/1,1	0,55/0,75	0,37/0,55	–	200L	37	30	22	15
90S	1,5	1,1	0,75	–	225S	–	37	–	18,5
90L	2,2	1,5	1,1	–	225M	45	45	30	22
100L	3	2,2/3	1,5	0,75/1,1	250S	45	45	30	–
112M	4	4	2,2	1,5	250M	55	55	37	30
132S	5,5/7,5	5,5	3	2,2	280S	75	75	45	37
132M	–	7,5	4/5,5	3	280M	90	90	55	45
160M	11/15	11	7,5	4/5,5	315S	110	110	75	55
160L	18,5	15	11	7,5	315M	132	132	90	75

Betriebswerte von Motoren
Operating Characteristics of Motors

DIN EN 60034-30-1: 2014-12

Wechselstrommotoren

Motoren mit Betriebskondensator 230 V/50 Hz

	Bau-größe	P_N in kW	n_N in min⁻¹	I_N in A	cos φ	$\frac{I_A}{I_N}$	$\frac{M_A}{M_N}$	C_B in εF	U_C in V	m in kg
n_f = 3000 min⁻¹	63	0,120	2800	1,2	0,9	3,0	0,6	4	400	5
	71	0,3	2760	2,4	0,98	3,0	0,45	10	400	7
	71	0,5	2790	3,6	0,95	3,5	0,46	12	400	8
	80	0,9	2800	6,2	0,95	4,0	0,35	20	400	11
	90S	1,1	2740	7,4	0,97	3,4	0,38	30	400	14
	90L	1,7	2700	11	0,97	3,5	0,35	40	400	17
n_f = 1500 min⁻¹	63	0,12	1390	1,3	0,98	2	0,54	5	400	5
	63	0,18	1390	1,85	0,86	2,8	0,51	6	400	5
	71	0,3	1380	3	0,92	2,6	0,52	12	400	8
	80	0,55	1380	4,2	0,91	3,3	0,64	16	400	11
	90S	0,9	1370	6,0	0,97	3,3	0,38	30	400	14
	90L	1,25	1380	8,5	0,95	3,8	0,42	40	400	17

Drehstrommotoren

Anwendungen

- Motoren mit einer Drehzahl
  - Direktanlauf vom Versorgungsnetz
- Motoren mit mehreren Drehzahlen mit
  - Mehrfachwicklungen,
  - umschaltbaren Wicklungen oder
  - unterschiedlichen Polzahlen.
- Getriebemotoren
  - ohne Kupplung direkt am Getriebe
- Motoren mit veränderbarer Drehzahl durch
  - Änderungen der Bemessungsspannung oder
  - Frequenzänderung
- Bremsmotoren
  - mit elektromechanischer Bremsrichtung direkt an der Welle
- Pumpenmotoren
  - ohne Kupplung direkt an der Pumpe

Wirkungsgrade nach Effizienzklassen (Auswahl)

P_N in kW	IE 1 Wirkungsgrad in %				IE 2 Wirkungsgard in %				IE 3 Wirkungsgrad in %			
	p = 2	p = 4	p = 6	p = 8	p = 2	p = 4	p = 6	p = 8	p = 2	p = 4	p = 6	p = 8
0,75	72,1	72,1	70,0	61,2	77,4	79,6	75,9	66,2	80,7	82,5	78,9	75,0
1,1	75,0	75,0	72,9	66,5	79,6	81,4	78,1	70,8	82,7	84,1	81,0	77,7
1,5	77,2	77,2	75,2	70,2	81,3	82,8	79,8	74,1	84,2	85,3	82,5	79,7
2,2	79,7	79,7	77,7	74,2	83,2	84,3	81,8	77,6	85,9	86,7	84,3	81,9
3	81,5	81,5	79,7	77,0	84,6	85,5	83,3	80,0	87,1	87,7	85,6	83,5
4	83,1	83,1	81,4	79,2	85,8	86,6	84,6	81,9	88,1	88,6	86,8	84,8
5,5	84,7	84,7	83,1	81,4	87,0	87,7	86,0	83,8	89,2	89,6	88,0	86,2
7,5	86,0	86,0	84,7	83,1	88,1	88,7	87,2	85,3	90,1	90,4	89,1	87,3
11	87,6	87,6	86,4	85,0	89,4	89,8	88,7	86,9	91,2	91,4	90,3	88,6
15	88,7	88,7	87,7	86,2	90,3	90,6	89,7	88,0	91,9	92,1	91,2	89,6
18,5	89,3	89,3	88,6	86,9	90,9	91,2	90,4	88,6	92,4	92,6	91,7	90,1
22	89,9	89,9	89,2	87,4	91,3	91,6	90,9	89,1	92,7	93,0	92,2	90,6
30	90,7	90,7	90,2	88,3	92,0	92,3	91,7	89,8	93,3	93,6	92,9	91,3
37	91,2	91,2	90,8	88,8	92,5	92,7	92,2	90,3	93,7	93,9	93,3	91,8
45	91,7	91,7	91,4	89,2	92,9	93,1	92,7	90,7	94,0	94,2	93,7	92,2
55	92,1	92,1	91,9	89,7	93,2	93,5	93,1	91,0	94,3	94,6	94,1	92,5
75	92,7	92,7	92,6	90,3	93,8	94,0	93,7	91,6	94,7	95,0	94,6	93,1
90	93,0	93,0	92,9	90,7	94,1	94,2	94,0	91,9	95,0	95,2	94,9	93,4
110	93,3	93,3	93,3	91,1	94,3	94,5	94,3	92,3	95,2	95,4	95,1	93,7
132	93,5	93,5	93,5	91,5	94,6	94,7	94,6	92,6	95,4	95,6	95,4	94,0
160	93,8	93,8	93,8	91,9	94,8	94,9	94,8	93,0	95,6	95,8	95,6	94,3
200 – 1000	94,0	94,0	94,0	92,5	95,0	95,1	95,0	93,5	95,8	96,0	95,8	94,6

Motor-Energieeffizienzklassen
Motor Energy Efficiency Classes

2009/125/EG: 2009-10; 04/2014/EU: 2016-6; DIN EN 60034-30-1: 2014-12

MEPS-Richtlinie

- **MEPS** (**M**inimum **E**nergy **P**erformance **S**tandard, Mindestanforderung an Energieeffizienz) legt verpflichtend Wirkungsgrade für bestimmte Elektromotoren fest.
- Einführung erfolgte stufenweise bis 2017.
- Einstufung erfolgt mit **IE**-Codes (**I**nternational **E**fficiency) IE1 bis IE3.

- EU Richtlinie 2005/32/EG: Öko-Design-Anforderungen beschreiben minimale Wirkungsgrade für bestimmte Motoren.
- EU Verordnung 4/2014: Konkretisiert die RL 2005/32/EG im Hinblick auf die umweltgerechte Gestaltung von Elektromotoren.

Einführung

	Leistung	MEPS	MEPS alternative
Seit 16. 06. 2011	0,75 kW … 375 kW	IE2: High Efficiency	–
Seit 01. 01. 2015	0,75 kW … 7,5 kW	IE2: High Efficiency	–
	7,5 kW … 375 kW	IE3: Premium Efficiency	IE2 + Umrichter
Seit 01. 01. 2017	0,75 kW … 375 kW	IE3: Premium Efficiency	IE2 + Umrichter
IE1: Standard Efficiency		IE4: Super Premium Efficiency (noch nicht definiert)	

Geltungsbereich

- Die Richtlinie gilt für Asynchronmotoren mit folgenden Eigenschaften:
  - 2-, 4- oder 6-polig
  - eintourig
  - dreiphasig
  - P_n = 0,75 kW … 375 kW und
  - U_r < 1000 V

- Ausgenommen sind:
  - Tauchmotoren
  - Vollständig in Produkte integrierte Motoren (Pumpe, Lüfter) für Aufstellungshöhen über 1000 m ü NN
  - Umgebungstemperaturen ≥ 40 °C oder ≤ –15 °C
  - Explosionsgeschützte Motoren
  - Bremsmotoren

Wirkungsgrade

- EU-Richtlinie beschreibt und fordert die drei Klassen IE1 bis IE3
- Motornorm beschreibt bis zu IE4

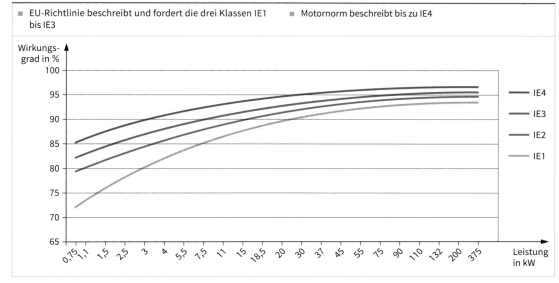

Kennzeichnung

- Niedrigster Wirkungsgrad bei 100 %, 75 % und 50 % der Bemessungslast
- Wirkungsgradklasse (IE2 oder IE3)
- Herstellungsjahr

Beispiel (Typenschildauszug):

IE2 – 95.6 (100 %) – 95.5 (75 %) – 95.1 (50 %)

Effizienzklasse — Last (in % von P_r) — Wirkungsgrad

Motorschutz
Motor Protection

Fehler am Motor

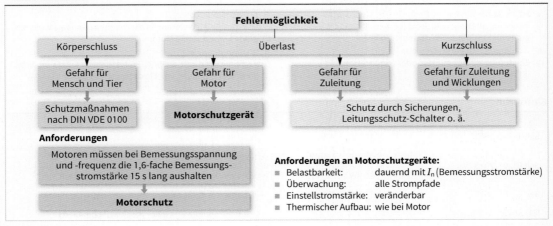

Anforderungen an Motorschutzgeräte:
- Belastbarkeit: dauernd mit I_n (Bemessungsstromstärke)
- Überwachung: alle Strompfade
- Einstellstromstärke: veränderbar
- Thermischer Aufbau: wie bei Motor

Verfahren

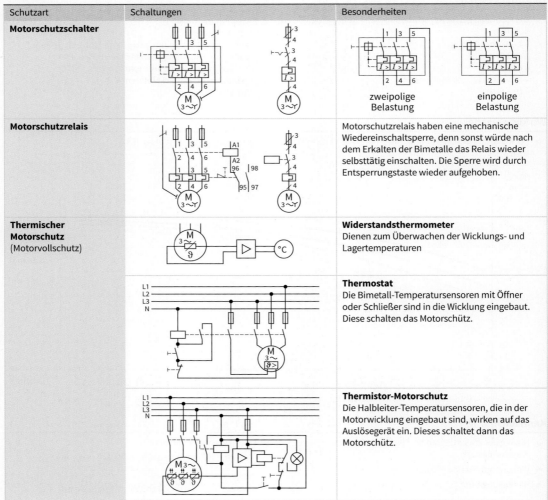

Schutzart	Schaltungen	Besonderheiten
Motorschutzschalter		zweipolige Belastung / einpolige Belastung
Motorschutzrelais		Motorschutzrelais haben eine mechanische Wiedereinschaltsperre, denn sonst würde nach dem Erkalten der Bimetalle das Relais wieder selbsttätig einschalten. Die Sperre wird durch Entsperrungstaste wieder aufgehoben.
Thermischer Motorschutz (Motorvollschutz)		**Widerstandsthermometer** Dienen zum Überwachen der Wicklungs- und Lagertemperaturen
		Thermostat Die Bimetall-Temperatursensoren mit Öffner oder Schließer sind in die Wicklung eingebaut. Diese schalten das Motorschütz.
		Thermistor-Motorschutz Die Halbleiter-Temperatursensoren, die in der Motorwicklung eingebaut sind, wirken auf das Auslösegerät ein. Dieses schaltet dann das Motorschütz.

Antriebssysteme

Fehler bei Motoren
Failures of Motors

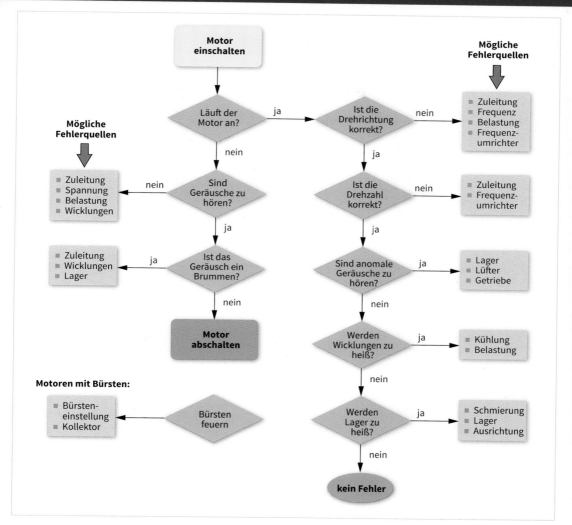

Häufigkeiten von Fehler bei Motoren

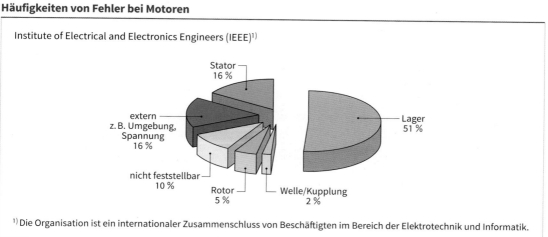

[1] Die Organisation ist ein internationaler Zusammenschluss von Beschäftigten im Bereich der Elektrotechnik und Informatik.

Anlassverfahren
Starting Methods

Arten

Anlassart	Direktstart	Stern-Dreieck Start	Softstart	Frequenzumrichter
Merkmale	■ Starke Beschleunigung bei hoher Anlaufstromstärke ■ Hohe mechanische Belastung ■ Hochlaufzeit: – Normalanlauf 0,2 s … 5 s – Schweranlauf 5 s … 30 s	■ Anlauf mit reduzierter Stromstärke und Drehmoment ■ Stromstärke- und Drehmomentspitze beim Umschalten ■ Hochlaufzeit: – Normalanlauf 2 s … 15 s – Schweranlauf 15 s … 60 s	■ Einstellbare Anlaufcharakteristik ■ Gesteuerter Auslauf möglich ■ Hochlaufzeit: – Normalanlauf 0,5 s … 10 s – Schweranlauf 10 s … 60 s	■ Hohes Drehmoment bei geringer Stromstärke ■ Anlaufcharakteristik einstellbar ■ Hochlaufzeit: – Normalanlauf 0,5 s … 10 s – Schweranlauf 5 s … 60 s
Spannungen	U: 100 % (konstant)	U: 58 % (Y) → 100 % (Δ)	U: U_{Start} 30 % → 100 % über t_{Start}	U: U_{Boost} → 100 % über t_{acc}
	U: Motorspannung t_{Start}: Startzeit t_{acc}: Hochlaufzeit [1] U_{Boost}: Spannungsanhebung			
Stromstärken	I/I_e Kurve (ca. 6 → 1)	I/I_e Kurve (ca. 2 → 1, Sprung bei Umschaltung)	I/I_e Kurve (geregelt)	I/I_e Kurve (ca. 1,5 → 1)
Relative Anlaufstromstärken	$I_A = I_{AD} = 4 \cdot I_e … 8 \cdot I_e$ (motorabhängig)	$I_A = 0{,}33 \cdot I_{AD}$ ($I_A = 1{,}3 \cdot I_e … 2{,}7 \cdot I_e$)	$I_A = k \cdot I_{AD}$ (typ. $2 \cdot I_e … 6 \cdot I_e$)	$I_A \leq 1 \cdot I_e … 2 \cdot I_e$ (einstellbar)
	I_A: Motoranlaufstromstärke I_{AD}: Motoranlaufstromstärke bei Direkteinschaltung I_e: Bemessungsstromstärke des Motors k: Spannungsreduktionsfaktor			
Drehmomente	M/M_A Kurve mit M_f und M_L	M/M_A Kurve mit M_f und M_L	M/M_A Kurve mit M_f und M_L	M/M_A Kurve mit M_f und M_L, ① Unterschiedliche Frequenzen
Relative Anlaufdrehmomente	$M_{AD} = 1{,}5 \cdot M_e … 3 \cdot M_e$ (motorabhängig)	$M_A = 0{,}33 \cdot M_{AD}$ ($M_A = 0{,}5 \cdot M_e … 1{,}0 \cdot M_e$)	$M_A = k^2 \cdot M_{AD}$	$M_A \sim 0{,}1 \cdot M_{AD}$ ($M \sim U/f$, einstellbares Drehmoment)
	M_{AD}: Anlaufdrehmoment bei Direkteinschaltung M_e: Bemessungsdrehmoment M_A: Anlaufdrehmoment k: Spannungsreduktionsfaktor M_L: Lastdrehmoment			
Anwendungen	Antriebe an starren Netzen, die hohe Anlaufströme (Anlaufmomente) zulassen.	Antriebe, die erst nach dem Hochlauf belastet werden bei begrenzter Leistungsfähigkeit des Netzes.	Antriebe, die einen sanften Drehmomentverlauf oder Stromreduzierung erfordern.	Antriebe, die einen geführten Sanftanlauf und eine stufenlose Drehzahlverstellung erfordern.

Antriebssysteme

Anlassen von Motoren
Starting of Motors

Bedingungen zum Anlassen

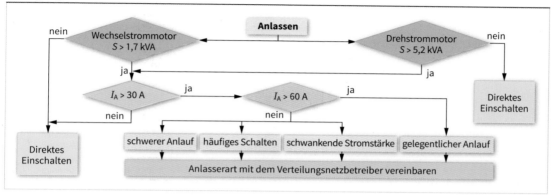

Anlassverfahren für Drehstrommotoren

Motorarten	Anwendungen	Anlassarten	Schaltungen	Eigenschaften
Kurzschlussläufermotor	Normaler Anlauf	Stern-Dreieck-Schaltung	L1 L2 L3 — M 3~	$I_{AY} = \frac{1}{3} \cdot I_{A\Delta}$ $M_{AY} = \frac{1}{3} \cdot M_{A\Delta}$ Einstellstromstärke $I_e = 0{,}58 \cdot I_N$
	Überlanger Anlauf		L1 L2 L3 — M 3~	I_{AY}: Anlaufstromstärke bei Sternschaltung $I_{A\Delta}$: Anlaufstromstärke bei Dreieckschaltung
	Schwerer Anlauf		L1 L2 L3 — M 3~	$I_{AY} = \frac{1}{3} \cdot I_{A\Delta}$ $M_{AY} = \frac{1}{3} \cdot M_{A\Delta}$ Einstellstromstärke $I_e = I_N$
	Hochspannungsmotoren	Anlasstransformator	M 3~	$I_A \sim U$ $M_A \sim U^2$ relativ teuer
	Füllanlagen, Textilindustrie, Verpackungsanlagen, Automatisierung	Sanftanlauf	3 — 3~/3~ — 3 — M 3~	I_A bzw. M_A werden elektronisch durch Umrichter eingestellt.
	Maschinen mit hohem Anlaufdrehmoment, z. B. Aufzug	Frequenzumformer	3 — ~/U/f — 3 — M 3~	U und f werden elektronisch gesteuert
Schleifringläufermotor	Große Werkzeugmaschinen, Pumpen, Hebezeuge	Läuferanlasser	M L K	– Niedrige Anlaufstromstärke – Hohes Anlaufdrehmoment – Drehzahlsteuerung mit den Widerständen möglich

Antriebssysteme

Bremsen von Motoren
Braking of Motors

Bremsarten	Maschinenarten	Schaltungen/Abbildungen	Eigenschaften	Anwendungen
Mechanische Bremsung	Bremslüfter ①		Bremsen können an allen Motoren angebaut werden. Motor wird durch Bremsung thermisch nicht beansprucht.	Werkzeugmaschinen mit kleiner bis mittlerer Leistung
	Bremsmotoren		Motor wird durch Bremsung thermisch nicht beansprucht, hohe Schalthäufigkeit	Werkzeugmaschinen zum Bohren, Fräsen, Hebezeuge
Gegenstrombremsung	Wechsel- und Drehstrommotoren / Gleichstrommotoren		Hohe thermische Beanspruchung, große Kräfte an der Befestigung, einfach, unkompliziert, hohe Motorströme, keine Haltbremsung[1], feinfühlig	Hebezeuge, Tippbetrieb
Nutzbremsung	Wechsel- und Drehstrommotoren / Gleichstrommotoren	Motorbetrieb $n < n_f$ / Bremsbetrieb $n > n_f$	Keine Haltbremsung[1]	Bahnen bei Talfahrten als Zusatzbremse
Widerstandsbremsung	Gleichstrommotoren		Motor arbeitet als Generator mit angeschlossenen Widerständen, keine Haltbremsung[1]	– Fahrzeuge (Nachlaufbremse) – Hebezeuge (Senkbremsung)
Gleichstrombremsung	Wechsel- und Drehstrommotoren		Hohe thermische Beanspruchung, keine Haltbremsung[1]	– Hebezeuge – Bahnen

[1] Haltbremsung: Bremsen bis Stillstand ② Manuelles Bremsen ③ Manuelles Lösen der Bremse

Sanftanlasser
Soft Starter

Anwendung

- Ersatz für konventionelle Anlassverfahren (Direktanlauf, Stern-Dreieck-Anlauf)
- Verminderung von hohen Anlaufstromstärken, Strom-/Drehmomentspitzen
- Funktionsprinzip der Phasenanschnittsteuerung
- Kostengünstiger als Frequenzumformer

Anlaufverhalten

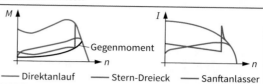

—— Direktanlauf —— Stern-Dreieck —— Sanftanlasser

Schaltungsvarianten

Sparschaltung

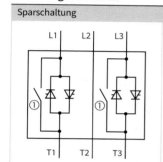

- **Vorteile:**
  - Günstiger als Vollbrücken
- **Nachteile:**
  - Unsymmetrie zwischen Phasenströmen möglich
  - Gleichstromanteil im Motorstrom möglich
  - Erhöhte Geräusche und Verluste beim Anlauf

Vollbrücke

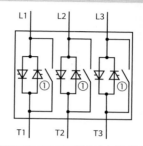

- **Vorteile:**
  - Symmetrischer Betrieb
- **Nachteile:**
  - Teurer als Sparschaltung

Kontakte des Bypass-Schütz ① werden geschlossen, wenn der Anlauf abgeschlossen ist.
→ Vermeidung der Verluste in Halbleitern. Nicht bei allen Sanftanlassern integriert.

Anschlussvarianten

Standardschaltung

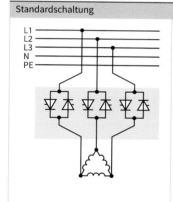

- **Vorteile:**
  - Geringer Verdrahtungsaufwand
  - Bremsbetrieb möglich
- **Nachteile:**
  - Sanftanlasser muss auf Motorbemessungsstrom ausgelegt sein.

$$I_{rG} = I_{rM}$$

I_{rG}: Bemessungsstrom, Sanftanlasser
I_{rM}: Bemessungsstrom, Motor

√3-Schaltung

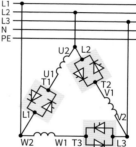

- **Vorteile:**
  - Sanftanlasser muss nur auf ca. 58 % des Motorbemessungsstroms ausgelegt sein.

$$I_{rG} = 58\,\% \cdot I_{rM}$$

- **Nachteile:**
  - Erhöhter Verdrahtungsaufwand
  - Kein Bremsbetrieb möglich

Regelgrößen

Regelgrößen können durch Sanftanlasser begrenzt werden bzw. über eine parametrierbare Rampe ohne Sprung verändert werden.

Spannung	Stromstärke	Wirkleistung (Drehmoment)
- Einfachste Variante (häufig nur als Steuerung nicht als Regelung ausgeführt) - Spannung wird über Veränderung des Zündwinkels langsam gesteigert.	- Strombegrenzung auf Maximalwert möglich. - Anwendung wenn Anlaufströme wegen Netzrückwirkungen oder TAB-Anforderungen begrenzt werden müssen.	- Drehmoment kann begrenzt bzw. langsam geändert werden. - Einsatz bei empfindlicher Mechanik

Option als Zusatzfunktionen

- Integrierter Motor-Überlastschutz
- Kompensation von Gleichstromanteilen
- Programmierbare Grenzwerte und Rampen U, I, M
- Feldbusanbindung

Antriebssysteme

Frequenzumrichter
Frequency Converter

Aufbau

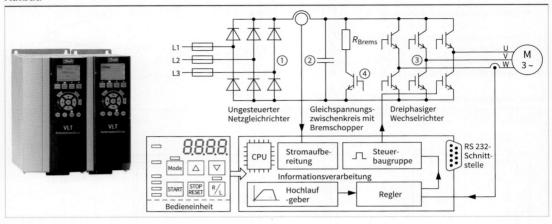

Funktion

- Eingangsgleichrichter ① erzeugt Gleichspannung
- Gleichspannung wird vom Zwischenkreiskondensator ② geglättet.
- Wechselrichter ③ erzeugt Wechselspannung mit variabler Spannung und Frequenz.
- Steuerung erzeugt Transistor-Steuersignale, führt Steuerungsaufgaben (Drehzahl, Drehzahlrampen, ...) und Regelaufgaben (Drehzahl-/Drehmoment, Strom) aus.
- Bei Bremsvorgängen kann die Zwischenkreisenergie nicht in das Netz gespeist werden. Überschüssige Energie aus dem Zwischenkreis wird über einen Bremschopper im Bremswiderstand ④ in Wärme umgesetzt.
- Alternativ werden zusätzliche Wechselrichter eingesetzt, die die Zwischenkreisenergie in das speisende Netz zurückführen.

Wechselrichterprinzip

Beispiel	Eigenschaften
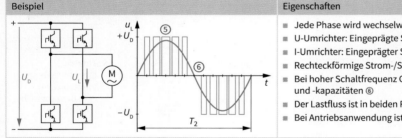	- Jede Phase wird wechselweise auf $+U_D$ oder $-U_D$ geschaltet. - U-Umrichter: Eingeprägte Spannung am Eingang - I-Umrichter: Eingeprägter Strom am Eingang - Rechteckförmige Strom-/Spannungsverläufe am Ausgang ⑤ - Bei hoher Schaltfrequenz Glättung durch Lastinduktivitäten und -kapazitäten ⑥ - Der Lastfluss ist in beiden Richtungen möglich. - Bei Antriebsanwendung ist 4-Quadrantenantrieb möglich.

Merkmale

- Bei niedrigen Frequenzen sinkt der Blindwiderstand X_L des Motors. Um die Bemessungsstromstärke nicht zu überschreiten, wird bei $f < 50$ Hz die Ausgangsspannung abgesenkt.
  Es muss $\frac{U}{f}$ = konstant eingehalten werden.
- Motorkennlinie ist frequenzabhängig ⑦, ⑧, ⑨.
- Durch Frequenzsteuerung kann eine Last mit konstantem Drehmoment beschleunigt werden.
- Bei Schweranlauf steht das maximale Motordrehmoment bereits im Stillstand zur Verfügung.
- Frequenzen können über f_N (z. B. $f > 50$ Hz) steigen, Motoreignung ist dann zu prüfen.
- Bei Fehlern im Zwischenkreis können Gleichfehlerströme entstehen. Bei Betrieb über RCD sind RCDs vom Typ B erforderlich.

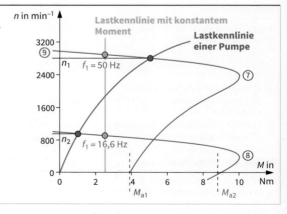

Frequenzumrichter
Frequency Converter

Auswahlkriterien

- Netzspannung (230 V, 400 V, 500 V, 1- oder 3-phasig)
- Eingangsgleichrichter (B6-, B12-Brücke)
- Leistungsbereich
  - Motorleistung
  - Reserveleistung für Beschleunigungsvorgänge
  - Universal-Frequenzumrichter für mehrere Motorgrößen
- Schutzart
- Installation
  - Wand-, Schrank-, Hutschienenmontage
  - Schraub-/Steckklemmen
  - Steckbare Anschlüsse
- Kommunikationsschnittstellen
  - Feldbustyp,
  - Parametrierschnittstelle (RS 485, USB, …),
  - I/O-Schnittstellen, Digital (Relais, TTL, …), Analog
  - Drehgeber, Resolver
- EMV-Anforderungen
  - Klasse A1, A2 (Industrie)
  - Klasse B (Haushalt)
  - EMV-Eingangsfilter (gegebenenfalls schaltbar)
  - maximale Leitungslänge
  - Schirmungsanforderungen
- Zusatzbaugruppen, z. B.
  - Eingangsfilter
  - Ausgangsfilter
  - Bremswiderstand
  - Netzrückspeiseeinrichtung
- Zusatzfunktionen, z. B.
  - integrierte Reglerfunktion
  - Drehzahlgeber entbehrlich
  - sichere Stopp-Funktion für Performance Level bzw. SIL-Betrachtung
  - Thermistorauswertung (gegebenfalls mit EX-Zulassung)
  - externe Steuerspannung

Montage

Die Hersteller geben spezielle Vorgaben zur Montage.

Beispiel:

- Montageort:
  - Abstand zu Nachbargeräten und Wand (Wärmeabfuhr, Luftstrom)
  - Untergrund (z. B. Metallplatte)
  - Platz für Öffnung von Abdeckungen usw.
- Anschluss:
  - Verwendung geschirmter Motor- und Steuerleitungen
  - Schirmanschluss (Schirmanschlussklemmen ①, ② und großflächige Erdungsschiene ③ verwenden)
  - bei Leitungsunterbrechung z. B. durch Schalter HF-durchgängige Schirmverbindung sicherstellen
  - Leistungs- und Steuerleitung getrennt verlegen (auch innerhalb von FU-Gehäusen)
  - Mindestquerschnitte und Maximallängen beachten

Beispiel: Montage in Schaltschrank

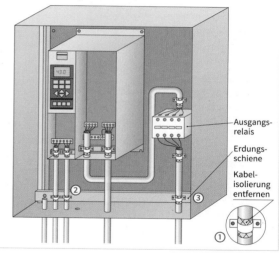

Inbetriebnahme

1. Prüfung nach DIN VDE 0100-600
2. EMV-Filter bei IT-Netzen trennen
3. Spannungsversorgung einschalten
4. Gegebenenfalls Taktfrequenz an Sinusfilter anpassen[1]
5. Grundkonfiguration für I/O-Schnittstellen, Busadresse vornehmen
6. Motordaten eingeben (Bemessungsleistung, -spannung, -frequenz, -strom, -drehzahl)[1]
7. Automatische Motoridentifikation
   Frequenzumrichter speist Motor mit unterschiedlichen Frequenzen und ermittelt das elektrische Ersatzschaltbild.
8. Im Handbetrieb, Drehrichtungstest durchführen
9. Weiter Parameter setzen
10. Funktionstest aller genutzten Funktionen
11. Inbetriebnahmeprotokoll erstellen und Parametersatz sichern

Parameter (Auswahl):
- Motorart
- Min-/Max-Drehzahl
- Rampenzeit (auf/ab)
- Stromgrenze
- Momentengrenze
- Regelverfahren
- Drehmomentverhalten der Last
- Busadresse
- Baudrate

Funktion der Digitaleingänge, z. B.:
- Start/Stopp
- Drehrichtung
- Drehzahl auf/ab

Achtung:
Inbetriebnahme kann mit Last erfolgen. Mögliche Personengefährdung bzw. Schäden an Lastmaschinen vermeiden.

[1] optional, wenn die jeweilige Funktion benötigt wird/vorhanden ist.

Antriebssysteme

Ausgangsfilter für Frequenzumrichter
Output Filter for Frequency Converters

Aufgaben

- Ausgangsfilter bei Frequenzumrichtern werden u. a. eingesetzt zur Reduzierung von
  - hochfrequenten Störemissionen
  - Motorgeräuschen
  - Spannungsüberhöhungen durch die Leitungsbeläge (parasitäre Schwingkreise)
- Die verschiedenen Filterarten weisen unterschiedliche Leistungsmerkmale auf und sind in Abhängigkeit von den Anforderungen (z. B. EMV-Vorgaben) einzusetzen.

Ferritringe

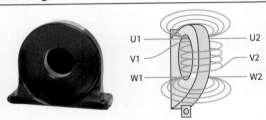

- Dämpfung von Störemissionen der Motorleitungen
- Reduzierung von Ableit- und Lagerströmen
- Wirksam gegen asymmetrische Störgrößen
- Kann Überstromabschaltungen des Umrichters verhindern
- Reduziert Störeinkopplungen auf die Netzzuleitung
- Kostengünstig
- Geringe Wirksamkeit gegen symmetrische Störgrößen
- Kaum Reduzierung der Schaltflanken (du/dt)
- Keine sinusformenden Eigenschaften

du/dt-Drossel

 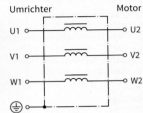

- Deutliche Reduzierung der Schaltflanken (du/dt)
- Dämpfung von Störemissionen der Motorleitung
- Wirksam gegen symmetrische Störgrößen
- Niedriger Spannungsfall
- Preisgünstiger als ein Sinusausgangsfilter
- Geringe Wirksamkeit gegen asymmetrische Störgrößen
- Keine sinusformenden Eigenschaften
- Bei längeren Motorleitungslängen größere Bauformen notwendig
- Zusätzlicher Spannungsfall durch die Längsinduktivität

Sinusausgangsfilter

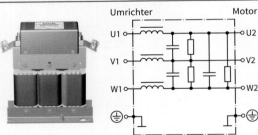

- Ausgangsspannung annähernd sinusförmig
- Schont den Motor
- Schaltflanken (du/dt) werden komplett „verschliffen"
- Hohe Dämpfung von Störemissionen der Leitungen
- Wirksam gegen symmetrische Störgrößen
- Für sehr lange Motorleitungen geeignet
- Auf geschirmte Motorleitungen kann u. U. verzichtet werden (Kosteneinsparung)
- Reduzierung der Motorgeräusche und Wirbelstromverluste
- Geringe Wirksamkeit gegen asymmetrische Störgrößen
- Geringe Reduzierung der Ableitströme
- Zusätzlicher Spannungsfall durch die Längsinduktivität (Drossel)

Sinus-EMV-Filter

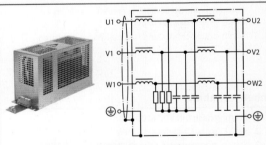

- Ausgangsspannung annähernd sinusförmig
- Verringerung des du/dt auf < 500 V/µs
- Deutliche Verminderung der Wirbelstromverluste
- Wesentliche Verringerung der Lagerströme
- Funkstörstrahlung innerhalb der normativen Grenzen
- Bestmögliche Reduzierung der Störungen (leitungsgebunden und abgestrahlt) im Vergleich zu anderen Ausgangsfilterlösungen
- Keine geschirmten Motorleitungen erforderlich
- Zusätzlicher Spannungsfall durch Längsinduktivität
- Höhere Gerätekosten als andere Filterlösungen

Stromrichter
Current Converter

Umwandlungsarten der elektrischen Energie

Die Umwandlung elektrischer Energie ermöglicht einen Energiefluss zwischen Systemen mit unterschiedlicher Stromart.

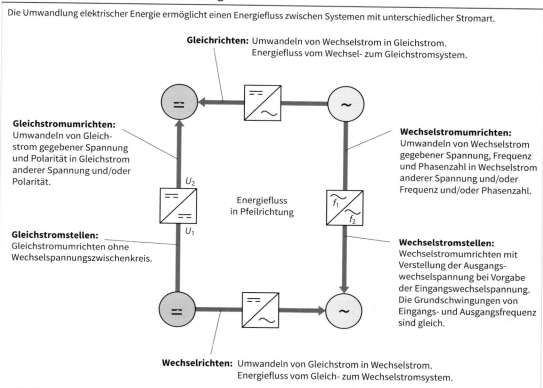

Gleichrichten: Umwandeln von Wechselstrom in Gleichstrom. Energiefluss vom Wechsel- zum Gleichstromsystem.

Gleichstromumrichten: Umwandeln von Gleichstrom gegebener Spannung und Polarität in Gleichstrom anderer Spannung und/oder Polarität.

Gleichstromstellen: Gleichstromumrichten ohne Wechselspannungszwischenkreis.

Wechselstromumrichten: Umwandeln von Wechselstrom gegebener Spannung, Frequenz und Phasenzahl in Wechselstrom anderer Spannung und/oder Frequenz und/oder Phasenzahl.

Wechselstromstellen: Wechselstromumrichten mit Verstellung der Ausgangswechselspannung bei Vorgabe der Eingangswechselspannung. Die Grundschwingungen von Eingangs- und Ausgangsfrequenz sind gleich.

Wechselrichten: Umwandeln von Gleichstrom in Wechselstrom. Energiefluss vom Gleich- zum Wechselstromsystem.

Anwendungen

Art	Gleichrichter	Wechselrichter	Gleichstromsteller
Netzgeführte Stromrichter ■ ungesteuert	Gleichspannung nur von Netzspannung und Last abhängig	–	–
Netzgeführte Stromrichter ■ gesteuert	Gleichspannung kann in der Höhe verstellt werden	Nur bei eingeprägtem Gleichstrom möglich	–
Selbstgeführte Stromrichter	Gleichspannung/-strom in Höhe und Polarität einstellbar	Gleichspannung/-stromstärke in Höhe und Polarität einstellbar	Je nach Anforderung sind nur Teile einer vollständigen Brückenschaltung erforderlich

Wechselstromsteller
- Phasenanschnittsteuerung
- Nullspannungsschalter
- Schwingungspaketsteuerung

Wechselstromumrichter
- Direktumrichter
- Zwischenkreisumrichter

Antriebssysteme

Gleichstromsteller
D.C. Chopper Converter

- Gleichstromsteller (Chopper) sind periodisch arbeitende Gleichstromschalter.
- Beide Gleichstromseiten sind galvanisch miteinander verbunden.
- Der Einsatz erfolgt zunehmend in Stromrichtern für 1- und 4-Quadrantenbetrieb.
- Wegen geringer Totzeit sind Gleichstromsteller ideale Stellglieder bei Servoantrieben.

Tiefsetzsteller

Bei gegebener fester Eingangsgleichspannung U_d ist eine verminderte variable Ausgangsgleichspannung U_L verlustarm lieferbar.

Beispiel: Einpulsiger Tiefsetzsteller E1C F

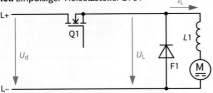

Ausführung des Stellgliedes Q1 bei Schaltleistungen
- ≤ 10 kVA: MOFSET
- ≤ 150 kVA: IGBT
- ≤ 12 MVA: GTO, Thyristoren

Hochsetzsteller

Einsatz von Induktivitäten als Energiespeicher ermöglichen eine Ausgangsgleichspannung U_L, die höher ist als die Eingangsspannung U_d.

Beispiel: Parallelschaltung zweier Hochsetzsteller

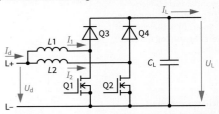

Eine Versetzte Ansteuerung von Q1 und Q2 um 180° reduziert die Welligkeit von I_d.

Steuerarten von Gleichstromstellern
Control Modes of D.C. Chopper Converters

Bezeichnung	Spannungs- und Stromverlauf	Eigenschaften	Anwendungen
Pulsbreitensteuerung	U_L, U_d Pulse mit konstanter Periode T; i_L mit T_{e1}, T_{e2}, T_{e3}	■ Konstante Periodendauer T ■ Variable Einschaltdauer T_e ■ Konstantes Verhältnis von – Lastkreiszeitkonstante $\tau = \frac{L}{R}$ und – Periodendauer T	■ Speisung von Fahrmotoren in Elektrofahrzeugen ■ Einsatz in Anlagen, bei denen veränderliche Frequenzen zu Störungen führen ■ Spannungsregler für bürstenlose Drehstromgeneratoren
Pulsfolgesteuerung	U_L, U_d Pulse mit T_1, T_2, T_3; i_L mit konstantem T_e	■ Variable Periodendauer T ■ Konstante Einschaltdauer T_e ■ Kommutierungsverluste erreichen Maximalwert erst bei höchster Aussteuerung	■ Einfache Schaltkreise mit geringen Anforderungen an die Stromwelligkeit ■ Speisung von Gleichstrommaschinen im Anker- und Feldstellbereich ■ Regulierung eines Widerstandes (gepulster Widerstand)
Zweipunkt-Regelung	U_L, U_d Pulse mit T_1, T_2, T_3; i_L mit I_{L1}, I_{L2}, T_{e1}, T_{e2}, T_{e3}	■ Zweipunkt-Regelung nur möglich, wenn im Lastkreis ein Energiespeicher vorhanden ist. ■ Variable Periodendauer T und variable Einschaltdauer T_e	■ Drehzahl- und stromgeregelte Antriebe mit zulässiger Restwelligkeit des Laststromes

Netzgeführte Stromrichter
Line-Commutated Converters

Ungesteuerte Stromrichter

- Leitfähigkeit der Dioden nur von Eingangsspannung und Laststrom abhängig
- Halbleiter werden nicht angesteuert.
- Nur eine Leistungsrichtung möglich (Gleichrichter)

Bezeichnung	Schaltung	Spannungsverlauf	Eigenschaften
Einpuls-Mittelpunkt-Schaltung M1U			große Spannungswelligkeit $w_u = 1{,}21$ $\frac{U_{di}}{U_{vo}} = 0{,}45$
Zweipuls-Brücken-Schaltung B2U			geringste Spannungswelligkeit bei zweiphasigem Anschluss $w_u = 0{,}48$ $\frac{U_{di}}{U_{vo}} = 0{,}9$
Sechspuls-Brücken-Schaltung B6U			kleine Spannungswelligkeit $w_u = 0{,}04$ $\frac{U_{di}}{U_{vo}} = 1{,}35$

1) Spannungsverlauf mit Glättungskondensator w_u: Spannungswelligkeit $w_u = \frac{U_{d,AC}}{U_{d,DC}}$

Vollgesteuerte Stromrichter

- Halbleiter werden durch einen Zündimpuls in den leitenden Zustand gebracht.
- Strom kommutiert und verlischt bei Nulldurchgang.
- Nur eine Gleichstromrichtung möglich
- Zwei Leistungsflussrichtungen möglich

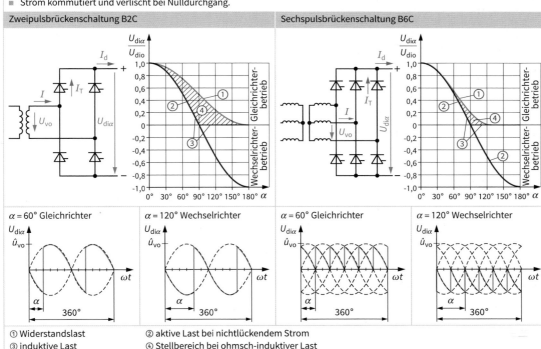

Zweipulsbrückenschaltung B2C   Sechspulsbrückenschaltung B6C

$\alpha = 60°$ Gleichrichter $\alpha = 120°$ Wechselrichter $\alpha = 60°$ Gleichrichter $\alpha = 120°$ Wechselrichter

① Widerstandslast   ② aktive Last bei nichtlückendem Strom
③ induktive Last   ④ Stellbereich bei ohmsch-induktiver Last

Antriebssysteme

Elektronische Antriebstechnik
Electronic Drive Engineering

Betriebsdiagramm von Stromrichterantrieben

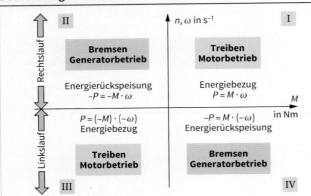

- Die Betriebsarten von Stromrichterantrieben bilden ein Vierquadrantenfeld.
- **Einquadrantenantrieb**:
  - Nur für Treiben, also je nach Drehrichtung I. oder III. Quadrant.
  - Definition gilt auch für Bremsbetrieb, wenn Energie nicht dem Netz, sondern z. B. einem Bremswiderstand zugeführt wird.
- **Zweiquadrantenantrieb**:
  Bei Rechtslauf mit Treiben und Nutzbremsen
- **Vierquadrantenantrieb**:
  Rechts- und Linkslauf, Treiben und Nutzbremsen

Drehmoment-Drehzahl-Kennlinien von Arbeitsmaschinen

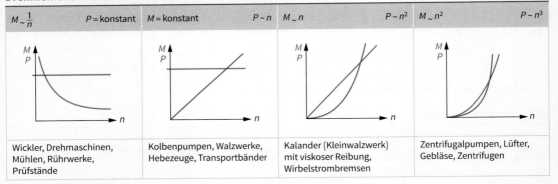

$M \sim \frac{1}{n}$	P = konstant	M = konstant	$P \sim n$	$M \sim n$	$P \sim n^2$	$M \sim n^2$	$P \sim n^3$
Wickler, Drehmaschinen, Mühlen, Rührwerke, Prüfstände		Kolbenpumpen, Walzwerke, Hebezeuge, Transportbänder		Kalander (Kleinwalzwerk) mit viskoser Reibung, Wirbelstrombremsen		Zentrifugalpumpen, Lüfter, Gebläse, Zentrifugen	

Elektronische Gleichstromantriebe

- Fremderregter Gleichstrommotor ist eine häufig verwendete Antriebsmaschine.
- Drehzahlsteuerung erfolgt üblicherweise durch Veränderung der Ankerspannung U_a.
- Eine Spannungsversorgung ist über netzgeführte Stromrichter bzw. über Steller (Chopper) mit Gleichspannungszwischenkreis möglich.

Kennlinien im Ankerstellbereich

Elektronische Drehstromantriebe

- Drehstrom-Asynchronmotor mit Käfigläufer ist die häufigste Antriebsmaschine, da besonders wartungsarm.
- Kontinuierliche und verlustarme Drehzahlveränderung durch variable Frequenz und Spannung.
- Versorgung überwiegend durch Umrichter mit Spannungszwischenkreis, da diese Einzelantrieb und Antriebsverbund ermöglichen.

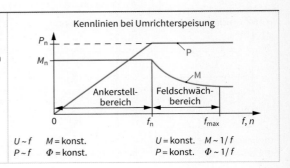

Kennlinien bei Umrichterspeisung

$U \sim f$ M = konst. U = konst. $M \sim 1/f$
$P \sim f$ Φ = konst. P = konst. $\Phi \sim 1/f$

Antriebssysteme

Elektronische Drehzahlsteuerung von Drehfeldmaschinen
Electronic Speed Control of Polyphase Machines

Bezeichnung	Drehstromsteller	Gepulster Läuferwiderstand	Untersynchrone Stromrichterkaskade	Direktumrichter
Schaltung	(DS mit U_1, f_1 am Eingang; U_2, f_2 am Motor M 3~)	(Motor M 3~ mit GR und GS im Läuferkreis, L_D)	(Motor M 3~ mit GR und WR, Transformator, L_D)	(UR mit U_1, f_1 am Eingang; U_2, f_2 am Motor M 3~)
Eigenschaften	Reduzierte Ständerspannung senkt magnetischen Fluss. Größerer Schlupf erzeugt höheren Läuferstrom, für ein konstantes Moment bei niedrigerer Drehzahl.	Beeinflussung des Läuferwiderstandes durch pulsgesteuerten Widerstand. Schlupfleistung wird im Läuferkreis in Wärme umgesetzt.	Schlupfleistung wird über Stromrichterkaskade ins Drehstromnetz zurückgeführt.	Vollgesteuerte Umkehrstromrichter erzeugen Wechselspannung und -strom Ständerfrequenz $f_2 \leq 0{,}5\, f_1$
Anwendung	Lüfter- und Kreiselpumpenantriebe bis ca. 10 kW	Schleifringläuferantriebe bis ca. 20 kW	Verlustarme Schleifringläuferantriebe bis MW-Bereich, z. B. Pumpen- und Lüfterantriebe	Versorgung von Reisezügen mit Diesellokomotive, Rohrmühlenantrieb im MW-Bereich

Bezeichnung	Umrichter mit Spannungszwischenkreis	Umrichter mit Stromzwischenkreis	Stromrichtermotor	Pulsumrichter
Schaltung	(GR, L_D, C_G, WR, U_2, f_2 an M 3~, M 3~, M 3~)	(GR, L_D, WR, I_2, f_2 an M 3~)	(GR, L_D, WR, I_2, M 3~, f_2, GR)	(GR, GS, L_D, C_G, WR, U_2, f_2 an M 3~)
Eigenschaften	Lastspannung wird durch Spannungszwischenkreis eingeprägt. Netz wird durch Steuerblindleistung belastet.	Geringerer Stromrichteraufwand. Bedingt durch eingeprägten Strom nur Speisung von dauernd eingeschalteten Einzellasten möglich.	Eingeprägter Strom versorgt Synchronmaschine. Polradstellung taktet Maschinenstromrichter, kein Kippen bei Laststößen.	Ungesteuerter Netzstromrichter verhindert Steuerblindleistung. Gepulste Ausgangsspannung ist oberschwingungsarm.
Anwendung	Gruppenantriebe mit hoher Gleichlaufanforderung bis $f_2 \leq 600$ Hz	Einmotorantriebe bis 1 MW im Drehzahlstellbereich von 1 : 20	Antriebe bis MW-Bereich; kleine Antriebe z. B. in Tonbandgeräten, Plattenspielern	Konst. Zwischenkreissp. kann durch Gleichsp.-Netz gestützt werden; bis 10 kW Transistor-Pulsumrichter

GR: Gleichrichter, gesteuert oder ungesteuert; WR: Wechselrichter, selbst- oder netzgeführt;
GS: Gleichstromsteller; UR: Direktumrichter; DS: Drehstromsteller

Antriebssysteme

Wechselstromsteller
A.C. Power Controllers

	Phasenanschnittsteuerung	Nullspannungsschalter	Schwingungspaketsteuerung
Beschreibung	Netzspannung wird erst bei Erreichen des Steuerwinkels α zugeschaltet. Dadurch wird der Spannungseffektivwert zwischen 0 und 100 % eingestellt.	Unabhängig vom Zeitpunkt des Steuersignals erfolgt die Einschaltung beim nächsten Spannungsnulldurchgang über der Schaltstrecke.	Einschaltvorgang des Schalters erfolgt so, dass immer eine komplette Spannungsschwingung die Last versorgt.
Anwendung	■ Einsatz im Dimmer ■ Stellglied für Anker-/Erregerkreis von Gleichstrommotoren ■ Zwischenkreiseinspeisung bei Frequenzumformern ■ Hochspannungs-Gleichstromübertragung	■ Elektronisches Lastrelais ■ Beliebige Lasten ■ Vermeidung von Ausgleichsvorgängen	■ Heizungs-/Temperaturregelung z. B. bei Schmelz- und Trockenöfen, Elektroheizungen, Lötkolben usw.
Schaltverhalten	Laststrom bei $\alpha = 90°$	U_S = Steuerspannung	
Eigenschaften	■ Verursacht Stromoberschwingungen und Steuerblindleistung ■ Verbraucher mit hoher Leistung nur mit Sondergenehmigung des VNB zu betreiben ■ Nach TAB 2007 max. 1,7 kW Glühlampenleistung pro Außenleiter; bei induktivem Vorschaltgerät bzw. Motoren max. 3,4 kVA	■ Prellfreies Schalten möglich ■ Ausschaltung nach natürlichem Stromnulldurchgang ■ Geringe Funkstörung und Netzrückwirkungen ■ Hohe Schaltgeschwindigkeit ■ Geräuscharmes Schalten	■ Keine Stromoberschwingungen, keine Steuerblindleistung ■ Verursacht Flicker (optisch wahrnehmbare Beleuchtungsstärkeschwankung) durch schnelle Änderung der Netzspannung ■ Maximale Anschlussleistung beschränkt; abhängig von Schalthäufigkeit und Netzform
Beispiele	W1C-Schaltung mit Triac als Dimmer $U_{L1N} = 230\ V,\ 50\ Hz$		Zusatz für Trafolast Einschalt-Logik, Netzteil, Taktgeber, Steuersatz mit Langimpulsstufe

Kommunikationstechnik

Empfangs- und Verteilanlagen

- 302 Multimedia-Netze
- 303 Dämpfung, Übertragung, Pegel
- 304 Digital-TV
- 305 Frequenz- und Wellenlängenbereiche
- 306 Terrestrische Empfangsantennen
- 307 Satelliten-Empfang
- 308 Montage von Satelliten-Antennen
- 309 Potenzialausgleich und Erdung für Kabelnetze und Antennen
- 310 Multischalter für den Satellitenempfang
- 311 Einkabel-Satelliten-Signalverteilungssystem
- 312 Koaxialkabel und Steckverbinder
- 313 Breitbandkommunikation
- 314 Datenübertragung im Breitbandnetz
- 315 Elektroakustische Anlagen

Tele- und Internetkommunikation

- 316 Anschluss analoger Telekommunikationsgeräte
- 317 ISDN-Dienste und -Anschlüsse
- 318 Anschluss von ISDN-Geräten
- 319 Internetzugang
- 320 ADSL – Asymmetric Digital Subscriber Line
- 321 VDSL – Very High Speed Digital Subscriber Line
- 322 WLAN – Wireless LAN
- 323 WLAN-Installation
- 324 WLAN-Einsatz
- 325 Verkabelung in Kommunikationsanlagen

Überwachungstechnik

- 326 Sicherheitstechniken
- 327 Einbruchmelder und Meldelinien
- 328 Einbruchmeldeanlage
- 329 CCTV-Überwachungstechnik
- 330 CCTV-Überwachungstechnik
- 331 Videokonferenzsysteme
- 332 Zutrittskontrolle

Multimedia-Netze
Multimedia Networks

Anforderungen an Wohneinheiten

- Wohneinheiten sind Wohnungen in Ein- und Mehrfamilienhäusern sowie Gebäude mit gemischter Nutzung (z. B. Arztpraxen, Hotels, Seniorenwohnheime).
- In der DIN EN 50173-4 werden nach Verwendung und Erfordernis drei Gruppen von Netzanwendungen festgelegt.
- **IuK**: **I**nformations- **u**nd **K**ommunikationsanschluss, basierend auf symmetrischer Kupferverkabelung (bzw. **ICT**: **I**nformation and **C**ommunications **T**echnologies)
  - Sternstruktur
  - Paarweise verdrillte Kupferkabel, mind. Cat. 5 ungeschirmt oder geschirmt
  - 1 x RJ45 (DIN EN 60603-7: 2012-08) Netzwerkanschluss, tauglich für Gigabit Ethernet
  - Mindestens ein Anschluss pro Raum (pro 10 m²)
- **RuK**: **R**undfunk **u**nd **K**ommunikationsanschluss, basierend auf koaxialer Kupferverkabelung (bzw. **BCT**: **B**roadcast and **C**ommunications **T**echnologies)
  - Sternstruktur
  - Kabel BCT-C (75 Ω Koaxialkabel, 3 GHz, max. 100 m); BCT-S (symmetrisches Multimediakabel, 1 GHz, max. 50 m) oder LWL max. 100 m
  - Mindestens ein Anschluss pro Raum (pro 10 m²)
- **SRKG**: **S**teuerung, **R**egelung und **K**ommunikation in **G**ebäuden (bzw. **CCCB**: **C**ontrol/**C**ommand **C**ommunication in **B**uildings)
  - Audio, Radio, TV, Gebäudeautomation
  - Keine konkrete Netzstruktur vorgegeben (z. B. Bus, Abzweigung)

Triple Play

- Triple Play (dreifaches Spiel) ist eine Marketingbezeichnung und man versteht darunter die **Dreifachnutzung** eines Medienanschlusses für die audio und visuelle Übertragung (Fernsehen und Radio), Internet und Telefonie. Wenn das Angebot zusätzlich den Mobilfunk enthält, spricht man von Quadruple Play (vierfaches Spiel).
- Triple Play lässt sich grundsätzlich im Kabelnetz, im Telekommunikationsnetz und im Mobilfunknetz realisieren.
- Anschlussdose (**PVD-Unit**: **P**icture **V**oice **D**ata Unit)
  MATO: **M**ulti-**A**pplication **T**elecommunication **O**utlet
  Sie wird im deutschsprachigen Raum auch als **TATA** (**T**elekommunikations**a**nschluss, **R**undfunk**a**nschluss) bezeichnet.
- Beispiel für eine Multimediadose
  - Zwei Kabel: Koaxialkabel und Twisted-Pair-Kabel, Cat. 5 gesplittet
  - 5 Dienste: Fast Ethernet LAN, Analog-Telefon, IPTV, Radio, Kabelmodem (CATV) bzw. SAT-Empfang

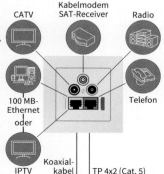

IP Multimedia Subsystems (IMS)

- IMS ist ein Netzwerk-Konzept zur Integration verschiedenster Telekommunikationssysteme.
- Es handelt sich um ein Konzept, bei dem alle Kommunikation IP-basiert erfolgt, im Mobilfunk- und Festnetz.
- Die Kommunikation erfolgt über paketvermittelte Verbindungen, mit einer definierten Dienstgüte (**QoS**: **Q**uality **o**f **S**ervice). Unterstützt werden verschiedenste Medientypen.
- Beispiele für Kommunikationsarten:
  Fernsprechdienste, Fax, E-Mail, Internet-Zugriff, Web-Services, **VoIP** (**V**oice-**o**ver-**IP**), **IM** (**I**nstant **M**essaging), Videokonferenzen und **VoD** (**V**oice-**o**n-**D**emand).
- Ursprüngliches Anwendungsgebiet: Service-Netzwerk 3G UMTS und 4G LTE.
- Das System besteht aus 20 Funktionsblöcken in **vier Ebenen**:
  - **User Plane / Gateways**
    Lenkung und Bearbeitung des IP-Datenstroms.
  - **Control Plane / Gateway-Steuerung**
    Direktes Steuern und Signalisieren der Datenströme.
  - **Call Control / Session Control**
    Steuerung des Gesprächsablaufs bzw. des Session-Ablaufs.
  - **Service-Funktionen**
    Einbinden zusätzlicher Dienste in das Gespräch bzw. in die Session.
- Als Basisprotokoll von IMS wird das **SIP** (**S**ession **I**nitiation **P**rotocol) verwendet.

Session Initiation Protocol (SIP)

- SIP ist ein Netzprotokoll zum Aufbau, zur Steuerung und zum Abbau einer Kommunikationssitzung zwischen zwei oder mehreren Teilnehmern.
- Es ist spezifiziert im RFC 3261 (**RFC**: **R**equest **f**or **C**omments, sind eine Reihe technischer und organisatorischer Dokumente.
- Das Design von SIP entspricht **HTTP** (**H**yper**t**ext **T**ransfer **P**rotocol), ist zu diesem aber nicht kompatibel.
- Bei der Internet-Telefonie wird **RTP** verwendet (**R**eal-**T**ime **T**ransport **P**rotocol, Echtzeit-Transportprotokoll, RFC 3550).
- Durch die Trennung von Sitzung und Medien können alle Datenströme unabhängig voneinander verschlüsselt werden.
- **Netzwerk-Elemente**:
  - **User Agent**:
    Schnittstelle zum Benutzer
  - **Proxy Server**:
    Kommunikationsschnittstelle (Router)
  - **Registrar Server**:
    Zentrale Schaltstelle, Registrierung und Verarbeitung von Anfragen für die Domain
  - **Redirect Server**:
    Weiterleitung eingehender Anträge
  - **Session Border Controller**:
    Netzwerkkomponente zur sicheren Kopplung von Rechnernetzen mit unterschiedlichen Sicherheitsanforderungen
  - **Gateway**:
    Stellt Verbindungen mit anderen Netzen her.
  - **B2BUA** (**B**ack-**t**o-**B**ack-**U**ser-**A**gent):
    Eine Middleware (Software für den Datenaustausch zwischen Anwendungsprogrammen) zur Manipulation der Datenströme.

Dämpfung, Übertragung, Pegel
Attenuation, Transmission, Level

Dämpfungs- und Übertragungsfaktoren

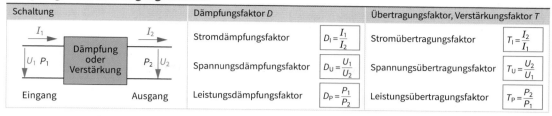

Schaltung	Dämpfungsfaktor D		Übertragungsfaktor, Verstärkungsfaktor T	
	Stromdämpfungsfaktor	$D_I = \dfrac{I_1}{I_2}$	Stromübertragungsfaktor	$T_I = \dfrac{I_2}{I_1}$
	Spannungsdämpfungsfaktor	$D_U = \dfrac{U_1}{U_2}$	Spannungsübertragungsfaktor	$T_U = \dfrac{U_2}{U_1}$
	Leistungsdämpfungsfaktor	$D_P = \dfrac{P_1}{P_2}$	Leistungsübertragungsfaktor	$T_P = \dfrac{P_2}{P_1}$

Dämpfungs- und Übertragungsmaße

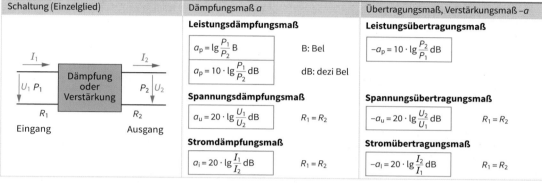

Schaltung (Einzelglied)	Dämpfungsmaß a		Übertragungsmaß, Verstärkungsmaß −a	
	Leistungsdämpfungsmaß		**Leistungsübertragungsmaß**	
	$a_p = \lg\dfrac{P_1}{P_2}$ B	B: Bel	$-a_p = 10 \cdot \lg\dfrac{P_2}{P_1}$ dB	
	$a_p = 10 \cdot \lg\dfrac{P_1}{P_2}$ dB	dB: dezi Bel		
	Spannungsdämpfungsmaß		**Spannungsübertragungsmaß**	
	$a_u = 20 \cdot \lg\dfrac{U_1}{U_2}$ dB	$R_1 = R_2$	$-a_u = 20 \cdot \lg\dfrac{U_2}{U_1}$ dB	$R_1 = R_2$
	Stromdämpfungsmaß		**Stromübertragungsmaß**	
	$a_i = 20 \cdot \lg\dfrac{I_1}{I_2}$ dB	$R_1 = R_2$	$-a_i = 20 \cdot \lg\dfrac{I_2}{I_1}$ dB	$R_1 = R_2$

Zusammenhang zwischen Dämpfungsfaktoren und Dämpfungsmaßen

Dämpfungsmaß in dB	a	0	1	3	6	10	20	30	40
Leistungsdämpfungsfaktor	D_P	0	1,26	2	4	10	100	1000	10000
Spannungsdämpfungsfaktor	D_U	1	1,12	1,41	2	3,16	10	31,6	100

Absoluter Pegel L_{abs}

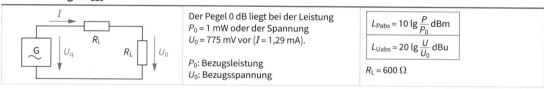

Der Pegel 0 dB liegt bei der Leistung $P_0 = 1$ mW oder der Spannung $U_0 = 775$ mV vor ($I = 1,29$ mA).

P_0: Bezugsleistung
U_0: Bezugsspannung

$$L_{Pabs} = 10 \lg \dfrac{P}{P_0} \text{ dBm}$$

$$L_{Uabs} = 20 \lg \dfrac{U}{U_0} \text{ dBu}$$

$R_L = 600\ \Omega$

Pegelplanbeispiel

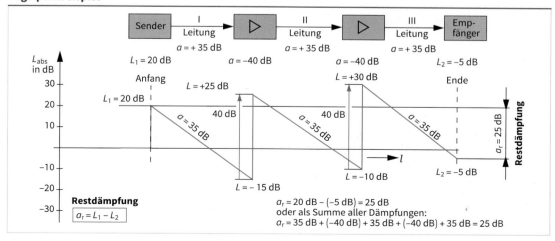

Restdämpfung
$a_r = L_1 - L_2$

$a_r = 20\text{ dB} - (-5\text{ dB}) = 25\text{ dB}$
oder als Summe aller Dämpfungen:
$a_r = 35\text{ dB} + (-40\text{ dB}) + 35\text{ dB} + (-40\text{ dB}) + 35\text{ dB} = 25\text{ dB}$

Kommunikationstechnik

Digital-TV
Digital Television

DVB

- **DVB:** **D**igital **V**ideo **B**roadcasting (Digitaler Fernsehempfang)
- **DVB-T** (**DVB T**errestrial)
  - Drahtlose Ausbreitung über terrestrische Sender
  - 4 bis 32 Mbit/s, Bandbreite 7 MHz bzw. 8 MHz
  - Modulation QPSK und QAM-16, QAM-64
- **DVB-C** (**DVB C**able)
  - Ausbreitung über Kabelnetze
  - Hyperbandkanäle S21 bis S41
  - Datenrate bis 51 Mbit/s, Bandbreite 8 MHz
  - Modulation QAM-64, QAM-256
- **DVB-C2**
  - Effektivere Datenreduktion durch MPEG-4 (H.264), dadurch Steigerung der Übertragungskapazität
  - Neue Dienste wie z. B. Video on Demand, interaktive Angebote
- **DVB-S** (**DVB S**atellite)
  - Drahtlose Ausbreitung über Satelliten
  - Transponder zwischen 26 MHz und 54 MHz
  - Modulation QPSK, Datenrate bis 65 Mbit/s
- **DVB-S2**
  - Andere Modulationsverfahren als bei DVB-S (z. B. PSK, APSK)
  - Datenübertragungsrate um ca. 30 % höher als bei DVB-S

HDTV

- **HDTV:** **H**igh **D**efinition **T**ele**v**ision (hochauflösendes Fernsehen)
- Größere Bildauflösung (s. Tabelle rechts) im Vergleich zum analogen PAL-Fernsehen
- Bildformat 16:9 (Kinoformat), PAL-Fernsehen 4:3
- Verbesserte Tonübertragung (Dolby Digital 5.1 oder Dolby Digital Plus)
- Die Datenraten betragen bis zu 25 Mbit/s. Der Bandbreitenbedarf steigt dadurch auf das Vierfache gegenüber SDTV.
- Datenreduktion (Codecs) mit MPEG-2, MPEG-4, H.264/AVC
- Bei der Abtastung der Bildvorlage werden folgende Verfahren angewendet:
  - **Vollbildverfahren** (Kennzeichnung: **p**) Jede Zeile wird nacheinander abgetastet (**progressive scan**).
  - **Zeilensprungverfahren** (Kennzeichnung: **i**) Das Bild wird in zwei Teilbilder zerlegt, wobei beim ersten Halbbild die geraden Zeilen und beim zweiten Halbbild die ungeraden Zeilen abgetastet und übertragen werden (**interlaced**).

HDTV Standards

HD ready 1080p
- Auflösung: 1.920 x 1.080 Bildpunkte
- Analoge Eingänge **YUV** (Y: Helligkeit und Farbdifferenzsignale; U: Rot; V: Blau). Signale werden direkt über Cinch-Verbindung weitergegeben (seit 2007).
- Digitale Eingänge mit
  - **HDMI** (**H**igh **D**efinition **M**ultimedia **I**nterface)
  - oder **DVI** (**D**igital **V**isual **I**nterface), rein digitales Signal, bis zu 4,9 Gbit/s und
  - mit Kopierschutz **HDCP** (**H**igh **B**andwidth **D**igital **C**ontent **P**rotection).
- **Overscan** (Bereich an den äußeren Rändern eines Videobildes) ist im Setup-Menü abschaltbar.
- **Auflösungen**, die über YUV unterstützt werden müssen:
  - 720p (1.280 x 720 Pixel progressiv) und
  - 1080i (1.920 x 1.080 interlaced) mit 50 Hz und 60 Hz
- **Auflösungen**, die über HDMI oder DVI unterstützt werden müssen:
  - 720p (1.280 x 720 Pixel progressive[1])
  - 1080i (1.920 x 1.080 interlaced[2]) mit 50 Hz und 60 Hz
  - 1080p (1.920 x 1.080 progressive) mit 50 Hz und 60 Hz
  - 1080p/24 Hz (24p) (1.920 x 1.080 progressive)

[1] Progressive Scan: Vollbildverfahren
[2] Interlaced: Zeilensprungverfahren

HDTV 1080p
- Es gelten die gleichen Bedingungen wie beim Logo „HD ready 1080p".
- Zusätzlich muss das Gerät direkt HDTV-Signale über DVB-C, DVB-S und DVB-S2 verarbeiten können und in 720p/1080i an das Display weiterleiten können.
- Die Decodierung von MPEG-2 und MPEG-4/AVC muss unterstützt werden.

Vergleich

Merkmale	PAL	720p	1080i
Auflösung	786 x 576	1.280 x 720	1.920 x 1.080
Pixel gesamt	442.368	921.600	2.073.600
Pixel/s	11.059.200	46.080.000	51.840.000
Bildaufbau	Halbbild (interlaced)	Vollbild (progressive)	Halbbild (interlaced)
Bildfrequenz	50 Hz	50 Hz	50 Hz
Bildformat	4:3	16:9	16:9

TV-Standards

Qualität	LDTV **L**ow **D**efinition **T**ele**v**ision VHS-Qualität	SDTV **S**tandard **D**efinition **T**ele**v**ision PAL-Qualität	EDTV **E**nhanced **D**efinition **T**ele**v**ision Studioqualität	HDTV **H**igh **D**efinition **T**ele**v**ision – Hochauflösendes Fernsehen	UHD **U**ltra **H**igh **D**efinition **T**elevision
Auflösung in Pixel x Pixel	376 x 282	640 x 480	704 x 480	1920 x 1080	3840 x 2160
Datenrate in Mbit/s	1,5	4…6	8	24…30	ca. 300

Frequenz- und Wellenlängenbereiche
Frequency and Wavelength Ranges

Elektromagnetischer Frequenz- und Wellenlängenbereich

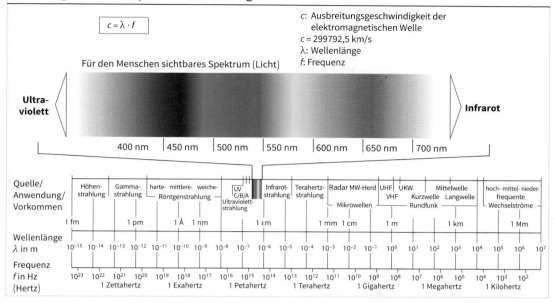

Frequenzbänder von Mobilfunksystemen

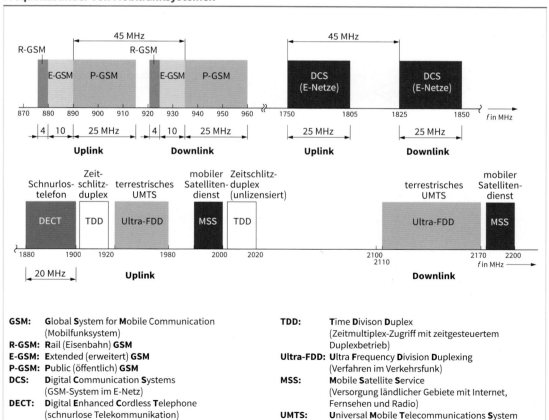

GSM:	**G**lobal **S**ystem for **M**obile Communication (Mobilfunksystem)
R-GSM:	**R**ail (Eisenbahn) **GSM**
E-GSM:	**E**xtended (erweitert) **GSM**
P-GSM:	**P**ublic (öffentlich) **GSM**
DCS:	**D**igital **C**ommunication **S**ystems (GSM-System im E-Netz)
DECT:	**D**igital **E**nhanced **C**ordless **T**elephone (schnurlose Telekommunikation)
TDD:	**T**ime **D**ivison **D**uplex (Zeitmultiplex-Zugriff mit zeitgesteuertem Duplexbetrieb)
Ultra-FDD:	**U**ltra **F**requency **D**ivision **D**uplexing (Verfahren im Verkehrsfunk)
MSS:	**M**obile **S**atellite **S**ervice (Versorgung ländlicher Gebiete mit Internet, Fernsehen und Radio)
UMTS:	**U**niversal **M**obile **T**elecommunications **S**ystem

Kommunikationstechnik

Terrestrische Empfangsantennen
Terrestrial Reception Antennas

Arten von Dipolen

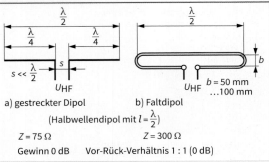

a) gestreckter Dipol
b) Faltdipol
(Halbwellendipol mit $l = \frac{\lambda}{2}$)

$Z = 75\,\Omega$ $Z = 300\,\Omega$
Gewinn 0 dB   Vor-Rück-Verhältnis 1 : 1 (0 dB)

Arten einer Yagi-Antenne

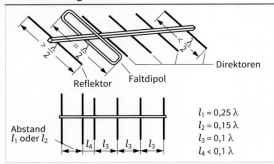

Reflektor, Faltdipol, Direktoren

Abstand l_1 oder l_2

$l_1 = 0{,}25\,\lambda$
$l_2 = 0{,}15\,\lambda$
$l_3 = 0{,}1\,\lambda$
$l_4 < 0{,}1\,\lambda$

Mehrelement-Antennen

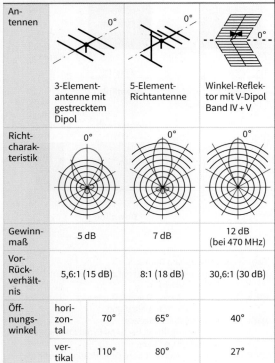

Antennen	3-Elementantenne mit gestrecktem Dipol	5-Element-Richtantenne	Winkel-Reflektor mit V-Dipol Band IV + V
Richtcharakteristik	0°	0°	0°
Gewinnmaß	5 dB	7 dB	12 dB (bei 470 MHz)
Vor-Rückverhältnis	5,6:1 (15 dB)	8:1 (18 dB)	30,6:1 (30 dB)
Öffnungswinkel horizontal	70°	65°	40°
Öffnungswinkel vertikal	110°	80°	27°

Montage

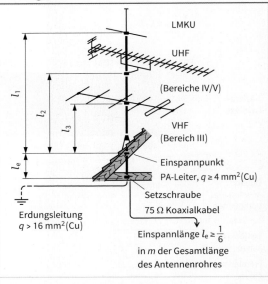

LMKU
UHF (Bereiche IV/V)
VHF (Bereich III)
Einspannpunkt
PA-Leiter, $q \geq 4\,\text{mm}^2$ (Cu)
Setzschraube
75 Ω Koaxialkabel
Erdungsleitung $q > 16\,\text{mm}^2$ (Cu)
Einspannlänge $l_e \geq \frac{1}{6}$ in m der Gesamtlänge des Antennenrohres

Antennenanlagen (Kenngrößen)

Verteiler	Verteilungsdämpfungsmaß $a_V = 4$ dB bis 13 dB
Abzweiger	Abzweigdämpfungsmaß $a_A = 10$ dB bis 50 dB Durchgangsdämpfungsmaß $a_D = 0{,}5$ dB bis 2 dB
Durchgangsdose	Anschlussdämpfungsmaß $a_A = 11$ dB bis 14 dB Durchgangsdämpfungsmaß $a_D = 1$ dB bis 2 dB
Enddosen	Anschlussdämpfungsmaß $a_A = 11$ dB bis 14 dB für Einzelanlagen $a_A = 0$ dB
Bandpässe und **Bandsperren**	Sperrdämpfungsmaß $a_{sp} = 15$ dB bis 28 dB $a_D = 0{,}5$ dB bis 2 dB
Antennenweiche	für Bereichsweiche $a_D = 1$ dB für Kanalweiche $a_D = 2$ dB

Zulässiger Betriebspegel
Störstrahlunsleistung $4 \cdot 10^{-9}$ W
bzw. Störpegel 55 dBμV
(je max. Werte für elektronische Bauteile)

Beispiel: Schirmungsmaß 35 dBμV (gemessener Wert)
Zulässiger Betriebspegel: Schirmungsmaß + Störpegel
Zulässiger Betriebspegel: 35 dBμV + 55 dBμV = 90 dBμV

Satelliten-Empfang
Satellite Reception

Komponenten

① Offset-Parabolantenne
② Speisesystem/-systeme
③ DiSEqC Umschaltmatrizen
④ Weichen
⑤ Terrestrische Antennen
⑥ Antennensteckdosen
⑦ Sat-ZF-Verstärker
⑧ Umsetzer/Matrix
⑨ Umschaltmatrix
⑩ 5-fach Verbinder
⑪ Einschleuseweiche

Einzelanlagen

Zwei Satelliten-Empfang (Multifeed-Empfang), Twin-Betrieb, 2 Teilnehmer

- Zwei Satelliten-Empfang
- Zwei Polarisationen, horizontal und vertikal
- Low-/Highband
- Analog und digital
- Terrestrisches Signal
- DiSEqC, 8xSat-ZF

Ein Satelliten-Empfang, Erweiterung für 4 Anschlüsse

- Ein Satelliten-Empfang
- Zwei Polarisationen, horizontal und vertikal: 14 V/18 V
- Low-/Highband: 0/22 kHz
- Analog und digital
- Terrestrisches Signal
- Vier Anschlüsse (auf Acht erweiterbar)

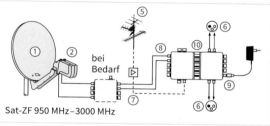

Gemeinschaftsantennenanlagen

2xSat-ZF, 8 Teilnehmer

- Ein Satelliten-Empfang
- Zwei Polarisationen, horizontal und vertikal: 14 V/18 V
- Lowband
- Terrestrisches Signal
- Erweiterbar

4xSat-ZF, Multifeed, 20 Teilnehmer

- Zwei Satelliten-Empfang
  Satellit A: 0 kHz
  Satellit B: 22 kHz
- Zwei Polarisationen, horizontal und vertikal: 14 V/18 V
- Lowband
- Terrestrisches Signal

8xSat-ZF, 4 Teilnehmer

- Zwei Satelliten-Empfang
- Zwei Polarisationen, horizontal und vertikal
- Analog und digital
- Low- und Highband
- Terrestrisches Signal
- DiSEqC: 8xSat-ZF

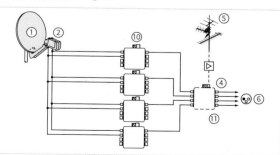

Kommunikationstechnik

Montage von Satelliten-Antennen
Installation of Satellite Antennas

Einstellungen der Antenne und Satellitenstandorte

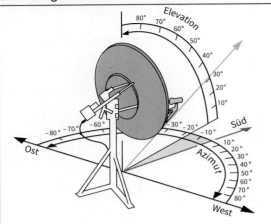

23,5° Ost Kopernikus 1 ASTRA 3A, 1D
19,2° Ost ASTRA 1B, 1C, 1E, 1F, 1G, 1H, 2C
16° Ost EUTELSAT W2
13° Ost HOT BIRD 1-5
10° Ost EUTELSAT W1
7° Ost EUTELSAT W3

- **LNB** (**L**ow **N**oise **B**lock Converter)
  Er empfängt das Satelliten-Signal (10,7 GHz bis 12,75 GHz) und verstärkt es rauscharm. Anschließend erfolgt eine Umwandlung in ein ZF-Signal (Zwischenfrequenz) von 0,95 GHz bis 1,7 GHz.
- **Azimut**
  Der Winkel der Himmelsrichtung, aus der das Signal empfangen wird, erfolgt in Grad.
- **Elevation**
  Der Winkel zwischen dem theoretischen Horizont und dem Satelliten (Erhebungswinkel), erfolgt in Grad.

Montageschritte

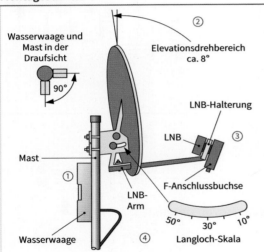

1. Geeigneten Standort wählen („freie Sicht" zum Satelliten).
2. Mast mit Wasserwaage absolut senkrecht montieren ①.
3. Voreinstellung des Elevationswinkels ②, Wert aus Tabelle für den jeweiligen Standort entnehmen.
4. Mit dem Kompass die Südrichtung ③ festlegen.
5. Receiver mit Fernseh-Gerät verbinden und Empfang mit Testbild überprüfen (evtl. akustischen Satelliten-Finder einsetzen).
6. Testbild abschalten und Receiver auf Kanal 1 (in der Regel ARD) einstellen.
7. Azimut für den zu empfangenden Satelliten einstellen ④ (aus Tabelle).
8. Feinabgleich der Antennenrichtung mit Fernseh-Bild bzw. Messgerät.

Beispiel für die Einstellungen auf die Astra-Stelliten (19,2° Ost) für den Standort Braunschweig.
Azimut: 10,7°
Elevation: 29,7°

Montage der F-Stecker

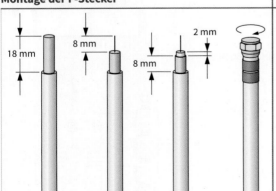

Koaxialkabel-Montage und Steckdose

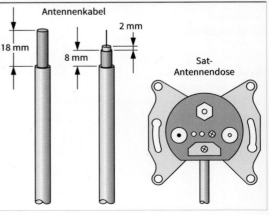

Kommunikationstechnik

Potenzialausgleich und Erdung für Kabelnetze und Antennen
Equipotential Bonding and Grounding for Cable Networks and Antennas

Vorschriften

- DIN EN 50083-10: 2002-09 und DIN EN 50083-1/A1 (VDE 0855-1 und VDE 0855-300)
  Kabelnetze für Fernsehsignale, Tonsignale und interaktive Dienste
  (Leitfaden für Potenzialausgleich in vernetzten Systemen)
  Teil 1: Sicherheitsanforderungen
- DIN EN 60728-1-1: 2015-02
  Kabelnetze und Antennen für Fernsehsignale, Tonsignale und interaktive Dienste
  Teil 11: Sicherheitsanforderungen (Einzelempfangsanlagen, z. B. Satellitenantenne), Verteilanlagen (z. B. Gemeinschaftsantennenanlagen), Großgemeinschaftsantennenanlagen, Satelliten-Gemeinschaftsantennenanlagen, Breitbandkabel mit allen Netzebenen bis zum Signaleingang des Empfängers
- DIN EN 62305-1: 2011-10
  Blitzschutznorm

Antennenbereiche

- **Geschützter Bereich**
  Die Erdung kann entfallen, wenn
  - die Antenne mehr als 2 m unterhalb der Dacheindeckung oder Dachkante liegt und weniger als 1,5 m vom Gebäude herausragt
  - oder wenn sich die Antenne innerhalb des Gebäudes befindet.

  Metallene Teile (z. B. Leitungsabschirmungen) sollten mit dem Potenzialausgleich verbunden werden ①.

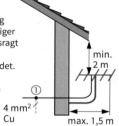

- **Außenbereich**
  - Bei Gebäuden mit einer Blitzschutzanlage muss die Antennenanlage in das Blitzschutzkonzept einbezogen werden.
  - Bei Gebäuden ohne Blitzschutzanlage sind der Mast ② und Kabelabschirmungen ③ zu erden (Erdungsleitungen s. Tabelle rechte Spalte).
  - Kabelabschirmungen und alle metallenen Teile der Antennenanlage (Gehäuse von Verteilern, Multischalter usw.) sind über einen Potenzialausgleichsleiter ($\geq 4\,mm^2$) mit dem Schutzpotenzialausgleich des Gebäudes zu verbinden (Haupterdungsschiene ④).

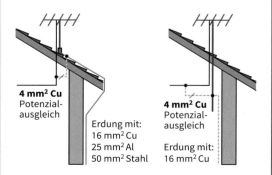

Beispiel

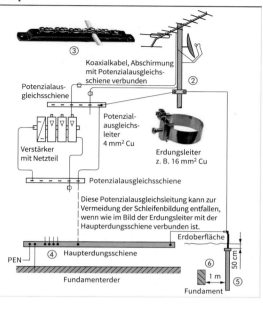

Diese Potenzialausgleichsleitung kann zur Vermeidung der Schleifenbildung entfallen, wenn wie im Bild der Erdungsleiter mit der Haupterdungsschiene verbunden ist.

Erdungs- und Schutzpotenzialausgleichsleiter

Erdungsleiter

Material	Querschnitt	Durchmesser	Beschaffenheit
Kupfer[1]	$\geq 16\,mm^2$	$\geq 4,6\,mm$	blank oder isoliert
Aluminium[2]	$\geq 25\,mm^2$	$\geq 5,7\,mm$	
Aluminium	$\geq 50\,mm^2$	$\geq 8,0\,mm$	Knet-Legierung
Stahldraht Stahlband	– 2,5 x 20 mm	$\geq 8,0\,mm$	verzinkt verzinkt

Schutzpotenzialausgleichsleiter

Kupfer[3]	mind. $4\,mm^2$	2,3 mm	blank oder isoliert

Beispiele: [1] H 07 V-U, H 07 V-R (NYA); [2] NAYY, NYM; [3] H07 V-U (NYA)

Erdungsanlage

- **Mindestquerschnitte der Erder**
  - Kupfer: $50\,mm^2$
  - Stahl: $80\,mm^2$, bevorzugt verzinkter Bandstahl (30 x 3,5 mm), Kreuzerder ⑤ (50 x 50 x 3 mm) oder Tiefenerder (20 mm)
- **Aufbau** (Beispiele)
  - Ein Erder von mindestens 2,5 m Länge wird vertikal oder schräg im Erdreich verlegt; Abstand vom Fundament 1 m ⑥.
  - Zwei Erder von mindestens 1,5 m Länge werden in 3 m Abstand senkrecht im Erdreich verlegt; Abstand vom Fundament 1,5 m.
  - Zwei Erder von mindestens 2,5 m Länge werden horizontal mit einem Winkel von 60°, 0,5 m tief und mindestens 1 m vom Fundament entfernt verlegt.

Kommunikationstechnik

Multischalter für den Satellitenempfang
Multi-Switch for Satellite Reception

Frequenzen und ihre Umsetzung

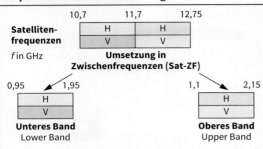

Die Umsetzung erfolgt im LNB mit Hilfe eines Oszillators.

LNB: **L**ow **N**oise **B**lock Converter; Empfangskopf (Empfangskonverter)
H: Horizontal polarisierte Wellen
V: Vertikal polarisierte Wellen

Umschaltmöglichkeiten

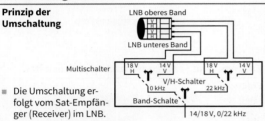

- Die Umschaltung erfolgt vom Sat-Empfänger (Receiver) im LNB.
- Verwendet werden Gleichspannungen (14 V und 18 V) und/oder Wechselspannungen (22 kHz).
- Die Wechselspannung wird der Gleichspannung überlagert.
- Die Zuführung erfolgt über die Koaxialkabel.

U in V	f in kHz	Polarisation	Band
14	0	H	unteres
14	22	H	oberes
18	0	V	unteres
18	22	V	oberes

LNB

- **Single-LNB**
  - Zwei interne Umschalter für Bänder und Polarisation
  - Ein Ausgang für die Sat-ZF ⇒ Es kann jeweils nur ein Band eingespeist werden.
- **Twin-LNB**
  - Zwei Single-LNBs werden zu einer Funktionseinheit zusammengeschaltet.
  - Zwei Sat-ZF Ausgänge mit Umschaltmöglichkeit für Bänder und Polarisation.
- **Dual-Output-LNB**
  - Zwei Umschalter im LNB
  - Zwei Sat-ZF Ausgänge mit Umschaltmöglichkeit für Bänder und Polarisation.
- **Quattro-LNB, Universal-LNB**
  - Jedes Band mit jeder Polarisation steht an getrennten Ausgängen zur Verfügung.
  - Vier Sat-ZF Ausgänge

Multischalter für vier Teilnehmer

Multischalter werden eingesetzt, wenn mehrere Teilnehmer auf eine Sat-Antenne zugreifen.

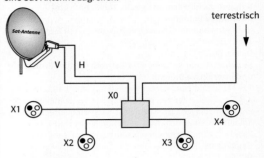

X0: Vierfach Multischalter

Übersichtsschaltplan

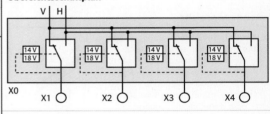

DiSEqC

DiSEqC
- **Di**gital **S**atellite **Eq**uipment **C**ontrol (sprich: Disäck)
- Digitales Steuerungsverfahren für Satelliteneinrichtungen
- 0- und 1-Zustände werden durch getastetes 22-kHz-Signal erzeugt (0,6 V Spitze-Spitze).

Bitstruktur:

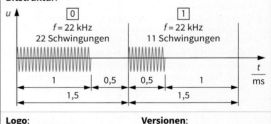

Logo: **Versionen**:

DiSEqC 2.0   1.0 1.1 1.2
                2.0 2.1 2.2

Erste Ziffer: Art der Kommunikation
1: Übertragung von Befehlen vom analogen oder digitalen Empfänger zur Funktionseinheit (unidirektional)
2: Bidirektionale Kommunikation zwischen analogem oder digitalem Empfänger und der Funktionseinheit

Zweite Ziffer: Umfang der Kommunikation
0: Schaltvorgänge für vier Satelliten, jeweils beide Bänder, Polarisation und weitere Optionen
1: Wie Ziffer 0, zusätzliche Befehle über eine Leitung
2: Wie Ziffer 0 und 1, zusätzliche Befehle für eine drehbare Satellitenantenne

Einkabel-Satelliten-Signalverteilungssystem
Single Coaxial Cable Satellite Signal Distribution System

DIN EN 50494: 2008-02

Merkmale

- Das System dient zur Verteilung von
  - digitalen Satelliten-Zwischenfrequenzen (ZF-Signalen), einschließlich HDTV, und
  - terrestrischen Signalen über nur **ein** Kabel (Stammleitung) an **mehrere** Teilnehmer (Empfänger).
- Es überträgt das **komplette Programmangebot** von einem oder zwei Satelliten.
- Die Receiver sind ausgrüstet mit
  - **unabhängiger Wahlmöglichkeit** zwischen **Hor**izontal-/**Ver**tikal-, **Low**-/**High**-Band, Satellitenposition und Transponder und
  - **fester Teilnehmerfrequenz**.
- Umschaltung und Transponderwahl erfolgen im Speisesystem (Einkabel-Quattro-LNB) bzw. in der Einkabelmatrix.
- Die Transponderwahl und Umsetzung auf die Teilnehmerfrequenz erfolgt über spezielle Tunerbausteine (**SCR**: **S**atellite **C**hannel **R**outer)
- **Vorteil**: Reduzierter Verkabelungsaufwand bei Neubau. Umrüstung (z. B. Kabelanschluss) und Erweiterung, da nur **ein Stammkabel** (**keine Sternverbindung**) erforderlich ist.
- **Nachteil**: Receiver müssen spezielle DiSEqC-Befehle aussenden können und sind nicht kompatibel zu anderen Anlagentechniken.

Transportkanalzuordnung

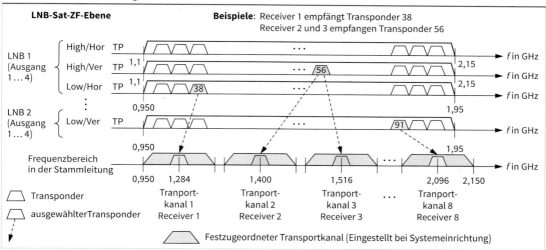

Beispiel

- Zwei Satellitenpositionen (z. B. Astra und Türksat)
- Jeweils zwei Polarisationen (H/V), Low- und High-Band

① Zwei Quattro LNBs
② Acht Satelliten ZF-Eingänge, ein Analogeingang (Antenne)
③ SCR (**S**atellite **C**hannel **R**outer; Einkabelmatrix)
④ Stammleitung (Antennenkabel mit Schirmdämpfung > 115 dB im Frequenzbereich 30 MHz bis 2,250 GHz, Impedanz 75 Ω)
⑤ Richtkopplerdose (TV, Radio, Satelliten ZF)
  - Für Durchschleifsysteme in SCR-Einkabel-Anlagen
  - Mit Gleichspannungsdurchlass über Sat-Anschluss zur Stammleitung (max. 24 V/400 mA, 22 kHz- und DiSEqCTM-Signal)
⑥ Abschlusswiderstand (gleichstromfreie Ausführung mit kapazitiver Trennung des Innenleiters) in der letzten Dose

Receiverfrequenzen:
Receiver 1: 1,284 GHz   Receiver 5: 1,748 GHz
Receiver 2: 1,400 GHz   Receiver 6: 1,864 GHz
Receiver 3: 1,516 GHz   Receiver 7: 1,980 GHz
Receiver 4: 1,632 GHz   Receiver 8: 2,096 GHz

Hinweis:
Alle Komponenten (Abzweiger, Verteiler, Dosen) in der Stammleitung müssen den Frequenzbereich bis 2,2 GHz übertragen können und gleichstromfähig sein.

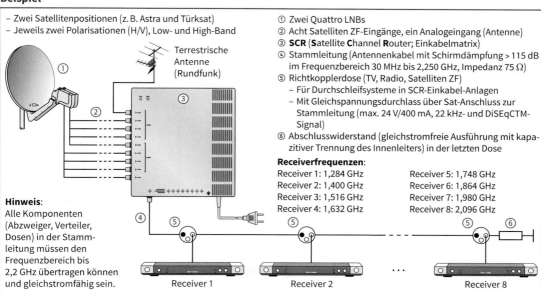

Kommunikationstechnik

Koaxialkabel und Steckverbinder
Coaxial Cables and Connectors

Verwendung

Verwendung		Hausverlegung						Außen-verlegung	Erdkabel
Koaxialkabel Impedanz 75 Ω									
Innenleiter	Ø in mm	0,75 Cu	0,4 Staku	1,13 Cu	0,75 Cu	1,13 Cu		1,63 Cu	1,1 Cu
Isolation	Ø in mm	3,2 Cell-PE	2,65 PE	4,8 Cell-PE	4,8 PE	4,8 Cell-PE		7,2 Cell-PE	7,25 PE
Außenleiter	Ø in mm	3,8 Al + CuSn[1]	3,3 Al + CuSn[1]	5,3 Al + CuSn[1]	5,5 Al + CuSn[1]	5,3 Al + CuSn[1]		7,9 Al + CuSn[1]	7,5 Cu
Außenmantel	Ø in mm	5,0 PVC weiß	4,1 PVC weiß	6,8 PVC weiß	6,8 PVC weiß	6,8 PE schwarz		10,4 PE schwarz	10,2 PE schwarz
Kupferanteil	in kg/km	10,6	3,6	14,0	8,3	30,0		42,0	41,0
Biegeradius	in mm	≥ 25	≥ 30	≥ 35	≥ 35	≥ 35		≥ 50	≥ 110
Dämpfung in dB/100 m bei 20 °C	5 MHz	2	4	1	3	1		1	1
	50 MHz	7	10	4	6	4		3	4
	100 MHz	9	15	6	9	6		4	5
	450 MHz	18	32	13	19	12		9	12
	1000 MHz	28	48	21	29	19		14	19
	2050 MHz	40	72	31	43	28		21	30
	3000 MHz	50	88	39	53	36		28	–
Gleichstromwiderstand in Ω/km		≤ 90	≤ 375	≤ 45	≤ 100	≤ 30		≤ 20	≤ 25,5
Schirmungsmaß in dB	47–108 MHz	≥ 70	≥ 70	≥ 75	≥ 70	≥ 90		≥ 90	≥ 90
	108–470 MHz	≥ 75	≥ 75	≥ 75	≥ 75				
	1000–2400 MHz	≥ 65	≥ 65	≥ 65	≥ 65				

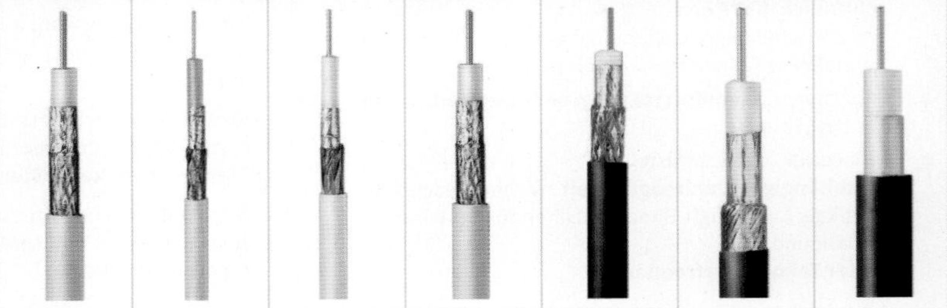

[1] Folie beidseitig mit Aluminium beschichtet + verzinntes Kupfergeflecht   Cell-PE: Aufgeschäumtes Polyethylen
[2] **IEC: I**nternational **E**lectrotechnical **C**ommission

F-Stecker

schraubbar | crimpbar

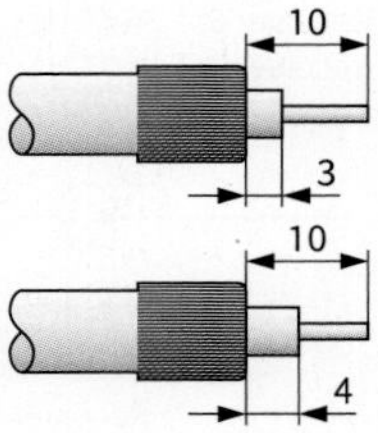

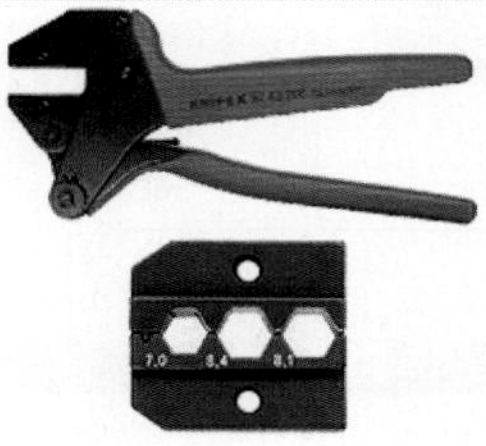

IEC-Stecker[2]

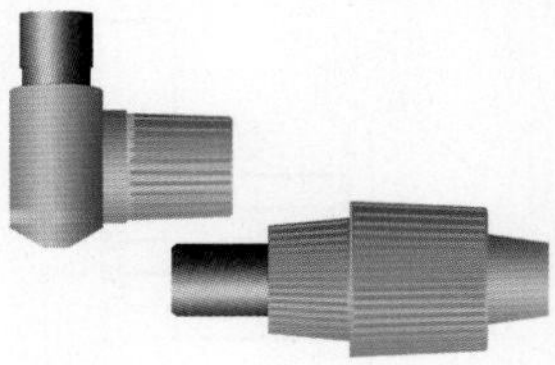

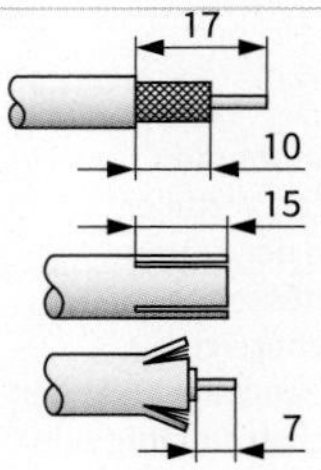

Maße in mm

Breitbandkommunikation
Broadband Communication

BK-Rundfunk-Übertragung

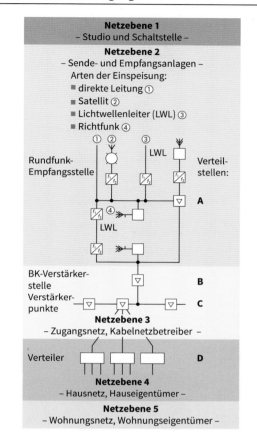

- Netzebene 1
  - Studio und Schaltstelle -
- Netzebene 2
  - Sende- und Empfangsanlagen -
  - Arten der Einspeisung:
    - direkte Leitung ①
    - Satellit ②
    - Lichtwellenleiter (LWL) ③
    - Richtfunk ④
- Netzebene 3
  - Zugangsnetz, Kabelnetzbetreiber -
- Netzebene 4
  - Hausnetz, Hauseigentümer -
- Netzebene 5
  - Wohnungsnetz, Wohnungseigentümer -

Einspeisung in das Hausnetz

- **Systemarten**: Durchschleifsystem, Stichleitungssystem

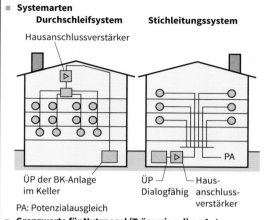

- Hausanschlussverstärker
- ÜP der BK-Anlage im Keller
- ÜP Dialogfähig
- Hausanschlussverstärker
- PA: Potenzialausgleich

- **Grenzwerte für Nutzpegel (Trägersignal) an Antennensteckdosen (DIN EN 60728-1)**

System	Modulation	Pegel in dBµV minimal	Pegel in dBµV maximal
UKW Mono	FM	40	70
UKW Stereo	FM	50	70
DVB-C	64/128/256 QAM	47	77
DVB-C	QPSK	47	77
TV (SAT-ZF) 950 MHz – 2150 MHz	FM	47	77
TV 47 MHz – 862 MHz	AM	60	80
Internet Downstream[1]		50	67
Internet Upstream[1]		90	107

[1] Empfehlung, nicht genormt, abhängig vom System

Kanalraster des BK-Netzes, analog

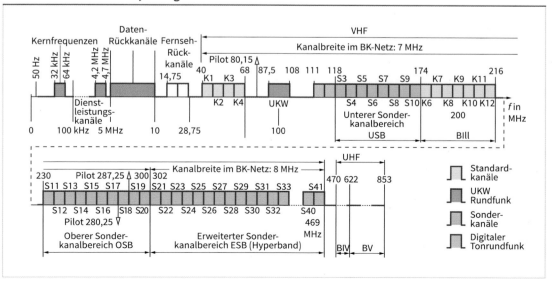

Datenübertragung im Breitbandnetz
Data Transmission over Broadband Network

Merkmale

- **DOCSIS** (**D**ata **o**ver **C**able **S**ervice **I**nterface **S**pecification) ist ein Standard, der die Anforderungen für die bidirektionale digitale Datenübertragung in Breitband-Kabelnetzen festlegt.
- In DOCSIS sind auch Spezifikationen für Schnittstellen, Kabelmodems und die dazugehörige Peripheriegeräte enthalten.

- **DOCSIS 3.0**
  - Derzeit der am weitesten verbreitete Standard
  - 8 MHz-Kanalraster mit bis **256-QAM** (**Q**uadratur **A**mplitudenmodulation)
  - Einzelträger (**SC**: **S**ingle **C**arrier)

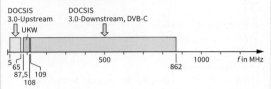

- **DOCSIS 3.1**
  - Dieser Standard befindet sich in der Einführung.
  - Mehr-Träger-Verfahren **OFDM** (**O**rthogonal **F**requency **D**ivision **M**ultiplex)
  - Modulation pro Träger bis **4096-QUAM**
  - Trägerabstände 25 kHz oder 50 kHz
  - Fehlerschutz ist leistungsfähiger als bei DOCSIS 3.0

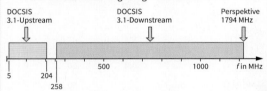

Messgrößen

- **Pegel**: Signalstärke
- **Frequenzgang** (frequency response) im jeweiligen Kanal
- **Konstellationsdiagramm**: Lage der einzelnen Zustände des Signals.
- **MER** (**M**odulation **E**rror **R**atio): Qualität des Modulationsverfahrens
- **PER** (**P**ackage **E**rror **R**ate): Verhältnis der gesendeten Datenpakete zu den empfangenen Datenpaketen (Maß für den Datenverlust)
- **BER** (**B**it **E**rror **R**ate): Bitfehlerhäufigkeit, Bitfehlerrate; eine Zahl als Maß für die fehlerhaft übertragenen Bits
- **SNR** (**S**ignal-to-**N**oise **R**atio): Störabstand, Angabe in dB, Verhältnis zwischen dem Nutzsignal und dem im Wesentlichen durch Rauschen verursachten Störsignal
- **Signallaufzeit** (Latenz): Zeit zwischen dem Aussenden einer Abfrage bis zum Eintreffen einer Antwort
- **Jitter**: Schwankungen des Übertragungstaktes
- **Brummsignale**: Verursacht durch Erdungs- oder Masseprobleme, wird durch Jitter beeinflusst
- Übertragungsgeschwindigkeit (Datenrate)

DOCSIS Versionen

Version	Datenrate bei B = 8 MHz		Eigenschaften, Erweiterungen	ITU-R [1]
	Downstream DS	Upstream US		
1.0	50 Mbit/s	30 Mbit/s	Datentransfer in TV-Kanälen	J.112
1.1	50 Mbit/s	30 Mbit/s	Mit Dienstegüte **QoS** (**Q**uality **o**f **S**ervice)	J.112
2.0	50 Mbit/s	30 Mbit/s	Symmetrischer Dienst (IP-Telefonie	J.112
3.0	50 Mbit/s	30 Mbit/s	DS: 32 Kanäle US: 8 Kanäle maximal; IPv6	J.112
	bei Kanalbündelung: 1,6 Gbit/s	240 Mbit/s		
3.1	bis 10 Gbit/s	bis 1 Gbit/s	Variable Kanalbreite; OFDM (DS: bis 192 MHz, US: bis 96 MHz)	offen

[1] **ITU-R**: **I**nternational **T**elecommunication **U**nion, **R**adiocommunication (Internationale Fernmeldeunion)

Messgeräte

OFDM-Zeitfunktion

Die Abstände zwischen den Trägern bei DOCSIS 3.1 sind so gewählt, dass sich die modulierten Träger nicht gegenseitig beeinflussen (Beispiel unten: vier Träger).

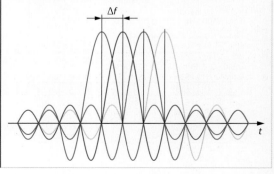

Elektroakustische Anlagen
Electro-Acoustic Installations

Merkmale

- **El**ektroakustische **A**nlagen (**ELA**) sind fest installiert und dienen der Weitergabe von Informationen (vorwiegend Sprache, Signale) oder werden zur Übertragung von Hintergrundmusik verwendet.
- Wesentliche Kriterien für die Auswahl der Komponenten sind Verständlichkeit, Reichweite und Betriebssicherheit (z. B. Redundanzen vorsehen, mehrere Lautsprecherkreise, Notstromversorgung, USV).
- Anwendungsbereiche sind vorwiegend größere Räume, öffentliche Gebäude, Bahnhöfe, Kaufhäuser, Sportstätten usw.
- Für die Lautsprechersysteme wird die 100 V-Technik verwendet.
- Elektroakustische Anlagen besitzen in der Regel nur einen Tonkanal (Mono-Betrieb) für Sprechstellen bzw. andere Tonquellen.
- Steuereingänge für Signalisierungen (z. B. Alarmierung) können vorgesehen sein.
- Die Audio- und Steuersignale können digital mit Kommunikationsnetzen (z. B. LAN, WAN) übertragen werden.
  Beispiel:
  EtherSound (lizenzpflichtig): **AoE** (**A**udio **o**ver **E**thernet)
  - 64 synchronisierte Kanäle
  - Pulscodemodulation, Abtastfrequenz 48 kHz, Auflösung 24 Bit
  - Twisted-Pair-Kabel Cat 5 oder Cat 6 oder LWL

Verstärkerleistungen

- **Geschlossene Räume**

Raum	Fläche in m²	Geräuschpegel	
		mittel	niedrig
		ca. Leistung in W	
Büro	30	5 – 8	2 – 4
Verkaufsraum	50	10 – 20	3 – 5
Konferenzraum	100	20 – 30	10 – 20
Turnhalle	200	20 – 30	10 – 20
Theater	500	100 – 120	50 – 60
Werkshalle	1000	40 – 50	10 – 20

- **Freiflächen**

Freifläche	Fläche in m²	Geräuschpegel	
		hoch	niedrig
		ca. Leistung in W	
Tennisplatz	700	40 – 50	10 – 20
Schulhof	1500	50 – 80	10 – 20
Industriehof	3000	100 – 200	20 – 30
Fußballplatz	15000	400 – 500	80 – 150

- Verstärker- und Sprechstellensystem, 5 Lautsprecherlinien

Beispiel für eine kleine Sportanlage

- Lautsprecher und Geräteanordnung

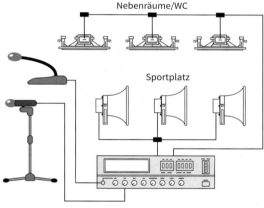

- Anlagenschema

- Geräte:
  1 x Handmikrofon, 1 x Tischmikrofon, 1 x Mikrofonstativ, 1 x Kleinzentrale, 1 x CD-Tunermodul, 3 x Einbaulautsprecher, 3 x Druckkammerlautsprecher

Druckkammerlautsprecher, Hornlautsprecher

- Es handelt sich um Kalottenlautsprecher mit einem vorgesetzten Exponentialtrichter.
- Der Wirkungsgrad ist bei hohen und mittleren Frequenzen sehr hoch.
- Die Kalotte presst die Luft in eine geschlossene Kammer und erhöht dadurch die Geschwindigkeit der Luftteilchen (Geschwindigkeitstransformation).

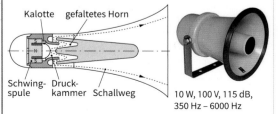

10 W, 100 V, 115 dB, 350 Hz – 6000 Hz

Kommunikationstechnik

Anschluss analoger Telekommunikationsgeräte
Connection of Analog Telecommunication Devices

TAE

TAE:
- Steckdose zum Anschluss analoger Endgeräte an das **TK**-Netz (**Tele**kommunikations-Netz).
- Für die Zulassung der Geräte ist in Deutschland die **Bundesnetzagentur** (BNetzA) zuständig.

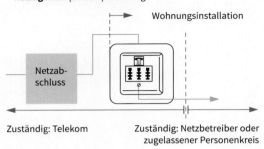

Zuständig: Telekom   Zuständig: Netzbetreiber oder zugelassener Personenkreis

TAE 3 x 6 NFN

Mechanische Codierung:

- **N: N**icht-Fernsprechbetrieb, z. B. Anrufbeantworter, Fax, Modem
- **F: F**ernsprechbetrieb, z. B. Telefon, TK-Anlage

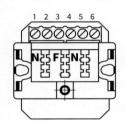

Innenschaltung der TAE 3 x 6 NFN

Durch die Stecker werden in der Dose Schalter betätigt (Schaltbuchsen), die den Signalfluss unterbrechen.

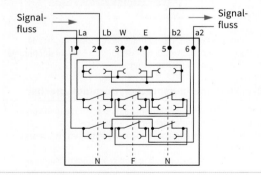

Kontakte der TAE-Stecker

Kontakt	Bedeutung der Anschlüsse	Farbe DIN 47100
1	La, a-Ader, Signalleitung	weiß (ws)
2	Lb, b-Ader, Signalleitung	braun (br)
3	W, Tonrufweitgerät	grün (gn)
4	E, Erde, Nebenstelle	gelb (ge)
5	b2, b-Ader, Weiterführung	grau (gr)
6	a2, a-Ader, Weiterführung	rosa (rs)

TAE-Stecker

F-Codierung

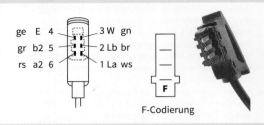

N-Codierung

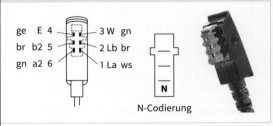

Western-Steckverbindung

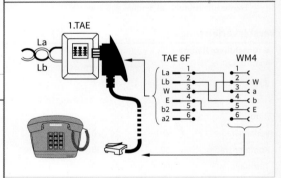

Telefonkabel (Sternvierer)

Ringcodierung bei einem Sternvierer (Farbe: Rot)
1. Paar: 1a, a-Ader, ohne Ring
          1b, b-Ader, ein Ring
2. Paar: 2a, a-Ader, zwei Ringe mit großen Intervallen
          2b, b-Ader, zwei Ringe mit kleinen Intervallen

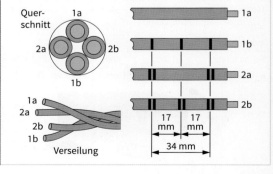

ISDN-Dienste und -Anschlüsse
ISDN Services and Connections

Merkmale

- Bei **ISDN** (**I**ntegrated **S**ervices **D**igital **N**etwork) handelt es sich um ein diensteintegrierendes digitales Telekommunikationsnetz für die Sprach- und Datenübertragung.
- Ab dem Jahr 1997 ist dieses System in der Bundesrepublik Deutschland flächendeckend verfügbar.
- ISDN soll durch die **IP-basierte Telekommunikation** ersetzt werden.

Basisanschluss (BaAs)

NTBA: Network **T**ermination for ISDN **B**asic **A**ccess (Netzabschlussgerät für den ISDN-Basisanschluss)
- U_{k0}: Netzseitige ISDN-Schnittstelle
- S_0: Kundenseitige ISDN-Schnittstelle
- B1, B2: Nutzkanäle mit jeweils 64 kbit/s
- D: Steuer- und Zeichengabekanal mit 16 kbit/s (DSS1-Protokoll)

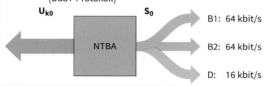

Primärmultiplexanschluss

NTPMA: Network **T**ermination for ISDN **Pri**mary Rate **A**ccess
- U_{2M}: Netzseitige ISDN-Schnittstelle
- S_{2M}: Kundenseitige ISDN-Schnittstelle
- Synchronisationskanal mit 64 kbit/s
- B1 bis B15: Nutzkanäle mit jeweils 64 kbit/s
- B16 bis B30: Nutzkanäle mit jeweils 64 kbit/s
- D-Kanal: 64 kbit/s (DSS1-Protokoll)

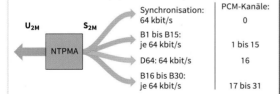

Mehrgeräteanschluss

- Bis zu zwölf Anschlusssteckdosen (IEA) können installiert werden.
- Acht ISDN-Endgeräte oder eine TK-Anlage können gleichzeitig eingesteckt/angeschlossen sein (maximal vier Telefone).
- Drei Rufnummern (**Mehrfachnummern, MSN: M**ultiple **S**ubscriber **N**umber) stehen zur Verfügung. Sieben weitere können beantragt werden.
- Entfernung vom NTBA zur letzten Dose: ≤ 180 m

Beispiel:

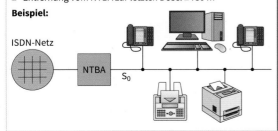

Anlagenanschluss

- Anschluss einer TK-Anlage:
  - Eine Durchwahl zu jedem Teilnehmer der Nebenstelle ist möglich.
  - Entfernung vom NTBA zur letzten Dose: ≤ 1 km
  - Keine Einschränkung der Zahl der anzuschließenden Telefone
  - Kostenlose interne Gespräche
  - Mehrere Basiskanäle sind möglich

Beispiel:

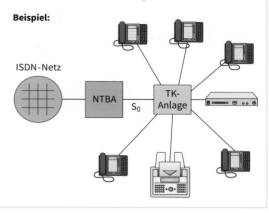

ISDN-Adapter

- Bei einem IP-basierten Telekommunikationsanschluss erfolgt die Telekommunikation über das Internetprotokoll (IP).
- Bezeichnungen dieser Art der Telekommunikation sind auch Voice-over IP (**VoIP**). Die Sprachübertragung erfolgt dabei nicht wie bei einer leitungsgebundenen Übertragung kontinuierlich, sondern in Datenpaketen.
- Diese werden auf der Empfängerseite wieder zu einem kontinuierlichen Datenstrom vereinigt. Zum Ausgleich zeitlicher Schwankungen werden Pufferspeicher verwendet.

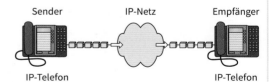

- Um die vorhandenen ISDN-Geräte weiterhin nutzen zu können, steht ein ISDN-Adapter zur Verfügung, z. B. mit zwei S_0-Bussen.

	PCM-Kanäle:
Synchronisation: 64 kbit/s	0
B1 bis B15: je 64 kbit/s	1 bis 15
D64: 64 kbit/s	16
B16 bis B30: je 64 kbit/s	17 bis 31

Kommunikationstechnik

Anschluss von ISDN-Geräten
Connection of ISDN Equipment

NTBA

NTBA: Network **T**ermination for ISDN **B**asic **A**ccess
(Netzabschlussgerät für den ISDN-Basisanschluss)
Mit ihm erfolgt die Umsetzung der 2-Draht-Leitung in eine hausinterne 4-Draht-Leitung (S_0-Schnittstelle).

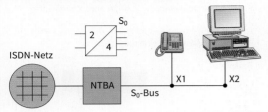

ISDN-Anschlusseinheit IAE

Beispiel: IAE 8 (4) (8-polig, 4 Buchsenkanäle)

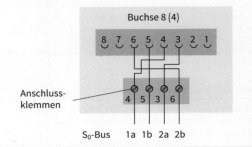

S_0-Bus

- Für die Leitungsverlegung vom NTBA muss die Busstruktur eingehalten werden (s. Abb. unten).
- Leitungen:
  - 1a und 1b (Sendeleitungen)
  - 2a und 2b (Empfangsleitungen)
- Die Anschlussdosen werden mit **IAE** (**I**SDN-**A**nschlusseinheiten) bezeichnet.
- Zwölf IAEs sind möglich, acht ISDN-Endgeräte können gleichzeitig angeschlossen sein, zwei können gleichzeitig betrieben werden.
- Die Leitung in der letzten IAE muss mit zwei Widerständen von 100 $\Omega \pm 5$ % abgeschlossen werden.
- Die Anschlussleitung für ein Gerät darf 10 m nicht überschreiten.
- Die Gesamtlänge des Busses darf 180 m nicht überschreiten (hängt vom Leitungstyp ab).

Universal-Anschlusseinheit UAE

UAE: Universal **A**nschluss**e**inheit

Beispiel: UAE 8 (4)
(8-polig, 4 Buchsenkontakte)

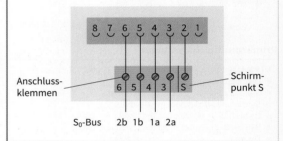

Western-Steckverbinder

- Sie wurden von der US-Telefongesellschaft Western Bell entwickelt.
- Die Steckerform entspricht einem 8-poligen Stecker, wie sie für ISDN-Geräte zum Anschluss an die IAE bzw. UAE verwendet werden.
- Andere Bezeichnung: RJ-45.
- Verwendet werden auch Stecker mit 4 (IAE-Stecker) oder 6 Kontakten.
- Vierpolige Stecker werden auch für Telefonhörer verwendet.

Belegung der Buchsenkontakte

Klemmen-Nummer	4	5	3	6
ISDN-Anschluss	1a	1b	2a	2b
Analoger Anschluss	a	b	E	W

Bus-Strukturen

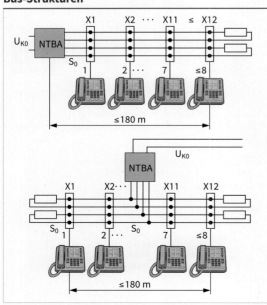

Buchse   Stecker

Buchsen-Formen

Anpassungselemente

IAE-4

UAE-8

UAE-6

Kommunikationstechnik

Internetzugang
Internet Access

Online-Provider

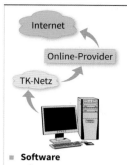

- Die Einwahl erfolgt über Online-Provider. Sie stellen teilweise zusätzlich ausgewählte Inhalte (Contents) zur Verfügung.
- Online Provider (Beispiele): T-Online, Kabel Deutschland, Vodafone, Strato, CompuServe
- Die Verbindung wird über einen DSL Zugang, ein Modem oder eine ISDN Karte hergestellt; über Leitungen oder per Funk.
- Bei jeder Verbindung wird vom Provider dem Nutzer eine IP-Adresse zugeteilt.

- **Software**
  - Browser
  - E-Mail-Client
  - Anwendungen
  - …

Internet Service Provider (ISP)

Internet Service Provider bieten gegen Entgelt verschiedene Leistungen zusätzlich an, z. B. über

- **Hosting-Provider**
  Registrierung von Domains, Vermietung von Webservern
- **Access-Provider**
  (Zugang) Bereitstellung von Wählverbindungen, Breitbandzugängen, Standleitungen
- **Content-Provider**
  (Inhalt) Bereitstellung ausgewählter Inhalte

- **Anbieter**
  UUnet, Xlink, Deutsche Telekom, ECRC

Internetprotokoll TCP/IP

- **IP:** Internet Protocol
  Das Protokoll besitzt folgende Merkmale und Funktionen (Auswahl):
  - Adressierung der Daten und deren Fragmentierung
  - Datenaustausch vom Sender zum Empfänger (Routing)
  - Mit dem Protokoll erfolgt keine Absicherung der Übertragung, verbindungslos und unzuverlässig (keine Zustellgarantie).
  - IPv4: 32 Bit-Adressen; IPv6: 128 Bit-Adressen
- **TCP:** Transmission Control Protocol
  - Das Protokoll baut auf IP auf.
  - Es sorgt beim Empfänger für die Einsortierung der Pakete in die richtige Reihenfolge.
  - Die Kommunikation ist durch Bestätigung des Paket-Empfangs sicher.
  - Übertragungsfehler werden automatisch korrigiert.
  - Die Übertragung erfolgt verbindungsorientiert, ist zuverlässig (Zustellgarantie).
- **IP-Adresse**
  - Aufbau: 4 Byte = 32 Bit (2^{32} = 4 294 967 296 mögliche Adressen)
  - Vereinfachung: Umwandlung der Bytes in Dezimalzahlen, die durch Punkte voneinander getrennt sind.
  - Beispiel:
    10110011 11000001 10011010 00001011
    179.193.154.11

Netzeinteilung

- Um den Adressbereich effizient zu nutzen, erfolgte ursprünglich eine Aufteilung in **Netzwerkadresse** und PC-(Host) Adresse. Die ersten Bits des IPv4-Adressraums wurden zur Kennzeichnung von Netzklassen (A, B, C) verwendet.
- Die feste Klassenzuordnung wurde durch **CIDR** (**C**lassless **I**nter**d**omain **R**outing) aufgehoben.
  Die Kennzeichnung erfolgt nach einem Schrägstrich unter Angabe der Anzahl der gesendeten Bits (1-Bits) in der Netzmaske.
  Beispiel:
  IP-Adresse (Dezimal) — 172.17.0.0/24 — Suffix: gibt Anzahl (hier 24) der 1-Bits in der Netzmaske an
  mit Suffix
  Die Angabe 24 bedeutet: 24 Bit der Netzmaske sind auf 1 gesetzt (Binär: 11111111.11111111.11111111.00000000)
  Suffix: Angestecktes, Nachsilbe

Domain

- Eine Domain ist ein Begriff, Name, … für eine IP-Adresse. Sie fungiert somit als eine menschliche „Gedächtnishilfe" für die IP-Adressen.
- Eine Domain darf im Internet nur einmal vorkommen. Die Vergabe und Zuteilung erfolgt über das **NIC** (**N**etwork **I**nformation **C**enter). Für deutsche Domains (.de) ist das „**DENIC**" als zentrale Registrierungsstelle zuständig.
- Das System wird als **Domain Name System** (**DNS**) bezeichnet. Es ist hierarchisch aufgebaut.

  Top Level Domain (TLD), z. B. de

  Second Level Domain
  z. B. …tu-darmstadt
  …westermann

- **Top Level Domains** (Beispiele)

ccTLDs (country code)		gTLDs (generic)	
at	Österreich	biz	business
ch	Schweiz	com	commercial
de	Deutschland	edu	education
fr	Frankreich	net	network
us	USA	org	organisation

Bandbreite

Die Geschwindigkeit, mit der die Daten einer Internetverbindung übertragen werden, wird häufig als Bandbreite bezeichnet. Sie wird in Baud oder bit/s (Bit pro Sekunde) angegeben.

Zugang über	Bandbreite
analoges Modem	bis 56 kbit/s
ISDN	64 kbit/s
ISDN zwei Kanäle	128 kbit/s
ISDN Primärmultiplexanschluss	2 Mbit/s
ADSL	1 Mbit/s, 2 Mbit/s, …
ADSL 2+	bis 25 Mbit/s
VDSL	bis 52 Mbit/s

Kommunikationstechnik

ADSL – Asymmetric Digital Subscriber Line

Merkmale

- Die **ADSL**-Technik (**A**symmetric **D**igital **S**ubscriber **L**ine) wird angewendet, um digitale Signale mit hoher Geschwindigkeit zu übertragen.
- Der zur Verfügung stehende Frequenzbereich wird in 224 einzelne Kanäle von jeweils 4,3 kHz unterteilt und die Daten auf einzelne Träger mit unterschiedlichen digitalen Verfahren aufgeprägt (moduliert).
  Dabei werden zwei Kanäle unterschieden:
  - **Upstream**-Kanal (Aufwärtskanal) Sendekanal vom Teilnehmer
  - **Downstream**-Kanal (Abwärtskanal) Empfangskanal zum Teilnehmer

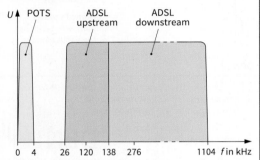

- Mit **POTS** (**P**lain **O**ld **T**elephone **S**ervice) wird der Frequenzbereich für analoge Sprachsignale bezeichnet.
- Für die jeweils angewendete Technik werden vom Netzbetreiber Datenübertragungsraten angegeben. Diese sind jedoch nicht konstant. Sie hängen im Wesentlichen ab von der
  - Leitungsdämpfung,
  - Entfernung des Nutzers bis zur Vermittlungsstelle und
  - induktiven Signalübertragung zwischen den Leitungen (Übersprechen).

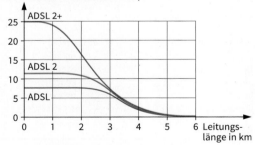

- Da unterschiedliche Frequenzbereiche verarbeitet werden müssen, setzt man Weichen ein, die als **Splitter** oder **B**reit**b**and**a**nschluss**e**inheit bezeichnet werden (**BBAE**).
- Auf der Teilnehmerseite wird ein DSL-Modem verwendet, das heute häufig in einem Router integriert ist.
- Das Modem wird auch als **NTBBA** (**N**etzwerk**t**erminationspunkt **B**reit**b**and**a**ngebot) bezeichnet und ist der Netzabschluss (Netzschnittstelle) des Betreibers. Die im NTBBA enthaltenen elektronischen Schaltungen setzen die DSL-Signale von der Netzschnittstelle auf eine für den PC geeignete Schnittstelle um (Modulation bzw. Demodulation).

DSL-Installation mit externen Komponenten

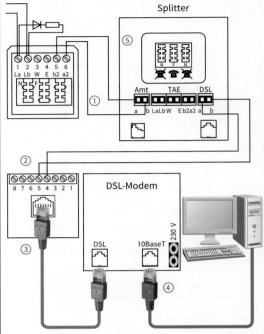

- TK-Anschlussdose TAE ①
- Verbindungsleitung ②
- Datensteckdose RJ45 ③
- DSL-Modem ④
- Splitter ⑤

DSL-Installation mit Router

Technische Weiterentwicklungen haben zu einer höher integrierten Gerätetechnik geführt, sodass nur noch ein IP-basierter Anschluss und ein Router erforderlich sind.

Routerbeispiel:
- IP-basierter TK-Anschluss (TAE) ①
- Integrierter WLAN-Router ②
- Glasfaser-Anschluss ③
- DECT-Basisstation
- Analogtelefon-Anschluss ④
- Ethernet-LAN-Anschlüsse (1 Gbit/s und 100 Mbit/s) ⑤
- USB-Anschluss für Drucker oder Speichermedien ⑥
- UMTS-Zugang über USB-Modem bei DSL-Ausfall

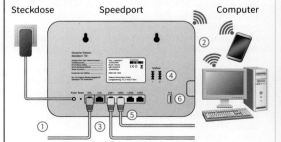

VDSL – Very High Speed Digital Subscriber Line

Merkmale

- VDSL-Techniken werden besonders in hybriden Netzen (Glasfaser-/Kupferkabelnetzen) für Datenraten bis 100 Mbit/s bei Downstream (Downlink) und Upstream (Uplink) eingesetzt.
- Die Datenrate von 100 Mbit/s ist ein theoretischer Wert ①. Die tatsächliche Datenrate hängt von der Entfernung sowie von der Länge und Qualität der Kupferleitung vom Kabelverzweiger ② bis zum Teilnehmeranschluss ab.

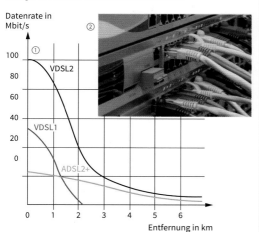

- Das schnelle VDSL-Übertragunsverfahren wird auch als Breitband-Internet bezeichnet und bei **Triple Play** eingesetzt (gemeinsames Angebot von Internet, Telefonie (VoIP) und Fernsehen (IPTV)).
- VDSL1 hat sich in Deutschland nicht durchgesetzt. Es ist nicht kompatibel zu VDSL2.
- VDSL2 reicht bis zum Frequenzbereich von 30 MHz, ist zu ADSL, ADSL2 und ADSL2+ abwärtskompatibel und kann mit symmetrischer oder asymmetrischer Übertragung arbeiten.
- Die symmetrische Übertragung wird vor allem von Unternehmen genutzt, die nicht nur Informationen aus dem Internet beziehen, sondern auch als Informationsanbieter agieren.

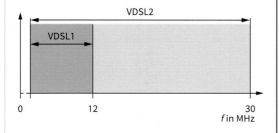

- VDSL2 ermöglicht garantierte Datenraten (**QoS: Q**uality **o**f **S**ervice).
- Das Netz wird vorwiegend in Baumstruktur aufgebaut. Die DSL-Vermittlungsstelle (**DSLAM: D**igital **S**ubscriber **L**ine **A**ccess **M**ultiplexer) befindet sich nicht in der Ortsvermittlungsstelle, sondern in den Kabelverzweigern (KVz, Ortsverteiler), z. B. am Straßenrand (FTTC).
- Ein DSLAM kann ca. 100 Haushalte versorgen.

VDSL-Profile und Frequenzen

- In den Profilen sind u. a. die Grenzfrequenz, der Trägerabstand und die Signalstärke definiert.
- Der Netzbetreiber legt sein jeweiliges Profil fest.
- Zusätzlich zum Profil gibt es einen Frequenzbandplan, in dem die gemeinsame Nutzung der Frequenzen mit POTS, ISDN, ADSL … festgelegt ist.

Profil	Bandbreite in MHz	Anzahl der genutzten Frequenzen ③	Frequenzabstand in kHz ④	Übertragungspegel in dBm [2]	Max. Datenrate [1]
8a	8,832	2047	4,3125	+17,5	50
8b	8,832	2047	4,3125	+20,5	50
8c	8,5	1971	4,3125	+11,5	50
8d	8,832	2047	4,3125	+14,5	50
12a	12	2782	4,3125	+14,5	68
12b	12	2782	4,3125	+14,5	68
17a	17,6604	4096	4,3125	+14,5	100
30a	30	3478	8,625	+14,5	200

[1] symmetrisch   [2] dB Milliwatt

- Die Modulation erfolgt mit **DMT** (**D**iscrete **M**ultitone **T**ransmission, **QAM**: **Q**uadratur**a**mplituden**m**odulation). Dabei wird der genutzte Frequenzbereich in bis zu 4096 Träger unterteilt ③. Die Bandbreite beträgt 4,3125 bzw. 8,625 kHz ④.
- Der gesamte Frequenzbereich wird in unterschiedliche Downstream- und Upstream-Bereiche aufgeteilt ⑤.
- In Deutschland wird der Frequenzbereich bis mindestens 138 kHz für POTS (analoges Telefon) und ISDN ausgeblendet, um gegenseitige Störungen zu vermeiden.

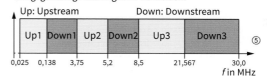

Netzarchitekturen

- **FTTN** (**F**iber-**t**o-**t**he-**n**ode, node: Knoten)
  Das Glasfaserkabel ist weit entfernt vom Endkunden, bis zu mehreren Kilometern.
- **FTTC** (**F**iber-**t**o-**t**he-**c**abinet, cabinet: Schrank)
  Das Glasfaserkabel endet in einer Straße (am Bürgersteig), typischerweise 300 m von dem Standort des Kunden. Die endgültige Anschlussleitung ist aus Kupfer (städtischer Bereich ⑥).
- **FTTP** (**F**iber-**t**o-**t**he-**p**remises, premises: Gelände)
  Glasfaserkabel reicht bis zum Gelände
- **FTTB** (**F**iber-**t**o-**t**he-**b**uilding, building: Gebäude)
  Glasfaserkabel reicht bis zur Grenze des Gebäudes
- **FTTH** (**F**iber-**t**o-**t**he-**h**ome, home: Wohnraum)
  Glasfaserkabel reicht bis zur Grenze des Wohnraums ⑦

Kommunikationstechnik

WLAN – Wireless LAN

Merkmale

- **WLAN** (**W**ireless **LAN**: drahtloses LAN) sind lokale Netzwerke, die auf Funkbasis arbeiten.
- Endgeräte werden mit Funkeinrichtungen ausgerüstet.
- Der Zugang zu ortsfestem LAN erfolgt über Zugangspunkte (**AP**: **A**ccess **P**oint).
- Wireless LAN sind spezifiziert nach **IEEE 802.11**, dem **DECT**-Standard oder nach **HIPER** LAN (**Hi**gh **Per**formance LAN) oder **WPAN** (**W**ireless **P**ersonal **A**rea **N**etwork: drahtloses persönliches Netzwerk).
- WLAN-Funktionen sind auf OSI-Schicht 1 und 2 geregelt.
- Gegen **externe Störungen** sind Maßnahmen im Funkkanal und in den Kommunikationsprotokollen realisiert.
- Die **Reichweiten** dieser Netzwerke sind durch HF-Leistungsbeschränkungen begrenzt.
- Bedingt durch die Übertragung der Daten über eine Luftschnittstelle sind besondere **Schutzmaßnahmen** gegen Abhören (z. B. hochwertige Verschlüsselung) vorzusehen.
- **Vorteile** von WLAN-Einrichtungen sind u. a.
  - weltweite Standardisierung,
  - lizenzfreier Betrieb,
  - große Flexibilität (anpassbar z. B. an Baulichkeiten) und
  - einfache Administration in den Endgeräten.

IEEE 802.11

- In WLAN nach IEEE 802.11 sind eine Reihe von Einzelspezifikationen enthalten, die unterschiedliche Anforderungen abdecken.
- Als Grundlage sind folgende Architekturelemente spezifiziert:
  - **BSS** (**B**asic **S**ervice **S**et: Basis-Dienstelement) ist das grundlegende Architekturelement.
  - **STA** (**Sta**tion: Station) ist das Mitglied eines BSS
  - **IBSS** (**I**ndependent **BSS**: unabhängiges BSS) ist ein BSS, in dem die Kommunikation der STA direkt untereinander erfolgt
  - **DS** (**D**istribution **S**ystem: Verteilungssystem) ist das Element zur Verbindung mehrerer BSS untereinander oder der Zugang zum Festnetz.
  - **AP** (**A**ccess **P**oint: Zugangspunkt) ist der Zugang zum DS; nutzt das Wireless Medium (WM) sowie das Distributed System Medium (DSM).
  - **ESS** (**E**xtended **S**ervice **S**et: erweiterte Dienstelemente) ist die Zusammenschaltung mehrerer BSS über DS.
  - **Portal** realisiert den Übergang zu einem anderen LAN.
- Grundsätzlich wird bei IEEE 802.11 das CSMA/CA-Verfahren angewendet (Kollisionsvermeidung).

IEEE 802.11 Standards

Standard	Inhalt	Standard	Inhalt
802.11	1 Mbit/s und 2 Mbit/s im 2,4 GHz Band	802.11k	System Management
802.11ac	bis 6,933 Gbit/s im 5 GHz Band	802.11n	bis 600 Mbit/s im 2,4 und 5 GHz Band
802.11ad	bis 6,75 Gbit/s im 60 GHz Band	802.11p	Drahtloser Zugang für Fahrzeugeinsatz
802.11b	11 Mbit/s im 2,4 GHz Band	802.11r	Schneller Zellenwechsel
802.11c	Wireless Bridging	802.11s	Erweiterte Dienste vermaschter Netze
802.11e	Quality of Service und Streaming-Erweiterung für IEEE 802.11a/g/h	802.11t	Leistungsvorhersage, Testmethoden
802.11g	54 Mbit/s im 2,4 GHz Band	802.11u	Vernetzung mit nicht 802 Netzwerken
802.11h	54 Mbit/s im 5 GHz Band mit Frequency Selection (DFS) und Transmit Power Control (TPC)	802.11v	Netzwerk-Management
802.11i	Authentifizierung und Verschlüsselung für IEEE 802.11a/g/h	802.11w	Geschützte Managementrahmen
		802.11z	Erweiterung für Direktverbindungsaufbau

Buchstaben: l, o, q und x sind nicht verwendet, um Verwechslungen zu vermeiden

Betriebsarten

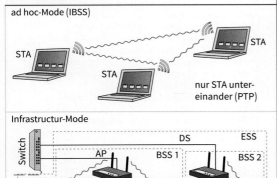

ad hoc-Mode (IBSS) – nur STA untereinander (PTP)

Infrastructur-Mode

Typische Daten (Europa)

Bezeichnung	802.11a/h	802.11b	802.11g	802.11n
Frequenzbereich in GHz laut Bundesnetzagentur	5,150 ... 5,725	2,40 ... 2,4835	2,40 ... 2,4835	2,40 ... 2,4835 5,150 ... 5,725
Datenrate brutto (Mbit/s)	54	11	54	bis 600
Codierung	OFDM	DSSS CCK	OFDM CCK DSSS	OFDM CCK DSSS
Kanäle (max.) (in Europa)	19	13	13	13[1] 19[2]
ohne Überlappung	19	3	3	13[1] 19[2]

[1] im 2,4 GHz-Band [2] im 5 GHz-Band

OFDM: **O**rthogonal **F**requency **D**ivision **M**ultiplex
CCK: **C**omplementary **C**ode **K**eying
DSSS: **D**irect **S**equence **S**pread **S**pectrum

WLAN Installation

Merkmale

- WLANs werden aufgebaut als
  - **Punkt-zu-Punkt Verbindung** (Richtfunkverbindung) oder
  - **Punkt-zu-Mehrpunkt Verbindung** (Bereichsabdeckung).
- Die einzusetzende WLAN-Technik wird bestimmt durch
  - die **Leistungsanforderungen** (z. B. Datendurchsatz, Anzahl der Teilnehmer, Funk-Abdeckungsbereich) und
  - den **Installationsort** (z. B. Büroraum, Fabrikationshalle).

- **Funknetzplanung**
  dient zur Ermittlung der optimalen Installationsstandorte für WLAN **AP**s (**A**ccess **P**oint: Zugangspunkt)
- **Übertragungsraten** (Beispiele):

IEEE	Frequenz-band in GHz	Übertragungs-rate in Mbit/s		Reichweite im Gebäude in m
802.11g	2,4	54[1]	20[2]	35[3]
802.11n	2,4 und 5,4	600[1]	250[2]	70[3]

[1] Brutto [2] Netto [3] Abhängig z. B. von Wandmaterial

Verbindungsarten

Punkt-zu-Punkt Verbindung
Beispiel: Gebäudevernetzung mit Richtfunkverbindung

AP — Sichtverbindung — AP
Gebäude A Gebäude B

Anforderung:
Sichtverbindung (keine störenden Hindernisse im Übertragungsweg) zwischen den APs (gegebenenfalls erhöhte Aufstellung am Mast)

Punkt-zu-Mehrpunkt Verbindung

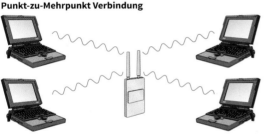

Gleichmäßige Flächenausleuchtung mit zentral angeordnetem AP (z. B. unter der Decke)

Antennencharakteristiken

Rundstrahlantenne (Rundumausleuchtung)

- Abstrahlwinkel: 360° horizontal und vertikal   Kugelform
- Reichweite: 100 m

Richtantenne (Punkt-zu-Punkt Verbindung)

- Abstrahlwinkel: 9° horizontal und vertikal
- Reichweite:
  Bei 6 Mbit/s   19 km
  Bei 54 Mbit/s   2,8 km

Sektorantenne (Bereichsausleuchtung)

- Abstrahlwinkel: 80° horizontal und vertikal
- Reichweite: 100 m

Anmerkung:
- Reichweiten sind Richtwerte, die von den Ausbreitungsbedingungen (z. B. Umgebungstemperaturen) und der zulässigen Einspeiseleistung in die Antenne abhängig sind.

Bürovernetzung (Beispiel)

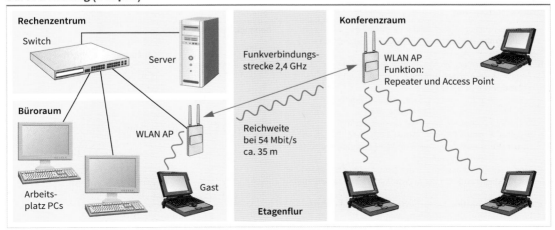

Kommunikationstechnik

WLAN-Einsatz
WLAN Deployment

Grundlagen

- Die **Einrichtung** (Anwendung) von WLAN-Technik erfordert eine **detaillierte Planung** u. a. in den Bereichen
  - der einzusetzenden WLAN-Technik,
  - des Aufbaus und
  - des Betriebes.
- Die einzusetzende **WLAN-Technik** wird bestimmt durch
  - Leistungsanforderungen und
  - Verfügbarkeit der Systemtechnik (Stabilität des Standards).
- Der **Aufbau** (Architektur) eines WLANs ist in hohem Maße abhängig von
  - betrieblichen Anforderungen und
  - örtlichen Gegebenheiten.
- Beim **WLAN-Betrieb** sind neben den funktionalen Aspekten die Anforderungen an die systemtechnische Sicherheit (z. B. Manipulation von außen und innen) zu berücksichtigen.
- Hierzu gehören neben den **technischen Maßnahmen** auch die entsprechenden **organisatorischen Maßnahmen** in Form von Anwendungs- und Sicherheitsrichtlinien (Security Policy), die jedem Anwender bekannt sein müssen und eingehalten werden müssen.

Ablauf

 1. Klärung   **2. Standortbesichtigung**   **3. Planen**

Anforderungen spezifizieren
- Welche Anwendungen sollen betrieben werden, wie viele Anwender (Anwendergruppen) sind zu berücksichtigen?
- Welche Zugriffs- bzw. Durchsatzzeiten sind erforderlich?
- Welche rechtlichen Grundlagen sind zu berücksichtigen?
- Welche Sicherheitsmaßnahmen sind erforderlich?
- Welche zukünftigen Änderungen (Erweiterungen/Rückbauten) sind zu erwarten?
- …

Objektbesichtigung durchführen
- Gebäudestruktur (Wand- und Deckenaufbau) ermitteln
- Einrichtungen (Mobiliar) feststellen
- Raumgrößen und auszuleuchtende Flächen erfassen
- vorhandene Funknetze ermitteln
- Verkabelungswege und Aufstellmöglichkeiten der Access Points ermitteln
- Umweltbedingungen (Temperatur, Staub, Feuchte, …) ermitteln
- Energieversorgung klären
- …

Planung/Projektierung durchführen
- Funkausleuchtung berechnen, simulieren, modellieren
- WLAN-Standards auswählen und festlegen
- Ortsfeste Verkabelung planen
- Aufstellorte der APs festlegen
- Energieversorgung (Spannungen, Leistungsbedarf) ermitteln
- Schutzmaßnahmen (Zugangsschutz, Blitzschutz, …) festlegen
- Baustellenbelieferung und Montageablauf festlegen
- …

 4. Beschaffen   **5. Realisieren**   **6. Betreiben**

Beschaffung organisieren
- Ausschreibung für zu liefernde Geräte, Materialien, Bauleistungen, erstellen und herausgeben
- Angebote einholen und auswerten
- Lieferanten beauftragen
- Materialien auf Baustelle ausliefern und sachgerecht lagern
- …

Montage/Einrichtung/ Inbetriebsetzung durchführen
- Technik installieren
- Schutzmaßnahmen einbauen
- Systeme einrichten
- Abnahmemessung realisieren (Funkausleuchtung, Datendurchsatz, …)
- Redundanzmaßnahmen überprüfen
- …

Betrieb/Überwachung/Wartung
- Aktive Überwachung (Monitoring) des Systems auf Funktionstüchtigkeit
- Störfallerkennung und Behebung
- Sabotageerkennung betreiben
- Zyklische Wartungsmaßnahmen (Sicherheitsüberprüfung) durchführen
- Umbauten, Rückbauten vorbereiten
- …

Funkausleuchtung

- Ein wesentlicher Aspekt bei der Einrichtung eines WLANs ist die **Funkausleuchtung** innerhalb bzw. außerhalb von Gebäuden.
- Die Funkwellen des WLANs können durch lokale Gegebenheiten in der Ausbreitung gestört werden.
- **Störfaktoren** sind u. a.
  - Abschattung durch Wände oder Büroschränke,
  - Reflexion durch große Metallteile und
  - erhöhte Dämpfung durch Wände und Decken.
- Insgesamt kommt es durch diese Eigenschaften zu **Ausbreitungsverzögerungen** und **Mehrwegausbreitung** der ausgesendeten Funksignale.
- Eine sorgfältige Auswahl der einzusetzenden **Antennen** und der **Aufstellstandorte** der Access Points ist daher erforderlich.
- Die **Antennenarten** unterscheiden sich durch die Abstrahlungscharakteristik (Antennengewinn).

Beispiel: Büroraum

Antenne   Abstrahlungscharakterisitik
Horizontal   Vertikal

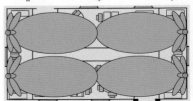

● Antennenstandorte

Verkabelung in Kommunikationskabelanlagen
Cabling in Communication Cabling Installations

DIN EN 50174-1, -2: 2018-10

Anwendungsbereich

- Die DIN EN Normen 50174 beschreiben die technischen Regeln zur Verkabelung von
  - informationstechnischen Kommunikationskabelanlagen (Cat 5, Cat 6 oder Cat 7) und
  - anwendungsneutralen Kommunikationsverkabelungen für Sprache und Daten.

Kabelführung

- Anforderungen:
  - **Räumliche Trennung** der unterschiedlichen Kabelsysteme muss dauerhaft erhalten bleiben.
  - **Instandhaltung** muss ohne Gefahr möglich sein.
  - Kabelwege müssen **frei zugänglich** sein.
  - Ausreichend Raum für **Kabelvorratslängen** einplanen.
  - Bei der **Erstbelegung** mit Kabeln sollen höchstens 40 % der nutzbaren Fläche belegt werden.
  - **minimale Biegeradien r** einhalten:
    4-paarige symmetrische Kabel: $r = 8 \cdot d$
    LWL oder Koaxialkabel: $r = 10 \cdot d$
    Andere metallene Datenkabel: $r = 8 \cdot d$

- **Stapelhöhe h** der Kabel in Kabelwegsystemen:
  a) mit kontinuierlicher Auflagefläche (z. B. Wannen)

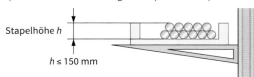

Stapelhöhe h $h \leq 150$ mm

b) ohne kontinuierliche Auflagefläche (z. B. Haken, Körbe)

Stapelhöhe ohne kontinuierliche Auflagefläche					
Befestigungs-abstand l in mm	100	150	250	500	750
h in mm	140	136	128	111	98

Mindesttrennabstände zu Stromversorgungskabeln

- Informationstechnische Kabel und Stromversorgungskabel sollen durch **Mindesttrennanforderung A** voneinander getrennt verlegt werden.
- Die Mindesttrennanforderung ist abhängig vom **Mindesttrennabstand S** und dem **Faktor P** für die Stromversorgungskabel.

$$A = S \cdot P \qquad A, S \text{ in mm}$$

1. Bestimmung der Trennklasse

Trennklasse von STP/UTP Datenkabel und unsymmetrischen Kabeln	
Kabelkategorie	Trennklasse
Kategorie 7 nach DIN EN 50173-1	d
Kategorie 6 nach DIN EN 50173-1	c
Kategorie 5 nach DIN EN 50174-1	b
Kabel mit einer Dämpfung < 40 dB	a[1]

[1] Trennklasse a ist zu wählen, wenn die Kabelqualität bzw. Vielfalt und Art der Verkabelung unbekannt ist.

2. Bestimmung des Mindesttrennabstands

	Mindesttrennabstand S in nm			
Trenn-klasse	Trennung ohne Barrieren	offener metallener Kabelkanal	Lochblech-kanal	massiver metallener Kabelkanal
d	10	8	5	0
c	50	38	25	0
b	100	75	50	0
a	300	225	150	0

3. Bestimmung des Faktors P

Für den Faktor P wird die Anzahl der einphasigen 230 V Stromkreise mit $I_n \leq 20$ A zugrunde gelegt:
- Dreiphasige Kabel zählen wie drei einphasige und
- Kabel mit $I_n > 20$ A werden als Vielfache von 20 A behandelt.

Beispiel:
3 Drehstromkabel mit $I_n = 63$ A zählen wie 27 Stromkreise mit je 20 A
3 Kabel · 3 Außenleiter · 3 (20 A-Vielfache) = 27

Mindesttrennabstand S in nm			
Anzahl der Stromkreise	Faktor P	Anzahl der Stromkreise	Faktor P
1 bis 3	0,2	16 bis 30	2,0
4 bis 6	0,4	31 bis 45	3,0
7 bis 9	0,6	46 bis 60	4,0
10 bis 12	0,8	61 bis 75	5,0
13 bis 15	1,0	> 75	6,0

4. Technische Umsetzung

Der Trennstab ist durch Trennsteg oder Lagefixierung (z. B. durch Kabelbinder) zu erreichen.

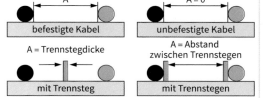

Sicherheitstechniken
Alarm Systems

Gefahrenmeldeanlage

- DIN VDE 0833: 2009-09
  Gefahrenanlagen für Brand, Einbruch und Überfall

  Gefahrenmeldeanlagen (GMA)
  Sie sind Fernmeldeanlagen, die Gefahren für Leben und Sachwerte melden. Dazu gehören auch die
  - Erfassung von Störungen in der Anlage und
  - Überwachung der Übertragungswege.

  Brandmeldeanlagen (BMA)

  Einbruch- (EMA) und Überfallmeldeanlagen (ÜMA)

- **V**erband **d**er **S**chadensversicherer (**VdS**)
  - Prinzip, Aufbau, Installation und Betrieb von GMA
  - Unterschieden werden dabei die Sicherheitsklassen A, B und C.
- Unfallverhütungsvorschriften
- Polizei-Richtlinien, Landeskriminalamt
- Bundesamt für Sicherheit in der Informationstechnik (BSI)
- EX-Schutz
- Baurecht

Einbruchmeldeanlage

- Aufgabe: Brand und Feuer sollen frühzeitig erkannt und gemeldet werden. Die automatischen bzw. nichtautomatischen Sensoren sind ständig aktiv und mit der Zentrale verbunden.
- Eine zusätzliche Löschanlage kann ggf. durch die BMA ausgelöst werden.
- Energieversorgung:
  - Wechselspannungsnetz mit separatem und rot gekennzeichneten Leitungsschutz-Schalter
  - Unterbrechungsfreie Stromversorgung bei Netzausfall (Akkumulatoren)
  - Der Ausfall einer der beiden Energiequellen muss akustisch und optisch signalisiert werden.
- Die in der Peripherie angeschlossenen Geräte müssen mit einem eigenen Leitungsnetz betrieben werden.
- Die Leitungen sind in der Regel rot gekennzeichnet.
- Bei Verlegung von Brandmeldeleitungen mit anderen Leitungen müssen diese besonders gekennzeichnet werden.

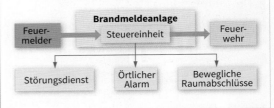

Gefahrenmeldeanlage

- **Primärleitungen:**
  Eine Leitung, die ständig auf Unterbrechung und Kurzschluss überwacht wird.
- **Sekundärleitung:**
  Eine nicht überwachte Leitung, die als Signal- und Meldeleitung verwendet wird.
- **Scharfschaltung:**
  Über einen mechanischen oder automatischen Schlüsselschalter wird die Anlage in Alarmbereitschaft geschaltet.
- **Stiller Alarm:**
  Alarmauslösung erfolgt ohne optische oder akustische Signalisierung bei der örtlichen Meldeanlage.

Einbruchmeldeanlage

- Aufgabe:
  Automtische Überwachung von Gegenständen auf Diebstahl oder Flächen bzw. Räumen auf unbefugtes Eindringen.
- Sensoren in Meldegruppen sind ständig aktiv oder werden über eine Scharfstellung ein- bzw. ausgeschaltet.
- Die Ergebnisse der Sensorüberwachung werden ausgewertet, signalisiert oder weitergeleitet.
- Zugängliche Türen und die Deckel der Anlage müssen im scharf geschalteten Zustand gegen Sabotage überwacht werden.

Überfallmeldeanlage

- In der Regel ist sie Bestandteil einer Einbruchmeldeanlage und dient dem direkten Hilferuf von Personen bei einem Überfall.
- Die Anlage hat die Aufgabe, die Meldung von einem Alarmauslöser bzw. Überfallmelder auszuwerten und weiterzuleiten, in der Regel an die Polizei.

Einbruchmelder und Meldelinien
Burglar Alarm Sensors and Alarm Lines

Einbruchmelder

- **Kontaktüberwachung**
  - **M**agnet**k**ontakte (**MK**)
  - Schließblechkontakte
  - Elektromechanische Kontakte
  - Übergangskontakte
- **Flächenüberwachung**
  - Vibrationskontakte
  - Folien (aus Metallstreifen)
  - Alarmdrahttapeten, Bespannungen und Kunststoff-Folien mit Alarmdrahteinlage
  - Alarmglas
  - Fadenzugkontakte
  - Passive **G**lasbruch**m**elder (**GM**)
  - Aktive Glasbruchmelder
  - Körperschallmelder
- **Feldmäßige Überwachung**
  - Kapazitive Feldänderungsmelder
- **Streckenüberwachung**
  - Lichtschranken
- **Räumliche Überwachung**
  - Bewegungsmelder
  - Mikrowellen-Bewegungsmelder
  - Ultraschall-Bewegungsmelder
  - Infrarot-Bewegungsmelder

Meldelinien

Ruhestromprinzip mit Magnetkontakten

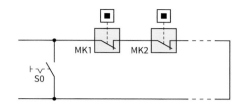

Nachteil:
Sabotagemöglichkeit durch Überbrückung der Melder

Arbeitsstromprinzip mit Glasbruchmeldern

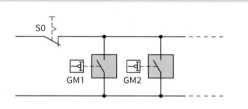

Nachteil:
Sabotagemöglichkeit durch Unterbrechung am Melder

Differenzialprinzip

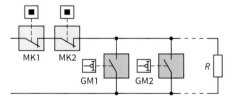

Ein oder mehrere Widerstände werden in die Meldelinie eingefügt. Der Widerstandswert wird von der Zentrale (Brückenschaltung) ständig überwacht.

Melder mit 4-Leiter-Anschluss

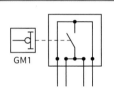

Vorteil: Höhere Sabotagesicherheit durch Einbindung der zusätzlichen Anschlüsse in die Meldelinien

Melder mit Betriebsspannung

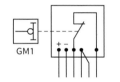

Elektronischer Glasbruchmelder in 4-Leiter-Technik

Symbole für Einbruchmeldeanalgen (EMA)

Symbol	Bezeichnung	Symbol	Bezeichnung	Symbol	Bezeichnung	Symbol	Bezeichnung
■	Magnetkontakt **MK**	⎍	Flächenschutz **FÜ**	♀	Schließblechkontakt **SK**	▭⋯▭	Lichtschranke **LS**
●	Öffnungskontakt **ÖK**	⎍	Alarmglas **ADG**	⊢	Glasbruchmelder, passiv **GMp**	Z	Zentrale **Z**
◁	Vibrationskontakt **VK**	▼	Druckmelder **DM**	⊢	Körperschallmelder **KM**	V	Verteiler **V**
↓	Pendelkontakt **PK**	⌀	Bildermelder **BM**	◎	Überfallmelder **ÜM**	⊗	Optischer Signalgeber **SO**
⋏	Fadenzugkontakt **FK**	⌘	Schalteinricht. mit materiellem Informationsmerkmalträger **SM**	⇌	Feldänderungsmelder **FM**	⫯⫯	Hochfrequenzschranke **HFS**
⦅⦆	Ultraschall-Bewegungsmelder **UM**	◁:	Infrarot-Bewegungsmelder **IM**	◁	Mikrowellen-Bewegungsmelder **MM**	◆	Mikrowellenschranke **MS**

Einbruchmeldeanlage
Burglar Alarm System

Begriffe

- **Alarmschleife**
  Eine Stromkreisunterbrechung oder eine definierte Widerstandsänderung führt zu einer Meldung.
- **AWAG**
  Automatisches **W**ähl- und **A**nsage**g**erät (Telefonwählgerät, bei dem die Information durch Sprache übertragen wird)
- **Blockschloss**
  Ein Schloss für das Scharf- bzw. Unscharfschalten von Einbruchmeldeanlagen mit gleichzeitiger mechanischer Ver- bzw. Entriegelung sowie mit Möglichkeiten der Sperrung des Zu- bzw. Aufschließvorganges
- **Klassifizierung**
  Einteilung der Einbruchmeldeanlagen in Klassen (A: einfacher Schutz; B: mittlerer Schutz; C: erhöhter Schutz)
- **Sabotagemeldung**
  Meldung des Ansprechens von Sabotagemeldern (z. B. Deckelkontakt)
- **Scharfschalten**
  Durchschalten der Einbruchmeldeanlage oder von Teilen der Anlage zu den Alarmierungseinrichtungen (z. B. Melder).
- **Schließblechkontakt**
  Am Schließblech angeordnete Einrichtung (z. B. Kontakt, Sensor), der bei der Verriegelung des Schlosses durch den Riegel betätigt wird.
- **Überfallmeldeanlage (ÜMA)**
  Eine Anlage, die Personen zum direkten Hilferuf bei Überfällen dient.
- **Unscharfschalten**
  Rücknahme der Durchschaltung der Einbruchmeldeanlage oder von Teilen der Anlage zu den Alarmierungseinrichtungen

Beispiel für Melder im Fensterbereich

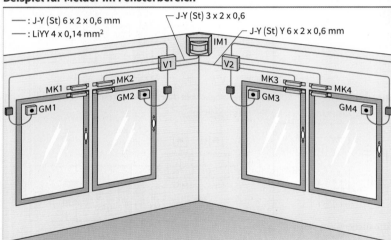

Leitung LiYY

$0{,}14\ mm^2\ \times$ Aderzahl	Durchmesser in mm
2 x 2	4,9
3 x 2	5,0
4 x 2	5,4
5 x 2	5,9
6 x 2	6,3

Flexible PVC Signalleitung für den Anschluss von Geräten und Bauteilen

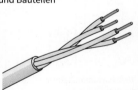

Beispiel für Melder an Türen

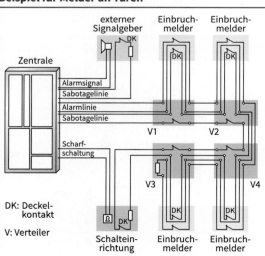

DK: Deckelkontakt
V: Verteiler

Stromlaufplan einer Einbruchmeldeanlage

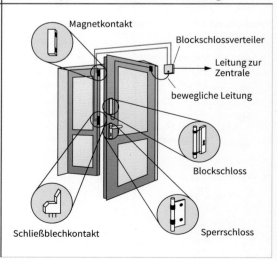

CCTV-Überwachungstechnik
CCTV Surveillance System

Überwachungsanlage

- Für Videoüberwachungsanlagen wird der Begriff **CCTV**-Überwachungsanlage (**C**losed **C**ircuit **T**ele**v**ision) verwendet. Es handelt sich um eine **geschlossene Fernsehanlage**.
- Bei der Auswahl der Übertragungsart der Signale sollen die in der Quelle (Videokamera) erzeugten Signale möglichst verlustarm an den Empfänger (Monitor) übertragen werden.
- Eine CCTV-Überwachungsanlage lässt sich in folgende Funktionsgruppen einteilen:

Datenübertragung

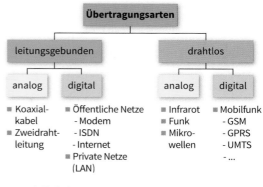

- **Koaxialkabel**
  Die Dämpfung hängt vom Leitungstyp und der Länge ab.
  - Bis 3 dB ist keine Beeinträchtigung wahrnehmbar.
  - Bei > 6 dB werden feine Strukturen weniger gut erkannt.
  - Bei größeren Strecken ist ein Verstärker erforderlich.

- **Zweidrahtleitung** (verdrillte Kupferleitung)
  - Das unsymmetrische Videosignal muss in ein symmetrisches Videosignal umgewandelt werden.
  - „Zweidraht-Sender" und „Zweidraht-Empfänger" sind erforderlich.

- **Lichtwellenleiter**
  Vorteile gegenüber Kupferleitungen:
  - Abhörsicher und störstrahlungsfrei, geringes Gewicht, große Reichweite (ca. 15 km ohne Verstärker)
  - Unempfindlich gegenüber elektrischen und magnetischen Störfeldern
  Nachteil gegenüber Kupferleitungen:
  - Höhere Kosten durch Leitungspreis und aufwändigere Anschlusstechnik als bei der Zweidrahtleitung

- **Funkübertragung**
  - Frequenz 2,4 GHz; 4 Kanäle
  - Zulässig ist nur eine geringe Sendeleistung.
  - Die Reichweite beträgt innerhalb von Gebäuden ca. 50 m, außerhalb ca. 300 m.

CCD-Kamera und Anforderungen

- **CCD**: **C**harge **C**oupled **D**evice (Halbleitersensor, der mit Ladungsverschiebungen arbeitet)
- Konstante optische und elektrische Eigenschaften
- Keine Schäden durch Überbelichtung und Einbrennen
- Keine Beeinflussung durch elektrische oder magnetische Felder
- Stoß- und vibrationsfest
- Genormte Anschlüsse (Objektiv, Videoausgang)
- Bild wird in horizontale und vertikale Bildelemente zerlegt (Pixel) und zeilenweise ausgelesen.
- Anzahl der Pixel ist ein Maß für die Qualität der Bildauflösung.
- Bildauflösungsbereiche in Horizontallinien bei
  - 220 bis 400 Linien: Einsatz für nahen und mittleren Aufnahmebereich, Standardübertragung (2 bis 25 m)
  - 400 bis 500 Linien: Für eine sehr gute Erkennbarkeit
  - > 500 Linien: Für den professionellen Einsatz.
- Frequenzbereich bei 400 Linien etwa 5 MHz
- Sensorformate der Kameras (in Zoll): ½"-, ⅓"-, ¼"- Format
- Kameratypen und Ausgangssignale
  - Analoge Kamera mit FBAS-Signal (Farb-Bild-Austast-Synchronsignal), S- und/oder Composite-Ausgang
  - Digitale Kamera mit analogem und/oder digitalem Ausgang (Datenreduktion, z. B. MPEG); IP

Rechtlicher Rahmen

- Unterscheidung:
  - **Öffentlich zugänglicher Raum**, z. B. Plätze, Straßen, Tiefgaragen, Kauf- und Warenhäuser
  - **Privater Raum** (nicht öffentlicher Raum), z. B. private Wohnungen, Grundstücke, Büros, Werkhallen
- Grundgesetz (Artikel 2, Abs. 1 in Verbindung mit Artikel 1, Abs. 1)
- Recht auf Privatheit (Artikel 8 der Grundrechte-Charta der EU)
- Europäische Datenschutzrichtlinie
- Rechte des Betroffenen (Bundesdatenschutzgesetz § 6b)
- Bürgerliches Gesetzbuch (§ 1004: Beseitigungs- und Überlassungsanspruch)
- Arbeitsrecht

Kommunikationstechnik

CCTV-Überwachungstechnik
CCTV Surveillance System

Analoges CCTV

- Der Anschluss der Kameras und Geräte erfolgt mit Koaxialkabeln (Abschlusswiderstand 75 Ω).
- Zur Bilddarstellung kann ein Multiplexer verwendet werden ①, so dass auf dem Bildschirm (CCTV-Monitor) vier Bilder erscheinen ②.
- Die Aufzeichnung erfolgt mit einem Video-Recorder ③.
- Nachteile:
  - Kein Fernzugriff und keine Fernverwaltung
  - Bildspeicherung erfolgt auf Videokassetten
  - Begrenzte Reichweite durch Leitungsdämpfung

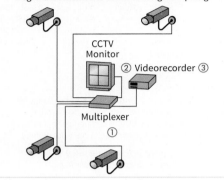

IP-CCTV

- Die Übertragung kann mit UTP-Netzwerkkabeln (Unshielded Twisted Pair) erfolgen. Eine gleichzeitige Übertragung von verschiedenen Kameras (IP-Adresse) ist möglich.
- Ein vorhandenes IP-Netz (auch WLAN) kann genutzt werden.
- Dem System können weitere Netzwerk-Kameras hinzugefügt werden.
- Das Betrachten (mit Standard-Browser), Aufzeichnen und Verwalten von Live-Bildern ist mit Netzwerk-PCs möglich, an einem beliebigen Ort, auch über das Internet.
- Die Bilder können auf einer Festplatte aufgezeichnet werden (Suchlauf, einfaches Speichern ohne Verschlechterung der Bildqualität ist möglich). Aus Sicherheitsgründen kann sich die Festplatte an einem entfernten Ort befinden.
- Die Bildqualität ist nicht wie bei der analogen Übertragung von der Leitungslänge abhängig.
- Probleme: Datensicherheit, Datenschutz

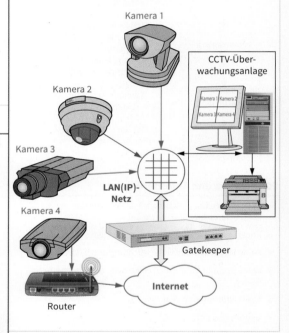

Signalverarbeitung

- Die Geräte (Aufzeichnungsgerät, Monitor, Steuerung, ...) sind in der Regel in der **Überwachungszentrale** untergebracht.
- Bei der Signalwiedergabe werden im Wesentlichen folgende Funktionen unterschieden:
  - Umschalten
  - Darstellen in Quadranten (Quads)
  - Multiplexen
  - Aufzeichnen (zeit- oder ereignisgesteuert)
- Umschalten
  - **Manueller Modus**: Die Kamera kann direkt gewählt und das Bild dann einzeln angezeigt werden.
  - **Automatischer Modus**: Das Bild jeder Kamera wird in einer bestimmten Reihenfolge für einen kurzen Zeitabschnitt angezeigt bzw. aufgenommen.

- **Quads**
  Mit diesen Umschaltern können gleichzeitig mehrere Bilder von unterschiedlichen Kameras auf einem geteilten Bildschirm angezeigt werden. Jedes Bildschirmviertel kann für die volle Bildschirmanzeige einzeln oder in einer Reihenfolge genutzt werden (mit Umschaltfunktion).

Multiplexing

- Beim Multiplexing können gleichzeitig Bilder von einer bis zu 16 Kameras auf dem Anzeigegerät abgebildet werden. Die Bilder können im Vollbild-, Quad- oder im geteilten Anzeigemodus mit bis zu 16 Teilen (Splits) dargestellt werden.
- Der Multiplexer kann zur Bildaufzeichnung an einen Videorecorder angeschlossen werden.
- Alle Kamerabilder können gleichzeitig in voller Größe aufgezeichnet werden.
- Die Aufnahme wird durch das Umschalten des Anzeigemodus nicht beeinflusst. Auch während des Abspielens können alle Anzeigemodi, also Vollbild, Quad oder Split, nachträglich ausgewählt werden.
- Multiplexer sind in der Anschaffung teurer als Quads und besitzen eine geringfügig niedrigere Auflösung.

Videokonferenzsysteme
Video Conferencing Systems

Desktopsysteme

- Alle notwendigen Komponenten sind am PC vorhanden oder eingebaut (Lautsprecher, Mikrofon evtl. als Headset und Kamera, Webcam).
- Die Codierung/Decodierung erfolgt über eine Software bzw. Hardware (Steckkarte).
- Geringe Kosten
- Zugriff auf die PC-Daten
- Hauptanwendung: Point-to-Point-Verbindung vom Schreibtisch aus oder vom Heimarbeitsplatz

Standards nach ITU-T[2]

Standard	H.320	H.322	H.323
Datennetz	ISDN	LAN mit QoS[1]	LAN ohne QoS[1]
Videocodierung	H.261 H.263	H.261	
Audiocodierung	G.711, G.722, G.728		
Kontrolle, MCU	H.230 H.243	H.230 H.242	H.245
Mehrpunktverbindung	H.231 H.243	H.231 H.243	H.323
Datenübertragung	T.120		
Schnittstelle	I.400	I.400 TCP/IP	I.400 TCP/IP

[1] **QoS**: **Q**uality **o**f **S**ervice
[2] **ITU**: **I**nternational **T**elecommunication **U**nion

Gruppen-Videokonferenzsysteme (Settop-Systeme)

- Alle Hardware- und Software-Komponenten sind als Einheit zusammengefasst (Kompaktanlage).
- Wiedergabegeräte können handelsübliche Fernsehgeräte sein (CRT, LCD).
- Vielfältige Zusatzgeräte sind möglich (Dokumentenkamera, zweiter Monitor).
- Die Übertragung (Bild und Ton) ist steuerbar.
- Eine Bildschirmteilung ist möglich. Die Teilnehmer können dadurch ausgewählte Szenen sehen.
- Die **MCU** (**M**ultipoint **C**ontrol **U**nit, Vielfachverbindungs- und Steuereinheit) ist häufig integriert und dient als Sternverteiler für Gruppenvideokonferenzen. Es gibt sie als Hard- und/oder Softwarelösungen. Die MCU ist mit allen Teilnehmern verbunden ①, verwaltet und regelt die ein- und ausgehenden Datenströme.
- Steuerungsarten:
  - **Continuous Presence**
    Alle Videodatenströme werden zusammengefasst und an alle Teilnehmer zurück gesendet. So können sich mehrere Teilnehmer gleichzeitig gegenseitig sehen.
  - **Voice Switching**
    In dieser Betriebsart wird immer nur der Videostrom des momentan sprechenden Teilnehmers an alle anderen Teilnehmer gesendet.

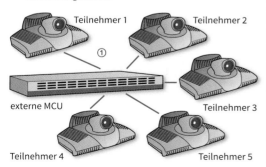

Videocodierung
- **H.261**
  - Bildwiederholrate 7,5; 10; 15 oder 30 Bilder pro Sekunde
  - n x 64 kbit/s (64 kbit/s bis 1920 kbit/s)
  - **CIF** (**C**ommon **I**ntermediate **F**ormat, Bezeichnung für das Bildformat 352 x 288 Pixel)
  - QCIF (Quarter CIF: 176 x 144 Pixel)
- **H.263**
  - Nachfolger von H.261
  - Zusätzlich SQCIF (128 x 96 Pixel)
  - 4CIF (4-fach CIF, 704 x 576 Pixel)
  - 16CIF (16-fach CIF, 1.408 x 1.152 Pixel)
- **H.264**
  - HD Anwendungen (hochauflösend)

Audiocodierung
- **G.711:** 3,4 kHz (Frequenzobergrenze), 64 kbit/s
- **G.728:** 3,4 kHz (Frequenzobergrenze), 16 kbit/s
- **G.722:** 7 kHz (Frequenzobergrenze), 64 kbit/s

Kontrolle, MCU
- **H.243**
  Kommunikationsaufbau zwischen mindestens drei Videokonferenzsystemen, Steuerung der MCU von einem Endgerät aus (Chairman-Steuerung)

Datenübertragung
- **T.120**
  Protokoll zum Datenaustausch zwischen Videokonferenzsystemen

Anschlüsse an einem Videokonferenzsystem

- Netzanschluss, Netzteil ①
- Netzschalter ②
- Zusätzliches Anzeigegerät (Monitor, Projektor) ③
- Videorecorder- oder DVD-Eingang ④
- S-Videoausgang ⑤
- Audioausgang ⑥
- Composite-Videoausgang ⑦
- Netzwerk (LAN-Port, IP) ⑧
- Konferenzverbindung (Mikrofon) ⑨

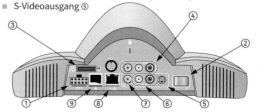

Kommunikationstechnik

Zutrittskontrolle
Access Control

DIN EN 60839-11-1: 2013-12

Prinzip

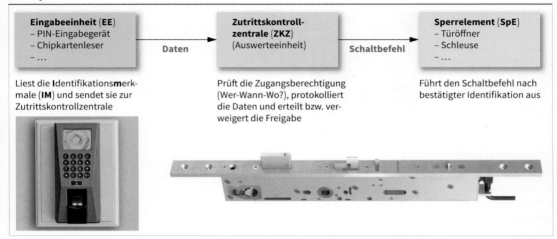

Eingabeeinheit (EE)
- PIN-Eingabegerät
- Chipkartenleser
- ...

Daten →

Zutrittskontroll-zentrale (ZKZ)
(Auswerteeinheit)

Schaltbefehl →

Sperrelement (SpE)
- Türöffner
- Schleuse
- ...

Liest die **I**dentifikations**m**erkmale (**IM**) und sendet sie zur Zutrittskontrollzentrale

Prüft die Zugangsberechtigung (Wer-Wann-Wo?), protokolliert die Daten und erteilt bzw. verweigert die Freigabe

Führt den Schaltbefehl nach bestätigter Identifikation aus

Eingabeeinheit

- Zur Identifikation der Person stehen folgende Sensoren (**IME**: **I**dentifikations**m**erkmal-**E**rfassungseinheit) zur Verfügung:
  - **Aktive Sensoren** besitzen in der Regel eine eigene Spannungsversorgung. Die Daten werden entweder berührungslos (z. B. Funk) oder kontaktbehaftet (iButton) gelesen.
- **Passive Sensoren** werden ebenfalls berührungslos (RFID-Technik, z. B. Armbanduhr) und kontaktbehaftet (z. B. Magnetstreifen, Chipkarte, PIN) gelesen.
- Bei den **biometrischen Sensoren** werden bestimmte unveränderliche, gut erfassbare und einzigartige Identifikationsmerkmale direkt am Menschen gemessen (z. B. Fingerabdruck, Iriserkennung). Dieses Verfahren gilt als besonders sicher.

Anforderungen

Klasse	Definition nach DIN EN 60839-11-1
0	Keine Identifikation über ein Merkmal (z. B. Taster, Kontakt)
1	Geistiges Identifikationsmerkmal (z. B. PIN)
2	Identifikationsmittel (z. B. Chipkarte) oder biometrisches Identifikationsmerkmal
3	Kombination aus Klasse 1 und 2
Klasse	Einbruch- und Gefahrenmeldeanlagen (VdS 2358)
A	- **Einfacher Schutz** gegen Überwindungsversuche und mittlere Verfügbarkeit - Keine individuelle Zuordnung des Benutzers zu Identifikationsmerkmalen der Person
B	- **Mittlerer Schutz** gegen Überwindungsversuche und hohe Verfügbarkeit - Individuelle Zuordnung des Benutzers zu Identifikationsmerkmalen der Person ist vorhanden. - Zutrittsmöglichkeiten werden auf den geschlossenen Zustand überwacht.
C	- **Hoher Schutz** gegen Überwindungsversuche und hohe Verfügbarkeit - Es wird zusätzlich der ausschließliche Zutritt für berechtigte Personen ermöglicht.

- Bei zu schützenden Anlagen im IT-Bereich sind zusätzlich die Vorgaben des **BSI** (**B**undesamt für **S**icherheit in der **I**nformationstechnik) zu beachten.

Zugangsberechtigung und Zonen

- **Zugangsberechtigung** wird mit Hilfe von **Zugangsebenen** (ZE) geregelt. Jede Anlage muss über eine der folgenden Ebenen verfügen:

ZE	Definition des Zugangs
1	Jedermann
2	Betreiber der Anlage
3	Errichter und Instandhalter [1]
4	Hersteller [1]

[1] Diese Ebenen sind nur zugänglich, wenn im Vorfeld eine Autorisierung auf der Ebene 2 erfolgt.

- Der unberechtigte Zugang zur Ebene 3 und 4 muss zu einer Sabotagemeldung führen.
- Für den Benutzer muss eine Zutrittsberechtigung erkennbar sein.
- Optische und akustische Meldung bei Sabotage:
  - Speicherung der optischen Meldung
  - Zurücksetzung nur von Benutzern der Ebene 2
- Zutritt zu Sicherungsbereichen kann über bestimmte Zeiten (**Zeitzonen**) bzw. Bereiche (**Raumzonen**) erfolgen.
- Zugangskontrollsysteme müssen auf Anforderung zusätzliche Kontrollen durchführen, z. B.
  - Doppelbenutzungskontrolle,
  - Personenzählung oder
  - Durchgangskontrolle.
- **Flucht- und Rettungswege** müssen bei Gefahr und Störung durch geeignete Maßnahmen begehbar sein.

Haustechnik 10

Hausgeräte
- 334 Energielabel
- 335 Warmwasserbereitung
- 336 Elektroherd
- 337 Mikrowellengerät
- 337 Anschlusswerte
- 338 Kühlschrank
- 339 Waschmaschine
- 339 Wäschetrockner
- 340 Heizen
- 341 Klimatisierung
- 342 Mechanische Lüftung
- 343 Klimakleinanlagen
- 344 Wärmepumpen
- 345 Wärmepumpenarten
- 346 Geräteanschluss
- 347 CEE-Steckvorrichtungen

Beleuchtung
- 348 Lichtgrößen
- 349 Beleuchtungsberechnung für Innenräume
- 350 Lichtstärkeverteilungskurven
- 351 Lampenwerte
- 352 Lichtfarben
- 353 Lampenbezeichnungen
- 354 Kennzeichnung von Leuchten
- 355 Anforderungen an Lampen
- 356 Lichtgütemarkmale
- 357 Arbeitsplatzbeleuchtung
- 358 Leuchten
- 359 LED-Leuchtmittel
- 360 LED-Leuchtmittel
- 361 LEDOTRON
- 362 Niedervoltanlagen
- 363 Niedervoltanlagen
- 364 Sicherheitsbeleuchtung
- 365 Sicherheitsbeleuchtung
- 366 Lichtsteuersysteme
- 367 Schaltungen mit Leuchtstofflampen
- 368 Schaltungen mit Metalldampflampen
- 368 Vorschaltgeräte für Leuchtstofflampen
- 369 Installationsschaltungen mit Lampen
- 370 Installationsschaltungen mit Lampen
- 371 Schaltungen mit elektromagnetischen Schaltern
- 372 Schaltungen mit Dimmern
- 373 Schaltungen mit Sensoren
- 374 Gebäudeautomation
- 375 Funksysteme für die Gebäudeautomation
- 376 Energieautarke Funksensoren

Sicherheit und Kommunikation
- 377 Hauskommunikationsanlagen
- 378 Video-Tür-Überwachungsanlagen
- 378 PIR – Passiv-IR-Bewegungsmelder
- 379 Rufanlagen
- 380 Ausstattungsempfehlungen für elektrische Anlagen in Wohngebäuden

Energielabel
Energy Label

- Die Europäische Union hat 1997 die Energieverbrauchs-Kennzeichnung eingeführt. Für Haushaltsgroßgeräte, Fernsehgeräte und Lampen gibt es entsprechende Energielabel.
- Der Verbraucher soll durch diese Kennzeichnung zum Kauf von energieeffizienten Geräten veranlasst werden. Dadurch soll der Energieverbrauch geringer werden.
- Die Label sind im oberen Teil gleichartig dargestellt. Die farbigen Balken ① symbolisieren dabei die Effizienzklassen. Heutige Geräte haben die Klassen D bzw. G bis A+++, ältere Geräte nur G bis A.
- Der untere Teil der Label enthält gerätespezifische Angaben.
- Die Label ② und ③ sind anders gestaltet.

Staubsauger
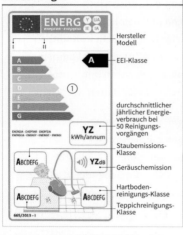

Raumklimagerät ②
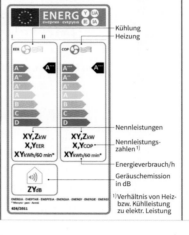

Leuchten ③

Gerätespezifische Labelangaben

Haushaltskühl-/gefriergerät
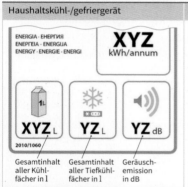

Haushaltsgeschirrspüler
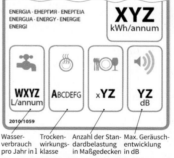

Elektrobackofen

Haushaltswaschmaschine
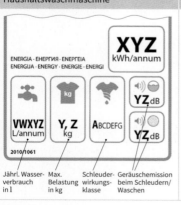

Haushaltswäschetrockner
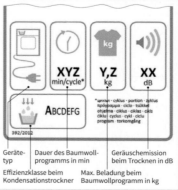

Fernsehgerät
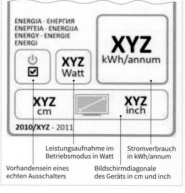

Haustechnik

Warmwasserbereitung
Warm Water Preparation

Arten

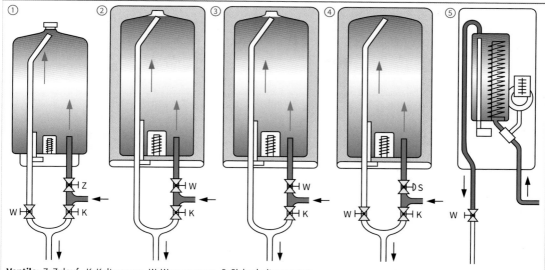

Ventile: Z: Zulauf K: Kaltwasser W: Warmwasser S: Sicherheitsarmatur

Bezeich-nung	① **Kochend-wassergerät**	② **Boiler**	③ **Speicher** drucklos	④ **Speicher** druckfest	⑤ **Durchlauf-erhitzer**
Einsatz	dezentral	dezentral	dezentral	zentral	dezentral
Inhalt	5 l	bis 80 l	bis 80 l	bis 100 l	
Innen-behälter	Kunststoff, Glas	Kupfer	Kunststoff,	Kupfer, emaillierter Stahl mit Schutzanode	
Leistungen	2 kW	4 kW, 6 kW	2 kW, 4 kW, 6 kW	9 kW, 18 kW	2 kW, 18 kW, 21 kW, 24 kW, 27 kW
Arbeits-weise	1. Wasser einlassen 2. Heizung ein 3. Wasser erreicht Temperatur 4. Thermostat schaltet Heizung aus 5. Wasser ent-nehmen 6. Behälter leer	1. Wasser im Behälter 2. Heizung ein 3. Wasser erreicht Temperatur 4. Thermostat schaltet Heizung aus 5. Kaltwasser-Zulauf drückt warmes Wasser heraus	1. Wasser im Behälter 2. Thermostat schaltet Heizung ein 3. Wasser erreicht Temperatur 4. Thermostat schaltet Heizung aus 5. Wassertemperatur sinkt 6. Thermostat schaltet Heizung wieder ein 7. Kaltwasser-Zulauf drückt warmes Wasser heraus		1. Warmwasser-ventil offen 2. Heizung schaltet ein (hydraulisch oder elektronisch) 3. Wasser wird während des Durch-flusses erwärmt 4. Warmwasser-ventil geschlossen 5. Heizung aus 6. Kein Wasser-durchfluss mehr
Tempe-ratur	...100 °C	...85 °C	35 °C, 65 °C, 85 °C		...85 °C
Warm-wasser	Nach Einschalten in begrenzter Menge	Nach Einschalten in begrenzter Menge	Ständig in begrenzter Menge		Ständig in unbegrenzter Menge

Warmwasserbedarf im Haushalt

Bedarfsart	Heißgetränk (8 Tassen)	Geschirr-spülgang	Wisch-eimer	Hände-waschen	Kopf-wäsche	Dusch-bad	Wannen-bad
Menge in l	1	10...15	10	2...5	10...15	30...50	120...180
Temperatur	100 °C	50 °C	50 °C	37 °C	37 °C	37 °C	40 °C

Haustechnik

Elektroherd
Electric Cooker

Anschlussmöglichkeiten

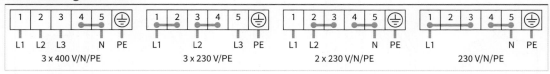

Kochplatten

Plattenart	Normalkochplatte	Blitzkochplatte	Automatikkochplatte
Bestandteile	3 Heizleiter	1 Heizleiter und Überhitzungsschutz	1 Heizleiter und Regeleinrichtung
Schalter	7-Takt-Schalter	Mehr-Takt-Schalter	Energieregler oder Temperaturregler
Funktion	Leistung nach eingestellter Stufe	Aufheizen mit voller Leistung, Weitergaren mit reduzierter Leistung	Aufheizen mit voller Leistung, Weitergaren mit geregelter Leistung
Kennlinienbeispiele (z.B. für 50 %)	$W = P \cdot t$	Schaltzeitpunkt temperaturabhängig, $W = P \cdot t$	Schaltzeitpunkte durch Regelung vorgegeben, $W = P \cdot t$

7-Takt-Schalter

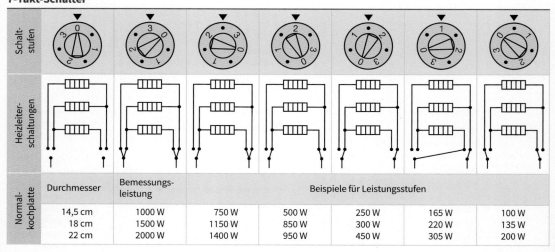

Durchmesser	Bemessungsleistung	Beispiele für Leistungsstufen				
14,5 cm	1000 W	750 W	500 W	250 W	165 W	100 W
18 cm	1500 W	1150 W	850 W	300 W	220 W	135 W
22 cm	2000 W	1400 W	950 W	450 W	305 W	200 W

Kochzonen

- Bemessungsleistung nicht genormt
- Keine Unterscheidung zwischen Normal- und Blitzkochplatte
- Erweiterung der Heizfläche durch Zweikreis-Kochzonen
- Heizelemente: Strahlungsheizer, Halogenstrahler, Kombination davon, Induktionsspulen (HF-Magnetfelder)

Backofen

Ausstattung	Ober- und Unterhitze	Umluft	Grill
Bestandteile	je 1 Heizer an Decke und Boden	1 Heizer und 1 Ventilator	Rohrstrahler, u. U. Drehspieß mit Motor
Schalter	Wahlschalter, Temperaturwähler	Temperaturwähler	Wahlschalter
Wärmeübertragung	Strahlung und natürliche Konvektion	erzwungene Konvektion	Strahlung

Pyrolytische Selbstreinigung: $\vartheta > 500\,°C$ durch Zusatzheizung ($P = 3$ kW) erfordert verstärkte Isolierung und Türverriegelung.

Mikrowellengerät
Microwave Oven

Wirkungsweise

1. Magnetron ④ erzeugt elektromagnetische Schwingungen ($f = 2{,}45$ GHz).
2. Antenne ② und Hohlleiter ③ leiten Schwingungen in den Garraum.
3. Reflektor ① verteilt die Schwingungen.
4. Wassermoleküle besitzen elektrische Dipole, die sich nach den Wellen ausrichten.
5. Die Wassermoleküle schwingen.
6. Lebensmittel werden schnell erwärmt.

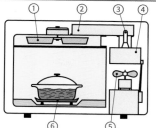

① drehender Reflektor
② Antenne (Koppelstift)
③ Hohlleiter
④ Magnetron (2,45 GHz)
⑤ Kühlgebläse
⑥ Drehteller

Erwärmungsfaktor

Erwärmungsfaktor ist das Produkt aus **Permittivitätszahl ε_r** und **Verlustwinkel tan δ**.
Permittivitätszahl und Verlustwinkel sind Größen des elektrischen Feldes. Sie sind für die Molekülbewegung wesentlich.

Beispiele	Auswirkungen	Temperaturabhängigkeit bei Wasser
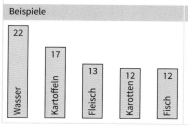 Wasser 22, Kartoffeln 17, Fleisch 13, Karotten 12, Fisch 12	▪ Bei großen Erwärmungsfaktoren wird viel Energie in den Außenschichten absorbiert. ▪ Die Temperatur ist außen wesentlich höher als im Inneren des Garguts.	

Hinweise zur Installation und Benutzung

- Eigener Stromkreis (Absichern mit Leitungsschutz-Schalter der Charakteristik C wegen eventueller hoher Anlaufstromstärken)
- Bei Einbau auf Wärmeabfuhr achten.
- Unterschiedliche Temperaturen im Gargut → Wärmeaustausch nötig → intermittierende Leistung sowie Ruhen und Rühren des Garguts.
- **Achtung!** Heißes Wasser kocht bei Bewegung des Gefäßes nach!
- **Geeignete** Gefäße: Glas, Porzellan, Steinzeug, Bratfolie, Kunststoffe, Pappe, Gefrierbeutel (Achtung! Wärmebeständigkeit)
- **Ungeeignete** Gefäße: Metall, Geschirr mit Metallauflage (Achtung! Funken)

Sicherheitsmaßnahmen

- Tür hat mindestens eine mechanische und eine elektrische Verriegelung
- Lochbleche in der Tür und $\lambda/4$-Kammern im Türrahmen verhindern Leckstrahlung
- Zugelassene Leckstrahlung bei Belastung in 5 cm Entfernung: 5 mW/cm²

Anschlusswerte
Connected Loads

Backofen	... 6,6 kW	Haartrockner	... 1,8 kW	Rasierer	... 15 W
Bügeleisen	... 2,7 kW	Heizkissen	... 80 W	Sauna	... 18 kW
Bügelmaschine	... 3,5 kW	Kaffeevollautomat	... 2,3 kW	Schnellkocher	... 3 kW
Dunstabzugshaube	... 500 W	Kochendwassergerät	... 2 kW	Solarium	... 10 kW
Durchlauferhitzer	... 27 kW	Kochmulde	... 18 kW	Speicherheizgerät	... 18 kW
Elektroherd	... 14 kW	Küchenmaschine	... 1,6 kW	Staubsauger	... 2,5 kW
Fernsehgerät	... 200 W	Kühlschrank	... 250 W	Toaster	... 1,7 kW
Fritteuse	... 2,7 kW	Mikrowellengerät	... 1,9 kW	Warmwasserspeicher	... 6 kW
Gefriergerät	... 200 W	Nähmaschine	... 100 W	Wäschetrockner	... 3,5 kW
Geschirrspüler	... 3,4 kW	Personalcomputer	... 300 W	Waschmaschine	... 2,3 kW

Haustechnik

Kühlschrank
Refrigerator

Arbeitsweise

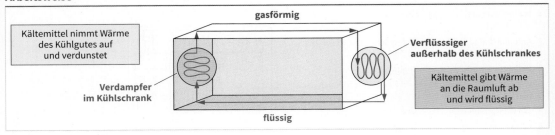

Arten

Typ	Kompressor	Absorber
Prinzip	Gasförmiges Kältemittel wird angesaugt und komprimiert. Flüssiges Kältemittel gibt Wärme außerhalb des Gehäuses ab.	Heizgerät transportiert gasförmiges Kältemittel durch Temperaturerhöhung nach außen.
Vorteile	Billiger, einfacher Aufbau, höheres Nutzinhalt-Leistungs-Verhältnis	Leiser Betrieb, unterschiedliche Energiequellen: Gas, Petroleum, Elektrizität (auch Kleinspannung)
Anwendungen	Kühlschränke, Gefriergeräte in Haushalt und Gewerbe	Hotelzimmer, Büro, Camping, Orte ohne elektrisches Netz
Entsorgung	FCKW als **Kältemittel** (seit 01.01.95) verboten. Absaugen und aufbereiten. Es entsteht Fluss- und Salzsäure.	**Kältemittel** Ammoniak ist ungiftig. Chromathaltige Lösungen im Kältekreislauf, spezielle Entsorgung notwendig

Achtung! Typenschild enthält Kältemittel-Bezeichnung!

Wärmedämmung enthält FCKW (seit 01.01.95, Pentan oder Vakuum-Paneele) ⇒ zermahlen ⇒ FCKW wird freigesetzt ⇒ auffangen ⇒ aufbereiten ⇒ Fluss- und Salzsäure
Der Händler ist zur Rücknahme des Kühlschranks verpflichtet.

Hinweise

- Eigener Stromkreis ist sinnvoll.
- Nicht an gemeinsame RCD anschließen.
- Bei Einbaugeräten für ausreichende Wärmeabfuhr sorgen.
- Lebensmittel richtig lagern.

Mögliche Störungen

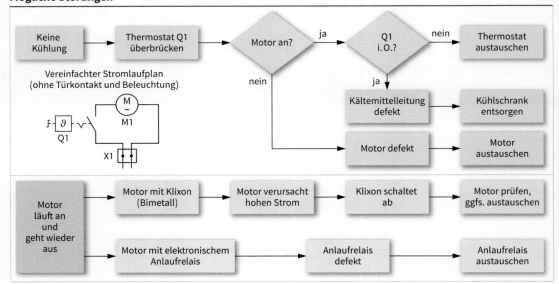

Haustechnik

Waschmaschine
Washing Machine

Wirkungsweise

1. Wasser mit Waschmittel läuft zu.
2. Lauge (Flotte) mit Wäsche wird erhitzt.
3. Trommel (mit Rippen) bewegt Wäsche reversierend (Rechts-/Linksdrehung).
4. Wäsche fällt herunter (Waschvorgang).
5. Lauge wird abgesaugt.
6. Trommel schleudert mit hoher Drehzahl die Feuchtigkeit aus der Wäsche.

Der Ablauf wird mit Mikroprozessor in Abhängigkeit von den Werten der Sensoren (z. B. Temperatur) geregelt.

Komponenten

- Trommel mit Motor
- Heizung
- Wasserventile
- Niveauwächter
- Thermostate
- Ventile für Waschmittel und Weichspüler
- Ablaufpumpe mit Flusensieb

Abhängigkeiten

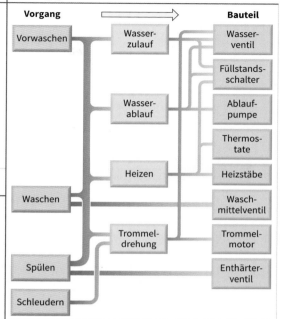

Installation und Aufstellung

- Nach Aufstellung Transportsicherung entfernen.
- Eigener Stromkreis notwendig.
- Wasserdruck von 30 kPa … 1 MPa nötig.
- Wasseranschluss mit druckfestem Schlauch (Wasserstoppfunktion).
- Lotrechte Aufstellung notwendig.
- Anschluss an Warmwasser möglich. Betriebsanleitung beachten.
- Wasserablaufschlauch kann in Spülbecken gehängt werden, da Pumpe Laugen etwa 1 m hoch pumpt.

Wäschetrockner
Dryer

Wirkungsweise

1. Raumluft wird angesaugt und erwärmt.
2. Erwärmte Luft wird durch Wäsche geblasen.
3. Wäsche wird durch reversierende Trommel gelockert.
4. Feuchte Luft wird abgekühlt.

Der Ablauf wird mit Mikroprozessor zeit- oder feuchtigkeitsabhängig geregelt.

Arten

- **Ablufttrockner**
  Feuchte Luft wird entweder in den Raum oder ins Freie geleitet.
- **Kondensationstrockner mit Luftkühlung**
  - Feuchte Luft wird an gekühltem Kondensator vorbeigeführt.
  - Feuchtigkeit kondensiert zu Wasser.
  - Wasser wird entweder in einem Behälter gesammelt oder direkt abgeleitet.
- **Kondensationstrockner mit Wasserkühlung**
  - Feuchte Luft wird durch Leitungswasser gekühlt. Hierfür ist zusätzlich Wasserzulauf notwendig.
  - Solche Geräte werden nur gewerblich eingesetzt.
- **Kondensationstrockner mit Wärmerückgewinnung**
  - Diese Geräte nutzen einen Teil der Wärmeenergie der Abluft zum Erhitzen der Zuluft.
  - Solche Geräte sind teuer, sparen aber Energiekosten.

Installation

- Eigener Stromkreis notwendig.
- Für ausreichende **Luftzufuhr** in den Raum sorgen.
- Luftwiderstand der Abluftrohre beachten.
- Feuchtigkeit der Abluft kondensiert u. U. im Raum.

Heizen
Heating

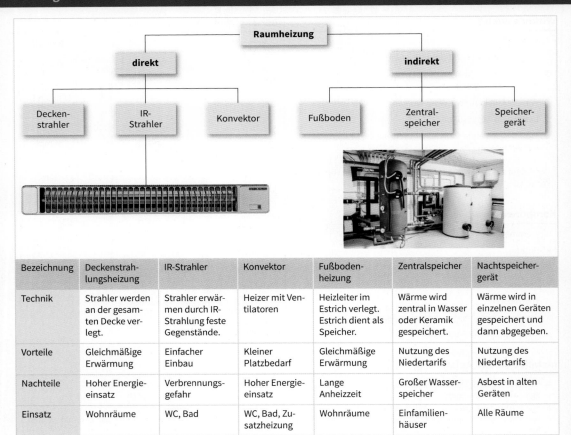

Bezeichnung	Deckenstrahlungsheizung	IR-Strahler	Konvektor	Fußbodenheizung	Zentralspeicher	Nachtspeichergerät
Technik	Strahler werden an der gesamten Decke verlegt.	Strahler erwärmen durch IR-Strahlung feste Gegenstände.	Heizer mit Ventilatoren	Heizleiter im Estrich verlegt. Estrich dient als Speicher.	Wärme wird zentral in Wasser oder Keramik gespeichert.	Wärme wird in einzelnen Geräten gespeichert und dann abgegeben.
Vorteile	Gleichmäßige Erwärmung	Einfacher Einbau	Kleiner Platzbedarf	Gleichmäßige Erwärmung	Nutzung des Niedertarifs	Nutzung des Niedertarifs
Nachteile	Hoher Energieeinsatz	Verbrennungsgefahr	Hoher Energieeinsatz	Lange Anheizzeit	Großer Wasserspeicher	Asbest in alten Geräten
Einsatz	Wohnräume	WC, Bad	WC, Bad, Zusatzheizung	Wohnräume	Einfamilienhäuser	Alle Räume

Nachtspeicherheizung

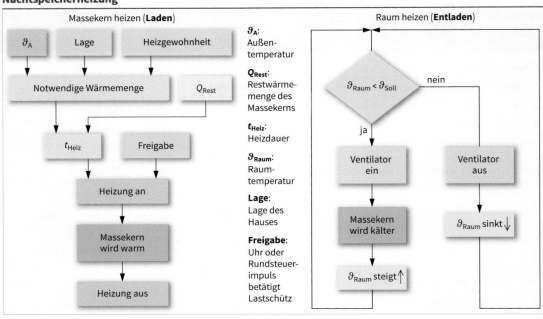

Klimatisierung
Air-Conditioning

Behaglichkeit

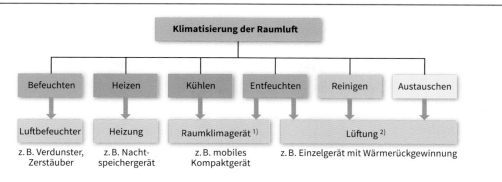

[1] Diese Bezeichnung ist irreführend, da diese Geräte nicht „Klimatisieren", sondern nur Kühlen bzw. Entfeuchten.
[2] In Lüftungsgeräten können Geräte eingebaut sein, die die Zuluft erhitzen.

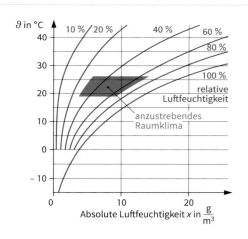

Einflussgrößen:

- **Gleichmäßige Temperatur**
  Im gesamten Raum soll die Temperatur möglichst gleich hoch sein.

- **Empfundene Temperatur**
  liegt ungefähr im Mittel zwischen Raumtemperatur und Gebäudewand-Temperatur.

- **Luftströmung**
  Werte über 0,2 m/s werden als unangenehmer „Zug" empfunden.

- **Relative Luftfeuchtigkeit**
  ist das Verhältnis des vorhandenen Wasserdampfes in der Luft zum maximal speicherbaren Wasserdampf. Je höher die Temperatur der Luft ist, desto größer ist die speicherbare Wassermenge.

- **Absolute Luftfeuchtigkeit**
  ist der vorhandene Wasserdampf in g bezogen auf das Luftvolumen in m^3.

Raumlüftung

- **Belastungen:**
  - Stoffwechselprodukte des Menschen
    z. B. H_2O, CO_2, Ausdünstung
  - Tätigkeiten des Menschen
    z. B. H_2O, Geruch (Kochen)
  - Baumaterialien, Möbel, Teppiche u. ä.
    z. B. Schadstoffe
  - Textilien
    z. B. Staub, Keime
  - Verbrennungen
    z. B. Tabakrauch
  - Maschinentätigkeit
    z. B. Geruch

- **Folgen:**
  - Unwohlsein durch CO_2-Konzentration
  - Schimmel durch Wasserniederschlag

- **Vorteile mechanischer Belüftungsanlagen:**
  - Energieeinsparung durch Wärmerückgewinnung
  - Dämpfung der Außengeräusche
  - Reinigung der Raumluft
  - Reinigung der angesaugten Außenluft
  - Verringerung der Luftströmung

Haustechnik

Mechanische Lüftung
Mechanical Ventilation

Prinzip

① Ventilator für Fortluft
② ⑦ Wärmeaustauscher
③ Ventilator für Zuluft
④ Filter für Zuluft
⑤ Luftkanäle
⑥ Filter für Abluft
⑧ Trennwände

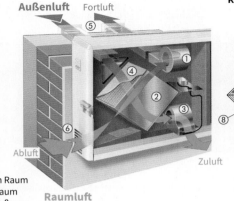

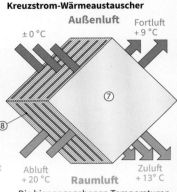

Die hier angegebenen Temperaturen sind Richtwerte

Begriffe
Abluft: abgeführte Luft aus dem Raum
Zuluft: zugeführte Luft in den Raum
Fortluft: fortgeführte Luft nach außen

Komponenten

- **Ein-/Auslässe**
  müssen so platziert werden, dass die Frischluft gut verteilt wird. Sie können an der Decke oder im oberen Wandteil sitzen, für Zuluft auch im Boden.

- **Kanäle/Rohre**
  sollen glatte Innenflächen haben.
  Flexible Rohre besitzen große Strömungswiderstände. Zum Vermeiden von Geräuschübertragungen sind Schalldämpfer eingebaut.

- **Filter**
  werden als Faser-, Kohle- oder Elektrofilter eingebaut. Sie erhöhen den Luftwiderstand.
  Wirkungsgrade:
  Grobfilter (G1 … G4) 65 % … 90 %,
  Feinfilter (F5 … F9) 60 % … 95 %.
  Wartung:
  3 … 6 Monate

- **Ventilatoren**
  müssen leise und energiesparend sein.
  Es werden 0,5 W Leistung je m³ beförderte Luft benötigt. Die eingesetzte Ventilatorenergie verhält sich zur gewonnenen Wärmeenergie etwa wie 1 : 5.
  Wartung: 1 … 2 Jahre

- **Wärmeaustauscher**
  übertragen die Wärmeenergie der Abluft in die Zuluft.
  Bei den **Rekuperatoren** (Wärmeaustauscher) werden die beiden Luftströme durch getrennte Kammern geführt. Der Wärmeaustausch erfolgt dabei über die Trennwände ⑧.
  Kreuzstrom-Wärmeaustauscher werden dabei am häufigsten eingesetzt. Sie haben eine Rückwärmezahl (Temperaturdifferenz der Zuluft und der Außenluft geteilt durch die Differenz der Abluft und der Außenluft) von 65 %. Beim **Gegenstrom-Verfahren** werden bis zu 80 % erreicht.
  Regenerative Wärmeaustauscher arbeiten mit Speichermedien.
  Wartung: 1 … 2 Jahre

Arten

Einzelraumlüftung		Zentrale Gebäudelüftung	
ohne	mit	ohne	mit
Wärmerückgewinnung		Wärmerückgewinnung	
■ Schalldämmlüfter mit Ventilator z. B. Fensterbankgerät	■ Kompaktgerät für – Außenmontage, – Innenmontage oder – Wanddurchlass	■ Ventilator saugt Raumluft ab. ■ Entstandener Unterdruck saugt Außenluft über Durchlässe in die Räume.	■ Ventilator führt Abluft durch Wärmeaustauscher und/oder Wärmepumpe. ■ Zuluft wird erwärmt. ■ Energienutzung für Warmwasserversorgung möglich.
Anwendung bei ■ starkem Außenlärm ■ starker Emission im Raum ■ hoher Feuchtigkeit im Raum		**Anwendung** in ■ Wohnhäusern ■ Wohnungen in Mehrfamilienhäusern ■ Werkstätten, Maschinenhallen	

Klimakleinanlagen
Small Air-Conditioning Systems

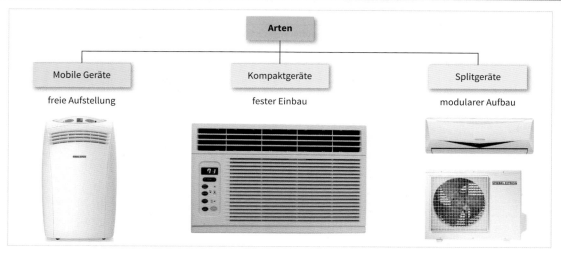

Begriffe

- **RLT-Anlage**: Raumlufttechnische Anlage (Lüftungsanlage)
- **Gleichdrucklüftung**: Zu- und Abluftvolumenströme sind gleich groß
- **Überdrucklüftung**: Zuluftvolumenstrom größer als Abluftvolumenstrom
- **Unterdrucklüftung**: Zuluftvolumenstrom kleiner als Abluftvolumenstrom
- **Zu- und Abluftbetrieb**: Vollständiger Austausch der Raumluft
- **Umluftbetrieb**: Raumluft wird abgesaugt, gereinigt und wieder zugeführt
- **Mischluftbetrieb**: Kombination von Zu- und Umluftbetrieb
- **Relative Luftfeuchtigkeit**: Verhältnis des Wasserdampfanteils zur Sättigungsmenge
- **Taupunkt**: Zustand, bei dem die Luft kein Wasser mehr aufnimmt
- **Luftwechselzahl i**: Luftvolumenwechsel in h^{-1}
- **Luftrate**: Luftvolumenwechsel bezogen auf Personenzahl
- **Maximale Arbeitsplatz-Konzentration (MAK)**: Höchstzulässige Konzentration von Schadstoffen

Anforderungen

Rel. Luftfeuchtigkeit in Wohnungen: ~50 %				Luftwechselzahl β				Maximale Arbeitsplatz-Konzentration		
Raumtemperatur	0 °C	20 °C	30 °C	Wohnung < 50 m²	Wohnung < 80 m²	Büro	Werkstatt	Kohlendioxid CO_2	Kohlenmonoxid CO	Stickstoffdioxid NO_2
Sättigungsmenge	4,84 g/m³	17,3 g/m³	30,4 g/m³	0,8 h^{-1}	0,5 h^{-1}	4–8 h^{-1}	3–7 h^{-1}	0,5 %	0,003 %	0,0005 %

Installation

Außengeräte	Innengeräte	Kühlmittel
- Festen Untergrund wählen. - Abstände um das Gerät und insbesondere vor den Ansaugöffnungen einhalten. - Staub und agressive Luft darf nicht angesaugt werden. - Ausblasrichtung und Hauptwindrichtung sollen übereinstimmen. - Geräusche dürfen Nachbarn nicht stören. - Ausreichende Luftzufuhr muss gewährleistet sein (z. B. bei Nebenräumen). - Sonneneinstrahlung vermeiden.	- Tragfähigkeit der Installationswand prüfen. - Gerät in 2/3 Wandhöhe oder an der Decke montieren. - Großen Abstand zu Fremdwärmequellen einhalten. - Geräte nicht hinter Möbeln oder Gardinen montieren. - Auf gleichmäßige Raumkühlung achten. - Auf ausreichenden Platz für Wartung achten. - Kondensatleitung verlegen.	- Schutzmaßnahmen beim Arbeiten mit Kältemitteln einhalten. - Kältemittel nicht verschmutzen. - Kältemittelleitungen möglichst kurz halten. - Rohrdurchmesser d einhalten. - Biegeradien sollen mindestens 3,5 d sein. - Kältemittelleitungen mit Schellen oder in Installationskanal verlegen. - Kältemittelleitungen müssen wärmegedämmt sein.

Wärmepumpen
Heat Pumps

Wärmekreislauf

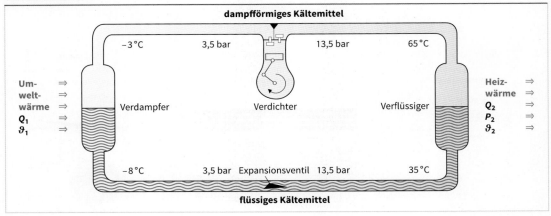

Leistungszahl ε

Beispiel: $\varepsilon = \dfrac{P_2}{P_{el}}$

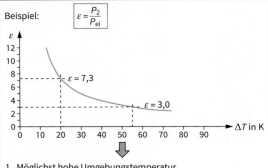

1. Möglichst hohe Umgebungstemperatur, z. B. bei Erdwärme ≈ 10 °C
2. Niedrige Vorlauftemperatur der Heizung, z. B. bei Fußbodenheizung ≈ 45 °C

Jahresarbeitszahl i

Beispiel: $\beta = \dfrac{Q_2}{W_{el}}$

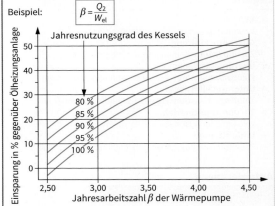

Betriebsarten

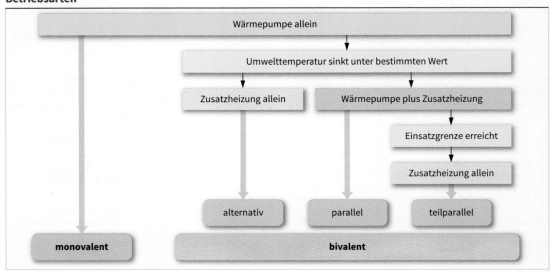

Wärmepumpenarten
Heat Pump Types

DIN 8901: 2002-12

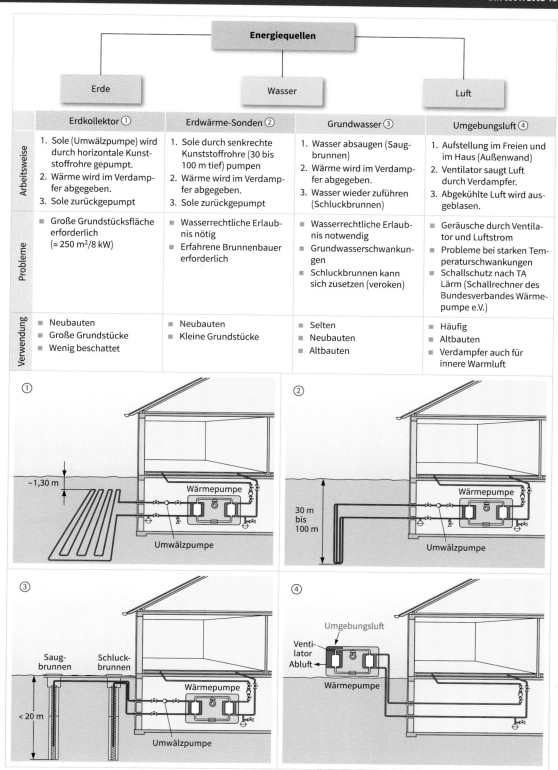

Energiequellen: Erde, Wasser, Luft

	Erdkollektor ①	Erdwärme-Sonden ②	Grundwasser ③	Umgebungsluft ④
Arbeitsweise	1. Sole (Umwälzpumpe) wird durch horizontale Kunststoffrohre gepumpt. 2. Wärme wird im Verdampfer abgegeben. 3. Sole zurückgepumpt	1. Sole durch senkrechte Kunststoffrohre (30 bis 100 m tief) pumpen 2. Wärme wird im Verdampfer abgegeben. 3. Sole zurückgepumpt	1. Wasser absaugen (Saugbrunnen) 2. Wärme wird im Verdampfer abgegeben. 3. Wasser wieder zuführen (Schluckbrunnen)	1. Aufstellung im Freien und im Haus (Außenwand) 2. Ventilator saugt Luft durch Verdampfer. 3. Abgekühlte Luft wird ausgeblasen.
Probleme	■ Große Grundstücksfläche erforderlich (≈ 250 m^2/8 kW)	■ Wasserrechtliche Erlaubnis nötig ■ Erfahrene Brunnenbauer erforderlich	■ Wasserrechtliche Erlaubnis notwendig ■ Grundwasserschwankungen ■ Schluckbrunnen kann sich zusetzen (veroken)	■ Geräusche durch Ventilator und Luftstrom ■ Probleme bei starken Temperaturschwankungen ■ Schallschutz nach TA Lärm (Schallrechner des Bundesverbandes Wärmepumpe e.V.)
Verwendung	■ Neubauten ■ Große Grundstücke ■ Wenig beschattet	■ Neubauten ■ Kleine Grundstücke	■ Selten ■ Neubauten ■ Altbauten	■ Häufig ■ Altbauten ■ Verdampfer auch für innere Warmluft

Haustechnik

Geräteanschluss
Electrical Appliance Connection

Anschlusskomponenten

Geräteverbindung ⟷ Leitung ⟷ Netzanschluss

Geräteverbindung

Festanschluss

Leitungseinführung
- Tülle, Verschraubung

Knickschutz
- Tülle

Zugentlastung
- Klemmung
- Verschraubung

Steckanschluss

Schutzklasse (I, II)

Spannungsfestigkeit

Stifttemperatur
- kalt (max. 70 °C)
  Kaltgeräte ohne Wärmequelle
- warm (max. 120 °C)
- heiß (max. 155 °C)
  Heißgeräte mit innerer Wärmequelle (z. B. Waffeleisen)

Stromstärke
(0,2 A; 2,5 A; 6 A; 10 A; 16 A)

Anschluss der Leitung
- Löten, Klemmen, Stecken
- wiederanschließbar/nicht wiederverschließbar

Befestigung der Steckvorrichtung
- Schrauben, Schnappen

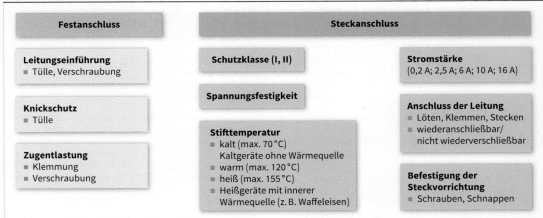

Geräteverbindung

Steckanschlüsse	DIN EN 60320-1: 2008-05
I_r = 0,2 A ϑ_{max} = 70 °C Schutzklasse II	Maße in mm: 6,6; 2,36; 8,2; 13,5; 14,5; 19
I_r = 2,5 A ϑ_{max} = 70 °C Schutzklasse II	Maße in mm: 6,6; 2,36; 8,2; 15; 16,5; 22
I_r = 2,5 A ϑ_{max} = 70 °C Schutzklasse I	Maße in mm: 3,2; 8,2; 2,36; 4,5; 13,1; 17,5; 10; 18; 22,5
I_r = 16 A ϑ_{max} = 155 °C Schutzklasse I	Maße in mm: 5; 6; 21; 8; 27,5; 13; 28; 35,5

Netzanschluss

Steckanschlüsse	DIN VDE 0620-1: 2013-03

- Stecker sollten europäisch vereinheitlicht werden.
- Diese Vorhaben war nicht erfolgreich.
  Als Ergebnis wurden verschiedene europäische Steckverbinder festgelegt (CEE-System).
- CEE[1]: Commission on the Rules for the Approval of the Electrical Equipment (Europäische Behörde für die Regelung der Zulassung elektrischer Ausrüstungen)

Eurostecker:
- I_{max} = 2,5 A
- Schutzklasse II
- Typ: CEE 7/16

Konturenstecker:
- I_{max} = 10 A
- Schutzklasse II
- ohne Schutzleiter
- Typ CEE 7/17

Schutzkontaktstecker:
- I_{max} = 16 A
- Schutzklasse I
- Typ: CEE 7/4

[1] CEE: Communauté Economique Européene

CEE-Steckvorrichtungen
CEE – Plugs, Socket-Outlets and Couplers

DIN EN 60309-2: 2018-04

Unterscheidungsmerkmale

- Steckverbinder werden nach folgenden Merkmalen unterschieden:
  - Bemessungsspannung
  - Bemessungsstromstärke
  - Frequenz
  - Schutzart
  - Kontaktanzahl
  - Lage des Schutzkontaktes
  - Klemm- bzw. Schraubanschlüsse

Gehäusekennfarben

Kennfarbe	Bemessungsspannung
lila	20 V … 25 V
weiß	40 V … 50 V
gelb	100 V … 130 V
blau	200 V … 250 V
rot	380 V … 480 V
schwarz	500 V … 690 V
grün	für Stecker und Buchsen mit einer Frequenz größer 60 Hz bis maximal 500 Hz
grau	für Sonderfälle, bei denen eine passende Farbzuordnung fehlt

Position des Schutzleiterkontaktes

- Durch die Lage des Schutzleiterkontaktes wird sichergestellt, dass nur der Stecker eines bestimmten Typs in die Steckdose desselben Typs passt.
- Die Angabe erfolgt in Form einer Uhrzeit (z. B. 6 h), d. h. der Schutzleiterkontakt befindet sich an der 6-Uhr-Position auf einem Ziffernblatt.
- Diese Festlegung in Verbindung mit der Farbe und den elektrischen Betriebswerten verhindern eine Verwechslung der Stecksysteme.

Beispiel:

400 V = 6 h   230 V = 9 h

Lage des Schutzleiterkontaktes	Anzahl der Kontakte		
	2P + PE	3P + PE	3P + N + PE
1 h	1)	1)	1)
2 h	> 50 V; 16/32 A 300 … 500 Hz	> 50 V; 16/32 A 300 … 500 Hz	> 50 V; 16/32 A 300 … 500 Hz
3 h	> 50 … 250 V	380 V, 16 A/32 A, 50 Hz 440 V, 16 A/32 A, 60 Hz	220/380 V, 16 A/32 A, 50 Hz 250/440 V, 16 A/32 A, 60 Hz
4 h	100 … 130 V, 50/60 Hz	100 … 130 V, 50/60 Hz	57/100 … 75 V /130 V, 50/60 Hz
5 h	1)	600 … 690 V, 50/60 Hz	347/600 … 400 V/690 V, 50/60 Hz
6 h	200 … 250 V, 50 … 60 Hz	380 … 415 V, 50/60 Hz	200/346 … 240V/415V, 50/60 Hz
7 h	480 … 500 V, 50 … 60 Hz	480 … 500 V, 50/60 Hz	277/480 … 288 V/500 V, 50/60 Hz
8 h	> 250 V	1)	1)
9 h	380 … 415 V, 50 … 60 Hz	200 … 250 V, 50/60 Hz	120/208 … 144 V/250 V, 50/60 Hz
10 h	1)	> 50 V, 16/32 A; 100 … 300 Hz	1)
11 h	1)	440 … 460 V, 60 Hz	250/400 … 265 V/460 V, 60 Hz
12 h	Ausgang eines Trenntransformators U > 50 V	1)	1)

1) Lage des Schutzleiterkontaktes ist nicht genormt (frei für Sonderanwendungen).

- Steckverbinder für Bemessungsspannungen ≤ 50 V besitzen keinen Schutzleiterkontakt. Zur Unterscheidung hat der Steckverbinder eine Hilfsnase. Hier entspricht die Hilfsnase der Uhrzeitstellung (z. B. 12 h).

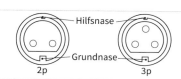

Lichtgrößen
Lighting Quantities

Begriffe

Lichtstrom Φ
Gesamte Lichtstrahlung einer Lichtquelle

Einheit: lm (Lumen)

Lichtstärkeverteilungskurven
Darstellung der Lichtstärke von Leuchten in Polardiagrammen (bezogen auf 1000 lm)

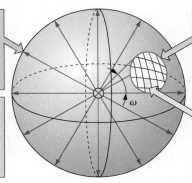

Lichtstärke I
Lichtstrahlung in eine Richtung

$$I = \frac{\Phi}{\omega}$$ ω: Raumwinkel

Einheit: cd (Candela)

Leuchtdichte L
Lichtstärke bezogen auf eine Fläche

$$L = \frac{I}{A}$$

Einheit: $\frac{cd}{m^2}$

Beleuchtungsstärke E
- Auftreffender Lichtstrom Φ bezogen auf die beleuchtete Fläche A

$$E = \frac{\Phi}{A}$$

- Beleuchtungsstärke eines Punktes ist die Lichtstärke I bezogen auf das Quadrat der Entfernung r von der Lichtquelle

$$E = \frac{I}{r^2}$$

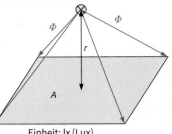

Einheit: lx (Lux)
$1 \text{ lx} = 1 \frac{\text{lm}}{\text{m}^2}$

Mittlere Beleuchtungsstärke $\bar{E}$
Mittelwert der Beleuchtungsstärke E bezogen auf eine Fläche

Bemessungs-Beleuchtungsstärke E_n
Vorgeschriebene Beleuchtungsstärke für bestimmte Tätigkeiten oder Raumarten

---

Absorbtionsgrad α
Verhältnis des vom Material aufgenommenen Lichtstroms Φ_a zum auftreffenden Lichtstrom Φ

$$\alpha = \frac{\Phi_a}{\Phi}$$

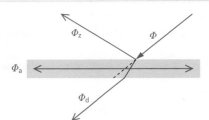

Reflexionsgrad ϱ

$$\varrho = \frac{\Phi_z}{\Phi}$$ Φ_z: zurückgeworfener Lichtstrom

Transmissionsgrad τ

$$\tau = \frac{\Phi_d}{\Phi}$$ Φ_d: durchgehender Lichtstrom

Wirkungsgrade

Lichtausbeute η	Leuchten-Betriebswirkungsgrad η_{LB}	Raumwirkungsgrad η_R	Beleuchtungswirkungsgrad η_B
$\eta = \frac{\Phi}{P}$ P: Lampenleistung	$\eta_{LB} = \frac{\Phi_{Le}}{\Phi_{La} \cdot MF}$ Φ_{Le}: Leuchten-Lichtstrom Φ_{La}: Lampen-Lichtstrom MF: Wartungsfaktor	η_R hängt von den Farben und den Wandoberflächen des Raumes ab.	$\eta_B = \eta_{LB} \cdot \eta_R$

Beleuchtungsgüte

Beleuchtungsstärke	Lichtrichtung	Schatten	Blendung	Lichtfarbe
Möglichst geringe Unterschiede von E im Raum	Arbeitsplatz-Licht: Möglichst von links bzw. rechts oben	Weiche Schatten → großflächige Leuchten	Leuchtdichte-Unterschied von < 100 : 1	Lichtfarbe bestimmt wesentlich die Farbe der Gegenstände.

Beleuchtungsberechnung für Innenräume
Indoor Lighting Calculation

Anforderungen

- **Bemessungs-Beleuchtungsstärke E_n** für Räume bzw. Tätigkeiten festgelegt in DIN EN 12464-1
- **Mittlere Beleuchtungsstärke** $\bar{E} > 0{,}8 \cdot E_n$
- **Tatsächliche Beleuchtungsstärke** $E > 0{,}6 \cdot E_n$ an allen Punkten im Raum
- **Wartungsfaktor MF** (Maintenance Factor) ist das Verhältnis der Beleuchtungsstärke nach dem Wartungsintervall zur Beleuchtungsstärke am Anfang. Dadurch wird die Alterung und die Verschmutzung berücksichtigt.
- **Reflexionsgrad ρ** so wählen, dass $L_{Arbeitsfeld} \leq L_{Umgebung}$

Minderung von E	Wartungsfaktor MF
kaum	0,80
normal	0,67
erhöht	0,57
stark	0,50

Berechnung der Leuchten-Anzahl

Wirkungsgrad-Methode

- **Mittlere Beleuchtungsstärke $\bar{E}$ festlegen** Tätigkeit bzw. Raumart $\to \bar{E}$
- **Raumfläche A berechnen** $A = a \cdot b$; a: Breite des Raumes; b: Länge des Raumes
- **Raumindex k berechnen** h: Höhe der Leuchte über der Arbeitsfläche $$k = \frac{A}{(a+b) \cdot h}$$
- **Reflexionsgrade ρ bestimmen** siehe Tabelle
- **Leuchtenart festlegen**
- **Raumwirkungsgrad η_R bestimmen** Reflexionsgrade $\to$ Firmenunterlagen
- **Betriebswirkungsgrad η_{LB} bestimmen** Reflexionsgrade $\to$ Firmenunterlagen
- **Beleuchtungswirkungsgrad η_B berechnen** $\eta_B = \eta_{LB} \cdot \eta_R$
- **Wartungsfaktor MF festlegen** Verminderung von $E \to$ MF
- **Gesamt-Lichtstrom Φ berechnen** $$\Phi = \frac{\bar{E} \cdot A}{\eta_B \cdot MF}$$
- **Leuchten-Anzahl n berechnen** Φ_{Le}: Lichtstrom einer Leuchte aus Firmenunterlagen $$n = \frac{\Phi}{\Phi_{Le}}$$

Reflexionsgrade

Farbe bzw. Material	ρ in %	Material	ρ in %
weiß	70…80	Stahl, poliert	55…65
hellgelb	55…65	Schallschluckdecke, weiß	50…65
hellgrün rosa	45…50		
		Aluminium, matt	55…60
himmelblau hellgrau	40…45	Ahorn Birke	50…60
beige olivgrün	25…35	Messing, poliert	60
		Beton, hell	30…50
orange mittelgau	20…25	Mörtel, hell	35…55
dunkelgrün dunkelgrau dunkelrot	10…15	Sandstein, hell	30…40
		Ziegel, hell	30…40
dunkelgrau	10…15	Eiche, hell	30…40
schwarz	4	Mörtel, dunkel	20…30
Silberspiegel	80…90	Ziegel, dunkel Sandstein, dunkel Granit Beton, dunkel	15…25
Lack, weiß, Aluminium, eloxiert	80…85		
Emaille, weiß	75…85		
		Nussbaum	15…20
Aluminium, poliert	65…75		
Zeichenkarton	70…75	Teerdecke	8…15
		Klarglas	6…10
Marmor, weiß Chrom, poliert	60…70		
		Samt, schwarz	2…4

Hinweis:
Leuchtenhersteller bieten Programme zur Berechnung der Leuchtenanzahl an. Nach Eingabe der Daten, z. B. Beleuchtungsstärke und Raumgeometrie wird neben der Anzahl der Leuchten auch die Lichtstärkeverteilung ermittelt.

Lichtstärkeverteilungskurven
Luminous Intensity Distribution Curves

Lichtstärkever-teilungskurven (LVK) (bei 1000 lm)		Reflexionsgrade							Beispiele für Leuchten		
	Decke	0,8			0,5			0,3	Darstellung	Erläuterung	η_{LB} in %
	Wände	0,5		0,3		0,5	0,3	0,3			
	Boden	0,3	0,1	0,3	0,1	0,3	0,1	0,3 0,1 0,1			

direkt: stark gerichtet (A1)

Raum-index k	Raumwirkungsgrad η_R in %								Darstellung	Erläuterung	η_{LB} in %
0,6	61	58	54	52	59	57	53	51 51		Spiegel-raster, eng-strahlend	60
1,0	80	75	73	69	76	73	70	68 67		Spiegel-reflektor, einlampig	80
1,5	95	86	88	82	90	84	84	80 79			
2,0	102	91	96	87	95	89	91	86 84		Rund-reflektor	75
3,0	111	97	106	95	103	95	99	92 91			
5,0	119	102	115	100	109	98	106	97 96			

direkt: tiefstrahlend (A2)

Raum-index k	Raumwirkungsgrad η_R in %								Darstellung	Erläuterung	η_{LB} in %
0,6	52	49	43	42	49	48	42	41 41		Wanne, prismatisch	65
1,0	73	67	64	60	69	65	61	59 58		Paneele, prismatisch	45
1,5	89	81	81	75	83	78	77	73 72			
2,0	97	86	89	81	90	83	84	79 78		Spiegel-reflektor, mehrlampig	75
3,0	107	94	101	90	99	91	94	88 86			
5,0	116	100	111	97	106	96	102	94 93			

vorwiegend direkt: breitstrahlend (B3)

Raum-index k	Raumwirkungsgrad η_R in %								Darstellung	Erläuterung	η_{LB} in %
0,6	41	39	31	30	37	35	29	28 27		Wanne, opalisiertes Glas	50
1,0	59	55	49	46	52	50	44	43 41		Wanne, prismatisches Glas	65
1,5	74	67	64	60	66	61	58	55 52			
2,0	83	74	73	67	73	68	66	62 59		Glasleuchte	70
3,0	95	83	87	77	83	76	77	71 68			
5,0	105	91	99	86	91	83	87	80 76			

gleichförmig: allseitig strahlend (C4)

Raum-index k	Raumwirkungsgrad η_R in %								Darstellung	Erläuterung	η_{LB} in %
0,6	36	34	27	26	29	28	23	22 19		frei-strahlend	90
1,0	52	48	43	40	41	39	35	33 29		Lamellen-raster	82
1,5	65	59	56	52	52	49	45	43 38			
2,0	74	66	65	59	58	54	52	49 43		Opalglas	80
3,0	84	74	77	68	66	61	61	57 50			
5,0	94	81	88	77	74	67	70	64 56			

indirekt: hochstrahlend (E2)

Raum-index k	Raumwirkungsgrad η_R in %[1]								Darstellung	Erläuterung	η_{LB} in %
0,6	15	15	9	10	11	12	6	8 5		Kehle, breit, weiß	70
1,0	28	27	20	19	18	19	13	13 8			
1,5	41	39	31	30	26	25	20	19 13		Kehle, schmal, weiß	50
2,0	51	48	41	40	32	30	26	25 16			
3,0	65	58	55	52	39	37	34	32 20			
5,0	77	68	70	63	45	43	42	39 24			

[1] Bei Hohlkehle in Wandanordnung: $0,6 \cdot \eta_R$

Lampenwerte
Lamp Values

Standard-Glühlampen

Leistung in W	25	40	60	75	100	150	200	300	500	1000
Lichtstrom in lm	230	430	730	960	1380	2220	3150	5000	8400	18800
Länge in mm			105			118	160	189	240	274
Sockel			E 27			E 27 / E 40		E 40		

Standard-Leuchtstofflampen

Leistung in W	Länge in mm	Lichtstrom in lm		
		Universalweiß	Hellweiß	Warmton
20	590	1050	1200	1200
40	1200	2500	3200	3200
65	1500	4000	5100	5100

Dreibanden-Leuchtstofflampen

Leistung in W	Länge in mm	Lichtstrom in lm		
		Tageslicht	Weiß	Warmton
18	590	1300	1450	1450
36	1200	3250	3450	3450
58	1500	5200	5400	5400

Kompakt-Leuchtstofflampen (mit eingebautem Vorschaltgerät)

Ringform (Sockel: E 27)

Leistung in W	Lichtstrom in lm	Durchmesser in mm	Höhe in mm
18	1000	165	100
24	1450	216	100
32	2000	216	100

Runde Form (Prismatic) (Sockel: E 27)

Leistung in W	Lichtstrom in lm	Durchmesser in mm	Höhe in mm
9	400	64	153
13	600	64	163
18	900	64	173
25	1200	64	183

U-Form (Sockel: G 23, E 27)

Leistung in W	Lichtstrom in lm	Höhe in mm	Breite in mm
9	400	122	38
11	600	138	38
15	900	158	38
20	1200	190	38

Quecksilber-Hochdrucklampen

Leistung in W	50	80	125	250	400	700	1000
Lichtstrom in lm	1800	3800	6300	13000	22000	40000	58000
Länge in mm	130	156	170	226	290	330	390
Sockel		E 27			E 40		

Mischlichtlampen

Leistung in W	160	250	500	1000
Lichtstrom in lm	3100	5600	14000	32500
Länge in mm	177	226	275	315
Sockel	E 27		E 40	

Natrium-Hochdrucklampen

Leistung in W	Lichtstrom in lm		Länge in mm	
	Ellipsoidform	Röhrenform	Ellipsoidform	Röhrenform
70	5600	6500	156	156
100	9500	10000	186	211
150	15500	17000	226	211
250	25000	25500	226	257
400	47000	48000	290	285
1000	120000	130000	400	400

Brennstellung: beliebig Sockel E 40

Halogenlampen

Leistung in W	Lichtstrom in lm	Länge in mm	Sockel	Brennstellung
75	5000	114	R73	p45
150	11250	132	R7s	p45
250	20000	163	Fc2	p45
360	25000	206	Fc2	p45
1000	90000	260	Fc2	p45
2000	170000	490	E40	p60
3500	300000	490	E40	p60

Natrium-Niederdrucklampen

Leistung in W	18	35	55	90	135	180
Lichtstrom in lm	1800	4800	8000	13500	22500	33000
Länge in mm	216	310	425	528	775	1120
Brennstellungen	h150	h110	h110	p20	p20	p20

Brennstellungen

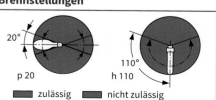

p 20 — 20° — zulässig / nicht zulässig
h 110 — 110°

Haustechnik 351

Lichtfarben
Luminous Colours

Erläuterung:
Die Diagramme stellen die Leistung in mW pro jeweils 10 nm Wellenlänge dar, wobei sich auf den Lichtstrom von 1000 lm bezogen wurde.
Bildhöhe ≙ 200 mW

Tageslicht

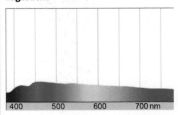

Glühlampen

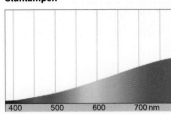

Standard-Leuchtstofflampen

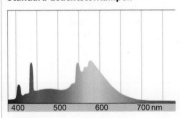
Hellweiss

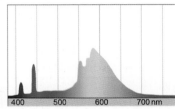
Warmton

Universalweiss

Dreibanden-Leuchtstofflampen

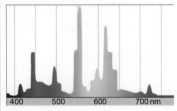
Weiss

Warmton

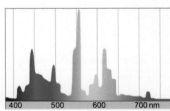
Tageslicht

Halogen-Metalldampflampen

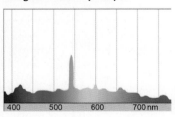

LED

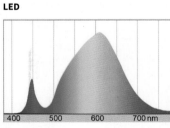
Warmweiss

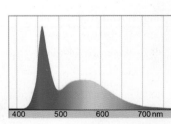
Kaltweiss

Quecksilberdampflampen

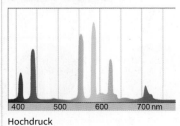
Hochdruck

Natriumdampflampen

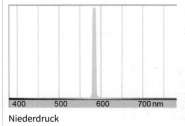
Niederdruck

Hochdruck

Lampenbezeichnungen
Lamp Designations

DIN EN 61231:2010-12

ILCO-System

- Lampen werden nach dem Internationalen Lampenbezeichnungssytem **ILCOS** (International **L**amp **Co**ding **S**ystem) bezeichnet.
- Für die meisten Bezeichnungen reicht die kurze Version ILCOS L aus. Sie besteht nur aus dem **Buchstabenblock**. Die Standardversion ILCOS D beinhaltet alle Bezeichnungselemente.

Bestandteile

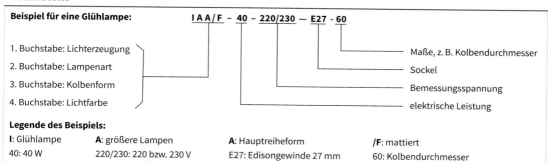

Beispiel für eine Glühlampe: I A A / F – 40 – 220/230 – E27 - 60

1. Buchstabe: Lichterzeugung
2. Buchstabe: Lampenart
3. Buchstabe: Kolbenform
4. Buchstabe: Lichtfarbe

Maße, z. B. Kolbendurchmesser
Sockel
Bemessungsspannung
elektrische Leistung

Legende des Beispiels:

I: Glühlampe	**A**: größere Lampen	**A**: Hauptreiheform	**/F**: mattiert
40: 40 W	220/230: 220 bzw. 230 V	E27: Edisongewinde 27 mm	60: Kolbendurchmesser

Farben können mit Schrägstrichen hinzugesetzt werden (z. B. mattiert).

Technische Einzelheiten können mit weiteren Schrägstrichen ergänzt werden (z. B. S für stoßfest)

Lichterzeugung

Kennbuchstabe	D	F	H	I	L	M	S	Q	X
Lampenkategorie	LED-Modul	Leuchtstofflampe	Halogenlampe	Glühlampe	Natrium-Niederdrucklampe	Halogen-Metalldampflampe	Natrium-Hochdrucklampe	Quecksilber-Hochdrucklampe	Lampe für spezielle Zwecke

Kolbenformen

Hauptreiheform	Kerzenform	Kerzenform, konisch	Zweirohrform	Ellipsoidform	Kugelform	Linienform
A	B	C	D	E	G	L

Pilzform	Tropfenform	Vierrohrform	Reflektorform	Birnenform	Röhrenform	U-Form
M	P	Q	R	S	T	U

Fassungen (Sockelformen)

Maße in mm

Glühlampen	Na-Niederdrucklampen	Halogenlampen							
		Niedervolt-Lampen					Hochvolt-Lampen		
E 14	BY 22 d	G 9	G 4	GU 4	GY 6,35	G 53	BA 15 d	R7 s-7	Fa 4
14	22	9	4	4	6,35	13	15	7	4

Kompakt-Leuchtstofflampen

2 G 7	G 24 q-1	GX 24 q-3	2 G 10	2 G 11
7 7 7	24	24	10, 10	11, 11

Haustechnik

Kennzeichnung von Leuchten
Labeling of Lamps

Zulässige Temperaturen (Grenztemperaturen)

- Zulässige Temperaturen (Grenztemperaturen) bei Leuchten sind festgelegt für die
  - Befestigungsoberfläche bzw.
  - Oberfläche der Leuchten
  (vgl. GDV: Gesamtverband der Deutschen Versicherungswirtschaft e. V.).
- Grenztemperaturen werden direkt angegeben oder durch Symbole verdeutlicht.

Betriebsart	Leuchten	Leuchten ohne Kennzeichnung
		Grenztemperatur an der Befestigungsfläche in °C
normal	keine Temperaturangaben	90 [1]
anormal (abweichend)		130 [1]
Fehlerfall		180 [1) 2)]

[1] Der Schutz vor Wärme kann auch durch einen vorgegebenen Abstand zur Befestigungsfläche oder durch eine Temperaturschutzeinrichtung erfolgen.

[2] Bei einer angenommenen Wicklungstemperatur von 350 °C darf sich die Befestigungsfläche in den ersten 15 Minuten auf nicht mehr als 180 °C erwärmen.

Betriebsart	Leuchten mit begrenzter Oberflächentemperatur	Möbelleuchten		
	Grenztemperatur an Oberflächen	Grenztemperatur an Befestigungsflächen und benachbarten Flächen in °C		
	DIN EN 60598-2-11: 2014-04	DIN 57710-14 VDE 0710-14: 1982-04		
	Symbol: D	M	M	M
normal	90 [3]	90	95	
	150 [4) 5)]			
anormal (abweichend)	90 [3]	130	115	
	150 [4) 5)]			
Fehlerfall	115 [3]	180	115	
	150 [4) 5)]			

[3] Grenztemperatur an waagerechten Flächen

[4] Grenztemperatur an senkrechten Flächen und an Glasoberflächen von Leuchtstofflampen

[5] Können äußere Oberflächen eine Temperatur zwischen 90 °C und 150 °C annehmen, muss in der Montageanleitung vor entsprechenden Montagearten gewarnt werden.

Beispiele:

Leuchten und Lampenbetriebsgeräte bezüglich der Installationsorte/-flächen

Installationsorte, Installationsflächen		Leuchten	Betriebsgeräte als unabhängiges Zubehör
		DIN EN 60598-2-22: 2015-06; DIN VDE 0711-2	DIN EN 61347-1: 2016-05; VDE 0712-30: 2016-05
Nicht brennbar		D	
Werkstoff, der eine Verbrennung nicht unterstützt (DIN EN 60598). Baustoff nach DIN EN 13501 bzw. DIN 4102.		M, M M	
		Keine Kennzeichnung	Kennzeichen für Lampenbetriebsgerät, z. B. Vorschaltgerät
		oder Warnhinweis	
Schwer oder normal entflammbar [1]		D, M	110
		M M	130
		Keine Kennzeichnung	
Besondere Bereiche	Überdeckung mit Wärmedämmung	Keine Kennzeichnung	[3] F
	Überdeckung mit Wärmedämmung nicht gestattet		
	Einrichtungsgegenstände (Möbel) DIN VDE 0100-724	[4] M, M M	130 110
	feuergefährdete Betriebsstätten [2]	M, M, D	110
	Staub- und/oder Faseranfall	D Nur zulässig, wenn Leuchten einschließlich der Lampen dem Schutzgrad IP 5X genügen	F/F [3] D [3]

[1] Entzündungstemperatur ≥ 200 °C, z. B. Holz mit einer Materialdicke > 2 mm (Baustoffe nach DIN EN 13501 bzw. DIN 4102)

[2] DIN VDE 0100-420

[3] Diese Kennzeichnungskombinationen sind nicht genormt; die Sicherheitskriterien des Betriebsgerätes müssen denen der Leuchte entsprechen; Bestätigung vom Hersteller einholen

[4] Nur zulässig, wenn der Werkstoff mindestens normal entflammbar ist.

Anforderungen an Lampen
Requirements for Lamps

Ausphasung von Leuchtmitteln

- Die EuP-Richtlinie (Eco-Design Requirements for Energy-Using Products, 2005/32/EG) legt Anforderungen für eine umweltgerechte Gestaltung von energie-betriebenen Produkten fest.
- Auf der Grundlage dieser Richtlinie sind die Zeitpunkte festgelegt worden, bis wann bestimmte Leuchtmittel letztmalig in Verkehr gebracht werden dürfen (genannt „**Ausphasung**").

Für die Ausphasung folgender Lampen sind bestimmte Zeitpunkte festgelegt. Für alle anderen Lampen wurden bereits frühere Ausphasungen vorgenommen.

- **09.2016**: Glühlampen, klar, EEK>B
- **04.2017**: Kompaktleuchtstofflampen, 2 Pin
- **09.2018**: Hochvolt-Halogenlampen

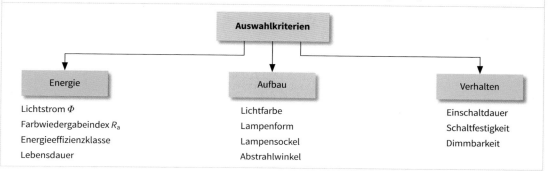

Angaben auf Verpackungen

Zusätzlich zum Energielabel sind folgende Angaben auf den Verpackungen von Leuchtmitteln vorgeschrieben:

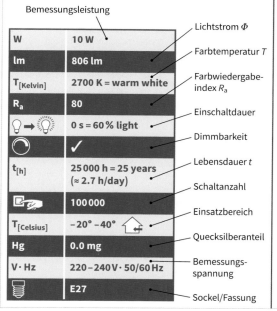

Energielabel

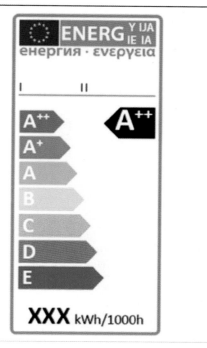

Lichtstrom-Richtwerte

Lichtstrom in lm	1300	1200	900	800	700	600	500	400	300	200
Glühlampen		100 W	75 W		60 W			40 W		25 W
Halogenlampen		70 W		50 W		40 W			30 W	20 W
Energiesparlampen	20 W		15 W		11 W			7 W		5 W
LED				12 W			10 W	6 W		3 W

Haustechnik

Lichtgütemerkmale
Light Quality Characteristics

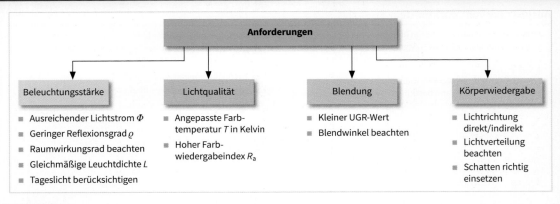

Lichtfarben

Farbnummer	Farbwiedergabeindex R_a	Farbtemperatur T in K	Bezeichnung	„Beschreibung"
534 ①	> 50 ②	3400 ③	Warmton	
542		4200	Neutralweiß	
634	> 60	3400	Warmton	
640		4000	Neutralweiß	
642		4200	Neutralweiß	
827	> 80	2700	Warmton-extra/Interna	wohnlich, gemütlich
830		3000	Warmton	freundlich
840		4000	Neutralweiß	sachlich
865		6500	Tageslicht	sachlich sehr kühl
930	> 90	3000	Warmton	freundlich
940		4000	Neutralweiß	sachlich
950		5000	Tageslicht	sachlich kühl
965		6500	Tageslicht	sachlich sehr kühl

Bedeutung der Farbnummern

$$\frac{5}{1} \quad \frac{34}{1} \; ①$$

$$\frac{R_a}{10} \quad \frac{T}{100}$$

Beispiel:

$$\frac{50}{10} = 5 \quad \frac{3400}{100} = 34$$

② ③

Blendung

Werte
Die Blendung einer Beleuchtungsanlage wird je nach Leuchtentyp mit der UGR-Tabelle (Unified Glare Rating) aus DIN EN 12464-1 ermittelt. Die Werte hängen von der Position des betreffenden Beobachtungsauges ab. Weitere Einflussgrößen sind die Reflexionsgrade von Decken, Wänden und Böden. Die folgenden UGR-Werte dürfen nicht überschritten werden.

Räume/Tätigkeit	UGR-Wert
Flure	28
Treppen	25
Grobe Arbeiten	25
Industrie und Handwerk	22
Unterrichtsräume	19
Technisches Zeichnen	16

Blendwinkel Θ

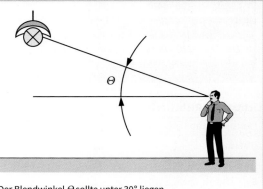

Der Blendwinkel Θ sollte unter 30° liegen.

Haustechnik

Arbeitsplatzbeleuchtung
Workplace Lighting

Ziele der Beleuchtung

Die Mitarbeiter sollen

- keinen **Gefahren** ausgesetzt werden,
- ihre **Arbeitsaufgaben** erfüllen können,
- keine **Ermüdung** erleiden,
- keine gesundheitlichen **Schäden** erleiden,
- ihr **Wohlbefinden** steigern und
- visuell **kommunizieren** können.

Arbeitsstätten-Bereiche

Die Anforderungen an die Beleuchtung in den verschiedenen Bereichen innerhalb der Arbeitsstätte sind unterschiedlich. Es werden deshalb je nach Anforderung mehrere Konzepte für die Beleuchtungsplanung unterschieden.

- **Arbeitsfläche** ①:
  Fläche in Arbeitshöhe ②, wo die Arbeitsaufgabe erfüllt wird

- **Teil der Arbeitsfläche** ③:
  Fläche, auf der eine höhere Beleuchtungsstärke notwendig ist

- **Benutzerfläche** ④:
  Bewegungsbereich des Mitarbeiters um die Arbeitsfläche

- **Arbeitsbereich**:
  Arbeitsfläche und Benutzerfläche ① ④

- **Umgebungsbereich** ⑤:
  An die Benutzerfläche anschließende Fläche

- **Sonstige Bereiche**:
  Flächen ohne Arbeitsplätze, z. B. Wege, Lagerflächen

Beleuchtungsstärken

Räume bzw. Tätigkeiten	Wartungswerte[1] der Beleuchtungsstärken in lx			
	nach DIN EN 12464-1	nach ASR 3.4[2]		
	Bewertungsfläche	Arbeitsbereich	Teilfläche ③	Umgebungsbereich ⑤
Büro	500	500	–	500
CAD	500	500	–	500
Elektronik	1500	500	1500	300
Endkontrolle	1000	500	1000	300
Gravieren	750	500	750	300
Holzbearbeitung	500	500	–	500
Justieren	1500	500	1500	300
Karosseriebau	500	500	–	500
Kasse	500	500	–	500
Labor	500	500	–	500
Prüfen	1500	500	1500	300
Untersuchung	1000	500	1000	300

[1] Diese Beleuchtungsstärken dürfen trotz Alterung und Verschmutzung von Leuchten nicht unterschritten werden.
[2] Technische Regeln für Arbeitsstätten ASR A3.4 „Beleuchtung"

Leuchten
Luminaires

Einteilung

Beispiel:

B 3 1

Kennbuchstabe für Lichtstromverteilung
2. Kennziffer: Lichtstrom-Anteil gegen Decke
1. Kennziffer: Lichtstrom-Anteil auf Nutzebene

Einbauleuchte geeignet zur Montage auf normal entflammbarem Baustoff, z. B. in Möbeln

Kennbuchstabe	Beleuchtungsart	Lichtstrom-Anteil bezogen auf Horizontale		Kennziffer	Anteil des auftreffenden Lichtstroms auf	
		unten Φ_u	oben Φ_o		Nutzebene bezogen auf Φ_u	Decke bezogen auf Φ_o
A	direkt	0,9…1	0 …0,1	1	0 …0,3	0 …0,5
B	vorwiegend direkt	0,6…0,9	0,1…0,4	2	0,3…0,4	0,5…0,7
C	direkt-indirekt	0,4…0,6	0,4…0,6	3	0,4…0,5	0,7…0,9
				4	0,5…0,6	0,9…1
D	vorwiegend indirekt	0,1…0,4	0,6…0,9	5	0,6…0,7	
E	indirekt	0 …0,1	0,9…1	6	0,7…1	

Kennzeichnung

- Hersteller
- Typ bzw. Nummer
- Bemessungsspannung
- Bemessungsfrequenz
- Bemessungsleistung (ohne Vorschaltgerät)
- Schutzart
- Schutzklasse
- Brandsicherheit
- Sonderanforderungen
- Funkentstörung
- Montageart (Leuchten in Möbeln)

Kennzeichnung der Brandsicherheit

bis 12.04.2012	EN 60598-1: 2008	
F	keine	**Anbauleuchten** geeignet zur Montage auf normal entflammbarem Baustoff
X oder Warnhinweis	🔥	**nicht** geeignet zur Montage auf normal entflammbarem Baustoff
F Zusätzlich Warnhinweis	NO INSULATION	**Einbauleuchten** geeignet zur Montage auf normal entflammbarem Baustoff. Leuchte darf nicht mit Wärmedämmung bedeckt werden.
X oder Warnhinweis	🔥	**nicht** geeignet zur Montage auf normal entflammbarem Baustoff
F	keine	geeignet zur Montage auf normal entflammbarem Baustoff. Leuchte darf mit Wärmedämmung bedeckt werden.

Kennzeichnung der Montageart in Möbeln

⊗	an Decke
⊗	waagerecht an Wand
⊗	senkrecht an Wand
⊗	Ecke waagerecht, Lampe seitlich
⊗	Ecke waagerecht, Lampe unterhalb
⊗	auf Boden
⊗	in U-Profil
⊗	nicht zur Montage an der Decke geeignet

Kennzeichnung der Sonderanforderungen

T	Leuchten für rauhe Betriebsstätten
⟨Ex⟩	Leuchten für explosionsgefährdete Betriebsstätten
T	Leuchten für erhöhte Umgebungstemperatur
	ballwurfsicher nach VDE Mit Öffnungen > 60 mm: für Tennis nicht geeignet

Kennzeichnung der Vorschaltgeräte

Kennzeichnung von Wicklungstemperaturen

Beispiel: t_w 90/55/125

- 90 °C Grenztemperatur
- 55 °C Übertemperatur im Normalfall
- 125 °C Übertemperatur im anomalen Betriebsfall

(F)	flammsicher
(FP)	flamm- und platzsicher

LED-Leuchtmittel
LED Illuminants

Merkmale

- Im Rahmen der **Ökodesign-Richtlinie** (Richtlinie 2009/125/EG u. a. für Leuchtmittel) wird die Steigerung der Energieeffizienz vorgeschrieben.
- Als alternative Leuchtmittel werden vermehrt Leuchtdioden (LED) und Organische Leuchtdioden (OLED) in unterschiedlichen Anwendungsbereichen (u. a. Allgemein-, Architektur-, Sicherheitsbeleuchtung) eingesetzt.
- Die **Farbart** wird definiert durch die Koordinaten (Farbort) im Farbdiagramm (C.I.E. Norm-Farbtafel).
- Für die farbigen LEDs geben die Hersteller entweder die zu einer bestimmten Farbe gehörende **Wellenlänge** (z. B. 525 nm für Echt-Grün) oder die entsprechenden x- und y-Koordinaten (z. B. x = 0,15; y = 0,82) an.

Lichtausbeute

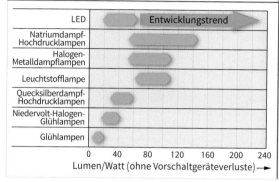

System-Effizienz LED-Leuchte

Die System-Effizienz einer LED-Leuchte ist abhängig von den nachfolgend gezeigten Verlusten in den einzelnen Systemkomponenten.

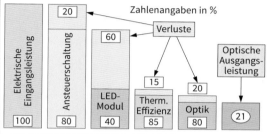

LED-Spektren

- Die Farberzeugung bei farbigen LEDs erfolgt durch die Anwendung bestimmter Halbleitermaterialien.
- Die Farbtemperatur wird dabei in **Kelvin** angegeben.
- Die Einstufung z. B. der Farbstreuung, die durch Fertigungstoleranzen entsteht, erfolgt in Klassen (**Binning**: Angabe in den Datenblättern der Hersteller).

Halbleitermaterialien

Farbe	Material	Abkürzung
Rot	Aluminium-Galliumarsenid	AlGaAs
Rot, Orange,	Aluminium Indium Gallium Phosphid	AlInGaP
Gelb	Galliumarsenid Phosphid	GaAsP
Grün, Blau	Indium Gallium Nitrid	InGaN

- Bei den **weißen LEDs** (unbunt) erfolgt die Lichterzeugung entweder durch **additive Mischung** der drei Primärfarben rot, grün und blau oder drei getrennten Chips oder durch blaue LEDs, die mit einem gelben Leuchtstoff (**Fluoreszenzfarbstoff**) überzogen werden.
- Weiße LEDs sind in unterschiedlichen **Weißtönen** (ähnlich wie Leuchtstofflampen) verfügbar.

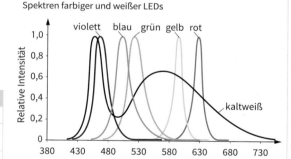

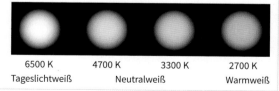

Netzbetriebene LED

- Sie wird direkt an 230 V Wechselspannung betrieben
  - mit Vorwiderständen ① zur Strombegrenzung und
  - mit interner Reihenschaltung mehrerer LED-Chips (Stränge antiparallel geschaltet, Ausnutzung beider Halbschwingungen).
- Daten für Beispiel (Gesamtmodul): 580 Lumen/3000 K/40 mA/cos φ = 0,93

Beispiel:

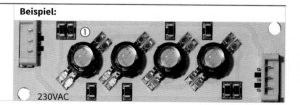

Haustechnik

LED-Leuchtmittel
LED Illuminants

LED-Straßenbeleuchtung

- Die elektrischen und optischen Werte sind abhängig von den verwendeten LEDs und der jeweiligen konstruktiven Ausgestaltung (Linsenform, Lichtführung).
- Vorteile gegenüber herkömmlichen Leuchten:
  - geringere elektrische Anschlussleistung,
  - höhere Lebensdauer, geringere Erwärmung,
  - kein Streulicht nach oben und
  - keine Insektenfalle, da keine UV- bzw. IR-Strahlung ausgesendet wird.

Beispiel:

T8-Form

- Die LED-Röhrenbauform
  - ist **bauformkompatibel** zur Leuchtstofflampe,
  - benötigt weniger elektrische Energie,
  - hat eine höhere Lebensdauer,
  - erzeugt kein Flackern (sofort startklar) und
  - keine IR-/UV-Strahlung.

Beispiel:

	T8-Form	
	Leuchtstofflampe	LED-Lampe
Lichtstrom in Lumen	1350	1600
Betriebsspannung in V	230	230
Bemessungsleistung in W	18 (Leistungsaufnahme ohne EVG)	18
cos φ	> 0,9 (mit EVG)	> 0,9
Lebensdauer in h	24 000	50 000

LED-Röhre Schaltung

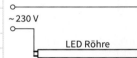

Hinweis:
Bei Einbau in vorhandene Leuchten sind folgende Umbaumaßnahmen erforderlich:
- Vorschaltgerät ausbauen oder überbrücken,
- Starter entfernen,
- ggf. vorhandenen Kondensator entfernen bzw. überbrücken

- Vorteil: **Direkte Abstrahlung** nach unten durch gerichtete Strahlungsabgabe der eingesetzten LED ergibt höhere Beleuchtungsstärke (Lichtstrom pro Flächeneinheit).
- Nachteil: keine allseitige Lichtabstrahlung

Strahler

- Aufgebaut aus **Einzelchips auf Trägerplatine** (Ansteuereinrichtung im Lampenkörper eingebaut).
- Verfügbar in gängigen Weiß- und Farbtönen.
- Daten:
  - 570 bis 600 Lumen
  - 230 V AC
  - cos φ = 0,6
  - typische Anschlussleistung 20 W
- Ersatz für 75 W Glühlampe bzw. 26 Watt Leuchtstofflampe
- Anwendung als Effektbeleuchtung (Verkaufsräume/Architekturbeleuchtung); in der Regel dimmbar
- Geeignet für Innen- und Außeneinsatz

Beispiel:

LED-Trägermodul für Farbton kaltweiß

LED-Ansteuerung

- Bedingt durch die **steile Durchlasskurve** der LED ist die elektrische Ansteuerung vorzugsweise durch einen geregelten **Konstantstrom** zu realisieren.
- Auf eine **ausreichende Wärmeabfuhr** in Form einer Kühlung mittels geeigneter **Kühlkörper** ist zu achten. Dadurch wird die **thermische Überlastung** verhindert.

Beispiel:

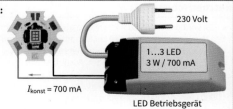

230 Volt

1...3 LED
3 W / 700 mA

I_{konst} = 700 mA

LED Betriebsgerät

LEDOTRON

Merkmale

Das Steuergerät LEDOTRON[1] wurde entwickelt, um LED-Lampen und Kompaktleuchtstofflampen dimmen zu können. Diese neu entwickelten Leuchtmittel können durch die bisher verwendeten Dimmer nicht gedimmt werden.

Beispiel: LED-Lampe

Technische Daten:
- 230 V/50…60 Hz
- 12 W
- 810 lm (Lichtstrom)
- 2700 K (Farbtemperatur)
- $R_a = 80$ (Farbwiedergabeindex)
- Warm-Weiß (Lichtfarbe)
- dimmbar (LEDOTRON)

Schaltung zur Beleuchtungssteuerung

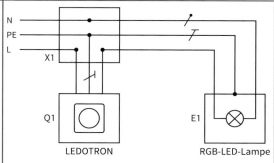

Technische Daten:
- Bemessungsspannung: 230 V AC
- Umgebungstemperatur: +5 °C bis +35 °C
- Anschlussleistung:
  Dimmen von LEDOTRON-Lampen: 3 W bis 200 W
- Anzahl der LEDOTRON-Lampen: max. 25
- Anschluss: Schraubklemmen
  Eindrähtig: 0,5 mm² bis 2,5 mm²
  Feindrähtig ohne Aderendhülsen: 0,34 mm² bis 4 mm²
  Mehrdrähtig mit Aderendhülsen: 0,14 mm² bis 2,5 mm²

Funktion

Blockdiagramm:

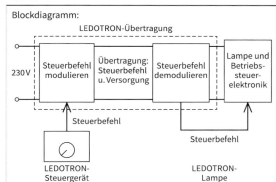

Funktionsablauf:
1. Steuergerät moduliert einen Steuerbefehl auf die Netzspannung.
2. Übertragung von Steuerbefehl und Netzspannung über die Leitung.
3. Demodulation des Steuerbefehls in der LEDOTRON-Lampe.

Eigenschaften

- Helligkeitssteuerung möglich bei monochromen LED- und CFLi-Lampen[2]
- Steuerung der Farbe und Farbtemperatur bei RGB[3]-LED-Lampen (vgl. Firmenangabe)
- Installation in vorhandenen Schalterdosen
- Nutzung der Energieleitungen zur Signalübertragung mit 2-Draht-Installation vom Steuergerät
- Digitale Datenübertragung über die Energieleitung
- Kein Flackern
- Leuchtmittel von 0 % bis 100 % dimmbar
- Zur Steuerung, z. B. der Helligkeit (RGB-LED-Lampe) und Farbe (CFLi-Lampe), sind geeignete LED-Lampentypen erforderlich.

Signalverlauf

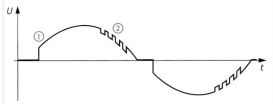

Beschreibung:
- konstanter Anstieg ① zur Energieversorgung des Steuergerätes
- Telegrammübertragung ② der Helligkeits- und/oder Farbinformation vom Encoder im Steuergerät über die Sinuslinie zum Decoder in der geeigneten LED-Lampe

Betrieb von LEDOTRON-Lampentypen

- Kontrolle vor der Installation:
  Steuergerät und Lampe mit gleicher **Bildmarke**
- Umrüstung auf LEDOTRON:
  gleichzeitiger Austausch von Steuergerät und RGB-LED-Lampe im Stromkreis erforderlich
- Austausch des Steuergerätes und nicht geeignete Lampe: nur Ein- und Ausschalten mit Steuergerät möglich
- Max. 100 m Entfernung zwischen Steuergerät und Lampe
- Anschluss mehrerer LEDOTRON-Stromkreise an einem Außenleiter ist möglich.

[1] LEDOTRON-Allianz hat sich aufgelöst. Die Versorgung mit LEDOTRON-Artikeln ist gewährleistet.
[2] **CFLi**: **C**ompact **F**luorescent **L**amp with **i**ntegrated balast
[3] **RGB**: Bezeichnung der Farbmischung der Grundfarben **R**OT, **G**RÜN, und **B**LAU in LEDs

Niedervoltanlagen
Low-Voltage Installations

Halogenlampen

- **Anwendungen**:
  - Möbeleinbauleuchte
  - Tischleuchte
  - Deckenleuchte
  - Beleuchtungsanlagen in privaten und geschäftlichen Räumen

- **Eigenschaften**:
  - Hohe Lichtstärke
  - Hohe Glanzeffekte bei beleuchteten Objekten
  - Kleine Abmessungen
  - Große Lampenvielfalt
  - Hohe Lichtausbeute, z. B. für Lichtstrom von 960 lm; Halogenlampe 50 W (Glühlampe 75 W)
  - Gleichbleibende Helligkeit
  - Quarzglas mit UV-absorbierender Wirkung

- **Verkürzung der Betriebsdauer**:
  Überspannung von 10 % erzeugt Temperaturerhöhung und Empfindlichkeit gegen Erschütterungen.

- **Einschaltstromstärke** abhängig von der Art des Transformators, bei elektronischen Transformatoren gering

- **Dimmen**:
  Bei konventionellem Transformator mit Phasenanschnittdimmer, bei elektronischem Transformator mit Phasenanschnitt- oder Phasenabschnittdimmer

- **Wärmegedämmte Decke**:
  Ca. 15 % ... 66 % der Wärme wird in Richtung Steckverbindung abgegeben.

- Bei **Einsetzen** der Halogenlampe den Glaskolben nicht berühren!

- **Brandgefahr**:
  Spezielle Einbaudosen verwenden und Transformatoren auf nicht brennbarem Material montieren.

Lampentypen	Eigenschaften	Sockel	U_N in V	P in W	Φ in lm
Maße in mm 12 / 44	■ Betrieb ohne Schutzabdeckung möglich ■ Lebensdauer bis ca. 400 Betriebsstunden	G4 GY6,35	6 12	5 10 20 35 50 75 90	60 130 320 600 930 1450 1800
9,5 / 31	■ Optimale Lichtlenkung durch Axialwendung ■ Sockelstifte mit Korrosionsschutz und sicherem Kontakt bei hohen Temperaturen ■ Pyrolyseeignung, da zulässige Umgebungstemperatur 460 °C ■ Hohe Lichtausbeute	G4	12	5 10 20	60 140 320
45 / 51	■ UV-STOPP-Glas als Schutz vor schädlicher UV-Strahlung ■ Klare Abdeckscheibe, deshalb Betrieb in offenen Leuchten ■ Lebensdauer bis ca. 4000 Betriebsstunden	Gu5,3	12	20 35 50	1)
47 / 70	■ Gleichmäßige Lichtverteilung durch Reflektorwirkung ■ UV-Unterdrückung durch UV-STOPP-Glas ■ Freibrennender Betrieb ohne Schutzabdeckung möglich	BA15d	12	20 50	1)

1) Lichtstärke und Strahlwinkel, siehe Herstellerangaben

Niedervoltanlagen
Low-Voltage Installations

Systembauteile

- **Transformator** (kurzschlussfester Sicherheitstransformator oder elektronischer Transformator) z. B. für 230 V/12 V verwenden ①.
  Bemessungsleistung/Bemessungsstromstärke:
  35 VA/0,16 A; 70 VA/0,33 A; 105 VA/0,49 A; 150 VA/0,71 A
  Maximale Umgebungstemperatur:
  50 °C bzw. 65 °C je nach Typ

- **Befestigungselemente** für Decken- und Wand-Befestigung

- **Trägerelemente**: Seile, Stangen und Stromschienen für Strahler und Leuchten

- **Verbindungselemente** für Träger und Verbindung der Strahler und Leuchten über Steckadapter

- **Einspeiseelemente** für End- und Mitteleinspeisung

- **Montage** horizontal oder vertikal, meist an zwei Befestigungspunkten

Auswahl und Installation des Transformators

- Elektronischer Transformator mit Symbol, Überlastschutz durch Feinsicherung auf der Primärseite, lastunabhängige Sekundärspannung, Verwendung ab Lampenleistung von 50 W

- Belastung des Transformators mit Bemessungslast, z. B. bis
  35 VA → 3 x 10 W oder 1 x 10 W + 1 x 20 W;
  50 VA → 5 x 10 W oder 1 x 10 W + 2 x 20 W;
  60 VA → 6 x 10 W oder 3 x 20 W

- Nähe zum Einspeisepunkt ≤ 1 m

- Verlegung auf Holz oder anderen entflammbaren Stoffen

Kennzeichen:

Sicherheitsabstände

Bauform	zur Decke in mm	zur Wand in mm
Sicherheitstransformator	20	100
Elektronischer Transformator	10	20

Leitungen

- Auswahl nach DIN VDE 0298-4 bzw. DIN VDE 0100-430, z. B. NYM 3 · 1,5 mm² oder 3 · 2,5 mm² je nach Länge der Zuleitung von der Verteilerdose zu den NV-Leuchten

- Maximaler Spannungsfall 4 % (empfohlener Wert nach DIN VDE 0100-520)

NV-Lampen

- Halogen-Glühlampe mit und ohne Reflektor
- Kaltlichtspiegel-Reflektorlampe
- LED-Lampen
- NV-Lampen mit Steck- und Schraubsockel

Arten der Stromzuführung

- Leitung, z. B. NYM
- NV-Stangen- oder Seilsystem
- NV-Stromschiene
- NV-Metallband

Maximale Leitungslängen

Sternförmige Verlegung, angenommener Spannungsfall 4 %, 12 V

P in V	I in A	Abstand vom Transformator				
		1 m	2,5 m	5 m	10 m	15 m
		Leiterquerschnitt in mm²				
20	1,7	1,5	1,5	1,5	1,5	2,5
50	4,2	1,5	1,5	2,5	4,0	–
100	8,3	1,5	2,5	4,0	–	–
150	12,5	1,5	2,5	–	–	–

Dimmen

- Dimmer nach der Scheinleistung des Transformators bemessen.
- Phasenabschnittdimmer auf der Eingangsseite des Transformators anschließen.

Symbol:

Schaltungen

- Ringförmige Verlegung

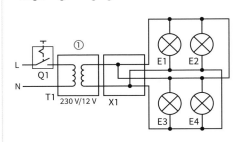

- Sternförmige Verlegung

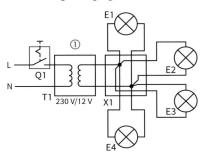

Haustechnik

Sicherheitsbeleuchtung
Emergency Escape Lighting Systems

DIN VDE 0108-100: 2010-08; DIN EN 1838 Bbl. 1: 2018-11

Arten

- **Sicherheitsbeleuchtung für**
  - Rettungswege zum gefahrlosen Verlassen von Räumen oder Bereichen, z. B. Tiefgarage
  - Erkennen von Hindernissen, z. B. Treppen
  - Anti-Panik-Beleuchtung (Mindest-Grundbeleuchtungsstärke 0,5 lx), z. B. im Kino
  - Arbeitsplätze mit besonderer Gefährdung, z. B. Erkennen von Bauteilen (Messgeräte, rotierende Maschinen), sichere Beendigung des Arbeitsvorgangs

- **Ersatzbeleuchtung für**
  - Unterbrechungsfreie Fortsetzung der Arbeit, z. B. in Operationssälen (Umschaltzeit $t \leq 0,5$ s)

Schaltung zur Sicherheitsbeleuchtung

- Energieversorgung über
  - Versorgungsnetz oder
  - Akkumulator bei Netzausfall

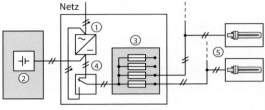

Bauelemente:
① Lade- und Steuergerät
② Batterie
③ Stromkreisverteilung
④ Umschalter von Netz auf Batteriebetrieb
⑤ Kompaktleuchtstofflampen

Ersatzstromquellen

Batteriesysteme	Notstromaggregat	Besonders gesichertes Netz
Einzelbatterie	Ersatzstromaggregat	Zwei unabhängige Einspeisungen
Gruppen- oder Zentralbatterie mit Netzvorrangsschaltung[1]	Schnell- oder Sofortbereitschaftsaggregat	

[1] Bei Ausfall der Energieversorgung im Gebäudeteil erfolgt Versorgung der Sicherheitsbeleuchtung in Bereitschaftsschaltung aus allgemeiner Stromversorgung („Vorrang zur Versorgung aus Batterie").

Ersatzstromaggregat (stationär oder nicht stationär)

Einsatz/Start	Einschaltzeit t in s	Eigenschaft/Anwendung
normal	≤ 15	Einzel- oder Gesamtversorgung in Krankenhäusern und Kaufhäusern
schnell	≤ 1	Dieselgenerator ständig in Betrieb für Flughafen- und Tunnelbeleuchtung
sofort	0	Dieselgenerator treibt Synchrongenerator für Telekom- und Computeranlage in Betrieben.

Besondere Bestimmungen

Anlagen Größen	Versammlungsstätten, Geschäftshäuser, Gaststätten	Hotels, Hochhäuser, Schulen	Bühnen, Szenenflächen	Rettungswege in Arbeitsstätten	Geschlossene Großgaragen	Arbeitsplätze mit besonderer Gefährdung
Beleuchtungsstärke E_{min} in lx	1	1	3	1	1	10 % von E_n, mindestens 15
Umschaltzeit t in s	1	15	1	15	15	0,5
Betriebsdauer der Ersatzquelle t in h	3	3	3	1	3	mindestens 1/60[3]
Dauerschaltung für Rettungszeichen-Bel.	ja	ja	ja	nein	ja	nein
Dauerschaltung für Rettungswege-Bel.	ja[2]	nein	nein	nein	nein	nein

[2] Nur für Rettungswege außerhalb von Versammlungsstätten [3] Dauer der Gefährdung

Vorschriften

Eigenschaften	Einzelbatterie	Gruppenbatterie	Zentralbatterie
Leuchtenzahl	≤ 2 Leuchten	≤ 20 Leuchten	> 2 Leuchten
Batteriegröße	keine Begrenzung	900 W	keine Begrenzung
Batterieart	wartungsfrei	wartungsfrei und ortsfest	offen und ortsfest
Aufstellungsort	nahe der Leuchte	gesonderter Betriebsraum	
Umschaltung	automatisch, wenn Netzspannung für $t \leq 0,5$ s auf 85 % von U_n sinkt		
Funktionsprüfung	wöchentlich	täglich	
Betriebsdauerprüfung	jährlich, Betriebsdauertest außerhalb der Betriebsarbeitszeit		

Sicherheitsbeleuchtung
Emergency Escape Lighting System

DIN VDE 0108-100: 2010-08; DIN EN 1838 Bbl. 1: 2018-11

Planung

- **Akkumulatoren**:
  Wartung und Aufladung laut DIN VDE 0108-100
- **Beleuchtungsstärken**:
  Mindestwerte zur sicheren Führung von Personen zum nächstliegenden Ausgang
  - $E \geq 1$ lx waagerecht an jeder Stelle des Weges in $h = 0{,}2$ m
  - $E \geq 5$ lx in der Mitte des Weges
- **Schutzart**:
  Auswahl je nach Eigenschaften des Raumes, z. B.
  - Innenbereich ohne Staubentwicklung IP40
  - Innenbereich mit Staubentwicklung oder Feuchtigkeit und in Außenbereichen IP65
- **Position der Leuchten**:
  Notbeleuchtung muss folgende Voraussetzungen erfüllen:
  - Ausreichende Signalisierung der Fluchtwege sichern,
  - gefährliche Bereiche wie z. B. Höhenunterschiede und Hindernisse sichtbar machen,
  - Beleuchtung so dimensionieren, dass im Notfall Panik vermieden wird und
  - Arbeitsbereiche, in denen eine Fortsetzung des Arbeitsprozesses erforderlich ist, mit ausreichender Sicherheitsbeleuchtung ausstatten (vgl. Werte der Tabelle aus „Besondere Bestimmungen").
- **Anzahl der Leuchten** (DIN 5035-5)

Beispiel: Werkstatt

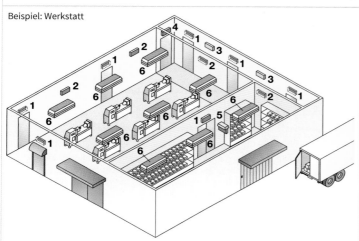

Angaben zu den Leuchten

Hinweisbeleuchtung	Position	Anzahl
↗ Person/Pfeil runter	1	7
← Person	2	4
↘ Person	4	1
← Person	5	1
Sicherheitsbeleuchtung		
	3	2
Ersatzbeleuchtung		
	6	9

Installation

- **Voraussetzungen**:
  - Gefahrloses Verlassen des Raumes oder eines Gebäudes, wenn Allgemeinbeleuchtung ausfällt.
  - Schutz von Personen und Arbeitsabläufen, damit geeignete Abschaltmaßnahmen, z. B. bei rotierenden Maschinen bzw. zur Beendigung des Arbeitsvorganges, getroffen werden können.
  - Ausbruch von Panik verhindern, sodass Personen sicher einen Rettungsweg finden.
  - Anforderungen an Funktionserhalt beachten.
- **Installationsstellen**:
  Rettungszeichenleuchten (RZL)
  - bei jeder Richtungsänderung eines Weges,
  - im Abstand $a \geq 2$ m vor jeder Niveauänderung,
  - bei Kreuzungen von Fluren und Gängen,
  - außerhalb und im Abstand $a \geq 2$ m nahe des letzten Ausgangs ① und
  - bei jeder Ausgangstür, die im Notfall benutzt werden muss.

  Sicherheitsleuchten (SL)
  bei Rettungszeichen und Notausgängen ② im Abstand
  - $a \geq 2$ m über dem Fußboden ③,
  - $a \geq 2$ m, um Treppenstufen direkt zu beleuchten ④,
  - $a \geq 2$ m vor einer Erste-Hilfe-Station ⑤ und
  - $a \geq 2$ m vor einer Einrichtung zur Brandbekämpfung oder deren Meldestation ⑥.

Beispiele: Positionen für die Sicherheitsbeleuchtung

Ausgang — Notausgang — Leuchtenabstand ≥ 2 m

① ② ③

Treppenstufen — Erste-Hilfe-Station — Brand-Meldestation

④ ⑤ ⑥

Haustechnik

Lichtsteuersysteme
Light Control Systems

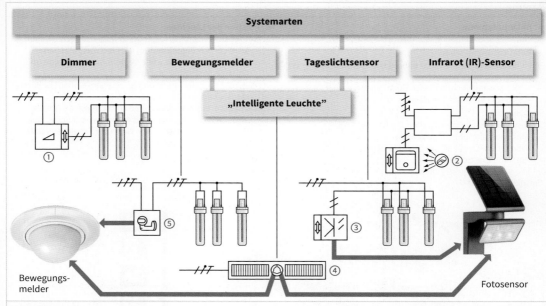

Funktionen:
- Dimmen der Beleuchtungsstärke manuell ①
- Dimmen mit Hilfe einer Fernbedienung ②
- Steuerung durch Sensor mit Abschaltverzögerung je nach Tageslichtintensität ③
- Steuerung durch Sensor je nach Tageslichtintensität mit gleichzeitiger Steuerung der Beleuchtungsstärke ④
- Steuerung der Beleuchtungsstärke durch Sensoren je nach Anwesenheit ⑤

Beispiel

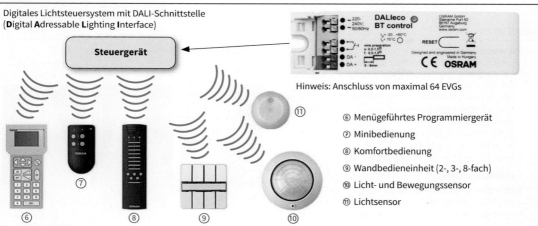

Digitales Lichtsteuersystem mit DALI-Schnittstelle
(**D**igital **A**dressable **L**ighting **I**nterface)

Hinweis: Anschluss von maximal 64 EVGs

⑥ Menügeführtes Programmiergerät
⑦ Minibedienung
⑧ Komfortbedienung
⑨ Wandbedieneinheit (2-, 3-, 8-fach)
⑩ Licht- und Bewegungssensor
⑪ Lichtsensor

- **Systemeigenschaften:**
  - Gruppenweise Lichtregelung und bewegungsabhängige Aktivierung von Lichtsystemen über Funk
  - Tageslichtabhängige Lichtregelung möglich
  - Kommunikation zwischen Zentrale (Steuergerät) und Komponenten des Lichtsteuersystems über Funk
  - Steuerfunktionen zwischen Zentrale und EVGs über Leitung
  - Einstellungen des Systems bleiben auch nach längerem Netzausfall erhalten
  - Anschluss von Leuchten über DALI-EVGs mit DIMM-Funktion (1 % ... 100 %)
  - Keine separarten Leitungen für die DALI-Schnittstelle, Verwendung der zwei nicht benötigten Adern von NYM 5 x 1,5 mm² möglich
  - Verwendung von Funkkomponenten ermöglichen schnelle Systemänderungen und Nachrüstungen ohne zusätzlichen Leitungsaufwand

Schaltungen mit Leuchtstofflampen
Circuits with Fluorescent Lamps

Vorschaltgeräte

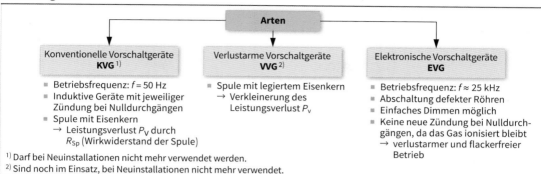

- [1] Darf bei Neuinstallationen nicht mehr verwendet werden.
- [2] Sind noch im Einsatz, bei Neuinstallationen nicht mehr verwendet.

Grundschaltungen

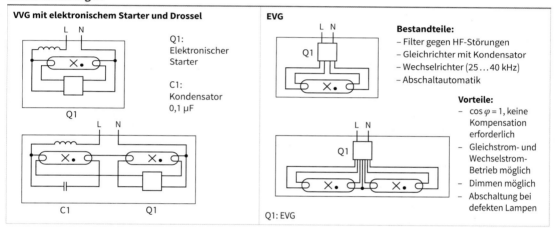

VVG mit elektronischem Starter und Drossel

Q1: Elektronischer Starter

C1: Kondensator 0,1 µF

EVG

Bestandteile:
- Filter gegen HF-Störungen
- Gleichrichter mit Kondensator
- Wechselrichter (25 ... 40 kHz)
- Abschaltautomatik

Vorteile:
- $\cos \varphi = 1$, keine Kompensation erforderlich
- Gleichstrom- und Wechselstrom-Betrieb möglich
- Dimmen möglich
- Abschaltung bei defekten Lampen

Q1: EVG

Lampen mit Vorschaltgeräten – Bestimmungen nach EG 347/2010

- **Einteilung der Vorschaltgeräte:**
  - 7 Klassen nach EEI (Energie-Effizienz-Index)
  - Dimmbare Vorschaltgeräte: A1 (auch A1 BAT [3])
  - Nicht dimmbare Vorschaltgeräte: A2 (auch A2 BAT), A3, B1, B2, C, D
    (Vorschaltgeräte der Klassen C und D: laut EG 347/2010 nicht mehr im Verkauf)
- **Zuordnung der VVGs und EVGs:**
  - Verlustarme induktive Vorschaltgeräte (VVG) in den Klassen B1 und B2
  - Elektronische Vorschaltgeräte (EVG) in den Klassen A1, A1 BAT, A2, A2 BAT, A3

[3] **BAT:** **B**est **A**vailable **T**echnology (Beste verfügbare Technik)

- **Regelung laut Verordnung**, nach der ab 2011 u. a. für nicht dimmbare Vorschaltgeräte gilt:
  - Bedingung muss mindestens den EEI von B2 erfüllen, z. B. darf bei einer 58 W-Leuchtstofflampe mit Vorschaltgerät die höchstzulässige Leistung (Systemleistung) $P \leq 67$ W sein.
- **Energielabel** für alle Lampen, die mit einem Vorschaltgerät betrieben werden:
  - Leuchtstofflampen und Lampen des Typs z. B. HQL, HQI (Gasentladungslampen)
  - Klassen (Reihenfolge nach Effizienz): A1, A1 BAT, A2, A2 BAT, A3, B1, B2

Ab **Mitte 2010** ist der Aufdruck des Labels auf der Verpackung für alle Hersteller in der EU verpflichtend.

Wirkungsgrad von Leuchtstofflampen (Auswahl)

Nicht dimmbare elektronische Vorschaltgeräte (Auswahl)						
Lampentyp	Bemessungsleistung in W	Wirkungsgrad des Vorschaltgerätes $P_{Lampe}/P_{Eingang}$				
		A2 BAT	A2	A3	B1	B2
T8	36	87,7 %	84,2 %	70,0 %	84,1 %	80,4 %
T8	58	93,0 %	90,9 %	84,7 %	86,1 %	82,2 %

Typenschild – Ausschnitt

Range of application AC 198V to 254V
Can only be used for luminaires protection class I
Ignition time < 0,3 sec.
Temp.-Test $t_c = 70°C$

warm preparation 0,5 - 7,5 mm²
a = 11 mm

EEI = A3
A 34B 633 01 DG

OSRAM

Haustechnik

Schaltungen mit Metalldampflampen
Circuits with Metal Vapour Lamps

Lampenarten

- Natrium-Niederdrucklampen
- Quecksilber-Hochdrucklampen

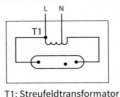

T1: Streufeldtransformator

- Halogenlampen
- Natrium-Niederdrucklampen (stabförmig)

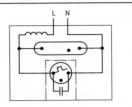

Schaltungen mit elektronischen Zündgeräten

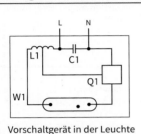

Vorschaltgerät in der Leuchte

C1 : Rückschluss-Kondensator für HF
Q1 : Impulsgenerator (Zündgerät)
L1 : Vorschaltgerät
L2 : Dämpfungsdrossel
W1 : HF-Zündleitung

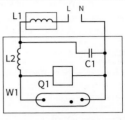

Vorschaltgerät außerhalb der Leuchte

Vorschaltgeräte für Leuchtstofflampen
Controllers for Fluorescent Lamps

Einphasiger Betrieb mit Potenziometer

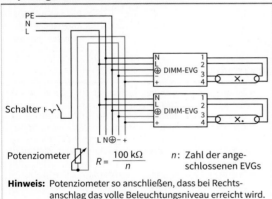

$R = \dfrac{100\ \text{k}\Omega}{n}$

n: Zahl der angeschlossenen EVGs

Hinweis: Potenziometer so anschließen, dass bei Rechtsanschlag das volle Beleuchtungsniveau erreicht wird.

Dreiphasiger Betrieb mit Schütz und Dimmer

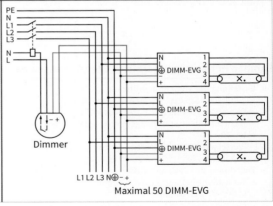

Maximal 50 DIMM-EVG

Steuerung mit DIMM-EVG

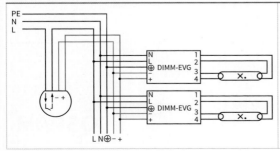

Maximale Anzahl von schaltbaren EVGs abhängig von der
- Belastbarkeit der Leitungsschutz-Schalter und
- Belastbarkeit des Schützes.

(Herstellerangaben beachten)

Anschluss:
- EVG muss geerdet sein.
- Beim Anschließen des EVG mindestens 5 cm Abstand zum Ende der Leuchtstofflampe einhalten.

Haustechnik

Installationsschaltungen mit Lampen
Installation Circuits with Lamps

Ausschaltung

Hinweis zur Installation

In Installationsgeräten der Schutzklasse II (Schutzisolierung), z. B. Schalterdosen, muss nach DIN VDE 0100-410 der Schutzleiter PE mitgeführt werden. Für die Funktion der Schaltung ist er nicht erforderlich und wurde in die folgenden Stromlaufpläne nicht eingezeichnet. In den Übersichtsschaltplänen muss der PE-Leiter berücksichtigt werden, weil damit die für die Installation wichtige Aderzahl der Leitung kenntlich gemacht wird.

Ausschaltung mit Kontrolllampe

Kontrolllampe ① leuchtet bei
- eingeschalteter Leuchte E1
- ausgeschalteter Leuchte E1, wenn sie parallel zum Ausschalter Q1 liegt.

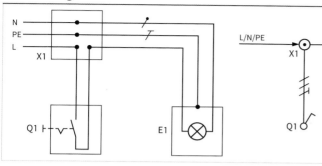

Serienschaltung

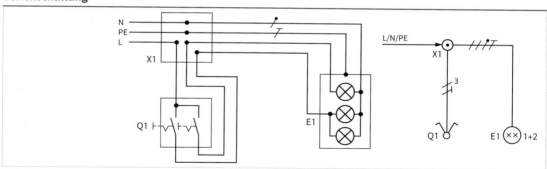

Gruppenschaltung

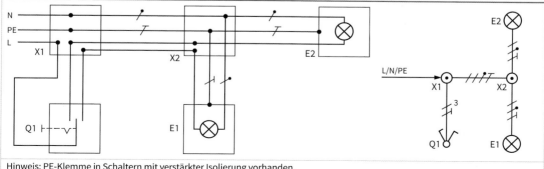

Hinweis: PE-Klemme in Schaltern mit verstärkter Isolierung vorhanden.

Haustechnik

Installationsschaltungen mit Lampen
Installation Circuits with Lamps

Wechselschaltung

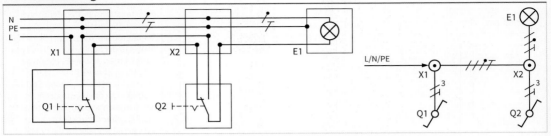

Wechselschaltung mit Kontrolllampen

Kontrolllampen leuchten bei ausgeschalteter Leuchte (Orientierungslicht).

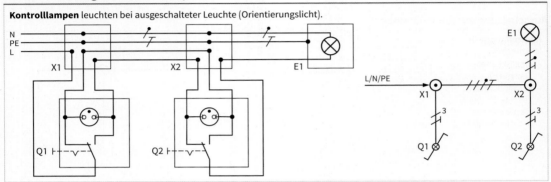

Sparwechselschaltung mit Schutzkontaktsteckdose

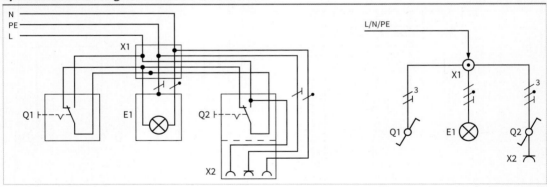

Kreuzschaltung

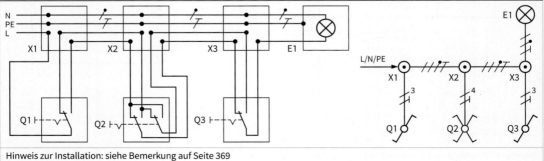

Hinweis zur Installation: siehe Bemerkung auf Seite 369

Schaltungen mit elektromagnetischen Schaltern
Circuits with Electromagnetic Switches

Stromstoßschaltung mit beleuchteten Tastern

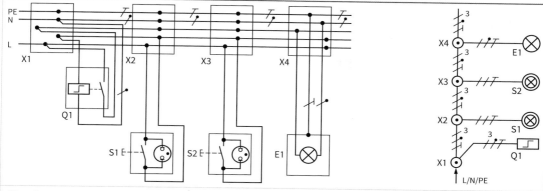

Glimmlampen

- Bei geräuscharmen Stromstoßschaltern parallel zu den Tastern (max. 30 Glimmlampen mit 1 mA) oder **Ansteuerung** von geeigneten Stromstoßschaltern auch mit Kleinspannung möglich.
- In Tastern an L- und N-Leiter anschließen, um optimale Leuchtkraft und sichere Funktion zu erzielen.

Treppenhausschaltung mit Zeitschalter (nicht nachschaltbar, d.h. Schalten erst nach Ablauf der Einstellzeit)

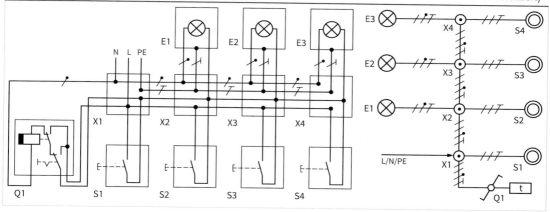

Treppenhausschaltung mit Zeitschalter (nachschaltbar, d.h. Schalten schon während der Einstellzeit)

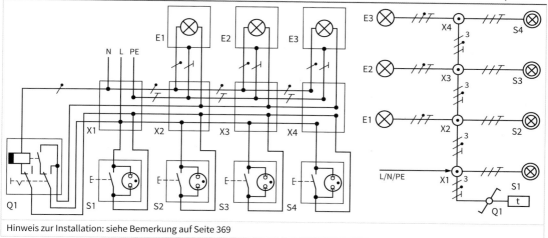

Hinweis zur Installation: siehe Bemerkung auf Seite 369

Schaltungen mit Dimmern
Circuits with Dimmers

Ausschaltung mit Tastdimmer

Einstellung mit **Einstellschalter** am Tastdimmer, z. B. **Memory-Funktion** (Lichtwertspeicherung):
- Kurzer Tastendruck:
  Beim Einschalten wird die vor dem Ausschalten eingestellte Helligkeit wieder hergestellt.
- Langer Tastendruck:
  Licht wird gedimmt.

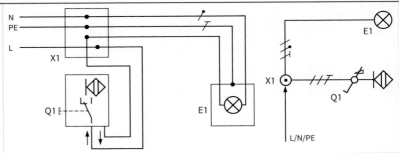

Wechselschaltung mit Tastdimmer

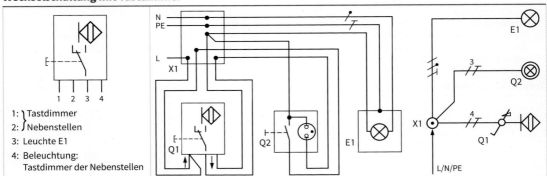

1: Tastdimmer
2: Nebenstellen
3: Leuchte E1
4: Beleuchtung: Tastdimmer der Nebenstellen

Schaltung mit Funkdimmer

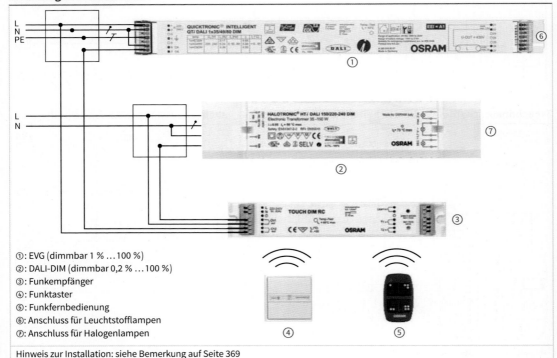

①: EVG (dimmbar 1 % ... 100 %)
②: DALI-DIM (dimmbar 0,2 % ... 100 %)
③: Funkempfänger
④: Funktaster
⑤: Funkfernbedienung
⑥: Anschluss für Leuchtstofflampen
⑦: Anschluss für Halogenlampen

Hinweis zur Installation: siehe Bemerkung auf Seite 369

Schaltungen mit Sensoren
Circuits with Sensors

Wechselschaltung mit Sensorschalter und Sensor

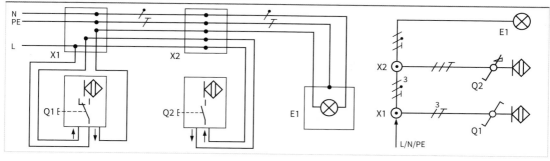

Stromstoßschaltung mit Sensortastern

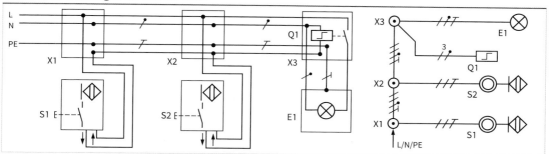

Licht- und Bewegungssensor

Hinweis: Sensor ① und Schalter Q1 an dieselbe Phase anschließen.

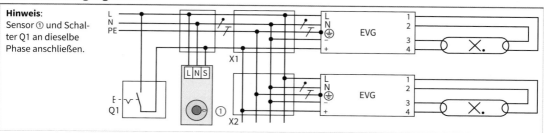

Funk-Sensor

- Ansteuerung durch Funksensor

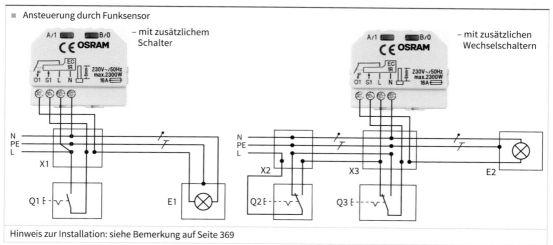

Hinweis zur Installation: siehe Bemerkung auf Seite 369

Gebäudeautomation
Building Automation

Merkmale

- Die Gebäudeautomation beinhaltet Überwachungs-, Steuer-, Regelungs- und Optimierungseinrichtungen in Gebäuden sowie Komponenten zur Dokumentation.
- Funktionsabläufe sind in der Regel gewerkeübergreifend und automatisiert.
- Sensoren, Aktoren, Bedienelemente und andere technische Komponenten sind miteinander vernetzt.

Ebenen

- **Managementebene**: Oberste Ebene, dient der Visualisierung, Bedienung und Überwachung. Mit Gateways können Verbindungen mit unterschiedlichen Systemen hergestellt werden.
- **Automatisierungsebene**: Mittlere Ebene, dient der Steuerung und Regelung. Verwendet werden z. B. das **BACnet** (**B**uilding **A**utomation and **C**ontrol **Net**works) als Netzwerkprotokoll, mit dem verschiedene Feldbusse miteinander gekoppelt werden können und als Feldbus **LON** (**L**ocal **O**perating **N**etwork).
- **Feldebene**: Unterste Ebene mit Sensoren und Aktoren, Verkabelung und/oder Funkstrecken

Normen und Vorschriften

- **DIN EN ISO 16484-1: 2011-03**: Systeme der Gebäudeautomation – Teil 1: Projektplanung und Ausführung
Die internationale Norm befasst sich mit Gebäudeautomatisierung und den benötigten Regelungs- und Steuerungssystemen
- **VDI 3814 Blatt 1: 2017-07**: Gebäudeautomation (7 Blätter)
  - Systemgrundlagen
  - Gesetze, Verordnungen, Technische Regeln
  - Hinweise für das Gebäudemanagement; Planung, Betrieb und Instandhaltung
  - Hinweise für das Gebäudemanagement; Planung, Betrieb und Instandhaltung; Schnittstelle zum Facility- Management
  - Hinweise zur Systemintegration
  - Grafische Darstellung von Steuerungsaufgaben
  - Gestaltung von Benutzeroberflächen
- **VDI 3813 Blatt 1: 2011-05**: Gebäudeautomation
Sie erläutert die Grundlagen der Raumautomation. Sie unterstützt bei der Bedarfsplanung und bietet neben der Definition von Begriffen Hilfestellung zur Schaffung eines einheitlichen Grundverständnisses für Bauherren und Planer.

Beispiel (prinzipieller Aufbau)

Zentrale Gebäudeautomation mit Dezentralisierungen

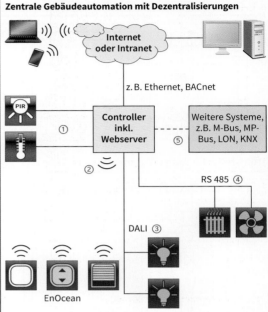

- Der Controller kann „klassische" Sensoren/Aktoren ansteuern ①,
- verfügt über eine Funkschnittstelle ② und
- regelt die Beleuchtung über **DALI** (**D**igital **A**ddressable **L**ighting **I**nterface) ③. Dies Protokoll wird zur Steuerung von lichttechnischen Betriebsgeräten, elektronischen Vorschaltgeräten (EVG) oder elektronischen Leistungsdimmern eingesetzt.
- Die Regelung der Heizung und Belüftung erfolgt über eine RS 485 Schnittstelle ④ bei der die Datenübertragung asynchron und seriell erfolgt. Dafür sind lediglich zwei Leiter erforderlich.
- Darüber hinaus können weitere Systeme angeschlossen werden ⑤.
  - **M-Bus**: **M**eter-Bus
  Mit diesem Bus werden Verbrauchswerte als Messdaten übertragen (z. B. Gas, Strom, Wärme).
  - **MP**-Bus: **M**ulti **P**oint Bus
  Es handelt sich um einen Bus zur Datenübertragung für Stellantriebe und ihre Sensoren.
  - **LON**: **L**ocal **O**perating **N**etwork
  Er ist ein Bus für die Gebäudeautomation, bei dem die Geräte miteinander kommunizieren.
  - **KNX**
  Der Feldbus für die Gebäudeautomation ist eine Weiterentwicklung des EIB.
  - **BACnet**: **B**uilding **A**utomation and **C**ontrol **Net**works
  Es handelt sich um ein Netzwerkprotokoll für die Gebäudeautomation

Funksysteme für die Gebäudeautomatisierung
Radio Systems for Building Automation

Gründe für den Einsatz

- Der Aufwand bei der Installation und/oder die Kosten drahtgebundener Systeme sind hoch.
- Eine Modernisierung bzw. Erweiterung bestehender Funksysteme ist leichter.
- Der Aufwand (Zeit und Kosten) bei Änderung bestehender Funksysteme ist gering.
- Der Komfort bestehender Anlagen kann mit Funksystemen erhöht werden.
- Die ermittelten Daten im Funksystem können angepasst, gut dokumentiert und an beliebigen Orten verarbeitet werden.

Hauptanwendungsgebiete

- Sicherheitstechnik (Meldung von Brand, Einbruch, allgemeine Zustandsüberwachung, …)
- Komfort (Bedienung von beliebigen Orten, Übersichtlichkeit, Einfachheit, …)
- Multimedia, Verteilung akustischer und visueller Signale
- Energiemanagement (Steuerung von Heizung, Licht, Wasser, …)

Eigenschaften von Funksignalen

- Als Funksignale werden elektromagnetische Wellen von 433 MHz und 868 MHz (letztere vorwiegend) verwendet. Sie breiten sich geradlinig aus.
- Bei 868 MHz im Einsatz befindlicher Funksysteme beträgt die maximale Reichweite der Signale im Freiraum etwa 30 m. Aufgrund der Dämpfung in Gebäuden sollten Sender und Empfänger maximal 15 m voneinander entfernt sein.
- Die Wellen werden durch Materialien verschieden stark gedämpft und von Metallen reflektiert.

Material	Dämpfung in %
Holz, Gipsplatten, Glas	0 bis 10
Mauerwerk, Spanplatten	5 bis 35
Beton mit Eisenarmierung	10 bis 90
Metall	90 bis 100

Standards (Auswahl)

- **EN 50090**: Offener europäischer Standard, herausgegeben von CENELEC, elektrische Systemtechnik für Heim und Gebäude
- **EnOcean**: Batterielose Funksensoren, Reichweite bis zu 30 m im Gebäude, 300 m im Freifeld
- **HomeMatic**: Funksystem für die Hausautomation, ähnliche Leistungsmerkmale wie KNX-Systeme
- **KNX-RF**: Funkversion des KNX-Standards
- **ZigBee**: System mit geringem Datenaufkommen, Netzwerke von 10 m bis 100 m
- **Z-Wave**: System mit geringem Energiebedarf, hohe Kommunikationssicherheit

Kriterien für die Auswahl und Einrichtung

- Konfiguration über PC (Schnittstellen, Internetzugang, Registrierung, …)
- Konfigurationsoberfläche (Übersichtlichkeit, Einarbeitungszeit, Hilfefunktionen, …)
- Internetzugriff
- Kommunikation bidirektional
- Energieversorgung (drahtgebunden, autark, ohne)
- Servicematerial des Herstellers
- Funkprotokoll (Standard, systemspezifisch)
- Gateway-Einsatz (Übergang zu KNX, LON, BACnet, …)

Planungs- und Montagehinweise

- Eine **Abschottung** der Signale kann ggf. durch Brandschutzwände, Aufzugschächte, Treppenhäuser hervorgerufen werden. Abhilfe: Repeater

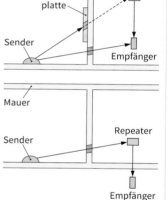

- Der Winkel, mit dem das gesendete Signal auf die Wand trifft (**Durchdringungswinkel**), verändert die effektive Wandstärke. Nach Möglichkeit sollte das Signal senkrecht durch die Wand laufen.

- Durch zentral platzierte Repeater erreicht man eine optimale **Funkabdeckung** in Gebäuden.

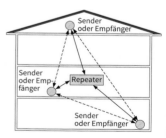

- Vor der Installation sollten **Reichweitentests** durchgeführt werden, um „ungünstige" Bedingungen herauszufinden.

- Die **Empfangsantennen** des Sensors sollten nicht an der gleichen Wand wie der Sender montiert sein. Sinnvoll sind gegenüberliegende Wandflächen.

Energieautarke Funksensoren
Energy Autonomous Radio Sensors

Merkmale

- Die Systeme sind so aufgebaut, dass sie mit einem Minimum an elektrischer Energie funktionsfähig sind. Mit dieser Energie lassen sich Signale senden und empfangen.
- Die elektrische Energie wird nach dem **Energy-Harvesting-Prinzip** (Energie-Ernte) gewonnen, die in entsprechenden Umgebungen zur Verfügung steht. Eine Versorgung mit elektrischer Energie über Leitungen oder Batterien entfällt. Die Systeme sind somit autark und ständig einsatzfähig.

Vor- bzw. Nachteile gegenüber herkömmlichen Sensoren

- Energieeinsparung
- Flexible Anwendungsfälle möglich
- Wartungsfreiheit
- Besondere ökologische Verträglichkeit
- Geringe Kosten für Installation, Sanierung und Erweiterung
- Höhere Sensorkosten

Energie-Gewinnung

- Durch Krafteinwirkung (Druck, Vibration) lassen sich mit **piezoelektrischen Kristallen** elektrische Spannungen erzeugen.
- Mit **thermoelektrischen Kristallen** lassen sich durch Temperaturunterschiede Spannungen erzeugen (Peltier-Effekt, Entdecker: Jean Peltier, 1785-1845).
- Mit Antennen kann **elektromagnetische Strahlung** des Umfeldes genutzt werden (Beispiel: passive RFIDs).
- Elektrische Energie kann aus der Umgebungsbeleuchtung gewonnen werden (**Photovoltaik**).

Beispiel eines energieautarken Systems

Solar-Raumgerät
Prinzip:
Elektrische Energiegewinnung durch Umweltbeleuchtung (Solarzelle)
Funktion:
– Ventilationsstufen und Raumbetriebsart ①
– Sollwertregler ②

Wandsender
Prinzip:
Elektrische Energiegewinnung durch Tastenbetätigung (mechanisch)
Funktionsbeispiele:
– Ein/Aus/Dimmen ③
– Licht- und Beschattungssteuerung ④

Beispiele

- **Bewegungs-Energiewandler**

  – Die Energie wird aus der Schalterbewegung beim Tastendruck gewonnen. Sie kann zum Betrieb eines Sendemoduls verwendet werden.

  – Energieeingabe:
  $W = 120\ \mu J$

  – Abmessungen:
  29,3 x 19,5 x 7,0 mm

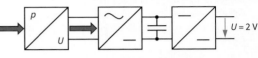

Wirkungsgrad ca. 82 %

- **Thermo-Energiewandler**

  – Die elektrische Energie wird durch ein Peltier-Element aus der Umgebungswärme gewonnen.

  – Geeignet für Sensoren und Aktoren

  – Bei zwei Kelvin Temperaturdifferenz werden ca. 20 mV Ausgangsspannung erzielt.

  – Abmessungen:
  15 x 16 x 5 mm

- **Licht-Energiewandler**

  – Sendermodul zur Umsetzung drahtloser und wartungsfreier Sensoren, z. B. Temperatursensoren und Raumbediengeräte.

  – Die Energieversorgung des Moduls erfolgt über eine Solarzelle. Versorgungsunterbrechungen können durch ein Speicherelement überbrückt werden.

  – Das Modul besitzt eine benutzerkonfigurierbare zyklische Wake-up-Funktion mit Versand eines Funktelegrammsignals.

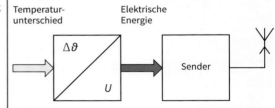

Hauskommunikationsanlagen
Domestic Intercom Systems

DIN 18015-2: 2010-11

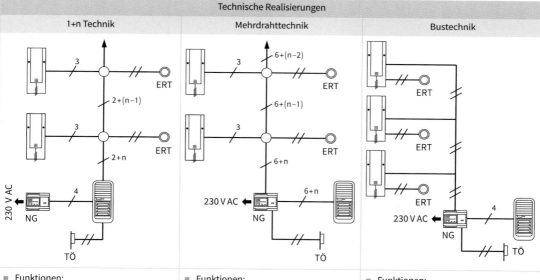

Anforderungen

- Installation einer **Klingelanlage** in jeder Wohnung (DIN 18015-2)
- Anlage über separaten Stromkreis absichern
- Bei mehr als zwei Wohnungen in einem Gebäude ist zusätzlich eine **Türöffneranlage** in Verbindung mit einer **mithörgesperrten Türsprechanlage** (Wechsel- oder Gegensprechanlage) vorzusehen.
- Optional ist auch die Installation einer Sprechanlage mit integrierter **Bildübertragung** möglich.
- Das Klingeltableau muss bei Dunkelheit ausreichend beleuchtet sein. Sofern bei Dunkelheit keine ständige Beleuchtung vorgesehen ist, muss die Beleuchtung im Bedarfsfall automatisch einschalten.

Technische Realisierungen

1+n Technik

- Funktionen:
  - Türruf,
  - Etagenruftaste (ERT),
  - Türöffnung (TÖ),
  - Sprechverbindung,
  - Licht schalten
- Adernsparendes System, da neben einer gemeinsamen Ader nur jeweils eine zusätzliche Ader (Rufader) von der Türstation zum Haustelefon führt.
- Durch zusätzliche Geräte sind weitere Funktionen möglich, z. B. internes Sprechen, Etagen-Türstation.
- Zusätzliche Erweiterung zur Bildübertragung ist möglich.
- Bei der Leitungsverlegung sind die max. Leitungslängen der Hersteller zu beachten.

Mehrdrahttechnik

- Funktionen:
  - Türruf,
  - Etagenruftaste (ERT),
  - Türöffnung (TÖ),
  - Sprechverbindung
- Mehrere Adern führen von der Türstation zu den Haustelefonen.
- Die Anzahl der Adern ist vom Funktionsumfang abhängig, z. B. mithörgesperrt.
- Durch zusätzliche Geräte sind weitere Funktionen möglich, z. B. Türumschaltung (mehrere Türen), Codeschloss, usw.

Bustechnik

- Funktionen:
  - Türruf,
  - Etagenruftaste (ERT),
  - Türöffnung (TÖ),
  - Sprechverbindung
- Geringer Installationsaufwand durch den Einsatz eines 2-Draht-Busses zur Kommunikation zwischen den Geräten
- In größeren Anlagen Erweiterung der Struktur durch mehrere Haupt- und Etagenbuslinien
- Zusätzliche Erweiterung zur Bildübertragung ist möglich
- Bei der Leitungsverlegung (Linienanzahl) sind die Herstellerangaben zu beachten.

Betriebsmittel:
- Netzgerät
- Haustelefone
- Türstation
- Türöffner

Haustechnik

Video-Tür-Überwachungsanlagen
Video Door Intercom Systems

Merkmale

- Übertragung der Bilddaten erfolgt entweder über ein Busnetz oder eine separat verlegte Leitung (Koaxialkabel oder 2-Draht-Busleitung).
- Buslinien zur Videoübertragung müssen mit **Abschlusswiderständen** versehen werden.
- Auswahl und Montageposition des Kameramoduls ist ausschlaggebend für die Bildqualität.
- Kamera nicht an Orten mit folgenden Bedingungen montieren:
  - Direkte Sonneneinstrahlung ①
  - Direktes Gegenlicht ②
  - Vor Hintergründen mit hoher Helligkeit (z. B. Leuchten oder reflektierende Hauswände)

- **Kamerablickwinkel** lässt sich über das Haustelefon in Grenzen manuell einstellen.
- **Brennweite** des Kameraobjektives beeinflusst den zu betrachtenden Abstand und die Breite des Objektes:
  - Brennweite 3,8 mm: bei 2 m Abstand → Breite = 3,5 m
  - Brennweite 8 mm: bei 2 m Abstand → Breite = 1,0 m

Kameradaten	
Bildsensor	CCD 725 x 582 Bildpunkte
Farbsystem	PAL
Blickwinkel	60° vertikal 80° horizontal
Verstellbereich	30° vertikal 30° horizontal
Spannungsversorgung	20 V … 30 V DC
Stromstärke	maximal 120 mA
Temperaturbereich	−20 °C … +40 °C
Funktionen	− autom. Tag-/Nachtumschaltung − integrierte Heizung

PIR – Passiv-IR-Bewegungsmelder
PIR – Passive-IR-Motion Detector

Auswahlkriterien

- Erfassungsbereich:
  - Reichweite, z. B. 12 m
  - Erfassungswinkel, z. B. 120°, 360°
- Montageort:
  - Innen- bzw. Außenbereich
  - Wand bzw. Decke (Auf-/Unterputz)
  - Integriert in Leuchte
- Schaltleistung, z. B. Glühlampe max. 2000 W
- Funktionsumfang:
  - Fernbedienung
  - Unterschiedliche Programme wählbar, z. B. Dimmen der Beleuchtung bei Dämmerung
  - Steuersignale per Funk übertragen
- Aufbau eines Melders:

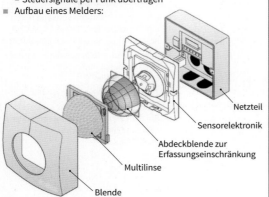

Schaltungen

- Wählbarer Hand- und Automatikbetrieb

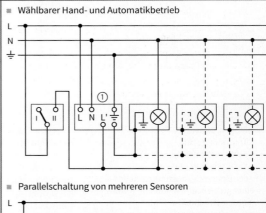

- Parallelschaltung von mehreren Sensoren

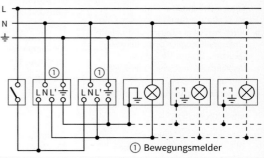

① Bewegungsmelder

Rufanlagen
Call Systems

DIN VDE 0834-1: 2016-06

Gesetzliche Anforderungen

- Rufanlagen (häufig auch als Lichtrufanlage bezeichnet) dienen zum Herbeirufen bzw. Suchen von Personen und geben Informationen weiter.
- Sie werden eingesetzt, wo eine Gefahr für den Rufenden bzw. Dritte besteht, z. B. in
  - Krankenhäusern,
  - Alten- und Seniorenheimen,
  - Pflegeheimen,
  - Forensischen Kliniken oder
  - Justizvollzugsanstalten.

Merkmale

- Jedes Bett verfügt über einen **roten Ruftaster**.
- Der Ruf wird in unmittelbarer Nähe des Rufenden **optisch bestätigt** und in alle Zimmer, in denen sich Hilfe leistende Personen aufhalten, akustisch **nachgesendet**.
- Aufenthalt des Personals in einem Raum muss über die **Anwesenheitstaste** bestätigt werden.
- Ruffunktion muss **uneingeschränkte Priorität** vor allen anderen Diensten haben.
- Die Hilfe leistende Person muss über den Ruftaster zusätzliche Hilfe rufen können (Notruf).
- Eine Leuchte vor jedem Raum zeigt mindestens den Ruf (rot) und die Anwesenheit (grün) an.
- Rufauslösung erfolgt innerhalb einer Sekunde und muss das Personal in fünf Sekunden erreichen.

Installation

- Eine Rufanlage muss über ein eigenständiges und unabhängiges **Leitungs- und Übertragungsnetz** verfügen und unabhängig von Fremdgewerken funktionieren.
- Geräte der Rufanlage dürfen Funktionen der
  - Fernmelde- (Telefon),
  - Medien- (Rundfunk, Fernsehen) und
  - Gebäudetechnik (Lichtsteuerung)
  mit übernehmen.
- Energieversorgung der Anlage:
  - ≤ 30 V AC bzw. 60 V DC
  - über Notstromversorgung gepuffert
- Montagehöhen von Betriebsmitteln:
  - Ruf- und Abstelltaster: 0,7 m ... 1,5 m
  - Bedienelemente für Rollstuhlfahrer: 0,85 m
  - Bedienelemente mit Display: 1,5 m ... 1,8 m
  - Medizinische Versorgungseinheiten: 1,6 m ... 1,8 m
  - Signalleuchten: 1,5 m ... 2,2 m
- Ruftaster mit Zugschnur müssen so lang sein, dass sie auch von am Boden liegenden Personen betätigt werden können.
- Zentrale Steuereinheiten nur in trockenen Räumen jedoch nicht im Patientenzimmer montieren.

Pflegezimmer:

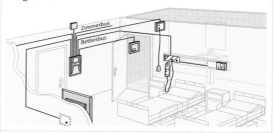

Stationsbad:

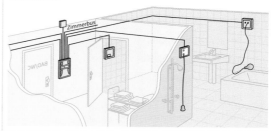

Rufauslösung

- Die sichere Rufauslösung muss jederzeit und ohne Anstrengung gewährleistet sein, z. B. über
  - Ruf- ① bzw. Zugtaster ②,
  - Pneumatische Ruftaster ③,
  - Alarmtrittmatte ④ und
  - Geräuschmelder ⑤.

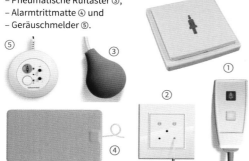

Inbetriebnahme und Instandsetzung

- Vor Inbetriebnahme muss von einer Fachkraft für Rufanlagen eine **Abnahmeprüfung** (DIN VDE 0834-1) durchgeführt werden.
- Bei größeren Anlagen empfiehlt sich eine Abnahme in Teilschritten.
- Der Errichter muss mit Hilfe der Herstellerunterlagen eine **ausführliche Dokumentation** erstellen.
- Der **Betreiber der Anlage** muss insbesondere das Pflegepersonal über die Funktion und den Betrieb der Anlage informieren und schulen.
- **Funktionsstörungen** müssen unverzüglich dem Betreiber gemeldet werden. Diese müssen im Betriebsbuch der Anlage dokumentiert und durch Fachkräfte umgehend instand gesetzt werden.
- **Inspektionsintervalle**:
  - 4 x jährlich: Ruftaster, Signalleuchten, Energieversorgung
  - 1 x jährlich: Geräte zur Auslösung, Anzeige, Abfrage und Abstellung von Rufen

Haustechnik

Ausstattungsempfehlungen für elektrische Anlagen in Wohngebäuden [1]
Equipment Recommendations for Electrical Systems in Residential Buildings

[1] Nach HEA: Fachgemeinschaft für effiziente Energieanwendung e. V.;
nach RAL-RG 678, 03.2011 (RAL: Deutsches Institut für Gütesicherung und Kennzeichnung)

Ausstattungswert		Küche	Bad	Wohnzimmer bis/ab 20 m²	Je Schlaf-, Kinder-, Gäste-, Arbeitszimmer, Büro bis/ab 20 m²	Flur bis/ab 3 m²	zur Wohnung geh. Keller-/Bodenraum, Garage
	Anzahl der Steckdosen, Beleuchtungs- und Kommunikationsanschlüsse						
Mindestausstattung *	Steckdosen allgemein	5	2	4/5	4/5	1/1	1
	Beleuchtungsanschlüsse	2	2	2/3	1/2	1/2	1
	Telefon-/Datenanschluss (IuK)			1	1	1	
	Steckdosen für Telefon/Daten			1	1	1	
	Radio-/TV-/Datenanschluss (RuK)	1		2	1		
	Steckdosen für Radio/TV/Daten	3		6	3		
	Anschluss für Lüfter		1				
	Rollladenantriebe	Anschlüsse entsprechend der Anzahl der Antriebe					
	Beleuchtungs- und Steckdosenstromkreise	Wohnfläche in m² bis 50 / über 50 bis 75 / über 75 bis 100 / über 100 bis 125 / über 125			Stromkreise 3 / 4 / 5 / 6 / 7			
Standardausstattung **	Steckdosen allgemein	10	4	8/11	8/11	2/3	2
	Beleuchtungsanschlüsse	3	3	2/3	2/3	2/2	1
	Telefon-/Datenanschluss (IuK)	1		1/2	1/2	1	
	Steckdosen für Telefon/Daten	2		2/4	2/4	2	
	Radio-/TV-/Datenanschluss (RuK)	1		2/3	1		
	Steckdosen für Radio/TV/Daten	3		6/9	3		
	Anschluss für Lüfter		1				
	Rollladenantriebe	Anschlüsse entsprechend der Anzahl der Antriebe					
	Beleuchtungs- und Steckdosenstromkreise	1	1	1/2	1/2		1
Komfortausstattung ***	Steckdosen allgemein	12	5	10/13	10/13	3/4	2
	Beleuchtungsanschlüsse	3	3	3/4	3/4	2/2	1
	Telefon-/Datenanschluss (IuK)	1	1	1/2	1/2	1	
	Steckdosen für Telefon/Daten	2	2	2/4	2/4	2	
	Radio-/TV-/Datenanschluss (RuK)	1	1	2/3	2		
	Steckdosen für Radio/TV/Daten	3	3	6/9	6		
	Anschluss für Lüfter		1				
	Rollladenantriebe	Anschlüsse entsprechend der Anzahl der Antriebe					
	Beleuchtungs- und Steckdosenstromkreise	1	1	1/2	1/2	1	1

Betrieb und Umfeld 11

Organisation und Abläufe

- 382 Betriebsgründung
- 383 Rechtsformen von Unternehmen
- 384 AGB – Allgemeine Geschäftsbedingungen
- 384 Überlassung von Eigentum
- 385 Rechtsgeschäfte
- 386 Geschäftsprozesse
- 387 Werbung
- 388 Kundengespräch
- 389 Visualisierung und Präsentation
- 390 Angebot
- 391 Auftragsvergabe
- 392 Beschaffung
- 393 Preise
- 394 Kalkulation und Kosten
- 395 Rechnungsstellung
- 395 Mahnverfahren
- 396 Nicht-Rechtzeitig-Leistung
- 397 Mängel und Haftung
- 398 Lastenheft, Pflichtenheft
- 399 Projektmanagement
- 400 Qualitätsmanagement
- 401 DIN EN 9001
- 402 Werkstattausrüstung

Arbeitssicherheit

- 403 Betriebssicherheitsverordnung (BetrSichV)
- 404 Brandschutzordnung
- 405 Brandbekämpfung
- 406 Entsorgung
- 407 Verpackung und Umweltschutz
- 408 Gefahrstoffverordnung
- 409 Einstufungs- und Kennzeichnungssystem für Chemikalien nach GHS
- 409 REACH-Verordnung
- 410 Umweltvorschriften
- 411 Arbeitsverantwortlichkeiten
- 412 Arbeitsschutz und Umweltschutzrecht
- 413 Verhalten bei Notfällen
- 414 Unfall und Unfallschutz
- 415 Arbeitsschutz
- 416 Persönliche Schutzausrüstung
- 417 Bildschirm- und Büroarbeitsplätze
- 418 Prüfsiegel
- 419 Arbeitsorganisation
- 420 Tritte und Leitern
- 421 Heben und Tragen
- 422 Gefährdungsbeurteilung
- 423 CE-Richtlinien
- 424 Kritische Infrastrukturen – KRITIS

Betriebsgründung
Foundation of a Company

Anmeldung eines handwerklichen Gewerbes

Handwerkskammer	Gewerbeamt
■ Die Handwerkskammer hat ein Verzeichnis zu führen, in dem die selbstständigen Handwerker eingetragen sind (Handwerksrolle). ■ Für Handwerksbetriebe besteht die Pflichtmitgliedschaft. ■ In die Handwerksrolle können auch Absolventen deutscher Hochschulen eingetragen werden, wenn eine entsprechende Gesellenprüfung oder drei Jahre Fachpraxis vorliegen.	■ Laut Gewerbeordnung muss der selbstständige Betrieb eines bestehenden Gewerbes der zuständigen Gemeinde angezeigt werden (Gewerbeamt/Gemeindeamt). ■ Gewerbeamt gibt Mitteilung über Gewerbeanzeige u.a. weiter an: – Finanzamt – Handwerkskammer – Staatliches Amt für Arbeitsschutz und Sicherheitstechnik – Berufsgenossenschaft – AOK, Arbeitsamt

Meldepflicht bei Gewerbeanmeldung

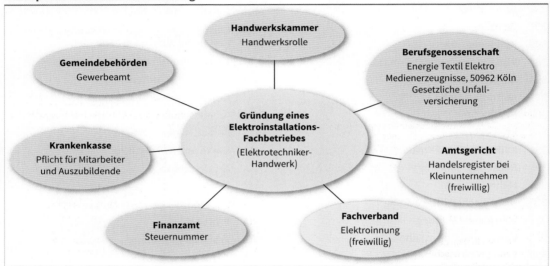

HWO – Handwerksordnung

- Die Handwerksordnung legt fest, dass selbstständige Gewerbeausübung an den großen Befähigungsnachweis (Meisterprüfung) gekoppelt ist.
- Handwerker können in verwandtem Handwerk ohne zusätzliche Mesiterprüfung tätig sein.
- Die HWO von 1998 legt 94 Vollhandwerke fest, darunter drei elektrotechnische.
- Für Ausübungsberufe können mehrere Ausbildungsordnungen (Ausbildungsberufe) erlassen werden.
- §5 und §7a der HWO ermöglichen Arbeiten in anderen Gewerken, falls sie technisch oder fachlich mit dem eigenen Gewerk zusammenhängen oder dieses wirtschaftlich ergänzen.

Handwerkliche Elektroberufe

Ausübungsberuf (Meisterprüfung)	Elektromaschinenbauer	verwandte Ausübungsberufe	Elektrotechniker	verwandte Ausübungsberufe	Informationstechniker
Ausbildungsberuf (Gesellenprüfung)	Elektroniker/-in für Maschinen- und Antriebstechnik		■ Elektroniker/-in mit den Fachrichtungen – Energie- und Gebäudetechnik – Automatisierungstechnik – Informations- und Telekommunikationstechnik ■ Systemelektroniker/-in		Informationselektroniker/-in mit den Schwerpunkten – Bürosystemtechnik – Geräte- und Systemtechnik

Rechtsformen von Unternehmen
Legal Forms of Companies

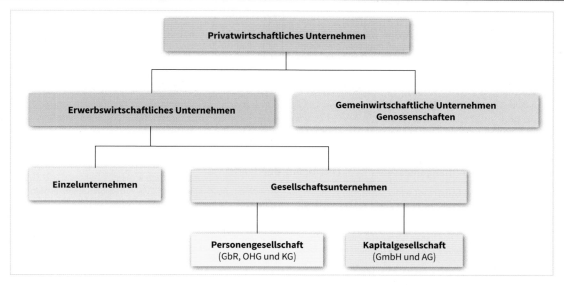

Unternehmen/Unternehmung

Marktwirtschaftliche Einheit mit
- selbstständiger Wirtschaftsplanbestimmung und
- Verfolgung des erwerbswirtschaftlichen Prinzips (Gewinnmaximierung) bei eigenem Risiko.

Ein Unternehmen kann aus mehreren Betrieben bestehen.

Betrieb

- Örtlich begrenzte Wirtschaftseinheit zur Erstellung von Sachgütern und Dienstleistungen.
- Durch Kombination der Produktionsfaktoren werden die Leistungen unter Beachtung des Wirtschaftlichkeitsprinzips erstellt und vertrieben.

Rechtsform einer Unternehmung

Die Rechtsform legt die Unternehmensstruktur mit externer und interner Wirksamkeit fest.

- **Extern** werden die Rechtsbeziehungen zwischen der Unternehmung mit außenstehenden Personen, anderen Unternehmen und dem Staat festgelegt.
- **Intern** werden durch die Rechtsform u. a. die Rechte und Pflichten der einzelnen Gesellschafter zueinander festgelegt.
- Im Rahmen der inneren Organisation wird durch die Rechtsform u. a. die Leitungsbefugnis vorgegeben.

Eigenschaften

Rechtsform	Gründung/Führung	Merkmale
Einzelunternehmung	<ul><li>Einzelne Person gründet und leitet das Unternehmen.</li><li>Eigentümer ist voll verantwortlich und haftet mit seinem Gesamtvermögen.</li></ul>	<ul><li>Kein Eintrag ins Handelsregister.</li><li>Kein Mindestkapital erforderlich.</li></ul>
Gesellschaft bürgerlichen Rechts (**GbR**) auch BGB-Gesellschaft	<ul><li>Mindestens zwei Gesellschafter gründen und leiten die GbR.</li><li>Bei gemeinsamem Gesellschaftsvermögen besteht gemeinsame Haftung.</li></ul>	<ul><li>Kein Eintrag ins Handelsregister, daher kein offizieller Firmenname.</li><li>Es reicht ein formfreier Gesellschaftsvertrag ohne Vorgabe von Mindestkapital.</li></ul>
Gesellschaft mit begrenzter Haftung (**GmbH**)	<ul><li>Gesellschafter legen im Gesellschaftsvertrag die Höhe des Stammkapitals (mindestens 25.000 €) und die Geschäftsführer fest. Grundsätzlich genügt ein Gesellschafter.</li><li>Die Haftung ist auf das Gesellschaftsvermögen beschränkt. Von diesem ist die Kreditwürdigkeit abhängig.</li><li>Anteil eines Gesellschafters, auch Stammkapital beträgt mindestens 250 €.</li></ul>	<ul><li>Gesellschaftsvertrag (auch Satzung) muss notariell beurkundet werden.</li><li>Die Eintragung ins Handelsregister ist vorgeschrieben. Dadurch wird die GmbH zur juristischen Person.</li><li>Pro Geschäftsjahr sind eine Bilanz sowie eine Gewinn- und Verlustrechnung zu erstellen.</li></ul>

Betrieb und Umfeld

AGB – Allgemeine Geschäftsbedingungen
General Standard Terms and Conditions

Merkmale	Absichten
- Eine AGB wird von einer Vertragspartei einseitig aufgestellt, ohne dass vorher die einzelnen Punkte im Einzelnen zwischen den Vertragsparteien ausgehandelt worden sind. - AGBs können von einzelnen Wirtschaftsbereichen bzw. Unternehmen aufgestellt werden (z. B. Groß- und Einzelhandel, Transportunternehmen, Banken). **Ausführung:** Oft in klein gedruckter Form auf der Rückseite von Angeboten bzw. Verträgen	- Vereinfachung von Massenverträgen durch vorformulierte Verkaufsbedingungen, Pflichten usw. - Risikobegrenzung für den Verkäufer durch Einschränkung von Vertragspflichten **Vereinbarungsbeispiele:** Liefer- und Zahlungsbedingungen, Zahlungsweise, Erfüllungsort, Gerichtsstand, Lieferzeit, Eigentumsvorbehalt, Gewährleistungsansprüche bei Mängeln, Verpackungs- und Beförderungskosten.

Schutz gegenüber unangemessener Benachteiligung durch AGB

- Verkäufer muss auf AGB hinweisen.
- AGB müssen für die Käufer leicht erreichbar und gut lesbar sein.
- Käufer muss den AGB zustimmen. Erst dann wird der Kauf rechtsverbindlich.
- Persönliche Absprachen haben Vorrang (auch mündliche Absprachen). Problem: Beweis unter Umständen schwierig
- Ausschluss oder Einschränkung von Reklamationsrechten sowie Haftung bei grobem Verschulden ist verboten.
- Verbot von Preiserhöhungen innerhalb der ersten vier Monate. Danach sind begründete Erhöhungen möglich.
- Rücktritt bzw. das Recht auf Schadenersatz bei zu später Lieferung darf nicht ausgeschlossen werden.

Überlassung von Eigentum
Passage of Ownership

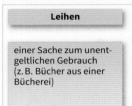

Leihen	Mieten	Pachten	Leasen
	Überlassen		
einer Sache zum unentgeltlichen Gebrauch (z. B. Bücher aus einer Bücherei)	einer Sache gegen Zahlung eines vereinbarten Mietpreises (z. B. Mietvertrag für eine Wohnung)	von Sachen und Rechten, einschließlich der Nutznießung, gegen Zahlung eines Pachtzinses (z. B. Pachtvertrag für eine Weide)	von Sachen durch Vermietung oder Verpachtung (Übernahme möglich)

Leasing

Merkmale:
Nutzung von Investitionsgütern (z. B. Maschinen, Fahrzeuge) ohne Kauf (Mieten).
Gegen Zahlung von festgelegten Raten stellt der Leasinggeber dem Leasingnehmer die gewünschten Investitionsgüter zur beliebigen Nutzung zur Verfügung.
Während der gesamten Mietzeit sind die Investitionsgüter Eigentum des Leasinggebers.

Arten des Leasings:
- Beim **direkten Leasing** ist der Hersteller oder eine dafür speziell eingerichtete Gesellschaft der Leasinggeber.
- Beim **indirekten Leasing** ist ein vom Hersteller unabhängiges Unternehmen der Leasinggeber.

Vorgang beim indirekten Leasing

Rechtsgeschäfte
Legal Transactions

Mehrseitige Rechtsgeschäfte (Verträge)	Einseitige Rechtsgeschäfte (Verträge)
Sie werden rechtswirksam durch - mindestens **zwei** übereinstimmende Willenserklärungen (Antrag und Annahme). **Beispiele für Vertragsarten**: - Darlehensvertrag – Reisevertrag - Dienstvertrag – Schenkung - Kaufvertrag – Tauschvertrag - Leihvertrag – Werklieferungsvertrag - Mietvertrag – Arbeitsvertrag - Pachtvertrag – Ausbildungsvertrag	Sie werden rechtswirksam durch - die Willenserklärung einer Person.

Empfangsbestätigung erforderlich	Empfangsbestätigung nicht erforderlich
Rechtsgeschäft wird erst wirksam, wenn sie der anderen Person zugeht. **Beispiele**: – Kündigung – Mahnung	Rechtsgeschäft wird gültig, ohne dass sie einer anderen Person zugeht. **Beispiel**: – Testament

Nichtigkeit von Rechtsgeschäften	Anfechtung von Rechtsgeschäften

Ein Rechtsgeschäft ist von Anfang an ungültig bei einer **Willenserklärung**
– von Geschäftsunfähigen,
– von beschränkt Geschäftsfähigen gegen den Willen des gesetzlichen Vertreters,
– die bei Störung der Geistesfähigkeit abgegeben wurde,
– die gegenüber einer anderen Person, mit deren Einverständnis nur zum Schein (Scheinvertrag) abgegeben wurde,
– die nicht ernst gemeint war,
– die nicht in der vorgeschriebenen Form abgeschlossen wurde,
– die gegen Gesetze verstößt und
– die gegen gute Sitten verstößt.
	Rechtsgeschäfte können im Nachhinein durch Anfechtung ungültig werden.
	Sie sind jedoch bis zur Klärung gültig!
	
	Anfechtungsgründe bei:
	- Irrtum
	  – in Erklärungen (z. B. Mengenbestellung),
	  – über die Eigenschaften einer Person oder Sache und
	  – bei der Übermittlung (z. B. falsche Weitergabe).
	- Drohungen zur Abgabe einer Willenserklärung.
	- Arglistiger Täuschung (z. B. gebrauchter PKW wird als unfallfrei angegeben, obwohl dieses nicht zutrifft)

Möglichkeiten der Entstehung von Kaufverträgen

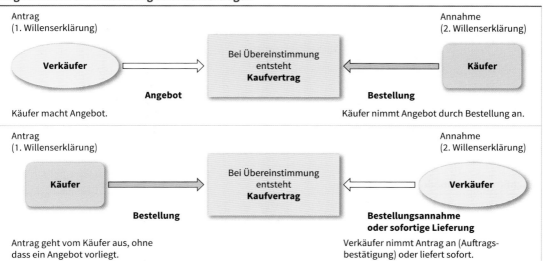

Geschäftsprozesse
Business Processes

Merkmale

- Die Organisationsformen in Firmen und Unternehmen haben sich in der Vergangenheit entwickelt von der
  - Funktions-Organisation über die
  - Ablauf-Organisation zur
  - **Geschäftsprozess-Organisation.**
- Diese heute überwiegend angewendete Form einer Unternehmens-Organisation ist u. a. entstanden durch
  - zunehmenden Konkurrenzdruck,
  - Internationalisierung des Handels,
  - kurze Produktlebenszyklen und
  - Kostenoptimierung.
- Vorteile (Ziele) dieser **Prozessorientierung** sind u. a.
  - strikte Kundenorientierung,
  - funktionsüberschreitende Verkettung wertschöpfender Aktivitäten,
  - Flexibilität in der Reaktion auf Kundenanforderungen,
  - Kostentransparenz und
  - wenige definierte Schnittstellen im Durchlauf.
- Der Begriff Prozess beschreibt dabei alle Aktivitäten
  - die inhaltlich abgeschlossen und
  - zeitlich und sachlogisch aufeinander folgend ein betriebswirtschaftliches Objekt bearbeiten.
- In der Regel binden Geschäftsprozesse auch die Aktivitäten von Zulieferern, Kunden und ggf. von Konkurrenten mit ein.

- Grundsätzlich gibt es drei Prozesstypen:
  - Kernprozesse
  - Supportprozesse (unterstützende Prozesse)
  - Managementprozesse
- **Kernprozesse**
  - haben direkten Bezug zum Produkt oder der Dienstleistung,
  - tragen zur direkten Wertschöpfung des Unternehmens bei und
  - werden vom externen Kunden direkt wahrgenommen.
- **Supportprozesse**
  - sind für den Ablauf der Kernprozesse notwendig,
  - werden vom externen Kunden nicht direkt wahrgenommen und
  - bringen keine direkte Wertschöpfung.
- **Managementprozesse**
  - steuern und koordinieren die Supportprozesse und
  - sorgen insgesamt für das Zusammenspiel aller Teilprozesse.
- Grundsätzlich erzeugen die in einem Prozess verbundenen Aktivitäten das für einen externen Kunden das gewünschte Resultat entsteht.
- Beispiele für Geschäftsprozesse sind u. a.:
  - Bearbeitung eines Kundenauftrages
  - Abwicklung einer Reklamation
  - Durchführung einer Entwicklung

Beispiel

Beispiele:

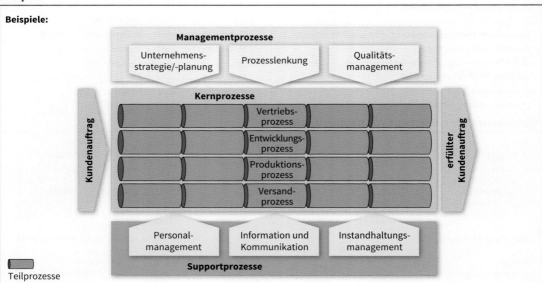

Geschäftsprozessmodelle

- Geschäftsprozessmodelle sind in der Regel unternehmensspezifisch zu modellieren.
- Grundlage für die Modellierung ist dabei immer die Definition der **Kernleistung** eines Unternehmens.
- Große Unternehmen mit mehreren Geschäftseinheiten verwenden in der Regel standardisierte Modelle.
- Die durchgängige Prozesslandschaft ermöglicht damit einen effizienten Leistungsaustausch.

Werbung
Advertising

Grundsätze der Werbung

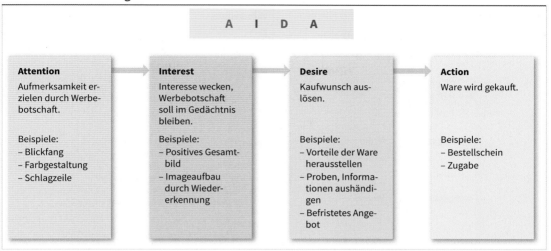

Werbemittel

= Werbebotschaft

- **Innerhalb** des Unternehmens:
  - Schaufensterdekoration
  - Warenpräsentation (z. B. Anordnung, Beleuchtung) im Verkaufsraum
  - Fachkompetente Beratung und Information
  - Verpackung
- **Außerhalb** des Unternehmens
  - Anzeige
  - Plakat
  - Zeitungsbeilage

Werbeträger

= Transportmittel

- **Innerhalb** des Unternehmens:
  - Verkaufsraum
  - Schaufenster
- **Außerhalb** des Unternehmens:
  - Hauswand
  - Fahrzeug
  - Zeitungen
  - Leuchtmittel
  - Brief
  - Kundenkontakt (z. B. telefonische Erinnerung)

Fragen zur Planung und Durchführung

Betrieb und Umfeld

Kundengespräch
Customer Conversation

Ablauf	Erläuterungen
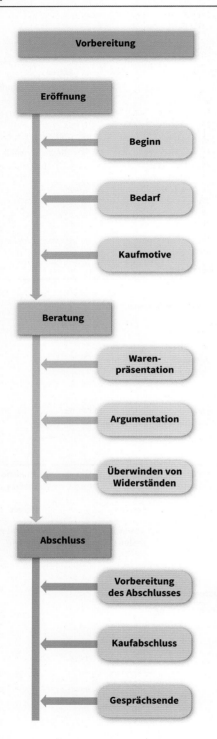	**Vorbereitung** ■ Intensive Auseinandersetzung mit dem Gesprächsziel und dem möglichen Kunden ■ Gesprächsstrategie entwickeln **Beginn** ■ Kunden zur Kenntnis nehmen (Blickkontakt) ■ Kontakt aufnehmen, ihn positiv ansprechen ■ Beratung anbieten ■ Fachkundige Erstinformationen **Bedarf** ■ Offene Fragen zum Bedarf stellen ■ Offene Fragen zum Nutzen stellen ■ Präzisierung der Wünsche vornehmen ■ Keine peinlichen oder indiskreten Fragen stellen ■ Fragen nach Preisvorstellungen noch vermeiden **Kaufmotive** ■ Aufmerksam zuhören, Verständnisfragen stellen ■ Kaufmotive erforschen ■ Kaufmotive rationaler und emotionaler Art unterscheiden ■ Argumente kundenorientiert und motivationsfördernd einbringen **Warenpräsentation (evtl. Originale oder Modelle)** ■ Präsentation dem Auffassungsvermögen des Kunden anpassen ■ Auswahl und Vergleich ermöglichen ■ Unterstützende Materialien (Prospekte usw.) zur Veranschaulichung einsetzen ■ Vielfältige Sinne ansprechen ■ Beginn mit mittlerer Preisklasse **Argumentation** ■ Preis-Nutzen-Relation herausstellen ■ Entscheidungshilfen vorbereiten ■ Kenntnisse über Produkte gezielt einsetzen **Überwinden von Widerständen** ■ Argumente des Kunden wahrnehmen ■ Argumentationsketten aufbauen (Behauptung mit Begründung) ■ Qualitätsbestimmende Merkmale und Eigenschaften hervorheben ■ Nutzungsargumente betonen ■ Zusatzangebote, Serviceleistungen hervorheben **Vorbereitung des Abschlusses** ■ Einwände beachten und eventuell entkräften ■ Dem Kunden die Entscheidung überlassen **Kaufabschluss** ■ Zügige Abwicklung ■ Kaufentscheidung positiv herausstellen ■ Zufriedenheit artikulieren **Gesprächsende** ■ Dank aussprechen und Verabschiedung ■ Wunsch für weitere Besuche zum Ausdruck bringen

Visualisierung und Präsentation
Visualization and Presentation

Begriffe

- Durch eine **Visualisierung** werden abstrakte Daten, Sachverhalte, Zusammenhänge usw. veranschaulicht, indem man sie in einer optisch erfassbaren Form darstellt.
- Die **Präsentation** ist eine zielgerichtete Darstellung von Informationen, die sich an bestimmte Adressaten richtet.

Visualisierungsregeln

- Zuhörer müssen alle Materialien gut sehen und Texte gut lesen können, eventuell Sitzordnung ändern. Die Materialien sind dabei zielgerichtet einzusetzen.
- Die Wirkung der Materialien immer bedenken (z. B. Pausen zum Betrachten einplanen)
- Texte übersichtlich und gut lesbar gestalten (Größe, Form, Farbe, Druckbuchstaben). Weniger ist oft mehr!
- Die „innere Ordnung" muss durch Überschriften und Textanordnung deutlich werden.
- Dramaturgie lässt sich durch eine geeignete Reihenfolge der Elemente herstellen.
- Eine Verknüpfung verbaler Aussagen mit bildhaften Darstellungen stets herstellen.
- Blickkontakt während des Medieneinsatzes suchen und verlagern.
- Wenn Medien nicht mehr benötigt werden, sollten diese entfernt werden.

Visualisierung durch MindMap

- Ein MindMap ist eine bildhafte Darstellung von Gedankengängen (**bildhafte Gedankenstütze**).
- Es handelt sich dabei um eine grafische Strukturierung von Sachverhalten, Zusammenhängen, Ideen und Denkprozessen (als Überblick).
- MindMaps sind vielseitig verwendbar und fördern die Kreativität.
- MindMaps lassen sich einzeln oder durch Gruppen erstellen.
- Eine „innere Ordnung" lässt sich verdeutlichen: Vom Abstrakten zum Konkreten, vom Allgemeinen zum Speziellen.
- Vieles erscheint durch sie auf einem „Blick", nichts geht „verloren".
- Der Aufwand in der Herstellung ist gering.

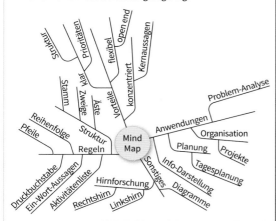

Vorbereitung einer Präsentation

1. Informationen über die **Adressaten** einholen.
2. **Ziele** bzw. Absichten formulieren.
3. Besonderheiten des Raumes beachten.
4. Ideen, Informationen, Materialien zum Thema sammeln.
5. Materialien im Hinblick auf das Ziel auswählen.
6. Materialien sortieren, z. B. nach Kernaussagen, Hintergrundinformationen.
7. Gewichtungen der Materialien vornehmen.
8. Strukturen (Elemente und ihre Beziehungen) entwickeln.
9. Methoden und Medien für die Präsentation auswählen.
10. Informationen aufbereiten (Visualisierungen einplanen).
11. Präsentationsmanuskript erstellen.
12. Abfolge „durchspielen", z. B. Probelauf.

Präsentationsregeln

- „**Roten Faden**" einhalten.
- Zusammenspiel zwischen verbalen Aussagen und Visualisierungen einhalten.
- **Dramaturgie** und **Dynamik** durch Sprache und geeignete Medien herstellen.
- **Sprechpausen** einhalten um
  - „richtig" zu atmen,
  - eigene Gedanken neu zu ordnen,
  - Denkpausen für Zuhörer zu erzeugen sowie
  - Aufmerksamkeit und Spannung herzustellen.
- Medien nacheinander (z. B. durch Aufdecken) präsentieren (**Abfolge**).
- Möglichst verschiedene **menschliche Sinne** über unterschiedliche Medien ansprechen.
- **Haltung** und **Körpersprache** sinnvoll einsetzen.
  - Stehend: Leicht geöffnete Füße auf gleicher Höhe, Gewicht gleichmäßig verlagern, nicht schaukeln oder wippen, mit Händen und Armen ruhig die Visualisierung unterstützen
  - Sitzend: Aufrechte Haltung, Arme und Hände ruhig halten, nicht mit Gegenständen „spielen".
- Nicht zum Medium, sondern zu den Zuhörern sprechen (volle Konzentration).
- Vor dem Einsatz der technischen Hilfsmittel: Funktionen prüfen und Umgang üben!

Präsentationshilfsmittel

- Metaplanwand und -karten, Nadeln, Stifte, …
- Flipchart mit Papier, Stifte, …
- Schreibtafel mit Kreide, Karten, Plakate, Klebeband, …
- Overhead-Projektor mit Folien, Stifte, Tuch zum Löschen, …
- PC, Software, Daten-/Video-Projektor mit Leinwand, Laserpointer, …
- Whiteboards, Activeboards
- Akustische Wiedergabegeräte

Angebot
Offer

Beispiel

Elektro-Müller GmbH Tel. 0 12 34 / 5 67 89
Hauptstraße 87   Fax 0 12 34 / 9 87 65
65432 Höhlendorf   mail: info@emailadresse

Elektro-Müller

Industrie-Services GmbH
Peter Meier
Postfach 3456

76573 Talbach

Ihre Anfrage vom 15. Juli 20..   Höhlendorf, 17. Juli 20..

Sehr geehrter Herr Meier,

○ wir danken Ihnen herzlich für Ihr Interesse an unseren Leistungen. Gemäß Ihren Wünschen im Schreiben vom 15. Juli 20.. unterbreiten wir Ihnen folgendes Angebot.

Pos.	Menge ①	Bezeichnung ①	Einzel-preis ②	Gesamt-preis ②
1	2 Std.	Ausmessen des Gebäudes, Aufnahme und Dokumentation der Maße	37,50 €	75,00 €
2	5 m	Montage doppelzügiger Stahlblech-Brüstungskanäle	30,00 €	150,00 €
3	3 Stck.	Lieferung, Montage Pendelleuchte Typ Leuchtwunder mit EVG	600,00 €	1 800,00 €
4	1 Stck.	Kleinteile, divers	50,00 €	50,00 €
5	1 Stck.	Prüfung, Abnahme und Dokumentation	200,00 €	200,00 €

○   Summe (netto)   **2 275,00 €**
zuzüglich der zum Zeitpunkt der Bestellung gültigen Mehrwertsteuer

Dieses Angebot ist bindend für 8 Wochen ab Angebotsdatum ③. Die Allgemeinen Geschäftsbedingungen (AGB) ④ sind Grundlage dieses Angebotes. Erfüllungsort und Gerichtsstand ist 65432 Höhlendorf ⑤.

Wir hoffen, dass Ihnen unser Angebot zusagt und freuen uns auf eine gute Zusammenarbeit.

Mit freundlichen Grüßen

Müller

Angebotsbestandteile:
① Angabe über Ware und Preis bzw. Leistung und Umfang
② Einzel- und Gesamtpreis netto/brutto (ggf. Rabatt)
③ Bindungsfrist (ohne Angabe ist das Angebot bindend, ggf. Zusatz freibleibend/nicht bindend verwenden)
④ Zahlungs-/Lieferbedingungen (ggf. Verweis auf AGB)
⑤ Angabe von Erfüllungsort und Gerichtsstand
   Verpackungs-/Beförderungskosten (nur bei Liefervertrag)

Auftragsvergabe
Award of Contract

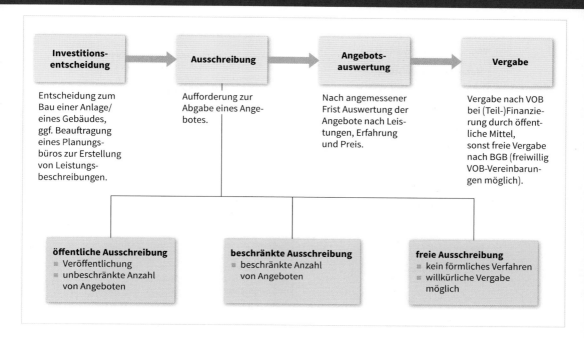

Bürgerliches Gesetzbuch (BGB)

- Buch 1 legt Rechtsbegriffe fest (z. B. Rechtsgeschäfte, Verträge, …).
- Vertragsinhalte können zwischen den Vertragspartnern frei vereinbart werden (Vertragsfreiheit).
- Allgemeine Geschäftsbedingungen (AGB) besitzen nur Gültigkeit, wenn der Kunde/Bauherr damit einverstanden ist.
- Werklieferungsvertrag
  - Errichtung der Anlage durch eine Elektrofachkraft mit Materialien, die sie selbst liefert.
  - Unternehmer hat bestelltes Werk ordnungsgemäß herzustellen und an den Besteller (Bauherrn) zu übergeben.
  - Besteller muss das ordnungsgemäß hergestellte Werk abnehmen und den vereinbarten Werklohn bezahlen.

Verdingungsordnung für Bauleistungen (VOB)

- Die allgemein gehaltenen BGB-Bestimmungen über den Werkvertrag kommen immer zur Anwendung, sofern die Vertragspartner nichts anderes vereinbart haben.
- Bei Bauaufträgen ist üblicherweise die vom DIN herausgegebene VOB Vertragsgrundlage der Bauverträge.
- Verdingung ist die Vergabe von Aufträgen von Privatleuten oder der öffentlichen Hand aufgrund einer öffentlichen oder beschränkten Ausschreibung.
- Bauleistungen sind Arbeiten jeder Art, die Gebäude/Anlagen entstehen lassen, instandhalten, ändern oder beseitigen.
- VOB gibt eine verschuldensunabhängige Gewährleistungspflicht vor. Im Falle eines Schadenersatzes gelten Haftungsbegrenzungen.

Marktanteil nach Auftraggebern

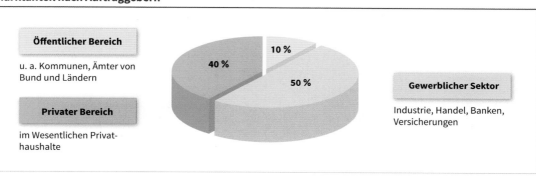

Beschaffung
Procurement

Grundsätze

Was soll beschafft werden?
Material, Dienstleistung

Wie viel soll beschafft werden?
Menge

Wann soll beschafft werden?
Zeit

Wo soll beschafft werden?
Bezugsquelle

Anfrage

Form
Es ist keine bestimmte Form vorgeschrieben, z. B. - mündlich, telefonisch - schriftlich (Brief, Fax, E-Mail)
Rechtliche Bedeutung
Sie ist stets unverbindlich, eine Kaufverpflichtung besteht nicht.
Unterscheidung
- **Allgemein** gehaltene Anfrage Beispiele: Warenprobe, Muster, Katalog, Preisliste - **Bestimmt** gehaltene Anfrage Beispiele: Artikelnummer, Beschaffenheit, Lieferzeit, Zahlungsbedingung, Lieferbedingung
Aufbau einer bestimmt gehaltenen Anfrage
1. Grund 2. Gewünschte Ware 3. Erforderliche Menge 4. Preis, Lieferungs- und Zahlungsbedingungen 5. Gewünschter Liefertermin

Angebotsvergleich

Beschaffungskreislauf

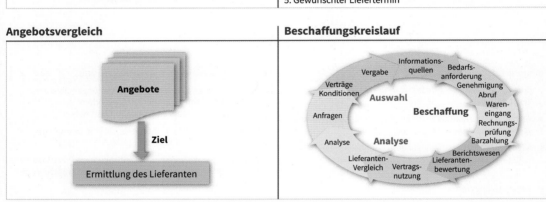

Entscheidungen

Beschaffung und Lager

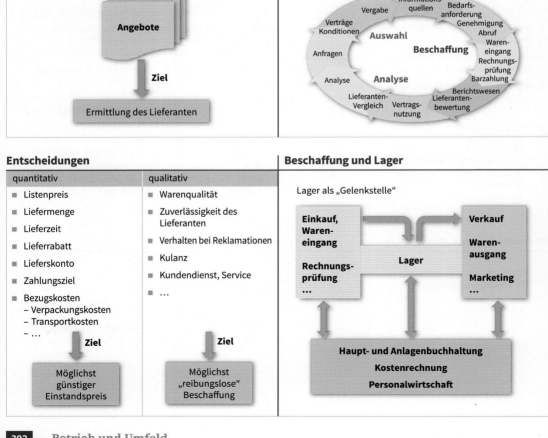

Betrieb und Umfeld

Preise
Prices

Preisangaben

Grundsatz: Preiswahrheit und Preisklarheit

Was muss angegeben werden?

- Gesetzlich vorgeschrieben (Verordnung zur Regelung der Preisangaben) sind:
  - **Verkaufspreis** einschließlich Umsatzsteuer
  - **Verkaufseinheit** (z. B. Stück, m, kg)
  - **Grundpreis** bei Fertigpackungen (z. B. €/kg)
  - Handelsübliche **Warenbezeichnung**
- Sinnvolle freiwillige Angaben (Beispiele):
  - Eingangsdatum
  - Lieferantennummer
  - Artikel- und Lagernummer

Wo muss die Angabe erfolgen?

- Verkaufsraum:
  - Preisschilder, Etiketten, …
  - Beschriftung auf Ware
  - Preise auf Muster
- Dienstleistung und Handwerk:
  - Preisschilder
  - Preislisten
- Versandhandel:
  - Preisverzeichnis
  - an Abbildungen bzw. Beschreibungen
  - in Anmerkungen

Wie muss sie angebracht sein?

- Grundsätze:
  - gute Erkennbarkeit
  - gute Lesbarkeit
  - klare Zuordnung von Preis und Ware

Überwachung der Preisangabenverordnung durch: **Gewerbeaufsichtsamt**

Bei Verstößen: **Bußgeld**

Maßnahmen zur Preisgestaltung (Preispolitik)

Misch- oder Ausgleichskalkulation

- **Prinzip**:
  Die Artikel eines Sortiments werden aufgrund der Marktsituation (Konkurrenz, Kundenverhalten) mit unterschiedlichen Gewinnspannen kalkuliert.

- **Ausgleichsnehmer**
  sind Waren, die nicht zur Erwirtschaftung eines angemessenen Gewinns ausreichen (z. B. Waren mit großer Preistransparenz).

- **Ausgleichsträger**
  sind Waren mit hohen Gewinnspannen (z. B. hochwertige Waren) zum Ausgleich der Ausgleichsnehmer.

Sonderveranstaltungen

- Schlussverkäufe
- Räumungsverkäufe
- Jubiläumsverkäufe

Preisnachlass

- Mengenrabatt (Abnahme größerer Mengen)
- Wiederverkäuferrabatt (für Händler und Produktionsbetriebe)
- Treuerabatt (für langjährige Kunden)
- Personalrabatt (für Betriebsangehörige)
- Jubiläumsrabatt
- Skonto (bei vorzeitiger Zahlung)
- Bonus (bei Überschreitung von Mindestumsätzen)

Preisdifferenzierung

- **Prinzip**:
  Gleiche Ware bzw. Dienstleistungen werden zu unterschiedlichen Preisen angeboten.
- **Ziel**:
  Anpassung an die jeweiligen Marktgegebenheiten.
- **Formen**:
  - räumlich
  - personell
  - zeitlich
  - mengenmäßig

Sonderangebote

- **Funktion**:
  - Räumung von Lagerbeständen
  - Beschleunigter Verkauf von „Ladenhütern"
  - Werbung

Absatzfördernd sind:

Konditionsgewährung	Kundendienstleistungen	Kulanz

Zahlungsbedingungen
z. B. Teilzahlung

Lieferungsbedingungen
- kostenfreie Lieferung
- Übernahme des Transportrisikos

- Aufstellung von Geräten
- Einweisung
- Garantie
- Umtausch

- Entgegenkommen z. B. bei kleinen Mängeln

Kalkulation und Kosten
Calculation and Costs

Merkmale

Prinzipien einer soliden Betriebsführung sind:
- einwandfreie Wertarbeit,
- tragbare und angemessene Preisgestaltung,
- Kostenrechnung und Kalkulation (Teilgebiete des betrieblichen Rechnungswesens),
- Ermittlung der Selbstkosten und
- marktgerechte Preisgestaltung bei Leistungs- oder Produktionseinheiten.

Zuschlagskalkulation

Sie eignet sich besonders für Betriebe mit unterschiedlichen Produkten bzw. Leistungen (z. B. Montagebetrieb). Dabei werden die gesamten Jahreskosten auf die Kundenleistungen bzw. das Produkt umgelegt und aufgeteilt nach:

- **Einzelkosten**
  Diese zeichnen sich durch Auftragsnähe aus. Sie sind direkt verrechenbar (Material, Lohn).

- **Gemeinkosten**
  Sie haben keinen unmittelbaren Auftragsbezug und können nur indirekt (aus Betriebsabrechnungen; BAB) ermittelt werden.

- **Zuschlagsätze**
  Sie sind Prozentsätze, mit denen die Gemeinkosten anteilig auf die Einzelkosten pro Auftrag umgelegt werden.

Beispiel:

	100,00 €	Materialkosten
+	5,00 €	5 % Materialgemeinkosten
=	105,00 €	**Materialgesamtkosten**
+	500,00 €	Arbeitslohn
+	35,00 €	7 % Lohngemeinkosten
+	150,00 €	Produktionssonderkosten
=	790,00 €	**Herstellungskosten**
+	23,70 €	3 % Zuschlag für Verwaltung und Vertrieb
=	813,70 €	**Selbstkosten**
+	40,69 €	5 % Zuschlag für Gewinn und Wagnis
=	854,39 €	**Nettopreis des Angebotes**
+	162,33 €	19 % Umsatzsteuer
=	1016,72 €	**Bruttopreis des Angebotes**

Kostenrechnungsarten

Vollkostenrechnung
- Alle Kosten werden dem Produkt bzw. der Leistung (auch Kostenträger) zugerechnet.
- Die Genauigkeit der Kalkulation ist umso besser, je differenzierter die Zuschlagsätze der einzelnen Kalkulationen sind.
- Nachteil: Durch Ermittlung der Zuschlagsätze aus dem zurückliegenden Geschäftsjahr werden laufende Veränderungen der betrieblichen Gegebenheiten nicht erfasst. Dennoch ist die Vollkostenrechnung im Handwerk noch dominierend.

Teilkostenrechnung
- Die Mängel der Vollkostenrechnung werden vermieden, indem man dem Produkt oder Auftrag nur die variablen Kosten anlastet.
- **Variable Kosten** steigen oder sinken mit der Veränderung der Auftragslage linear, progressiv oder degressiv.
- **Fixe Kosten** sind unabhängig vom Beschaffungsgrad. Der Fixkostenanteil ist dann am geringsten, wenn der Betrieb maximal ausgelastet ist.

Deckungsbeitragsrechnung

- **Deckungsbeitrag** ist bei der Teilkostenrechnung die Differenz von Auftragserlös und variablen Kosten.
- **Gewinn** entsteht dann, wenn im Abrechnungszeitraum die Deckungsbeiträge höher sind als die Fixkosten.
- **Konkurrenzsituation** erfordert die Kenntnis der unteren Kosten- und Preisgrenze.
- **Kalkulatorischer Ausgleich** liegt dann vor, wenn Aufträge mit relativ hohem Deckungsbeitrag solche ausgleichen, bei denen nur ein geringer Teil der Fixkosten gedeckt wird.

Beispiel:

Auftrag	Erlös	variable Kosten	Deckungsbeitrag (D)	fixe Kosten (F)	Gewinn (=D−F)
1	9 500,00 €	6 500,00 €	3 000,00 €	–	–
2	11 500,00 €	7 500,00 €	4 000,00 €	–	–
3	6 000,00 €	4 500,00 €	1 500,00 €	–	–
4	8 500,00 €	6 000,00 €	2 500,00 €	–	– ①
Summe	35 500,00 €	24 500,00 €	11 000,00 €	11 100,00 €	**−100,00 €**
⋮	⋮	⋮	⋮	⋮	⋮
5	10 000,00 €	9 000,00 €	1 000,00 €	–	– ②
Summe	45 500,00 €	33 500,00 €	12 000,00 €	11 100,00 €	**900,00 €**

Aufträge 1 … 4 ergeben Verlust ①.
Ausführung des 5. Auftrages führt zum Gewinn ②.

Betrieb und Umfeld

Rechnungsstellung
Issuing an Invoice

Merkmale

- Die Rechnung ist eine gegliederte Aufstellung über eine Geldforderung (Entgelt für eine erbrachte Montage, Reparatur, Warenlieferung, …)
- Die an den Kunden weiterzugebende Umsatzsteuer ist als Verbindlichkeit an das Finanzamt zu erfassen.
- Rechnungsstellung ist durch EU-Richtlinien harmonisiert und wird von allen Steuerbehörden der EU-Länder anerkannt.
- Eine **Teilrechnung** wird für Leistungen gestellt, die in vertraglich festgelegter Zeit erbracht wurden.
- Die **Schlussrechnung** erfolgt nach Fertigstellung aller Leistungen gemäß Werk-/Liefervertrag.

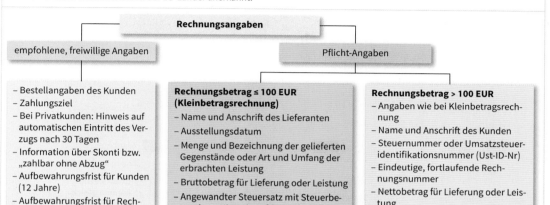

Rechnungsangaben

empfohlene, freiwillige Angaben
- Bestellangaben des Kunden
- Zahlungsziel
- Bei Privatkunden: Hinweis auf automatischen Eintritt des Verzugs nach 30 Tagen
- Information über Skonti bzw. „zahlbar ohne Abzug"
- Aufbewahrungsfrist für Kunden (12 Jahre)
- Aufbewahrungsfrist für Rechnungssteller (10 Jahre)

Pflicht-Angaben

Rechnungsbetrag ≤ 100 EUR (Kleinbetragsrechnung)
- Name und Anschrift des Lieferanten
- Ausstellungsdatum
- Menge und Bezeichnung der gelieferten Gegenstände oder Art und Umfang der erbrachten Leistung
- Bruttobetrag für Lieferung oder Leistung
- Angewandter Steuersatz mit Steuerbetrag bzw. Hinweis auf Steuerbefreiung

Rechnungsbetrag > 100 EUR
- Angaben wie bei Kleinbetragsrechnung
- Name und Anschrift des Kunden
- Steuernummer oder Umsatzsteueridentifikationsnummer (Ust-ID-Nr)
- Eindeutige, fortlaufende Rechnungsnummer
- Nettobetrag für Lieferung oder Leistung
- Zeitpunkt der Lieferung oder Leistung

Mahnverfahren
Dunning Procedure

Außergerichtlich

Zeit	Vorgang
Leistungserbringung	Dem Schuldner ist eine angemessene Frist zur Leistungserfüllung zu gewähren.
Fristende	Es tritt **Verzug** ein.
+ 30 Tage	30 Tage nach Fälligkeit und Rechnungseingang tritt automatisch Verzug ein (auch ohne Mahnung). Privatkunden müssen in der Rechnung auf den Sachverhalt hingewiesen werden.
+ 2 Jahre	Geldforderungen aus einem Werkvertrag verjähren 2 Jahre nach der Abnahme. Eine **Verjährung** des Anspruchs wird durch eine Mahnung **nicht** ausgedehnt.

- **Mahnung** (Zahlungserinnerung genannt) ist die bestimmte und eindeutige Mitteilung an den Schuldner, die ausstehende Leistung (Zahlung) zu erbringen.
- Verzug tritt immer dann ein, wenn ein Schuldner seine Leistung (z. B. Zahlung) nicht wie vereinbart erbringt. Dies betrifft den Umfang und den Zeitpunkt der Leistung.
- Tritt der Verzug erst durch die Mahnung auf, können dem Schuldner die entstandenen Kosten für die Mahnung **nicht** berechnet werden.

Gerichtlich

Mahnverfahren sind zur vereinfachten Durchsetzung von Geldforderungen juristisch geregelt. Die Vollstreckung einer Geldforderung wird ohne Klageerhebung möglich.

Mahnbescheid
wird nach formeller Prüfung des Gläubigerantrages vom Gericht erlassen und an den Gläubiger zugestellt.

Gläubiger zahlt

Gläubiger zahlt nicht
Nach 2 Wochen kann ein Vollstreckungsbescheid beantragt werden.
Im Anschluss kommt es zur Zwangsvollstreckung (Pfändung/Zwangsversteigerung).

Gläubiger erhebt Widerspruch
Es kommt zu einer Verhandlung vor Gericht mit anschließendem Urteil. Im Anschluss kommt es nach Antrag und bei entsprechendem Urteil zur Zwangsvollstreckung.
Bei Streitwerten über 5000 EUR besteht bei Klageerhebung vor dem Landgericht eine Anwaltspflicht.

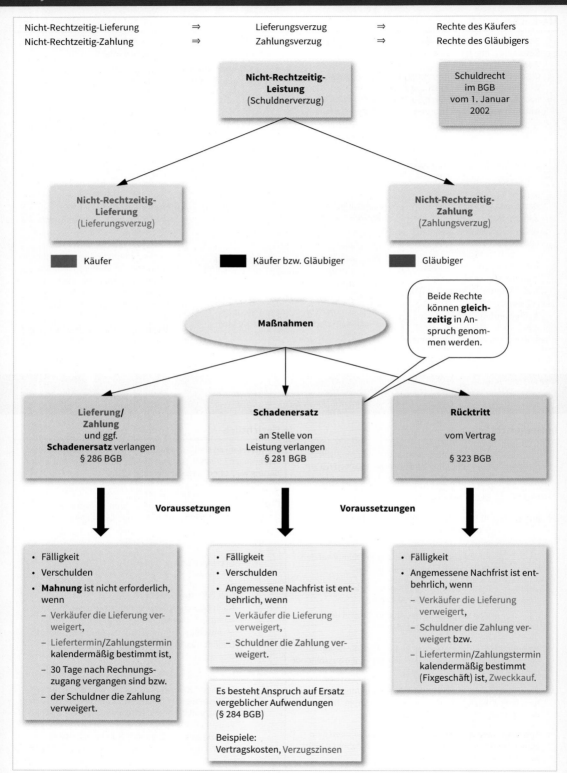

Mängel und Haftung
Defects and Liability

Mängelarten

Falsche Lieferung

Menge
Quantitätsmangel, zu viel bzw. zu wenig geliefert.

Art
Gattungsmangel, andere Ware geliefert als bestellt.

Sach- oder Qualitätsmangel

Beschaffenheit
Die Ware ist beschädigt, verdorben, …

Güte
Die zugesicherte Eigenschaft fehlt.

Erkennbarkeit

Offener Mangel
– sofort erkennbar

Verdeckter Mangel
– nicht sofort erkennbar,
– stellt sich später heraus

Arglistig verschwiegener Mangel
– vom Verkäufer bewusst verschwiegen

Gewährleistung

- Die Gewährleistung ist ein **gesetzlich verankertes Recht** (24 Monate für bewegliche, 36 für unbewegliche Sachen), vom Vertragspartner (Übergeber) ein Einstehen für Mängel an der Sache zu fordern.
- Eine Gewährleistung kann nicht durch AGB beschränkt werden.
- Der Übergeber (z. B. Verkäufer) trägt innerhalb der ersten sechs Monate ab Übergabe die Beweislast dafür, dass die Mängel nicht schon bei Übergabe vorhanden waren.
- Gewährleistung gilt nicht bei Verschleiß und Abnutzung.

Garantie

- Die Garantie ist ein **vertraglich eingeräumtes Versprechen**
  – in der Regel des Herstellers (und nicht des Vertragspartners)
  – für Mängel, die an einer Sache während der Garantiezeit auftreten, entsprechend der Garantieerklärung einzustehen.
- Mängel werden während der festgelegten Garantiezeit behoben.
- Garantieleistungen können, müssen aber nicht kostenlos sein.

Rechte des Käufers bei mangelhafter Lieferung

Bedingung: Mangel wurde rechtzeitig gemeldet.

Vorrangig: Nacherfüllung (§ 439 BGB)

Nachbesserung **Wahlrecht des Käufers** **Neulieferung**

Zusätzlicher Anspruch besteht, wenn ein Verschulden vorliegt.

Schadenersatz neben der Leistung

Nachrangig
In der Regel erst nach dem erfolglosen Ablauf einer zur Nacherfüllung gesetzten Frist.

Rücktritt vom Vertrag (Wandlung)	**Minderung des Kaufpreises**	**Schadenersatz statt Leistung**	**Ersatz vergeblicher Aufwendungen**
§ 440, 323, 326 BGB	§ 441 BGB	§ 280, 281, 440 BGB	§ 284 BGB

Gilt nicht bei geringfügigen Mängeln (Rücktritt)

Gilt nicht bei geringfügigen Mängeln (Schadenersatz)

Voraussetzungen

Eine angemessene Nachfrist ist entbehrlich, wenn
- der Verkäufer die Nacherfüllung verweigert,
- zwei Nacherfüllungsversuche fehlgeschlagen sind und
- für Verkäufer bzw. Käufer Nacherfüllung unzumutbar ist.

Eine angemessene Nachfrist ist entbehrlich, wenn
- der Verkäufer die Nacherfüllung verweigert,
- zwei Nacherfüllungsversuche fehlgeschlagen sind und
- für Verkäufer Nacherfüllung unzumutbar ist.

Lastenheft, Pflichtenheft
Requirement Specification, System Specification

VDI/VDE 3694: 2014-04

Lastenheft

Definition

- Das Lastenheft enthält alle Forderungen des Auftraggebers (Kunden) an die Lieferungen und/oder Leistungen eines Auftragnehmers.
- Die Forderungen sind aus Anwendersicht einschließlich aller Randbedingungen zu beschreiben. Diese sollten quantifizierbar und prüfbar sein.
- Im Lastenheft wird definiert, was für eine Aufgabe vorliegt und wofür diese zu lösen ist.

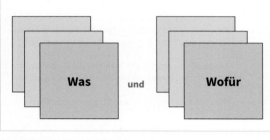

Voraussetzungen für die Erstellung

- Guten Kontakt zwischen allen Beteiligten herstellen
- Wesentliche Anforderungen durch Markt-, Kunden- und Umfeldanalyse ermitteln

Durchführung

- Keine allgemeingültigen Vorgaben
- Umfang und Inhalt ist stark von der Zielsetzung abhängig. Beispiele: Ermittlung der
  - Anforderungsträger
  - Produktfaktoren aus Kundensicht
  - Kaufentscheidende Faktoren
  - Anforderungen aus dem Umfeld
  - Anforderungen aus dem Unternehmen
  - Anforderungen des Vertriebs
  - Anforderungen von Lieferanten und von Kooperationspartnern
  - Produktionsprofile

Vorteile

- Einheitliche Vorgabe für alle am Entwicklungsprozess Beteiligten
- Weniger Missverständnisse und Versäumnisse durch eine systematische Dokumentation
- Rechtsverbindliche Festlegungen

Nachteile

- Hoher Aufwand
- Individuelle Erstellung (keine Standardisierung)
- Statische Problemlösungsstruktur

Einsatzbereiche

- Dokumentation der Anforderungen als Abschluss der Planung eines Produktes bzw. einer Dienstleistung
- Prinzipiell für alle Produkte bzw. Dienstleistungen einsetzbar

Pflichtenheft

Definition

- Das Pflichtenheft enthält das vom Auftragnehmer erarbeitete Realisierungsvorhaben auf der Grundlage des Lastenheftes.
- Das Pflichtenheft enthält als Anlage das Lastenheft.
- Im Pflichtenheft werden die Anwendervorgaben detailliert und in einer Erweiterung die Realisierungsforderungen unter Berücksichtigung konkreter Lösungsansätze beschrieben.
- Im Pflichtenheft wird definiert, wie und womit die Forderungen zu realisieren sind.

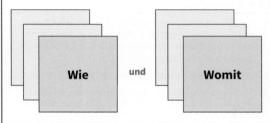

Funktion

- „Roter Faden" während des Ablaufs der Entwicklung, Produktion, …

Wesentliche Bestandteile

Beispiele:

- Name des Prozesses, Projektes, Vorhabens, …
- Verfasser des Pflichtenheftes
- Version
- Ablage der Datei, Dokumentation
- Ziele
  Beschreibung, Nutzen für den Auftraggeber (Kunden), aktuelle Situation (z. B. bisheriges System)
- Anforderungen
  - **Vollständigkeit**
    Alle Details der Anforderungen sind zu definieren. Es sollten so wenig wie möglich Aspekte als selbstverständlich eingeschätzt werden.
  - **Eindeutigkeit**
    Damit keine Missverständnisse entstehen, sind die Anforderungen möglichst mit einfachen Worten zu definieren.
  - **Testbarkeit**
    Alle Anforderungen müssen überprüfbar sein. Dieses ist eine Voraussetzung für die Abnahme durch den Auftraggeber.
- Schnittstellen
  (Verbindungen zu anderen Systemen, Projekten usw.)
- Randbedingungen
- Service- und Wartungshinweise
  (Kontaktadressen)
- Unterschriften
  (Projektauftraggeber/Projektleiter/…)

Projektmanagement
Project Management

Projektphasen

Projektstart
Frage: Was soll gemacht werden?
- Ziele für das Projekt festlegen (Abstimmung mit Auftraggeber und Projektteam)
- Ziele schriftlich fixieren und bestätigen lassen.
- Mehrere Lösungsmöglichkeiten analysieren.
- Die umzusetzende Lösung festlegen.

Anforderungen an Projektziele:
- Leitlinie für Messgröße aller Aktivitäten im Projekt
- Akzeptierbar für alle Beteiligten
- Messbar, überprüfbar
- Abnahmekriterien für Projektende
- Widerspruchsfrei
- Realistisch und machbar
- Möglichst Ziele vorgeben – keine Lösungen

Planung
Frage: Wie, wann und was soll gemacht werden?
- Inhaltliche und terminliche Struktur erstellen
- Zwischenziele (Meilensteine) festlegen
- Kostenrahmen festlegen
- Projektverantwortlichkeiten definieren
- Arbeitspakete und Aufgaben mit Verantwortung vergeben

Realisierung
- Organisation erstellen (Kompetenzen und Stellen zuweisen, Arbeitsumgebung bereitstellen, …)
- Personalbetreuung (Personalauswahl, Fortbildung, Verantwortung, Entlohnung)
- Führung (Abstimmungen im Projektteam zwischen allen Beteiligten, Konfliktmanagement, …)

Abschluss
- Abnahmetests durchführen, Dokumentation an den Auftraggeber übergeben
- Produktdokumentation prüfen
- Projektziele und Ergebnisse vergleichen
- Projektteam mit allen Ressourcen auflösen oder in neue/andere Projekte überführen
- Projektabschluss feiern

Review durchführen:
- Abschlusskalkulation erstellen
- Analyse des Projektablaufs (Stärken/Schwächen in Projektentwicklung, Projektmanagement, Projektleitung, …)
- Verbesserungspotenzial ermitteln und dokumentieren
- Ergebnisse der Projektanalyse dokumentieren

Projektsteuerung/-controlling
- Haupttätigkeit der Projektleitung gegebenenfalls mit Kontrollteams
- Aufgabe für Verantwortliche von Teilaufgaben
- Ständige Kontrolle von Soll- und Ist-Zuständen (Kosten, Projektfortschritt, Qualität, Dokumentation, …)
- Korrekturmaßnahmen veranlassen
- Nutzung von Analysemethoden: z. B. Projektstatusanalyse (Termine), Kostentrend-Analyse, Meilenstein-Trendanalyse)
- Änderungsmanagement

Terminverfolgung:
- z. B. mit Projektstrukturplan aus der Planung
- Kritischer Pfad (Ablauf mit kürzester zeitlicher Reihenfolge) ist besonders intensiv zu überwachen.

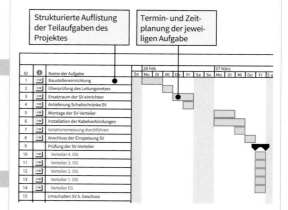

Meilenstein-Trendanalyse:
- Geplante Meilensteintermine eintragen
- Im Projektverlauf korrigierte Meilensteintermine eintragen
- Ergebnis: gerade Linien → Termin OK
  steigende Linien → Termin verzögert
  fallende Linien → Termin vorgezogen

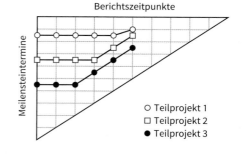

Qualitätsmanagement
Quality Management

Kennzeichen

- Unter **Qualitätsmanagement** werden alle Maßnahmen **organisatorischer Art** verstanden, mit dem Ziel die Effektivität und Effizienz
  - einer Arbeit (Arbeitsqualität) und/oder
  - von Geschäftsprozessen
  zu erhöhen.
- Qualitätsmanagement führt nicht zwangsläufig zu einem höheren wirtschaftlichen Betriebsergebnis, sondern stellt nur die vorgegebene Qualität sicher.
- Beispiele für **Qualitätsmanagementmodelle** sind:
  - ISO/TS 16949: 2002 (Automobilindustrie)
  - **C**apability **M**aturity **M**odel **I**ntegration (**CMMI**) (Familie von Referenzmodellen, z. B. Reifegradmodell)
  - DIN EN ISO 9000 ff. (Qualitätsmanagementsysteme)
- Die DIN EN ISO 9000 ff. beinhaltet folgende Teilnormen:
  - **DIN EN ISO 9000**
    Qualitätsmanagementsysteme
    (Definiert Grundlagen und Begriffe zu Qualitätsmanagementsystemen und erläutert die acht Grundsätze des Qualitätsmanagements.)
  - **DIN EN ISO 9001**
    Qualitätsmanagementsysteme
    (Anforderungen an ein Qualitätsmanagementsystem)
  - **DIN EN ISO 9004**
    Leiten und Lenken für den nachhaltigen Erfolg einer Organisation – Ein Qualitätsmanagementansatz.
    (Effizienz des Qualitätsmanagementsystems)
- Die DIN EN ISO 9001 ist eine weltweit akzeptierte QM-Norm, die sich am **PDCA**-Zyklus (**P**lan-**D**o-**C**heck-**A**ct) orientiert.

Prozessmodell DIN EN ISO 9001

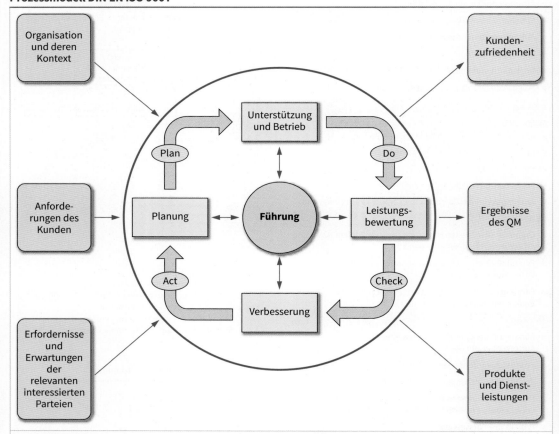

- **Qualitätssicherung**
  - ist Teil des Qualitätsmanagements und
  - gerichtet auf das Erzeugen von Vertrauen, dass Qualitätsanforderungen erfüllt werden.
- **Ständige Verbesserungen**
  sind wiederkehrende Tätigkeiten zum Erhöhen der Fähigkeiten, Anforderungen zu erfüllen.
- **Zertifizierung**
  erfolgt durch akkreditierte Zertifizierungsstellen.
- **Nationale Akkreditierungsstelle in Deutschland**:
  Deutsche Akkreditierungsstelle GmbH (DAkkS)
- **Konformität**
  ist Erfüllung einer Anforderung.

DIN EN ISO 9001

Inhalt

1. Anwendungsbereich

2. Normative Verweisungen

3. Begriffe (s. DIN EN ISO 9000: 2015)

Plan

4. Kontext der Organisation
- Verstehen der Organisation und ihres Kontextes
- Verstehen der Erfordernisse und Erwartungen interessierter Parteien
- Festlegen des Anwendungsbereichs des QM-Systems
- QM-System und dessen Prozesse

5. Führung
- Führung und Verpflichtung
- Kundenorientierung
- Politik
- Rollen, Verantwortlichkeiten und Befugnisse in der Organisation

6. Planung
- Maßnahmen zum Umgang mit Risiken und Chancen
- Qualitätsziele und Planung zu deren Erreichung
- Planung von Änderungen

7. Unterstützung
- Ressourcen
- Kompetenz
- Bewusstsein
- Kommunikation
- Dokumentierte Information

Do

8. Betrieb
- Betriebliche Planung und Steuerung
- Anforderungen an Produkte und Dienstleistungen
- Entwicklung von Produkten und Dienstleistungen
- Steuerung von extern bereitgestellten Prozessen, Produkten und Dienstleistungen
- Produktion und Dienstleistungserbringung
- Freigabe von Produkten und Dienstleistungen
- Steuerung nicht konformer Prozessergebnisse

Check

9. Bewertung der Leistung
- Überwachung, Messung, Analyse und Bewertung
- Internes Audit
- Managementbewertung

Act

10. Verbesserung
- Nichtkonformität und Korrekturmaßnahmen
- Fortlaufende Verbesserung

Begriffe und Definitionen

- **Qualitätsziele**
  Sie **müssen**
  - im Einklang mit der Qualitätspolitik stehen,
  - messbar sein,
  - zutreffende Anforderungen berücksichtigen,
  - für die Konformität von **Produkten** und **Dienstleistungen** relevant sein,
  - zur Erhöhung der Kundenzufriedenheit dienen,
  - überwacht, vermittelt und ggf. aktualisiert werden.

- **Wissen der Organisation**
  - Das Wissen einer Organisation wird benötigt, um ihre Prozesse durchzuführen und um die Konformität von Produkten und Dienstleistungen zu erreichen.
  - Das Wissen basiert auf **internen** Quellen (z. B. Erfahrung) und **externen** Quellen (z. B. Normen, Wissenserwerb von externen Anbietern).

- **Risikobasierter Ansatz**
  Risiken und Chancen in Bezug auf Konformität und Kundenzufriedenheit sind zu berücksichtigen.

- **Risiken**:
  - Vermeidung von Risiken
  - Beseitigung der Risikoquelle
  - Beibehaltung des Risikos durch eine fundierte Entscheidung

- **Chancen**:
  - Einsatz neuer Techniken
  - Neukundengewinnung
  - Markteinführung neuer Produkte
  - Aufbau von Partnerschaften

Quelle: DIN EN ISO 9001: 2015

Werkstattausrüstung
Workshop Equipment

- **Richtlinie** für die Werkstattausrüstung für Betriebe des Elektrotechniker-Handwerks (Bundes-Installateurausschuss im ZVEH)
- Zusätzliche **Empfehlungen** des ZVEH für fachgerechte Messgeräte, Literatur und Sicherheitseinrichtungen

Grundsatz:
Art und Umfang der Werkstattausrüstung richtet sich nach dem Tätigkeitsbereich des Betriebes und der Anzahl der Beschäftigten.

Überprüfung:
Vor Eintrag in das „Installateur-Verzeichnis" beim zuständigen VNB werden die Arbeitsräume vom Bezirks-Installateurausschuss überprüft.

Werkzeuge

- Grundausstattung für fachgerechte Durchführung aller vorkommenden Arbeiten.
- Einige Landes-Installateurausschüsse empfehlen bestimmte Werkzeuge.

Fachliteratur

- Auswahlordner für das Elektrotechniker-Handwerk (VDE-Vorschriften)
- Elektrotechniker-Handbuch

- AVBEltV
- TAB des VNB
- Unfallverhütungsvorschriften
- DGUV Vorschrift 1 und 3
- Grundsätze der Zusammenarbeit von VNB und Elektroinstallateuren
- Formularvordrucke zur Prüfung elektrischer Anlagen, Prüfprotokolle u. ä.

Einrichtungen

Prüfplatz nach DIN VDE 0104:
Festeingebaute Messgeräte zum Prüfen elektrischer Betriebsmittel, insbesondere zum Messen von

- Betriebsspannung,
- Betriebsstromstärke,
- Ableitstromstärke,
- Isolationswiderstand und
- Schutzleiterwiderstand.

Schutzvorrichtungen

- Matte zur Standortisolierung
- Isolierende Abdeckungen für stromführende Teile (Berührungsschutz)
- NH-Sicherungsaufsteckgriff
- Persönliche Schutzausrüstung (Sicherheitsschuhe, Schutzhelm, Schutzbrille, Gesichtsschutz)

Mess- und Prüfgeräte

- Spannungsprüfer (VDE 0682-401)
- Spannungs- und Strommesser (VDE 0411-1)
- Gerät zum Messen des Isolations- und Schleifenwiderstandes (VDE 0413-2…4)
- Prüfgerät für RCD- und Schutzeinrichtungen (VDE 0413-6)
- Drehfeld-Richtungsanzeiger (VDE 0413-7)
- Messgerät zur sicherheitstechnischen Prüfung und Prüfung elektrischer Geräte (VDE 0404-2)
- Erdungsmessgerät (VDE 0413-5)
- Durchgangsprüfgerät (VDE 0403)
- Beleuchtungsstärkemessgerät
- Leitungssuchgerät

Arbeitsstättenverordnung

Die Einhaltung der Verordnung wird vom Gewerbeaufsichtsamt überwacht.

Arbeitsraum (Mindestgrößen)	Waschraum	Umkleideraum	Toilette
- Fläche: 8 m² - Höhe: 2,50 m - Volumen: 12 m³ - Bewegungsfläche: 1,50 m²	- Frauen und Männer getrennt - Mindest-Fläche: 4 m² - Mindest-Höhe: 2,30 m - Freie Bodenfläche pro Waschgelegenheit: 0,7 m · 0,7 m	- Frauen und Männer getrennt - Räumlich vom Waschraum getrennt - Unmittelbarer Zugang vom Waschraum	- In der Nähe des Arbeitsplatzes - Handwaschbecken - > 5 Arbeitnehmern verschiedenen Geschlechts ⇒ getrennte Toilettenräume

Betriebssicherheitsverordnung (BetrSichV)
Ordinance on Industrial Safety and Health

- Ziel der Verordnung ist es, die Sicherheit und den Gesundheitsschutz von Beschäftigten bei der Verwendung von Arbeitsmitteln zu gewährleisten.
- Dies soll besonders durch drei Kernaspekte erreicht werden:

1. Auswahl geeigneter Arbeitsmittel und deren Verwendung
2. Geeignete Gestaltung von Arbeits- und Fertigungsverfahren
3. Qualifikation und Unterweisung von Beschäftigten

Abschnitt 1 – Anwendungsbereich und Begriffsbestimmungen	Abschnitt 2 – Gefährdungsbeurteilung und Schutzmaßnahmen
§1 Anwendungsbereich §2 Begriffsbestimmung ■ **Arbeitsmittel (AM)** sind Werkzeuge, Geräte, Maschinen oder Anlagen, die für die Arbeit verwendet werden, sowie überwachungsbedürftige Anlagen. ■ **Verwendung** Jegliche Verwendung von AM, insbesondere Montieren, Installieren, Bedienen, An-/Abschalten, Einstellen, Gebrauchen, Betreiben, Instandhalten, Reinigen, Prüfen, Umbauen, Erproben, Demontieren, Transportieren und Überwachen ■ **Überwachungsbedürftige Anlagen** sind – Dampfkessel-, Druckbehälter-, Füllanlagen, Rohrleitungen – Aufzugsanlagen, – Anlagen in explosionsgefährdeten Bereichen, – Lageranlagen, Füllstellen, Tankstellen, Entleerstellen für entzündliche, leicht- oder hochentzündliche Stoffe	§3 Gefährdungsbeurteilung §4 Grundpflichten des Arbeitgebers §5 Anforderungen an die zur Verfügung gestellten AM §6 Grundlegende Schutzmaßnahmen bei der Verwendung von AM §7 Vereinfachte Vorgehensweise bei der Verwendung von AM §8 Schutzmaßnahmen bei Gefährdungen durch Energien, Ingangsetzen und Stillsetzen §9 Weitere Schutzmaßnahmen bei der Verwendung von AM §10 Instandhaltung und Änderung von Arbeitsmitteln §11 Besondere Betriebszustände, Betriebsstörungen und Unfälle §12 Unterweisung und besondere Beauftragung von Beschäftigten §13 Zusammenarbeit verschiedener Arbeitgeber §14 Prüfung von Arbeitsmitteln
Abschnitt 3 – Zusätzliche Vorschriften für überwachungsbedürftige Anlagen	**Abschnitt 4 – Vollzugsregelungen und Ausschuss für Betriebssicherheit**
§15 Prüfung vor Inbetriebnahme und vor Wiederinbetriebnahme nach prüfpflichtigen Änderungen §16 Wiederkehrende Prüfung §17 Prüfaufzeichnungen und -bescheinigungen §18 Erlaubnispflicht	§19 Mitteilungspflichten, behördliche Ausnahmen §20 Sonderbestimmungen für überwachungsbedürftige Anlagen des Bundes §21 Ausschuss für Betriebssicherheit
Abschnitt 5 – Ordnungswidrigkeiten und Straftaten	**Anhänge**
§22 Ordnungswidrigkeiten §23 Straftaten §24 Übergangsvorschriften	Anhang 1 – Besondere Vorschriften für bestimmte AM Anhang 2 – Prüfvorschriften für überwachungsbedürftige Anlagen Anhang 3 – Prüfvorschriften für bestimmte Arbeitsmittel

Technische Regel zur Betriebssicherheit (TRBS)

Bedeutung	
■ TRBSen konkretisieren die Anforderungen der BetrSichV. ■ Sie geben den Stand der Technik und arbeitswissenschaftliche Erkenntnisse für die Bereitstellung und Benutzung von Arbeitsmitteln wieder.	■ Veröffentlichung unter www.baua.de ■ Bei Einhaltung der genannten Maßnahmen kann der Arbeitgeber von der Einhaltung der Vorschriften der BetrSichV ausgehen (juristisch: Vermutungswirkung).
Gefährdungsbeurteilung (TRBS 1111)	**Zur Prüfung befähigte Personen (BetrSichV/TRBS 1203)**
■ Der Arbeitgeber muss mögliche Gefahren ermitteln und bewerten. Hieraus muss die Auswahl geeigneter Arbeitsmittel, sowie Festlegung von Maßnahmen zur sicheren Benutzung erfolgen. ■ Informationen (rechtliche Grundlagen, Herstellerinformationen, Erfahrungen der Beschäftigten, …) sind zu berücksichtigen. ■ Gefährdungen sind z. B. – mechanische, elektrische Gefährdungen und – Absturz von Personen, Lasten, Materialien. ■ Maßnahmen sind festzulegen und umzusetzen, z. B. – zur Vermeidung der Gefährdung, – Schutz durch technische Maßnahmen, – Personen von Gefahrenbereich fern halten sowie Schulen und Unterweisen. ■ Die Wirksamkeit der festgelegten Maßnahmen ist zu überprüfen, indem festgestellt wird, ob die Maßnahmen geeignet sind und ob sich keine neuen Gefährdungen ergeben.	■ Prüfungen von AM dürfen nur von zur Prüfung befähigten Personen (b. P.) durchgeführt werden. ■ B. P. unterliegen bei der Prüfung keinen fachlichen Weisungen und dürfen wegen ihrer Tätigkeit nicht benachteiligt werden. ■ Allgemeine Anforderungen an die b. P.: – Berufsbildung – Berufserfahrung – zeitnahe berufliche Tätigkeit ■ Spezielle Anforderungen bei elektrischen Prüfungen: – elektrotechnische Berufsausbildung – mindestens einjährige Erfahrung mit Errichtung, Zusammenbau oder Instandsetzung elektrischer Arbeitsmittel/Anlagen – relevante technische Regeln müssen verfügbar sein, Kenntnisse sind zu aktualisieren. ■ Für Prüfungen bei Druck- und Explosionsgefahren bestehen weitere, spezielle Anforderungen.

Brandschutzordnung
Fire Protection Regulation

Funktion

- Die Brandschutzordnung soll das Verhalten der Personen innerhalb eines Gebäudes oder Betriebes im Brandfall regeln. In ihr werden Maßnahmen zur Verhütung von Bränden angegeben. Sie gilt als Hausordnung bzw. allgemeine Geschäftsbedingung.
- Die Brandschutzordnung steht im Zusammenhang mit einem Branschutzplan
- Die DIN 14096: 2014-05 enthält Vorgaben für eine Brandschutzordnung und ist in die Teile A, B und C gegliedert.

DIN 14096, Teil A

- Es handelt sich um einen **Aushang**, der sich an **alle** im Gebäude aufhaltenden **Personen** (Beschäftigte, Besucher usw.) richtet.

Brandschutzverordnung Teil A

Brände verhüten

Offenes Feuer verboten

Verhalten im Brandfall
Ruhe bewahren

Brand melden		
Wo brennt es? Was passiert? Wieviele Verletzte? Welche Arten von Verletzungen?		Druckknopfmelder
		Pförtner 211

In Sicherheit bringen	Gefährdete Personen warnen Hilflose mitnehmen Türen schließen
	Gekennzeichneten Fluchtwegen folgen
	Auf Anweisungen achten

Löschversuch unternehmen	Feuerlöscher benutzen
	Brandschutzmittel benutzen

DIN 14096, Teil B

- Teil B richtet sich vor allem an die **Mitarbeiter des Betriebes** und wird allen Miarbeitern in schriftlicher Form ausgehändigt.
- Aufgeführt sind wichtige Regeln zur Verhinderung von Brand- und Rauchausbreitung, zur Freihaltung der Flucht- und Rettungswege und Regeln über das Verhalten im Brandfall.

DIN 14096, Teil C

- Teil C richtet sich an die **Mitarbeiter des Betriebes**, die mit **Brandschutzaufgaben** betraut sind (Fachkräfte für Arbeitssicherheit, Sicherheitsbeauftragte, Brandschutzbeauftragte usw.)

Regeln zum Verhindern von Brand und Rauch

- **Brandverhütung**

  Rauchen und Umgang mit offenem Licht und Feuer ist in allen Gebäudeteilen verboten.

- **Brand- und Rauchausbreitung**

Brandschutztür	Brandschutztüren befinden sich in den Fluren zwischen …
Rauchschutztür	Sie dürfen nicht durch Verkeilen, Anbinden oder vorgestellte Gegenstände offengehalten werden.
Rauchabzug	Rauchabzugseinrichtungen befinden sich im …. Sie werden durch Rauchmelder ausgelöst.

- **Fluchtwege**

Feuerwehrzufahrt		
Zufahrten und Aufstellflächen für Feuerwehr-Einsatzfahrzeuge sind unbedingt freizuhalten.	Flucht- und Rettungswege sind unbedingt freizuhalten.	Hinweise und Verbotsschilder dürfen nicht verdeckt oder verstellt werden.

- **Meldeeinrichtungen**

  Nächstgelegenes Telefon oder Druckknopfmelder in den Fluren und Treppenhäusern.

- **Löscheinrichtungen**

 Feuerlöscher in den Fluren

 Löschdecke in den Fluren zwischen …

- **Verhalten im Brandfall**

Ruhe bewahren!
Keine Panik durch unüberlegtes Handeln!

- **Brand melden**

 Feuerwehr Telefon 112 Wo brennt es? Was brennt?

 Einschlagen des Glases und betätigen des Druckknopfes

- **Meldeeinrichtungen**

  Gefahrenbereich über gekennzeichnete Fluchtwege verlassen. Behinderte und verletzte Personen mitnehmen.

 Aufzüge nicht benutzen. Verqualmte Räume gebückt verlassen. Am Sammelplatz einfinden.

- **Löschversuche unternehmen**

 Feuerlöscher benutzen. Von vorne nach hinten und von unten nach oben löschen. Mehrere Löscher gleichzeitig einsetzen.

 Personen mit brennender Kleidung am Fortlaufen hindern, sofort auf den Boden legen und die Flammen mit Löschdecken, … ersticken.

Brandbekämpfung
Fire Fighting

Brände

- Brände werden nach den brennenden Stoffen in **Brandklassen** eingeteilt. Diese Klassifizierung ist notwendig, um geeignete Löschmittel zu verwenden.
- In der Europäischen Norm **DIN EN 2: 2005-01** werden die Brandklassen A, B, C, D und F unterschieden.
- Die Farbe der Symbole ist nicht festgelegt. Üblich ist Schwarz auf weissem Grund, bei Handfeuerlöschern häufig Weiß auf rotem Grund.

Brandklasse A

Brände von festen Stoffen, hauptsächlich organisch; Verbrennung erfolgt normalerweise unter Glutbildung

- **Beispiele**: Holz, Papier, Kohle, Heu, Stroh, Kunststoffe, Textilien, Autoreifen
- **Löschmittel**: Wasser, wässrige Lösungen, Schaum, ABC-Pulver[1], Gase, Löschdecken

Brandklasse B

Brände von flüssigen oder flüssig werdenden Stoffen; auch Stoffe, die durch Temperaturerhöhung flüssig werden

- **Beispiele**: Benzin, Öle, Alkohol, Teer, Wachs, viele Kunststoffe, Ether, Lacke, Harz, Fette
- **Löschmittel**: Wasser, wässrige Lösungen, Schaum, ABC-Pulver[1], Gase, Löschdecken

Brandklasse C

Brände von Gasen

- **Beispiele**: Methan, Propan, Butan, Acetylen, Wasserstoff, Erdgas, Stadtgas
- **Löschmittel**: ABC-Pulver[1], BC-Pulver, Kohlenstoffdioxid nur in Ausnahmefällen (hierfür gibt es sehr selten speziell konstruierte Sonderfeuerlöscher mit Gasstrahldüse), Gaszufuhr durch Abschiebern der Leitung unterbinden
- **Hinweis**: Brände von Gasen sind in der Regel erst dann zu löschen, wenn die Gaszufuhr unterbunden werden kann, da sich sonst ein explosionsfähiges Gas-Luft-Gemisch bilden kann.

[1] Trockenlöschmittel in Pulverform, sehr fein zerteilter Feststoff

Brandklasse D

Brände von Metallen

- **Beispiele**: Aluminium, Magnesium, Natrium, Kalium, Lithium und deren Legierung
- **Löschmittel**: Metallbrandpulver (D-Pulver), Trockener Sand, trockenes Streu- oder Viehsalz, trockener Zement, Grauguss-Späne
- **Hinweis**: Niemals Wasser als Löschmittel verwenden

Brandklasse F

Brände von Speiseölen/-fetten (pflanzliche oder tierische Öle und Fette) in Frittier- und Fettbackgeräten und anderen Kücheneinrichtungen und -geräten

- **Beispiele**: Speiseöle und Speisefette
- **Löschmittel**: Fettbrand-Löscher mit Speziallöschmittel zur Verseifung, Pulver-Löscher nur bedingt
- **Hinweis**: Niemals Wasser als Löschmittel verwenden

Einsatz von Handfeuerlöschern

- Feuerlöscher mindestens all zwei Jahre prüfen lassen.
- Sicherheitsabstände zu elektrischen Anlagen einhalten.
- Alle Mitarbeiter in die Bedienung der Feuerlöscher einweisen

- Brände **immer in Windrichtung** bekämpfen.

- **Flächenbrände** immer von unten nach oben bekämpfen.

- **Tropfbrände** immer von oben nach unten ablöschen.

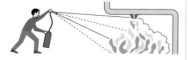

- Bei **mehreren Feuerlöschern**, alle gleichzeitig einsetzen.

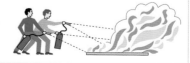

Entsorgung
Disposal

KrW-/AbfG, ElektroG; GewAbfV

Kreislaufwirtschafts- und Abfallgesetz

- Prinzip:
  Vermeidung vor Verwerten und vor Beseitigen von Abfall.
- Umsetzung:
  - Einsatz schadstoffarmer Produkte
  - Entwicklung langlebiger, abfallarmer Produkte
  - betriebsinterne Kreislaufführung von Stoffen
- Anforderungen gelten für Bereiche im Betrieb und auf Baustellen.
- Getrennthaltungspflicht:
  Trennung von
  - Abfällen zur Verwertung und
  - Abfällen zur Beseitigung.
- Nach Gewerbeabfallverordnung mindestens getrennt zu halten und zu entsorgen:
  - Papier/Pappe, Glas, Kunststoffe, Metalle, biologisch abbaubare Abfälle
- Je nach Abfallkategorie bestehen unterschiedliche Pflichten zur Dokumentation (z. B. Entsorgungsnachweis).
- Einstufung in gefährlich/nicht gefährlich über Abfallverzeichnungsverordnung.

Abfallkategorien

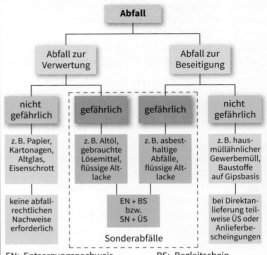

EN: Entsorgungsnachweis BS: Begleitschein
SN: Sammelentsorgungsnachweis ÜS: Übernahmeschein

Abfallgruppen (Auswahl)

Gruppe	Abfall	Gruppe	Abfall
15 …	Verpackungsabfall, Wischtücher, Schutzkleider (nicht mit gefährlichen Stoffen verunreinigt.	17 02	Holz, Glas und Kunststoff (nicht mit gefährlichen Stoffen verunreinigt)
16 02	Abfälle aus elektrischen Geräten	17 04	Metalle (einschließlich Legierungen)
16 02 09	Transformatoren und Kondensatoren mit PCB	17 04 01 17 04 02	Kupfer, Bronze, Messing Aluminium
16 02 11	Gebrauchte Geräte, die teil-/vollhalogenierte Fluorchlorkohlenwasserstoffe enthalten	17 04 09	Metallabfälle, die durch gefährliche Stoffe verunreinigt sind
16 06	Batterien und Akkumulatoren	17 04 10	Kabel, die Öl, Kohlenteer oder andere gefährliche Stoffe enthalten
16 06 01	Bleibatterien	17 09 …	Sonstige Bau- und Abbruchabfälle
16 06 02	Ni-Cd-Batterien	20 …	Siedlungsabfälle (Hausmüll)
Obergruppe, Einstufung erst bei Untergruppen möglich		ungefährlich	gefährlich

Elektro- und Elektronikgerätegesetz

- Das Gesetz beschränkt die Verwendung bestimmter gefährlicher Stoffe in Elektro- und Elektronikgeräten.
- Regelt den Umgang mit Elektro- und Elektronikalt-/schrottgeräten

Elektro- und Elektronikalt-/schrottgeräte	Einteilung von Geräten erfolgt in Gruppen
Alle Hersteller von Elektro- und Elektronikgeräten in Deutschland müssen die Rücknahme und Entsorgung der Geräte sicherstellen, die nach dem 13.8.2005 in Verkehr gebracht wurden.	- Große Haushaltsgeräte (Backofen, Kühlschrank) - Kleine Haushaltsgeräte (Staubsauger, Toaster) - Informations- und Kommunikationsgeräte - Geräte der Unterhaltungselektronik - Leuchtmittel - Elektrowerkzeuge - Spiel-/Freizeitgeräte (Videospielkonsole) - Überwachungsgeräte (Rauchmelder) - Ausgabesysteme (Getränke-/Geldautomat)
Kennzeichnung	
Elektro- und Elektronikgeräte müssen für die getrennte Sammlung mit einem sichtbaren, erkennbaren und dauerhaften Symbol gekennzeichnet sein (durchgestrichener Abfallbehälter).	

Verpackung und Umweltschutz
Packing and Environmental Protection

Verpackungsverordnung

- Verordnung über die Vermeidung und Verwertung von Verpackungsabfällen (VerpackV, Bundesrechtsverordnung)
- Zielsetzung:
  - Umweltbelastungen verringern
  - Wiederverwendung oder Verwertung von Verpackungen fördern
  - vorrangiger Einsatz verwertbarer Abfälle oder sekundärer Rohstoffe
  - Mehrfachverwertung
  - Einsatz langlebiger Produkte
- Geltungsbereich: Bundesrepublik Deutschland
- Letzte Änderung: 02.04.2008 (Inkrafttreten 01.01.2009)
  Alle Hersteller und Vertreiber von Gütern in Verpackungen, die beim privaten Endverbraucher landen, sind verpflichtet, sich am flächendeckenden Rücknahmesystem der Verpackung zu beteiligen (auch Versandhandel).

Transport-Verpackung
Fässer
Kanister
Säcke
Paletten
usw.

Umverpackung (Doppelverpackung)
Folien
Kartonagen
usw.

Verkaufsverpackung (Einzelverpackung)
Becher
Dosen
Flaschen
Tragetaschen
usw.

↓
Geschäft

Rücknahme der Verpackung durch:

Hersteller und Vertreiber | **Vertreiber** | **Hersteller und Vertreiber**

↓
Wiederverwertung
oder
Stoffliche Verwertung (Recycling)

Duales System
Gebrauchte Verpackungen werden beim Verbraucher gesammelt und der stofflichen Verwertung (Recycling) zugeführt.

Grüner Punkt
Hersteller, die sich am dualen System beteiligen, kennzeichnen ihre Produkte mit dem grünen Punkt.

Kreislaufwirtschaft

1 **Abfälle verringern**
- **Produktion:**
  - „Abfallstoffe" der Produktion wieder zuführen.
  - „Abfallarme" Produktion durch Materialeinsparung, Einsatz langlebiger Produkte, „sparsame" Verpackung usw.
- **Verbraucher:**
  Veränderung der Einstellungen gegenüber Abfällen (jeder kann etwas zur Verringerung beitragen).

2 **Abfälle verwerten**
- **Recycling:**
  Wiederverwertung von Abfallstoffen
  - im gleichen Produktionskreislauf und
  - in einem anderen Produktionsprozess.
- **Energetische Verwertung:**
  Abfälle als Ersatzbrennstoffe umweltverträglich nutzen.

3 **Abfälle verwerten**
- **Trennung:**
  Sortengerechte Trennung und Lagerung
- **Lagerung:**
  Umweltschonende Lagerung auf entsprechenden Deponien
- **Verbrennung:**
  Umweltschonende Verbrennung

Arbeitsweise Duales System
Verpackungen im Kreislauf

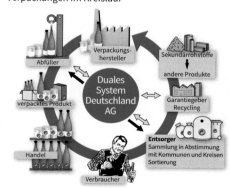

⟺ Vertragsbeziehungen
→ Finanzierung über Lizenzentgelte für den Grünen Punkt

Gefahrstoffverordnung
Hazardous Substance Regulation

- Die Gefahrstoffverordnung (**GefStoffV**) dient dem Schutz vor gefährlichen Stoffen und ist im Arbeitsschutz verankert.
- Bei der Beurteilung der Gefährdung sind die physikalisch-chemischen und toxischen Eigenschaften sowie besondere Eigenschaften im Zusammenhang mit bestimmten Tätigkeiten unabhängig voneinander zu beurteilen.
- Um die Gefahren beim Arbeiten mit Gefahrstoffen abschätzen zu können, werden sie gekennzeichnet.
- Die auf dieser Seite abgebildeten Gefahrensymbole werden zunehmend durch die Symbole auf der nächsten Seite ersetzt (Global Harmonisiertes System, GHS, ab 20.01.2009).

Kennzeichnung gefährlicher Stoffe (Beispiele)

Gefahrenbezeichnung; Gefahrensymbol	Kennbuchstabe; Hinweise auf besondere Gefahren
Sehr giftig	**T +** (T: toxic) R26 R27 R28 R39
Reizend	**Xi** (X: für Andreaskreuz i: irritating) R26 R37 R38 R41 R43
Explosionsgefährlich	**E** (E: explosive) R2 R3
Hochentzündlich	**F +** (F: flammable) R12
Ätzend	**C** (C: corrosive) R34 R35
Umweltgefährlich	**N** (N: nocious) R54 R55 R56
Brandfördernd	**O** (O: oxidizing) R8 R9 R11

Hinweise auf besondere Gefahren Risiko-Sätze (R-Sätze)

R1	In trockenem Zustand explosionsgefährlich	R17	Selbstentzündlich an der Luft
R2	Durch Schlag, Reibung, Feuer oder andere Zündquellen explosionsgefährlich	R18	Bei Gebrauch Bildung explosionsfähiger/leichtentzündlicher Dampf-Luftgemische möglich
R3	Durch Schlag, Reibung, Feuer oder andere Zündquellen besonders explosionsgefährlich	R19	Kann explosionsfähige Peroxide bilden
		R20	Gesundheitsschädlich beim Einatmen
R4	Bildet hochempfindliche explosionsgefährliche Metallverbindungen	R21	Gesundheitsschädlich bei Berührung mit der Haut
R5	Beim Erwärmen explosionsfähig	R22	Gesundheitsschädlich beim Verschlucken
R6	Mit und ohne Luft explosionsfähig	R23	Giftig beim Einatmen
R7	Kann Brand verursachen	R24	Giftig bei Berührung mit der Haut
R8	Feuergefahr bei Berührung mit brennbaren Stoffen	R25	Giftig beim Verschlucken
R9	Explosionsgefahr bei Mischung mit brennbaren Stoffen	R26	Sehr giftig beim Einatmen
		R27	Sehr giftig bei Berührung mit der Haut
R10	Entzündlich	R28	Sehr giftig beim Verschlucken
R11	Leichtentzündlich	R29	Entwickelt bei Berührung mit Wasser giftige Gase
R12	Hochentzündlich		
R13	Hochentzündliches Flüssiggas	R30	Kann bei Gebrauch leicht entzündlich werden
R14	Reagiert heftig mit Wasser		
R15	Reagiert mit Wasser unter Bildung leichtentzündlicher Gase	R31	Entwickelt bei Berührung mit Säure giftige Gase
R16	Explosionsgefährlich in Mischung mit brandfördernden Stoffen	R32	Entwickelt bei Berührung mit Säure sehr giftige Gase

R33	Gefahr kumulativer Wirkungen
R34	Verursacht Verätzungen
R35	Verursacht schwere Verätzungen
R36	Reizt die Augen
R37	Reizt die Atmungsorgane
R38	Reizt die Haut
R39	Ernste Gefahr irreversiblen Schadens
R40	Irreversibler Schaden möglich
R41	Gefahr ernster Augenschäden
R42	Sensibilisierung durch Einatmen möglich
R43	Sensibilisierung durch Hautkontakt möglich
R44	Explosionsgefahr bei Erhitzung unter Einschluss
R45	Kann Krebs erzeugen
R46	Kann vererbbare Schäden verursachen
R47	Kann Missbildungen verursachen
R48	Gefahr ernster Gesundheitsschäden bei längerer Exposition

Einstufungs- und Kennzeichnungssystem für Chemikalien nach GHS
Globally Harmonised System of Classification and Labelling Chemicals

Hinweise

- **GHS**: **G**lobally **H**armonised **S**ystem of Classification and Labelling of Chemicals
- Die GHS-Verordnung wird auch als **CLP**-Verordnung (**C**lassification, **L**abelling and **P**acking) bezeichnet.
- Die Verordnung ist am 20.01.2009 in der EU in Kraft getreten und löst schrittweise bestehende Verordnungen ab.
- Zwischen der CLP-Verordnung und der REACH-Verordnung (s. unten) gibt es Berührungspunkte. Die REACH-Verordnung gilt in erster Linie für Stoffe und Stoffgemische. Die von ihr aufgestellten Pflichten sind in weiten Teilen an Mengenschwellen gebunden. Demgegenüber unterliegen alle Chemikalien vor dem Inverkehrbringen generell der Einstufungs- und Kennzeichnungspflicht nach GHS.

Übergangsfristen

- Hinsichtlich der Übergangszeiten orientiert sich die CLP-Verordnung weitgehend an den Fristen zur Umsetzung der REACH-Verordnung.

Gefahrenpiktogramme

Bedeutung	Piktogramm	Kodierung
Explosive, selbstzersetzliche Stoffe		GHS01
Entzündbare Gase, Flüssigkeiten, Feststoffe		GHS02
Entzündbare Aerosole, Flüssigkeiten		GHS03
Gase unter Druck		GHS04
Stoffe und Gemische gegenüber Metallen korrosiv		GHS05
Akute Toxität Kategorie 1, 2, 3		GHS06
Akute Toxität Kategorie 4		GHS07
Gesundheitsgefahr		GHS08
Umweltgefahr		GHS09

Gefahrenklassen

- Gefahrenklassen werden in Gefahrenkategorien unterteilt.
- Um den Schweregrad der einzelnen Gefährdungen zu erkennen, werden Gefahrenpiktogramme, Signalwörter und Gefahrenhinweise angegeben.

Gefahrenhinweise

Es handelt sich um einen standardisierten Text, der die Art und gegebenenfalls den Schweregrad der Gefährdung beschreibt. Gefahrenhinweise sind mit den R-Sätzen nach Gefahrstoffverordnung vergleichbar. Beispiel:

H 3 01
- laufende Nummer
- Gruppierung 2 = Allgemein
  3 = Gesundheitsgefahren
  4 = Umweltgefahren
- steht für Gefahrenhinweis (**H**azard Statement)

Sicherheitshinweise

Sicherheitshinweise beschreiben in standardisierter Form die empfohlenen Maßnahmen zur Begrenzung oder Vermeidung schädlicher Wirkungen. Sie sind mit den Sätzen der Gefahrstoffverordnung vergleichbar. Beispiel:

REACH-Verordnung
REACH Regulation

- EU-Chemikalienverordnung für die Registrierung, Bewertung, Zulassung und Beschränkung von Chemikalien (am 01.06.2007 in Kraft getreten)
- **REACH**: **R**egistration, **E**valuation, **A**uthorisation and Restriction of **Ch**emicals
- Grundsatz: Eigenverantwortlichkeit der Industrie
- Innerhalb der EU dürfen danach nur solche chemischen Stoffe in den Verkehr gebracht werden, die vorher registriert worden sind.
- Die Vorregistrierung erfolgt durch die Europäische Agentur für chemische Stoffe in Helsinki (**EACH**: **E**uropean **C**hemicals **A**gency). Sie dient der Bildung von Foren für Hersteller und Importeure von gleichen Stoffen.
- Die Vorregistrierung ist der eigentlichen Registrierung vorgeschaltet.
- Die Registrierung umfasst
  - die Einstufung und Kennzeichnung,
  - Informationen zur Herstellung und Verwendung,
  - Leitlinien für die sichere Verwendung des Stoffes usw.
- Für die Kommunikation in einer Lieferkette dient das Sicherheitsblatt (Registrierungsnummer, Beschränkung der Verwendung, usw.).

Umweltvorschriften
Environmental Regulations

Ökodesign-Richtlinie 2009/125/EG

- Beim Ökodesign (**EcoDesign**) handelt es sich um einen umfassenden Ansatz für Produkte mit dem Ziel, die Umweltbelastungen über den gesamten Lebenszyklus (von der Produktion bis zur Entsorgung) durch verbessertes Produktdesign zu verringern sowie Energie und andere Ressourcen einzusparen.

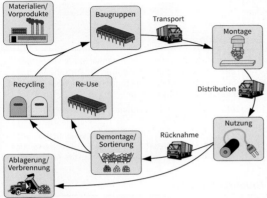

- Die **EcoDesign** wurde 2007 in Deutschland mit dem **EBPG** (**E**nergie**b**etriebene-**P**rodukte-**G**esetz) in nationales Recht umgesetzt.

Entsorgungswege der Altgeräte

- Vom Umweltbundesamt ist die privatwirtschaftlich organisierte Stiftung **EAR** (**E**lektro-**A**ltgeräte-**R**egister) betraut worden (06.07.2005), die Hersteller von Elektro- und Elektronikgeräten zu registrieren. Ohne Registrierung dürfen Hersteller nicht mehr am Markt teilnehmen.
- EAR vergibt **Registrierungsnummern** an die Hersteller, nimmt Meldungen über in Verkehr gebrachte Mengen an, berechnet daraus die Entsorgungsverpflichtung des einzelnen Herstellers und erhebt entsprechende Gebühren.
- EAR koordiniert auch die Bereitstellung der Sammelbehälter und die Abholung der Altgeräte bei den öffentlich-rechtlichen Entsorgungsträgern. Es wird zwischen privat oder ausschließlich kommerziell genutzten Geräten unterschieden.

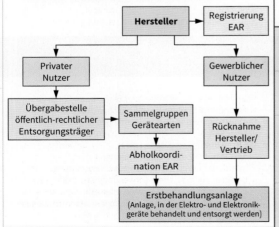

EG(EU)-Richtlinien

Rechtsakte der Europäischen Union

WEEE 2012/19/EU	Altgeräteentsorgung (**W**aste of **E**lectrical and **E**lectronic **E**quipment)
RoHS 2011/65/EU	Beschränkung der Verwendung bestimmter gefährlicher Stoffe in Elektro- und Elektronikgeräten (**R**estriction **o**f **H**azardous **S**ubstances)
2018/852/EU	Verpackungen und Verpackungsabfälle
BattV 2013/56/EU	Verordnung über die Rücknahme und Entsorgung gebrauchter Batterien und Akkumulatoren (**Batt**erie**v**erordnung)

Verordnung des Europäischen Parlaments und des Rates

(EG) Nr. 517/2014/EU	F-Gase-Verordnung Verordnung über bestimmte fluorierte Treibhausgase
(EG) Nr. 1907/2006 (REACH)	Registrierung, Bewertung, Zulassung und Beschränkung chemischer Stoffe

Gesetze (Deutschland)

ElektroG Elektro- und Elektronikgerätegesetz	Gesetz über das Inverkehrbringen, die Rücknahme und die umweltverträgliche Entsorgung von Elektro- und Elektronikgeräten, ElektroG2, 15. August 2018
KrW-/AbfG **Kr**eislaufwirtschafts und **Abf**allgesetz	Gesetz zur Förderung der Kreislaufwirtschaft und Sicherung der umweltverträglichen Beseitigung von Abfällen
ChemG **Chem**ikaliengesetz	Gesetz zum Schutz vor gefährlichen Stoffen

Verordnungen (Deutschland)

VerpackV Verpackungsverordnung	Verordnung über die Vermeidung und Verwertung von Verpackungsabfällen
BattV Batterieverordnung	Verordnung über die Rücknahme und Entsorgung gebrauchter Batterien und Akkumulatoren
ChemVerbotsV Chemikalien-Verbotsverordnung	Verordnung über Verbote und Beschränkungen des Inverkehrbringens gefährlicher Stoffe, Zubereitungen und Erzeugnisse nach dem Chemikaliengesetz
GefStoffV Gefahrstoffverordnung	Verordnung zum Schutz vor gefährlichen Stoffen

Arbeitsverantwortlichkeiten
Work Responsibilities

Elektrotechnisches Personal

Verantwortliche Elektrofachkraft — Elektrofachkraft — Facharbeiter/Geselle — Elektrofachkraft für festgelegte Tätigkeiten — Elektrotechnisch unterwiesene Person — Elektrotechnischer Laie

befähigte Person

← zunehmende Qualifizierung

Bezeichnung	Merkmale	Regelung	Tätigkeiten
Elektrofachkraft (**EFK**)	▪ fachliche Ausbildung, Kenntnisse und Erfahrungen, sowie Kenntnis der einschlägigen Normen, zur Beurteilung der übertragenen Arbeiten sowie möglicher Gefahren	DGUV Vorschrift 3, DIN VDE 0105-100, DIN VDE 1000-10	Planung; Einrichtung; Inbetriebnahme; Prüfung und Instandsetzung; Fehler suchen; Messwerte erfassen und beurteilen; Reparaturen durchführen
Elektrofachkraft für festgelegte Tätigkeiten (**EFKffT**)	▪ fachliche Ausbildung in Theorie und Praxis ▪ Kenntnisse und Erfahrungen über die bei der festgelegten Tätigkeit zu beachtenden Bestimmungen ▪ erkennt und beurteilt mögliche Gefahren bei den Arbeiten	Durchführungsanweisung zur DGUV Vorschrift 3; DGUV Grundsatz 303-001	Gleichartige, sich wiederholende elektrotechnische Arbeiten an Betriebsmitteln, die in einer Arbeitsanweisung festgelegt sind, z. B. Anschluss eines Elektroherdes bei der Küchenmontage
Verantwortliche Elektrofachkraft (**vEFK**)	▪ Elektrofachkraft, die eine vom Unternehmer übertragene Fach- und Aufsichtsverantwortung für die im Unternehmen tätigen Fachkräfte sowie für bestimmte Betriebs- und Anlagenteile übernimmt ▪ ist vom Vorgesetzten weisungsfrei	DIN VDE 1000-10	Erstellen von Arbeitsanweisungen; Unterweisung und Belehrung von Mitarbeitern; Organisation der Prüfung elektrischer Maschinen, Anlagen und Betriebsmittel
Befähigte Person (**bP**)	▪ verfügt auf Grund der Berufsausbildung, der Berufserfahrung und der zeitnahen beruflichen Tätigkeit über die erforderlichen Fachkenntnisse zur Prüfung der Arbeitsmittel	BetrSichV TRBS 1203	Prüfungen von Arbeitsmitteln (z. B. Geräte, Maschinen)
Elektrotechnisch unterwiesene Person (**EuP**)	▪ wird von einer Elektrofachkraft über die ihr übertragenen Aufgaben und die möglichen Gefahren bei unsachgemäßem Verhalten unterrichtet ▪ wird über die erforderlichen Schutzeinrichtungen und -maßnahmen belehrt ▪ arbeitet stets unter Leitung und Aufsicht einer EFK	DIN VDE 0105-100, DIN VDE 1000-10	Auswechseln von Schaltern und Steckdosen; Arbeiten in der Nähe unter Spannung stehender Teile (z. B. Auswechseln von Sicherungseinsätzen, Betätigen von Motorschutzschaltern, Sichtkontrollen bei geöffneten Verteilungen)
Elektrotechnischer Laie (**L**)	▪ ist weder Elektrofachkraft noch elektrotechnisch unterwiesene Person	DIN VDE 0105-100	Ein-/ausschalten; Funktionssicherheit feststellen; Glühlampen auswechseln; Schraubsicherungen einsetzen
Anlagenverantwortlicher	▪ muss EFK sein ▪ besitzt Weisungsbefugnis auf Führungsebene ▪ trägt die unmittelbare Verantwortung für die betreffende Starkstromanlage	DIN VDE 0105-100	Vorbereitung der Arbeitsstelle (z. B. Schalthandlungen, Sicherheitsmaßnahmen); Einweisung in die Anlage; Pflicht zur Sicherheitsüberwachung
Arbeitsverantwortlicher	▪ ist in der Regel EFK ▪ besitzt Kenntnis der anzuwendenden Normen und erkennt mögliche Gefahren ▪ hat Weisungsbefugnis im Rahmen der Arbeiten ▪ Benennung eines Arbeitsverantwortlichen erfolgt mündlich und ist bei mehreren tätigen Personen an einer Arbeitsstätte erforderlich. ▪ beurteilt durchzuführende Arbeiten	DIN VDE 0105-100	Koordinierung der durchzuführenden Arbeiten sowie Maßnahmen der Arbeitssicherheit unter Einhaltung der relevanten Vorschriften; aufgabenbezogene Unterweisung der Mitarbeiter; Freigabe der Arbeiten an die ausführenden Mitarbeiter

Arbeitsschutz- und Umweltschutzrecht
Occupational Safety and Environmental Legislation

Entstehung

- In Deutschland existieren u. a. in den Bereichen **Arbeitsschutz** und **Umweltrecht** eine Reihe von Gesetzen, Vorschriften, Regelungen, Richtlinien und Verordnungen, die auf der Basis von internationalem Recht, EU-Richtlinien und EU-Verordnungen erstellt wurden.
- **Änderungen**, **Weiterentwicklungen** oder **Neuerstellungen** im internationalen Recht, in den EU-Richtlinien und EU-Verordnungen haben direkten Einfluss auf die deutsche Gesetzgebung.

Anwendungsbereiche

- Zu den wesentlichen technisch orientierten Anwendungsbereichen gehören
  - Arbeitsschutz und Anlagensicherheit
  - Chemikalien- und Gefahrstoffrecht
  - Störfall- und Immissionsschutzrecht
  - Umweltmanagement, -schutz und -recht
  - Wasser-, Boden- und Abfallrecht
  - Gefahrguttransport Straße und Schiene
  - Baurecht und Brandschutz
  - Strahlenschutz und Kernenergierecht
  - Gentechnik und Biotechnologie

Rangfolge

Ebene	Beispiele
Internationales Recht / EU-Richtlinien / EU-Verordnungen	RL 89/391 Rahmenrichtlinie Arbeitsschutz RL 89/654 Arbeitsstättenrichtlinie RL 2001/95 Allgemeine Produktsicherheit RL 2006/95 Niederspannungsrichtlinie
Vorschriften des Bundes (Gesetze, Verordnungen, Verwaltungsvorschriften)	**ProdHaftG**: **Prod**ukt**haft**ungs**g**esetz **ProdSG**: **Prod**ukt**s**icherheits**g**esetz **1. ProdSV**: **Prod**ukt**s**icherheits**v**erordnung (Bereitstellung elektrischer Betriebsmittel …)
Vorschriften der Länder (Gesetze, Verordnungen, Verwaltungsvorschriften, Richtlinien)	Landesabfallgesetze, Landessonderabfallverordnungen Landesbauordnungen Landesimmissionsschutzgesetze
Autonomes Satzungsrecht der Unfallversicherer	**DGUV**-Regeln, -Vorschriften, -Informationen, -Grundsätze z. B. – DGUV Vorschrift 3: Elektrische Anlagen und Betriebsmittel – DGUV Regel 103-012 (GUV-R A3): Arbeiten unter Spannung an elektrischen Anlagen und Betriebsmitteln (**DGUV**: **D**eutsche **G**esetzliche **U**nfall**v**ersicherung e.V.)
Technische Regeln und Richtlinien staatlicher Ausschüsse	**TRBS**: **T**echnische **R**egeln für **B**etriebs**s**icherheit **ASR**: **T**echnische **R**egeln für **A**rbeitsstätten **RAB**: **R**egeln zum **A**rbeitsschutz auf **B**austellen **TROS**: **T**echnische **R**egeln zur Arbeitsschutzverordnung zu künstlicher **o**ptischer **S**trahlung
Schriftenreihen, Merkblätter, nicht technische Richtlinien	**LAGA**: Schriften der **L**änder**a**rbeits**g**emeinschft **A**bfall **KAS**: Schriften der **K**ommission für **A**nlagen**s**icherheit
Sonstige Regeln der Technik	EN- und DIN-Normen, VDE-Bestimmungen, VDI-Richtlinien, VdS-Richtlinien, BauA-Veröffentlichungen, Berufsgenossenschaftliche Vorschriften, Regeln, Informationen und Grundsätze, Firmenspezifische Anordnungen usw.

Verhalten bei Notfällen
Behaviour in Emergencies

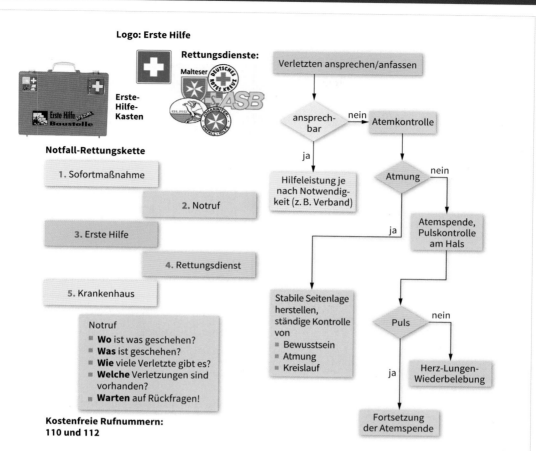

	Versagen der Atmung/ Atemstillstand	Herzversagen/ Herzstillstand	Kreislaufversagen/Schock	Starke Blutung
Symptome	▪ Flache, unregelmäßige Atmung bzw. keine Atembewegung mehr wahrnehmbar ▪ keine Atemgeräusche hörbar ▪ bläuliche Verfärbung der Haut (Lippen, Ohrläppchen) ▪ Bewusstlosigkeit	▪ Bewusstlosigkeit ▪ erweiterte Pupillen ▪ blaue oder weißliche (blasse) Verfärbung der Haut	▪ Schwacher, beschleunigter Puls ▪ feuchte, blasse, kalte Haut ▪ Unruhe, Angst	▪ Bei Verletzung der Schlagader pulsierender Blutaustritt ▪ hellrote Farbe des Blutes
Maßnahmen	▪ Verletzten in stabile Seitenlage bringen ▪ Mund- und Rachenraum von Fremdkörpern (Speisereste, Erbrochenes) säubern ▪ Bei Atemstillstand mit der Atemspende beginnen ▪ Atmung überwachen	▪ Sofort mit Herzdruckmassage beginnen ▪ Achtung: Ersthelferausbildung ist hierfür unbedingt erforderlich	▪ Schocklage herstellen (Oberkörper flach legen, Beine schräg nach oben) ▪ Achtung: Schocklage nicht bei Verletzung der Beine oder Wirbelsäule ▪ vor Unterkühlung schützen ▪ durch Ansprache beruhigend wirken ▪ Atmung und Puls kontrollieren	▪ Druckverband anlegen, sterile Auflage (Einmalhandschuh verwenden!) ▪ leichte Blutung aus Nase: Kopf nach vorne neigen, Kinn in die Hand stützen lassen, kalter Umschlag auf den Nacken ▪ bei verletzter Schlagader die Ader abdrücken bzw. abbinden

Betrieb und Umfeld

Unfall und Unfallschutz
Accident and Accident Prevention

Versicherungsschutz

- Die Berufsgenossenschaften sind die Träger der gesetzlichen Unfallversicherung für die Unternehmen der Privatwirtschaft und deren Beschäftigte.

- Sie haben die Aufgabe, Arbeitsunfälle und Berufskrankheiten sowie arbeitsbedingte Gesundheitsgefahren zu verhüten.

- Der Versicherungsschutz erstreckt sich auf:
  - Arbeitsunfälle
  - Wegunfälle
  - Berufskrankheiten

- Die Berufsgenossenschaft und die Unfallkassen sind in der **DGUV** (**D**eutschen **G**esetzlichen **U**nfall**v**ersicherung) organisiert.

- Das bestehende Vorschriften- und Regelwerk wurde ab dem 01.05.2014 in ein neues Bezeichnungssystem überführt. Dabei werden vier Kategorien unterschieden:
  - DGUV Vorschriften
  - DGUV Regeln
  - DGUV Informationen
  - DGUV Grundsätze

DGUV
Deutsche Gesetzliche Unfallversicherung
Spitzenverband

- Jede Publikation erhält eine eigene, in der Regel sechsstellige Kennzahl:
  - Vorschriften 1 bis 99
  - Regeln 100 bis 199
  - Informationen 200 bis 299
  - Grundsätze 300 und aufwärts

  Jeweils die zweite und dritte Stelle jeder Kennzahl zeigt die Zugehörigkeit in einem der 15 Fachbereiche der DGUV an.

Ausgewählte DGUV-Vorschriften

Bezeichnung	Titel, Erläuterungen
DGUV Vorschrift 1	Grundsätze der Prävention
DGUV Vorschrift 3	Elektrische Anlagen und Betriebsmittel
	Prüfung von in Betrieben verwendeten Elektrogeräten.
DGUV Vorschrift 6	Arbeitsmedizinische Vorsorge
	Arbeitsmedizinische Vorsorgeuntersuchungen sind aufgeführt.
DGUV Vorschrift 9	Sicherheits- und Gesundheitsschutzkennzeichnung am Arbeitsplatz
	Gefahrensymbole, Gebots- und Verbotszeichen sowie Kennzeichnung von Fluchtwegen, Erste-Hilfe-Einrichtungen usw.

Verhalten bei Unfällen

Betriebsanweisung zum Verhalten bei Unfällen:

Verhalten bei Unfällen
Ruhe bewahren

1. Unfall melden Telefon (Tel.-Nr. einfügen) oder/und ....
   Wo geschah es?
   Was geschah?
   Wie viele Verletzte?
   Welche Arten von Verletzungen?
   Warten auf Rückfragen!

2. Erste Hilfe — Absicherung des Unfallortes
   Versorgung der Verletzten
   Anweisungen beachten

3. Weitere Maßnahmen — Rettungsdienste einweisen
   Schaulustige entfernen

- Die **Betriebsanweisung** ist eine Anweisung an die Beschäftigten im Rahmen der Pflichten des Arbeitgebers innerhalb des Arbeitsschutzgesetzes.

- Es wird darin das arbeitsplatz- und tätigkeitsbezogene Verhalten im Betrieb geregelt, mit dem Ziel, Unfall- und Gesundheitsverfahren zu vermeiden.

Hinweise zum Ausfüllen einer Unfallanzeige

- Die **Beschreibung des Unfallgeschehens** soll genaue Angaben zum Unfall und zu den näheren Umständen enthalten.
  Beispiele: wo, wie, warum, unter welchen Umständen, Angabe der beteiligten Geräte oder Maschinen

- **Wichtige Angaben** sind:
  Betriebsteil bzw. Organisationseinheit, in dem sich der Unfall ereignete.
  Beispiele: Büro, Werkstatt, Verkauf, Lager

- **Tätigkeit**, die die verletzte Person ausübte.
  Beispiele: Kundenberatung, Leitungsinstallation, Reparatur eines Servers in der Werkstatt

- **Umstände**, die den Verlauf des Unfalls besonders kennzeichnen (unfallauslösende Umstände, welche Arbeitsmittel wurden benutzt bzw. an welchen Maschinen und Anlagen wurde gearbeitet).
  Beispiele: ... beugte sich zu weit zur Seite, dadurch rutschte die Leiter weg, ... rutschte auf dem Fußboden aus, ...

- **Arbeitsbedingungen**, die mit dem Unfall im Zusammenhang stehen könnten.
  Beispiele: Hitze, Kälte, Lärm, Staub

- **Gefahrstoffe**, die mit dem Unfall im Zusammenhang stehen.
  Beispiele: Akkusäure, Lösungsmittel

- **Verletzte Körperteile** genau bezeichnen
  Die Unfallbeschreibung kann auf der Rückseite des Vordrucks oder auf einem separaten Beiblatt erfolgen.

Arbeitsschutz
Health and Safety at Work

DGUV Vorschrift 1, 3, 6

Gesetzliche Regelung im Arbeitsschutzgesetz (**ArbSchG**) und in der Betriebssicherheitsverordnung (**BetrSichV**) zur
- Regelung der grundlegenden Pflichten des Arbeitgebers,
- Festlegung der Pflichten und Rechte des Arbeitnehmers und
- Überwachung des Arbeitsschutzes durch die zuständigen Behörden und/oder Berufsgenossenschaften (**BG**).

Pflichten des Arbeitgebers

- Elektrische Anlagen und Betriebsmittel
  - nach den elektrotechnischen Regeln betreiben,
  - nur von einer Elektrofachkraft bzw. unter deren Aufsicht errichten, ändern und instandhalten,
  - auf einen ordnungsgemäßen Zustand prüfen und
  - Mängel unverzüglich beseitigen.
- Erforderliche persönliche Schutzkleidung dem Arbeitnehmer zur Verfügung stellen.
- Sicherheitsrelevante Arbeitsgeräte (z. B. Leitern) in ausreichender Anzahl und technisch einwandfreiem Zustand zur Verfügung stellen.

Pflichten des Arbeitnehmers

- Sicherheitstechnische Bestimmungen am Arbeitsplatz einhalten und Anweisungen befolgen.
- Vor Arbeitsbeginn alle sicherheitsrelevanten Arbeitsgeräte und Hilfsmittel überprüfen.
- Elektrotechnische Bestimmungen einhalten.
- Bei Übertragung der Unternehmerpflichten an die Elektrofachkraft deren Einhaltung kontrollieren. Die Übertragung muss schriftlich bestätigt werden.
- Persönliche Schutzausrüstung tragen.

Betriebliches Sicherheitspersonal

Personal	Fachkraft für Arbeitssicherheit (FAS)	Sicherheitsbeauftragter (Sibe)	Betrieblicher Ersthelfer	Brandschutzbeauftragter (BSB)
Merkmale	<ul><li>Spezielle Ausbildung durch die Berufsgenossenschaft</li><li>Keine Weisungsbefugnis</li><li>Schriftliche Bestellung durch den Arbeitgeber</li></ul>	<ul><li>Ist Mitarbeiter des Betriebes</li><li>Regelmäßige inner- und außerbetriebliche Aus- und Fortbildung</li><li>Keine Weisungsbefugnis</li><li>Bestellung durch den Unternehmer</li></ul>	<ul><li>Müssen im Betrieb anwesend sein</li><li>Ausbildung durch ermächtigte Stellen (z. B. DRK) erforderlich</li><li>Regelmäßige Fortbildung alle zwei Jahre</li></ul>	<ul><li>Erkennt und beurteilt Gefahren frühzeitig</li><li>Besitzt persönliche und fachliche Eignung</li><li>Keine Weisungsbefugnis</li><li>Schriftliche Bestellung durch den Arbeitgeber</li></ul>
Aufgaben	<ul><li>Ermittelt Unfallrisiken, Gesundheitsgefahren und Sicherheitsrisiken</li><li>Unterstützt den Arbeitgeber beim Arbeitsschutz</li></ul>	<ul><li>Vermeidung von arbeitsbedingten Gesundheitsverfahren im Arbeitsbereich</li><li>Einwirkung auf Mitarbeiter</li><li>Mängelfeststellung</li></ul>	<ul><li>Versorgung verletzter und erkrankter Personen bis zum Eintreffen professioneller Helfer</li></ul>	<ul><li>Unterstützt das Unternehmen im Bereich des vorbeugenden Brandschutzes, z. B. Erstellen eines Brandschutzkonzeptes</li></ul>
Anzahl	<ul><li>Arbeitszeit abhängig von der Anzahl der Mitarbeiter und der Gefährdung</li><li>Beschäftigte < 50: Betreuung in Form von jährlichen Begehungen</li><li>Beschäftigte > 50: Präventionszeit pro Jahr ist in § 82a Arbeitnehmerschutzgesetz geregelt</li></ul>	<ul><li>Mindestzahl ist abhängig von der jeweilig geltenden DGUV Vorschrift 1 der Berufsgenossenschaft: – Anzahl Beschäftigte – Gefahrenklasse</li><li>Beispiel: Elektrobetrieb Gefahrenklasse < 8: 21 … 100: 1 Sibe 101 … 200: 2 Sibe 201 … 350: 3 Sibe</li></ul>	<ul><li>Ein Ersthelfer bei 2 bis 20 anwesenden Versicherten (Beschäftigte)</li><li>Mehr als 20 Versicherte: – 5 % der anwesenden Versicherten (Verwaltung und Handel) – 10 % der anwesenden Versicherten (sonstige Betriebe)</li></ul>	<ul><li>Keine allgemeine Pflicht zur Bestellung eines Brandschutzbeauftragten</li><li>In bestimmten Unternehmen vorgeschrieben, z. B. in Krankenhäusern, Industriebetrieben</li></ul>

Persönliche Schutzausrüstung
Personal Protective Equipment

Merkmale

- **PSA** (**P**ersönliche **S**chutz**a**usrüstung)
  - Arbeitsmittel, die vom Arbeitgeber bereitgestellt werden.
  - Dienen zur Verminderung von Gefährdungen bei Arbeiten in elektrischen Anlagen (z. B. Instandhaltung TRBS 1112)
  - Anwendung bei Arbeiten **in der Nähe von** bzw. **an unter Spannung stehender Anlagen**.
- **Kennzeichnung** des zulässigen Anwendungsbereichs, z. B. Eignung für **A**rbeiten **u**nter **S**pannung (**AuS**).
- **Prüfung** vor jeder Benutzung auf augenfällige Mängel (äußere erkennbare Schäden) durch den Anwender.
- Beachtung der Prüffristen für Wiederholungsprüfung DGUV Vorschrift 3.

Arten (Auswahl)

Elektrisch isoliertes Handwerkzeug	DIN EN 60900 VDE 0682-201
NH-Sicherungsaufsteckgriff	DIN 57680-4 VDE 0680-4
Elektrisch isolierende Handschuhe	DIN EN 60903 VDE 0682-311
Elektrisch isolierende Schuhe	DIN EN 50321 VDE 0682-331
Elektrisch isolierende Matte	DIN EN 61111 VDE 0682-512
Elektrisch isolierende Abdecktücher	DIN EN 61112 VDE 0682-511
Elektrisch isolierender Arbeitsschutzhelm	DIN EN 50365 VDE 0682-321

Kennzeichnung

Beispiel: Schraubendreher

① Herstellername
② Symbol für Eignung zum **Arbeiten unter Spannung** (bis 1000 V AC) ③
④ Internationale Norm, die u. a. den Aufbau von isolierten Werkzeugen beschreibt
⑤ Kennzeichen für technische Arbeitsmittel nach Geräte- und Produktsicherheitsgesetz

Isolierende Handschuhe

- Dienen zum Schutz der Hände gegen gefährliche Körperdurchströmung.
- Sind eingeteilt in Klassen:

Klasseneinteilung (Auszug)

Klasse	00	0	1	2
Maximale Gebrauchsspannung[1] in V	500	1000	7500	17000
Prüfspannung in V	2500	5000	10000	20000
Kategorie[2]	AZC	AZC	AZC	RC
Materialdicke in mm	0,5	1,0	1,5	2,3

[1] Maximale Gebrauchsspannung ≥ Bemessungsspannung des Netzes. Bei mehrphasigen Netzen: Spannung zwischen den Außenleitern
[2] Kategoriekennzeichnung: Beständigkeit gegen Säure: A, Ozon: Z, Öl: H, Tiefe Temperaturen (−25 °C):
R: Sammelkennzeichnung (Zusammenfassung) für A+Z+H

Kennzeichnung:

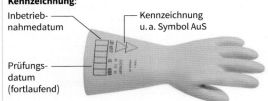

Inbetriebnahmedatum
Kennzeichnung u. a. Symbol AuS
Prüfungsdatum (fortlaufend)

Prüffristen (Wiederholungsprüfung)

Klassen	grundsätzlich	zeitlich
Klasse 00 und 0	vor Benutzung	keine
Klasse 1 und höher	vor Benutzung	6 Monate

NH-Sicherungsaufsteckgriff

- Anwendung:
  Einsetzen oder Herausnehmen von NH-Sicherungseinsätzen

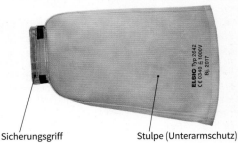

Sicherungsgriff Stulpe (Unterarmschutz)

Arbeitsschutzhelm

- Anwendung:
  - Kopfschutz bei z. B. herabfallenden Gegenständen
  - Mit **Gesichtsschutzschirm**, wenn bei Schalthandlungen mit einem Störlichtbogen zu rechnen ist.

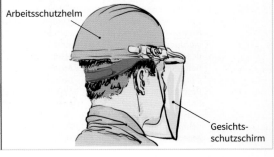

Arbeitsschutzhelm
Gesichtsschutzschirm

Bildschirm- und Büroarbeitsplätze
VDU-Based and Office Workplaces

Grundlagen

- Die **Bildschirmarbeitsverordnung** (BildscharbV) wurde durch die DGUV Information 215–410 konkretisiert.
- **DGUV Information 215–410**
  Ein Leitfaden als praktische Hilfe für die Gestaltung der Arbeit an Bildschirm- und Büroarbeitsplätzen (im Rahmen der Schriftenreihe „Prävention")
- **DIN EN ISO 9241**
  Ergonomie der Mensch-System-Interaktion, Ergonomische Anforderungen für Bürotätigkeiten mit Bildschirmgeräten
- **DIN EN 1335-1: 2002-08**
  Büromöbel – Büro-Arbeitsstuhl (Maße, Bestimmung der Maße)
- **DIN EN 527-1: 2011**
  Büromöbel – Büroarbeitstische

Sehraum

- Der Sehraum ist der Bereich, in dem Objekte durch Augen- und Kopfbewegungen wahrgenommen werden.
  A: bevorzugt   B: zulässig

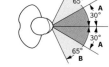

Greifraum

- Abmessungen für den Greifraum werden bestimmt aus den Maßen für die „Reichweite nach vorn" und die „Schulterbreite"
- DIN 33 402-2:2005-12, Ergonomie – Körpermaße des Menschen
  A: Bevorzugter Greifraum   B: Zulässiger Greifraum
  A_b: beidhändig
  A_l: linke Hand
  A_r: rechte Hand

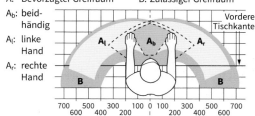

Beispiel für einen Büroarbeitsplatz

Maße in cm

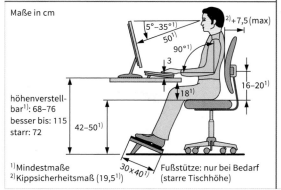

höhenverstellbar[1]: 68–76
besser bis: 115
starr: 72

42–50[1]

[1] Mindestmaße
[2] Kippsicherheitsmaß (19,5[1])

Fußstütze: nur bei Bedarf (starre Tischhöhe)

Ergonomische Anforderungen

- **Bildschirmgeräte**
  - Bildschirmdiagonale: 19 bis 21 Zoll (bei Grafik)
  - Bildschirm frei von Reflexionen und Blendungen
  - Bildschirm frei drehbar und neigbar (25 bis 30 Grad)
  - Bild stabil, flimmerfrei, ohne Verzerrungen
  - Zeichen scharf, deutlich und ausreichend groß, keine „verwaschenen" Konturen
    Zeichenbreite: mind. 50 % der Schrifthöhe
    Strichstärke: 10 % … 20 % der Zeichenhöhe
    Zeichenabstand: mind. 15 % der Schrifthöhe
    Zeilenabstand: mind. 15 % der Schrifthöhe
    Rasterung: mind. 5 x 7 Punkte
  - Schrifthöhe

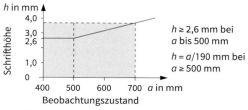

$h \geq 2{,}6$ mm bei a bis 500 mm
$h = a/190$ mm bei $a \geq 500$ mm

  - Helligkeit und Kontrast leicht der Umgebung anpassbar
  - Kontrast:
    Helle Zeichen auf dunklem Grund 5:1 bis 10:1
    Dunkle Zeichen auf hellem Grund: > 5:1
  - Farbwahl der Funktion angepasst (Verzicht auf gesättigte Farben bei großen Flächen)

- **Tastatur**
  - Ergonomische Bedienung
  - Vor Bildschirmgerät getrennt neigbar (bis 15 Grad)
  - Variabel anzuordnen
  - Auflegen der Hände möglich
  - Reflexionsarme Oberfläche (20 bis 50 %)
  - Tastendurchmesser 12 mm bis 15 mm
  - Tastenhub 2 mm bis 4 mm

- **Arbeitstisch**
  - Schreibfläche mindestens 1600 mm x 800 mm mit reflexionsfreier Oberfläche
  - Abgerundete Ecken, Tischplatte max. 30 mm stark
  - Ausreichender Raum für ergonomisch günstige Arbeitshaltung
  - Beinraum ohne Einschränkungen
  - Kabelkanäle zur einwandfreien Führung der Gerätezuleitungen

- **Arbeitsstuhl**
  - Ergonomisch gestaltet sowie stand- und kippsicher
  - Fünf Rollen, gegen unbeabsichtigtes Wegrollen gesichert
  - Rollenwiderstand angepasst an Fußbodenbelag
  - Sitzflächenhöhe 40 cm bis 50 cm, verstellbar
  - Verstellbare Armauflagen

- **Arbeitsumgebung**
  - Ausreichender Raum für wechselnde Arbeitshaltungen und Bewegungen
  - Beleuchtung der Sehaufgabe und an das Sehvermögen angepasst
  - Lichtschutzvorrichtungen verhindern Blendungen und Reflexionen
  - Kein Lärm durch Arbeitsmittel
  - Keine erhöhten Wärmebelastungen durch Arbeitsmittel

Prüfsiegel
Test Marks

Funktion

- Prüfsiegel geben **Auskunft über Qualitätskriterien.**
  Beispiele:
  Bildschirmstrahlung, Bildschirmergonomie, Ergonomie allgemein, Umweltverträglichkeit, Energiesparfunktion, Recyclingfähigkeit, Lärmemission, Arbeitssicherheit, Betriebssicherheit, Elektromagnetische Verträglichkeit usw.
- **Vergabe und Kontrolle**
  - Bei einigen Prüfsiegeln reicht es aus, wenn Hersteller die Einhaltung der Kriterien schriftlich erklären.
  - In anderen Fällen müssen Prüfberichte unabhängiger Prüfinstitute vorliegen.

Quality Office

- Qualitätszeichen für Büroarbeitsplätze
- Die Leitlinien definieren Qualitätsstandards unter Berücksichtigung ergonomischer Erkenntnisse für:
  - Büroarbeitsstühle
  - Büroarbeitstische
  - Büroschränke
  - Raumgliederungselemente
  - …

Blauer Engel

Hauptkriterien:
- geringer Energieverbrauch
- langlebige und recyclinggerechte Konstruktion
- Vermeidung umweltbelastender Materialien
- geringe Geräuschemissionen

Vergabe: Schriftliche Erklärung der Hersteller und Nachweise durch Prüfprotokolle unabhängiger Labore.

TCO Development, TCO Certified, TCO-Gütesiegel

- TCO Development (Schweden) ist eine Organisation (in den 1980er-Jahren gegründet), die eine unabhängige Zertifizierung für die Nachhaltigkeit von IT-Produkten durchführt (**TCO Certified**).

- TCO Certified ist für acht Produktkategorien erhältlich: Monitore, Notebooks, Tablets, Smartphones, Desktops, All-in-One-PCs, Projektoren und Headsets.

- TCO Certified ist eine von der IT-Branche und Einkäufern unabhängige Third-Party-Zertifizierung.

- TCO Certified erfüllt die Anforderungen der ISO 14024 Typ 1 (Umweltlabel) und wurde vom Global Ecolabelling Network anerkannt.

- Alle Verifikationen werden von unabhängigen Verifizierungspartnern nach DIN EN ISO/IEC 17025: 2018-03 (Allgemeine Anforderungen an die Kompetenz von Prüf- und Kalibrierlaboratorien) durchgeführt.

- Produktklassen: Soziales (Arbeitsbedingungen , …), Schadstoffe, Langlebigkeit, Ergonomie/Gesundheit, Nachweise (Testergebnisse, …), Zahl zertifizierter Produkte

- Das TCO-Gütesiegel wurde vom Dachverband der schwedischen Angestellten- und Beamtengewerkschaft (**TCO: T**jänstemännens **C**entral**o**rganisation) vergeben.

- Es handelte sich um ein Qualitäts- und Umweltsiegel, mit dessen Hilfe man die Entwicklung von Produkten mit guten Anwendungseigenschaften und geringer Umweltbelastung fördern wollte.

- Die TCO-Gütesiegel erleichterte dem Konsumenten die Auswahl von umweltfreundlichen IT- und Büroausrüstungen.

- TCO Certified Logo

Prüfzeichen an elektrischen Betriebsmitteln

	Sicherheitszeichen Prüfzeichen Geprüfte Sicherheit
	Sicherheitszeichen Prüfstelle: VDE
	Sicherheitszeichen Prüfstelle: TÜV (Technischer Überwachungsverein)
	Sicherheitszeichen Prüfstelle DIN
	Sicherheitszeichen Prüfstelle: Berufsgenossenschaft

EU Ecolabel

Europäisches Umweltzeichen u. a. für Personal-, Notebook- und Tablet-Computer

Hauptkriterien:
- Hohe Energieeffizienz
- Beschränkung gefährlicher Stoffe
- Konstruiert für leichte Reparatur, Aufrüstung und Recycling
- Kontrollierte Arbeitsbedingungen bei der Herstellung

Arbeitsorganisation
Work Organization

Planvolle Arbeitsorganisation

- **Ziele ergonomischer[1] Arbeitsorganisation**
  - Arbeitsprozesse an menschliche Bedürfnisse anpassen
  - Individueller Gesundheitsschutz
  - Humane Arbeitsplatzgestaltung

- **Gefahren nichtergonomischer[1] Arbeitsorganisation**
  - Körperliche Beschwerden
  - Gefährdung des Sehvermögens, Hörvermögens, …
  - Psychische Belastungen

[1] Ergonomie = Wissenschaft von der menschlichen Arbeit

Regeln

- **Vermeidung von psychischen Beanspruchungen**
  Abbau von
  - Monotonie
  - sinnlosen Wiederholungen
  - sinnentleerter Arbeit
  - hohem Arbeitstempo und Arbeitsverdichtung
  - Informationsüberflutung
  - sozialer Isolation
  - Lärmbelästigung

- **Vermeidung von einseitiger Arbeit** durch
  - Mischarbeit (abwechslungsreiche Arbeit) und
  - Pausen.

- **Arbeit soll**
  - ausführbar,
  - erträglich,
  - zumutbar und
  - persönlichkeitsfördernd sein.

- **Beachtung der Leistungskurve**

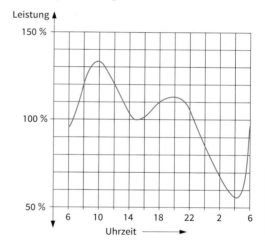

- **Aktivitätsplanung (60:40 Regel)**

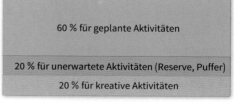

- **Bewertung der Aufgaben nach Wichtigkeit**
  - Äußerst wichtig
    → Ich tue es selbst und delegiere nicht!
  - Durchschnittlich wichtig
    → Ich versuche es fallweise zu delegieren!
  - Weniger wichtig, unwichtig
    → Ich delegiere, verkürze den Aufwand oder streiche das Vorhaben!

Tritte und Leitern
Step Tools and Ladders

DIN EN 14183: 2004-03; DIN EN 131-1: 2016-02

Anforderungen für Aufstiegshilfen

Bezeichnung	Tritt ①	Sprossen-/Stufenanlegeleiter ②	Schiebeleiter ohne Seilzug ③	Sprossen-/Stufenstehleiter ④	Stufenstehleiter ⑤	Mehrzweckleiter ⑥
Eigenschaften	Bis 1 m Höhe mit einer zug- bzw. druckfesten Verbindung; obere Fläche zum Betreten geeignet	Leiter ohne eigene Abstützung; wird zur Benutzung angelegt; mit Sprossen oder Stufen	Zwei- oder mehrteilige Sprossenanlegeleiter; obere Leiterteile von Hand ausschiebbar	Zweischenklige freistehende Leiter; einseitig oder beidseitig besteigbar; mit Sprossen oder Stufen	Mit Plattform und Haltevorrichtung; einseitig oder beidseitig besteigbar; mit Sprossen oder Stufen	Stehleiter mit aufgesetzter Schiebeleiter
Spreizsicherung erforderlich (z. B. Gurt)	–	–	–	ja	ja	ja
Benutzerinformation erforderlich	ja	ja	ja	ja	ja	ja
Hinweise	Schenkel fest miteinander verbunden; kein Verschieben beim Betreten	Anlegewinkel: $\alpha = 65° \ldots 75°$ lichte Weite: min. 280 mm Sprossenabstand; bei Leiterlängen > 3 m ist eine Quertraverse oder konische Bauform für höhere Standfestigkeit erforderlich.	Länge von Sprosse zu Sprosse verstellbar; nur an sicheren Stützpunkten anlegen; lösbares Schiebeteil > 3 m: Schiebeteil muss ebenfalls mit Quertraverse ausgeführt sein.	Leiterschenkel durch Gelenke verbunden; Sicherung gegen Auseinandergleiten	Leiterschenkel durch Gelenke verbunden; Sicherung gegen Auseinandergleiten; waagerechte Lage der Stufen in Gebrauchsstellung	Verwendung als Schiebeleiter, Stehleiter oder Stehleiter mit aufgesetzter Schiebeleiter

Umgang mit Leitern und Gerüsten

- **Benutzungshinweise**:
  - Die Leiter nach Art und Höhe auswählen.
  - Beim Aufstellen die Standsicherheit beachten.
  - Bei einer Anlegeleiter den Aufstellwinkel von 65° bis 75° kontrollieren.
  - Das Leiterende muss mindestens 1 m über die Austrittstelle hinausragen.
  - Bei einer Stehleiter die Spreizsicherung spannen.
  - Eine Stehleiter nicht als Anlegeleiter verwenden.
  - Leitern nicht hinter Türen aufstellen.
  - Keine Arbeiten weit vom seitlichen Rand der Leiter ausführen (Kippgefahr).
  - Leiter nach Möglichkeit durch eine zweite Person sichern.

- **Prüfung und Instandhaltung**:
  - Der Unternehmer sorgt für den ordnungsgemäßen Zustand sowie die regelmäßig wiederkehrende Prüfung.
  - Die Prüfung wird an der Leiter durch eine Prüfplakette dokumentiert.
  - Bei der Prüfung sollte insbesondere auf folgende Punkte geachtet werden: Beschädigung, Verformung bzw. Verschleiß, ordnungsgemäße Funktion der Verbindungsstelle und fehlende Bauteile
  - Kleinere Instandsetzungsarbeiten (z. B. Austausch der Leiterfüße, Austausch von geschraubten Sprossen) können auch von sachkundigem Personal vorgenommen werden.

Heben und Tragen
Lifting and Carrying

ArbSchG: 2015-08, LasthandhabV: 2015-08[1]

Beurteilung der Arbeitsbedingungen beim Heben und Tragen von Lasten

1. Lastwichtung

Wirksame Last für Frauen	Wirksame Last für Männer	Lastwichtung
< 5 kg	< 10 kg	1
5 kg … 10 kg	10 kg … 20 kg	2 ①
10 kg … 15 kg	20 kg … 30 kg	4
15 kg … 25 kg	30 kg … 40 kg	7
> 25 kg	> 40 kg	25

2. Ausführungswichtung

Ausführungsbedingungen	Wichtung
gute ergonomische Bedingungen (z. B. ausreichend Platz)	0
Bewegungsfreiheit eingeschränkt (z. B. geringe Arbeitshöhe und -fläche)	1 ②
Bewegungsfreiheit stark eingeschränkt	2

3. Haltungswichtung

Lastposition und Körperhaltung	Haltungswichtung
■ Oberkörper aufrecht und nicht verdreht ■ Last am Körper	1
■ geringe Vorneigung oder Verdrehung des Körpers ■ Last am Körper bzw. körpernah	2
■ tiefes Beugen oder weites Vorneigen ■ Last körperfern oder über Schulterhöhe	4 ③
■ weites Vorneigen mit gleichzeitigem Verdrehen des Oberkörpers ■ Last körperfern ■ hocken oder knien	8

4. Zeitwichtung

Tragen (> 5 m)		Halten (> 5 s)		Hebe- oder Umsetzvorgänge	
Gesamtweg pro Arbeitstag	Zeitwichtung	Gesamtdauer pro Arbeitstag	Zeitwichtung	Anzahl pro Arbeitstag	Zeitwichtung
< 300 m	1	< 5 min	1	< 10	1
300 m … 1 km	2	5 min … 15 min	2	10 … 40	2
1 km … 4 km	4	15 min … 1 h	4	40 … 200	4
4 km … 8 km	6	1 h … 2 h	6	200 … 500	6 ④
8 km … 16 km	8	2 h … 4 h	8	500 … 1000	8
> 16 km	10	> 4 h	10	> 1000	10

5. Bewertung

Beispiel: Umsetzen von 300 Leuchten (12 kg) in 1,50 m Höhe

   2 ① Lastwichtung
+ 1 ② Ausführungswichtung
+ 4 ③ Haltungswichtung
= 7 · 6 ④ = 42
      Zeitwichtung Punktwert

Punktwert	Beschreibung
< 10	geringe Belastung
10 … 25	erhöhte Belastung
25 … 50	wesentlich erhöhte Belastung
> 50	hohe Belastung

Der tätigkeitsbezogene Punktwert gibt Aufschluss über die jeweilige Belastung.
Bei einem Punktwert > 10 sind Maßnahmen (Gewichtsverminderung, geringe zeitliche Belastung) erforderlich.

[1] Verordnung über Sicherheit und Gesundheitsschutz bei der manuellen Handhabung von Lasten bei der Arbeit

Gefährdungsbeurteilung
Hazard Assessment

- Mit der **Gefährdungsbeurteilung**[1)] hat der Arbeitgeber die Gefährdungen für die Beschäftigten beim Einrichten und Betreiben von Arbeitsstätten zu beurteilen.
- Zu beurteilen sind alle möglichen Gefährdungen der Gesundheit und Sicherheit.
- Die Gefährdungsbeurteilung muss fachkundig durchgeführt werden.
- Verfügt der Arbeitgeber nicht selbst über die entsprechenden Kenntnisse, hat er sich fachkundig beraten zu lassen.

- Die Gefährdungsbeurteilung ist **vor Aufnahme** der Tätigkeiten zu dokumentieren (Arbeitgeber).
- In der Dokumentation ist anzugeben:
  – Art der Gefährdungen am Arbeitsplatz
  – durchzuführende Maßnahmen
- Rechtliche Grundlage der Gefährdungsbeurteilung:
  – § 3 der Betriebssicherheitsverordnung
  – § 5 Abs. 1 des Arbeitssicherheitsgesetzes
  – § 4 Arbeitsschutzgesetz (regelt speziell die Rangfolge der Schutzmaßnahmen)

[1)] Beispiele siehe: BG ETM / Gefährdungsbeurteilung / Praxisgerechte Lösungen

Ablauf der Gefährdungsbeurteilung

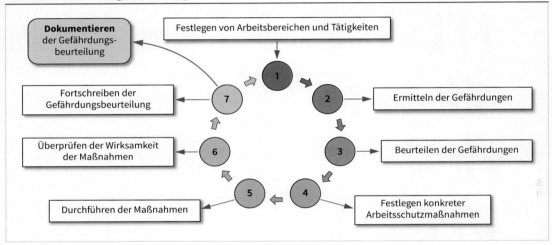

Beispiele für mögliche Gefährdungen

- **Organisatorische Mängel**
  – Arbeitsablauf (Koordination, Absprache)
  – Arbeitsschutzorganisation
  – keine Vor-Ort-Einweisung
  – ungenügend qualifizierte Mitarbeiter

- **Mechanische Gefährdungen**
  – Teile mit gefährlichen Oberflächen (Ecken, Kanten, Spitzen)
  – Abstürzen (offene Schächte, Kanäle) und Einbrechen (Dach)
  – Ungeschützte bewegte Maschinenteile

- **Elektrische Gefährdung**
  – Gefährliche Körperströme (durch Berühren unter Spannung stehender Teile, schadhafte Isolationen)
  – Lichtbögen
  – Elektromagnetische Felder
  – Elektrostatische Aufladung

- **Gefährdung durch Stoffe**
  – Gefahrstoffe
  – Biologische, chemische Stoffe
  – Hautbelastungen
  – Staubbelastung
  – Belastung durch Gerüche
  – Asbest

- **Brand- und/oder Explosionsgefährdung**
  – Brandgefährdung durch Feststoffe, Flüssigkeiten, Gase
  – Zündquellen bei Brand- bzw. Explosionsgefahr
  – Brandfördernde Stoffe
  – offene Flamme (Schweißen) oder heiße Flächen (Löten)

- **Thermische Gefährdung**
  – Kontakt mit heißen oder kalten Medien

- **Gefährdung/Belastung durch Arbeitsumgebung**
  – Nässe, Kälte
  – Luftgeschwindigkeit
  – Lärm
  – Staub, Abgase
  – schlechte Beleuchtung
  – enge Räume/Behälter

- **Physikalische Einwirkungen**
  – Lärm
  – Ultraschall
  – Nichtionisierende Strahlung
  – Ionisierende Strahlung
  – Hand-Arm-Schwingungen

- **Sonstige Gefährdungen**
  – Andere Betriebe auf der Baustelle

CE-Richtlinien
CE-Directives

Merkmale

- **CE**-Richtlinien (**C**omité **E**uropéen) sind Richtlinien,
  - die im EU-Wirtschaftsraum verbindlich sind,
  - werden vom Rat der EU erlassen und
  - müssen in allen Ländern der EU in nationales Recht umgesetzt werden.
- Sie definieren grundlegende **Sicherheits**- und **Gesundheitsanforderungen** für technische Produkte.
- Ziel der CE-Kennzeichnung ist der freie Warenverkehr in der Europäischen Gemeinschaft.
- Die CE-Kennzeichnung ist
  - gesetzlich vorgeschrieben und
  - darf nur auf Produkten angebracht werden, für die sie rechtlich vorgeschrieben ist.
- Die Gültigkeit der CE-Kennzeichnung besteht in
  - allen EU-Mitgliedsländern und in
  - Norwegen, Island, Liechtenstein und der Schweiz.
- CE-Richtlinien werden in Deutschland in deutsche Gesetze umgesetzt.
- Die grundlegenden Anforderungen können durch harmonisierte Normen konkretisiert werden.
- CE-konforme Produkte werden mit dem CE-Symbol gekennzeichnet. $C\epsilon$
- Die Überwachung auf Einhaltung der CE-Kennzeichnung erfolgt z. B. durch staatliche Marktaufsichtsbehörden.

CE-Richtlinien

Richtlinien-Benennung (Stand: Juli 2018)	Bezeichnung EU (Umsetzung in D)	Richtlinien-Benennung (Stand: Juli 2018)	Bezeichnung EU (Umsetzung in D)
General Product Safety (Allgemeine Produktsicherheit)	2001/95/EC (ProdSG)	Machinery (Maschinenrichtlinie)	2006/42/EC (9. ProdSV)
Lifts (Aufzüge)	2014/33/EU (12. ProdSV)	Medical Devices (Medizinprodukte)	2017/745/EG (Medizinproduktegesetz MPG)
Pressure Equipment (Druckgeräte)	2014/68/EU (14. ProdSV)	Measuring Instruments (Messgeräte)	2014/32/EU (MessEG u. MessEV)
Simple Pressure Vessels (Einfache Druckbehälter)	2014/29/EU (6. ProdSV)	Non-automatic Weighing Instruments (Nichtselbsttätige Waagen)	2014/31/EU (MessEG u. MessEV)
Electromagnetic Compatibility (EMC) (Elektromagnetische Verträglichkeit)	2014/30/EU (EMV Gesetz)	Low Voltage (Niederspannungsrichtlinie)	2014/35/EU (1. ProdSV)
Radio Equipment Directive (RED) (Funkanlagenrichtlinie)	2014/53/EU	Personal Protective Equipment (PPE) (Persönliche Schutzausrüstung)	2016/425/EU (8. ProdSV)
Equipment Explosives Atmospheres (ATEX) (Geräte in Ex-Bereichen)	2014/34/EU (11. ProdSV)	Construction Products Regulation (Bauprodukteverordnung)	2011/305/EU
Noise Emission in the Environment (Geräuschemissionen)	2005/88/EG (32. BImSchV = G)	Cableway Installations Designed to Carry Person (Seilbahnen)	2016/424/EU (Bundeslandspezifische Umsetzung)
		Ecodesign Requirements for Energy-Related Products (Ökodesign Richtlinie)	2009/125/EC (Energieverbrauchsrelevante-Produkte-Gesetz EVPG, November 2011)

ProdSG: Produktsicherheitsgesetz ProdSV: Produktsicherheitsverordnung

Sicherheitsnormen

- Die Normen-Typen im Bereich Sicherheitstechnik sind hierarchisch gegliedert in
  - **A**-Normen,
  - **B**-Normen (B1 und B2) und
  - **C**-Normen.
- A-Normen (**Grundnormen**) beschreiben
  - allgemeine Aspekte,
  - Grundbegriffe und
  - Gestaltungsleitsätze.
- B-Normen (**Gruppennormen**) beschreiben Sicherheitsaspekte für Produktgruppen.
  - B1-Normen behandeln spezielle **Sicherheitsaspekte** (z. B. Sicherheitsabstände, elektrische Sicherheit von Maschinen).
  - B2-Normen behandeln **Sicherheitseinrichtungen** (z. B. Verriegelungseinrichtungen, Zweihandschaltung, trennende Schutzeinrichtungen).
- C-Normen (**Produktnormen**) formulieren Sicherheitsanforderungen für
  - eine spezielle Maschine oder
  - Maschinenbauart,
  - haben Vorrang gegenüber einer A- oder B-Norm und
  - können Bezug nehmen auf A- oder B-Norm.
- Existiert keine C-Norm, kann die Konformität auf Grund der A- oder B-Norm nachgewiesen werden (wenn damit die Maschinenrichtlinie erfüllt wird).

Betrieb und Umfeld

Kritische Infrastrukturen – KRITIS
Critical Infrastructures – CRITIS

Merkmale

- Kritische infrastrukturen sind
  - Organisationen und
  - Einrichtungen

  mit wichtiger Bedeutung für das staatliche Gemeinwesen.
- Der Ausfall oder die Beeinträchtigung können nachhaltig wirkende
  - Versorgungsengpässe,
  - erhebliche Störungen der öffentlichen Sicherheit oder
  - andere dramatische Folgen verursachen.

  (Definition: **B**undesamt für **S**icherheit in der **I**nformationstechnik (**BSI**)).
- In Deutschland werden Kritische Infrastrukturen nach dem **B**undes**m**inisterium des **I**nneren (**BMI**) in neun Sektoren mit entsprechenden Branchen eingeteilt.
- Die datentechnische Vernetzung der Infrastrukturen bietet u. a. ein hohes Risiko für Cyberangriffe durch Hacker.
- Betreiber Kritischer Infrastrukturen und Unternehmen aus wichtigen Wirtschaftsbereichen (z. B. Energieversorger) sind nach dem IT-Sicherheitsgesetz der Bundesregierung verpflichtet ein Mindestmaß an IT-Sicherheit zu gewährleisten.
- Detaillierte Vorgaben zu Anlagenkategorien und Schwellenwerten enthalten die
  - Verordnung zur Bestimmung Kritischer Infrastrukturen nach dem BSI-Gesetz (BSI-Kritisverordnung – **BSI-KritsV**) und
  - die Erste Verordnung zur Änderung der KritsV.

Sektoren und Branchen

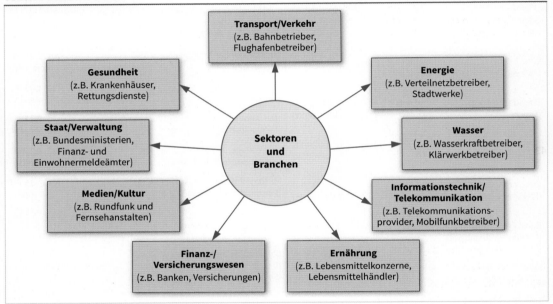

Definitionen

- **Anlagen**:
  - Betriebsstätten und sonstige ortsfeste Einrichtungen,
  - Maschinen, Geräte und sonstige ortsveränderliche Einrichtungen, die für die Erbringung einer kritischen Dienstleistung notwendig sind.
- **Betreiber**:
  Natürliche oder juristische Personen, die unter Berücksichtigung der rechtlichen, wirtschaftlichen und tatsächlichen Umstände bestimmenden Einfluss auf die Beschaffenheit und den Betrieb einer Anlage oder Teilen davon ausübt.
- **Versorgungsgrad**:
  Ein Wert, mittels dessen der Beitrag einer Anlage oder Teilen davon im jeweiligen Sektor zur Versorgung der Allgemeinheit mit einer kritischen Dienstleistung bestimmt wird.
- **Schwellenwert**:
  Ein Wert, bei dessen Erreichen oder dessen Überschreitung der Versorgungsgrad einer Anlage oder Teilen davon als bedeutend im Sinne von § 10 Absatz 1 Satz 1 des BSI-Gesetzes anzusehen ist.

Beispiele: Elektrische Energie

Anlagenkategorie	Bemessungskriterium	Schwellenwert [1]
Stromerzeugungsanlage	Installierte Netto-Nennleistung in MW	420
Stromübertragungsnetz	Durch Letztverbraucher und Weiterverteiler entnommene Jahresarbeit in GWh/Jahr	3700

[1] 500000 versorgte Personen im Jahr

Technische Dokumentation und Formeln

12

Dokumentation und Kennzeichnungen

- 426 Normung
- 427 Liniendiagramme
- 428 Technische Zeichnungen
- 429 Pläne der Elektrotechnik
- 430 Stromlaufplan
- 431 Bauzeichnungen
- 432 Übersichtsschaltplan
- 433 Funktionsschaltplan und Diagramm
- 434 Verdrahtungsplan
- 435 Installationsplan
- 436 Informationsverarbeitung
- 437 Kennzeichnung von elektrischen Betriebsmitteln (Objekte)
- 438 Kennzeichnung von elektrischen Betriebsmitteln (Objekte)
- 439 Bildzeichen der Elektrotechnik

Schaltzeichen

- 440 Symbolelemente und Kennzeichen
- 441 Passive Bauelemente
- 441 Halbleiter
- 442 Leitungen und Verbinder
- 443 Kontakte
- 443 Elektroinstallation
- 444 Elektroinstallation
- 445 Melde- und Signaleinrichtungen
- 445 Grafische Symbole für KNX
- 446 Schaltgeräte und Schutzeinrichtungen
- 447 Schutz- und Messeinrichtungen
- 448 Erzeugung und Umwandlung elektrischer Energie
- 449 Erzeugung und Umwandlung elektrischer Energie
- 449 Nachrichtentechnik
- 450 Nachrichtentechnik
- 451 Binäre Elemente
- 452 Binäre Elemente

Formeln

- 453 Mathematik
- 454 Mechanik
- 455 Elektrische Größen
- 456 Schaltungen mit Widerständen
- 457 Felder
- 458 Wechselspannung und Wechselstrom
- 458 Stern- und Dreieckschaltung, symmetrische Belastung
- 459 RC- und RL-Schaltungen
- 459 RCL-Schaltungen
- 460 Transistoren
- 461 Antriebssysteme
- 462 Transformatoren
- 462 Elektrowärme

Normung
Standardisation

Normen

- Normen sind anerkannte und veröffentlichte Regeln zur Lösung von Sachverhalten.
- Durch Einbeziehung in Rechts-/Verwaltungsvorschriften oder Privatwirtschaftliche Verträge können diese verbindlich werden.
- Normen werden in festgelegten Verfahren verabschiedet.
- Internationale Normung dient dem Abbau von Handelshemmnissen.
- Internationale Normen werden europäischen Normungsgremien zur Übernahme vorgeschlagen.
- EU-Normen sind durch EWG-Vertrag auch für Deutschland bindend und entsprechen DIN-Normen.

Elektro- und informationstechnische Normungsgremien

International	Europäisch	National
IEC **I**nternational **E**lectrotechnical **C**omission, Genf	**CENELEC** **C**omité **E**uropéen de **N**ormalisation **Elec**trotechnique, Brüssel	**DKE** **D**eutsche **K**ommission **E**lektrotechnik Elektronik Informationstechnik im DIN und VDE
– Wird gebildet aus Mitgliedern nationaler Normungsgremien (z. B. DKE).	– Mitglieder sind nationale Normungsinstitute der EU (z. B. DKE)	– Ist ein Organ von DIN und VDE (Träger)
– Erstellt Standards als Basis für nationale Normung oder internationale Verträge.	– Erstellt Standards für die Umsetzung in nationale europäische Normen.	– Erstellt nationale Normen und vertritt Deutschland in europäischen und internationalen Gremien.
– www.iec.ch	– www.cenelec.org	– www.dke.de

VDE-Vorschriftenwerk

- Wird vom DKE erarbeitet und herausgegeben.
- Die Bezeichnung von VDE-Vorschriften ist gegliedert nach Herausgeber (VDE, DIN VDE), Gruppe (0–8), Unternummerierung der Gruppen und Teilen.

Kennzeichnungsbeispiel

```
DIN VDE   0 1 05 - 100: 2009-10
          │ │ │    │    └ Jahr-Monat des
          │ │ │    │      Inkrafttretens
          │ │ │    └ Teil-Nummerierung
          │ │ └ Nr. innerhalb der Gr.
          │ └ Gruppe
          └ Blindnull
Herausgeber
```

Gruppen des VDE-Vorschriftenwerkes

0 Allgemeines	3 Isolierstoffe	6 Installationsmaterial, Schaltgeräte,
1 Starkstromanlagen	4 Messung und Prüfung	7 Hochspannungsgeräte
2 Starkstromleitungen und -kabel	5 Maschinen, Transformatoren, Umformer	8 Verbrauchsgeräte, Fernmelde- und Rundfunkanlagen

Auswahl wichtiger VDE-Vorschriften

VDE 0100	Bestimmungen für das Errichten von Starkstromanlagen bis 1000 V
VDE 0105	Betrieb von elektrischen Anlagen
VDE 0185	Blitzschutz
VDE 0800	Fernmeldetechnik
VDE 0805	Einrichtungen der Informationstechnik
VDE 0808	Signalübertragung auf elektrischen Niederspannungsnetzen im Frequenzbereich von 3 kHz bis 148,5 kHz
VDE 0820	Geräteschutzsicherungen
VDE 0824	Elektrische Systemtechnik für Heim und Gebäude
VDE 0830	Alarm-/ Einbruchmeldeanlagen
VDE 0838 VDE 0834 VDE 0847	Elektromagnetische Verträglichkeit
VDE 0887	Koaxialkabel für Kabelverteilanlagen
VDE 0888	Lichtwellenleiterkabel

Liniendiagramme
Line Diagrams

Kartesisches Koordinatensystem

Bezeichnungen

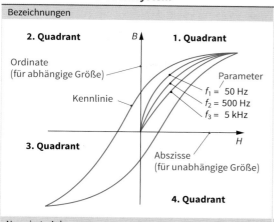

Achsenbeschriftung

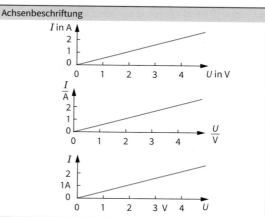

Normierte Achse

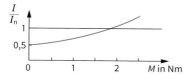

$\frac{I}{I_n}$ Stromstärke I bezogen auf Bemessungsstromstärke I_n

Linienbreiten

Kennlinie	:	Achse	:	Gitternetz
1	:	0,5	:	0,25

Beispiel: 0,7 mm : 0,35 mm : 0,2 mm

Unterbrochene Achsen

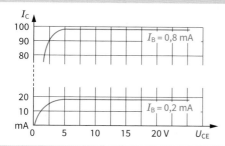

(dekadisch) logarithmische Teilung

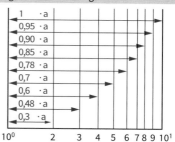

Polarkoordinaten

- Darstellung von Größen in Abhängigkeit von Winkeln und Abstand vom Pol

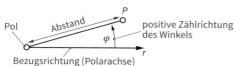

- Anwendungen: Richtcharakteristiken, Lichtstärkeverteilungskurven (LVK)

Beispiel: LVK einer Reflektorlampe 60 W/80°

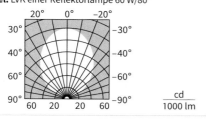

Netztafeln

Lösen von Aufgaben der Typen

- $y = \frac{x}{a}$ **Beispiel:** $I = \frac{U}{R}$
- $y = \frac{a}{x}$ **Beispiel:** $I = \frac{P}{U}$

Ablesebeispiele:
- $R = 500\,\Omega$; $U = 20\,V \rightarrow I = 40\,mA$
- $P = 9\,W$; $U = 30\,V \rightarrow I = 30\,mA$

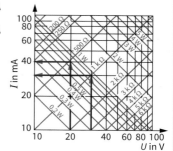

Technische Dokumentation und Formeln

Technische Zeichnungen
Technical Drawings

Blattformate

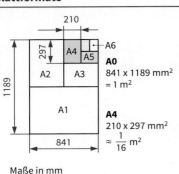

Maße in mm

Darstellung in drei Ansichten

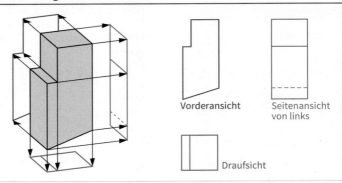

Bohrungen

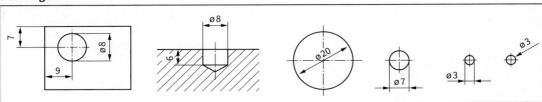

Gewinde

Sechskant-Schraube	Innengewinde
Vereinfachte Darstellung (ohne Fasen)	

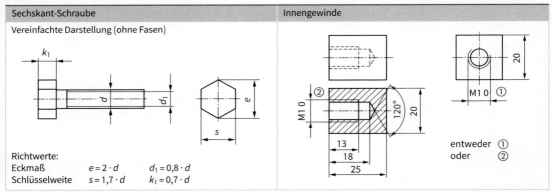

Richtwerte:
Eckmaß $\quad e = 2 \cdot d \quad\quad d_1 = 0{,}8 \cdot d$
Schlüsselweite $\quad s = 1{,}7 \cdot d \quad\quad k_1 = 0{,}7 \cdot d$

entweder ①
oder ②

Schnitte

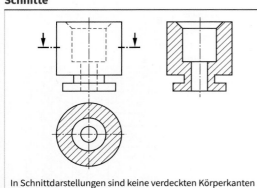

In Schnittdarstellungen sind keine verdeckten Körperkanten eingezeichnet.

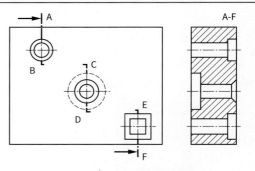

Normteile sind im Schnitt als Ansicht gezeichnet.

Pläne der Elektrotechnik
Plans for Electrical Engineering

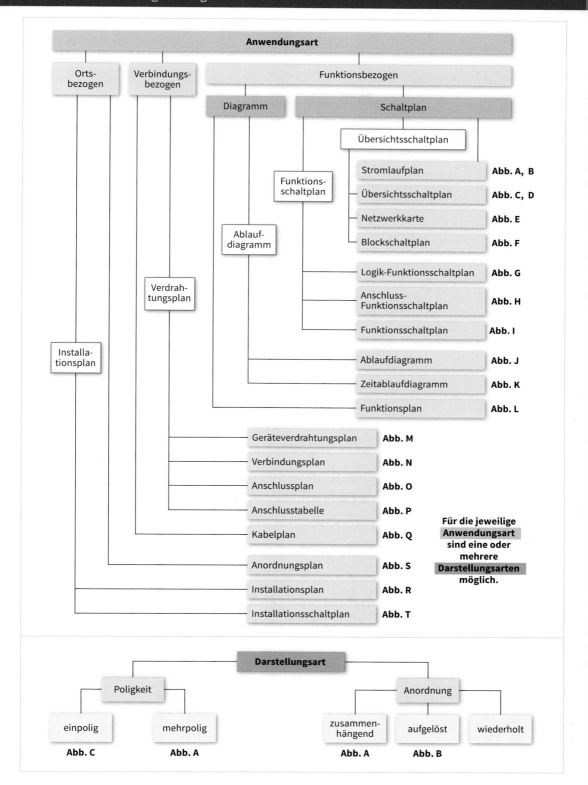

Stromlaufplan
Circuit Diagram

DIN EN 61082-1: 2015-10; VDE 0040-1: 2015-10

Anwendungsart: funktionsbezogen
- Betriebsmittel und Leitungen sind mit allen Anschlüssen und Klemmen dargestellt.

Darstellungsart: mehrpolig
- Alle Adern sind dargestellt.

Zusammenhängende Darstellung Abb. A

- Schaltzeichen werden als Einheit dargestellt.

Beispiel: Q1 ①

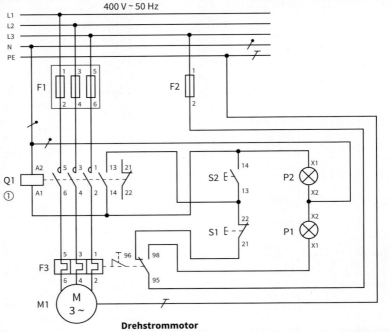

Aufgelöste Darstellung Abb. B

- Schaltzeichen werden in Teile aufgelöst dargestellt, um den Schaltplan übersichtlich zu gestalten.

Beispiel: Q1 ② ③ ④

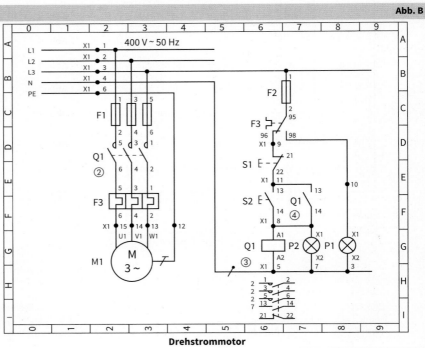

430 Technische Dokumentation und Formeln

Bauzeichnungen
Architectural Drawings

Beispiel: Grundriss einer Wohnung

Hinweise:
- Maße werden üblicherweise in cm und m angegeben.
- Höhen von Fenstern und Türen werden direkt unter der Maßlinie angegeben ①.
- Öffnungsart von Fenstern wird im Grundriss nicht angegeben.
- Durchlässe können als Bruch bemaßt werden (Breite/Höhe).

Öffnungsarten

Flügelart	Türen im Grundriss	Türen und Fenster in der Ansicht	Flügelart	Türen im Grundriss	Türen und Fenster in der Ansicht
Drehflügel		← Öffnung	Schwingflügel		
Kippflügel			Schiebeflügel		
Klappflügel			Hebe-Schiebeflügel		
Dreh-Kippflügel			Drehtür		
Hebe-Drehflügel			Falltür		

Treppen im Grundriss

Einläufige Treppe mit Zwischenpodest	
Zweiläufige Treppe	
Treppenlauf horizontal geschnitten	

Schächte im Grundriss

Schornsteine	
Aufzug	
Lüftung	

Technische Dokumentation und Formeln

Übersichtsschaltplan
Block Diagram

DIN EN 61082-1: 2015-10; VDE 0040-1: 2015-10

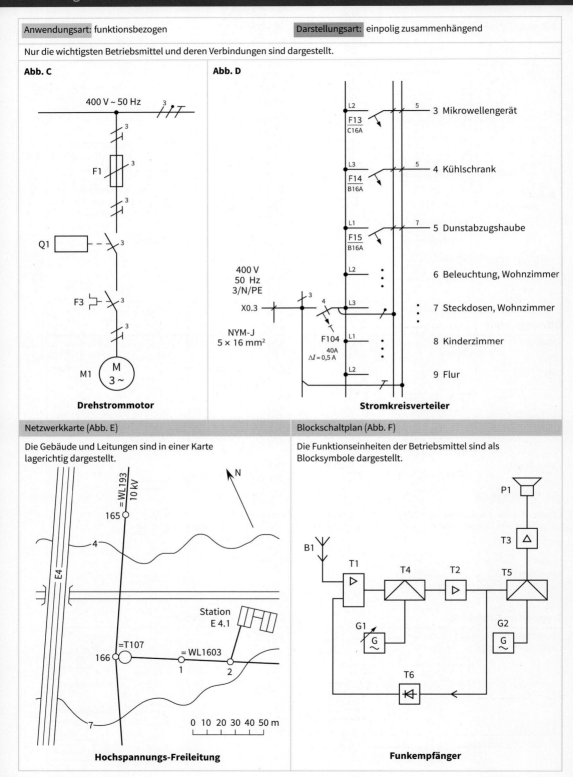

Funktionsschaltplan und Diagramm
Functional Diagram and Diagram

DIN EN 61082-1: 2015-10; VDE 0040-1: 2015-10

Logik-Funktionsschaltplan — Abb. G

- Verhalten von Steuerungs- und Regelungssystemen ist beschrieben.

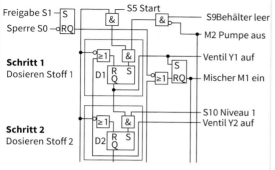

Mischanlage

Ablaufdiagramm — Abb. J

- Verhalten der Anlage ist in Abhängigkeit von Schritten beschrieben.

Schalt-vorgang	S1	S2	F3		Q1			M1	P1	P2
	21	13	95	95	A1	1 3 5	13	U1 V1 W1	X1	X1
	22	14	96	98	A2	2 4 6	14	U2 V2 W2	X2	X2
S2 EIN										
S2 AUS										
Motor-Störung										

Drehstrommotor

Anschluss-Funktionsschaltplan — Abb. H

- Anschlusspunkte und die interne Funktion der Einheit sind dargestellt.

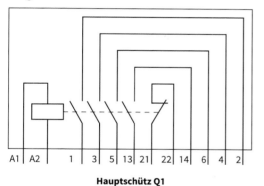

Hauptschütz Q1

Zeitablaufdiagramm — Abb. K

- Verhalten der Anlage ist in Abhängigkeit von der Zeit dargestellt.

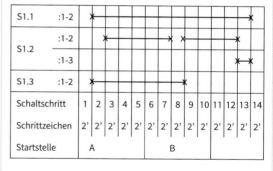

Schaltwerk einer Waschmaschine

Funktionsschaltplan — Abb. I

- Arbeitsweise der Anlage ist mit Hilfe von informationstechnischen Symbolen erläutert ohne Angabe der technischen Realisierung.

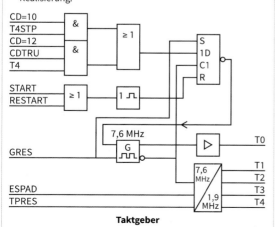

Taktgeber

Funktionsplan — Abb. L

- Verhalten von Steuerungs- bzw. Regelungssystemen ist mit Hilfe von Schritten beschrieben ohne Angabe der technischen Realisierung.

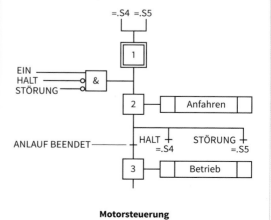

Motorsteuerung

Verdrahtungsplan
Wiring Diagram

DIN EN 61082-1: 2015-10; VDE 0040-1: 2015-10

Anwendungsart: verbindungsbezogen Darstellungsart: mehrpolig

Geräteverdrahtungsplan   Abb. M

- Verdrahtung in einem Gerät ist mit allen Betriebsmitteln und deren Klemmen dargestellt.

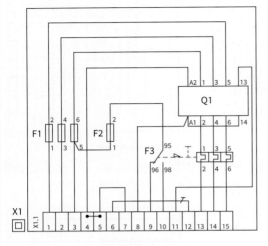

Schaltschrank X1
(hierzu auch Abbildung A)

Anschlussplan   Abb. O

- Verbindungen der Klemmen von der Baueinheit nach innen und außen sind dargestellt.

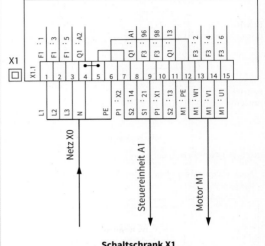

Schaltschrank X1
(hierzu auch Abbildung A)

Verbindungsplan   Abb. N

- Verbindungen zwischen den Klemmen der Baueinheiten sind dargestellt.

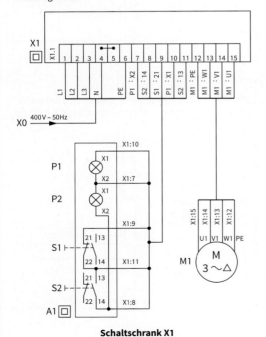

Schaltschrank X1
(hierzu auch Abbildung A)

Anschlusstabelle   Abb. P

- Verbindungen der Klemmen einer Baueinheit nach innen und außen sind dargestellt.

Klemmleiste: X1.1								
Kabel		**Ziel**				**Ziel**		**Kabel**	
Nr.	Ader	Klemme	Betriebsmittel	Lasche	Klemme	Betriebsmittel	Klemme	Nr.	Ader
		1	F1		1	X0	L1	1	1
		3	F1		2	X0	L2	1	2
		5	F1		3	X0	L3	1	3
		A2	Q1	○	4	X0	N	1	4
		7	X1.1	○	5				
		12	X1.1		6	X0	PE	1	5
		5	X1.1		7	P1	2	1	6
		A1	Q1		8	S2	14	1	7
		96	F3		9	S1	21	1	8
		98	F3		10	P1	1	1	9
		13	Q1		11	S2	13	1	10
		6	X1.1		12	M1	PE	2	gnge
		2	F3		13	M1	W1	2	1
		4	F3		14	M1	V1	2	2
		6	F3		15	M1	U1	2	3

Schaltschrank X1
(hierzu auch Abbildung A)

Installationsplan
Installation Plan

DIN EN 61082-1: 2015-10; VDE 0040-1: 2015-10

Kabelplan Abb. Q

Anwendungsart: verbindungsbezogen
Darstellungsart: einpolig

- Kabelführungen sind mit den Aderbelegungen dargestellt.

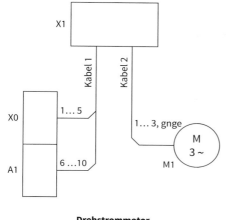

Drehstrommotor
(hierzu auch Abbildung A)

Anordnungsplan Abb. S

Anwendungsart: ortsbezogen
Darstellungsart: zusammenhängend

- Betriebsmittel sind als geometrische Figuren lagerichtig dargestellt.

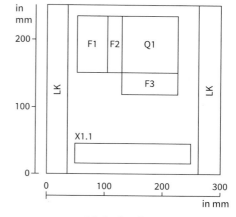

Schaltschrank X1
(hierzu auch Abbildung A)

Installationsplan Abb. R

Anwendungsart: ortsbezogen

- Betriebsmittel sind in Grundrissen lagerichtig dargestellt, dabei werden die betreffenden Stromkreise ① angegeben.

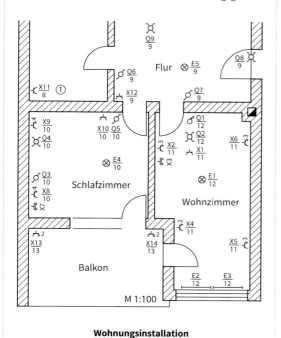

Wohnungsinstallation

Installationsschaltplan Abb. T

Darstellungsart: einpolig zusammenhängend

- Leitungsführung zwischen Betriebsmitteln ist zusätzlich dargestellt.

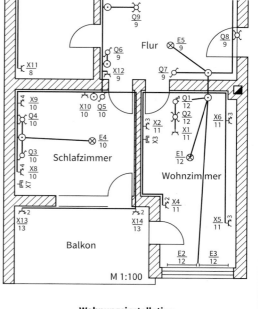

Wohnungsinstallation

Technische Dokumentation und Formeln

Informationsverarbeitung
Information Processing

Kontaktplan (KOP)

- Arbeitsweise der Anlage wird mit stromlaufplanähnlichen Symbolen erläutert ohne Angabe der technischen Realisierung.

Netzwerk 1 Zulauf AUF
I0.4 ──┤├────────────────(S) Q0.1
                                1

Netzwerk 2 Zulauf ZU
I0.3 ──┤├────────────────(R) Q0.1
                                1

Netzwerk 3 Ablauf ZU
I0.1 ──┤/├──┐
            ├────────────(R) Q0.2
I0.4 ──┤├──┘   1

Netzwerk 4 Ablauf AUF
I0.2 ──┤├────────────────(S) Q0.2
                                1

Netzwerk 5 Melder „Füllen"
Q0.1 ──┤├────────────────( ) Q0.3

Netzwerk 6 Melder „Leeren"
Q0.2 ──┤├────────────────( ) Q0.4

Behältersteuerung

Funktionsbaustein (FBS)

- Arbeitsweise der Anlage wird mit Funktionsbausteinen erläutert ohne Angabe der technischen Realisierung.

Netzwerk 1 Zulauf AUF
I0.4 ─┤ S ├─ Q0.1
1 ─┤ N │

Netzwerk 2 Zulauf ZU
I0.3 ─┤ R ├─ Q0.1
1 ─┤ N │

Netzwerk 3 Ablauf ZU
I0.1 ─┤ OR ├──┤ R ├─ Q0.2
I0.4 ─┤   │ 1 ─┤ N │

Netzwerk 4 Ablauf AUF
I0.2 ─┤ S ├─ Q0.2
1 ─┤ N │

Netzwerk 5 Melder „Füllen"
Q0.1 ─┤ = ├─ Q0.3

Netzwerk 6 Melder „Leeren"
Q0.2 ─┤ = ├─ Q0.4

Behältersteuerung

Flussdiagramm

Start — Silo-Aufzug
↓
Motor aus — untere Endlage (Füllphase)
↓
Taster S1 betätigt
↓
Aufzugmotor wird eingeschaltet — aufwärts
↓
P1 „gelb blinken"
↓
Kübel aufwärts
↓
obere Endlage erreicht? — Nein (Schleife zurück)
↓ Ja
Aufzugmotor wird ausgeschaltet — Vorbedingung Fahrtrichtung „abwärts" erfüllt
↓
Taster S2 betätigt
↓
Aufzugmotor wird eingeschaltet — abwärts
↓
P1 „gelb blinken"
↓
(A)

Silo-Aufzug

Bildzeichen für Flussdiagramme

(abgerundetes Rechteck unten)	Optische oder akustische Anzeige eines Zustandes, z. B. „P1 blinken"
(Parallelogramm)	Eingabe oder Ausgabe, z. B. „Motor 2 wird eingeschaltet"
(Rechteck)	Operation, Anzeige eines Zustandes, z. B. „Motor 2 läuft"
(Trapez)	Operation von Hand, z. B. „Taster 1 betätigt"
(Raute)	Bedingung (Verzweigung), z. B. „obere Endlage erreicht?"
(offene Klammer)	Kommentar (Bemerkung), z. B. „untere Endlage"
(Kreis)	Übergangsstelle oder Abbruch als Hilfe, z. B. um Linienkreuzungen zu vermeiden
(Oval)	Grenzstelle, z. B. „Start"
─┴─	Ablauflinienverzweigung
─┬─	Ablauflinienzusammenführung

Technische Dokumentation und Formeln

Kennzeichnung von elektrischen Betriebsmitteln (Objekte)
Designation of Electrical Equipment (Objects)

DIN EN 81346-2: 2010-05

Strukturierung

- Zur Kennzeichnung der elektrischen Betriebsmittel werden diese in eine Struktur eingebunden.
- Mit Hilfe dieser Struktur ist die Information über das System und dessen Dokumente organisiert, eine Navigation im System ist möglich und **Referenzkennzeichen** können gebildet werden.
- Die Strukturierung erfolgt in Form eines hierarchischen Baumes:
  - **Produktionsbezogen** (Vorzeichen: –)
    Die Struktur gibt den mechanischen und technischen Aufbau des Systems wieder.
  - **Funktionsbezogen** (Vorzeichen: =)
    Die Objekte werden entsprechend der Funktion unabhängig von der Realisierung beschrieben.
  - **Ortsbezogen** (Vorzeichen: +)
    Die räumliche Anordnung der Objekte (Platz, Raum, Gebäude, Gelände, usw.) wird dargestellt.
- Alle Objekte eines Systems sollten mindestens nach dem Produktaspekt strukturiert werden.
- Vorgehensweise zur Strukturierung:
  1. Abgrenzung und Benennung der Objekte
  2. Strukturierungsprinzip festlegen (z. B. produktbezogen)
  3. Teilobjekte bestimmen (z. B. Schaltfeld 1)
  4. Unterteilung der Teilobjekte (z. B. Leistungsschalter)
  5. Klassifizierung und Kennzeichnung (z. B. -Q01 -QA1)

Referenzkennzeichen

Beispiel: Produktionsbezogene Struktur mit Referenzkennzeichen einer Umspannstation

gemäß Tabelle infrastrukturelle Objekte | gemäß Tabelle Objektklassifizierung

-C2	2. Schaltanlage 400 kV				
NK1	DC 230 V-Verteilung	-Q01	Schaltfeld 1		
NQ1	DC 60 V-Verteilung	-Q02	Schaltfeld 2	-B1	Steuerschrank
-XA1	Klimaanlage	-Q03	Schaltfeld 3	-B1	Schutzschrank 1
-XB1	Brandmeldeanlage	-Q04	Schaltfeld 4	-B2	Schutzschrank 2
-XC1	Gebäudestromverteiler 1	-Q05	Schaltfeld 5	-WB1…n	HS-Stromschienen
-XC2	Gebäudestromverteiler 2			-WG1…n	Steuerkabel
				-QA1	Leistungsschalter

- Das Referenzkennzeichen eines Objektes besteht aus dem Vorzeichen (–, =, +), einem Kennbuchstaben für die betreffende Klasse bzw. Unterklasse und einer Nummer zur eindeutigen Identifizierung.
  Beispiel: -QA1   Leistungsschalter 1
              -Q01 -QA1   Leistungsschalter 1 im Schaltfeld 1

Klassen für infrastrukturelle Objekte

Objekte	Kennbuchstabe	Beschreibung	Beispiele
…für gemeinsame Aufgaben	A	Objekte, die mehreren Infrastrukturklassen zugeordnet werden	Fernwirkanlage, zentrale Leittechnikanlage
…für Hauptprozesseinrichtungen	B…U	Die Buchstaben B bis U sind in der nebenstehenden Tabelle aufgeführt.	400/230 V Energieverteilung
…die nicht dem Hauptprozess zuzuordnen sind	V	Objekte für die Lagerung von Materialien	Fertigwarenlager, Mülllager, Rohmateriallager
	W	Objekte mit administrativen oder sozialen Aufgaben	Büro, Garage, Kantine
	X	Objekte mit Hilfsaufgaben neben dem Hauptprozess	Alarmanlage, Brandschutzanlage, Beleuchtungseinrichtung, Elektroenergieverteilung, Gasversorgung, Klimaanlage, Wasserversorgung
	Y	Objekte mit Informations- oder Kommunikationsaufgaben	Antennenanlage, Computernetzwerk, Lautsprecheranlage, Telefonanlage
	Z	Objekte zur Unterbringung technischer Anlagen	Fabrikgelände, Gebäude, Straße, Zaun

Energieverteilstation

Buchstabe	Spannung
B	> 420 kV
C	400 kV … ≤ 420 kV
D	230 kV … < 400 kV
E	110 kV … < 230 kV
F	60 kV … < 110 kV
G	45 kV … < 60 kV
H	30 kV … < 45 kV
J	20 kV … < 30 kV
K	10 kV … < 20 kV
L	6 kV … < 10 kV
M	1 kV … < 6 kV
N	< 1 kV
P	Schutzpotenzialausgleich
T	Anlagen zum Umspannen

Kennzeichnung von elektrischen Betriebsmitteln (Objekte)
Designation of Electrical Equipment (Objects)

DIN EN 81346-2: 2010-05

Kennbuchstaben zur Objektklassifizierung

Kennbuch-stabe	Hauptaufgabe/-zweck	Beispiele
A	Hauptaufgabe lässt sich nicht eindeutig bestimmen	Schaltschrank, Sensorbildschirm
B	Umwandeln einer physikalischen Größe in ein Signal zur Weiterverarbeitung	Bewegungsmelder, Fotozelle, Fühler, Messrelais, Messwiderstand, Rauchmelder
C	Speichern von Energie bzw. Information	Festplatte, Kondensator, Pufferbatterie, RAM, Speicher
E	Kühlen, Heizen, Beleuchten, Strahlen	Boiler, Heizung, Lampe, Laser, Leuchte, Mikrowellengerät
F	Direktes Schützen von Personen oder Einrichtungen	Leitungsschutz-Schalter, Überspannungsableiter, RCD, Sicherung, SH-Schalter
G	Erzeugen von Energie, Materialfluss oder Signalen	Batterie, Brennstoffzelle, Dynamo, Generator, Lüfter, Solarzelle, Ventil
K	Verarbeiten von Signalen oder Informationen	Binärbaustein, Frequenzfilter, Hilfsschütz, Regler, Schaltrelais, Transistor, Zeitrelais
M	Bereitstellen von mechanischer Energie zu Antriebszwecken	Elektromotor, Stellantrieb
P	Darstellen von Informationen	Ampere- bzw. Voltmeter, Drucker, Klingel, Lautsprecher, LED, Uhr, Zähler
Q	Schalten und Variieren von Energie-, Signal- und Materialfluss	Leistungsschalter, Motoranlasser, Leistungstransistor, Schütz, Stromstoßschalter, Thyristor, Trennschalter
R	Begrenzen oder Stabilisieren von Energie-, Informations- oder Materialfluss	Begrenzer, Diode, Drosselspule, Widerstand
S	Umwandeln manueller Betätigung in Signale	Steuerschalter, Tastschalter, Tastatur, Wahlschalter
T	Umwandeln von Energie bzw. Signalen unter Beibehaltung von Energieart bzw. Informationsgehalt	Antenne, Frequenzwandler, Gleichrichter, Ladegerät, Netzgerät, Transformator, Verstärker, Wandler, Wechselrichter
U	Halten von Objekten in einer definierten Lage	Isolator, Kabelpritsche, Mast, Montageschiene
V	Verarbeiten oder Behandeln von Material oder Produkten	Abscheider, Filter
W	Leiten oder Führen von Energie oder Signalen	Bussystem, Kabel, Leiter, Lichtwellenleiter, Sammelschiene
X	Verbinden	Klemme, Klemmleiste, Steckdose, Stecker, Verbindungsdose

Unterklassen

- Zur eindeutigen Beschreibung können weiterhin **Unterklassen** gebildet werden, die ebenfalls durch Kennbuchstaben gekennzeichnet werden.
- Die Unterklassen müssen von Anwendern festgelegt und dokumentiert werden, wobei die Buchstaben I und O wegen der Verwechslungsgefahr mit den Ziffern 1 und 0 nicht benutzt werden sollen.

Beispiel:
Ist für einen Leistungstransformator die Klassenbezeichnung T nicht ausreichend, kann zusätzlich die Unterklasse A (Leistung transformieren) eingeführt werden.

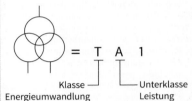

Klasse Energieumwandlung — Unterklasse Leistung

Die nachfolgende Tabelle zeigt beispielhafte Unterklassen.

Unterklassen B (Auszug)	
Buchstaben	Beispiele
BA	Messrelais (Spannung), Schutzrelais (Spannung)
BC	Messrelais (Stromstärke), Schutzrelais (Stromstärke)
BG	Bewegungsmelder, Näherungsschalter

Unterklassen F (Auszug)	
FA	Überspannungsableiter
FB	Fehlerstrom-Schutzschalter
FC	Sicherung, LS-Schalter

Unterklassen R (Auszug)	
RA	Diode, Widerstand
RB	Glättungskondensator
RF	Filter, Tiefpass

Unterklassen T (Auszug)	
TA	DC/DC-Wandler, Transformator
TB	Wechselrichter, Gleichrichter
TF	Verstärker, Messumformer

Bildzeichen der Elektrotechnik
Symbols in Electrical Engineering

Bildzeichen	Benennung	Bildzeichen	Benennung	Bildzeichen	Benennung	Bildzeichen	Benennung
	Ein / On		Wärmeenergie		Umschalteinrichtung		Aufnahme einer Information auf Informationsträger
	Aus / Off		Pneumatische Energie		Akustisches Signal, Klingel		Wiedergabe einer Information von Informationsträger
	Vorbereiten		Elektrische Energie		Akustisches Signal, Wecker		Impulsmarkierung
	Ein-/Ausstellend		Hydraulische Energie		Feuer-Alarm mit Sirene		Löschen einer Information vom Informationsträger
	Ein-/Austastend		Bewegung in Pfeilrichtung		Akustisches Signal, Hupe		Tonabnehmer
	Start, Ingangsetzung		Bewegung in beiden Richtungen		Uhr, Zeitgeber, Zeitschalter		Lesekopf für Bildplatten
	Schnellstart		Wirkung auf einen Bezugspunkt zu		Ventilator		Monofon
	Stopp, Anhalten der Bewegung		Langsamer Lauf		Rauer Betrieb		Stereofon
	Handbetätigung		Kurzwiederholung		Zulässige Übertemperatur		Ton (Schall)
	Automatischer Ablauf		Einstellen		Notruf, Feuerwehr		Ohrhörer, Hörkapsel
	Fernbedienung		Oszilloskop		Warnblinkanlage		Hauptwaschen
	Verändern einer Größe		Messwertanzeiger, analog		Gefährliche elektrische Spannung		Waschen mit 95 °C Maximaltemperatur
	Regeln		Messwertanzeiger, digital		Lampe, Beleuchtung, Licht		Spülen
	Höhenstand; Niveau		Grafisches Aufzeichnungsgerät, Schreiber		Bestrahlung, infrarot		Wasserstand (hoch)
	Strahlung, allgemein		Drucker		Farbfernseher		Spezialbehandlung
	Lichtstrahlung		Elektrische Maschine		Mikrofon		Schleudern
	Lichtmessung		Handschalter		Lautsprecher		Normal verschmutztes Geschirr
	Mechanische Energie		Fußschalter		Telefon, Telefon-Adapter		Trocknen oder Wärmen

Technische Dokumentation und Formeln

Symbolelemente und Kennzeichen
Symbol Elements and Qualifying Symbols

DIN EN 60617-2: 1997-08

Symbolelemente

Symbol	Bezeichnung	Beschreibung
□	Form 1	Betriebsmittel, Komponente, Funktionseinheit, Funktion
▭	Form 2	
○	Form 3	
○	Form 1	Hülle, Gehäuse, Kolben, Kessel
⬭	Form 2	
– – – – –		Begrenzungslinie einer Gruppe zusammengehöriger Objekte
⌐ ⌐		Schirm, Abschirmung

Arten von Strömen und Spannungen

⚌	Gleichstrom
—	
∼ 50 Hz	Wechselstrom, 50 Hz
3N ∼ 400/230 V 50 Hz	Dreiphasen-Vierleitersystem
	Wechselstrom
∼	Niedrige Frequenzen
≈	Mittlere Frequenzen
≋	Hohe Frequenzen
∼	Gleichgerichteter Strom mit Wechselstromanteil

Erde, Masse, Äquipotenzial

⏚	Erde
⏛	Schutzerde
⏄	Masse Gehäuse

Kennzeichen

Wirkungen von Abhängigkeiten

⌐⌐	Thermische Wirkung
ƨ	Elektromagnetische Wirkung
⊢⊣	Verzögerung

Wirkungsrichtung

→	Übertragung, Energiefluss, Signalfluss, in einer Richtung (simplex)

Veränderbarkeit

↗	allgemein, nicht inhärent
↗	nicht inhärent, nicht linear
/	inhärent
/	trimmbar
↗⁵	nicht inhärent, 5stufig

Mechanische Stellteile

– – – – Form 1	Wirkverbindung, allgemein. Mechanische, pneumatische und hydraulische Wirkverbindung
══ Form 2	
∈ – –>←– –	Verzögerte Wirkung
– –◁–	Selbsttätiger Rückgang
– –∨–	Raste, nichtselbsttätiger Rückgang
– –∨–	Raste, eingerastet
– –⌐	Sperre, nicht verklinkt
⊙ – – –	Getriebe

Symbol	Bezeichnung
– –□– –	Blockiereinrichtung
– –⊓– –	Kupplung, gelöst
Ⓜ – ⊓ –	Elektromotor mit eingelegter Bremse

Antriebsarten

⊞	Schaltschloss, Auslöseeinrichtung
✓ – – – –	Betätigung durch Pedal
⊢ – – –	Handantrieb, allgemein
⊐ – – –	Betätigung durch Ziehen
⊢ – – –	Betätigung durch Drehen
⊢ – – –	Betätigung durch Drücken
◇ – – –	Betätigung durch Annähern
⬔ – – –	Betätigung durch Berühren
⊖ – – –	Notschalter
⌐⌙	Betätigung durch Kurbel
⚷ – – –	Betätigung durch Schlüssel
⊖ – – –	Betätigung durch Rolle
⊖ – – –	Betätigung durch Nocken
⊓ – – –	Betätigung durch elektromagnetischen Antrieb
Ⓜ – – –	Betätigung durch Motor
□ – – –	Kraftantrieb, allgemein

Strahlungen

Symbol	Bezeichnung
⇗	nicht ionisierend, elektromagnetisch

440 Technische Dokumentation und Formeln

Passive Bauelemente
Passive Components

DIN EN 60617-4: 1997-08

Symbol	Bezeichnung	Symbol	Bezeichnung	Symbol	Bezeichnung
	Widerstand allgemein, Dämpfungsglied		Kondensator, allgemein		Induktivität mit Luftspalt im Magnetkern
	Heizelement		Kondensator, gepolt, Elektrolyt-Kondensator		Induktivität mit festen Anzapfungen
	Widerstand mit Anzapfungen		Kondensator mit Voreinstellung		Induktivität mit bewegbarem Kontakt, stufig veränderbar
	Nebenschlusswiderstand, Shunt		Kondensator, veränderbar		
	Widerstand, veränderbar, allgemein		Kondensator, gepolt, spannungsabhängig, Halbleiter-Kondensator		Koaxiale Drossel mit Magnetkern
	Widerstand, spannungsabhängig, Varistor		Induktivität, Spule, Wicklung, Drossel bevorzugte Form		Magnetkern
	Widerstand mit Schleifkontakt, Potenziometer		frühere Form		Magnetkern mit einer Wicklung
	Widerstand, einstellbar, mit Schleifkontakt		Induktivität mit Magnetkern		Piezoelektrischer Kristall mit zwei Elektroden

Halbleiter
Semiconductors

DIN EN 60617-5: 1997-08

	Halbleiterdioden		Transistoren		Thyristoren
	Halbleiterdiode, allgemein		Isolierschicht-Feldeffekt-Transistor (IGFET), Anreicherungstyp, Substratanschluss herausgeführt		Abschalt-Thyristortriode
	Leuchtdiode, allgemein		Isolierschicht-Feldeffekt-Transistor (IGFET), Substrat intern mit Source verbunden		Abschalt-Thyristortriode, Anode gesteuert (N-Gate)
	Kapazitätsdiode, Varactor				Thyristortetrode, rückwärts sperrend
	Durchbruch-Diode, Z-Diode		Isolierschicht-Feldeffekt-Transistor (IGFET), Verarmungstyp		Thyristortriode, bidirektional, Triac
	Transistoren		Insulated Gate Bipolar Transistor (IGBT)		Thyristortriode, rückwärts leitend
	PNP-Transistor		Thyristoren		Thyristortriode, rückwärts leitend, Anode gesteuert (N-Gate)
	NPN-Transistor		Thyristordiode rückwärts sperrend		Licht- und magnetfeldempfindliche Bauelemente
	NPN-Transistor mit zwei Basisanschlüssen		Thyristordiode, rückwärts leitend		Diode, lichtempfindlich, Photodiode
	Sperrschicht-Feldeffekt-Transistor (JFET) mit N-Kanal		Thyristordiode, bidirektional, Diac		Widerstand, lichtempfindlich Photowiderstand
	Sperrschicht-Feldeffekt-Transistor (JFET) mit P-Kanal		Thyristortriode, Thyristor		Photoelement, Photozelle
	Isolierschicht-Feldeffekt-Transistor (IGFET), Anreicherungstyp		Thyristortriode, rückwärts sperrend, Anode gesteuert (N-Gate)		Optokoppler, Leuchtdiode und Phototransistor
			Thyristortriode, rückwärts sperrend, Kathode gesteuert (P-Gate)		Hall-Generator

Technische Dokumentation und Formeln

Leitungen und Verbinder
Cables and Connecting Devices

DIN EN 60617-3, -11: 1997-08

Leiter		Kennzeichen für Leiter		Verbinder	
—	Leiter, Gruppe von Leitern, Leitung, Kabel, Stromweg, Übertragungsweg (z. B. für Mikrowellen)	/	Neutralleiter (N) Mittelleiter (M)		Steckverbindung, vielpolig allpolige Darstellung
		/	Schutzleiter (PE)		einpolige Darstellung
Form 1 /// Form 2 —3—	Einpolige Darstellung, drei Leiter, Anzahl der Leiter durch kleine Striche oder durch einen Strich mit einer Zahl angezeigt	/	Neutralleiter mit Schutzfunktion (PEN)		Steckverbinder, festes Teil
		///•/	Drei Leiter, ein Neutralleiter, ein Schutzleiter		Steckverbinder, bewegliches Teil
══ 110 V 2 × 120 mm² Al	Oberhalb der Linie: Spannungsart, Netzart, Frequenz und Spannung	///	Leitung auf Putz		Steckverbindung, zwei Buchsen durch einen Stecker verbunden
		///	im Putz		
3N ∼ 50 Hz 400 V 3 × 120 mm² + 1 × 50 mm² Cu	Unterhalb der Linie: Anzahl der Leiter, Multiplikationskreuz, Querschnitt der einzelnen Leiter und Leitermaterial durch sein chemisches Zeichen angeben	///	unter Putz		Steckverbindung mit Adapter
		Leitungen, Kabel		Form 1 Form 2	Trennstelle, Lasche, geschlossen
			Leitung im Erdreich, Erdkabel		
			Leitung im Gewässer, Seekabel		Trennstelle, Lasche, offen
∿	Leiter, bewegbar		Leitung, oberirdisch, Freileitung	**Anschlüsse und Leiterverbindungen**	
—⊙—	Leiter, geschirmt			•	Verbindung von Leitern
		○	Kabelkanal Trasse, Elektro-Installationsrohr	○	Anschluss (z. B. Klemme)
	Leiter, verdrillt, zwei Leiter dargestellt		Erdkabel mit Verbindungsstelle	⊓⊓⊓⊓⊓⊓	Klemmenleiste
	Leiter in einem Kabel, drei Leiter dargestellt		Abschottung in einem gas- oder ölisolierten Kabel	1 2 3 4 5 6	Reihenklemmen, mit Anschlussbezeichnung und Funktion
—⊙—	Leiter, koaxial	**Verbinder**			
			Buchse, Pol einer Steckdose	Form 1	Abzweig von Leitern
	Koaxiale Leitung auf Anschlussstellen geführt		Stecker, Pol eines Steckers	Form 2	
	Leiter, koaxial, geschirmt		Buchse und Stecker, Steckverbindung	Form 1	Doppelabzweig von Leitern
Bus, Datenleitung				Form 2	
⇨	Bus, unidirektional, Signalflussrichtung von links nach rechts		Steckverbinder, mit Kennzeichnung des Schutzleiteranschlusses	—○—○—	Leiter-Verbindungsstück-Spleiß
⇔	Bus, Signalfluss in beiden Richtungen				

Kontakte
Contacts

DIN EN 60617-7: 1997-08

Kennzeichen		Symbolelemente			
◁	Schütz-Funktion	Form 1 / Form 2	Schließer, Schaltfunktion, allgemein Schalter		Wischer mit Kontaktgabe bei Betätigung
×	Leistungsschalter-Funktion				Voreilender Schließer
—	Trennschalter-Funktion		Öffner		Nacheilender Schließer
⊖	Lasttrennschalter-Funktion				
■	Selbsttätige Ausschaltung		Wechsler mit Unterbrechung		Nacheilender Öffner
▽	Endschalter-Funktion		Wechsler mit Mittelstellung „Aus"		Schließer, anzugverzögert
◁	Funktion „selbsttätiger Rückgang"	Form 1 / Form 2	Wechsler ohne Unterbrechung, Folgeumschaltglied		abfallverzögert
○	Funktion „nichtselbsttätiger Rückgang"		Zwillingsschließer		Öffner, anzugverzögert
					abfallverzögert

Elektroinstallation
Electrical Installation

DIN EN 60617-11: 1997-08

Schalter				Steckdosen	
	Schalter, allgemein	t	Zeitrelais	3 Form 1 / Form 2	Mehrfachsteckdose, dargestellt als Dreifachsteckdose
	Schalter mit Kontrollleuchte		Stromstoßschalter		
	Ausschalter, einpolig		Stromstoßrelais		Schutzkontaktsteckdose
	Zeitschalter, einpolig		Schaltuhr		Steckdose mit Abdeckung
	Ausschalter, zweipolig		Schlüsselschalter, Wächtermelder		
	Serienschalter, einpolig	L×<	Dämmerungsschalter		Steckdose mit verriegeltem Schalter
	Wechselschalter, einpolig	Geräte für Installation			Steckdose mit Trenntrafo, z. B. für Rasierapparat
	Kreuzschalter, Zwischenschalter		Leitung, nach oben führend		
	Dimmer	○	Dose, allgemein; Leerdose, allgemein	3/N/PE	Schutzkontaktsteckdose, dargestellt für Drehstrom, 5-polig
	Schalter mit Zugschnur	⊙	Anschlussdose Verbindungsdose		
	Taster		Hausanschlusskasten, allgemein dargestellt mit Leitung	TP	Fernmeldesteckdose, allgemein TP: Telefon M: Mikrofon Lautsprecher FM: UKW-Rundfunk TV: Fernsehen TX: Telex
	Taster mit Leuchte		Verteiler, dargestellt mit fünf Anschlüssen		

Technische Dokumentation und Formeln

Elektroinstallation
Electrical Installation

DIN EN 60617-9, -10, -11: 1997-08

	Leuchten		Elektro-Haushaltsgeräte		Ton- und Fernseh-Rundfunk
⊗	Leuchte, allgemein		Heißwasserspeicher		Abzweigdose, allgemein
	Leuchtenauslass, dargestellt mit Leitung		Durchlauferhitzer		Stichdose
	Leuchtenauslass auf Putz		Infrarotgrill		Durchschleifdose
	Leuchte für Leuchtstofflampe, Leuchte mit drei Leuchtstofflampen, Leuchte mit fünf Leuchtstofflampen		Futterdämpfer		Antenne, allgemein
			Waschmaschine		Antenne, Polarisation zirkular
			Wäschetrockner		Antenne, Azimut variabel
	Leuchte mit Schalter		Geschirrspülmaschine		Richtantenne, Azimut fest; Polarisation vertikal, horizontales Strahlungsdiagramm
	Sicherheitsleuchte, Notleuchte mit getrenntem Stromkreis, Rettungszeichenleuchte		Händetrockner, Haartrockner		
			Speicherheizgerät		Dipolantenne
	Scheinwerfer, allgemein		Infrarotstrahler		Faltdipolantenne, Schleifendipolantenne
	Punktleuchte		Klimagerät		Funkstelle, allgemein
	Flutlichtleuchte		Kühlgerät Tiefkühlgerät		
	Leuchte für Entladungslampe		Gefriergerät		Parabolantenne, dargestellt mit Rechteck-Hohlleiterzuleitung
	Vorschaltgerät für Entladungslampen		Elektrogerät, allgemein		Aufzeichnungs- und Wiedergabegeräte
	Verschiedenes		Küchenmaschine		Hörer, allgemein
	Heißwassergerät, dargestellt mit Leitung		Elektroherd, allgemein		Mikrofon, allgemein
	Ventilator, dargestellt mit Leitung		Mikrowellengerät		Handapparat
	Zeiterfassungsgerät		Backofen		
	Türöffner		Wärmeplatte		Lautsprecher, allgemein
	Wechselsprechstelle, Haus- oder Torsprechstelle, Gegensprechstelle		Fritteuse		Lautsprecher/ Mikrofon

Technische Dokumentation und Formeln

Melde- und Signaleinrichtungen
Alarm- and Signalling Devices

DIN EN 60617-8: 1997-08

Gefahrenmelde-, Melde-Signaleinrichtungen

	Kennzeichen:				
	Hilferuf (z. B. an Polizei)		Leuchtmelder mit Glimmlampe		Leuchte, allgemein Leuchtmelder, allgemein
	Differenzialprinzip		Melder mit Fühleinrichtung, z. B. für Blinde		Neben dem Schaltzeichen darf die Farbe nach DIN IEC 60757 angegeben werden: RD rot BU blau GN grün YE gelb WH weiß
	Uhr, allgemein Nebenuhr		Temperaturmelder		
	Passierschloss für Schaltwege in Sicherheitsanlagen		Rauchmelder, selbsttätig, lichtabhängiges Prinzip		Leuchtmelder, blinkend
	Lichtsender, Gleichlichtsender		Erschütterungsmelder, Tresorpendel		Sichtmelder, elektromechanisch, Schauzeichen, Fallklappe
	Lichtempfänger mit Hell-Schaltung und Kontaktausgang		Ruhestromschleife, als Brandfühler		Horn, Hupe
	Lichtschranke – Lichtsender mit Wechsellicht – Lichtempfänger in Dunkelschaltung mit Kontaktausgang		Polizeimelder, mit Sperrung und mit Fernsprecher		Wecker, Klingel
			Brandmelder		Gong, Einschlagwecker
			Brandmelder, Polizeimelder, Laufwerk mit Sperrung, Polizeimelder mit Sperrung		Sirene
					Schnarre, Summer
					**Fernsprecher**
					Fernsprecher, allgemein

Grafische Symbole für KNX
Graphical Symbols for KNX

Basis und Systemkomponenten				Sensoren			
	Busankoppler BA		Datenschnittstelle, Schnittstelle RS232		Analogsensor, Analogeingang		Binärsensor, Binäreingang, Binäreingabe
	Linienkoppler LK		Externe Schnittstelle, Gateway, GAT		Tastsensor, Taster		IR-Sender
	Bereichskoppler BK		Verbinder		Dimmsensor, Dimmtaster		IR-Decoder
Aktoren							
	Aktor, allgemein		Schaltaktor, potenzialfrei		Steuertastsensor, Steuertaster		Zeitwertschalter, Zeitschaltuhr
	Aktor, allgemein mit Zeitverzögerung		Jalousieaktor, Jalousieschalter		Temperatursensor		Bewegungsmelder, PIR: Passiv Infrarot
	Anzeigetableau, Anzeigeeinheit		Dimmaktor, Schalt-/Dimmaktor		Zeitsensor, Uhr		Helligkeitssensor

Technische Dokumentation und Formeln

Schaltgeräte und Schutzeinrichtungen
Switching Devices and Protective Devices

DIN EN 60617-7: 1997-08

	Schalter – Schaltgeräte			Elektromagnetische Antriebe	
	Schließer mit selbsttätigem Rückgang		Taster, Betätigung durch Drücken	Form 1 / Form 2	Elektromechanischer Antrieb, Relaisspule
	Schließer mit nicht selbsttätigem Rückgang		Berührungsempfindlicher Schalter		Elektromechanischer Antrieb mit Rückfallverzögerung
	Öffner mit selbsttätigem Rückgang		Näherungsempfindlicher Schalter		Elektromechanischer Antrieb mit Ansprechverzögerung
	Grenzschalter, Endschalter (Schließer)		Schwimmerschalter		Elektromechanischer Antrieb mit Ansprech- und Rückfallverzögerung
	Grenzschalter, Endschalter, mechanische Betätigung in beiden Richtungen		Motorschutzschalter, dreipolig, mit thermischer und magnetischer Auslösung		Elektromechanischer Antrieb eines Stützrelais
	Öffner mit selbsttätiger thermischer Betätigung (Thermokontakt, z. B. Bimetall)		Fehlerstrom-Schutzschalter, vierpolig		Elektromechanischer Antrieb eines polarisierten Relais
	Gasentladungsröhre mit Thermokontakt, Starter für Leuchtstofflampe		Leitungsschutz-Schalter		Elektromechanischer Antrieb eines Thermorelais
	Schütz mit selbsttätiger Auslösung		Schließer, betätigt dargestellt		Fortschaltrelais, Stromstoßrelais
	Schütz (Öffner)		Öffner betätigt dargestellt		Antrieb eines elektronischen Relais
	Leistungsschalter		Pilz-Notdrucktaster mit zwangsläufiger Betätigung und Selbsthaltung des Öffners		Tonfrequenz-Rundsteuerrelais
			Stellschalter		
	Trennschalter, Leerschalter		Tastschalter mit Schließer, handbetätigt		Stellschalter mit zwei Betätigungsstücken, handbetätigt (**Serienschalter**)
	Lasttrennschalter		Stellschalter mit Schließer, handbetätigt (**Ausschalter**)		Stellschalter mit zwei Schaltstellungen, Umschaltglied, Wechsler, handbetätigt (**Wechselschalter**)
	Erdungsschalter, allgemein		Stellschalter mit drei Schaltstellungen, Zweiwegschließer, handbetätigt, (**Gruppenschalter**)		**Kreuzschalter**
	Handbetätigter Schalter				

Technische Dokumentation und Formeln

Schutz- und Messeinrichtungen
Protective Devices and Measuring Instruments

DIN EN 60617-7, -8: 1997-08

Schutzeinrichtungen

	Sicherung, allgemein
	Sicherung, die breite Seite kennzeichnet den netzseitigen Anschluss
	Sicherung mit mechanischer Auslösemeldung (Schlagbolzensicherung)
	Sicherung mit Meldekontakt und drei Anschlüssen
	Sicherungsschalter
	Dreipoliger Schalter mit selbsttätiger Auslösung durch den Schlagbolzen jeder einzelnen Sicherung
	Sicherungstrennschalter
	Sicherungs-Lasttrennschalter
D II / 10 A	Schraubsicherung, dargestellt 10 A, Typ D II, dreipolig
00 / 25A	Niederspannungs-Hochleistungssicherung (NH), dargestellt 25 A, Größe 00
S	Selektiver Hauptleitungsschutz-Schalter
	Blitzstromableiter
	Funkenstrecke
	Überspannungsableiter
	Überspannungsableiter in einer Gasentladungsröhre

Aufzeichnende Messgeräte

*	Messgerät, anzeigend, allgemein
V	Spannungsmessgerät
A	Strommessgerät, Amperemeter
W	Leistungsmessgerät, Wattmeter
var	Blindleistungsmessgerät
$\cos\varphi$	Leistungsfaktormessgerät
Hz	Frequenzmessgerät
n	Drehzahlmessgerät
	Galvanometer
	Synchronoskop
φ	Phasenwinkelmessgerät
	Oszilloskop
V / U_d	Differenzialspannungs-, Gleichspannungsmessgerät
A / $I\sin\varphi$	Blindstrommessgerät
Ω	Widerstandsmessgerät
Θ	Thermometer, Pyrometer
	Messwerk mit Spannungspfad
	Messwerk mit Strompfad

	Messwerk zur Summen- oder Differenzbildung
	Messwerk zur Produktbildung
	Messwerk zur Quotientenbildung
	Kreuzzeigerinstrument

Zähler

h	Betriebsstundenzähler
Ah	Amperestundenzähler
Wh	Wattstundenzähler, Elektrizitätszähler
Wh	Mehrtarif-Wattstundenzähler, Zweitarifzähler dargestellt
Wh / P >	Wattstundenzähler, der nur zählt, wenn ein vorgegebener Wert überschritten wird
Wh →	Wattstundenzähler mit Übertragungseinrichtung
varh	Blindverbrauchszähler
→ 0	Impulszähler mit elektrischer Rückstellung auf Null

Messrelais

m < 3	Phasenausfallrelais in einem Dreiphasensystem
U = 0	Nullspannungsrelais
I >	Überstromrelais, verzögert
	Näherungsempfindliche Einrichtung, kapazitiv, reagiert auf Näherung eines Festkörpers

Technische Dokumentation und Formeln

Erzeugung und Umwandlung elektrischer Energie
Generation and Conversion of Electrical Energy

DIN EN 60617-6: 1997-08

Kennzeichnung der Schaltungsart	
I	Eine Wicklung
III	Drei getrennte Wicklungen
III 3∼	Drei getrennte Wicklungen, Dreiphasen-System
△	Dreieckschaltung
Y	Sternschaltung
⅄	Sternschaltung, Neutralleiter herausgeführt

Maschinenarten	
(*)	Maschine, allgemein. An die Stelle des Sterns (*) muss eines der folgenden Kennzeichen eingetragen werden: C = Umformer G = Generator GS = Synchrongenerator M = Motor MG = Als Generator oder als Motor nutzbare Maschine MS = Synchronmotor

Maschinenarten			
	Wechselstrom-Reihenschlussmotor, einphasig		Synchronmotor, einphasig
	Linearmotor		Drehstrom-Synchrongenerator, Sternschaltung, Neutralleiter herausgeführt
	Schrittmotor		
	Gleichstrom-Reihenschlussmotor		Drehstrom-Linearmotor, Bewegung in nur einer Richtung
	Gleichstrom-Nebenschlussmotor		Drehstrom-Asynchronmotor mit Käfigläufer
	Gleichstrom-Doppelschlussgenerator, mit Anschlüssen und Bürsten		Asynchronmotor, einphasig, mit Käfigläufer, Enden für eine Anlaufwicklung herausgeführt
	Drehstrom-Reihenschlussmotor		Drehstrom-Asynchronmotor mit Schleifringläufer

Transformatoren und Drosseln

Form 1	Form 2		Form 1	Form 2	
		Transformator mit zwei Wicklungen, Spannungswandler. Kennzeichnung gleicher Phasenlagen, gleichzeitig eintretende Ströme erzeugen Magnetflüsse in gleicher Richtung			Drehstromtransformator mit Last-Stufenschalter, Stern/Dreieckschaltung
		Transformator mit drei Wicklungen			Stromwandler, Impulstransformator
		Spartransformator			Einphasentransformator mit zwei Wicklungen und Schirm
		Spartransformator, einphasig			Transformator mit Mittenanzapfung an einer Wicklung
		Drossel			Transformator mit veränderbarer Kopplung

Technische Dokumentation und Formeln

Erzeugung und Umwandlung elektrischer Energie
Generation and Conversion of Electrical Energy

DIN EN 60617-6, -10: 1997-08

Symbol	Bezeichnung	Symbol	Bezeichnung	Symbol	Bezeichnung
	Gleichstromumrichter		Gleichrichter/Wechselrichter (umschaltbar)	G	Generator, allgemein
	Gleichrichter		Wechselstromumrichter		Heizquelle, allgemein
	Gleichrichter in Brückenschaltung	U const	Spannungskonstanthalter		Verbrennungs-Heizquelle
	Wechselrichter		Primärzelle, Primärelement, Akkumulator	G	Fotoelektrischer Generator

Nachrichtentechnik
Communication Engineering

DIN EN 60617--9, -10: 1997-08

Signalgeneratoren

G 500 Hz	Sinusgenerator, 500 Hz
G 500 Hz	Sägezahngenerator, 500 Hz
G	Pulsgenerator

Verstärker

Form 1 / Form 2	Verstärker, allgemein
	Verstärker von außen veränderbar
	Verstärker mit Umgehung (Bypass)

Umformer

f_1/f_2	Frequenzumsetzer, Umsetzung von f_1 nach f_2
$f/\frac{f}{n}$	Frequenzteiler

Vierpole

Symbol	Bezeichnung	Symbol	Bezeichnung
	Filter, allgemein		Entzerrer, allgemein
	Tiefpass	A	Amplituden-Entzerrer, Equalizer
	Hochpass		Zerhacker, elektronisch
	Bandpass		Begrenzer
	Bandsperre		Mischer
A	Dämpfungsglied, fest eingestellt		
A	Dämpfungsglied, veränderbar		
	Vorverzerrer Preemphase		
	Nachentzerrer, Dreemphase		
φ	Phasenschieber		

Sensoren

Modulator allgemein, Demodululator allgemein

a = Signaleingang
b = Signalausgang
c = Eingang der Trägerwelle (optional)

$\mathcal{J}\mathcal{L}^{27}$ G	Pulscodemodulator, (7-Bit-Binärcode)

Technische Dokumentation und Formeln

Nachrichtentechnik
Communication Engineering

DIN EN 60617--9, -10: 1997-08

	Fernsprecher		Kennzeichen		Aufzeichnungs- und Wiedergabegeräte
	Fernsprecher mit Lautsprecher	⊃	Magnetischer Typ		Ultraschall-Sender/-Empfänger Hydrophon
	Fernsprecher für Zentralbatteriebetrieb	∼	Tauchspulen- oder Bändchentyp		
		⊙⊙	Stereo		Opto-elektronisches Aufzeichnungsgerät
	Fernsprecher mit Verstärker	⌀	Platte		
	Fernsprecher mit Tastwahlblock	⊙⊙	Band, Film		
		↔	Aufnehmen und Wiedergeben		Wiedergabegerät mit Lichtabtastung, Compact-Disk-Gerät
	Münzfernsprecher	×	Löschen		
	Fernsprecher ohne Speisung, Fernsprecher, batterielos	◯	Zylinder, Walze Trommel		
		⊜	Oberflächenwelle (SAW)		Tonabnehmer, stereofon
	Fernsprecher für zwei oder mehr Amtsleitungen oder Nebenstellenleitungen		Aufzeichnungs- und Wiedergabegeräte		
	Sende- und Empfangsgeräte		Aufzeichnungsgerät, Wiedergabegerät, allgemein		Wiedergabekopf, lichtempfindlich, monofon
T	Telegrafen Sende- und Empfangsgerät, halbduplex				Löschkopf
	Faksimile-Empfangsgerät (Faxgerät)		Aufzeichnungs-/Wiedergabegerät mit Magnettrommelspeicher		Aufnahmekopf (Schreibkopf), magnetisch, monofon
	Übertragungseinrichtungen		Mikrowellentechnik		Lichtwellenleiter
V+S+F	Funkstrecke, auf der Fernsehen (Bild und Ton) und Fernsprechen übertragen werden		Rund-Hohlleiter		Lichtwellenleiter (LWL) allgemein, Lichtwellenleiterkabel allgemein
F	Fernsprechen		Koaxial-Hohlleiter		Lichtwellenleiter für Mehrmoden-Stufenprofil
T	Telegrafie und Datenübertragung		Streifenleiter, mit drei Leitern		Lichtwellenleiter für Einmoden-Stufenprofil
V	Bildübertragung (Fernsehen)		Rechteck-Hohlleiter		Lichtwellenleiter für Gradientenprofil
S	Tonübertragung (Fernsehrundfunk und Tonrundfunk)		Hohlleiter, flexibel	a/b/c/d	Lichtwellenleiter mit Dimensionierungsangaben a = Kern b = Mantel c = 1. Beschichtung d = 2. Beschichtung
	Zweidrahtverbindung, Verstärkung in einer Richtung		Pulsmodulation		
	Weltraumfunkstelle, aktiv Fernmeldesatellit		Pulsamplitudenmodulation (PAM)		
G, I	Laser als Generator		Pulsfrequenzmodulation (PFM)		Stecker für Lichtwellenleiter
	Erdfunkstelle zur Bahnverfolgung einer Weltraumfunkstelle, mit Parabolantenne		Pulscodemodulation (PCM)		Buchse für Lichtwellenleiter
			PCM 3-aus-7-Code		Lichtwellenleiterverbindung, fest

Technische Dokumentation und Formeln

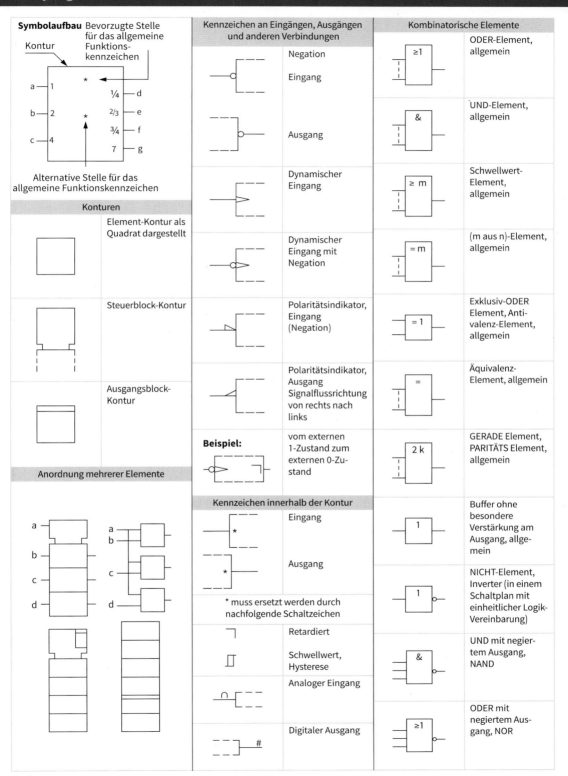

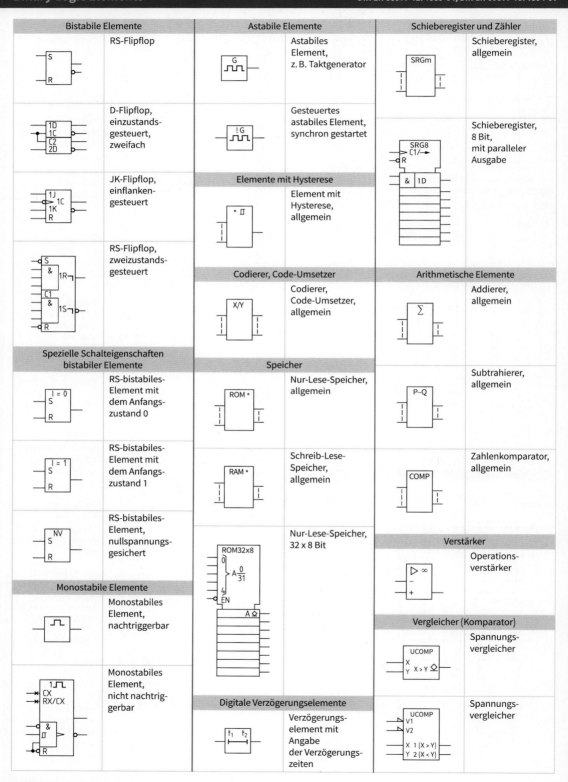

Mathematik
Mathematics

Operation	Regeln und Gesetze			
Addieren $a+b=c$ **Subtrahieren** $a-b=c$	Kommutativgesetz: $a+b=b+a$ Assoziativgesetz: $(a+b)+c=a+(b+c)$	Vorzeichenregeln:	$a+(-b)=a-b$ $a-(-b)=a+b$ $a-(b+c)=a-b-c$ $a-(b-c)=a-b+c$	
Multiplizieren $a \cdot b = c$ **Dividieren** $a:b=c$	Kommutativgesetz: $a \cdot b = b \cdot a$ Assoziativgesetz: $a \cdot (b \cdot c) = (a \cdot b) \cdot c$	Distributivgesetz: $a \cdot (b+c) = ab + ac$ $(a+b)\cdot(c+d) = ac+ad+bc+bd$ ← Ausklammern Ausmultiplizieren →	Vorzeichenregeln: $(+a)\cdot(+b) = ab$ $(-a)\cdot(+b) = -ab$ $(+a)\cdot(-b) = -ab$ $(-a)\cdot(-b) = ab$	
	Klammerregeln: $-(a+b-c) = -a-b+c$ $+(a+b-c) = a+b-c$	Dividieren: $\dfrac{a}{b} : \dfrac{c}{d} = \dfrac{a \cdot d}{b \cdot c}$	Multiplizieren: $\dfrac{a}{b} \cdot \dfrac{c}{d} = \dfrac{a \cdot c}{b \cdot d}$	
Potenzieren $a^n = c$	$a^n \cdot a^m = a^{n+m}$	$a^n \cdot b^n = (a \cdot b)^n$	$\dfrac{a^n}{b^n} = \left(\dfrac{a}{b}\right)^n$	$\dfrac{a^n}{a^m} = a^{n-m}$ $(a^n)^m = a^{n \cdot m}$
Radizieren $\sqrt{a} = c$	$\sqrt[n]{ab} = \sqrt[n]{a} \cdot \sqrt[n]{b}$	$\sqrt[n]{\dfrac{a}{b}} = \dfrac{\sqrt[n]{a}}{\sqrt[n]{b}}$	$\sqrt[n]{b^m} = b^{\frac{m}{n}}$	$\sqrt[m]{\sqrt[n]{b}} = \sqrt[m \cdot n]{b}$ $\dfrac{1}{\sqrt[n]{a^m}} = a^{-\frac{m}{n}}$

Potenzen

Zehner		Binäre		Hexadezimale	
10^0 =	1	2^0 =	1	16^0 =	1
10^1 =	10	2^1 =	2	16^1 =	16
10^2 =	100	2^2 =	4	16^2 =	256
10^3 =	1000	2^3 =	8	16^3 =	4096
10^{-1} =	1/10	2^{-1} =	1/2	16^{-1} =	1/16
10^{-2} =	1/100	2^{-2} =	1/4	16^{-2} =	1/256
10^{-3} =	1/1000	2^{-3} =	1/8	16^{-3} =	1/4096

Logarithmieren

Multiplizieren
$\log(c \cdot d) = \log c + \log d$

Potenzieren
$\log c^n = n \cdot \log c$

Dividieren
$\log \dfrac{c}{d} = \log c - \log d$

Radizieren
$\log \sqrt[m]{c} = \dfrac{1}{m} \log c$

Dreieck

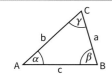

$\alpha + \beta + \gamma = 180°$

$A = \dfrac{g \cdot h}{2}$

Umfang:
$U = a + b + c$

Sinussatz: $\dfrac{\sin \alpha}{a} = \dfrac{\sin \beta}{b} = \dfrac{\sin \gamma}{c}$

Kosinussatz: $a^2 = b^2 + c^2 - 2bc \cdot \cos \alpha$
$b^2 = a^2 + c^2 - 2ac \cdot \cos \beta$
$c^2 = a^2 + b^2 - 2ab \cdot \cos \gamma$

Komplexe Zahlen

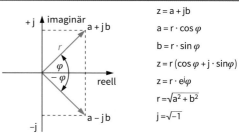

$z = a + jb$
$a = r \cdot \cos \varphi$
$b = r \cdot \sin \varphi$
$z = r(\cos \varphi + j \cdot \sin \varphi)$
$z = r \cdot e^{j\varphi}$
$r = \sqrt{a^2 + b^2}$
$j = \sqrt{-1}$

Trigonometrie

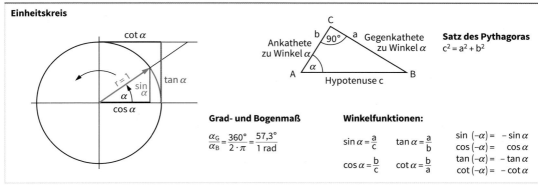

Satz des Pythagoras
$c^2 = a^2 + b^2$

Grad- und Bogenmaß
$\dfrac{\alpha_G}{\alpha_B} = \dfrac{360°}{2 \cdot \pi} = \dfrac{57{,}3°}{1 \text{ rad}}$

Winkelfunktionen:
$\sin \alpha = \dfrac{a}{c}$ $\tan \alpha = \dfrac{a}{b}$
$\cos \alpha = \dfrac{b}{c}$ $\cot \alpha = \dfrac{b}{a}$

$\sin(-\alpha) = -\sin \alpha$
$\cos(-\alpha) = \cos \alpha$
$\tan(-\alpha) = -\tan \alpha$
$\cot(-\alpha) = -\cot \alpha$

Mechanik
Mechanics

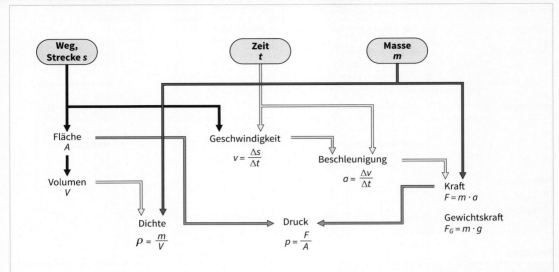

Geradlinig gleichmäßige Beschleunigung		
Kraft	$F = m \cdot a$	
Geschwindigkeit	$v = a \cdot t$	$v = \sqrt{2 \cdot s \cdot a}$
Beschleunigung	$a = \dfrac{v}{t}$	$a = \dfrac{2 \cdot s}{t^2}$
Wegstrecke	$s = \dfrac{a \cdot t^2}{2}$	
Arbeit und Kraft		
Allgemein	$W = F \cdot s$	
Hubarbeit	$W = F_G \cdot s$	$W = m \cdot g \cdot s$
Federspannarbeit	$W = \dfrac{F_F \cdot s}{2}$	
Beschleunigungsarbeit	$W = \dfrac{m \cdot v^2}{2}$	
Reibungsarbeit	$W = F_R \cdot s$	
Reibung	$F_R = \mu \cdot F_N$	
Schiefe Ebene	$F_H = \dfrac{F_G \cdot h}{l}$	
Leistung und Wirkungsgrad		
Leistung	$P = \dfrac{W}{t}$	$P = F \cdot v$
Wirkungsgrad	$\eta = \dfrac{W_{ab}}{W_{zu}}$	$\eta = \dfrac{P_{ab}}{P_{zu}}$
	$W_V = W_{zu} - W_{ab}$	
	$P_V = P_{zu} - P_{ab}$	
Gesamtwirkungsgrad	$\eta_{ges} = \eta_1 \cdot \eta_2 \cdot \ldots \cdot \eta_n$	
Antriebe		
Riemenantrieb	$d_1 \cdot n_1 = d_2 \cdot n_2$	
Zahnradantrieb	$z_1 \cdot n_1 = z_2 \cdot n_2$	
Schneckenantrieb	$z_1 \cdot n_1 = z_2 \cdot n_2$	

Gleichförmige Kreisbewegung		
Kraft	$F = m \cdot \omega^2 \cdot r$	$F = m \cdot \dfrac{v^2}{r}$
Geschwindigkeit	$v = d \cdot \pi \cdot n$	$v = \dfrac{2 \cdot \pi \cdot r}{T}$
Beschleunigung	$a_r = \dfrac{v^2}{r}$	
Winkelgeschwindigkeit	$\omega = 2 \cdot \pi \cdot f$	$f = \dfrac{1}{T}$ $\quad n = \dfrac{1}{T}$
Energie		
Energieerhaltung	$E = W$	
Potenzielle Energie	$E_P = m \cdot g \cdot s$	
Spannenergie	$E_S = \dfrac{F_F \cdot s}{2}$	
Kinetische Energie	$E_K = \dfrac{m \cdot v^2}{2}$	
Drehmoment		
Drehmoment	$M = F \cdot r$	
Hebel	$F_1 \cdot s_1 = F_2 \cdot s_2$	
Feste Rolle	$F_1 = F_2$	
Lose Rolle	$F_1 = \dfrac{F_2}{2}$	
Flaschenzug	$F_1 = \dfrac{F_2}{n}$	
Leistung und Drehmoment	$P = 2 \cdot \pi \cdot n \cdot M$	
Hydraulik		
Hydrostatischer Druck	$p = \varrho \cdot g \cdot h$	
Hydraulische Anlagen	$\dfrac{F_1}{A_1} = \dfrac{F_2}{A_2}$	

Elektrische Größen
Electrical Quantities

Zusammenhang

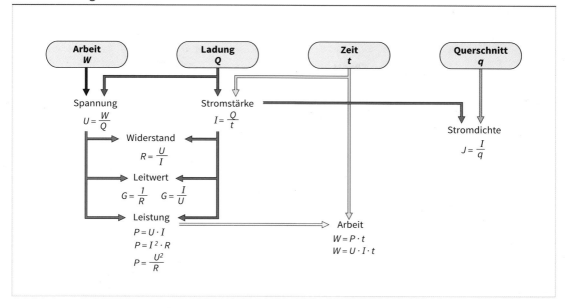

Elektrischer Stromkreis

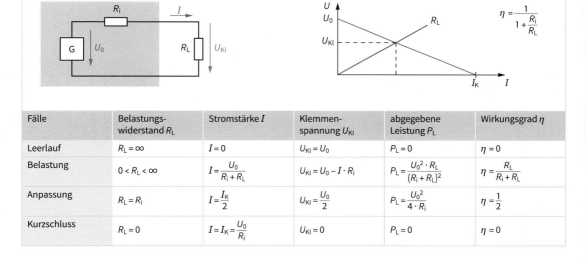

Fälle	Belastungs-widerstand R_L	Stromstärke I	Klemmen-spannung U_{Kl}	abgegebene Leistung P_L	Wirkungsgrad η
Leerlauf	$R_L = \infty$	$I = 0$	$U_{Kl} = U_0$	$P_L = 0$	$\eta = 0$
Belastung	$0 < R_L < \infty$	$I = \dfrac{U_0}{R_i + R_L}$	$U_{Kl} = U_0 - I \cdot R_i$	$P_L = \dfrac{U_0^2 \cdot R_L}{(R_i + R_L)^2}$	$\eta = \dfrac{R_L}{R_i + R_L}$
Anpassung	$R_L = R_i$	$I = \dfrac{I_K}{2}$	$U_{Kl} = \dfrac{U_0}{2}$	$P_L = \dfrac{U_0^2}{4 \cdot R_i}$	$\eta = \dfrac{1}{2}$
Kurzschluss	$R_L = 0$	$I = I_K = \dfrac{U_0}{R_i}$	$U_{Kl} = 0$	$P_L = 0$	$\eta = 0$

Elektrischer Widerstand

Ohmsches Gesetz	Differentieller Widerstand	Leiterwiderstand	Widerstand und Temperatur
$R = \dfrac{U}{I}$	$r = \dfrac{\Delta U}{\Delta I}$	$R = \dfrac{\varrho \cdot l}{q}$ $\varkappa = \dfrac{1}{\varrho}$ $R = \dfrac{l}{\varkappa \cdot q}$ Kreisfläche: $q = \dfrac{d^2 \cdot \pi}{4}$	$R_\vartheta = R_{20} + \Delta R$ $\Delta R = R_{20} \cdot \alpha \cdot \Delta\vartheta$ $R_\vartheta = R_{20}(1 + \alpha \cdot \Delta\vartheta + \beta \cdot \Delta\vartheta^2)$

Schaltungen mit Widerständen
Circuits with Resistors

Stromverzweigung
(Erstes Kirchhoffsches Gesetz)

$\Sigma I = 0$

Parallelschaltung

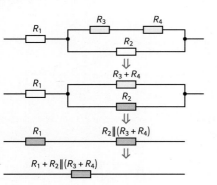

$U = U_1 = U_2 = \ldots = U_n$

$I_g = I_1 + I_2 + \ldots + I_n$

$\dfrac{1}{R_g} = \dfrac{1}{R_1} + \dfrac{1}{R_2} + \ldots + \dfrac{1}{R_n} \qquad G_g = G_1 + G_2 + \ldots + G_n$

$\dfrac{I_1}{I_2} = \dfrac{R_2}{R_1} \qquad \dfrac{I_1}{I_n} = \dfrac{R_n}{R_1} \qquad \dfrac{I_1}{I_g} = \dfrac{R_g}{R_1} \ldots$

$P_g = P_1 + P_2 + \ldots + P_n$
$P_1 = U \cdot I_1 \qquad P_2 = U \cdot I_2 \qquad P_g = U \cdot I_g \ldots$

Maschenregel
(Zweites Kirchhoffsches Gesetz)

$\Sigma U = 0$

Reihenschaltung

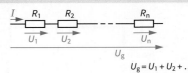

$U_g = U_1 + U_2 + \ldots + U_n$

$I = I_1 = I_2 = \ldots = I_n$

$R_g = R_1 + R_2 + \ldots + R_n$

$\dfrac{U_1}{U_2} = \dfrac{R_1}{R_2} \qquad \dfrac{U_1}{U_n} = \dfrac{R_1}{R_n} \qquad \dfrac{U_1}{U_g} = \dfrac{R_1}{R_g} \ldots$

$P_g = P_1 + P_2 + \ldots + P_n$
$P_1 = U_1 \cdot I \qquad P_2 = U_2 \cdot I \qquad P_g = U_g \cdot I \ldots$

Messbereichserweiterung

Strommessung	Spannungsmessung
$n = \dfrac{I}{I_M} \qquad R_p = \dfrac{R_i}{(n-1)}$	$n = \dfrac{U}{U_M} \qquad R_v = (n-1) \cdot R_i$

Gruppenschaltung

Beispiel:

Stern-Dreieck-Umwandlung

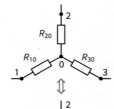

⇕

$R_{10} = \dfrac{R_{12} \cdot R_{31}}{R_{12} + R_{23} + R_{31}}$

$R_{20} = \dfrac{R_{12} \cdot R_{23}}{R_{12} + R_{23} + R_{31}}$

$R_{30} = \dfrac{R_{23} \cdot R_{31}}{R_{12} + R_{23} + R_{31}}$

$R_{12} = \dfrac{R_{10} \cdot R_{20}}{R_{30}} + R_{10} + R_{20}$

$R_{23} = \dfrac{R_{20} \cdot R_{30}}{R_{10}} + R_{20} + R_{30}$

$R_{31} = \dfrac{R_{10} \cdot R_{30}}{R_{20}} + R_{10} + R_{30}$

Spannungsteiler

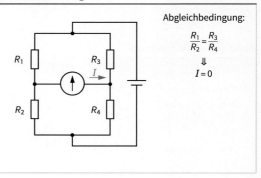

unbelastet	belastet
$\dfrac{U_2}{U} = \dfrac{R_2}{R_1 + R_2}$	$\dfrac{U_2}{U} = \dfrac{R_2 \cdot R_L}{R_1(R_2 + R_L) + R_2 \cdot R_L}$

Brückenschaltung

Abgleichbedingung:

$\dfrac{R_1}{R_2} = \dfrac{R_3}{R_4}$

⇓

$I = 0$

Felder / Fields

Elektrisches Feld			Magnetisches Feld		
Elektrische Feldstärke	$E = \dfrac{F}{Q}$	$E = \dfrac{U}{d}$	Magnetische Feldstärke	$H = \dfrac{\Theta}{l}$	$\Theta = I \cdot N$ Durchflutung
Elektrische Flussdichte	$D = \dfrac{Q}{A}$		Magnetische Flussdichte	$B = \dfrac{\Phi}{A}$	
Verknüpfung	$D = \varepsilon \cdot E$	$\varepsilon = \varepsilon_0 \cdot \varepsilon_r$	Verknüpfung	$B = \mu \cdot H$	$\mu = \mu_0 \cdot \mu_r$
Kraft zwischen Ladungen	$F = \dfrac{Q_1 \cdot Q_2}{4\pi \cdot \varepsilon \cdot l^2}$		Kraft zwischen stromdurchflossenen Leitern	$F = \dfrac{\mu_0 \cdot I_1 \cdot I_2 \cdot l}{2\pi \cdot a}$	
			Tragkraft von Magneten	$F = \dfrac{B^2 \cdot A}{2\mu_0}$	

Kondensator, Kapazität			Spule, Induktivität		
Kapazität	$C = \dfrac{Q}{U}$	$C = \dfrac{\varepsilon \cdot A}{d}$ $\varepsilon = \varepsilon_0 \cdot \varepsilon_r$	Induktivität	$L = \dfrac{\mu \cdot N^2 \cdot A}{l}$ $\mu = \mu_0 \cdot \mu_r$	$L = A_L \cdot N^2$
Elektrische Feldkonstante	$\varepsilon_0 = 8{,}86 \cdot 10^{-12} \, \dfrac{As}{Vm}$		Magnetische Feldkonstante	$\mu_0 = 1{,}257 \cdot 10^{-6} \, \dfrac{Vs}{Am}$	
Stromstärke	$i_C = C \cdot \dfrac{\Delta U}{\Delta t}$		Spannung	$u_L = L \cdot \dfrac{\Delta I}{\Delta t}$	
Elektrische Energie	$W_{el} = \dfrac{1}{2} \cdot C \cdot U^2$		Magnetische Energie	$W_{mag} = \dfrac{1}{2} \cdot L \cdot I^2$	

Schaltungen mit Kondensatoren		Schaltungen mit Spulen	
Parallelschaltung	Reihenschaltung	Parallelschaltung	Reihenschaltung
$Q_g = Q_1 + Q_2 + \ldots + Q_n$	$Q_g = Q_1 = Q_2 = \ldots = Q_n$	$I_g = I_1 + I_2 + \ldots + I_n$	$I = I_1 = I_2 = \ldots = I_n$
$U = U_1 = U_2 = \ldots = U_n$	$U_g = U_1 + U_2 + \ldots + U_n$	$U_g = U_1 = U_2 = \ldots = U_n$	$U_g = U_1 + U_2 + \ldots + U_n$
$C_g = C_1 + C_2 + \ldots + C_n$	$\dfrac{1}{C_g} = \dfrac{1}{C_1} + \dfrac{1}{C_2} + \ldots + \dfrac{1}{C_n}$	$\dfrac{1}{L_g} = \dfrac{1}{L_1} + \dfrac{1}{L_2} + \ldots + \dfrac{1}{L_n}$	$L_g = L_1 + L_2 + \ldots + L_n$

RC-Schaltung			RL-Schaltung		
Zeitkonstante	$\tau = R \cdot C$		Zeitkonstante	$\tau = \dfrac{L}{R}$	
Einschaltvorgang (Auflading)	Ausschaltvorgang (Entladung)		Einschaltvorgang	Ausschaltvorgang	
$u_C = U \cdot (1 - e^{-\frac{t}{\tau}})$	$u_C = U \cdot e^{-\frac{t}{\tau}}$		$u_L = U \cdot e^{-\frac{t}{\tau}}$	$u_L = -U \cdot e^{-\frac{t}{\tau}}$	
$i_C = \dfrac{U}{R} \cdot e^{-\frac{t}{\tau}}$	$i_C = -\dfrac{U}{R} \cdot e^{-\frac{t}{\tau}}$		$i_L = \dfrac{U}{R} \cdot (1 - e^{-\frac{t}{\tau}})$	$i_L = \dfrac{U}{R} \cdot e^{-\frac{t}{\tau}}$	
Tiefpass/Hochpass	$f_g = \dfrac{1}{2\pi \cdot R \cdot C}$		Tiefpass/Hochpass	$f_g = \dfrac{R}{2\pi \cdot L}$	

Strom und Magnetfeld		Magnetischer Kreis	
Leiter im Magnetfeld		Magnetischer Widerstand	$R_m = \dfrac{\Theta}{\Phi}$
Kraftwirkung	$F = B \cdot I \cdot l \cdot z$		
Induktionsspannung	$U = B \cdot l \cdot v \cdot z$	Magnetischer Leitwert	$\Lambda = \dfrac{1}{R_m}$
Spule im Magnetfeld			
Drehmoment	$M = \dfrac{F \cdot a \cdot \sin \alpha}{2}$	Magnetischer Gesamtwiderstand	$R_m = R_{m1} + R_{m2} + \ldots + R_{mn}$
Kraftwirkung	$F = 2 \cdot N \cdot B \cdot l \cdot I$		
Induktionsspannung	$U = N \cdot \dfrac{\Delta \Phi}{\Delta t}$	Gesamtdurchflutung	$\Theta_g = \Theta_1 + \Theta_2 + \ldots + \Theta_n$

Wechselspannung und Wechselstrom
Alternating Voltage and Alternating Current

Sinusform

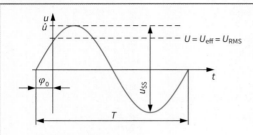

$u = \hat{u} \cdot \sin(\omega \cdot t + \varphi_0)$

$\omega = 2\pi \cdot f \qquad f = \dfrac{1}{T} \qquad \dfrac{\alpha_B}{\alpha_G} = \dfrac{2\pi}{360°}$

$U = \dfrac{\hat{u}}{\sqrt{2}} \qquad I = \dfrac{\hat{i}}{\sqrt{2}} \qquad u_{ss} = 2 \cdot \hat{u}$
$\qquad\qquad\qquad\qquad\quad i_{ss} = 2 \cdot \hat{i}$

$U = \dfrac{u_{ss}}{2 \cdot \sqrt{2}} \qquad I = \dfrac{i_{ss}}{2 \cdot \sqrt{2}}$

eff: Effektivwert
RMS: Root Mean Square

Rechteckform

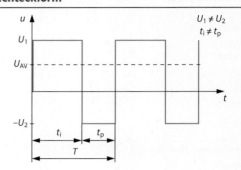

$U_1 \neq U_2$
$t_i \neq t_p$

$g = \dfrac{t_i}{T} \qquad T = t_i + t_p$

$U_{AV} = \dfrac{U_1 \cdot t_i + U_2 \cdot t_p}{T} \qquad f = \dfrac{1}{T}$

AV: Average

Addition phasenverschobener Spannungen

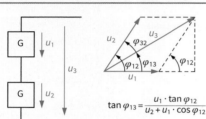

$\tan \varphi_{13} = \dfrac{u_1 \cdot \tan \varphi_{12}}{u_2 + u_1 \cdot \cos \varphi_{12}}$

$u_3^2 = u_1^2 + u_2^2 - 2 \cdot u_1 \cdot u_2 \cdot \cos(180° - \varphi_{12})$

Impulsform

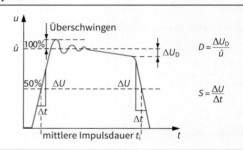

$D = \dfrac{\Delta U_D}{\hat{u}}$

$S = \dfrac{\Delta U}{\Delta t}$

mittlere Impulsdauer t_i

Gleichgerichtete sinusförmige Spannung

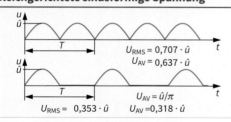

$U_{RMS} = 0{,}707 \cdot \hat{u}$
$U_{AV} = 0{,}637 \cdot \hat{u}$

$U_{RMS} = 0{,}353 \cdot \hat{u} \qquad U_{AV} = \hat{u}/\pi$
$\qquad\qquad\qquad\qquad U_{AV} = 0{,}318 \cdot \hat{u}$

Impulsverformung

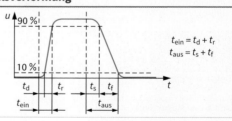

$t_{ein} = t_d + t_r$
$t_{aus} = t_s + t_f$

Stern- und Dreieckschaltung, symmetrische Belastung
Star-Delta Circuit, Symmetrical Load

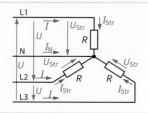

$U_{str} = \dfrac{U}{\sqrt{3}}$
$I = I_{Str}$
$S = \sqrt{3} \cdot U \cdot I$
$S = \sqrt{P^2 + Q^2}$
$P = \sqrt{3} \cdot U \cdot I \cdot \cos\varphi$
$Q = \sqrt{3} \cdot U \cdot I \cdot \sin\varphi$

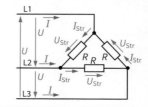

$U = U_{Str}$
$I = \sqrt{3} \cdot I_{Str}$
$S = \sqrt{3} \cdot U \cdot I$
$S = \sqrt{P^2 + Q^2}$
$P = \sqrt{3} \cdot U \cdot I \cdot \cos\varphi$
$Q = \sqrt{3} \cdot U \cdot I \cdot \sin\varphi$

RC- und RL-Schaltungen
RC- and RL-Circuits

Kapazitiver Blindwiderstand

$X_C = \dfrac{1}{2\pi \cdot f \cdot C}$ $\omega = 2\pi \cdot f$

Induktiver Blindwiderstand

$X_L = 2\pi \cdot f \cdot L$ $\omega = 2\pi \cdot f$

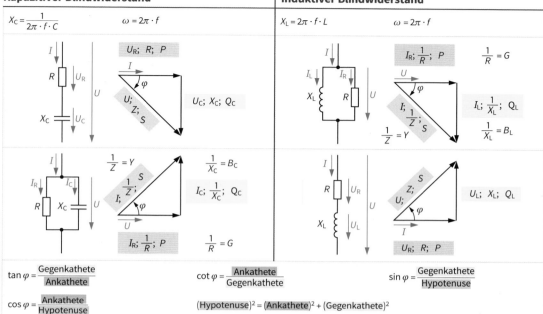

$\tan \varphi = \dfrac{\text{Gegenkathete}}{\text{Ankathete}}$ $\cot \varphi = \dfrac{\text{Ankathete}}{\text{Gegenkathete}}$ $\sin \varphi = \dfrac{\text{Gegenkathete}}{\text{Hypotenuse}}$

$\cos \varphi = \dfrac{\text{Ankathete}}{\text{Hypotenuse}}$ $(\text{Hypotenuse})^2 = (\text{Ankathete})^2 + (\text{Gegenkathete})^2$

Spannungen		Stromstärken		Leistungen	
Kapazitive Blindspannung	$U_C = I_C \cdot X_C$	Kapazitiver Blindstrom	$I_C = \dfrac{U_C}{X_C}$	Kapazitive Blindleistung	$Q_C = U_C \cdot I_C$
Induktive Blindspannung	$U_L = I_L \cdot X_L$	Induktiver Blindstrom	$I_L = \dfrac{U_L}{X_L}$	Induktive Blindleistung	$Q_L = U_L \cdot I_L$
Wirkspannung	$U_R = I_R \cdot R$	Wirkstrom	$I_R = \dfrac{U_R}{R}$	Wirkleistung	$P = U_R \cdot I_R$
Gesamtspannung	$U = I \cdot Z$	Gesamtstrom	$I = \dfrac{U}{Z}$	Scheinleistung	$S = U \cdot I$

RCL-Schaltungen
RCL-Circuits

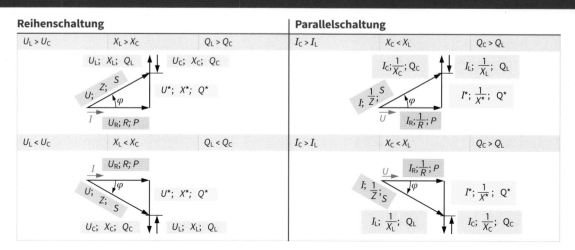

Transistoren

Bipolare Transistoren

NPN

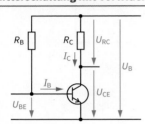

Bei PNP: Umkehrung der Vorzeichen I und U

$\Sigma I = 0 \qquad I_E = I_C + I_B$

$B = \dfrac{I_C}{I_B}$

$P_v = U_{CE} \cdot I_C + U_{BE} \cdot I_B$

$\Sigma U = 0$

$U_{CE} = U_{BE} + U_{CB}$

Wechselstromkenngrößen:

$r_{BE} = \dfrac{\Delta U_{BE}}{\Delta I_B} \qquad r_{CE} = \dfrac{U_{CE}}{I_C} \qquad \beta = \dfrac{\Delta I_C}{\Delta I_B}$

Unipolare Transistoren (FET)

Sperrschicht FET, N-Kanal

Isolierschicht FET, N-Kanal-MOS-FET

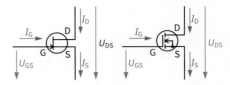

$I_G = 0 \qquad I_D = I_S \qquad S = \dfrac{\Delta I_D}{\Delta U_{GS}} \qquad r_{DS} = \dfrac{\Delta U_{DS}}{\Delta I_D}$

Emitterschaltung mit Vorwiderstand

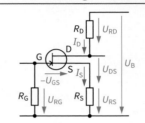

$U_B = U_{RC} + U_{CE}$

$R_B = \dfrac{U_B - U_{BE}}{I_B}$

$R_C = \dfrac{U_B - U_{CE}}{I_C}$

$r_e = R_B \parallel r_{BE}$

$r_a = R_C \parallel r_{CE}$

Sourceschaltung mit Sourcewiderstand

$U_B = U_{RD} + U_{DS} + U_{RS}$

$U_{RS} = -U_{GS}$

$R_D = \dfrac{U_B - U_{DS} - U_{RS}}{I_D}$

$R_S = \dfrac{U_{RS}}{I_S}$

$r_e = R_G \parallel r_{GS}$

$r_a = R_D \parallel r_{DS}$

Emitterschaltung mit Basisspannungsteiler

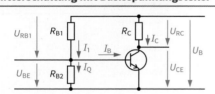

$I_1 = I_B + I_Q$

$U_{RB1} = I_1 \cdot R_{B1}$

$U_{CE} = U_B - I_C \cdot R_C$

$U_{RC} = I_C \cdot R_C$

$r_e = r_{BE} \parallel R_{B1} \parallel R_{B2}$

$I_C = B \cdot I_B$

$R_{B1} = \dfrac{U_B - U_{BE}}{I_1}$

$R_{B2} = \dfrac{U_B - U_{RB1}}{I_Q}$

$r_a = R_C \parallel r_{CE}$

$m = \dfrac{I_Q}{I_B}$

Sourceschaltung mit Basisspannungsteiler

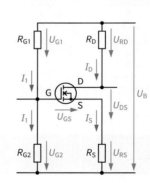

$U_{G2} = U_{GS} + U_{RS}$

$R_S = \dfrac{U_{RS}}{I_S}$

$R_{G1} = \dfrac{U_B - U_{G2}}{I_1}$

$R_{G2} = \dfrac{U_{RS} + U_{GS}}{I_1}$

$U_{G2} = U_{GS} + U_{RS}$

$r_e = R_{G1} \parallel R_{G2}$

$r_a = R_D$

Emitterschaltung mit Stromgegenkopplung

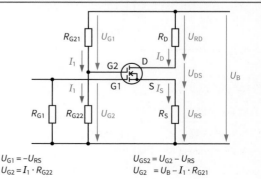

$U_{RB1} = U_B - U_{RB2}$

$U_{RB2} = U_{BE} + U_{RE}$

$U_{RE} = U_B - U_{RC} - U_{CE}$

$r_e = (r_{BE} + \beta \cdot R_E) \parallel R_{B1} \parallel R_{B2}$

$R_{B1} = \dfrac{U_{RB1}}{I_1}$

$R_{B2} = \dfrac{U_{RB2}}{I_Q}$

$U_{RC} = U_B - U_{CE} - U_{RE}$

$R_E = \dfrac{U_{RE}}{I_E}$

$R_C = \dfrac{U_{RC}}{I_C}$

$r_a = R_C \parallel r_{CE}$

Dual-Gate-MOS-FET mit Spannungsteiler

$U_{G1} = -U_{RS}$

$U_{G2} = I_1 \cdot R_{G22}$

$U_{GS2} = U_{G2} - U_{RS}$

$U_{G2} = U_B - I_1 \cdot R_{G21}$

Antriebssysteme
Drive Systems

Formelzeichen

Symbol	Bedeutung	Symbol	Bedeutung	Symbol	Bedeutung	Symbol	Bedeutung
U	Klemmenspannung	I_f	Stromstärke in der Feldwicklung	R_i	Innenwiderstand	n	Läuferdrehzahl, Umdrehungsfrequenz
U_B	Bürstenspannung			R_a	Widerstand der Ankerwicklung	n_f	Drehfelddrehzahl
U_i	induzierte Gegenspannung (Motor)	I_a	Stromstärke in der Ankerwicklung	R_W	Widerstand der Wendepolwicklung	n_N	Bemessungsdrehzahl
U_a	Spannung an der Ankerwicklung	P	Leistung (Wirk)	R_K	Widerstand der Kompensationswicklung	n_s	Schlupfdrehzahl
U_f	Spannung an der Feldwicklung	P_{ab}	abgegebene Leistung			n_S	Synchrone Drehzahl
		P_{zu}	zugeführte Leistung			n_0	Leerlaufdrehzahl
		P_v	Verlustleistung			s	Schlupf
		P_{vFe}	Eisenverlustleistung	R_f	Widerstand der Feldwicklung	$s_\%$	Schlupf in %
M	Drehmoment	P_{vCu}	Wicklungsverlustleistung			f	Netzfrequenz
M_A	Anlaufdrehmoment	P_f	Feldleistung	R_{fser}	Widerstand der Reihenschlusswicklung	f_s	Frequenz, Ständerspannung
$\cos \varphi$	Leistungsfaktor	S	Scheinleistung			f_r	Frequenz, Läuferspannung
η	Wirkungsgrad	Q_C	kapazitive Blindleistung	R_{fpar}	Widerstand der Nebenschlusswicklung	f_z	Schrittfrequenz
I	Stromstärke Motor bzw. Generator	Q_{CB}	kapazitive Blindleistung des Betriebskondensators			α	Schrittwinkel
I_N	Bemessungsstromstärke	C_A	Kapazität des Anlaufkondensators	R_{Cu}	Wicklungswiderstand	m	Strangzahl
I_0	Leerlaufstromstärke	C_B	Kap. Betriebskondensator	R_{Fe}	Ersatzwiderstand für Eisenverluste	z	Zähnezahl, Schrittzahl
I_A	Anlaufstromstärke	F	Kraft			i	Übersetzung
						p	Polpaarzahl

Mechanische Größen

Drehmoment	$M = F \cdot s$ (s: Hebelarm)
Mechanische Leistung an der Welle	$P = 2 \cdot \pi \cdot n \cdot M$ $P = \dfrac{n \cdot M}{9549}$ P in kW, M in Nm, n in $\dfrac{1}{\min}$
Drehzahl, Umdrehungsfrequenz	$[n] = \dfrac{1}{s};\ [n] = \dfrac{1}{\min}$ $\dfrac{1}{s} = s^{-1};\ \dfrac{1}{\min} = \min^{-1}$

Übersetzung

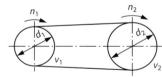

Übersetzung Riementrieb	$i = \dfrac{n_1}{n_2}$ $i = \dfrac{d_2}{d_1}$
Übersetzung Zahnradtrieb	$i = \dfrac{n_1}{n_2}$ $i = \dfrac{z_2}{z_1}$
Drehmoment	$\dfrac{n_1}{n_2} = \dfrac{M_2}{M_1}$
Umfangsgeschwindigkeit	$v = n \cdot 2 \cdot \pi \cdot r$ $v = n \cdot d \cdot \pi$

Gleichstrommotor (fremderregt)

Netzspannung	$U = U_i + U_B + I_A \cdot R_i$
Innenwiderstand	$R_i = R_a + R_W + R_K$
Zugeführte Leistung	$P_{zu} = U \cdot I_a + U_f \cdot I_f$
Abgegebene Leistung	$P_{ab} = P_{zu} - P_v$

Drehstrom-Asynchronmotor

Abgegebene Leistung	$P_{ab} = U \cdot I \cdot \sqrt{3} \cdot \cos \varphi \cdot \eta$
Schlupf	$s = \dfrac{n_f - n}{n_f}$ $s_\% = \dfrac{n_f - n}{n_f} \cdot 100\%$
Schlupfdrehzahl	$n_s = n_f - n$
Läuferfrequenz	$f_r = s \cdot f$
Drehfelddrehzahl	$n_f = \dfrac{f}{p}$

Synchronmaschine (Motor, Generator)

Synchrone Drehzahl	$n_S = \dfrac{f}{p}$
Abgegebene Leistung	$P_{ab} = U \cdot I \cdot \sqrt{3} \cdot \cos \varphi \cdot \eta$
Feldleistung	$P_f = U_f \cdot I_f$

Kondensatormotor

Kapazitive Blindleistung	$Q_C = U^2 \cdot \omega \cdot C$ $Q_{CB} = 1$ kvar pro kW Motorleistung
Kapazitäten	$C_A = 3 \cdot C_B$
Abgegebene Leistung	$P_{ab} = U \cdot I \cdot \cos \varphi \cdot \eta$

Drehstrommotor an Wechselspannung

Netzspannung in V	230	400
C_B in µF pro kW Motorleistung	70	20
Kapazitäten	$C_A = 2 \cdot C_B$	

Schrittmotor

Schrittwinkel	$\alpha = \dfrac{360°}{z}$ $\alpha = \dfrac{360°}{2 \cdot m \cdot p}$
Drehzahl	$n = \dfrac{f_z}{z}$

Transformatoren
Transformers

Spannungs- und Stromübersetzung

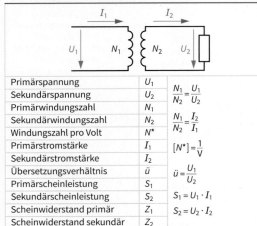

Primärspannung	U_1	
Sekundärspannung	U_2	$\dfrac{N_1}{N_2} = \dfrac{U_1}{U_2}$
Primärwindungszahl	N_1	
Sekundärwindungszahl	N_2	$\dfrac{N_1}{N_2} = \dfrac{I_2}{I_1}$
Windungszahl pro Volt	N^*	
Primärstromstärke	I_1	$[N^*] = \dfrac{1}{V}$
Sekundärstromstärke	I_2	
Übersetzungsverhältnis	$ü$	$ü = \dfrac{U_1}{U_2}$
Primärscheinleistung	S_1	
Sekundärscheinleistung	S_2	$S_1 = U_1 \cdot I_1$
Scheinwiderstand primär	Z_1	$S_2 = U_2 \cdot I_2$
Scheinwiderstand sekundär	Z_2	

Leistung und Wirkungsgrad

Eingangswirkleistung	P_1	$P_1 = U_1 \cdot I_1 \cdot \cos \varphi_1$
Ausgangswirkleistung	P_2	$P_1 = P_2 + P_{vFe} + P_{vCu}$
Eisenverluste	P_{vFe} W_{Fe}	$P_2 = U_2 \cdot I_2 \cdot \cos \varphi_2$
Kupferverluste	P_{vCu} W_{Cu}	$P_{vCu} = R_{Cu} \cdot I^2$
Wirkungsgrad	η	$\eta = \dfrac{P_2}{P_1}$
Jahreswirkungsgrad	η_a	$\eta_a = \dfrac{W_{ab}}{W_{ab} + W_{Fe} + W_{Cu}}$
Einschaltdauer	t_E	
Belastungsdauer	t_B	$W_{ab} = U_2 \cdot I_2 \cdot \cos \varphi_2 \cdot t_B$
Bei Drehstromtransformatoren müssen die Leistungen noch mit dem Faktor $\sqrt{3}$ multipliziert werden.		$W_{Fe} = P_{vFe} \cdot t_E$ $W_{Cu} = P_{vCu} \cdot t_B$

Spartransformator

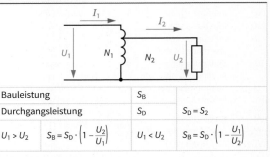

Bauleistung	S_B	
Durchgangsleistung	S_D	$S_D = S_2$

$U_1 > U_2 \quad S_B = S_D \cdot \left(1 - \dfrac{U_2}{U_1}\right) \quad U_1 < U_2 \quad S_B = S_D \cdot \left(1 - \dfrac{U_1}{U_2}\right)$

Widerstandsübersetzung

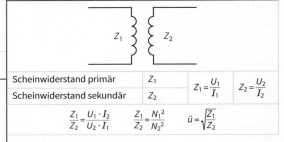

Scheinwiderstand primär	Z_1	$Z_1 = \dfrac{U_1}{I_1} \quad Z_2 = \dfrac{U_2}{I_2}$
Scheinwiderstand sekundär	Z_2	

$\dfrac{Z_1}{Z_2} = \dfrac{U_1 \cdot I_2}{U_2 \cdot I_1} \qquad \dfrac{Z_1}{Z_2} = \dfrac{N_1^2}{N_2^2} \qquad ü = \sqrt{\dfrac{Z_1}{Z_2}}$

Kurzschlussgrößen

Kurzschlussspannung	U_k	in V
Relative Kurzschlussspannung	u_k	in %
Dauerkurzschlussstromstärke	I_{kd}	in A

$u_k = \dfrac{U_k \cdot 100\%}{U_1} \qquad I_{kd} = \dfrac{100\% \cdot I_2}{u_k}$

Elektrowärme
Electroheat

Energiewandler

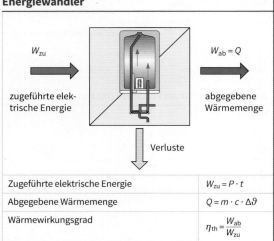

Zugeführte elektrische Energie	$W_{zu} = P \cdot t$
Abgegebene Wärmemenge	$Q = m \cdot c \cdot \Delta \vartheta$
Wärmewirkungsgrad	$\eta_{th} = \dfrac{W_{ab}}{W_{zu}}$

Größe und Einheiten

Größe	Einheit
Celsius-Temperatur ϑ	°C
Thermodynamische Temperatur T	K (Kelvin)
Wärmemenge Q	J (Joule)
Masse m	kg
Spezifische Wärmekapazität c	$\dfrac{J}{kg \cdot K}$

Temperaturskalen

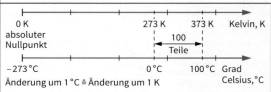

Änderung um 1 °C ≙ Änderung um 1 K

Sachwortverzeichnis
Index

Die fettgedruckten Begriffe entsprechen den Seitenüberschriften

Symbole
7-Takt-Schalter / seven-position switch 336

A
Abfallkategorien / waste categories 406
Abgeschirmte Geräteverbindungsdose / shielded junction box 76
Abisolieren / wire stripping 73
Abisolierzange / wire stripper 73
Ablaufdiagramm / flowchart 429, 433
Ablaufsprache / sequential function chart 256
Ablaufsteuerung / sequential control system 126, 259
Ableiteinrichtungen / down conductor systems 196
Ablufttrockner / vented dryer 339
Abmanteln / sheath stripping 72
Abnahmemessungen / acceptance measurements 163
Abschaltbedingungen / disconnecting conditions 200, 240
Abschaltzeiten / disconnecting times 91, 198
Absoluter Pegel / absolute level 303
Absorbtionsgrad / absorption coefficient 348
Abszisse / abscissa 427
ad hoc-Betrieb / ad hoc-mode 322
Addierer / adder 141
Addition / addition 7
Addition phasenverschobener Spannungen / addition of phase shifted voltages 39, 458
Aderisolierung / wire insulation 199
Adressbus / address bus 154
ADSL – Asymmetric Digital Subscriber Line / ADSL – Asymmetric Digital Subscriber Line 320
ADSL2+ / ADSL2+ 320
AFC / AFC 206
AGB – Allgemeine Geschäftsbedingungen / general standard terms and conditions 384
AGM / Absorbent Glass Matt 214
Akkumulatoren / rechargeable batteries 213
Aktion / action 259
Aktive Filter / active filters 116, 189
Aktive Sensoren / active sensors 142
Aktives Ethernet / Active Ethernet 170
Aktivitätsplanung / activity planning 419
Aktoren / actuators 255
Alarmschleife / alarm loop 328
Alkali-Mangan-Rundzellen / alkaline-manganese round cells 212
Allgemeine mathematische Zeichen und Begriffe / general mathematical signs and terms 6
Allgemeine Produktsicherheit / General Product Safety 423
ALU / ALU 154
American Wire Gauge / American Wire Gauge 162, 164
Ampere / ampere 29
Amplitude / amplitude 39
Amplitudenreserve / gain margin 251
Analogausgang / analog output 142
Anforderungen an Lampen / requirements for lamps 355
Angebot / offer 390

Ankerwicklung / armature winding 280
Anlagen im Freien / open air installations 105
Anlagen in Möbeln / installations in furniture 106
Anlagenanschluss / system connection 317
Anlagenpass, PV / system passport, PV 211
Anlagenprüfung / system inspection 240
Anlagenverantwortlicher / nominated person in control of an electrical installation 411
Anlassen von Motoren / starting of motors 289
Anlassverfahren / starting methods 288
Anlaufverhalten / starting behavior 291
Anlegewinkel / supporting angle 420
Anode / anode 51
Anordnungsplan / arrangement diagram 429
Anpassung / matching 33
Anschaltbaugruppe / interface board 257
Anschluss analoger Telekommunikationsgeräte / connection of analog telecommunication devices 316
Anschluss von ISDN-Geräten / connection of ISDN equipment 318
Anschlussbezeichnungen von Schützen und Relais / terminal markings of contactors and relays 127
Anschlussplan / connection diagram 429, 434
Anschlussschrank / connection cabinet 85
Anschlusstabelle / connection table 429
Anschlussvarianten / connection variants 291
Anschlusswerte / connected loads 337
Anstiegsantwort / ramp response 251, 253
Antenne / aerial (antenna) 324, 438
Antennenanlage / antenna installation 306
Antennencharakteristiken / antenna characteristics 323
Antennenweiche / antenna diplexer 306
Antriebe / drives 454
Antriebsarten / types of drives 440
Antriebssysteme / drive systems 461
Anweisungsliste / instruction list 256
Anwendungsbereiche von Kondensatoren / application fields of capacitors 48
Anwesenheitstaste / presence button 379
AP (Access Point) / AP (Access Point) 322
Arbeit / work 16, 454
Arbeiten unter Spannung / live working 416
Arbeitsbedingungen / work conditions 421
Arbeitsgerade / load line 54
Arbeitsmaschinen / working machines 276
Arbeitsmittel / work equipment 403
Arbeitsorganisation / work organization 419
Arbeitsplatzbeleuchtung / workplace lighting 357
Arbeitsschutz / health and safety at work 415

Arbeitsschutz- und Umweltschutzrecht / occupational safety and environmental legislations 412
Arbeitsschutzgesetz / Occupational Health and Safety Act 415, 422
Arbeitsschutzhelm / work safety helmet 416
Arbeitsschutzrecht / occupational health and safety legislation 412
Arbeitssicherheitsgesetz / Occupational Safety Act 422
Arbeitsstromprinzip / open circuit principle 327
Arbeitsunfall / occupational injury 414
Arbeitsverantwortlicher / nominated person in control of a work activity 411
Arbeitsverantwortlichkeiten / work responsibilities 411
AS (Ablaufsprache) / SFC (Sequential Function Chart) 256
AS-i Module / AS-i modules 265
AS-Interface / AS-Interface 265
Assoziatives Gesetz / associative law 7
Astabile Elemente / astable elements 452
Astabile Kippstufe / astable flip-flop 452
Asymmetric Digital Subscriber Line / Asymmetric Digital Subscriber Line 327
Asynchrone Steuerung / asynchronous control 126
Asynchronmotoren / asynchronous motors 282
Atomaufbau / atomic structure 21
Atomkern / atomic nucleus 21
Atommodell / atomic model 21
Atomsymbol / atomic symbol 21
Audiocodierung / audio coding 331, 380
Aufgabengröße / task size 250
Aufgelöste Darstellung / detached representation 430
Aufladung, Kondensator / charging, capacitor 38
Auflösung / resolution 153
Aufstiegshilfen / climbing aids 420
Auftragsvergabe / award of contract 390
Auftragsvergabe / award of contract 391
Ausbreitungsverzögerung / propagation delay 324
Ausbreitungswiderstand / earth electrode resistance 88, 89
Ausdehnung durch Wärme / expansion by heat 18
Ausführungswichtung / execution rating 421
Ausgangsfilter für Frequenzumrichter / output filter for frequency converters 294
Auslösebedingungen / tripping conditions 91
Auslösecharakteristiken / tripping characteristics 91
Auslöseprüfung / tripping test 202
Auslöseverhalten / tripping behaviour 91
Auslösezeit / tripping time 103
Ausphasung / phase-out 355
Ausschaltung / one-way switching 369
Ausschaltung mit Kontrolllampe / one-way switching with control lamp 369
Ausschaltvorgang / switching-off operation 38
Ausschreibung / invitation to tender 391

Sachwortverzeichnis
Index

Ausstattungsempfehlungen für elektrische Anlagen in Wohngebäuden / equipment recommendations for electrical systems in residential buildings 380
Außenleiter / phase conductor 198
Äußerer Blitzschutz / external lightning protection 196
Aussetzbetrieb / intermittent duty 275
Ausstattung in Wohngebäuden / equipment in residential rooms 104
Autogenschweißen / gas welding 123
Automationsebene / automation level 374
AWG / American Wire Gauge 162
AWL / IL (Instruction List) 256
Axialventilator / axial fan 277
Azimut / azimuth 308

B

BaAs (Basisanschluss) / Basic Access 317
Backofen / baking oven 336
BACnet / BACnet 270
BACnet / Building Automation and Control Networks 374
Bandbreite-Reichweite-Produkt / bandwidth–distance product 167
Basic Input Output System / Basic Input Output System 157
Basis / base 9, 50, 53
Basisisolierung / basic insulation 199
Basisschutz / basic electrical protection 199
Basisspannungsteiler / base voltage divider 460
Batterie / battery 181
Batterieanlagen / battery installations 216
Batteriebetrieb / battery operated 181
Batteriegestützte zentrale Sromversorgungssysteme / battery based central power supply systems 214
Batterieladeräume / battery charging locations 105
Batterietechnologie / battery technology 217
Baugröße / construction size 283
Bauleistung / design rating 187
Baum-Topologie / tree topology 159
Bauproduktenverordnung / Construction Products Regulation (CPR) 62
Bauproduktenverordnung / Construction Products Regulation 423
BauPVO / CPR 62
Baustromverteiler / distribution boards for construction sites 84, 85
Bauzeichnungen / architectural drawings 431
BBAE / Broadband Basic Access Unit 320
BD / Blu-ray Disc 156
Befähigte Person / qualified person 411
Befestigungseinrichtung / mounting device 234
Befestigungstechnik / fastening technology 119
Begleitheizung, elektrische / heat tracing, electrical 87
Behaglichkeit / comfortableness 341
Belastbarkeit von Leitungen / load carrying capacity of cables 101
Belastung im Drehstromnetz, symmetrische / load in three phase network, symmetrical 41
Belastung im Drehstromnetz, unsymmetrische / load in three phase network, asymmetrical 41

Belastungskennlinie / load curve 282
Beleuchtungsberechnung für Innenräume / calculation for indoor lighting 349
Beleuchtungsgüte / lighting quality 348
Beleuchtungsstärke / illuminance 348, 357
Beleuchtungswirkungsgrad / lighting utilisation factor 348
Bemessungs-Anschlussvermögen / rated connection capacity 122
Bemessungsdifferenzstromstärke / rated differential current intensity 92
Bemessungsfehlerstromstärke / rated differential fault current intensity 202
Bemessungsgrößen, Schaltanlagen / rated quantities, switchgear and controlgear assemblies 180
Bemessungsleistung / rated power 186
Bemessungsspannungen und Prüfspannungen für Maschinen / rated voltages and test voltages for machines 281
Bemessungsspannungen und Toleranzen von Kondensatoren / rated voltages and tolerances of capacitors 49
Bemessungsübersetzung / rating ratio 186
Benutzungshinweise / instructions for use 420
BER / Bit Error Rate 314
Bereich / area 262
Bereiche mit elektrischen Anlagen / areas with electrical installations 105
Bereiche mit elektrischen Anlagen / areas with electrical installations 106, 106
Bereichskoppler / area coupler 260
Berichte / reports 248
Berufsgenossenschaften / professional associations 240, 415
Berufskrankheit / occupational disease 414
Berührungsspannung / touch voltage 198
Berührungsstrom / touch current 238, 239
Beschaffung / procurement 392
Beschaffungskreislauf / procurement cycle 392
Beschleunigung / acceleration 16, 276, 454
Besichtigen / inspect 240
Beträge / absolute values 7
Betrieblicher Ersthelfer / in-house first aider 415
Betriebsanweisung / company instruction 414
Betriebsarten von elektrischen Maschinen / operating modes of electrical machines 275
Betriebsgründung / foundation of a company 382
Betriebsklassen / operating classes 102
Betriebssicherheitsverordnung / Industrial Safety Regulation 422
Betriebssicherheitsverordnung (BetrSichV) / ordinance on industrial safety and health 403, 415
Betriebssysteme / operating systems 157
Betriebswerte von Motoren / operating characteristics of motors 284
Betriebszeit / operating time 275
Betriebszustände bei Transformatoren / operating states of transformers 185

Bewegungs-Energiewandler / kinetic energy converter 376
Bewegungsmelder / motion detector 366, 378
BGV A1, A3, A4, A8 / Occupational Health and Safety Regulations A1, A3, A4, A8 414
BHKW – Blockheizkraftwerk / combined heat and power plant 205
Biegeradius / bending radius 58
Bildschirm- und Büroarbeitsplätze / VDU and office workplaces 417
Bildschirmarbeitsplatz / VDU workplace 417
Bildschirmdiagonale / screen diagonal 153
Bildübertragung / video transmission 377
Bildzeichen der Elektrotechnik / symbols in electrical engineering 439
Binäre Elemente / binary logic elements 443, **451, 452**
Binäre Potenzen / binary powers 9
Biometrischen Sensoren / biometric sensors 332
BIOS / Basic Input Output System 157
Bipolare Transistoren / bipolar transistors 50, 460
Bipolartransistor / bipolar transistor 53
Bistabile Elemente / bistable elements 452
Bistabile Kippstufe / bistable flip-flop 452
BKE / MCD 234
B-Komplement / binary-complement 10
BK-Rundfunk-Übertragung / broadband cable radio transmission 313
Blattformate / sheet sizes 428
Blauer Engel / blue angel 418
Blendung / glare 356
Blindarbeit / reactive energy 188
Blindleistung / reactive power 39
Blindleistungsfaktor / reactive power factor 39
Blindleistungs-Regelanlagen / power factor correction systems 189
Blindstrom / reactive current 185
Blindstrom-Kompensationsschaltungen / circuits for reactive-current compensation 188
Blindwiderstand / reactance 47
Blitzentladung / lightning discharge 194
Blitzschutz / lightning protection 210
Blitzschutzanlagen / lightning protection installations 196
Blitzschutz-Potenzialausgleich / lightning protection equipotential bonding 210
Blitzschutzzonen / lightning protection zones 197
Blitz-Schutzzonen-Konzept / lightning protection zones concept 195, 196
Blitzstromableiter / lightning arrester 195
Blockheizkraftwerk / combined heat and power plant 205
Blockschaltplan / block diagram 429
Blu-ray Disc / Blu-ray Disc 156
Bogenmaß / radian measure 453
Bohren / drilling 117
Bohrerarten / drill types 117
Bohrpressung / soil displacement 171
Boiler / boiler 335
Bolzenschubgerät / stud driving tool 119
Bonden / bonding 122
BOOT-Vorgang / boot process 157
Brandabschnitt / fire section 111
Brandbekämpfung / fire fighting 405
Brände / fires 405

Sachwortverzeichnis
Index

Brandklasse / fire class 405
Brandlast / fire load 111
Brandmeldeanlage / fire alarm system 326
Brandschutz / fire protection 111
Brandschutz / fire protection 404
Brandschutzbeauftragter / fire prevention officer 415
Brandschutzkanäle / fire protectionducts 79
Brandschutzordnung / fire protection regulation 404
Brandschutzschalter / arc fault detector 95
Brandverhütung / fire prevention 404
Breitbandkabelnetz / broadband cable network 302
Breitbandkommunikation / broadband communication 313
Bremsen / braking 276 298
Bremsen von Motoren / braking of motors 290
Bremslüfter / brake fan 290
Brennbare Hohlwände / flammable cavity walls 76
Brennstoffausnutzung / fuel utilisation 205
Brennstoffzelle / fuel cell 206
Brennweite / focal length 378
Bridge / bridge 159
Brüche / fractions 7
Brückenschaltung / bridge circuit 449
BSI-KritisV / Federal Office for Information Security – Critis Directive 424
BSS / BSS (Basic Service Set) 322
Bundesdatenschutzgesetz / Federal Data Protection Act 172
Bürde / apparent ohmic resistance 230
Bürgerliches Gesetzbuch (BGB) / civil code 391
BUS / bus 154
Busankoppler / bus coupling unit 445
Busanschlussklemme / bus connection terminal 262
Busleitungen / bus cables 262
Busmodule / bus modules 268
Busnetz / bus network 268
Busteilnehmer / bus device 260, 261, 363
Bus-Topologie / bus topology 159
Buswiderstand / bus resistor 269
Bypassbetrieb / bypass operated 181

C

Cache / cache 154
Cache, L2, L3 / Cache, L2, L3 154
CAD / Computer-Aided Design 158
CCCV / Constant Current Constant Voltage 213
CCD / CCD 378
CCD-Kamera / CCD camera 329
CCF / Common Cause Failure 148
CCTV / Closed Circuit Television 329
CCTV-Überwachungstechnik / CCTV surveillance system 329, 330
CD / CD (Compact Disc) 156
CEE-Stecker / CEE plug 346
CEE-Steckvorrichtungen / CEE – plugs, socket-outlets and couplers 347
Celsius-Temperatur / Celsius temperature 18, 462
CE-Richtlinien / CE Directives 423
Chemie, Grundlagen / chemistry, basics 21
CLS-Schnittstelle / Controllable-Local-System (CLS) interface 236, 237

CO / Central Office 170
Code I (alphanummerische Bezeichnung) / Code I (alphanumeric designation) 279
Code II (nummerische Bezeichnung) / Code II (numeric designation) 279
Codebausteine / code blocks 258
Codes elektrischer Maschinen / codes for electrical machines 273
Codierer / encoder 269, 452
Compact Disc / Compact Disc 156
Computer-Aided Design / Computer-Aided Design 158
Coulomb / Coulomb 29
CPU / CPU 154
Crest-Faktor / crest factor 230
Crimpen / crimping 73
Crimpverbindungen / crimp connections 73
CU / CU 154
CWDM / Coarse Wavelength Division Multiplexing 168

D

D0-System / D0 system 102
Dacheinführung / roof service entrance 68
Dahlander-Schaltung / Dahlander circuit 131
DALI / Digital Addressable Lighting Interface 374
Dali-Schnittstelle / Dali interface 366
Dämmschichtbildner / intumescent 76
Dämpfung / attenuation 303
Dämpfungsfaktor / loss factor 303
Dämpfungsmaß / attenuation constant 303
Darstellung in drei Ansichten / presentation in three views 428
Dateiformate / file formats 158
Datenbaustein / data block 258
Datenbus / data bus 154
Datenkabelaufbau / mechanical construction of data cables 162
Datenleitung / data cable 61
Datenschutz / data protection 172
Datensicherheit / data security 173
Datensicherung / data backup 174
Datenübertragung im Breitbandnetz / data transmission in broadband network 314
Dauerbetrieb / continuous operation 275
DB / Distributing Box, 170
DDR-RAM / Double Data Rate RAM 155
De Morgansches Gesetz / De Morgan's law 139
Deckenmontage / ceiling installation 70
Deckenstrahler / ceiling radiant heater 340
Deckenübergang / ceiling transition 80
Deckungsbeitragsrechnung / contribution accounting 394
Dehnung / strain 24
Demultiplexer / demultiplexer 141
DEMUX / demultiplexing 168
Desktop-Publishing-Programme / desktop publishing software 158
Desktopsystem / desktop system 331
Dezimalzahlen-System / decimal numbers system 10
D-Flipflop / D-flip-flop 452
DGUV-Vorschriften / German Social Accident Insurance Regulations 414
Diagnose-Deckungsgrad (DC) / diagnostic coverage degree 149

Diazed-Sicherungssystem / Diazed fuse system 102
Dichte / density 16, 20, 24
Dichtes Wellenlängen-Multiplex / dense wavelength division multiplexing 168
Dichtungsmembran / sealing membrane 77
Dielektrizitätskonstante / dielectric constant 48
Dienste / services 270
Dieselgenerator / diesel generator 182
Differenz / difference 7
Differenzstromverfahren / differential current principle 239
Differenzverstärker / differential amplifier 56
Digital Versatile Disc / Digital Versatile Disc 156
Digitale Logik / digital logic 139, 140
Digitale Schaltungen / digital circuits 141
Digitales Lichtsteuersystem / digital light control system 366
Digitaloszilloskop / digital oscilloscope 229
Digital-TV / Digital Television 304
Dimmen / dim 362
Dimmer / dimmer 363, 443
DIMM-EVG / dimm EB (Electronic Ballast) 368
Dimmschalter / dimmer switch 138
DIN EN 9001 / DIN EN 9001 401
Dioden / diodes 44, 50, **51**, 52, 441
Dipol / dipole 306
Direkte Widerstandsmessung / direct resistance measurement 226
Direktstart / direct start 288
Direktumrichter / direct converter 295
Direktumrichter / direct acting inverter 299
DiSEqC / Digital Satellite Equipment Control 307
Disjunktion / disjunction 139
DisplayPort / DisplayPort 153
Distributives Gesetz / distributive law 139, 453
Division / division 7
DOCSIS / Data over Cable Service Interface Specification 314
Domain / domain 319
Domain Name System (DNS) / Domain Name System (DNS) 319
Doppelschlussmotor / compound wound motor 280
Doppelte oder verstärkte Isolierung / double or reinforced insulation 199
Doseninstallation / round wall box installation 81
Dosenklemme / junction box terminal 74
Dotierung / doping 51
Drahtloses LAN / wireless LAN 322
Drahtwiderstände / wire wound resistors 46
Drain / Drain 53
DRAM / Dynamic RAM 155
Dreheisenmesswerk / moving-iron movement 222
Drehfeldmaschinen / polyphase machines 299
Drehmagnetmesswerk / moving-magnet movement 222
Drehmoment / torque 16 454
Drehmoment-Drehzahl-Kennlinien / torque-speed characteristics 298
Drehrichtung / rotation direction 130

465

Sachwortverzeichnis
Index

Drehspulmesswerk / moving-coil movement 222
Drehstromantriebe / a.c. drives 298
Drehstrom-Asynchronmotoren / three phase asynchronous motors 268, **282,** 461
Drehstrommotor / three phase motor 281, 284, 289, 461
Drehstromsteller / three phase a.c. power controller 295, 299
Drehstromtransformatoren / three phase transformers 185, **186,** 462
Drehstromübertragung / three-phase current transmission 40
Drehstromzähler / three phase current meter 232
Drehzahl / rotational speed 39
Drehzahlregelung / rotational speed control 250
Dreieck / triangle 12, 453
Dreieckschaltung / delta connection 41, 186, 274, 282, 458
Dreileitermessung / three wire measurement 201
Dreipunktregler / three point controller 254
Drossel / inductor 261, 438, 448
Druck / pressure 16
Druckausgleichselemente / pressure equalising elements 114
Druckfesrigkeit / compressive strength 78
Druckfeste Kapselung / pressure-proof encapsulation 204
Druckfestigkeit / compressive strength 24
Druckkammerlautsprecher / pressure chamber loudspeaker 315
DS (Distribution System) / DS (Distribution System) 322
DSLAM / Digital Subscriber Line Access Multiplexer 302, 321
D-System / D-system 102
du/dt – Drossel / dv/dt reactor 294
Dualzahlen-System / binary number system 10
Dübel / plugs 119, **120**
Dübelarten / plug types 121
Duo-Schaltung / twin-lamp circuit 188
Duplex / duplex 167
Durchflusswandler / forward converter 183
Durchgangsleistung / throughput load 187
Durchgangsprüfung / continuity test 228
Durchlassspannung / forward voltage 51, 55
Durchlassstrom / forward current 51
Durchlauferhitzer / instantaneous water heater 335, 337
Durchschleifsystem / loop-through system 313
Durchtrittskreisfrequenz / gain crossover frequency 251
Duroplaste / thermosetting plastics 26
DVB / Digital Video Broadcasting 304
DVB-C / Digital Video Broadcasting Cable 304
DVB-S / Digital Video Broadcasting Satellite 304
DVB-T / Digital Video Broadcasting Terrestrial 304
DVD / Digital Versatile Disc 156
DVI-D / DVI-D 153
DVI-I / DVI-I 153
DWDM / Dense Wavelength Division Multiplexing 168
Dynamische Fehlersuche / dynamic fault locating 228

E

EAR / WEEER 410
Echteffektivwert / true root mean square value 224
EcoDesign / ecodesign 410
ECO-Kreis 99 / ECO-circle 99   418
EDTV / EDTV (Enhanced Definition Television) 304
EEPL / EEPL (Energy Efficiency Performance Level) 219
Effektivwert / root mean square value (r.m.s.) 39, 230
Effektivwertermittlung / root mean square determination 222
Effizienzklasse / efficiency class 284, 285, 334
Effizienz-Maßnahmen / efficiency measures 219
EG-Verordnung 347/2010 / EC directive 347/2010 367
eHZ / electronic domestic electricity meters 234
EIA/TIA 568A / EIA/TIA 568A 162
EIA/TIA 568B / EIA/TIA 568B 162
Eichung / calibration 232
EIEC / EIEC (Electrical Installation Efficiency Class) 219
Eigenschaften von Werkstoffen / characteristics of materials 24, 25
Eigensicherheit / intrinsic safety 204
Einbauleuchte / recessed luminaire 80
Einbruch- und Gefahrenmeldeanlagen / intrusion and hazard alarm systems 332
Einbruchmeldeanlage / burglar alarm system 326, **328**
Einbruchmelder und Meldelinien / burglar alarm sensors and alarm lines 327
Eindeutigkeit / clearness 398
Einfache Kabeleinführungen / simple cable inlets 114
Eingabeeinheit / input unit 332
Einheiten / units 14, 15
Einheitskreis / unit circle 453
Einkabel-Quattro-LNB / single cable quattro LNB 311
Einkabel-Satelliten-Signalverteilungssystem / single coaxial cable satellite signal distribution system 311
Einmoden-Stufenfaser / single-mode step index fiber 167
Einphasentransformator / single phase transformer 37, 185
Einpuls-Mittelpunkt-Schaltung / one-pulse centre-tap connection 297
Einschaltvorgang / switching-on operation 38
Einseitige Rechtsgeschäfte / unilateral legal transactions 385
Einstufungs- und Kennzeichnungssystem für Chemikalien nach GHS / Globally Harmonised System of Classification and Labelling Chemicals 409
Einteilung der Werkstoffe / classification of materials 23
Einzelkompensation / individual compensation 188
Einzelkosten / direct costs 394
Einzelrohr / single tube 171
Einzelunternehmen / individual enterprise 383

Elastizität / elasticity 24
Elektrische Arbeit / electric work 29
Elektrische Begleitheizung / electrical heat tracing 87
Elektrische Betriebsmittel / electrical equipment 437
Elektrische Betriebsstätten / electrical operating locations 105
Elektrische Energieeffizienz / electrical energy efficiency 219
Elektrische Feldstärke / electric field strength 34
Elektrische Größen / electrical quantities 455
Elektrische Leistung / electrical power 29
Elektrische Leitfähigkeit / electrical conductivity 20, 30
Elektrischer Widerstand / electric resistance 30, 455
Elektrisches Feld / electric field 34, 457
Elektrizitätszähler / electricity meter 232, 233, 447
Elektroakustische Anlagen / electroacoustic installations 315
Elektro-Altgeräte-Register / Waste Electrical and Electronic Equipment Register 410
Elektrodynamisches Messwerk / electrodynamic movement 223
Elektrofachkraft / electrically skilled person 411
Elektrofachkraft für festgelegte Tätigkeiten / electrically skilled person for defined works 411
Elektrofahrzeuge - Ladebetriebsarten / electric vehicles - charging modes 192
Elektroherd / electric cooker 336
Elektroinstallation / electrical installation 443, 444
Elektrolyse / electrolysis 22
Elektrolyt / electrolyte 216
Elektrolyt-Kondensator / electrolytic capacitor 47
Elektromagnetische Relais / electromagnetic relays 133
Elektromagnetische Umgebungsklassen / electromagnetic environment classes 115
Elektromagnetische Verträglichkeit / Electromagnetic Compatibility (EMC) 423
Elektromagnetischen Welle / electromagnetic wave 305
Elektron / electron 21
Elektronische Antriebstechnik / electronic drive engineering 298
Elektronische Drehzahlsteuerung / electronic speed control 299
Elektronische Drehzahlsteuerung von Drehfeldmaschinen / electronic speed control of polyphase machines 299
Elektronische Haushaltszähler / electronic domestic electricity meters 234
Elektronische Relais / electronic relays 134
Elektronische Relais (ELR) / electronic relays 134
Elektronische Vorschaltgeräte - EVG / Electronic Ballasts - EB 367
Elektronische Zähler / electronic meters 232
Elektrotechnik / electrical engineering 439

Sachwortverzeichnis
Index

Elektrotechnisch unterwiesene Person / electrically instructed person 411
Elektrotechnischer Laie / electrically ordinary person 411
Elektrowärme / electro heat 462
Elevation / elevation 308
EM / EM (Efficiency Measures) 219
Emitter / emitter 50, 53
Emitterschaltung / emitter circuit 460
Emitterschaltung mit Basisspannungsteiler / emitter circuit with base voltage divider 460
Empfängermodul / receiver module 269
EMV - Elektromagnetische Verträglichkeit / EMC - electromagnetic compatibility 115
EMV und Netzsysteme / EMC and electricity supply systems 116
EMV-gerechte Kommunikationsverkabelung / EMC-compliant communication cabling 165
Encryption / encryption 174
Endoskop / endoscope 245
Endverteiler / end distribution cabinet 85
EnEG (Energieeinspargesetz) / Energy Saving Ordinance 220
Energie / energy 16, 454
Energieaufteilung / energy split-up 205
Energieautarke Funksensoren / energy self-sufficient radio sensors 376
Energieeffizienz, elektrische / energy efficiency, electrical 219
Energieeffizienzklasse / electrical installation efficiency class 219
Energieeffizienz-Leistungsmerkmale / energy efficiency performance levels 219
Energieeinsparendes Installationsmaterial / energy saving installation material 77
Energieeinsparverordnung / energy saving regulations 220
Energieerhaltung / energy conservation 16
Energie-Ernte / energie harvesting 376
Energielabel / energy label 327, 334
Energielabel für Lampen / energy label for lamps 355
Energiemanagement / energy management 260
Energieträger / energy source 176
Energieübertragung / power transmission 178
Energieumwandlung / energy conversion 177, 185
Energieversorgung mit Modulen / power supply with modules 208
Energieverteilung / energy distribution 177
Energiewirtschaftsgesetz / energy management act 234, 240
EnEV (Energieeinsparverordnung) / Energy Saving Regulations 220
Entladekurve / discharge curve 212
Entladung / discharge 38
Entsorgung / disposal 406
EPBD / Energy Performance of Buildings Directive 220
EPON / Ethernet PON 170
Erdeinführung / underground service entry 68
Erderabmessungen / earth electrode dimensions 89
Erderarten / earth electrode types 88
Erderverlegung / earth electrode installation 88

Erdkabel / underground cable 65
Erdkabelverlegung / underground cable laying 66
Erdrakete / displacement hammer 171
Erdreich / soil 66
Erdschluss / earth fault 198
Erdungsanlagen / earthing arrangements 196
Erdungstrennschalter / earthing disconnector 179
Erdungswiderstand / earthing resistance 92, 201, 240
Erdwiderstand / earth resistance 88
Ergonomie / ergonomics 417,419
Erhöhte Sicherheit / increased safety 204
Erkennen von Kunststoffen / recognising of plastics 27
Erproben / testing 240
Ersatzbeleuchtung / backup lighting 364
Ersatznetz / stand-by network 182
Ersatzstromaggregat / stand-by power generator 364
Ersatzstromerzeuger, tragbare / power generating sets, portable 86
Ersatzstromquellen / stand-by power sources 364
Erste Hilfe / first aid 193
Erstprüfung / initial test 240
Erzeuger-Pfeilsystem / producer arrow system 31
Erzeugung und Umwandlung elektrischer Energie / generation and conversion of electrical energy 448, 449
ESS / ESS (Extended Service Set) 322
ETS / ETS (Engineering Tool Software) 261
Euroklassen für Kabel und Leitungen / Euro classes for cable and cores 62
EU Ecolabel / EU Ecolabel 418
Eurostecker / Euro plug 346
EVG - Elektronische Vorschaltgeräte / EB - Electronic Ballasts 367
Exklusiv-ODER / exclusive OR 139
Experimentiereinrichtungen / experimental equipment 106
Explosionsgefahr / explosion risk 216
Explosionsgruppe / explosion group 203
Explosionskenngrößen / explosion characteristics 203
Explosionsschutz / explosion protection 203, 204

F

F/UTP Cat.5/Cat.5e / F/UTP Cat.5/Cat.5e 162
Facharbeiter/ Geselle / skilled worker/ assistant 411
Fachkraft für Arbeitssicherheit / occupational safety specialist 415
Fachunternehmer-Erklärung / specialised company declaration 211
Fahrenheit-Temperatur / Fahrenheit temperature 18
Fallbeschleunigung / gravitational acceleration 17
Falschfarbendarstellung / false colour representation 245
Fangeinrichtungen / air terminals 196
Farbart / chrominance 359
Farben für Drucktaster und Signalleuchten / colours for push-buttons and signal lamps 127

Farbkennzeichnung von Bauelementen / colour marking of components 44
Farbkennzeichnung von Widerständen / colour marking of resistors 45
Farbkurzzeichen / colour short marks 59
Farbnummer / colour number 356
Farbschlüssel / colour code 45
Farbwiedergabeindex / colour rendering index 356
FBS (Funktionsbaustein) / FBD (Function Block Diagram) 256
F-Codierung / voice encoding 316
FDDI-Steckverbinder / FDDI connector 169
Fehler am Motor / motor faults 286
Fehler bei Motoren / failures of motors 281, 287
Fehlerlichtbogen-Schutzeinrichtung / arc fault detection device 95
Fehlerschutz / fault protection 199, 200
Fehlerspannung / fault voltage 198
Fehlerströme / fault currents 92
Fehlerstromformen / residual current waveforms 94
Fehlerstrom-Schutzeinrichtung / residual current protective device 92, 94, 202
Fehlerstrom-Schutzschalter / residual current operated circuit breaker 438
Fehlerstrom-Schutzschalter - Fehlerstromformen / residual current devices – residual current waveforms 94
Fehlerstromstärke / residual current intensity 198
Fehlersuche / fault locating 227
Feinsicherungen / miniature fuses 103
Feldbus / fieldbus 264
Feldbusarten / fieldbus types 264
Feldbussysteme / fieldbus systems 264
Feldebene / field level 374
Feldeffekttransistor / field effect transistor 53
Felder / fields 457
Feldschwächbereich / field weakening area 298
Feldwicklung / field winding 280
FELV / Functional Extra Low Voltage 199
FELV / FELV 202
Fernsprecher / telephone 445
Ferritringe / ferrite rings 294
Festanschluss / permanent connection 346
Festigkeit / strength 24
Festplatte / hard disc 155
Feststellanlagen / electrically controlled hold-open systems 147
Festwertregelung / setpoint control 251
Feuchte und nasse Bereiche / damp and wet locations 105
Feuergefährdete Betriebsstätten / fire hazardous locations 95
Feuerlöscher / fire extinguishers 405
Feuerschutzabschlüsse / fire protection doors 147
Feuerwiderstandsklasse / fire resistance class 111
FI/LS-Schalter / residual current operated miniature circuit breaker 92
Fiber-To-The-Building, -Cabinet, -Home, -Node, -Premises / Fiber-To-The-Building, -Cabinet, -Home, -Node, -Premises 321
Filter / filter 342, 438
Firewall / firewall 173

Sachwortverzeichnis
Index

FI-Schutzschalter / residual current operated circuit breaker 92
Flächenberechnungen / area calculation 12
Flame Retardant / Flame Retardant 162
Flame Retardant Non Corrosive / Flame Retardant Non Corrosive 162
Flexible Isolierrohre / flexible cable conduits 70
Flexible Leitungen / flexible cables 60, 61
Flimmerschwelle / fibrillation threshold 198
Flipflop / flip-flop 140
Flüchtige Halbleiterspeicher / Volatile Semiconductor Memory 155
Flussdiagramm / flowchart 436
Flüssigkristallbildschirme / LCD monitors 153
Foiled Twisted Pair / Foiled Twisted Pair 162
Folgeregelung / follow-up control 251
Formelzeichen / formula signs 14, 15, 461
Formfaktor / form factor 230
Fotodiode / photodiode 55
Fotoelement / photosensor 55
Foto-optischer Rauchwarnmelder / photo-optical smoke alarm device 109
Fototransistor / phototransistor 55
Fotowiderstand / light dependent resistor 55
FR / Flame Retardant 162
Freilaufdiode / freewheeling diode 133
Freileitungsseil / overhead cable 65
Fremderregte Wicklung / separately excited winding 280
Fremderreger Motor / separately excited motor 280
Frequenz / frequency 39
Frequenzbänder / frequency bands 302
Frequenzbereiche / frequency ranges 305
Frequenzteiler / frequency divider 140, 449
Frequenzumrichter / frequency converter 288
Frequenzumrichter / frequency converter 292, 293
Frequenzumrichter, Ausgangsfilter / frequency converter, output filter 294
FRNC / Flame Retardant Non Corrosive 162
FSA Typ 1 / electrically controlled hold-open system type 1 147
FSA Typ 2 / electrically controlled hold-open system type 2 147
F-Stecker / F-connector 308, 312
FTTB, -C, -H, -N, -P / FTTB, -C, -H, -N, -P 321
FTTH-Netzarchitekturen / FTTH network architectures 170
Führungsgröße / reference variable 250, 251
Fundamenterder / foundation earth electrode 88, 89, 90
Funk KNX / radio KNX 260, 261, 262
Funkanlagenrichtlinie / Radio Equipment Directive (RED) 423
Funkausleuchtung / radio coverage 324
Funkentstörung / radio interference suppression 247
Funknetz / radio network 322
Funknetzplanung / radio network planning 323
Funk-Sensor / radio sensor 373

Funkstörgrad / degree of radio interference 247
Funkstörung / radio interference 247
Funksystem für die Gebäudeautomation / radio systems for building automation 375
Funksysteme, Montage / radio systems, installation 375
Funksysteme, Planung / radio systems, planning 375
Funktionen / functions 258
Funktionen und Lehrsätze / functions and theorems 11
Funktionplan / function diagram (chart) 429
Funktionsbaustein / function block 258, 436
Funktionsbausteinsprache / function block diagram 256
Funktionsbezogene Betriebsmittelkennzeichnung / function related equipment designation 437
Funktionserdung / functional earthing 210
Funktionserhalt / functional endurance 112
Funktionsklassen / function classes 102
Funktionsprüfungen / functional tests 241
Funktionsschaltplan / functional diagram 429
Funktionsschaltplan und Diagramm / functional circiut diagram and diagram 433
Funktionsstörungen / malfunctions 379
Funkuhr / radio clock 137
Fußbodenimpedanz / floor impedance 201

G

GAN / Global Area Network 159
Ganzbereichssicherungen / full range fuses 102
Ganzzahlige Vielfache / integer multiples 190
Garantie / guarantee 397
Gasdichte Zelle / valve regulated sealed cell 216
Gasturbine / gas turbine 205
Gate / gate 53
Gebäudeautomation / building automation 267, 269, 374
Gebäudeeinführung / building service entry 68
Gebäudeklassen / building classes 62
Gebäudesystemtechnik (KNX) / building system engineering 260, 261, 262
Gebäudeverkabelung / building cabling 164
Gebrauchskategorien, Schütz / utilisation categories, contactors 129
Gebrauchslage / position of use 223
Gefährdungen / hazards 422
Gefährdungsbereiche / hazard areas 198
Gefährdungsbeurteilung / Hazard Assessment 403, 422
Gefährdungsbeurteilung, Ablauf / hazard assessment, workflow 422
Gefährdungspegel / lightning protection level 196
Gefahrenklassen / hazard classes 409
Gefahrenmeldeanlage / alarm system 326
Gefahrenpiktogramme / hazard symbols 409

Gefahrstoffverordnung / hazardous substance regulation 408, 410
Gegenstrombremsung / plug braking 290
Gehäufte Leitungsverlegung / cumulated cable arrangement 99
Gehäusekennfarben / body identification colours 347
Gemeinkosten / indirect costs 394
Gemeinsame Verlegung / combined installation 79
Genauigkeit / accuracy 232
Genauigkeitsklasse / accuracy class 223
Generator / generator 182, 441
Generatorbetrieb / generator operation 298
Gepulster Läuferwiderstand / pulsed rotor resistance 299
Geräteanschluss / electrical appliance connection 346
Gerätegruppe I / class I device 203
Geräteprüfung / inspection of electrical appliances 238
Geräteschutzadapter / device protection adapter 194
Geräteschutzsicherungen / miniature fuses 103
Gerätestecker / appliance plug 346
Geräteträger / installation device carrier 77
Geräteverbindungsdose / device junction box 80
Gerüste / scaffoldings 420
Gesamtverzerrungsfaktor / total harmonic distortion factor 190
Gesamtwirkungsgrad / overall efficiency 176
Geschäftsprozesse / business processes 386
Geschäftsprozess-Organisation / business process organisation 386
Geschlossene Zelle / vented cell 216
Geschwindigkeit / speed 16
Gesellschaft mit begrenzter Haftung / private limited liability company 383
Gewährleistung / warranty 391
Gewichtskraft / force due to gravity 16, 17
Gewinde / threads 428
GHS / GHS 409
Glas / glass 28
Gleichgerichtete sinusförmige Spannung / rectified sinusoidal voltage 458
Gleichrichter / rectifier 181, 292, 295, 438
Gleichspannung / d.c. voltage 225
Gleichstromantriebe / d.c. drives 298
Gleichstrombremsung / d.c. braking 290
Gleichstrommotoren / d.c. motors 280, 461
Gleichstromsteller / d.c. chopper controller 295, 296
Gleichungen / equations 11
Gleitreibung / sliding friction 17
Glimmtemperatur / smoulder temperature 203
Global Area Network / Global Area Network 159
GM - Passive Glasbruchmelder / GBD - passive glass breakage detector 327
GPON / Gigabit PON 170
Grabensohle / trench bottom 66
Gradientenindex-Profil / graded index profile 167
Gradmaß / degree 453
GRAFCET – Ablaufsteuerungen / GRAFCET – sequential control systems 259

Sachwortverzeichnis
Index

GRAFCET-Plan / GRAFCET diagram 259
Grafiksoftware / graphics software 158
Grafische Symbole für KNX / graphical symbols for KNX 445
Greifraum / gripping space 417
Grenztemperatur / limit temperature 28
Grenzwertpegel / limiting level 247
Griechisches Alphabet / Greek alphabet 13
Grobes Wellenmultiplex / coarse wavelength division dultiplexing 168
GroE-Batterie / GroE battery 214
Größen der Mechanik / quantities in mechanics 16
Größen und Formeln der Elektrotechnik / basic quantities and formulas of electrical engineering 29
Grundbegriffe der Messtechnik / basic terms in measurement technique 223
Grundlagen der Chemie / basics in chemistry 21
Grundlast / base load 176
Grundschwingung / fundamental wave 189
Gruppenadresse / group address 261
Gruppenkompensation / group power factor compensation 188
Gruppenschaltung / group circuit 32
Gruppenschaltung / group switching 369
Gruppen-Videokonferenzsysteme / group video conference systems 331
Güteklasse / quality class 224
Gütemerkmale, lichttechnische / quality characteristics, photometric 356

H

Haftreibung / sticking friction 17
Haftung / liability 397
Halbleiter / semiconductors 441
Halbleiterbauelemente / semiconductor components 50
Halbleiterbauelemente mit Schaltverhalten / semiconductor components with switching behaviour 52
Halbleiterrelais / semiconductor relay 134
Halogenfreie Elektroinstallationsrohre / halogen-free electrical installation pipes 78
Halogenlampen / halogen lamps 362
Haltungswichtung / posture rating 421
HAN / Home Area Network 237
Handauslösetaster / manual release button 147
Handbereich / arm´s reach 199
Handfeuerlöscher / portable fire extinguishers 405
Handlungen im Notfall / actions in emergency case 146
Handwerkskammer / chamber of handicrafts 382
Hardware Fehlertoleranz (HFT) / hardware fault tolerance 149
Harmonische Schwingungen / harmonic waves 190
Härte / hardness 24
Hartlöten / hard soldering 124
Harvard-Architektur / Harvard architecture 154
Hauptaufgabe / main task 438
Haupterdungsschiene / main earthing bar 89, 195
Hauptgruppe / main group 261
Hauptlinie / main line 262
Hauptschütze / main contactors 128

Hauptverteilerschrank / main distribution cabinet 85
Hausanschluss / house service connection 66, **69**, 83
Hausanschlussverstärker / house distribution amplifier 313
Haushaltsgeräte / household appliances 444
Hauskommunikationsanlagen / domestic intercom systems 377
Hausspeicher LFP / home battery storage LFP 217
Hausspeicher, Li-ionen / home battery storage systems, Li-ion 217
Haustelefone / in-house telephones 377
HDD / Hard Disk Drive 155
HDMI / High Definition Multimedia Interface 153, 304
HDTV / High Definition Television 304
Heben / lifting 421
Heben und Tragen / lifting and carrying 421
Heißleiter / negative temperature coefficient thermistor 144, 145
Heißwassergerät / boiler 444
Heizelementschweißen / hot plate welding 123
Heizen / heating 340
Heizkabel, selbstregulierende / heat tracer, self regulating 87
Helligkeitssteuerung / brightness control 361
Hexadezimale Potenzen / hexadecimal powers 9
Hexadezimal-Zahlensystem / hexadecimal number system 10
HGÜ / high voltage d.c. transmission 178
Hilfsschütze / auxiliary contactors 128
Hinweisbeleuchtung / sign illumination. 365
HIPER LAN (High Performance LAN) / HIPER LAN (High Performance LAN) 322
Hochlaufkennlinien / start-up characteristics 282
Hochpass / high-pass 449
Hochsetzsteller / boost converter 183, 296
Hochspannungsebene / high voltage level 177
Hochspannungs-Gleichstromübertragung / high voltage d.c. transmission 178
Hochspannungsleitung / high voltage line 178
Hochspannungsprüfung (Isolationsfestigkeit) / high voltage test (insulation resistance) 241
Hochspannungsübertragung / high voltage transmission 178
Höchstzulässige Berührungsspannung / maximum permissible touch voltage 198
Hochtemperaturzellen / high-temperature cells 206
Hohlwandarten / cavity wall types 76
Hohlwanddosen / cavity wall boxes 76
Hörer / earpiece 439
Horizontale Schlitze / horizontal grooves 75
Hornlautsprecher / horn speaker 315
Hydraulik / hydraulics 454

I

I/O Unit / I/O Unit 154
I_0-Strecke / I_0-controlled system 252

IAE / ISDN Access Unit 318
IBSS / IBSS (Independent BSS) 322
IC-Code / IC-Code 273
Identifikationsmerkmale / identification characteristics 332
IEC-Stecker / IEC connector 312
IEEE 1284 / IEEE 1284 160
IEEE802.11 / IEEE802.11 322
IGBT / Insulated-Gate Bipolar Transistor 53
IK-Code / IK-Code 273
ILCO-System / ILCO system 353
IM-Codes / IM-Codes 273
Impulsantwort / impulse response 251
Impulsform / pulse shape 458
Impulsverformung / pulse deformation 458
iMSys / intelligent Metering System 237
Inbetriebnahme / putting into operation 293
Induktion / induction 35
Induktion der Bewegung / motional e.m.f. 37
Induktion der Ruhe / induced e.m.f. 37
Induktionsspannung / induced voltage 37
Induktionszähler / induction meter 232
Induktive Sensoren / inductive sensors 143
Induktiver Blindwiderstand / inductive reactance 459
Induktivität / inductance 38, 457
Induktivität / inductor 441
Induktivität der Spule / coil inductance 36
Inertisierung / inertisation 203
Informationsverarbeitung / information processing 436
Infrarotdetektoren / infrared sensors 245
Infrarotkamera / infrared camera 245
Infrarot-Sensor / infrared sensor 366
Infrastructure-Betrieb / infrastructure mode 322
infrastrukturelle Objekte / infra-structural objects 437
Initialschritt / initial step 259
Injektionsdübel / injection anchors 119
Innenwiderstand / internal resistance 33
Inspektion / inspection 242, 245
Inspektionsgeräte / inspection devices 245
Installation in Beton / installation in concrete 80
Installation in Hohlwänden / installation in cavity walls 76
Installationsbereiche / installation areas 105, 106, 107
Installationsbus / installation bus 260
Installationsbussystem / installation bus system 268
Installationsdosen / junction boxes 74
Installationskanäle / cable trunking systems 79
Installationsplan / installation plan 429, 435
Installationsrohre / conduit systems for cable management 78
Installationsschaltplan / installation circuit plan 429
Installationsschaltungen mit Lampen / installation circuits with lamps 369, 370
Installationszonen / installation zones 82

469

Sachwortverzeichnis
Index

Installieren von Leitungen / installation of cables 70, 71
Instandhaltung / maintenance 242
Instandsetzung / repair 242
Insulated Gate Bipolar Transistor (IGBT) / Insulated Gate Bipolar Transistor (IGBT) 441
Integrierzeit / integral action time 252
Intelligente Messsysteme / intelligent metering systems 237
Internationale Prüfzeichen / international test marks 246
Internationales Recht / international law 412
Internet Service Provider / Internet Service Provider 319
Internetprotokoll TCP/IP / internet protocol TCP/IP 319
Internetzugang / internet access 319
Ionisations- Rauchwarnmelder / ionisation smoke alarm devices 109
IP-Adresse / IP address 319
IP-CCTV / IP CCTV 330
IP-Code / IP-Code 273
IP-Schutzarten / IP protection classes 113, 274
ISDN-Anschlüsse / ISDN connections 317
ISDN-Dienste / ISDN services 317
ISDN-NTBA / ISDN-NTBA 317
Isolationsüberwachung / insulation monitoring 108
Isolationsüberwachung / insulation monitoring 200
Isolationsüberwachungseinrichtung / insulation monitoring device 200
Isolationswächter / insulation monitoring devices 108
Isolationswiderstand / insulation resistance 108, 201, 238, 239, 240
Isolationswiderstandsprüfung / insulation resistance test 241
Isolierende Handschuhe / insulating gloves 416
Isolierstoffe aus Keramik bzw. Glas / ceramic or glass insulating materials 28
Isolierstoffklassen / insulation classes 28
Isolierte Leitungen / insulated cables 59, 60
ISP / Internet Service Provider 319
I-Strecke / I-controlled system 252
IT_1-Strecke / IT_1-controlled system 252
IT-System / IT system 182, 184, 198, 200
IT_t-Strecke / IT_t-controlled system 252
ITU-Grid / ITU-Grid 168

J
Jahreswirkungsgrad / annual efficiency 185
JK-Flipflop / JK-flip-flop 452

K
Kabel / cables 63, 65
Kabelarten / cable types 65
Kabelauslegung / cable laying 163
Kabeleinführungen / cable inlets 114
Kabel-Endverschluss / cable termination 67
Kabelfehler / cable fault 244
Kabelführung / cable routing 325
Kabelführungssysteme / cable routing systems 165
Kabelgarnituren / cable joints 67
Kabelgraben / cable trench 66
Kabelintegrierte Steuerungs- und Schutzeinrichtung / cable control and protective device 192
Kabelmodem / cable modem 302
Kabelplan / cable plan 429
Kabelpritschen / cable ladders 71
Kabelrinne / cable tray 71
Kabelschuhe / cable lugs 64
Kabelverschraubungen / cable glands 114
Käfigläufer-Motor / squirrel cage motor 132
Kalkulation / calculation 394
Kaltleiter / positive temperature coefficient thermistor 144, 145
Kamera / camera 378
Kanalbreite / channel width 313
Kanalquerschnitt / duct cross section 79
Kapazität / capacitance 34, 457
Kapazitive Sensoren / capacitive sensors 143
Kapazitiver Blindwiderstand / capacitive reactance 459
Kapitalgesellschaft / corporation 383
Kartesisches Koordinatensystem / Cartesian coordinate system 427
Katode / cathode 51
Kaufvertrag / sales contract 385
Kelvin-Temperatur / Kelvin temperature 18
Kenndaten / characteristic values 213
Kenndaten von Kondensatoren / characteristic data of capacitors 48
Kennfarben von Leitern / conductor colour codes 59
Kennzeichen / qualifying symbols 440
Kennzeichen für Bauformen / classification codes for construction types 279
Kennzeichnung von elektrischen Betriebsmitteln / designation of electrical equipment 437, 438
Kennzeichnung von Kondensatoren / designation of capacitors 45
Kennzeichnung von Leuchten / marking of luminaires 354
Kennzeichnung von Widerständen / designation of resistors 45
Keramik / ceramic 28
Keramik-Kondensator / ceramic capacitors 48
Kernfrequenzen / core frequencies 313
Kernprozesse / core processes 386
Kipp-Schaltungen / flip-flop circuits 140
Kirchhoffsches Gesetz / Kirchhoff's law 31
Klassifizierungscode / classification code 78
Kleinsteuerungen / compact controllers 135, 136
Kleinverteiler / small distribution boards 84
Klimakleinanlagen / small air-conditioning systems 343
Klimatisierung / air-conditioning 341
Klingelanlage / bell system 377
Knickschutz / bend protection 346
KNX / KNX 260
Koaxialkabel und Steckverbinder / coaxial cables and connectors 312
Kochendwassergerät / boiling water heater 335
Kochzonen / cooking zones 336
Kollektor / collector 50, 53
Kombi-Ableiter / combi arrester 195
Kombinierte Verteiler / combined distribution boards 84
Kommunikations-Modi / communication modes 236
Kommunikationsprotokoll / communication protocol 270
Kommutatives Gesetz / commutative law 7, 139, 453
Komparator / comparator 452
Kompensation / compensation 49, 188
Kompensationsanlagen / compensation systems 189
Kompensationswicklung / compensating field winding 280
Komplementbildung / complementation 10
Komplexe Zahlen / complex numbers 453
Kondensationskraftwerk / condensation power station 205
Kondensationstrockner / condenser dryer 339
Kondensator / capacitor 34, 38, 189, 438
Kondensatoren / capacitors 47
Kondensatoren zum Betrieb von Entladungslampen / capacitors for operation of discharge lamps 49
Konduktives Laden / conductive charging 192
Konjunktion / conjunction 139
Konstantleistungs-Heizkabel / constant wattage heat tracer 87
Kontaktbelegung Endgerät / contact layout terminal device 162
Kontakte / contacts 443
Kontakteinrichtung / contact device 234
Kontaktplan / ladder diagram 256, 436
Konturenstecker / contour plug 346
Konventionelle Vorschaltgeräte – KVG / Conventional Ballasts – CB 367
KOP / LD (Ladder Diagram) 256
Körperberechnungen / solid model calculation 12
Körperhaltung / posture 421
Körperwiderstand / body resistance 198
Korrosionsschutzmaßnahmen / corrosion protection measures 22
Kosten / costs 394
Kraft zwischen stromdurchflossenen Leitern / force between current carrying conductors 36
Kräfte / forces 16, 17, 454
Kraftstoffversorgung / fuel supply 182
Kraft-Wärme-Kopplung / combined heat and power 205
Kraftwerke / power plants 176
Kreis / circle 12
Kreisbewegung / circular motion 16, 454
Kreisfrequenz / angular frequency 39
Kreislaufwirtschaft / recirculation of materials 407
Kreisring / annulus 12
Kreuzschaltung / intermediate switching 370
Kritische Infrastrukturen - KRITIS / Critical Infrastructures - CRITIS 424
Kronenkopf / crowned head 171
Kühlschrank / refrigerator 338
Kundengespräch / customer conversation 388
Kunststoffe / plastics 26
Kupferdatenkabel / copper data cable 163
Kurzschluss / short-circuit 216

Sachwortverzeichnis
Index

Kurzschlussläufer / squirrel-cage motor 282
Kurzschlussschutz / short-circuit protection 91
Kurzschlussstromstärke / short-circuit current intensity 198
Kurzzeichen in Zelltypen / letter symbols in cell types 217
Kurzzeitbetrieb / short-time operation 275
KVG - Konventionelle Vorschaltgeräte / CB - Conventional Ballasts 367

L

Lade- / Entladecharakteristik / charging / discharging characteristic 213
Ladebetriebsarten, Elektrofahrzeuge / charging modes, electric vehicles 192
Ladefaktor / charging factor 215
Ladekennlinien von Akkumulatoren / charging characteristics of accumulators 215
Ladeprinzip / charging principle 213
Ladespannung / charging voltage 215
Ladestationen / battery charging stations 218
Ladestecker / charging plug 192
Ladestromstärke / charging current 215
Ladewirkungsgrad / charging efficiency factor 215
Ladezeit / charging time 215
Ladung / charge 29
Lampenbezeichnungen / lamp designations 353
Lampenwerte / lamp values 351
LAN / Local Area Network 159
Landwirtschaftliche und gartenbauliche Betriebsstätten / agricultural and horticultural locations 106
Längenausdehnungskoeffizient / linear expansion coefficient 18, 25
Lastaufnahmemittel / lifting accessory 272
Lasten / loads 421
Lastenheft / requirement specification 398
Lastschaltbox / load switching box 236
Lastschalter / load switch 179
Lastschütze / load contactors 128
Lasttrennschalter / load disconnector 177, 443
Lastwichtung / load rating 421
Läuferanlasser / rotor starter 289
Laufzeit / propagation time 244
Lautsprecher / loudspeaker 438
LCD / Liquid Crystal Display 153
LCN – Local Control Network / LCN – Local Control Network 268
LDR, Fotowiderstand / LDR, Light Dependant Resistor 55
LDTV / LDTV (Low Definition Television) 304
Leasing / leasing 384
LED, Lumineszenzdiode / LED, Light-Emitting-Diode 55
LED-Ansteuerung / LED control 360
LED-Lampe / LED lamp 360
LED-Leuchtmittel / LED illuminants 359, 360
LEDOTRON / LEDOTRON 361
LEDOTRON Lampentypen / LEDOTRON lamp types 361
LED-Spektren / LED spectra 359
LED-Straßenbeleuchtung / LED street illumination 360

Leerrohre / empty conduit 171
Leerschalter / off-load switch 179
Leistung / power 16, 231, 454
Leistungs- und Leistungsfaktormessung / power- and power factor measurement 231
Leistungsanpassung / power matching 33
Leistungserklärung / declaration of performance 22
Leistungskennlinien / power characteristic curves 207
Leistungskurve / performance curve 419
Leistungsmessung / power measurement 232
Leistungsregelung / power control 207
Leistungsschalter / power circuit breaker 179, 438
Leistungsschilder / rating plates 274
Leistungsschütze / power contactors 128
Leistungsselbstschalter / automatic power circuit breaker 179
Leistungstrennschalter / non-automatic circuit breaker 179
Leiter / conductor 438
Leiterart / conductor type 59
Leitern / ladders 420
Leiterquerschnitt / conductor cross section 58
Leitungen / cores 59
Leitungen / wires and cables 60, **61**
Leitungen und Verbinder / cables and connecting devices 442
Leitungsanschlüsse / cable connections 74
Leitungsauswahl / cable selection 58
Leitungsbearbeitung / cable handling 72, 73
Leitungseinführung / cable gland 346
Leitungsführung / cable routing 82
Leitungskennzeichnung / cable designation code 59
Leitungslänge / cable length 268
Leitungsmaterial / conductor material 20
Leitungsortung / cable detection 243
Leitungsschutz-Schalter / circuit breaker 91, 438
Leitungsschutz-Sicherungen / fuses 103
Leitungsverbindungen / cable connections 74
Leitungsverlegung / cable installation 82
Leitwert / conductance 29
LEMP / Lightning Electromagnetic Pulse 197
Leuchtdichte / luminance 348
Leuchtdiode / light emitting diode 441
Leuchten / luminaires 358
Leuchten / luminaires 438
Leuchten-Betriebswirkungsgrad / luminaires operating efficiency 348
Leuchtenklemme / luminaire terminal 74
Lichtausbeute / luminous efficacy 348
Lichtbogenschweißen / arc welding 123
Licht-Energiewandler / light energy converter 376
Lichtfarben / luminous colours 352, 356
Lichtgrößen / lighting quantities 348
Lichtgütemerkmale / light quality characteristics 356
Lichtschranke / light barrier 445
Lichtstärke / luminous intensity 348
Lichtstärkeverteilungskurven / luminous intensity distribution curves 350

Lichtsteuersysteme / light control systems 366
Lichtstrom / luminous flux 348
Lichtstrom-Richtwerte / light flux reference values 355
Lichtwellenleiter / fiber optic cable 166, 167, 169, 450
Lichtwellenleiterdatenkabel / fiber optic data cable 163
Lichtwellenleiter-Montage / fiber optic cable assembly 169
Lichtwellenleitersensor / fibre optic sensor 110
Lineare Wärmemelder / linear heat detector 110
Linien / lines 262
Liniendiagramme / line diagrams 427
Linienkoppler / line coupler 261
Linux / Linux 157
Lithium Ionen Akkumulator / lithium-ion battery 213
Lithium-Ionen Hausspeicher / Lithium-Ion Home Battery Storage Systems 217
Lithium-Zellen / lithium cells 212
LMN / Local Metrological Network 237
LNB / Low Noise Block converter 308
LNB / Low Noise Block converter 310
Local Area Network / Local Area Network 159
Local Operating Network (LON) / Local Operating Network (LON) 267
Logarithmieren / take the logarithm 9, 453
Logarithmische Teilung / logarithmic scale 9
Logarithmus / logarithm 9
Logische Verknüpfungen / logic operations 139
Lokale Variable / local variable 258
LON / Local Operating Network 374
LON – Local Operating Network / LON – Local Operating Network 267
LONTalk / LONTalk 267
LONWORKS / LONWORKS 267
Losbrechmoment / breakaway torque 276
Loslassschwelle / let-go current 198
Löten / soldering 124
Low Smoke Zero Halogen / Low Smoke Zero Halogen 162
LPL / Lightning Protection Level 196
LPZ / Lightning Protection Zone 197
LSOH / Low Smoke Zero Halogen 162
LS-Schalter / circuit breaker 91, 92
Luftdichte Hohlwanddose / airtight cavity wall box 77
Luftdichtheit / air tightness 77
Luftdichtungsmanschette / airtight sleeve 77
Lüftung / ventilation 218
Luftwechselrate / air exchange rate 277
Lumineszenzdiode / luminescent diode 55
LWL-Erdverlegung / FO direct burial 171
LWL-Steckverbinder / fiber optic connector 167

M

MacOS / MacOS 157
Magnetische Auslösung / magnetic tripping 91
Magnetische Feldkonstante / magnetic field constant 35, 36

Sachwortverzeichnis
Index

Magnetische Feldstärke / magnetic field strength 35
Magnetische Flussdichte / magnetic flux density 35
Magnetischer Kreis / magnetic circuit 35, 457
Magnetischer Widerstand / magnetic reluctance 35
Magnetisches Feld / magnetic field 35, 36, 457
Magnetisierungskennlinie / magnetisation characteristic 35
Mahnung / reminder 395
Mahnverfahren / dunning procedure 395
Mahnwesen / dunning procedure 395
MAN / Metropolitan Area Network 159
Managementebene / management level 374
Managementprozesse / management processes 386
Mängel und Haftung / defects and liability 397
Mantelleitung / light plastic sheathed cable 60
Maschenerder / mesh earth electrode 88
Maschennetz / mesh network 177
Maschenregel / mesh rule 456
Maschen-Topologie / mesh topology 159
Maschinen / machines 272, 448
Maschinenarten / machine types 448
Maschinenrichtlinie / machinery directive 272
Maschinenverordnung / machinery ordinance 272
Masse / mass 16
Masttypen / pole types 178
Mathematik / mathematics 453
Maximalwerte / maximum values 39
Maximum Power Point / Maximum Power Point 208
M-Bus / Meter bus 235
MCU / Multipoint Control Unit 331
Mechanik / mechanics 454
Mechanische Lüftung / mechanical ventilation 342
Mechanische Stellteile / mechanical actuators 440
Medienkonverter / media converter 159
Medizinisch genutzte Bereiche / medical used locations 106
Mehrelement-Antenne / multi-element antenna 306
Mehrmoden-Gradientenfaser / multi-mode graded index fiber 167
Mehrmoden-Stufenfaser / multi-mode step index fiber 167
Mehrseitige Rechtsgeschäfte / multilateral legal transactions 385
Mehrsparteneinführung / multi-branch service entrance 68
Mehrwegausbreitung / multi-path propagation 324
Mehrzweckleiter / universal ladder 420
Melde- und Signaleinrichtungen / alarm- and signalling devices 445
Meldeeinrichtung / fire detection device 404
Meldeeinrichtung / alarm device 445
Meldelinien / alarm lines 327
Mengenlehre / set theory 6
MER / Modulation Error Ratio 314
Merker / flag 256
Messbereichserweiterung / measuring range extension 32, 456

Messbrücken / measuring bridges 226
Messeinrichtungen / measuring instruments 447
Messen / measurement (measuring) 225, 240
Messen elektrischer Grundgrößen / measuring of electrical quantities 225
Messen elektrischer Widerstände / measuring of electrical resistors 226
Messfehler / measuring error 224
Messgenauigkeit / measurement accuracy 224
Messgerät / measuring device 447
Messgeräteklassifizierung / classification of measuring instruments 222
Messgröße / measured quantity 223
Messkreiskategorie / measuring category 222
Messprinzip / measuring principle 223
Messrelais / measuring relay 447
Messschaltung / measuring circuit 202, 225, 239
Messschaltungen zur Geräteprüfung / measuring circuits for test of electrical devices 239
Messstellenbetriebsgesetz (MsBG) / metering point operation act 237
Messverfahren / measurement methods 223
Messwandler / instrument transformer 230
Messwerke / measuring movements 223
Messwert / measured value 223, 224
Messwertanalyse / measured value analysis 191
Messwertdarstellung / measured value representation 191
Messwerterfassung / measured value acquisition 191
Metallene Kanäle / metallic ducts 79
Metallisierte Kunststoffkondensatoren / metalized film capacitors 48
Metallpapier-Gleichspannungskondensator / metalized paper d.c. capacitor 48
Metropolitan Area Network / Metropolitan Area Network 159
Mikrofon / microphone 439
Mikrorohr / micro tube 171
Mikrowellengerät / microwave oven 337
Mindestrennabstand / minimum separation distance 163
Mindestzündtemperatur / minimum ignition temperature 203
MindMap / MindMap 389
Mini-Bus / mini bus 235
Mischspannungen / pulsating voltages 230
Mischströme / pulsating currents 230
Mischungsvorgänge / mixture processes 18
Mittelgruppe / middle group 261
Mittellast / intermediate load 176
Mittelspannungskabel / medium voltage cable 65
MK - Magnetkontakte / MC - Magnetic Contacts 327
Mobilfunksysteme / mobile radio systems 305
Moden / modes 167
Modulator / modulator 449
Momentanwerte / instantaneous values 39
Monostabile Elemente / monostable elements 452

Monostabile Kippstufe / monostable flip-flop 452
Montage von Satelliten-Antennen / installation of satellite antennas 308
Motor / motor 273
Motorarten / motor types 280
Motorbetrieb / motor operation 298
Motoren mit Flansch und Durchgangslöchern / motors with flange and through holes 279
Motoren mit Flansch und Gewindebohrungen / motors with flange and tapped holes 279
Motoren mit Füßen / motors with feet 279
Motor-Energieeffizienzklassen / motor energy efficiency classes 285
Motorschutz / motor protection 286
Motorschutzrelais / motor protective relay 286
Motorschutzschalter / motor protective switch 286, 446
Motorvollschutz / motor full protection 286
MP-Bus / Multi Point Bus 374
MPP - Maximum Power Point / MPP - Maximum Power Point 55, 208
MsBG / metering point operation act 237
MSN / Multiple Subscriber Number 317
Muffe / cable joint 67
Multifunktionsschaltgeräte / multi-function switchgears 138
Multimedia-Netze / multimedia networks 302
Multimeter / multimeter 222
Multimode / multi-mode 167
Multiplexer / multiplexer 141
Multiplikation / multiplication 7
Multischalter / multiswitch 310
Multischalter für den Satellitenempfang / multiswitch for satellite reception 310
Multitasking / multitasking 157
Multithreading / multithreading 157
Multiusing / multiusing 157
Muttern / nuts 118
MUX / multiplexing 168
M-Verschraubungen / M-glands 114

N

Nachortung / detailed locating 244
Nachrichtentechnik / communication engineering 449, 450
Nachstellzeit / integral action time 253
Nachtspeicherheizung / night-storage heating 340
NAND / NAND 451
NAND-Verknüpfung / NAND operation 139
Nationale Prüfzeichen / national test marks 246
Natürliche Lüftung / natural ventilation 218
N-Codierung / non-voice encoding 316
Nebenschlussmotor / shunt-wound motor 280
Nebenschlussverhalten / shunt characteristic behaviour 280
Negation / negation 139
Neozed-Sicherungssystem / Neozed fuse system 102
Netzarten / network types 177
Netzauslegung / network design 235
Netzbetrieb / mains operated 181
Netzebene / network level 313

Sachwortverzeichnis
Index

Netzeinteilung / network classification 319
Netzersatzanlagen / Stand-by generating systems 182
Netzformen / network types 177
Netzgeführte Stromrichter / line-commutated converters 297
Netzstruktur / network structure 262
Netztafeln / grid tables 427
Netztransformator / power transformer 187
Netzvorrangschaltung / mains priority circuit 364
Netzwerkadresse / network address 319
Netzwerkknoten / network node 267
Netzwerkverkabelung / network cabling 163
Neuron-Chip / Neuron chip 267
Neutralleiter / neutral conductor 198
Neutron / neutron 21
NH-Sicherungsaufsteckgriff / low voltage fuse puller 416
NH-Sicherungssysteme / low voltage high breaking capacity fuse systems 102
Nicht brennbare Hohlwände / non-flammable cavity walls 76
Nicht leitende Umgebung / non-conducting area 199
NICHT-Element / NOT element 451
Nicht-Rechtzeitig-Leistung / delayed performance 396
Nichttragende Wand / non-bearing wall 75
Niederspannungsebene / low voltage level 177
Niederspannungskabel / low voltage cable 65
Niederspannungsschaltanlagen / low voltage switchgear and controlgear assemblies 180
Niederspannungs-Sicherung / low voltage fuse 102
Niedertemperaturzellen / low-temperature cells 206
Niedervoltanlagen / low voltage installations 362, 363
Normalnetz / standard power system 182
Normauswertungsdiagramm / standard evaluation diagram 191
Normierte Achse / normalized axis 427
Normspannungen / standard voltages 30
Normung / standardisation 426
Not-Aus / emergency stop 146
Notfall / emergency 413
Notfall-Rettungskette / emergency rescue chain 413
Notfallsituation / emergency situation 193
Notstromaggregat / emergency power generator 364
NPN / NPN 50
NTBA / Network Termination for ISDN Basic Access 317, 318
NTC-Widerstand / negative temperature coefficient resistor 144
NTPRMA / Network Termination for ISDN-Primary Rate Access 317
Nullspannungsschalter / zero voltage switch 295
Nutzbremsung / regenerative braking 290
Nutzsignalpegel / desired signal level 313
NV-Lampen / LV-lamps 363

O

Oberflächenerder / upper earth electrode 88
Oberschwingungen / harmonics 99, 116, 189, **190**
Oberschwingungsspannungen / harmonic voltages 190
Oberschwingungsströme / harmonic currents 190
Objekteigenschaften / object features 270
Objektklassifizierung / object classification 437
ODER-Element / OR element 451
ODER-Verknüpfung / OR operation 139
OFDM / Orthogonal Frequency-Division Multiplexing 314
OFDM-Zeitfunktion / OFDM time function 314
OGiV-Batterie / OGiV battery 214
Ohm / Ohm 29
Ohmsches Gesetz / Ohm's law 29
Ökodesign Richtlinie / Ecodesign Requirements for Energy-Related Products 423, 359, 410
Ölkapselung / oil immersion 204
OLT / Optical Line Terminal 170
Online-Provider / online provider 319
ONT / Optical Network Termination 170
Operationsverstärker / operational amplifier 56, 452
Optische Bänder / optical bands 168
Optische Datenspeicher / optical data storages 156
Optische Fenster / optical window 167
Optische Strahlung / optical radiation 204
Optoelektronische Bauelemente / optoelectronic components 55
Optokoppler / optocoupler 55, 441
OPZ-Batterie / OPZ battery 214
Ordinate / ordinate 427
Organisationsbaustein / organisational block 258
Organisatorische Maßnahme / organizational measure 324
Ortbeton / in-situ concrete 80
Ortsbezogene Betriebsmittelkennzeichnung / location oriented equipment designation 437
Ortsnetzstation / secondary substation 177
Oszilloskop / oscilloscope 229, 439

P

P_0-Strecke / P_0-controlled system 252
P2MP / Point to Multipoint 170
P2P / Point to Point 170
Papierkondensator / paper capacitor 48
Parabolantenne / parabolic antenna 444
Parallele Fehlerlichtbögen / parallel arc faults 95
Parallelogramm / parallelogram 12
Parallelschaltung / parallel connection 31
Parallelschaltung von Kondensatoren / parallel connection of capacitors 34
Parallelschaltung von Spulen / parallel connection of coils 36
Partition / partition 155
Passive Bauelemente / passive components 441
Passive Filter / passive filters 116
Passive Sensoren / passive sensors 142

PC-Komponenten und -Anschlüsse / PC components and connectors 152
PC-Netze / PC-networks 159
PDCA-Zyklus / / Plan-Do-Check-Act cycle 400
PD-Regler / PD-controller 253
Pegel / level 303
Pegelplan / level diagram 303
PELV / PELV 199
PEMFC / PEMFC 206
PEN-Leiter / PEN conductor 198
PER / Package Error Rate 314
Periodendauer / cycle time 39
Periodensystem / periodic system 19
Permittivitätszahl / relative permittivity 48
Personengesellschaft / business partnership 383
Persönliche Schutzausrüstung / personal protective equipment 416
Pflegezimmer / nursing room 379
Pflichtenheft / system specification 398
Pg-Kennzeichnung / Pg-designation 114
Phasenanschnittsteuerung / leading-edge phase control 295, 300
Phasenreserve / phase margin 251
Photovoltaik / photovoltaics 208, 209
Photovoltaik-Module / photovoltaic modules 209
Photozelle / photocell 441
Physikalische Adresse / physical address 261
Physikalische Einheiten / physical units 13
Physikalische Gleichung / physical equation 13
Physikalische Größen / physical quantities 13
Piezo-Effekt / piezo effect 255
PIR / PIR 378
PIR - Passiv-IR-Bewegungsmelder / PIR - Passive-IR-motion detector 378
PI-Regler / PI-controller 253
Pixel-Grafiken / pixel graphics 158
PL – Performance Level / PL – Performance Level 148, 149
Pläne der Elektrotechnik / plans in electrical engineering 429
Plastizität / plasticity 24
PNP / PNP 50
PN-Übergang / PN-junction 51
Polarkoordinaten / polar coordinates 427
Polpaarzahl / number of pole pairs 39
Polumschaltbarer Drehstrommotor / pole-changing three phase motor 131
PON / Passive Optical Network 170
Portal / portal 322
POS / Power On Self-Test 157
Potenzen / powers 8, 9, 453
Potenzialausgleich in PV-Anlagen / equipotential bonding in PV installations 210
Potenzialausgleich und Erdung für Kabelnetze und Antennen / equipotential bonding and grounding for cable networks and antennas 309
Potenzieren / raise to a power 8, 453
POTS / Plain Old Telephone Service 320
Power On Self-Test / Power On Self-Test 157
Powernet KNX / Powernet KNX 263
Präsentation / presentation 389
Präsentationsregeln / presentation rules 389

Sachwortverzeichnis
Index

PRCD-S / Portable Residual Current Device - Safety 85
P-Regler / P-controller 253
Preisangaben / price indications 393
Preise / prices 393
Preisgestaltung / pricing 393
Prellzeit, Schütz / bouncing time, contactor 129
Pressformen / pressing styles 63
Pre-Trigger / pre-trigger 229
Primärbatterien / primary (galvanic) batteries 212
Primärbereich / primary area 164
Primärmultiplexanschluss / primary multiplex access 317
Prisma / prism 12
Produkt / product 7
Produktionsbezogene Betriebsmittelkennzeichnung / production oriented equipment designation 437
Produktionsbezogene Struktur / production oriented structure 437
PROFIBUS / Process Field Bus 257, 266
Profibus-DP, -FMS, -PA / Profibus-DP, -FMS, -PA 266
Profilschiene / DIN rail 257
PROFIsafe / PROFIsafe 266
Programmiersprachen / programming languages 11, 256
Programmspeicher / program memory 256
Programmstrukturen / program structures 258
Programmzyklus / program cycle 258
Projektmanagement / project management 399
Projektphasen / project phases 399
Proportional-Beiwert / proportional action coefficient 252
Protokolle / reports 248
Proton / proton 21
Prozentrechnung / calculation of percentages 11
Prozessmodell DIN ISO 9001 / process model DIN ISO 9001 400
Prozessorarchitektur / processor architecture 154
Prozessorientierung / process orientation 386
Prüfen von Maschinen / testing of machines 241
Prüffristen / inspection periods 240, 241
Prüfgeräte / test devices 241
Prüfprotokoll / test report 248
Prüfsiegel / test marks 418
Prüftaste / test button 202
Prüfung / test, inspection 403
Prüfung von Schutzmaßnahmen / checking of protective measures 201
Prüfungen in Anlagen mit Fehlerstrom-Schutzeinrichtung / tests in installations with RCD 202
Prüfzeichen / test mark 246
Prüfzeichen an elektrischen Betriebsmitteln / test marks on electrical equipment 246
PSA / PPE (Personal Protective Equipment) 416
P-Strecke / P- controlled system 252
PT_1-Strecke / PT_1-controlled system 252
PT_2-Strecke / PT_2-controlled system 252
PTC-Widerstand / PTC resistor 144
PT_t-T_1-Strecke / PT_t-T_1-controlled system 252

Pulsbreitensteuerung / pulse width control 296
Pulsfolgesteuerung / pulse frequency control 296
Pulsumrichter / pulse-controlled a.c. converter 295, 299
Punkt-zu-Mehrpunkt Verbindung / point-to-multipoint connection 323
Punkt-zu-Punkt Verbindung / point-to-point connection 323
PV-Anlagenpass / PV system passport 211
PV-Module-Montage / PV modules installtion 209
PV-Speicherpass / PV storage passport 211
Pyramide / pyramid 12
Pyrometerbauarten / pyrometer types 245
Pythagoras / Pythagoras 453

Q
QAM / Quadrature Amplitude Modulation 314
QM - Qualitätsmanagement / quality management 400
Quadrat / square 12
Quads / quads 330
Qualitätsziele / quality objectives 401
Quality Office / Quality Office 418
Querstromventilator / tangential fan 277
Quetschkabelschuhe / compression cable lugs 63
Quotient / quotient 7

R
Radialventilator / radial fan 277
Radizieren / extract the root 8
RAID / Redundant Array of Independent Disks 173
RAM / Random Access Memory 155
Rastergrafiken / pixel graphics 158
Rastersystem / grid system 83
Rauchkammer / smoke chamber 109
Rauchmelderanordnung / smoke detector arrangement 147
Rauchschutzabschlüsse / smoke protection doors 147
Rauchwarnmelder / smoke alarm devices 109
Räume mit Badewanne oder Dusche / rooms with bathtub or shower 107
Raumindex / room index 349, 350
Raumlüftung / room ventilation 341
Raumwirkungsgrad / room efficiency 348, 350
Raute / rhombus 12
RC- und RL-Schaltungen / RC- and RL-circuits 459
RCD - Residual-Current Protective Device / Residual-Current Protective Device 92, 93
RCD-Anschluss / RCD connection 93
RCL-Schaltungen / RCL circuits 459
RC-Schaltung / RC circuit 457, 459
REACH / Registration, Evaluation, Authorisation and Restriction of Chemicals 409
REACH-Verordnung / REACH regulation 409
Reaktionszeit / reaction time 153
Rechnung / invoice 395
Rechnungsstellung / issuing an invoice 395

Rechteck / rectangle 12
Rechtecksignal / square wave signal 39
Rechtsformen von Unternehmen / legal forms of companies 383
Rechtsgeschäfte / legal transactions 385
Rechtstexte / legislative texts 272
Reed-Relais / reed relay 133
Referenzkennzeichnung / reference designation 437
Reflexionsgrad / grade of reflection 348, 349, 350
Regeldifferenz / system deviation 250
Regeleinrichtung / controlling system 250
Regeleinrichtung, stetige / controlling system, continuous-action 253
Regeleinrichtung, unstetige / controlling system, discontinuous-action 254
Regelgröße / controlled variable 250, 291
Regelkreis / control loop 250, 251
Regelstrecke / controlled system 250, 252
Regelungsprinzip / control method 250
Registration, Evaluation, Authorisation and Restriction of Chemicals / Registration, Evaluation, Authorisation and Restriction of Chemicals 409
Regler / controller 250, 253, 254
Reibung / friction 17
Reibungszahl / friction coefficient 17
Reihenklemme / terminal block 74
Reihenschaltung / series connection 31
Reihenschaltung von Kondensatoren / series connection of capacitors 34
Reihenschaltung von Spulen / series connection of coils 36
Reihenschlussmotor / series-wound motor 280
Relais / relays 133
Relaisausgänge / relay outputs 135, 136
Relaisspule / relay coil 446
Relative Atommasse / relative atomic mass 21
Relative Permeabilität / relative permeability 35, 48
Relativer Fehler / relative error 224
Repeater / repeater 159, 263
Resistive Temperatursensoren / resistive temperature sensors 143
Rettungszeichenleuchte / escape sign luminaire 365
Richtantenne / directional antenna 323
Richtlinienstruktur / directive structure 272
Ringerder / ring earth electrode 88, 89
Ringnetz / ring network 177
Ring-Topologie / ring topology 159
Risikoabschätzung / risk assessment 150, 196
Risikobasierter Ansatz / risk-based approach 401
Risikoberechnung / risk calculation 196
Risikobewertung / risk evaluation 148
Risikograph / risk graph 148
Risiko-Sätze / R-notes 408
RJ45 / RJ45 164
RL-Schaltungen / RL circuits 457, 459
Rohrkabelschuhe / tube cable lugs 63
Rohrverband / tube bundle 171
Rollreibung / rolling friction 17
Römische Zahlen / Roman numerals 6
R-Sätze / R-notes 408
RS-Flipflop / RS-flip-flop 452
Rückführgröße / feedback variable 250
Rufanlagen / call systems 379

Sachwortverzeichnis
Index

Ruftaster / call push-button 379
Ruhestromprinzip / closed circuit principle 327
Rundfunk / radio broadcast 443
Rundsteuerempfänger / ripple control receiver 233
Rundstrahlantenne / omni-directional antenna 323

S

S / S (Structured Text) 256
S_0-Bus / S_0 bus 318
SA / station 322
Sabotagemeldung / sabotage message 328
Safety Integrity Level / Safety Integrity Level 150
Sammelschieneneinspeisung / busbar power feeding 83
Sandbettung / sand bedding 66
Sandkapselung / powder filling 204
Sanftanlasser / soft starter 291
Sanftanlauf / soft start 289
Satelliten-Empfang / satellite reception 307
Sationäre Bleibatterien / Sationary lead-acid batteries 214
Schadenersatz / damages 391
Schadensausmaß / extend of damage 150
Schaltalgebra / Boolean algebra 139
Schaltbilder / connection diagrams 274
Schaltdraht / interconnecting wire 61
Schalteigenschaften von Schützen / switching characteristics of contactors 129
Schalter / switches 179
Schalter / switches 437, 438
Schaltgeräte / switching devices 446
Schaltgerätekombinationen / switchgear and controlgear combinations 180
Schaltglieder / switching elements 128
Schaltgruppe / vector group 186
Schaltnetzteile / switch-mode power supplies 183
Schaltung mit Funkdimmer / switching with radio dimmer 372
Schaltung zur Beleuchtungssteuerung / circuits for illumination control 361
Schaltungen mit Dimmern / circuits with dimmers 372
Schaltungen mit elektromagnetischen Schaltern / circuits with electromagnetic switches 371
Schaltungen mit Kondensatoren / circuits with capacitors 457
Schaltungen mit Leuchtstofflampen / circuits with fluorescent lamps 367
Schaltungen mit Metalldampflampen / circuits with metal vapour lamps 368
Schaltungen mit Niedervoltlampen / circuits with low-voltage lamps 363
Schaltungen mit Sensoren / circuits with sensors 373
Schaltungen mit Spannungsquellen / circuits with voltage sources 33
Schaltungen mit Spulen / circuits with coils 37, 457
Schaltungen mit Widerständen / circuits with resistors 31, 32, 456
Schaltungen zur Sicherheitsbeleuchtung / circuits for emergency lighting 359
Schaltungsbild / circuit diagram 186
Schaltungsnummern / circuit numbers 231, 233

Schaltvorgänge bei Kondensatoren / switching actions of capacitors 38
Schaltvorgänge bei Spulen / switching actions of coils 38
Scharfschalten / arming 328
Scheinleistung / apparent power 39
Schichtwiderstand / film resistor 46
Schiebeleiter / extension ladder 420
Schieberegister / shift register 141, 452
Schlagfestigkeit / impact strength 78
Schlauchleitung / flexible sheathed cable 60
Schleifenimpedanz / loop impedance 201
Schleifenwiderstand / loop resistance 201, 240
Schleifringläufer / slip ring rotor 282
Schleifringläufer-Motor / slip ring motor 132
Schlitztiefen / groove depths 75
Schlussprüfung / short-circuit test 228
Schmelzpunkt / melting point 20
Schmelzsicherungen / fuses 102, 103
Schmelzwärme / melting heat 25
Schmelzzeit / melting time 103
Schmierstoffe / lubricants 278
Schmitt-Trigger / Schmitt-Trigger 140
Schneiden / cutting 72
Schnitte / sectional views 428
Schrauben / screws 118
Schrittmotor / stepper motor 448, 461
Schubbolzen / studs 119
Schütz / contactor 448
Schutz durch Gehäuse / protection by enclosure 204
Schutz elektrischer Betriebsmittel / protection of electrical equipment 199
Schutz gegen gefährliche Körperströme / protection against electric shocks 199
Schutz- und Messeinrichtungen / measuring and protective devices 447
Schutzarten durch Gehäuse / degrees of protection provided by enclosures 113
Schütze / contactors 128, 129
Schutzeinrichtungen / protective devices 200, **446,** 447
Schutzerdung / protective earthing 210
Schütz-Gebrauchskategorien / contactor utilisation categories 129
Schutzgeräte / protecting equipment 194
Schutzisolierung / protective insulation 199
Schutzklassen / protection classes 199, 346
Schutzkontaktstecker / Schuko plug 346
Schutzleiter / protective conductor 198
Schutzleiterkontakt / protective conductor contact 347
Schutzleiterstrom / protective conductor current 238, 239
Schutzleiterwiderstand / protective conductor resistance 238, 239, 240
Schutzmaßnahmen / protective measures 198
Schutzobjekte / objects being protected 102
Schutzpotenzialausgleich / protective equipotential bonding 90, 199
Schutzpotenzialausgleichsleiter / protective equipotential conductor 90
Schütz-Prellzeit / contactor bouncing time 129
Schutztrennung / protective separation 86, 199

Schutzzonen / protection zones 197
Schwarze Wanne / black tank 89
Schweißen / welding 123
Schweißtransformator / welding transformer 187
Schwellenwert / threshold value 424
Schwimmbäder / swimming pools 107
Schwingungspaketsteuerung / multi-cycle control 295
SCR / SCR 311
SDRAM / Synchronous Dynamic Random Access Memory 155
SDTV / SDTV (Sandard Definition Television) 304
Sechskantpressung / hexagonal pressing 63
Sechspuls-Brücken-Schaltung / six-pulse bridge connection 297
Security Policy / security policy 324
Segmentkoppler / segment coupler 268
Sehraum / viewing space 417
Sektorantenne / sector antenna 323
Sekundärbereich / secondary area 164
Sekundäre Batterien / secondary cells 213
Selbstregulierende Heizkabel / self-regulating heat tracer 87
Selektiver Hauptleitungs-Schutzschalter / selective main line circuit breaker 179, 447
Selektivität / selectivity 103
SELV / SELV 199
SEMP / Switching Electromagnetic Pulse 197
Sendermodul / transmitter module 269
Sensorarten / types of sensors 143
Sensoreinteilung / sensor classification 142
Sensoren / sensors 143, 256, 445
Sensoren - Übersicht / sensors - overview 142
Sensorschalter / sensor switch 373
Sensortaster / sensor button 373
Serielle Fehlerlichtbögen / series arc faults 95
Serielle und parallele Schnittstelle / serial and parallel interfaces 160
Serielles Widerstandskabel / series resistance cable 87
Serienschaltung / series connection 369
SFC-Brennstoffzelle / SFC fuel cell 206
SFSK-Verfahren / SFSK method 263
SH-Schalter / selective main line circuit breaker 179, 438
SI-Basiseinheit / SI-basic unit 13
Sicherheitsapplikationen / safety applications 135
Sicherheitsbauteile / safety components 272
Sicherheitsbeauftragter / safety representative 415
Sicherheitsbeleuchtung / emergency escape lighting system 364, 365
Sicherheitseinrichtungen / safety devices 135
Sicherheitsgerichtete Kleinsteuerungen / safety related compact controllers 135
Sicherheitskabel / safety cable 61
Sicherheitskleinspannung / safety extra low voltage 107, 199
Sicherheitsleuchte / safety light 359
Sicherheitspersonal / safety staff 415
Sicherheitsregeln / safety rules 193
Sicherheitsrelais / safety relays 133

475

Sachwortverzeichnis
Index

Sicherheitstechniken / alarm systems 326
Sicherheitstransformator / safety transformer 187
Sicherheitstransformatoren / safety transformer 185
Sicherung / fuse 447
Sicherungs-Lasttrennschalter / fuse interrupter 179, 447
Sicherungsschalter / fuse switch 447
Sicherungstrennschalter / fuse disconnector 179, 447
Sichtprüfung / visual inspection 238
Siedepunkt / boiling point 20
Siemens / Siemens 29
Signaleinrichtungen / signalling devices 445
Signalgeneratoren / signal generators 449
Signalleuchten / signal lamps 127
Signalübertragung mit Lichtwellenleitern / signal transmission with fiber optic cables 168
SIL - Safety Integrity Level / SIL – Safety Integrity Level 150
Silberoxid-Knopfzellen / silver oxide cells 212
Simplex / simplex-operation 167
Singlemode / single-mode 167
Sinusantwort / sinusoidal response 251
Sinusausgangsfilter / sine wave output filter 294
Sinusförmige Wechselspannung / sinusoidal alternating voltage 39
Skalar / scalar 13
Skalensymbole / scale symbols 223
SLA / Sealed Lead Acid 214
Smart Meter Gateway / Smart Meter Gateway **237**
SMGW / Smart Meter Gateway 236, 237
SNR / Signal-to-Noise Ratio 314
SOFC / SOFC 206
Softstart / soft start 288
Software / software 158
Solarzelle / solar cell 55, 208
Sondertransformatoren / special transformers 187
Source / source 53
Sourceschaltung / source circuit 460
Sourceschaltung mit Basisspannungsteiler / source circuit with base voltage divider 460
Spaltpolmotor / split pole motor 281
Spannung / voltage 29, 216
Spannungsabhängiger Widerstand / voltage dependent resistor 144, 145
Spannungsanpassung / voltage matching 33
Spannungsebenen / voltage levels 177
Spannungsfall auf Leitungen / voltage drop on cables 99
Spannungsfehlerschaltung / voltage error circuit 226
Spannungsform / voltage shape 230
Spannungsmessung / voltage measurement 226
Spannungsqualität / voltage quality 181
Spannungsqualitätsüberwachung / voltage quality monitoring 191
Spannungsschwankung / voltage fluctuation 181
Spannungsspitzen / voltage peaks 181
Spannungsteiler / voltage divider 32
Spannungsteiler / voltage divider 456
Spannungsübersetzung / voltage transformation 185

Spannungsversorgung / voltage supply 191, 257
Spannungswandler / voltage transformer 230
Spannungswelligkeit / voltage ripple 297
Spannungszwischenkreis / d.c. voltage link 299
Spartransformator / autotransformer 187, 448, 462
Sparwechselschaltung / economic two-way switching 370
Speicher / memory 452
Speichermodule / Memory Modules 155
Speicherpass, PV / storage passport, PV 211
Speicherprogrammierbare Steuerungen / programmable logic controller 126, 257, 258
Sperrwandler / flyback converter 183
Spezifische Schmelzwärme / specific melting heat 20
Spezifische Wärmekapazität / specific heat capacity 462
Spezifischer Widerstand / resistivity 30
Spieldauer / cycle duration 275
Spitzenlast / peak load 176
Spitzenwert / peak value 39
Spleiß / splice 169
Splitter / splitter 320
Sprechanlage / intercommunication system 377
Spritzwasser / splash water 113
Sprungantwort / step response 251, 253
SPS / PLC 256
SPS - Baugruppen / PLC - modules 257
SPS - Programmierung / PLC - programming 258
SPS - Speicherprogrammierbare Steuerungen / PLC - Programmable Logic Controllers 256
Spule / coil (inductor) 457
Spule im Magnetfeld / coil in magnetic field 36
Spulen / coils 37, 47
SRAM / Static Random Access Memory 155
SSR / SSR (Solid State Relay) 134
S-Steckverbinder / S-connector 169
Staberder / earthing rod 89
Stahlgittermast / steel lattice tower 178
Stammkabel / trunk cable 311
Standardgrößen von Drehstrom-Asynchronmotoren / standard dimensions of three phase asynchronous motors 283
Standfestigkeit / stability 75
Standverteiler / floor-standing distribution board 84
Stapelhöhe / stacking height 325
Starre Isolierrohre / rigid insulation tubes 70
Statische Fehlersuche / static fault locating 228
Steckanschluss / plug-in connection 346
Steckdosen / sockets 443
Steckdosenverteiler / multi-outlet distribution unit 85
Steckverbinder / plug connector 164, 347
Steckvorrichtung / plug and socket device 347
Steinmetzschaltung/ Steinmetz circuit 268
Stellglied / final control element 126, 250
Stellgröße / manipulated variable 250

Stern- und Dreieckschaltung, symmetrische Belastung / star-delta circuit, symmetrical load 458
Stern-Dreieck Start / star-delta start 288
Stern-Dreieck-Anlassen / star-delta starting 130
Stern-Dreieck-Schaltung / star-delta circuit 289
Stern-Dreieck-Umwandlung / star-delta conversion 448
Sternschaltung / star circuit 41, 186, 274, 282, 458
Stern-Topologie / star topology 159
Sternvierer / star quad 316
Stetige Regeleinrichtungen / continuous action control assemblies 253
Steuerarten von Gleichstromstellern / control modes of d.c. chopper converters 296
Steuerbus / control bus 154
Steuereinrichtung / control device 126
Steuergerät / control device 361
Steuerkette / open control loop 126
Steuerschütze / control contactors 128
Steuerstrecke / controlled system 126
Steuertransformator / control transformer 187
Steuerung / controller 126
Steuerungen mit Schützen / contactor controllers 130, 131, 132
Steuerungsarten / controlling methods 126
Steuerungskategorie / control category 149
Steuerungsprinzip / control principle 126
Steuerungstechnik / control engineering 126
Stichleitungssystem / stub-line system 313
Stillstandszeit / down time 275
Stoffabscheidung durch Elektrolyse (Galvanisieren) / material separation by electrolysis (electroplating) 22
Stoffeinteilung / material classification 21
Stoffwerte von chemisch reinen Elementen / physical characteristics of pure chemicals 20
Stoffwerte von Werkstoffen / physical characteristics of materials 19
Stopp-Kategorie / stop category 146
Störgrößen / disturbance variables 126, 250
Störlichtbogen / arc fault 95
Störquelle / disturbance source 115
Störsenke / disturbance sink 115
Störursachen / disturbance reasons 115
Strahlenerder / star-type earth electrode 88
Strahlennetz / radial network 177
Strahler / spotlight 360
Strahlungsthermometer / radiation thermometer 245
Streckgrenze / yield point 24
Strom und Magnetfeld / current and magnetic field 457
Stromanpassung / current matching 33
Strombelastbarkeit / current carrying capacity 100
Strombelastbarkeit von Leitungen / current carrying capacity of cables 97, 98
Stromdichte / current density 29
Stromdurchflossener Leiter im Magnetfeld / current carrying conductor in magnetic field 36

476

Sachwortverzeichnis
Index

Stromfehlerschaltung / current error circuit 226
Stromkreis / circuit 455
Stromlaufplan / circuit diagram 430
Stromrichter / current converter 295, 297
Stromrichterantriebe / converter drives 298
Stromrichtermotor / converter-fed motor 295, 299
Stromstärke / current intensity 29
Stromstärkemessung / current intensity measurement 225
Stromstoßrelais / impulse relay 138, 443
Stromstoßschalter / impulse relay switch 138, 443
Stromstoßschaltung / impulse relay circuit 371
Stromsysteme / current systems 40
Stromübersetzung / current transformation 185
Stromverzweigung / current branching 456
Stromwandler / current transformer 233
Stromzangen / current probes 201
Stromzwischenkreis / d.c, current link 299
Strukturierte Programmierung / structured programming 258
Strukturierte Verkabelung / structured cabling 163
Strukturierte Verkabelung / structured cabling 164
Strukturierter Text / structured text 256
Stufenindex-Profil / step index profile 167, 167
Stufenstehleiter / step ladder 420
Subtrahierer / subtractor 141
Subtraktion / subtraction 7
Summe / sum 7
Supportprozesse / support processes 386
Switch / switch 159
Switching Electromagnetic Pulse / Switching Electromagnetic Pulse 197
Symbolelemente / symbol elements 440
Symmetrische Belastung / symmetrical load 41
Synchrone Steuerung / synchronous control 126
Synchronisiereinrichtung / synchronisation equipment 182
Synchronmaschine / synchronous machine 461

T

TAE (Telekommunikations-AnschlussEinheit) / Telecommunication Line Unit 316
TAE3 x 6 NFN / TLU3 x 6 NFN 316
Tageslichtsensor / daylight sensor 366
Tantal-Elektrolytkondensator / tantalum electrolytic capacitor 48
Tarifschaltuhren / multi-rate tariff switches 233
Tastdimmer / touch dimmer 372
Taster / push-button 440, 443
Tastgrad / duty cycle 39, 183
Tastverhältnis / duty factor 39
TCO / TCO (Tjänstemännens Centralorganisation) 418
TCO Certified / TCO certified 418
TCO Development / TCO development 418
TCO-Gütesiegel / TCO certification 418
TCP / Transmission Control Protocol 319
TDM-PON / Time Division Multiplex PON 170
Technische Lüftung / technical ventilation 218
Technische Maßnahme / technical measure 324
Technische Regel zur Betriebssicherheit (TRBS) / technical regulations for occupational safety 403
Technische Regeln / technical rules 412
Technische Zeichnungen / technical drawings 428
Teilbereichssicherungen / partial range fuses 102
Teilkostenrechnung / direct costing 394
Temperatur / temperature 18
Temperatur- und spannungsabhängige Widerstände / temperature and voltage dependent resistors 144, 145
Temperaturabhängiger Widerstand / temperature dependent resistor 144, 145
Temperaturklasse / temperature class 203
Temperaturkoeffizient / temperature coefficient 20, 30
Temperaturskalen / temperature scales 462
Term / term 7, 11
Terrestrische Empfangsantennen / terrestrial reception antennas 306
Tertiärbereich / tertiary area 164
TFT / TFT 153
THD / Total Harmonic Distortion 190
Thermische Auslösung / thermal tripping 91
Thermischer Motorschutz / thermal motor protection 286
Thermobimetalle / thermostatic bimetals 255
Thermodynamische Temperatur / thermodynamic temperature 462
Thermo-Energiewandler / thermal energy converter 376
Thermo-optischer Rauchwarnmelder / thermo-optical smoke alarm device 109
Thermoplaste / thermoplastics 26
Thyristoren / thyristors 52, 441
Tiefenerder / deep earth electrode 89
Tiefpass / low-pass 449
Tiefsetzsteller / step-down converter 296
TK-Netz / TC network 302
TN-C-S-System / TN-C-S system 184, 195
TN-C-System / TN-C system 184, 200
TN-S-System / TN-S system 184
TN-Systeme / TN systems 198
Topologien / topologies 159
Totzeit / dead time 252
Tragbare Ersatzstromerzeuger / portable power generating sets 86
Tragen / carry 421
Tragende Wand / load-bearing wall 75
Transceiver / transceiver 267
Transformatoren / transformers 185, 274, 448, **462**
Transistor als Schalter / transistor as switch 54
Transistorausgänge / transistor outputs 135, 136
Transistoren / transistors 50, **53,** 54, 441, **460**
Transitionen / transition 259
Transportkanalzuordnung / transport channel assignment 311
Trapez / trapezoid 12
Trassenortung / cable route locating 244
Trennabstand / separation distance 79
Trenner / disconnector 179
Trennklasse / separation class 325
Trennschalter / disconnecting switch 179, 438
Trenntransformator / isolating transformer 187
Trennungsabstand / separation distance 209, 210
Treppen / stairs 431
Treppenhausschaltung / staircase switching 371
Treppenlichtzeitschalter / staircase time switch 138
Triac / triac 52
Triggerdioden / trigger diodes 52
Trigonometrie / trigonometry 453
Tritte / step tools 420
Trockene Räume / dry locations 105
Trojaner / Trojan 173
TT-System / TT system 184, 195, 198, 200
Türhaftmagnet / door holding magnet 147
Türöffner / door opener 377, 444
Türöffneranlage / door opener system 377
Türstation / door station 377
TV-Standard / TV standard 304

U

U/UTP Cat.5 / U/UTP Cat.5 162
UAE (Universal Anschlusseinheit) / Universal Access Unit 318
Überdruck-Kapselung / pressurized encapsulation 204
Überfallmeldeanlage / hold-up (robbery) system 326
Übergabebericht / handover report 248
Überlassung von Eigentum / passage of ownership 384
Übersetzung / transformation 186
Übersetzung / transmission 461
Übersetzungsverhältnis / transformation ratio 185
Übersichtsschaltplan / overview diagram 432
Überspannungen / overvoltages 222
Überspannungsableiter / overvoltage arrester 447
Überspannungsschutz / overvoltage protection 194, 195
Überspannungsschutzgerät / overvoltage protective device 194, 195
Überstromschutz / overcurrent protection 91
Überstrom-Schutzeinrichtung / overcurrent protection device 91
Überstrom-Schutzorgan / overcurrent protective device 100
Übertrager / transformer 37
Übertragung / transmission 303
Übertragungsfaktor / transmission coefficient 303
Übertragungsmaß / transmission constant 303
Übertragungsverfahren / transmission principle 263
Überwachungsbedürftige Anlagen / installations subject to monitoring 403
Umformer / converter 448
Umwandlung elektrischer Energie / conversion of electrical energy 448

Sachwortverzeichnis
Index

Umwandlung von Zahlen / number conversion 10
Umweltschutz / environmental protection 407
Umweltschutzrecht / environmental legislation 412
Umweltvorschriften / environmental regulations 410
Unabhängige Wahlmöglichkeit / independent selection opportunity 311
UND-Element / AND element 451
UND-Verknüpfung / AND operation 139
Unfall / accident 414
Unfallschutz / accident prevention 414
Ungeerderter Schutzpotenzialausgleichsleiter / unearthed protective equipotential conductor 86
Ungepoltes Relais / non-polarized relay 133
Unipolare Transistoren (FET) / unipolar transistors (FET) 460
Universalmotor / universal motor 281
Unscharfschalten / disarming 328
Unshielded Twisted Pair / Unshielded Twisted Pair 162
Unstetige Regeleinrichtungen / discontinuous action control assemblies 254
Unsymmetrische Belastung / asymmetrical load 41
Untergruppe / sub-group 261
Unterklassen / sub-classes 438
Unterrichtsräume / classrooms 106
Unterspannungen / undervoltages 181
Untersynchrone Stromrichterkaskade / sub-synchronous converter cascade 299
Unvollständige Maschinen / incomplete machines 272
Upstream-Kanal / upstream channel 320
USB – Universal Serial Bus / USB – Universal Serial Bus 161
USB 1.0, 1.1, 2.0, 3.0, 3.1 / USB 1.0, 1.1, 2.0, 3.0, 3.1 161
USB Micro / USB Micro 161
USB Mini / USB Mini 161
USB On-The-Go / USB On-The-Go 161
USB-PD / USB-PD 161
USB-Typ-C / USB-Typ-C 161
USV – Unterbrechungsfreie Stromversorgung / UPS - uninterruptible power supply 181
UTP / Unshielded Twisted Pair 162

V

V.24 / V.24 160
Varistoren / varistors 144, 145
VDE-Vorschriften / VDE standards 426
VDR-Widerstand / VDR resistor 144
VDSL – Very High Speed Dgital Subscriber Line / Very High Speed Digital Subscriber Line 321
VDSL-Profile / VDSL profiles 321
Vektoren / vectors 13
Vektor-Grafiken / vector graphics 158
Ventilatoren / fans 277
Verantwortliche Elektrofachkraft / responsible electrically skilled person 411
Verbinder / connecting devices 442
Verbindung von Aluminium- und Kupferleitern / connection of aluminium and copper conductors 63
Verbindungsklemme / connecting terminal 74
Verbindungsplan / connection diagram 429, 434

Verbindungsprogrammierte Steuerung / hard-wired controller 126
Verbindungsregel (Assoziatives Gesetz) / associative rule 139
Verbindungstechniken / connecting techniques 122
Verbraucher-Pfeilsystem / consumer arrow system 31
Verbraucherschaltungen im Drehstromnetz / consumer circuits in three phase network 41
Verbrennungskraftmaschine / combustion engine 205
Verbundnetz / interconnected system 178
Verdampfungswärme / evaporation heat 25
Verdingungsordnung für Bauleistungen (VOB) / contracting rules for award of public works contracts 391
Verdrahtungsplan / wiring diagram 429 434
Verdrosselte Anlagen / damped systems 189
Verdrosselungsfaktor / detuning factor 189
Vergleicher / comparator 452
Vergusskapselung / encapsulation 204
Verhalten bei Notfällen / behaviour in emergencies 413
Verkabelung in Kommunikationskabelanlagen / cabling in communication cabling installations 325
Verkabelungsstruktur / cabling structure 164
Verknüpfungen, logisch / operations, logic 139
Verknüpfungsbaustein / logic gate 139
Verknüpfungssteuerung / logic control system 126
Verlegeanforderungen / laying requirements 163
Verlegearten / cable installation methods 96, 97
Verlegearten / cable installation methods
Verlegeverfahren / installation methods 171
Verlegung von Leitungen / installation of cables 70, 71
Verlustarme Vorschaltgeräte - VVG / Low-loss Ballasts – LB 367
Verlustenergie / energy loss 176
Verlustleistung / power loss 176
Verpackung / packing 407
Verpackungsverordnung / packaging ordinance 407
Verschlossene Zelle / valve-regulated lead–acid battery 216
Verschlüsselung / encryption 174
Versorgungsgrad / level of supply 424
Verstärker / amplifier 449, 452
Verstärkungsfaktor / amplification factor 303
Verstärkungsmaß / amplification rate 303
Vertauschungsregel (Kommutatives Gesetz) / commutative rule 139
Verteiler / distribution board 84
Verteilerschrank / distribution cabinet 85
Verteilte Zählerinstallation / distributed meter installation 235
Verteiltransformator / distribution transformer 178
Verteilungsregel (Distributives Gesetz) / distributive rule 139
Verteilungssysteme / distribution systems 184

Vertikale Schlitze / vertical grooves 75
Verzerrung / diSortion 181
Verzögerungs-Zeitkonstante / delay time constant 252
Verzugszeit / delay time 252
VFD / VFD 181
VFI / VFI 181
VGA / Video Graphics Array 153
VI / VI 181
Videocodierung / video coding 331
Videokonferenzsysteme / video conferencing systems 331
Videoskop / videoscope 245
Video-Tür-Überwachungsanlagen / video door intercom systems 378
Vielfache von Einheiten / multiple of units 13
Vierpole / quadripoles 449
Viren / viruses 173
Virenschutz / virus protection 173
Visualisierung / visualization 389
Visualisierungsregeln / visualization rules 389
VNB-Anlage / electricity supply network operator installation 184
Vollkostenrechnung / full costing 394
Volt / volt 29
Von-Neumann-Architektur / Von-Neumann architecture 154
Vorhaltezeit / derivative action time 253
Vorortung / pre-locating 244
Vorsatz / prefix 13
Vorsatzzeichen / prefix sign 13
Vorschaltgeräte / ballasts 367
Vorschaltgeräte für Leuchtstofflampen / ballasts for fluorescent lamps 368
Vorschriften / regulations 412
VVG – Verlustarme Vorschaltgeräte / LB - Low-loss Ballasts 367

W

Wahrer Wert / true value 224
Wahrnehmbarkeitsschwelle / perceptibility threshold 198
WAN / Wide Area Network 159, 237
Wandarten / wall types 75
Wandaussparungen / wall recesses 75
Wandgerätedose / wall device box 80
Wandmontage / wall installation 70
Wandschlitze / wall grooves 75
Wandübergang / wall transition 80
Wandverteiler / wall distribution boards 84
Wärme / heat 18
Wärmeaustauscher / heat exchanger 342
Wärmebrücken / thermal bridges 77
Wärmedifferenzialmelder / rate-of-rise temperature detector 110
Wärmekapazität / heat capacity 20, 25
Wärmekraftwerk / thermal power station 176
Wärmeleitfähigkeit / thermal conductivity 25
Wärmemaximalmelder / fixed temperature heat detector 110
Wärmemelder / heat detectors 110
Wärmemenge / heat quantity 18, 462
Wärmepumpen / heat pumps 344
Wärmepumpenarten / heat pump types 345
Wärmerückgewinnung / heat recovery 342
Warmgasschweißen / hot gas welding 123

Sachwortverzeichnis
Index

Warmwasserbedarf / warm water demand 335
Warmwasserbereitung / warm water preparation 335
Wartung / maintenance 241, 242
Wartung von Maschinen / maintenance of machines 278
Wartungs- und Inspektionsgeräte / maintenance and inspection devices 245
Wartungsarbeiten / maintenance works 216
Wartungsfaktor / maintenance factor 348
Wartungswerte / maintenance values 357
Wäschetrockner / tumble dryer 339
Waschmaschine / washing machine 339
WDM / Wavelength Division Multiplexing 168
WDM-PON / Wavelength Division Multiplex PON 170
WEA / Wind Power Plant 207
Wechselrichter / inverter 181, 292, 295, 449
Wechselschaltung / two-way switching 370
Wechselschaltung mit Kontrolllampen / two-way switching with control lamps 370
Wechselspannung / alternating voltage 39, 458
Wechselstrom / alternating current 39, 458
Wechselstrommotoren / a.c. motors 281, 284
Wechselstromsteller / a.c. power controllers 295, 300
Wechselstromumrichter / a.c. converter 295
Wegunfall / commuting accident 414
Weichlöten / soft soldering 124
Weiße Wanne / white tank 89
Weiterschaltbedingung / transition condition 259
Wellenlängenbereiche / wavelength ranges 305
Wellenlängenbereiche LWL / wavelength ranges fiber optics 168
Wellenlängenmultiplex / wavelength division multiplex 168, 170
Wendelbohrer / twist drill 117
Wendepolwicklung / commutating winding 280
Werbemittel / advertising material 387
Werbeträger / advertising medium 387
Werbung / advertising 387
Werksfertigung / prefabrication 80
Werkstattausrüstung / workshop equipment 402
Werkstoffnummern / material numbers 23
Werkzeuge / tools 72
Western-Steckverbinder / Western connector 318
Western-Steckverbindung / Western plug and socket connection 316
Wheatstone-Messbrücke / Wheatstone bridge 226
Widerstände / resistors 31, 46, 456
Widerstände im Wechselstromkreis / resistors in a.c. circuit 42, 43
Widerstandsbremsung / rheostatic braking 290
Widerstandskabel, serielles / resistance cable, series 87
Widerstandsübersetzung / impedance transformation 185
Wiedereinschalten nach beendeter Arbeit / reclosing after work finished 193
Wiederholungsprüfung / repeat test 196, 240
Wien-Messbrücke / Wien bridge 226
Winddichtheit / wind proofness 77
Windenergieanlagen / wind power plants 207
Windows / Windows 157
Winkelfunktionen / trigonometric functions 11, 453
Wireless LAN (WLAN) / Wireless LAN (WLAN) 322
Wireless M-Bus / Wireless M-Bus 236
Wireless Personal Area Network (WPAN) / Wireless Personal Area Network 322
Wirkleistung / effective power 39
Wirkleistungsfaktor / effective power factor 39
Wirkstrom / active current 185
Wirkung des elektrischen Stromes / effect of electric current 198
Wirkungsgrad / efficiency 16, 176, 185, 359, 454
Wirkungsgrade nach Effizienzklassen / efficiency degrees according to efficiency classes 284
Wirkungsgrad-Methode / efficiency method 349
Wirkungskreis / action loop 126
Wissen der Organisation / knowledge within the organisation 401
WLAN - Wireless LAN / WLAN - Wireless LAN 322
WLAN Einsatz / WLAN deployment 324
WLAN Installation / WLAN installation 323
WLAN-Betrieb / WLAN operation 324
wM-Bus / wM Bus 236
WPAN (Wireless Personal Area Network) / WPAN (Wireless Personal Area Network) 322
Würfel / cube 12
Wurzel / root 8

Y
Yagi-Antenne / Yagi antenna 306

Z
Zahlen / number 10
Zählen / counting 223
Zahlensysteme / number systems 10
Zähler / counter 141, 256, 447, 452
Zähler, elektronisch / meter, electronic 232
Zählerplätze / meter mounting boards 83, 234
Zählerschaltungen / electricity meter circuits 233
Zählerschild / meter plate 232
Zählerstände / meter readings 236
Z-Bus / Z-bus 269
Z-Diode / Z-diode 51
Zehnerpotenzen / powers of ten 8
Zeigerbild / phasor (vector) diagram 186
Zeitglieder / timers 256
Zeitplanregelung / time program control 251
Zeitrelais / timing relay 128
Zeitschaltuhr / time switch 137
Zeit-Strom-Bereiche / time current zones 103
Zeit-Strom-Diagramm / time-current diagram 198
Zeitverhalten / time behaviour 251
Zeitverhalten von Regelstrecken / time behaviour of controlled systems 252
Zeitverzögerung / time delay 259, 445
Zelltypen, Kurzzeichen / cell types, letter symbols 217
Zentralbaugruppe / central processing unit 256, 257
Zentralkompensation / centralised power factor correction 188
Zerlegung von Kräften / decomposition of forces 17
Zertifizierung / certification 400
Zick-Zack-Schaltung / zig-zag connection 186
Zink-Kohle-Element / zinc-carbon element 212
Zink-Luft-Knopfzellen / zinc-air button cells 212
Zinsrechnung / interest calculation 11
Zoneneinteilung / zone segmentation 197, 203
Z-Spannung / Z- voltage 51
Zugangsberechtigung / access authorisation 332
Zugangsebenen / access levels 332
Zugentlastung / strain relief 346
Zugtaster / pull switch 379
Zuluft-Volumenstromermittlung / supply air flow rate calculation 277
Zündenergie / ignition energy 203
Zündquelle / ignition source 203
Zündschutzarten / types of ignition protection 204
Zündtemperatur / ignition temperature 203
Zündtransformator / ignition transformer 187
Zuordnung von Überstrom-Schutzorganen / assignment of overcurrent protective devices 100
Zuordnung von Überstrom-Schutzorganen bei 25° / assignment of overcurrent protective devices at 25° 97
Zuordnung von Überstrom-Schutzorganen bei 30° / assignment of overcurrent protective devices at 30° 98
Zusammenhängende Darstellung / attached representation 430
Zusammensetzung von Kräften / composition of forces 17
Zusätzlicher Schutzpotenzialausgleich / supplementary protective equipotential bonding 90, 107
Zuschlagskalkulation / surcharge costing 394
Zustandsbericht / status report 248
Zutrittskontrolle / access control 332
Zutrittskontrollzentrale / access control centre 332
Zweileitermessung / two-wire measurement 201
Zweipuls-Brücken-Schaltung / two-pulse bridge connection 297
Zweipunkt-Regelung / two-position control 296
Zwischenharmonische / sub-harmonics 190
Zwischenkreisumrichter / d.c. link converter 299
Zyklenzahl / cycle number 217
Zylinder / cylinder 12

Bildquellenverzeichnis
List of Picture Reference

|A. Eberle GmbH & Co. KG, Nürnberg: 191. |ABB STOTZ-KONTAKT GmbH, Heidelberg: 91, 93. |Apollo Fire Detectors Limited, Havant/Hampshire: 110. |ASSA ABLOY Sicherheitstechnik GmbH, Albstadt: 332. |ASSMANN Electronic GmbH, Lüdenscheid: 169. |Balluff GmbH, Neuhausen a.d.F.: 143. |BC GmbH Verlags- und Medien-, Forschungs- und Beratungsgesellschaft, Ingelheim: 2, 365, 404, 409. |Bildredaktion1, Hennef/Sieg: 352. |BRADY GmbH, SETON Division, Egelsbach: 246. |Brandenburger Kabelwerk GmbH, Zehdenick: 60. |Danfoss GmbH, Offenbach/Main: 292. |Dätwyler Cables GmbH, Hattersheim: 111 - 112, 164. |deckermedia GbR, Vechelde: 193, 206, 423. |DEHN + SÖHNE GmbH + Co. KG., Neumarkt i.d.OPf.: 88 - 89, 194, 209, 261. |DIAS Infrared GmbH, Dresden: 245. |Druwe & Polastri, Cremlingen/Weddel: 50. |Dzieia, Michael Dr., Darmstadt-Arheilgen: 68, 102. |E L S I C   Elektrische Sicherheitsausrüstungen und Betriebsmittel GmbH, Mönchengladbach: 416. |Eaton Industries GmbH, Bonn: 135, 146, 180. |ebm-papst Mulfingen GmbH & Co. KG, Mulfingen: 277. |ELEKTRA TAILFINGEN Schaltgeräte GmbH & Co. KG, Albstadt: 85. |ELTAKO GmbH, Fellbach: 138. |EnOcean GmbH, Oberhaching: 376. |EPA GmbH, Bruchköbel: www.epa.de 294. |Europäische Union, Berlin: 418. |EXFO inc., Québec: 375. |FamaLux Systemtechnik GmbH, Mürlenbach: 379. |Fischerwerke GmbH & Co. KG, Waldachtal: 120 - 121. |Fluke Deutschland GmbH, Glottertal: 245. |fotolia.com, New York: cenkeratila 3; chones 361; fotomek 109; Henrie (Riedinger, Henning) 193; oerwin 416; photo 5000 70; Zagler, Thomas 193. |Fränkische Rohrwerke Gebr. Kirchner GmbH & Co. KG, Königsberg: 78. |gabo Systemtechnik GmbH, Niederwinkling: 171. |GMC-I Messtechnik GmbH, Nürnberg: 202, 224, 241. |GNB Industrial Power - EXIDE Technologies GmbH, Büdingen: 214. |Gustav Hensel GmbH & Co. KG, Lennestadt: 84. |Gustav Klauke GmbH, Remscheid: 64. |Hager Vertriebsgesellschaft mbH und Co. KG, Blieskastel: 71, 79, 84, 92, 234. |Hauff-Technik GmbH & Co. KG, Herbrechtingen: 68. |Helukabel GmbH, Hemmingen: 60 - 61, 63, 65. |Hübscher, Heinrich, Lüneburg: 50, 264, 312, 315, 330. |Hymer-Leichtmetallbau GmbH & Co. KG, Wangen im Allgäu: 420. |Industrieverband Büro und Arbeitswelt (IBA), Wiesbaden: 418. |InfraTec GmbH Infrarotsensorik und Messtechnik, Dresden: Mit freundlicher Unterstützung der InfraTec GmbH / www.infratec.de 245. |ismet AG, Villingen-Schwenningen: 185. |iStockphoto.com, Calgary: lumenetumbra 145; rmirro 343. |KAISER GmbH & Co. KG, Schalksmühle: 77, 80 - 81, 114. |Klaue, Jürgen, Bad Kreuznach: 69, 119, 340. |Klaus Faber AG, Saarbrücken: www.faberkabel.de 62. |KNIPEX-Werk C. Gustav Putsch KG, Wuppertal: 72 - 73, 169. |KOSTAL Industrie Elektrik GmbH, Hagen: 217. |Kreuzburg, Armin, Braunschweig: 147. |KRÜGER-Werke GmbH, Dresden: 67. |Krüper, Werner, Steinhagen: 123. |KWS Electronic Test Equipment GmbH Tattenhausen, Großkarolinenfeld: 314. |Langmatz GmbH, Garmisch-Partenkirchen: 68. |LANZ OENSINGEN AG, Oensingen: LANZ G-Kanal und LANZ Hakenschienen Deckenstütze mit selbsteinrastender Befestigung 325. |LEDVANCE GmbH, Garching: Abbildungen von Leuchtmitteln mit freundlicher Genehmigung der LEDVANCE GmbH 362. |Levy, Marco, Berlin: 193. |Lithos, Wolfenbüttel: 6 - 13, 16 - 19, 21 - 24, 27 - 56, 58 - 59, 65 - 67, 69 - 70, 72 - 73, 75 - 76, 80, 82 - 96, 99 - 101, 103, 107 - 113, 115 - 120, 122 - 124, 126 - 149, 152 - 154, 156 - 157, 159 - 170, 173 - 174, 176 - 189, 191 - 205, 207 - 213, 215 - 216, 218, 222 - 224, 225 - 228, 230 - 231, 233 - 239, 241 - 244, 246 - 248, 250 - 263, 265 - 270, 272 - 277, 279, 280 - 283, 285 - 300, 302 - 311, 313 - 332, 334 - 351, 353 - 379, 382, 384 - 392, 395 - 397, 399 - 400, 405 - 411, 413 - 414, 416 - 419, 421 - 422, 424, 426 - 437, 439 - 456, 458 - 462. |MENNEKES Elektrotechnik GmbH & Co. KG, Kirchhundem: 192 . |mesomatic ag, Rotkreuz: 169. |Metallwarenfabrik Gemmingen GmbH, Gemmingen: 86. |Nexans Deutschland GmbH, Mönchengladbach: 164 Belegung RJ45, 164 GG45 Buchse. |OBO Bettermann Holding GmbH & Co. KG, Menden: 70 . |Osram AG, München: 366, 372 - 373. |OSRAM GmbH - Marketing Communication, München: 360, 366. |PantherMedia GmbH (panthermedia.net), München: gjp1991 180; kjekol 180. |Pechtel, Dag Dr., Bremen: 152. |Petersen, Sebastian, Helmstedt: 66, 76, 114, 119, 162, 245, 359 - 360, 416. |PHOENIX CONTACT GmbH & Co. KG, Blomberg: 133 - 134, 194. |RAL gemeinnützige GmbH, Bonn: 418. |Rittal GmbH & Co. KG, Herborn: 115. |Robert Bosch Power Tools GmbH, Leinfelden-Echterdingen: 243. |Rohde & Schwarz GmbH & Co. KG, München: 229. |S. Siedle & Söhne Telefon- und Telegrafenwerke OHG, Furtwangen: 378. |Sagemcom Dr. Neuhaus GmbH, Hamburg: 236 - 237. |Schletter Solar GmbH, Kirchdorf/Haag: 209. |Seba Dynatronic Mess- und Ortungstechnik GmbH, Baunach: 244. |SFC Smart Fuel Cell AG, Brunnthal-Nord: 206. |Shutterstock.com, New York: 340; Andrey_Popov 331; anmbph 174; Gerber, Gregory 155, 174; Kalinovsky, Dmitry 193; Kardashev, Sergei 346; Khanakor, Sompetch 332; Macrovector 360; Martynyuk, Ivan 321; matej_z 145; New Africa 331; Oleksandr, Marynchenko 346. |Siemens AG, München: 95, 102, 127 - 128, 147, 186, 376. |Siemens Schweiz AG, Smart Infrastructure, Global Headquarters, Zug: 270. |STEINEL Vertrieb GmbH, Herzebrock-Clarholz: 366, 378. |STIEBEL ELTRON GmbH & Co. KG, Holzminden: 83, 343. |stock.adobe.com, Dublin: Aliaksandra 71; euthymia 232; Kaltenbach, Tobias 346; Kharkin, Vyacheslav 71; Tactic, Max 71. |TCO Development, Stockholm: 418. |TDK Electronics AG, München: A TDK Group Company 2017 294. |Telekom Deutschland GmbH, Bonn: 317. |TRACTO-TECHNIK GmbH & Co. KG, Lennestadt: 171. |TÜV Rheinland Cert GmbH, Köln-Poll: 246. |UGA-SYSTEM-TECHNIK GmbH & Co. KG, Herbrechtingen: 68. |Valentinelli, Mario, Rostock: Titel. |WAGO Kontakttechnik GmbH & Co. KG, Minden: 74, 122. |wikimedia.commons: Agon S. Buchholz/CC BY-SA 3.0 163; EVB Energie AG 232. |Zimmermann Bustechnologie, Tuttlingen: 269.

Wir arbeiten sehr sorgfältig daran, für alle verwendeten Abbildungen die Rechteinhaberinnen und Rechteinhaber zu ermitteln. Sollte uns dies im Einzelfall nicht vollständig gelungen sein, werden berechtigte Ansprüche selbstverständlich im Rahmen der üblichen Vereinbarungen abgegolten.

AED - Automatisierter Externer Defibrillator
Automated External Defibrillator

Rechtliche Hinweise

- Rechtliche Vorschriften für den Einsatz in der Ersten Hilfe:
  - **Medizinproduktegesetz (MPG)** und
  - **Medizinprodukte-Betreiberverordnung (MPBetreibV)**
- Gemäß §7 – MPBetreibV muss zu einem AED ein **Medizinproduktebuch** geführt werden.
- Die Anwendung ist für medizinische Laien rechtlich unbedenklich.
- Im Unternehmen muss ein **Gerätebeauftragter** schriftlich benannt werden, der in die sachkundige Handhabung eingewiesen werden muss.
- Der AED sollte an einem für alle gut zugänglichen Ort aufgestellt und durch ein **Hinweisschild** gekennzeichnet sein.
- Die Handhabung des AED ist seit dem Jahr 2011 Bestandteil eines Erste-Hilfe-Kurses.

Anwendung eines AED nach ERC-Leitlinien[1)]

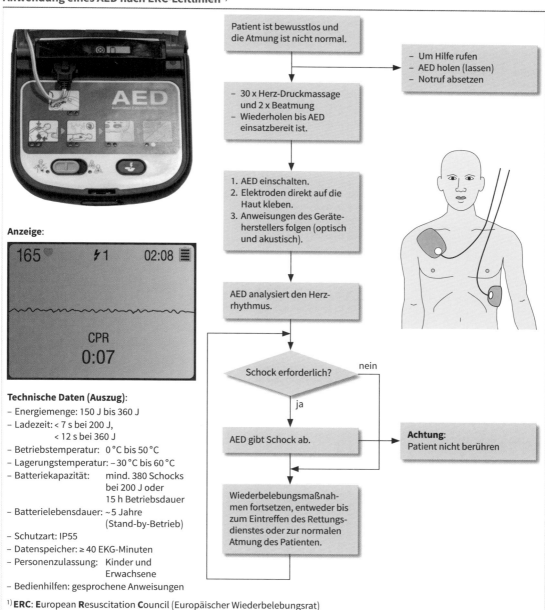

Technische Daten (Auszug):
- Energiemenge: 150 J bis 360 J
- Ladezeit: < 7 s bei 200 J,
  < 12 s bei 360 J
- Betriebstemperatur: 0 °C bis 50 °C
- Lagerungstemperatur: −30 °C bis 60 °C
- Batteriekapazität: mind. 380 Schocks bei 200 J oder 15 h Betriebsdauer
- Batterielebensdauer: ~5 Jahre (Stand-by-Betrieb)
- Schutzart: IP55
- Datenspeicher: ≥ 40 EKG-Minuten
- Personenzulassung: Kinder und Erwachsene
- Bedienhilfen: gesprochene Anweisungen

[1)] **ERC: E**uropean **R**esuscitation **C**ouncil (Europäischer Wiederbelebungsrat)

Verzeichnis der verwendeten DIN-Normen und anderer Vorschriften
Index of Standards and other Regulations used

DGUV ...

DGUV Vorschrift 1, 3, 6, 9 ....
.... 105, 238, 240, 241, 411, 414, 415, 416
DGUV Information 203-006, -032 ..... 85, 86
DGUV Information 209-067 218
DGUV Information 215-410 417

DIN ...

DIN 1301-1 .... 13, 14, 15
DIN 1302 6
DIN 1304-1 .... 14, 15
DIN 1313 13
DIN 1319-1 224
DIN 14096 404
DIN 14676 109
DIN 18012 .... 69, 90
DIN 18014 .... 88, 89
DIN 18015-1 .... 70, 83, 84
DIN 18015-2 .... 84, 104, 377
DIN 18015-3 .... 58, 82
DIN 18015-4 104
DIN 18560-2 82
DIN 31051 242
DIN 40030 281
DIN 4102-4 76
DIN 41576-1 103
DIN 41772 215
DIN 42523 274
DIN 43856-2 233
DIN 43870 83
DIN 46228 73
DIN 46234 64
DIN 46235 64
DIN 48083 64
DIN 5035-5 365
DIN 60352-5 73
DIN 66000 .... 139, 140
DIN 8901 345

DIN EN ...

DIN EN 1127-1 204
DIN EN 131-1 420
DIN EN 1335-1 417
DIN EN 13463 204
DIN EN 13501-6 62
DIN EN 13757 235
DIN EN 14183 420
DIN EN 14637 147
DIN EN 14637 147
DIN EN 15232 220
DIN EN 1838 Bbl. 1 .... 364, 365
DIN EN 1996-1-1 75
DIN EN 2 405
DIN EN 50011 127
DIN EN 50083-10 309
DIN EN 50085-1 79
DIN EN 50090 260
DIN EN 50102 273
DIN EN 50160 191
DIN EN 50173 161
DIN EN 50173-1, -4, -5 ..... 84, 164, 302, 325
DIN EN 50174 325
DIN EN 50174-1 325
DIN EN 50174-2 .... 79, 163, 165
DIN EN 50491-5-2 115
DIN EN 50494 311
DIN EN 50525-1, -2-21 58
DIN EN 50575 62
DIN EN 527-1 417
DIN EN 54-5 110
DIN EN 55014-1 247
DIN EN 60026-2 265
DIN EN 60034-1 .... 275, 281, 283
DIN EN 60034-30-1 .... 284, 285
DIN EN 60034-5, -6, -7 .... 273, 279
DIN EN 60044-1, -2 230
DIN EN 60062 45
DIN EN 60076-1 186
DIN EN 60079 204
DIN EN 60204-1 .... 127, 146, 241
DIN EN 60309-2 347
DIN EN 60529 113
DIN EN 60598-2-22 354
DIN EN 60603-7 302
DIN EN 60617-9, -10, 11 .... 443, 444, 450
DIN EN 60617-12, -13 ..... 139, 140, 451, 452
DIN EN 60617-2 440
DIN EN 60617-3 442
DIN EN 60617-4, -5 441
DIN EN 60617-6 .... 448, 449
DIN EN 60617-7 .... 443, 446, 447
DIN EN 60617-8 .... 445, 447
DIN EN 60617-9 .... 444, 449, 450
DIN EN 60670 76
DIN EN 60728-1 313
DIN EN 60728-1-1 309
DIN EN 60839-11-1 332
DIN EN 60848 259
DIN EN 61000-2-2, -2-4, -3-2 190
DIN EN 61008-1 92
DIN EN 61008-2-1 92
DIN EN 61009-1, -2-1 92
DIN EN 61010-1 222
DIN EN 61082-1 .... 430, 432, 433, 434, 435
DIN EN 61231 353
DIN EN 61347-1 354
DIN EN 61386-1 78
DIN EN 61386-22 71
DIN EN 61439-1, -2 180
DIN EN 61557-3, -8 .... 201, 108
DIN EN 61558-1 187
DIN EN 62061 .... 135, 150
DIN EN 62196-1 192
DIN EN 62305-1, -3, -4 .... 194, 196, 197, 309
DIN EN 62446 210
DIN EN 62606 95
DIN EN 81346-2 .... 437, 438

DIN EN IEC ...

DIN EN IEC 60063 45
DIN EN IEC 62485-1 216
DIN EN IEC 60728-3 313

DIN EN ISO ...

DIN EN ISO 13849-1 .... 148, 149
DIN EN ISO 16484-1, -5 .... 270, 374
DIN EN ISO 4034 118
DIN EN ISO 9000 400
DIN EN ISO 9001 .... 246, 400, 401
DIN EN ISO 9004 400
DIN EN ISO 9241 417

DIN IEC ...

DIN IEC 60050-351 .... 250, 251

DIN V ... / DIN VDE ...

DIN V 18599 220
DIN VDE 0100-200 198
DIN VDE 0100-410 58,
88, 89, 90, 91, 93, 106, 198, 199, 200, 201, 369
DIN VDE 0100-420 .... 76, 105, 354
DIN VDE 0100-430 .... 91, 363
DIN VDE 0100-443 195
DIN VDE 0100-444 116
DIN VDE 0100-470 199
DIN VDE 0100-520 .... 58, 74, 363
DIN VDE 0100-534 195
DIN VDE 0100-540 .... 88, 89, 90
DIN VDE 0100-600 .... 201, 240
DIN VDE 0100-701 .... 90, 107
DIN VDE 0100-702 .... 90, 107
DIN VDE 0100-704 85
DIN VDE 0100-705 .... 90, 106
DIN VDE 0100-710 .... 90, 106